Sergio Sammarone

1 Rappresentazione e tecnologia industriale.verde

Seconda edizione

Disegno tecnico, metrologia, materiali

PER IL COMPUTER E PER IL TABLET

L'eBook multimediale

1 REGÌSTRATI

Vai su **my.zanichelli.it** e regìstrati come studente

2 ATTIVA IL TUO LIBRO

Una volta entrato in **myZanichelli**, inserisci la **chiave di attivazione** che trovi sul bollino argentato in questa pagina

3 CLICCA SULLA COPERTINA

Puoi:

- **scaricare l'eBook offline** sul tuo computer o sul tuo tablet
- **sfogliare un'anteprima** dell'eBook online

Rappresentazione e tecnologia industriale.verde è la seconda edizione di Sammarone, *Rappresentazione e tecnologia industriale, edizione verde*, Zanichelli 2011

Realizzazione editoriale:
- Coordinamento redazionale: Matteo Fornesi
- Redazione: Luisa Alessio, Matteo Fornesi
- Rilettura del testo: il Nove, Bologna
- Progetto grafico, impaginazione e ricerca iconografica: Stilgraf, Bologna
- Segreteria di redazione: Deborah Lorenzini, Rossella Frezzato

Realizzazione eBook:
- Coordinamento redazionale: Matteo Fornesi
- Redazione: Luisa Alessio
- Collaborazione redazionale: Donatella Gironi
- Realizzazione editoriale: duDAT srl, Bologna

Copertina:
- Progetto grafico: Miguel Sal & C., Bologna
- Ideazione: Studio 8vo, Bologna
- Realizzazione: Roberto Marchetti e Francesca Ponti
- Immagine di copertina: cherezoff/Shutterstock. mrtwister/123RF. Artwork Studio 8vo, Bologna

Prima edizione: 2011
Seconda edizione: febbraio 2017

Ristampa:
5 4 3 2 2018 2019 2020 2021

Zanichelli garantisce che le risorse digitali di questo volume sotto il suo controllo saranno accessibili, a partire dall'acquisto dell'esemplare nuovo, per tutta la durata della normale utilizzazione didattica dell'opera. Passato questo periodo, alcune o tutte le risorse potrebbero non essere più accessibili o disponibili: per maggiori informazioni, leggi my.zanichelli.it/fuoricatalogo

File per sintesi vocale
L'editore mette a disposizione degli studenti non vedenti, ipovedenti, disabili motori o con disturbi specifici di apprendimento i file pdf in cui sono memorizzate le pagine di questo libro. Il formato del file permette l'ingrandimento dei caratteri del testo e la lettura mediante software screen reader. Le informazioni su come ottenere i file sono sul sito http://www.zanichelli.it/scuola/bisogni-educativi-speciali

Grazie a chi ci segnala gli errori
Segnalate gli errori e le proposte di correzione su **www.zanichelli.it/correzioni**.
Controlleremo e inseriremo le eventuali correzioni nelle ristampe del libro.
Nello stesso sito troverete anche l'errata corrige, con l'elenco degli errori e delle correzioni.

Zanichelli editore S.p.A. opera con sistema qualità
certificato CertiCarGraf n. 477
secondo la norma UNI EN ISO 9001:2015

Questo libro è stampato su carta che rispetta le foreste.
www.zanichelli.it/chi-siamo/sostenibilita

Stampa: La Fotocromo Emiliana
Via Sardegna 30, 40060 Osteria Grande (Bologna)
per conto di Zanichelli editore S.p.A.
Via Irnerio 34, 40126 Bologna

Sergio Sammarone

1 Rappresentazione e tecnologia industriale.verde

Seconda edizione

Disegno tecnico, metrologia, materiali

TECNOLOGIA ZANICHELLI

Sommario

SEZIONE A DISEGNO GEOMETRICO

1 Fondamenti del disegno

Cos'è il disegno? A4
Percezione visiva A9
Osservazione A14
Analisi posizionale A20
Convenzioni generali del disegno tecnico A22
Strumenti tradizionali del disegno A27

Esercitazioni A30
Verifica delle competenze A33

2 Costruzioni geometriche

Richiami di geometria elementare A36
Costruzioni geometriche elementari A41
Poligoni regolari inscritti A44
Poligoni regolari di lato assegnato A47
Tangenti A50
Raccordi A52
Curve policentriche A55
Curve coniche A58

Suggerimenti di metodo A63
Esercitazioni A66
Errori tipici e suggerimenti A79
Esercizi di recupero A80
Verifica delle competenze A83

SEZIONE B SISTEMI DI RAPPRESENTAZIONE

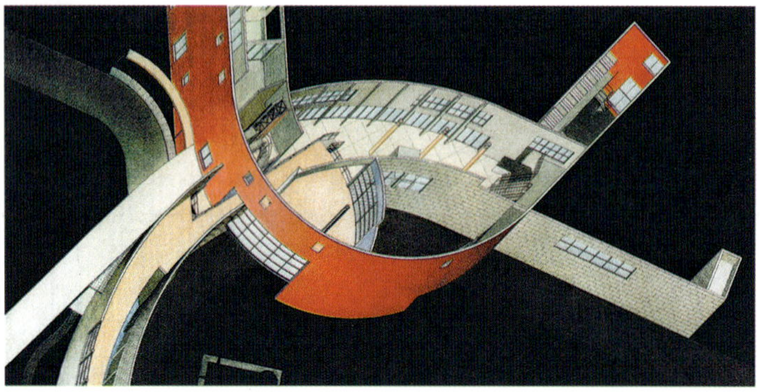

1 Proiezioni ortogonali

Cenni di geometria proiettiva B4
Cenni di geometria descrittiva B7
Proiezioni ortogonali di figure piane B15
Proiezioni ortogonali di solidi B18

Suggerimenti di metodo B27
Esercitazioni B29
Errori tipici e suggerimenti B45
Esercizi di recupero B46
Capire lo spazio: dal solido alle proiezioni ortogonali B46
Capire lo spazio: dalle proiezioni ortogonali al solido B48
Verifica delle competenze B50

2 Assonometria

Proiezioni assonometriche B54
Assonometria isometrica B56
Assonometrie oblique B62
Esempi di assonometria B67

Suggerimenti di metodo B73
Esercitazioni B75
Errori tipici e suggerimenti B84
Esercizi di recupero B85
Capire lo spazio: dalle proiezioni ortogonali all'assonometria B85
Verifica delle competenze B88

3

Ribaltamento e sviluppo

Ribaltamento e rotazione B92
Sviluppo di solidi B101
Eliche ed elicoidi B105

Esercitazioni B108
Esercizi di recupero B115
Capire lo spazio: ribaltamento e rotazione di una figura piana B115
Capire lo spazio: sviluppo delle facce di un solido B117
Verifica delle competenze B119

4

Sezioni e intersezioni

Sezioni di solidi B122
Vera forma della sezione B128
Sezioni coniche B130
Intersezioni di solidi B132

Esercitazioni B141
Errori tipici e suggerimenti B151
Esercizi di recupero B152
Capire lo spazio: rappresentare sezioni e intersezioni di solidi B152
Verifica delle competenze B155

SEZIONE E METROLOGIA

Elementi di metrologia E3
Misurazione e strumenti E8
Strumenti per misure lineari E10
Strumenti per misure angolari E22
Strumenti di controllo E24
Attrezzature complementari E26

Esercitazioni E28
Verifica delle competenze E38

SEZIONE F MATERIALI E ANTINFORTUNISTICA

1

Materiali

Proprietà dei materiali F3
Prove di laboratorio F8
Ferro e sue leghe F13
Materiali non ferrosi F20
Legno F23
Altri materiali F25

2

Antinfortunistica

Antinfortunistica F29

Appendice

Griglia millimetrata APP2 • *Griglia quadrettata a 45°* APP3
Griglia isometrica APP4 • *Griglia in prospettiva frontale* APP5
Griglia in prospettiva accidentale APP6 • *Indice analitico* APP7

Struttura del corso

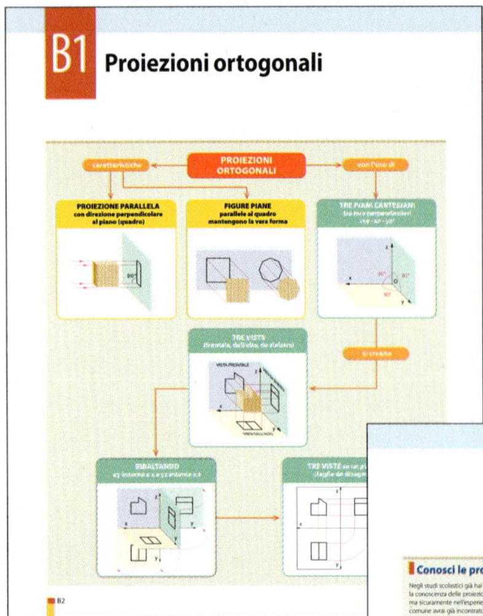

Il testo è articolato in **sezioni**; ciascuna sezione può essere suddivisa in **unità**.
Ogni unità si apre con una **mappa** che introduce i concetti fondamentali.

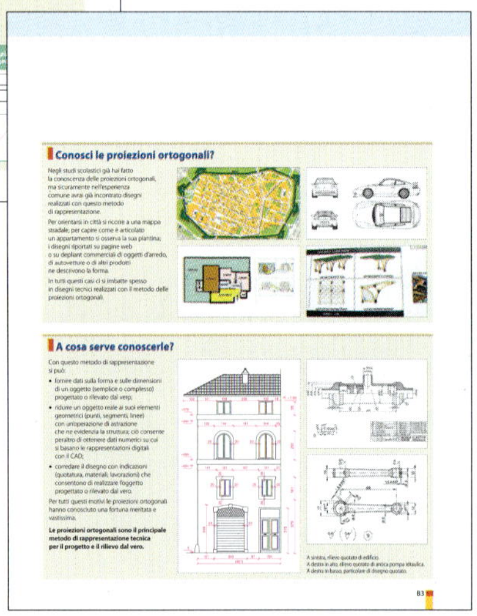

Dopo la mappa sono illustrati gli **aspetti principali** dell'argomento trattato e le sue **finalità pratiche**.

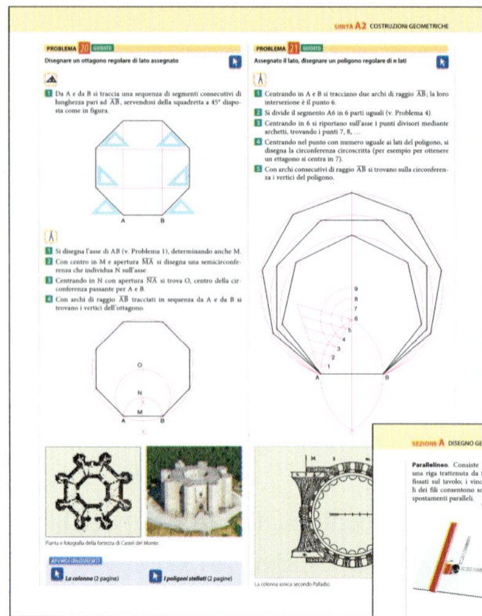

Le **icone** indicano se le costruzioni sono da realizzare con le squadre o con il compasso e la presenza di strumenti di approfondimento.

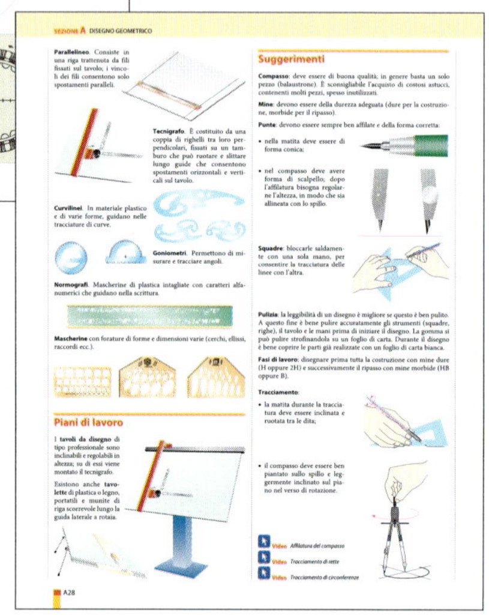

Nell'**eBook multimediale** sono presenti le **spiegazioni animate** dei problemi proposti nel testo e i **video** sulle più importanti procedure da seguire nel disegno tecnico e sulle principali costruzioni.

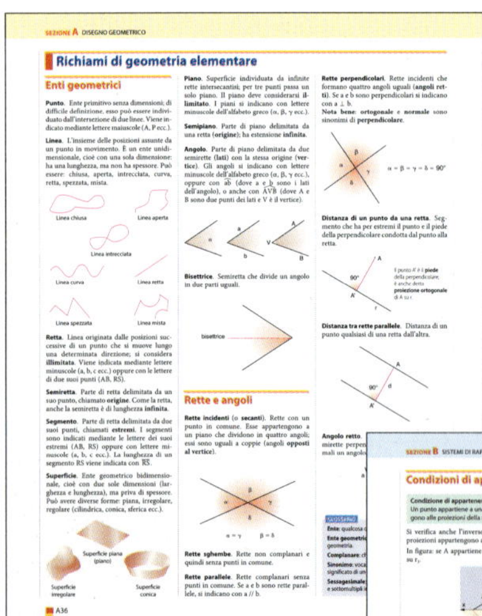

La suddivisione del testo in **capitoli** e **paragrafi** ben evidenziati guida nell'esposizione articolata dei contenuti.

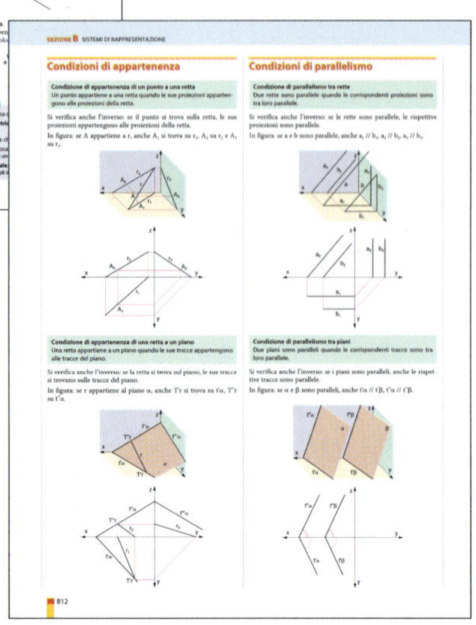

Concetti, **definizioni** e **parole chiave** sono messi in risalto.

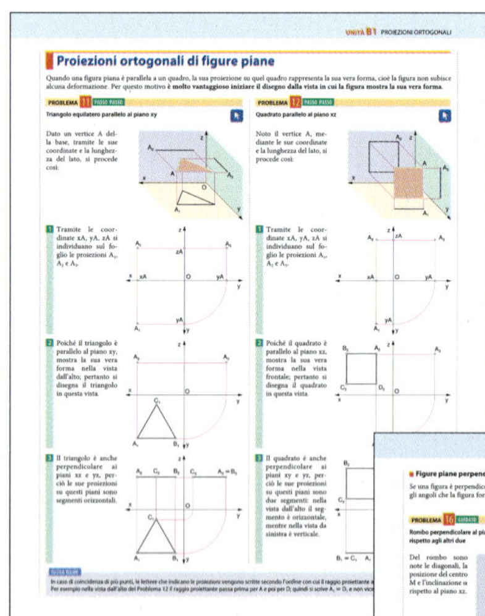

Nel testo i **problemi** più significativi sono accompagnati da indicazioni operative **passo passo**, in cui sono illustrati tutti i passaggi necessari allo svolgimento.

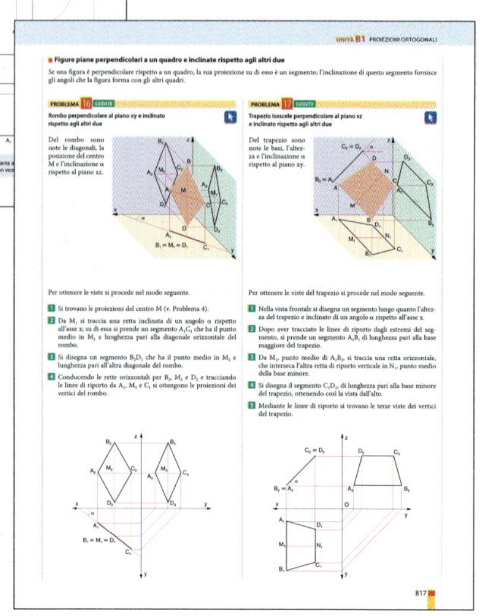

Nei **problemi guidati** viene descritto a parole (punto per punto) il percorso di svolgimento del problema. Il passaggio finale è accompagnato dalla rispettiva rappresentazione grafica.

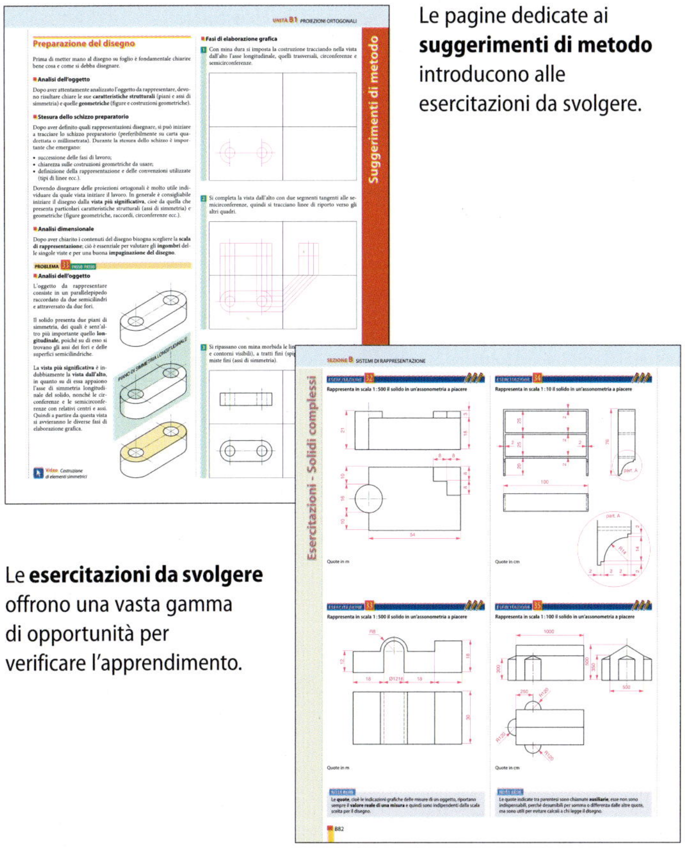

Le pagine dedicate ai **suggerimenti di metodo** introducono alle esercitazioni da svolgere.

Le **esercitazioni da svolgere** offrono una vasta gamma di opportunità per verificare l'apprendimento.

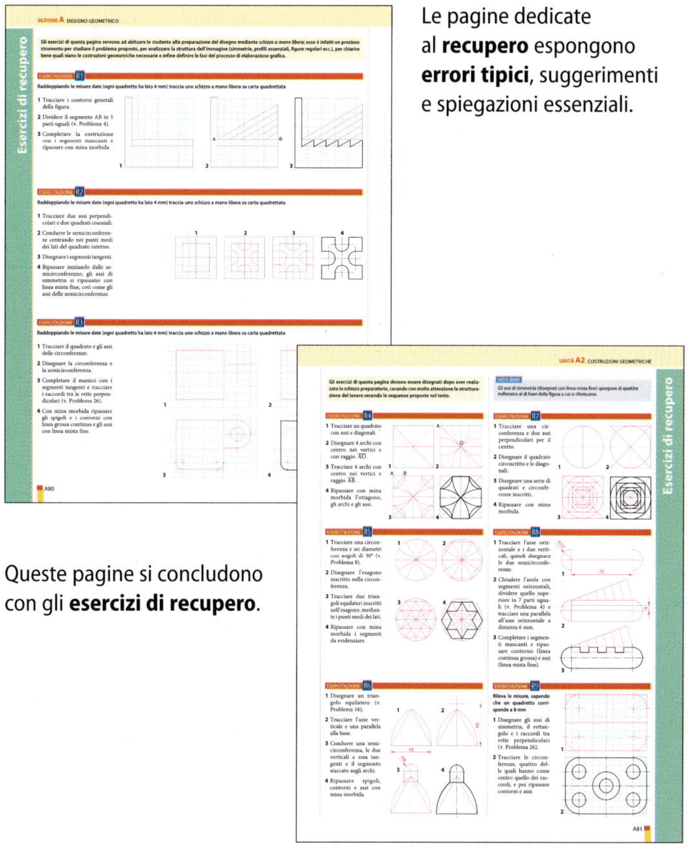

Le pagine dedicate al **recupero** espongono **errori tipici**, suggerimenti e spiegazioni essenziali.

Queste pagine si concludono con gli **esercizi di recupero**.

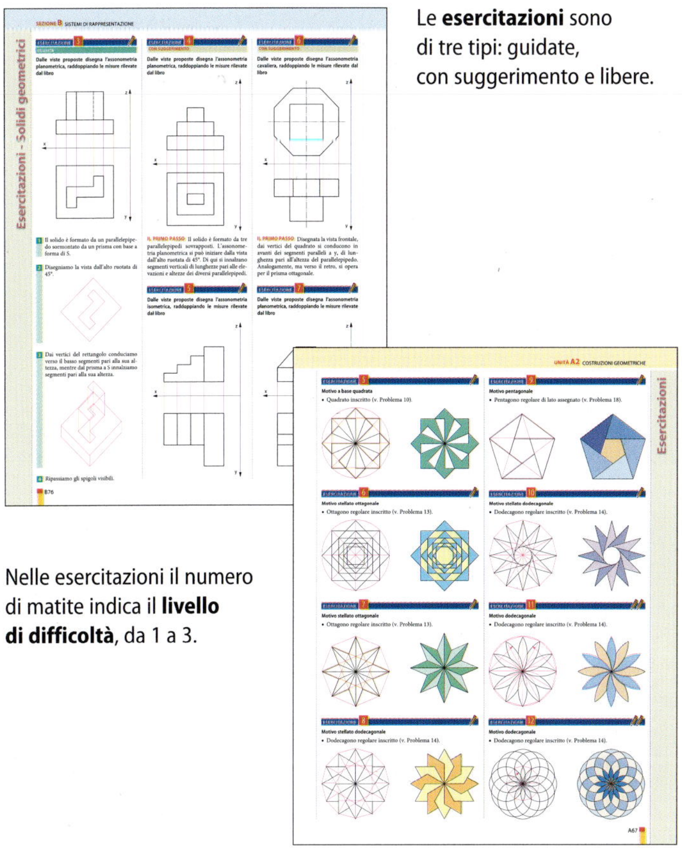

Le **esercitazioni** sono di tre tipi: guidate, con suggerimento e libere.

Nelle esercitazioni il numero di matite indica il **livello di difficoltà**, da 1 a 3.

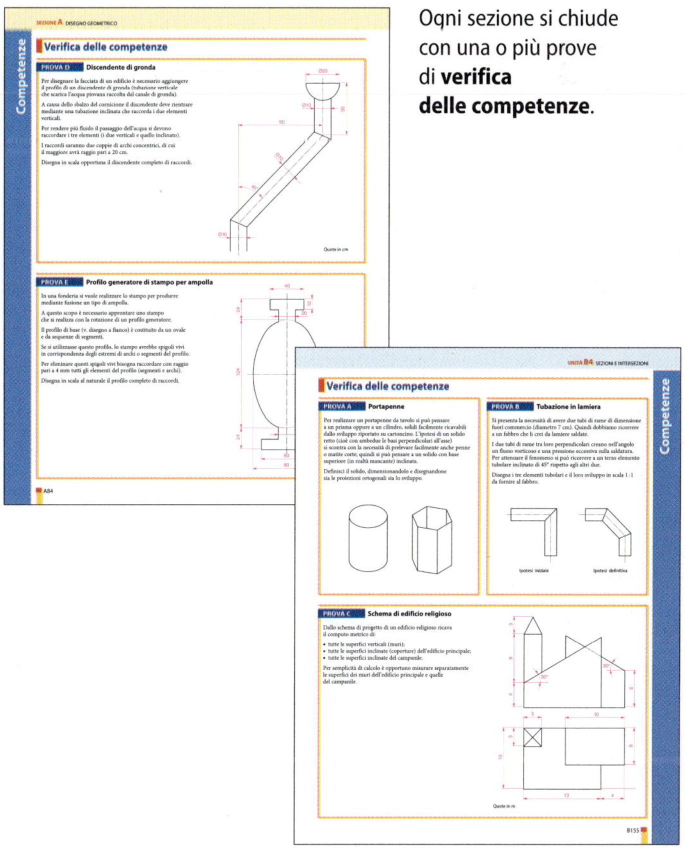

Ogni sezione si chiude con una o più prove di **verifica delle competenze**.

A Disegno geometrico

1
Fondamenti del disegno

2
Costruzioni geometriche

S. Maria Novella a Firenze: particolare della facciata.

A1 Fondamenti del disegno

FONDAMENTI DEL DISEGNO

DISEGNO

Tracciato (*segno*) per comunicare informazioni su oggetti (*disegno tecnico*), concetti o emozioni (*disegno artistico*)

DISEGNO TECNICO

linguaggio di rappresentazione

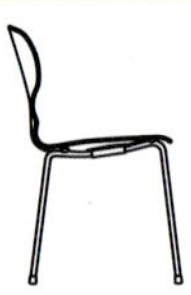

linguaggio integrato

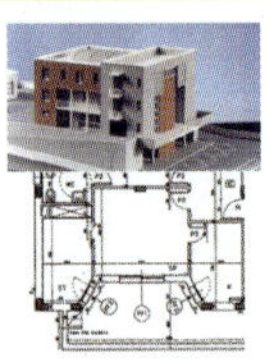

Disegno tecnico integrato con altri modi di comunicazione

linguaggio figurato

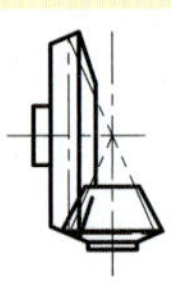

Disegno tecnico altamente simbolico

linguaggio duttile

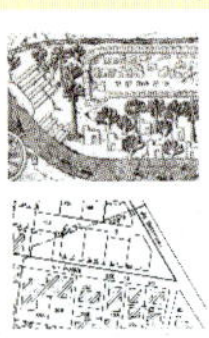

Evoluzione del disegno della città nei secoli

PERCEZIONE VISIVA

luce

La luce viene riflessa dalle superfici lisce

interpretazione dell'immagine

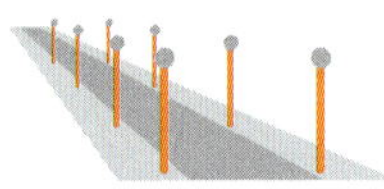

Il cervello interpreta l'immagine di rette convergenti in rette parallele, mentre gli elementi più piccoli sono solo più lontani

illusioni ottiche

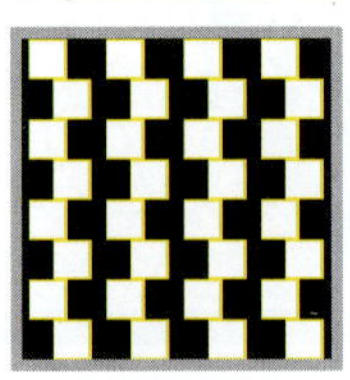

Illusione ottica di non parallelismo

OSSERVAZIONE

analisi formale

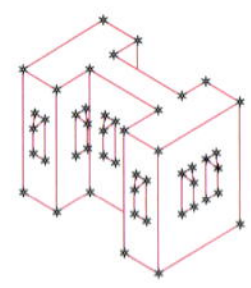

La forma dell'oggetto è ridotta a linee e punti

analisi strutturale

Struttura geometrica

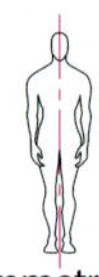

Simmetria Modularità

Struttura di trasformazione

analisi dimensionale

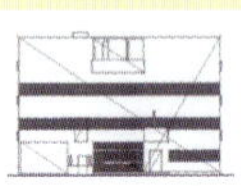

Le dimensioni rivelano le proporzioni dell'oggetto

analisi posizionale

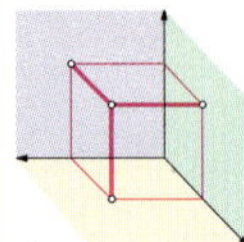

Posizione del punto descritta dalle sue coordinate

CONVENZIONI DEL DISEGNO TECNICO

formati unificati

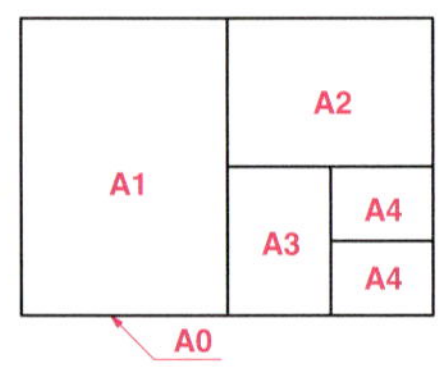

A0	841	×	1189 mm
A1	594	×	841 mm
A2	420	×	594 mm
A3	297	×	420 mm
A4	210	×	297 mm

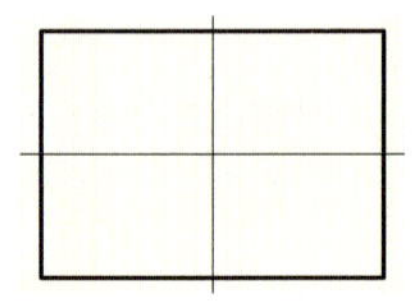

Squadratura del foglio

scale

Scala 1:5

tipi di linee

———	Continua fine
▬▬▬	Continua grossa
– – – –	A tratti fine
—·—	Mista fine a punto e tratto

Principali tipi di linee unificati

scritture

ABCDEF

abcdefg

Caratteri della scrittura B verticale della UNI

STRUMENTI DEL DISEGNO TECNICO

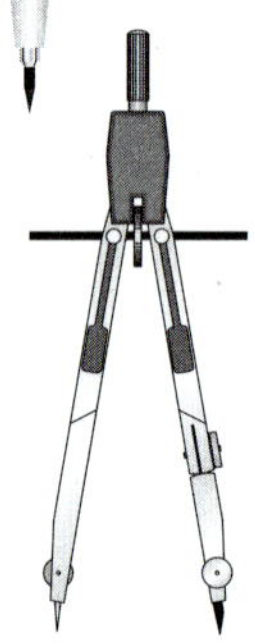

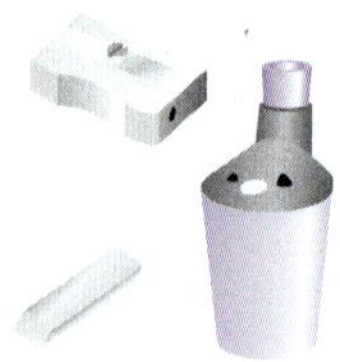

Conosci i fondamenti del disegno?

Sicuramente sai che con il disegno si possono comunicare in modo sintetico ed essenziale i dati formali della realtà o dell'immaginazione (progetti). Questo linguaggio si serve di segni ottenuti con tracciatori (matite o penne); nel disegno strumentale a essi si aggiungono strumenti, quali riga, squadre, compasso.

Per avere dati più precisi si disegna in scala; per ottenere riproduzioni dei disegni si lavora su carta in formati standardizzati (A4, A3 ecc.).

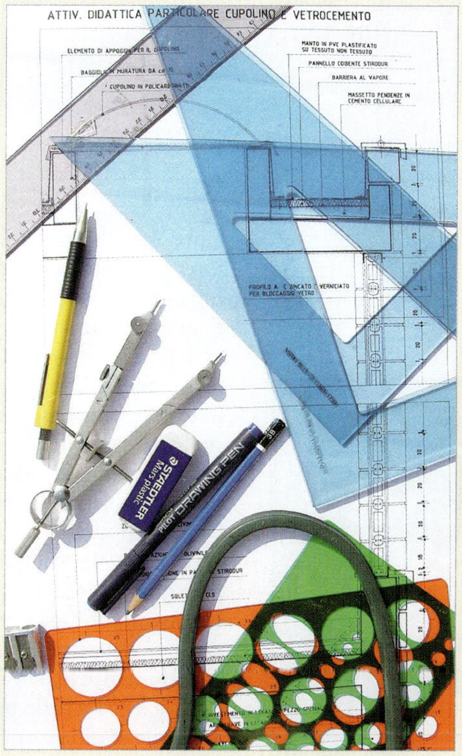

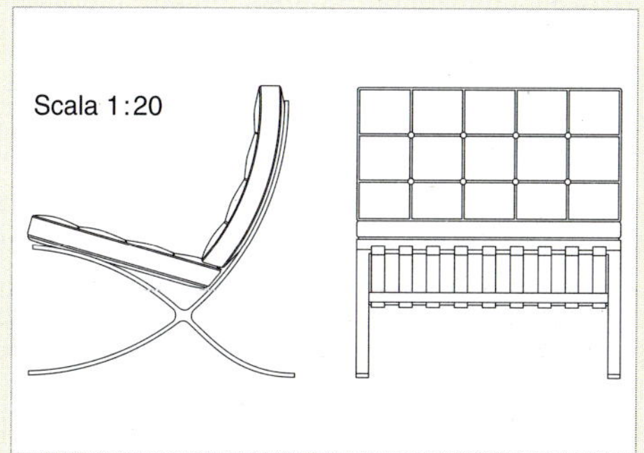

Le fotocopiatrici impiegano carta in formati standardizzati.

A cosa serve conoscerli?

I fondamenti del disegno sono indispensabili per:

- interpretare le informazioni provenienti dalla realtà attraverso la vista;
- comunicare in modo chiaro e preciso come sono gli oggetti reali o immaginati;
- usare gli strumenti adeguati alle esigenze del disegno;
- riprodurre comodamente i nostri disegni su supporti standardizzati (carta o altro).

Attraverso un'analisi attenta dell'immagine si possono ricavare dati essenziali per una rappresentazione dell'oggetto.

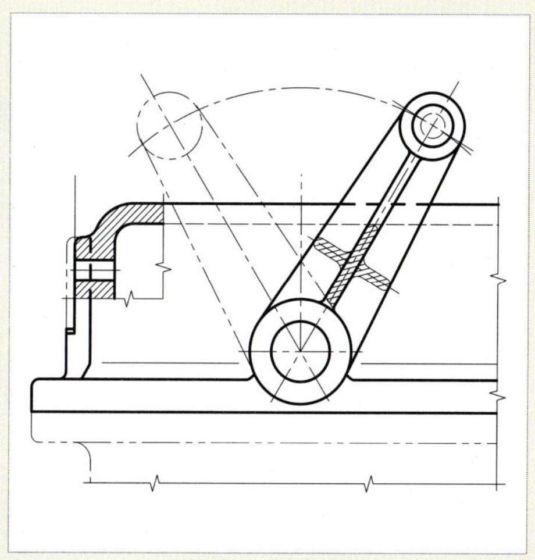

I diversi tipi di linea impiegati nel disegno forniscono informazioni precise sulle caratteristiche dell'oggetto.

Cos'è il disegno?

L'istinto primordiale dell'uomo di lasciare *tracce* del suo passaggio ha visto modalità assai diverse di espressione; le tracce dell'uomo primitivo sulle rocce testimoniano questo bisogno. Nel bambino sopravvive questo istinto nella necessità di scoprire la realtà e di esprimersi mediante segni. L'evoluzione storica verso una strutturazione più consapevole e complessa dei segni ha condotto alla nascita di **linguaggi grafici**, cioè composti di segni.

Graffito nella Grotta di Chauvet, Francia (20 000-17 500 a.C.).

La *lingua scritta* è una particolare manifestazione di linguaggio grafico destinato a comunicare oggetti, sensazioni, idee.

Ignudo di Michelangelo, studio a sanguigna per gli affreschi sulla volta della Cappella Sistina (1510).

Il **disegno** è una figurazione realizzata sulla base di un *tracciato* più o meno complesso per trasmettere informazioni relative a oggetti esistenti o immaginari, concetti, emozioni.

Il tracciato può essere effettuato su fondo di materiali diversi, dalla pietra all'intonaco, alla carta, alla tela, ai supporti digitali. Il materiale può essere scelto sulla base delle disponibilità concrete e della funzione comunicativa (bisogno di trasportabilità, di diffusione ecc.).

Inoltre si possono impiegare materiali diversi per eseguire il tracciato: inchiostro, grafite, colori di vario tipo (tempera, pastelli, a olio) ecc.

Il tracciato stesso può essere arricchito di chiaroscuri e colorazioni; può essere realizzato *a mano libera* oppure con strumenti (*disegno strumentale*).

In base alle scelte compiute il tracciato acquisisce delle qualità, diventa **segno**.

Il segno può rendere il disegno *sensibile*, cioè capace di esprimere le sensazioni e la personalità del disegnatore.

Quanto più il disegno è strutturato sulla base di *codici rigorosi*, tanto meno esso diventa sensibile; la comunicazione diviene chiara, inequivocabile; l'attenzione del fruitore si concentra sull'oggetto della rappresentazione.

Quando invece il linguaggio è fondato su *codici deboli*, il disegno acquista una maggiore sensibilità; il disegnatore può esprimere più liberamente la sua soggettività. È questo il caso del **disegno artistico**, che invia al fruitore un messaggio liberamente interpretabile. Esso può anche svolgere per l'artista il ruolo di strumento di ideazione e preparazione dell'opera d'arte (*studio* oppure *bozzetto*).

Particolare della decorazione della tomba della regina Nefertari (Egitto, circa 1250 a.C.).

Disegno di Egon Schiele (1912).

In tutte le modalità, comunque, il disegno può essere strumento di indagine, di studio e di progettazione, sia nel mondo dell'arte, sia in quello della scienza e della tecnica.

In questi ultimi ambiti il *disegno strumentale* è un mezzo fondamentale di ricerca e progettazione; esso si distingue in **disegno geometrico**, quando si occupa dello studio scientifico di entità geometriche, e in **disegno tecnico**, quando deve descrivere forma, dimensioni e proprietà materiali dell'oggetto rappresentato.

Il disegno tecnico si estende dai confini dell'architettura (*disegno architettonico*) a quelli della produzione industriale (*disegno industriale*).

Nelle pagine che seguono si analizzeranno più dettagliatamente le caratteristiche del disegno tecnico, per l'importanza che esso ha acquisito nella società contemporanea.

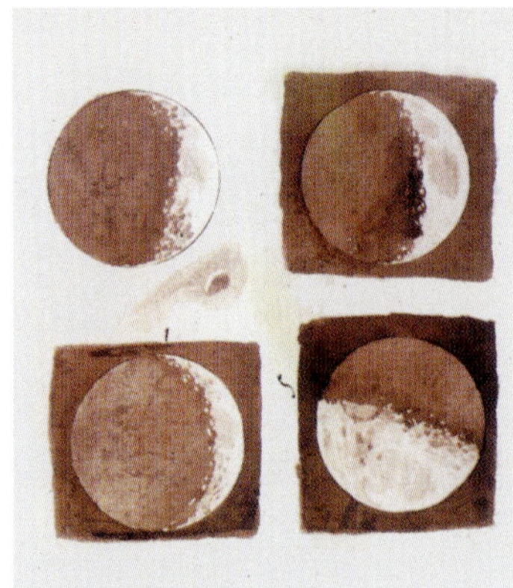

Disegno di Galileo Galilei per lo studio delle fasi lunari (1609).

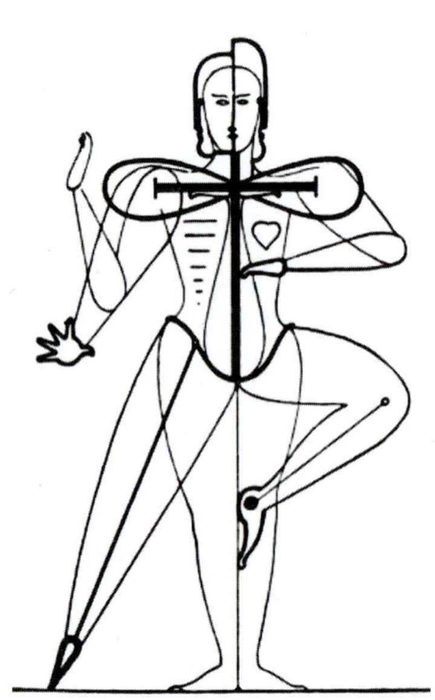

Disegno di Oskar Schlemmer per lo studio del movimento del corpo umano (1926).

GLOSSARIO

Codice: sistema convenzionale di segnali o simboli per la comunicazione.

Un linguaggio essenziale

Il **disegno tecnico** è un particolare sistema di segni per mezzo del quale gli uomini comunicano tra loro; per questa sua funzione si rivela indubbiamente come un **linguaggio**. Tale linguaggio nella nostra società è sempre più **essenziale**, perché nella nostra vita quotidiana, nel nostro ideare, progettare e operare esso ha assunto un ruolo primario, assolutamente insostituibile, ma anche essenziale perché, nel descrivere un oggetto, lo riduce alla sua essenza, lo descrive nelle sue parti fondamentali e caratterizzanti.

Queste sue prerogative di linguaggio semplice e immediato hanno reso il disegno tecnico uno strumento indispensabile sia per i professionisti o i tecnici, sia per i comuni cittadini; ognuno di noi è frequentemente alle prese con la piantina di una città, con il disegno di un mobile o di un alloggio.

Il disegno tecnico ha però delle caratteristiche che lo differenziano da altri tipi di **disegno strumentale**, cioè realizzato con l'aiuto di strumenti. Per esempio il disegno elettronico privilegia la *struttura topologica*, cioè la posizione reciproca delle parti.

Al contrario il disegno tecnico si serve di **rappresentazioni grafiche per comunicare essenzialmente la forma e le dimensioni di un oggetto**; esso dunque deve essere chiaro e inequivocabile, preciso e completo.

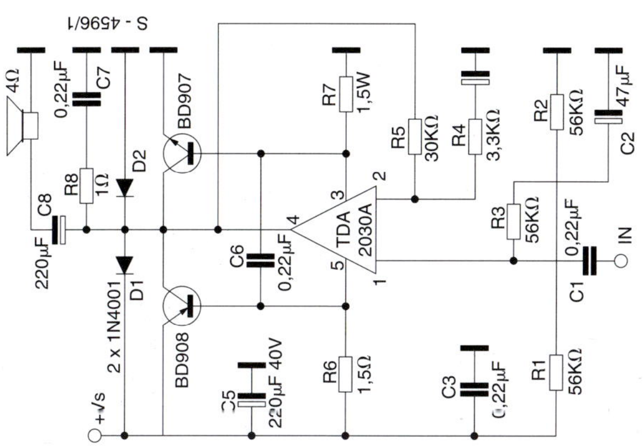

Disegno elettronico (schema di amplificatore).

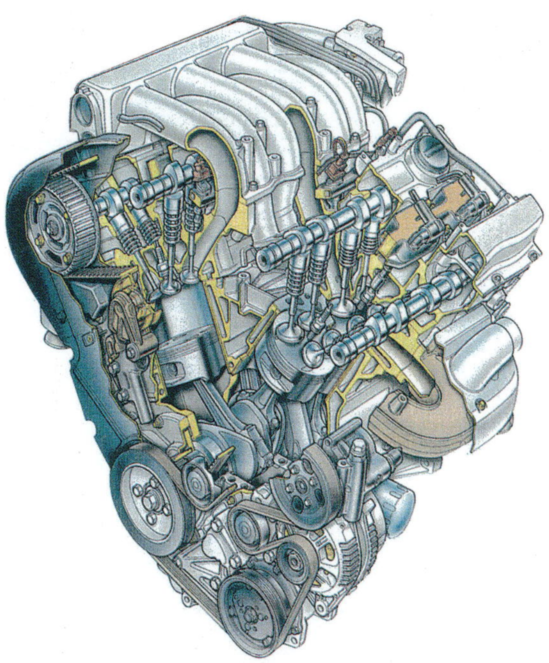

Disegno meccanico (motore 6V di produzione Peugeot).

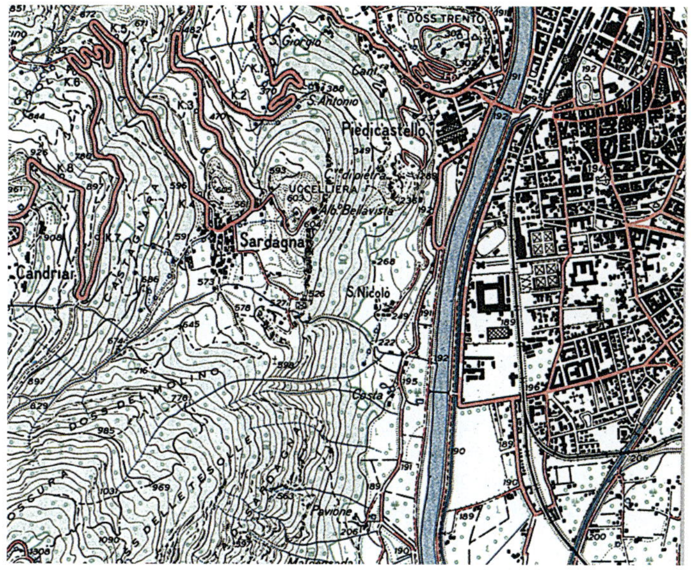

Disegno topografico (particolare di una carta IGM).

Sedia 3100,
produzione F. Hansen
(A. Jacobsen, 1952).

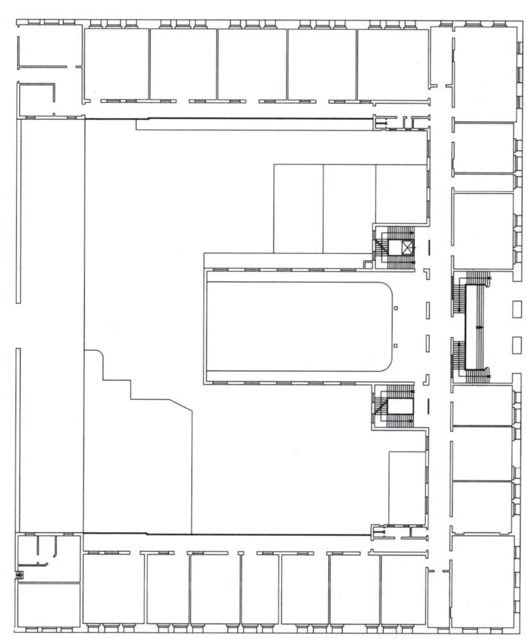

Pianta di edificio scolastico. Scala 1:1000

Un linguaggio di rappresentazione

Il disegno tecnico è lo strumento fondamentale per consentire all'uomo-scienziato di studiare la realtà oggettiva in modo rigoroso, a partire da una sua fedele e precisa rappresentazione, ma è anche il linguaggio privilegiato dall'uomo-progettista che deve razionalizzare il suo intervento operativo.

Pertanto il disegno tecnico serve alla rappresentazione sia di oggetti esistenti (**disegno di rilievo**), sia di oggetti da realizzare (**disegno di progetto**).

È tanto diffuso il senso di questo duplice ruolo del disegno tecnico, che anche nella lingua comune «disegnare» ha assunto il significato estensivo di *descrivere accuratamente*, *progettare*. Per esempio si pensi a espressioni quali «disegnare la personalità del protagonista» oppure «disegno politico dello statista».

Va anche ricordato che nella lingua inglese il termine **design** significa propriamente **progetto**.

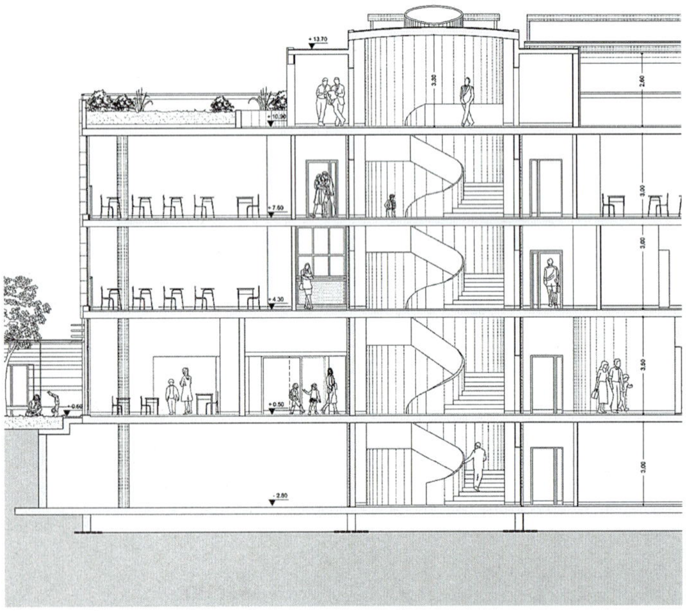

Sezione di edificio scolastico.

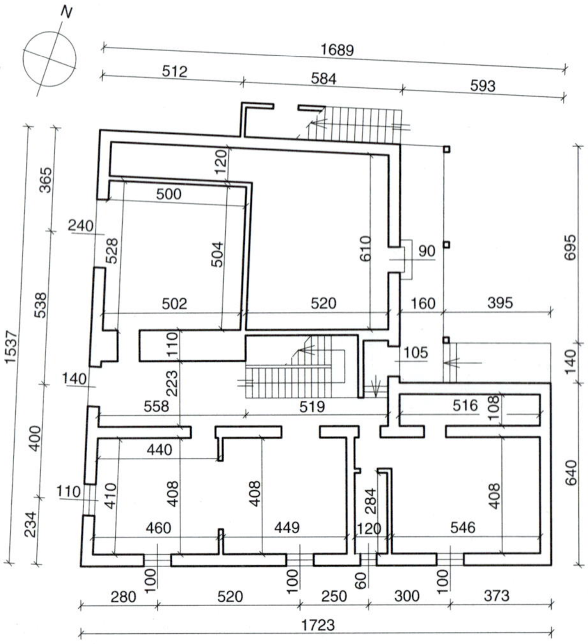

Disegno di rilievo di edificio per abitazione. Scala 1:200.

Un linguaggio integrato

La descrizione approfondita e chiara che il disegno consente di ottenere è pur sempre parziale; per questo esso si è sempre più integrato con altri linguaggi, come quelli della scrittura, della matematica, dell'arte. Inoltre, per la sua natura di mezzo per la rappresentazione e la produzione di manufatti, il disegno ha stretto particolari legami con il mondo della tecnica: da questo mondo sono giunte richieste sempre più pressanti di rappresentazioni adeguate alle nuove tecniche di produzione, ma sono anche pervenute nuove tecnologie da affiancare ai tradizionali metodi di rappresentazione.

La ricchezza della comunicazione, implicita in un progetto, impone dunque di avvalersi, oltre che degli elaborati di disegno, anche di relazioni scritte, tabelle numeriche, schizzi, foto, plastici.

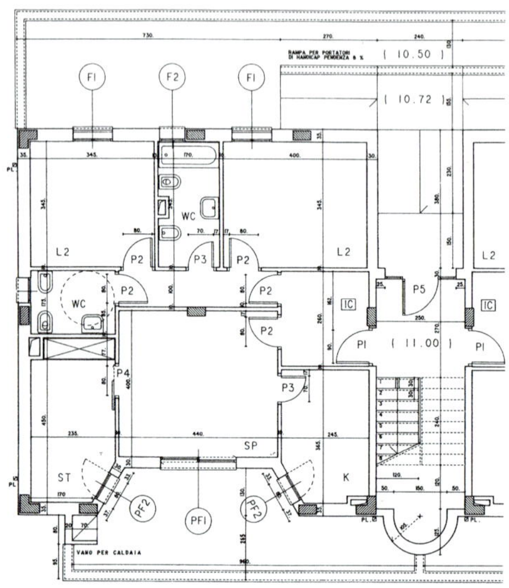

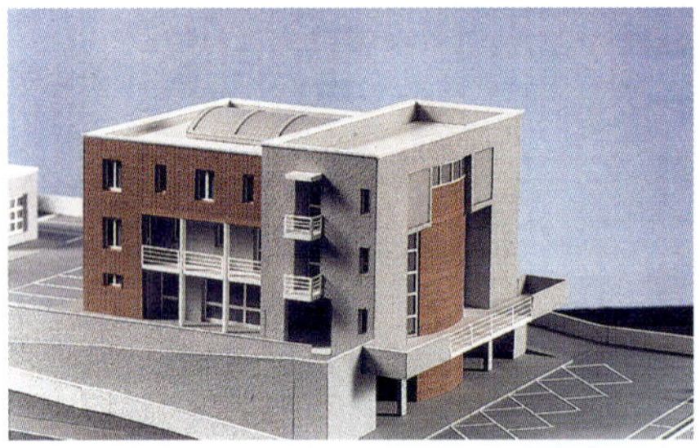

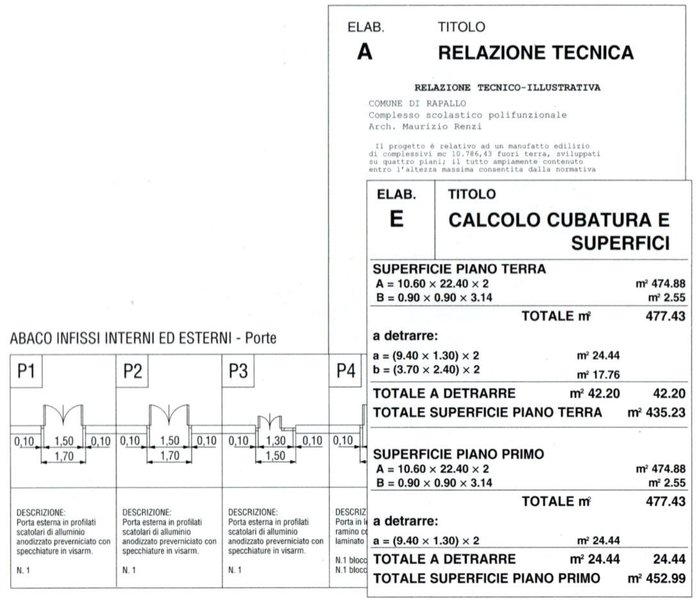

ABACO INFISSI INTERNI ED ESTERNI - Porte

P1	P2	P3	P4
0,10 1,50 0,10 / 1,70	0,10 1,50 0,10 / 1,70	0,10 1,30 0,10 / 1,50	0,10
DESCRIZIONE: Porta esterna in profilati scatolari di alluminio anodizzato preverniciato con specchiature in visarm. N. 1	DESCRIZIONE: Porta esterna in profilati scatolari di alluminio anodizzato preverniciato con specchiature in visarm. N. 1	DESCRIZIONE: Porta esterna in profilati scatolari di alluminio anodizzato preverniciato con specchiature in visarm. N. 1	DESCRIZ Porta in l ramino c laminato N.1 blocc N.1 blocc

ELAB. A TITOLO **RELAZIONE TECNICA**

RELAZIONE TECNICO-ILLUSTRATIVA

COMUNE DI RAPALLO
Complesso scolastico polifunzionale
Arch. Maurizio Renzi

Il progetto è relativo ad un manufatto edilizio di complessivi mc 10.786,43 fuori terra, sviluppati su quattro piani; il tutto ampiamente contenuto entro l'altezza massima consentita dalla normativa

ELAB. E TITOLO **CALCOLO CUBATURA E SUPERFICI**

SUPERFICIE PIANO TERRA		
A = 10.60 × 22.40 × 2		m² 474.88
B = 0.90 × 0.90 × 3.14		m² 2.55
	TOTALE m²	477.43
a detrarre:		
a = (9.40 × 1.30) × 2	m² 24.44	
b = (3.70 × 2.40) × 2	m² 17.76	
TOTALE A DETRARRE	m² 42.20	42.20
TOTALE SUPERFICIE PIANO TERRA		m² 435.23
SUPERFICIE PIANO PRIMO		
A = 10.60 × 22.40 × 2		m² 474.88
B = 0.90 × 0.90 × 3.14		m² 2.55
	TOTALE m²	477.43
a detrarre:		
a = (9.40 × 1.30) × 2	m² 24.44	
TOTALE A DETRARRE	m² 24.44	24.44
TOTALE SUPERFICIE PIANO PRIMO		m² 452.99

Un linguaggio figurato

Per essere chiaro e rigoroso, il disegno tecnico deve semplificare l'oggetto da rappresentare riducendolo a **segni**.

Il disegno è prevalentemente un segno codificato che consente di ricavare una restituzione semplice e articolata dell'oggetto.

Il segno e la linea sono il frutto di una semplificazione dell'immagine visiva, ma anche la rappresentazione simbolica di interpretazioni logiche e di astrazioni; pertanto troveremo disegni che ricostruiscono immagini molto simili a quelle visive, ma anche disegni fortemente simbolici e astratti.

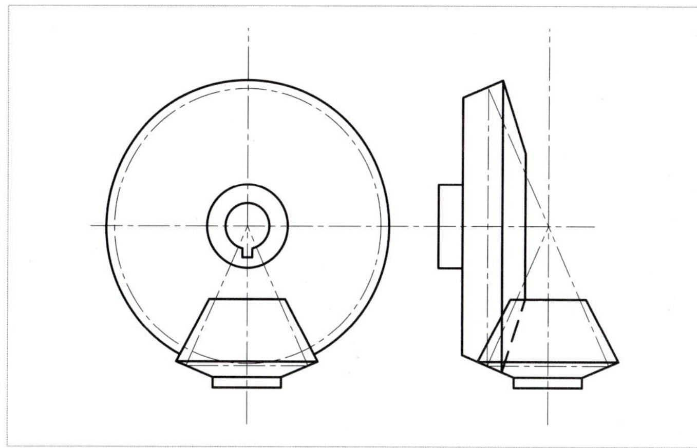

I disegni di tipo meccanico sono caratterizzati da una codificazione così spinta, che spesso risultano decisamente astratti.

Un disegno molto chiaro e immediato, come quello di una pianta o di una sezione, si allontana abbastanza dall'immagine visiva.

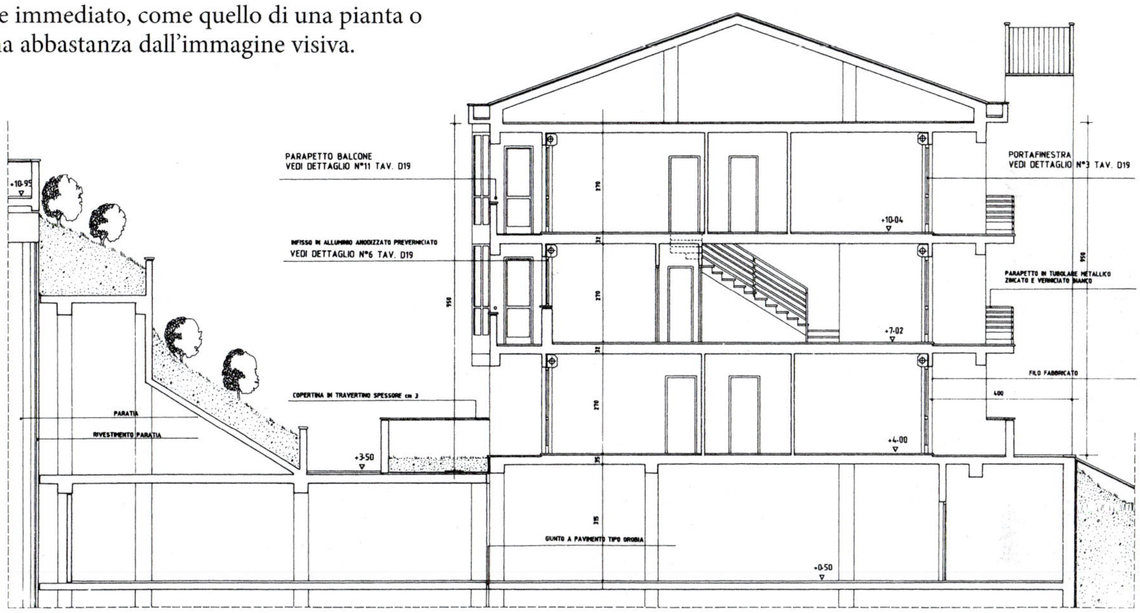

Il disegno in prospettiva è molto suggestivo perché immediatamente riconducibile alla percezione visiva.

Un linguaggio duttile

Nel corso dei secoli la funzionalità del disegno tecnico ha imposto una sua evoluzione, strettamente connessa alle mutate esigenze della società, della comunicazione e delle tecniche di rappresentazione.

In passato gli architetti dirigevano direttamente i lavori per la realizzazione dell'opera e quindi i loro disegni erano poco più di appunti; in epoca moderna il progettista opera in modo nettamente separato dal direttore dei lavori, quindi deve affidare al disegno tutte le indicazioni, precise e complete, per le necessità di cantiere.

Ma l'evoluzione del disegno è anche dettata dalle esigenze della società.

Nelle antiche **società mesopotamiche** il disegno della città era finalizzato a descrivere gli elementi più importanti per quell'epoca: mura e fiumi; tutto il resto era secondario e quindi sommariamente accennato.

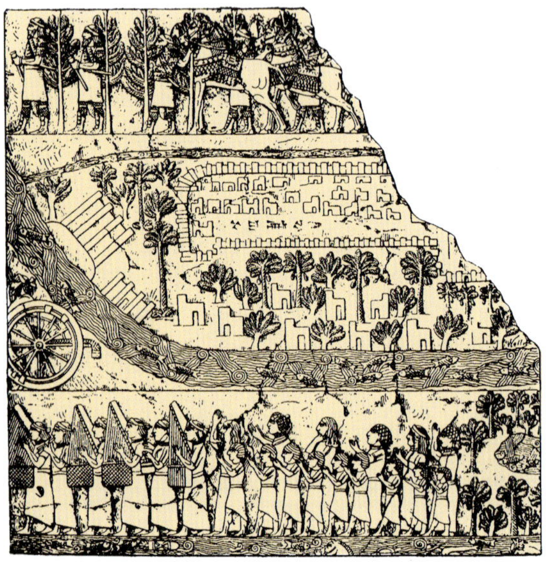

Disegno di bassorilievo assiro.

Il disegno urbano nella **società romana** diviene un importante strumento per descrivere forma e dimensioni delle costruzioni, sia private che pubbliche; rimane totalmente assente la descrizione del territorio.

Frammento della *Forma Urbis* (200 d.C.).

Nel disegno della **città rinascimentale** le opere dell'uomo sono al centro dell'attenzione: gli edifici sono i soggetti privilegiati, ma comincia a essere rappresentato anche il territorio; di esso però si accenna la sola conformazione topografica: la precisione è molto approssimativa, colture e uso del suolo sono inesistenti.

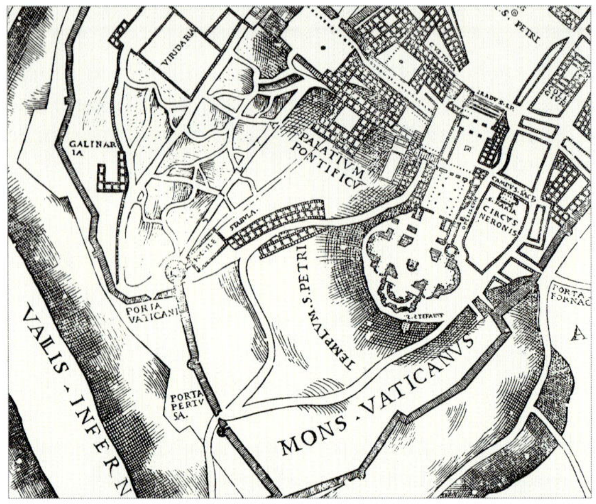

Pianta di Roma di Leonardo Bufalini (1551).

Nel **XVIII secolo** l'illuminismo impone una revisione del rapporto uomo-natura; il disegno della città punta l'attenzione su tutti gli elementi del territorio, sia naturali sia edificati, descrivendoli con precisione.

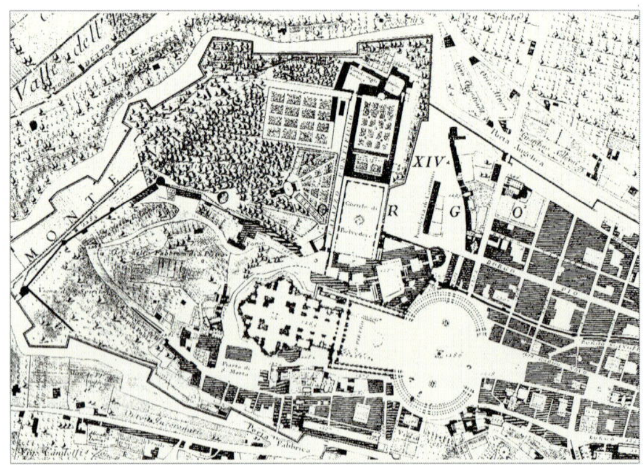

Pianta di Roma di Giambattista Nolli (1742).

Nel disegno urbano attuale si verifica una specializzazione in settori molto frammentati; mappe urbane (destinate ai soli spostamenti), mappe geologiche, mappe urbanistiche, mappe catastali. Queste ultime sono finalizzate a individuare le proprietà dei diversi edifici e le loro destinazioni d'uso; pertanto vengono rappresentati i soli confini delle particelle proprietarie, numerate per la catalogazione e campite con tratteggi che ne indicano l'utilizzo.

Mappa catastale.

Percezione visiva

Come vediamo

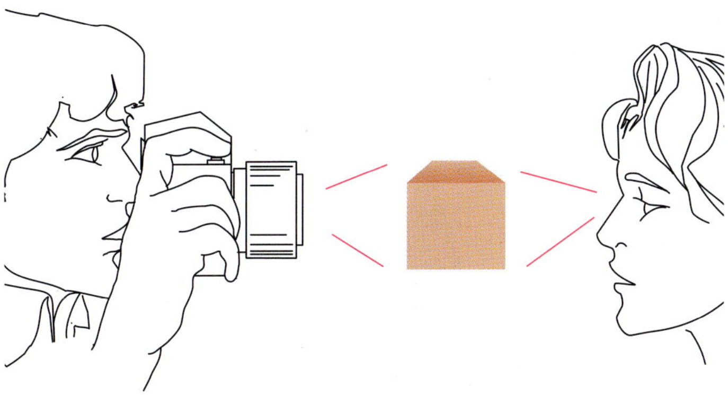

Apparentemente noi recepiamo un'immagine in un modo simile a un apparecchio fotografico. Questo in effetti presenta molte affinità fisiche con l'occhio umano: l'**obiettivo** è simile al **cristallino**, il **diaframma** alla **pupilla**, la **retina** alla **pellicola**.

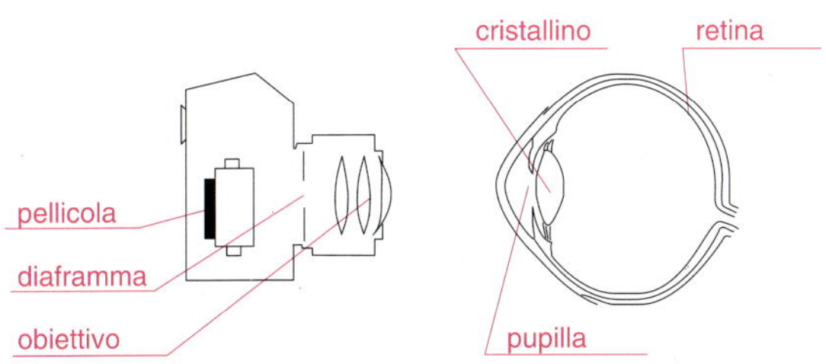

Molto diverse sono però le modalità con cui si formano le immagini fotografiche e quelle visive; mentre la fotografia è **monoculare** (un solo obiettivo), **rovesciata** (poi raddrizzata durante la stampa) e **statica**, l'immagine visiva è:

- **binoculare**: le due diverse immagini, che giungono dall'occhio sinistro e da quello destro, sono elaborate dal cervello e combinate in una sola, in modo da creare la percezione tridimensionale e rendere la profondità dello spazio;

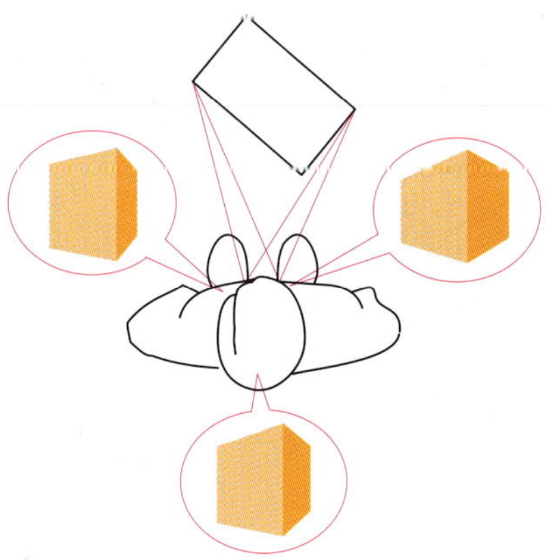

- **raddrizzata**: il cervello riceve dal nervo ottico immagini rovesciate che, combinate con i dati raccolti mediante gli altri sensi, vengono capovolte;

- **dinamica**: l'occhio, esplorando il campo visivo, corre da un particolare all'altro; i dettagli sono scrutati e correlati in un insieme complesso: l'**immagine**.

In realtà non vediamo con gli occhi, ma *attraverso gli occhi*: il cervello è il vero organo della vista. Esso filtra le continue immagini che gli giungono dagli occhi, le elabora, confrontandole con i dati che costituiscono il bagaglio culturale di ognuno, e le interpreta; la **percezione visiva** diviene così **informazione visiva**.

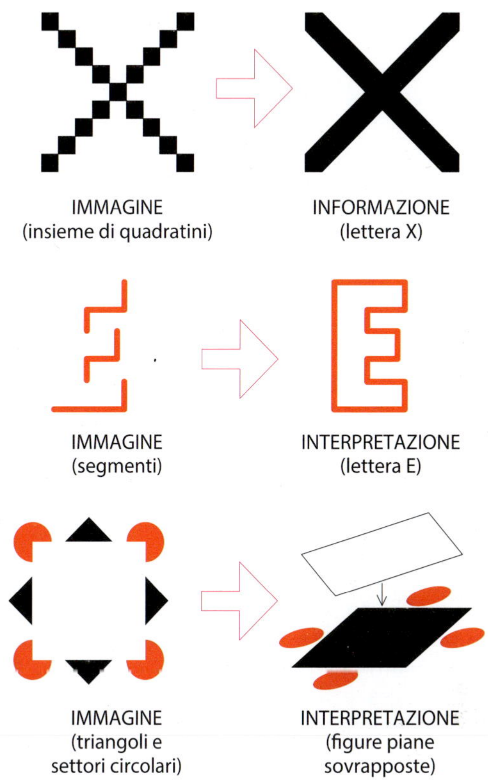

Organizzazione percettiva

Nel processo che traduce la percezione visiva in informazione operano leggi che governano l'osservazione delle forme presenti nel campo visivo. Nella visione di queste forme siamo indotti a cogliere il dato essenziale della configurazione, la sua struttura; ai diversi stimoli inviati dalle forme presenti nel campo noi applicheremo legami che costruiscono un'**organizzazione percettiva**. Tra le diverse organizzazioni verrà scelta una strutturazione che assegna alla figura una **forma** che dia significato alla figura stessa. In questa ricerca operano leggi che inducono a costruire collegamenti, a organizzare le somiglianze tra le parti.

Delle leggi che guidano l'organizzazione percettiva si parla più estesamente nella scheda di approfondimento segnalata di seguito.

APPROFONDIMENTI

L'organizzazione percettiva (1 pagina)

Tensione e movimento

L'esperienza del mondo fisico fornisce all'uomo alcuni indizi di equilibrio. Per esempio la posizione eretta o distesa del corpo vengono identificate con posizioni di equilibrio, e quindi associamo alle linee verticali o orizzontali una condizione di **staticità**; al contrario nelle linee oblique viene percepito un effetto di **dinamismo**.

Effetto statico — Effetto dinamico

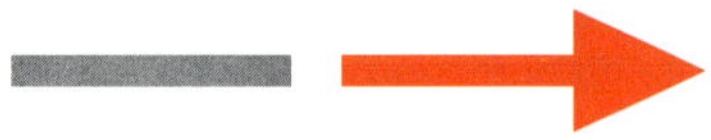

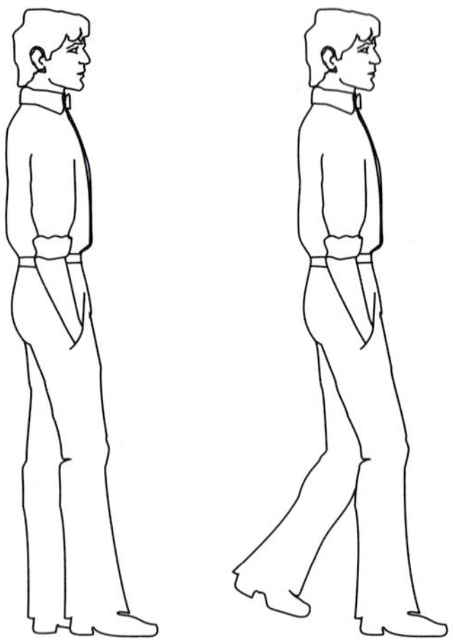

Effetto statico — Effetto dinamico

Una condizione di equilibrio e di staticità viene riconosciuta alla circonferenza per l'equidistanza dei suoi punti dal centro; ma se in una circonferenza ne inseriamo un'altra minore, a seconda della posizione reciproca, si può creare una situazione di equilibrio oppure di tensione percettiva.

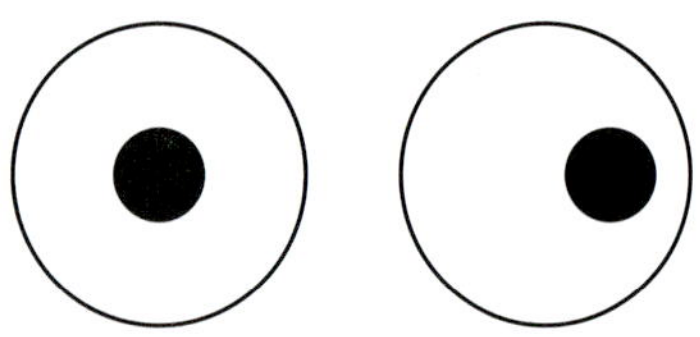

Equilibrio — Tensione

Dall'esperienza fisica e dalla percezione spaziale ci pervengono segnali che consentono di assegnare proprietà dinamiche a forme che in realtà sono immobili; i principali **indizi di movimento** sono:

- **obliquità** delle linee, da cui deriva anche l'*effetto freccia*, che attribuisce un senso dinamico a una linea;

Effetto statico — Effetto dinamico

Effetto statico — Effetto dinamico

Il via, di Gerardo Dottori (1927).

- **profili curvilinei**, propri di organismi in tensione dinamica;

La bordatura di pavone, di Aubrey Beardsley (1894).

- **sfocatura e sovrapposizione** dei contorni riassunte nell'*effetto scia*;

Il ciclista, di Natalja Gončarova (1913).

- **ripetizione in serie**, quale è la sequenza di posizioni di un corpo in movimento;

Dinamismo di un cane al guinzaglio, di Giacomo Balla (1912).

- **ingrandimento relativo**, quale si verifica in un corpo in avvicinamento all'osservatore.

Luce e colore

La luce

La percezione visiva è possibile solo in presenza della luce; essa è una forma di **energia radiante** che si propaga dalla sorgente con una velocità di circa 300 000 km/s.

Superfici ruvide creano effetti di diffusione, mentre quelle lisce riflettono la luce.

Nella sua propagazione la luce può incontrare **corpi opachi**, che ne impediscono il passaggio, o **corpi trasparenti**, che invece ne consentono totalmente o parzialmente il passaggio.

Quando la luce colpisce un corpo opaco può essere totalmente assorbita (*corpo nero*) oppure riflessa. Il fenomeno della **riflessione** è condizionato dalla rugosità della superficie del corpo illuminato: superfici levigate riflettono il fascio luminoso secondo una direzione unica (l'angolo incidente è uguale all'angolo riflesso), mentre le superfici ruvide lo scompongono, creando il fenomeno della *diffusione*.

Se invece il corpo è trasparente (aria, liquidi, solidi) la luce può essere soggetta sia a riflessione sia a **rifrazione** (deviazione del raggio luminoso).

Grazie a questi fenomeni la nostra visione del mondo circostante si arricchisce di **luci** (zone più illuminate) e **ombre** (zone meno illuminate) che creano la percezione tridimensionale.

Il colore

La luce solare, nostra principale forma di energia luminosa, si propaga con *moto ondulatorio*, cioè il percorso del singolo raggio luminoso in realtà non è una retta ma un'**onda**. Inoltre noi percepiamo la luce solare come **luce bianca** (incolore), eppure da essa traggono origine i colori.

Isaac Newton (1642-1726) scoprì che la luce bianca del Sole può essere scomposta in sette colori che formano lo **spettro cromatico**, dimostrando che la luce solare è una miscela di radiazioni cromatiche con diverse **lunghezze d'onda**.

L'occhio umano può percepire uno spettro compreso tra il colore rosso e il colore violetto; i sette colori e le rispettive lunghezze d'onda dello *spettro visivo* sono:

- rosso (7600-6100 Å);
- arancio (6100-5800 Å);
- giallo (5800-5700 Å);
- verde (5700-4900 Å);
- blu (4900-4500 Å);
- indaco (4500-4200 Å);
- violetto (4200-4000 Å).

Lo spettro visivo dell'uomo è molto ristretto rispetto all'intera gamma delle radiazioni; per esempio non sono percepite dall'occhio umano le radiazioni infrarosse e quelle ultraviolette.

I singoli colori ci appaiono diversi perché sulla *retina* (membrana del fondo oculare) ognuno di essi eccita diversamente i recettori (detti *coni*) sensibili alle variazioni cromatiche. Altro tipo di recettori presenti sulla retina sono i *bastoncelli*, sensibili alla luminosità ma non al colore.

Secondo la teoria formulata da Young a metà dell'Ottocento e sviluppata da Helmoltz, esisterebbero solo tre tipi di *coni*, diversamente sensibili alle radiazioni del rosso, del verde e del blu. Secondo la teoria tricromatica di Young-Helmoltz ogni colore nasce dalla mescolanza delle radiazioni dei tre **colori primari** (rosso, verde e blu).

La sintesi di questi tre colori-luce (cioè emessi da una sorgente luminosa) segue le regole della **sintesi additiva**. Sommando un colore-luce primario con uno diverso si ottiene un **colore secondario**:

- rosso + verde = giallo;
- verde + blu = ciano;
- rosso + blu = magenta.

Sintesi additiva dei colori-luce.

La somma dei tre colori-luce primari dà la luce bianca.

La sintesi additiva si verifica solo su sorgenti di luce; infatti essa viene utilizzata negli schermi dei computer per creare gamme cromatiche secondo il **metodo RGB** (Red = rosso, Green = verde, Blu).

Il nostro occhio, però, non riceve solo radiazioni luminose da parte di sorgenti, ma anche dai corpi illuminati. Essi infatti riflettono la luce, che non viene assorbita dal corpo; i colori assorbiti dalla materia del corpo dipendono dalla sua costituzione molecolare. Per esempio la colorazione verde di un corpo è dovuta al fatto che esso assorbe tutti i colori tranne la tinta verde, che viene rinviata verso i nostri recettori visivi.

Quindi il colore che noi percepiamo è dovuto al **pigmento**, la sostanza colorata che riveste un corpo.

I colori-pigmento mescolandosi tra loro creano altri colori sulla base di una **sintesi sottrattiva**; essa è caratteristica delle sostanze pigmentate usate nel mondo dell'arte o della tipografia. Per la stampa a colori, infatti, si mescolano colori-pigmento primari (Ciano, Magenta, Giallo, in inglese Cyan, Magenta, Yellow), da cui deriva l'intera gamma cromatica disponibile. La scarsa intensità del nero ottenuto per sintesi ha spinto la tecnica tipografica ad adottare un quarto colore-pigmento primario: il nero. Quindi nella stampa (anche nelle stampanti del computer) si adotta il cosiddetto **metodo CMYK**, basato su Ciano, Magenta, Giallo e Nero (in inglese: blacK).

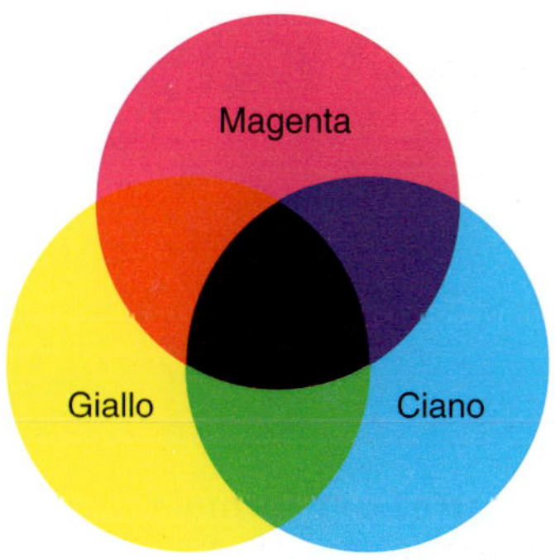

Sintesi sottrattiva dei colori-pigmento.

Per convenzione internazionale i singoli colori sono caratterizzati da tre variabili:

- **tonalità**, cioè la variazione qualitativa tra fasce cromatiche, quali rosso, verde, giallo ecc.;
- **saturazione**, cioè lo stato di purezza di una tinta; la sua mescolanza con altre crea dei colori «insaturi»;
- **luminosità**, cioè la brillantezza che avvicina il colore ai due estremi del bianco o del nero.

Sulla base di questi parametri è costruito il **metodo HSB** (Hue = tonalità, Saturation = saturazione, Brightness = luminosità), di largo uso anche nell'informatica grafica.

APPROFONDIMENTI

Il colore (4 pagine)

Interpretazione dell'immagine

Gli elementi che permettono di interpretare un'immagine sono l'esperienza fisica, la percezione dello spazio e il patrimonio culturale personale. Per esempio, nell'osservare una barretta immersa in un liquido, pur notando che i suoi contorni sono linee spezzate, li interpretiamo come linee rette soggette al fenomeno della rifrazione.

Le correzioni che il cervello apporta all'immagine sono molteplici: vediamo le principali.

Correzione direzionale

Rette convergenti vengono interpretate come parallele.

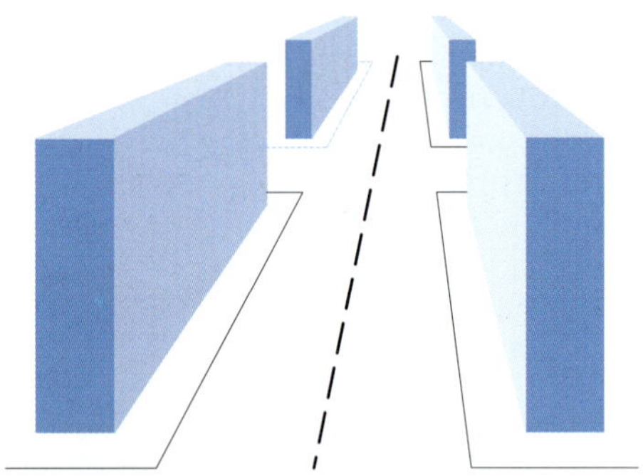

Correzione formale

Un trapezio in un contesto tridimensionale viene interpretato come un rettangolo.

L'immagine formata da tre rombi viene decifrata come un cubo.

Correzione cromatica

In base all'esperienza degli effetti della luce sui corpi solidi, parti con tinte di diversa luminosità vengono ricondotte a un unico colore.

Correzione dimensionale

Oggetti che forniscono immagini di diverse dimensioni vengono recepiti nella loro corretta grandezza, poiché per esperienza si sanno essere uguali.

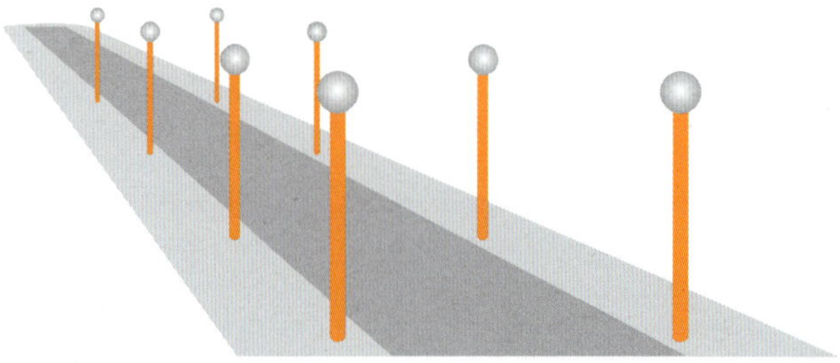

Correzione posizionale

Figure analoghe, ma di diverse dimensioni, vengono interpretate come sostanzialmente uguali, ma come posizionate a distanze diverse dall'osservatore.

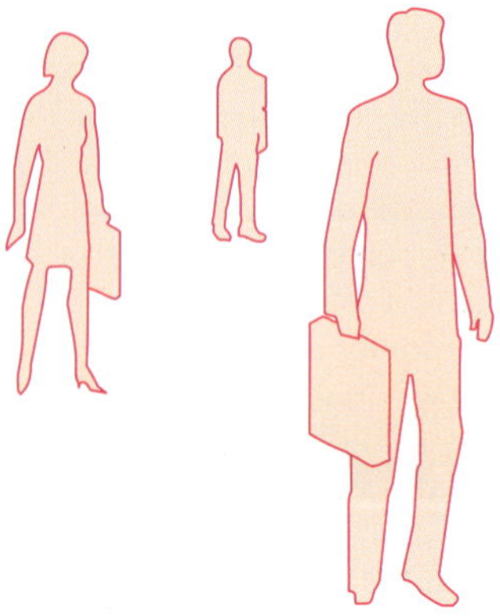

GLOSSARIO

Rifrazione: deviazione della direzione di propagazione di un'onda (come la luce) quando passa da un mezzo a un altro di diversa densità e proprietà ottiche.

Illusioni ottiche

Le immagini presentano talvolta delle caratteristiche talmente particolari da indurre il cervello a compiere associazioni improprie; l'occhio inganna il cervello e le immagini acquistano proprietà diverse da quelle reali.

Illusioni dimensionali

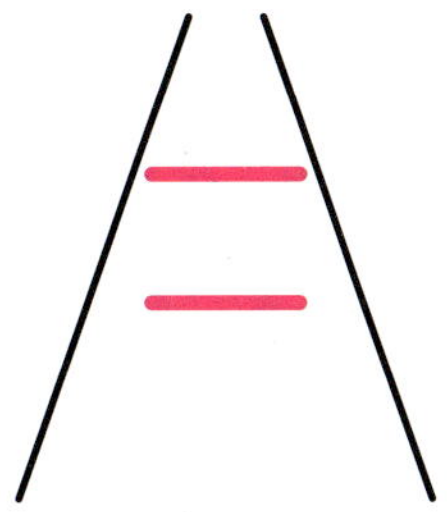

Illusione di Ponzo. La suggestione prospettica creata dalle rette convergenti genera la percezione di una diversa lunghezza dei segmenti che invece sono identici.

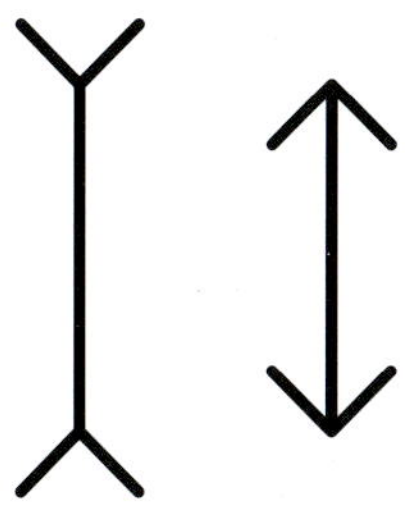

Illusione di Müller-Lyer. Anche in questo caso la suggestione prospettica fa percepire il segmento di sinistra più lungo dell'altro, che invece è uguale.

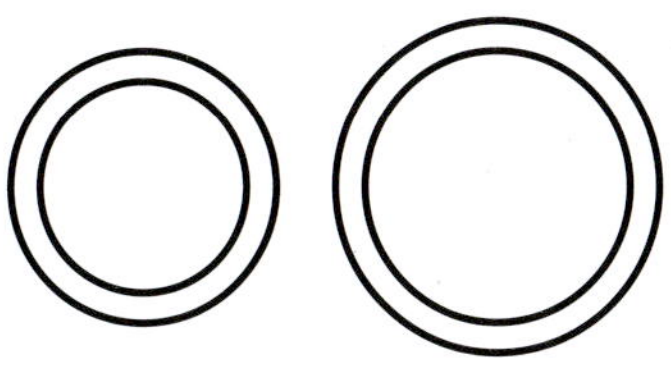

Illusione di Kundt. Il cerchio esterno nella figura di sinistra appare più grande di quello interno nella figura di destra.

Illusioni formali

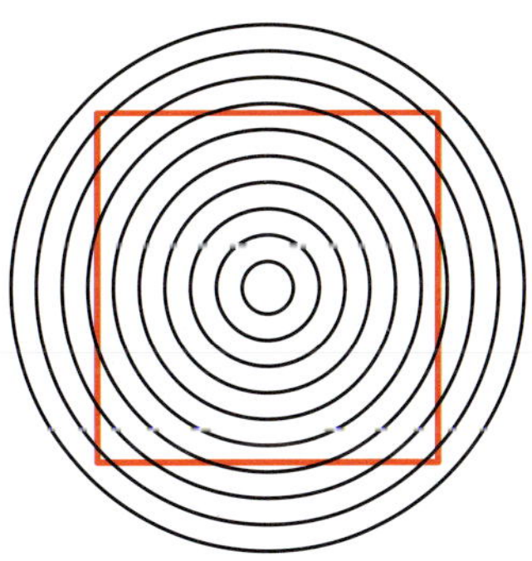

Illusione di Hering. I cerchi concentrici fanno percepire una incurvatura dei lati del quadrato.

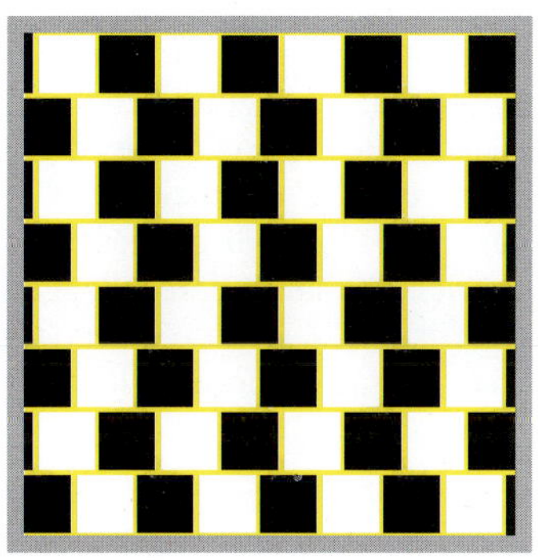

Illusione della parete del caffè. La sfasatura delle piastrelle distorce i quadrati.

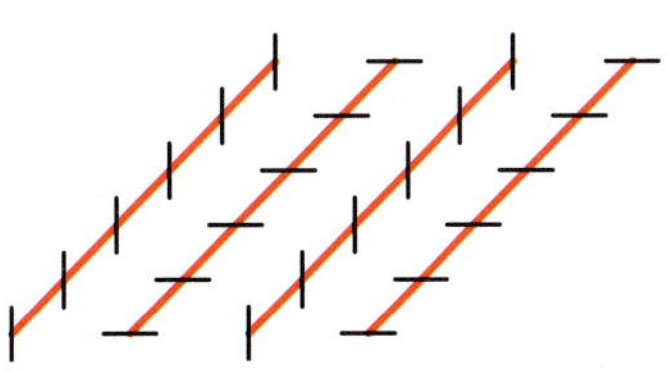

Illusione di Zöllner. Il disturbo dei trattini crea l'illusione di non parallelismo tra i quattro segmenti.

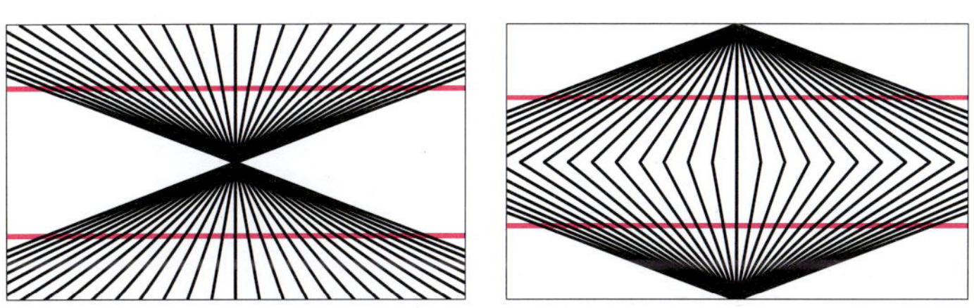

Illusioni di Hering. Le rette orizzontali, in presenza di segmenti convergenti, sembrano incurvarsi verso l'interno o verso l'esterno.

Le illusioni ottiche sono state spesso usate da disegnatori, pittori e architetti per ingannare o disorientare l'osservatore.

Solidi ambigui

Questa scala è vista dall'alto o dal basso?

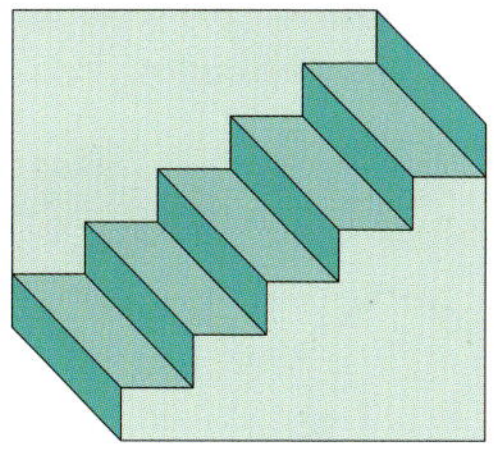

Relatività, di M.C. Escher (1953).

Solidi impossibili

Illusioni prospettiche

Galleria prospettica di Palazzo Spada a Roma di Francesco Borromini (1652). L'effetto di profondità è accentuato dalla pendenza del pavimento e della volta, oltre che dalla convergenza delle pareti laterali; le reali dimensioni sono disvelate da riferimenti (persone disposte alle estremità).

Osservazione

Saper vedere

Per poter disegnare un oggetto è necessario andare oltre la sua percezione visiva. Un ambiente o un oggetto complesso presentano molte proprietà e caratteristiche: attraverso la vista possiamo scoprirle, analizzarle, studiarle. Ciò è necessario per decidere quali caratteristiche siamo interessati a rappresentare nel disegno.

Come in tutti gli ambiti scientifici, anche nel disegno tecnico un problema complesso viene scomposto in parti o elementi semplici.

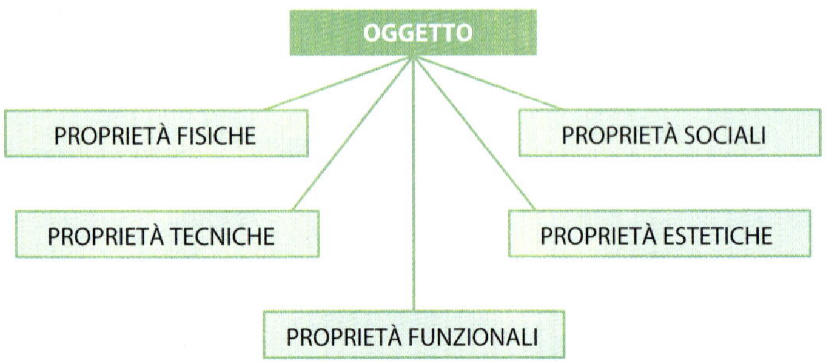

Tra le principali proprietà di un oggetto qui elencate, le più rilevanti per il disegno tecnico sono quelle fisiche o, più precisamente, alcune di esse.

Infatti alcune proprietà fisiche, di cui citiamo solo le più importanti, possono risultare secondarie o fondamentali secondo la finalità perseguita; per esempio le caratteristiche luministiche o di colore possono interessare disegni specificamente rivolti a un'analisi ambientale, mentre il peso o la durezza dei materiali possono essere importanti per un'analisi tecnica della costruzione.

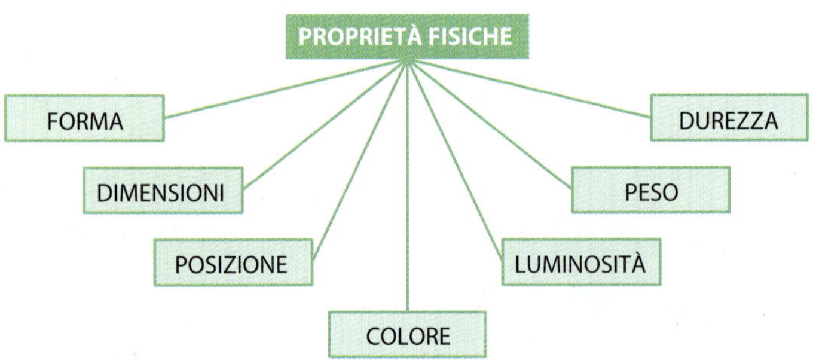

Nell'analisi di un oggetto bisogna però avere ben chiari gli scopi, e quindi non disperdere la propria attenzione in elementi secondari o irrilevanti per la soluzione del problema.

Per facilitare questo procedimento, l'uomo ha elaborato dei **modelli di analisi**, adeguati agli specifici problemi dei vari settori.

Nell'ambito del disegno tecnico è prevalente l'uso del **modello geometrico**, che ci guida nell'analisi **formale**, **dimensionale** e **posizionale** dell'oggetto da rappresentare. Attraverso il modello geometrico possiamo non solo classificare alcune proprietà dell'oggetto, ma anche organizzarle, strutturarle, studiarle.

Analisi formale

Nell'analizzare la forma di un oggetto operiamo una **semplificazione**, che consente di scomporlo e ridurlo a figure solide. L'oggetto reale diviene così un'astrazione geometrica.

All'interno di un'**immagine continua**, andiamo a individuare gli **elementi discreti** (cioè distinti, separati), cercando quelli che meglio si adattano al modello geometrico; l'**oggetto reale viene riportato a solidi** (parallelepipedi, prismi ecc.).

Progredendo ulteriormente nella semplificazione geometrica, i **solidi vengono ricondotti a superfici, linee, punti**.

Queste semplificazioni ci consentono di proseguire l'analisi dimensionale e posizionale dell'oggetto; con la definizione di un numero ridotto di elementi geometrici, possiamo dare all'oggetto dimensioni definite e assegnargli una precisa posizione nello spazio.

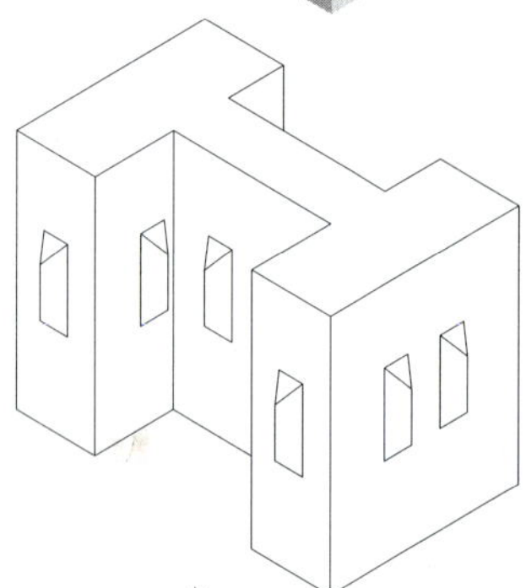

Descrivere la forma di un oggetto mediante linee e punti ci consente di usare anche i **modelli matematici**, che attraverso la geometria analitica trasformano le entità geometriche in numeri.

Proprio su una descrizione matematica della forma è fondata la **computergrafica**.

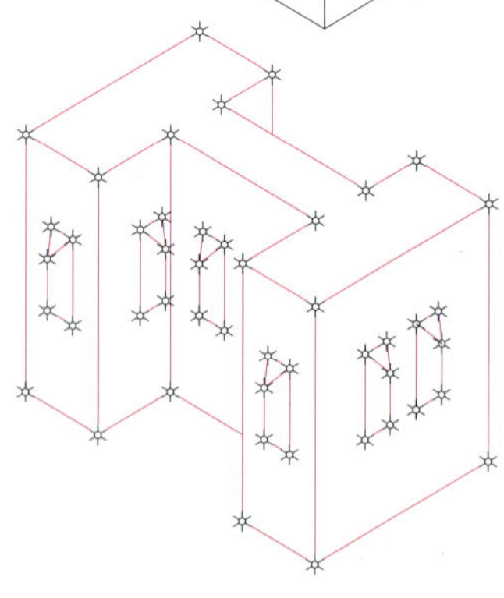

Naturalmente la figura geometrica crea una semplificazione, correggendo irregolarità ed eliminando dettagli, in certi casi ininfluenti.

È importante avere consapevolezza dello scarto tra figura geometrica e forme reali dell'oggetto, per valutare in quale misura tale scarto sia rilevante ai fini del disegno che stiamo realizzando.

Analisi strutturale

Dall'oggetto, scomposto e ridotto a elementi geometrici, emergono relazioni tra le parti costituenti. Sotto il corpo di un fabbricato possiamo scoprire lo scheletro, visibile o invisibile, che lo sostiene: la sua **struttura**.

Strutture geometriche

Nelle immagini proposte si può scoprire quale struttura geometrica, semplice o complessa, sorregge la forma.

Città di Palmanova (Udine).

Città di Grammichele (Catania).

Il Parlamento di Dacca (Bangladesh).

Il Pentagono a Washington (USA).

Duomo, Firenze.

Giardini di Versailles (Parigi).

Disegno di M.C. Escher.

Talvolta gli elementi che costituiscono un oggetto sono configurati secondo una struttura simmetrica.

Si ha una **simmetria assiale** quando una retta, detta **asse di simmetria**, divide una figura in due parti speculari; in questo caso ogni punto (A) della figura dista dall'asse quanto il suo simmetrico (A').

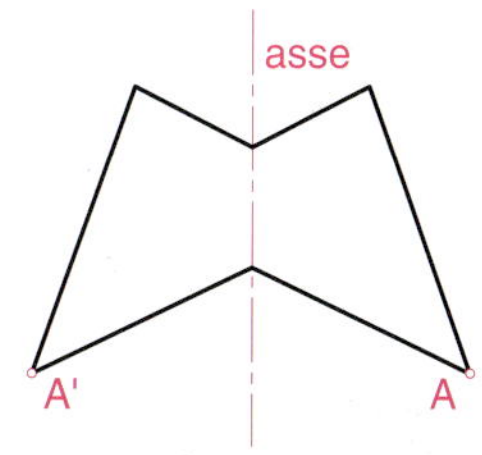

Quando una figura solida è divisibile in due parti speculari, si dice che essa è **simmetrica rispetto a un piano**, detto **piano di simmetria**. Ogni punto del solido rispetto al piano di simmetria si trova a una distanza uguale a quella del suo simmetrico.

Si ha invece una **simmetria centrale** quando ogni elemento di una figura dista da un punto, detto **centro di simmetria**, quanto il suo corrispondente.

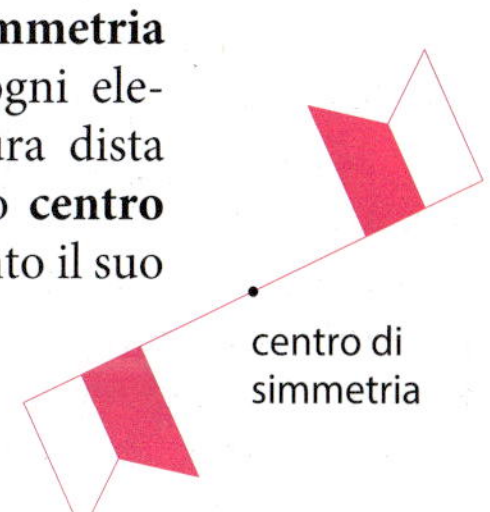

Figure con simmetria assiale

La nostra particolare consuetudine a percepire immagini simmetriche (sono tali infatti quasi tutte le forme viventi), ha sempre indotto l'uomo a organizzare le sue costruzioni secondo tale struttura.

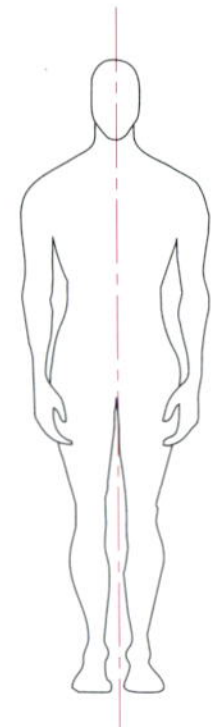

Il corpo umano è simmetrico rispetto a un piano.

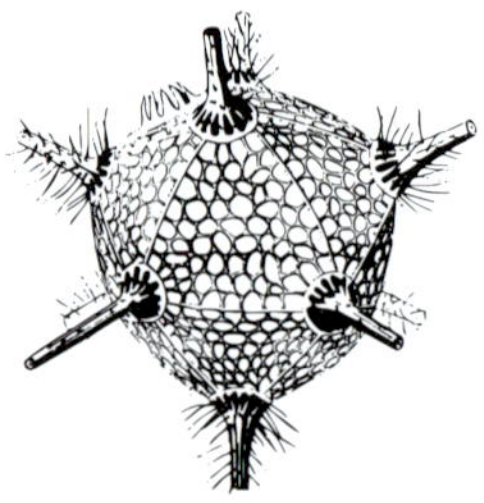

La struttura di un *radiolario* (protozoo marino) è simmetrica rispetto a un polo.

Edificio strutturato secondo due piani di simmetria (Villa Capra, detta «La Rotonda», a Vicenza).

Padiglione USA di R.B. Fuller per l'Esposizione Universale di Montreal, Canada (1967).

Figure con simmetria centrale

Le strutture con simmetria assiale inducono l'osservatore a una visione statica, oppure a seguire una direttrice rettilinea. Nelle strutture a simmetria polare l'attenzione è invece «calamitata» dal polo.

Nelle **strutture asimmetriche** si è invece indotti a una osservazione più libera e dinamica.

Immagine strutturata secondo un asse di simmetria: prospetto di un tempio (il Partenone di Atene).

Rosone della facciata della Cattedrale di Chartres (Francia).

Walt Disney Central Hall, Los Angeles, di Frank D. Gehry (1984).

Spazio strutturato secondo un piano di simmetria (basilica di Sant'Ambrogio a Milano).

Tempio di Ercole Vincitore, Roma (120 a.C.).

Cappella di Notre Dame du Haut a Ronchamp (Francia), di Le Corbusier.

Strutture modulari

Le figure talvolta sono composte da elementi di uguale forma, aggregati come tessere di un mosaico. Questi elementi, detti **moduli**, possono ripetersi secondo andamenti lineari, piani o spaziali.

Strutture modulari con sviluppo lineare

Fregio di tempio con metope e triglifi.

Prospetto dello Spedale degli Innocenti a Firenze, opera di Filippo Brunelleschi.

Palazzo Pitti a Firenze.

In immagini come questa è possibile ritrovare una struttura modulare a sviluppo lineare combinata con quella a sviluppo piano.

Strutture modulari con sviluppo piano

Possibili combinazioni geometriche di piastrelle ceramiche.

M.C. Escher, *Pegaso* (1959).

Strutture modulari con sviluppo spaziale

I moduli sono elementi tridimensionali con forma e dimensioni tali da consentirne l'aggregazione spaziale in vari modi.

Esemplare precursore di tali moduli tridimensionali è il mattone.

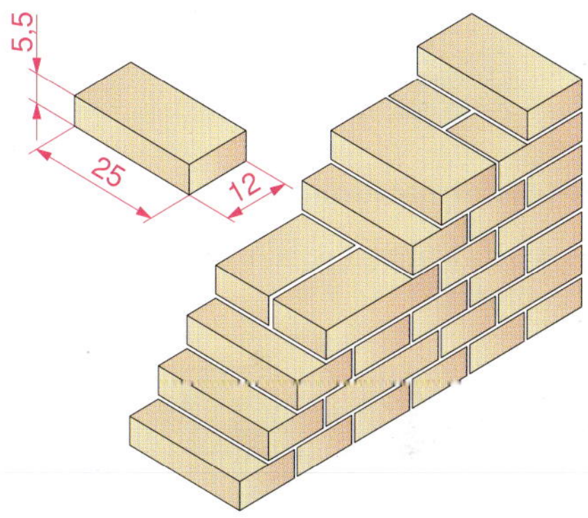

In casi come quello illustrato a fianco, i moduli si dispongono nel piano con una struttura a simmetria centrale e si sviluppano nello spazio secondo un asse.

Grattacieli a Marina City, Chicago (USA).

Strutture di trasformazione

Talune immagini sono riconducibili ad altre, cioè la loro forma deriva dalla trasformazione di un'altra figura.

Comunissimi casi di trasformazioni sono le ombre: tra l'oggetto e la sua ombra esiste una relazione creata dalla luce. A seconda della luce e del tipo di superficie su cui l'ombra viene proiettata, si verificano diversi tipi di trasformazioni.

Trasformazione omotetica

Questa trasformazione si verifica tra una figura e la sua ombra proiettata su un piano parallelo alla figura stessa. Gli angoli restano uguali e i lati sono in proporzione, pertanto le figure sono simili.

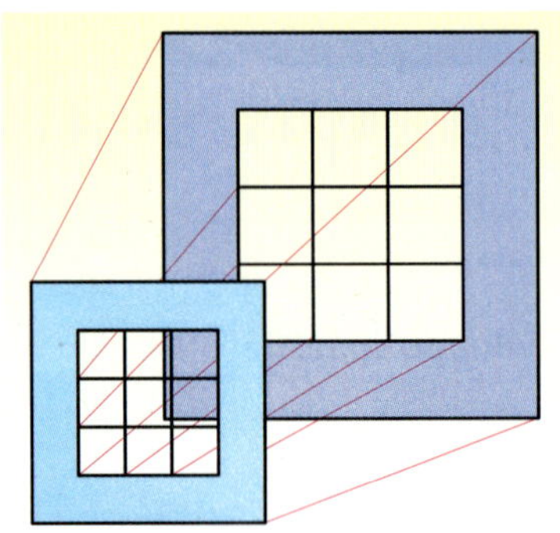

Trasformazione proiettiva

Si verifica quando la sorgente di luce è puntiforme.

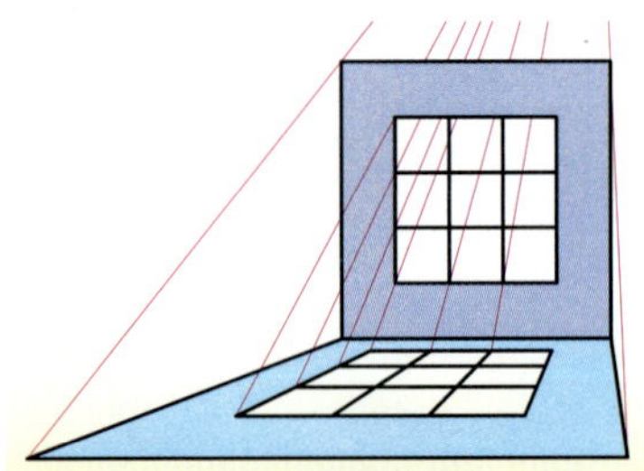

Trasformazione affine

Si verifica quando si ha una sorgente di luce a distanza infinita, come il Sole.

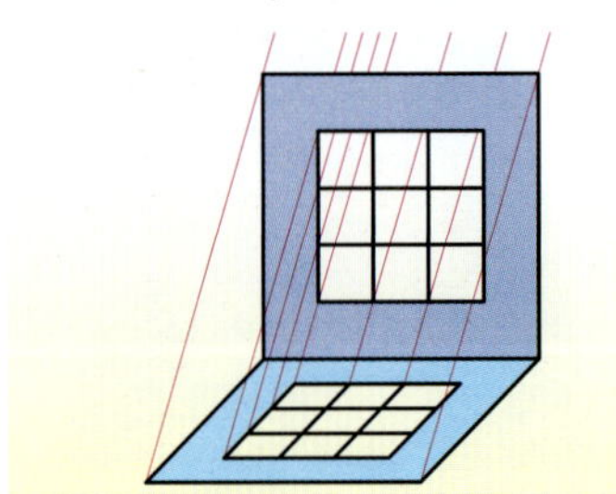

Trasformazione topologica

Si verifica nei casi in cui l'ombra viene proiettata su superfici curve o irregolari.

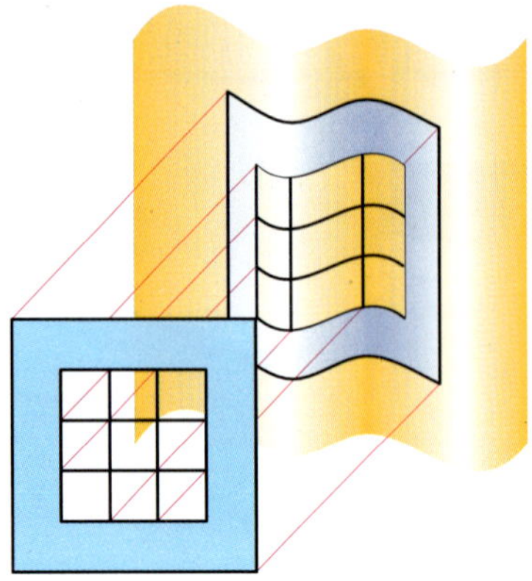

Su reticoli ottenuti per trasformazione, è possibile ricavare varie trasformazioni di una stessa figura.

M.C. Escher, *Balconata* (1945).

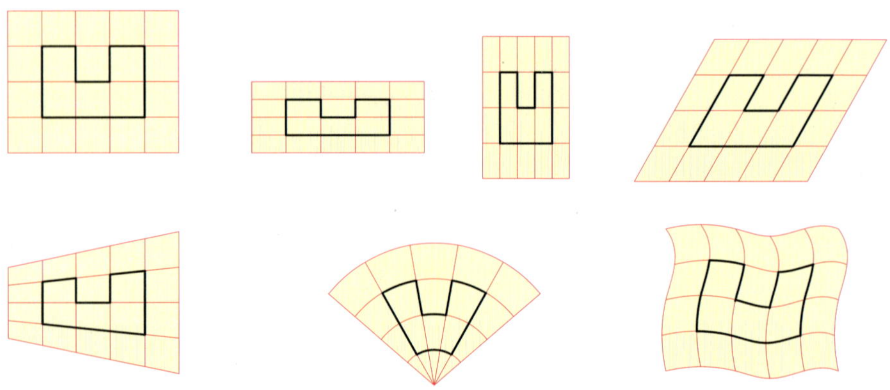

Sulle trasformazioni molti artisti hanno realizzato disegni particolarmente suggestivi e talora bizzarri. Per esempio nelle **anamorfosi** si verifica una particolare trasformazione di un'immagine, che risulta correttamente proporzionata solo se si osserva il disegno di scorcio.

Anamorfosi di G. Schön che ritrae quattro personaggi del '500: Carlo V, Ferdinando I, Paolo III e Francesco I. A fianco sono riportate le immagini visibili da opportuni punti di vista.

MEMO

L'**anamorfosi** è un artificio pittorico che consente di ottenere immagini percepibili solo se osservate di scorcio o da un determinato punto di vista.

APPROFONDIMENTI

Anamorfosi (2 pagine)

Escher e le trasformazioni (2 pagine)

Analisi dimensionale

Rilevando e analizzando le dimensioni di un oggetto possiamo eliminare eventuali inganni percettivi e dare alla figura una consistenza scientificamente esatta. Gli elementi geometrici in cui abbiamo scomposto l'oggetto divengono così **grandezze fisiche**.

La misurazione ci consente di trasformare il disegno in un potente strumento di indagine: possiamo scoprire costanti e varianti, norme e proporzioni, a prima vista sfuggite alla nostra analisi.

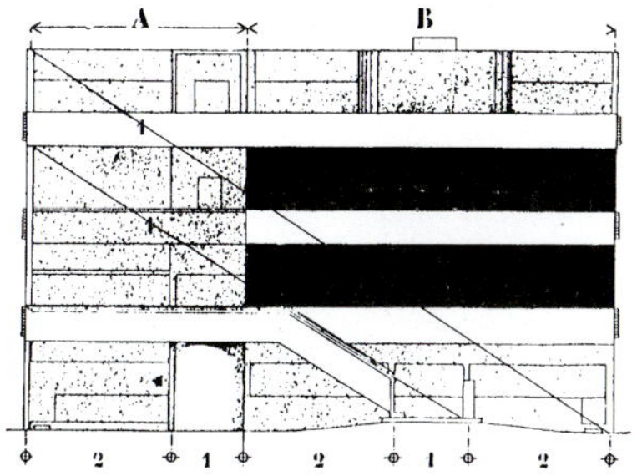

Veduta dal giardino.

Villa Stein di Le Corbusier a Garches (Francia).

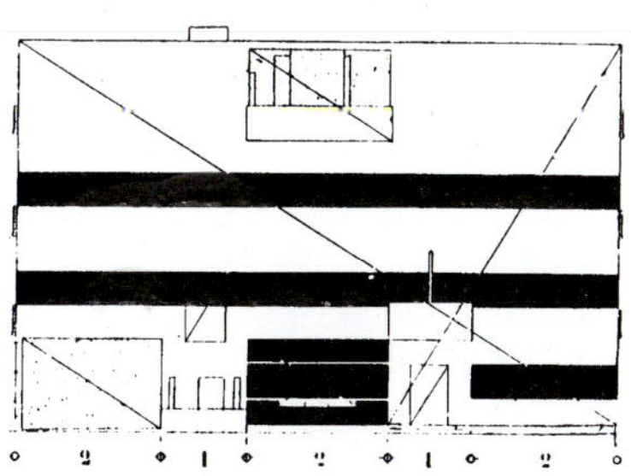

Veduta dell'ingresso.

Villa Stein di Le Corbusier a Garches (Francia).

La necessità di misurare in modo più o meno rigoroso è però determinata dallo scopo che ci proponiamo.

In un disegno di rilievo meccanico si può spingere la precisione fino a misure che presentino un'approssimazione pari a 1 micrometro (1/1000 di mm). In taluni casi invece, per necessità o opportunità, eseguiamo delle misurazioni «a occhio», cioè senza strumenti di misura: in questi casi si parla di **stima**.

La stima delle dimensioni si esegue basandosi sull'esperienza, oppure su riferimenti di cui si conoscono le dimensioni: per esempio l'altezza di una persona, la lunghezza di un passo o di una mano.

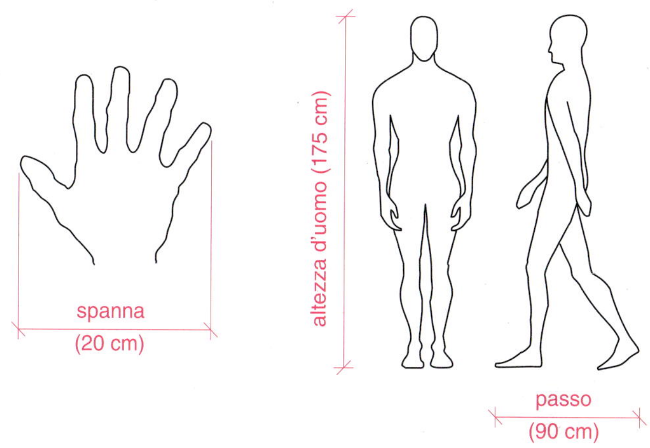

La presenza di una persona davanti a un edificio ci può aiutare a stimarne l'altezza. L'estrema facilità nel reperire un riferimento nelle dimensioni del corpo umano è stata notata fin dall'antichità; proprio per questo motivo le unità di misura furono per molti secoli quelle **antropometriche**.

MEMO

Antropometrico: elemento basato sulle dimensioni del corpo umano (in greco *àntropos* significa «uomo» e *metron* «misura»).

Analisi posizionale

Sistemi di riferimento

Per studiare in modo preciso e accurato un oggetto non basta definirne forma e dimensioni; senza una descrizione del suo rapporto con il contesto ambientale non potremmo avere una completa percezione spaziale. In altre parole **è essenziale definire la posizione dell'oggetto in relazione agli oggetti che lo circondano**. Questa analisi è importante ai fini percettivi: non è infatti irrilevante che una villa sia situata sulla sommità di una collina o nel pieno di un centro urbano; ma lo è anche per altri aspetti funzionali: che una stanza si affacci su una buia chiostrina, oppure sia esposta apertamente a sud non è secondario per la sua idoneità a svolgere certe funzioni abitative.

Per poter definire la posizione di un oggetto nello spazio dobbiamo assumere qualche elemento di riferimento. I **riferimenti** possono essere **assoluti** o **relativi**; si definiscono assoluti quelli che hanno un validità universalmente fissata e riconosciuta, mentre si considerano relativi quelli validi in determinate condizioni e per certe persone. Per esempio per definire a che altezza si trova un centro abitato, possiamo dire che si trova a 400 metri sul livello del mare (riferimento assoluto) oppure 50 metri più in alto di un certo paese vicino (riferimento relativo).

Per trovare un sistema di riferimento assoluto, fin dall'antichità si è fatto ricorso a elementi naturali facilmente riconoscibili da tutti; la direzione dell'oriente, assunta come riferimento geografico, ha dato il nome al sistema di **orientamento**. Da quando si è potuto far uso di strumenti scientifici (come la bussola magnetica), il riferimento geografico per eccellenza è diventato il nord.

L'orientamento ha ancora oggi una validità in molti settori scientifici e tecnici (dalla geografia alla nautica); nel campo dell'architettura esso è rimasto un elemento importante per definire soprattutto l'esposizione solare di una costruzione. Se una stanza è esposta a nord, gode di una scarsa illuminazione naturale e quindi sarà più adatta a ospitare una stanza da letto che un soggiorno.

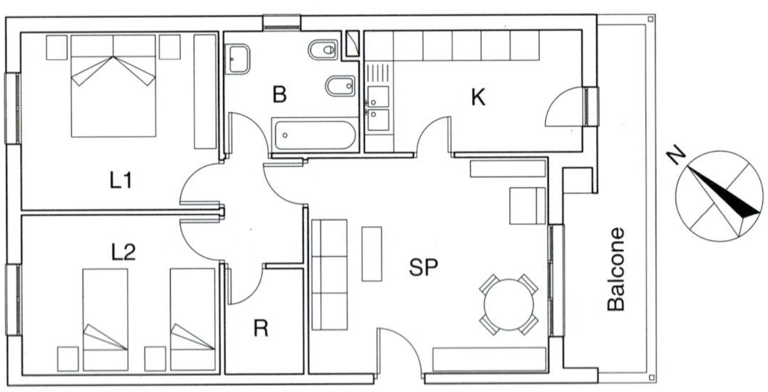

In genere le piante degli edifici sono provviste dell'indicazione grafica dell'orientamento geografico.

Il metodo con cui si può rilevare la posizione di un oggetto nel suo ambiente deve essere funzionale alle peculiarità del problema e alla disponibilità di strumenti.

Una piccola imbarcazione, per esempio, possiede solo una bussola da rilevamento e un telemetro (strumento per misurare otticamente la distanza di un punto dall'osservatore); per definire la posizione dell'imbarcazione rispetto a un porto può basarsi su due elementi:

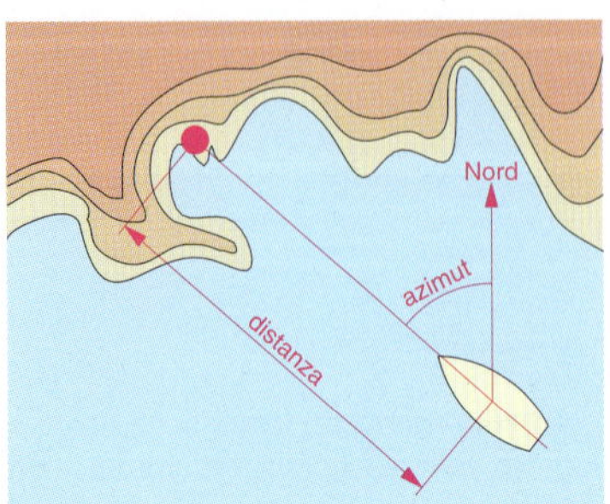

- l'angolo di rilevamento, detto **azimut**, cioè l'angolo formato dal nord con la retta passante per imbarcazione e porto;
- la distanza tra barca e porto.

Si baserà quindi su due grandezze, una angolare e una lineare, e su un riferimento, il nord.

Al contrario, se un'imbarcazione con una strumentazione più sofisticata (per esempio, sestante e telemetro) volesse fare il punto nave, potrebbe basarsi sulle coordinate geografiche, cioè **latitudine** e **longitudine**; come è noto, esse sono definite dagli angoli formati da meridiano e parallelo passanti per il punto riferiti rispettivamente al piano equatoriale e al meridiano di Greenwich. In pratica si sono usate due grandezze angolari e due piani di riferimento.

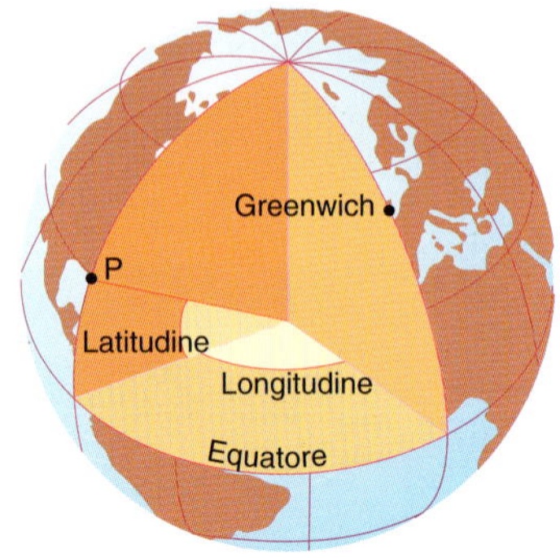

Questi due metodi, pur non essendo usati nel disegno tecnico, richiamano i **sistemi di coordinate**, che vediamo di seguito, basati su grandezze lineari o angolari e su due o tre riferimenti (rette o piani).

Per determinare la posizione di un punto, si usano le **coordinate**. Esse permettono di definire la posizione del punto attraverso valori lineari o angolari.

Coordinate nel piano

Coordinate cartesiane

Gli **assi cartesiani** sono una coppia di rette perpendicolari orientate.

L'asse orizzontale, indicato con la lettera **x**, è detto **asse delle ascisse**; quello verticale, indicato con **y**, è chiamato **asse delle ordinate**.

L'intersezione degli assi è detta **origine** (O), mentre il piano su cui giacciono gli assi è chiamato **piano cartesiano**.

Le **coordinate cartesiane** di un punto sono la coppia di distanze del punto stesso dagli assi cartesiani.

La distanza del punto dall'asse y è detta **ascissa**, mentre la distanza da x è l'**ordinata** del punto.

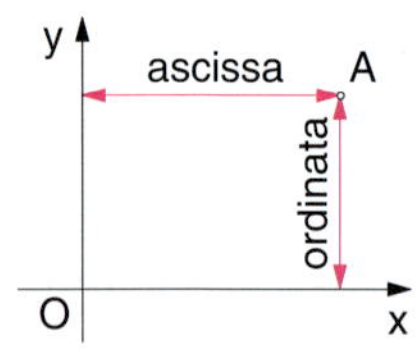

L'**orientamento** degli assi, indicato dalle frecce (verso destra e verso l'alto), segnala il verso positivo dei valori presi sugli assi stessi; dalla parte opposta rispetto all'origine si avranno valori negativi.

Le coordinate vengono trascritte indicando tra parentesi i due valori separati da una virgola (prima l'ascissa e poi l'ordinata); per esempio:

A ≡ (5, 3)*
B ≡ (–4, 2)
C ≡ (4, –3)

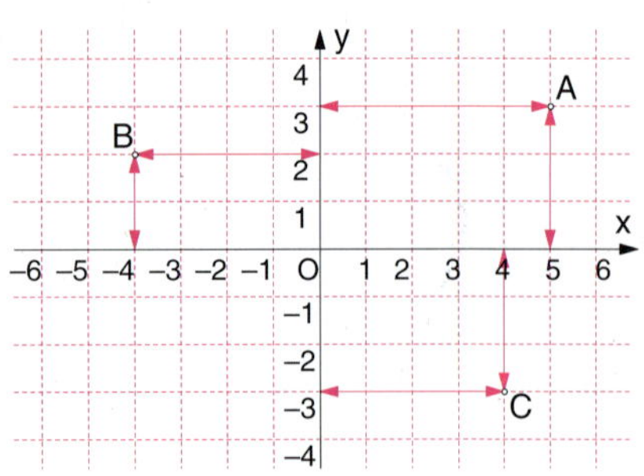

* Si legge «A di coordinate 5 e 3».

APPROFONDIMENTI

Le coordinate nella storia (3 pagine)

Coordinate polari

I **riferimenti polari** sono una semiretta orientata e la sua origine.

La semiretta è chiamata **asse** e l'origine della semiretta è detta **polo**.

Le **coordinate polari** di un punto sono una coppia di valori, uno lineare (la distanza del punto dal polo), e uno angolare (l'angolo formato dall'asse con la semiretta condotta dal polo al punto).

La distanza del punto dal polo è chiamata **modulo** (in figura $m = \overline{AO}$), mentre prende il nome di **anomalia** ϑ l'angolo formato dall'asse con la semiretta AO.

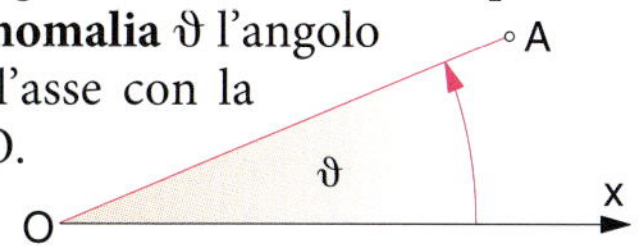

Il modulo è sempre positivo.

Anomalia positiva si ha quando è diretta in **senso antiorario** dall'asse verso la semiretta AO; è invece **negativa** quando ruota in **senso orario**.

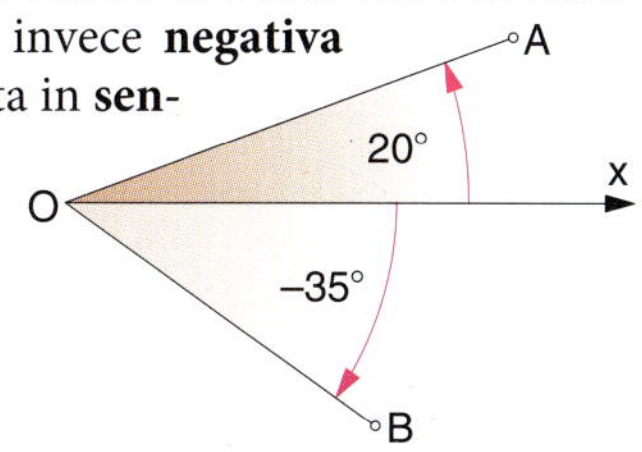

Le coordinate polari si trascrivono in questo modo: prima il modulo, poi il simbolo <, infine l'anomalia. Per esempio:

$A \equiv (40 < 20) \qquad B \equiv (32 < -35)$

Coordinate assolute e relative

Le **coordinate assolute** sono quelle ottenute con riferimenti fissi (cartesiani o polari).

Le **coordinate relative** sono quelle riferite al punto precedentemente indicato o disegnato.

Le coordinate relative rendono molto più semplice l'immissione di valori, se si conoscono le distanze o gli angoli di un punto rispetto a un altro disegnato in precedenza.

Per esempio, se si volesse disegnare la figura seguente con le **coordinate cartesiane assolute** (cioè riferite sempre a O), bisognerebbe fornire i seguenti valori:

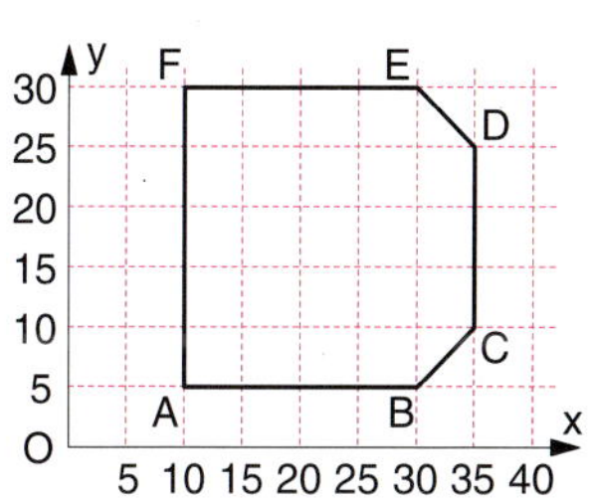

COORDINATE CARTESIANE ASSOLUTE

	x	y
A	10	5
B	30	5
C	35	10
D	35	25
E	30	30
F	10	30

La stessa figura potrebbe essere ottenuta indicando le coordinate assolute di A e le coordinate cartesiane relative dei punti successivi; in questo modo le coordinate di B sono riferite al punto A, quelle di C sono relative a B e così via.

COORDINATE CARTESIANE ASSOLUTE

	x	y
A	10	5

COORDINATE CARTESIANE RELATIVE

	x	y
B	20	0
C	5	5
D	0	15
E	–5	5
F	–20	0

Coordinate nello spazio

Coordinate cartesiane

Una **terna di assi cartesiani** è costituita da tre semirette orientate, tra loro perpendicolari e con la stessa origine.

Gli assi orizzontali sono indicati con le lettere x e y, mentre quello verticale è individuato dalla lettera z.

I piani formati da coppie di assi (xy, xz, yz) sono detti **piani coordinati**.

Gli assi x e y sono rispettivamente chiamati **asse delle ascisse** e **asse delle ordinate**; l'asse z è invece chiamato **asse delle elevazioni**.

Le **coordinate cartesiane** di un punto nello spazio sono le distanze del punto dai piani coordinati.

Le coordinate cartesiane sono:

- **ascissa** (distanza dal piano yz);
- **ordinata** (distanza dal piano xz);
- **elevazione** (distanza dal piano xy).

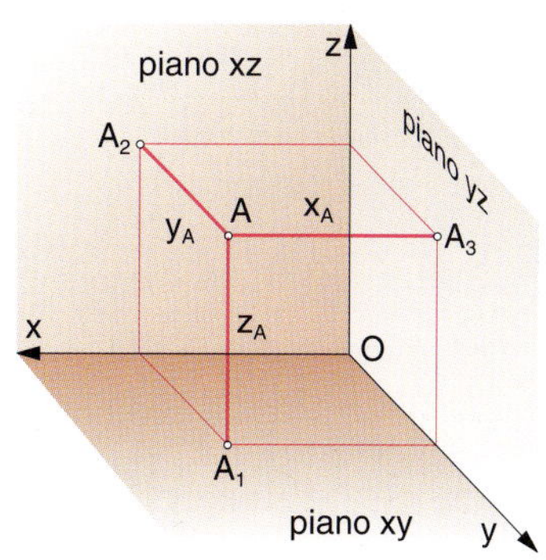

Così come da un punto si possono rilevare le sue coordinate nello spazio, si può realizzare anche l'operazione inversa, cioè individuare un punto nello spazio a partire dalle sue coordinate.

GLOSSARIO
La **proiezione ortogonale** di un punto su un piano è il piede della perpendicolare condotta dal punto al piano.

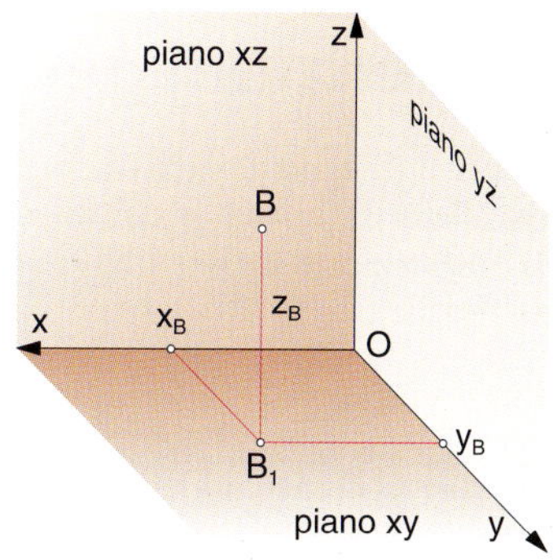

Nella figura qui sopra si è preso un segmento di lunghezza x_B sull'asse x, un segmento y_B sull'asse y e da essi si sono condotte le parallele a x e a y. Si trova così il punto B_1, dal quale si «eleva» un segmento di lunghezza z_B, determinando il punto B.

Analogamente, partendo dalle coordinate dei vertici o di altri punti di una figura piana o solida, si può ricostruire la figura nello spazio.

Nella trascrizione delle coordinate si devono indicare in ordine la x, la y e infine la z, separandole con una virgola.

Coordinate sferiche

Un **sistema di riferimento sferico** è costituito da un piano e da una semiretta orientata, appartenente al piano stesso.

Conducendo da un punto A la perpendicolare al piano si trova A_1, la sua **proiezione ortogonale** sul piano. Inoltre congiungendo O con i punti A e A_1, si ottengono le semirette a e a_1.

Le **coordinate sferiche** di un punto sono due angoli e una lunghezza:

- l'angolo α tra l'asse x e la retta a_1;
- l'angolo β tra le rette a e a_1;
- la lunghezza del segmento OA.

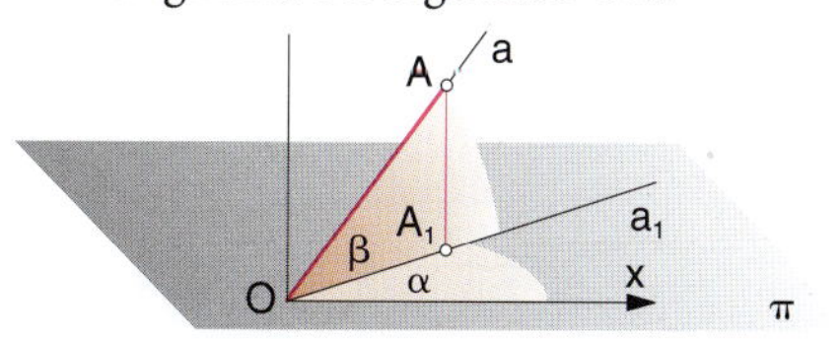

Coordinate cilindriche

Anche in questo caso il sistema di riferimento è formato da un piano e da una semiretta orientata, appartenente al piano stesso.

Si conduce da A la perpendicolare al piano, trovando la sua **proiezione ortogonale** A_1; congiungendo O con A_1 si ottiene la semiretta a.

Le **coordinate cilindriche** di un punto sono un angolo e due lunghezze:

- l'angolo α tra l'asse x e la retta a;
- la lunghezza del segmento OA_1;
- la lunghezza del segmento AA_1.

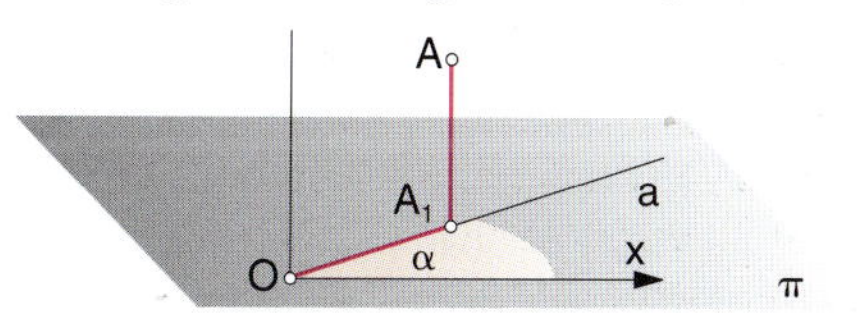

Convenzioni generali del disegno tecnico

Per rendere il disegno tecnico un linguaggio chiaro e rigoroso, esso viene regolato da norme e convenzioni; esse sono formulate da **Enti di unificazione**, quali l'**UNI** (italiano), l'**EN** (europeo) e l'**ISO** (internazionale).

Formati unificati

Le dimensioni dei fogli sono definite dalla tabella UNI EN ISO 5457. Questi formati si basano su rettangoli che hanno un rapporto tra altezza e base pari a $1:\sqrt{2}$. Esso non è altro che il rapporto tra il lato di un quadrato e la sua diagonale.

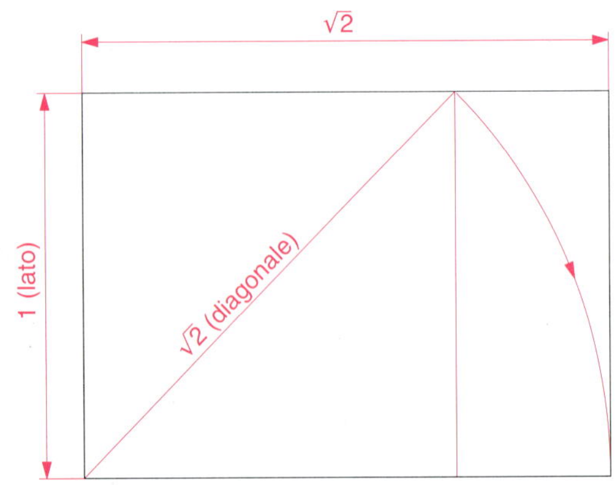

La serie dei formati ISO-A è basata sulla definizione del formato A0 (il più grande) che ha un'area di 1 m^2 e i lati nel rapporto $1:\sqrt{2}$; le sue dimensioni sono 841 × 1189 mm. I formati più piccoli hanno proporzioni identiche e area gradualmente dimezzata.

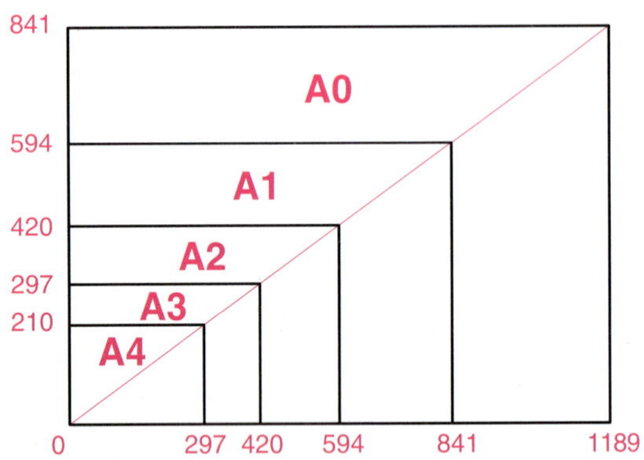

Dal formato base A0 (841 × 1189), si ricava il successivo A1, dimezzandone il lato più lungo: esso pertanto ha dimensioni 594 × 841.

Procedendo analogamente, cioè dimezzando sempre il lato maggiore, si ricavano i successivi.

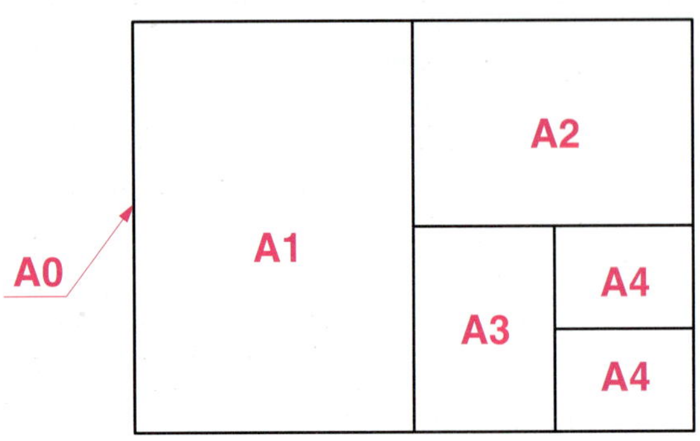

FORMATI ISO-A

DESIGNAZIONE	FOGLIO RIFILATO mm × mm	FOGLIO NON RIFILATO mm × mm
A0	841 × 1189	880 × 1230
A1	594 × 841	625 × 880
A2	420 × 594	450 × 625
A3	297 × 420	330 × 450
A4	210 × 297	240 × 330

(UNI EN ISO 5457)

L'UNI prevede anche la possibilità di adottare, in casi particolari, **formati allungati**. Essi sono ottenuti combinando il lato corto di un formato A con il lato lungo di un altro formato A di dimensioni maggiori; per esempio combinando il formato A3, il cui lato corto è 297 mm, con quello lungo del formato A1, che è 841 mm, si ottiene un formato allungato designato con la sigla A3.1.

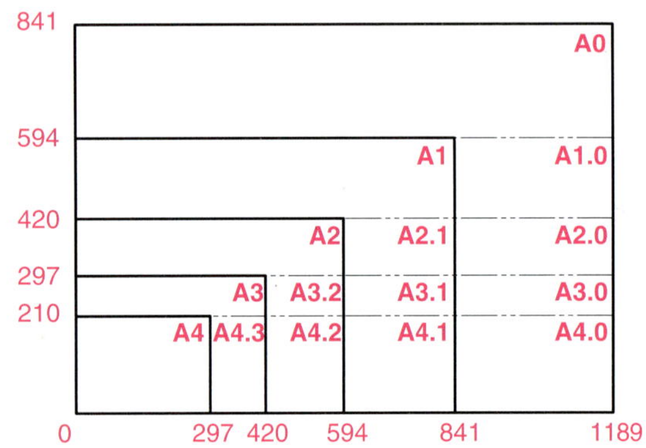

FORMATI ALLUNGATI

DESIGNAZIONE	DIMENSIONI mm × mm
A1.0	594 × 1189
A2.0	420 × 1189
A2.1	420 × 841
A3.0	297 × 1189
A3.1	297 × 841
A3.2	297 × 594
A4.0	210 × 1189
A4.1	210 × 841
A4.2	210 × 594
A4.3	210 × 420

(UNI EN ISO 5457)

APPROFONDIMENTI

Storia della normazione (5 pagine)

Squadratura

I fogli da disegno in commercio non sono esattamente coincidenti con i formati ISO-A, ma un po' più grandi; i più diffusi misurano 240 × 330 mm, oppure 330 × 480 mm.

La **squadratura** delimita la zona di esecuzione del disegno, lasciando un margine circostante di almeno 10 mm per i formati A2, A3 e A4 e di almeno 20 mm per i formati A0 e A1.

Qualora si dovesse eseguire la squadratura di un foglio, si può applicare il seguente procedimento.

1. Disegnate le diagonali, si centra con il compasso sulla loro intersezione, tracciando quattro archi di raggio a piacere.

2. Centrando nei punti trovati sulle diagonali, si conducono otto archi di apertura a piacere, che si intersecano in quattro punti; congiungendoli si tracciano gli assi del foglio.

3. Si disegnano le parallele degli assi a distanza pari alla metà dei lati del formato ISO-A, ottenendo il rettangolo della squadratura.

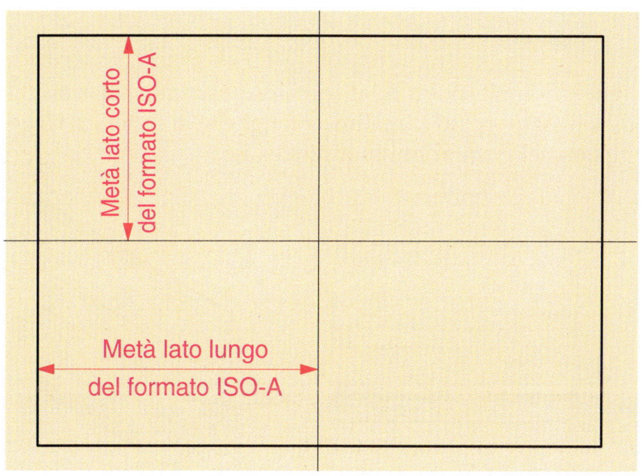

4. Si eliminano le linee di costruzione e si ripassa la squadratura con linea grossa continua (spessore minimo 0,5). All'interno si disegna la tabella.

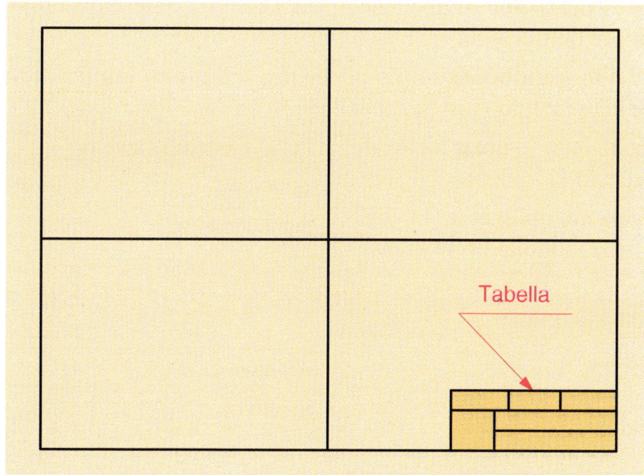

La **tabella** (o **riquadro delle iscrizioni**) viene disposta nell'angolo inferiore destro della squadratura. Essa è costituita da una zona principale e da una zona aggiuntiva.

La **zona principale** accoglie le seguenti informazioni:

- numero del disegno o codice;
- titolo del disegno;
- ragione sociale (persona o ente proprietario);
- simbolo del metodo di proiezione;
- scala del disegno;
- responsabilità e controllo.

La **zona aggiuntiva** riporta informazioni su modifiche e sui materiali o componenti presenti nel disegno.

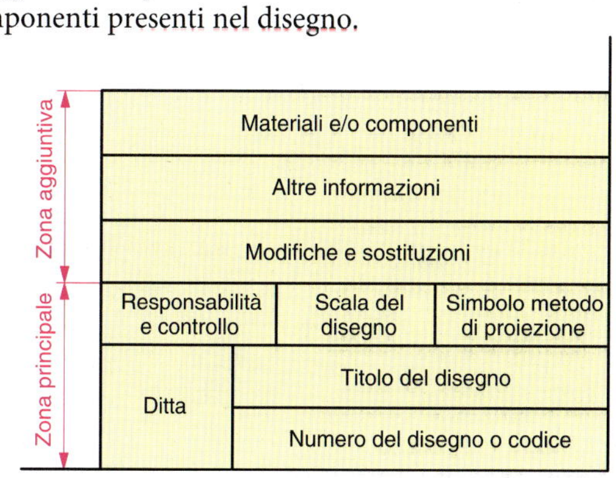

Struttura di tabella di uso aziendale.

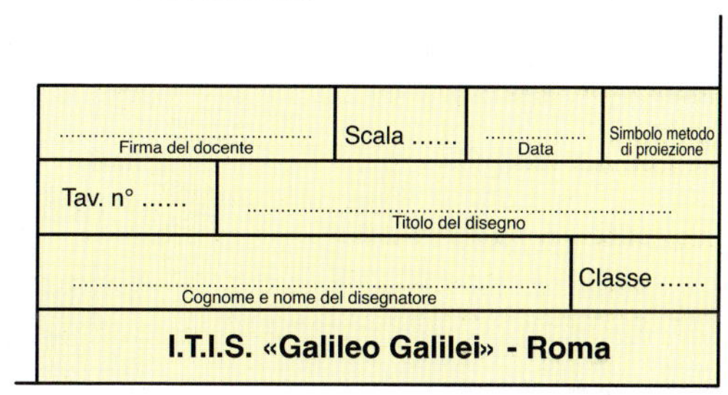

Esempio di tabella di uso scolastico.

Scale metriche del disegno

La **scala metrica del disegno** è il rapporto esistente tra le dimensioni lineari del disegno e quelle corrispondenti nell'oggetto reale.

La scala metrica è espressa dal **rapporto** tra due numeri: il primo numero è relativo al disegno, il secondo alla realtà. Per esempio la scala 1 : 20 significa che 1 mm del disegno equivale a 20 mm nell'oggetto reale.

Scala 1 : 20
Disegno — Realtà

Scale di riduzione sono quelle in cui il primo numero del rapporto è minore del secondo (per esempio 1 : 50).

Scale d'ingrandimento sono quelle in cui il primo numero è maggiore del secondo (per esempio 2 : 1).

Scala al vero (o **scala naturale**) è la scala 1 : 1.

Le **scale normalizzate** (UNI EN ISO 5455) sono indicate a fianco.

SCALE PIÙ USATE

Meccanica	1 : 1 1 : 2
Arredo	1 : 5 1 : 10
Edilizia	1 : 20 1 : 50 1 : 100 1 : 200
Topografia	1 : 500 1 : 1000 1 : 2000 1 : 5000

SCALE NORMALIZZATE

CATEGORIA	RAPPORTO
Ingrandimento	50 : 1 20 : 1 10 : 1 5 : 1 2 : 1
Al naturale	1 : 1
Riduzione	1 : 2 1 : 5 1 : 10 1 : 20 1 : 50 1 : 100 1 : 200 1 : 500 1 : 1000 1 : 2000 1 : 5000 1 : 10 000

CALCOLO RAPIDO

MISURA REALE	SCALA	MISURA DISEGNATA
1 m	1 : 200	0,5 cm
1 m	1 : 100	1 cm
1 m	1 : 50	2 cm
1 m	1 : 20	5 cm
1 m	1 : 10	10 cm
1 m	1 : 5	20 cm

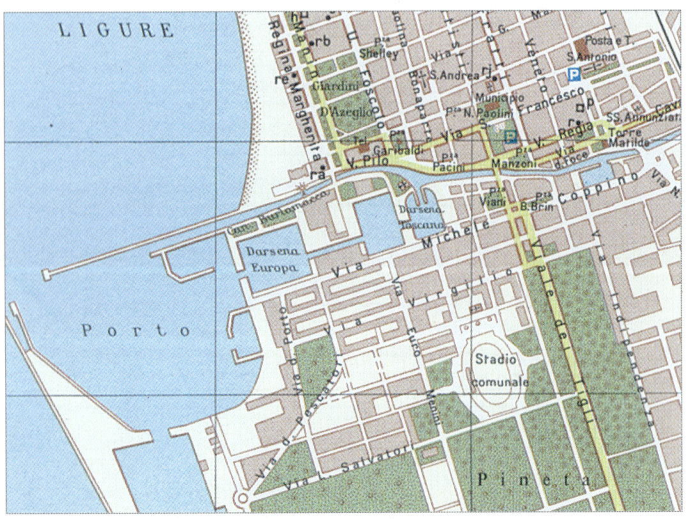

Planimetria di città (Viareggio). Scala 1 : 25 000.

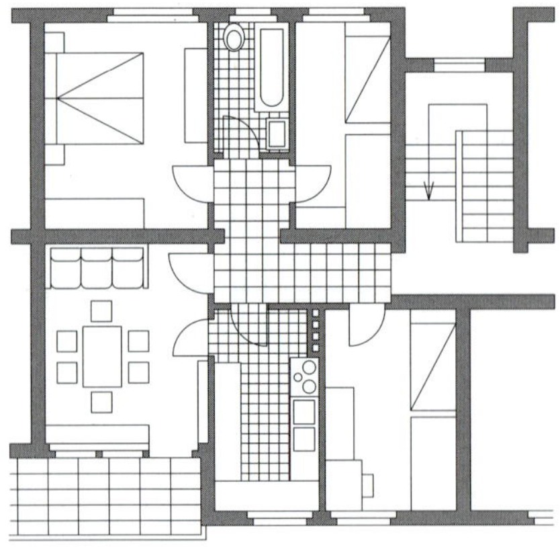
Pianta di alloggio a Berlino (Walter Gropius).

Scala 1 : 200

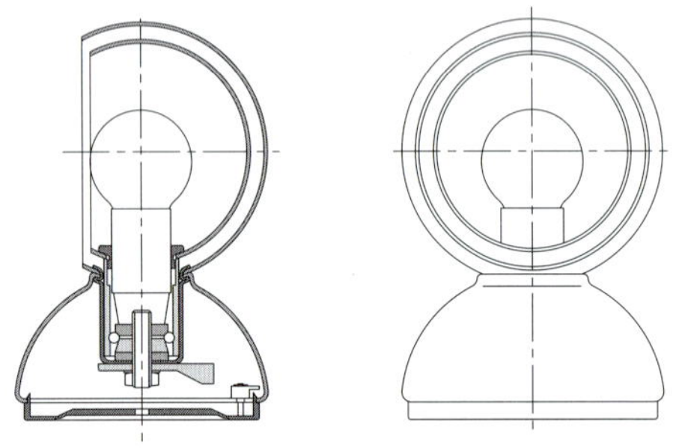
Lampada «Eclisse» di Vico Magistretti.

Scala 1 : 5

Scale grafiche

La **scala grafica** è un segmento graduato su cui sono riportate le misure reali.

Riportando una qualsiasi lunghezza del disegno sul segmento graduato, è possibile ricavarne la dimensione reale.

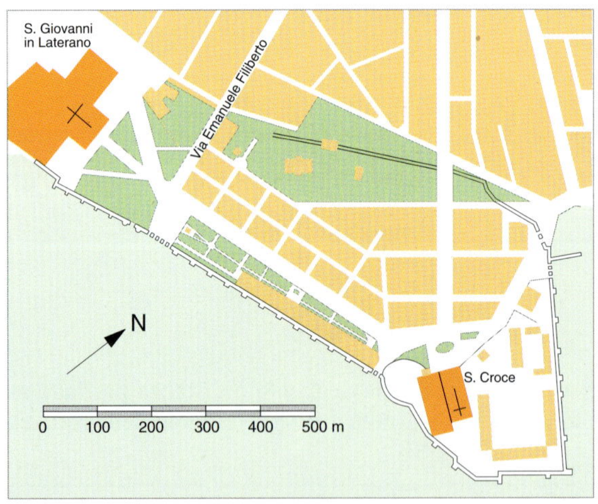

Per semplificare il lavoro del disegnatore, evitando laboriosi calcoli in scala, è usato spesso lo **scalimetro**, righello di sezione triangolare che riporta sei graduazioni in diverse scale.

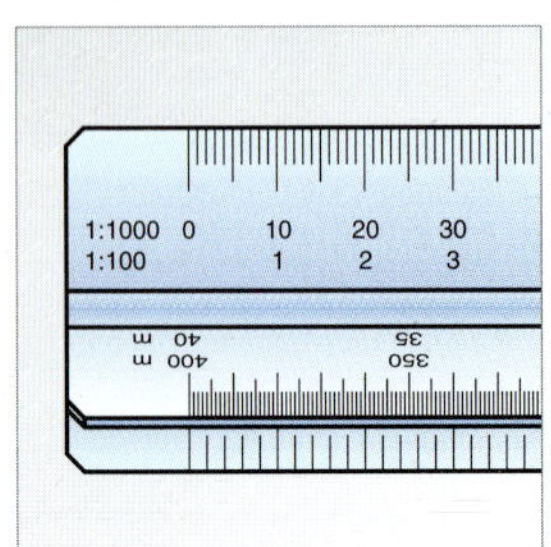

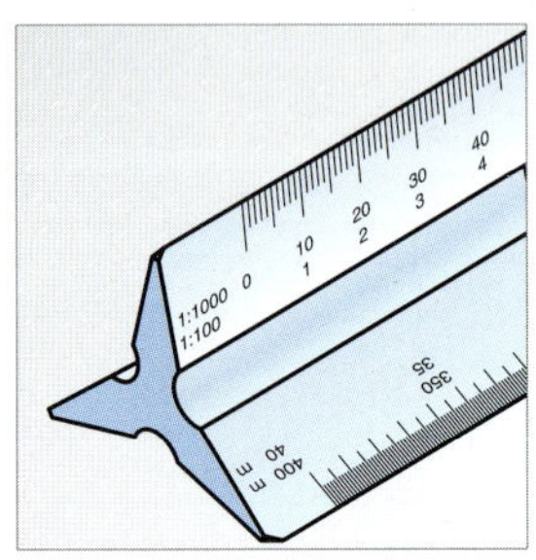

Tipi di linee

Nel disegno tecnico si usano solo i tipi di linee previsti dalla tabella UNI ISO 128-24. Le linee possono essere grosse oppure fini; le linee grosse devono avere spessore doppio di quelle fini. Le dimensioni del disegno e la densità grafica condizionano lo spessore delle linee stesse. Questi spessori in mm possono essere scelti tra i seguenti: 0,13 - 0,18 - 0,25 - 0,35 - 0,50 - 0,70 - 1,0 - 1,4 - 2,0.

TIPI DI LINEA UTILIZZABILI NEL DISEGNO TECNICO

TIPI DI LINEA	DENOMINAZIONE	APPLICAZIONI
1.1	Continua fine	.1 Intersezioni fittizie .2 Linee di misura .3 Linee di riferimento .4 Linee di richiamo .5 Tratteggi .6 Contorni di sezioni ribaltate .7 Assi di simmetria brevi .8 Fondi di filettature
	Continua fine irregolare*	.18 Limiti, tracciati a mano libera, di viste e sezioni parziali, quando non siano assi di simmetria
	Continua fine con zig zag*	.19 Limiti, tracciati al computer, di viste e sezioni parziali, quando non siano assi di simmetria
1.2	Continua grossa	.1 Spigoli in vista .2 Contorni in vista .3 Creste di filettature .4 Termine della filettatura a filetto completo
2.1	A tratti fine	.1 Spigoli nascosti .2 Contorni nascosti
2.2	A tratti grossa	.1 Indicazione di superfici oggetto di particolare trattamento
4.1	Mista fine a punto e tratto lungo	.1 Assi di simmetria .2 Tracce di piani di simmetria .3 Circonferenze primitive di ingranaggi .4 Circonferenze su cui si trovano assi di fori
4.2	Mista grossa a punto e tratto lungo	.1 Indicazione di porzioni di superfici soggette a trattamento .2 Posizione di piani di sezione
5.1	Mista fine a due punti e tratto lungo	.1 Contorni di pezzi adiacenti .2 Posizioni estreme di parti mobili .3 Assi o luoghi baricentrici .4 Contorni prima delle lavorazioni (sovrammetallo) .5 Parti situate anteriormente al piano di sezione

* È consigliabile utilizzare un solo tipo di linea in uno stesso disegno.

I seguenti disegni illustrano esempi di applicazione delle linee previste dalla norme vigenti.

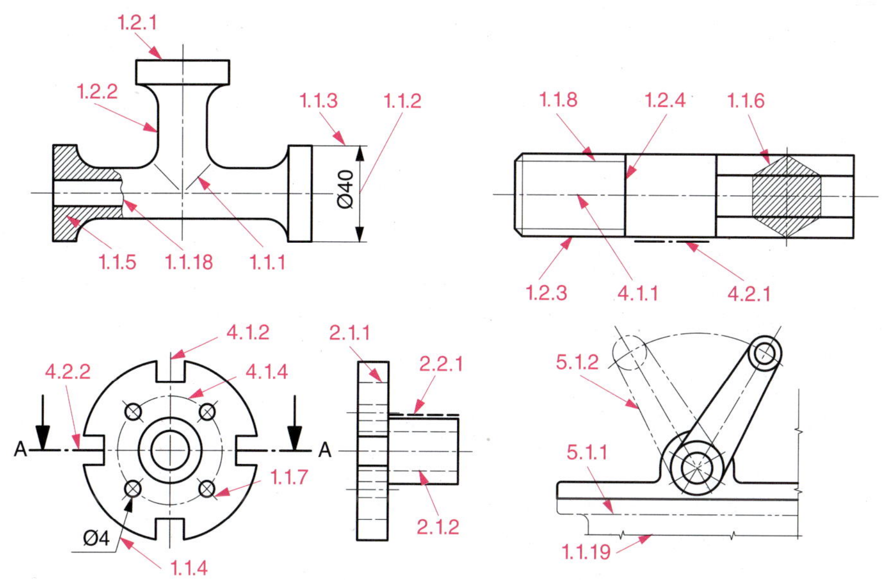

L'**ordine di priorità** da rispettare in caso di **sovrapposizione** di diversi tipi di linea è:

1. Contorni e spigoli in vista (tipo 1.2)
2. Contorni e spigoli nascosti (tipo 2.1)
3. Tracce di piani di sezione (tipo 4.2.2)
4. Assi di simmetria (tipo 4.1)
5. Linee per particolari applicazioni (tipo 5.1)
6. Linee di riferimento (tipo 1.1.3).

Le **linee di richiamo** hanno lo scopo di collegare una scritta o indicazione relativa a un elemento del disegno. Le **estremità delle linee di richiamo** possono essere:

- un punto, se terminano dentro un contorno;
- una freccia, se terminano su un contorno;
- né punto né freccia, se terminano su una linea di misura.

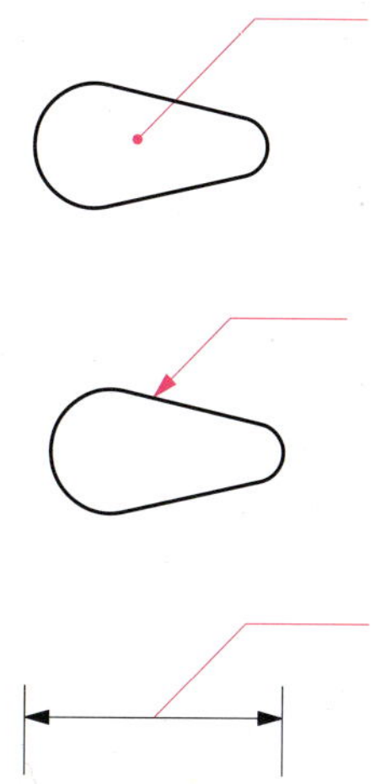

Per evidenziare **punti di incontro o intersezione di linee discontinue**, bisogna realizzare l'incontro o l'incrocio dei tratti.

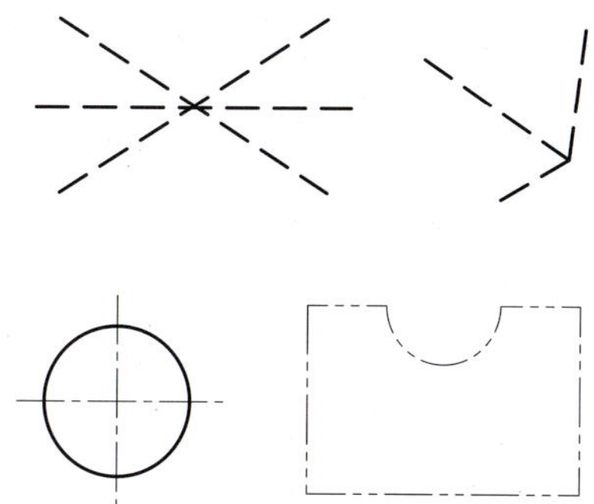

NOTA BENE

Ogni tipo di linea è associato secondo le norme vigenti a un preciso significato; la comprensibilità del disegno è garantita solo dal rispetto scrupoloso delle norme.

ATTENZIONE

Le norme riportate in questa pagina sostituiscono quelle vigenti prima del 2006.

Scritture

Le scritture sui disegni tecnici devono essere eseguite con accuratezza secondo requisiti indicati dalla tabella UNI EN ISO 3098.

I requisiti richiesti sono:

- leggibilità;
- uniformità e omogeneità;
- riproducibilità nella stessa scala o in formato ridotto con qualsiasi sistema.

I caratteri devono essere ben distinguibili tra di loro, in modo da evitare qualunque possibilità di confusione, anche in caso di piccole imperfezioni.

Lo spazio tra ciascun carattere deve essere almeno il doppio dello spessore della linea utilizzata.

Caratteri maiuscoli e minuscoli devono essere disegnati con lo stesso spessore di linea.

Per l'esecuzione delle scritture sono previsti due tipi di caratteri: **leggero** (tipo A) e **pesante** (tipo B).

I caratteri ISO 3098 di tipo B sono riprodotti nel disegno in fondo alla pagina.

Spaziatura dei caratteri

Scrivendo con i diversi strumenti o a mano libera, è opportuno regolare lo spazio tra i caratteri, che in ambito tipografico è detto **crenatura** o **kerning**; infatti, per ottenere una scrittura omogenea e gradevole, la crenatura va ridotta a seconda delle lettere che si affiancano. Per esempio:

è meglio …

PATLV PATLV

invece di …

PATLV PATLV

Scrittura con il normografo

Il normografo è una mascherina di plastica con intagli dei diversi caratteri. Esistono normografi con caratteri di diversi tipi e dimensioni.

I bordi del normografo sono provvisti di barrette di plastica che forniscono il risalto necessario per l'appoggio a righe o squadre lungo le quali possa scorrere.

Durante la tracciatura dei caratteri è opportuno tenere la matita o la penna in posizione verticale, come illustrato nella figura.

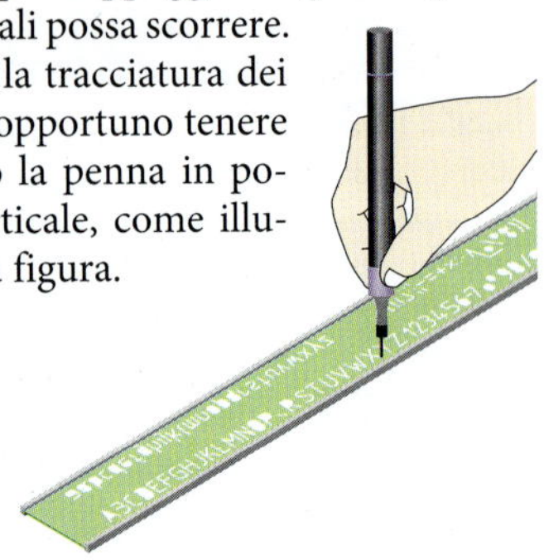

Uso dei trasferibili

Sono fogli di caratteri adesivi che, pressati con una punta di matita o di penna, si applicano ottenendo scritture di buona qualità, di tipi e dimensioni diverse.

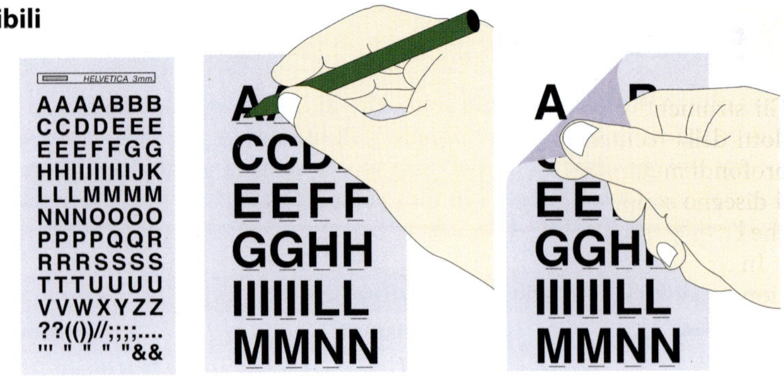

Scrittura a mano libera

Per ottenere, anche a mano libera, una scrittura di buona qualità, è utile seguire alcuni accorgimenti:

- scrivere utilizzando come guida due o più rette;
- il minuscolo deve essere alto 2/3 del maiuscolo;
- distanziare le diverse righe di una misura costante (≈ 1/3 dell'altezza massima dei caratteri).

Dabc Ldef Eghijl

DISTANZIARE
BENE LE RIGHE

ABCDEFGHILMNOPQRST
UVZ WXY 1234567890
abcdefghijlmnopqrstuvxyz

Caratteri tipografici

Esistono numerosissime varianti dei caratteri tipografici (in inglese *font*); essi possono però essere distinti in due grandi gruppi:

1. Caratteri **con le grazie** (ad esempio **ABCDEFGHI**)
2. Caratteri **senza grazie** (ad esempio **ABCDEFGHI**).

Uno stesso carattere possiede diverse versioni, dette *stili*, quali per esempio:

- Tondo o — Book
- Corsivo o — *Italic*
- Neretto o — **Bold**
- Neretto corsivo o — ***Bold italic***
- Compresso o — Condensed
- Compresso chiaro o — Condensed light

MEMO

Le lettere dell'**alfabeto greco** maiuscolo e minuscolo sono le seguenti:

Α α	(alfa)	Ν ν	(ni)
Β β	(beta)	Ξ ξ	(csi)
Γ γ	(gamma)	Ο ο	(omicron)
Δ δ	(delta)	Π π	(pi)
Ε ε	(epsilon)	Ρ ρ	(ro)
Ζ ζ	(zeta)	Σ σ	(sigma)
Η η	(eta)	Τ τ	(tau)
Θ θ	(teta)	Υ υ	(ipsilon)
Ι ι	(iota)	Φ φ	(fi)
Κ κ	(cappa)	Χ χ	(chi)
Λ λ	(lambda)	Ψ ψ	(psi)
Μ μ	(mi)	Ω ω	(omega)

ABCDEFGHIJKLMNOPQRSTUVWXYZ
abcdefghijklmnopqrstuvwxyz
[(!?:;'-=+×:·√%&)]ø 1234567890 IVX

Caratteri della scrittura B verticale (UNI EN ISO 3098).

Strumenti tradizionali del disegno

Gli strumenti e i materiali del disegno tecnico, come tutti i prodotti della tecnologia attuali, sono soggetti a continui progressi e profondi mutamenti. La varietà e le prestazioni degli strumenti per il disegno sono sempre più ampie, per far fronte al ruolo trainante che l'informatica ormai ricopre nel mondo della grafica.

In queste pagine sono segnalati i più usati tra gli strumenti tradizionali del disegno tecnico.

Supporti

Carta bianca liscia. È molto impiegata in tutti gli ambiti del disegno tecnico e geometrico. In commercio se ne trova di formati e grammature (pesantezze) diversi.

Carta da lucido. È prevalentemente utilizzata in ambito professionale per realizzare disegni da cui ricavare copie eliografiche.

Plastiche (PVC, acetato, poliestere). Indeformabili e trasparenti sono adatte a dimostrazioni, proiezioni oppure disegni da archiviare.

Tracciatori

Matite. Oltre alle tradizionali matite in legno (poco adatte al disegno tecnico), sono di largo impiego i portamine in cui si montano mine da 2 mm oppure micromine di vario diametro (0,3 - 0,5 - 0,7 - 0,9 mm).

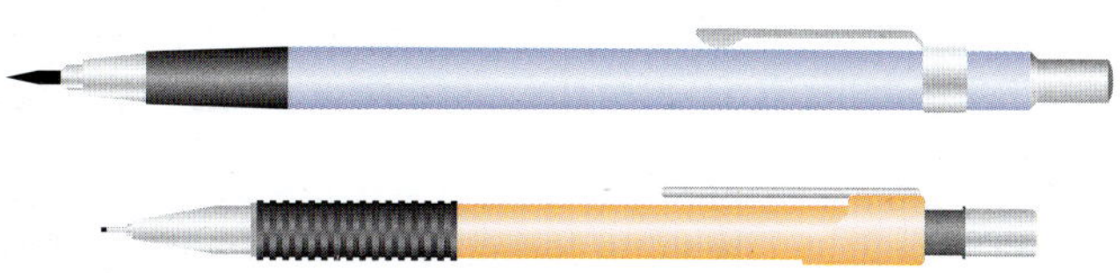

Mine. Sono cilindri di grafite impastata con collanti che conferiscono compattezza e durezza; le diverse durezze le rendono adatte a diversi impieghi nel disegno. Nel disegno tecnico sono prevalentemente usate le mine di durezza compresa tra 3H e 2B (v. la tabella seguente).

SIGLE DELLE MINE

MORBIDE	MEDIE	DURE
6B - 5B - 4B - 3B - 2B - B	HB - F - H	2H - 3H - 4H - 5H - 6H - 7H - 8H - 9H

Nota bene. Nelle sigle delle mine ricorrono le seguenti lettere:

- B da black (nero)
- F da firm (stabile)
- H da hard (duro)

Penne. Le penne si differenziano per le dimensioni del tratto, per il tipo di punta (in acciaio, in fibra sintetica) e per l'inchiostro (inchiostro di china, inchiostri permanenti ecc.).

Penna a inchiostro di china

Penna con punta in fibra sintetica

APPROFONDIMENTI

Storia degli strumenti di disegno (21 pagine)

Compassi. I diversi tipi (compasso ad aste, balaustrone, balaustrino ecc.) si differenziano per le dimensioni e per le modalità di apertura (con e senza vite micrometrica di regolazione). Oltre alla mina, i compassi possono montare anche le penne, mediante appositi innesti.

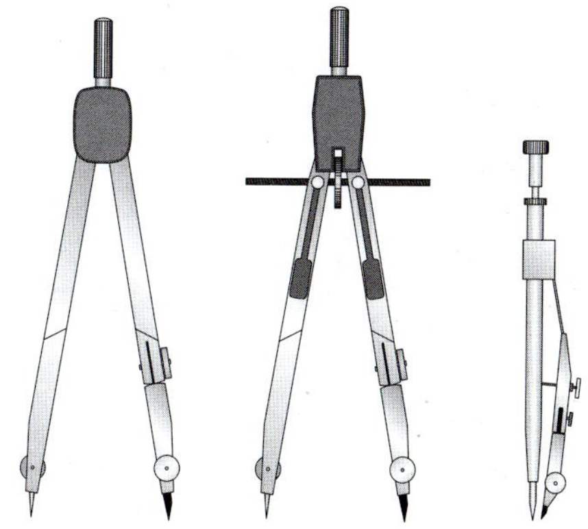

Compasso ad aste — Balaustrone — Balaustrino

Affilamine

Per fare la punta alle mine, oltre alla tradizionale e sempre valida carta abrasiva, esistono altri dispositivi, come il temperamine, la campana e il girello.

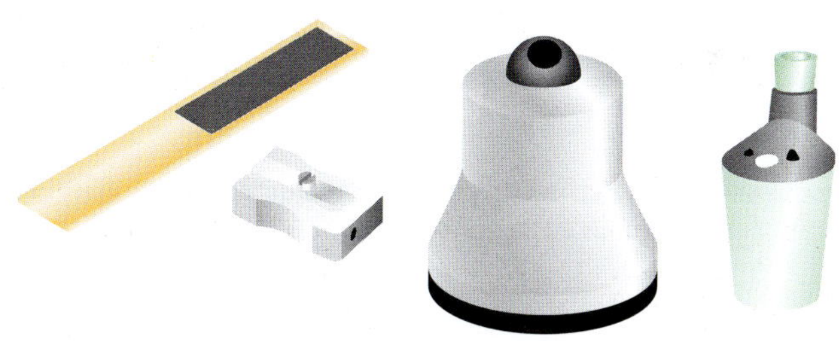

Correttori

Gomma bianca e morbida (per gli usi più frequenti).

Gomma matita (per cancellature di precisione).

Gomma-pane (per sfumature e pulizia del foglio).

Raschietto e **lametta** (per cancellature di inchiostro).

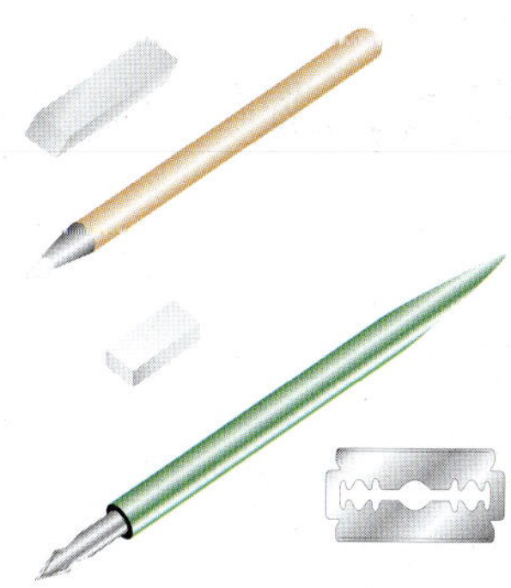

Guide

Righe e **righelli** (con bordi piatti, a scalino, millimetrati).

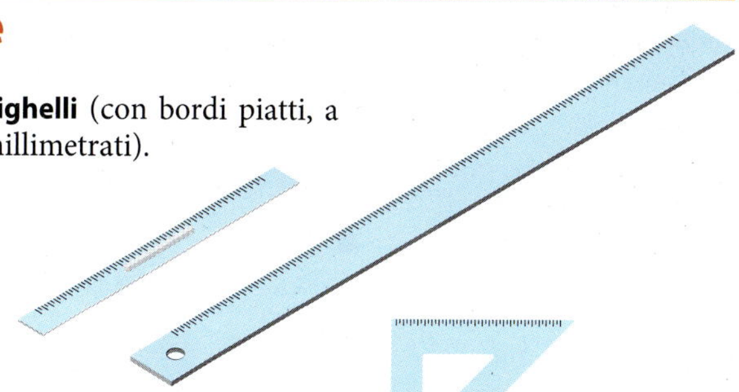

Squadre di dimensioni diverse, ma solo di due tipi:

- con angoli di 90° - 45° - 45°;
- con angoli di 90° - 30° - 60°.

Parallelineo. Consiste in una riga trattenuta da fili fissati sul tavolo; i vincoli dei fili consentono solo spostamenti paralleli.

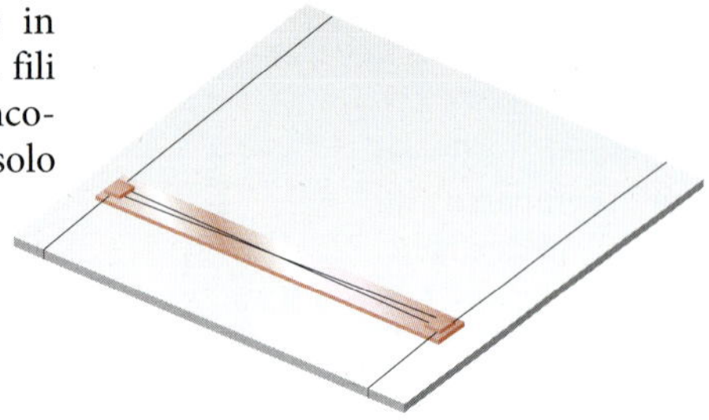

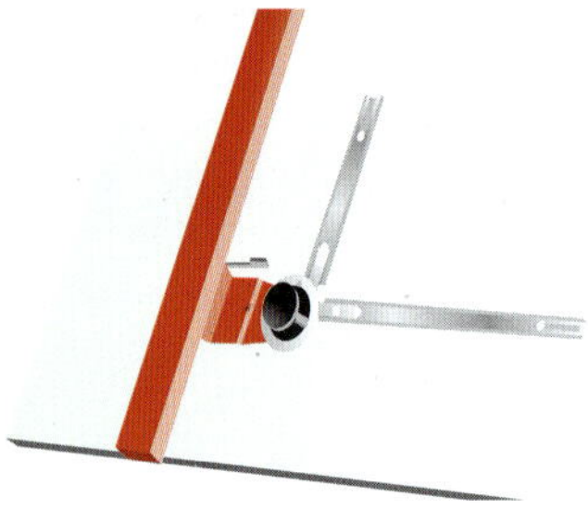

Tecnigrafo. È costituito da una coppia di righelli tra loro perpendicolari, fissati su un tamburo che può ruotare e slittare lungo guide che consentono spostamenti orizzontali e verticali sul tavolo.

Curvilinei. In materiale plastico e di varie forme, guidano nelle tracciature di curve.

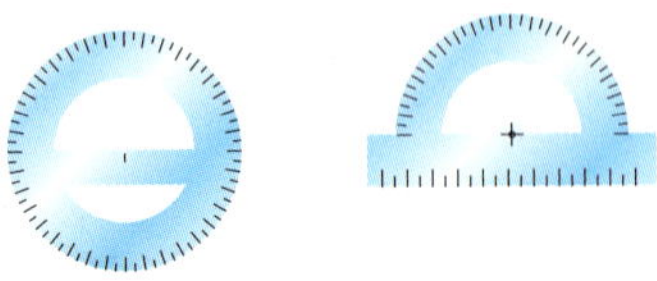

Goniometri. Permettono di misurare e tracciare angoli.

Normografi. Mascherine di plastica intagliate con caratteri alfanumerici che guidano nella scrittura.

Mascherine con forature di forme e dimensioni varie (cerchi, ellissi, raccordi ecc.).

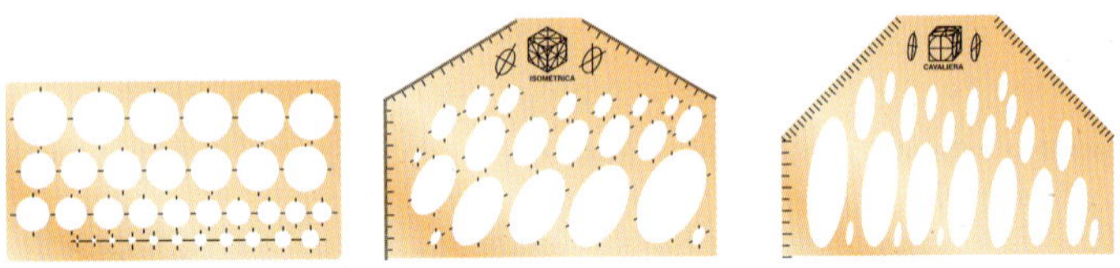

Piani di lavoro

I **tavoli da disegno** di tipo professionale sono inclinabili e regolabili in altezza; su di essi viene montato il tecnigrafo.

Esistono anche **tavolette** di plastica o legno, portatili e munite di riga scorrevole lungo la guida laterale a rotaia.

Suggerimenti

Compasso: deve essere di buona qualità; in genere basta un solo pezzo (balaustrone). È sconsigliabile l'acquisto di costosi astucci, contenenti molti pezzi, spesso inutilizzati.

Mine: devono essere della durezza adeguata (dure per la costruzione, morbide per il ripasso).

Punte: devono essere sempre ben affilate e della forma corretta:

- nella matita deve essere di forma conica;

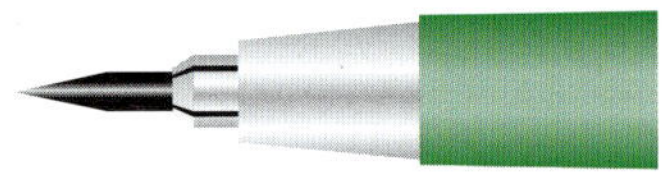

- nel compasso deve avere forma di scalpello; dopo l'affilatura bisogna regolarne l'altezza, in modo che sia allineata con lo spillo.

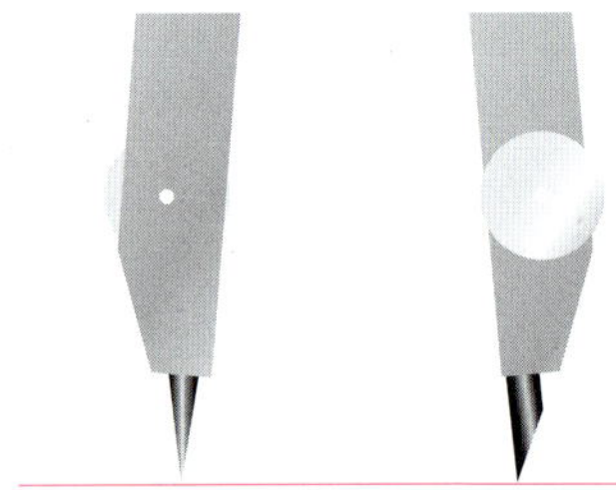

Squadre: bloccarle saldamente con una sola mano, per consentire la tracciatura delle linee con l'altra.

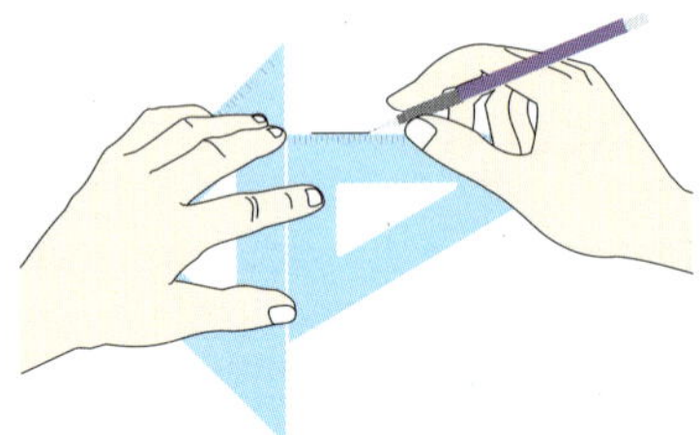

Pulizia: la leggibilità di un disegno è migliore se questo è ben pulito. A questo fine è bene pulire accuratamente gli strumenti (squadre, righe), il tavolo e le mani prima di iniziare il disegno. La gomma si può pulire strofinandola su un foglio di carta. Durante il disegno è bene coprire le parti già realizzate con un foglio di carta bianca.

Fasi di lavoro: disegnare prima tutta la costruzione con mine dure (H oppure 2H) e successivamente il ripasso con mine morbide (HB oppure B).

Tracciamento:

- la matita durante la tracciatura deve essere inclinata e ruotata tra le dita;

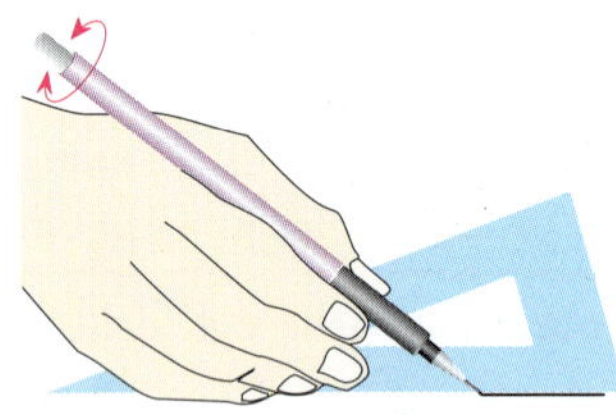

- il compasso deve essere ben piantato sullo spillo e leggermente inclinato sul piano nel verso di rotazione.

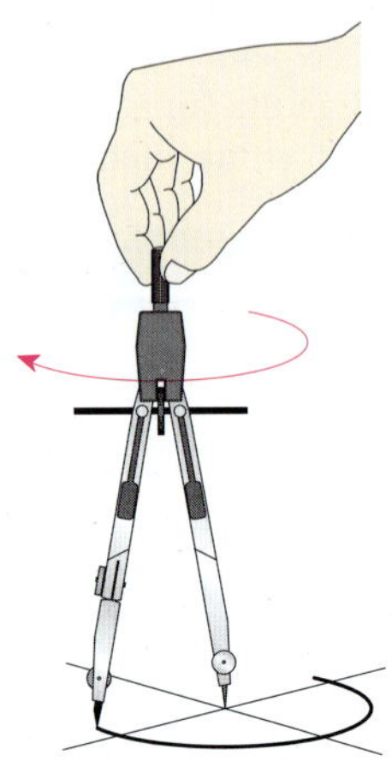

Video *Affilatura del compasso*

Video *Tracciamento di rette*

Video *Tracciamento di circonferenze*

Sui fondamenti del disegno abbiamo imparato...

OSSERVAZIONE

ANALISI STRUTTURALE

strutture simmetriche

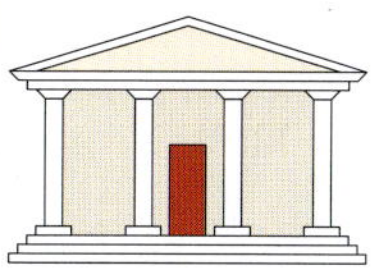

simmetria assiale

simmetria centrale

strutture modulari

modularità con sviluppo lineare

modularità con sviluppo piano

modularità con sviluppo spaziale

strutture di trasformazione

trasformazione omotetica
trasformazione proiettiva
trasformazione affine
trasformazione topologica

ANALISI DIMENSIONALE

misurazione
stima

ANALISI POSIZIONALE

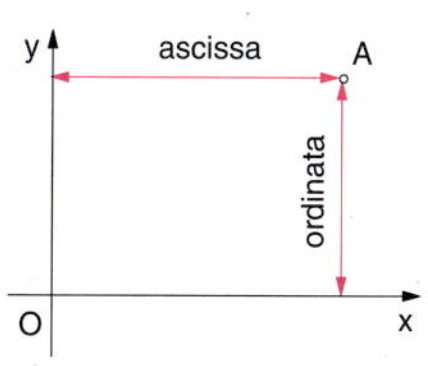

coordinate nel piano

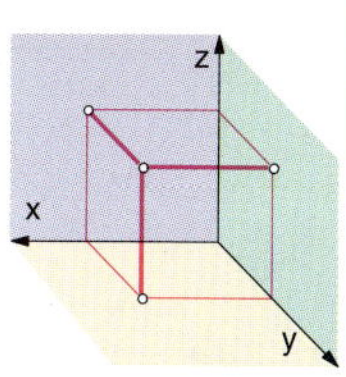

coordinate nello spazio

CONVENZIONI DEL DISEGNO TECNICO

FORMATI

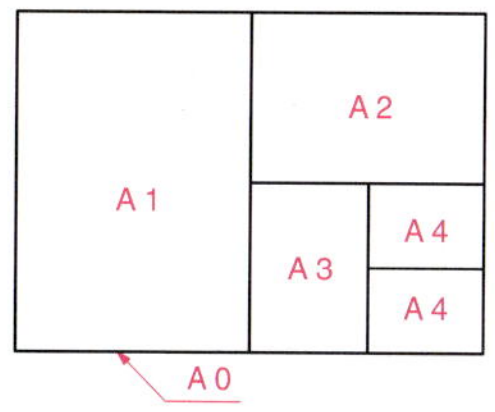

formati ISO-A	A0	841	×	1189	mm
	A1	594	×	841	mm
	A2	420	×	594	mm
	A3	297	×	420	mm
	A4	210	×	297	mm

SCALE

scale normalizzate

ingrandimento:	... 10:1 - 5:1 - 2:1
al naturale	1:1
riduzione	1:2 - 1:5 - 1:10 - 1:20 - 1:50 - 1:100 - 1:200 ...

TIPI DI LINEE

principali tipi di linee UNI ISO

———————	Continua fine
———————	Continua grossa
– – – – – –	A tratti fine
—·—·—	Mista fine a punto e tratto

STRUMENTI DEL DISEGNO TECNICO

MATITE

con mina Ø 2 mm

con micromina (0,3 - 0,5 - 0,7 mm)

MINE

durezza

morbide	6B - 5B - 4B - 3B - 2B - B
medie	HB - F - H
dure	2H - 3H - 4H - 5H - 6H - 7H - 8H - 9H

punta

nella matita: conica

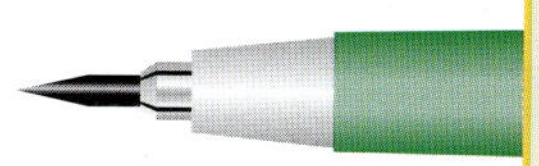

nel compasso: a scalpello

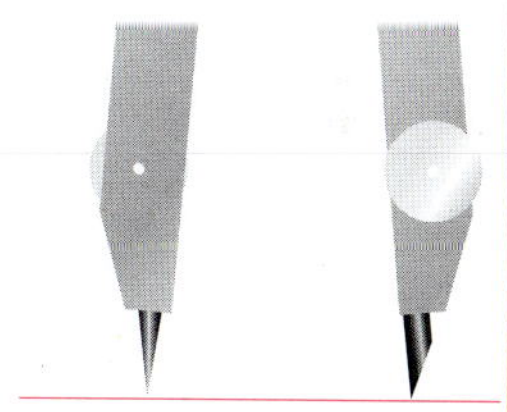

SQUADRE

squadra a 45°

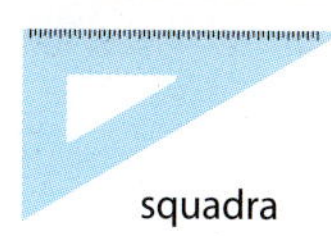

squadra a 30°-60°

posizione delle mani nell'uso delle squadre

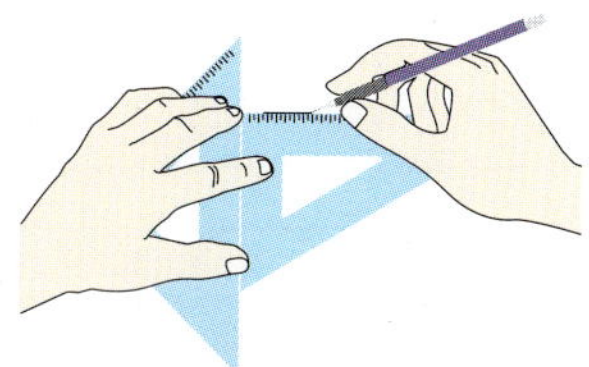

ZTE ONLINE

Esercitazioni

Esegui in scala 2 : 1 su carta quadrettata i disegni proposti con righello e matita, colorando poi con tinte a piacere.

ESERCITAZIONE 1

ESERCITAZIONE 2

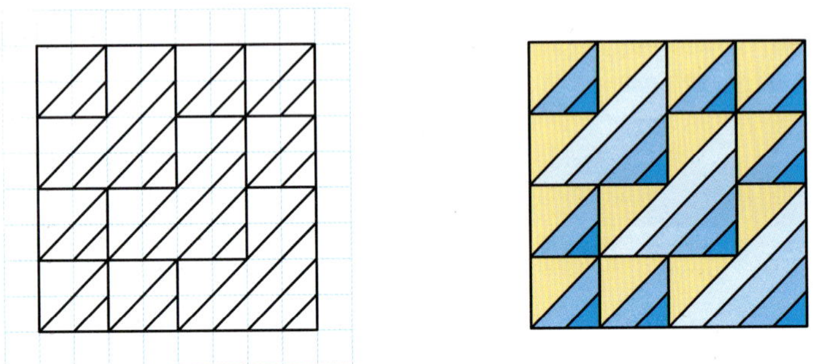

ESERCITAZIONE 3

ESERCITAZIONE 4

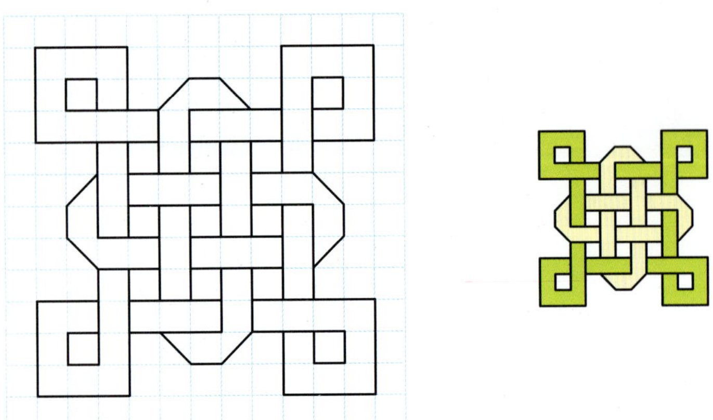

ESERCITAZIONE 5

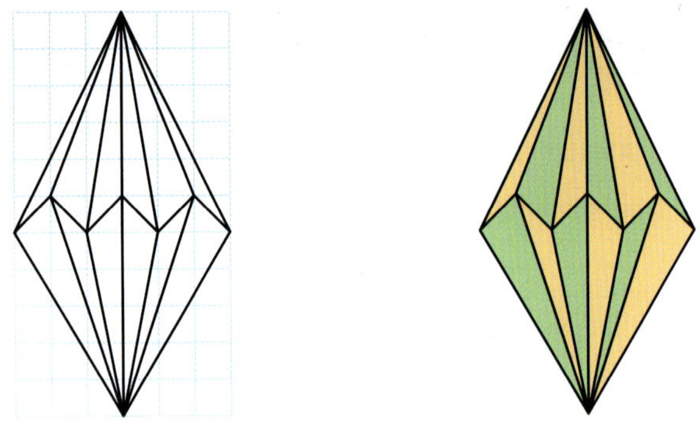

ESERCITAZIONE 6

ESERCITAZIONE 7

ESERCITAZIONE 8

Esegui in scala 2 : 1 su carta quadrettata i disegni proposti con compasso, righello e matita, colorando poi con tinte a piacere.

ESERCITAZIONE 9

ESERCITAZIONE 10

ESERCITAZIONE 11

ESERCITAZIONE 12

ESERCITAZIONE 13

ESERCITAZIONE 14

ESERCITAZIONE 15

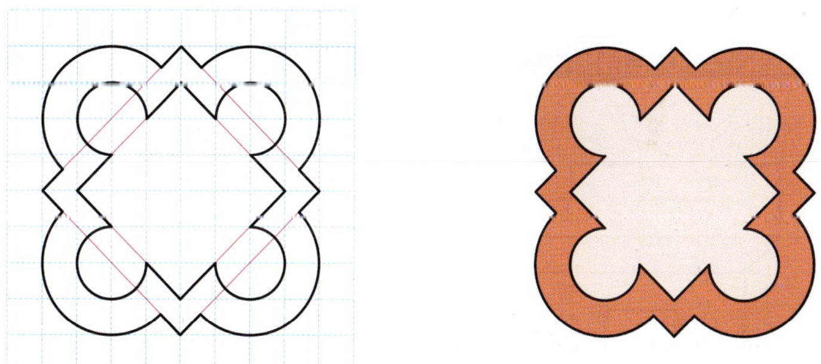

ESERCITAZIONE 16

Esegui a mano libera in scala 2 : 1 su carta quadrettata i disegni proposti, colorando poi con tinte a piacere.

ESERCITAZIONE 17

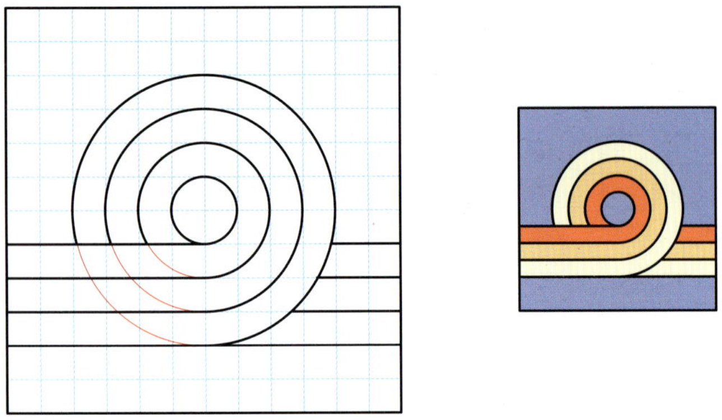

ESERCITAZIONE 18

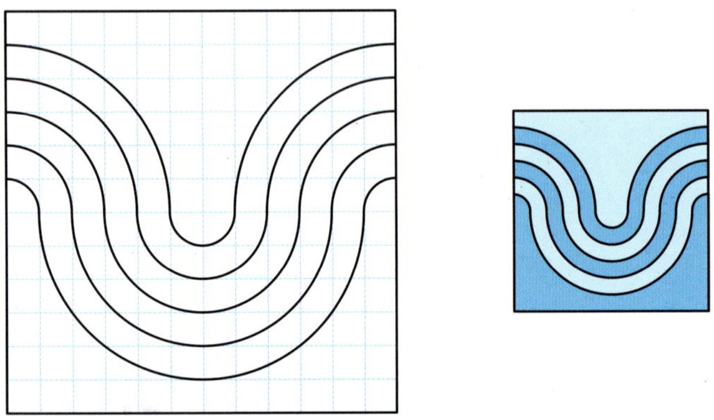

ESERCITAZIONE 19

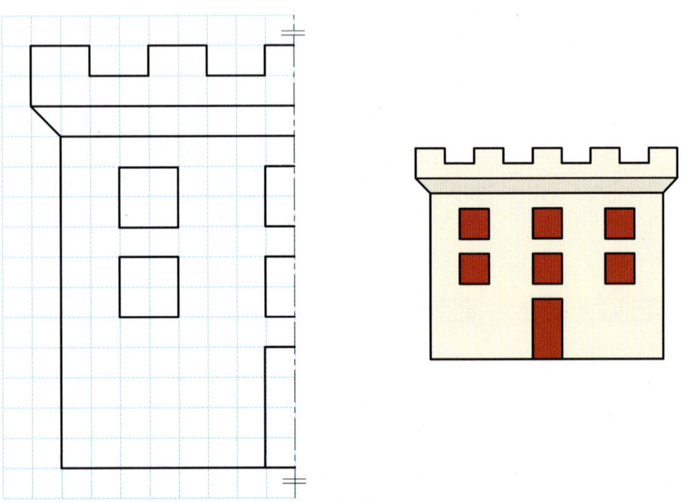

ESERCITAZIONE 20

ESERCITAZIONE 21

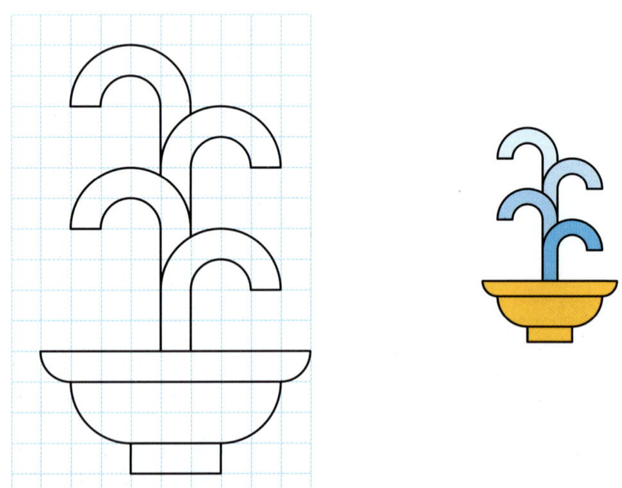

NOTA BENE

Per economia di tempo e spazio si può disegnare solo la metà di una figura simmetrica. In questo caso sull'asse di simmetria si pongono due trattini perpendicolari alle estremità dell'asse.

Pertanto la seguente figura di sinistra equivale a quella di destra.

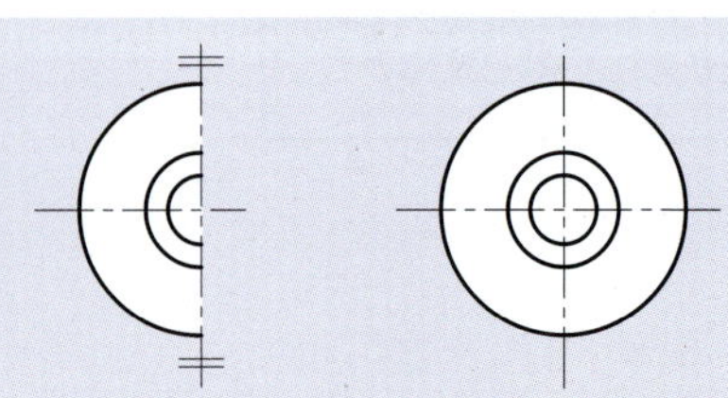

Competenze

Verifica delle competenze

PROVA A Motivo a greca

Alla ricerca di idee per un motivo decorativo a sviluppo lineare si trova su Internet questa foto di pavimentazione in legno. Intorno alla parte quadrettata corre una bordura a greca con struttura modulare.

Studiando l'immagine si nota facilmente che gli oggetti sono stati soggetti a trasformazione proiettiva causata dalla tecnica fotografica.

Facendone la dovuta correzione formale disegna il motivo a greca evidenziandone la struttura.

PROVA B Motivo geometrico

Su un catalogo di oggetti per la casa si trova questa foto di cuscino foderato in tessuto con motivo geometrico.

Studiando l'immagine ricostruisci la struttura geometrica del motivo.

Infine volendo realizzare una piastrellatura che formi lo stesso motivo, disegna la piastrella-modulo e l'assemblaggio di un certo numero di esse.

PROVA C Pianta di soggiorno

Si vuole studiare una nuova disposizione dell'arredo di un soggiorno, di cui si possiede un disegno in pianta corredato di scala grafica.

Nel disegno compaiono:

- un tavolo con quattro sedie;
- un divano a tre sedute;
- una poltrona;
- un tavolinetto;
- tre mobili (un armadietto e due scaffali).

Per il nostro scopo bisogna disporre di una pianta di maggiori dimensioni da disegnare su foglio di formato A4.

Realizza il disegno in scala opportuna e definisci una ipotesi di arredo alternativo.

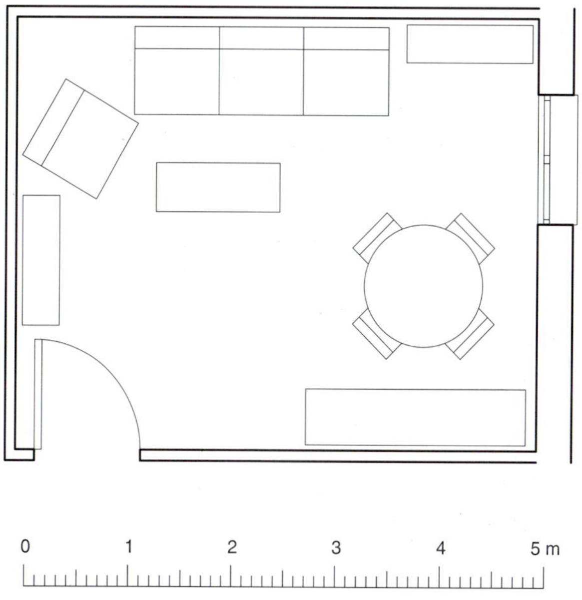

A2 Costruzioni geometriche

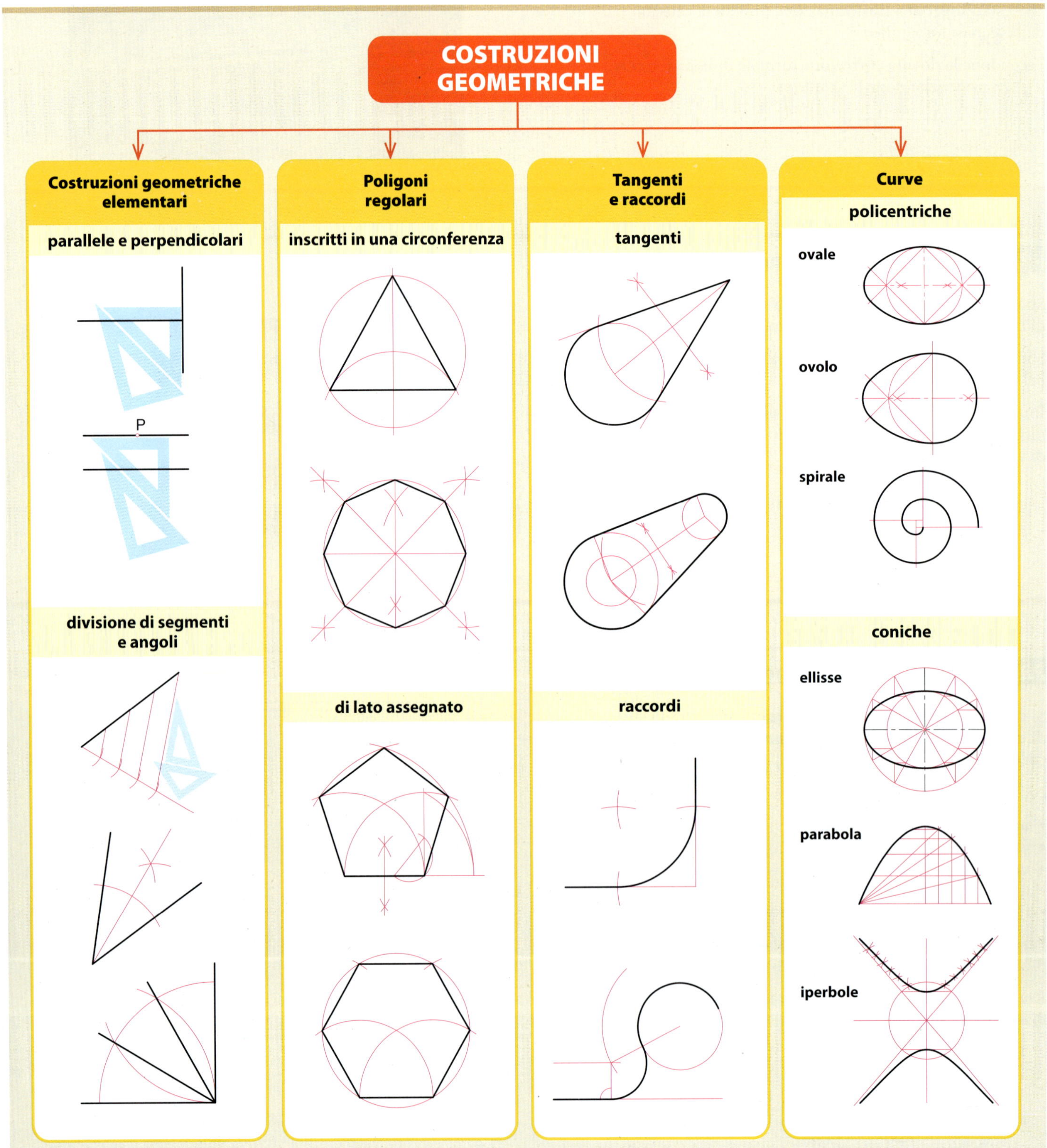

Conosci le costruzioni geometriche?

Dall'esperienza scolastica hai scoperto che le figure geometriche si possono disegnare con l'aiuto di strumenti, quali squadre, righello, compasso ecc.

Ogni strumento viene impiegato secondo le esigenze concettuali proposte dal problema geometrico. Per disegnare un quadrato devo tracciare angoli retti e quindi uso le squadre; per ottenere un punto equidistante da altri utilizzo il compasso, come per esempio nella costruzione dell'asse del segmento oppure del triangolo equilatero.

In un quadrato i lati formano angoli retti, così come le sue diagonali.

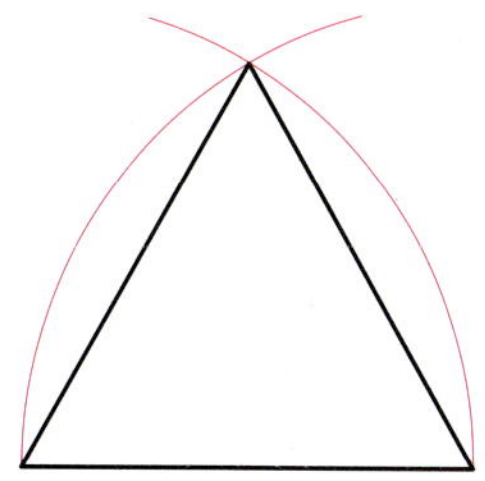
In un triangolo equilatero i vertici si trovano alla stessa distanza (lato del triangolo).

A cosa serve conoscerle?

Mediante le costruzioni geometriche possiamo:

- analizzare e interpretare in modo scientifico la struttura formale di un'immagine od oggetto, riconducendola a modelli geometrici;
- creare figure con particolari relazioni tra i loro elementi, come per esempio dividere un segmento o un angolo in parti uguali, oppure disegnare rettangoli in proporzione aurea;
- creare e comunicare la forma di figure basate su modelli geometrici (struttura geometrica).

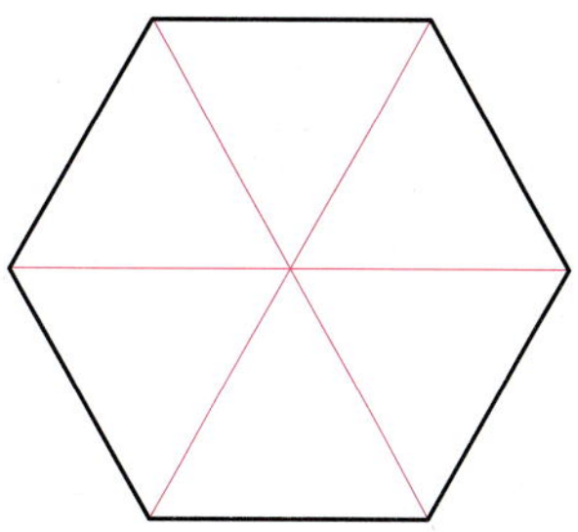
Struttura esagonale di una decorazione.

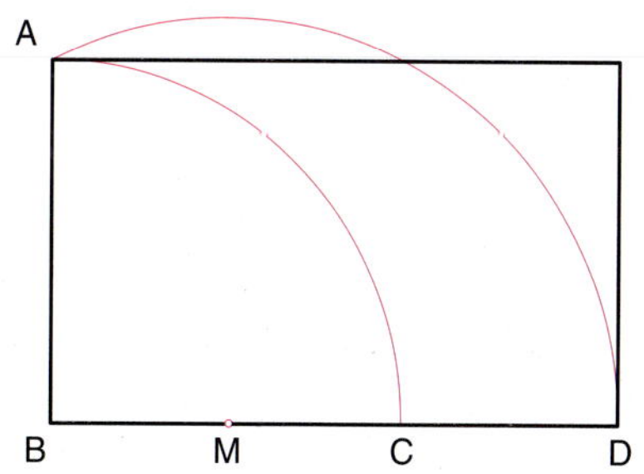

Realizzazione di un rettangolo aureo.

Figura generata da un modello dodecagonale.

Richiami di geometria elementare

Enti geometrici

Punto. Ente primitivo senza dimensioni; di difficile definizione, esso può essere individuato dall'intersezione di due linee. Viene indicato mediante lettere maiuscole (A, P ecc.).

Linea. L'insieme delle posizioni assunte da un punto in movimento. È un ente unidimensionale, cioè con una sola dimensione: ha una lunghezza, ma non ha spessore. Può essere: chiusa, aperta, intrecciata, curva, retta, spezzata, mista.

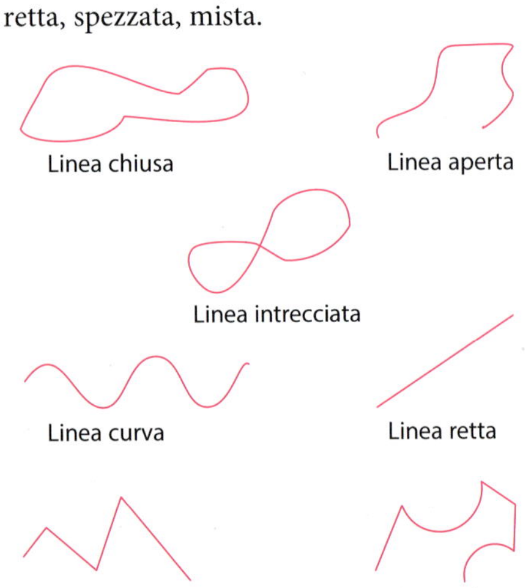

Retta. Linea originata dalle posizioni successive di un punto che si muove lungo una determinata direzione; si considera **illimitata**. Viene indicata mediante lettere minuscole (a, b, c ecc.) oppure con le lettere di due suoi punti (AB, RS).

Semiretta. Parte di retta delimitata da un suo punto, chiamato **origine**. Come la retta, anche la semiretta è di lunghezza **infinita**.

Segmento. Parte di retta delimitata da due suoi punti, chiamati **estremi**. I segmenti sono indicati mediante le lettere dei suoi estremi (AB, RS) oppure con lettere minuscole (a, b, c ecc.). La lunghezza di un segmento RS viene indicata con $\overline{RS}$.

Superficie. Ente geometrico bidimensionale, cioè con due sole dimensioni (larghezza e lunghezza), ma priva di spessore. Può avere diverse forme: piana, irregolare, regolare (cilindrica, conica, sferica ecc.).

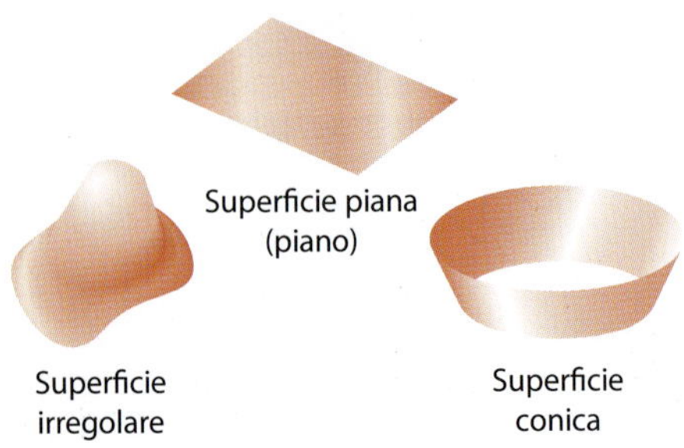

Piano. Superficie individuata da infinite rette intersecantisi; per tre punti passa un solo piano. Il piano deve considerarsi **illimitato**. I piani si indicano con lettere minuscole dell'alfabeto greco (α, β, γ ecc.).

Semipiano. Parte di piano delimitata da una retta (**origine**); ha estensione **infinita**.

Angolo. Parte di piano delimitata da due semirette (**lati**) con la stessa origine (**vertice**). Gli angoli si indicano con lettere minuscole dell'alfabeto greco (α, β, γ ecc.), oppure con $\widehat{ab}$ (dove a e b sono i lati dell'angolo), o anche con $\widehat{AVB}$ (dove A e B sono due punti dei lati e V è il vertice).

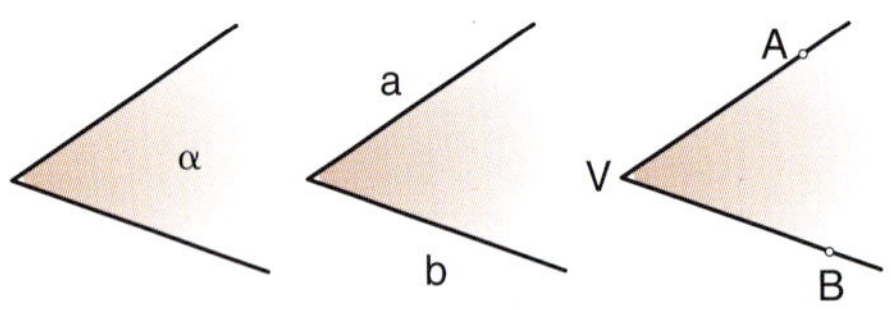

Bisettrice. Semiretta che divide un angolo in due parti uguali.

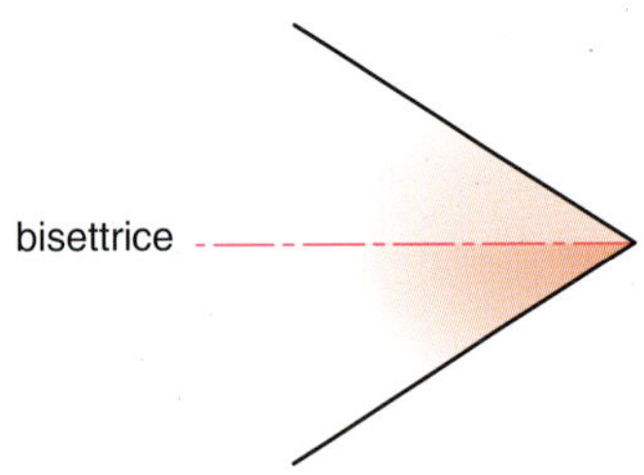

Rette e angoli

Rette incidenti (o **secanti**). Rette con un punto in comune. Esse appartengono a un piano che dividono in quattro angoli; essi sono uguali a coppie (angoli **opposti al vertice**).

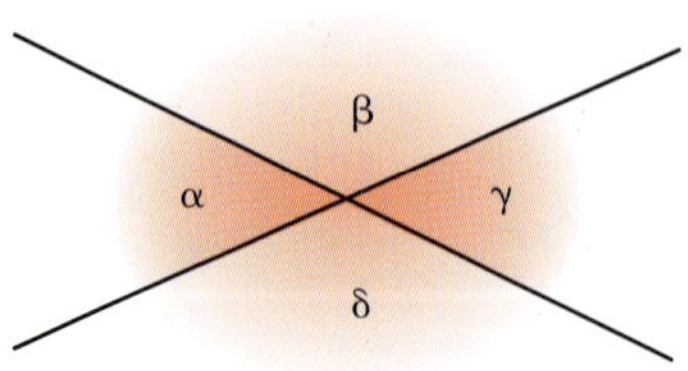

$\alpha = \gamma \qquad \beta = \delta$

Rette sghembe. Rette non complanari e quindi senza punti in comune.

Rette parallele. Rette complanari senza punti in comune. Se a e b sono rette parallele, si indicano con a // b.

Rette perpendicolari. Rette incidenti che formano quattro angoli uguali (**angoli retti**). Se a e b sono perpendicolari si indicano con a ⊥ b.

Nota bene: **ortogonale** e **normale** sono sinonimi di **perpendicolare**.

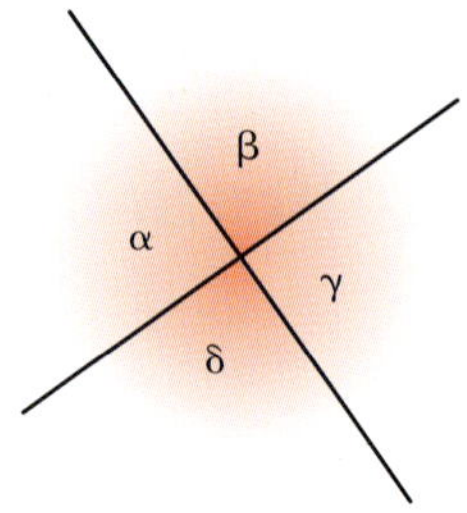

$\alpha = \beta = \gamma = \delta = 90°$

Distanza di un punto da una retta. Segmento che ha per estremi il punto e il piede della perpendicolare condotta dal punto alla retta.

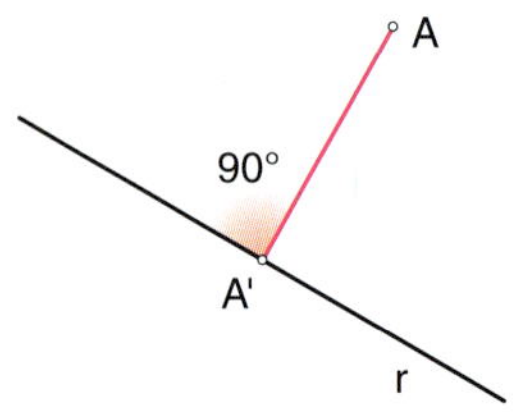

Il punto A' è il **piede** della perpendicolare; è anche detto **proiezione ortogonale** di A su r.

Distanza tra rette parallele. Distanza di un punto qualsiasi di una retta dall'altra.

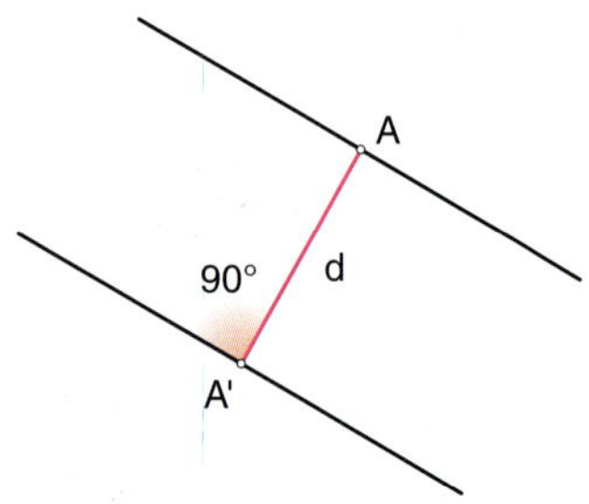

Angolo retto. Angolo formato da due semirette perpendicolari. In gradi sessagesimali un angolo retto misura 90°.

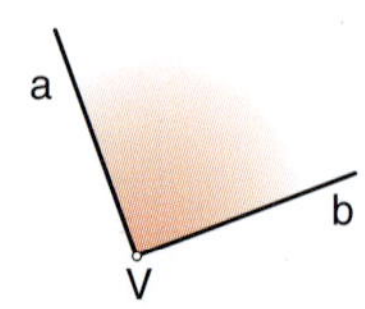

GLOSSARIO

Ente: qualcosa che esiste.

Ente geometrico: oggetto studiato dalla geometria.

Complanare: che ha in comune un piano.

Sinonimo: vocabolo che ha lo stesso significato di un altro.

Sessagesimale: unità di misura con multipli e sottomultipli in base 60.

Angolo piatto. Angolo formato da due semirette opposte. Misura 180°.

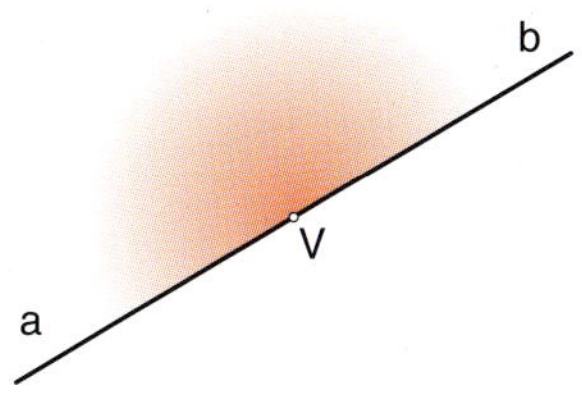

Angolo giro. Angolo formato da due semirette coincidenti; in pratica coincide con l'intero piano. Misura 360°.

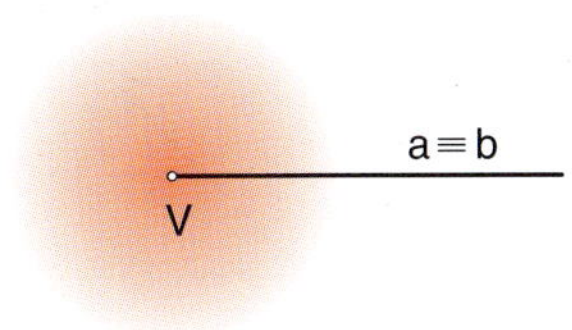

Angolo acuto. Angolo minore di un angolo retto.

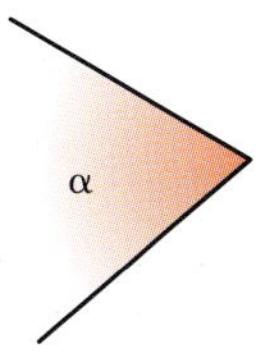

Angolo ottuso. Angolo maggiore di un angolo retto e minore di un angolo piatto.

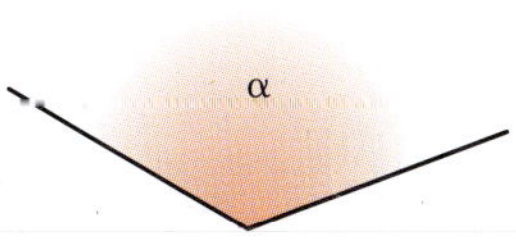

Angolo concavo. Angolo che contiene al proprio interno i prolungamenti dei suoi lati.

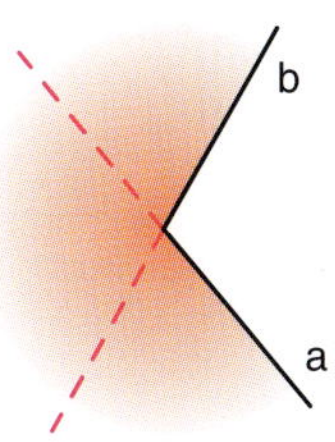

Angolo convesso. Angolo che non contiene al proprio interno i prolungamenti dei suoi lati.

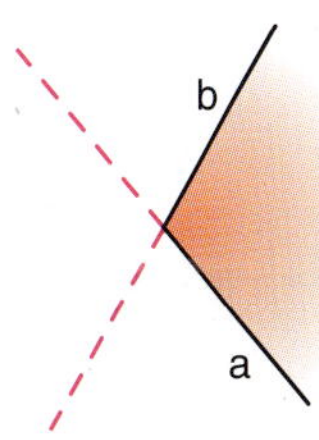

Angoli complementari. Angoli la cui somma è un angolo retto.

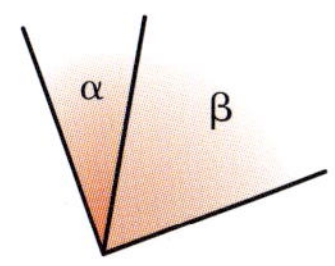

Angoli supplementari. Angoli la cui somma è un angolo piatto.

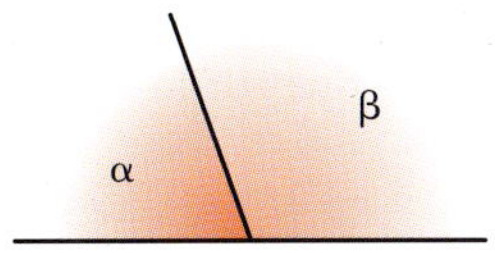

Circonferenze e angoli

Circonferenza. L'insieme dei punti di un piano equidistanti da un punto (**centro**).

Raggio. Segmento che ha per estremi il centro e un punto della circonferenza. Raggio è anche la lunghezza del segmento stesso.

Corda. Segmento che ha per estremi due punti di una circonferenza.

Diametro. Corda passante per il centro di una circonferenza; ha lunghezza doppia del raggio.

Arco. Parte di circonferenza compresa tra due suoi punti (**estremi**). L'arco si indica con $\overset{\frown}{AB}$ (dove A e B sono gli estremi).

Angolo al centro. Angolo che ha il vertice nel centro della circonferenza. Quando i suoi lati passano per gli estremi di un arco o di una corda, si dice che **insiste** su tale arco o corda.

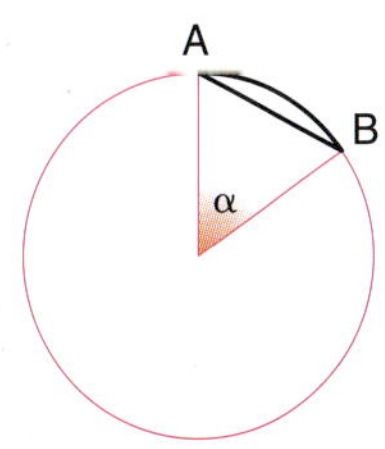

L'angolo al centro α insiste sull'arco $\overset{\frown}{AB}$ e sulla corda AB.

Angolo alla circonferenza. Angolo che ha il vertice sulla circonferenza e i lati secanti la circonferenza. Un angolo alla circonferenza insiste su un arco o su una corda quando i suoi lati passano per i loro estremi.

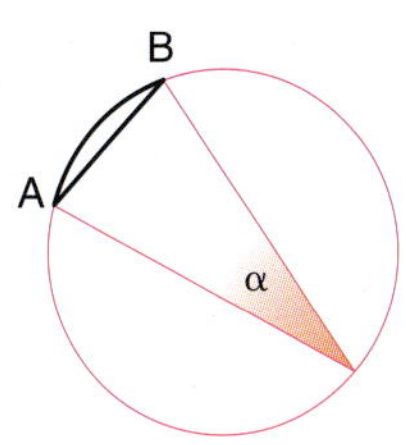

L'angolo alla circonferenza α insiste sull'arco $\overset{\frown}{AB}$ e sulla corda AB

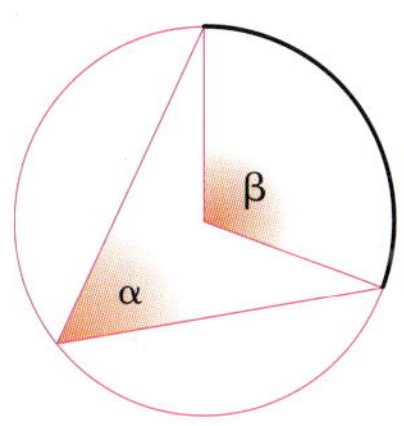

L'angolo alla circonferenza è la metà del corrispondente angolo al centro; quindi α = β/2.

Figure piane

Figura piana. Parte di piano delimitata da una linea chiusa.

Perimetro. Linea che delimita una figura.

Area. Misura di una superficie (per esempio 15 cm², oppure 8 ettari).

Figure uguali (o **congruenti**). Figure che coincidono dopo un movimento rigido (senza deformazioni).

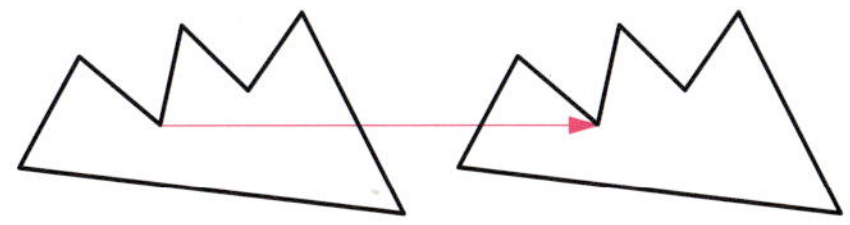

Figure equivalenti. Figure con area uguale.

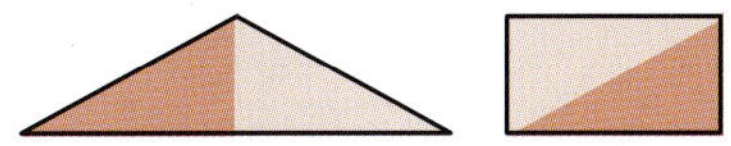

Figure simili. Figure con la stessa forma, ma con dimensioni diverse.

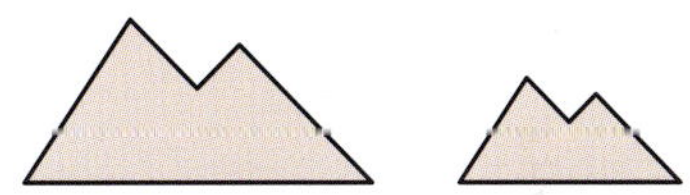

Figure simmetriche. Figure coincidenti dopo rotazione di 180° intorno a un centro (**simmetria centrale**) oppure intorno a un asse, detto *asse di simmetria* (**simmetria assiale**).

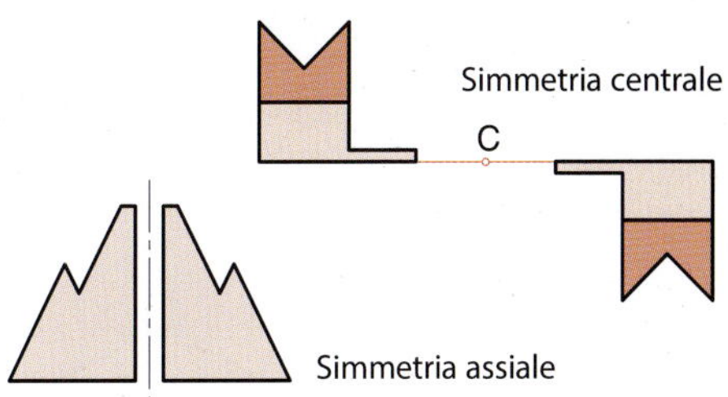

MEMO

Il simbolo della **coincidenza** è ≡.
La scritta a ≡ b si legge «a coincidente con b».

APPROFONDIMENTI

- ***La simmetria assiale*** (2 pagine)
- ***La simmetria centrale*** (2 pagine)

Poligono. Figura piana delimitata da una spezzata (o poligonale) chiusa. I suoi segmenti sono chiamati **lati**; gli estremi dei lati sono i **vertici**. Sono detti **poligoni convessi** quelli che hanno solo angoli convessi, mentre sono **poligoni concavi** quelli con almeno un angolo concavo.

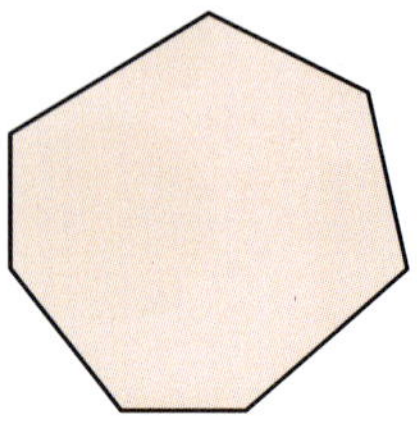

Poligono convesso

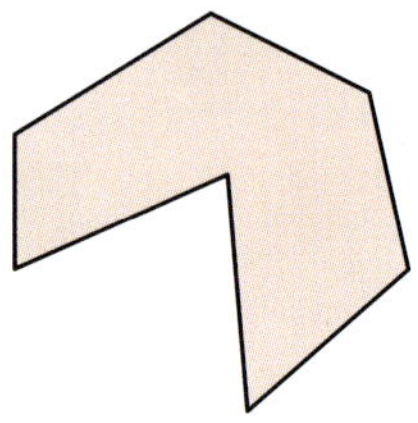

Poligono concavo

Diagonale. Segmento che ha per estremi due vertici non appartenenti allo stesso lato di un poligono.

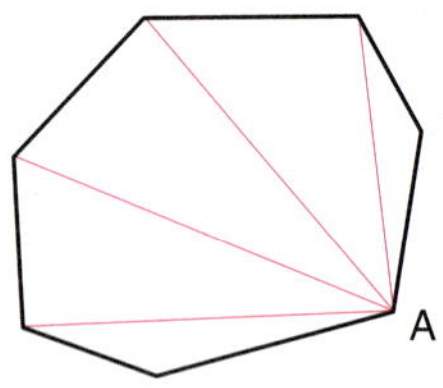

Dal vertice A si possono condurre quattro diagonali.

Poligono regolare. Poligono con lati e angoli uguali.

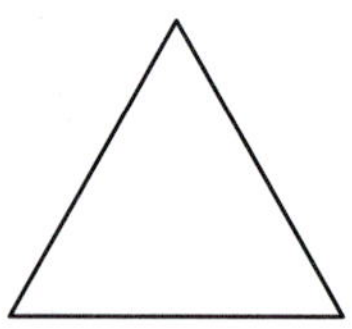

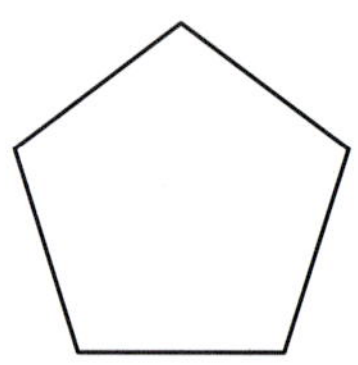

Poligono inscritto. Poligono con i vertici appartenenti a una circonferenza.

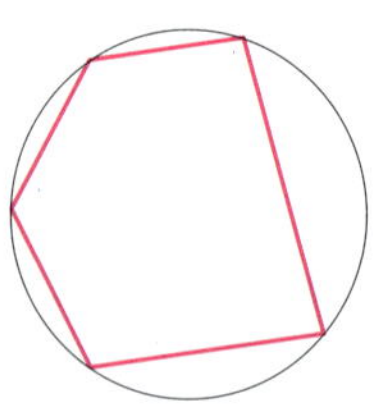

Poligono circoscritto. Poligono con i lati tangenti a una circonferenza.

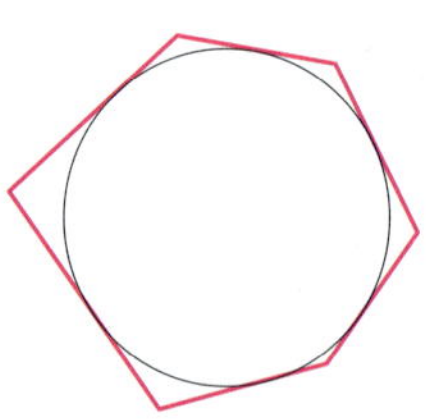

Apotema. Raggio della circonferenza inscritta in un poligono.

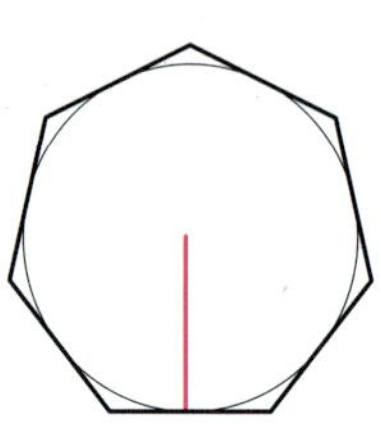

Somma degli angoli interni di un poligono convesso. Equivale a (n – 2) 180°, dove n è il numero dei lati. Quindi la somma degli angoli interni in un triangolo è (3 – 2) 180° = 180°, mentre in un pentagono è (5 – 2) 180° = 540°.

Cerchio. Parte di piano delimitata da una circonferenza.

Settore circolare. Parte di cerchio delimitata da due raggi.

Segmento circolare. Parte di cerchio delimitata da una o due corde.

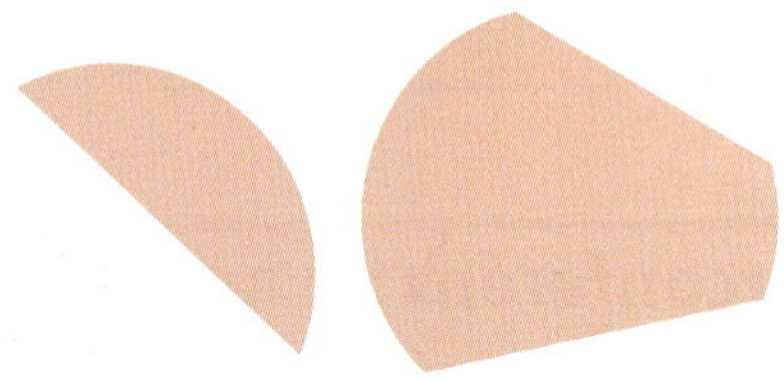

Triangoli

Triangolo. Poligono di tre lati. La somma dei suoi angoli interni è 180°.

Triangolo scaleno. Triangolo con lati di diversa lunghezza.

Triangolo isoscele. Triangolo con due lati uguali. Il terzo lato è chiamato base. Gli angoli alla base sono uguali.

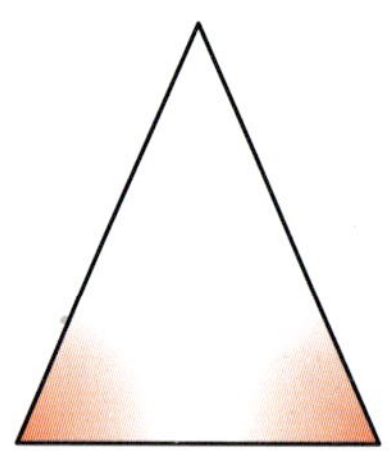

Triangolo rettangolo. Triangolo con un angolo retto, delimitato da due lati chiamati **cateti**; il terzo è l'**ipotenusa**.

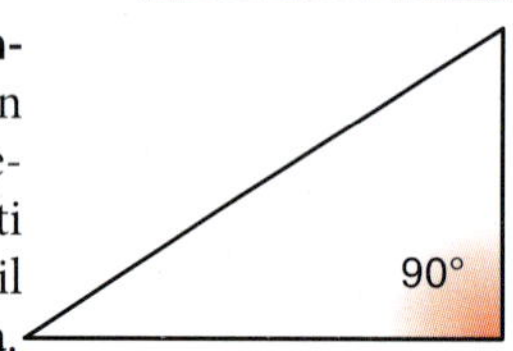

Triangolo equilatero. Triangolo con angoli e lati uguali. Ogni angolo interno è ampio 60°.

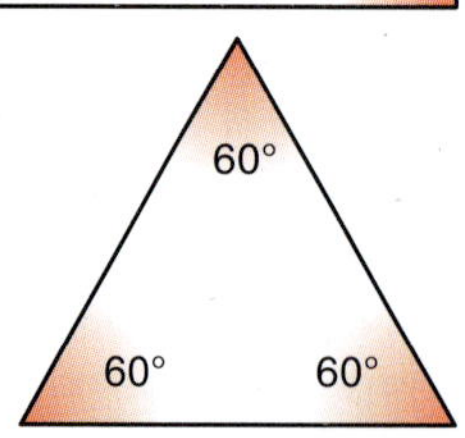

Altezza di un triangolo. Segmento che ha per estremi un vertice e il piede della perpendicolare condotta al lato opposto.

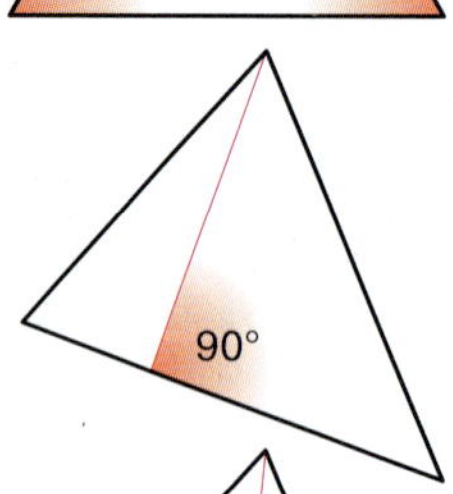

Mediana di un triangolo. Segmento che ha per estremi un vertice e il punto medio del lato opposto.

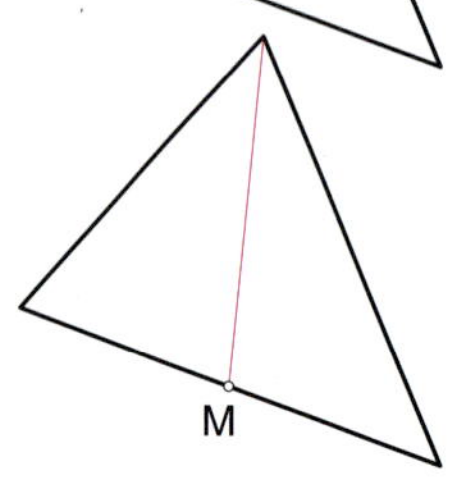

Quadrilateri

Quadrilatero. Poligono di quattro lati.

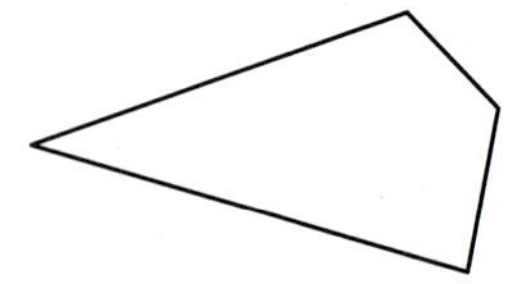

Trapezio. Quadrilatero con due lati paralleli, chiamati **basi**.

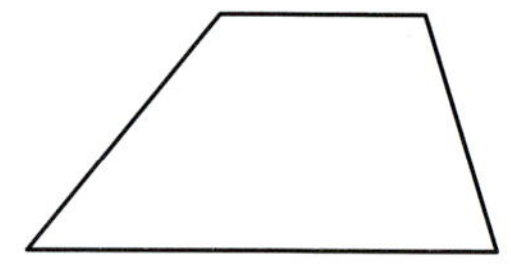

Trapezio rettangolo. Trapezio con due angoli retti.

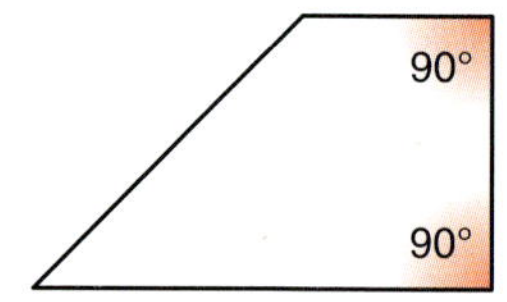

Trapezio isoscele. Trapezio con lati obliqui uguali. Gli angoli adiacenti alla stessa base sono uguali.

Parallelogramma. Quadrilatero con lati opposti paralleli.
Gli angoli opposti sono uguali.

Rombo. Parallelogramma con lati uguali.
Le diagonali sono perpendicolari.

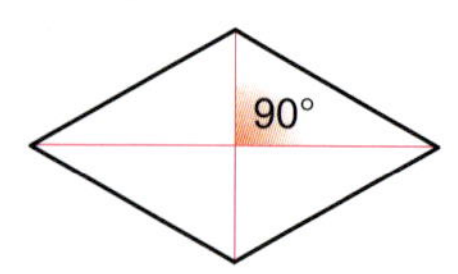

Rettangolo. Quadrilatero con tutti gli angoli retti. Le diagonali sono uguali.

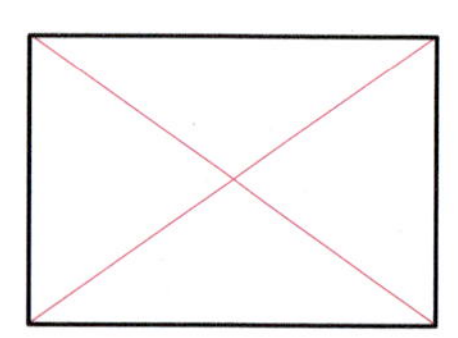

Quadrato. Quadrilatero con angoli retti e con lati uguali. Le diagonali sono uguali e perpendicolari tra loro.

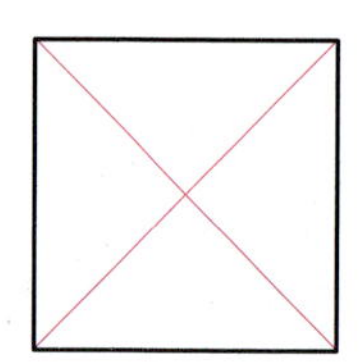

GLOSSARIO

Angolo adiacente a un lato di un poligono: è l'angolo con un lato coincidente con il lato del poligono.

Figure solide

Solido. Parte limitata o illimitata dello spazio.

Volume. Misura dello spazio occupato da un solido.

Diedro. Parte di spazio delimitato da due semipiani con la stessa origine, chiamata **spigolo**.

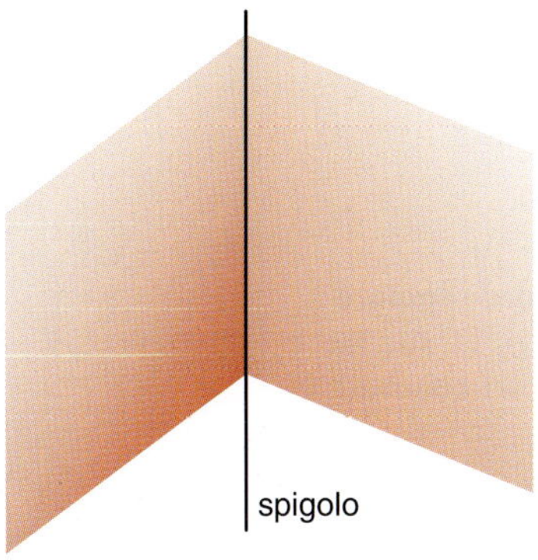

Ampiezza di un diedro. Ampiezza della sua **sezione normale**; essa è l'angolo formato dall'intersezione del diedro con un piano perpendicolare allo spigolo.

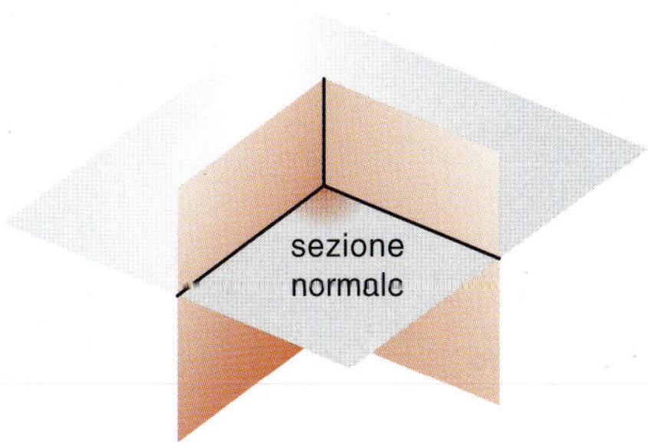

Piani perpendicolari. Due piani che dividono lo spazio in quattro diedri di uguale ampiezza (90°).

Faccia di un solido. Superficie che delimita il solido.

Spigolo di un solido. Linea d'intersezione tra due facce del solido.

Vertice di un solido. Punto comune a due o più spigoli.

Superficie cilindrica. Superficie generata dalla rotazione di una retta (**generatrice**) intorno a una parallela (**asse**).

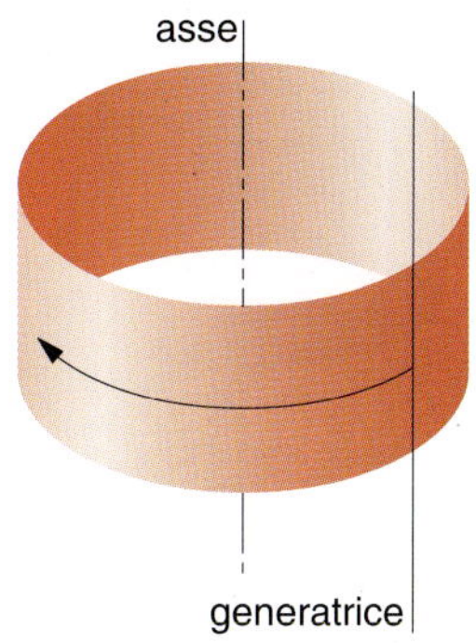

Superficie conica. Superficie generata dalla rotazione di una retta (**generatrice**) con angolo costante intorno a una incidente (**asse**). Il punto d'intersezione dell'asse con la superficie si dice **vertice**; il vertice divide la superficie in due **falde**.

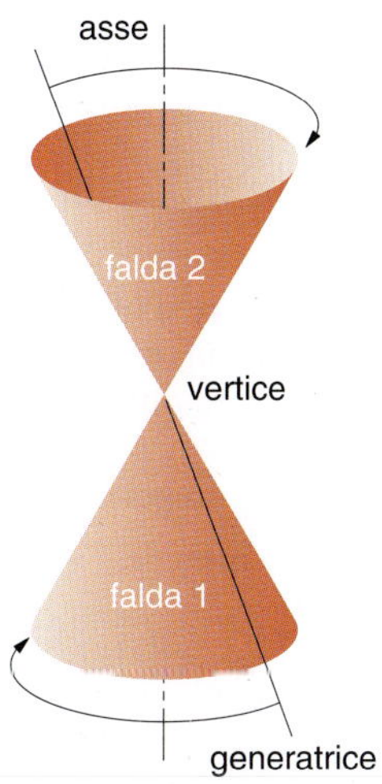

Superficie sferica. Superficie generata dalla rotazione di una circonferenza intorno a un diametro.

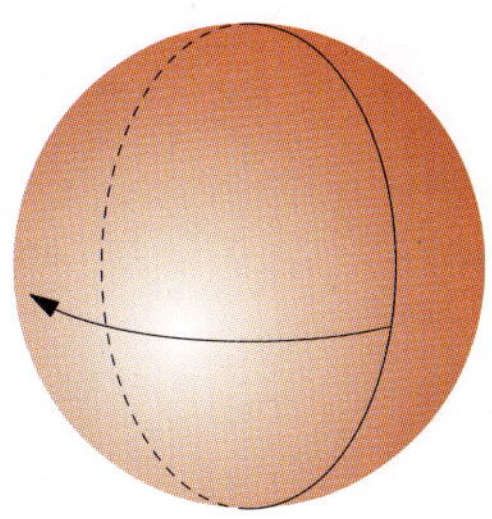

Superficie prismatica. Superficie formata da facce contigue con spigoli paralleli.

Poliedri. Solidi delimitati da poligoni.

Piramide. Solido delimitato da un poligono (**base**) e da triangoli convergenti in un punto (**vertice**). La distanza del vertice dalla base è l'**altezza** della piramide.

Piramide regolare. Piramide che ha per base un poligono regolare.

Piramide retta. Piramide in cui l'altezza passa per il centro della base (centro della circonferenza inscritta). **Apotema** è l'altezza delle facce triangolari.

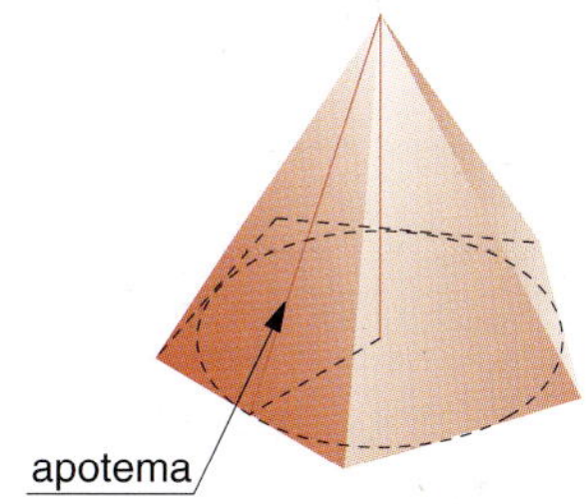

Piramide obliqua. Piramide in cui l'altezza non passa per il centro della base (centro della circonferenza inscritta).

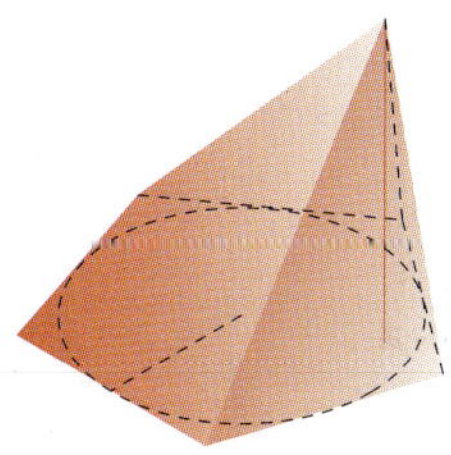

Tronco di piramide. Solido creato dal taglio di una piramide con un piano passante tra vertice e base.

GLOSSARIO

Contiguo: che ha un lato in comune con un altro ente o cosa (per esempio facce contigue, stanze contigue).

Cilindro. Solido delimitato da una superficie cilindrica e da due piani che la intersecano (**basi**). Le basi possono essere cerchi oppure ellissi.

Cilindro retto. Cilindro con basi (cerchi) perpendicolari all'asse.

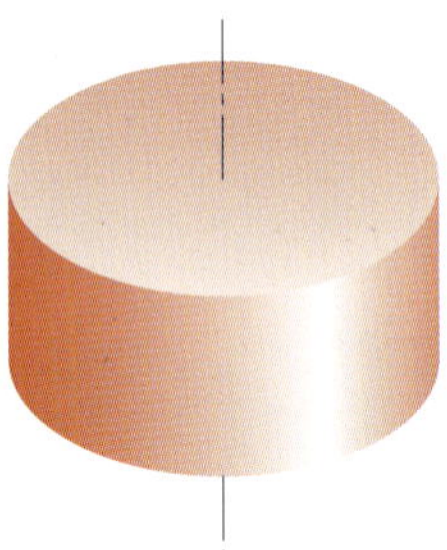

Cono. Solido delimitato da una superficie conica e un piano (**base**) che la interseca.

Cono retto. Cono con base (cerchio) perpendicolare all'asse.

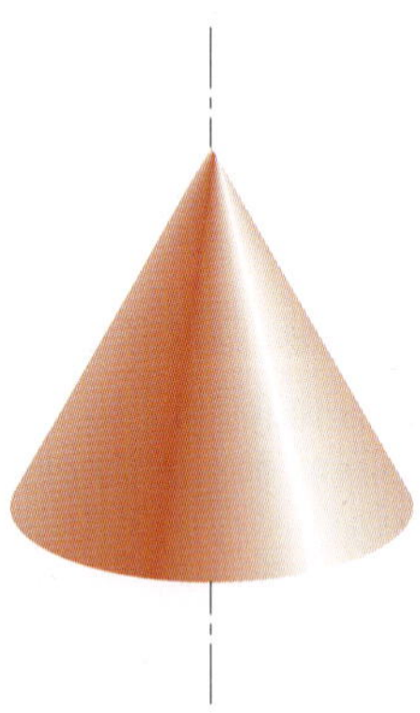

Cono obliquo. Cono con base (ellisse) obliqua rispetto all'asse della superficie conica.

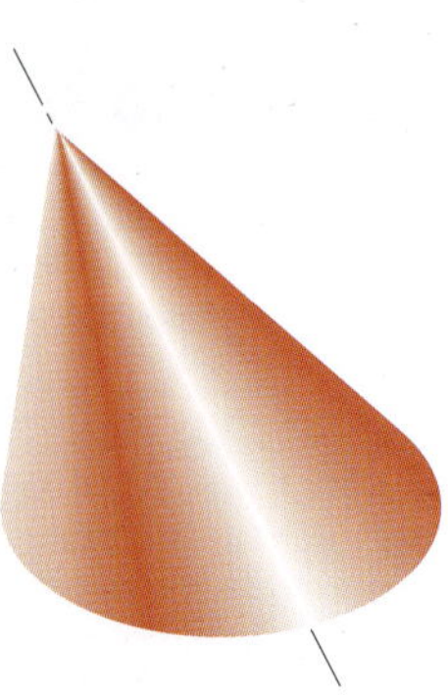

Tronco di cono. Solido creato dal taglio di un cono con un piano passante tra vertice e base.

Prisma. Solido delimitato da una superficie prismatica e due piani (**basi**) che la intersecano.

Prisma retto. Prisma con spigoli laterali perpendicolari alle basi.

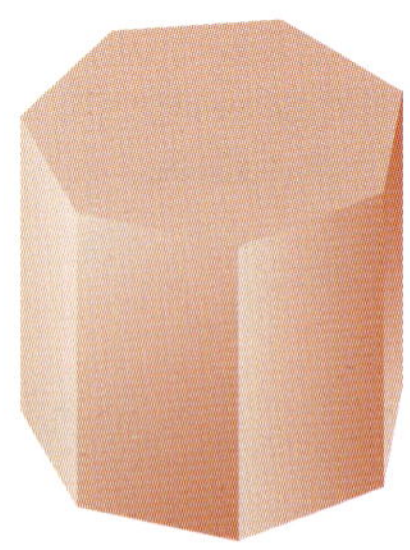

Poliedri semiregolari. Poliedri che presentano alcune regolarità, quali: facce a forma di poligoni regolari di due o più tipi, spigoli uguali ecc.

Tra i poliedri semiregolari figurano:

- i poliedri di Archimede;
- i prismi;
- gli antiprismi;
- i poliedri di Johnson;
- i poliedri di Catalan;
- i diamanti;
- gli antidiamanti.

Poliedro di Archimede

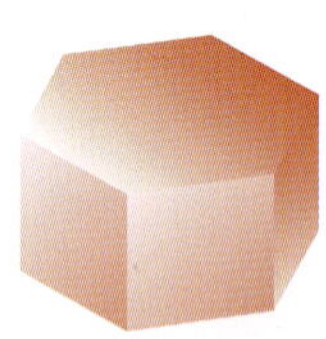

Prisma

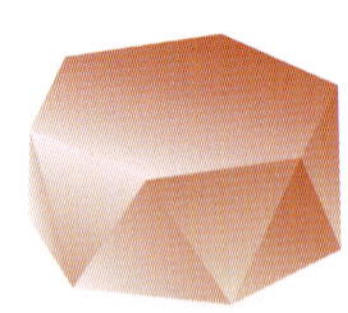

Antiprisma

Poliedro di Johnson

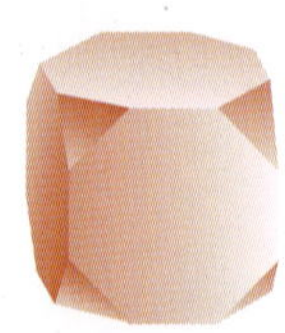

Poliedro di Catalan

Diamante

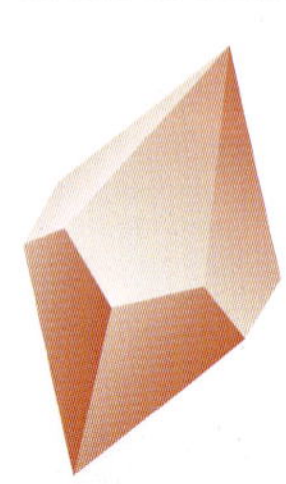

Antidiamante

Poliedri regolari. Sono solidi delimitati da un tipo di poligono regolare, con facce che formano tra loro angoli uguali. Sono soltanto cinque: quelli elencati di seguito.

Tetraedro regolare. Le sue facce sono quattro triangoli equilateri.

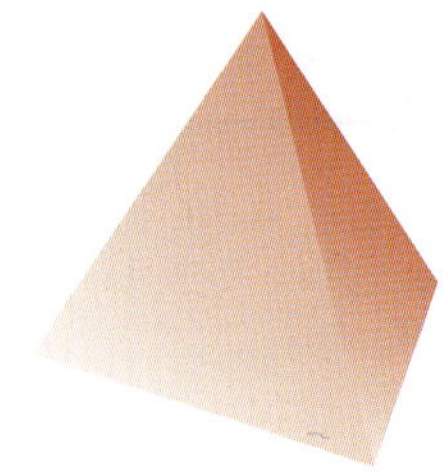

Esaedro regolare (cubo). Le sue facce sono sei quadrati.

Ottaedro regolare. Le sue facce sono otto triangoli equilateri.

Dodecaedro regolare. Le sue facce sono dodici pentagoni regolari.

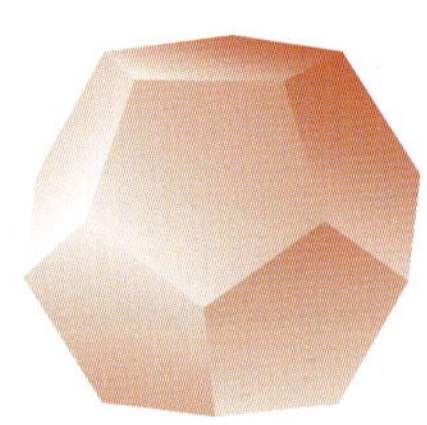

Icosaedro regolare. Le sue facce sono venti triangoli equilateri.

APPROFONDIMENTI

I poliedri regolari (2 pagine)

I poliedri semiregolari (2 pagine)

Costruzioni geometriche elementari

Premessa

Il disegno geometrico si serve di diversi strumenti (squadre, compasso ecc.); le diverse **icone** segnaleranno lo strumento a cui si riferisce la singola spiegazione presentata. Sarà utile ai fini didattici confrontare le diverse modalità operative dettate dai vari strumenti utilizzati.

PROBLEMA 1 PASSO PASSO

Tracciare l'asse di un segmento dato

1 Disporre la squadretta a 30°-60° sul segmento.

2 Poggiare l'ipotenusa della squadretta a 45° sulla precedente.

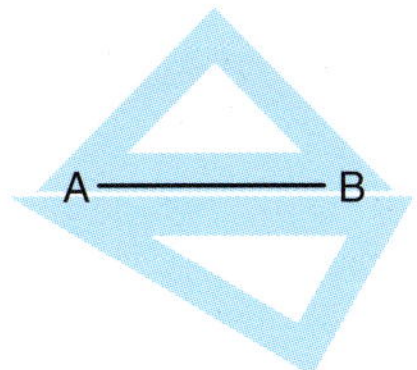

3 Tenendo ferma la squadretta a 30°-60°, si fa scorrere l'altra tracciando un segmento per l'estremo A del segmento.

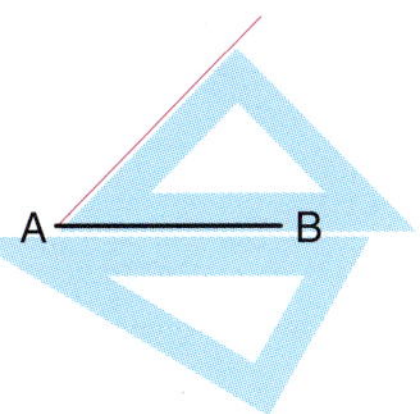

4 Analogamente si conduce un segmento da B, che interseca il precedente in P.

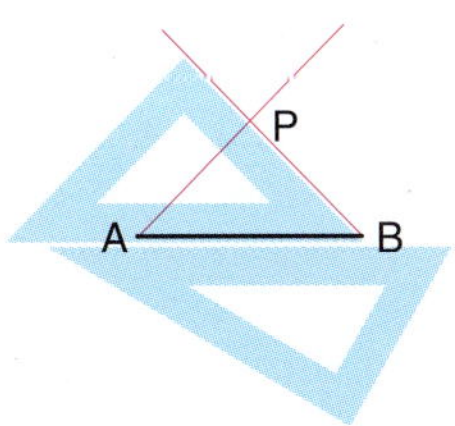

5 Dopo aver ruotato la squadretta a 45°, da P si conduce la perpendicolare per M, punto medio del segmento.

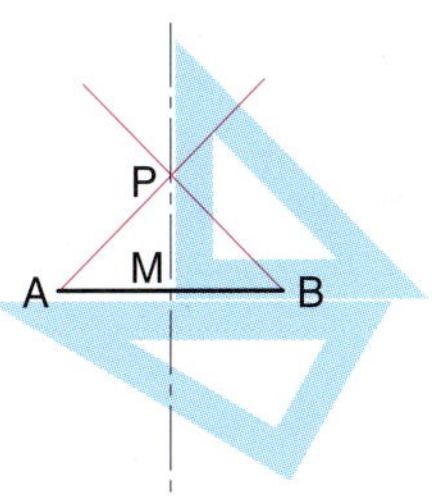

1 Tracciare un arco di centro in A con apertura a piacere (maggiore della metà di AB).

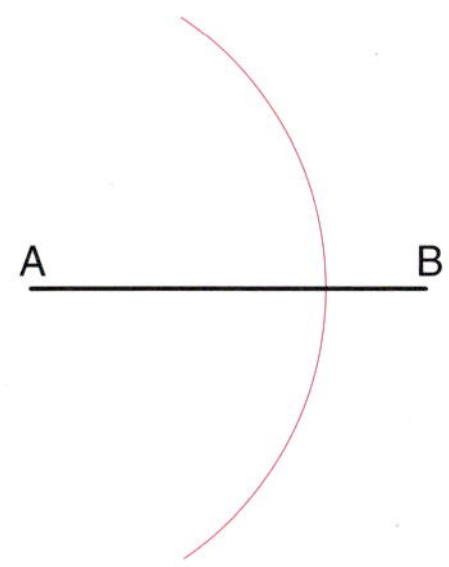

2 Con la stessa apertura si disegna un arco con centro in B, trovando P e Q.

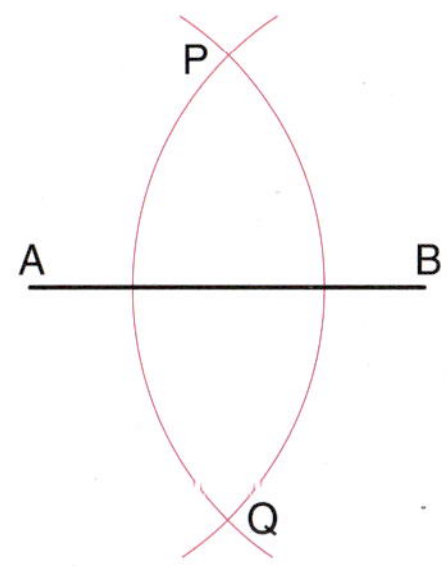

3 Unendo P e Q si trova l'asse del segmento e il suo punto medio M.

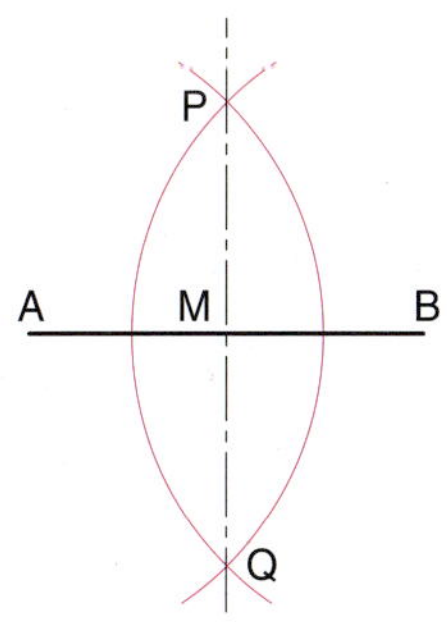

GLOSSARIO

Icona: immagine, simbolo grafico di un concetto o di un comando.

Asse di un segmento: perpendicolare per il suo punto medio.

Video *Rette perpendicolari con le squadrette*

APPROFONDIMENTI

La perpendicolarità (2 pagine)

PROBLEMA 2 PASSO PASSO

Tracciare la perpendicolare per un estremo di un segmento

1 Si dispone il cateto della squadretta a 45° sul segmento AB.

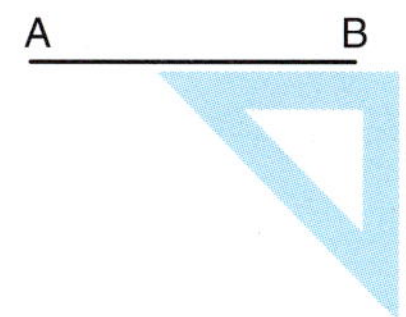

2 Si poggia l'altra squadretta sull'ipotenusa della precedente.

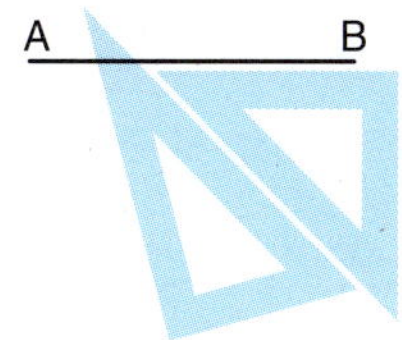

3 Tenendo ferma la squadretta a 30°-60°, si fa scorrere l'altra finché non passa per l'estremo del segmento.

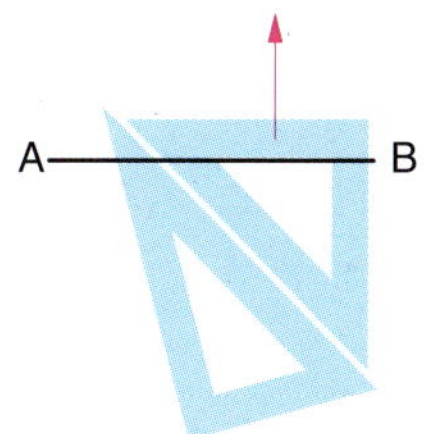

4 Si traccia la perpendicolare per l'estremo del segmento.

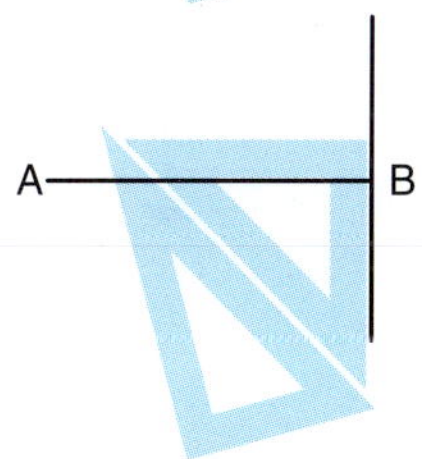

1 Preso un punto a piacere O, si centra in O con apertura fino ad A, tracciando un arco, che interseca il segmento in C.

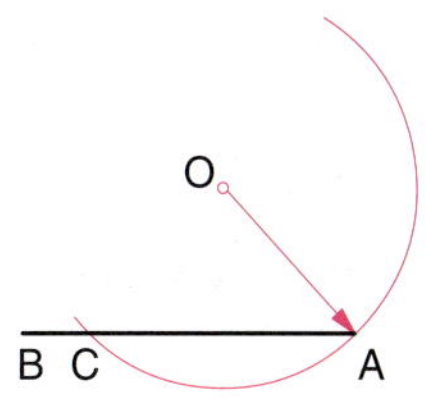

2 Si disegna la semiretta CO, che interseca l'arco in D.

3 La semiretta AD è la perpendicolare desiderata.

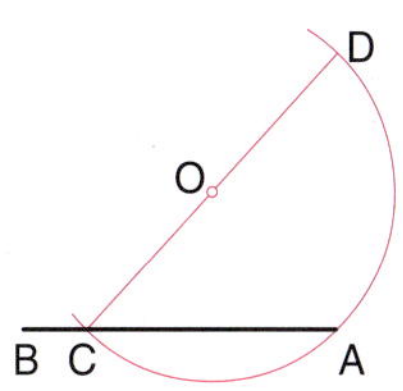

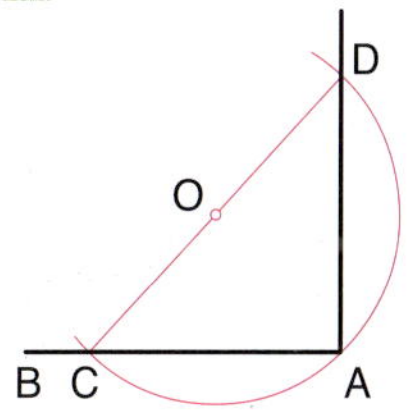

PROBLEMA 3 GUIDATO

Disegnare la parallela a un segmento AB da un punto P

1. Disporre il cateto della squadretta sul segmento.
2. Poggiare l'altra squadretta sull'ipotenusa della precedente.
3. Tenendo ferma la seconda squadretta, si fa scorrere l'altra finché non passa per P.
4. Si traccia la parallela per P.

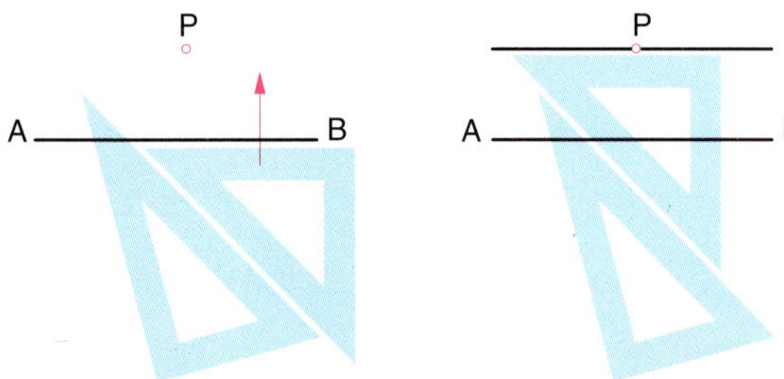

PROBLEMA 4 GUIDATO

Dividere un segmento in n parti uguali

1. Dall'estremo A del segmento dato AB si conduce una semiretta r a piacere.
2. Con apertura di compasso a piacere si traccia una successione di n archetti (in figura sono 4), trovando i punti 1, 2, 3, 4.
3. Si unisce B con il punto 4.
4. Dagli altri punti sulla semiretta r si conducono le parallele al segmento B4.
5. Le parallele intersecano il segmento AB nei punti C, D, E che dividono il segmento in parti uguali.

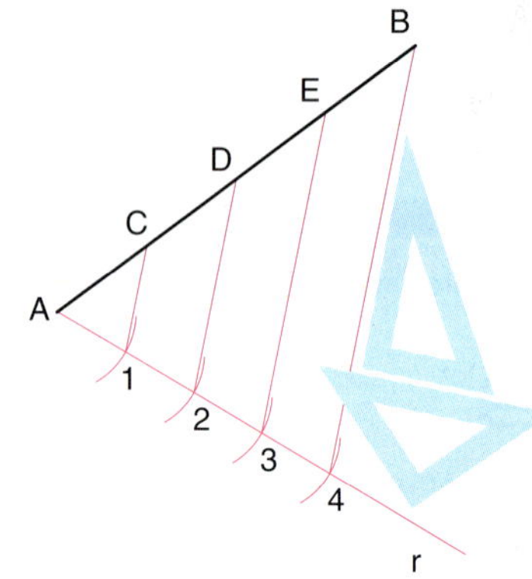

PROBLEMA 5 GUIDATO

Disegnare la parallela a una data retta alla distanza assegnata d

1. Disegnare la perpendicolare alla retta r per un punto qualsiasi (v. Problema 2).
2. Sulla perpendicolare si prende un segmento di lunghezza d.
3. Spostando la squadretta a 45° come nel Problema 2, si usa il cateto parallelo a r per tracciare dall'estremo del segmento d la retta r_1.

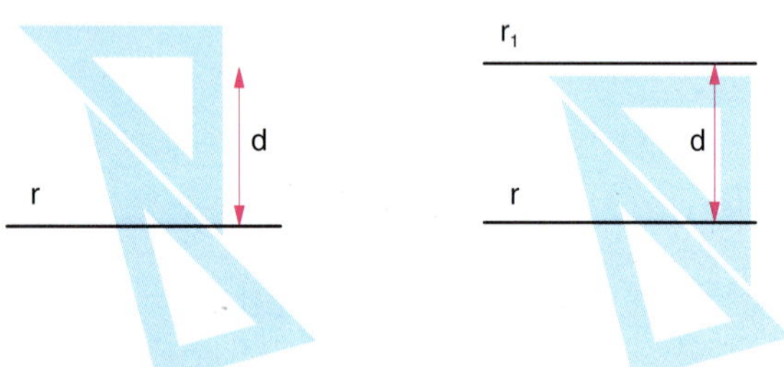

1. Centrando in A, punto qualsiasi di r, e con apertura a piacere, si traccia una semicirconferenza di estremi P e Q.
2. Si disegna l'asse del segmento PQ (v. Problema 1).
3. Con centro in A e apertura uguale a d, si traccia un arco che interseca l'asse nel punto C.
4. Da un altro punto B con lo stesso procedimento si trova il punto D.
5. La retta CD è la parallela desiderata.

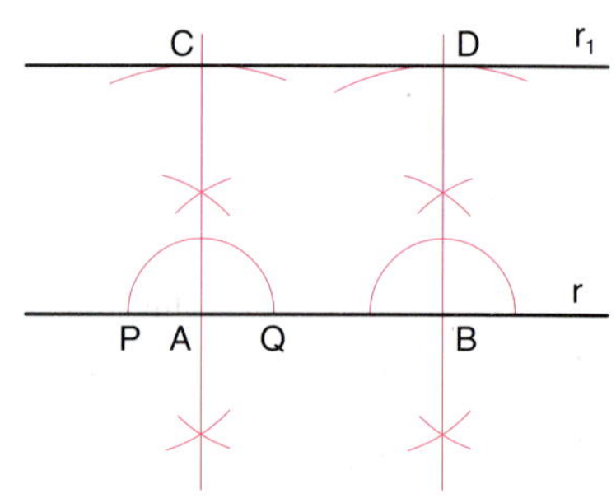

PROBLEMA 6 GUIDATO

Disegnare la sezione aurea di un segmento dato

La **sezione aurea** di un segmento è il medio proporzionale tra il segmento intero e la parte residua.

Quindi, dato un segmento AB, la sua sezione aurea è AC se si verifica la seguente proporzione:

$$\overline{AB} : \overline{AC} = \overline{AC} : \overline{CB}$$

Da una elaborazione matematica di questa proporzione si può ricavare il valore:

$$\overline{AB} : \overline{AC} = \overline{AC} : \overline{CB} = \frac{\sqrt{5}+1}{2} = 1{,}618033 \text{ (detto \textbf{numero aureo})}.$$

MEMO

La **distanza tra due rette parallele** è la lunghezza del segmento staccato da esse su una perperndicolare.

1. Si trova il punto medio M del segmento AB (v. Problema 1).
2. Si disegna la perpendicolare per l'estremo B (v. Problema 2),e con l'aiuto del compasso si prende su di essa una misura $\overline{BP} = \overline{BM}$.
3. Si unisce P con A.
4. Centrando in P con apertura $\overline{PB}$ si traccia un arco che interseca AP in Q.
5. Con un arco di centro A e raggio $\overline{AQ}$ si trova il punto C che definisce AC, sezione aurea di AB.

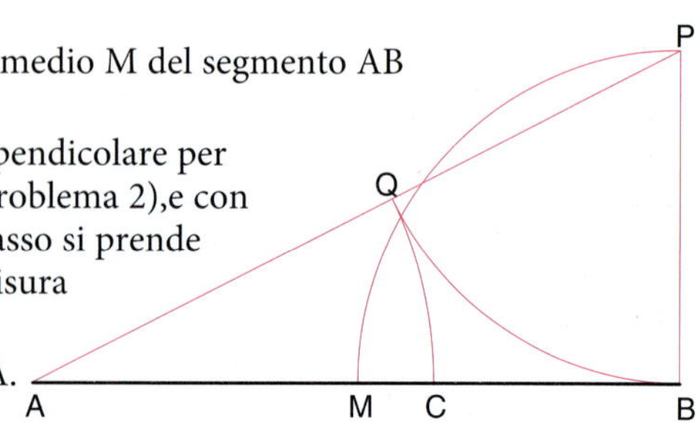

Video *Rette parallele con le squadrette*

APPROFONDIMENTI

La sezione aurea (2 pagine)

PROBLEMA 7 GUIDATO

Disegnare il rettangolo aureo di data altezza

1. Del segmento dato AB si disegna la perpendicolare per B (v. Problema 2).
2. Sulla perpendicolare si trova un punto C mediante un arco di centro B e apertura $\overline{AB}$.
3. Del segmento BC si trova il punto medio M (v. Problema 1).
4. Centrando in M con apertura $\overline{MA}$ si traccia un arco che interseca la retta BC nel punto D.
5. Con lati AB e BD si disegna il rettangolo aureo desiderato.

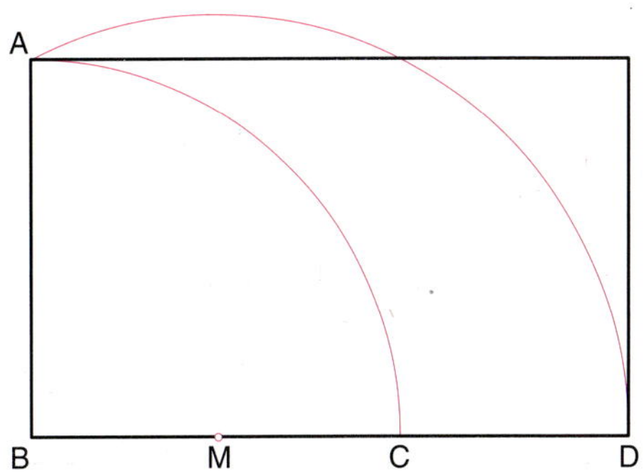

Nota bene: se si disegna un quadrato in un rettangolo aureo, si scopre che la parte restante è un nuovo rettangolo aureo; analoga divisione si verifica in quest'ultimo, e così via.

Video *Angoli di 45° con le squadrette*

Video *Angoli di 30°-60° con le squadrette*

MEMO

I punti si indicano con lettere dell'alfabeto latino maiuscolo (A, B, C, ...), le rette con lettere dell'alfabeto latino minuscolo (a, b, c, ...) e gli angoli con lettere dell'alfabeto greco minuscolo ($\alpha, \beta, \gamma, \delta, \varepsilon, \zeta$, ...).

PROBLEMA 8 GUIDATO

Dividere un angolo in parti uguali

Angolo retto in due parti:

1. si allinea la squadretta a 30°-60° su un lato;
2. si poggia su di essa la squadretta a 45°, tracciando la semiretta per il vertice.

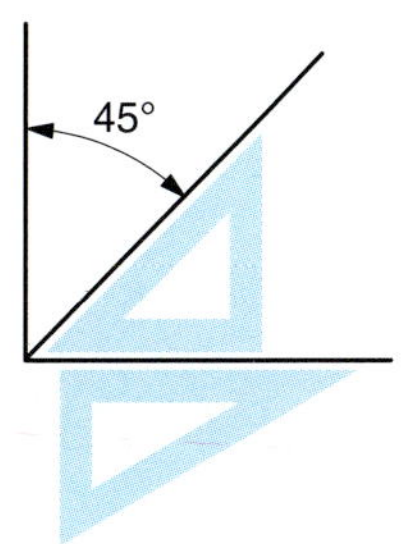

Angolo retto in tre parti:

1. si allinea la squadretta a 45° su un lato;
2. si poggia su di essa la squadretta a 30°-60° nelle posizioni indicate in figura, tracciando le semirette per il vertice.

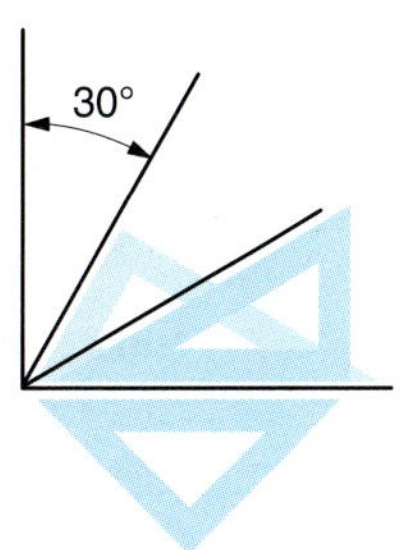

Angolo piatto in tre parti:

1. si allinea la squadretta a 45° sui lati;
2. si poggia su di essa la squadretta a 30°-60° nelle posizioni indicate in figura, tracciando le semirette per il vertice.

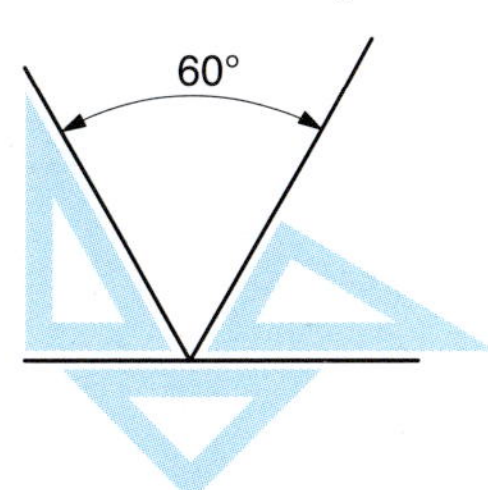

Angolo retto in sei parti:

1. si tracciano semirette a 30° e 45° come nelle figure precedenti;
2. disponendo le due squadrette come in figura si tracciano le semirette a 15°.

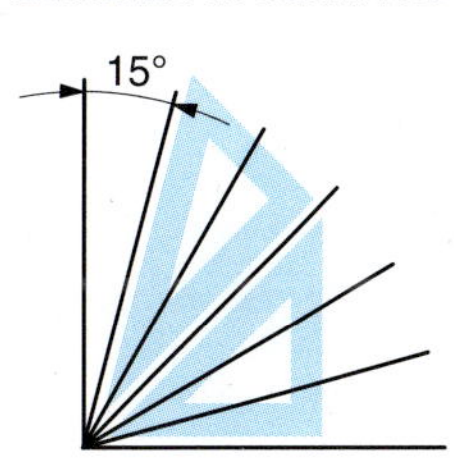

Bisettrice di un angolo qualsiasi:

1. si traccia un arco di centro V con apertura a piacere;
2. sui lati si individuano i punti A e B;
3. centrando in A e B con apertura a piacere si disegnano due archetti, che si intersecano in C;
4. la semiretta VC è la bisettrice.

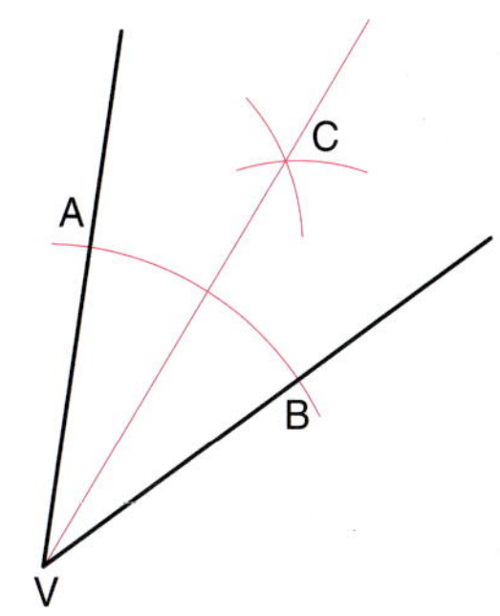

Trisezione di un angolo retto:

1. si traccia un arco di centro V con apertura a piacere;
2. sui lati si individuano i punti A e B;
3. centrando in A e B con la stessa apertura, si disegnano due archetti, che intersecano il precedente in C e in D;
4. le semirette VC e VD dividono l'angolo retto in tre parti uguali.

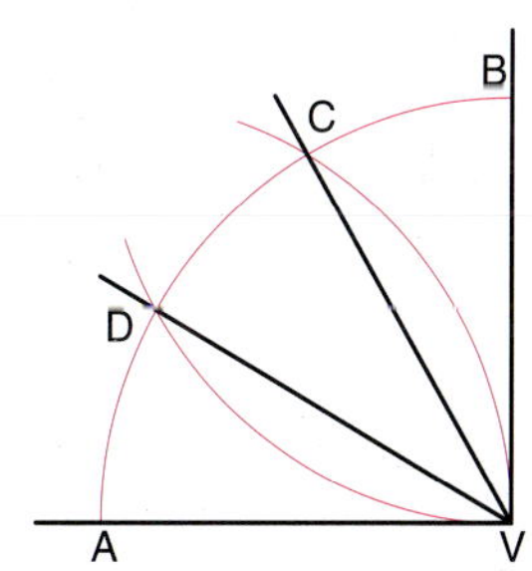

Trisezione di un angolo piatto:

1. si traccia un arco di centro V con apertura a piacere;
2. sui lati si trovano i punti A e B;
3. centrando in A e B con la stessa apertura, si disegnano due archetti, che intersecano il precedente in C e in D;
4. le semirette VC e VD dividono l'angolo piatto in tre parti uguali.

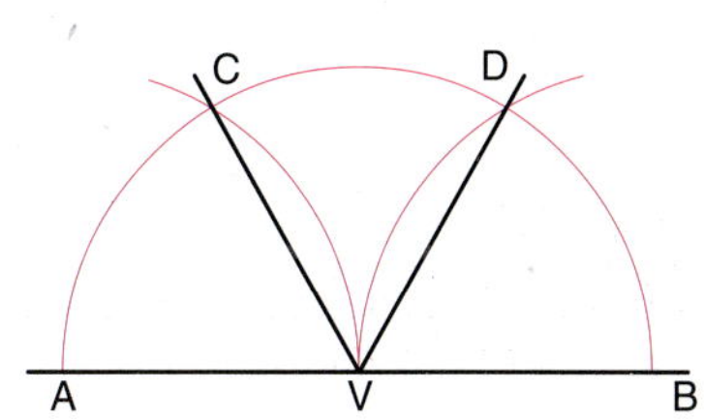

Poligoni regolari inscritti

PROBLEMA 9 PASSO PASSO

Inscrivere un triangolo equilatero in una circonferenza

1. Con la squadretta a 30°-60° nelle posizioni indicate, dal centro O si tracciano tre raggi che formano tre angoli uguali (120°).

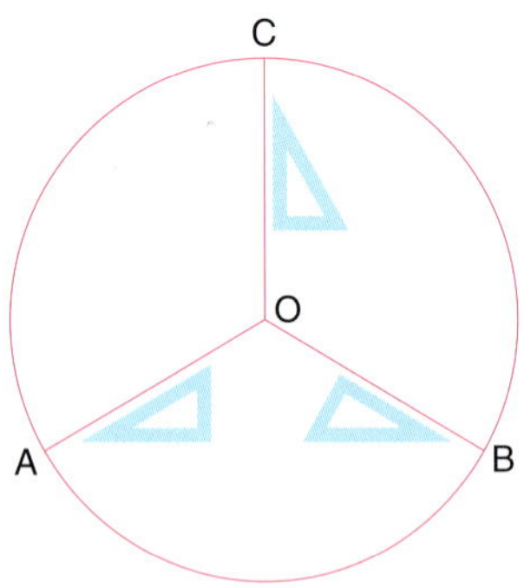

2. Le estremità dei raggi (A, B, C) sono i vertici del triangolo equilatero.

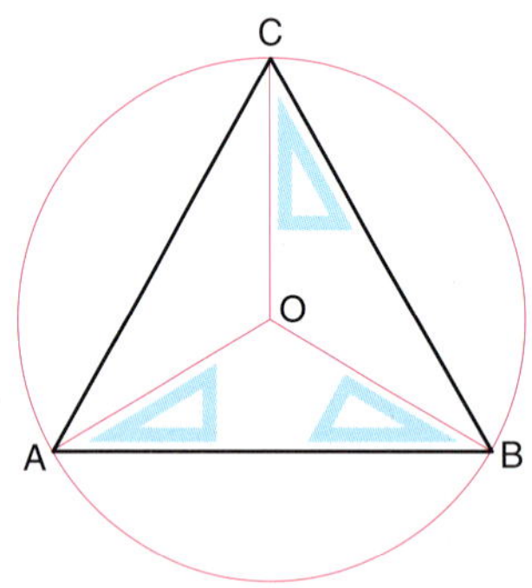

1. Si disegna un diametro AB.
2. Con centro in A e apertura $\overline{AO}$, si traccia un arco, che interseca la circonferenza nei punti C e D.
3. B, C e D sono i vertici del triangolo equilatero.

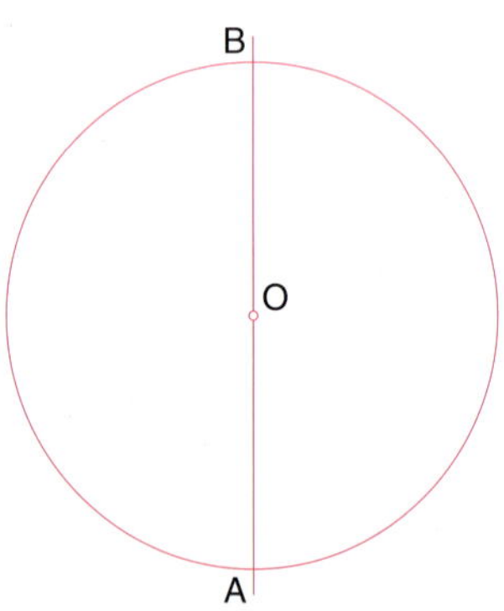

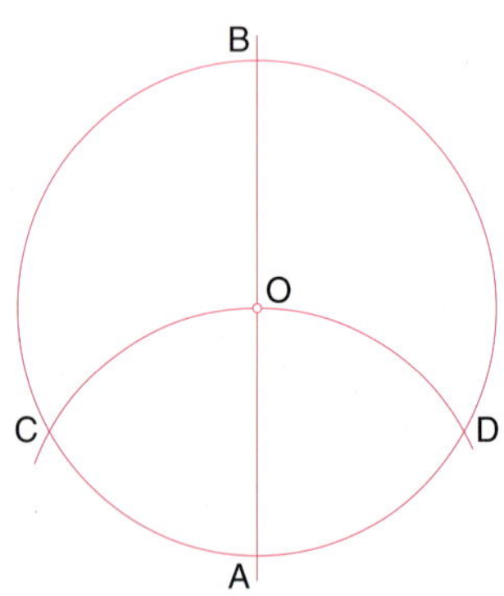

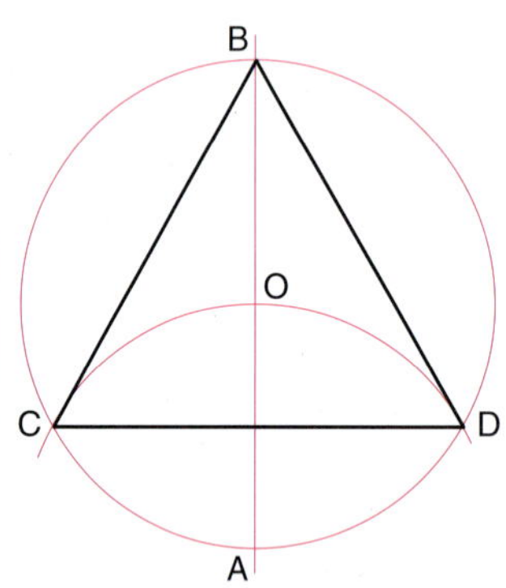

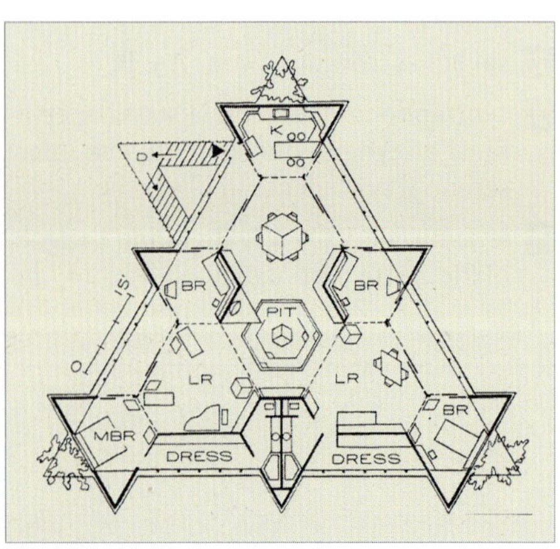

Pianta della Gutman house (Bruce Goff).

MEMO

Mentre un segmento di estremi A e B si designa con AB, la sua lunghezza si indica con $\overline{AB}$. Invece $\overset{\frown}{AB}$ è un arco con gli stessi estremi.

APPROFONDIMENTI

Il triangolo (2 pagine)

Il quadrato (2 pagine)

PROBLEMA 10 GUIDATO

Inscrivere un quadrato in una circonferenza

1. Si disegna un diametro AB.
2. Con l'aiuto delle squadrette si traccia un secondo diametro perpendicolare al precedente.
3. Le estremità dei diametri (A, B, C e D) sono i vertici del quadrato.

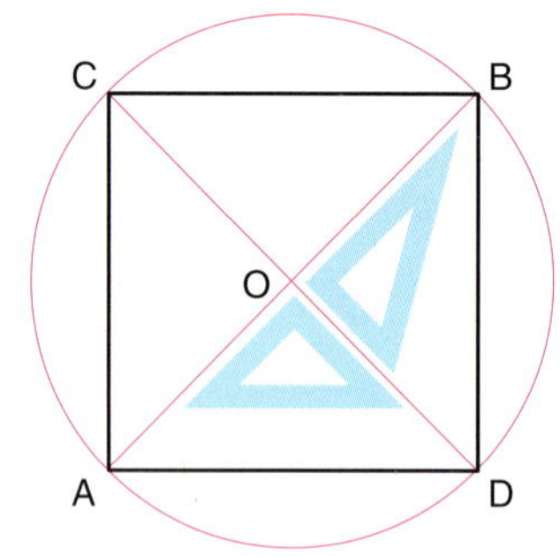

1. Si traccia un diametro AB.
2. Si disegna l'asse del diametro AB (v. Problema 1).
3. Le estremità dei diametri (A, B, C e D) sono i vertici del quadrato inscritto nella circonferenza.

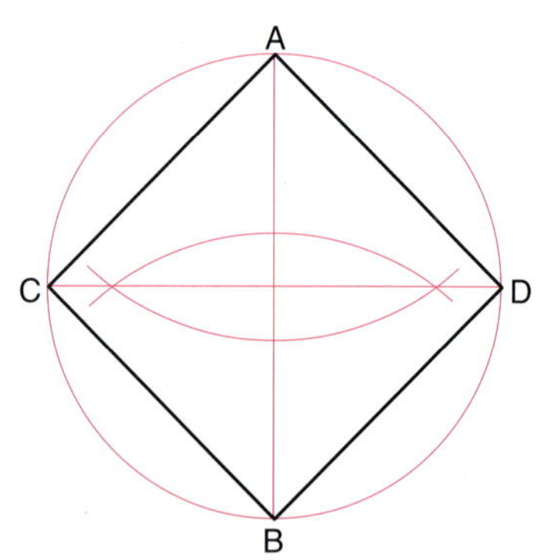

Pianta di chiesa a struttura quadrata (Sebastiano Serlio).

PROBLEMA 11 GUIDATO

Inscrivere un pentagono regolare in una circonferenza

1. Si disegnano due diametri perpendicolari (AB e CD).
2. Si trova M, punto medio di OB (v. Problema 1).
3. Si traccia un arco di centro M e di apertura $\overline{MC}$, che interseca AB nel punto N.
4. Con centro C e apertura $\overline{CN}$ si disegna un arco che individua E sulla circonferenza.
5. Da E si tracciano archi consecutivi di apertura $\overline{CE}$, trovando F, G, H. I vertici del pentagono sono C, E, F, G e H.

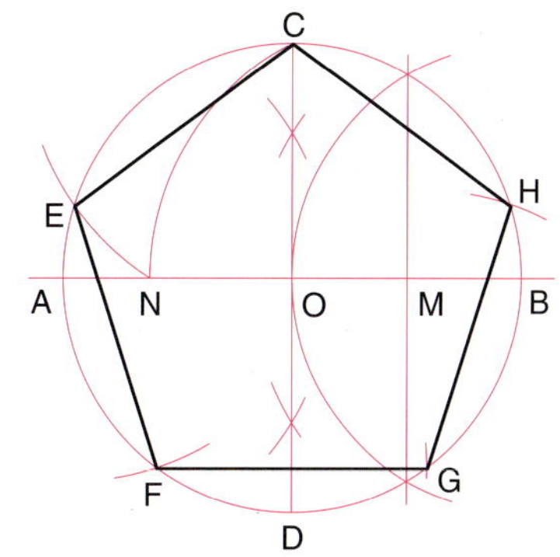

PROBLEMA 12 PASSO PASSO

Inscrivere un esagono regolare in una circonferenza

1. Si disegna un diametro AB.
2. Disponendo la squadretta a 30°-60° come in figura, si tracciano altri due diametri CE e DF, che formano 60° rispetto ad AB.
3. Gli estremi dei diametri sono i vertici dell'esagono regolare.

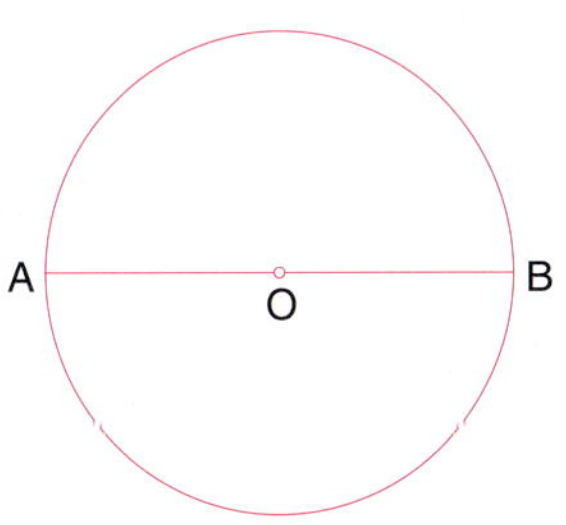

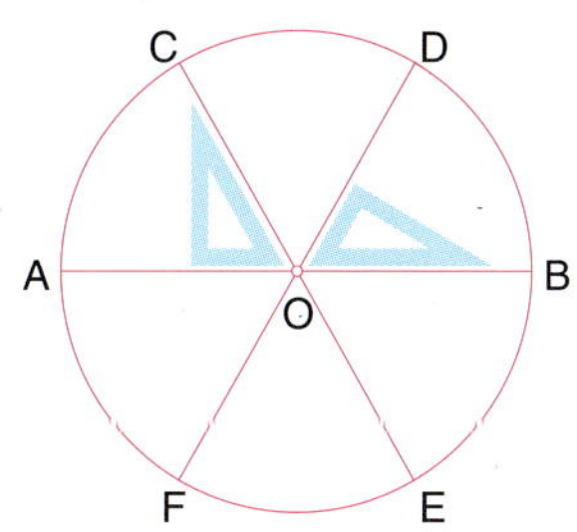

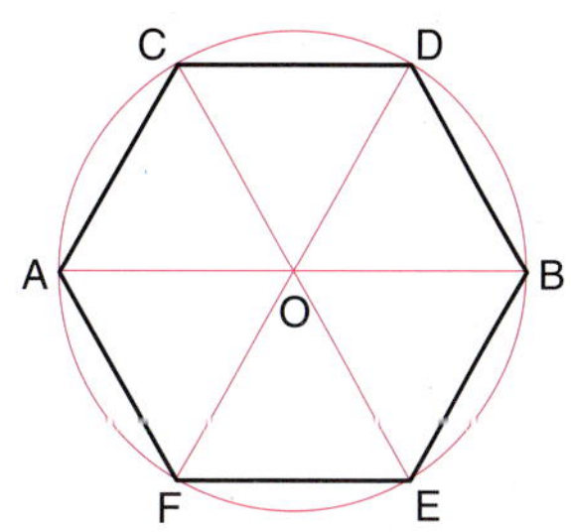

1. Si traccia un diametro AB.

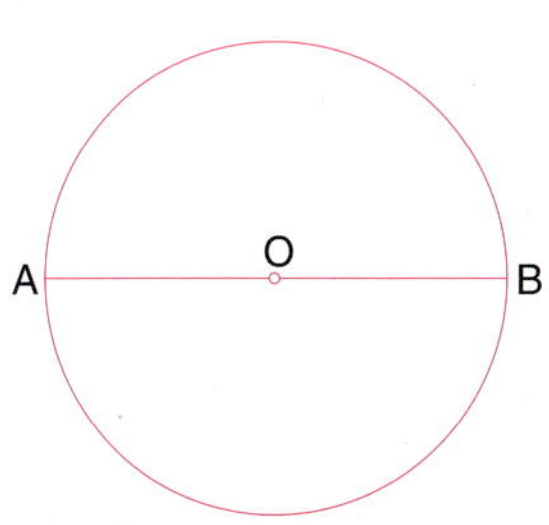

2. Con centri in A e in B si disegnano due archi di apertura $\overline{AO}$, che intersecano la circonferenza nei punti C, D, E, F.

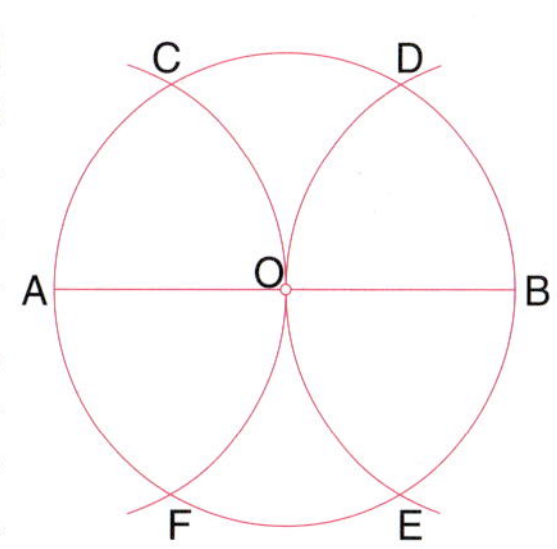

3. I punti A, C, D, B, E, F sono i vertici dell'esagono desiderato.

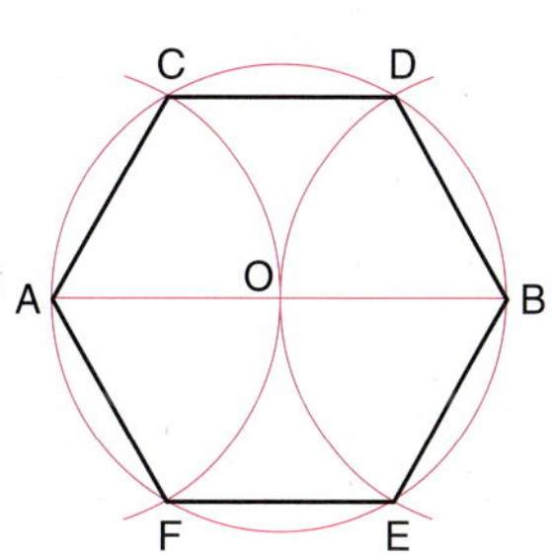

Decorazione sulla facciata del Duomo di Orvieto.

PROBLEMA 13 GUIDATO

Inscrivere un ottagono regolare in una circonferenza

1. Si tracciano due diametri AB e CD tra loro perpendicolari.
2. Con la squadretta a 45° disposta come in figura, si disegnano due diametri EF e GH.
3. Gli estremi dei diametri sono i vertici dell'ottagono regolare.

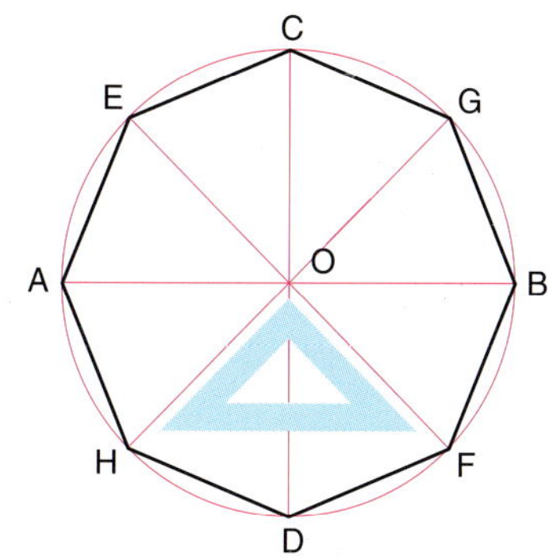

1. Si disegna un diametro AB.
2. Si traccia CD, asse del diametro AB (v. Problema 1).
3. Si costruiscono le bisettrici (v. Problema 8) degli angoli formati dai due diametri.
4. I diametri e le bisettrici individuano sulla circonferenza i vertici dell'ottagono.

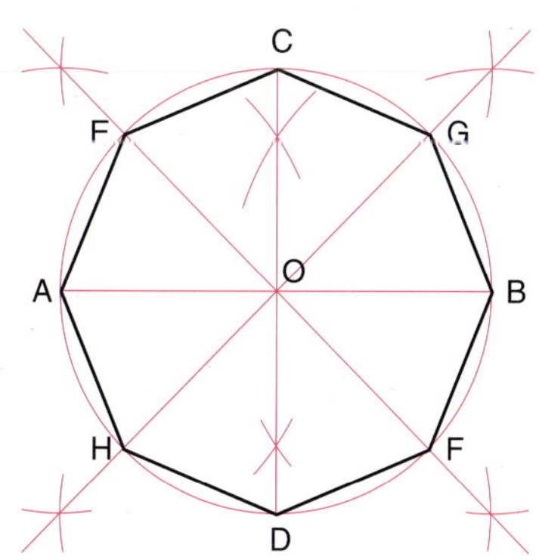

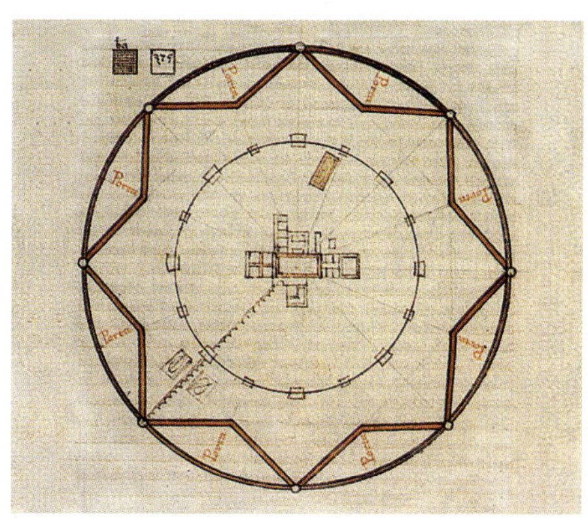

Pianta della città ideale di Sforzinda (Filarete).

PROBLEMA 14 GUIDATO

Inscrivere un dodecagono regolare in una circonferenza

1. Si disegnano due diametri AB e CD tra loro perpendicolari.
2. Con la squadretta a 30°-60° si tracciano quattro diametri, che dividono gli angoli retti in tre parti uguali (v. Problema 8).
3. Le estremità dei diametri sono i vertici del dodecagono.

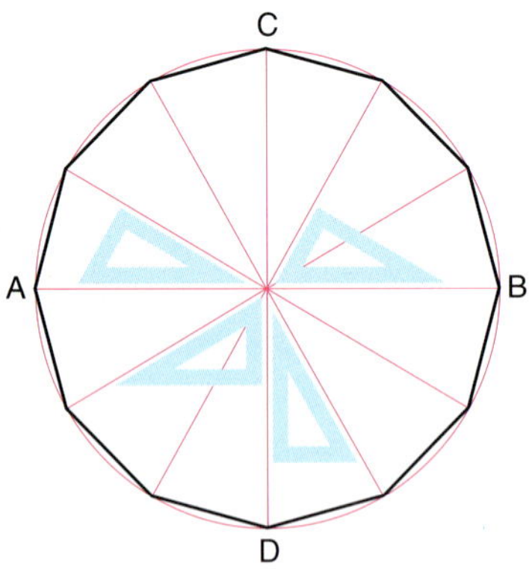

1. Si traccia un diametro AB.
2. Si disegna CD, asse del diametro AB (v. Problema 1).
3. Con centri in A, B, C e D e apertura $\overline{AO}$ si tracciano quattro archi.
4. I diametri e gli archi determinano sulla circonferenza i vertici del dodecagono.

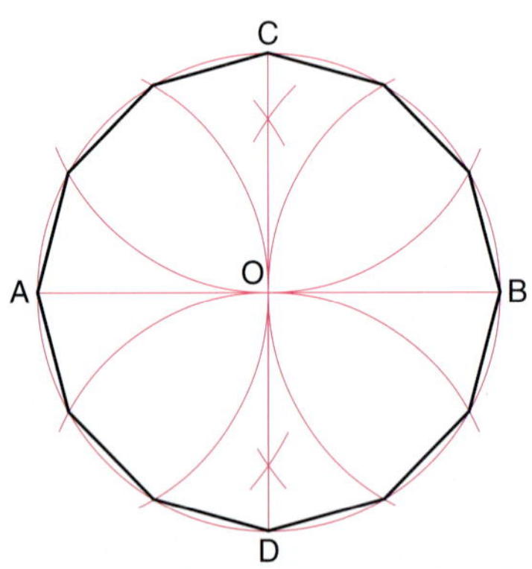

Decorazione a intarsio nell'Alhambra di Granada.

PROBLEMA 15 GUIDATO

Inscrivere in una circonferenza un poligono regolare di n lati

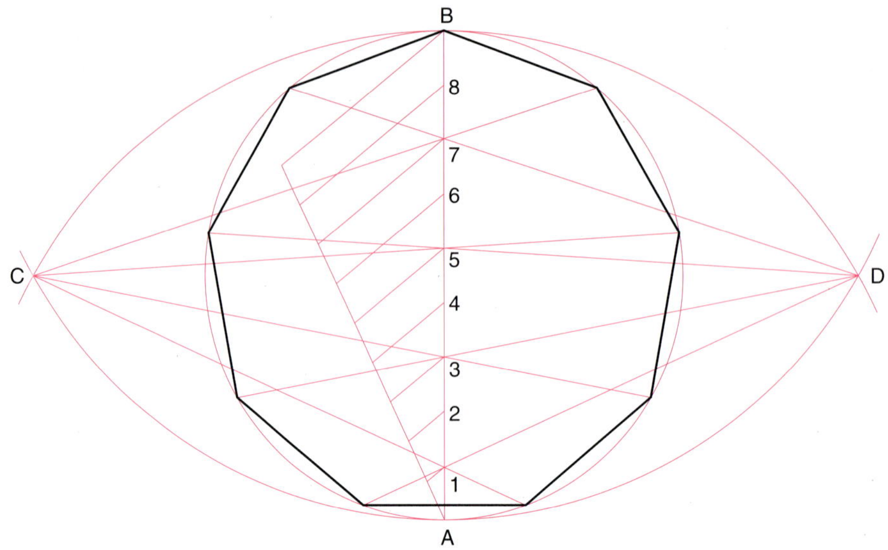

1. Si traccia un diametro AB.
2. Si divide AB in n parti uguali (in figura 9 parti).
3. Con centri in A e in B si costruiscono due archi di raggio AB, determinando C e D.
4. Se n è dispari (come in figura): da C e D si conducono le semirette per i punti 1, 3, 5, …
5. Se n è pari: da C e D si tracciano le semirette per i punti 2, 4, 6, …
6. Le semirette individuano sulla circonferenza i vertici del poligono regolare desiderato.

Rosone della Cattedrale di Strasburgo.

Questa costruzione può anche essere eseguita con il **goniometro**.

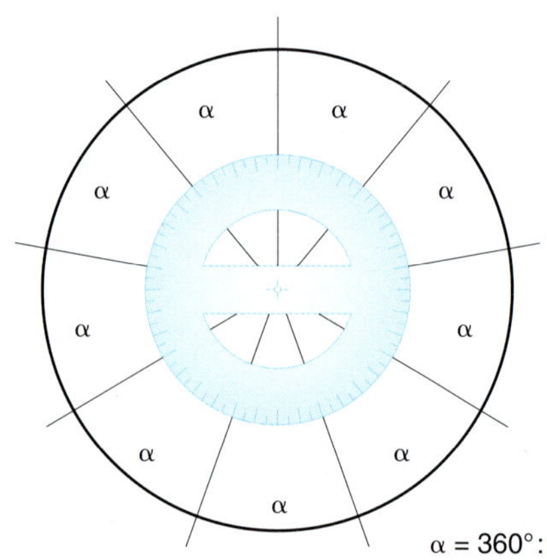

1. Si calcola il valore di $\alpha = 360° : n$.
2. Si centra il goniometro sul centro della circonferenza.
3. Si prendono in successione i vari angoli α.
4. Tracciando i diversi angoli α che dividono la circonferenza in n parti uguali, si trovano i vertici del poligono inscritto.

MEMO
Disegnare un **poligono inscritto** in una circonferenza equivale a **dividere la circonferenza in un numero di parti uguali** al numero dei lati del poligono.

MEMO
Per favorire la precisione del disegno, è indispensabile **affilare bene la punta del compasso**.

Poligoni regolari di lato assegnato

PROBLEMA 16 PASSO PASSO

Disegnare un triangolo equilatero di lato assegnato

1 Disponendo la squadra a 30°-60° come in figura, si traccia una semiretta da A.

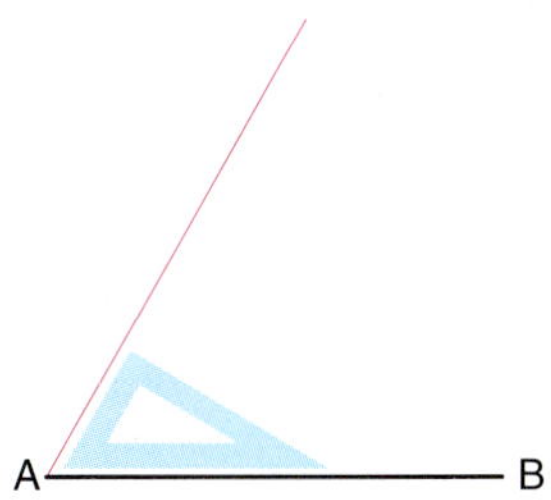

2 Con la stessa squadra nella posizione indicata si disegna una semiretta da B.

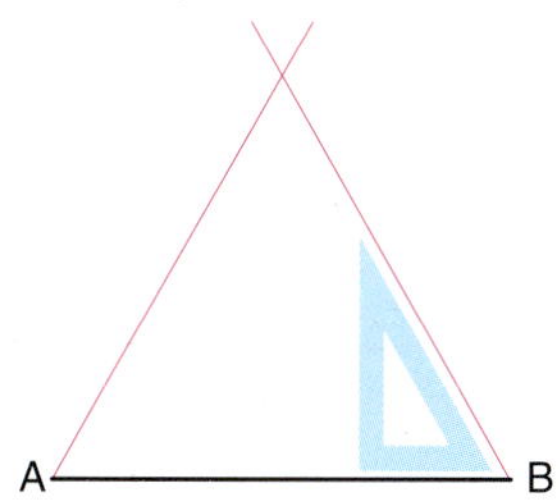

3 L'intersezione delle semirette è C, terzo vertice del triangolo.

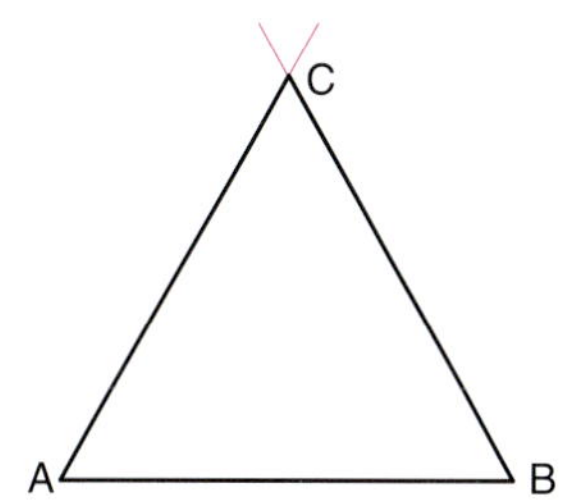

1 Centrando in A con apertura $\overline{AB}$ si traccia un arco.

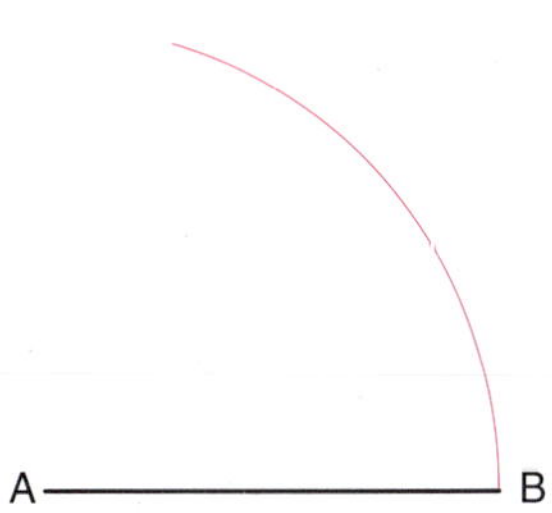

2 Con la stessa apertura ma centro in B si disegna un altro arco.

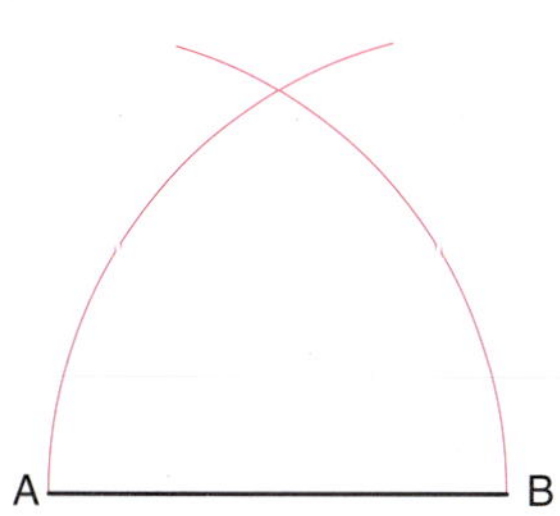

3 L'intersezione degli archi è C, terzo vertice del triangolo.

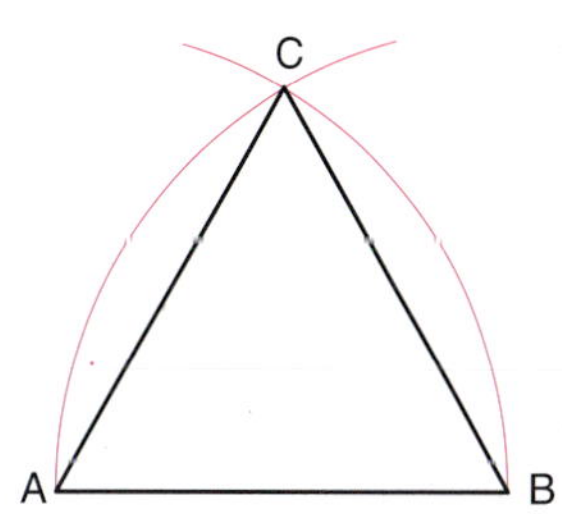

PROBLEMA 17 GUIDATO

Disegnare un quadrato di lato assegnato

1 Da A e da B si tracciano le perpendicolari ad AB.

2 Disponendo la squadretta a 45° come in figura, si conducono da A e da B due semirette.

3 I punti d'intersezione C e D, insieme ad A e B, sono i vertici del quadrato.

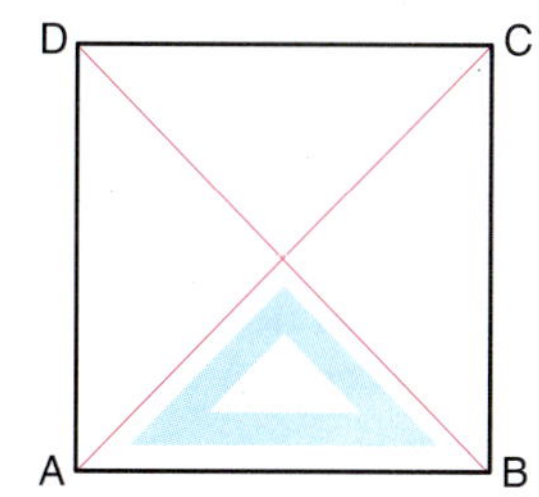

1 Da A si traccia la perpendicolare ad AB (v. Problema 2).

2 Centrando in A con apertura $\overline{AB}$, si traccia un arco che interseca in D la perpendicolare.

3 Con la stessa apertura $\overline{AB}$ si centra in B e in D, ottenendo due archi che s'intersecano in C.

4 A, B, C, D sono i vertici del quadrato.

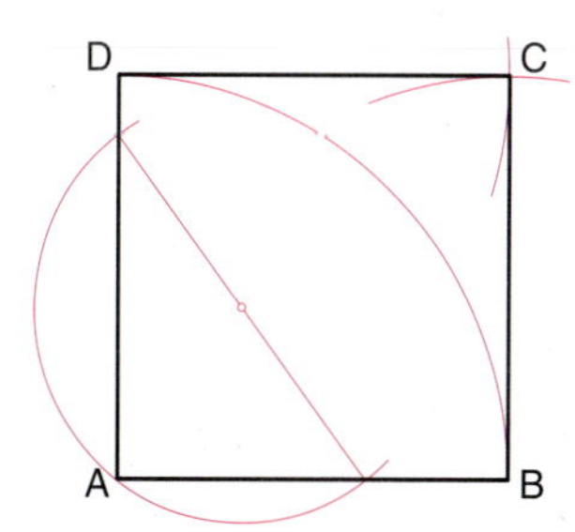

Cupola della chiesa di Sant'Ivo alla Sapienza a Roma (Francesco Borromini).

Eros (Paul Klee, 1925).

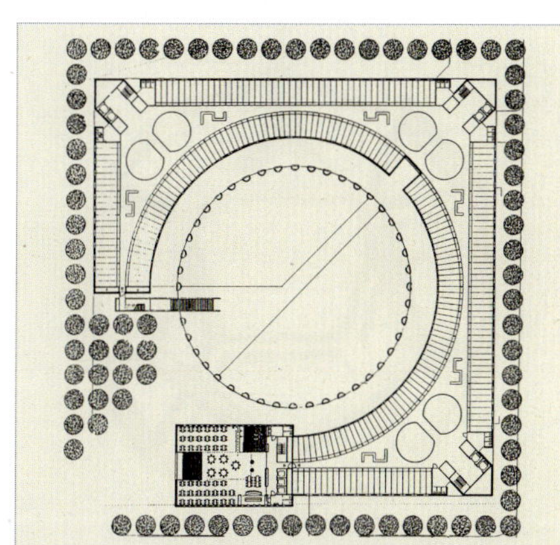

Centro delle telecomunicazioni di Bellinzona: pianta del primo piano (Mario Botta).

PROBLEMA 18 GUIDATO

Disegnare un pentagono regolare di lato assegnato

1. Da B si traccia la perpendicolare ad AB (v. Problema 2).
2. Si conduce un arco di centro B e apertura $\overline{BA}$, determinando P sulla perpendicolare per B.
3. Si trova M, punto medio di AB (v. Problema 1).
4. Con centro in M si disegna un arco di apertura $\overline{MP}$, trovando Q sulla retta AB.
5. Con apertura $\overline{AQ}$ si centra in A e in B tracciando due archi che s'intersecano in D.
6. Gli stessi archi determinano C ed E sugli archi di centri A e B con raggio $\overline{AB}$.
7. ABCDE è il pentagono desiderato.

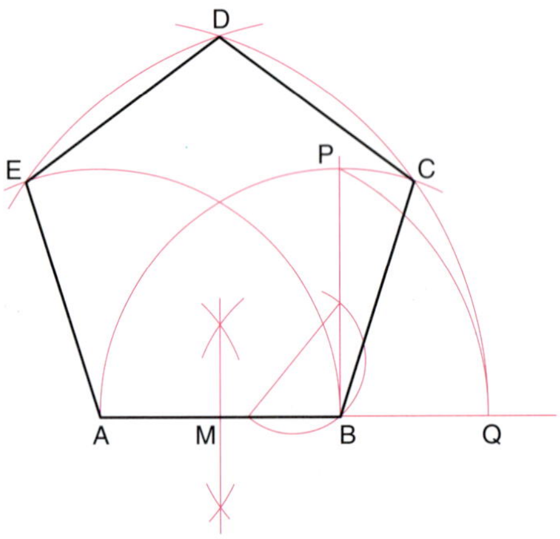

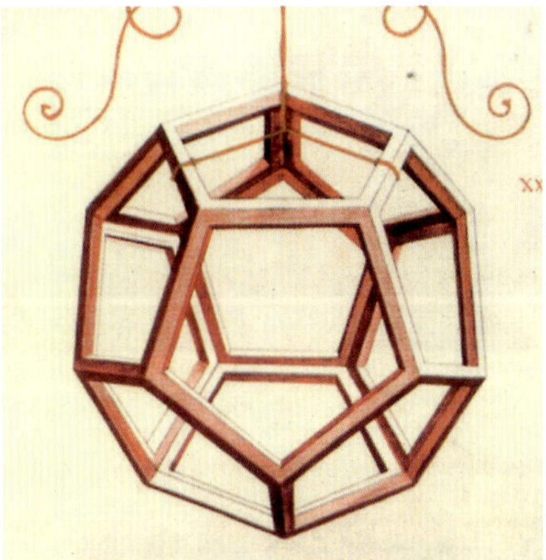

Tavola di Leonardo da Vinci dal *De Divina Proportione* (Milano, Biblioteca Ambrosiana).

PROBLEMA 19 PASSO PASSO

Disegnare un esagono regolare di lato assegnato

1. Disponendo la squadretta a 30°-60° come in figura, da A e da B si tracciano delle semirette a 30°, 60° e 90°.

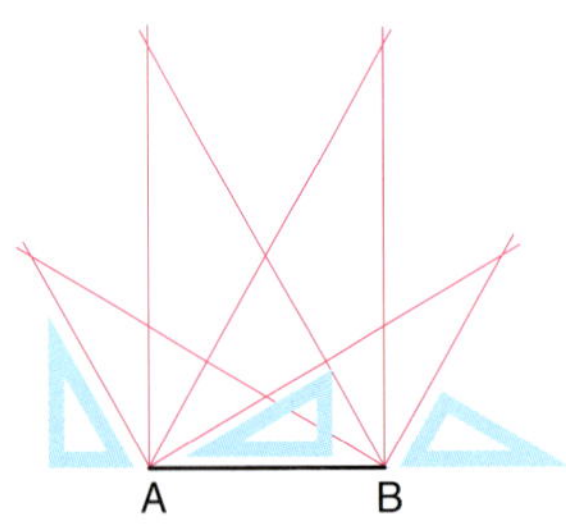

2. Sulle intersezioni delle diverse semirette si individuano C, D, E e F.

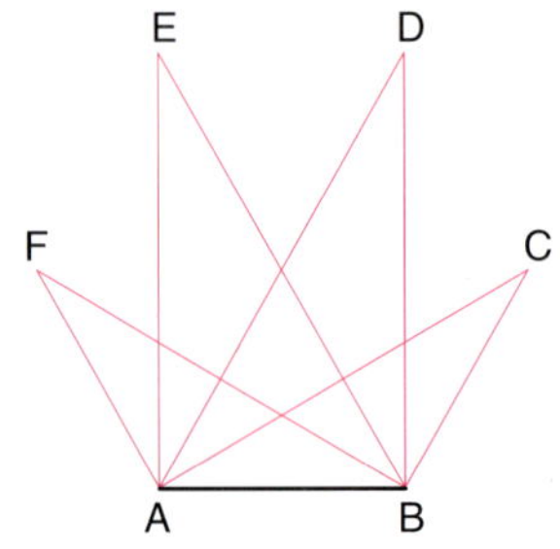

3. ABCDEF è l'esagono desiderato.

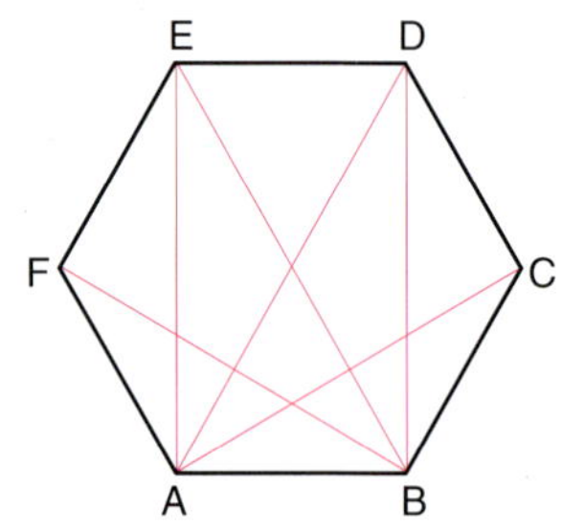

1. Con centro in A e in B e con apertura $\overline{AB}$, si tracciano due archi che s'intersecano in O.

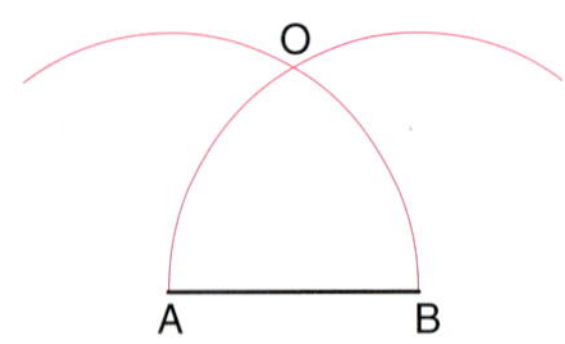

2. Con la stessa apertura si disegna la circonferenza di centro O, che determina i vertici C e F.

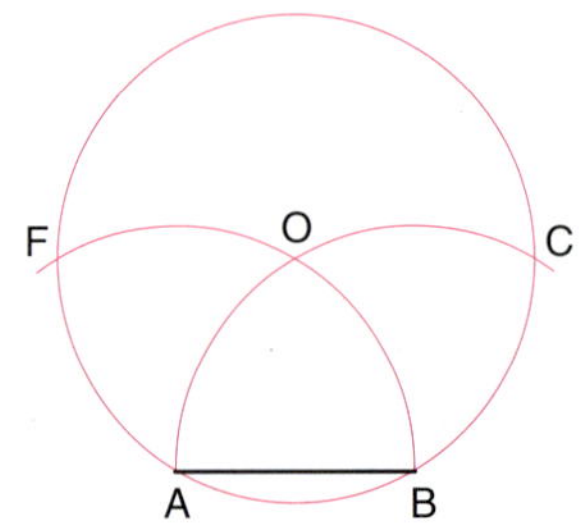

3. Con archi di identica apertura e centri in C e F, si trovano D e E. Si traccia quindi l'esagono.

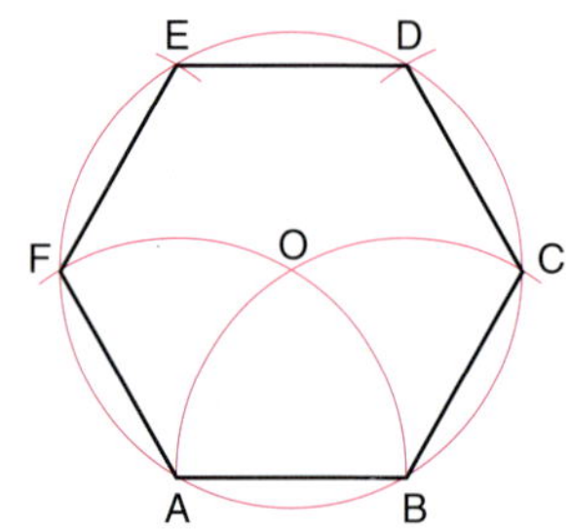

MEMO

Gli angoli si possono indicare con lettere greche, ma anche con due punti dei lati e il vertice. Per esempio l'angolo in figura può essere indicato con $\widehat{AVB}$.

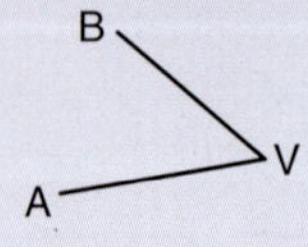

APPROFONDIMENTI

I poliedri regolari (2 pagine)

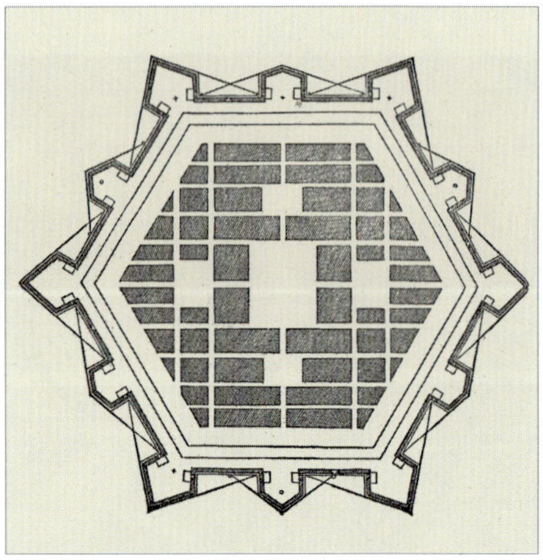

Pianta di città ideale (Pietro Cattaneo, 1554).

PROBLEMA 20 GUIDATO

Disegnare un ottagono regolare di lato assegnato

1. Da A e da B si traccia una sequenza di segmenti consecutivi di lunghezza pari ad $\overline{AB}$, servendosi della squadretta a 45° disposta come in figura.

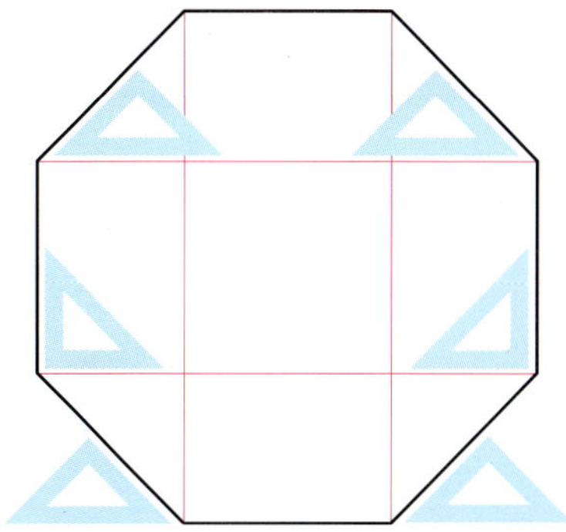

1. Si disegna l'asse di AB (v. Problema 1), determinando anche M.
2. Con centro in M e apertura $\overline{MA}$ si disegna una semicirconferenza che individua N sull'asse.
3. Centrando in N con apertura $\overline{NA}$ si trova O, centro della circonferenza passante per A e B.
4. Con archi di raggio $\overline{AB}$ tracciati in sequenza da A e da B si trovano i vertici dell'ottagono.

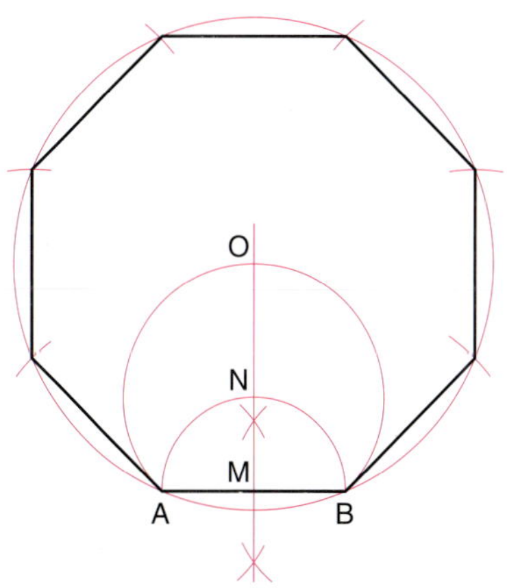

Pianta e fotografia della fortezza di Castel del Monte.

APPROFONDIMENTI

La colonna (2 pagine) ***I poligoni stellati*** (2 pagine)

PROBLEMA 21 GUIDATO

Assegnato il lato, disegnare un poligono regolare di n lati

1. Centrando in A e B si tracciano due archi di raggio $\overline{AB}$; la loro intersezione è il punto 6.
2. Si divide il segmento A6 in 6 parti uguali (v. Problema 4).
3. Centrando in 6 si riportano sull'asse i punti divisori mediante archetti, trovando i punti 7, 8, ...
4. Centrando nel punto con numero uguale ai lati del poligono, si disegna la circonferenza circoscritta (per esempio per ottenere un ettagono si centra in 7).
5. Con archi consecutivi di raggio $\overline{AB}$ si trovano sulla circonferenza i vertici del poligono.

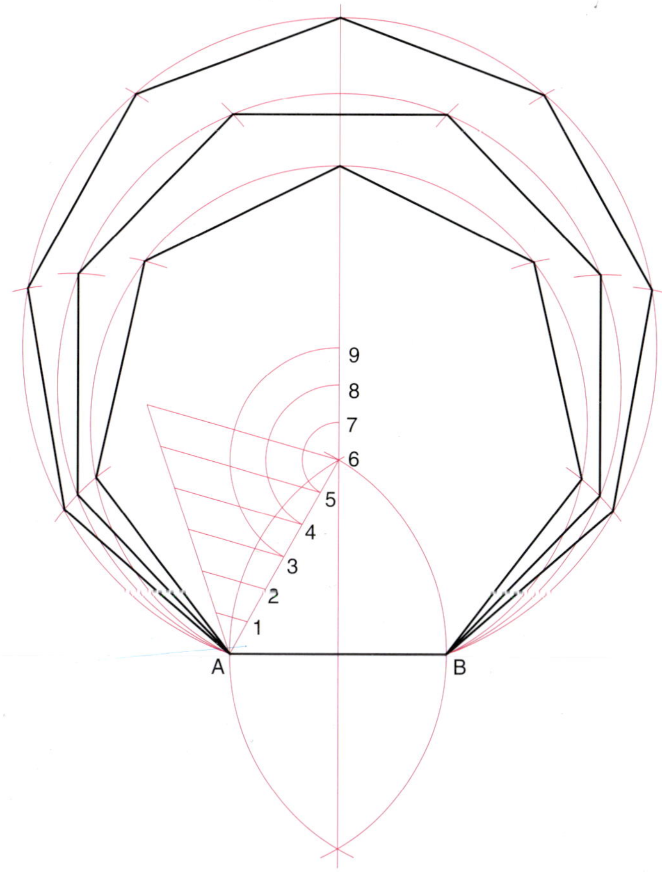

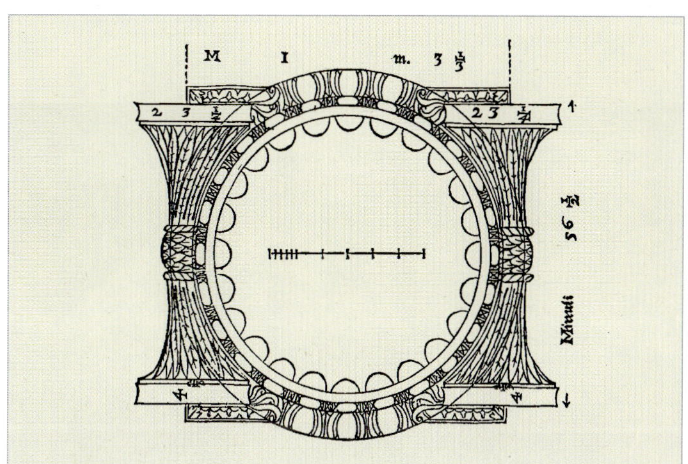

La colonna ionica secondo Palladio.

Tangenti

Per disegnare con precisione delle tangenti è indispensabile individuare il **punto di tangenza**. Si ricordano a tal fine le due seguenti **condizioni di tangenza**.

Condizione di tangenza tra retta e circonferenza

Una retta è tangente a una circonferenza quando è perpendicolare al raggio passante per il punto di tangenza (in figura r ⊥ OT).

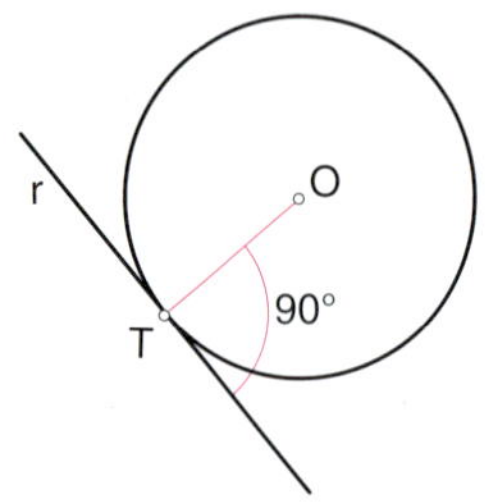

Condizione di tangenza tra due circonferenze

Due circonferenze sono tangenti quando i loro centri sono allineati con il punto di tangenza (C_1, C_2 e T sono sulla stessa retta).

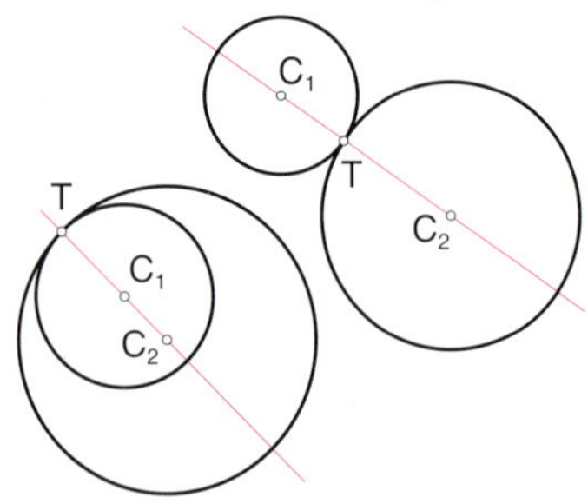

PROBLEMA 22 GUIDATO

Disegnare una circonferenza di raggio r tangente a una retta data in un suo punto P

1. Da P si conduce la perpendicolare alla retta.
2. Sulla perpendicolare si prende un segmento PO di lunghezza pari a r.
3. O è il centro della circonferenza di raggio r tangente alla retta.

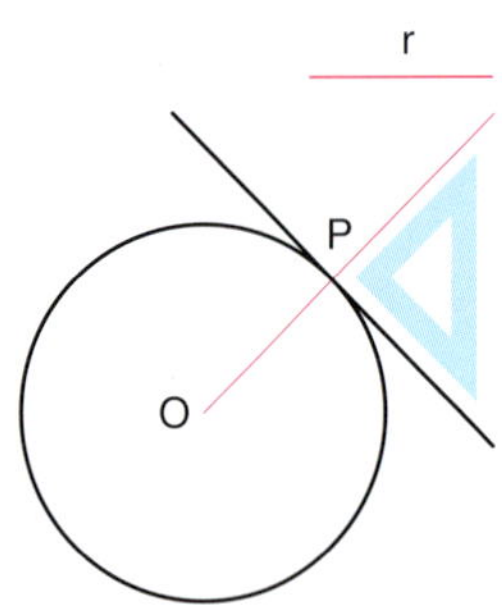

1. Si conduce la perpendicolare alla retta per il punto P (v. Problema 2).
2. Sulla perpendicolare si trova O con un arco di centro P e raggio r.
3. O è il centro della circonferenza di raggio r tangente alla retta.

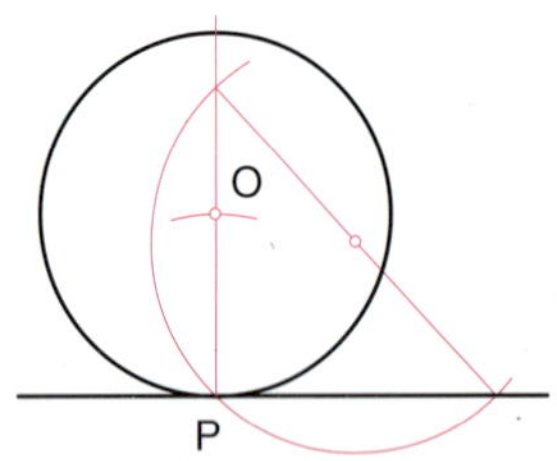

Ambone cosmatesco della Chiesa di S. Lorenzo fuori le Mura a Roma (XIII sec.).

PROBLEMA 23 PASSO PASSO

Disegnare la tangente a una circonferenza data per un punto esterno P

1. Si congiunge P con O, centro della circonferenza.

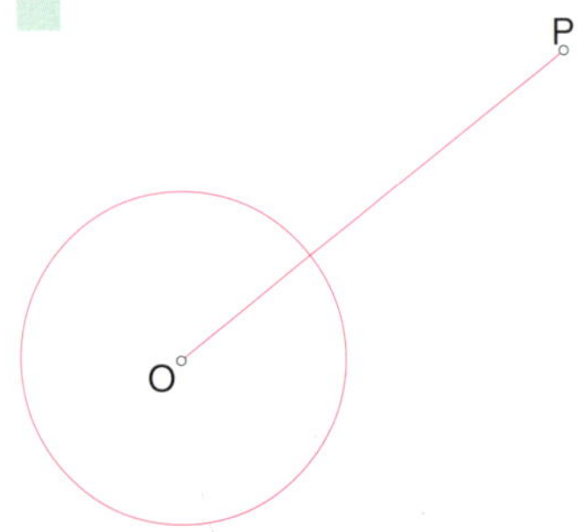

2. Si trova M, punto medio del segmento PO (v. Problema 1).

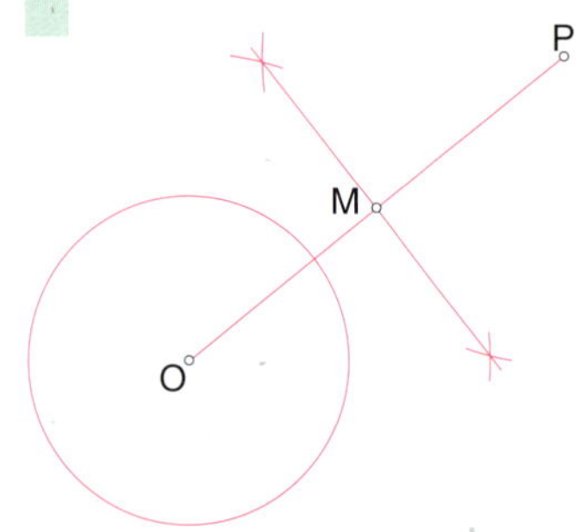

3. Con centro M e apertura $\overline{MO}$ si traccia un arco che interseca la circonferenza in T_1 e T_2.

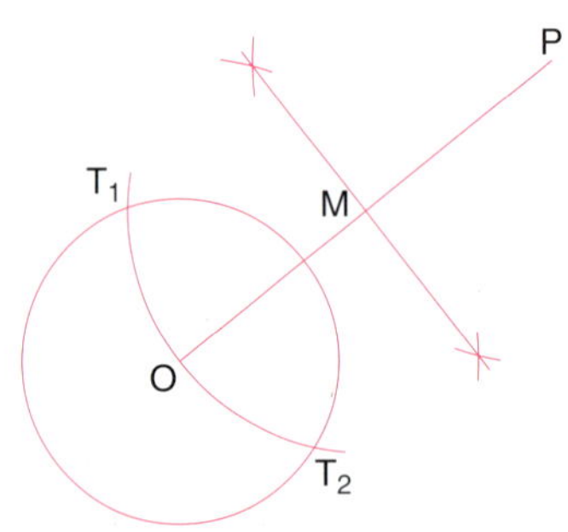

4. Le rette PT_1 e PT_2 sono le due possibili tangenti alla circonferenza data.

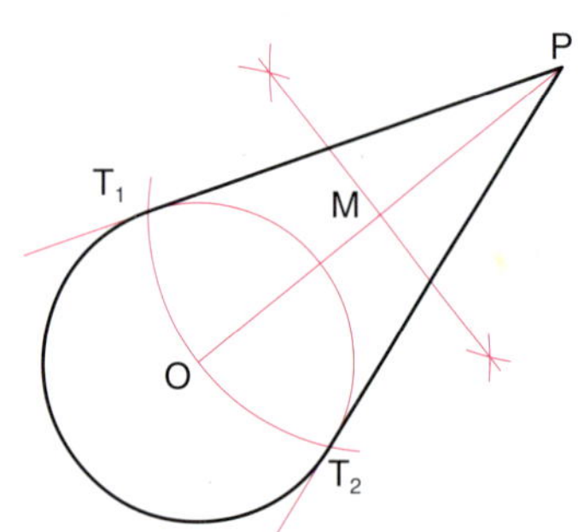

MEMO

Su di un piano una retta rispetto a una circonferenza può essere:

esterna, se non ha punti comuni;
tangente, se ha un punto comune;
secante, se ha due punti comuni.

Manifesto per le lampadine AEG, di Peter Behrens (prima del 1910, particolare).

PROBLEMA 24 GUIDATO

Disegnare le tangenti a due circonferenze date

Tangenti esterne

1. Congiungendo i centri A e B, si trovano i punti D ed E sulle due circonferenze assegnate.
2. Su AD si prende un segmento $\overline{DH} = \overline{BE}$.
3. Si disegna una circonferenza di centro A e raggio $\overline{AH}$.
4. Si trova M, punto medio del segmento AB.
5. Con centro in M e apertura $\overline{MA}$, si traccia un arco che individua i punti F e G sulla circonferenza minore di centro A.
6. Sulle semirette AF e AG si individuano i punti S e T.
7. Da B si tracciano le parallele ad AS e ad AT, trovando i punti U e V.
8. I segmenti SU e TV sono le tangenti desiderate.

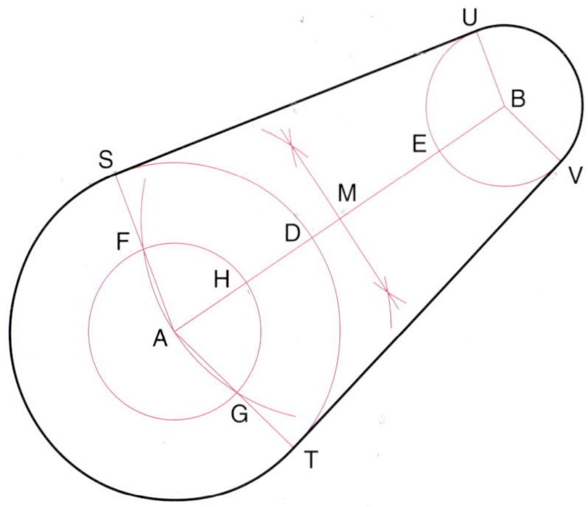

Tangenti interne

Il procedimento è lo stesso del precedente, tranne una sola variazione:

1. Il segmento $\overline{DH} = \overline{BE}$ si prende all'esterno di AD.

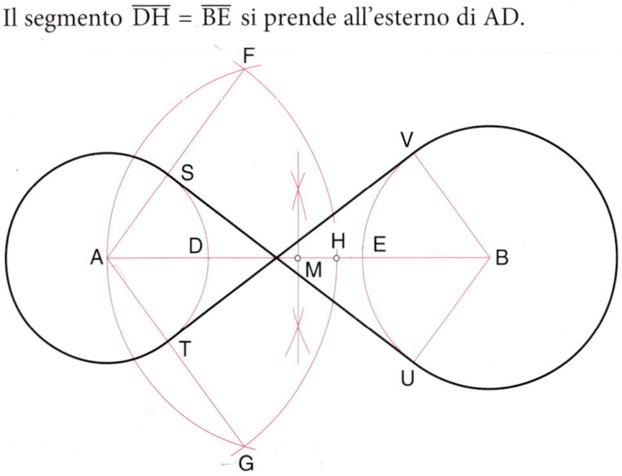

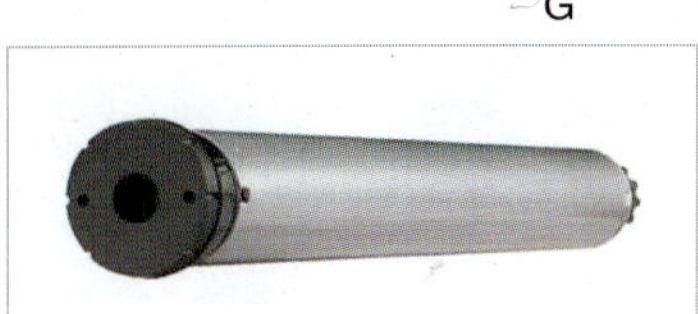

Manovella (sopra) e ringhiera.

PROBLEMA 25 PASSO PASSO

Condurre un arco di raggio r tangente in T a una data circonferenza

1. Si congiunge T con il centro O della circonferenza data.

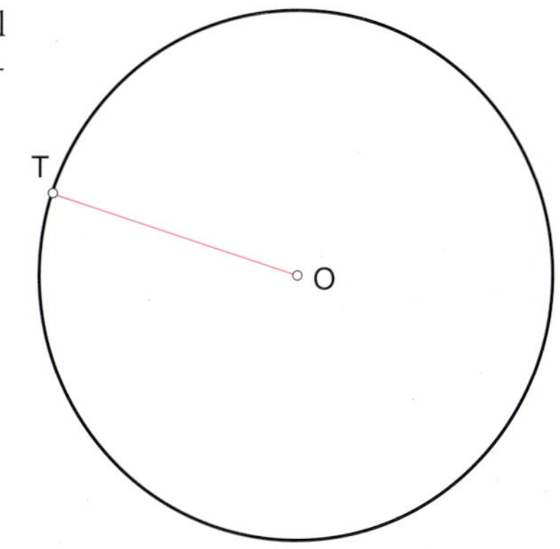

2. Sulla retta OT si prende un segmento $\overline{TA} = r$.

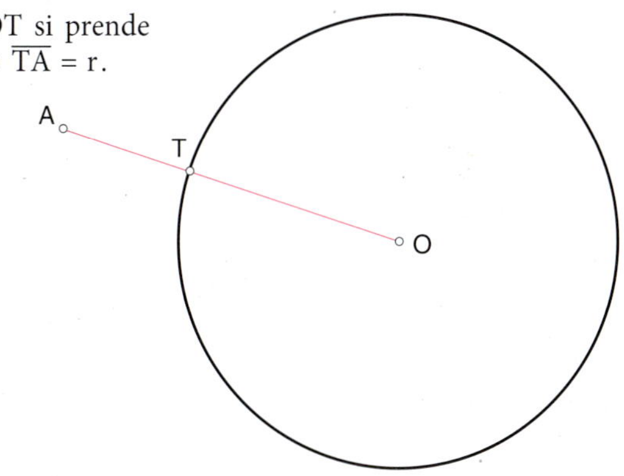

3. Con centro in A e raggio r si traccia l'arco tangente esterno.

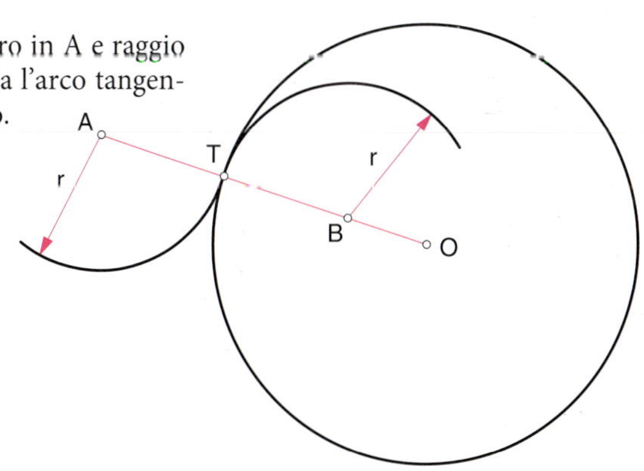

Analogamente si ottiene l'arco tangente interno, prendendo B all'interno di OT.

Mosaico nella Cappella Palatina, Palermo (XII sec.).

Raccordi

I **raccordi** sono archi tangenti a due linee.

I raccordi possono unire diversi tipi di linee: due rette, due circonferenze, una retta e una circonferenza ecc.

Nota bene: anche nel caso dei raccordi è indispensabile individuare con precisione i **punti di tangenza**.

Svincolo stradale a Chicago.

PROBLEMA 26 PASSO PASSO

Disegnare il raccordo di raggio r tra due semirette perpendicolari

1 Con apertura r e centro O si tracciano due archetti, individuando A e B.

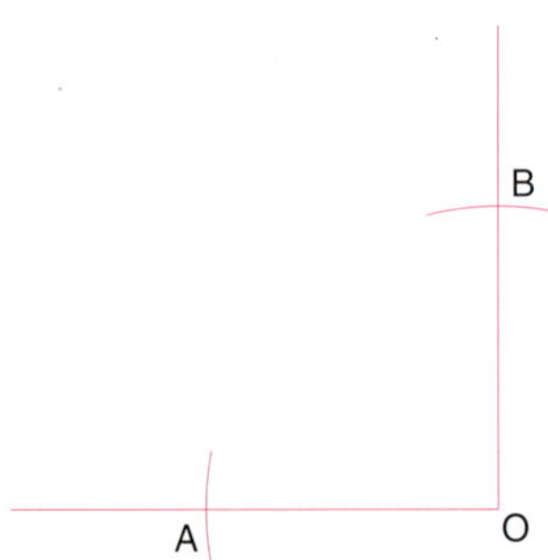

2 Con la stessa apertura si centra in A e in B, conducendo due archi che si intersecano in C.

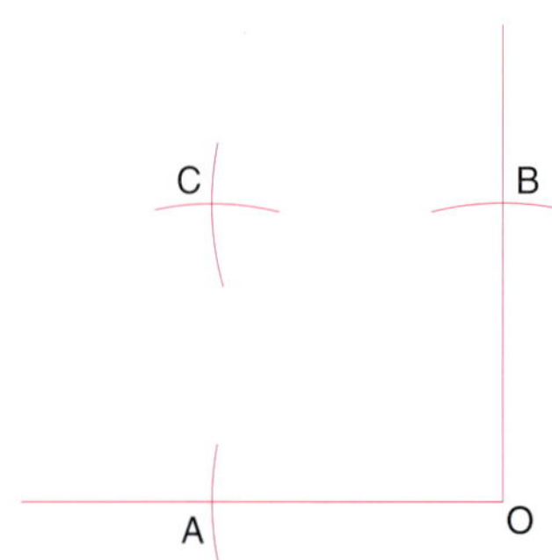

3 Sempre con la stessa apertura si disegna il raccordo $\widehat{AB}$ di centro C.

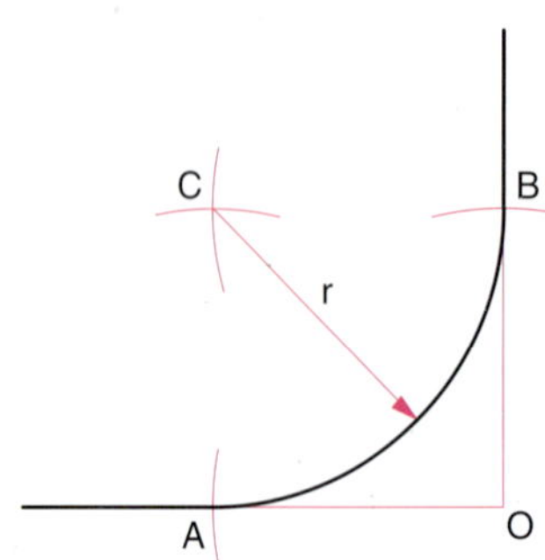

Video *Raccordi tra semirette perpendicolari*

APPROFONDIMENTI

L'arco (2 pagine)

Sedia «Cesca» di Marcel Breuer (1928).

PROBLEMA 27 PASSO PASSO

Raccordare due rette parallele in un punto A

1 Da A si traccia la perpendicolare AB alle due rette (v. Problema 2).

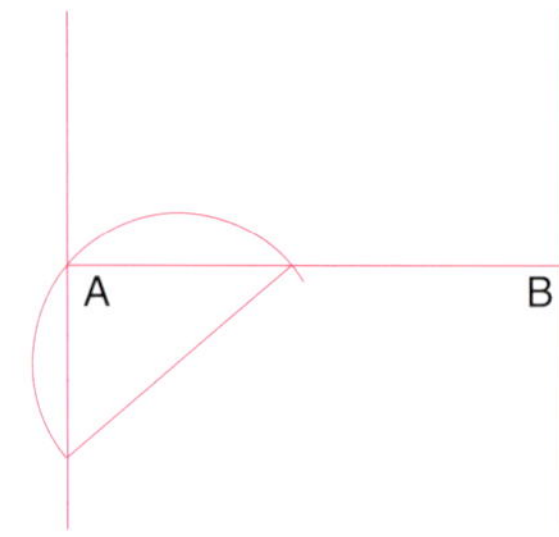

2 Si trova M, punto medio di AB (v. Problema 1).

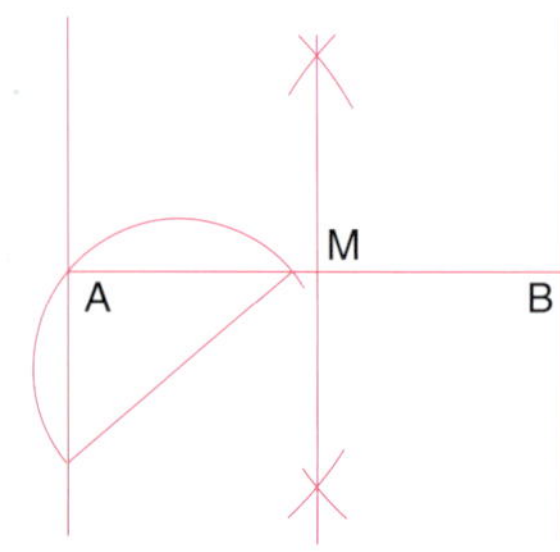

3 Con centro M si traccia il raccordo $\widehat{AB}$.

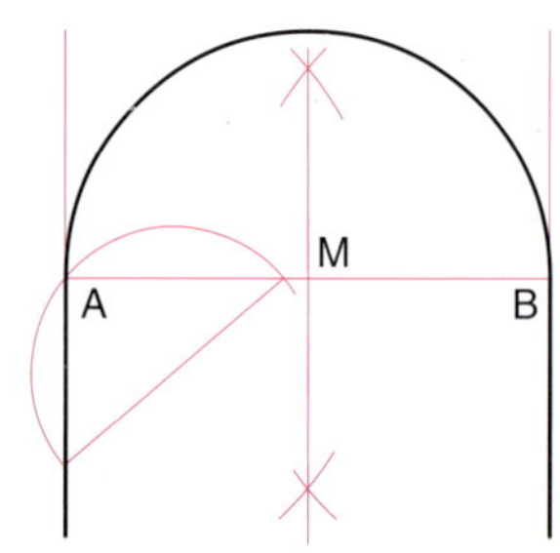

Basilica di San Lorenzo a Firenze (Filippo Brunelleschi).

PROBLEMA 28 GUIDATO

Disegnare il raccordo di raggio r tra due semirette oblique

1. Si disegnano le parallele a' e b' alle due semirette date a e b, con distanza r (v. Problema 5).
2. Da O, punto d'intersezione di a' e b' si conducono le perpendicolari ad a e b, individuando A e B.
3. L'arco $\widehat{AB}$ di centro O è il raccordo desiderato.

Nota bene: la costruzione è valida sia per angoli ottusi (figura a destra) sia per angoli acuti (figura in basso).

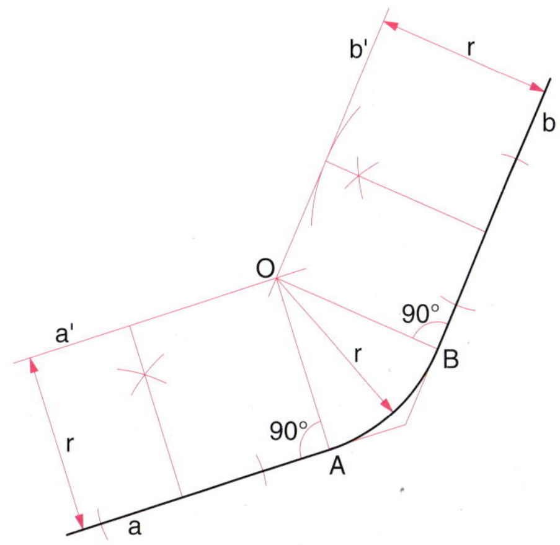

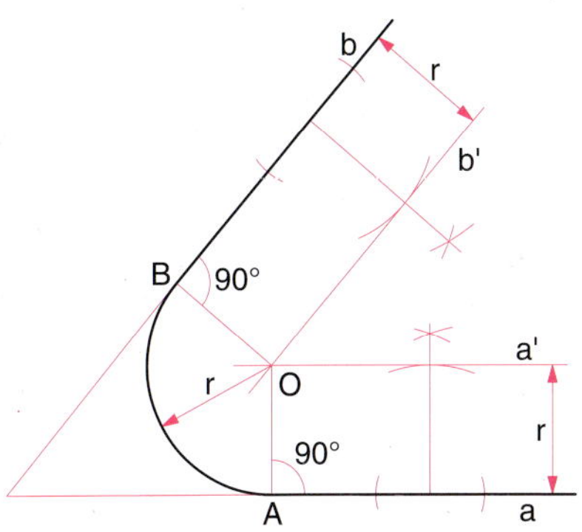

Video *Raccordi tra semirette oblique*

Chiesa di Santa Maria Assunta a Riola di Vergato (Bologna): veduta dell'interno (Alvar Aalto).

PROBLEMA 29 GUIDATO

Disegnare un arco tangente a tre rette

1. Si disegnano le bisettrici degli angoli $\widehat{ab}$ e $\widehat{cb}$, che si intersecano nel punto O.
2. Si conducono da O le perpendicolari alle rette date, trovando A, B e C.
3. L'arco $\widehat{AC}$ di centro O è l'arco tangente alle tre rette.

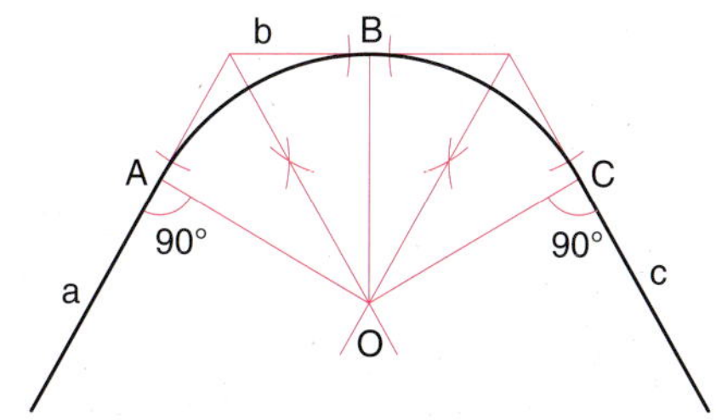

Particolare dell'arcata di base della Tour Eiffel a Parigi.

PROBLEMA 30 GUIDATO

Raccordare due circonferenze con un arco di raggio R

Metodo della somma dei raggi

1. Con centro in A si traccia un arco di raggio $R + r_1$.
2. Con centro in B si disegna un arco di raggio $R + r_2$.
3. Da O, intersezione dei due archi precedenti, si conducono i segmenti OA e OB, che determinano i punti S e T sulle circonferenze.
4. L'arco $\widehat{ST}$ di centro O è il raccordo desiderato.

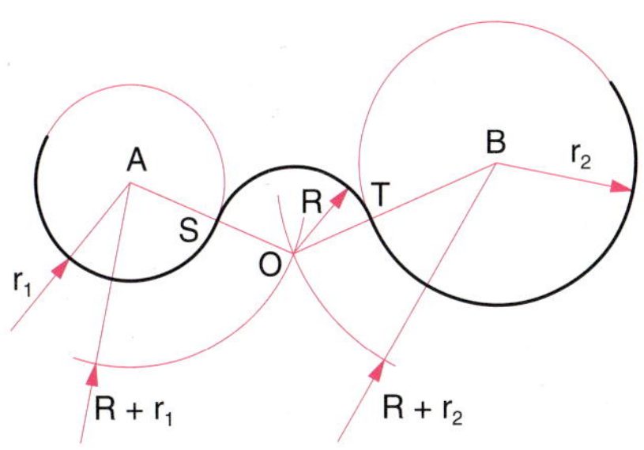

Metodo della differenza dei raggi

1. Con centro in A si traccia un arco di raggio $R - r_1$.
2. Con centro in B si disegna un arco di raggio $R - r_2$.
3. Da O, intersezione dei due archi precedenti, si conducono le semirette OA e OB, che determinano i punti S e T sulle circonferenze.
4. L'arco $\widehat{ST}$ di centro O è il raccordo desiderato.

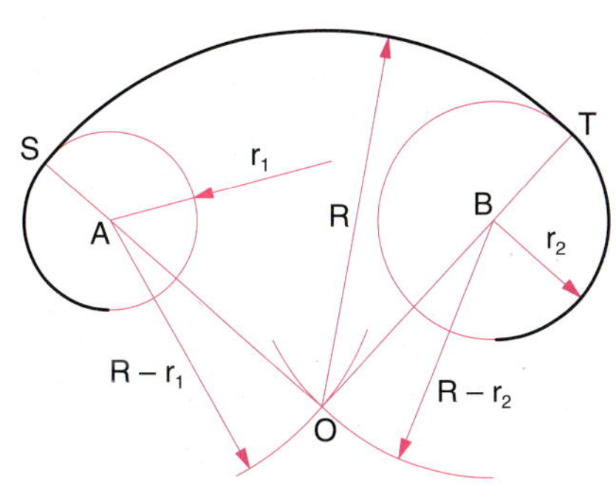

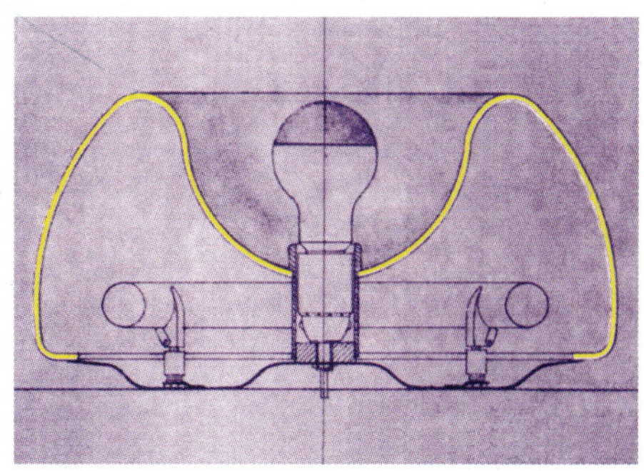
Lampada «Velella» (A. e P.G. Castiglioni).

SUGGERIMENTO PRATICO

Terminata la costruzione del disegno, è sempre conveniente **ripassare prima le curve** (circonferenze, archi, ellissi ecc.) e successivamente i segmenti rettilinei.

APPROFONDIMENTI

Le modanature (2 pagine)

La sedia in legno curvato (2 pagine)

PROBLEMA 31 GUIDATO

Raccordare una retta e una circonferenza con un arco di raggio R

Metodo della somma dei raggi

1. Con centro in A si traccia un arco di raggio R + r.
2. Si conduce la parallela alla retta b a distanza R, che interseca l'arco precedente nel punto O.
3. Da O si conduce la perpendicolare alla retta b e il segmento OA, individuando così i punti S e T.
4. L'arco $\widehat{ST}$ di centro O è il raccordo cercato.

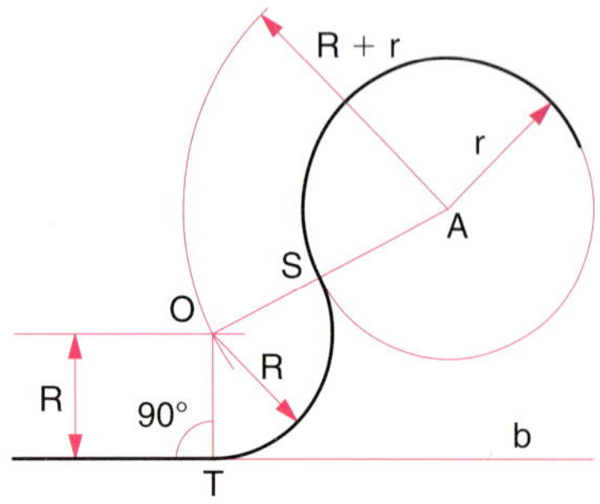

Metodo della differenza dei raggi

1. Con centro in A si traccia un arco di raggio R – r.
2. Si conduce la parallela alla retta b a distanza R, che interseca l'arco precedente nel punto O.
3. Da O si conduce la perpendicolare alla retta b e la semiretta OA, individuando così i punti S e T.
4. L'arco $\widehat{ST}$ di centro O è il raccordo cercato.

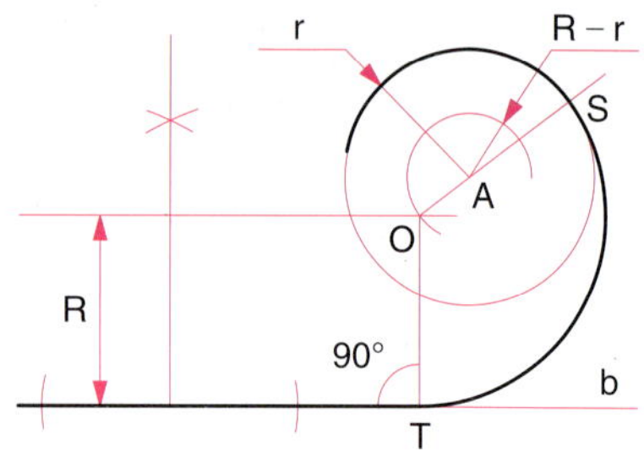

PROBLEMA 32

Raccordare una circonferenza e un punto A con un arco di raggio R

Il problema si risolve facilmente immaginando che il punto A sia una circonferenza di raggio nullo. Si può quindi applicare il procedimento del Problema 30, assegnando il valore zero a uno dei due raggi dati.

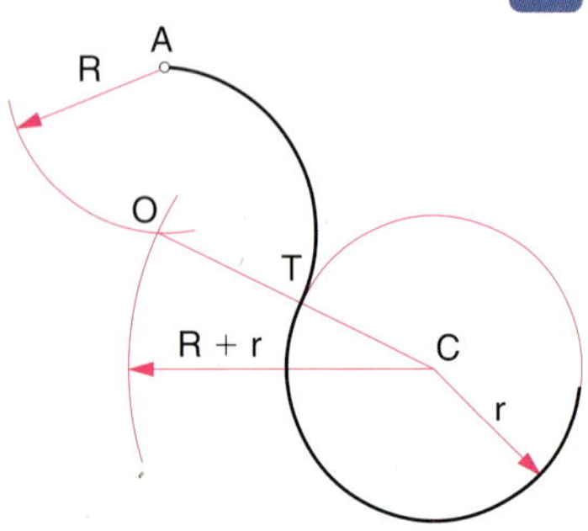

PROBLEMA 33

Raccordare una retta e un punto A con un arco di raggio R

Anche in questo caso si può assimilare il punto A a una circonferenza di raggio nullo. Pertanto si applica il procedimento del Problema 31, assegnando il valore zero al raggio r.

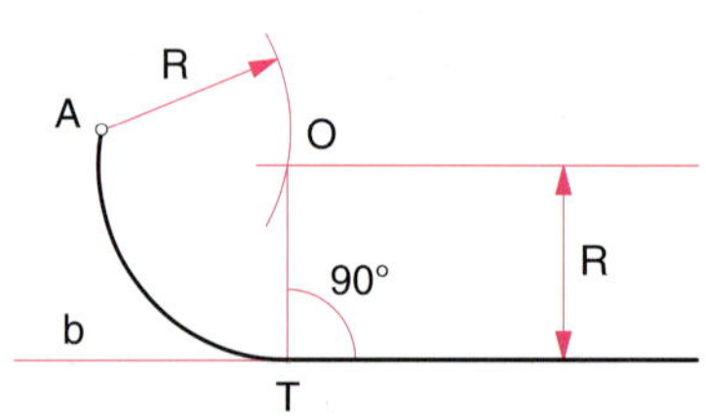

Chaise longue prodotta agli inizi del Novecento dalla ditta Thonet.

PROBLEMA 34 GUIDATO

Raccordare nel punto A una circonferenza con un segmento AB

1. Da A si traccia la perpendicolare al segmento dato AB (v. Problema 2).
2. Sulla perpendicolare si prende un segmento AS = r.
3. Si congiunge S con C.
4. Si disegna l'asse del segmento SC, che determina sulla retta AS il punto O.
5. Unendo O con C, si trova T sulla circonferenza.
6. L'arco $\widehat{AT}$ di centro O è il raccordo desiderato.

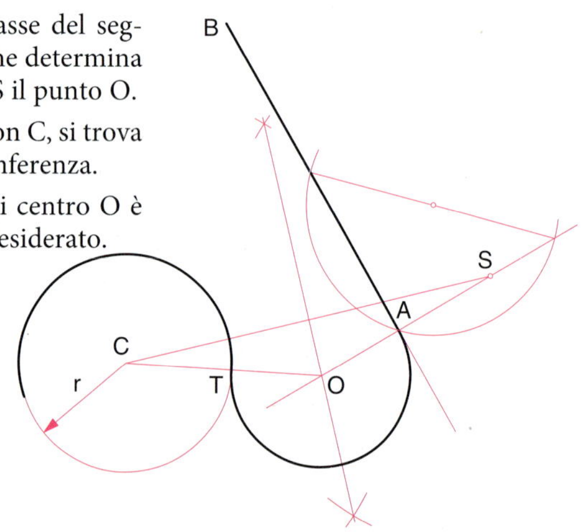

PROBLEMA 35 GUIDATO

Raccordare una retta r e un arco $\widehat{AB}$ nel punto A

1. Si traccia la perpendicolare al raggio CA dell'arco $\widehat{AB}$ (v. Problema 2); questa perpendicolare è la tangente all'arco nel punto A.
2. Si individua S all'intersezione della tangente con la retta data r.
3. Si traccia la bisettrice dell'angolo formato da AS con la retta r, determinando O sulla semiretta CA.
4. Da O si conduce la perpendicolare alla retta r, trovando il punto T.
5. L'arco $\widehat{AT}$ di centro O è il raccordo cercato.

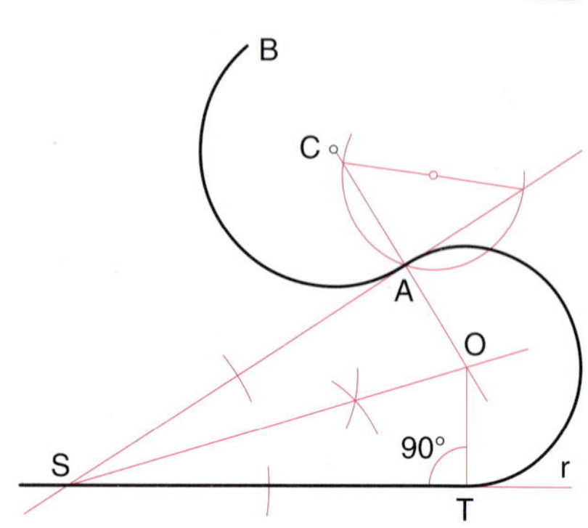

Curve policentriche

Generalità

Le **curve policentriche** sono costituite da archi di circonferenza tra loro tangenti.

Curve policentriche chiuse sono:
- ovali;
- ovoli.

Curve policentriche aperte sono:
- spirali.

Ovale

L'**ovale** è costituito da quattro archi di circonferenza e presenta due assi di simmetria tra loro perpendicolari.

Gli assi di simmetria staccano sull'ovale due segmenti chiamati **asse maggiore** e **asse minore**.

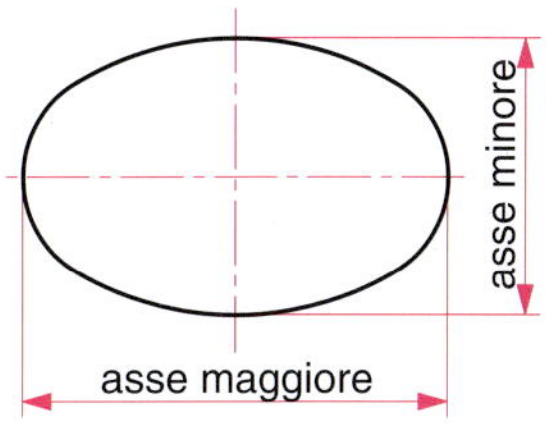

Ovolo

L'**ovolo** è formato da mezzo ovale e da una semicirconferenza: presenta un solo asse di simmetria.

L'asse di simmetria stacca sull'ovolo un segmento chiamato **asse maggiore**. Il diametro della semicirconferenza è detto **asse minore**.

Spirale

La **spirale** è una policentrica aperta formata da più spire regolarmente crescenti.

Se le spire presentano una distanza costante, questa viene chiamata **passo** (p) della spirale.

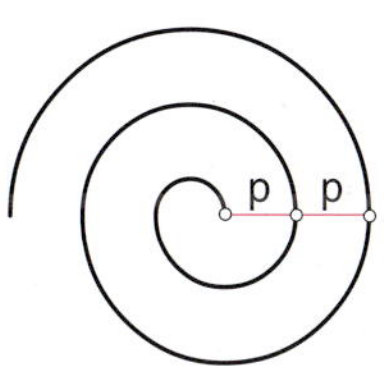

PROBLEMA 36 PASSO PASSO

Disegnare un ovale di asse minore assegnato

1 Si traccia AB (asse minore dato) e l'asse del segmento AB, trovando il suo punto medio O.

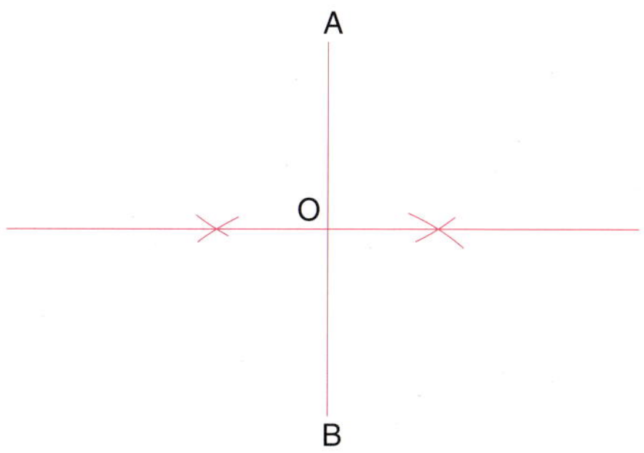

2 Con centro in O si conduce la circonferenza di raggio $\overline{OA}$, che individua i punti C e D sull'asse.

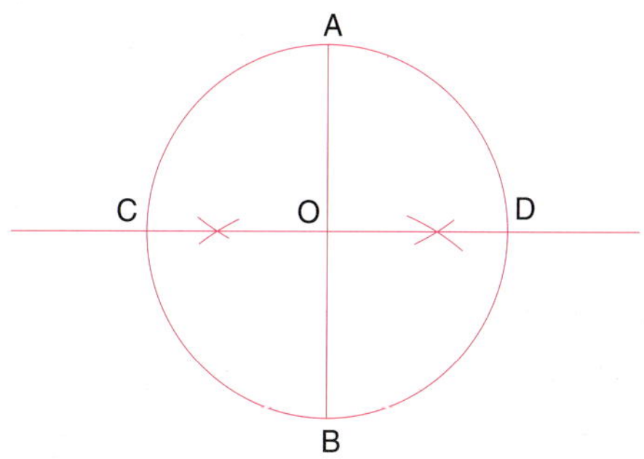

3 Da A e da B si tracciano le semirette per C e D.

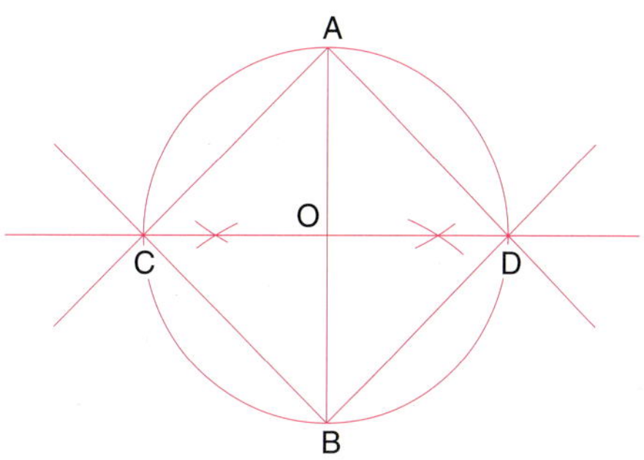

4 Con apertura $\overline{AB}$ e centri in A e in B si tracciano gli archi $\overset{\frown}{EF}$ e $\overset{\frown}{GH}$.

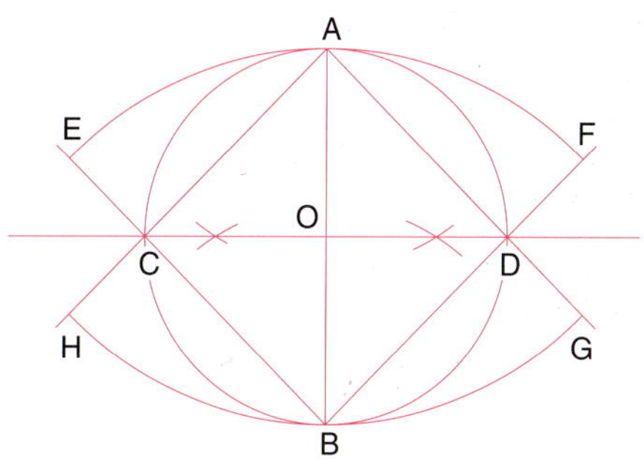

5 Con raggio $\overline{CE}$ e centri in C e in D si conducono gli archi $\overset{\frown}{FG}$ e $\overset{\frown}{HE}$.

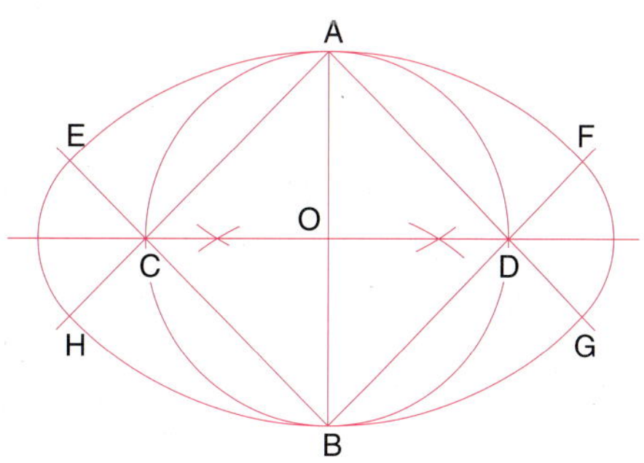

6 Si ripassano gli archi che formano l'ovale.

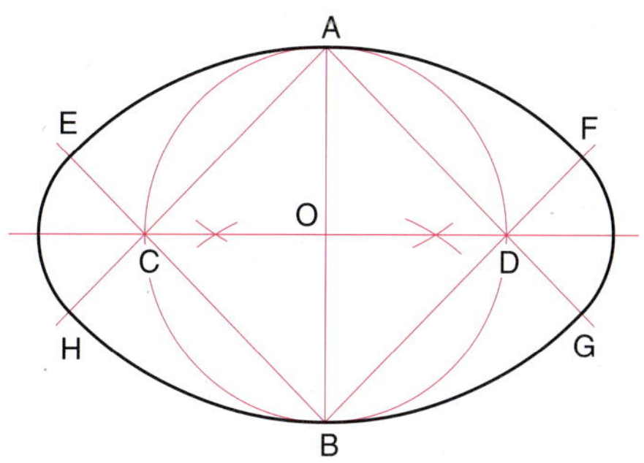

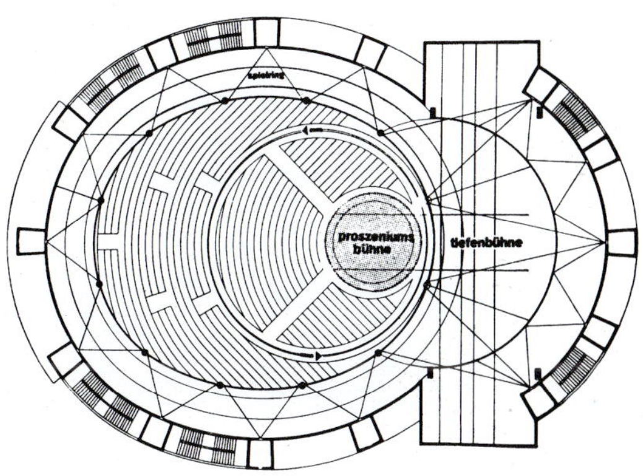

Pianta del Teatro Totale (Walter Gropius).

PROBLEMA 37 GUIDATO

Disegnare un ovale di asse maggiore assegnato

1. Si traccia AB (l'asse maggiore dato).
2. Si disegna l'asse del segmento AB e si trova il suo punto medio O.
3. Si individuano C e D, punti medi dei segmenti AO e OB.
4. Con raggio $\overline{OC}$ e centri in O, C e D si tracciano tre circonferenze.
5. Le circonferenze s'intersecano nei punti F, G, H, L.
6. Le rette CF e DG s'intersecano in P e determinano sulle circonferenze i punti T e U.
7. Analogamente le rette CL e HD forniscono i punti Q, R e S.
8. Centrando in Q, D, P e C si tracciano gli archi $\overset{\frown}{RS}$, $\overset{\frown}{ST}$, $\overset{\frown}{TU}$ e $\overset{\frown}{UR}$.

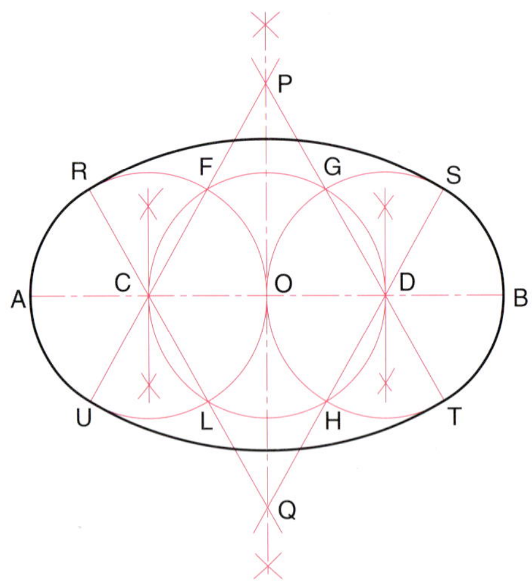

PROBLEMA 38 GUIDATO

Disegnare un ovale di assi assegnati

1. Centrando in O, intersezione di AB e CD (assi dati), si riporta $\overline{OB}$ in $\overline{OE}$.
2. Si traccia il segmento AC.
3. Con centro in C si riporta E in F sul segmento AC.
4. Si disegna l'asse di AF ottenendo G e H sui due assi.
5. Da G e H si ricavano per simmetria i punti L e M.
6. Si tracciano le semirette HG, HL, MG, ML.
7. Centrando in H, L, M, G, si ottengono rispettivamente gli archi $\overset{\frown}{RS}$, $\overset{\frown}{ST}$, $\overset{\frown}{TU}$, $\overset{\frown}{UR}$.

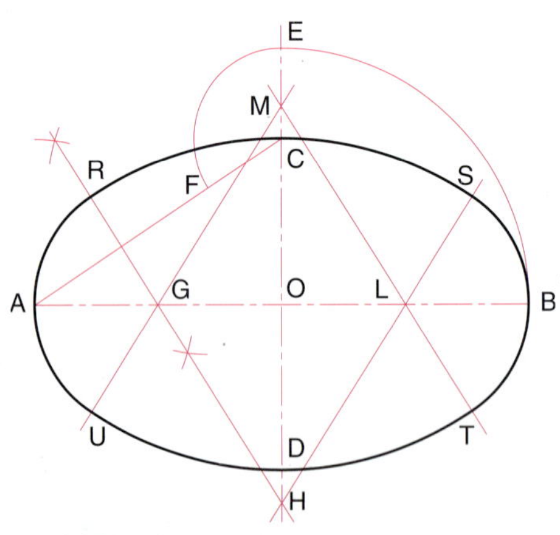

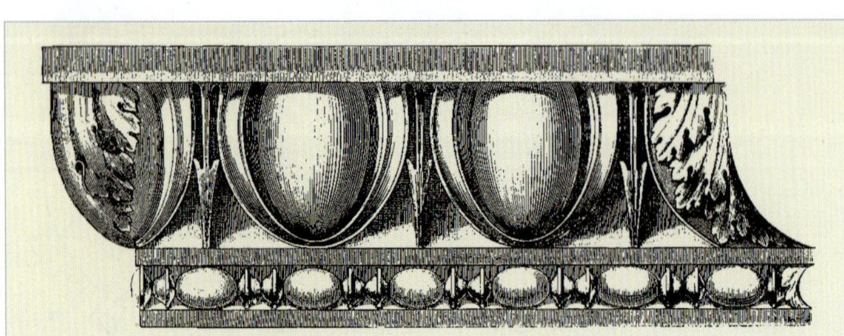

Modanatura a ovoli.

PROBLEMA 39 GUIDATO

Disegnare un ovale inscritto in un rombo

1. Dai vertici con angoli ottusi (B e D) si conducono le perpendicolari ai lati opposti, ottenendo i punti E, F, G, H, O, P.
2. Centrando in B, D, O, P si tracciano i quattro archi.

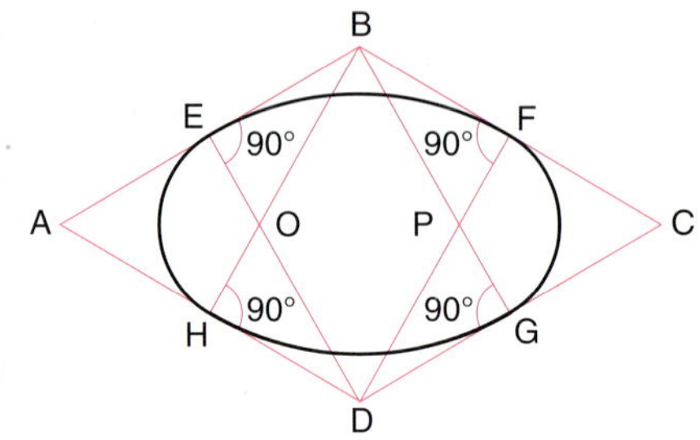

PROBLEMA 40 GUIDATO

Disegnare un ovolo di asse minore assegnato

1. Con il procedimento indicato nel Problema 36, si disegnano gli archi $\overset{\frown}{AE}$, $\overset{\frown}{EH}$, $\overset{\frown}{HB}$.
2. Con centro in O si disegna la semicirconferenza $\overset{\frown}{AB}$.

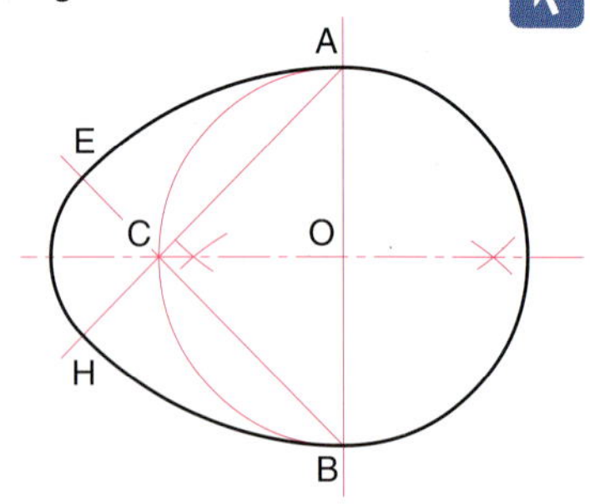

PROBLEMA 41 GUIDATO

Disegnare un ovolo di assi assegnati

1. Si disegna una semicirconferenza di centro O e di diametro AB di lunghezza pari all'asse minore.
2. Sulla retta OD si prende un segmento CD di lunghezza pari all'asse maggiore.
3. Si unisce A con C.
4. Centrando in O si riporta C in E.
5. Con centro in A si riporta E in F.
6. Si traccia l'asse di CF, trovando G e H sugli assi.
7. Prendendo $\overline{OL} = \overline{OH}$, si traccia la retta LG.
8. H, G e L sono i centri degli archi $\overset{\frown}{AR}$, $\overset{\frown}{RS}$, $\overset{\frown}{SB}$, che insieme alla semicirconferenza $\overset{\frown}{AB}$ formano l'ovolo.

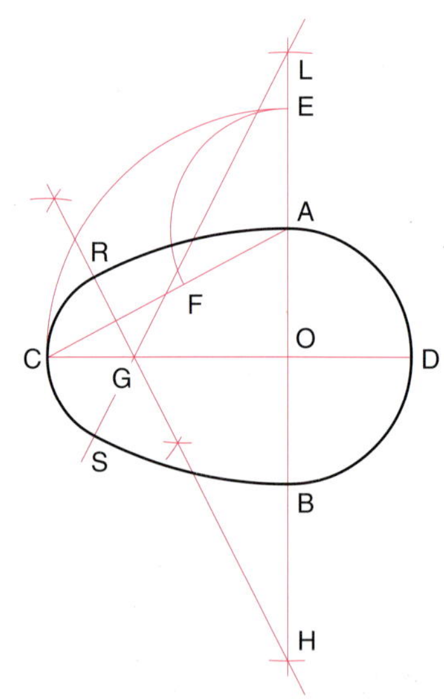

APPROFONDIMENTI

Le modanature (2 pagine)

NOTA BENE

Il procedimento per risolvere il Problema 39 viene impiegato anche per disegnare una **circonferenza in assonometria isometrica**.

PROBLEMA 42 PASSO PASSO

Dato il passo p, disegnare una spirale a due centri

1. Su una retta si prende un segmento $\overline{AB} = p/2$.

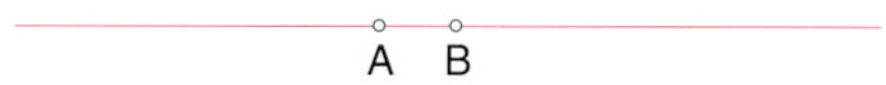

2. Con centro in B si traccia la semicirconferenza $\overset{\frown}{AC}$ di raggio $\overline{BA}$.

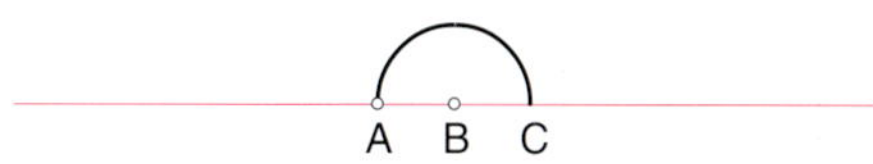

3. Centrando in A si ottiene la semicirconferenza $\overset{\frown}{CD}$ con raggio $\overline{AC}$.

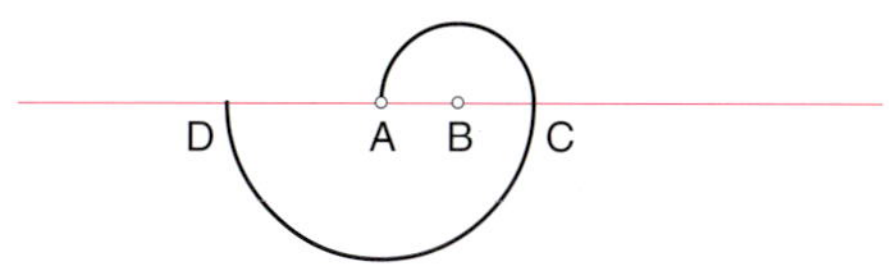

4. Ulteriori semicirconferenze si ottengono centrando alternativamente in A e in B.

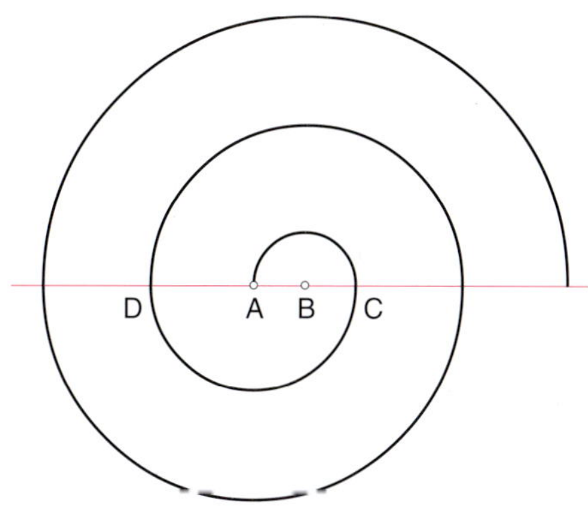

Capitello ionico dell'Eretteo ad Atene.

PROBLEMA 43 GUIDATO

Dato il passo p, disegnare una spirale a quattro centri

1. Si disegna il quadrato ABCD di lato p/4 e i prolungamenti dei suoi lati.
2. Con centro in A si traccia l'arco $\overset{\frown}{DE}$.
3. Con centro in B si ottiene l'arco $\overset{\frown}{EF}$.
4. Gli altri archi si ottengono centrando successivamente nei diversi vertici del quadrato ABCD.

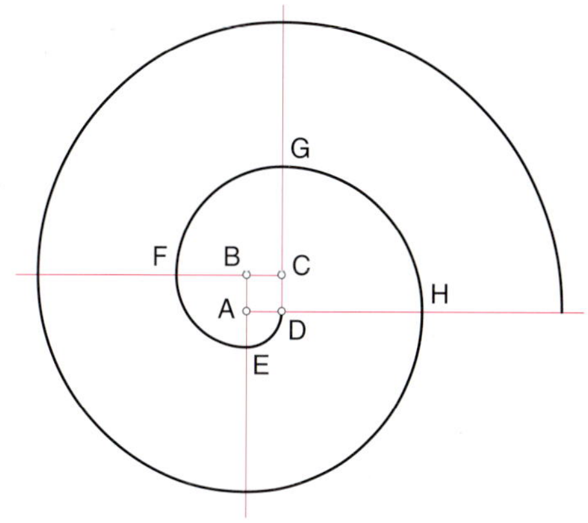

PROBLEMA 44 GUIDATO

Dato un rettangolo aureo, inscrivervi una spirale logaritmica

1. Si disegna un rettangolo aureo (v. Problema 7).
2. Si disegna al suo interno una serie di quadrati e rettangoli aurei, aiutandosi con la diagonale del rettangolo iniziale.
3. Dal quadrato più piccolo si traccia una sequenza di archi con centro in un vertice e raggio uguale al lato.

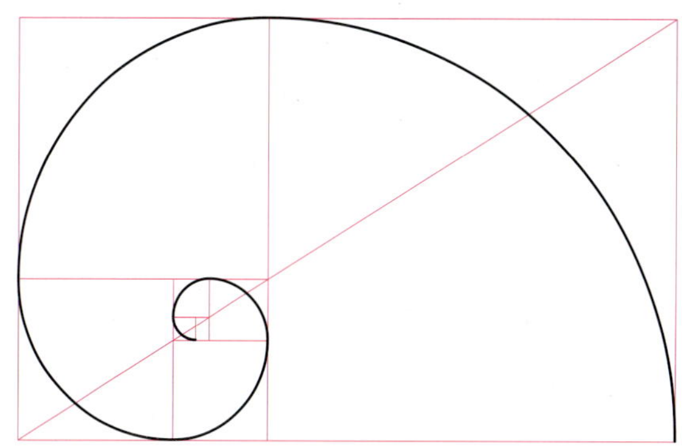

APPROFONDIMENTI

Il capitello ionico (2 pagine)

Curve coniche

Generalità

Le **curve coniche** sono originate dall'intersezione di un piano con una superficie conica.

MEMO

Ruotando con angolo costante una retta (chiamata **generatrice**) intorno ad una retta incidente (chiamata **asse**), si crea una **superficie conica**.
Il punto d'intersezione tra asse e generatrice si chiama **vertice**.
Esso divide la superficie conica in due **falde**; poiché la generatrice è una retta – quindi illimitata – le falde hanno estensione illimitata.

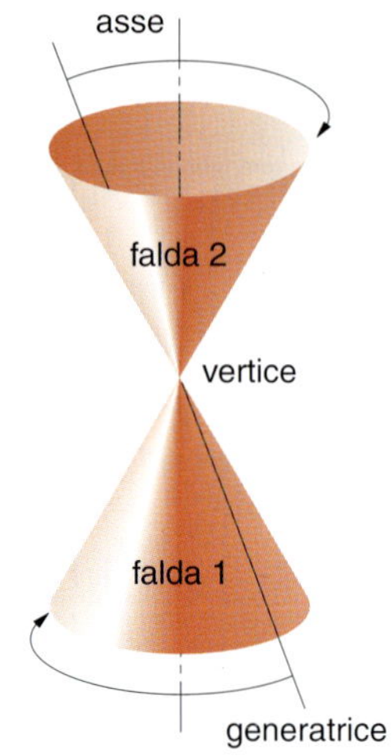

A seconda della posizione del piano rispetto alla superficie, si ottengono le seguenti curve coniche:

- circonferenza;
- ellisse;
- parabola;
- iperbole.

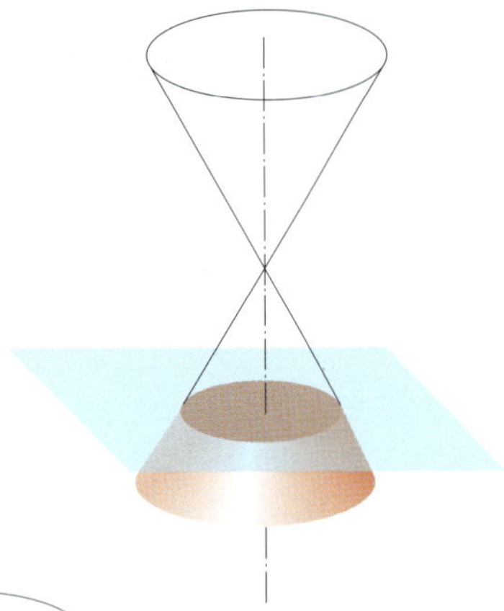

Circonferenza:
il piano è perpendicolare all'asse.

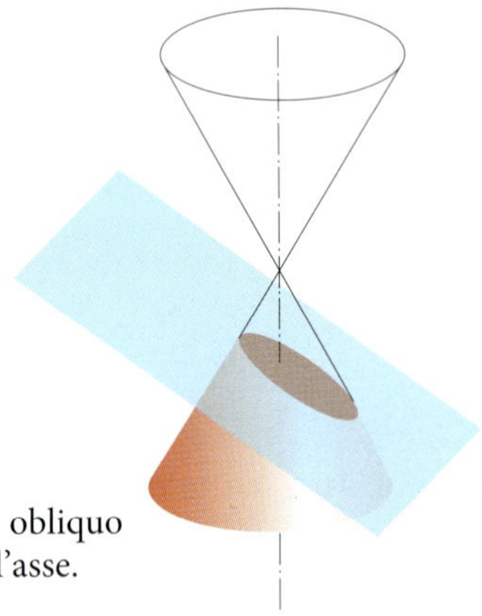

Ellisse:
il piano è obliquo rispetto all'asse.

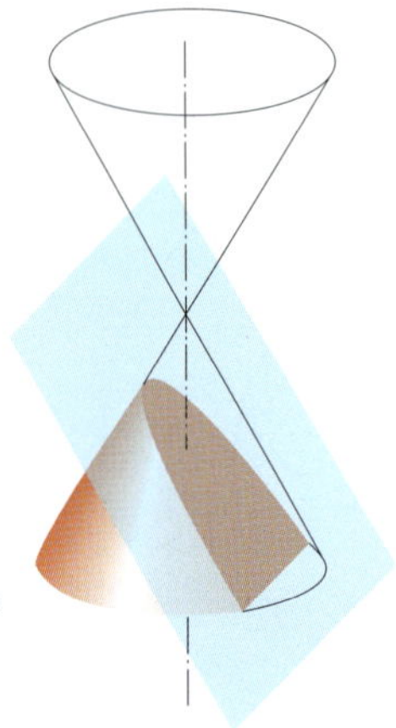

Parabola:
il piano è parallelo a una generatrice.

Iperbole:
il piano è parallelo all'asse.

Ellisse

L'ellisse è l'insieme dei punti tali che la somma delle distanze da due punti (detti **fuochi**) sia costante.

L'ellisse presenta due assi di simmetria tra loro perpendicolari, detti **asse maggiore** e **asse minore**. L'intersezione degli assi è chiamato **centro** dell'ellisse.

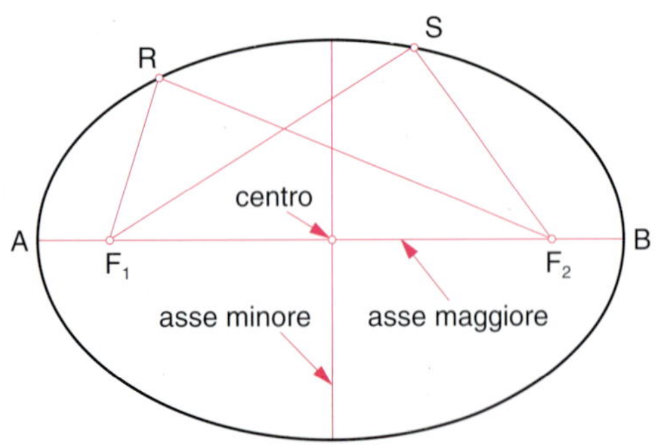

R e S sono punti dell'ellisse se la somma delle loro distanze dai fuochi è costante e uguale all'asse maggiore AB, cioè

$$\overline{RF_1} + \overline{RF_2} = \overline{SF_1} + \overline{SF_2} = \overline{AB}$$

Metodo pratico («metodo del giardiniere»)
È un metodo tradizionalmente usato per tracciare ellissi di modesta accuratezza grafica, ma di efficace coerenza con la definizione di ellisse. Su di un cordino si realizzano due nodi a distanza uguale all'asse maggiore; essi vengono fissati sul piano con due chiodini (o puntine da disegno). Si fa scorrere una matita all'interno del cordino ben teso.

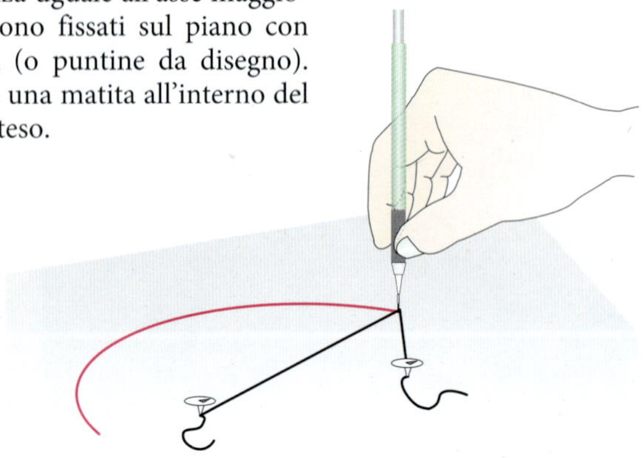

NOTA BENE

Per disegnare le curve coniche bisogna prima individuarne i punti, quindi unirli con l'aiuto del **curvilineo**.
In esso bisognerà individuare la parte che unisce diversi punti (almeno tre) e tracciare una curva continua, che cioè non formi delle **cuspidi** (punti di discontinuità).

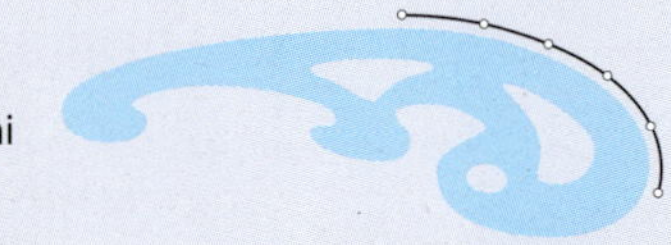

PROBLEMA 45 GUIDATO

Dati l'asse maggiore e l'asse minore, trovare i fuochi dell'ellisse

1 Si disegnano i due assi AB e CD.

2 Con centro in D, si traccia un arco di raggio $\overline{AO}$.

3 Sull'asse maggiore si individuano F_1 e F_2.

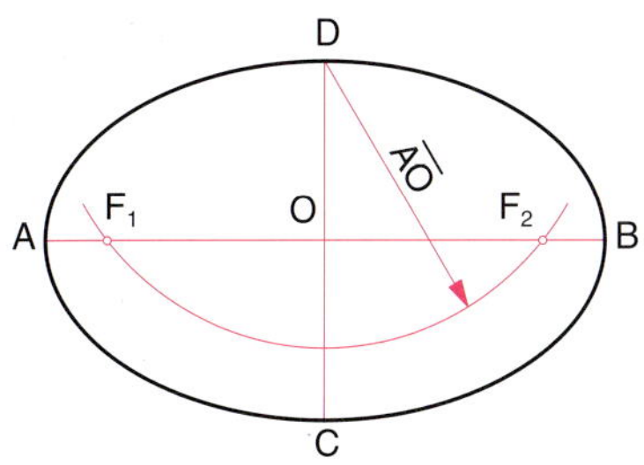

SUGGERIMENTO PRATICO

Un quarto di ellisse è simmetrico rispetto agli altri; pertanto, se con il curvilineo si è tracciato un quarto di ellisse, si può utilizzare lo stesso tratto di curvilineo per realizzare gli altri quarti di ellisse, ruotando o rovesciando la mascherina.

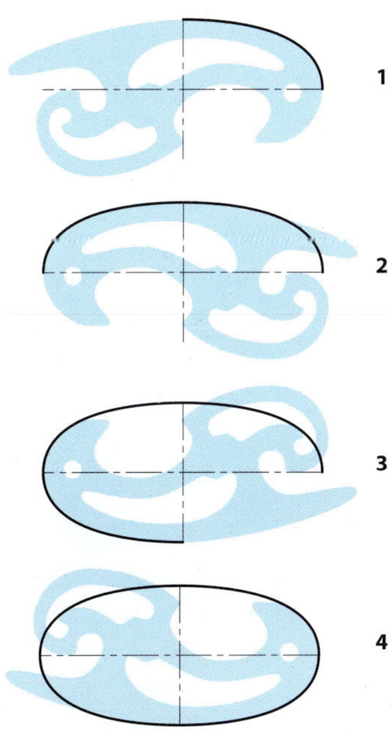

Video *Uso del curvilineo per curve simmetriche*

MEMO

L'**ellisse** non va confusa con l'**ovale**.
La prima è una curva disegnata per punti, congiunti da una curva tracciata con il curvilineo.
L'ovale invece è formato da archi di circonferenza e si disegna con il compasso.

PROBLEMA 46 PASSO PASSO

Dati l'asse maggiore e l'asse minore, disegnare l'ellisse

1 Si disegnano il rettangolo di lati $\overline{AB}$ e $\overline{CD}$ e gli assi.

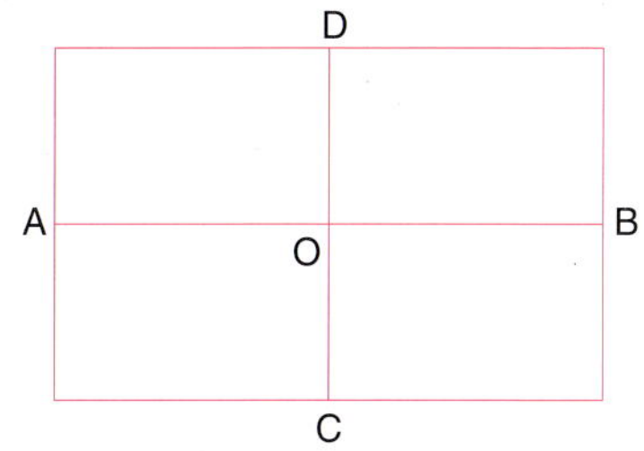

2 Si divide DE e OD in parti uguali (in figura 4 parti).

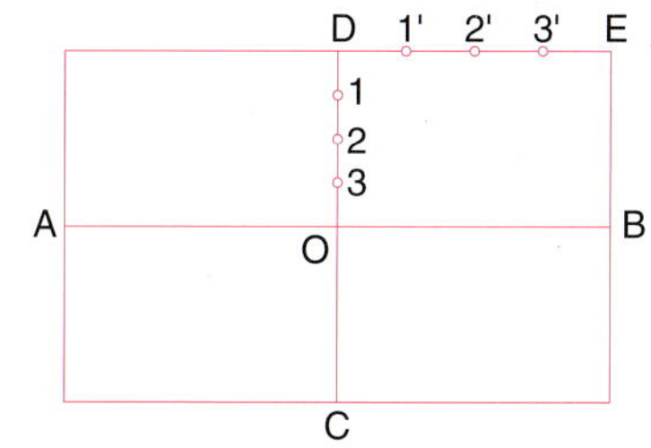

3 Da A e da B si tracciano le semirette che passano per i punti divisori.

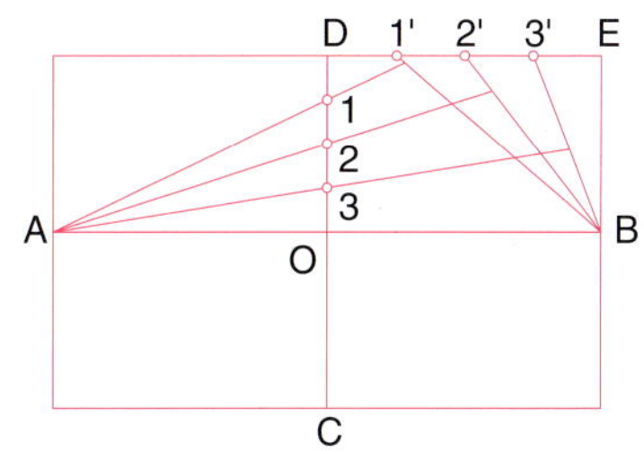

4 Le semirette corrispondenti (A1 e B1', A2 e B2', …) si intersecano nei punti dell'ellisse. Per simmetria si trovano i punti degli altri quadranti.

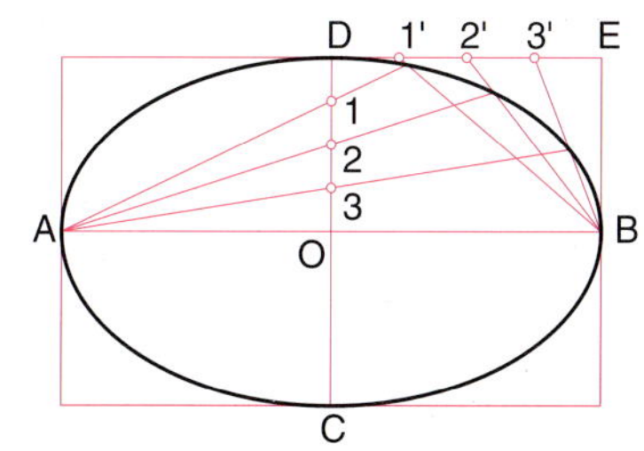

1 Si tracciano due circonferenze di centro O e diametro AB e CD (assi dati).

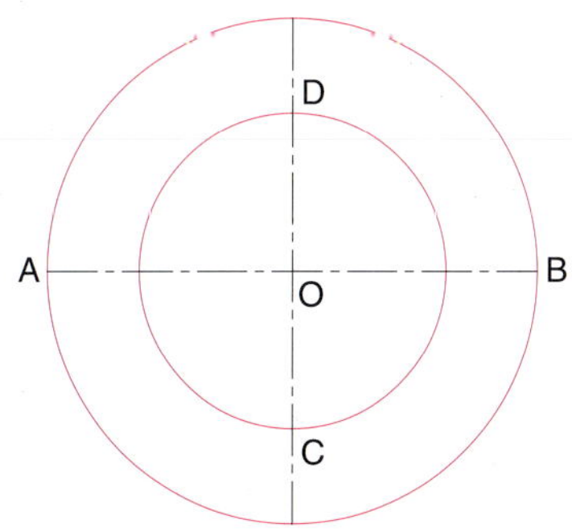

2 Si tracciano dei raggi a piacere (in figura essi formano angoli di 30°).

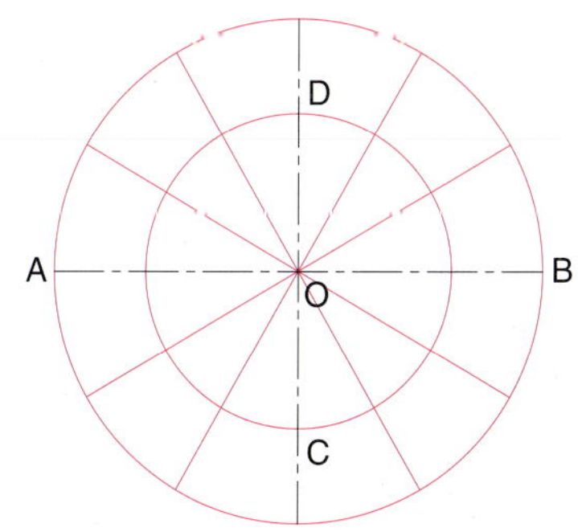

3 Ogni raggio interseca le circonferenze in due punti (per esempio 1 e 2). Da 1 si conduce un segmento orizzontale e da 2 uno verticale. L'intersezione dei due segmenti è 3, punto dell'ellisse.

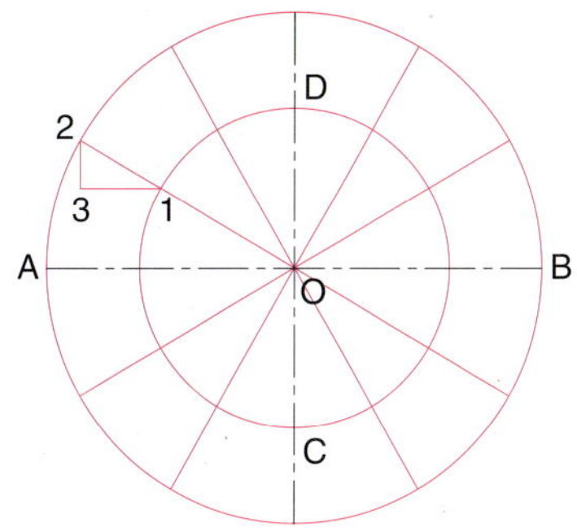

4 Si ripete l'operazione per tutti gli altri raggi, trovando i punti da unire con il curvilineo.

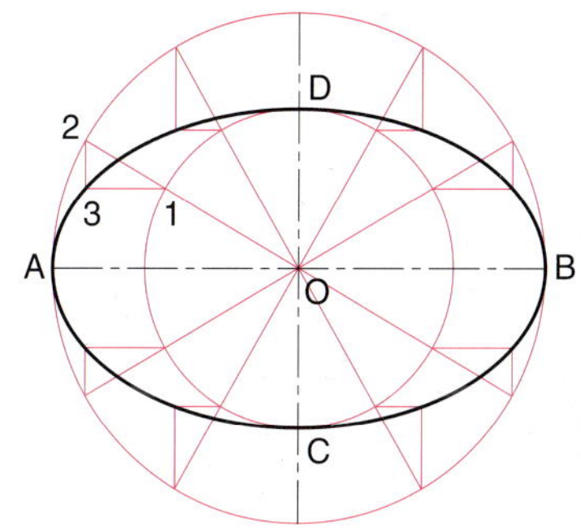

Parabola

La parabola è l'insieme dei punti equidistanti da un punto (**fuoco**) e da una retta (**direttrice**).

La parabola presenta un **asse di simmetria** passante per il fuoco e perpendicolare alla direttrice. Si chiama **vertice** della parabola il suo punto d'intersezione con l'asse.

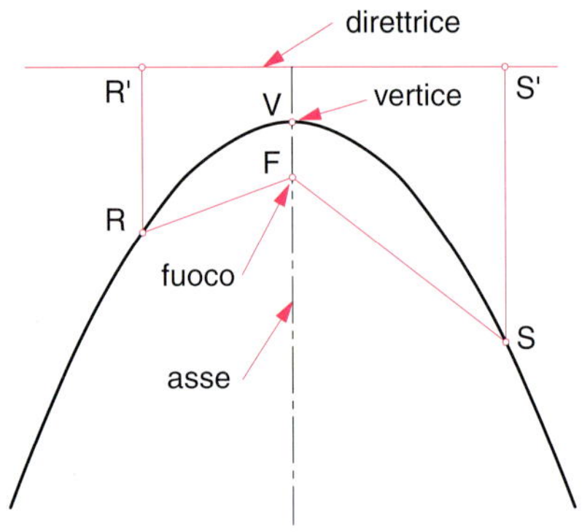

R e S sono punti della parabola perché sono uguali le loro distanze dal fuoco e dalla direttrice, cioè

$$\overline{RF} = \overline{RR'} \qquad \overline{SF} = \overline{SS'}$$

PROBLEMA 47 GUIDATO

Dati il vertice V, l'asse e un punto A, disegnare la parabola

1. Da A si conduce la perpendicolare all'asse, individuando A' e B (punto simmetrico di A rispetto all'asse).
2. Si dividono BA' e A'V in ugual numero di parti (in figura 5 parti).
3. Dai punti 1, 2, 3 e 4 si tracciano le parallele all'asse.
4. Si congiunge A con 1', 2', 3' e 4'.
5. L'intersezione della parallela per 1 con A1' è un punto della parabola.
6. Analogamente si trovano gli altri punti e i loro simmetrici, da unire con il curvilineo.

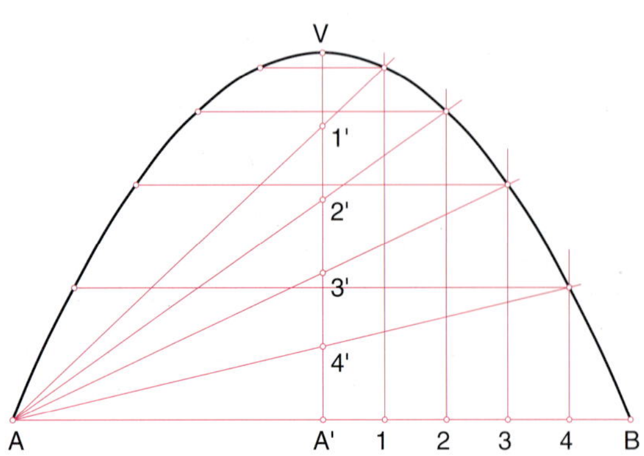

APPROFONDIMENTI

La parabola nelle costruzioni (2 pagine)

PROBLEMA 48 GUIDATO

Date due rette incidenti e due loro punti, disegnare per inviluppo il raccordo parabolico

1. Le rette date sono a e b, convergenti in C; i punti dati sono A e B.
2. Si dividono AC e BC in ugual numero di parti (in figura 6 parti), trovando i punti 1 e 1', 2 e 2' ecc.
3. Si congiunge 1 con 1', 2 con 2' ecc.
4. Con il curvilineo si traccia la curva tangente ai segmenti.

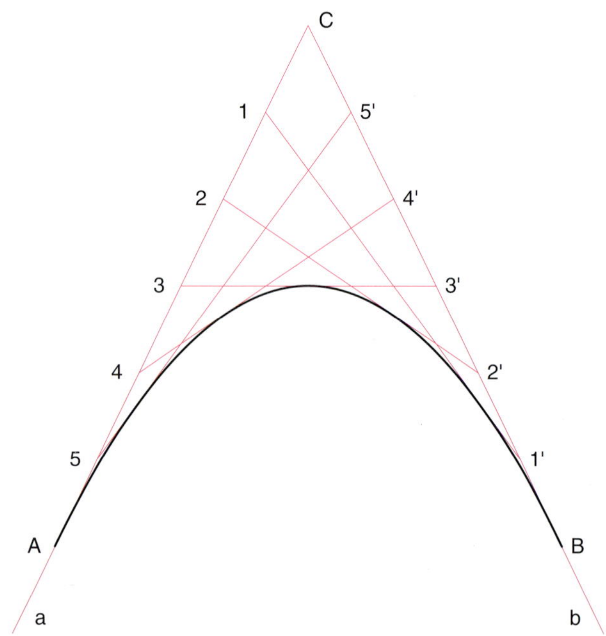

Città della Scienza e delle Arti a Valencia, Spagna (Santiago Calatrava).

Iperbole

L'iperbole è l'insieme dei punti tali che la differenza delle distanze da due punti (detti **fuochi**) sia costante.

L'iperbole, formata da due rami separati, presenta due assi di simmetria tra loro perpendicolari: quello passante per i fuochi è detto **asse trasverso**, l'altro è chiamato **asse non trasverso**. Sono chiamati **vertici** i punti d'intersezione dell'iperbole con l'asse trasverso.

I due rami dell'iperbole si avvicinano all'infinito a due rette, chiamate **asintoti**. Si ha un'**iperbole equilatera** quando gli asintoti sono perpendicolari.

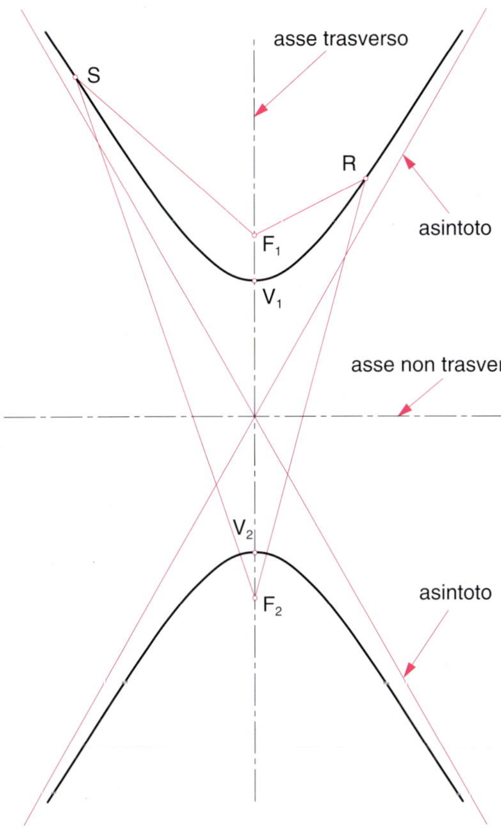

R e S sono punti dell'iperbole se la differenza delle loro distanze da F_1 e F_2 (fuochi) è costante, cioè

$$\overline{RF_2} - \overline{RF_1} = \overline{SF_2} - \overline{SF_1}$$

Cattedrale di Brasilia, Brasile (Oscar Niemeyer).

PROBLEMA 49 GUIDATO

Dati i fuochi e i vertici, disegnare l'iperbole e i suoi asintoti

1. Dati F_1, F_2 (fuochi) e V_1, V_2 (vertici) si traccia la retta a su cui sono allineati, ottenendo l'asse trasverso.
2. Dal punto O, punto medio di V_1V_2, si disegna la perpendicolare ad a, asse non trasverso dell'iperbole.
3. Si disegna una circonferenza di centro O e raggio OF_1.
4. Da V_1 e V_2 si tracciano le perpendicolari all'asse trasverso, che intersecano la circonferenza precedente in A, B, C e D.
5. Le rette AC e BD sono gli asintoti dell'iperbole.
6. Sull'asse trasverso si prendono a piacere dei punti 1, 2 ecc.
7. Centrando in F_1 con apertura $\overline{1V_1}$ e in F_2 con apertura $\overline{1V_2}$, si ottengono due archi che s'intersecano nei punti R e S appartenenti all'iperbole.
8. Analogamente si procede per gli altri punti 2, 3 ecc. ottenendo i punti di un ramo dell'iperbole.
9. Per simmetria rispetto all'asse non trasverso si disegna l'altro ramo dell'iperbole.

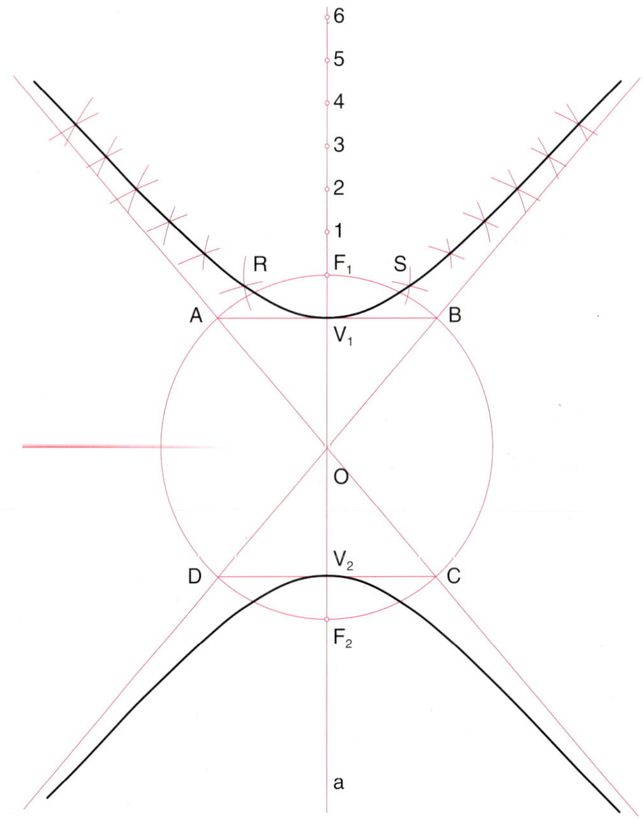

MEMO

L'**iperbole** presenta due **rami** distinti poiché è originata dall'intersezione di una superficie conica con un piano parallelo all'asse; quindi ogni falda della superficie conica crea un ramo dell'iperbole.

Sulle costruzioni geometriche abbiamo imparato...

Costruzioni geometriche elementari

asse di segmento

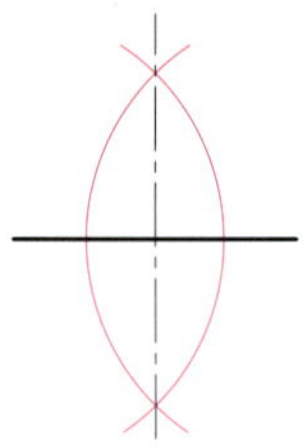

parallele e perpendicolari

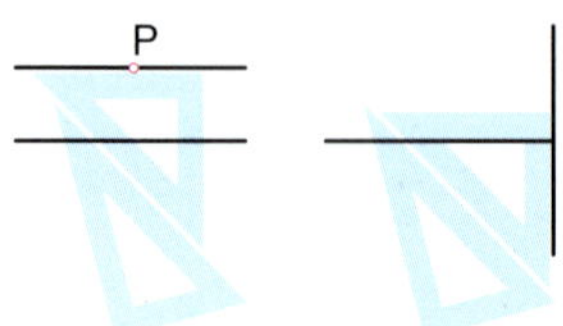

divisione di segmento

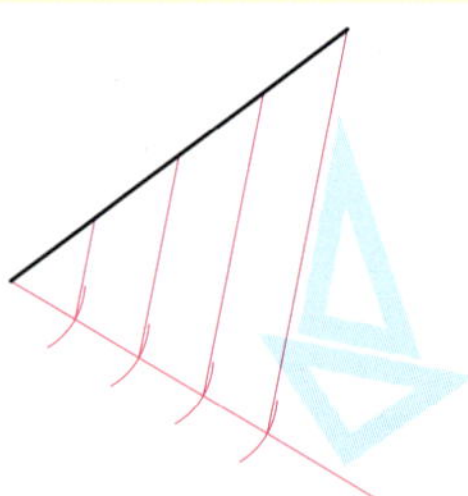

divisione di angoli

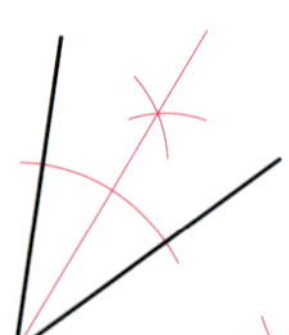

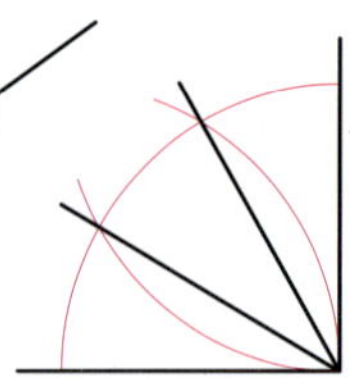

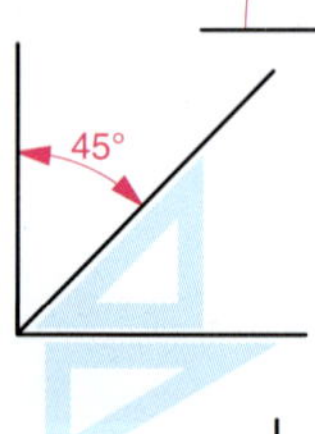

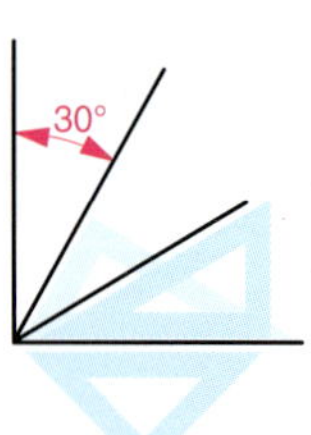

Poligoni regolari

inscritti in una circonferenza

triangolo, esagono e dodecagono

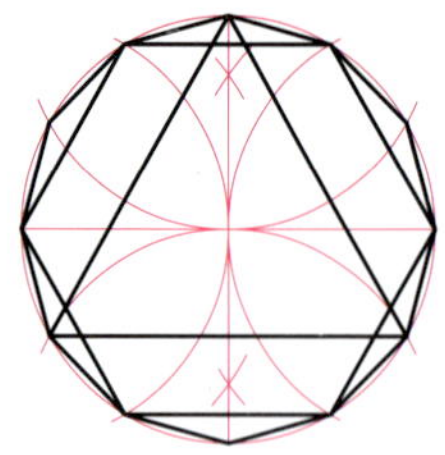

quadrato e ottagono

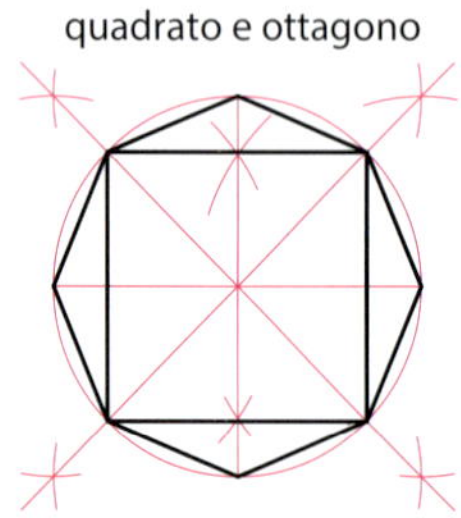

di lato assegnato

triangolo

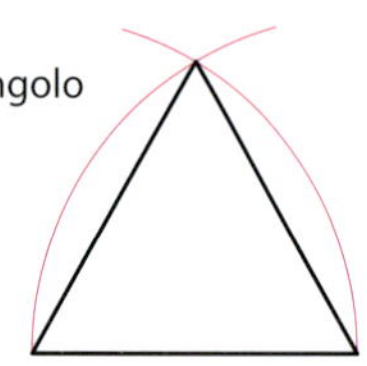

pentagono

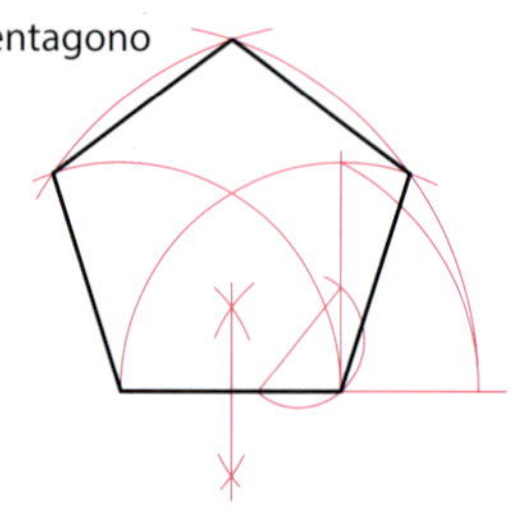

esagono

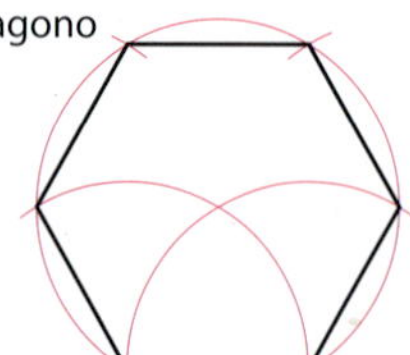

ottagono

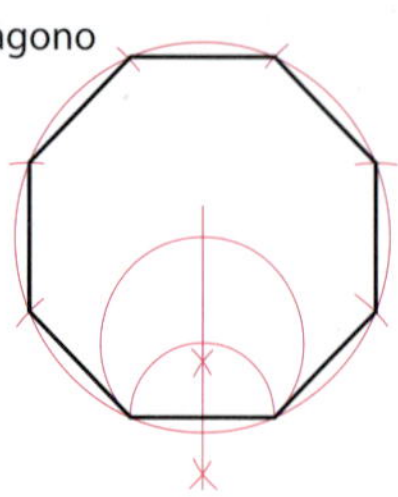

Tangenti e raccordi

tangenti

da punto a circonferenza

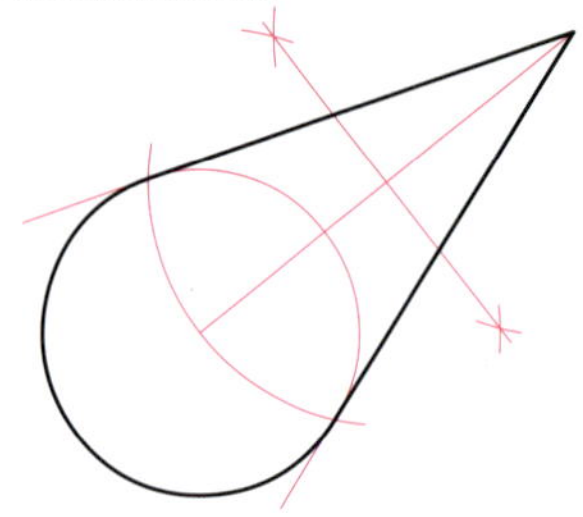

tra due circonferenze

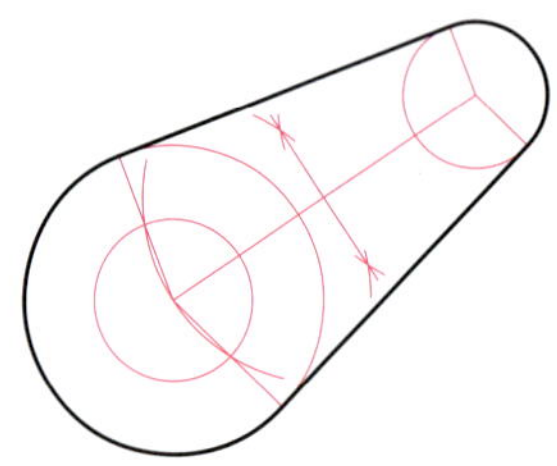

raccordi

tra rette perpendicolari

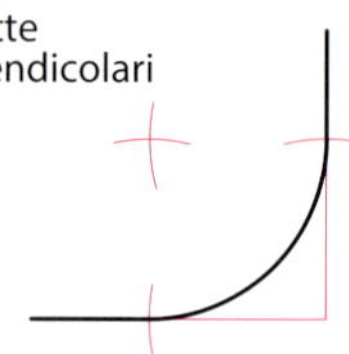

tra rette parallele

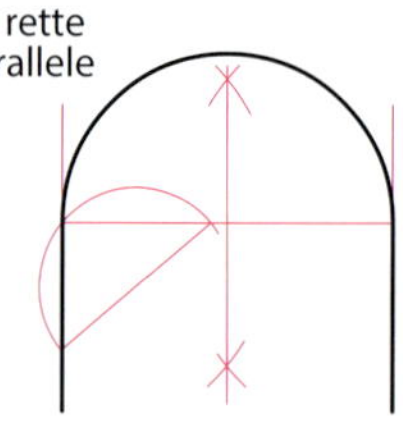

tra rette oblique

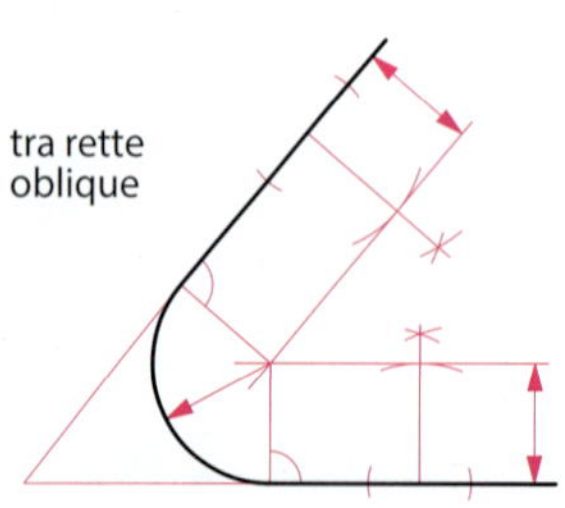

tra due circonferenze

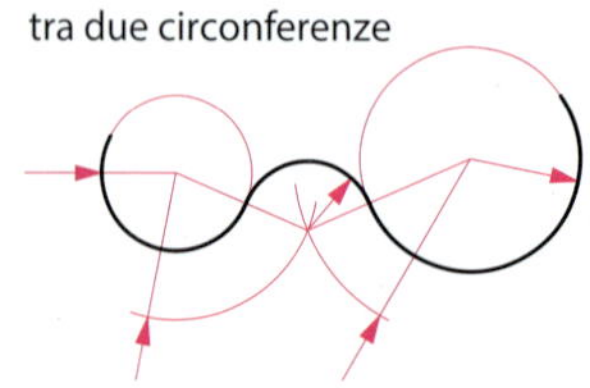

Curve

policentriche

ovale di dato asse minore

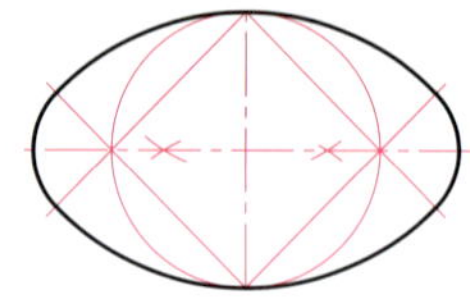

ovolo di dato asse minore

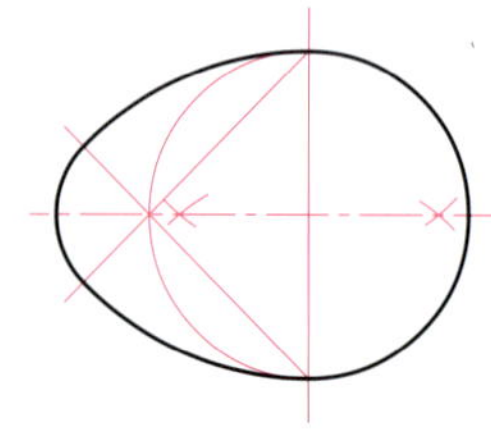

spirale a quattro centri

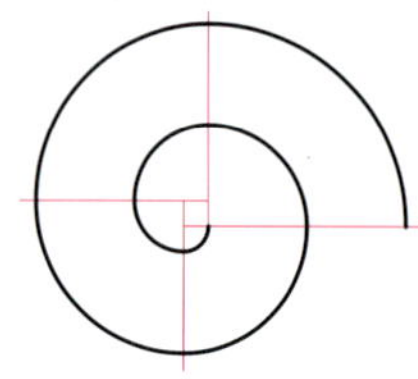

coniche

ellisse di dati assi

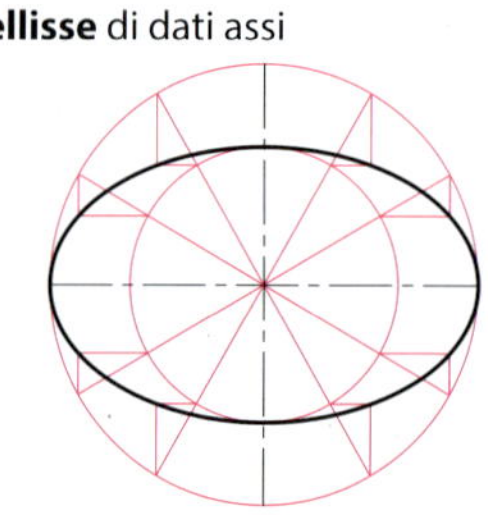

parabola di dati asse, vertice e punto

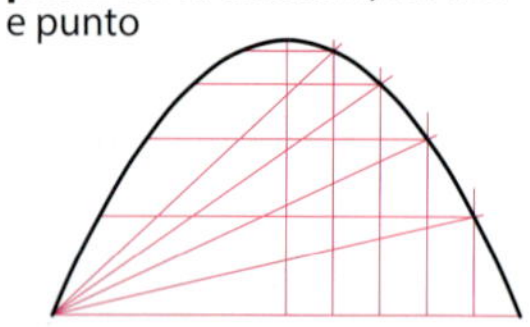

iperbole di dati fuochi e vertici

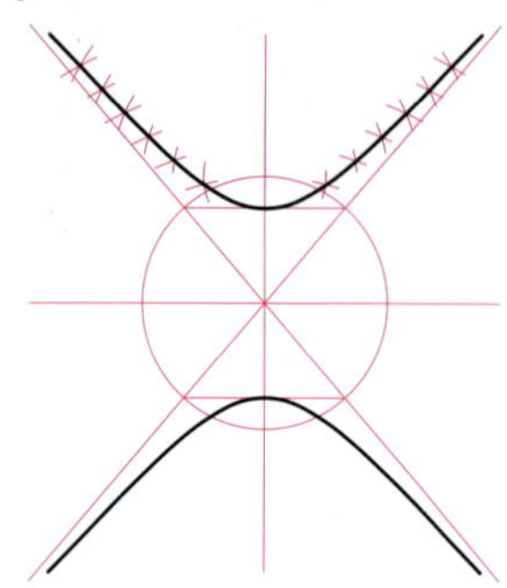

Preparazione del disegno

Prima di iniziare il lavoro è molto importante **analizzare bene la figura**; in seguito è necessario confrontare le caratteristiche del problema con le **disponibilità di mezzi o strumenti**. Successivamente bisogna mettere bene a fuoco le **tecniche** o le **conoscenze** più adatte alla soluzione del problema.

Prima dell'esecuzione del disegno è estremamente utile tracciare uno **schizzo preparatorio**, al fine di mettere a punto le fasi di lavoro, con chiarezza concettuale e razionale successione.

In dettaglio si può delineare una sequenza di operazioni di questo tipo.

	IMPOSTAZIONI
Chiara comprensione del problema	**Analisi strutturale**: la figura presenta simmetrie, è impostata sulla base di poligoni regolari ecc.? **Analisi dimensionale**: quali sono le dimensioni d'ingombro, quale scala è richiesta o più opportuna? **Strumenti concettuali**: quali norme o costruzioni geometriche sono impiegate? **Strumenti tecnici**: quali strumenti da disegno devono essere impiegati? Sono disponibili?
Realizzazione dello schizzo preparatorio	Con mina morbida tracciare lo schizzo su carta (bianca, quadrettata, millimetrata o con griglie speciali a seconda del caso) seguendo accuratamente tutte le fasi di elaborazione futura del disegno. Se necessario consultare il libro o il docente per alcune costruzioni poco chiare.
Operazioni preliminari	• Controllo della disponibilità degli strumenti necessari. • Affilatura delle mine del compasso (a scalpello) ed eventualmente della matita. • Pulizia del piano di lavoro, delle squadre e righe, della gomma e delle mani. • In caso di disponibilità di parallelineo o tecnigrafo allineare il foglio alla loro riga. • Fissaggio del foglio con scotch.

	COSTRUZIONE
Scelta delle mine adatte	In questa fase si impiegano mine dure (H oppure 2H).
Squadratura del foglio	Gli assi mediani del foglio devono essere perfettamente perpendicolari; solo a essi si farà riferimento per poggiare le squadre e ottenere rette verticali, orizzontali o con altri angoli.
Disposizione dei primi elementi nel foglio	In base alle dimensioni d'ingombro del disegno si disporranno opportunamente nel foglio i primi elementi della struttura (assi di simmetria, centri, contorni generali).
Avanzamento nella costruzione	Si procederà razionalmente con elementi secondari della struttura, applicando le costruzioni geometriche (poligoni, tangenti, raccordi e altre curve).
Completamento della costruzione	Si disegnano gli ultimi elementi di dettaglio.
Controllo del lavoro	Prima di passare alla finitura è indispensabile operare un controllo per individuare errori o dimenticanze.

	FINITURA
Scelta delle mine adatte	In questa fase si impiegano mine di media morbidezza (HB oppure B).
Accorgimenti per il ripasso	• Durante tutto il ripasso è utile coprire le parti ripassate con un foglio pulito per evitare che le squadre diffondano la grafite del ripasso. • Affilare spesso la mina del compasso, controllando se il suo filo è vivo e quasi tagliente. • Per ottenere linee uniformi ruotare il compasso solo in un verso. • Tenere la matita inclinata e ruotarla leggermente tra le dita.
Ripasso razionale	Si ripassano inizialmente cerchi, raccordi e curve, successivamente le rette tangenti, facendo attenzione a evitare discontinuità di segno nel punto di tangenza. Infine tutti gli altri segmenti, compresi gli assi simmetria. È opportuno ricordare che questi ultimi sporgono lievemente oltre la figura a cui sono riferiti.
Scritturazioni	Alla fine del ripasso si tracciano la tabella e altre eventuali scritte.
Controllo finale	Alla fine del lavoro si esaminerà attentamente tutto il disegno per individuare errori e dimenticanze, per porvi rimedio.

ESEMPIO 1

Per l'esecuzione di questa figura sono note le dimensioni complessive e le proporzioni evidenziate dalla griglia quadrettata.

Analisi del problema

Analisi strutturale

La figura è inscritta in un quadrato 60 × 60 e presenta quattro assi di simmetria (verticale, orizzontale e due assi a 45°). I segmenti obliqui sono inclinati a 45° e quindi perpendicolari a coppie; pertanto i raccordi sono da realizzare tra rette perpendicolari.

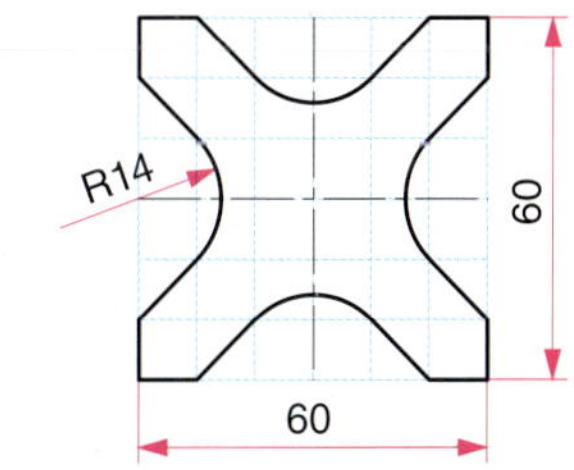

Analisi dimensionale

Avendo a disposizione un foglio A4, bisogna scegliere la scala in modo che il disegno vi sia contenuto e non sia troppo piccolo per le esigenze operative. La scala scelta potrebbe essere 1 : 1.

Preparazione degli strumenti

Prima di procedere al disegno è opportuno affilare le mine, pulire squadre, gomme, piano di lavoro e mani.

Fasi di elaborazione grafica

1 **Strumenti usati**: squadre.
Mina usata: dura (H o 2H).
Costruzioni geometriche utilizzate: quadrato di lato assegnato.

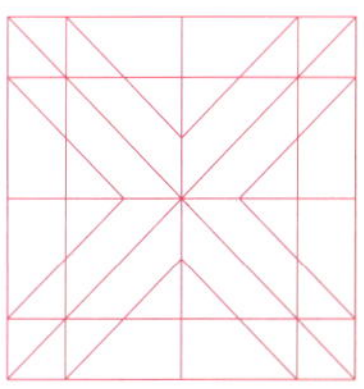

2 **Strumenti usati**: compasso.
Mina usata: dura (H o 2H).
Costruzioni geometriche utilizzate: raccordo tra perpendicolari.

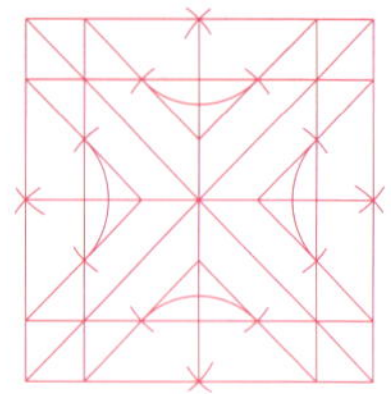

3 **Strumenti usati**: squadre e compasso.
Mina usata: morbida (HB o B).
Tipi di linee utilizzate: continua grossa, mista fine.

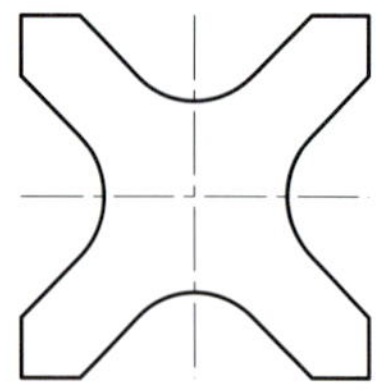

ESEMPIO 2

Si propone l'esecuzione di questa figura, di cui non sono definite le dimensioni.

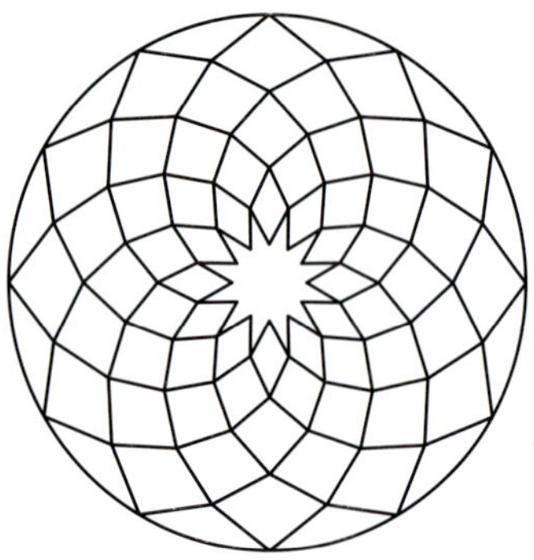

Analisi del problema

Analisi strutturale
Osservando la figura si può notare che i vertici dei segmenti si trovano su 7 circonferenze concentriche ed equidistanti, e che gli stessi vertici si trovano su 24 raggi che formano angoli di 15°.

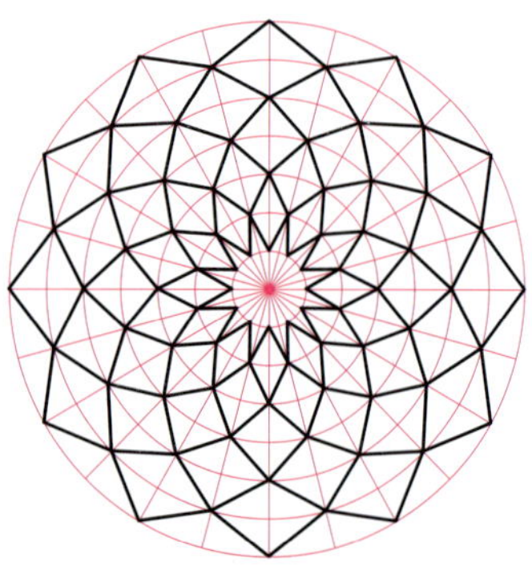

Analisi dimensionale
Avendo a disposizione un foglio A4, bisogna dimensionare il disegno in modo che entri nel foglio, ma che sia anche sufficientemente grande, per garantire precisione e comodità. Dimensioni della circonferenza maggiore: Ø160.

Preparazione degli strumenti
Prima di procedere al disegno è opportuno affilare le mine, pulire squadre, gomme, piano di lavoro e mani.

SUGGERIMENTO PRATICO
In fase di ripasso, **il compasso va ruotato sempre nello stesso verso** per evitare doppie linee o spessori irregolari.

Fasi di elaborazione grafica

1 **Strumenti usati**: squadre, compasso.
Mina usata: dura (H o 2H).
Costruzioni geometriche utilizzate: divisione di segmento in 7 parti uguali.

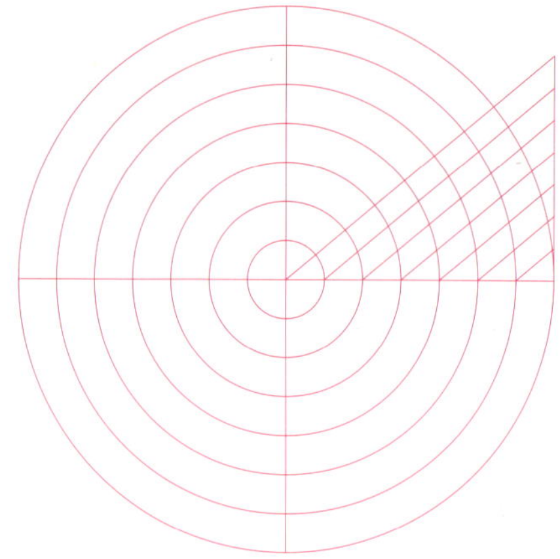

2 **Strumenti usati**: squadre, compasso.
Mina usata: dura (H o 2H).
Costruzioni geometriche utilizzate: divisione di circonferenza in 24 parti uguali.

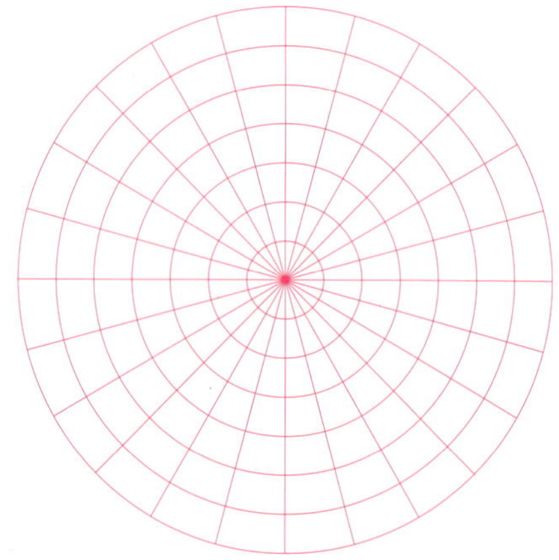

3 **Strumenti usati**: squadre.
Mina usata: dura (H o 2H).
Costruzioni geometriche utilizzate: nessuna.

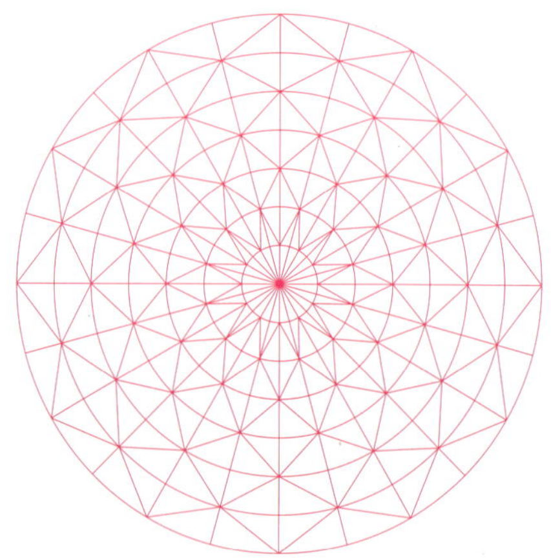

4 **Strumenti usati**: squadre, compasso.
Mina usata: morbida (HB o B).
Tipi di linee utilizzate: continua grossa.
Si possono aggiungere finiture quali colorazioni o tratteggi.

ESEMPIO 3

Si propone l'esecuzione di questo disegno in pianta.

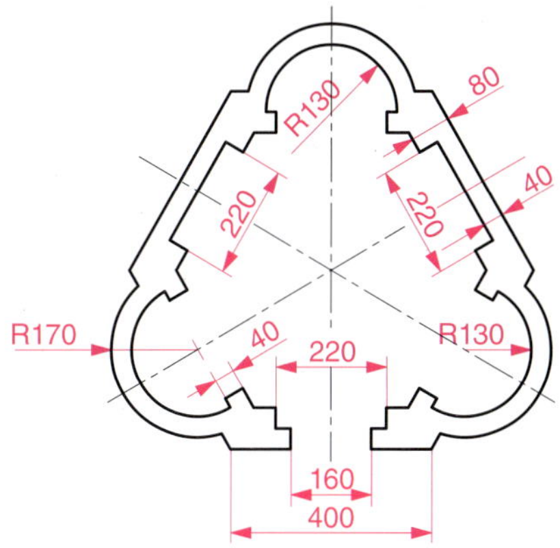

Quote in cm

Analisi del problema

Analisi strutturale

Osservando attentamente il disegno proposto si scopre che esso è strutturato secondo tre assi di simmetria. Si può anche notare che i segmenti rettilinei sono situati sui lati di tre esagoni regolari concentrici. Infine si può osservare che gli assi di simmetria e le diagonali degli esagoni formano 12 angoli di 30°.

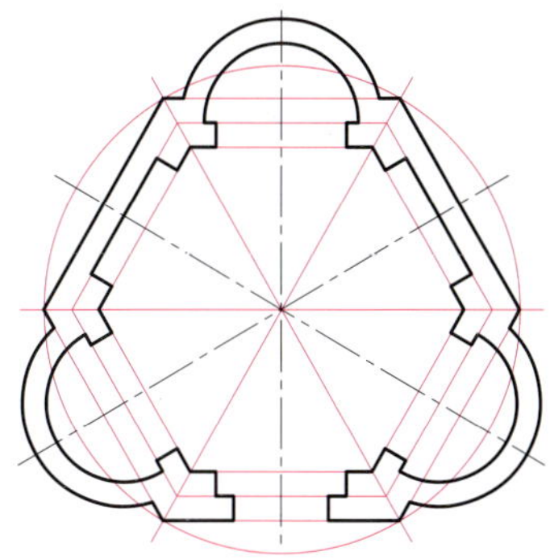

Analisi dimensionale

Avendo a disposizione tutti gli strumenti tradizionali (compasso compreso) e un foglio A4, bisognerà scegliere la scala del disegno in funzione dell'ingombro delle sue dimensioni:

- dimensioni reali d'ingombro: circa 900 × 900 cm
- dimensioni d'ingombro in scala 1 : 100: 9 × 9 cm
- dimensioni d'ingombro in scala 1 : 50: 18 × 18 cm
- scala scelta: 1 : 50.

Preparazione degli strumenti

Prima di iniziare il disegno si affilano le mine e si puliscono squadre, gomme, piano di lavoro e mani.

Fasi di elaborazione grafica

1 **Strumenti usati**: squadre, compasso.
Mina usata: dura (H o 2H).
Costruzioni geometriche utilizzate: divisione di circonferenza in 12 parti uguali.

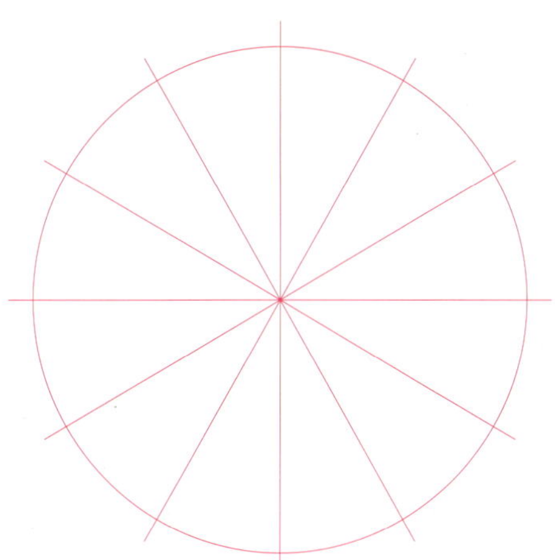

2 **Strumenti usati**: squadre.
Mina usata: dura (H o 2H).
Costruzioni geometriche utilizzate: parallele a distanza definita.

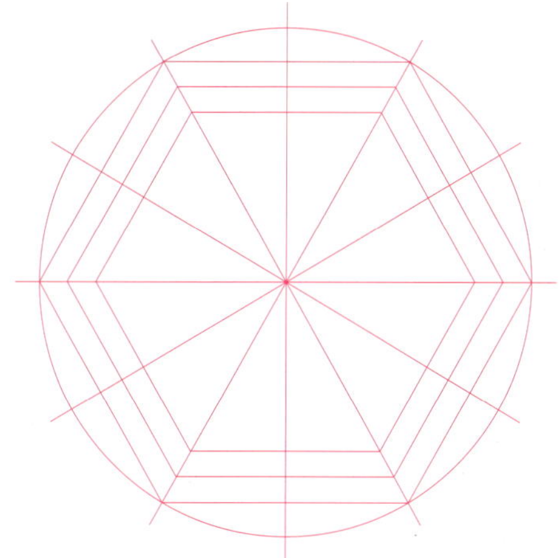

3 **Strumenti usati**: squadre, compasso.
Mina usata: dura (H o 2H).
Costruzioni geometriche utilizzate: parallele a distanza definita.

4 **Strumenti usati**: squadre, compasso.
Mina usata: morbida (HB o B).
Tipi di linee utilizzate: continua grossa, mista fine. Si possono aggiungere finiture quali colorazioni o tratteggi.

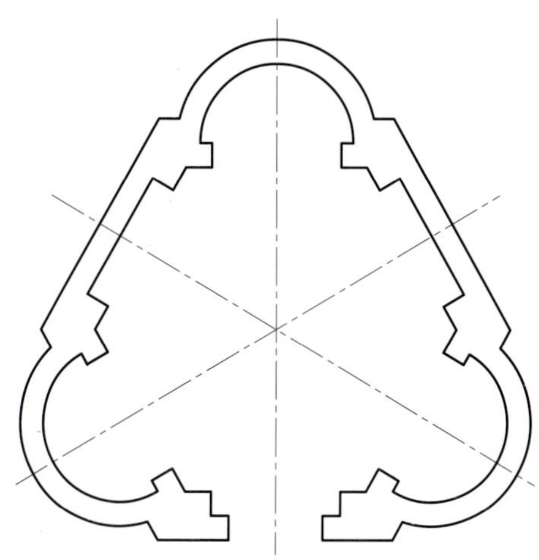

MEMO

Le **quote** apposte su un disegno rappresentano sempre le **misure reali** dell'oggetto.

SUGGERIMENTO PRATICO

Nella fase di ripasso, è molto opportuno **iniziare da archi o curve**, per poi passare a segmenti rettilinei.

ESERCITAZIONE 1
GUIDATA

Logo Audi

1 Si disegnano 3 segmenti uguali e si divide il primo di essi in 5 parti uguali (v. Problema 4).

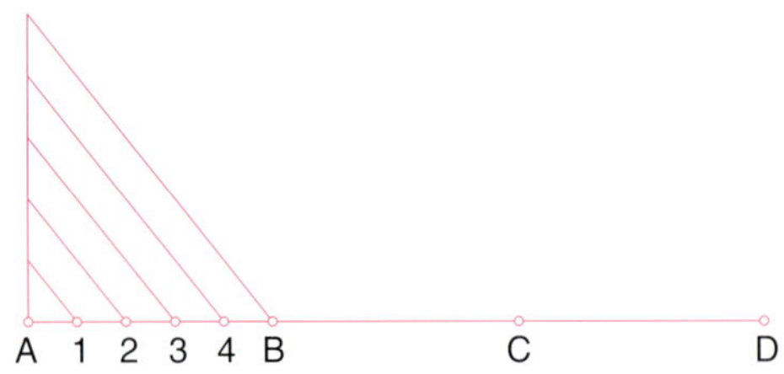

2 Con apertura $\overline{A4}$ si tracciano quattro circonferenze di centro A, B, C e D.

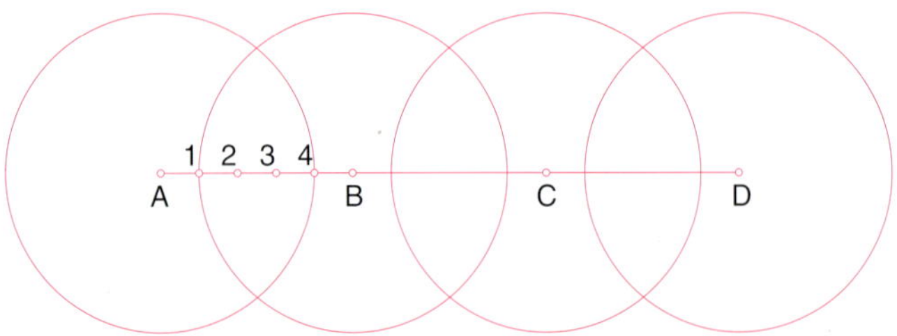

3 Con apertura $\overline{A3}$ si disegnano quattro circonferenze di centro A, B, C e D. Si ripassano gli archi.

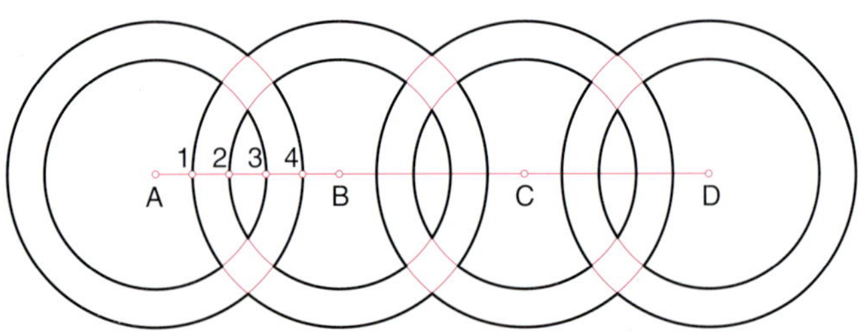

ESERCITAZIONE 2
CON SUGGERIMENTO

Motivo decorativo medievale

- Si traccia una circonferenza e due diametri perpendicolari.
- Si divide un diametro in 3 parti uguali (v. Problema 4).
- Con una circonferenza di centro O e apertura $\overline{O1}$ si trovano anche i punti 3 e 4.
- Centrando nei punti 1, 2 , 3 e 4 si disegnano le 8 circonferenze del motivo.

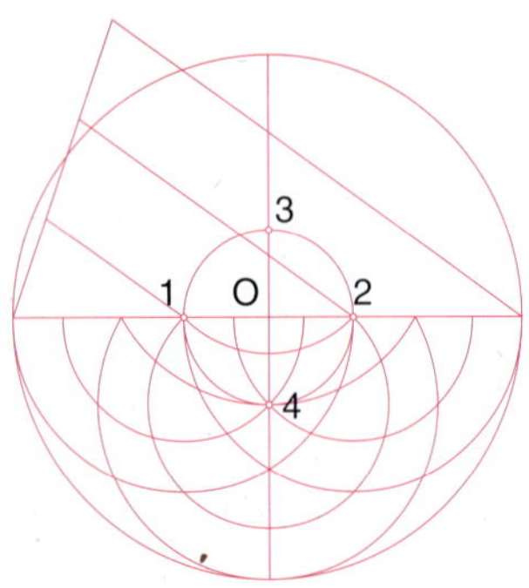

ESERCITAZIONE 3
GUIDATA

Motivo geometrico

1 Si disegna un esagono inscritto in una circonferenza (v. Problema 12).

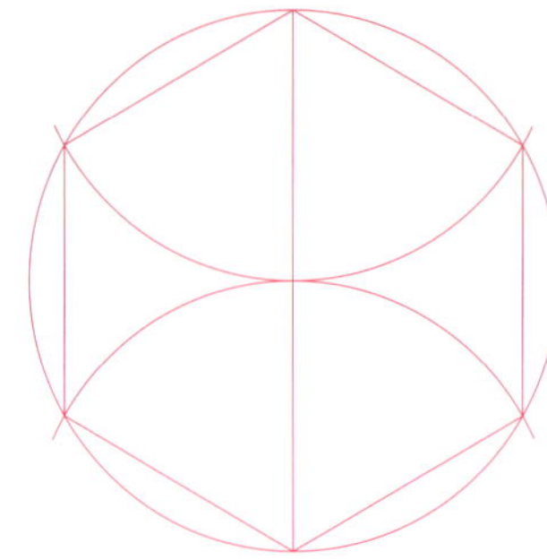

2 Si divide il diametro in 8 parti uguali (v. Problema 4) e dai punti divisori si tracciano segmenti orizzontali.

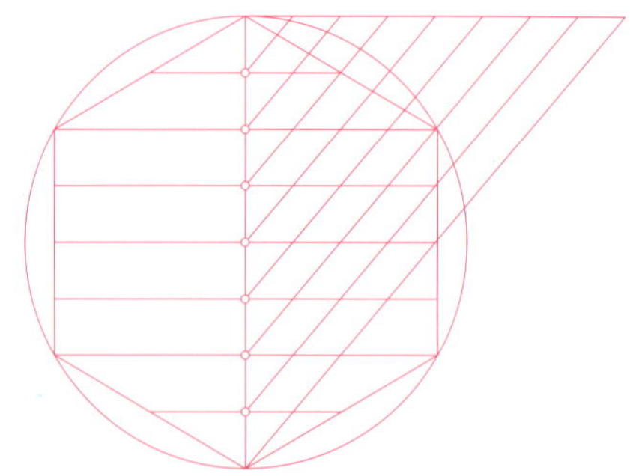

3 Si disegna un segmento che ha per estremi i punti medi di due lati opposti. Si può colorare il disegno valorizzando il motivo geometrico.

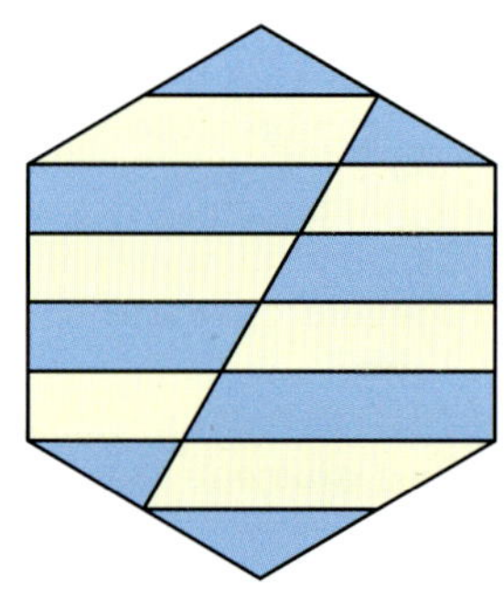

ESERCITAZIONE 4
CON SUGGERIMENTO

Motivo decorativo medievale

- Si traccia una circonferenza e si divide un suo raggio in 5 parti uguali (v. Problema 4).
- Con centro in O e apertura $\overline{O2}$ si disegna una circonferenza in cui si inscrive un esagono (v. Problema 12).
- Con apertura da 2 a 4 si tracciano sei circonferenze centrando nei vertici dell'esagono. Si opera analogamente con apertura da 2 a 3.

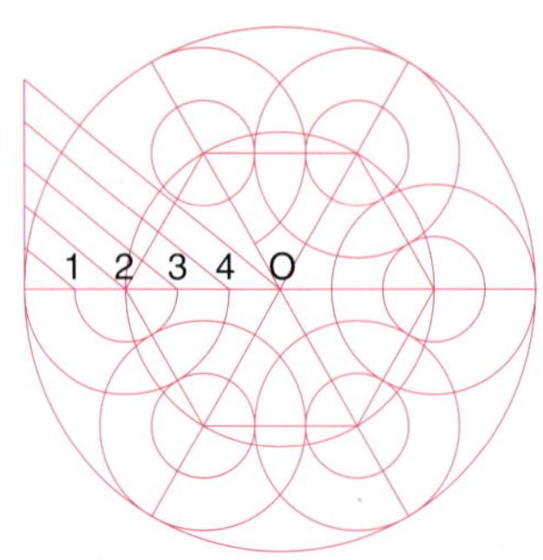

ESERCITAZIONE 5

Motivo a base quadrata

- Quadrato inscritto (v. Problema 10).

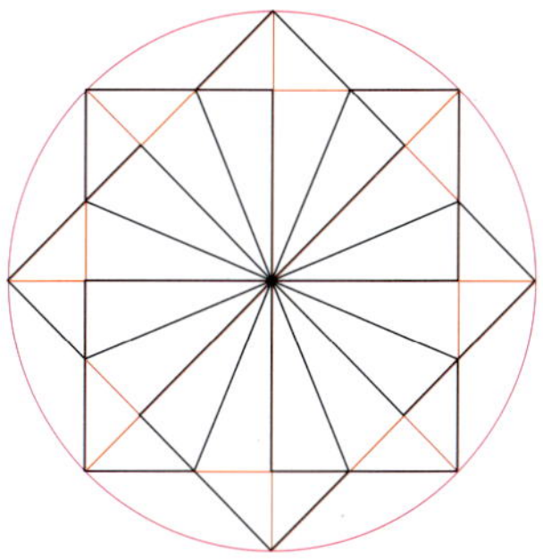

ESERCITAZIONE 6

Motivo stellato ottagonale

- Ottagono regolare inscritto (v. Problema 13).

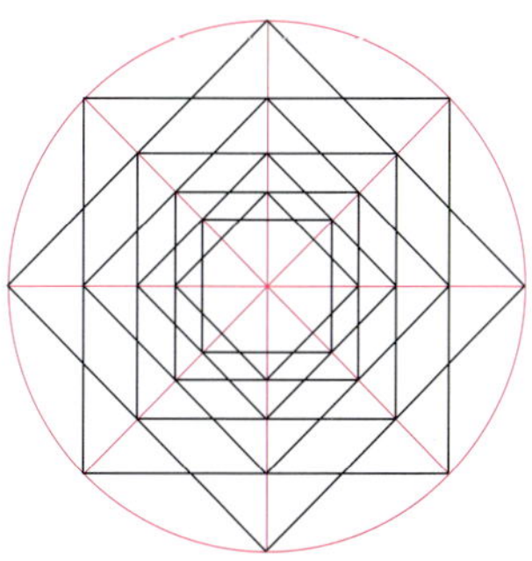

ESERCITAZIONE 7

Motivo stellato ottagonale

- Ottagono regolare inscritto (v. Problema 13).

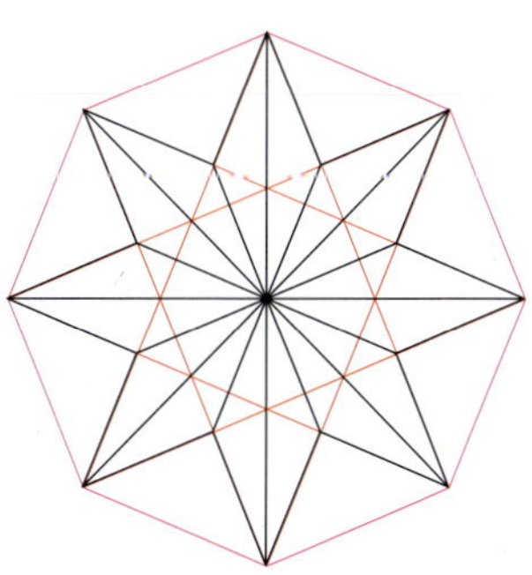

ESERCITAZIONE 8

Motivo stellato dodecagonale

- Dodecagono regolare inscritto (v. Problema 14).

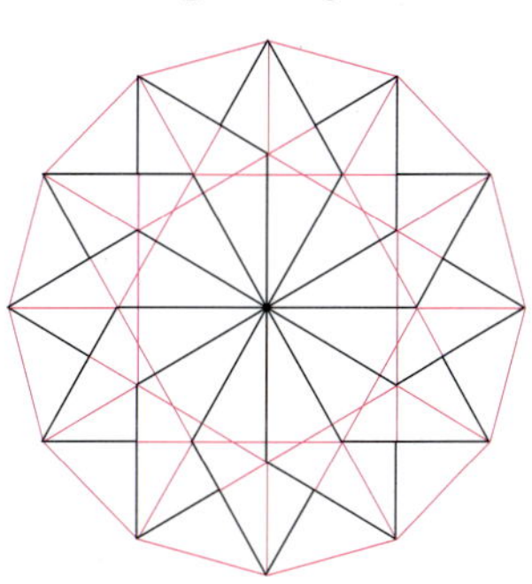

ESERCITAZIONE 9

Motivo pentagonale

- Pentagono regolare di lato assegnato (v. Problema 18).

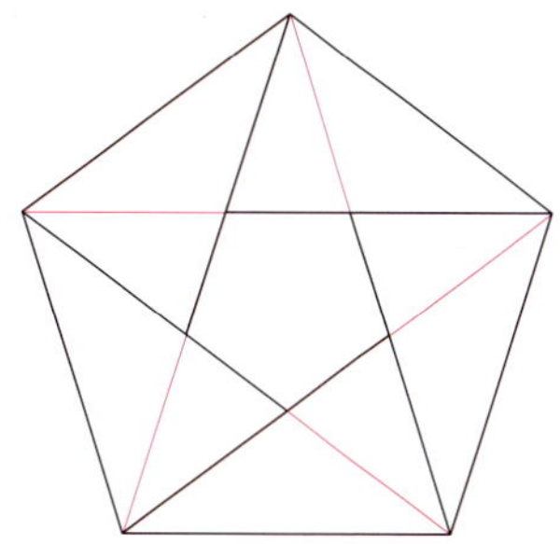
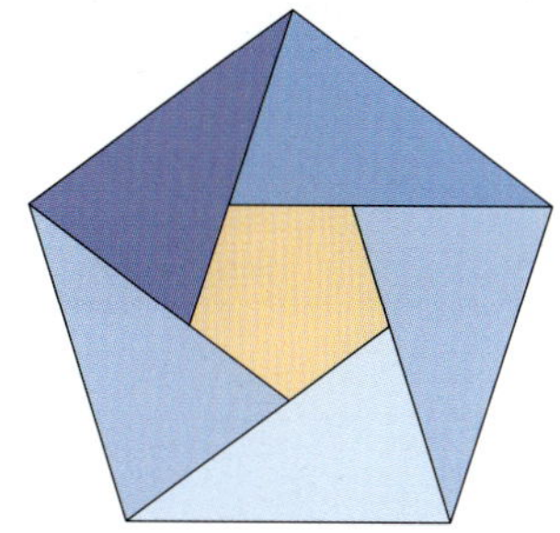

ESERCITAZIONE 10

Motivo stellato dodecagonale

- Dodecagono regolare inscritto (v. Problema 14).

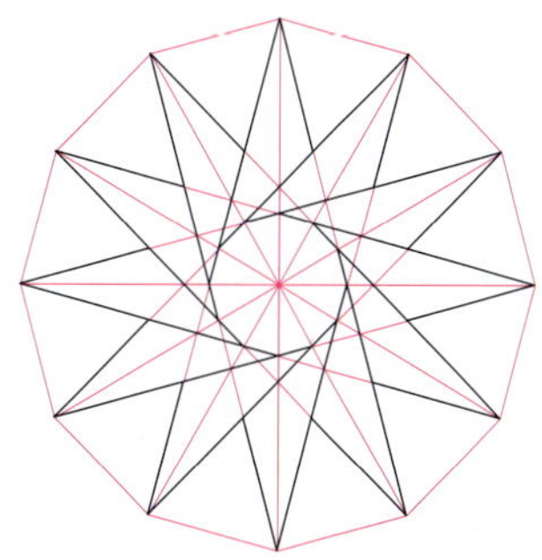

ESERCITAZIONE 11

Motivo dodecagonale

- Dodecagono regolare inscritto (v. Problema 14).

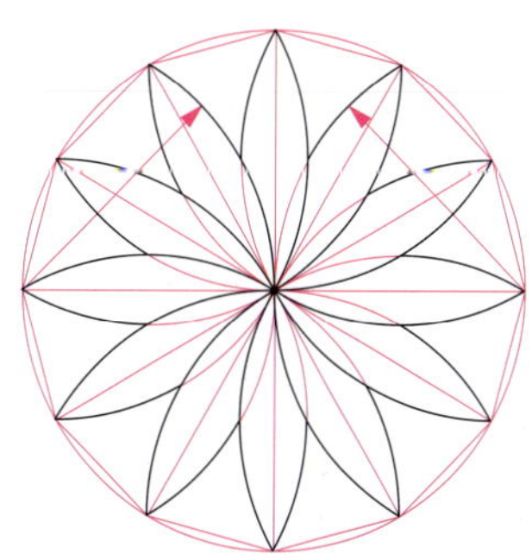

ESERCITAZIONE 12

Motivo dodecagonale

- Dodecagono regolare inscritto (v. Problema 14).

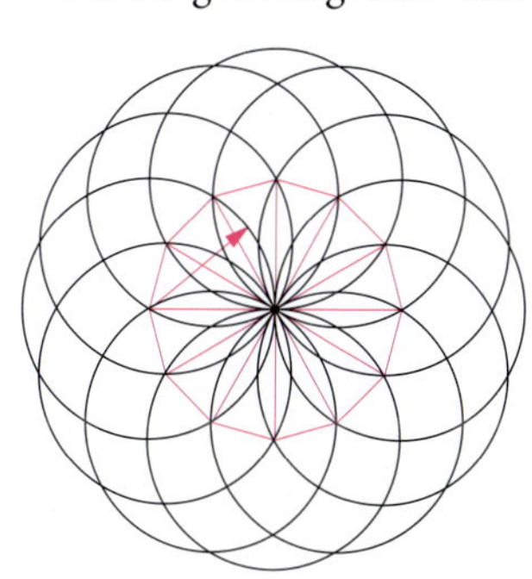

Esercitazioni

ESERCITAZIONE 13
GUIDATA

Motivo geometrico

1 Si disegna un esagono di lato assegnato (v. Problema 19).

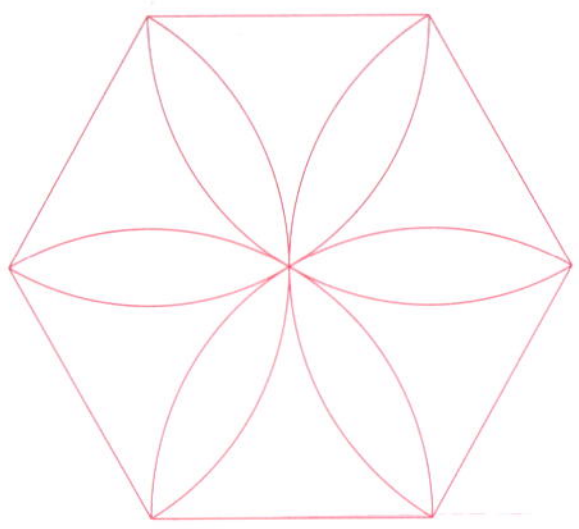

2 Si disegnano le diagonali dell'esagono.

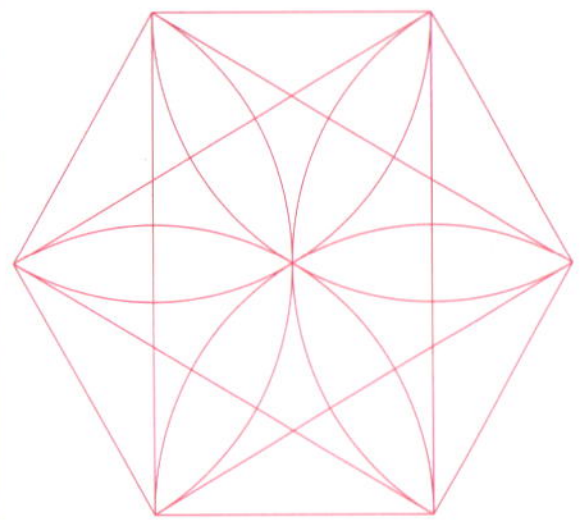

3 Si aggiunge la circonferenza centrale.

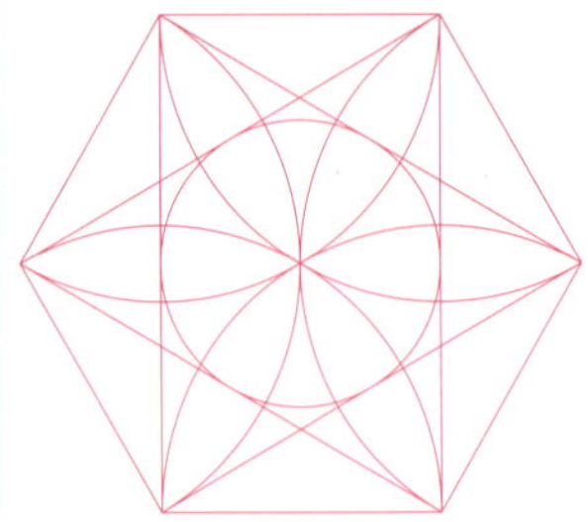

4 Si ripassa il motivo.

ESERCITAZIONE 14
CON SUGGERIMENTO

Motivo geometrico

- Si disegna un pentagono regolare inscritto (v. Problema 11).
- Su ogni lato si costruiscono dei triangoli equilateri (v. Problema 16).
- Centrando nei vertici esterni dei triangoli si tracciano archi passanti per i vertici del pentagono.
- Con centro nei vertici del pentagono si tracciano archetti di apertura AB.
- Si aggiunge la circonferenza centrale.

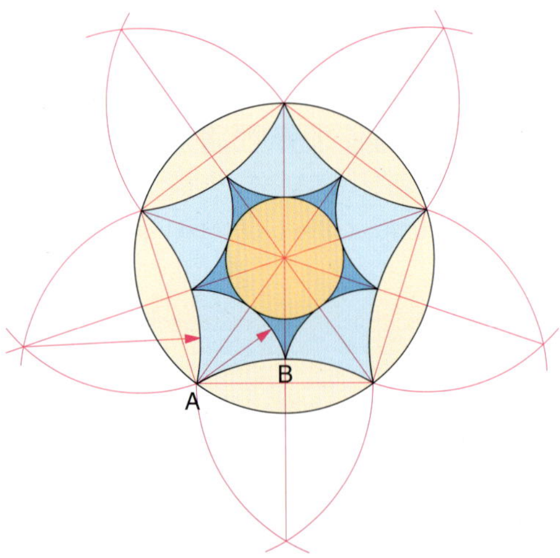

ESERCITAZIONE 15

Piattabanda

- Triangolo equilatero di lato assegnato (v. Problema 16).
- Divisione di un segmento in parti uguali (v. Problema 4).

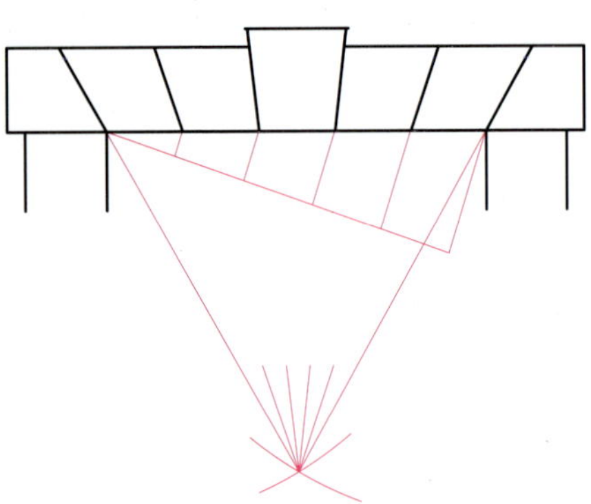

ESERCITAZIONE 16

Motivo geometrico

- Ottagono regolare inscritto (v. Problema 13).

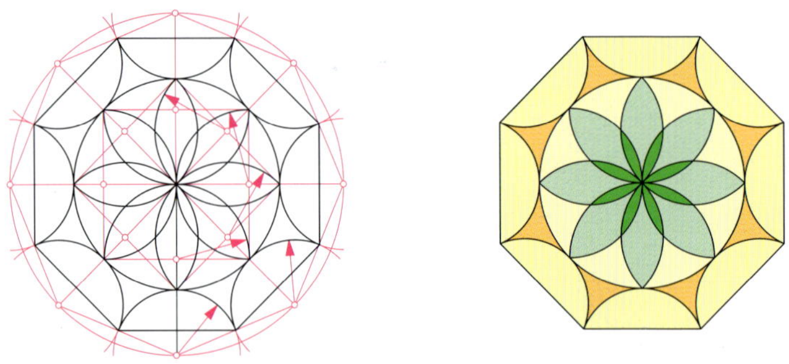

ESERCITAZIONE 17

Arco a tutto sesto

- Divisione di una circonferenza in parti uguali (v. Problema 15).

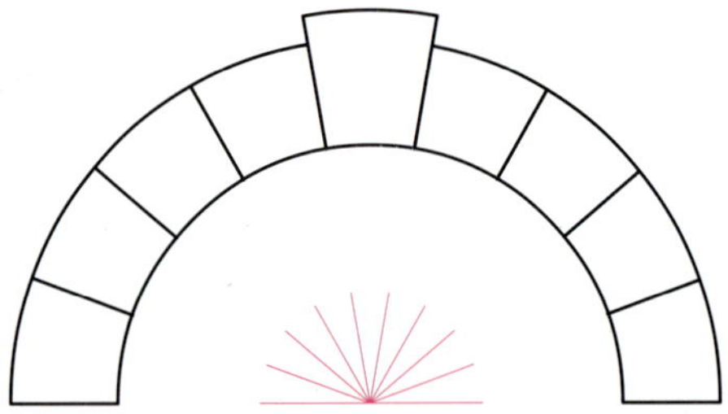

ESERCITAZIONE 18

Arco con lunetta a griglia

- Divisione di una circonferenza in parti uguali (v. Problema 15).
- Divisione di un segmento in parti uguali (v. Problema 4).

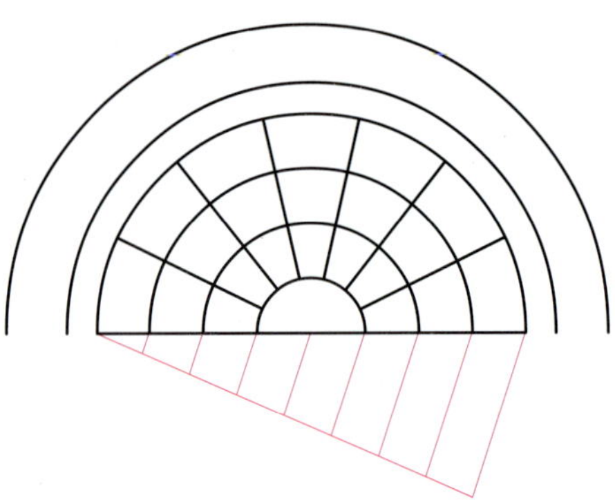

ESERCITAZIONE 19

Marchio Action age

- Triangolo equilatero di lato assegnato (v. Problema 16).
- Divisione di un segmento in parti uguali (v. Problema 4).

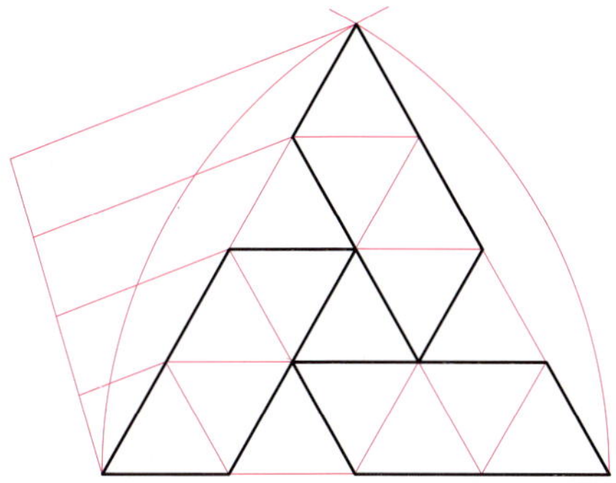

ESERCITAZIONE 20

Marchio Isvor

- Esagono regolare inscritto (v. Problema 12).
- Divisione di un segmento in parti uguali (v. Problema 4).

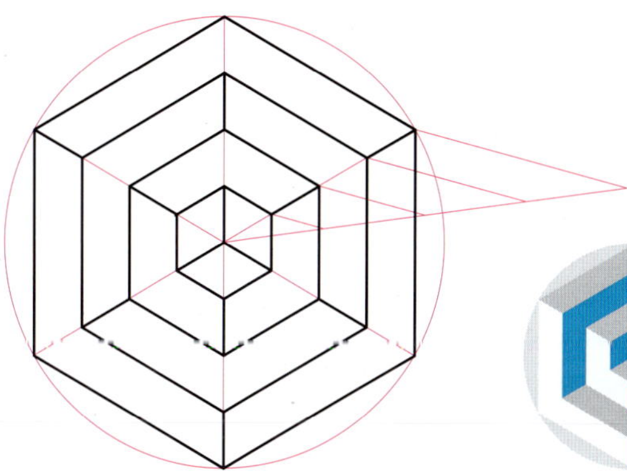

ESERCITAZIONE 21

Marchio Chrysler

- Pentagono regolare di lato assegnato (v. Problema 18).

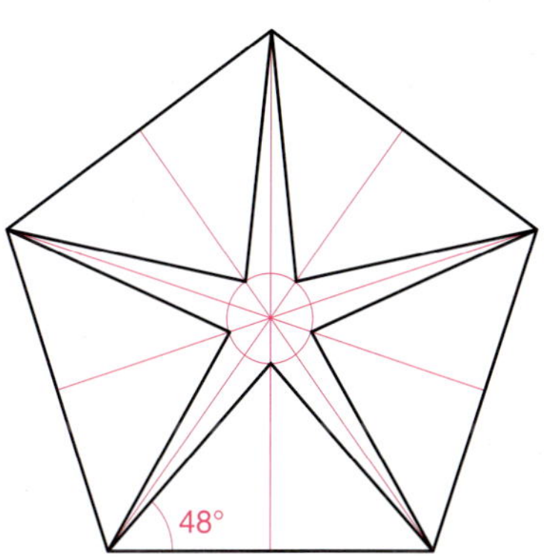

ESERCITAZIONE 22

Marchio Centromarche

- Quadrato inscritto (v. Problema 10).
- Divisione di un segmento in parti uguali (v. Problema 4).

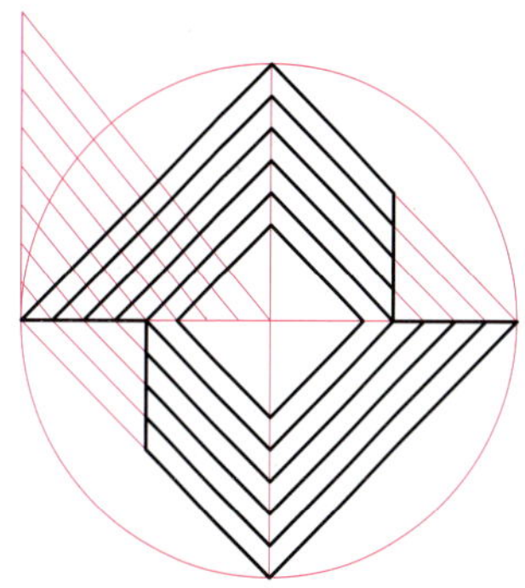

ESERCITAZIONE 23

Marchio Wikidata

- Esagono regolare inscritto (v. Problema 12).
- Divisione di un segmento in parti uguali (v. Problema 4).

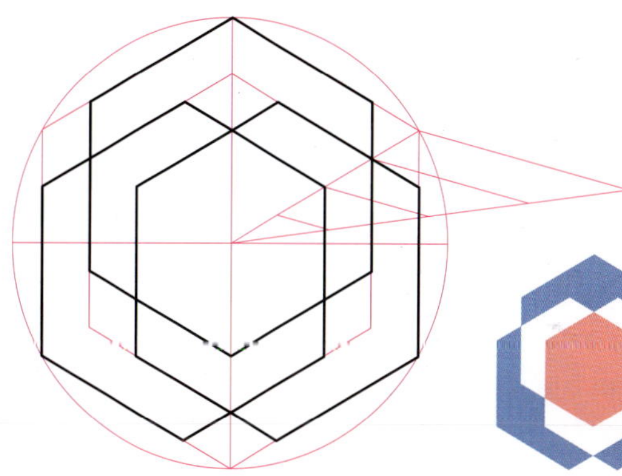

ESERCITAZIONE 24

Marchio Octagone Finance

- Ottagono regolare inscritto (v. Problema 13).

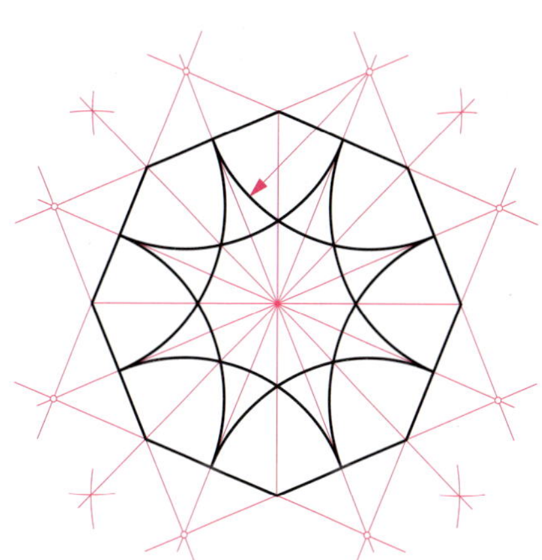

Esercitazioni

ESERCITAZIONE 25

Edificio a pianta triangolare (Giovanni Battista Montano, XVI sec.)

- Triangolo equilatero di lato assegnato (v. Problema 16).

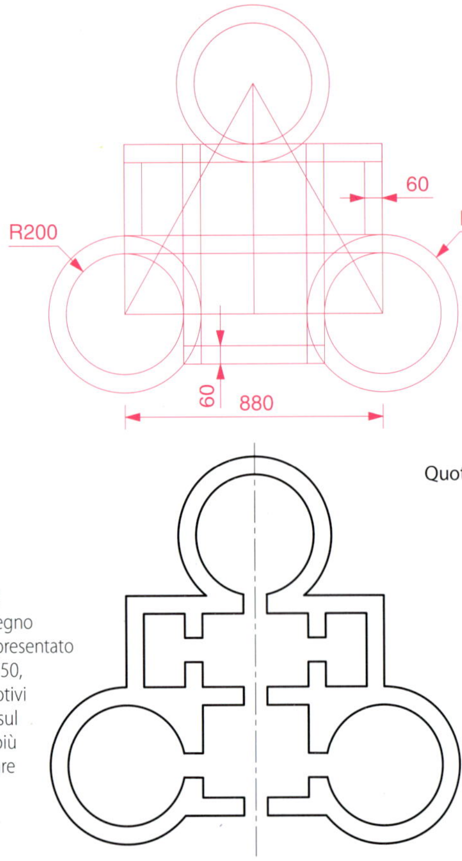

Quote in centimetri
Scala 1:250

NOTA BENE
Questo disegno è stato rappresentato in scala 1:250, solo per motivi di stampa; sul disegno è più utile adottare una scala 1:200.

ESERCITAZIONE 26

Organismo a pianta centrale (Leonardo da Vinci, XV sec.)

- Quadrato di lato assegnato (v. Problema 17).

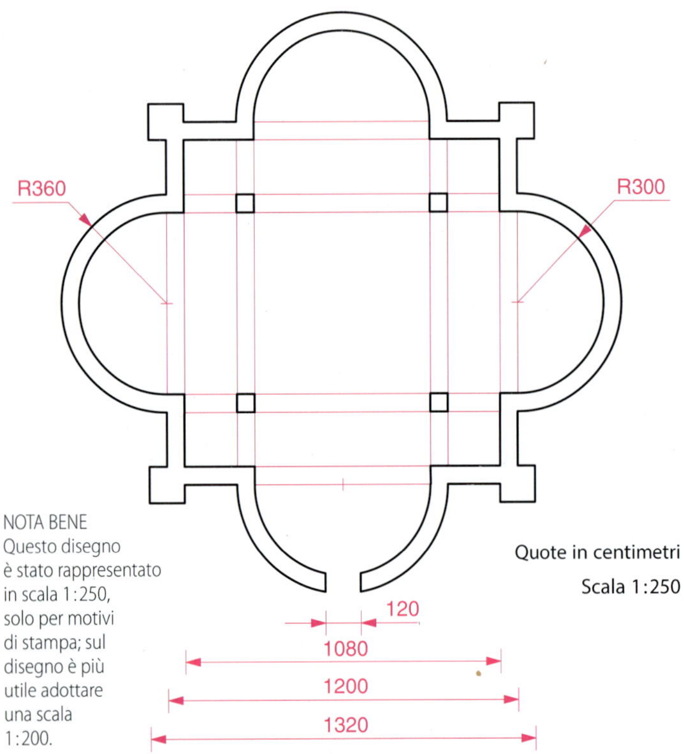

NOTA BENE
Questo disegno è stato rappresentato in scala 1:250, solo per motivi di stampa; sul disegno è più utile adottare una scala 1:200.

Quote in centimetri
Scala 1:250

ESERCITAZIONE 27

Cappella a pianta esagonale (Sebastiano Serlio, 1547)

- Esagono regolare di lato assegnato (v. Problema 19).

Quote in centimetri
Scala 1:100

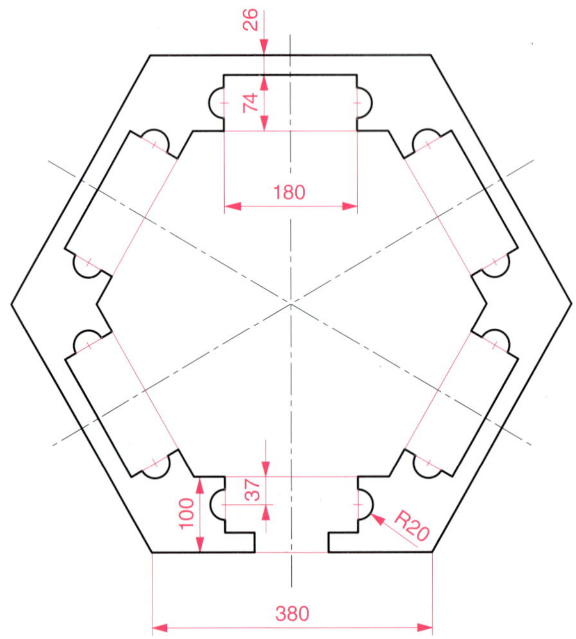

ESERCITAZIONE 28

Chiesa a pianta centrale (Giorgio Vasari il Giovane, XVI sec.)

- Ottagono regolare di lato assegnato (v. Problema 20).

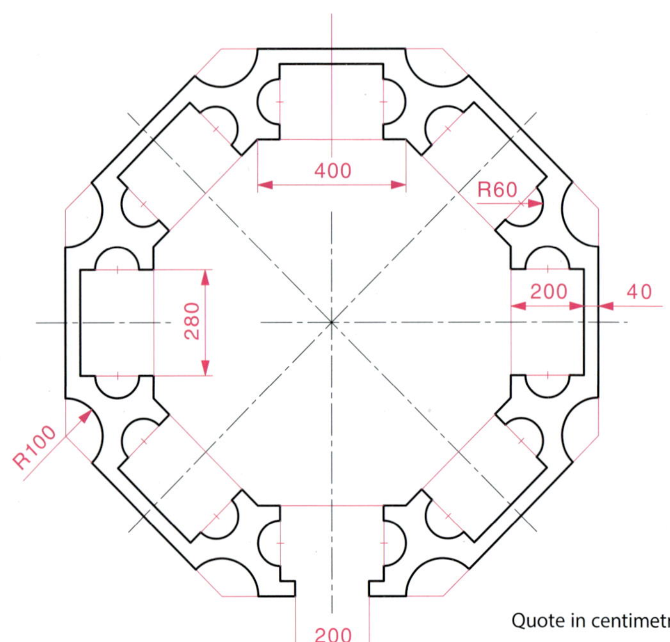

Quote in centimetri
Scala 1:200

ESERCITAZIONE 29

Tazza

- Raccordo tra rette perpendicolari (v. Problema 26).
- Tangente da punto a circonferenza (v. Problema 23).

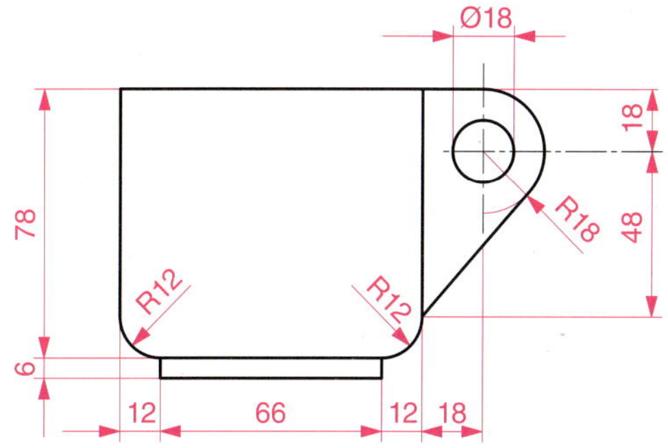

ESERCITAZIONE 30

Bricco

- Raccordo tra rette perpendicolari (v. Problema 26).
- Tangente da punto a circonferenza (v. Problema 23).

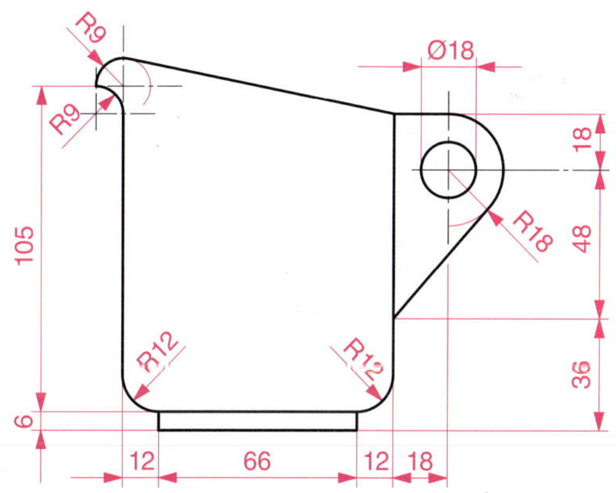

ESERCITAZIONE 31

Zuccheriera

- Raccordo tra rette perpendicolari (v. Problema 26).
- Tangente da punto a circonferenza (v. Problema 23).

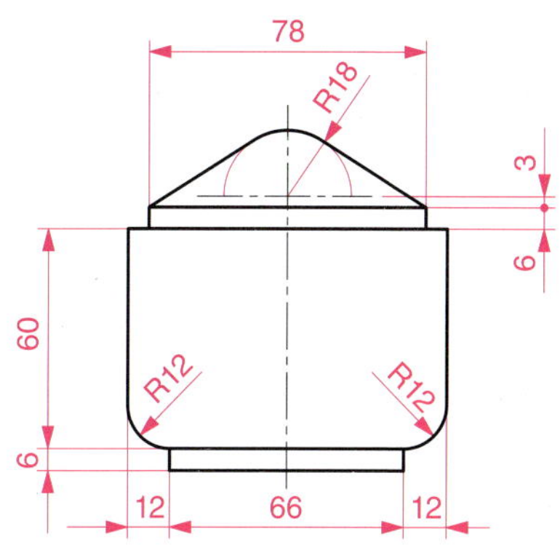

NOTA BENE

Le quote sono normalmente espresse in mm, salvo indicazione diversa.

ESERCITAZIONE 32

Bicchiere

- Raccordo tra rette perpendicolari (v. Problema 26).
- Raccordo tra retta e circonferenza (v. Problema 31).

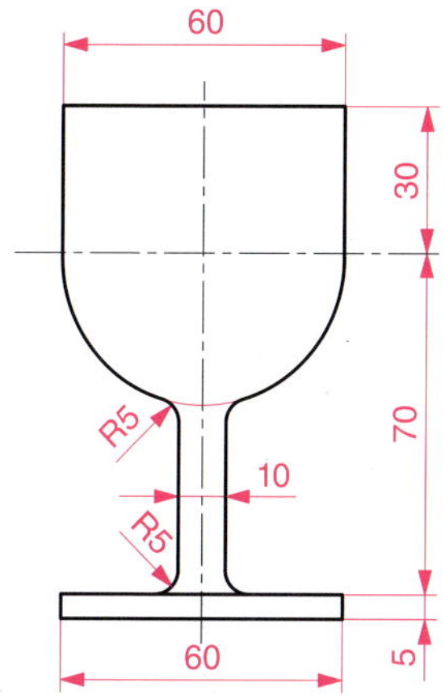

ESERCITAZIONE 33

Coppa

- Raccordo tra rette perpendicolari (v. Problema 26).
- Raccordo tra rette oblique (v. Problema 28).

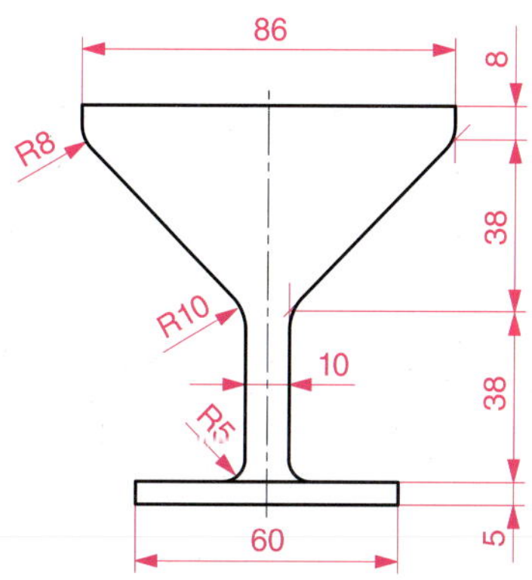

ESERCITAZIONE 34

Calice

- Raccordo tra rette perpendicolari (v. Problema 26).
- Raccordo tra retta e circonferenza (v. Problema 31).
- Tangente da un punto a una circonferenza (v. Problema 23).

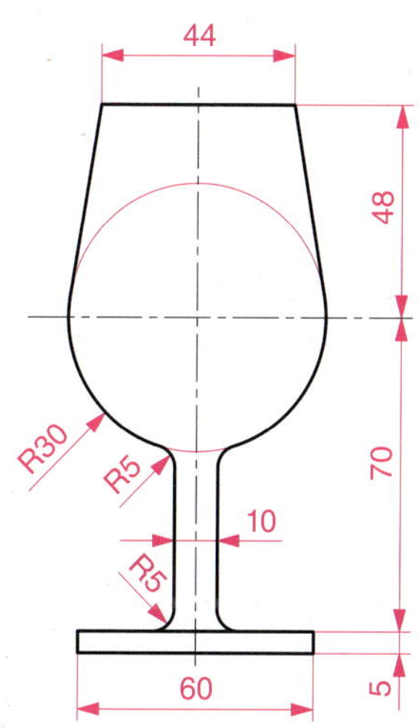

Esercitazioni

ESERCITAZIONE 35

Sedia «Cesca» (Marcel Breuer, 1928)

- Raccordo tra rette perpendicolari (v. Problema 26).
- Raccordo tra rette parallele (v. Problema 27).
- Raccordo tra rette oblique (v. Problema 28).

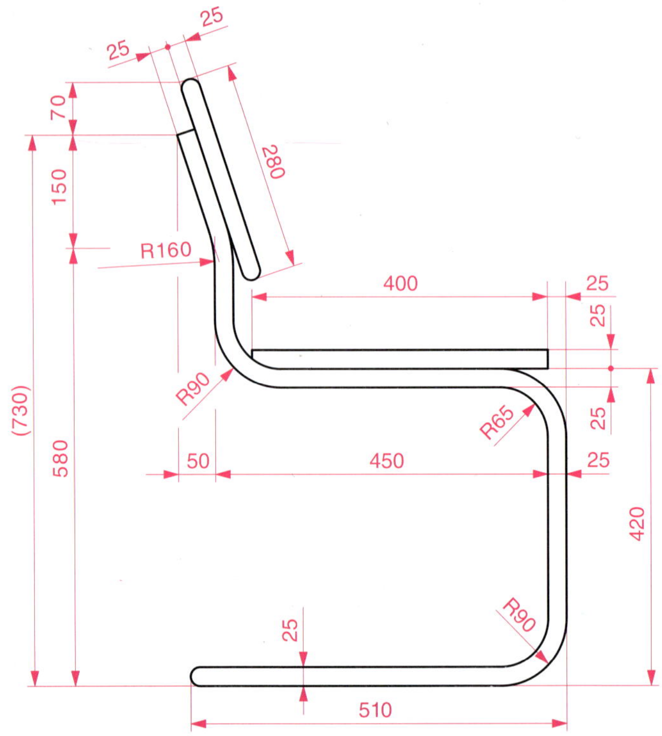

Quote in mm

Scala 1:10

ESERCITAZIONE 36

Poltroncina «ti 244» (Josef Albers, 1929)

- Raccordo tra rette perpendicolari (v. Problema 26).
- Raccordo tra rette oblique (v. Problema 28).

Particolare Bracciolo-Gambe

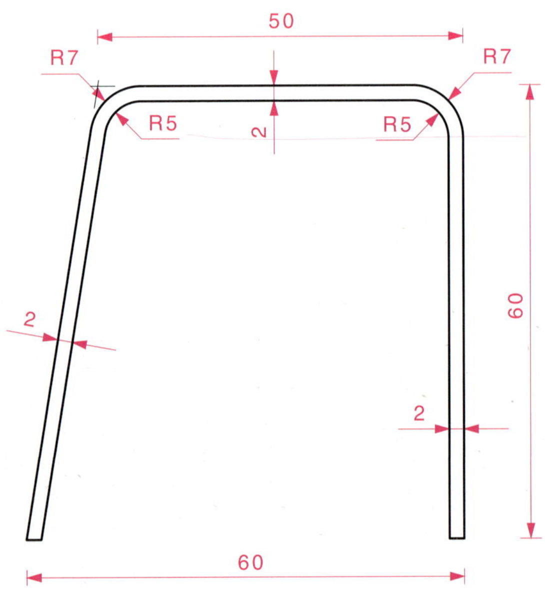

Complessivo

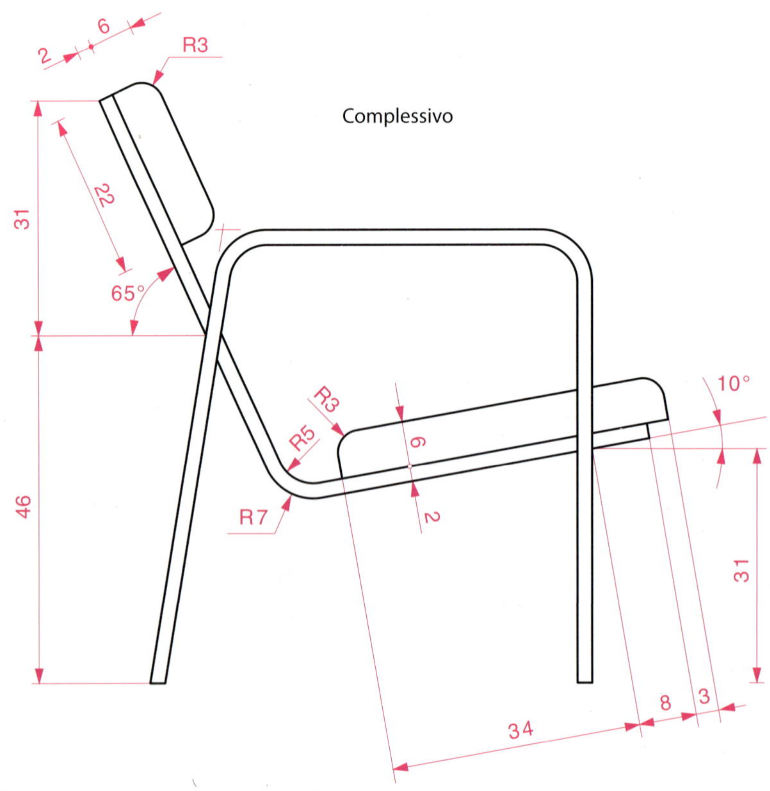

GLOSSARIO

Particolare: nel disegno tecnico è la rappresentazione di un elemento o di una parte di un oggetto complesso.

Complessivo: nel disegno tecnico è la rappresentazione delle diverse parti assemblate di un oggetto complesso.

Quote in cm

Scala 1:10

ESERCITAZIONE 37

Incrocio stradale con rotonda

- Raccordo tra rette oblique (v. Problema 28).
- Raccordo tra retta e circonferenza (v. Problema 31).

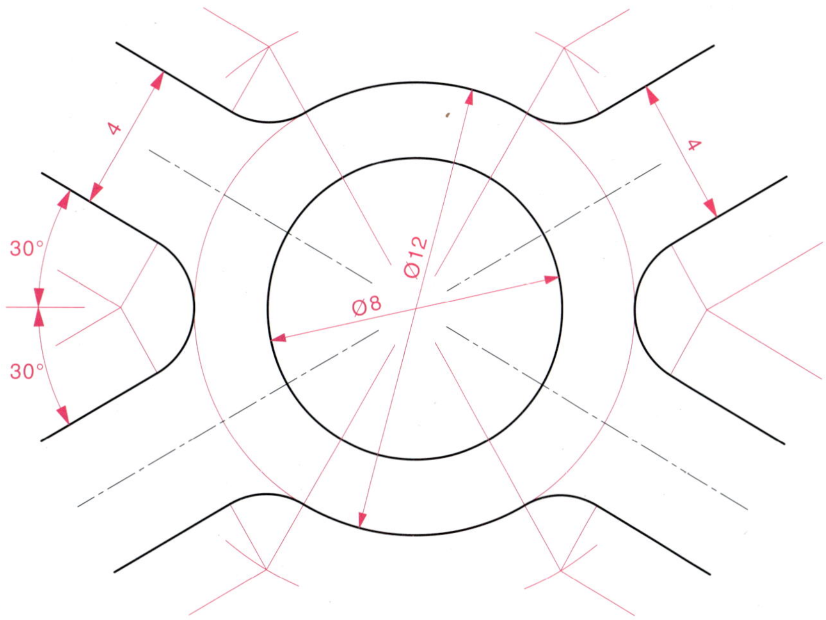

Quote in m
Scala 1:200

Raccordi R2

ESERCITAZIONE 38

Innesto autostradale

- Raccordo tra rette perpendicolari (v. Problema 26).

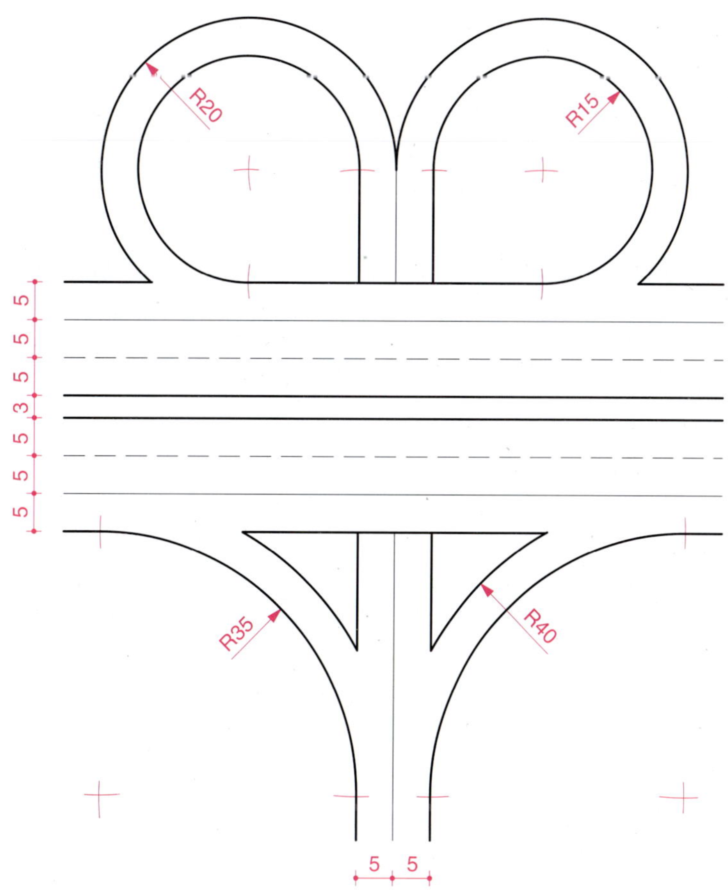

Quote in m
Scala 1:1000

MEMO

Un raccordo può essere **concavo** o **convesso**.

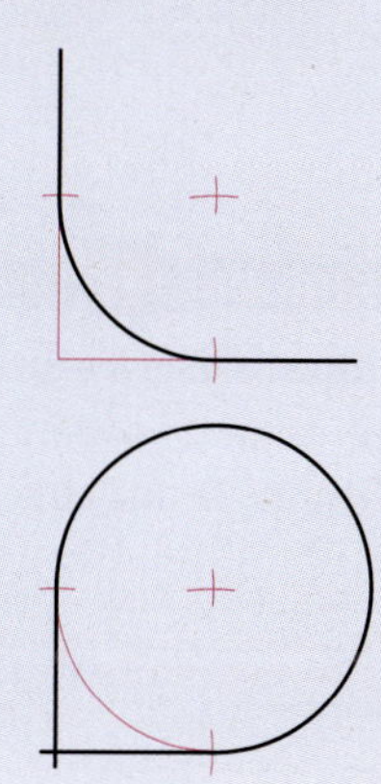

ESERCITAZIONE 39

Arco a sesto acuto (dati a, b, P e R)

- Raccordo tra retta e punto (v. Problema 33).

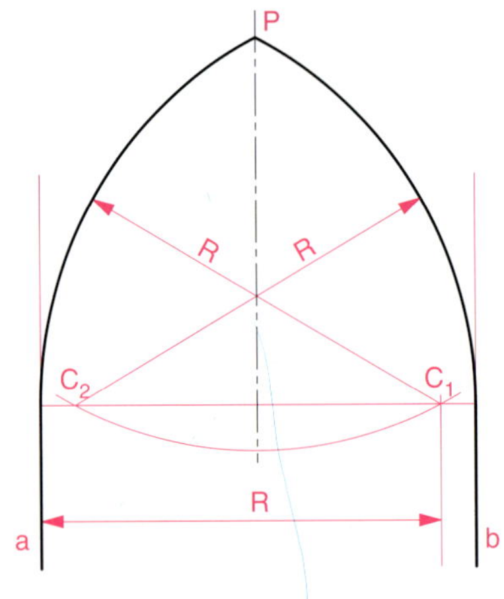

ESERCITAZIONE 40

Arco a sesto ribassato (dati AB e OC)

- Ovale di dati assi (v. Problema 38).

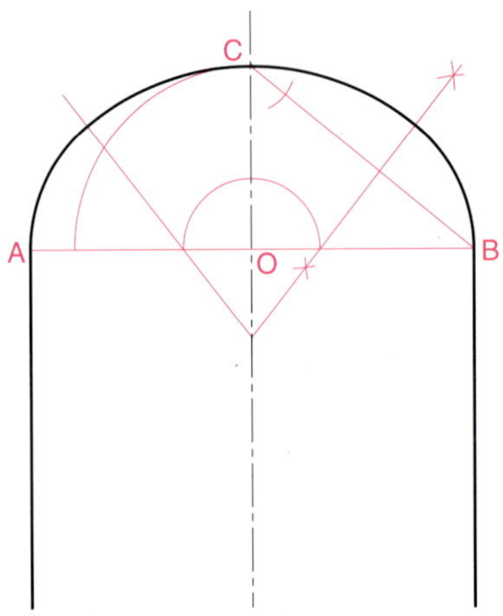

ESERCITAZIONE 41

Gola diritta (dati A e B)

- Asse di un segmento (v. Problema 1).
- Divisione di una circonferenza in 6 parti uguali (v. Problema 12).

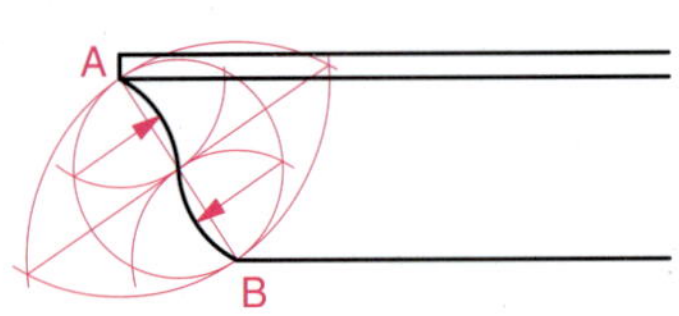

ESERCITAZIONE 42

Gola rovescia (dati A e B)

- Asse di un segmento (v. Problema 1).
- Divisione di una circonferenza in 6 parti uguali (v. Problema 12).

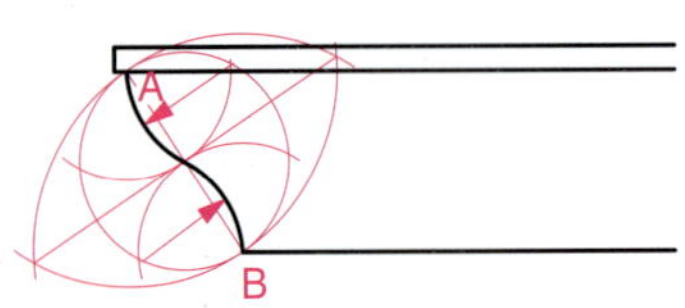

ESERCITAZIONE 43

Arco rampante (dati a, b, T, R e r)

- Circonferenza di raggio dato e tangente a una retta in un dato punto (v. Problema 22).
- Raccordo di raggio dato tra retta e circonferenza (v. Problema 31).

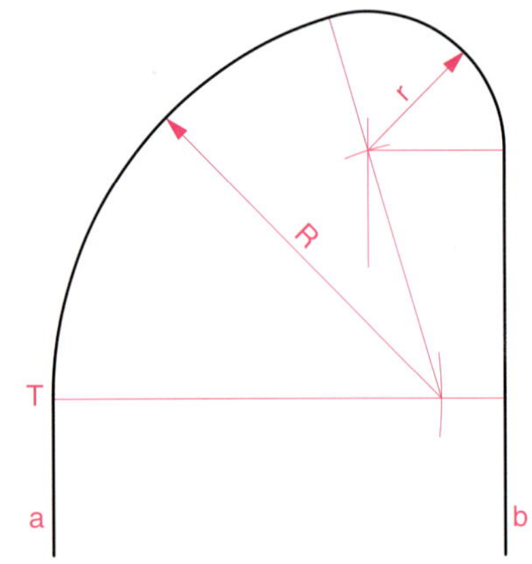

ESERCITAZIONE 44

Arco Tudor (dati a, b, T, P e R)

- Circonferenza di dato raggio e tangente a una retta in un dato punto (v. Problema 22).
- Tangente da punto a circonferenza (v. Problema 23).

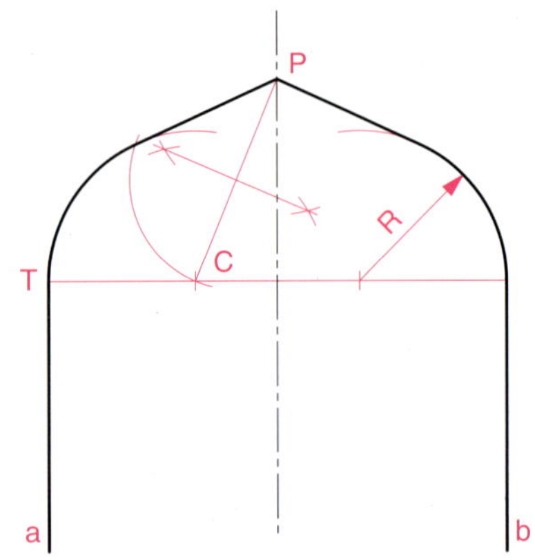

ESERCITAZIONE 45

Becco di civetta (dati A e h)

- Divisione di un segmento in parti uguali (v. Problema 4).
- Raccordo tra rette perpendicolari (v. Problema 26).

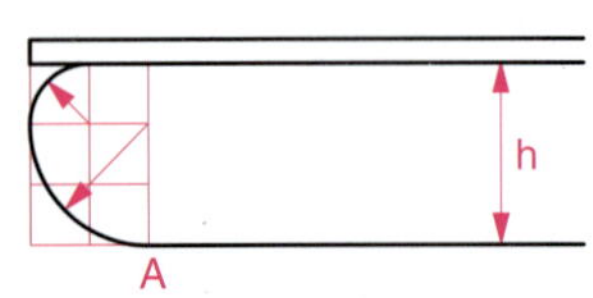

ESERCITAZIONE 46

Scozia (dati A e h)

- Divisione di un segmento in parti uguali (v. Problema 4).
- Raccordo tra rette perpendicolari (v. Problema 26).

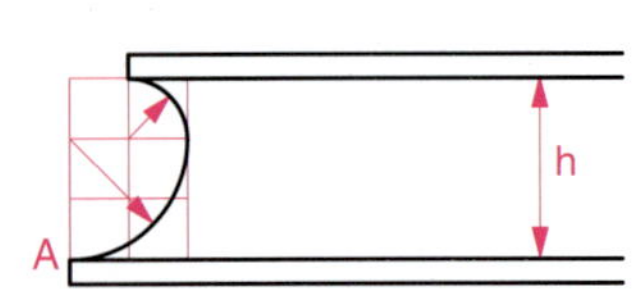

ESERCITAZIONE 47

Moschettoni

- Raccordo tra rette parallele (v. Problema 27).
- Tangente a due circonferenze (v. Problema 24).

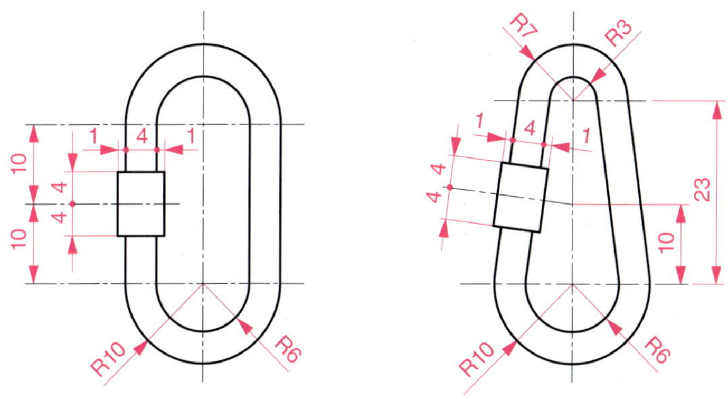

Quote in mm
Scala 1:1

ESERCITAZIONE 49

Maniglia (Basilica di S. Croce, Firenze)

- Raccordo tra rette oblique (v. Problema 28).

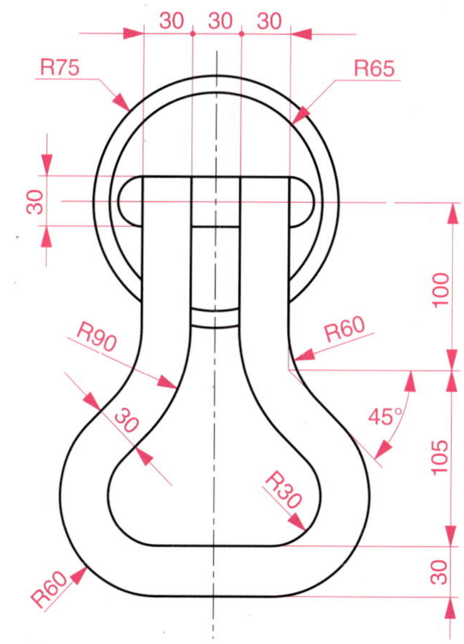

Quote in mm
Scala 1:5

ESERCITAZIONE 48

Vaso ornamentale

- Raccordo tra rette parallele (v. Problema 27).
- Raccordo tra rette perpendicolari (v. Problema 26).
- Raccordo tra retta e circonferenza (v. Problema 31).

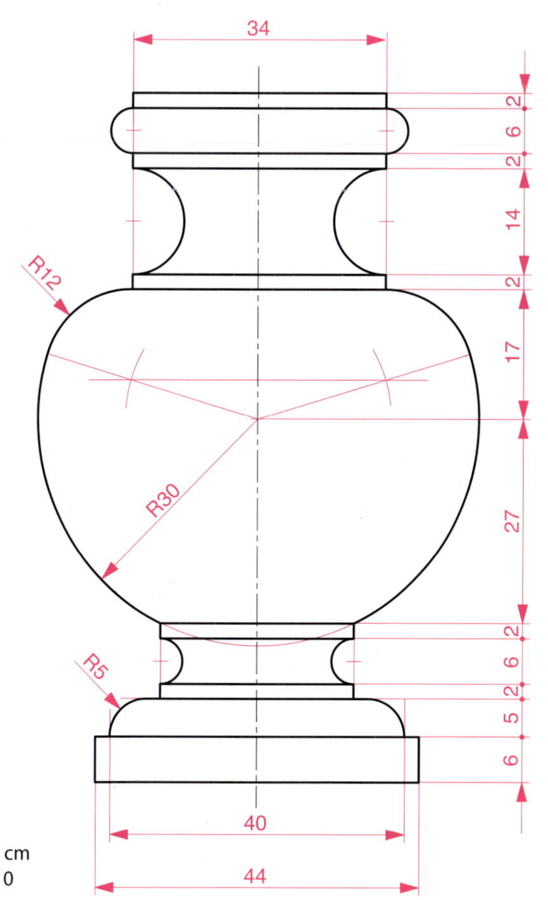

Quote in cm
Scala 1:10

ESERCITAZIONE 50

Colonnina terminale di balaustra

- Raccordo tra rette parallele (v. Problema 27).
- Raccordo tra circonferenza e punto (v. Problema 32).

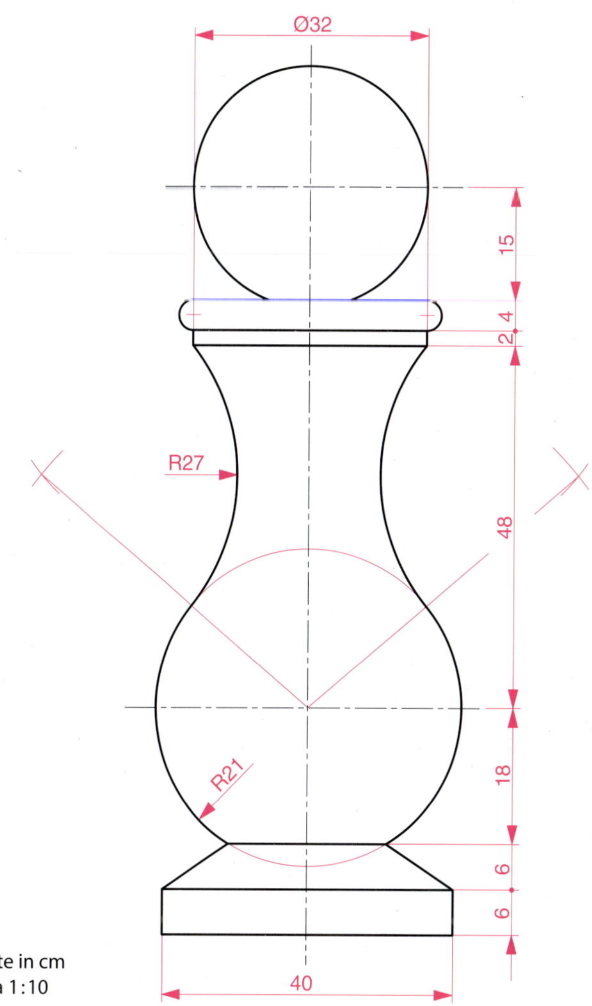

Quote in cm
Scala 1:10

ESERCITAZIONE 51

Maniglia ad anello

- Ovale di dati assi (v. Problema 38).
- Raccordo tra retta e punto (v. Problema 33).

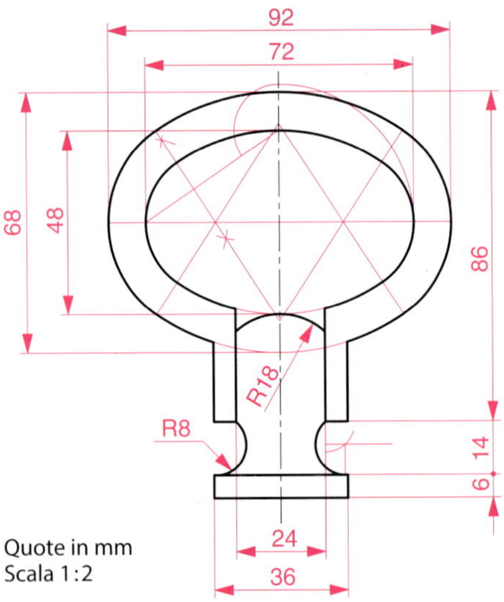

Quote in mm
Scala 1:2

ESERCITAZIONE 52

Maniglia

- Ellisse di dati assi (v. Problema 46).
- Raccordo tra perpendicolari (v. Problema 26).

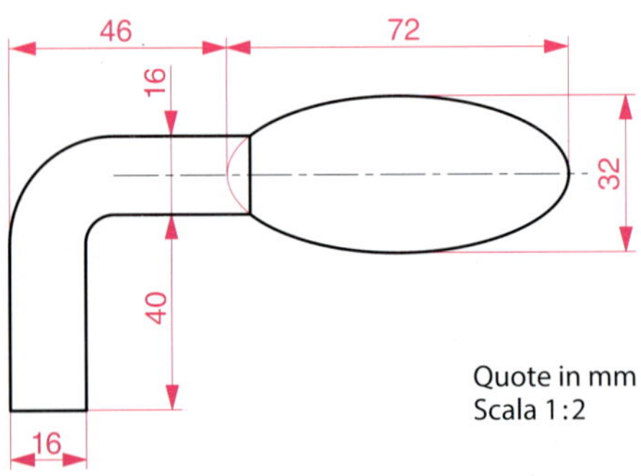

Quote in mm
Scala 1:2

ESERCITAZIONE 53

Conduttura ovoidale

- Ovolo di dati assi (v. Problema 41).
- Tangente a una circonferenza per un punto (v. Problema 23).

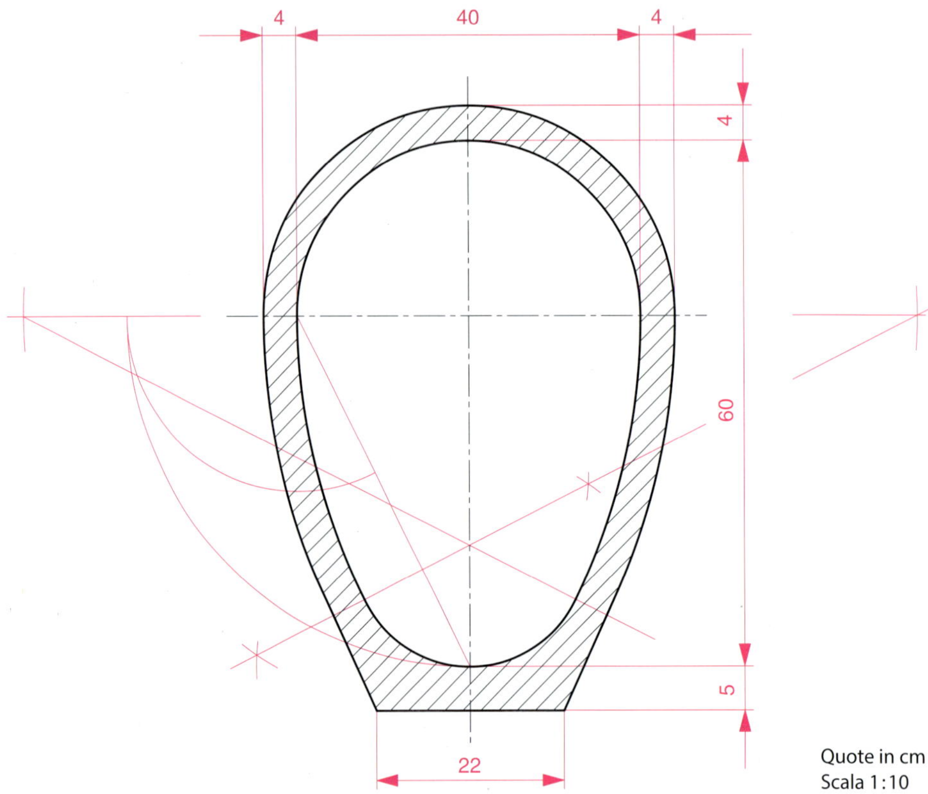

Quote in cm
Scala 1:10

ESERCITAZIONE 54

Modiglione

- Spirale a quattro centri (v. Problema 43).
- Tangente a due circonferenze (v. Problema 24).

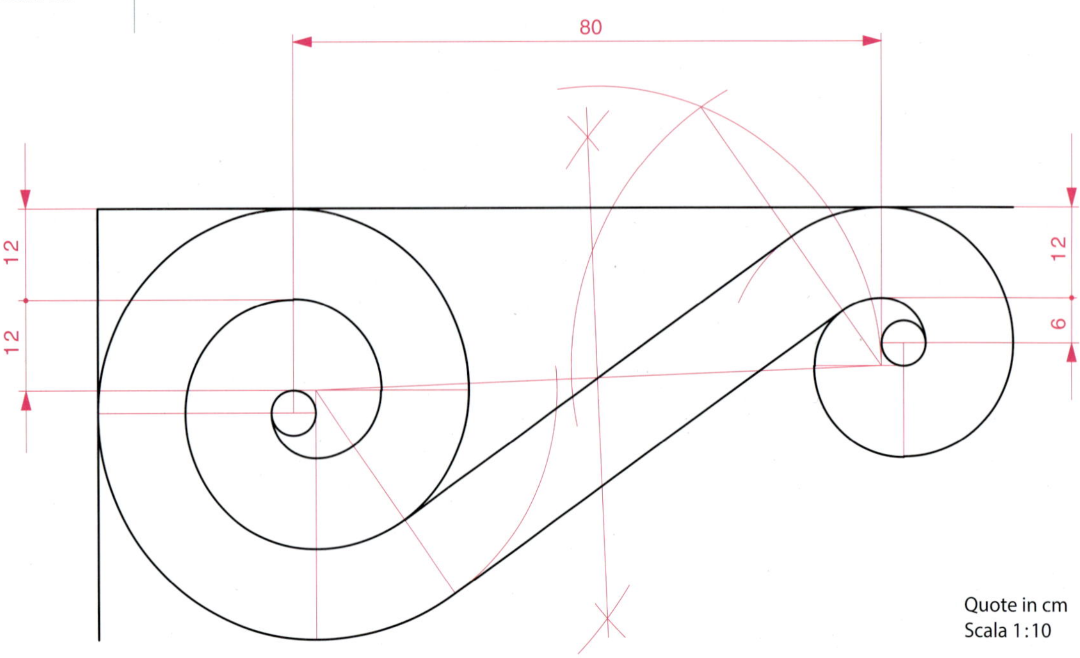

Quote in cm
Scala 1:10

GLOSSARIO

Modiglione: struttura architettonica, con tipica forma a «S», con funzione di mensola portante o decorativa.

ESERCITAZIONE 55

Pianta di cappella (Bernardo Buontalenti, 1601)

- Ovale di dati assi (v. Problema 38).

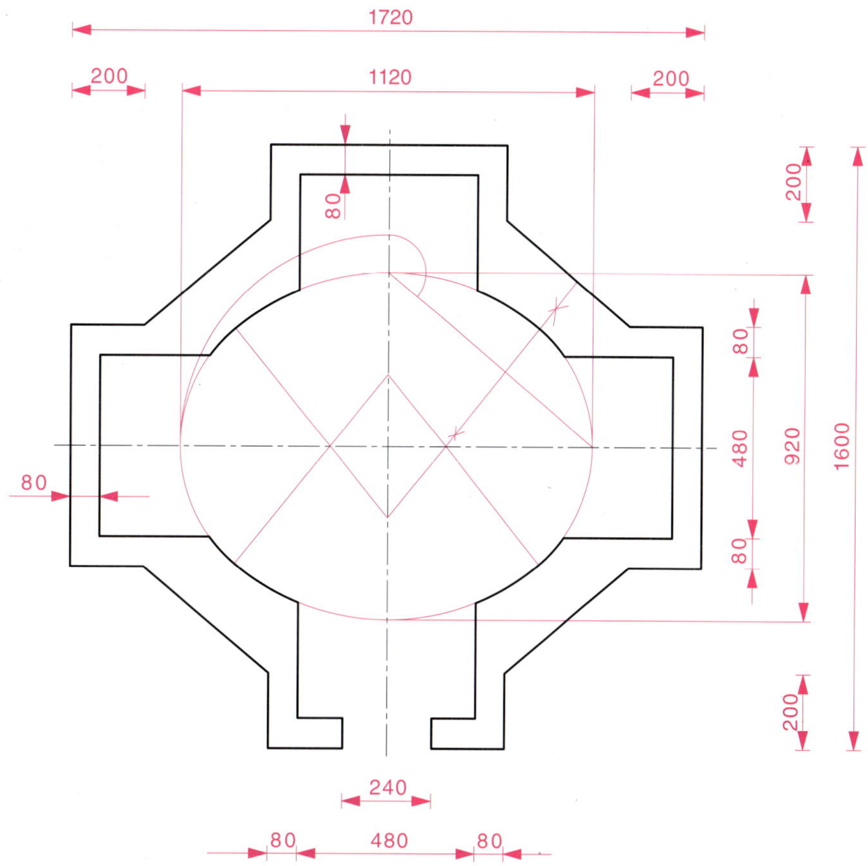

Quote in cm
Scala 1:200

ESERCITAZIONE 56

Campata centrale del ponte di S. Trinita, a Firenze (Bartolomeo Ammannati, 1560)

- Ellisse di dati assi (v. Problema 46).

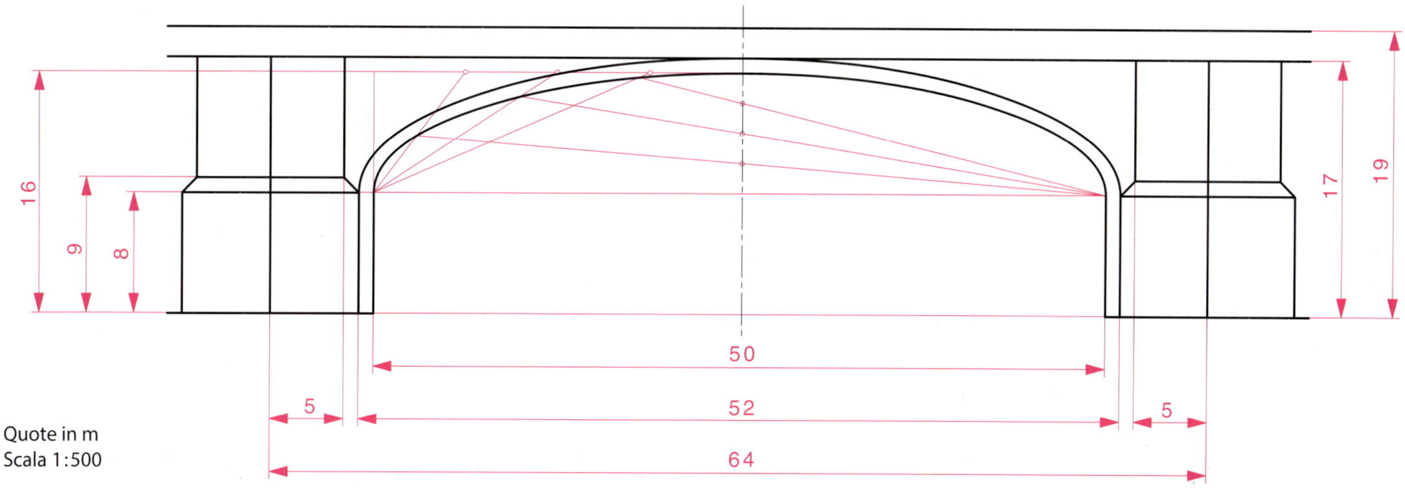

Quote in m
Scala 1:500

ESERCITAZIONE 57

Ponte in cemento armato sull'Isar (Emil Mörsch, 1903)

- Parabola di dati asse, vertice e punto (v. Problema 47).

NOTA BENE

Per economia di tempo e spazio si può disegnare solo la metà di una figura simmetrica. In questo caso sull'asse di simmetria si pongono due trattini perpendicolari alle estremità dell'asse.

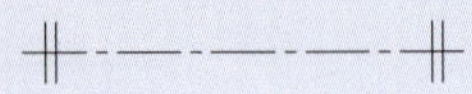

Pertanto la seguente figura di sinistra equivale a quella di destra.

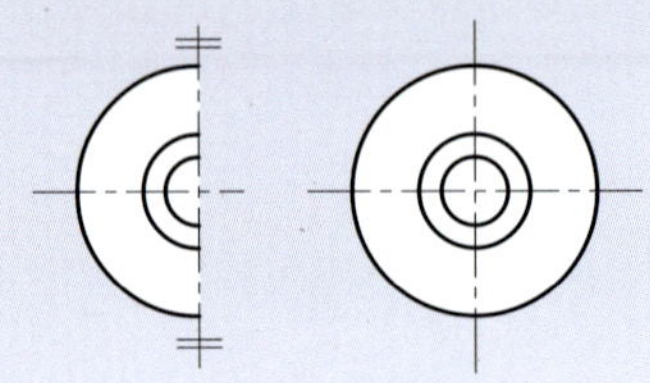

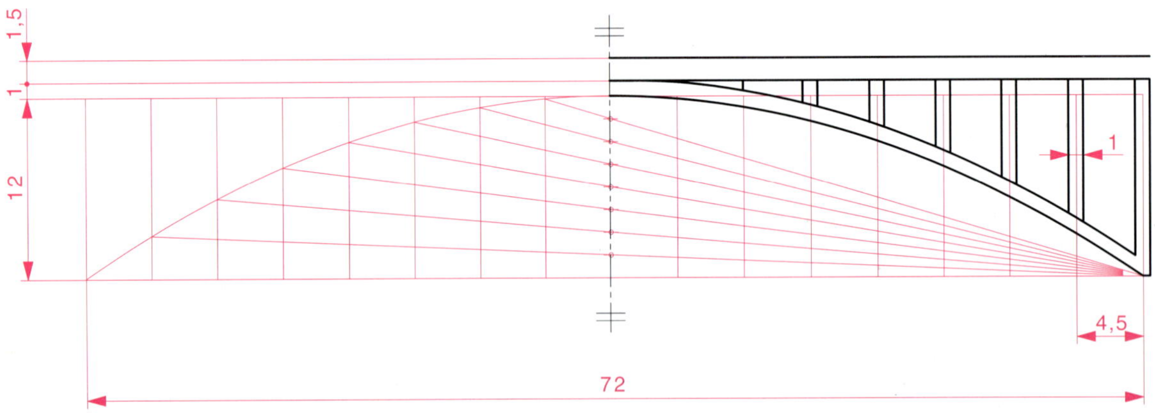

Quote in m
Scala 1:500

ESERCITAZIONE 58

Gateway di Saint Louis (Eero Saarinen, 1961)

- Parabola di asse, vertice e punto assegnati (v. Problema 47).

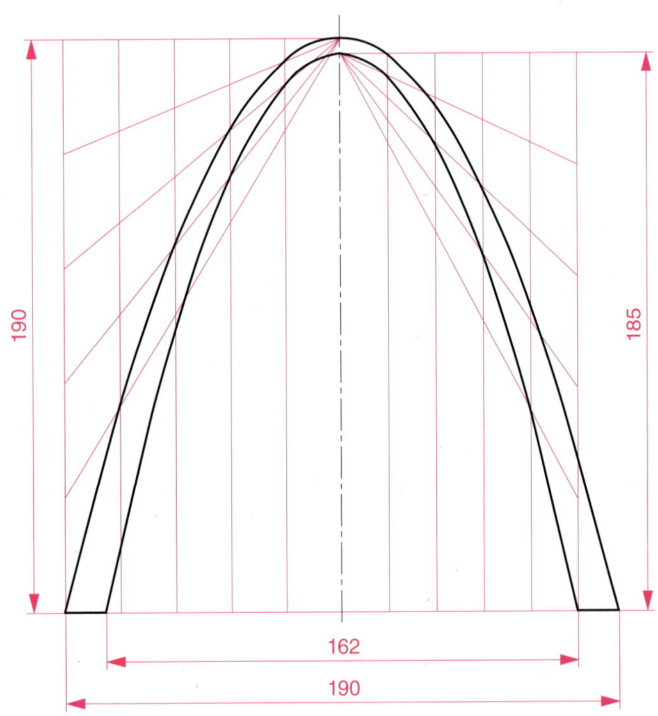

Quote in m
Scala 1:2500

ESERCITAZIONE 59

Schema di torre di raffreddamento

- Iperbole di dati fuochi e vertici (v. Problema 49).
- Divisione di circonferenza in parti uguali (v. Problema 15).

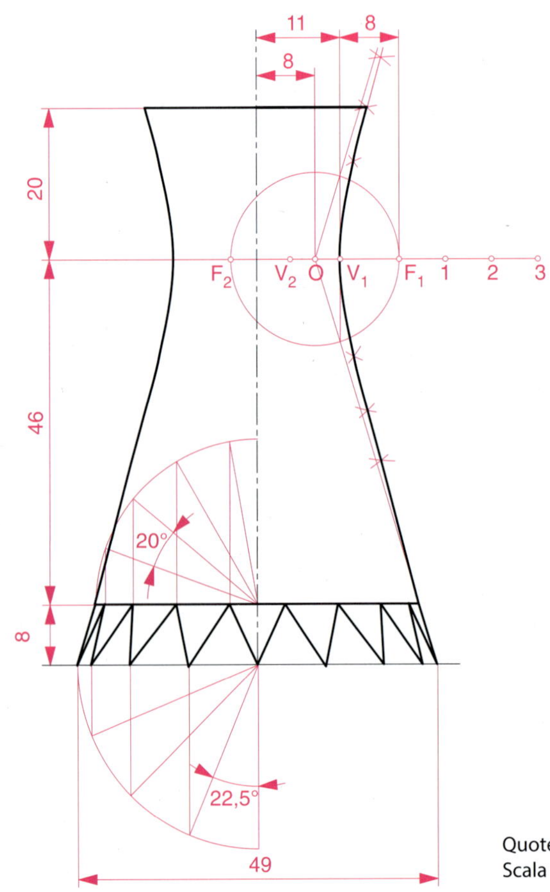

Quote in m
Scala 1:1000

Non così...

Fase preparatoria

- Scarsa chiarezza del problema proposto e delle costruzioni geometriche necessarie.
- Mine del compasso non affilate o affilate in modo scorretto.
- Scarsa pulizia di gomma, tavolo, squadre e mani.

... ma così!

- Eseguire uno schizzo a mano libera del disegno, percorrendo le fasi di lavorazione e analizzando bene le diverse costruzioni.
- Affilare le mine del compasso con punta a scalpello e allinearle allo spillo.
- Pulire la gomma e le squadre strofinandole su un foglio di carta; lavare il tavolo con panno umido e le mani con acqua e sapone.

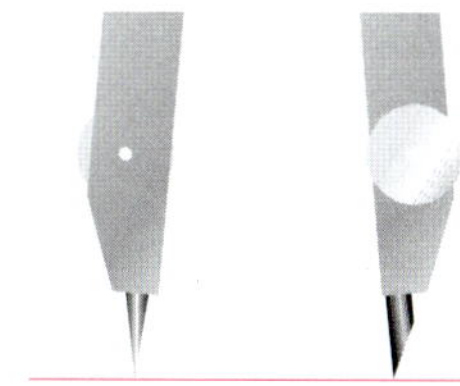

Fase di costruzione

Non così...

- Scelta errata o casuale della mina, sia del compasso sia della matita.
- Tracciatura di rette con squadre poggiate su una retta di riferimento qualsiasi.
- Posizione casuale nel foglio dei primi elementi della costruzione.

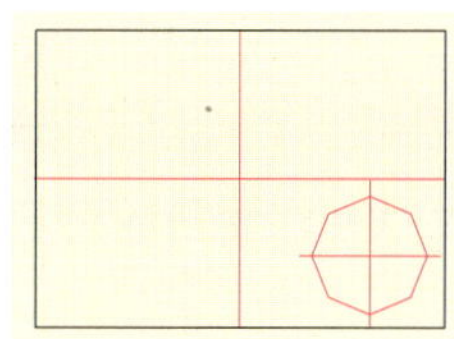

- Trascurare l'importanza di elementi strutturali, quali assi o centri di simmetria.
- Applicare confusamente le costruzioni geometriche.
- Tracciatura di tangenti e raccordi senza aver individuato i punti di tangenza.
- Applicare la costruzione dei raccordi tra rette perpendicolari anche a rette oblique.

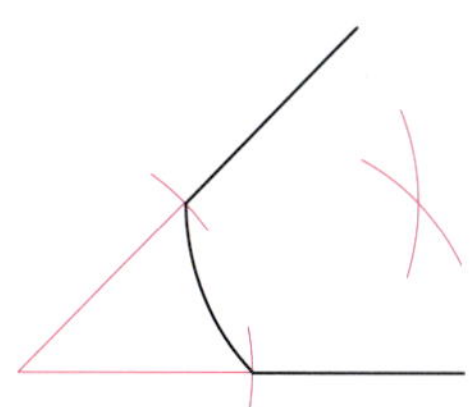

... ma così!

- Inserire nel compasso e nella matita una mina dura.
- Per la tracciatura di verticali/orizzontali assumere come unico riferimento gli assi mediani del foglio, realizzati con la squadratura.
- Studiare le dimensioni d'ingombro del disegno, collocando poi opportunamente gli elementi iniziali (assi, centri, profili generali).

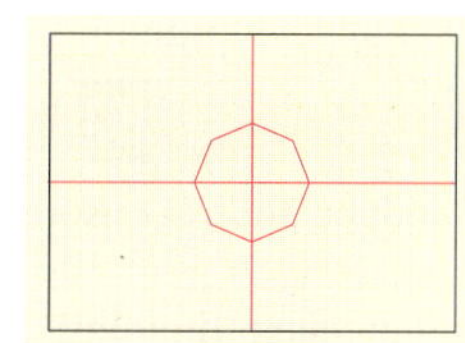

- Iniziare la costruzione da assi o centri di simmetria della figura da realizzare.
- Consultare le spiegazioni sul libro e chiedere eventuali chiarimenti all'insegnante.
- Disegnare tangenti e raccordi dopo aver trovato i punti di tangenza.
- Il raccordo tra rette oblique è ottenuto in modo diverso da quello tra perpendicolari.

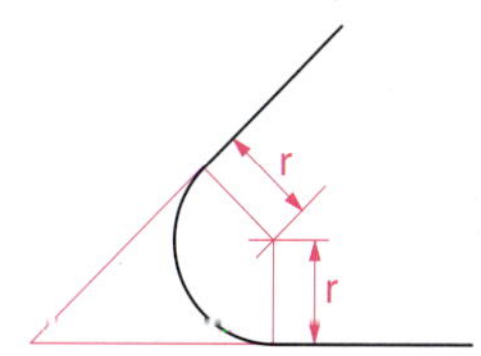

Fase di finitura

Non così...

- Scelta casuale o errata della mina della matita e del compasso.
- Affilare la mina del compasso una sola volta.
- Ripassare i cerchi ruotando il compasso sia in un verso sia nell'altro.
- Ripassare i segmenti retti prima degli archi tangenti.

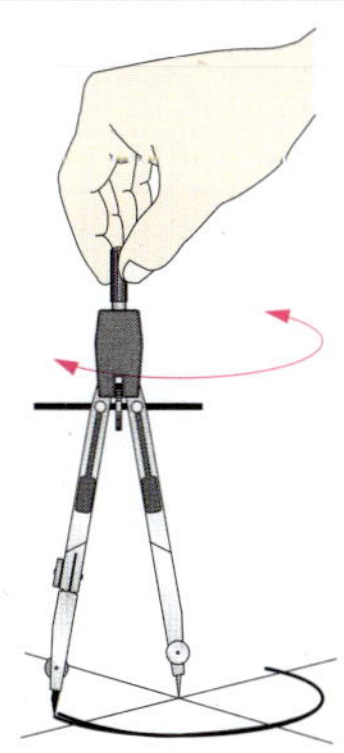

- Tenere la matita in posizione scorretta, ottenendo linee di spessore non uniforme.
- Muovere le squadre sulle parti ripassate, diffondendo lo sporco sul foglio.

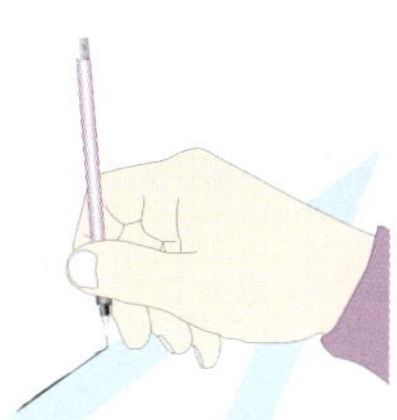

... ma così!

- Per il ripasso adottare solo mine mediomorbide.
- Affilare spesso la mina del compasso, controllando se il suo filo è vivo e quasi tagliente.
- Per ottenere linee uniformi ruotare il compasso solo in un verso.
- Ripassare prima i raccordi e successivamente le rette tangenti, per ottimizzare la continuità nel punto di tangenza.

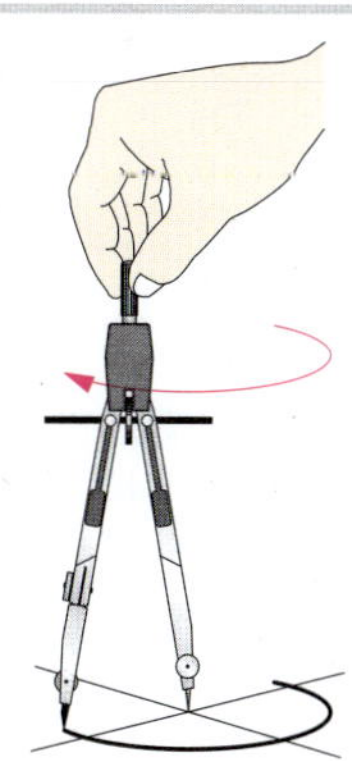

- Tenere la matita inclinata e ruotarla leggermente tra le dita.
- Coprire le parti ripassate con un foglio pulito, per evitare che le squadre diffondano la grafite del ripasso.

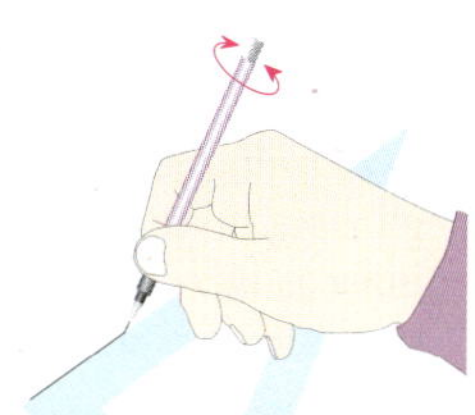

Video *Preparazione al disegno*
Video *Raccordi tra semirette oblique*
Video *Tracciamento di rette*
Video *Affilatura del compasso*
Video *Tracciamento di circonferenze*
Video *Finitura del disegno*
Video *Raccordi tra semirette perpendicolari*

Gli esercizi di questa pagina servono ad abituare lo studente alla preparazione del disegno mediante *schizzo a mano libera*; esso è infatti un prezioso strumento per studiare il problema proposto, per analizzare la struttura dell'immagine (simmetrie, profili essenziali, figure regolari ecc.), per chiarire bene quali siano le costruzioni geometriche necessarie e infine definire le fasi del processo di elaborazione grafica.

ESERCITAZIONE R1

Raddoppiando le misure date (ogni quadretto ha lato 4 mm) traccia uno schizzo a mano libera su carta quadrettata

1 Tracciare i contorni generali della figura.

2 Dividere il segmento AB in 5 parti uguali (v. Problema 4).

3 Completare la costruzione con i segmenti mancanti e ripassare con mina morbida.

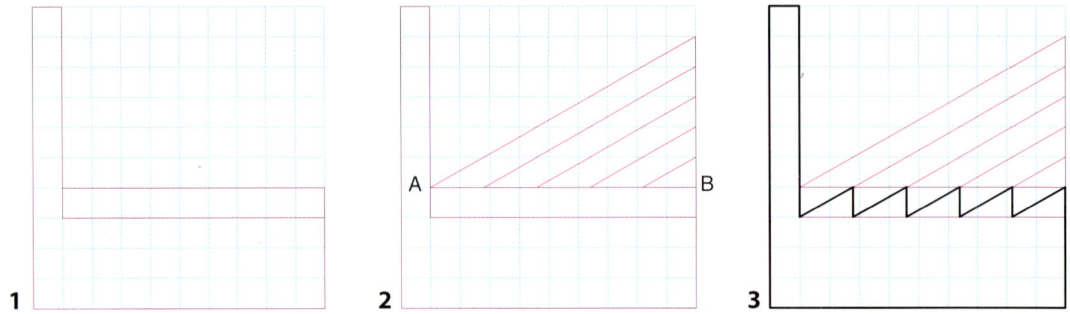

ESERCITAZIONE R2

Raddoppiando le misure date (ogni quadretto ha lato 4 mm) traccia uno schizzo a mano libera su carta quadrettata

1 Tracciare due assi perpendicolari e due quadrati coassiali.

2 Condurre le semicirconferenze centrando nei punti medi dei lati del quadrato interno.

3 Disegnare i segmenti tangenti.

4 Ripassare iniziando dalle semicirconferenze; gli assi di simmetria si ripassano con linea mista fine, così come gli assi delle semicirconferenze.

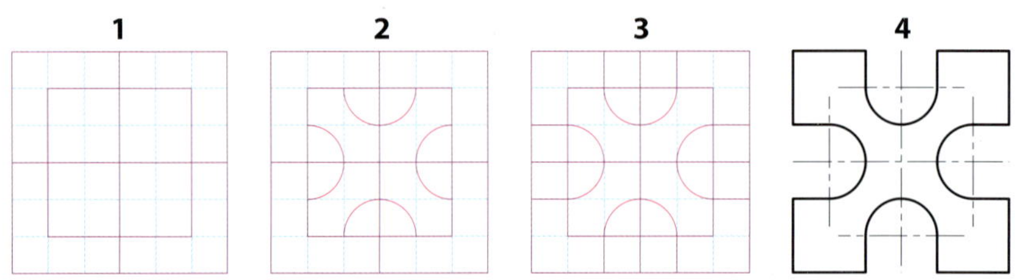

ESERCITAZIONE R3

Raddoppiando le misure date (ogni quadretto ha lato 4 mm) traccia uno schizzo a mano libera su carta quadrettata

1 Tracciare il quadrato e gli assi delle circonferenze.

2 Disegnare la circonferenza e la semicirconferenza.

3 Completare il manico con i segmenti tangenti e tracciare i raccordi tra le rette perpendicolari (v. Problema 26).

4 Con mina morbida ripassare gli spigoli e i contorni con linea grossa continua e gli assi con linea mista fine.

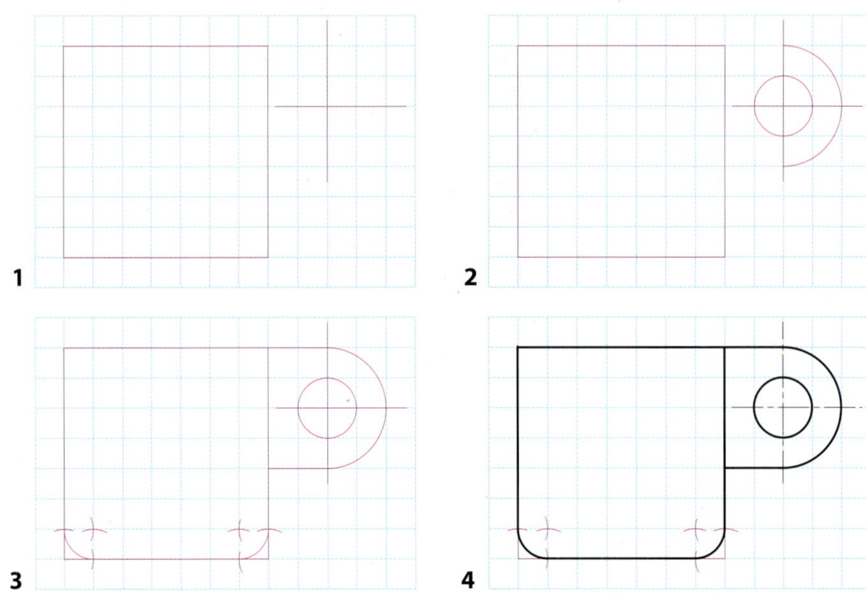

Gli esercizi di questa pagina devono essere disegnati dopo aver realizzato lo schizzo preparatorio, curando con molta attenzione la strutturazione del lavoro secondo le sequenze proposte nel testo.

ESERCITAZIONE R4

1 Tracciare un quadrato con assi e diagonali.

2 Disegnare 4 archi con centro nei vertici e con raggio $\overline{AO}$.

3 Tracciare 4 archi con centro nei vertici e raggio $\overline{AB}$.

4 Ripassare con mina morbida l'ottagono, gli archi e gli assi.

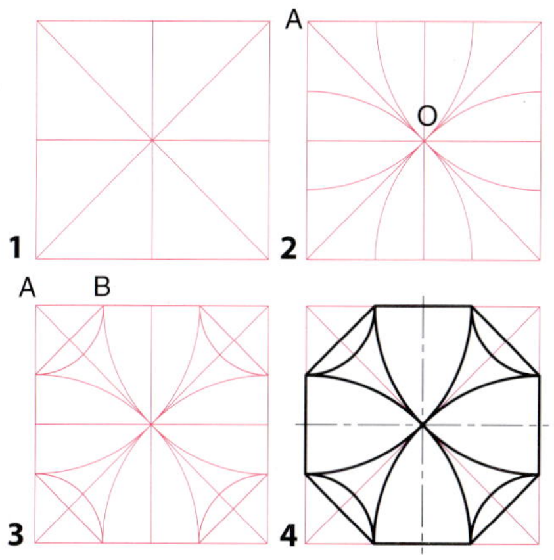

ESERCITAZIONE R5

1 Tracciare una circonferenza e sei diametri con angoli di 30° (v. Problema 8).

2 Disegnare l'esagono inscritto nella circonferenza.

3 Tracciare due triangoli equilateri inscritti nell'esagono, mediante i punti medi dei lati.

4 Ripassare con mina morbida i segmenti da evidenziare.

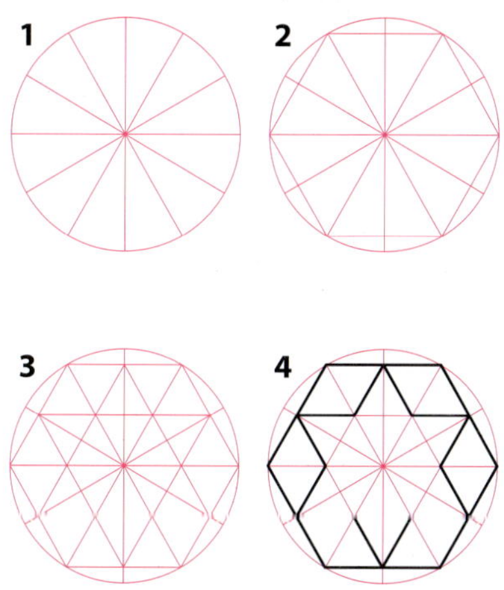

ESERCITAZIONE R6

1 Disegnare un triangolo equilatero (v. Problema 16).

2 Tracciare l'asse verticale e una parallela alla base.

3 Condurre una semicirconferenza, le due verticali a essa tangenti e il segmento staccato sugli archi.

4 Ripassare spigoli, contorni e assi con mina morbida.

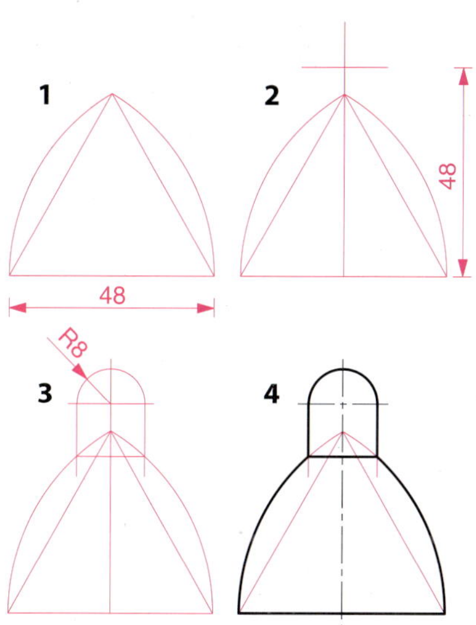

NOTA BENE

Gli assi di simmetria (disegnati con linea mista fine) sporgono di qualche millimetro al di fuori della figura a cui si riferiscono.

ESERCITAZIONE R7

1 Tracciare una circonferenza e due assi perpendicolari per il centro.

2 Disegnare il quadrato circoscritto e le diagonali.

3 Disegnare una serie di quadrati e circonferenze inscritti.

4 Ripassare con mina morbida.

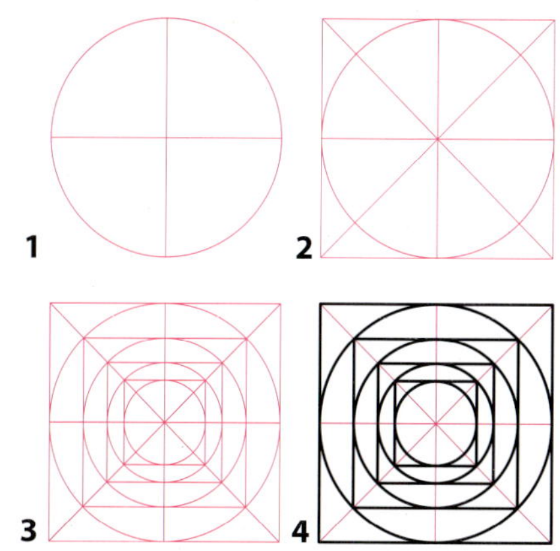

ESERCITAZIONE R8

1 Tracciare l'asse orizzontale e i due verticali, quindi disegnare le due semicirconferenze.

2 Chiudere l'asola con segmenti orizzontali, dividere quello superiore in 7 parti uguali (v. Problema 4) e tracciare una parallela all'asse orizzontale a distanza 6 mm.

3 Completare i segmenti mancanti e ripassare contorno (linea continua grossa) e assi (linea mista fine).

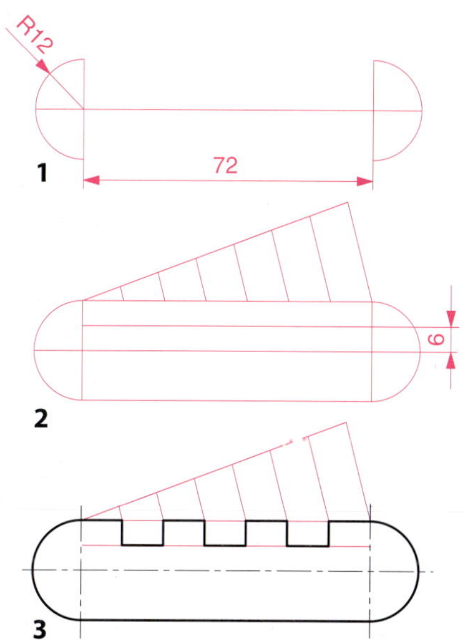

ESERCITAZIONE R9

Rileva le misure, sapendo che un quadretto corrisponde a 8 mm

1 Disegnare gli assi di simmetria, il rettangolo e i raccordi tra rette perpendicolari (v. Problema 26).

2 Tracciare le circonferenze, quattro delle quali hanno come centro quello dei raccordi, e poi ripassare contorni e assi.

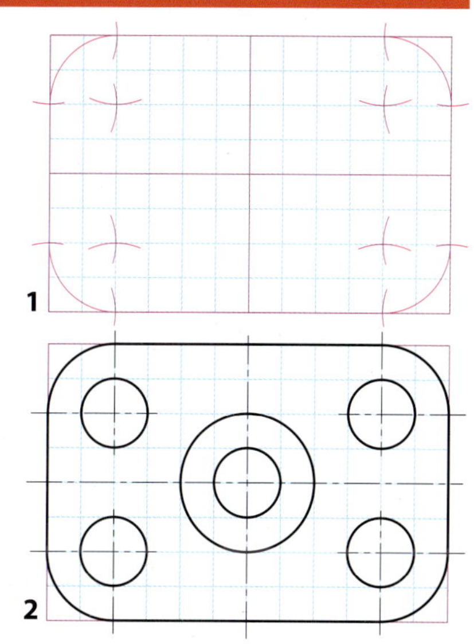

ESERCITAZIONE R10

1 Tracciare due rettangoli; nel minore disegnare un asse verticale e due orizzontali, con cui si ottiene un'asola, formata da due semicirconferenze e due segmenti tangenti.

2 Disegnare i raccordi tra perpendicolari (v. Problema 26): due nel rettangolo minore e tre nell'altro; ripassare con mina morbida.

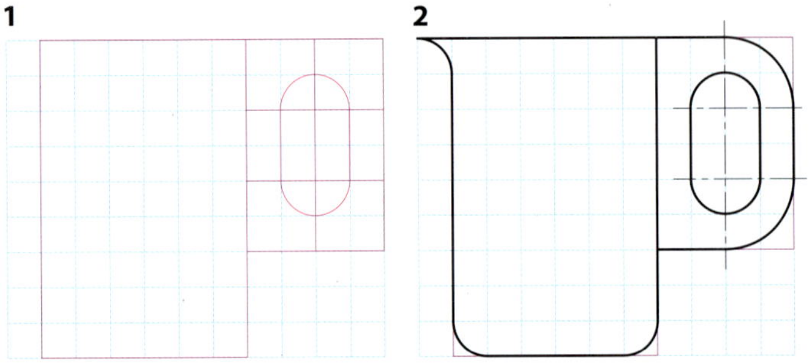

ESERCITAZIONE R11

1 Tracciati i due assi (verticale e orizzontale), disegnare il triangolo isoscele, il rettangolo e la circonferenza.

2 Disegnare i raccordi di raggio 8 mm tra circonferenza e rette oblique (v. Problema 31); ripassare con mina morbida.

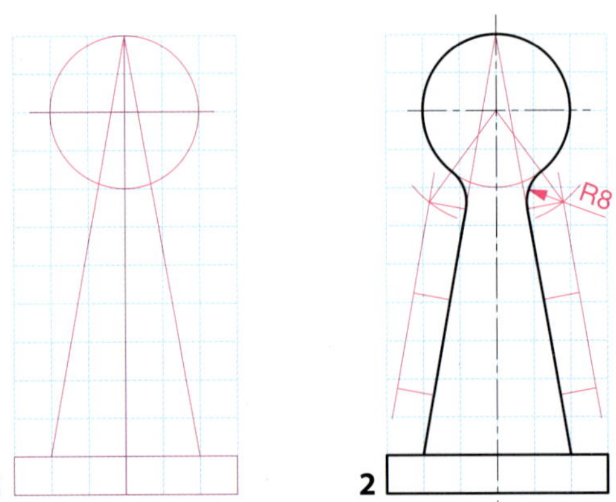

ESERCITAZIONE R12

1 Tracciare un asse verticale e due orizzontali; nella loro intersezione centrare per disegnare due corone circolari.

2 Disegnare i raccordi di raggio 16 mm tra le circonferenze maggiori (v. Problema 30) e ripassare contorni e assi.

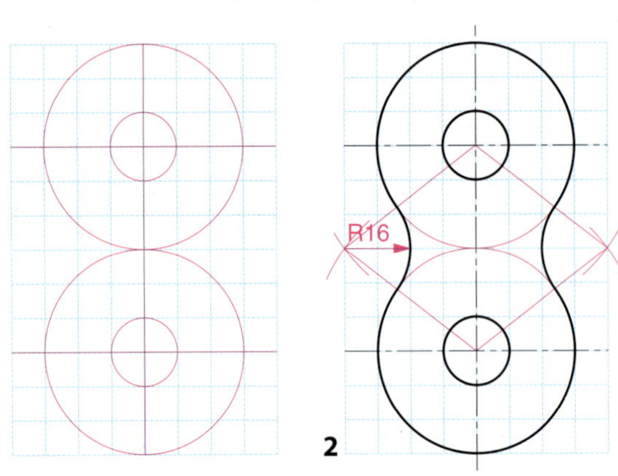

ESERCITAZIONE R13

1 Tracciare l'asse verticale, i due segmenti orizzontali e le due circonferenze.

2 Disegnare i raccordi di raggio 120 mm tra le circonferenze e gli estremi del segmento superiore (v. Problema 32).

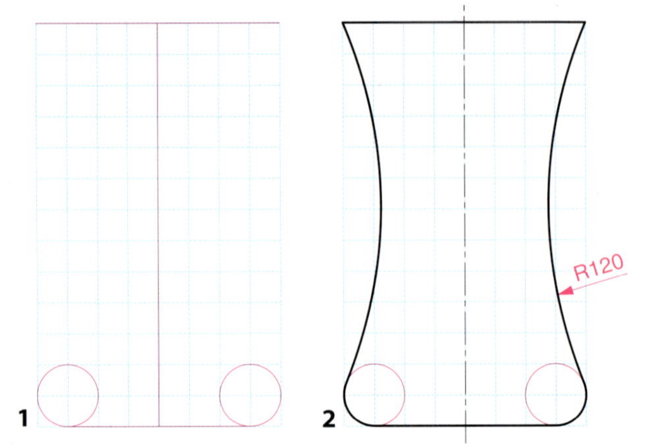

ESERCITAZIONE R14

1 Tracciare l'ovolo di dato asse minore (v. Problema 40); aggiungere una semicirconferenza concentrica con quella dell'ovolo.

2 Disegnare la base, formata da un rettangolo e un trapezio; ripassare con mina morbida.

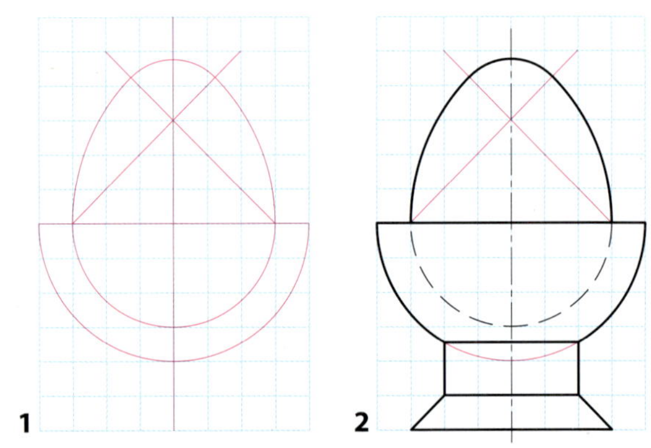

ESERCITAZIONE R15

1 Tracciare un'ellisse di dati assi (v. Problema 46).

2 Disegnare il rettangolo con due verticali distanti 8 mm dall'asse verticale e con un'orizzontale distante 80 mm dalla base.

3 Disegnare un trapezio isoscele con rette a 45°.

4 Ripassare contorni e asse.

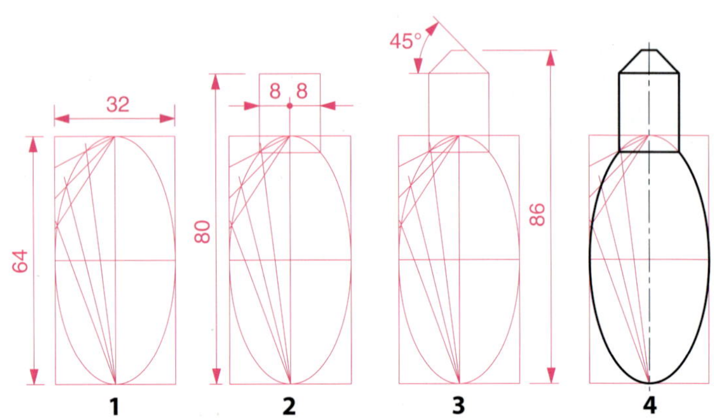

Verifica delle competenze

PROVA A Logo consortile

Un consorzio di tre aziende si è costituito da alcuni anni e ha scelto come proprio logo quello riprodotto a fianco.

Il consorzio stesso si sta allargando a un'altra azienda; a causa di questo cambiamento si pensa di elaborare un logo che esprima la nuova aggregazione ma che mantenga una continuità logica e grafica rispetto al passato.

Elabora il disegno del nuovo logo consortile.

PROVA B Ruota dentata

Per un modello in legno di un mulino bisogna realizzare il profilo di una ruota dentata.

Lo schema riprodotto a fianco presenta otto denti. Prendendolo come riferimento elabora un profilo con dodici denti.

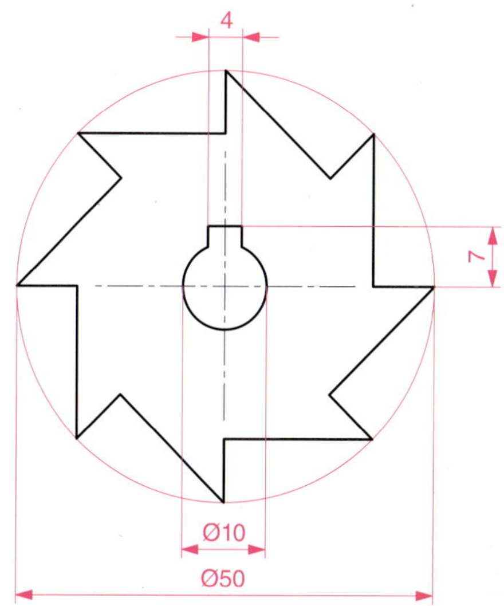

PROVA C Incrocio stradale con rotonda

Due strade a doppio senso di marcia si incrociano perpendicolarmente. Per ridurre il rischio di incidenti si vuole aggiungere una rotonda di carreggiata pari a metà della larghezza delle strade.

L'anello della rotonda avrà diametro esterno pari a 12 m.

Tra la circonferenza esterna della rotonda e ogni ciglio delle strade deve essere realizzato un raccordo di raggio pari a 1 m.

Disegna in scala opportuna l'incrocio completo di rotonda.

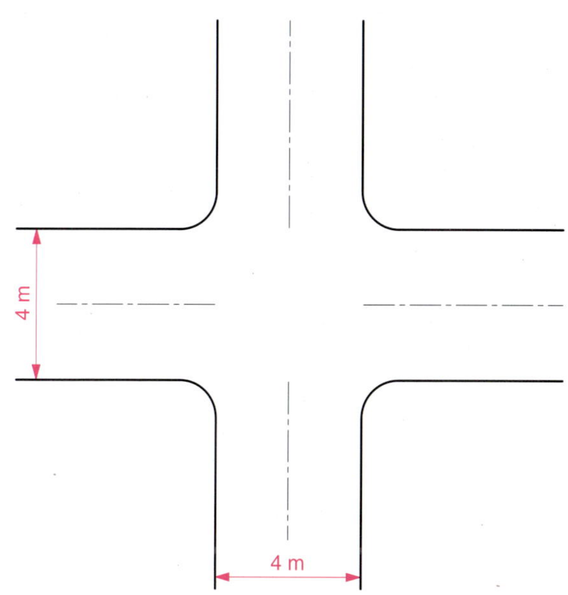

Competenze

Verifica delle competenze

PROVA D Discendente di gronda

Per disegnare la facciata di un edificio è necessario aggiungere il profilo di un discendente di gronda (tubazione verticale che scarica l'acqua piovana raccolta dal canale di gronda).

A causa dello sbalzo del cornicione il discendente deve rientrare mediante una tubazione inclinata che raccorda i due elementi verticali.

Per rendere più fluido il passaggio dell'acqua si devono raccordare i tre elementi (i due verticali e quello inclinato).

I raccordi saranno due coppie di archi concentrici, di cui il maggiore avrà raggio pari a 20 cm.

Disegna in scala opportuna il discendente completo di raccordi.

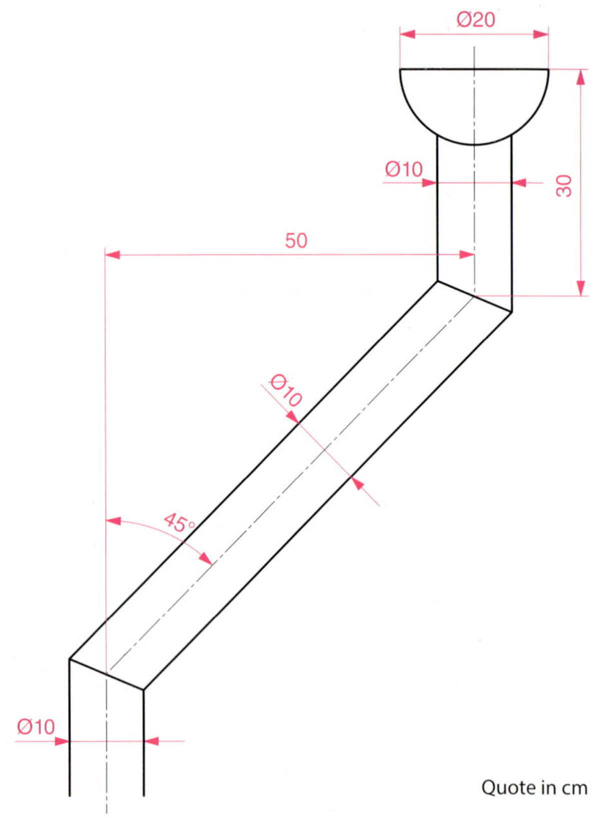

Quote in cm

PROVA E Profilo generatore di stampo per ampolla

In una fonderia si vuole realizzare lo stampo per produrre mediante fusione un tipo di ampolla.

A questo scopo è necessario approntare uno stampo che si realizza con la rotazione di un profilo generatore.

Il profilo di base (v. disegno a fianco) è costituito da un ovale e da sequenze di segmenti.

Se si utilizzasse questo profilo, lo stampo avrebbe spigoli vivi in corrispondenza degli estremi di archi o segmenti del profilo.

Per eliminare questi spigoli vivi bisogna raccordare con raggio pari a 4 mm tutti gli elementi del profilo (segmenti e archi).

Disegna in scala al naturale il profilo completo di raccordi.

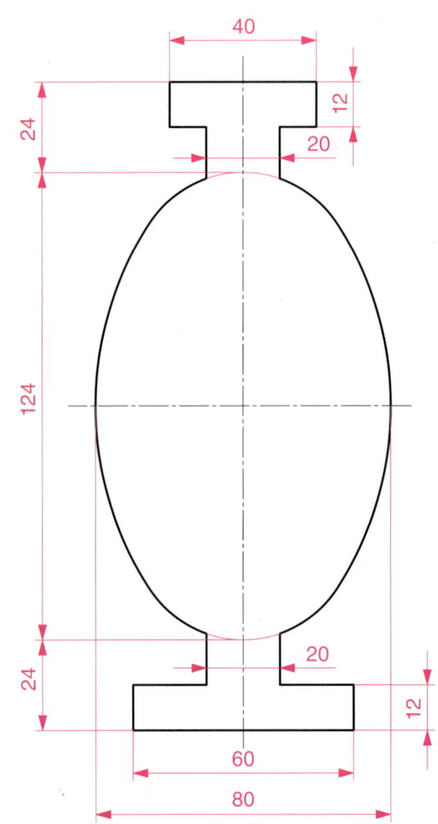

SEZIONE

B Sistemi di rappresentazione

1 Proiezioni ortogonali

2 Assonometria

3 Ribaltamento e sviluppo

4 Sezioni e intersezioni

Rem Koolhaas: progetto per la residenza del primo ministro irlandese.

B1 Proiezioni ortogonali

PROIEZIONI ORTOGONALI

→ caratteristiche

→ con l'uso di

PROIEZIONE PARALLELA
con direzione perpendicolare al piano (quadro)

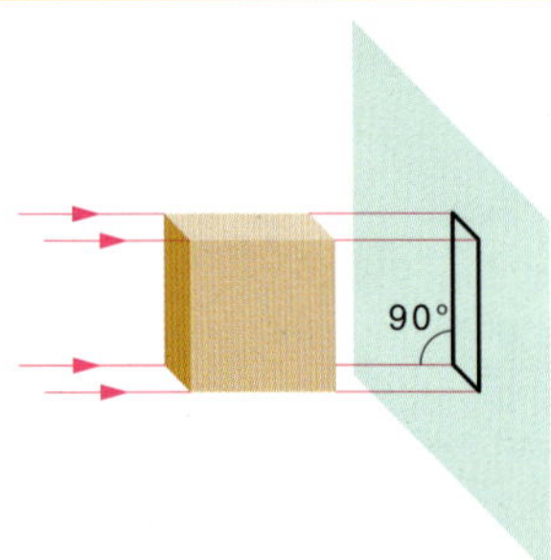

FIGURE PIANE
parallele al quadro mantengono la vera forma

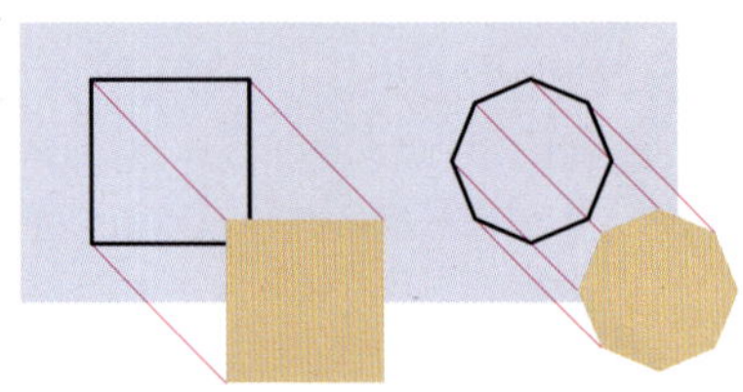

TRE PIANI CARTESIANI
tra loro perpendicolari (xy - xz - yz)

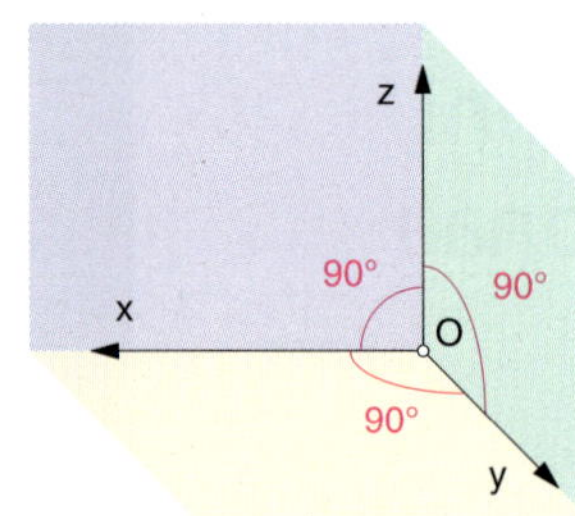

→ si creano

TRE VISTE
(frontale, dall'alto, da sinistra)

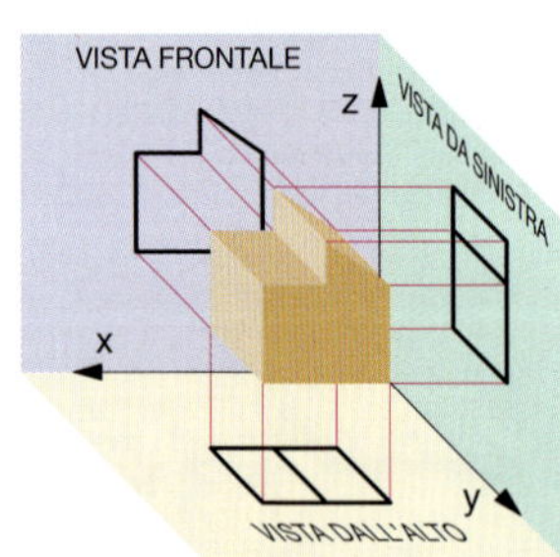

RIBALTANDO
xy intorno a x e yz intorno a z

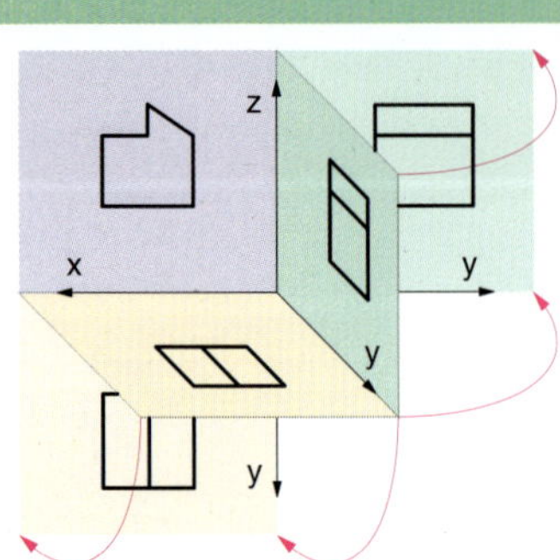

TRE VISTE su un piano
(foglio da disegno)

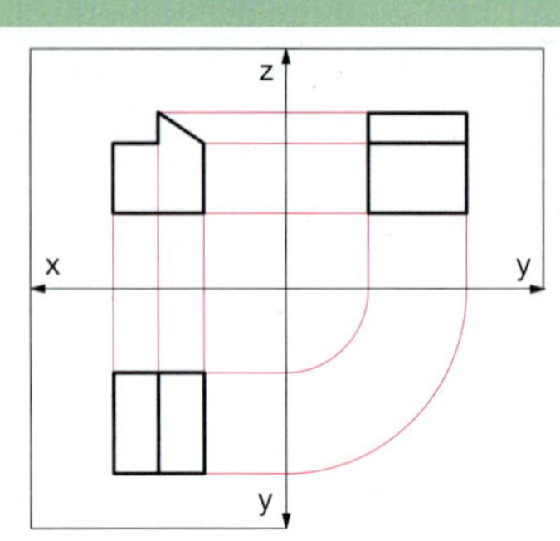

Conosci le proiezioni ortogonali?

Negli studi scolastici già hai fatto la conoscenza delle proiezioni ortogonali, ma sicuramente nell'esperienza comune avrai già incontrato disegni realizzati con questo metodo di rappresentazione.

Per orientarsi in città si ricorre a una mappa stradale; per capire come è articolato un appartamento si osserva la sua piantina; i disegni riportati su pagine web o su depliant commerciali di oggetti d'arredo, di autovetture o di altri prodotti ne descrivono la forma.

In tutti questi casi ci si imbatte spesso in disegni tecnici realizzati con il metodo delle proiezioni ortogonali.

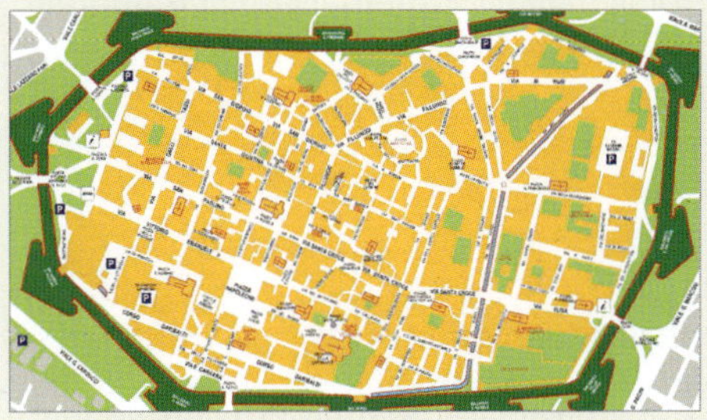

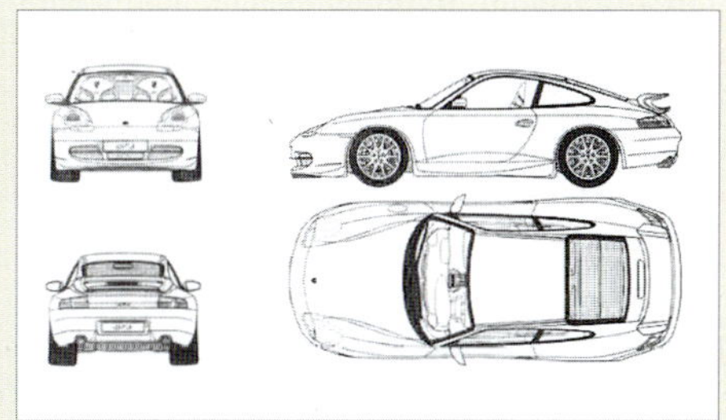

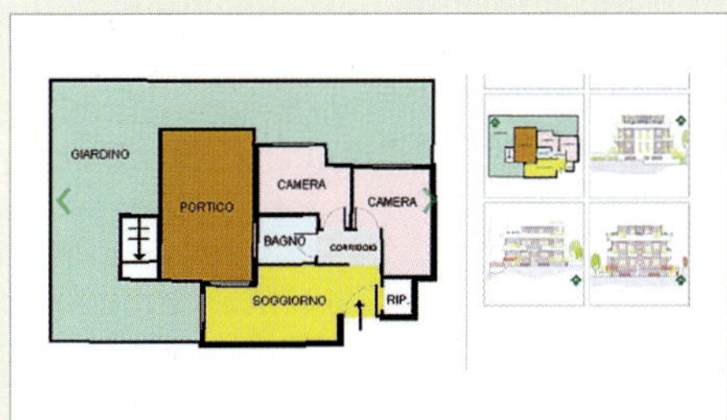

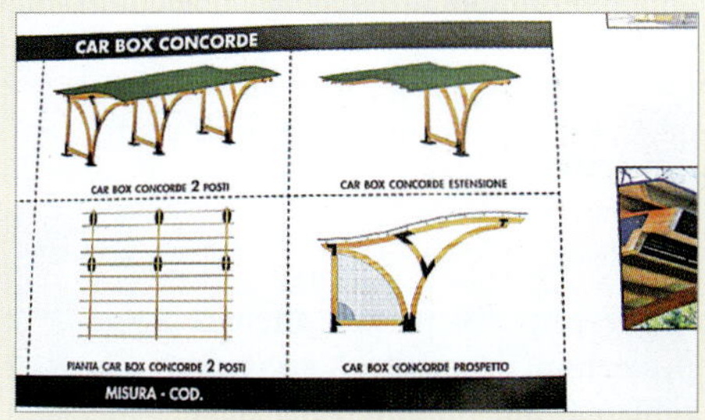

A cosa serve conoscerle?

Con questo metodo di rappresentazione si può:

- fornire dati sulla forma e sulle dimensioni di un oggetto (semplice o complesso) progettato o rilevato dal vero;
- ridurre un oggetto reale ai suoi elementi geometrici (punti, segmenti, linee) con un'operazione di astrazione che ne evidenzia la struttura; ciò consente peraltro di ottenere dati numerici su cui si basano le rappresentazioni digitali con il CAD;
- corredare il disegno con indicazioni (quotatura, materiali, lavorazioni) che consentono di realizzare l'oggetto progettato o rilevato dal vero.

Per tutti questi motivi le proiezioni ortogonali hanno conosciuto una fortuna meritata e vastissima.

Le proiezioni ortogonali sono il principale metodo di rappresentazione tecnica per il progetto e il rilievo dal vero.

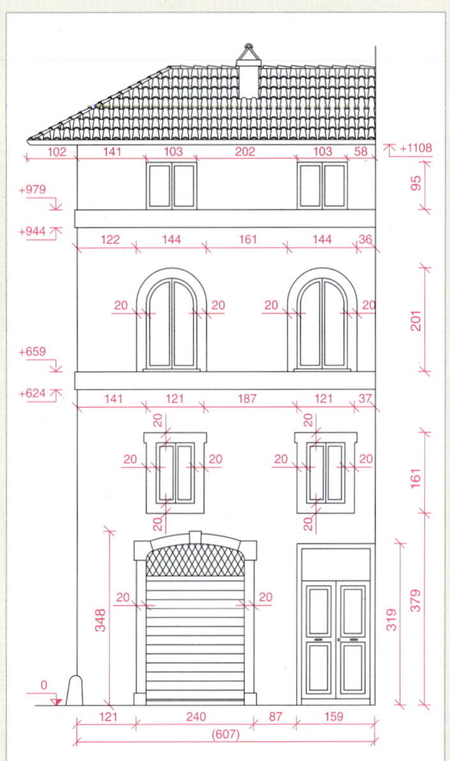

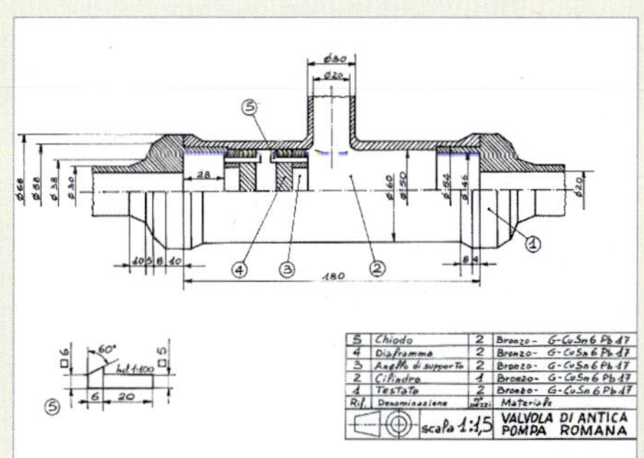

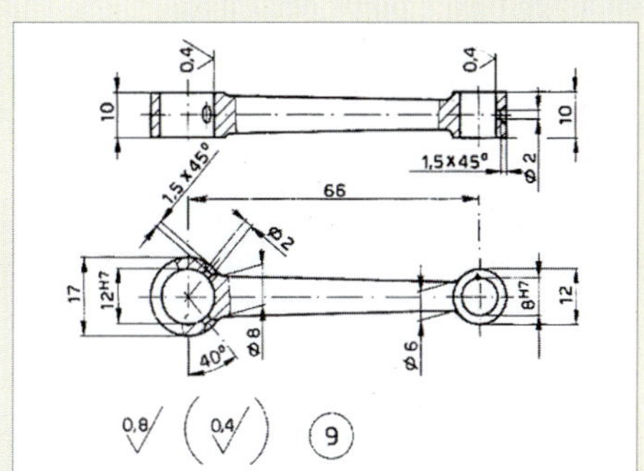

A sinistra, rilievo quotato di edificio.
A destra in alto, rilievo quotato di antica pompa idraulica.
A destra in basso, particolare di disegno quotato.

Cenni di geometria proiettiva

La geometria proiettiva è fondata sulle operazioni di *proiezione* e di *sezione*.

La **proiezione** consiste nel condurre rette (*raggi proiettanti*) passanti per un centro (*centro di proiezione*) e per i punti della figura data.

La **sezione** consiste nel determinare i punti che le rette proiettanti hanno in comune con un piano dato (*piano di proiezione* o *quadro*).

In base alla scelta del centro di proiezione, le rette proiettanti possono risultare *convergenti* oppure *parallele*; di qui si determinano due diversi **metodi di proiezione** che danno origine ai diversi **sistemi di rappresentazione**.

Proiezione centrale

Questo metodo è basato su due elementi prefissati: un punto assunto come **centro di proiezione** e un **piano di proiezione** (o **quadro**).

L'operazione di proiezione consiste nel condurre dal centro di proiezione le rette passanti per i punti dell'oggetto; queste rette sono denominate **raggi proiettanti**. Dove queste rette intersecano il quadro si forma un insieme di punti definiti come **proiezione centrale**.

Se per esempio si volesse ottenere la proiezione del punto A secondo il centro C sul quadro π, si deve innanzi tutto condurre il raggio proiettante per A, cioè la retta CA; dove la retta CA interseca il quadro π resta individuato un punto A_1: esso è la proiezione desiderata del punto A.

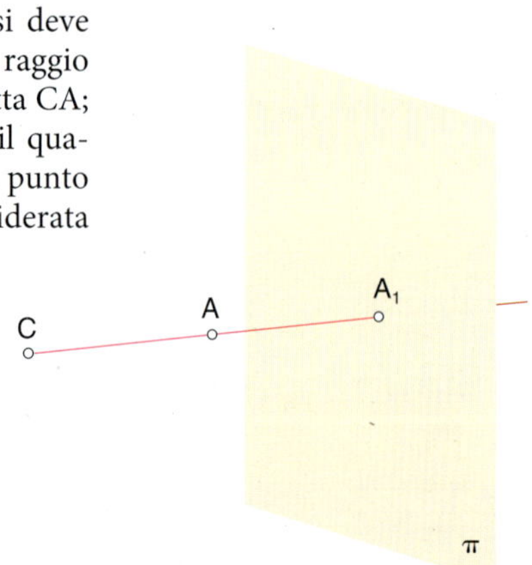

Nel caso di un oggetto l'operazione di proiezione andrebbe ripetuta per tutti i punti della figura; si intuisce facilmente che per semplificare il lavoro si esegue la proiezione dei soli **punti cospicui** dell'oggetto. L'insieme dei punti ottenuti in proiezione forma una figura piana: la **proiezione centrale** dell'oggetto.

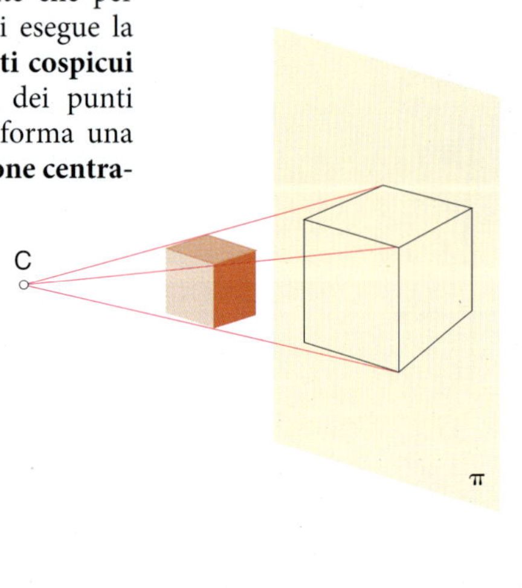

Nell'impostare la proiezione secondo questo metodo, si possono collocare in vario modo il quadro, il centro e l'oggetto.

Il quadro π può trovarsi tra la figura e il centro C.

È quanto avviene nella struttura proiettiva del sistema di rappresentazione della *prospettiva*.

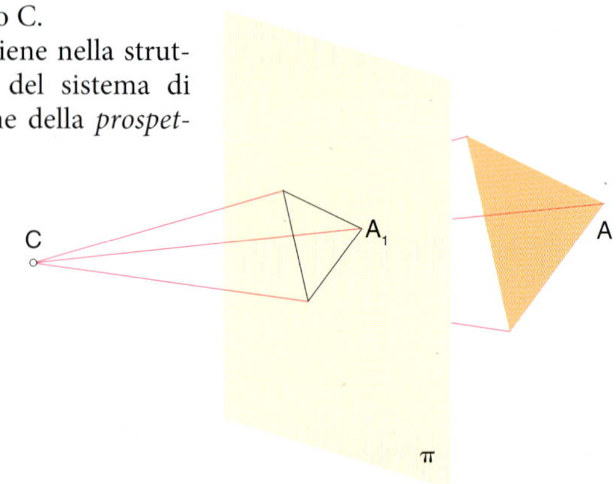

Il centro può trovarsi tra la figura e il quadro.

È una situazione analoga a quella che determina la proiezione dell'immagine sulla pellicola di una macchina fotografica. In essa il centro C corrisponde al centro focale dell'obiettivo.

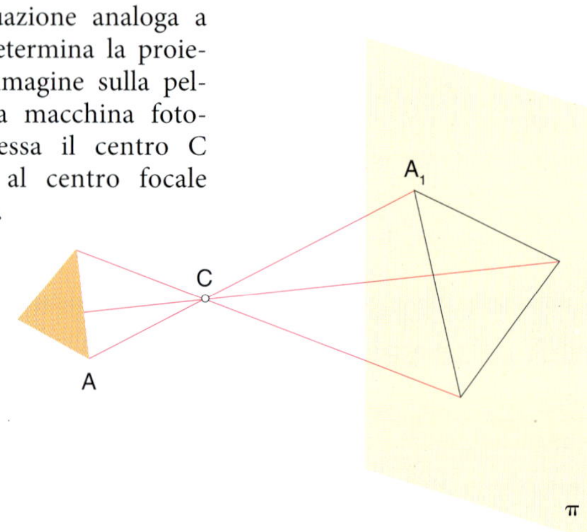

La figura può essere situata tra centro e quadro.

È questo il caso che si verifica quando una lampada proietta su un piano l'ombra di una figura.

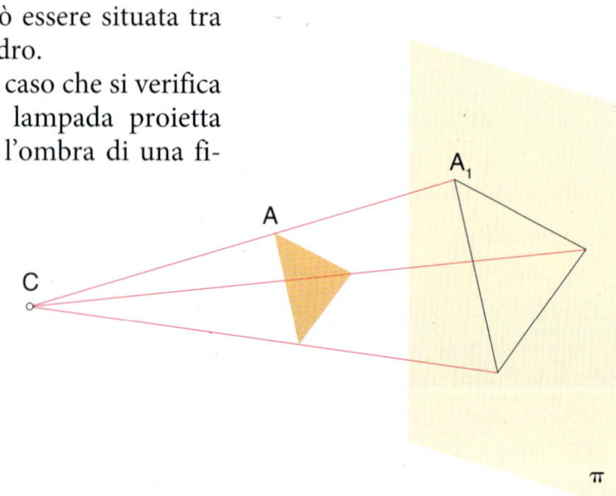

GLOSSARIO

I **punti cospicui** di un solido sono quelli che hanno particolare rilevanza dal punto di vista geometrico, come i vertici, i centri ecc.

Proiezione parallela

Questo metodo di proiezione considera il centro di proiezione infinitamente lontano dal quadro; in questo modo i raggi proiettanti risultano essere paralleli e avere quindi in comune una **direzione di proiezione**.

Come nel metodo precedente si conducono dai punti della figura i raggi proiettanti, stavolta tutti paralleli alla direzione assegnata; dove i raggi intersecano il quadro si forma la **proiezione parallela** dell'oggetto da rappresentare.

Nella figura $A_1B_1C_1D_1$ è la proiezione parallela della figura ABCD secondo la direzione d.

Anche in questo caso per rappresentare un solido si esegue la proiezione dei soli **punti cospicui**.

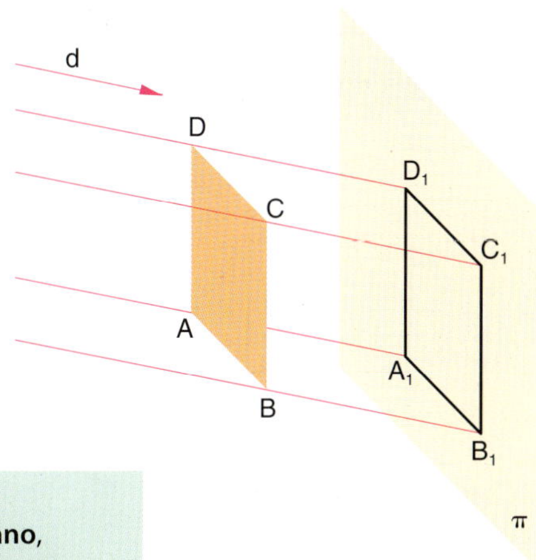

Nelle proiezioni parallele i **parallelismi si conservano**, cioè rette parallele sull'oggetto restano tali anche in proiezione.

Nella figura, se AB//CD//EF//GH anche A_1B_1//C_1D_1//E_1F_1//G_1H_1; inoltre, se AD//BC//EH//FG anche A_1D_1//B_1C_1//E_1H_1//F_1G_1.

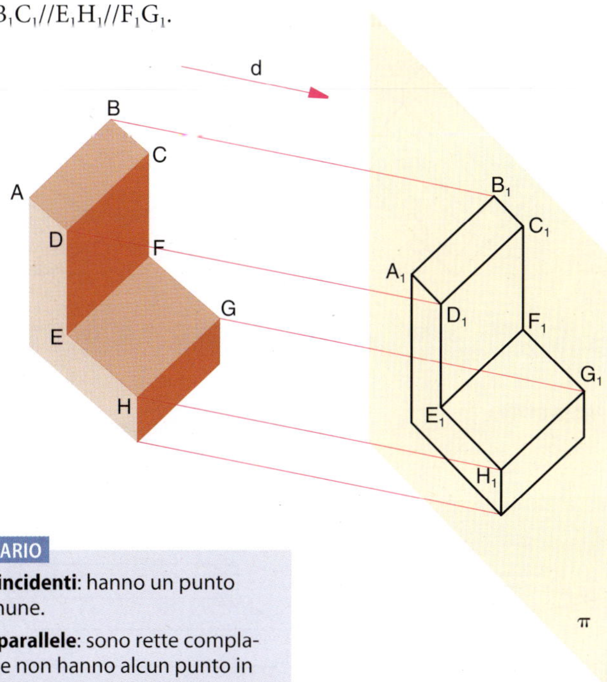

GLOSSARIO

Rette incidenti: hanno un punto in comune.

Rette parallele: sono rette complanariche non hanno alcun punto in comune.

Piani incidenti: hanno una retta in comune.

Piani paralleli: non hanno alcuna retta in comune.

Esempi concreti dei due metodi proiettivi

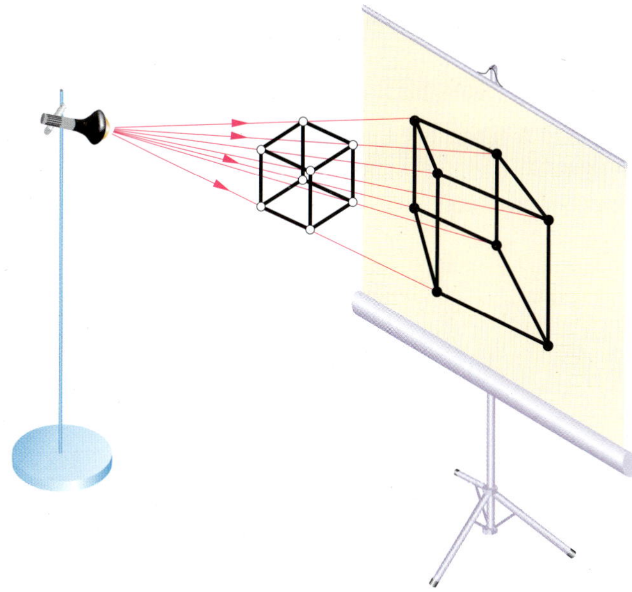

Proiezione centrale: un esempio è l'ombra creata da una lampada. Esponendo una gabbia in fil di ferro alla luce di una lampada spot si ha una proiezione in cui i parallelismi degli spigoli non sono conservati.

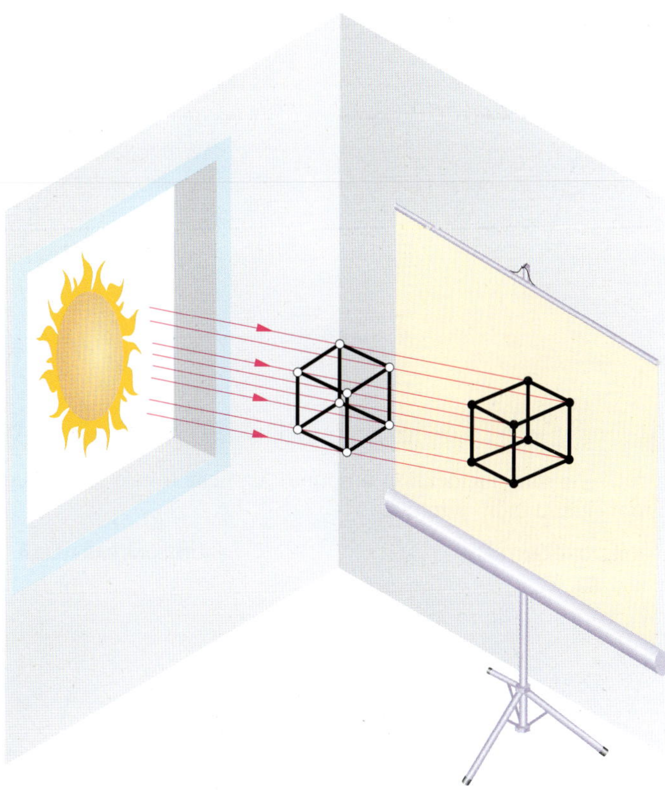

Proiezione parallela: un esempio è l'ombra creata dalla luce solare. Osservando l'ombra solare di un solido in fil di ferro si può notare che i parallelismi si conservano.

Condizioni comuni ai due metodi proiettivi

Le proiezioni parallele e quelle centrali hanno in comune le condizioni di **appartenenza**, di **allineamento** e di **incidenza**.

CONDIZIONE DI APPARTENENZA

Se un punto A appartiene a una retta r, anche la sua proiezione A_1 appartiene a r_1.

PROIEZIONE CENTRALE

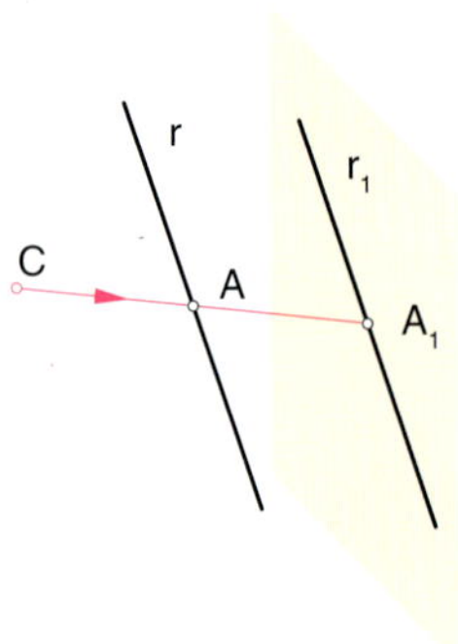

PROIEZIONE PARALLELA

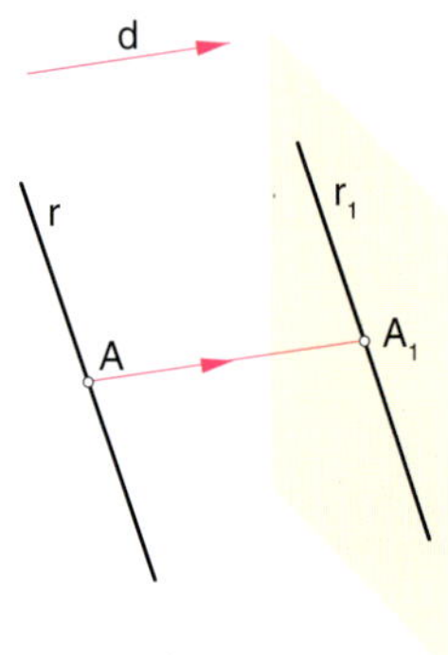

CONDIZIONE DI ALLINEAMENTO

Se tre punti sono allineati, sono allineate anche le loro proiezioni.

PROIEZIONE CENTRALE

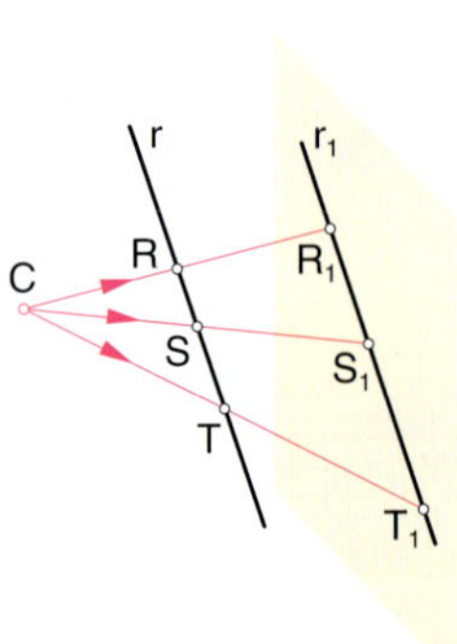

PROIEZIONE PARALLELA

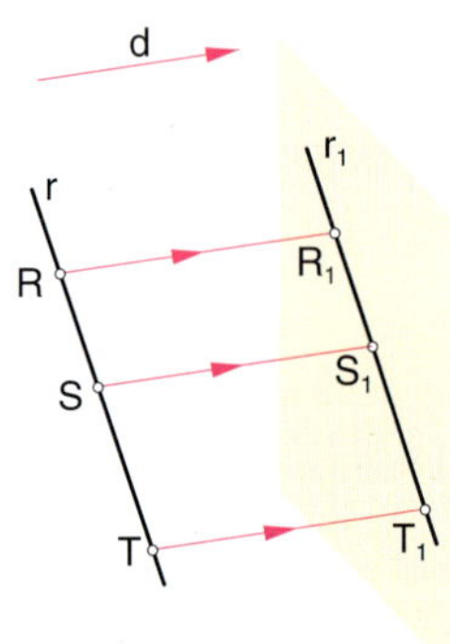

CONDIZIONE DI INCIDENZA

Se due rette sono incidenti in un punto A, anche le loro proiezioni sono incidenti in un punto A_1.

PROIEZIONE CENTRALE

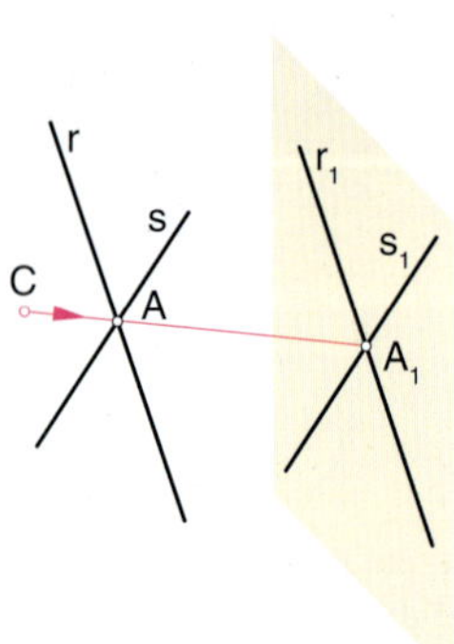

PROIEZIONE PARALLELA

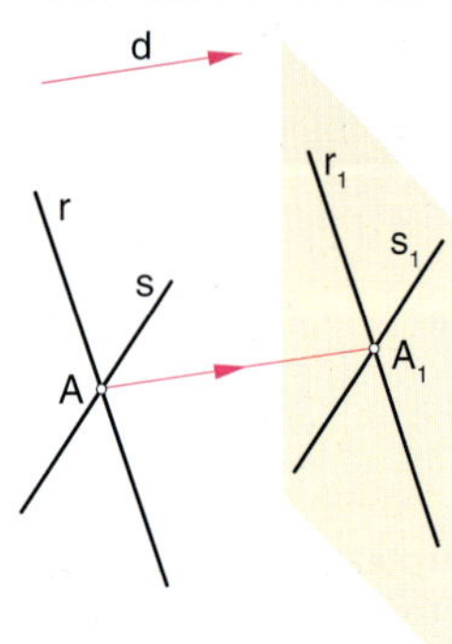

Sistemi di rappresentazione

I due metodi descritti hanno originato diversi sistemi di rappresentazione:

- **proiezioni ortogonali**;
- **proiezioni assonometriche** (o **assonometria**);
- **proiezioni prospettiche** (o **prospettiva**).

PROIEZIONE PARALLELA

PROIEZIONI ORTOGONALI

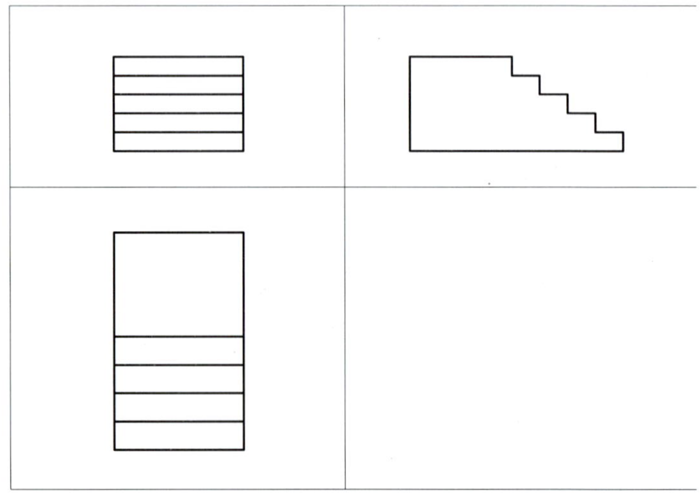

ASSONOMETRIA

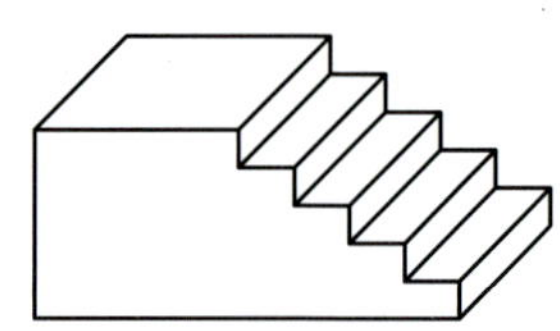

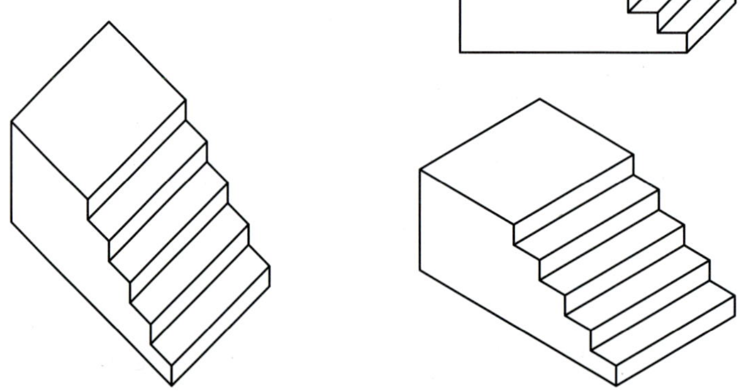

PROIEZIONE CENTRALE

PROSPETTIVA

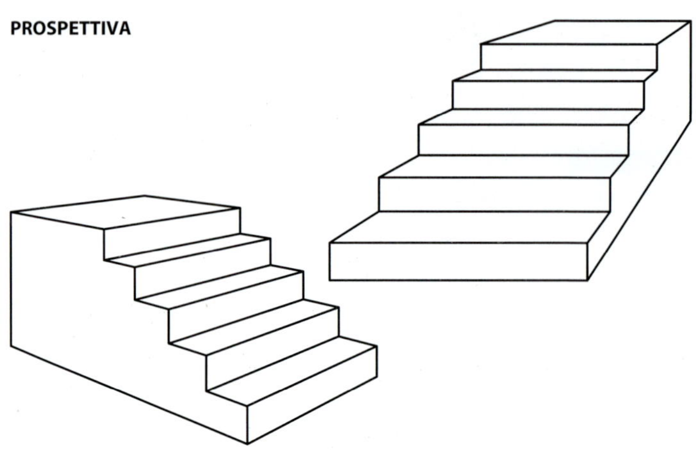

Cenni di geometria descrittiva

La **geometria descrittiva** è la disciplina che comprende tutte le tecniche e le regole per descrivere sul foglio da disegno gli oggetti tridimensionali.

Servendosi dei metodi di proiezione questa disciplina ha costruito dei sistemi di rappresentazione che consentono di ricavare dall'oggetto delle rappresentazioni rigorosamente scientifiche e, viceversa, da queste ricostruire completamente le caratteristiche dell'oggetto. Tra questi sistemi di rappresentazione ha un'importanza primaria il sistema delle **proiezioni ortogonali**.

Proiezione ortogonale di un punto e di un segmento

La **proiezione ortogonale di un punto** è il piede della perpendicolare condotta dal punto a un piano di proiezione (**quadro**).

La perpendicolare da A interseca il quadro nel punto A_1, proiezione ortogonale di A su π; $\overline{AA_1}$ è la distanza del punto dal quadro.

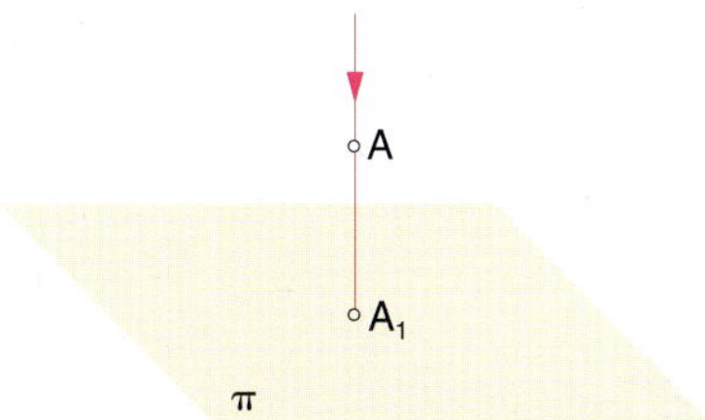

La **proiezione ortogonale di un segmento** AB è il segmento A_1B_1, che ha per estremi le proiezioni degli estremi A e B del segmento dato.

Nel caso di un **segmento obliquo** rispetto al quadro, la sua proiezione è sempre **più corta** del segmento; infatti nella figura il trapezio ABB_1A_1 è rettangolo e pertanto $\overline{AB} > \overline{A_1B_1}$.

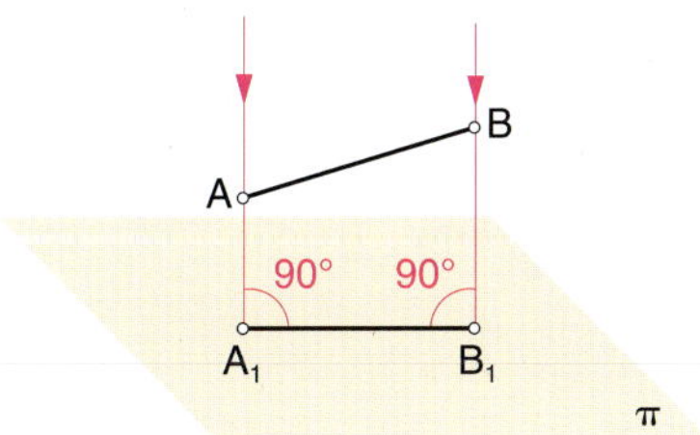

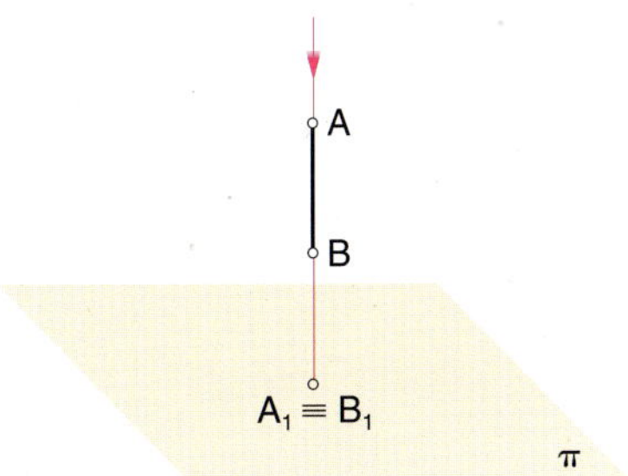

Quando si ha un **segmento perpendicolare** rispetto al quadro, la sua proiezione è un **punto**, in cui coincidono le proiezioni degli estremi ($A_1 \equiv B_1$).

Se invece si ha un **segmento parallelo** al quadro, la sua proiezione è un segmento di **lunghezza uguale**; infatti il quadrilatero ABB_1A_1 è un rettangolo e quindi i lati opposti sono uguali ($\overline{AB} = \overline{A_1B_1}$).

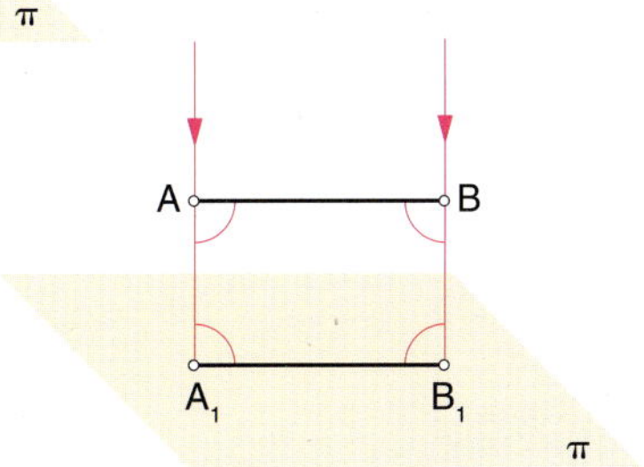

NOTA BENE

L'indicazione di punti in proiezione ortogonale si effettua indifferentemente mediante:

- **pedici** (A_1, A_2, A_3);
- **apici** (A', A'', A''').

In questo libro si adotterà l'indicazione mediante pedici (A_1, A_2, A_3).

Proiezione ortogonale di una figura piana

Il disegno tecnico opera una semplificazione delle figure piane rappresentandone solo il contorno. Per ottenere la proiezione ortogonale di una figura piana si proiettano i suoi punti cospicui (vertici, centri ecc.); congiungendo i punti proiettati, si ottiene la figura in proiezione ortogonale.

PROBLEMA 1

Figura piana parallela al quadro

Proiettando i vertici di un poligono, si ottengono segmenti uguali ai lati del poligono stesso; la figura piana e la sua proiezione sono le basi di un prisma retto, quindi sono uguali. Analogamente un cerchio e la sua proiezione sono le basi di un cilindro retto, quindi sono uguali.

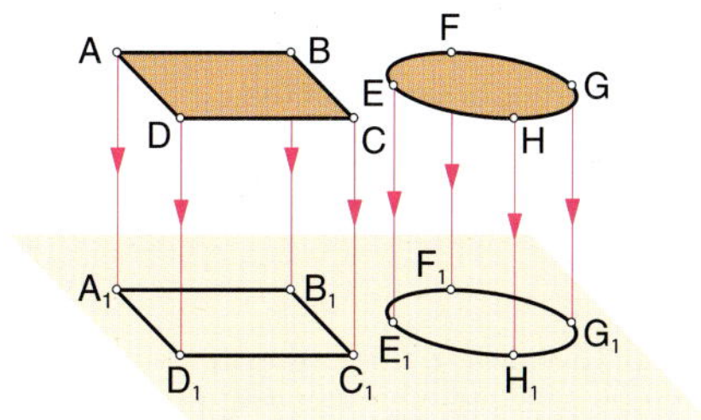

La proiezione ortogonale di una figura piana **parallela** al quadro è sempre uguale alla figura.

PROBLEMA 2

Figura piana perpendicolare al quadro

Proiettando i vertici di una figura piana si nota che tutti i punti proiettati si allineano lungo un segmento.

La proiezione ortogonale di una figura piana **perpendicolare** al quadro è sempre un **segmento**.

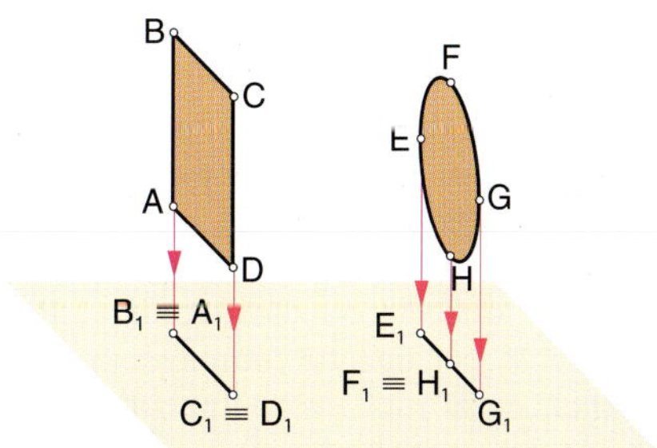

PROBLEMA 3

Figura piana inclinata rispetto al quadro

Proiettando i punti della figura, dagli elementi obliqui si ottengono proiezioni più corte.

La proiezione ortogonale di una figura piana **inclinata** rispetto al quadro è sempre **deformata**.

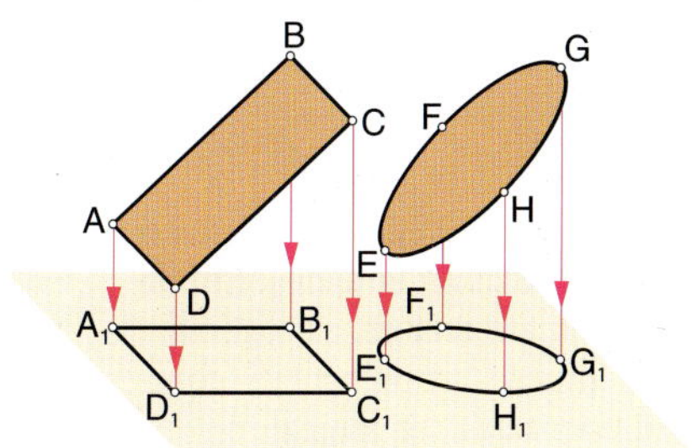

SUGGERIMENTO

In questi problemi sulle proiezioni ortogonali è ben evidente che le figure piane parallele al quadro presentano un indubbio vantaggio per il disegnatore, ma anche per il lettore del disegno.
Pertanto, nei limiti del possibile, è sempre più comodo disporre la figura piana in posizione parallela al quadro, in modo che la sua proiezione risulti uguale a quella reale.

Proiezione ortogonale di un solido

Analogamente alle figure piane, anche quelle solide vengono rappresentate in proiezione ortogonale riducendone gli elementi da proiettare ai soli contorni e ai **punti cospicui** (vertici, centri ecc.).

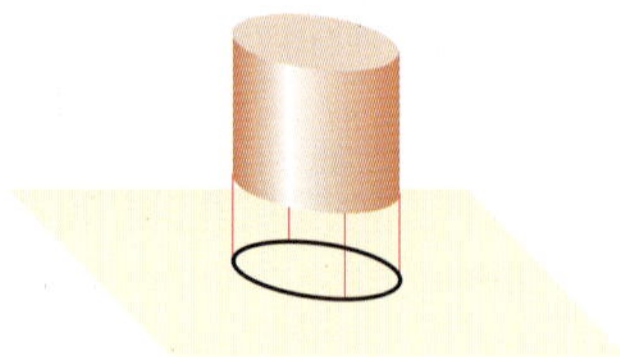

Le figure dimostrano che solidi diversi possono avere una proiezione ortogonale uguale. Da una sola proiezione ortogonale possiamo quindi avere una descrizione ambigua dell'oggetto.

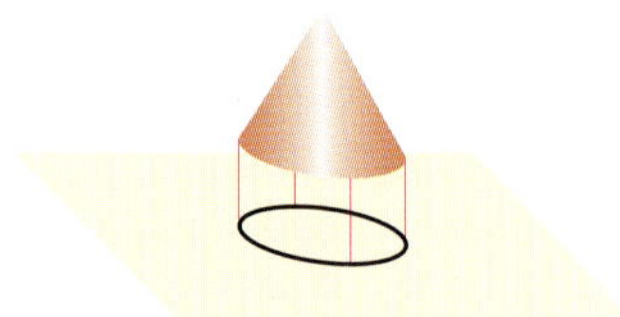

Una sola proiezione ortogonale non basta a descrivere compiutamente un solido.

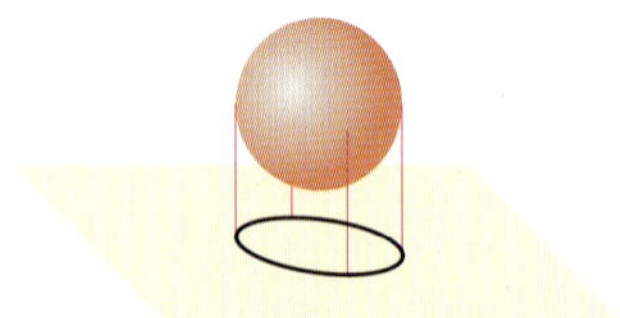

Proiezioni ortogonali su più quadri

Per descrivere un solido in modo completo e chiaro si proietta l'oggetto su diversi quadri.

Il numero di quadri (e quindi delle proiezioni ortogonali) viene definito in base alla complessità dell'oggetto: se per un solido geometrico due o tre quadri sono sufficienti, per oggetti complessi (edifici, pezzi meccanici) spesso ne occorrono molti di più.

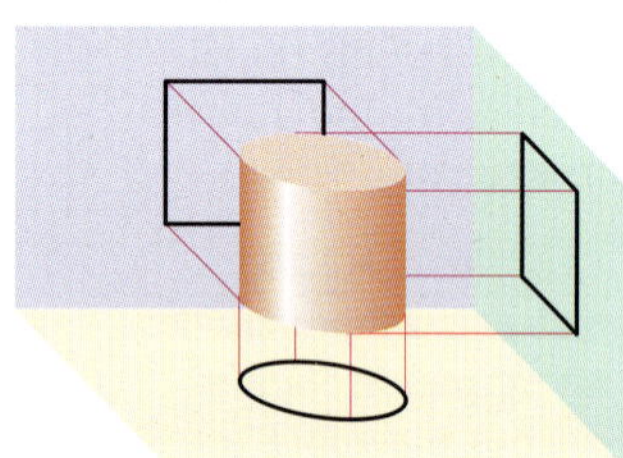

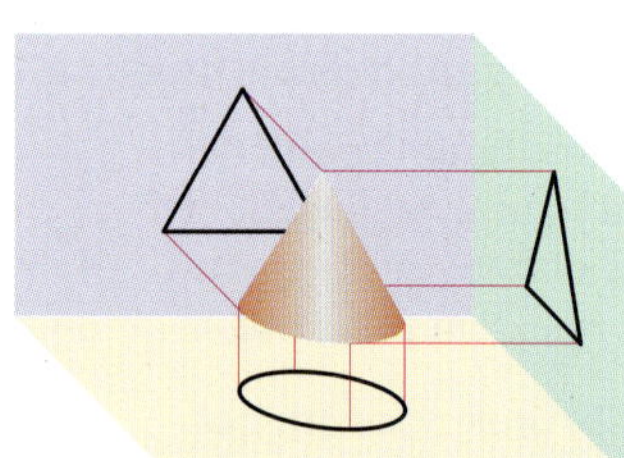

Nelle figure si vede che gli stessi solidi, ambiguamente descritti da una sola proiezione ortogonale, sono invece rappresentati compiutamente da tre proiezioni.

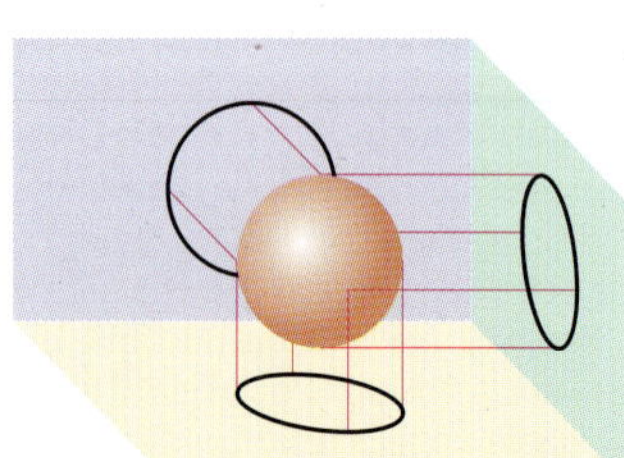

Piani coordinati

Per realizzare proiezioni ortogonali su più quadri, si ricorre frequentemente a tre piani tra loro perpendicolari. Essi sono i cosiddetti **piani coordinati** e sono individuati da tre assi cartesiani (x, y, z) con origine comune (O).

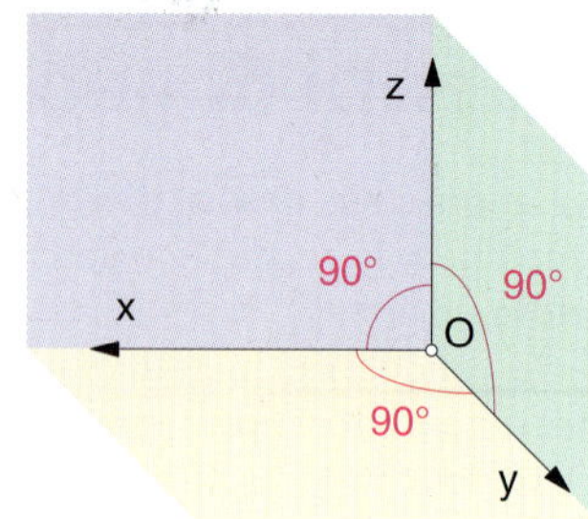

Disponendo opportunamente l'oggetto all'interno dello spazio delimitato dai tre piani (**triedro**), si realizzano le diverse proiezioni ortogonali, che prendono il nome di:

- **vista dall'alto** sul piano xy;
- **vista frontale** sul piano xz;
- **vista da sinistra** sul piano yz.

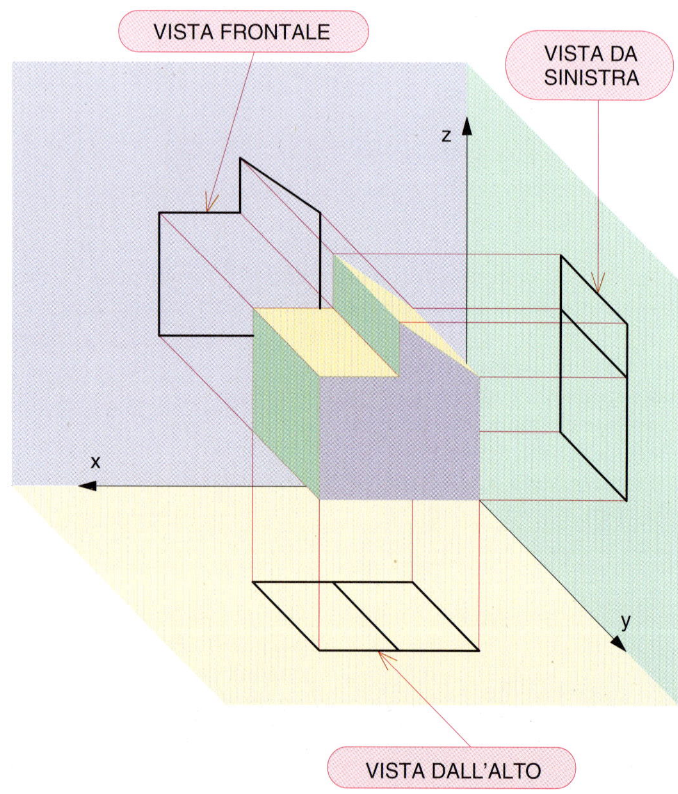

Le diverse proiezioni sono però situate su piani differenti; per disporle su un unico piano (il foglio da disegno) bisogna ricorrere ad una operazione di **ribaltamento** di due piani sul terzo.

GLOSSARIO

Il **ribaltamento** di un piano su un altro consiste nel farlo ruotare intorno alla retta di intersezione finché non coincide con l'altro.

NOTA BENE

Oltre alle viste ottenibili sui tre piani cartesiani, si possono realizzare proiezioni ortogonali anche su altri piani.
La **disposizione delle viste** sul foglio da disegno segue norme precise.

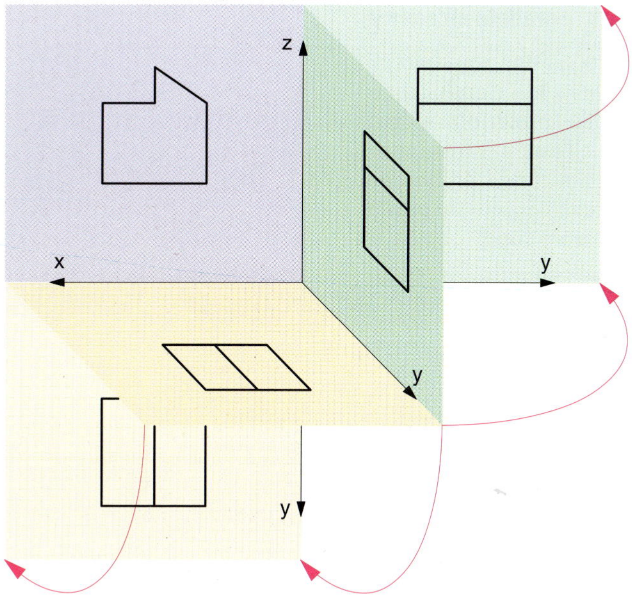

Per ottenere le tre proiezioni ortogonali su un solo piano (il foglio da disegno) si esegue il ribaltamento di xy (intorno all'asse x) e di yz (intorno all'asse z) finché non si dispongono sul piano xz.

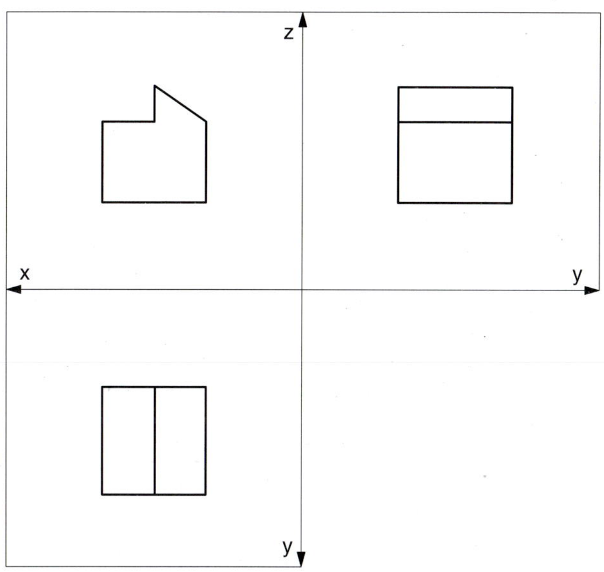

Nel seguito cercheremo di apprendere i vincoli che legano le diverse proiezioni ortogonali, studiando casi semplici, quali punti, rette ecc.

Per una migliore percezione spaziale dell'oggetto, le proiezioni ortogonali saranno affiancate da una assonometria.

NOTA BENE

Mediante la **rappresentazione del punto** si possono disegnare le proiezioni ortogonali di figure anche molto complesse; per esempio è in questo modo che si disegnano le viste di elementi curvilinei, quali **eliche** ed **elicoidi** (vedi pag. B105).

Rappresentazione del punto

Le proiezioni ortogonali di un punto presentano i seguenti legami:

- A_1 e A_2 appartengono alla stessa verticale;
- A_2 e A_3 appartengono alla stessa orizzontale;
- A_1 dista da x quanto A_3 dista da z.

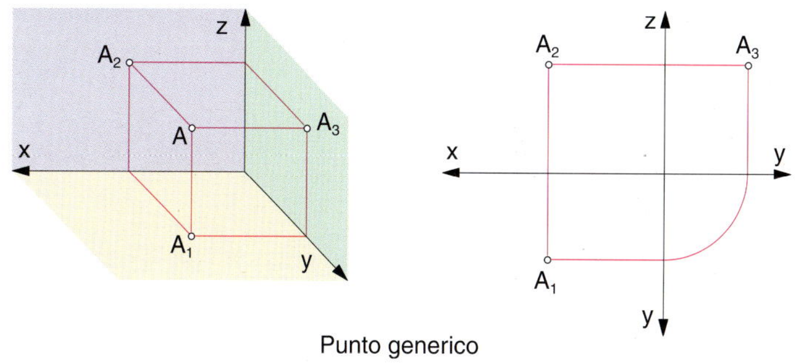

Punto generico

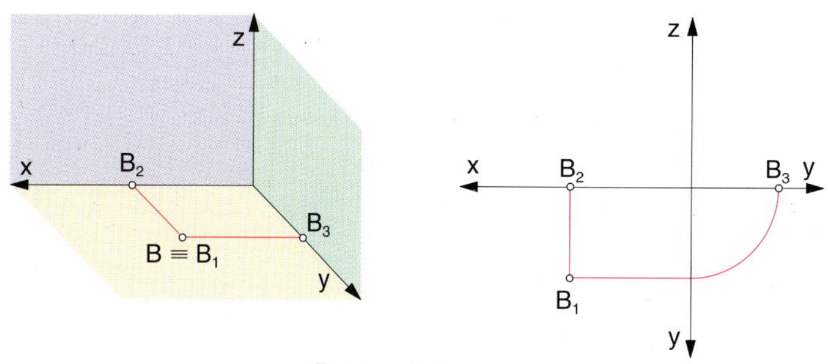

Punto sul piano xy

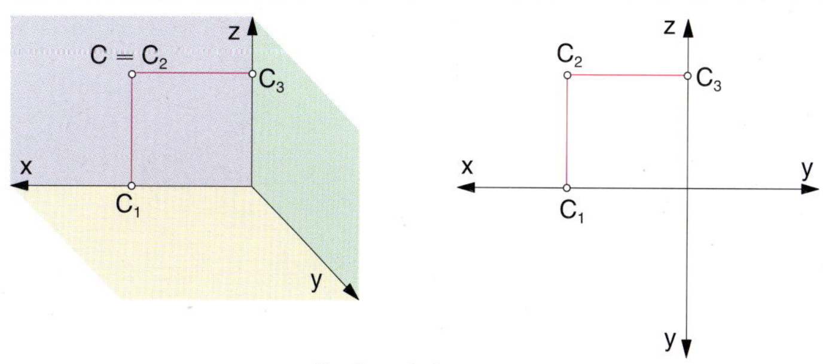

Punto sul piano xz

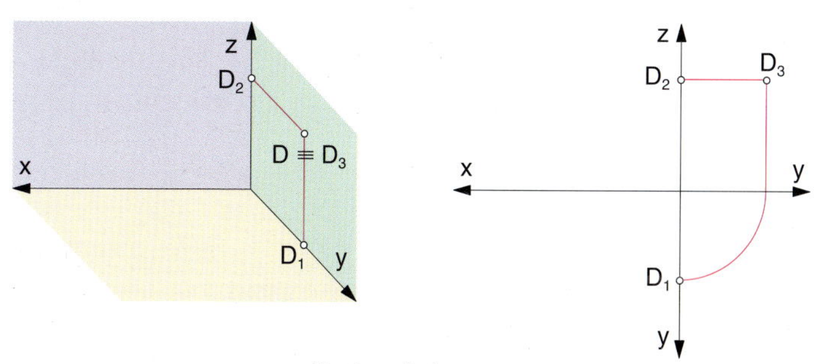

Punto sul piano yz

Rappresentazione della retta

La rappresentazione di una retta si ottiene unendo due suoi punti; in aggiunta a punti già noti, si utilizzano le tracce della retta.

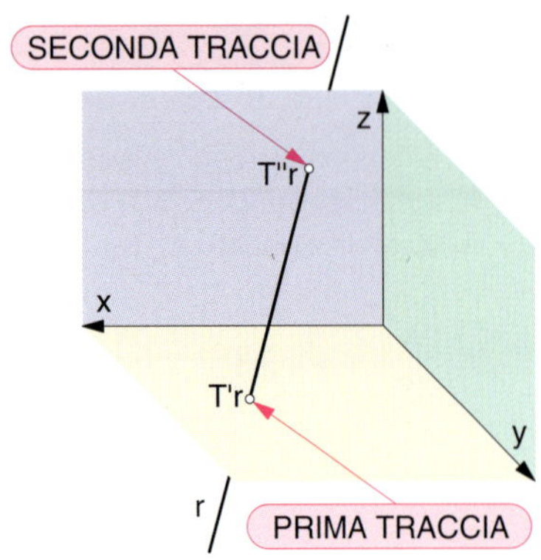

La **traccia di una retta** è il suo punto d'intersezione con un quadro.

Retta generica

Le tracce della retta r sono T' e T"; le loro proiezioni sono rispettivamente T'_1, T'_2, T'_3 e T''_1, T''_2, T''_3. Le proiezioni della retta si ottengono congiungendo le corrispondenti proiezioni delle tracce; per esempio r_3 si ricava unendo T'_3 con T''_3.

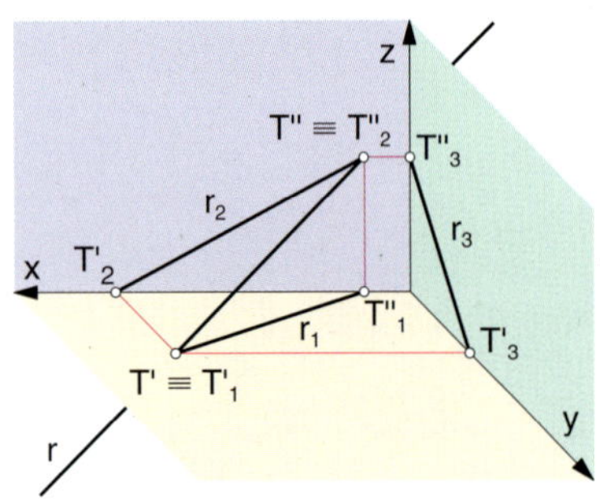

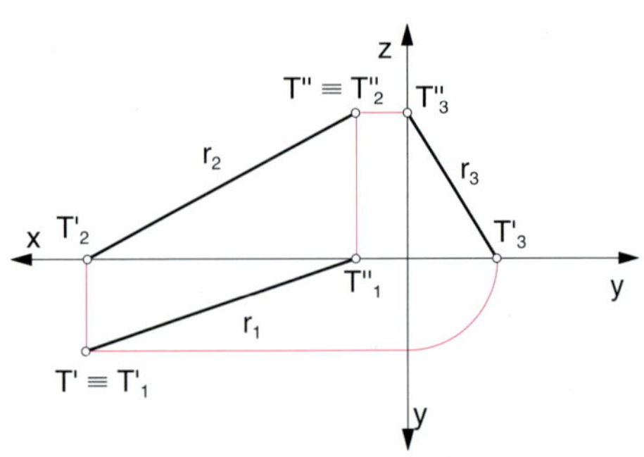

Retta parallela all'asse z

La retta ha una sola traccia, il punto T'. Conducendo dalle sue proiezioni le parallele all'asse z si trovano r_2 e r_3. La prima proiezione della retta è invece un punto coincidente con T'_1.

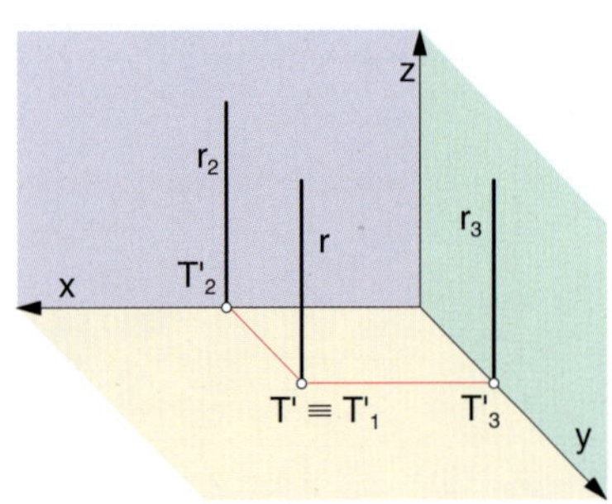

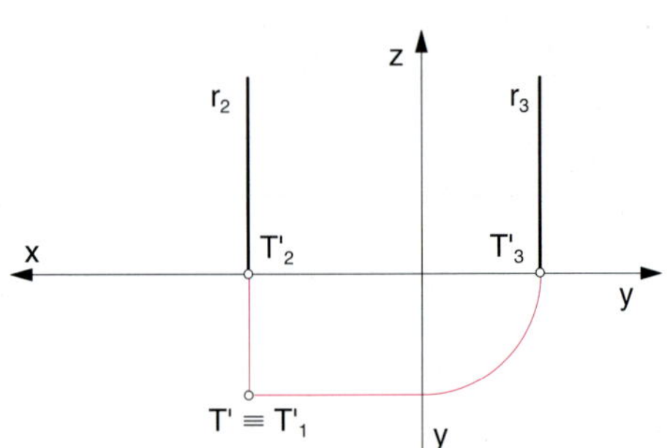

Retta parallela all'asse y

La retta ha una sola traccia, il punto T". Conducendo dalle sue proiezioni le parallele all'asse y si trovano r_1 e r_3. La seconda proiezione della retta è invece un punto coincidente con T''_2.

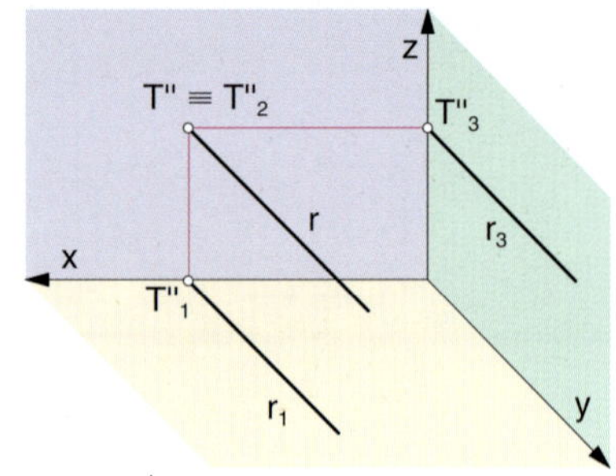

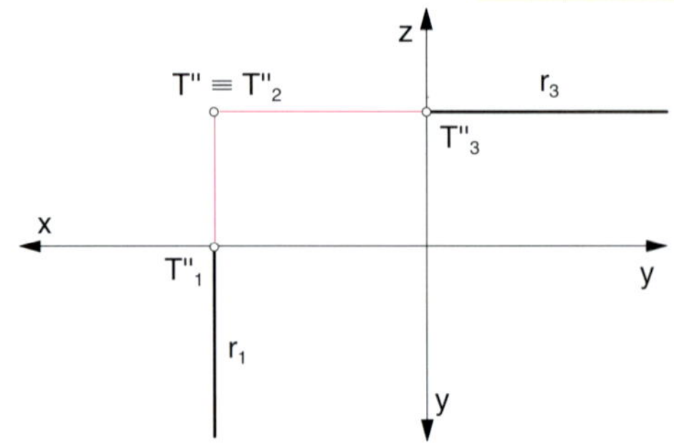

Retta parallela al piano xy e inclinata rispetto agli altri due

Dalle proiezioni di T" si ricavano le proiezioni di r. Da T''_2 e da T''_3 si tracciano le parallele rispettivamente all'asse x e all'asse y. Da T''_1 si conduce invece una retta r_1 che forma con l'asse x un angolo uguale a quello che r forma con il piano xz.

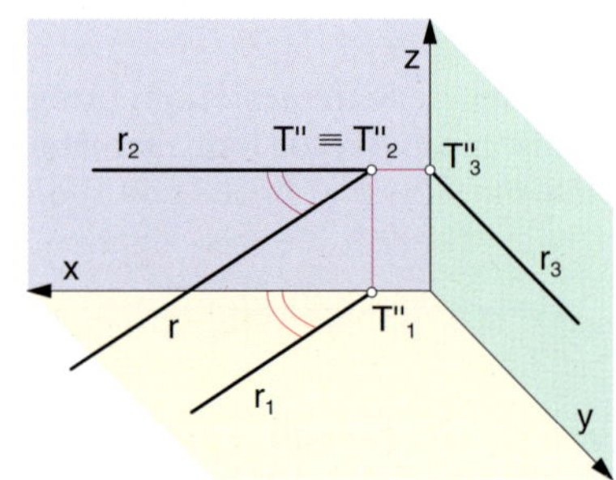

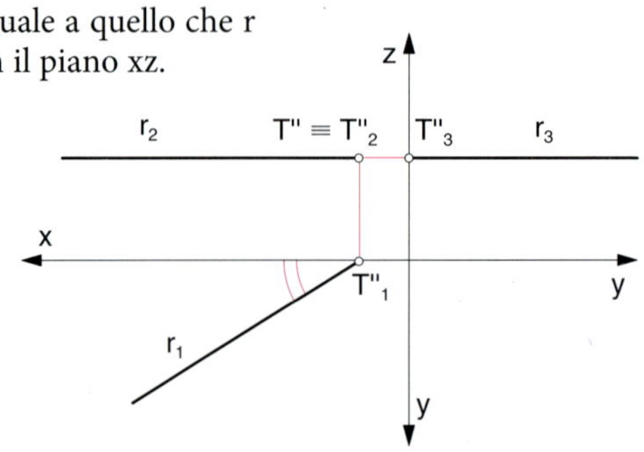

Retta parallela al piano xz e inclinata rispetto agli altri due

Dalle proiezioni di T' e T''' si ricavano le proiezioni di r, congiungendo quelle corrispondenti. Per esempio r_2 si ottiene congiungendo T'_2 e T'''_2.

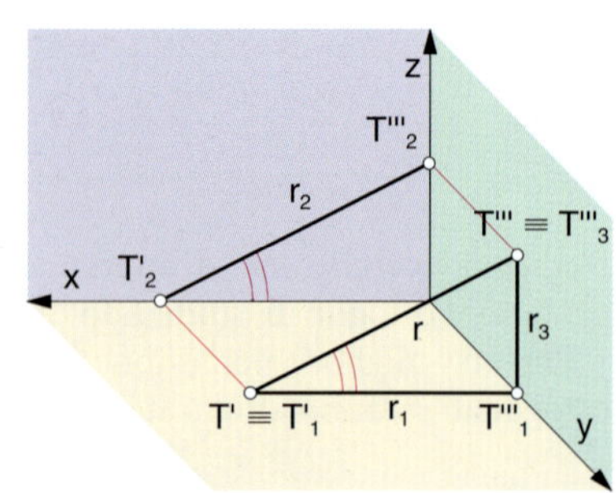

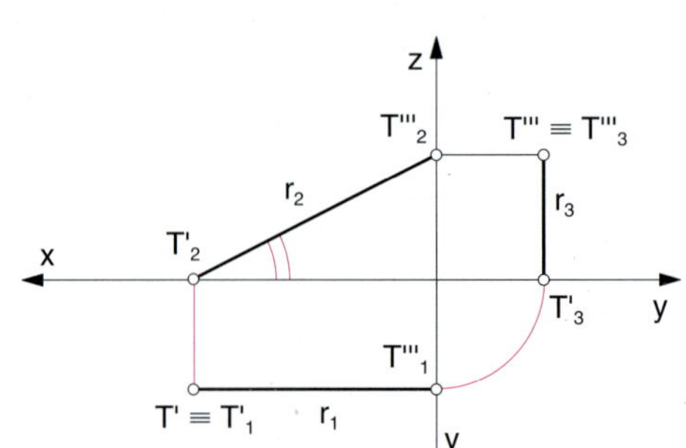

Rappresentazione del piano

I piani vengono rappresentati mediante le loro tracce.

La **traccia di un piano** è la sua retta di intersezione con un quadro.

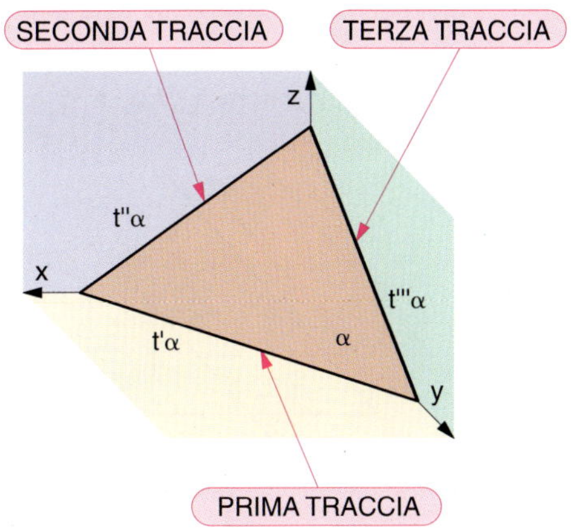

Le tracce hanno in comune punti giacenti sugli assi:

- l'intersezione della prima e seconda traccia si trova sull'asse x;
- l'intersezione della seconda e terza traccia si trova sull'asse z;
- l'intersezione della prima e terza traccia si trova sull'asse y.

Piano generico

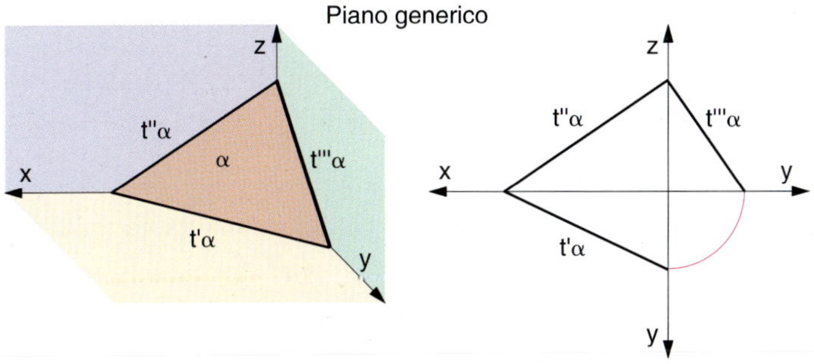

Piano parallelo al quadro xy

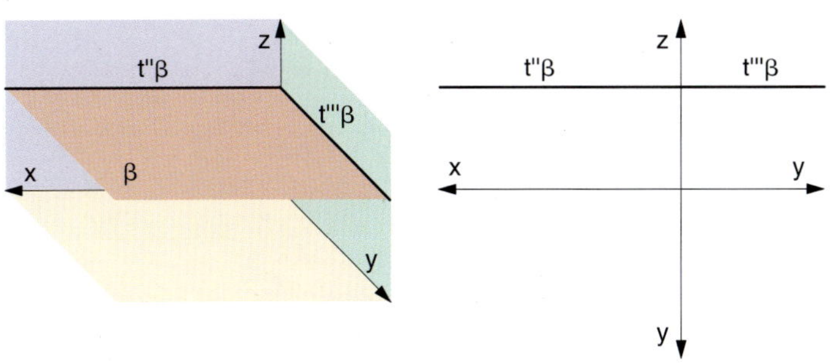

Piano parallelo al quadro xz

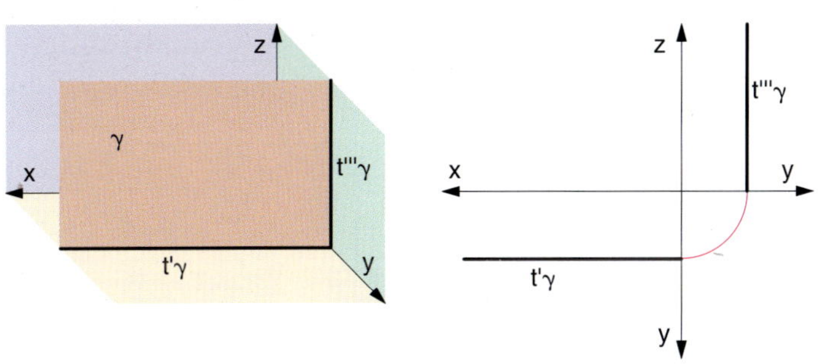

Piano parallelo al quadro yz

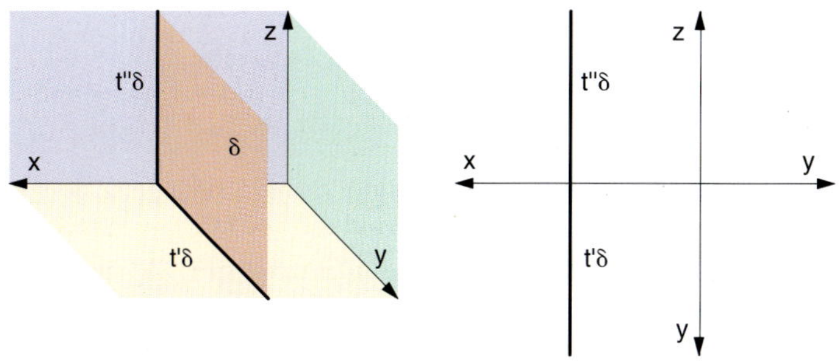

Piano perpendicolare al quadro xy

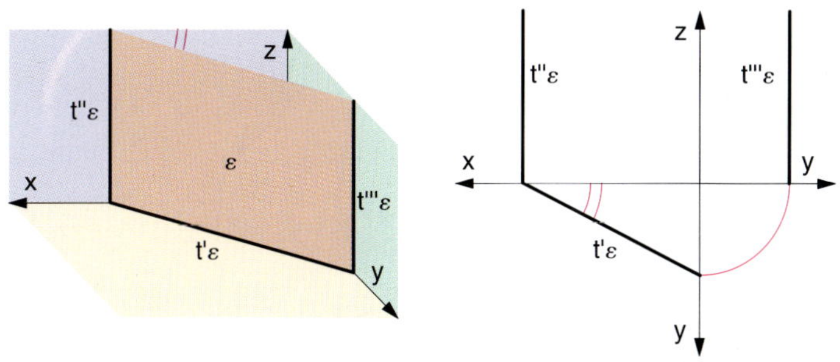

Piano perpendicolare al quadro xz

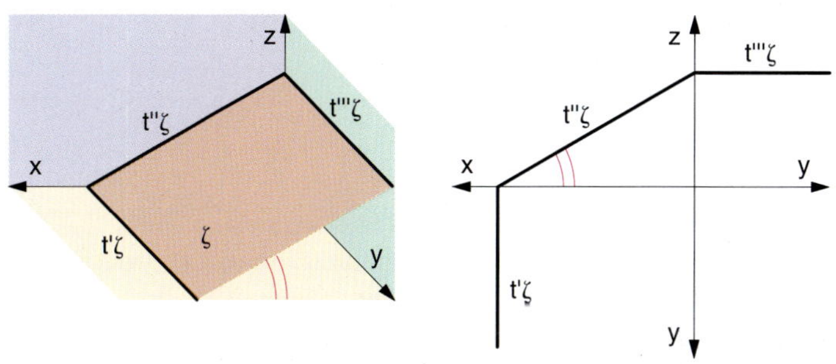

Piano perpendicolare al quadro yz

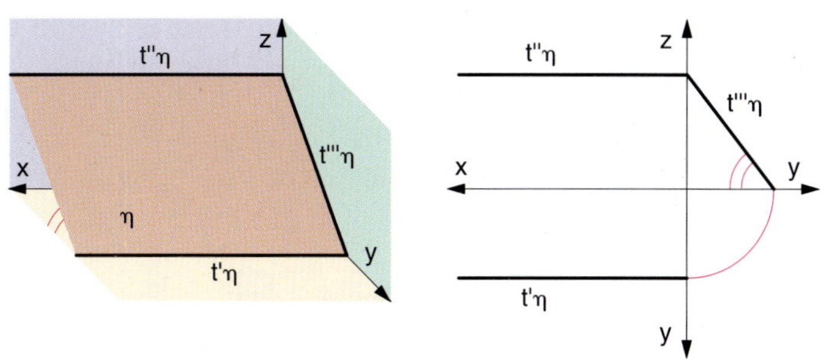

MEMO

I piani si indicano con le lettere dell'**alfabeto greco** minuscolo. Di seguito si ricordano sia le maiuscole sia le minuscole.

Α α (alfa)	Η η (eta)	Ν ν (ni)	Τ τ (tau)
Β β (beta)	Θ θ (teta)	Ξ ξ (csi)	Υ υ (ipsilon)
Γ γ (gamma)	Ι ι (iota)	Ο ο (omicron)	Φ φ (fi)
Δ δ (delta)	Κ κ (cappa)	Π π (pi)	Χ χ (chi)
Ε ε (epsilon)	Λ λ (lambda)	Ρ ρ (ro)	Ψ ψ (psi)
Ζ ζ (zeta)	Μ μ (mi)	Σ σ (sigma)	Ω ω (omega)

Condizioni di appartenenza

Condizione di appartenenza di un punto a una retta
Un punto appartiene a una retta quando le sue proiezioni appartengono alle proiezioni della retta.

Si verifica anche l'inverso: se il punto si trova sulla retta, le sue proiezioni appartengono alle proiezioni della retta.

In figura: se A appartiene a r, anche A_1 si trova su r_1, A_2 su r_2 e A_3 su r_3.

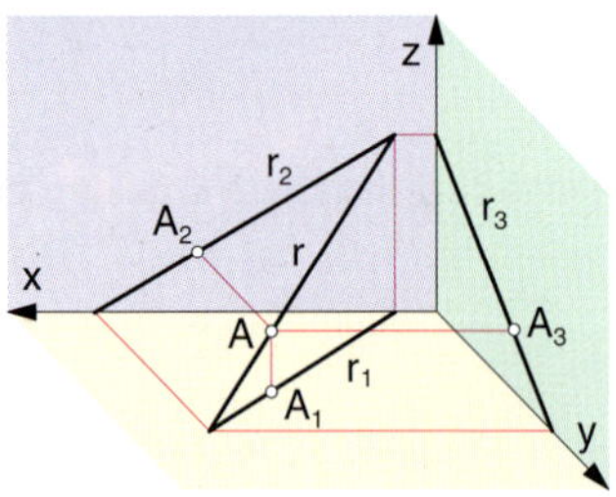

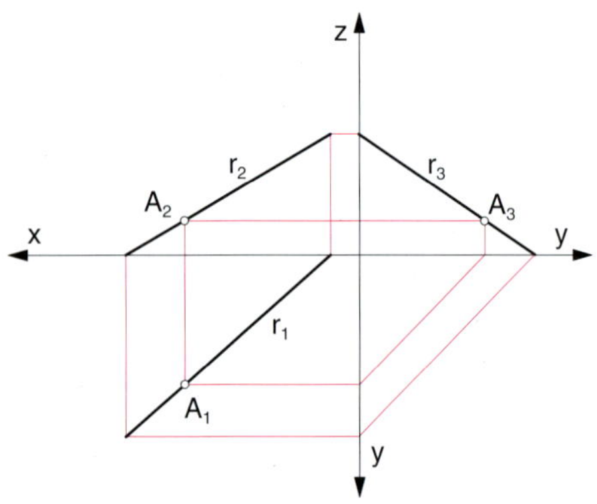

Condizione di appartenenza di una retta a un piano
Una retta appartiene a un piano quando le sue tracce appartengono alle tracce del piano.

Si verifica anche l'inverso: se la retta si trova sul piano, le sue tracce si trovano sulle tracce del piano.

In figura: se r appartiene al piano α, anche T'r si trova su t'α, T''r su t''α.

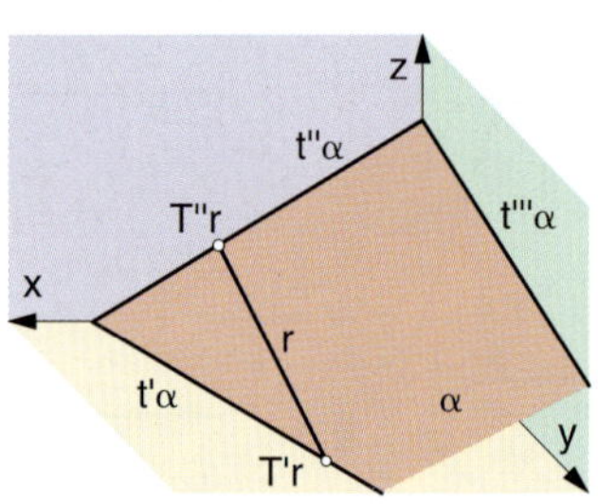

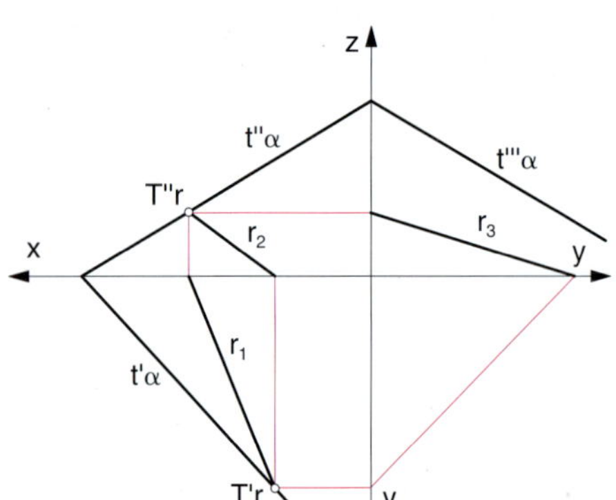

Condizioni di parallelismo

Condizione di parallelismo tra rette
Due rette sono parallele quando le corrispondenti proiezioni sono tra loro parallele.

Si verifica anche l'inverso: se le rette sono parallele, le rispettive proiezioni sono parallele.

In figura: se a e b sono parallele, anche $a_1 // b_1$, $a_2 // b_2$, $a_3 // b_3$.

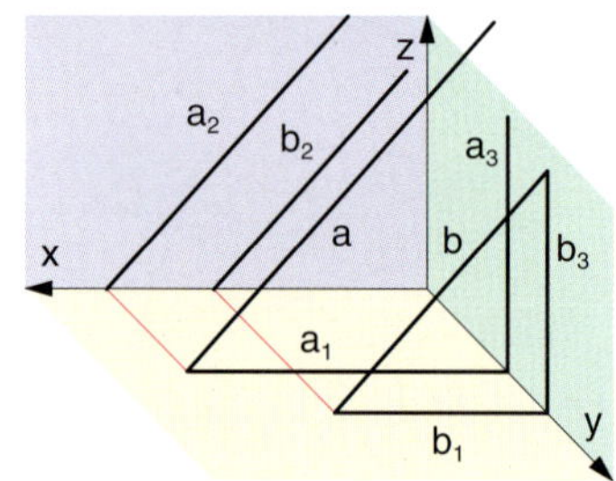

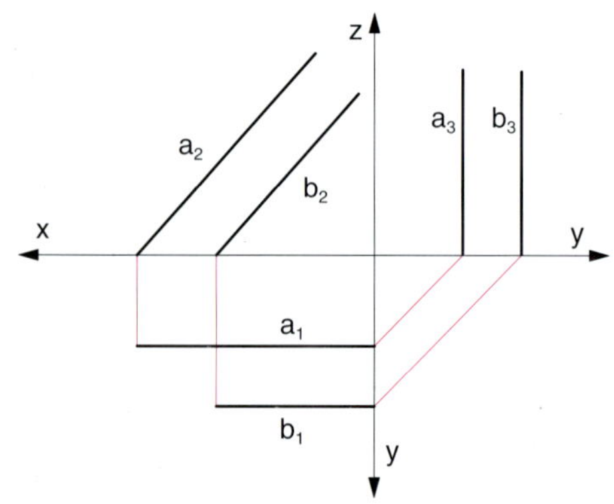

Condizione di parallelismo tra piani
Due piani sono paralleli quando le corrispondenti tracce sono tra loro parallele.

Si verifica anche l'inverso: se i piani sono paralleli, anche le rispettive tracce sono parallele.

In figura: se α e β sono paralleli, anche t'α // t'β, t''α // t''β.

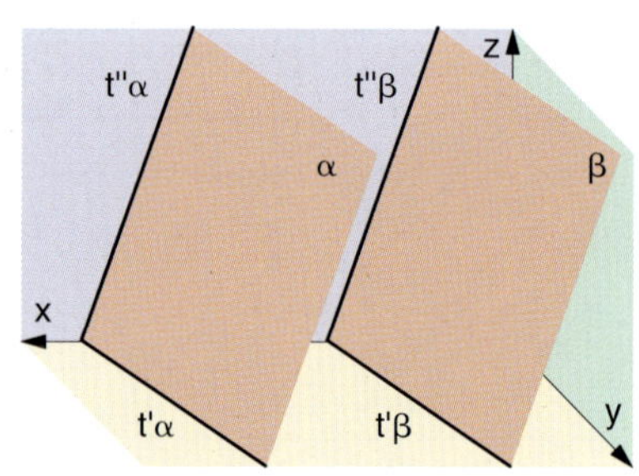

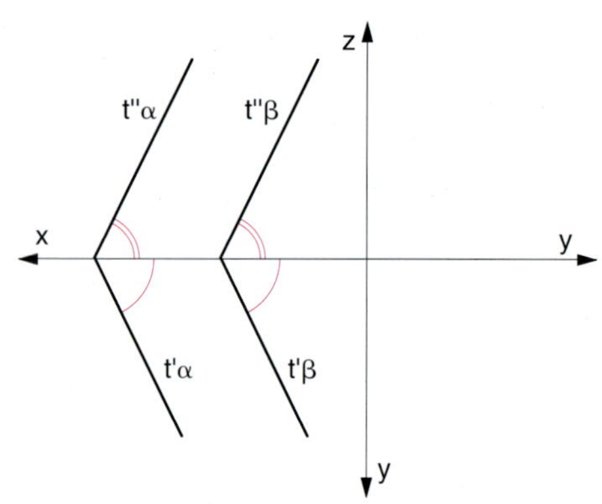

Coordinate in proiezioni ortogonali

Due proiezioni ortogonali di un punto ne definiscono la posizione nello spazio.

Questa affermazione è fondamentale per il metodo delle proiezioni ortogonali che il suo fondatore, Gaspard Monge, chiamò per l'appunto **metodo della doppia proiezione**.

Definire la posizione di un punto nello spazio equivale a conoscerne le coordinate.

Nella figura seguente, si vede come sia possibile ricavare le coordinate da una coppia di proiezioni ortogonali.

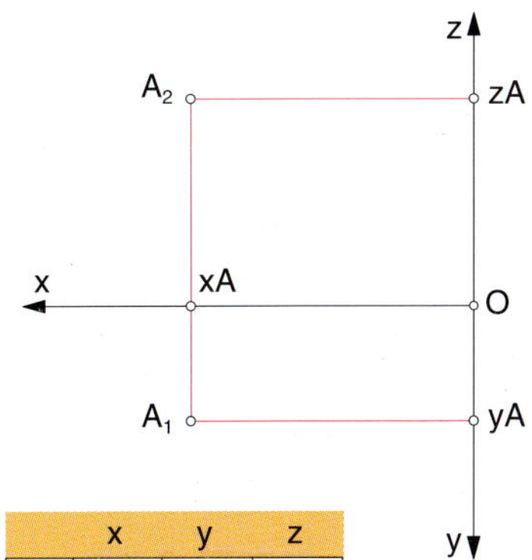

	x	y	z
A	25	10	18

Nella figura in basso è invece mostrato come sia possibile eseguire l'operazione inversa: dalle coordinate di un punto ricavare le proiezioni ortogonali e la posizione del punto nello spazio.

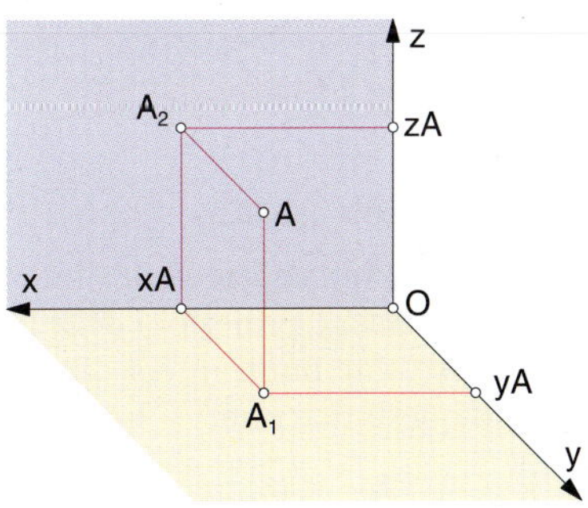

NOTA BENE

Le misure sull'asse y si possono riportare anche con una retta a 45°.

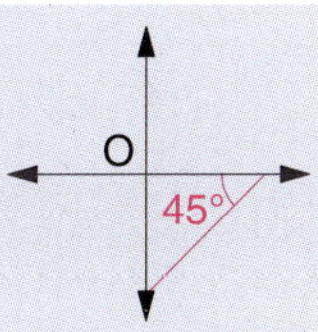

Partendo dal semplice punto si possono descrivere tutti gli altri elementi geometrici (segmenti, figure piane, solidi).

Nella figura seguente, conoscendo le coordinate degli estremi, è stato rappresentato un segmento.

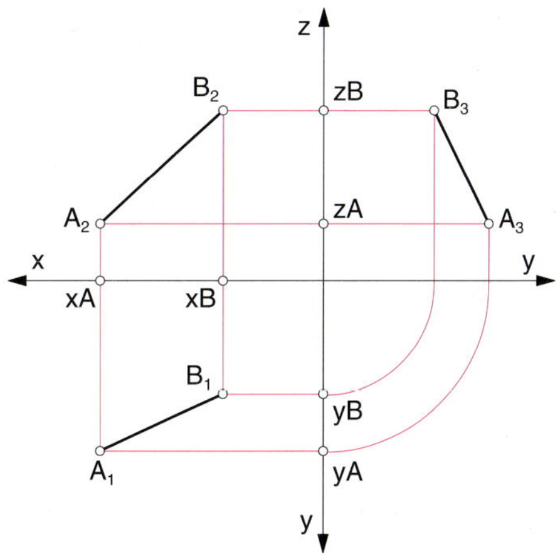

	x	y	z
A	24	18	6
B	11	12	18

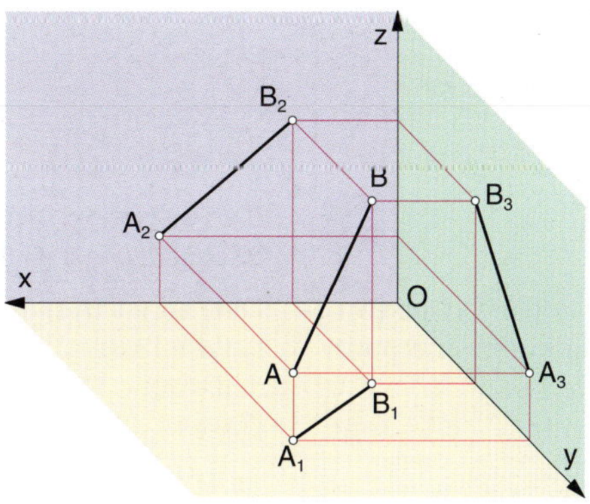

APPROFONDIMENTI

Da Cartesio al CAD (1 pagina)

PROBLEMA 4 PASSO PASSO

Dalle coordinate di un punto ricavarne tre proiezioni ortogonali

Dati i valori delle coordinate di A (xA, yA, zA), si opera nella maniera seguente:

1 Su ogni asse, a partire da O, si prende un segmento di lunghezza uguale alla corrispondente coordinata.

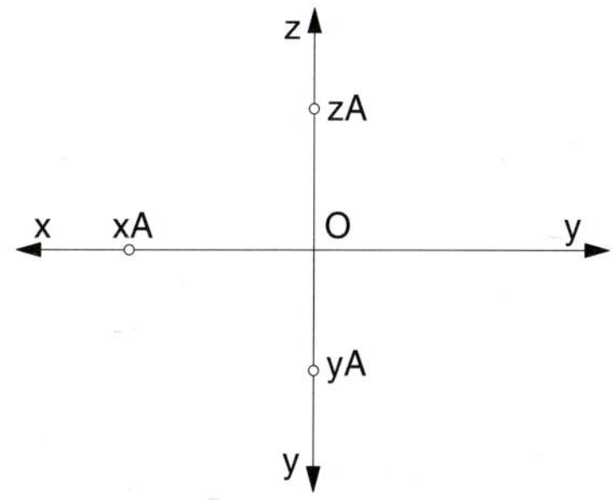

2 Con un arco di centro O, si riporta yA anche sull'asse y orizzontale (v. «nota bene»).

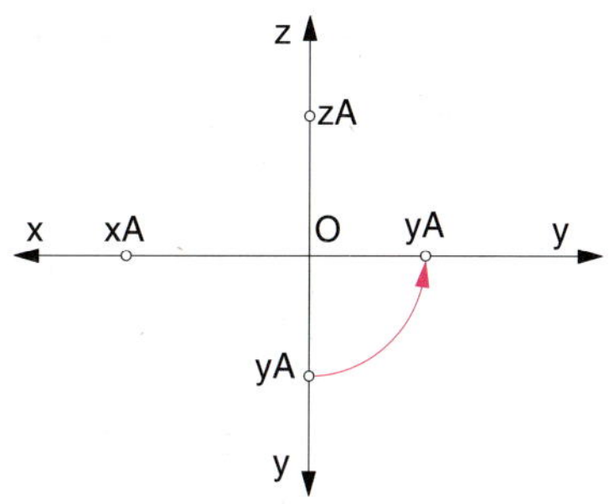

3 Dai punti xA, yA, zA si tracciano rette verticali e orizzontali.

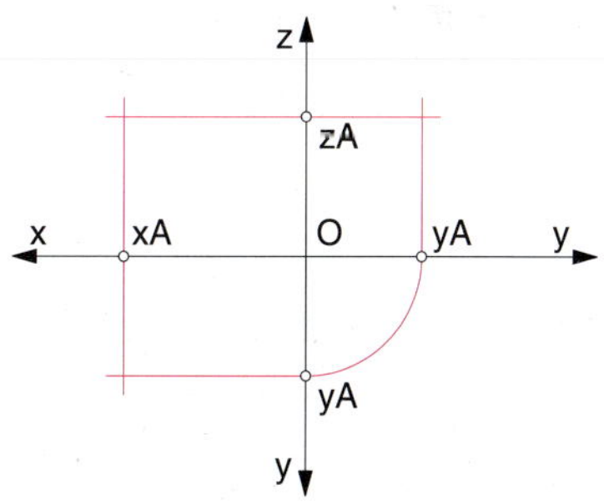

4 Le loro intersezioni definiscono la posizione di A_1, A_2, A_3.

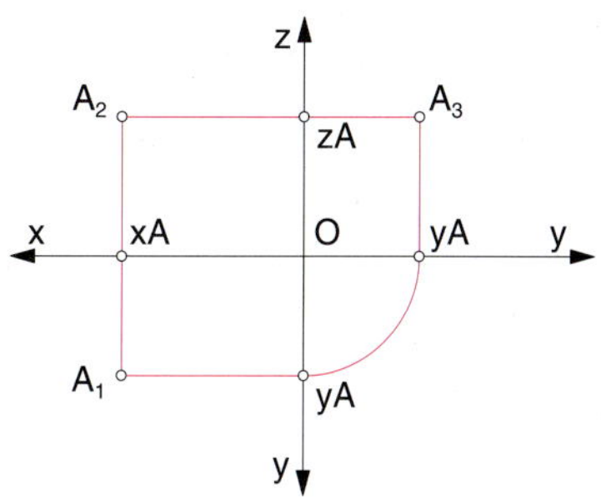

Video *Linee di riporto in proiezioni ortogonali*

PROBLEMA 5

Date le proiezioni ortogonali di una retta, trovare su di essa un punto di coordinata xA

Conoscendo r_1 e r_2, si individua sull'asse x il punto xA e si conduce da esso la retta verticale; dove quest'ultima interseca r_1 e r_2 si trovano rispettivamente A_1 e A_2, proiezioni di A.

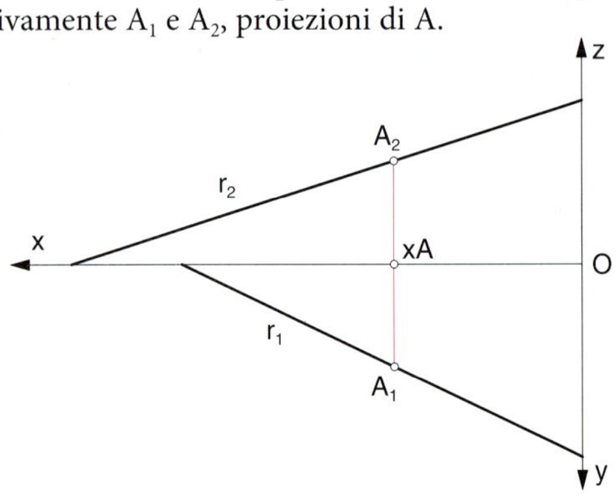

PROBLEMA 6

Date le proiezioni ortogonali di due rette r e s, verificare se esse sono incidenti o sghembe

Le rette date r e s sono incidenti se hanno in comune un punto P; quindi se il punto d'intersezione tra r_1 e s_1 si trova sulla verticale passante per l'intersezione tra r_2 e s_2, il punto P esiste. Altrimenti esso non esiste e le rette sono sghembe.

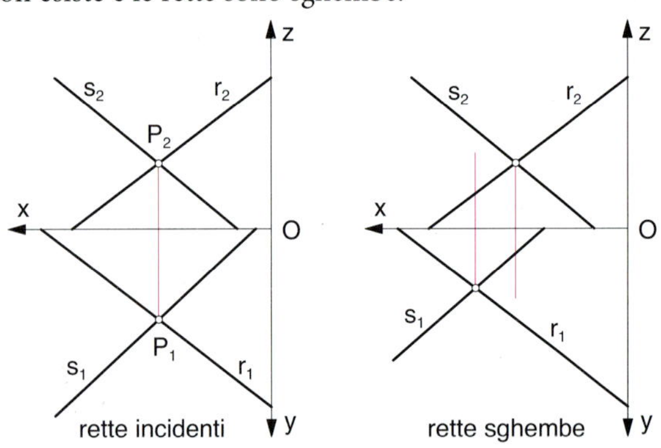

PROBLEMA 7

Date le proiezioni ortogonali di una retta, individuarne le tracce

Le intersezioni tra l'asse x e le rette r_1 e r_2 individuano rispettivamente i punti T'_2 e T''_1. Le verticali condotte da questi due punti intersecano r_1 e r_2 determinando rispettivamente i punti T'_1 e T''_2. T'_1 e T'_2 sono le proiezioni della prima traccia, mentre T''_1 e T''_2 sono le proiezioni della seconda traccia.

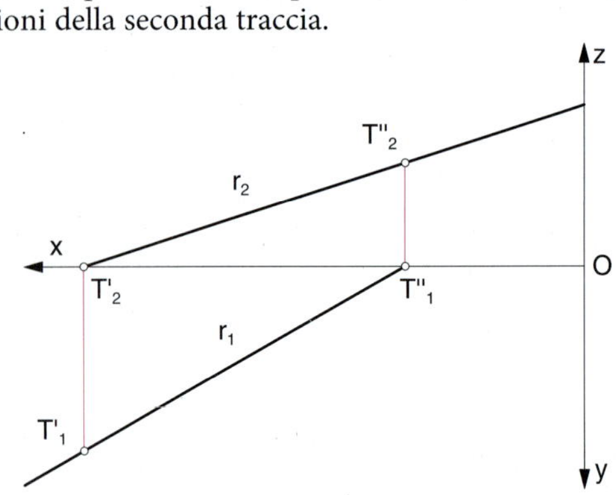

PROBLEMA 8

Date le proiezioni di un punto P e di una retta r, disegnare la retta s passante per P e parallela a r

Da P_1 si traccia s_1 parallela a r_1, mentre da P_2 si conduce s_2 parallela a r_2. Le rette s_1 e s_2 sono le proiezioni della retta desiderata.

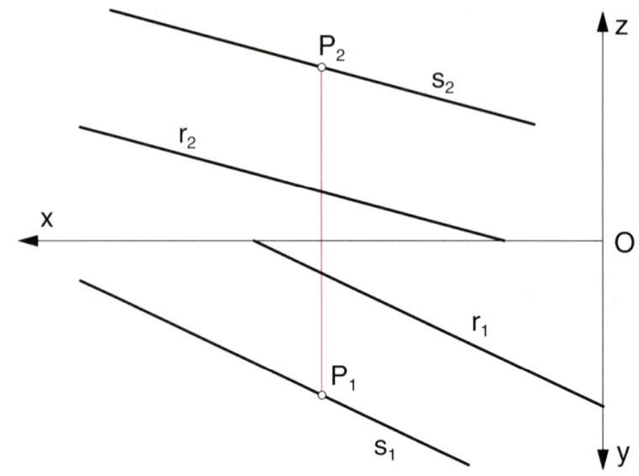

PROBLEMA 9

Dati due piani α e β, disegnare le proiezioni ortogonali della loro retta d'intersezione

L'intersezione tra $t'\alpha$ e $t'\beta$ individua T'_1; la verticale condotta da esso determina sull'asse x il punto T'_2. Similmente da $t''\alpha$ e $t''\beta$ si ricava T''_2 e quindi T''_1. Congiungendo T'_1 e T''_1 si disegna la r_1, mentre da T'_2 e T''_2 si ottiene la r_2. La retta d'intersezione tra i piani dati ha come proiezioni r_1 e r_2.

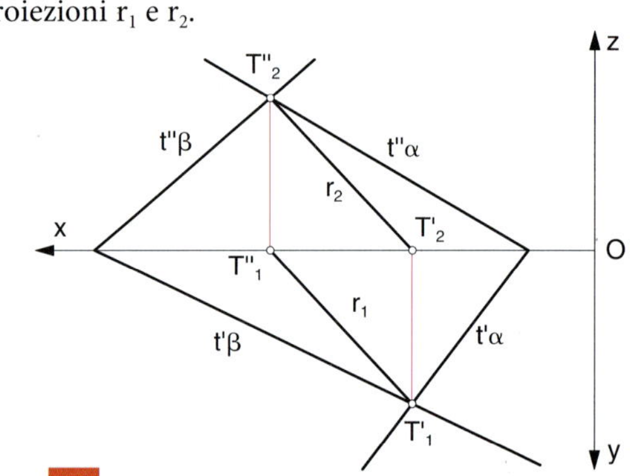

PROBLEMA 10

Dato un piano α in proiezioni ortogonali, disegnare una qualunque retta r appartenente a esso

Date $t'\alpha$ e $t''\alpha$, si disegna una qualunque retta r_1; dove essa interseca la $t'\alpha$ e l'asse x, si ottengono T'_1 e T''_1, prime proiezioni delle tracce della retta. Dove le verticali da questi due punti intersecano $t''\alpha$ e l'asse x, si hanno T'_2 e T''_2; unendo questi due punti si trova r_2.

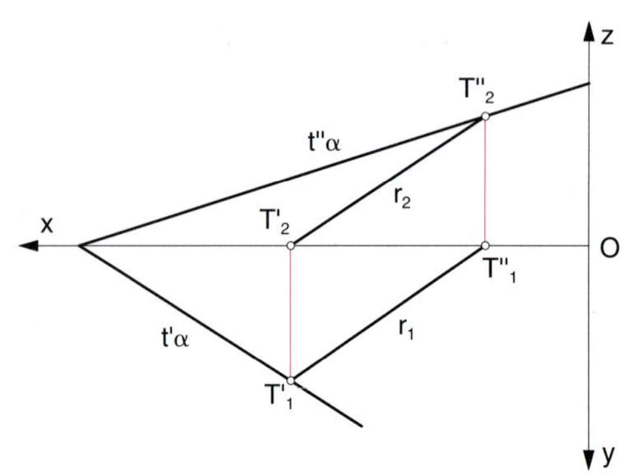

NOTA BENE

I problemi di questa pagina sono risolti mediante due sole proiezioni ortogonali, per evidenziare che esse sono sufficienti per definire compiutamente la posizione nello spazio di elementi geometrici quali punto, segmento e retta.

Proiezioni ortogonali di figure piane

Quando una figura piana è parallela a un quadro, la sua proiezione su quel quadro rappresenta la sua vera forma, cioè la figura non subisce alcuna deformazione. Per questo motivo **è molto vantaggioso iniziare il disegno dalla vista in cui la figura mostra la sua vera forma**.

PROBLEMA 11 PASSO PASSO

Triangolo equilatero parallelo al piano xy

Dato un vertice A della base, tramite le sue coordinate e la lunghezza del lato, si procede così:

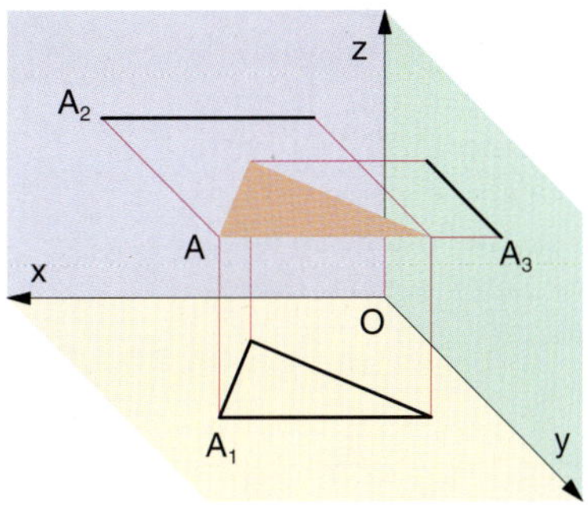

1 Tramite le coordinate xA, yA, zA si individuano sul foglio le proiezioni A_1, A_2 e A_3.

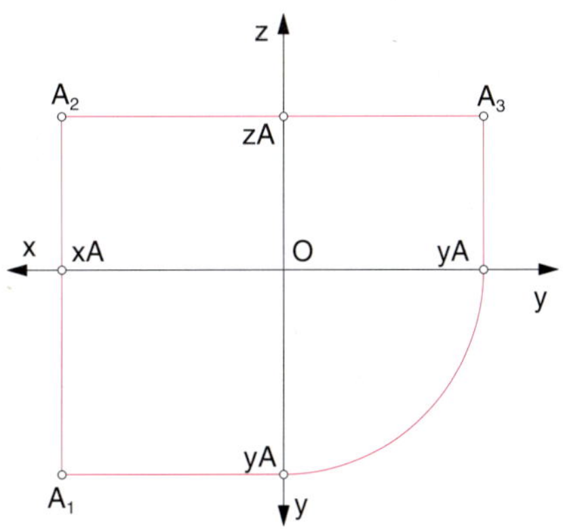

2 Poiché il triangolo è parallelo al piano xy, mostra la sua vera forma nella vista dall'alto; pertanto si disegna il triangolo in questa vista.

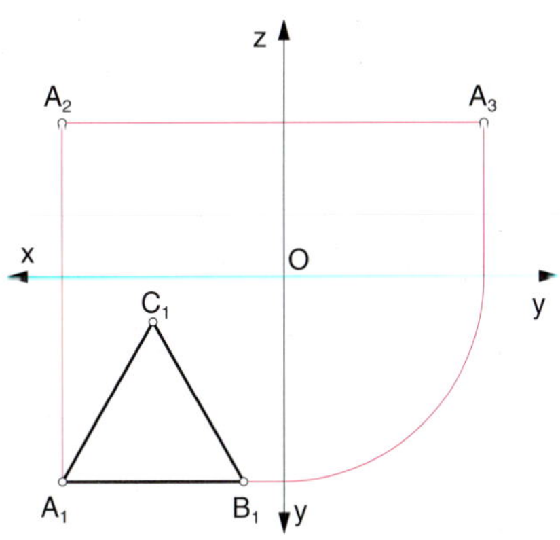

3 Il triangolo è anche perpendicolare ai piani xz e yz, perciò le sue proiezioni su questi piani sono segmenti orizzontali.

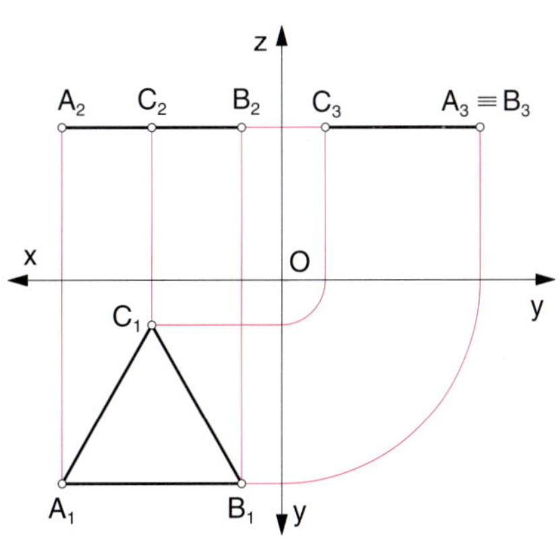

PROBLEMA 12 PASSO PASSO

Quadrato parallelo al piano xz

Noto il vertice A, mediante le sue coordinate e la lunghezza del lato, si procede così:

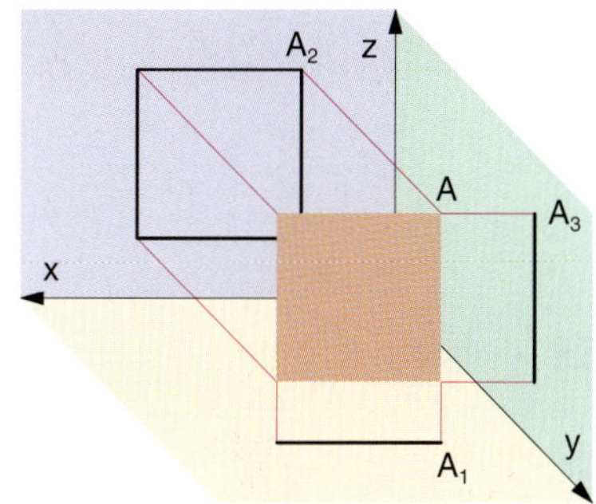

1 Tramite le coordinate xA, yA, zA si individuano sul foglio le proiezioni A_1, A_2 e A_3.

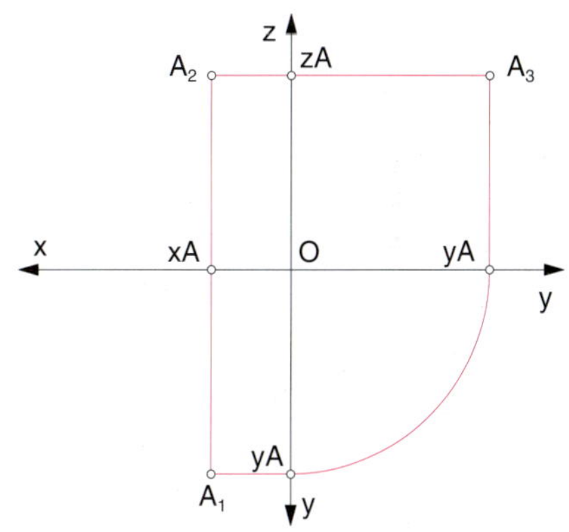

2 Poiché il quadrato è parallelo al piano xz, mostra la sua vera forma nella vista frontale; pertanto si disegna il quadrato in questa vista.

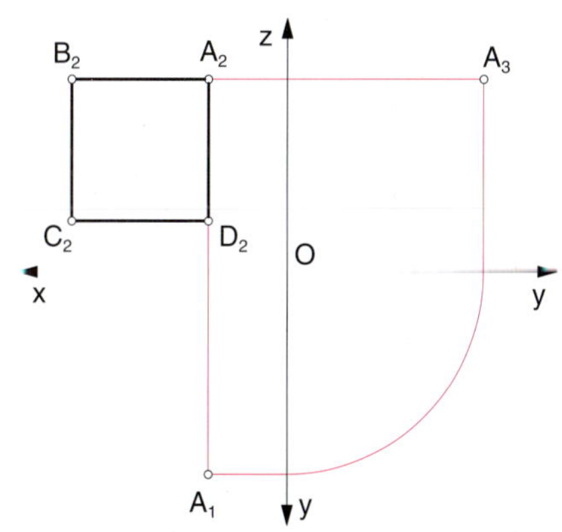

3 Il quadrato è anche perpendicolare ai piani xy e yz, perciò le sue proiezioni su questi piani sono due segmenti: nella vista dall'alto il segmento è orizzontale, mentre nella vista da sinistra è verticale.

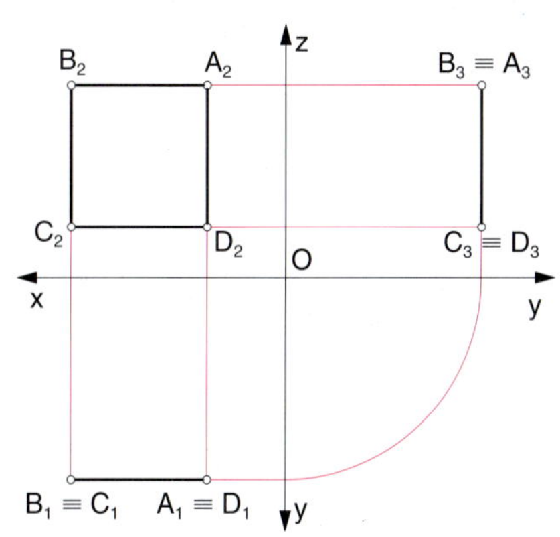

NOTA BENE

In caso di coincidenza di più punti, le lettere che indicano le proiezioni vengono scritte secondo l'ordine con cui il raggio proiettante attraversa i punti reali. Per esempio nella vista dall'alto del Problema 12 il raggio proiettante passa prima per A e poi per D; quindi si scrive $A_1 \equiv D_1$ e non viceversa $D_1 \equiv A_1$.

PROBLEMA 13 **PASSO PASSO**

Esagono regolare parallelo al piano yz

Conoscendo le coordinate di un vertice A e la lunghezza del lato, si procede così:

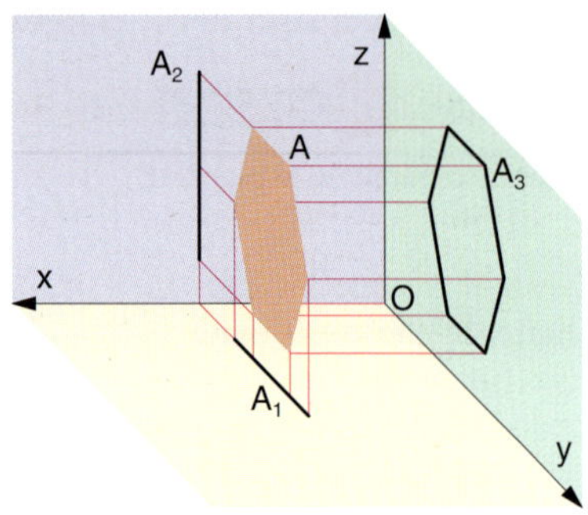

1 Mediante le coordinate xA, yA, zA si disegnano le proiezioni A_1, A_2 e A_3.

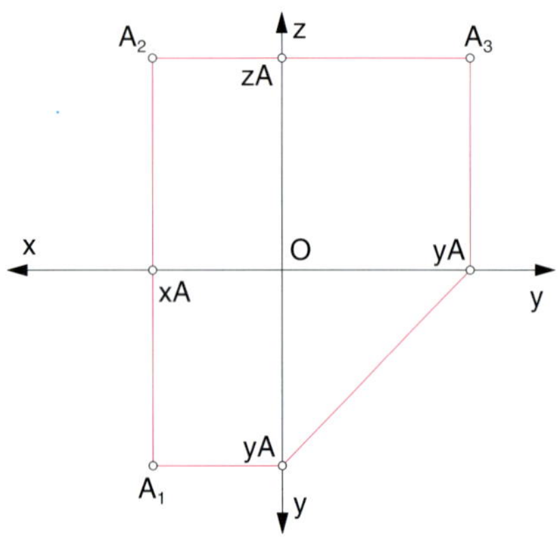

2 Essendo l'esagono parallelo al piano yz, si disegna l'esagono nella vista da sinistra, nella quale si presenta la vera forma del poligono.

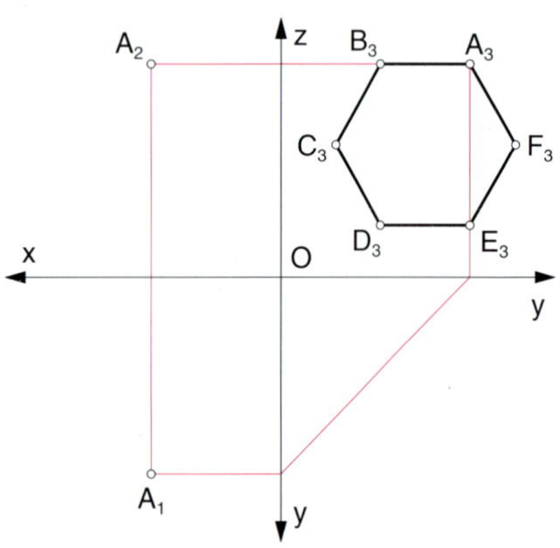

3 L'esagono è anche perpendicolare ai piani xy e xz, perciò le sue proiezioni su questi piani sono segmenti verticali.

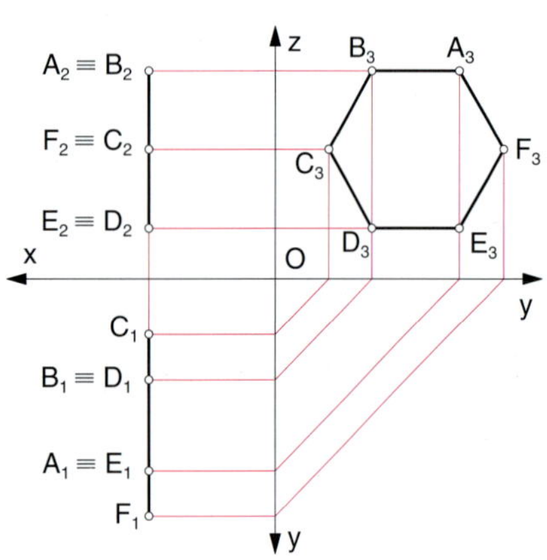

NOTA BENE

Prima di eseguire le finiture (ripasso delle linee da marcare, scritte ecc.) bisogna ultimare la costruzione di tutto il disegno.

PROBLEMA 14

Ottagono regolare parallelo al piano xz

In questo caso il poligono mostra la sua vera forma nella vista frontale; pertanto il disegno viene impostato a partire da questa vista, dalla quale si ricavano le altre mediante le linee di riporto. Nella vista dall'alto e nella vista da sinistra l'ottagono appare sotto forma di segmento.

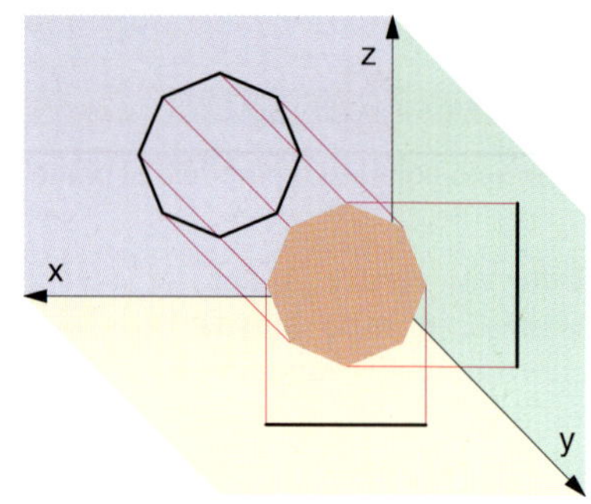

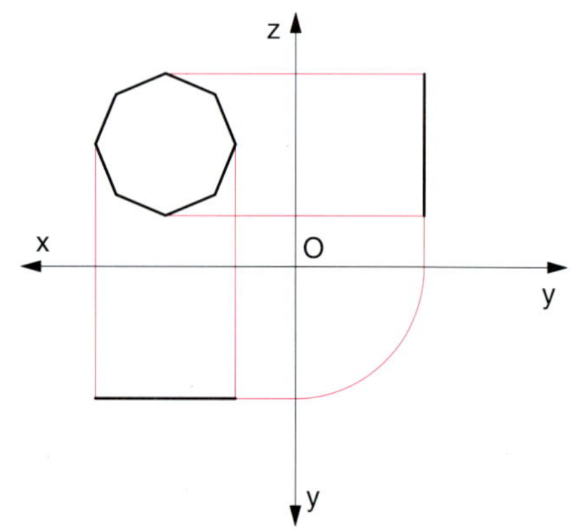

PROBLEMA 15

Corona circolare parallela al piano xy

La figura mostra la sua vera forma nella vista dall'alto, dalla quale pertanto si inizia il disegno. Mediante linee di riporto tangenti alla circonferenza esterna si ricavano le altre due viste.

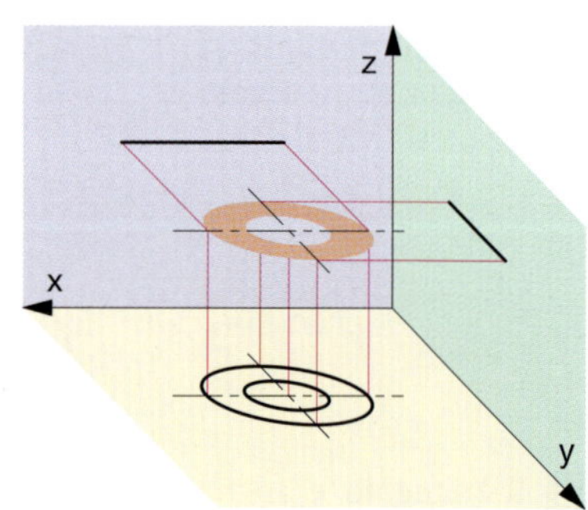

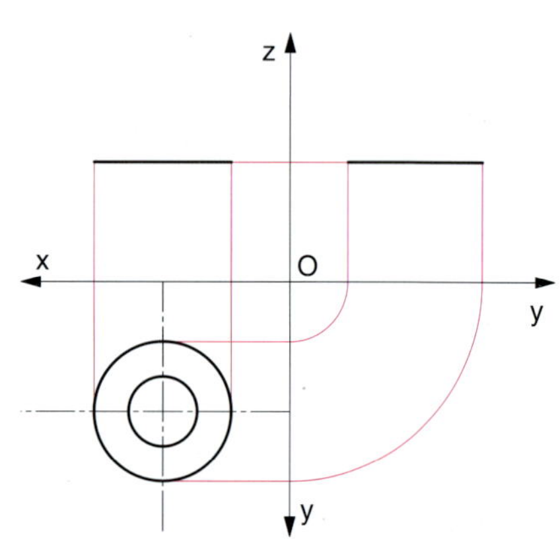

Figure piane perpendicolari a un quadro e inclinate rispetto agli altri due

Se una figura è perpendicolare rispetto a un quadro, la sua proiezione su di esso è un segmento; l'inclinazione di questo segmento fornisce gli angoli che la figura forma con gli altri quadri.

PROBLEMA 16 GUIDATO

Rombo perpendicolare al piano xy e inclinato rispetto agli altri due

Del rombo sono note le diagonali, la posizione del centro M e l'inclinazione α rispetto al piano xz.

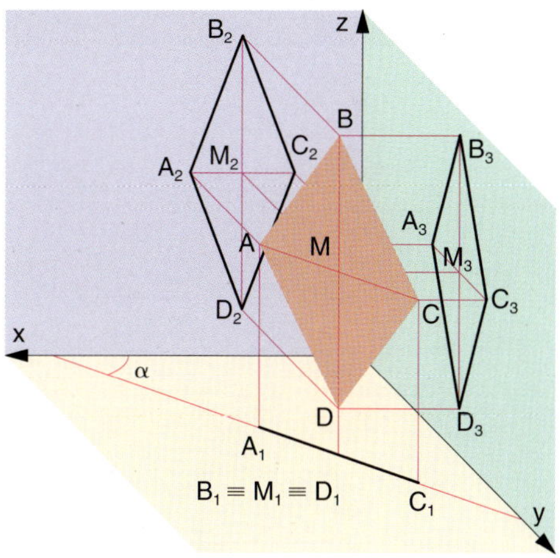

Per ottenere le viste si procede nel modo seguente.

1. Si trovano le proiezioni del centro M (v. Problema 4).
2. Da M_1 si traccia una retta inclinata di un angolo α rispetto all'asse x; su di essa si prende un segmento A_1C_1 che ha il punto medio in M_1 e lunghezza pari alla diagonale orizzontale del rombo.
3. Si disegna un segmento B_2D_2 che ha il punto medio in M_2 e lunghezza pari all'altra diagonale del rombo.
4. Conducendo le rette orizzontali per B_2, M_2 e D_2 e tracciando le linee di riporto da A_1, M_1 e C_1 si ottengono le proiezioni dei vertici del rombo.

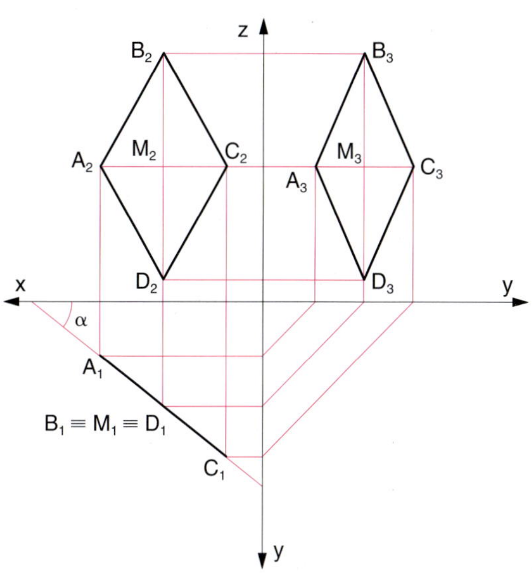

PROBLEMA 17 GUIDATO

Trapezio isoscele perpendicolare al piano xz e inclinato rispetto agli altri due

Del trapezio sono note le basi, l'altezza e l'inclinazione α rispetto al piano xy.

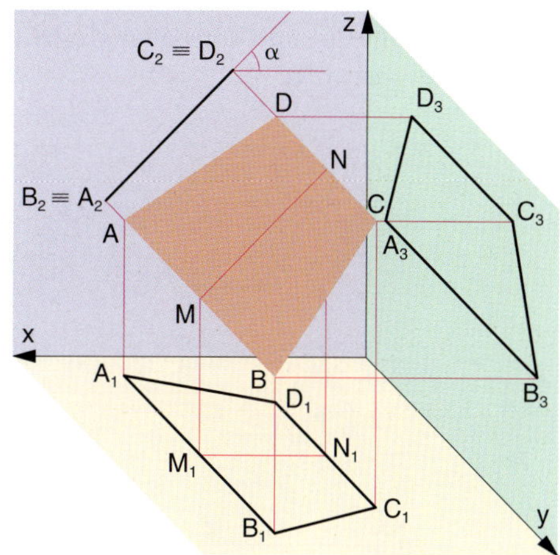

Per ottenere le viste del trapezio si procede nel modo seguente.

1. Nella vista frontale si disegna un segmento lungo quanto l'altezza del trapezio e inclinato di un angolo α rispetto all'asse x.
2. Dopo aver tracciato le linee di riporto dagli estremi del segmento, si prende un segmento A_1B_1 di lunghezza pari alla base maggiore del trapezio.
3. Da M_1, punto medio di A_1B_1, si traccia una retta orizzontale, che interseca l'altra retta di riporto verticale in N_1, punto medio della base minore.
4. Si disegna il segmento C_1D_1, di lunghezza pari alla base minore del trapezio, ottenendo così la vista dall'alto.
5. Mediante le linee di riporto si trovano le terze viste dei vertici del trapezio.

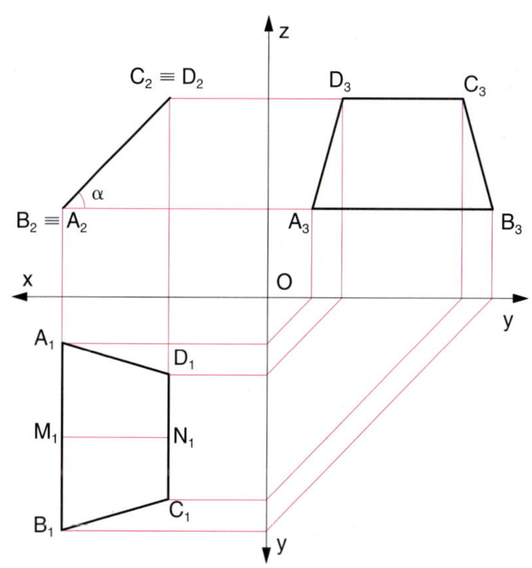

Proiezioni ortogonali di solidi

Analogamente alle figure piane, anche i solidi vengono rappresentati in proiezioni ortogonali partendo dai loro elementi più semplici (vertici, spigoli e contorni). È da ricordare che le facce parallele a un quadro creano delle viste uguali alla faccia stessa.

PROBLEMA 18 PASSO PASSO

Parallelepipedo con facce parallele ai quadri

Del parallelepipedo sono note le lunghezze a, b, c dei lati e le coordinate di un vertice V.

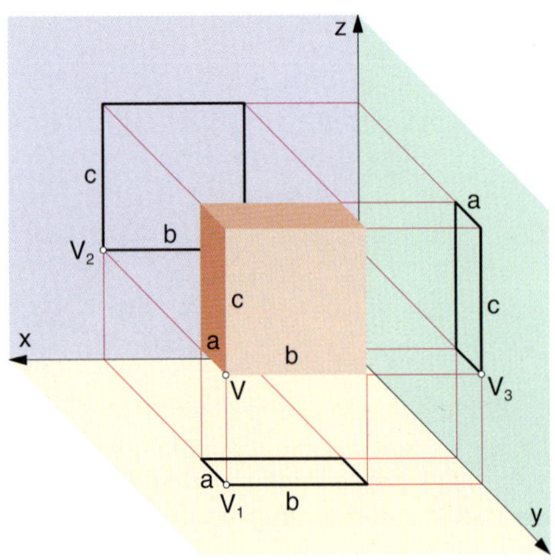

Per ottenere le viste si procede nella maniera seguente:

1 Si trovano V_1, V_2, V_3, proiezioni del vertice V (v. Problema 4).

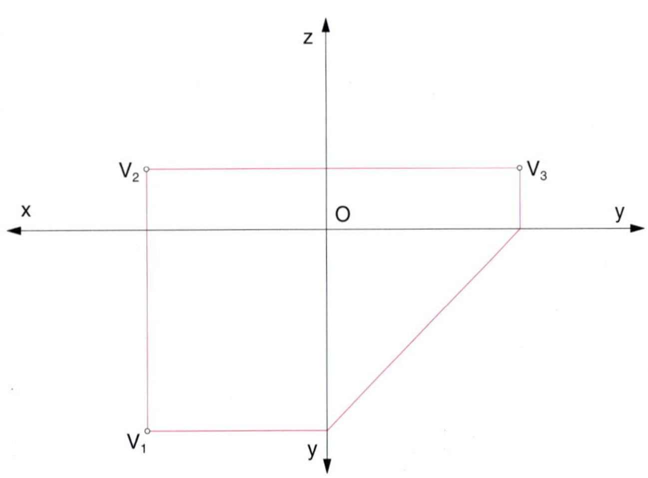

MEMO

La vista di una faccia parallela a un quadro si presenta nella sua **vera forma** (ha forma uguale alla faccia reale).

2 Nella vista dall'alto si disegna un rettangolo di lati a e b con vertice in V_1.

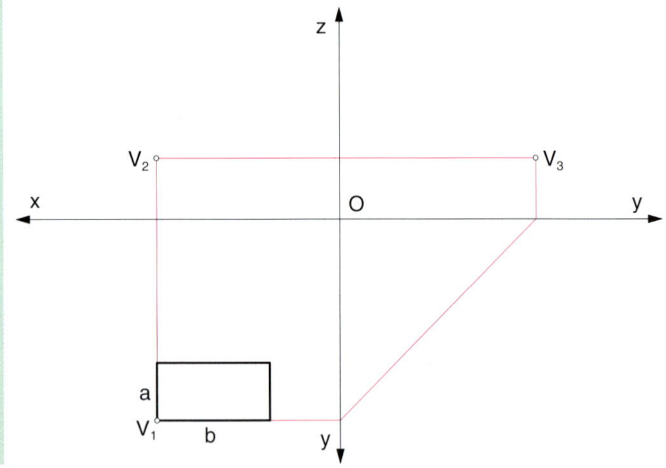

3 Nella vista frontale, a partire da V_2 si traccia un rettangolo di lati b e c.

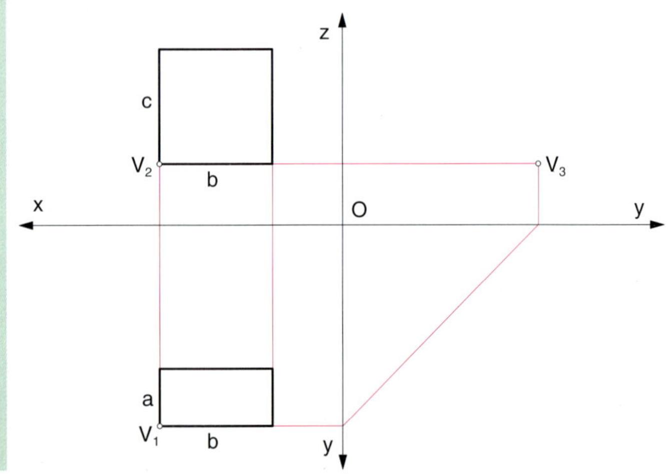

4 Mediante le linee di riporto si ricava la terza vista del parallelepipedo (un rettangolo di lati a e c).

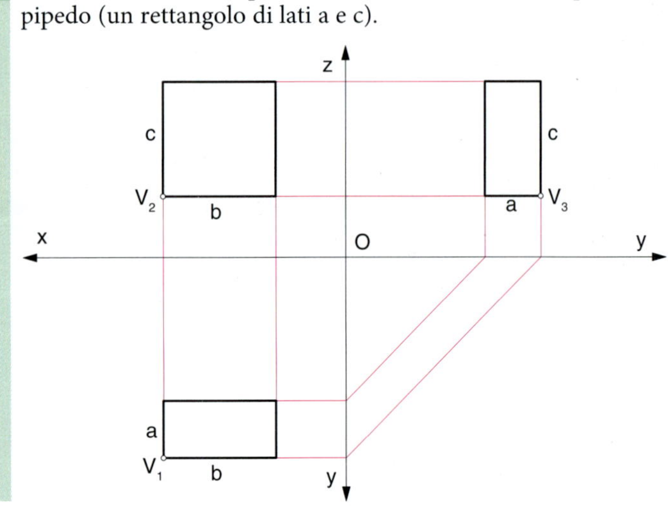

PROBLEMA 19 GUIDATO

Piramide retta a base rettangolare

Della piramide sono note le lunghezze a, b dei lati di base, l'altezza h e le coordinate del vertice V.

Per ottenere le viste si procede nel modo seguente.

1. Si trovano V_1, V_2, V_3, proiezioni del vertice V.
2. Nella vista dall'alto si disegna un rettangolo di lati a e b con centro in V_1.
3. Nella vista frontale si traccia una orizzontale che abbia distanza h da V_2.
4. Mediante le linee di riporto dalla vista dall'alto della base si ricavano le altre due viste (triangoli isosceli).

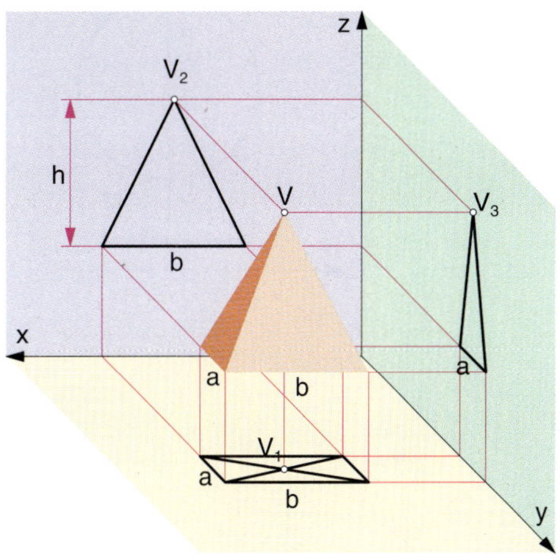

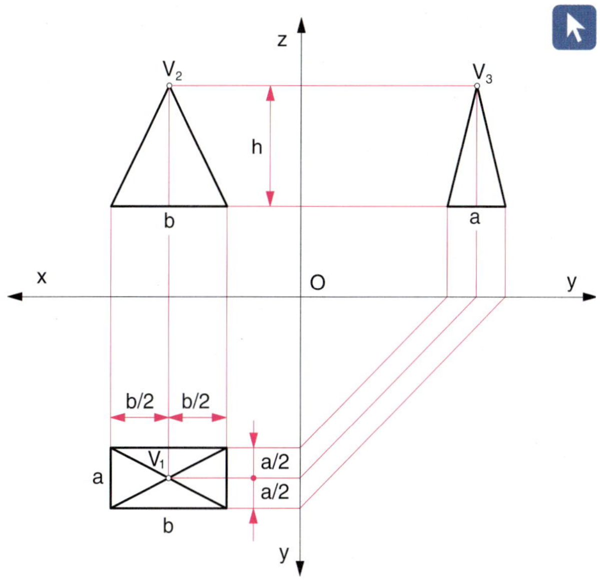

PROBLEMA 20 GUIDATO

Piramide retta a base esagonale regolare con base parallela al piano xy

Della piramide sono note la lunghezza a del lato di base, l'altezza h e le coordinate del vertice V.

Per ottenere le viste si procede nel modo seguente.

1. Si trovano V_1, V_2, V_3, proiezioni del vertice V.
2. Nella vista dall'alto si disegna un esagono di lato a con centro in V_1.
3. Nella vista frontale si traccia una orizzontale che abbia distanza h da V_2.
4. Mediante le linee di riporto dalla vista dall'alto della base si ricavano le altre due viste (triangoli isosceli).

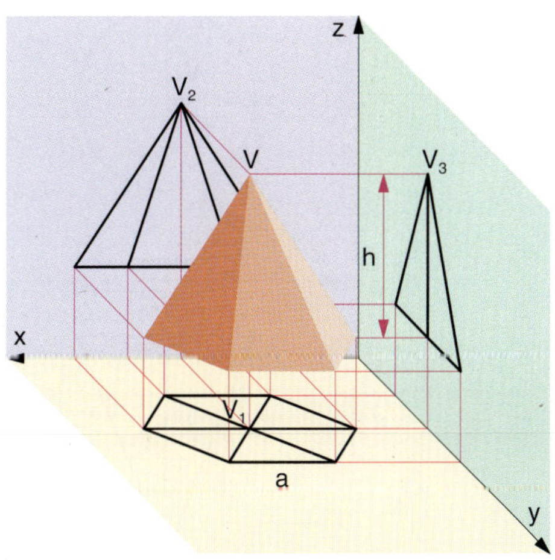

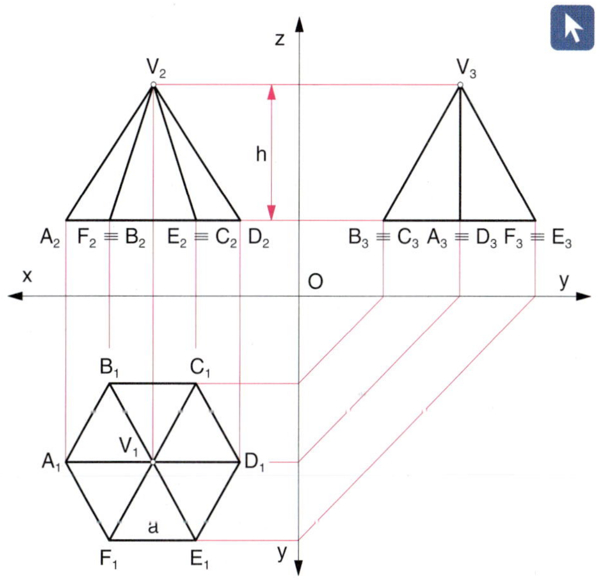

PROBLEMA 21 GUIDATO

Prisma retto a base ottagonale regolare con basi parallele al piano yz

Le basi del prisma sono parallele al piano yz; oltre all'altezza h, sono note le coordinate del centro C di una base e il raggio r della circonferenza circoscritta alla base.

Per ottenere le viste si procede nel modo seguente.

1. Si trovano C_1, C_2, C_3, proiezioni del centro C.
2. Nella vista da sinistra si disegna un ottagono di raggio r e centro in C_3.
3. Dai vertici dell'ottagono si tracciano le linee di riporto verso i piani xy e xz.
4. Dalla verticale passante per C_1 e C_2 si conduce una parallela a distanza h.

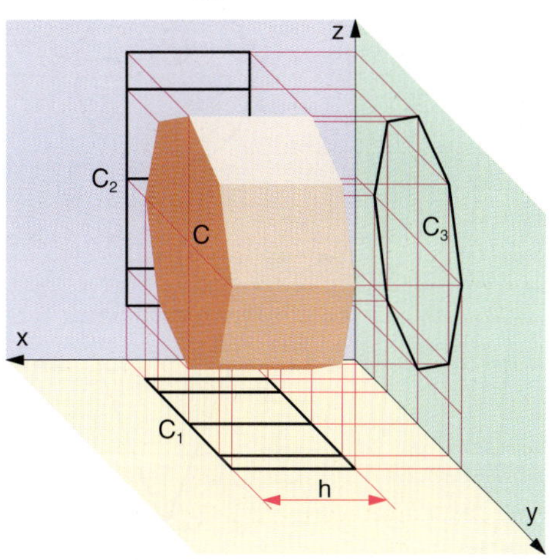

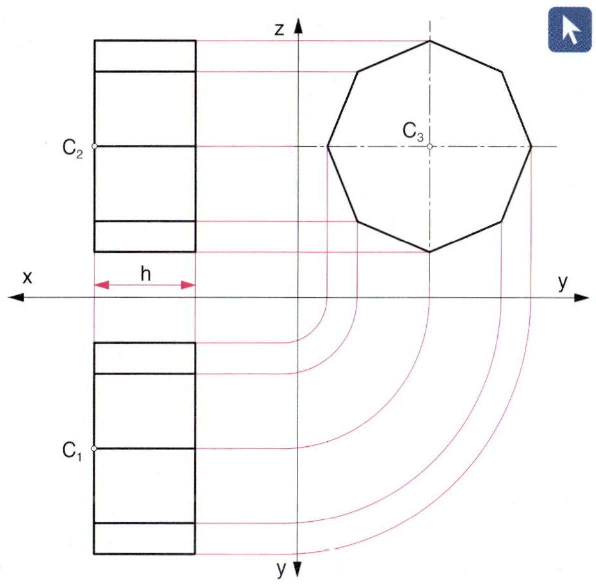

PROBLEMA 22 PASSO PASSO

Cono retto con base parallela al piano xz

Del cono sono noti il raggio di base r, l'altezza h e le coordinate del vertice V.

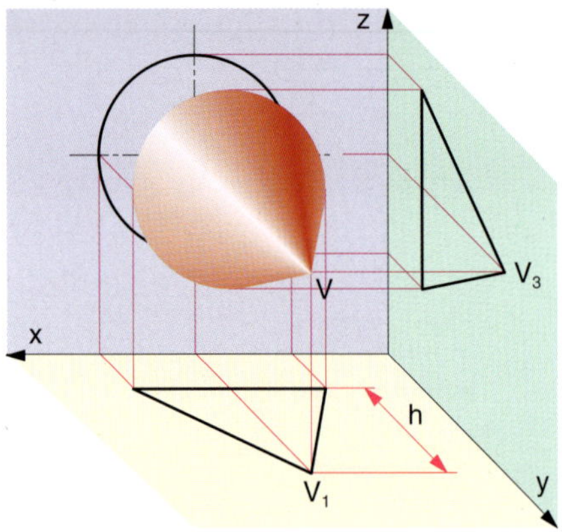

Per ottenere le viste si procede nella maniera seguente:

1 In base ai valori noti delle coordinate, si trovano V_1, V_2, V_3, proiezioni di V (v. Problema 4).

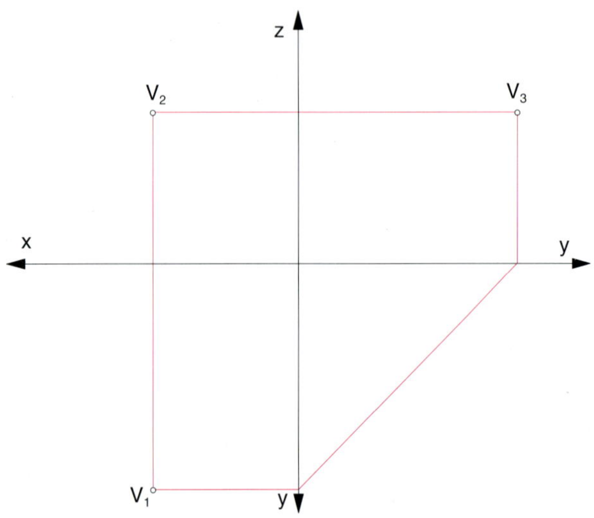

2 Nella vista frontale si disegna una circonferenza di raggio r con centro in V_2. Della circonferenza si tracciano anche gli assi di simmetria.

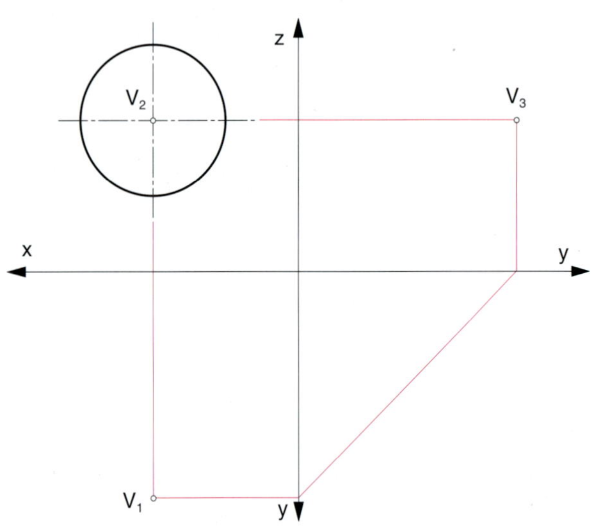

3 Nella vista dall'alto si traccia una orizzontale con distanza h da V_1.

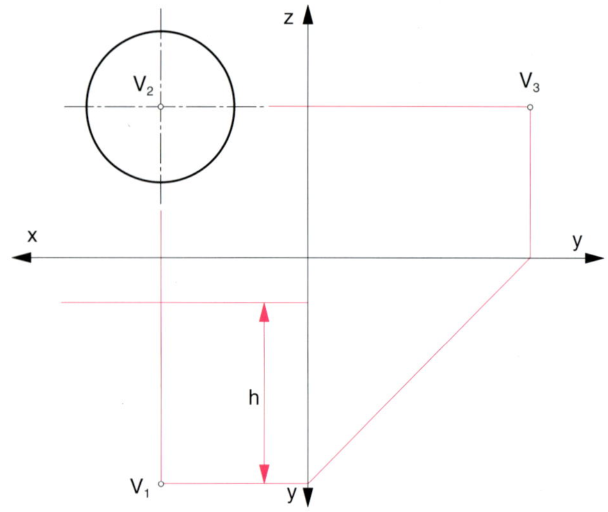

4 Dagli estremi del diametro orizzontale della circonferenza si conducono linee di riporto verticali che consentono di completare la vista dall'alto.

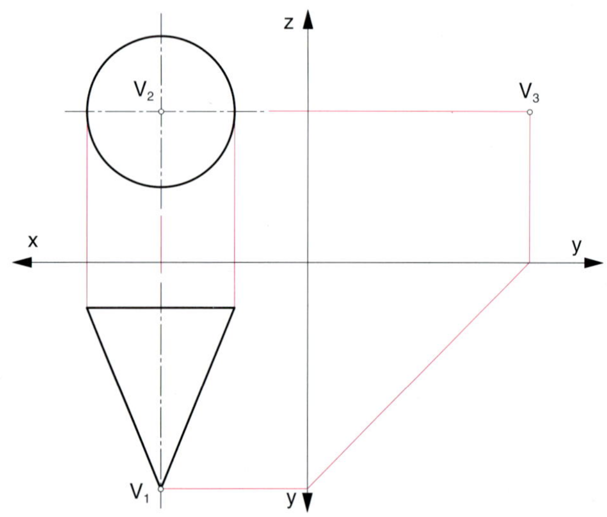

5 Mediante linee di riporto dalla vista dall'alto e dalla vista frontale si completano le viste.

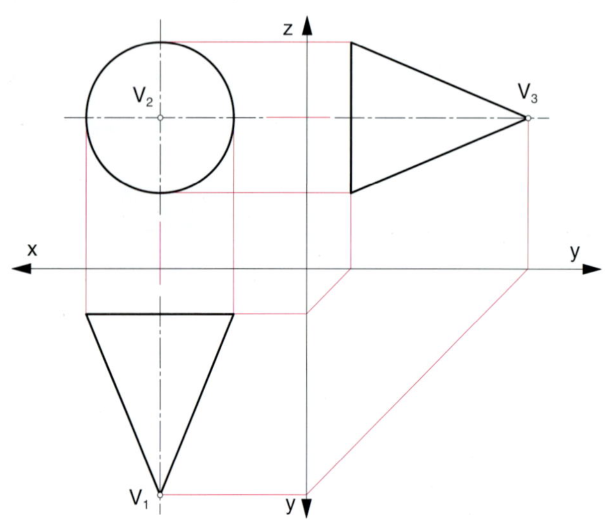

PROBLEMA 23 GUIDATO

Cilindro retto con l'asse parallelo all'asse x

Poiché il cilindro presenta basi parallele al piano yz, nella vista da sinistra le basi stesse appaiono nella loro **vera forma**, cioè una circonferenza.

Conoscendo la posizione del centro C, diametro e altezza del cilindro, si procede così.

1. Si trovano C_1, C_2, C_3, proiezioni del centro C.
2. Nella vista da sinistra si disegna una circonferenza del diametro dato e con centro in C_3.
3. Dopo aver tracciato gli assi della circonferenza, si individuano i punti da cui condurre le linee di riporto tangenti alla circonferenza.
4. Le viste dall'alto e frontale sono costituite da rettangoli con un lato pari al diametro e l'altro pari all'altezza del cilindro.

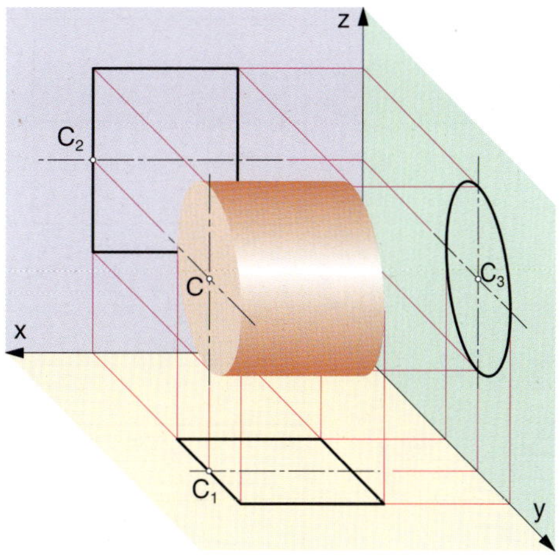

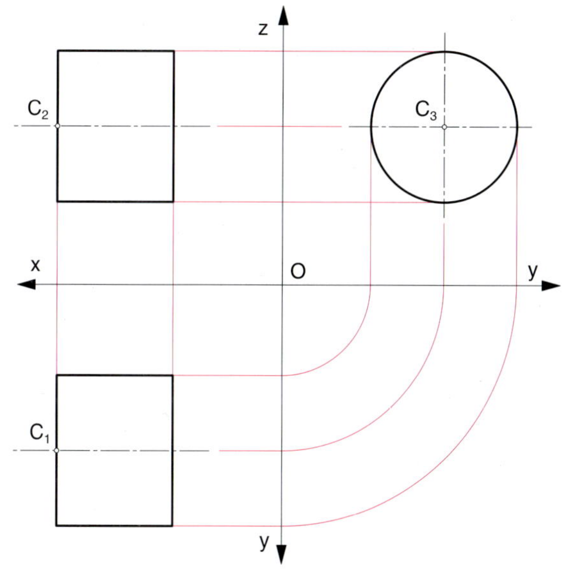

PROBLEMA 24 GUIDATO

Tronco di piramide pentagonale con basi parallele al piano xy

Si conoscono le dimensioni delle basi e l'altezza. Essendo le basi parallele a xy, in questo piano esse appaiono nella loro **vera forma**; pertanto si procede nel modo seguente.

1. Si disegnano sul piano xy due pentagoni concentrici delle dimensioni assegnate.
2. Dai vertici della base maggiore si conducono le linee di riporto, ottenendo su una stessa retta orizzontale le proiezioni frontale e da sinistra dei vertici stessi.
3. Analogamente si disegnano le proiezioni dei vertici della base minore, disposti su una retta orizzontale che dista dalla precedente di una misura pari all'altezza del tronco di piramide (in figura: h).
4. Si completano le viste unendo i corrispondenti vertici delle due basi.

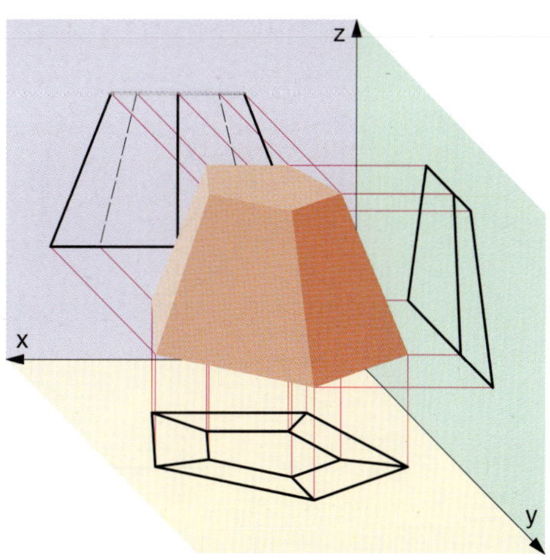

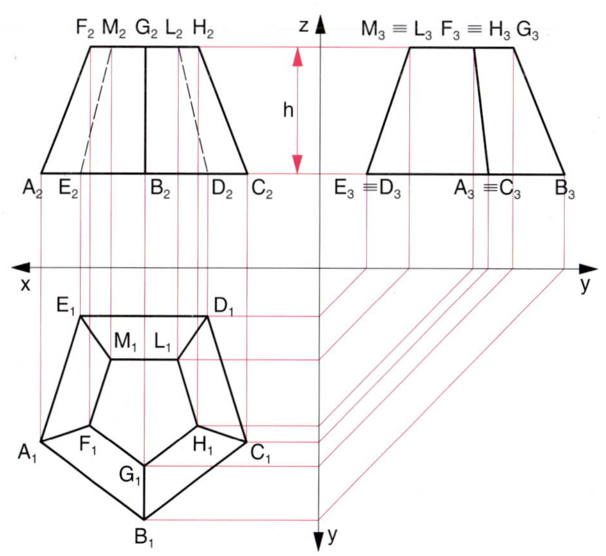

GLOSSARIO

Due poligoni regolari si dicono **concentrici** quando hanno in comune l'incentro e il circocentro.

NOTA BENE

Gli spigoli o i contorni nascosti si indicano con la **linea a tratti fine**, tipo 2.1 (v. pag. A25).

PROBLEMA 25 GUIDATO

Prisma esagonale con foro quadro e con basi parallele al piano yz

Le basi del prisma sono parallele al piano yz e quindi conviene iniziare il disegno dalla vista da sinistra, in cui l'esagono e il quadrato appaiono nella loro **vera forma**.

Sono noti il lato di base e l'altezza (h) del prisma e il lato del quadrato. Per ottenere le viste si procede nel modo seguente.

1. Nella vista da sinistra si disegnano l'esagono regolare, i suoi assi e successivamente il quadrato.
2. Dalle figure disegnate si conducono le linee di riporto.
3. Nella vista frontale si tracciano due verticali a distanza h, altezza del prisma, che individuano le altre linee della costruzione.
4. Definite le diverse viste, si ripassano con linea continua grossa gli spigoli in vista, mentre la linea a tratti fine si impiega per gli spigoli nascosti.

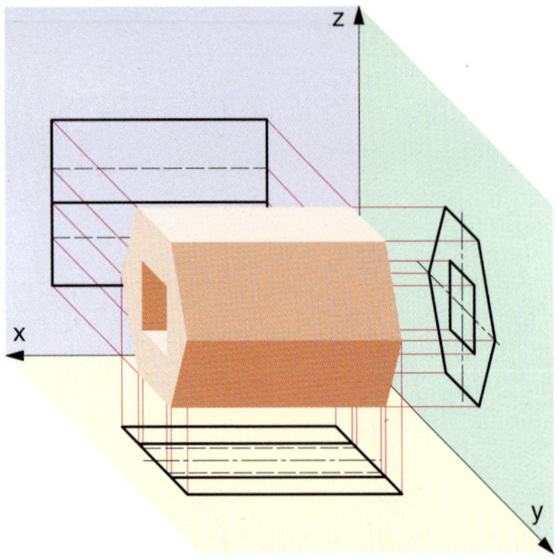

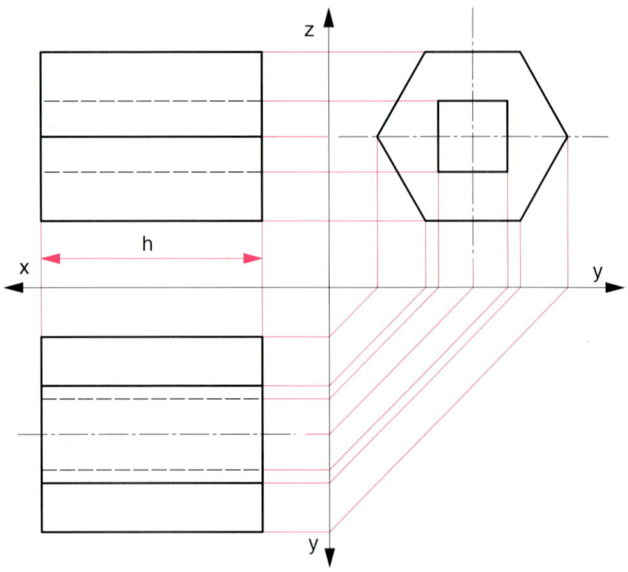

PROBLEMA 26 GUIDATO

Cilindro con foro cieco e con basi parallele al piano xz

In questo caso le circonferenze di base mostrano la loro **vera forma** nella vista frontale, dalla quale si inizia il disegno.

Conoscendo diametro e altezza (h) del cilindro e diametro e profondità (p) del foro, si procede nel modo seguente.

1. Si disegnano nella vista frontale le circonferenze di base e i loro assi.
2. Si conducono le linee di riporto tangenti alle circonferenze.
3. Nella vista da sinistra si tracciano tre rette verticali a distanze h e p.
4. Con i riporti dalle rette precedenti si definisce anche la terza vista.
5. Si ripassano con linee continue gli spigoli e i contorni visibili, con linee a tratti quelli nascosti.

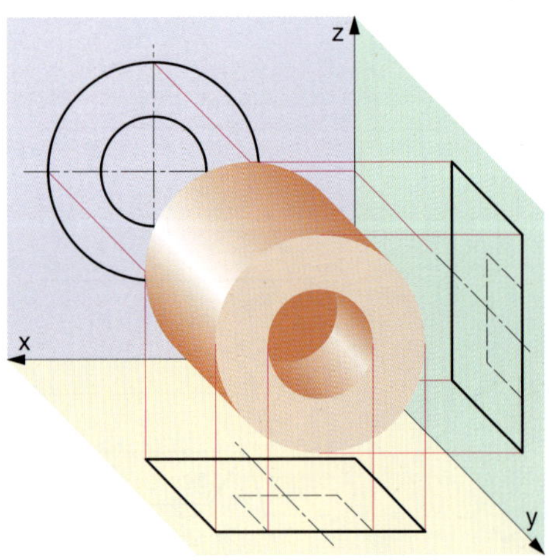

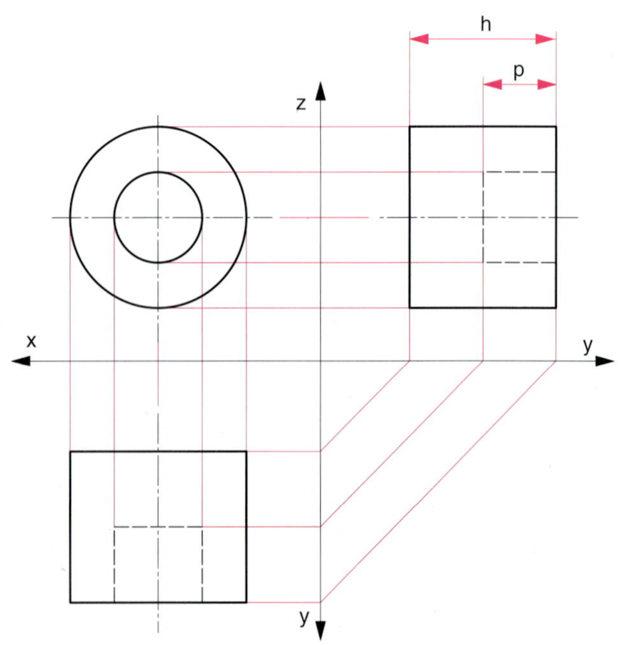

GLOSSARIO

Il **foro cieco** è un foro che penetra parzialmente in un oggetto; al contrario si dice **foro passante** quello che lo attraversa completamente.

NOTA BENE

Gli **assi di simmetria** dei solidi devono essere disegnati con **linea mista fine a punto e tratto**, tipo 4.1 (v. pag. A25); anche le proiezioni ortogonali di cilindri, coni e fori devono essere provviste di assi di simmetria. Gli assi di simmetria sporgono di poco oltre la figura.

PROBLEMA 27 GUIDATO

Parallelepipedo con asola aperta

La semicirconferenza dell'asola aperta si mostra nella sua **vera forma** nella vista dall'alto da cui conviene iniziare.

Data la posizione del centro C, attraverso gli assi dell'asola aperta, e il raggio della semicirconferenza, si procede così:

1. Nella vista dall'alto si delinea la faccia superiore del parallelepipedo e gli assi longitudinale e trasversale dell'asola aperta, individuando C_1.
2. Con centro in C_1si traccia la semicirconferenza e le sue tangenti orizzontali.
3. Nella vista frontale si disegna la faccia anteriore del parallelepipedo, l'asse dell'asola e il suo profilo destro mediante riporto tangente alla semicirconferenza.
4. La vista da sinistra si ottiene con riporti dai vertici del parallelepipedo e dalle tangenti all'asola.

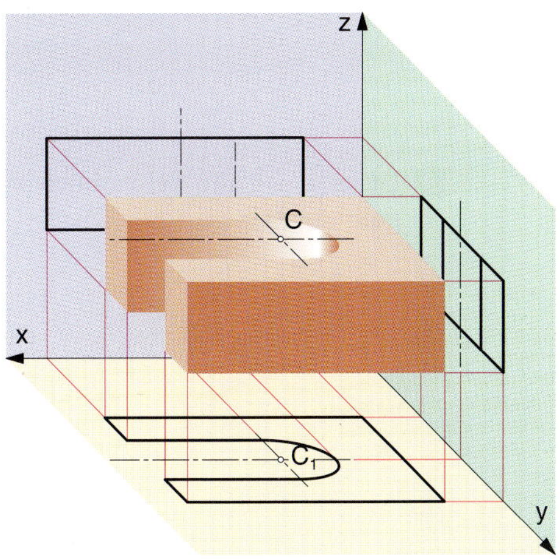

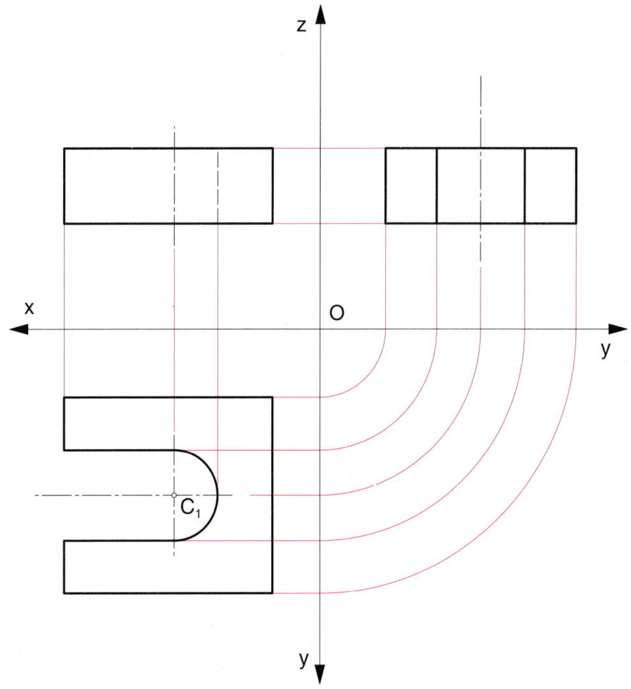

PROBLEMA 28 GUIDATO

Anello con asola

L'anello e l'asola mostrano la **vera forma** del loro profilo nella vista frontale; pertanto si procede nel modo seguente:

1. Nella vista frontale si traccia l'asse longitudinale, si individuano i centri A_2 e B_2 e gli assi trasversali.
2. Centrando in A_2 e B_2 si tracciano coppie di semicirconferenze di raggi pari a quelli dell'anello e dell'asola. Si completa la vista frontale con tangenti orizzontali alle semicirconferenze.
3. Con riporti verticali tangenti alle semicirconferenze si delinea la vista dall'alto, completa di spigoli e contorni dell'anello, contorni nascosti dell'asola e assi trasversali.
4. La vista da sinistra mostra spigoli e contorni dell'anello, i due contorni nascosti dell'asola e l'asse orizzontale.

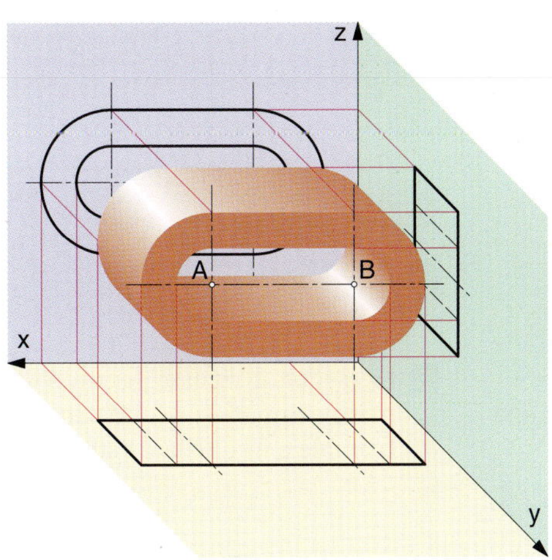

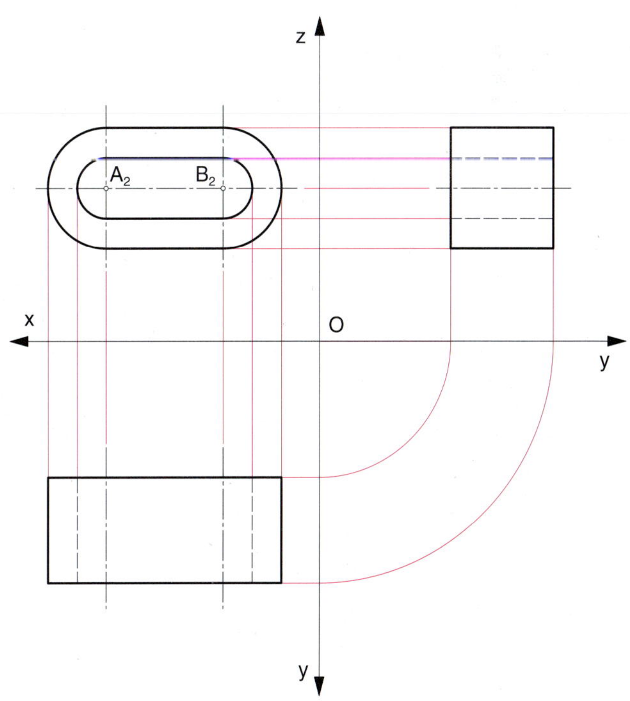

GLOSSARIO

Asola: foro generato da un profilo costituito da due semicirconferenze e due segmenti a loro tangenti.

Asola aperta: cavità generata da un profilo costituito da una semicirconferenza e due segmenti tangenti.

Proiezioni ortogonali di gruppi di solidi

Qualora si debbano rappresentare insieme più solidi, si seguono gli stessi procedimenti visti in precedenza, facendo solo particolare attenzione a spigoli e profili nascosti, che sono da indicare con linea a tratti fine (tipo 2.1).

PROBLEMA 29 PASSO PASSO

Gruppo di parallelepipedo e prisma triangolare equilatero

I solidi sono poggiati sul piano xy.

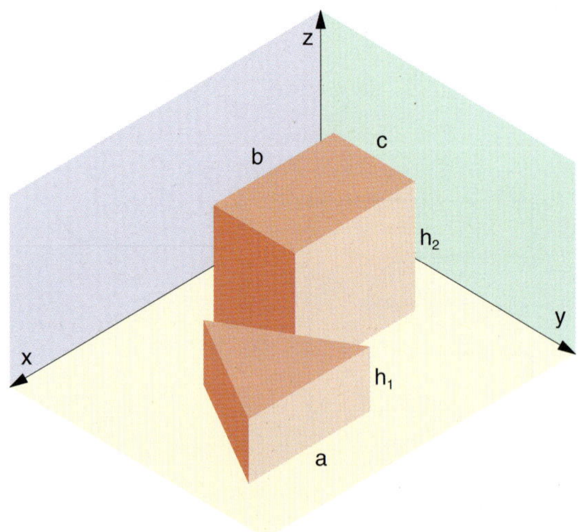

1 Iniziamo dalla vista dall'alto poiché in essa il triangolo equilatero (di lato a) si mostra nella sua vera forma.

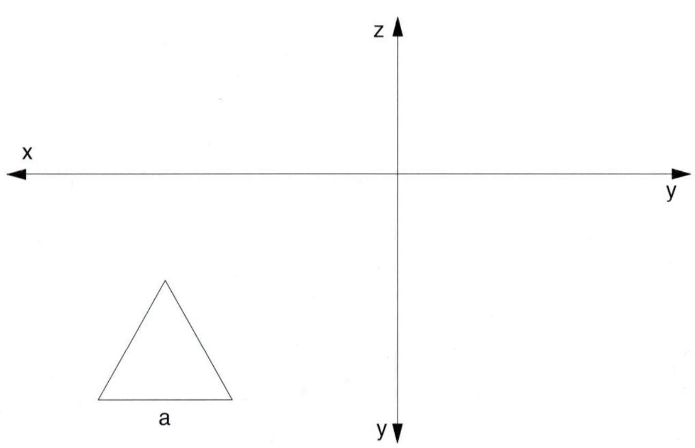

2 Completiamo la costruzione del prisma triangolare con una retta che dista h_1 dall'asse x, e con le linee di riporto.

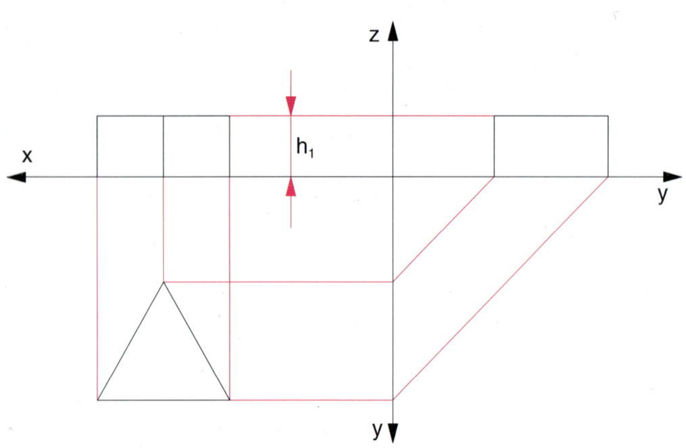

3 La vista dall'alto del parallelepipedo si mostra come un rettangolo di lati b e c.

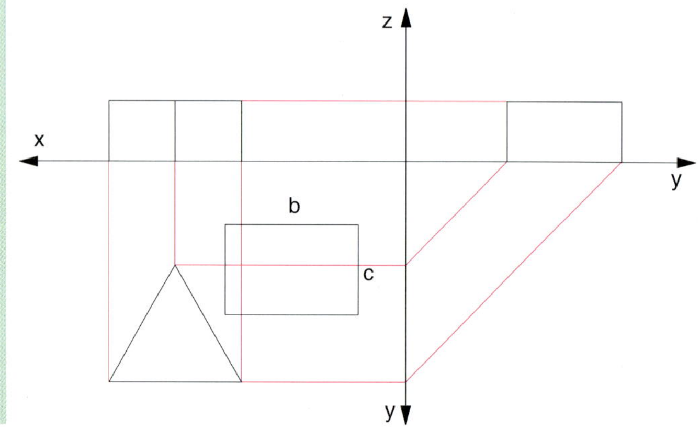

4 Mediante linee di riporto e una retta che dista h_2 dall'asse x, si ottengono le altre viste del parallelepipedo.

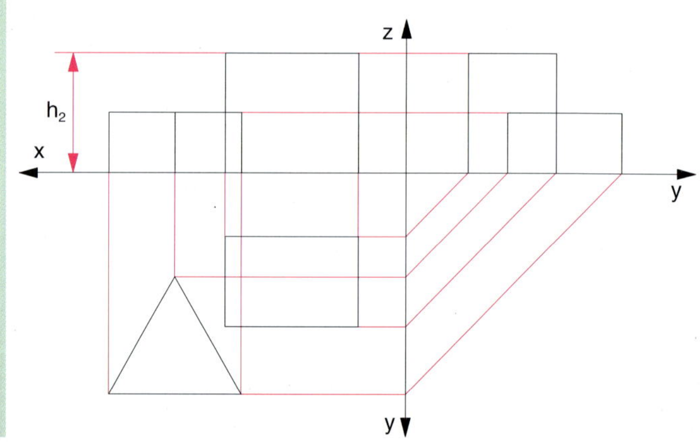

5 Si esegue il ripasso facendo attenzione agli spigoli nascosti; il prisma infatti nasconde in parte il parallelepipedo nella vista frontale e in quella da sinistra.

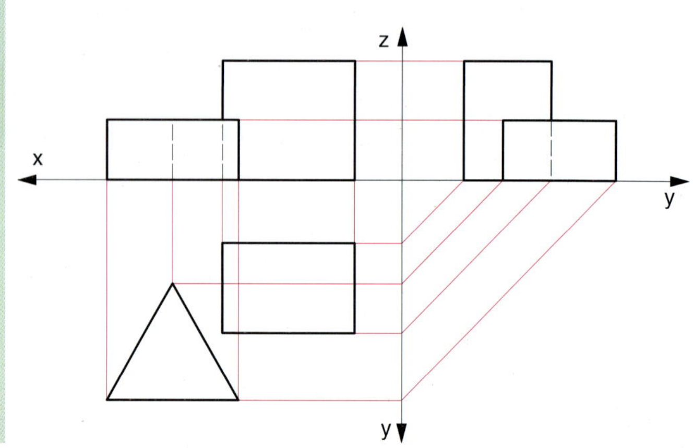

PROBLEMA 30

Gruppo di solidi geometrici

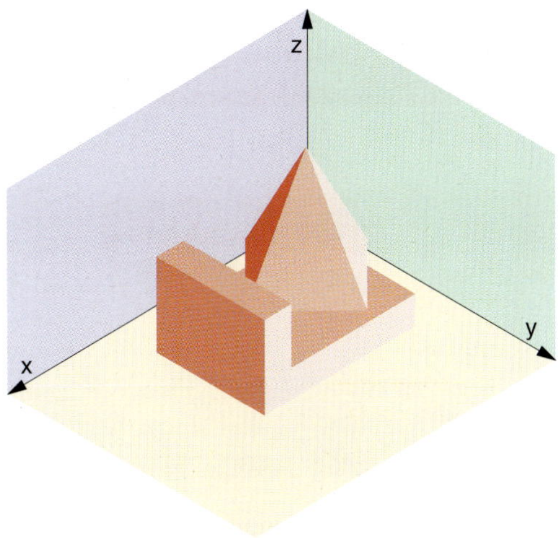

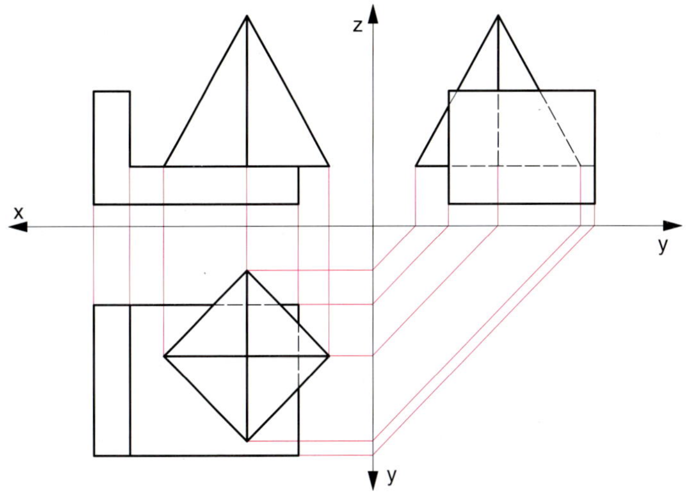

PROBLEMA 31

Cono poggiato su un parallelepipedo e un cilindro

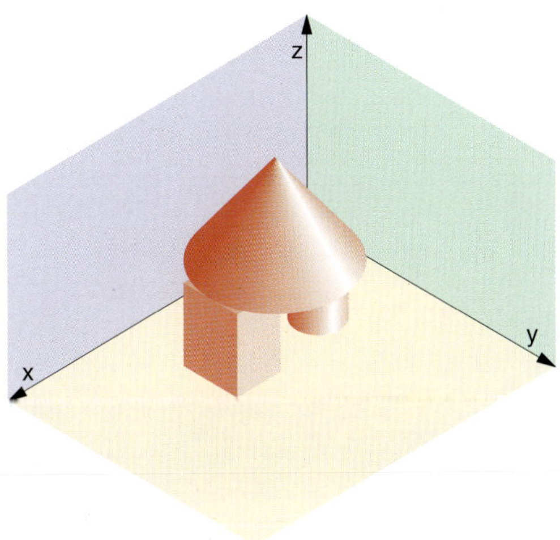

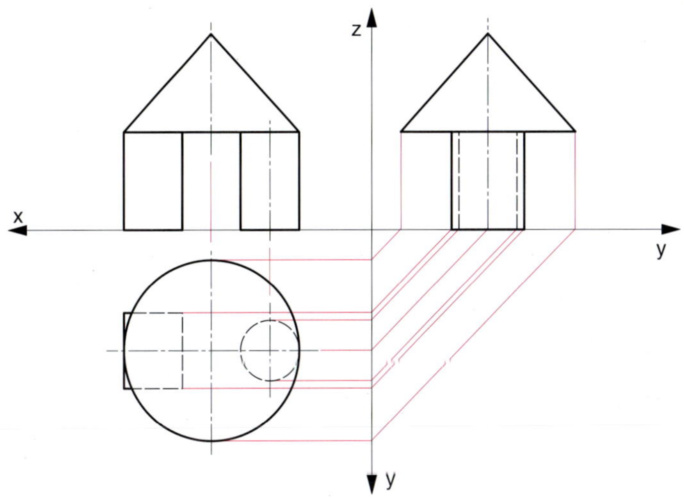

PROBLEMA 32

Parallelepipedo poggiato su un prisma esagonale e un cilindro cavo

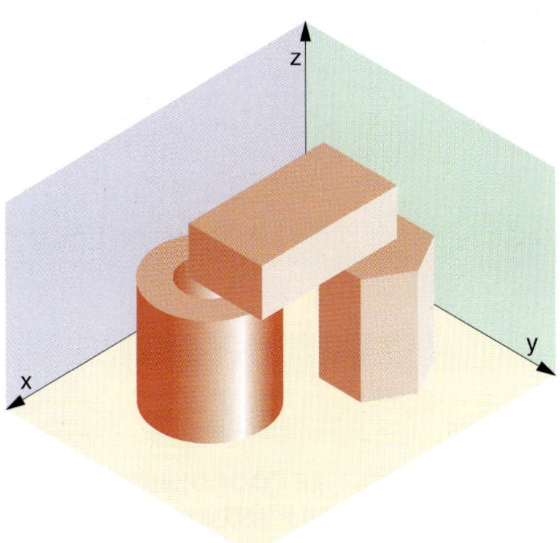

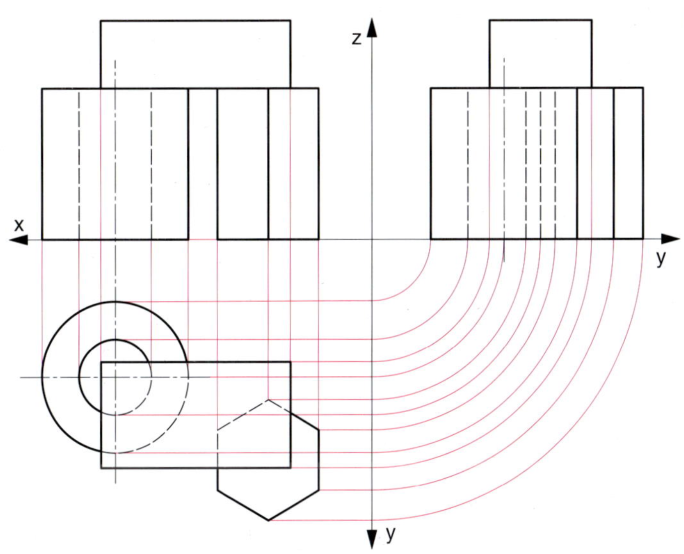

Sulle proiezioni ortogonali abbiamo imparato...

PROIEZIONI ORTOGONALI

caratteristiche

PROIEZIONE PARALLELA con direzione perpendicolare al quadro
→ **I PARALLELISMI SI CONSERVANO**

FIGURE PIANE PARALLELE AL QUADRO
→ **MANTENGONO LA VERA FORMA**

Punto, retta e piano in proiezioni ortogonali si rappresentano così

PUNTO

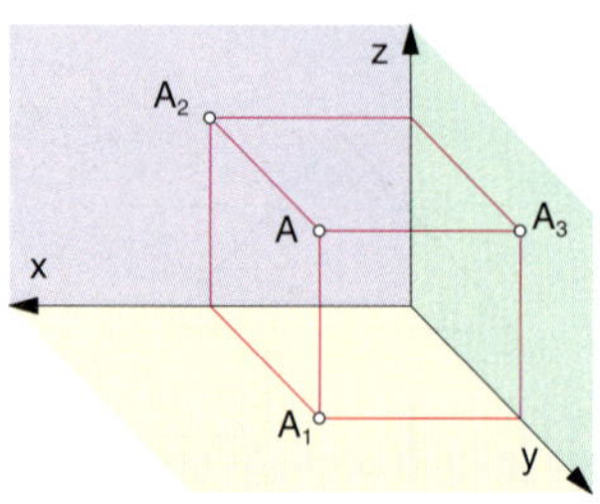

- A_1 e A_2 sono sulla stessa verticale;
- A_2 e A_3 sono sulla stessa orizzontale;
- A_1 dista da x quanto A_3 dista da z.

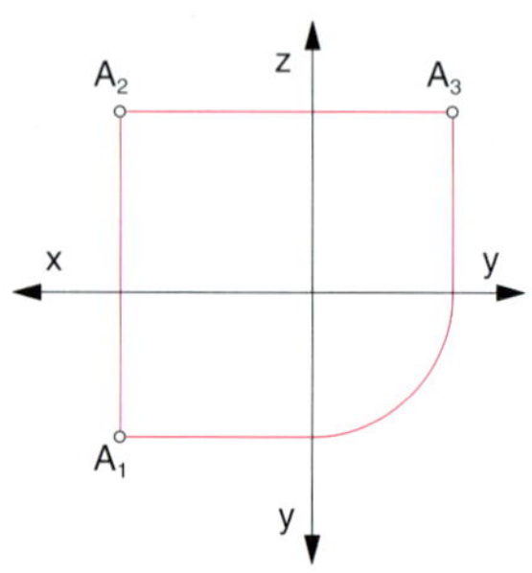

RETTA

Le rette sono rappresentate mediante le loro **tracce**.

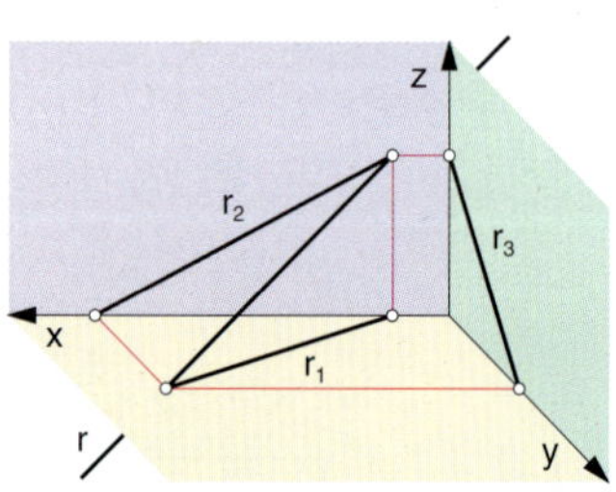

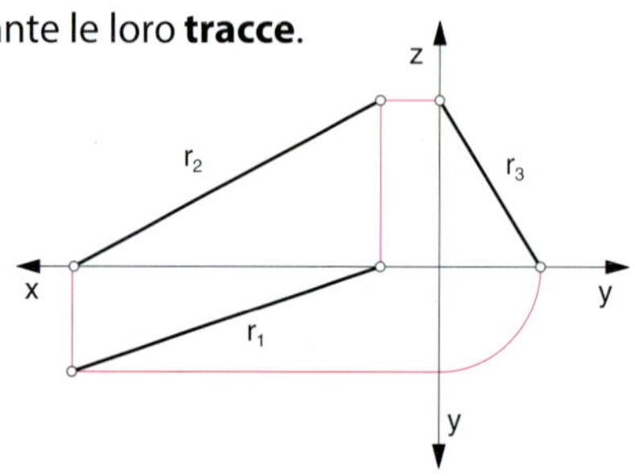

PIANO

I piani vengono rappresentati mediante le loro **tracce**.

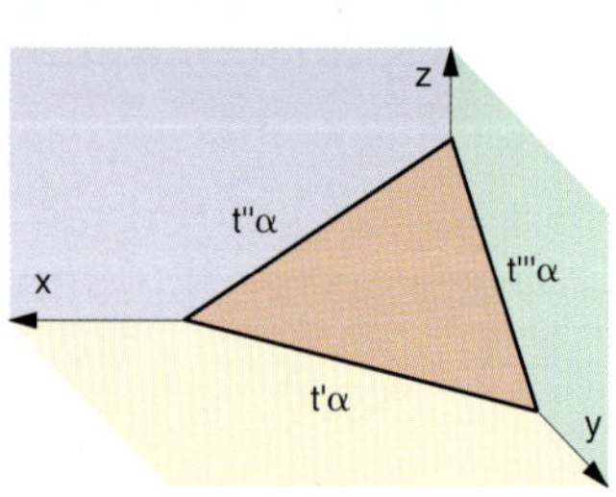

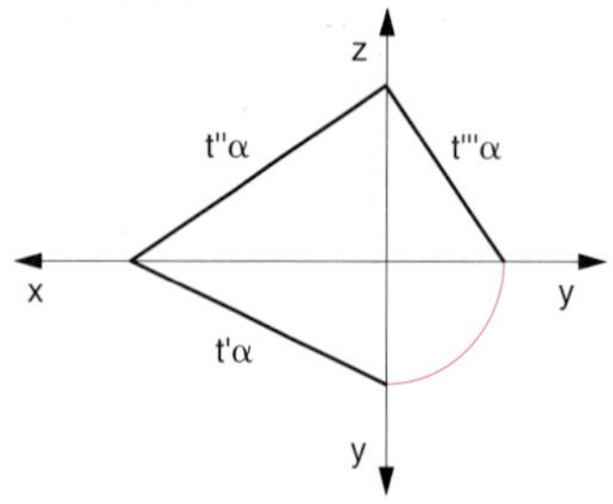

usando tre piani cartesiani

TRE VISTE (frontale, dall'alto, da sinistra)

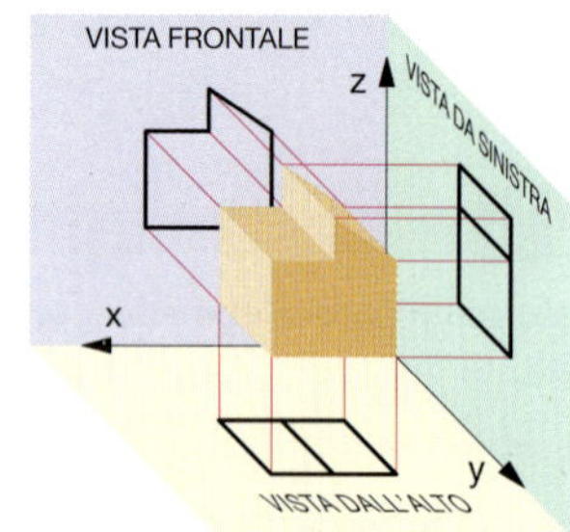

dopo il ribaltamento

TRE VISTE su un piano (foglio da disegno)

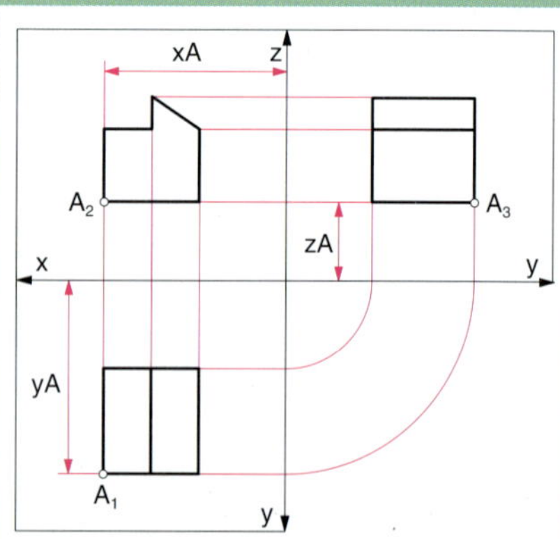

DALLE VISTE SI RICAVANO

LE COORDINATE DI OGNI PUNTO (xA - yA - zA)

Preparazione del disegno

Prima di metter mano al disegno su foglio è fondamentale chiarire bene cosa e come si debba disegnare.

Analisi dell'oggetto

Dopo aver attentamente analizzato l'oggetto da rappresentare, devono risultare chiare le sue **caratteristiche strutturali** (piani e assi di simmetria) e quelle **geometriche** (figure e costruzioni geometriche).

Stesura dello schizzo preparatorio

Dopo aver definito quali rappresentazioni disegnare, si può iniziare a tracciare lo schizzo preparatorio (preferibilmente su carta quadrettata o millimetrata). Durante la stesura dello schizzo è importante che emergano:

- successione delle fasi di lavoro;
- chiarezza sulle costruzioni geometriche da usare;
- definizione della rappresentazione e delle convenzioni utilizzate (tipi di linee ecc.).

Dovendo disegnare delle proiezioni ortogonali è molto utile individuare da quale vista iniziare il lavoro. In generale è consigliabile iniziare il disegno dalla **vista più significativa**, cioè da quella che presenta particolari caratteristiche strutturali (assi di simmetria) e geometriche (figure geometriche, raccordi, circonferenze ecc.).

Analisi dimensionale

Dopo aver chiarito i contenuti del disegno bisogna scegliere la **scala di rappresentazione**; ciò è essenziale per valutare gli **ingombri** delle singole viste e per una buona **impaginazione del disegno**.

PROBLEMA 33 PASSO PASSO

Analisi dell'oggetto

L'oggetto da rappresentare consiste in un parallelepipedo raccordato da due semicilindri e attraversato da due fori.

Il solido presenta due piani di simmetria, dei quali è senz'altro più importante quello **longitudinale**, poiché su di esso si trovano gli assi dei fori e delle superfici semicilindriche.

La **vista più significativa** è indubbiamente la **vista dall'alto**, in quanto su di essa appaiono l'asse di simmetria longitudinale del solido, nonché le circonferenze e le semicirconferenze con relativi centri e assi. Quindi a partire da questa vista si avvieranno le diverse fasi di elaborazione grafica.

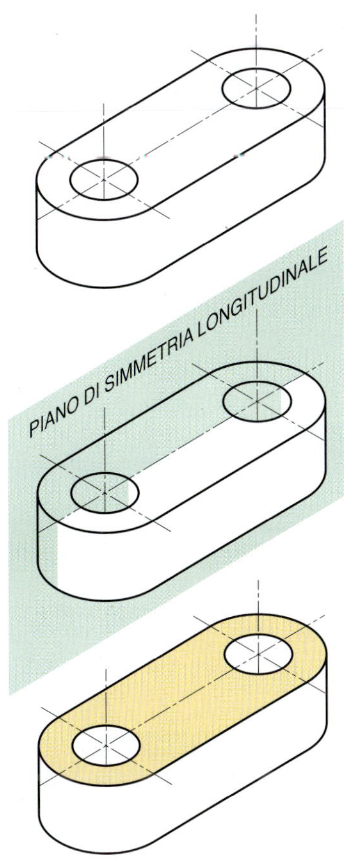

Video *Costruzione di elementi simmetrici*

Fasi di elaborazione grafica

1 Con mina dura si imposta la costruzione tracciando nella vista dall'alto l'asse longitudinale, quelli trasversali, circonferenze e semicirconferenze.

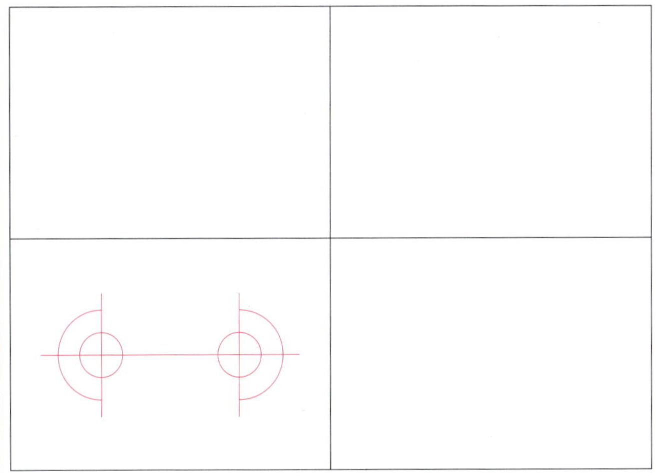

2 Si completa la vista dall'alto con due segmenti tangenti alle semicirconferenze, quindi si tracciano linee di riporto verso gli altri quadri.

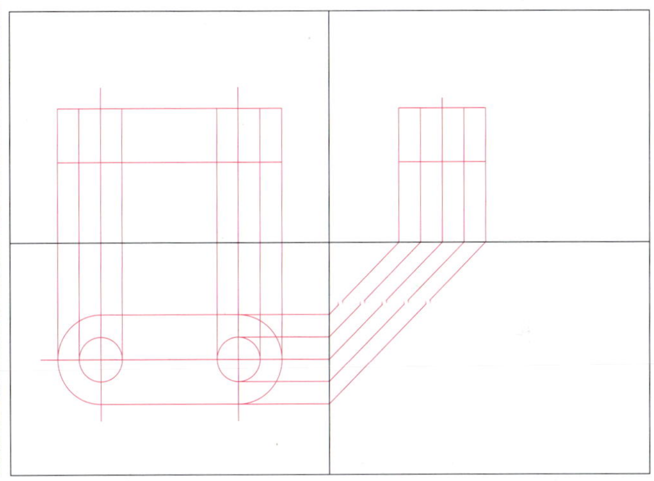

3 Si ripassano con mina morbida le linee continue grosse (spigoli e contorni visibili), a tratti fini (spigoli e contorni nascosti) e miste fini (assi di simmetria).

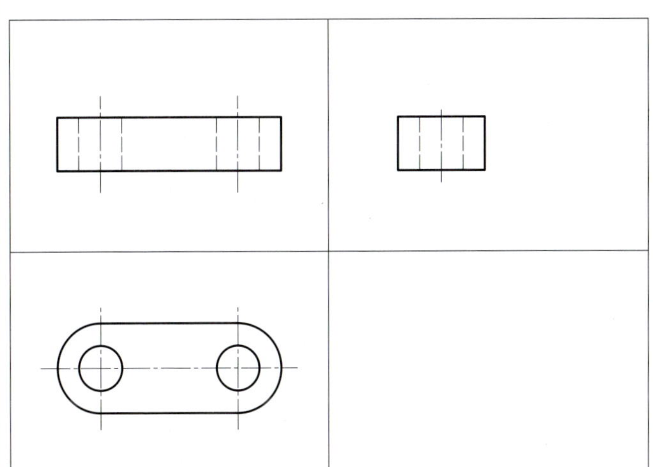

Suggerimenti di metodo

PROBLEMA 34 PASSO PASSO

■ Analisi dell'oggetto

L'oggetto da rappresentare (schema semplificato di un arco trionfale romano) consiste in un parallelepipedo in cui sono state aperte tre arcate.

Il solido presenta un **piano di simmetria** passante per l'asse verticale dell'arcata centrale.

La **vista più significativa** è senz'altro quella frontale, su cui ci sono gli assi di simmetria e i centri delle semicirconferenze. Quindi da questa vista s'imposterà la struttura del disegno.

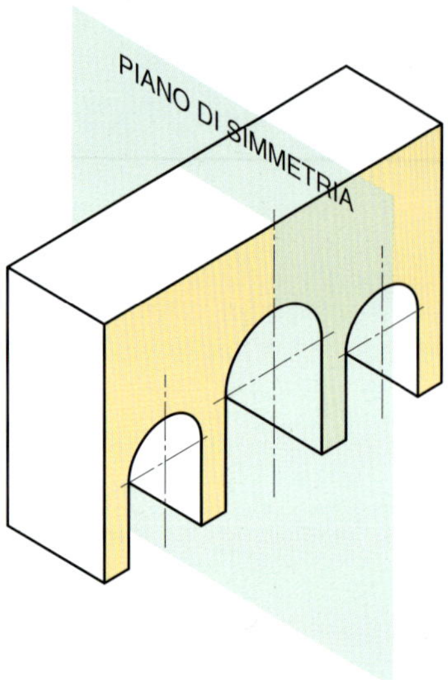

■ Fasi di elaborazione grafica

1 Dopo aver preparato gli strumenti e squadrato il foglio, si tracciano gli **assi di simmetria** e il profilo della vista frontale. In queste prime fasi si usa una mina dura (H o 2H) per ottenere un segno leggero.

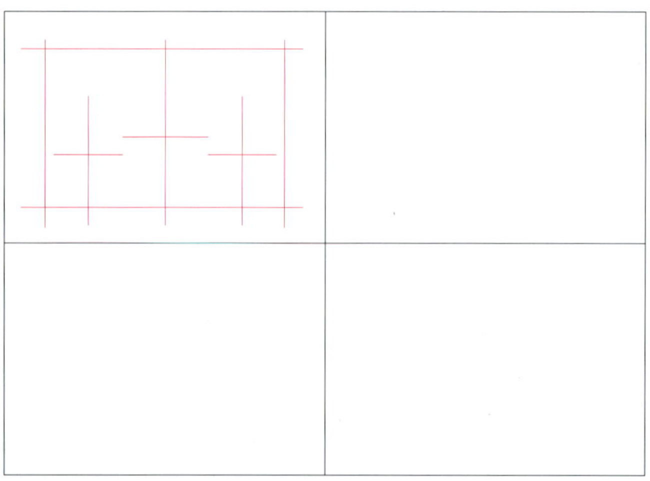

2 Si tracciano le semicirconferenze delle arcate e i segmenti verticali a esse tangenti.

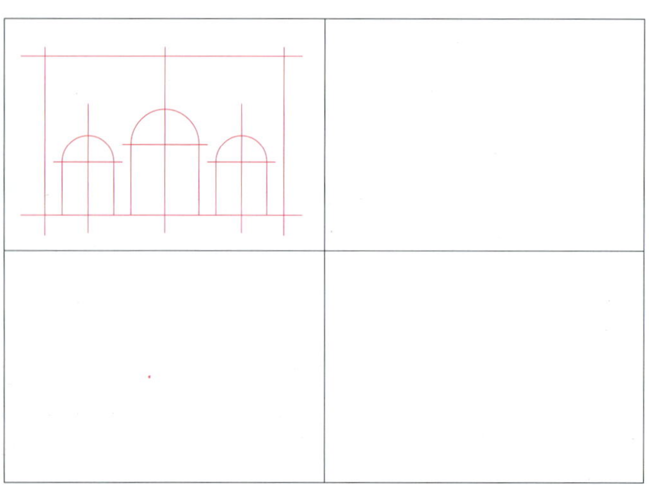

3 A partire dalla vista iniziale si conducono le **linee di riporto**; si tracciano i profili delle altre due viste, utilizzando linee di costruzione anche lunghe oltre il necessario, ma molto leggere.

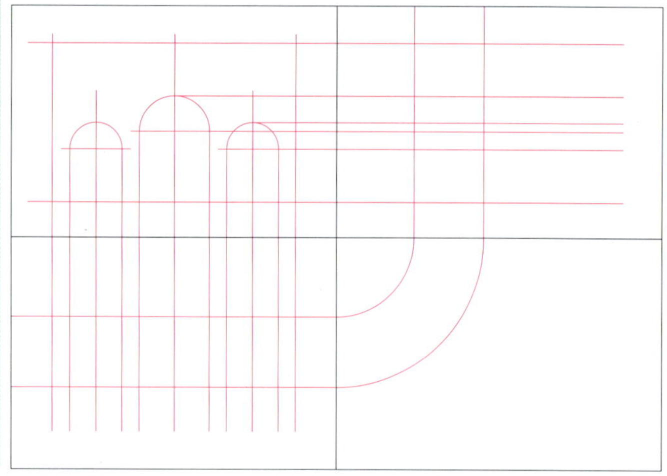

4 Con mina morbida (HB o B) si ripassano le **linee da evidenziare**, usando le convenzioni per i tipi di linee (continua, a tratti ecc.).

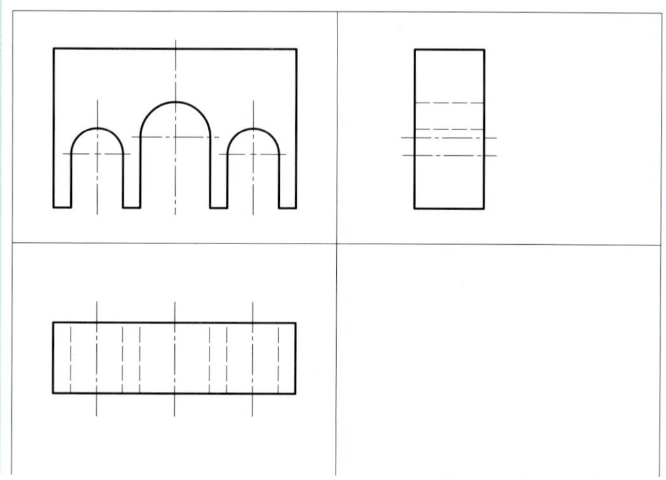

Video *Cilindro retto in proiezioni ortogonali (suggerimenti di metodo)*

MEMO

Gli **spigoli** e i **contorni visibili** si disegnano con **linea continua grossa** (tipo 1.2).

Gli **spigoli** e i **contorni nascosti** si tracciano con **linea a tratti fine** (tipo 2.1).

Gli **assi di simmetria** si disegnano con **linea mista fine** (tipo 4.1).

SUGGERIMENTO PRATICO

Terminata la costruzione del disegno, è sempre conveniente **ripassare prima le curve** (circonferenze, archi, ellissi ecc.) e successivamente i segmenti rettilinei.

ESERCITAZIONE 1 GUIDATA

Disegna su carta quadrettata tre proiezioni ortogonali di un triangolo qualsiasi, rileva le coordinate dei vertici e riportale su tabella

1 Si disegnano la vista frontale e dall'alto del triangolo ABC, facendo attenzione agli allineamenti verticali (A_1 e A_2 si trovano sulla stessa verticale). Si traccia la tabella delle coordinate.

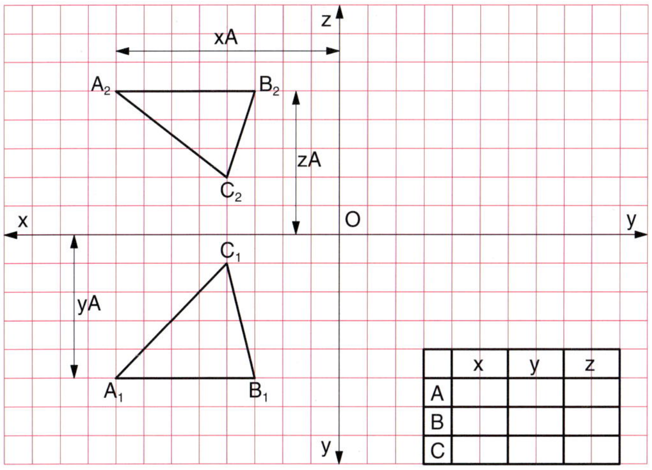

2 Si misurano i valori delle singole coordinate sapendo che un quadretto vale 4 mm. Per esempio la xA ha un valore di 8 quadretti, cioè 32 mm. I valori si riportano nella tabella.

3 Si disegna la vista da sinistra del triangolo. Bisogna ricordare che A_2 e A_3 si trovano sulla stessa orizzontale, mentre la distanza di A_3 dall'asse z è uguale a quella di A_1 dall'asse x.

ESERCITAZIONE 2

Disegna tre proiezioni ortogonali di un quadrilatero ABCD, i cui vertici abbiano le coordinate (in mm) riportate in tabella

	x	y	z
A	40	25	15
B	80	25	15
C	80	55	40
D	20	55	40

ESERCITAZIONE 3

Disegna due proiezioni ortogonali di un segmento qualunque, trova le tracce della retta cui appartiene e riporta su tabella le coordinate delle tracce stesse

ESERCITAZIONE 4

Disegna due proiezioni ortogonali di due rette incidenti e riporta su tabella le coordinate delle loro tracce e del loro punto d'intersezione

NOTA BENE

Tutte le misure sono espresse in **millimetri**, salvo segnalazione contraria.

ESERCITAZIONE 5 CON SUGGERIMENTO

Disegna in proiezioni ortogonali due piani in posizione qualsiasi, tra loro paralleli

IL PRIMO PASSO Bisogna ricordare che due piani paralleli hanno le rispettive tracce parallele; per esempio t'α // t'β, ma anche t"α // t"β.

ESERCITAZIONE 6

Rappresenta in tre proiezioni ortogonali un qualunque piano α, disegna due rette a esso appartenenti

ESERCITAZIONE 7 GUIDATA

Disegna in tre proiezioni ortogonali un cerchio parallelo al piano xz, con centro C (60, 60, 35) e di raggio 25

1 Si disegnano le tre viste del centro C in base alle sue coordinate, ottenendo C_1, C_2 e C_3.

2 Poiché il cerchio è parallelo al piano xz, si mostra nella sua vera forma nella vista frontale; quindi, centrando in C_2 con apertura di compasso 25 mm, si traccia il cerchio.

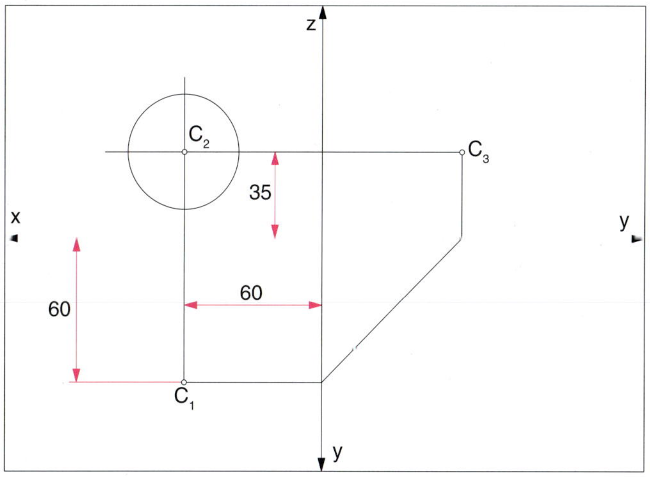

3 Si prolungano gli assi di simmetria del cerchio, per individuare i punti da cui condurre le tangenti orizzontali e verticali.

4 Tramite le tangenti al cerchio si disegnano le altre viste. È da ricordare che il cerchio è perpendicolare ai piani xy e xz, e quindi su questi quadri si mostra come un segmento.

5 Con linea continua si ripassano le viste del cerchio, mentre i suoi assi di simmetria si tracciano con linea mista fine (tratto e punto).

ESERCITAZIONE 8

Rappresenta in tre proiezioni ortogonali un esagono regolare parallelo al piano xy, inscritto in una circonferenza di centro C (55, 40, 40) e di raggio 24

ESERCITAZIONE 9

CON SUGGERIMENTO

Rappresenta in tre proiezioni ortogonali un dodecagono regolare parallelo al piano yz, inscritto in una circonferenza di centro C (50, 45, 40) e di raggio 30

IL PRIMO PASSO Il dodecagono è parallelo al piano yz, quindi appare nella sua *vera forma nella vista da sinistra*. Pertanto, dopo aver disegnato le tre proiezioni del centro C, si traccerà il dodecagono nella vista da sinistra.

ESERCITAZIONE 10

Disegna in tre proiezioni ortogonali una piramide a base triangolare con vertici ABCD, le cui coordinate sono riportate in tabella

	x	y	z
A	89	64	20
B	63	19	20
C	37	64	20
D	63	49	68

ESERCITAZIONE 11

GUIDATA

Disegna in scala 1 : 1 tre proiezioni ortogonali del solido in figura

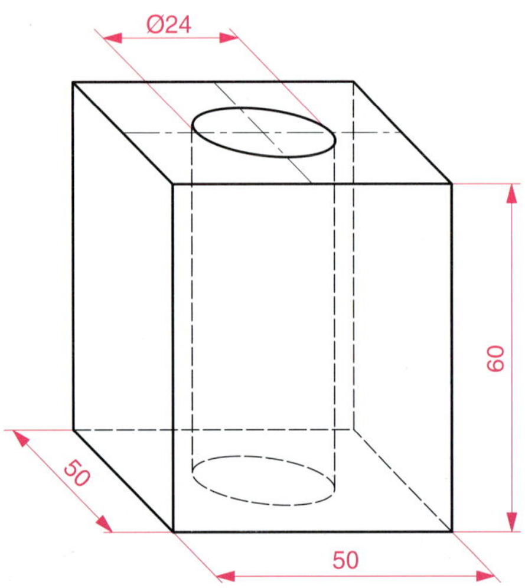

1. Osservando il solido si può notare che la faccia più significativa è la base superiore. Essa appare nella vista dall'alto, da cui pertanto si inizierà.
2. Nella vista dall'alto si definisce la posizione del centro mediante i due assi di simmetria della circonferenza e del quadrato.
3. Si traccia la circonferenza con apertura 12 mm (il diametro è infatti 24 mm).
4. Si disegna il quadrato prendendo dal centro quattro segmenti di 25 mm (il lato del quadrato è infatti 50 mm).
5. Per impostare le altre due viste si tracciano due rette orizzontali distanti tra loro 60 mm (altezza del solido).
6. Con linee di riporto dai vertici del quadrato e dai punti di tangenza della circonferenza (individuati sugli assi di simmetria) si delineano le due viste restanti.
7. Si esegue il ripasso, ricordando che i profili nascosti del foro si eseguono con linea a tratti fine, mentre gli assi di simmetria si tracciano con linea mista fine (tratto e punto).

ESERCITAZIONE 12

CON SUGGERIMENTO

Disegna in scala 1 : 1 tre proiezioni ortogonali del solido in figura

IL PRIMO PASSO La faccia più significativa appare nella vista frontale, che si imposterà a partire dall'*asse di simmetria*. Fare attenzione agli *spigoli nascosti*, da eseguire con linea a tratti fine.

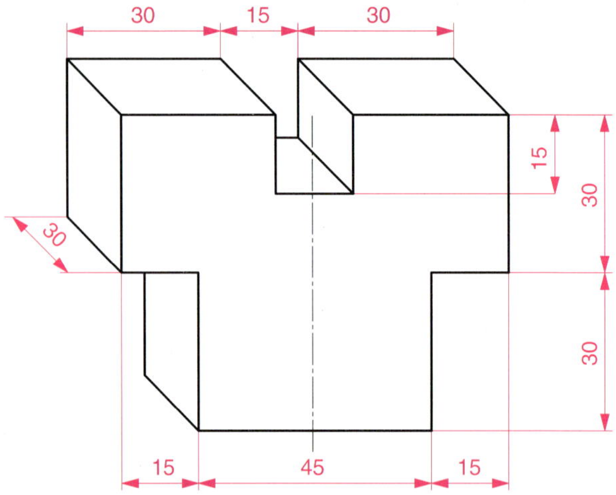

ESERCITAZIONE 13

Disegna in scala 1 : 1 tre proiezioni ortogonali del solido in figura

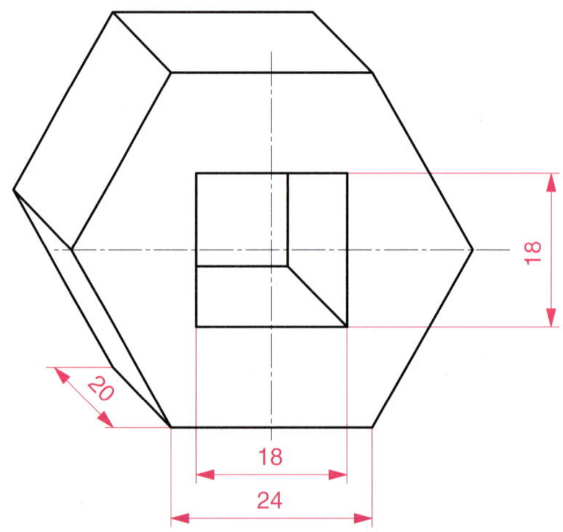

ESERCITAZIONE 14

Disegna in scala 1 : 1 tre proiezioni ortogonali del solido in figura

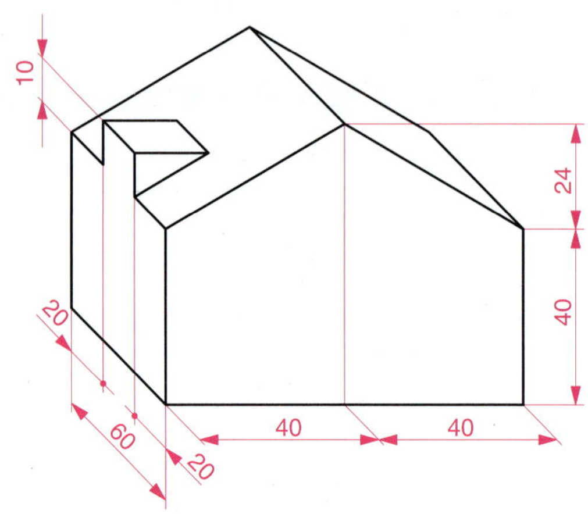

MEMO

Le **quote**, cioè le misure indicate sul disegno, esprimono sempre le misure reali.

Disegna in scala 1 : 1 tre proiezioni ortogonali del solido rappresentato (tutte le misure sono espresse in millimetri).

ESERCITAZIONE 15

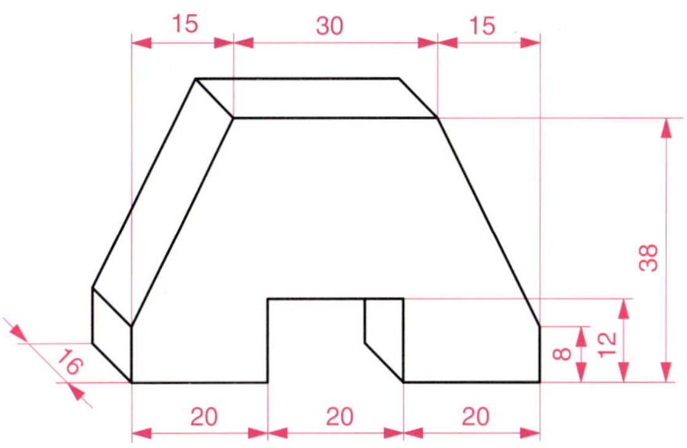

ESERCITAZIONE 16

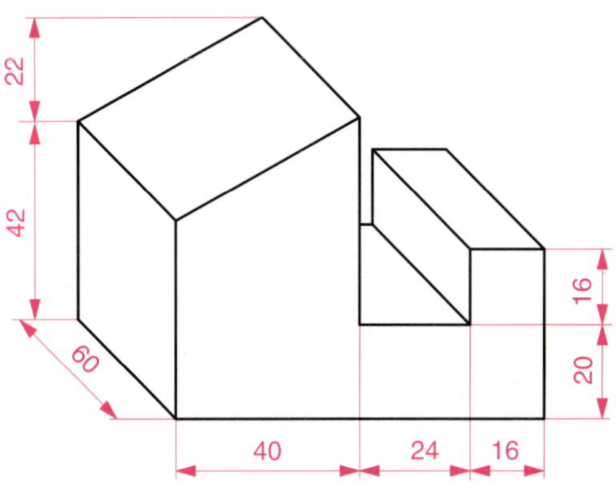

ESERCITAZIONE 17

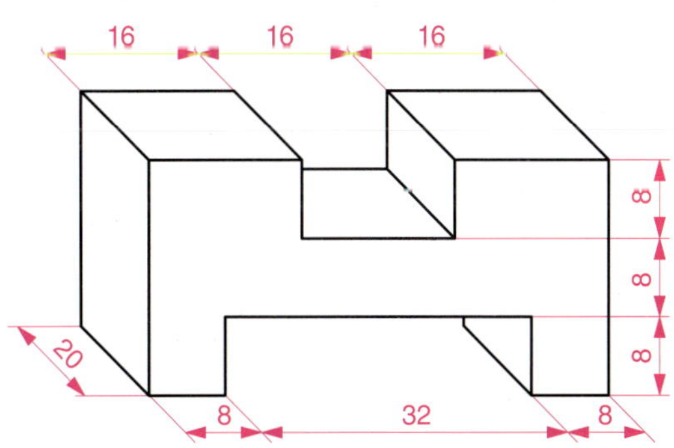

ESERCITAZIONE 18

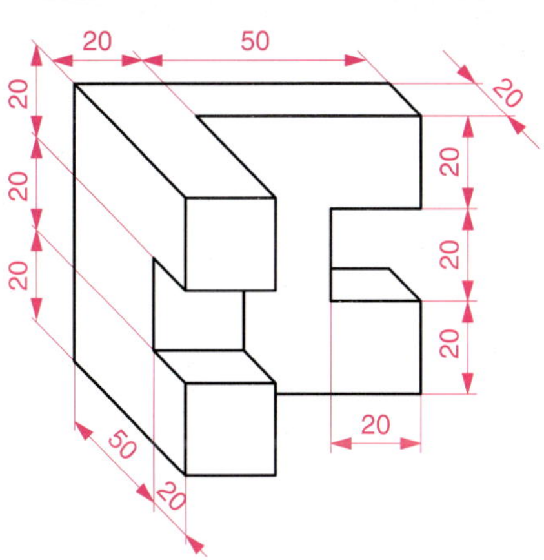

ESERCITAZIONE 19

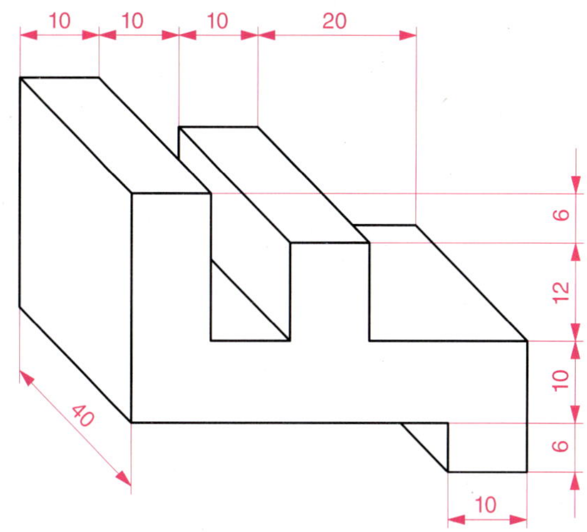

ESERCITAZIONE 20

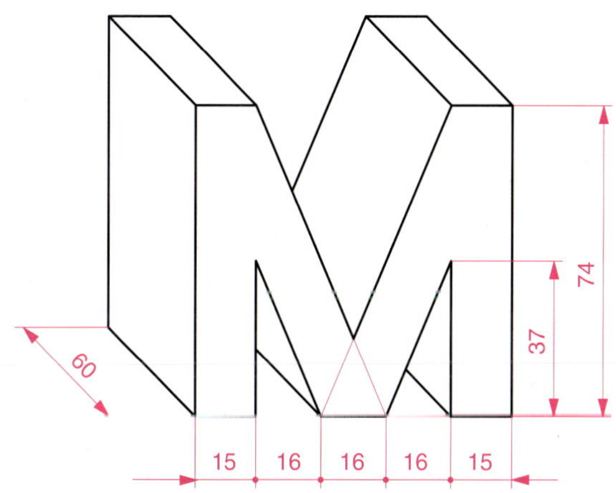

ESERCITAZIONE 21

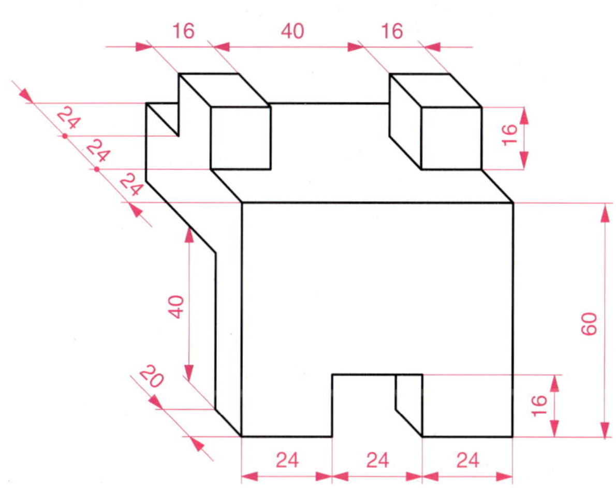

Disegna in scala 1 : 1 tre proiezioni ortogonali del solido rappresentato (tutte le misure sono espresse in millimetri).

ESERCITAZIONE 22

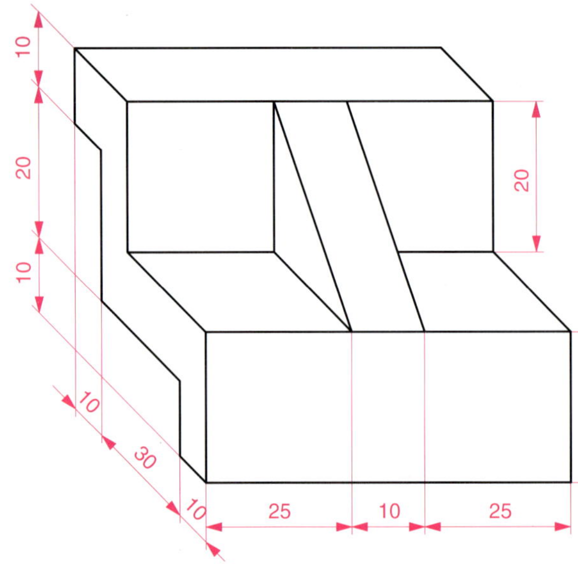

ESERCITAZIONE 23

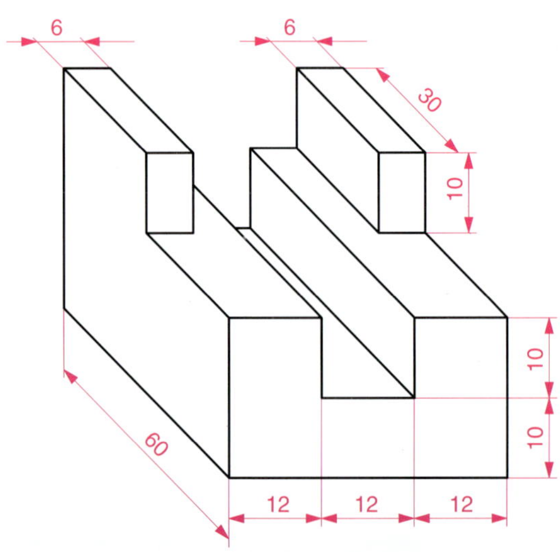

ESERCITAZIONE 24

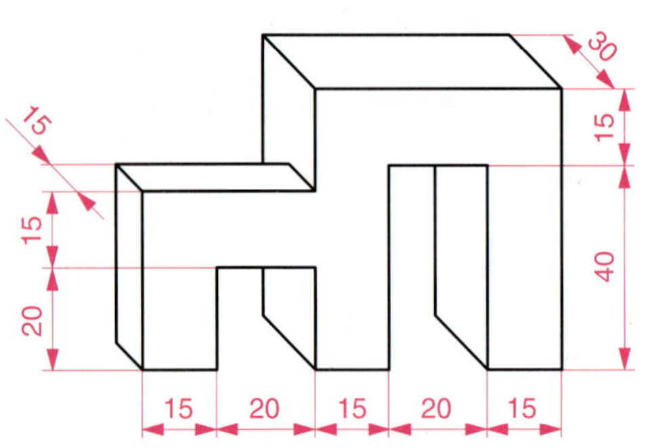

ESERCITAZIONE 25

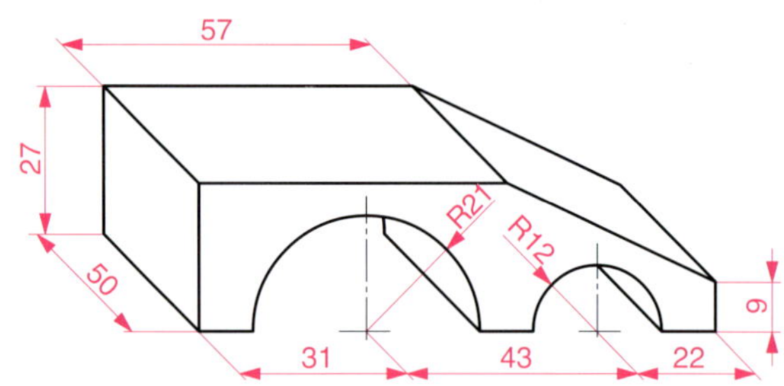

ESERCITAZIONE 26

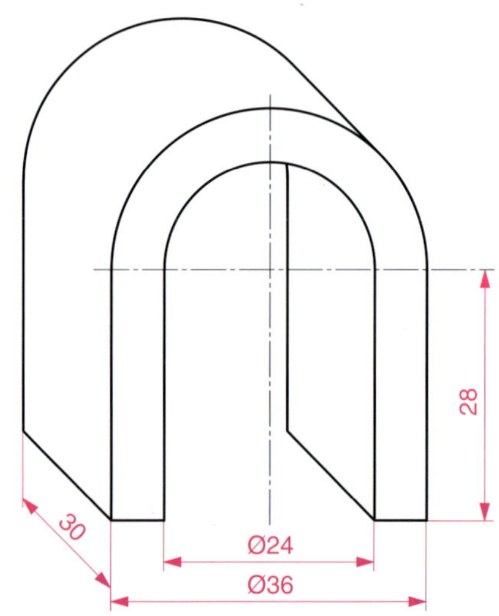

ESERCITAZIONE 27

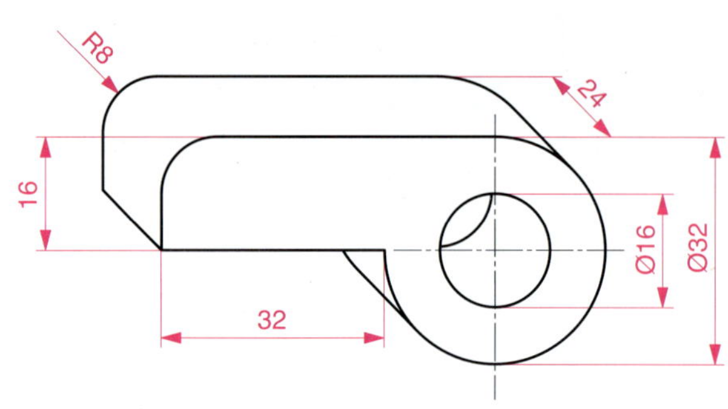

Esercitazioni

Disegna in scala 1 : 1 tre proiezioni ortogonali del solido rappresentato (tutte le misure sono espresse in millimetri).

ESERCITAZIONE 28

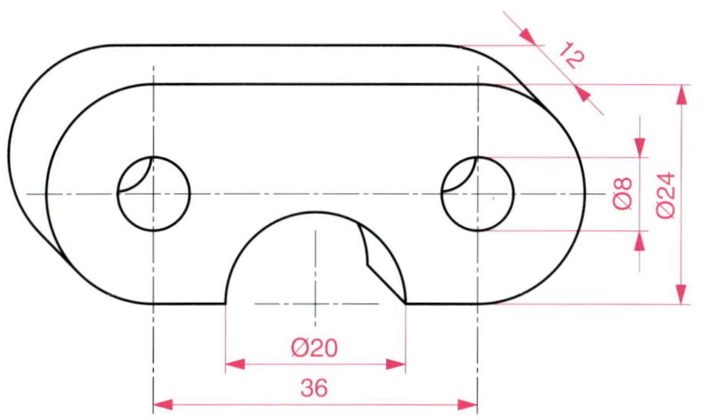

ESERCITAZIONE 31

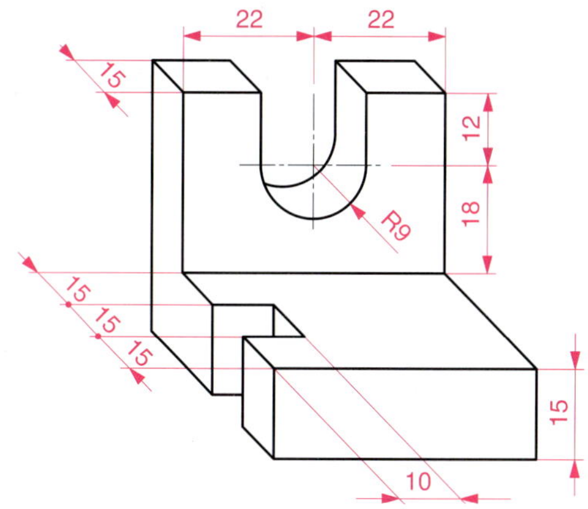

ESERCITAZIONE 29

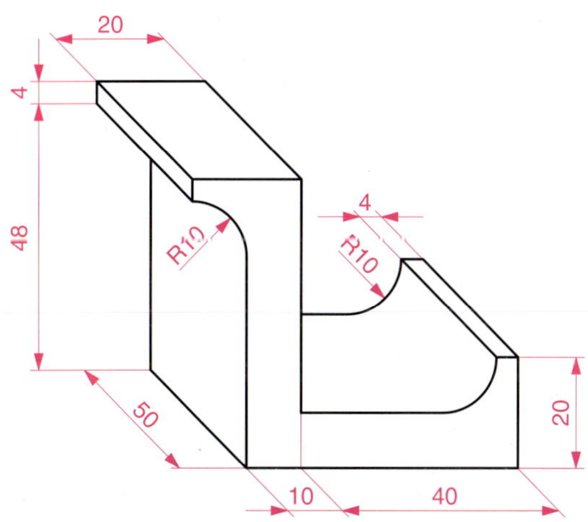

ESERCITAZIONE 32

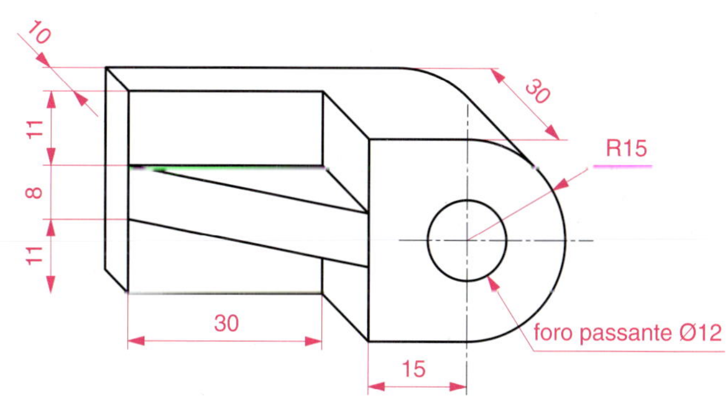

ESERCITAZIONE 30

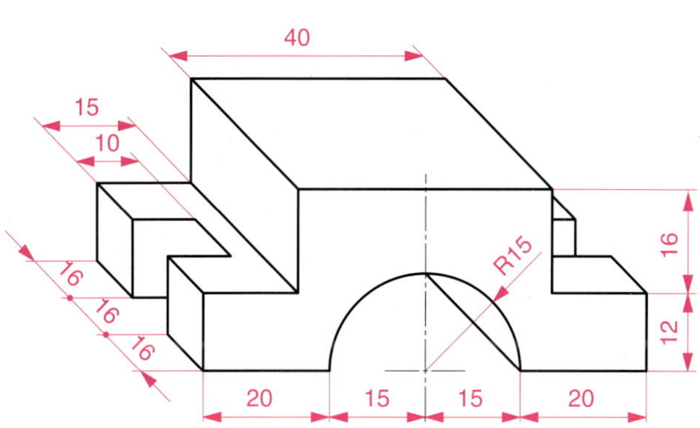

ESERCITAZIONE 33

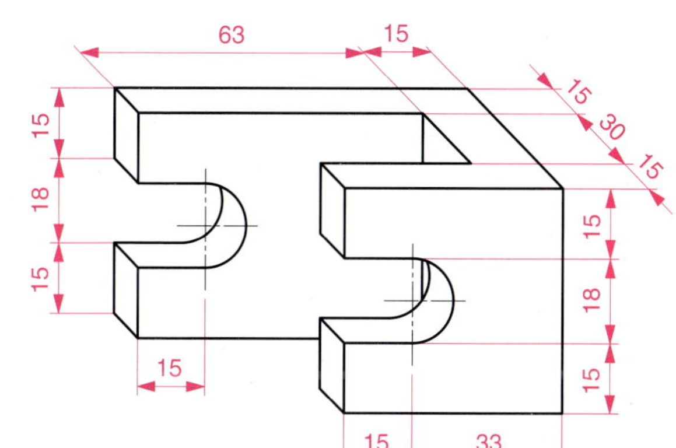

Esercitazioni

Disegna in scala 1 : 1 tre proiezioni ortogonali del solido rappresentato (tutte le misure sono espresse in millimetri).

ESERCITAZIONE 34

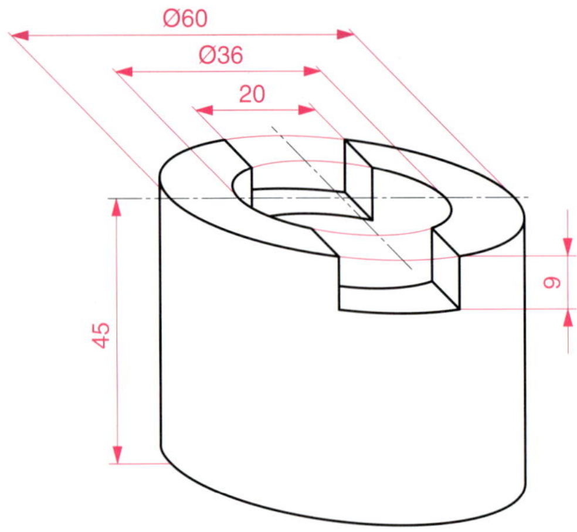

ESERCITAZIONE 37

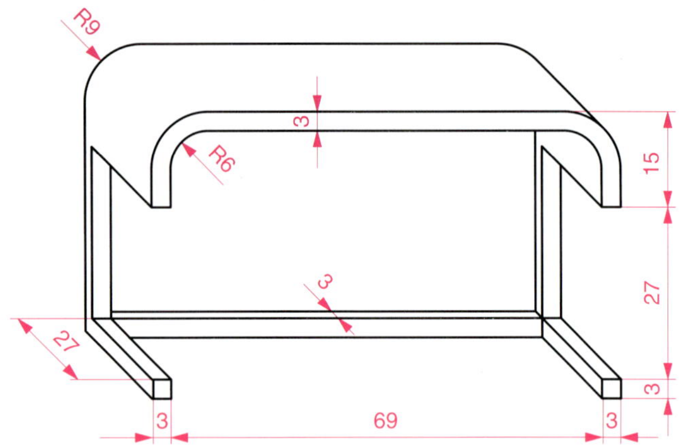

ESERCITAZIONE 35

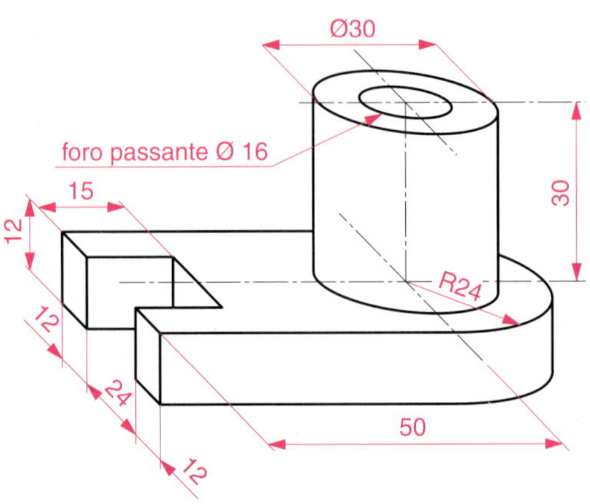

ESERCITAZIONE 38

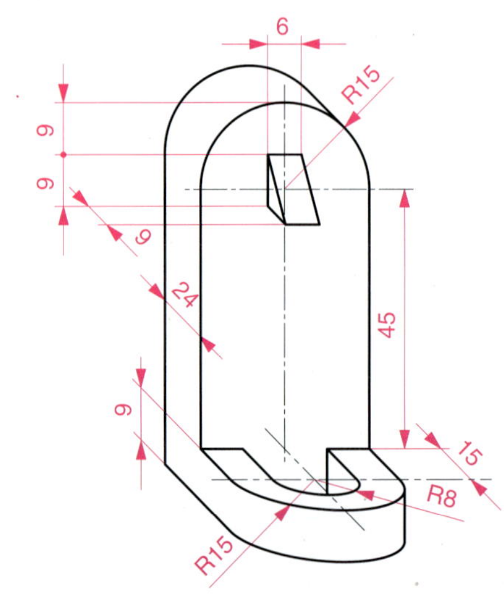

ESERCITAZIONE 36

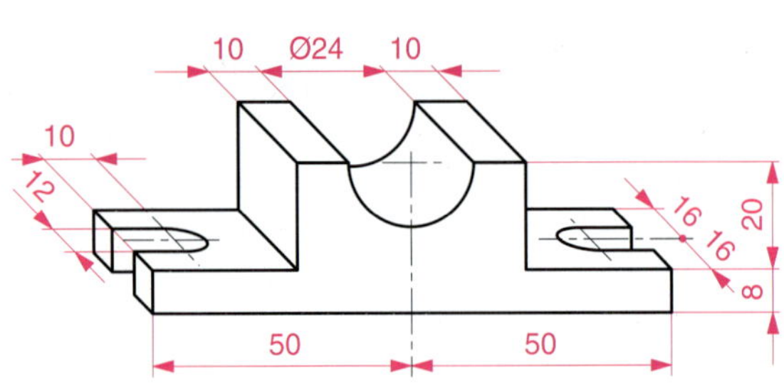

ESERCITAZIONE 39

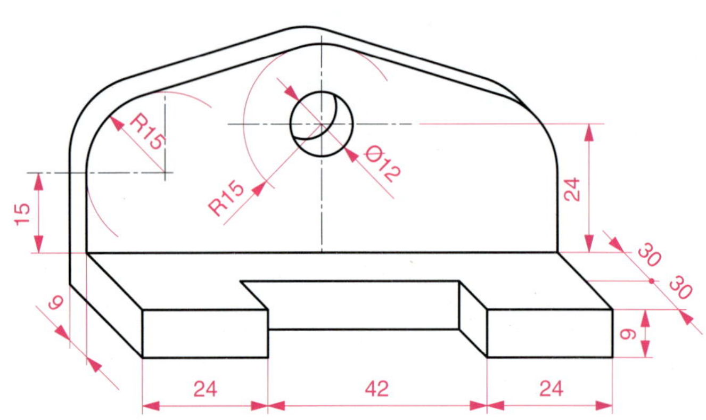

Dalla vista dall'alto e da quella frontale ricava la vista da sinistra rilevando le misure dal disegno.

ESERCITAZIONE 40
GUIDATA

Il compito fondamentale di questa esercitazione consiste nell'interpretazione delle viste date per ricavare la forma del solido.

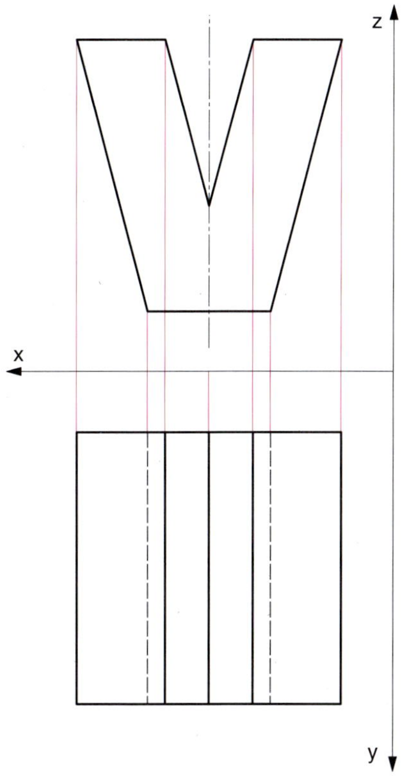

1 Colpiti dalla particolare forma della vista frontale, possiamo ipotizzare che il solido abbia la forma di una V con un certo spessore (la profondità) che appare nella vista dall'alto.

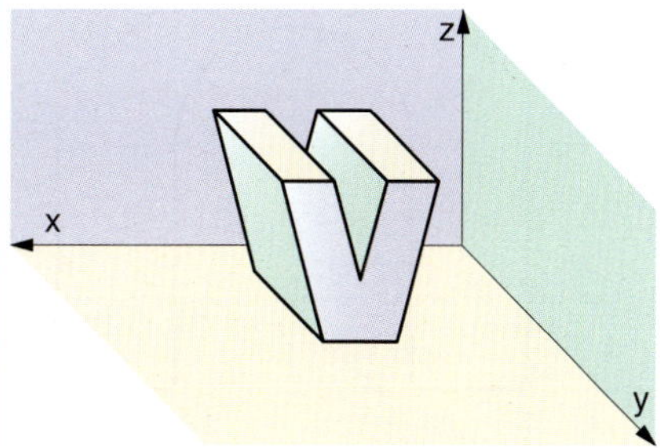

2 Verifichiamo se l'ipotesi fatta è valida. Il solido ipotizzato dovrebbe essere disposto nello spazio come nella figura in alto. In questo modo la faccia a forma di V appare nella vista frontale; mentre nella vista dall'alto si vedono le due facce rettangolari superiori e le due facce interne alla V. Queste ultime sono rettangoli inclinati che quindi appaiono molto più stretti di quelli reali.

Inoltre nel disegno dato inizialmente appaiono due segmenti con linea a tratti; essi non sono altro che i due spigoli inferiori del solido, nascosti dalle altre facce.
Possiamo concludere che il solido ipotizzato è valido.

3 Si disegnano le due viste date, rilevando le misure dal libro. Si inizia dalla vista frontale impostata a partire dall'asse di simmetria.

4 Per completare il disegno assegnato si tracciano le linee di riporto dalle due viste date.

5 In fase di ripasso è necessario notare che nella vista da sinistra uno spigolo (quello interno alla V) apparirà come spigolo nascosto, e quindi sarà evidenziato con linea a tratti fine.

ESERCITAZIONE 41

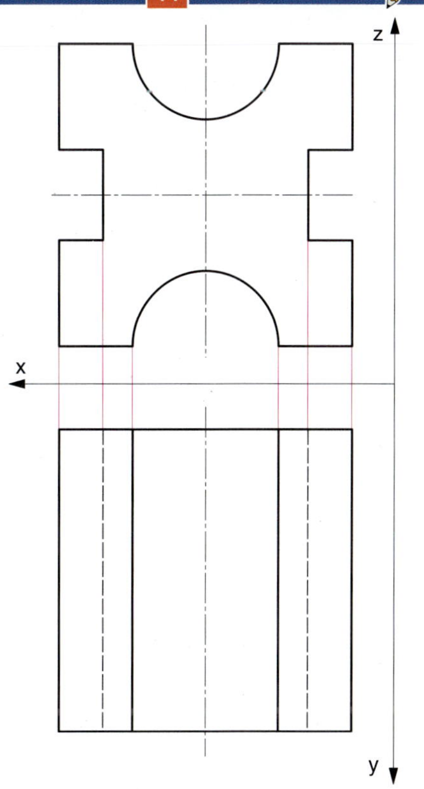

ESERCITAZIONE 42

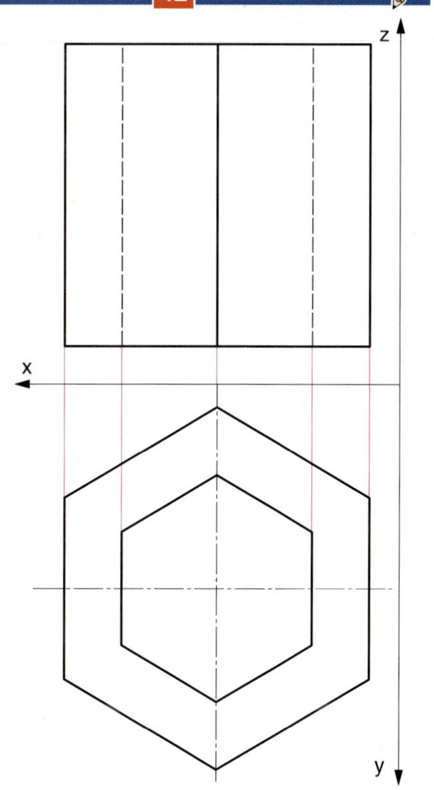

ESERCITAZIONE 43

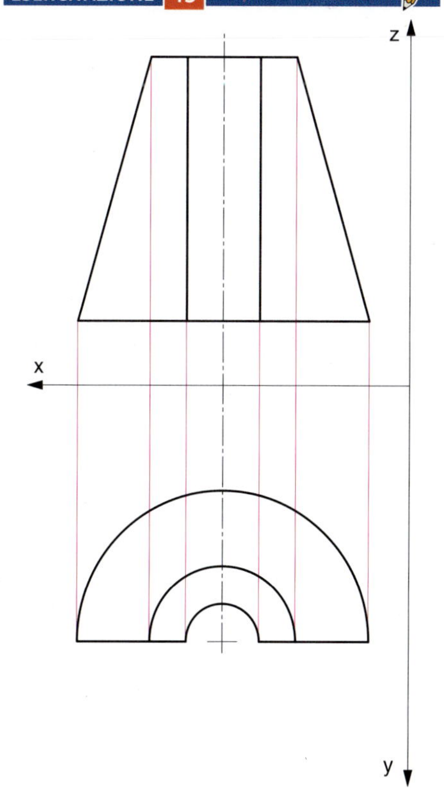

Dalla vista dall'alto e da quella frontale ricava la vista da sinistra rilevando le misure dal disegno.

ESERCITAZIONE 44

CON SUGGERIMENTO

IL PRIMO PASSO Il solido potrebbe avere la forma di un tetto con tre falde inclinate? Di queste falde una è triangolare (visibile sia nella vista frontale sia in quella dall'alto), mentre le altre due hanno forma di trapezi rettangoli.

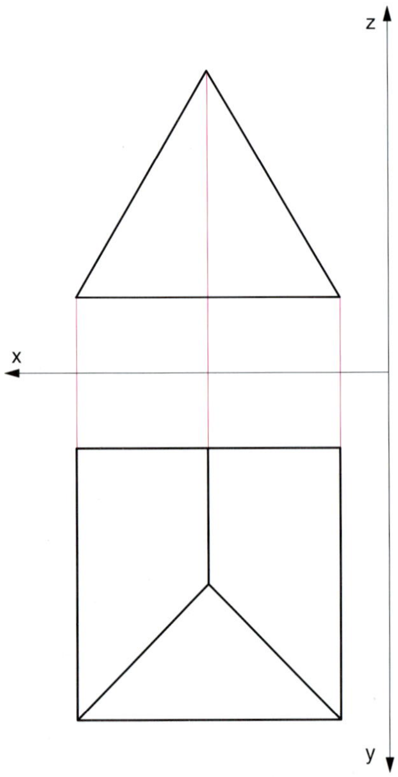

ESERCITAZIONE 46

CON SUGGERIMENTO

IL PRIMO PASSO Il solido potrebbe avere la forma di una casetta attraversata da una volta a botte (un arco che si sviluppa in profondità)?

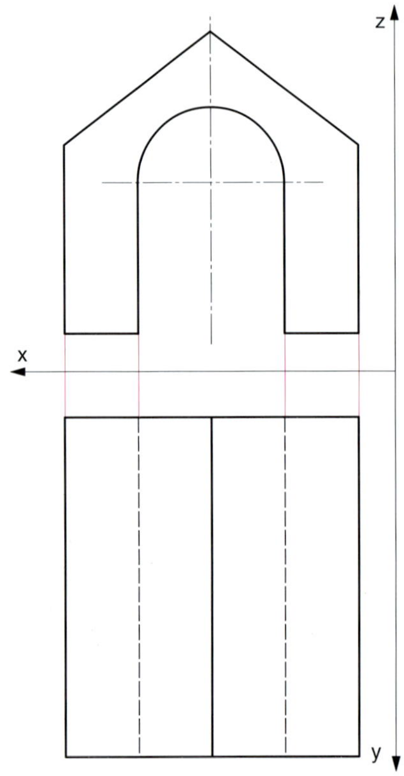

ESERCITAZIONE 48

CON SUGGERIMENTO

IL PRIMO PASSO Il solido potrebbe essere un parallelepipedo sormontato da un semicilindro con scanalatura orizzontale?

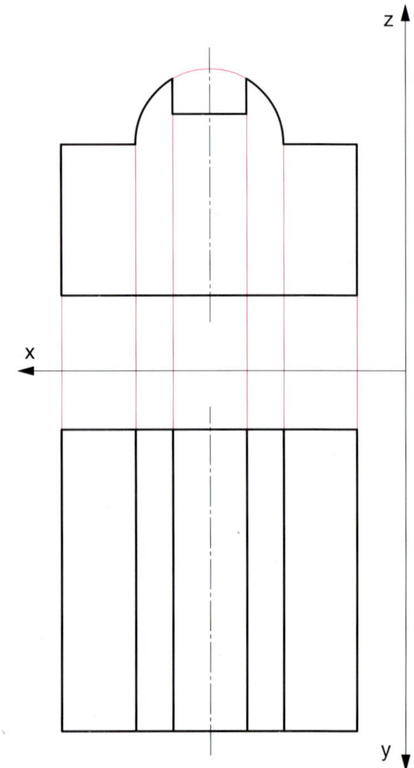

ESERCITAZIONE 45

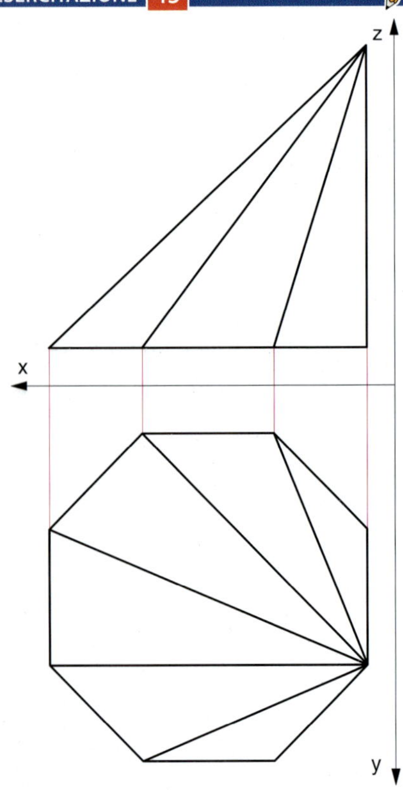

ESERCITAZIONE 47

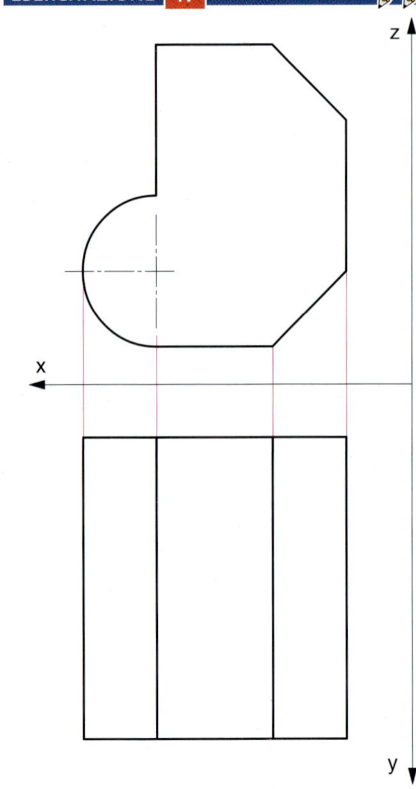

ESERCITAZIONE 49

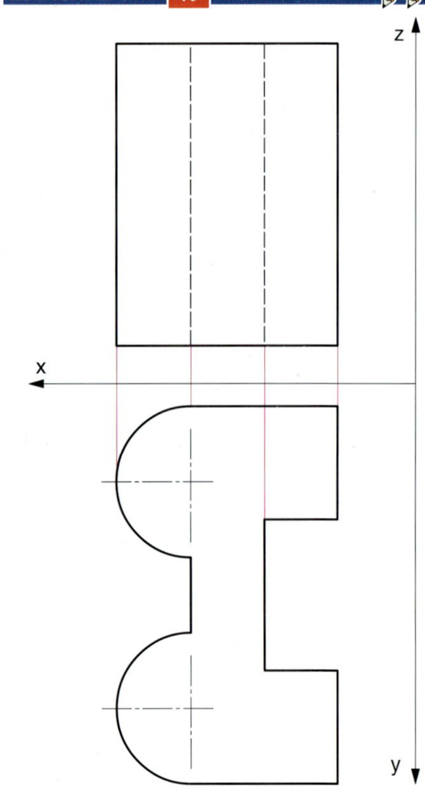

Dalla vista frontale e da quella da sinistra ricava la vista dall'alto rilevando le misure dal disegno.

ESERCITAZIONE 50

GUIDATA

Anche in questa esercitazione è indispensabile capire attraverso le viste date la forma tridimensionale dell'oggetto rappresentato.

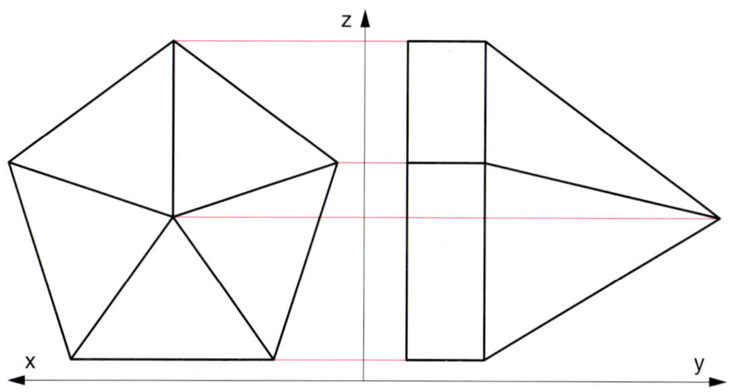

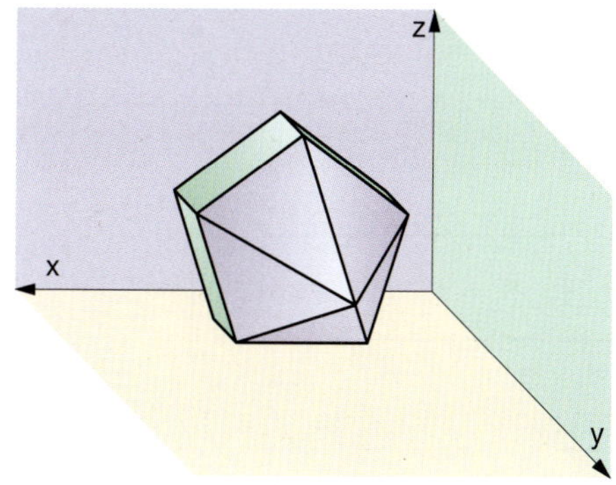

1 Dalla vista frontale possiamo ipotizzare che l'oggetto sia una piramide a base pentagonale. Ma osservando la vista da sinistra si può notare che dietro la base della piramide si trova un basamento a forma di prisma pentagonale.
Possiamo ipotizzare che il solido sia l'unione di una piramide e di un prisma, ambedue con identica base pentagonale.

2 Il solido ipotizzato è disposto nello spazio con le basi parallele al piano xz (come nella figura successiva).

3 La verifica della rispondenza del solido alle viste date convalida l'ipotesi.

4 Passando al disegno delle viste date, si traccia innanzitutto il pentagono regolare, da cui si delinea la vista da sinistra mediante linee di riporto.

5 La vista dall'alto si ricava facilmente con linee di riporto dalle altre due viste.

6 Nel ripasso si faccia attenzione agli spigoli nascosti.

ESERCITAZIONE 51

CON SUGGERIMENTO

IL PRIMO PASSO Il solido potrebbe essere un tronco di piramide esagonale attraversato da un foro?

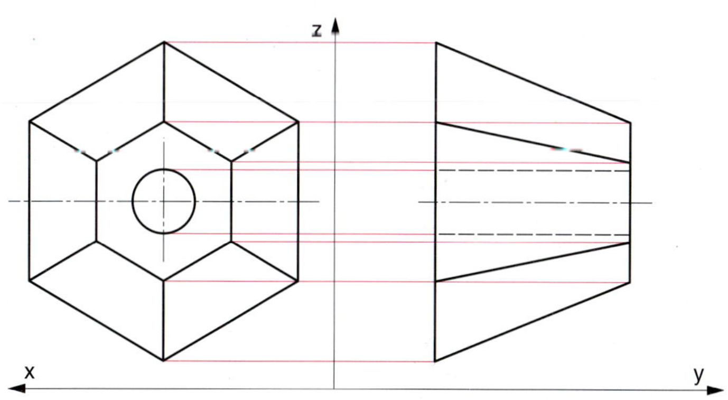

ESERCITAZIONE 52

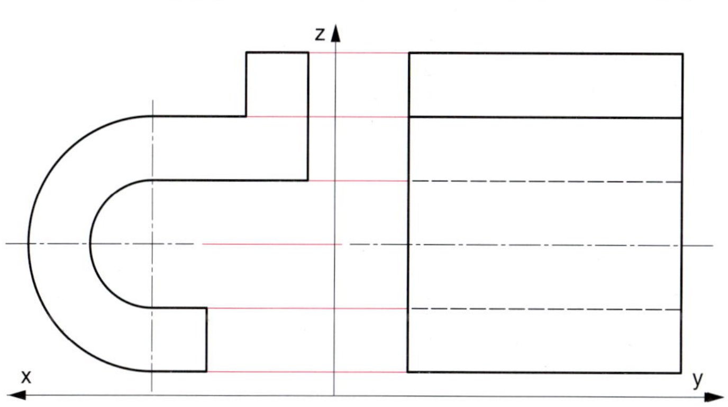

ESERCITAZIONE 53

CON SUGGERIMENTO

IL PRIMO PASSO Il solido potrebbe essere un tubo quadrato e raccordato, a cui è stata tolta una striscia centrale nella parte inferiore?

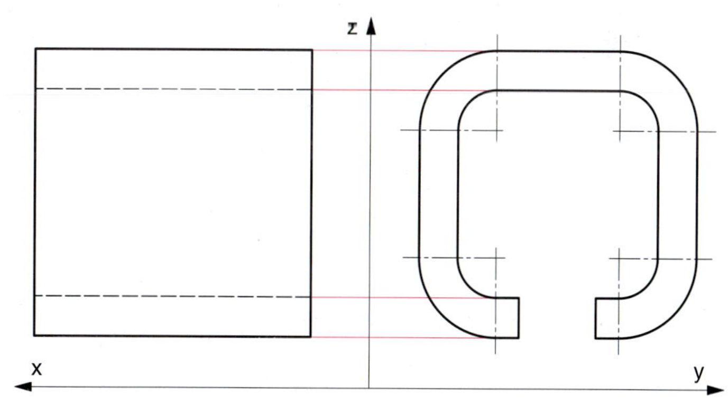

ESERCITAZIONE 54

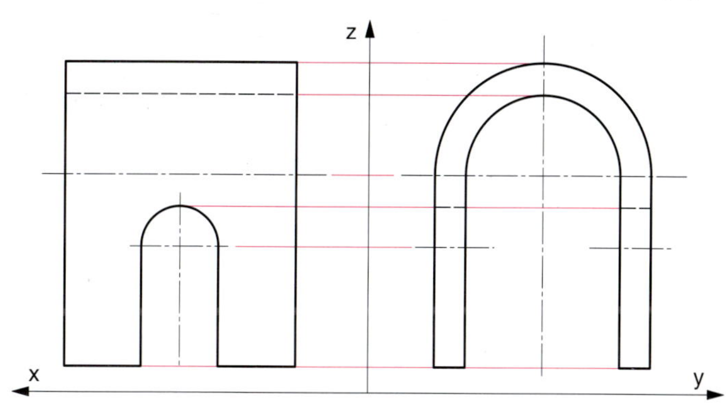

Esercitazioni

Dalla vista dall'alto e da quella frontale ricava la vista da sinistra raddoppiando le misure rilevate dal disegno.

ESERCITAZIONE 55

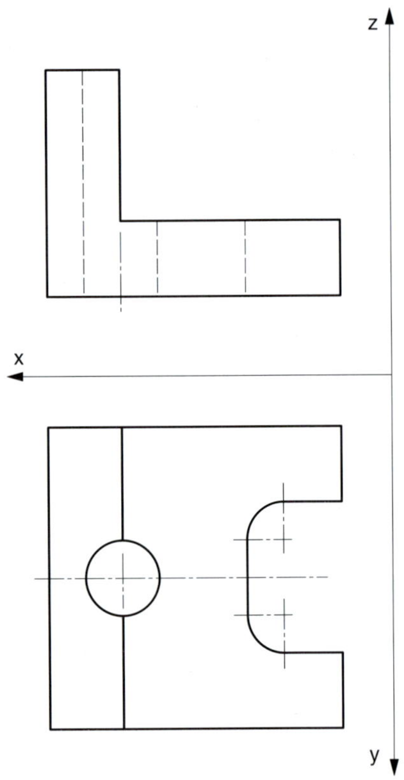

ESERCITAZIONE 57

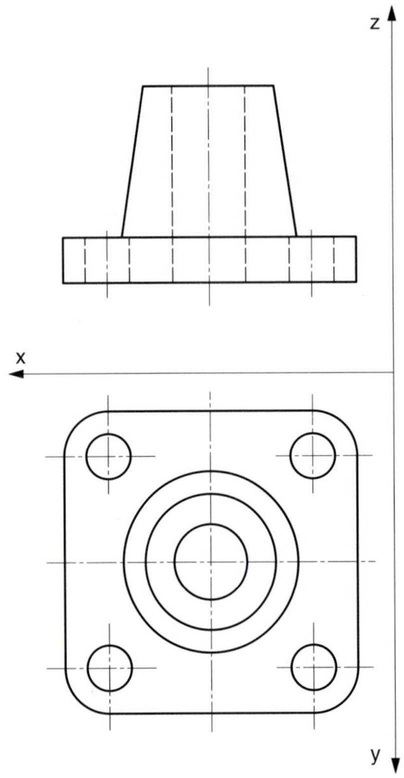

ESERCITAZIONE 59

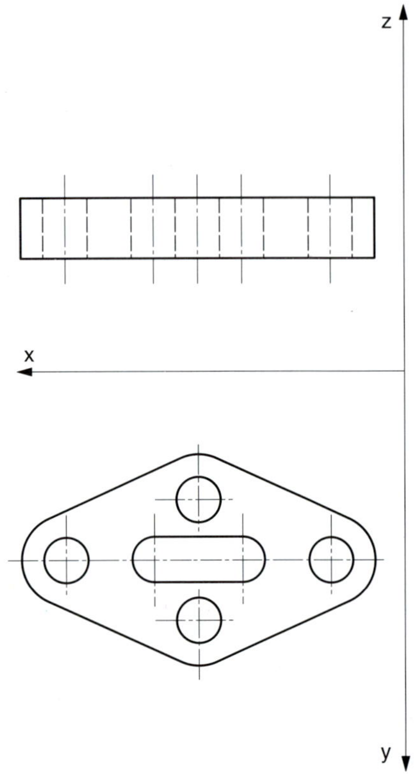

ESERCITAZIONE 56

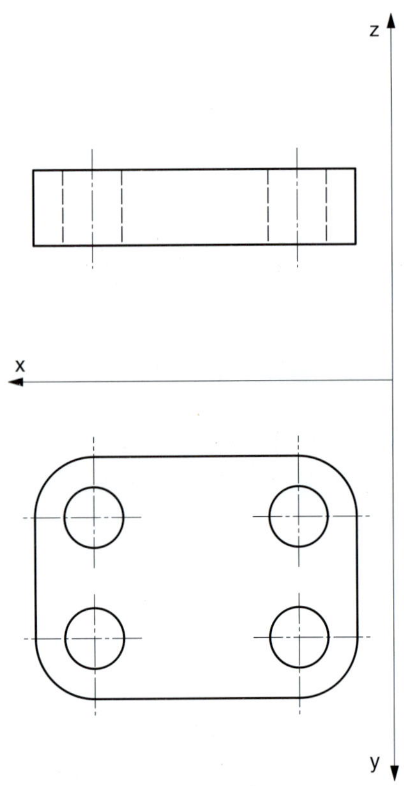

ESERCITAZIONE 58

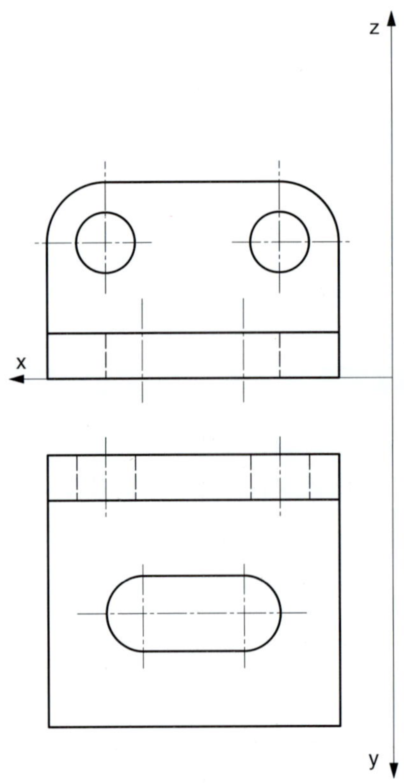

ESERCITAZIONE 60

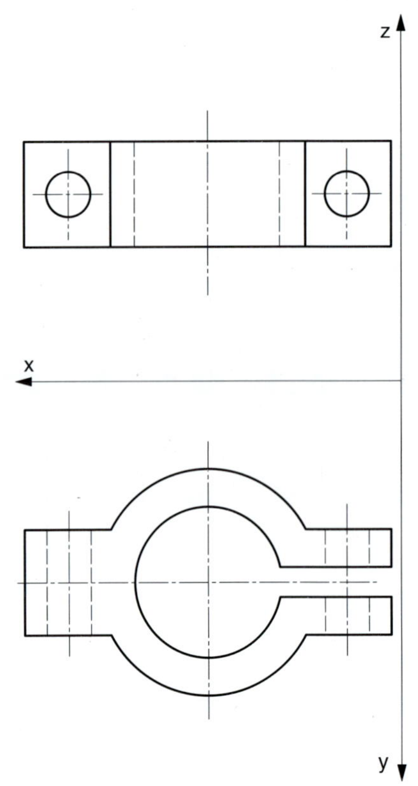

Disegna su carta quadrettata le viste date, aggiungendo la vista da sinistra.

ESERCITAZIONE 61
GUIDATA

Cerchiamo di capire dalle viste date la forma tridimensionale dell'oggetto rappresentato.

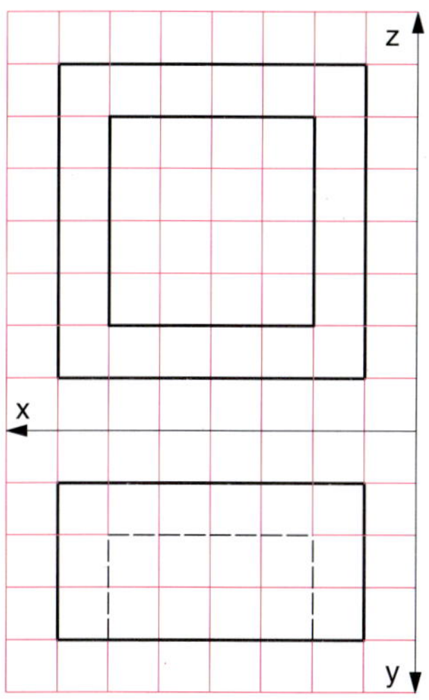

1 Il solido è un parallelepipedo a base quadrata con un foro quadrato che lo attraversa solo in parte (una cavità di profilo quadrato).

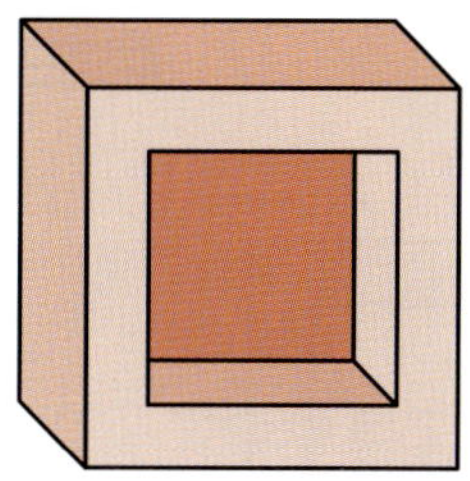

2 La vista da sinistra mostra la faccia laterale (un rettangolo) e tre spigoli nascosti della cavità.

ESERCITAZIONE 66
CON SUGGERIMENTO

IL PRIMO PASSO Il solido è un parallelepipedo a base quadrata con cavità semicilindrica.

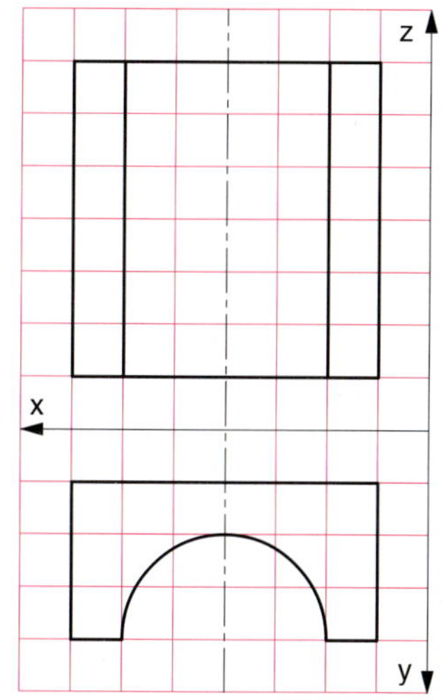

ESERCITAZIONE 62

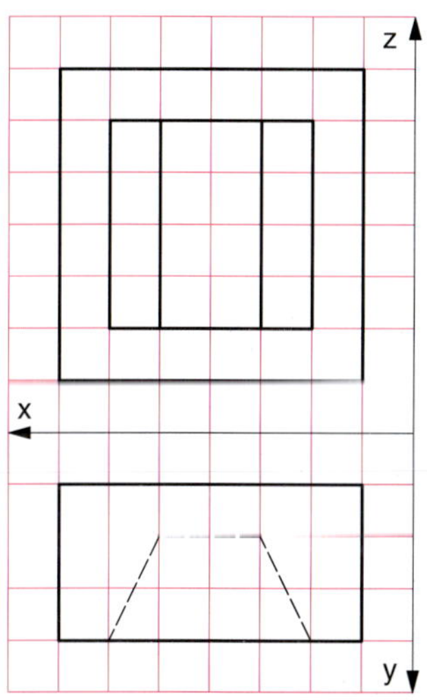

ESERCITAZIONE 64

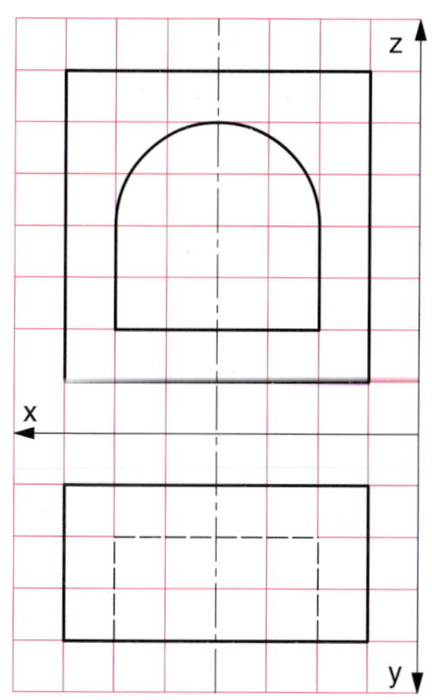

ESERCITAZIONE 67

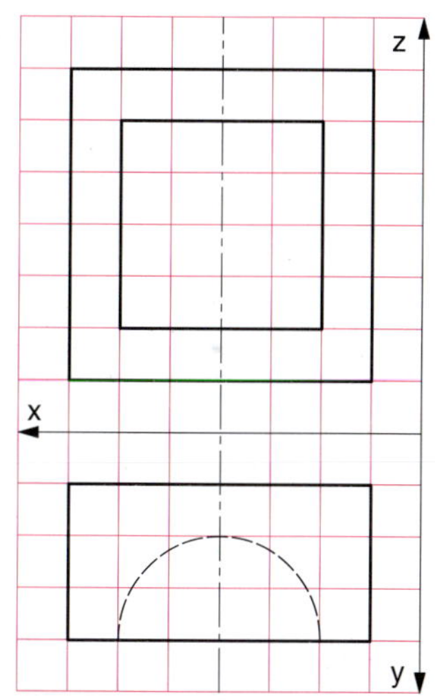

ESERCITAZIONE 63

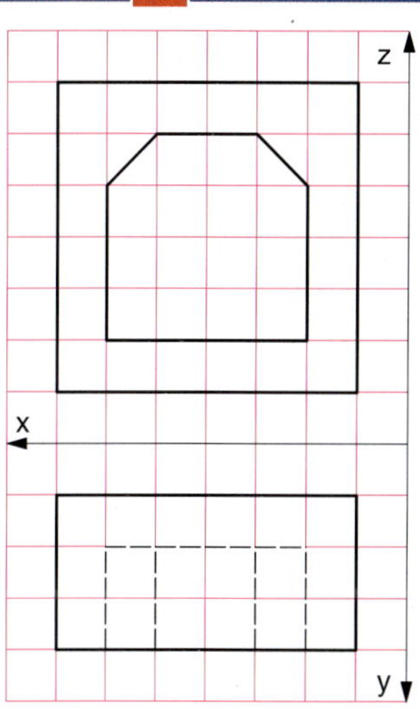

ESERCITAZIONE 65

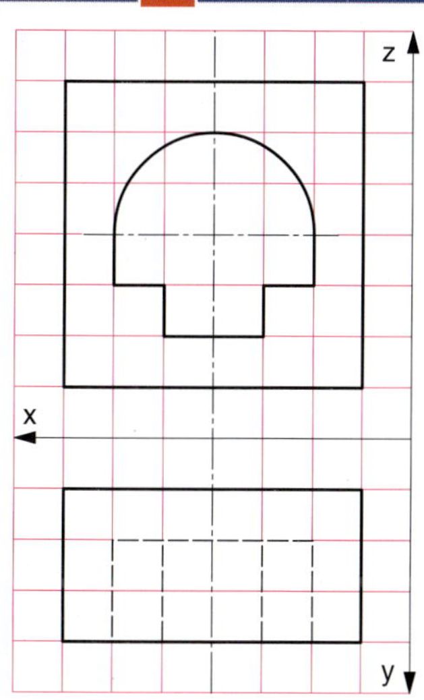

ESERCITAZIONE 68

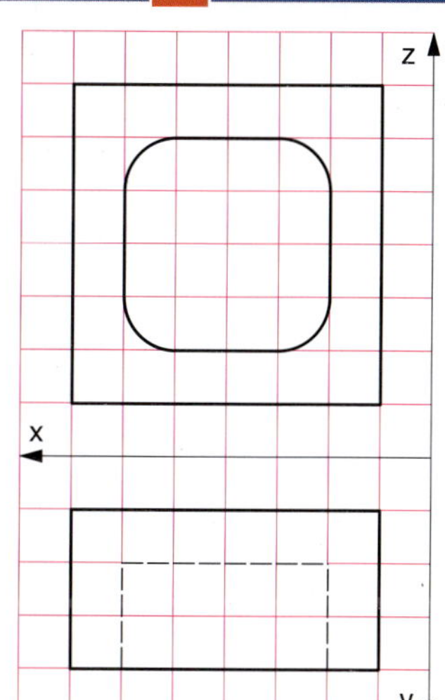

Disegna su carta quadrettata le viste date, aggiungendo la vista dall'alto.

ESERCITAZIONE 69

GUIDATA

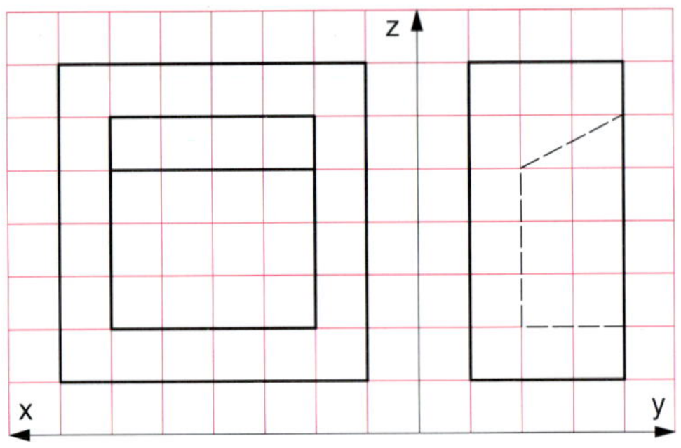

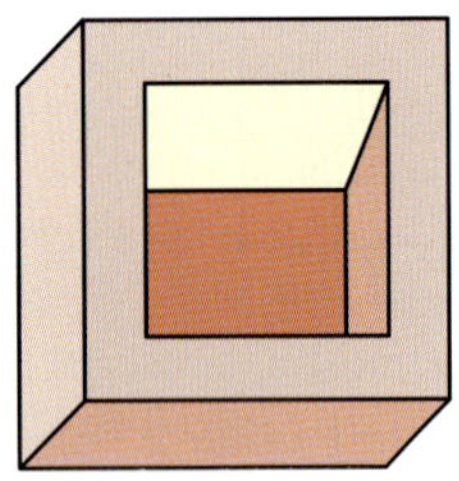

1 Il solido è un parallelepipedo a base quadrata con un foro quadrato che lo attraversa solo in parte. Questa cavità ha però la faccia superiore inclinata (colorata in giallo nel disegno, che mostra il solido dal basso).

2 La vista dall'alto mostra la faccia superiore (un rettangolo) e tre spigoli nascosti della cavità.

ESERCITAZIONE 70

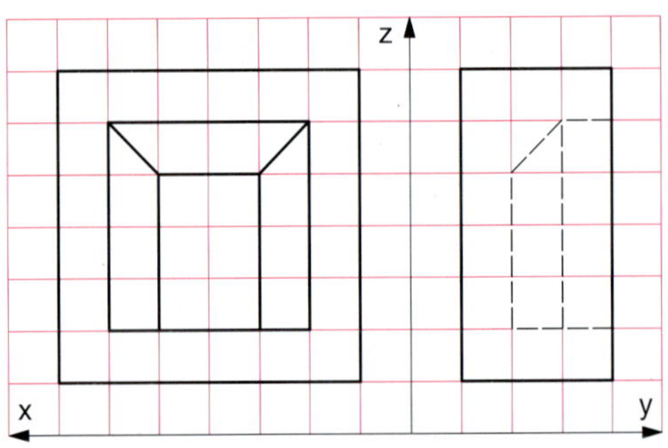

ESERCITAZIONE 71

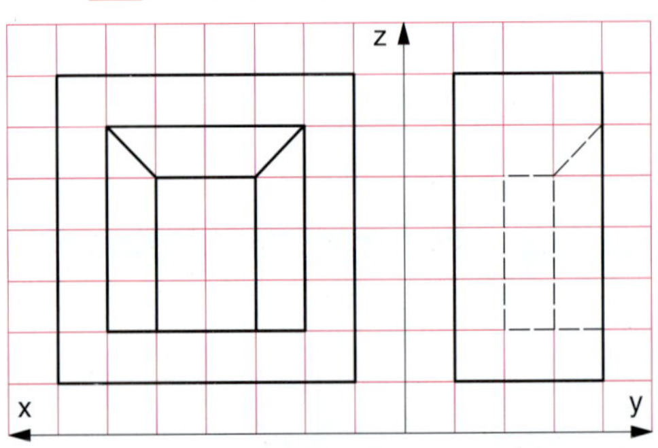

ESERCITAZIONE 72

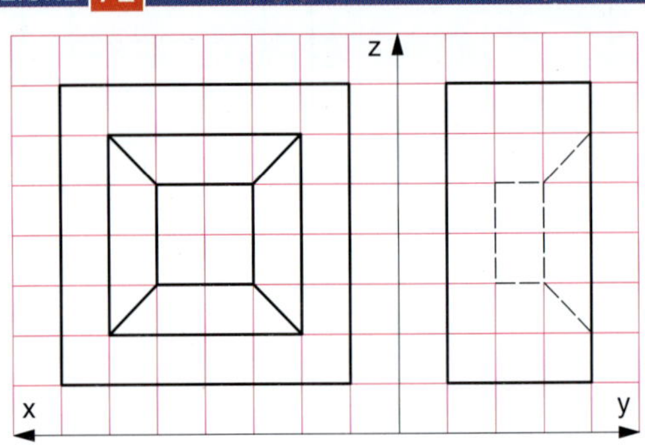

ESERCITAZIONE 73

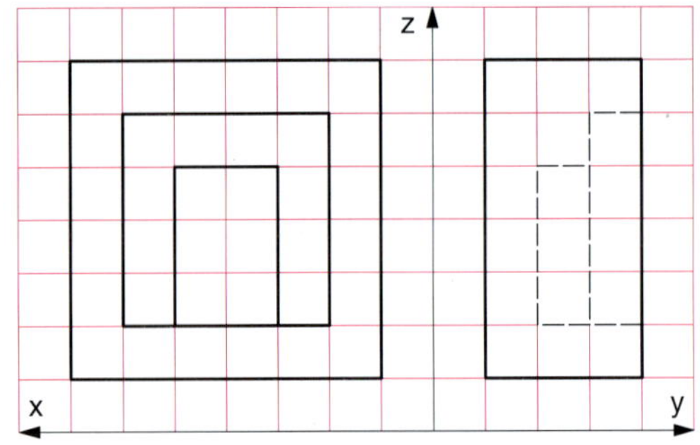

ESERCITAZIONE 74

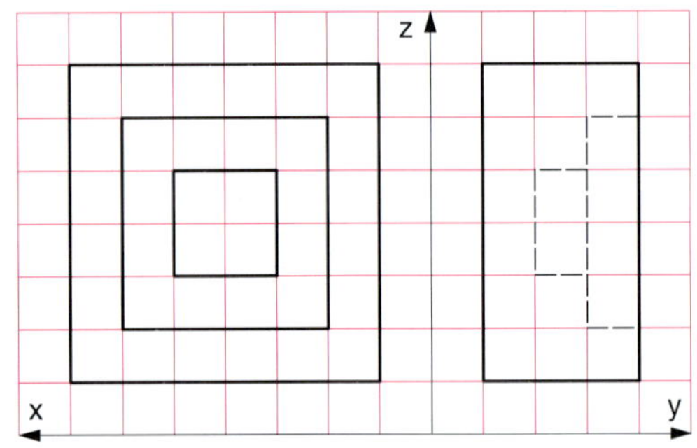

ESERCITAZIONE 75

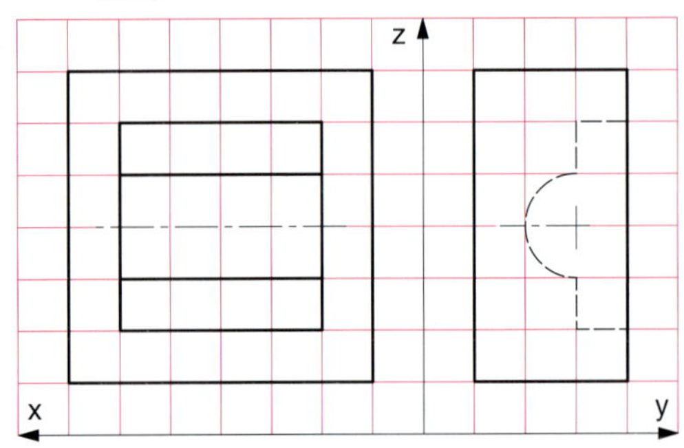

ESERCITAZIONE 76

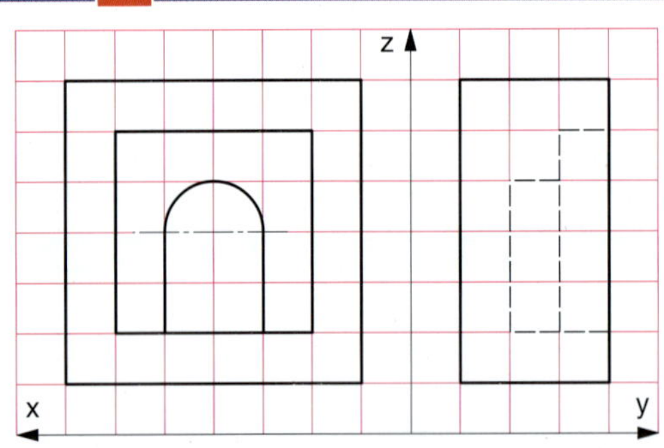

ESERCITAZIONE 77

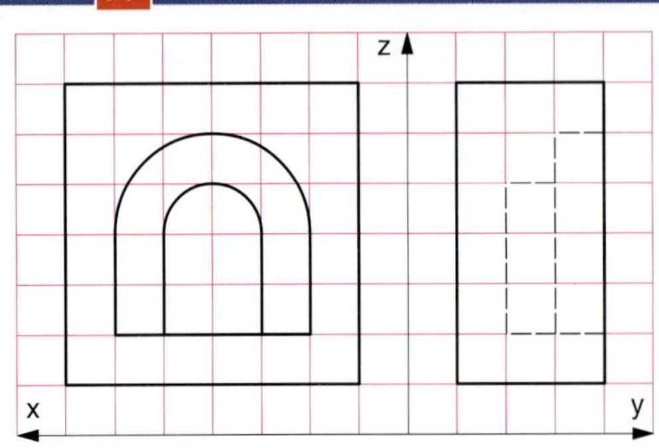

ESERCITAZIONE 78

Rappresenta in scala 1 : 20 il solido in tre proiezioni ortogonali

Pedate 28 cm
Alzate 18 cm

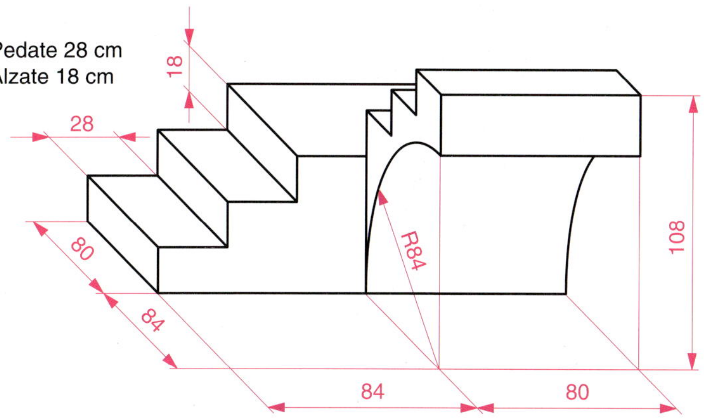

Quote in cm

ESERCITAZIONE 81

Rappresenta in scala 1 : 500 il solido in tre proiezioni ortogonali

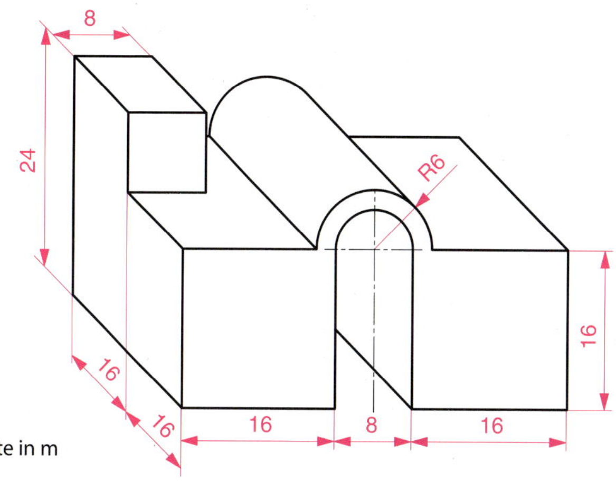

Quote in m

ESERCITAZIONE 79

Rappresenta in scala 1 : 10 il solido in tre proiezioni ortogonali

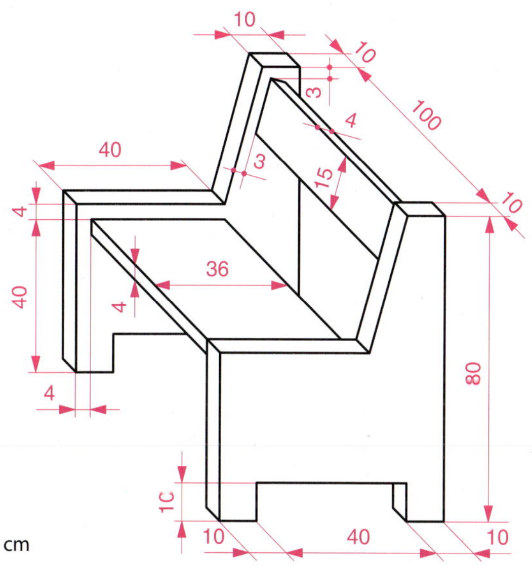

Quote in cm

ESERCITAZIONE 82

Rappresenta in scala 1 : 100 il solido in tre proiezioni ortogonali

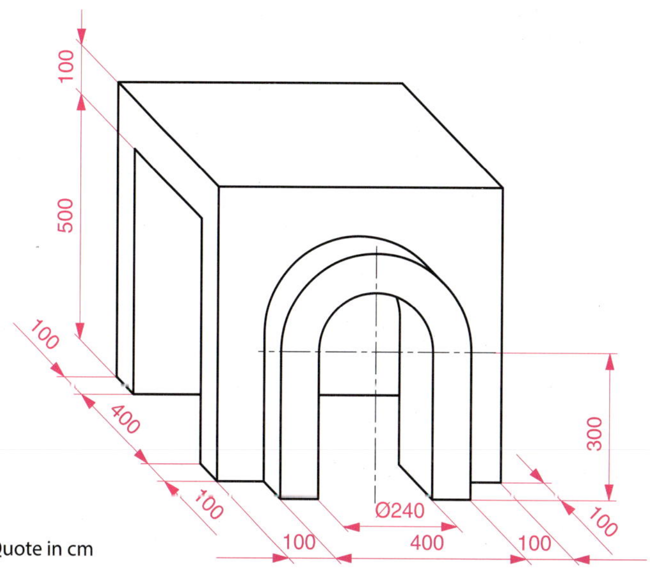

Quote in cm

ESERCITAZIONE 80

Rappresenta in scala 1 : 100 il solido in tre proiezioni ortogonali

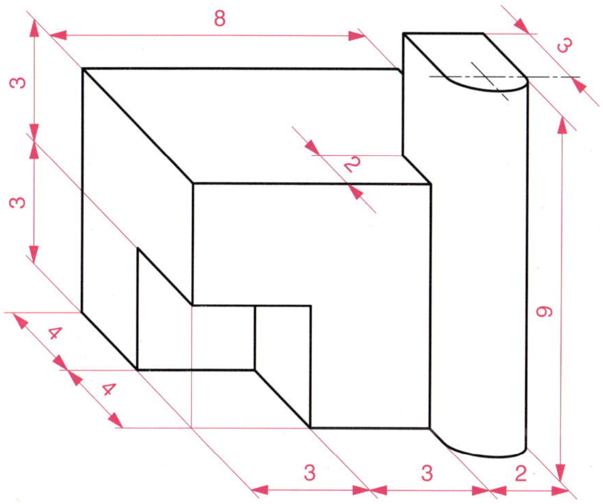

Quote in m

ESERCITAZIONE 83

Rappresenta in scala 1 : 200 il solido in tre proiezioni ortogonali

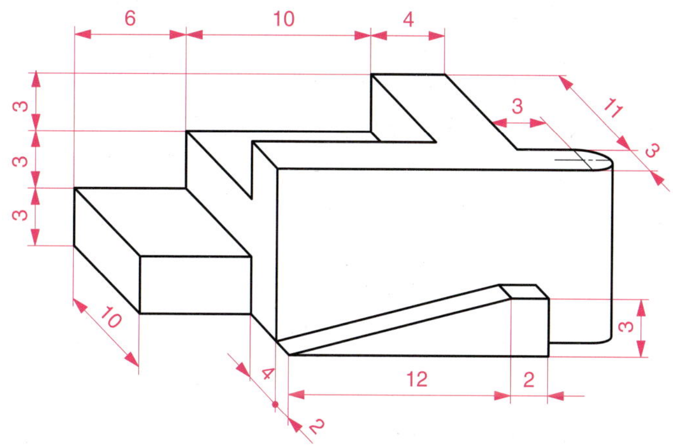

Quote in m

ESERCITAZIONE 84

Rappresenta in scala 1 : 200 il solido in tre proiezioni ortogonali

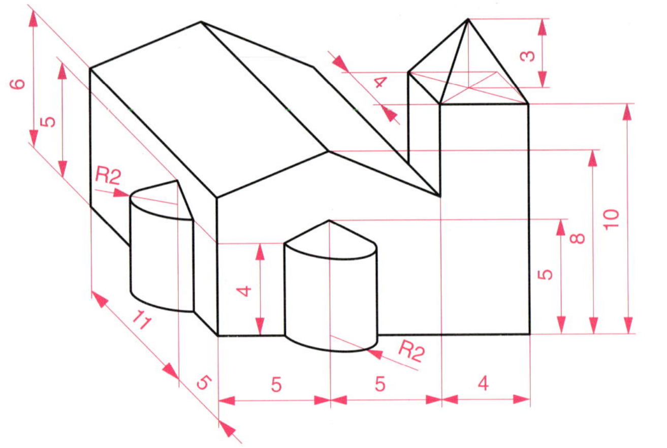

Quote in m

ESERCITAZIONE 85

Rappresenta in scala 1 : 100 il solido in tre proiezioni ortogonali

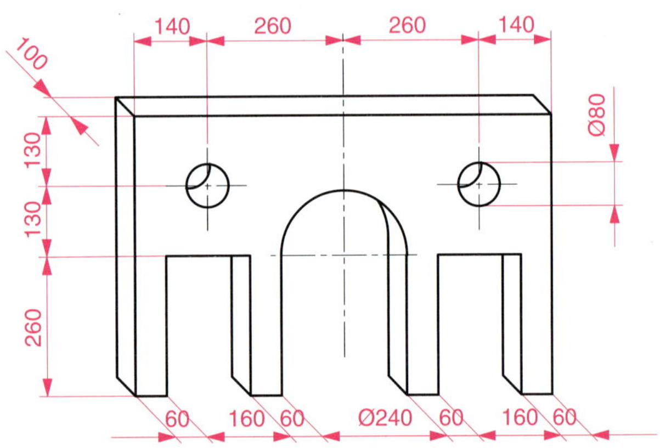

Quote in cm

ESERCITAZIONE 86

Rappresenta in scala 1 : 10 il solido in tre proiezioni ortogonali

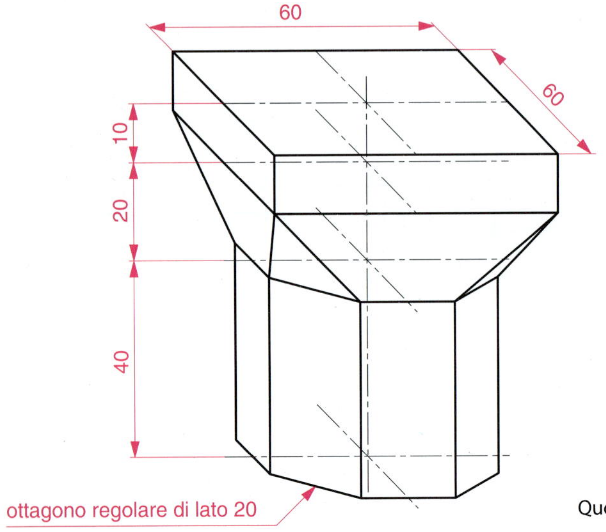

Quote in cm

ESERCITAZIONE 87

Rappresenta in scala 1 : 100 il solido in tre proiezioni ortogonali

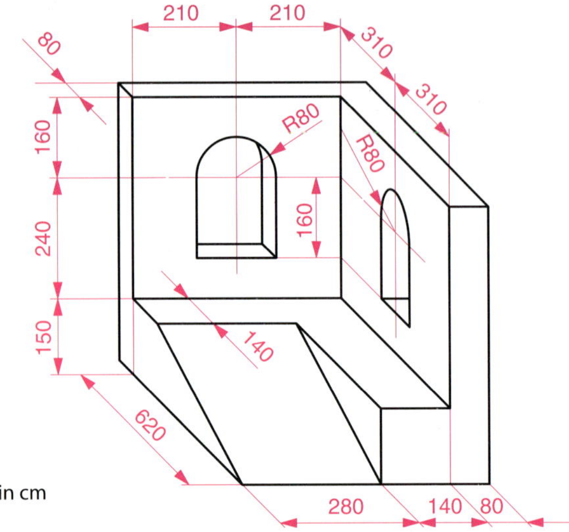

Quote in cm

ESERCITAZIONE 88

Rappresenta in scala 1 : 100 il solido in tre proiezioni ortogonali

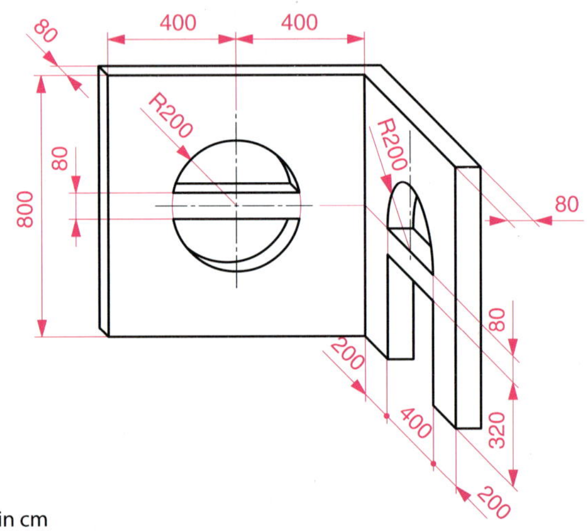

Quote in cm

ESERCITAZIONE 89

Rappresenta in scala 1 : 100 il solido in tre proiezioni ortogonali

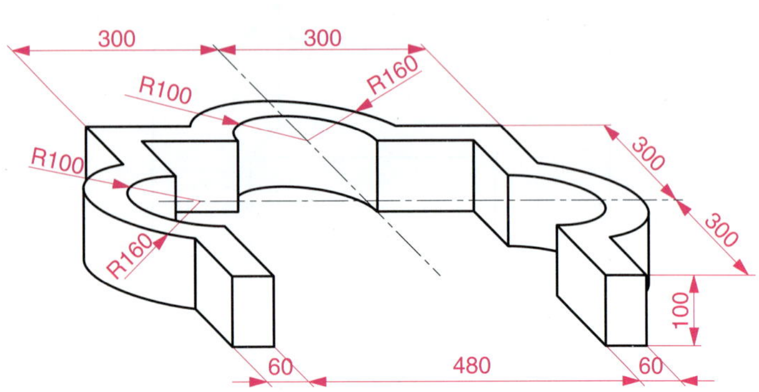

Quote in cm

Dalle viste date ricava la vista mancante raddoppiando le misure rilevate dal disegno.

ESERCITAZIONE 90
GUIDATA

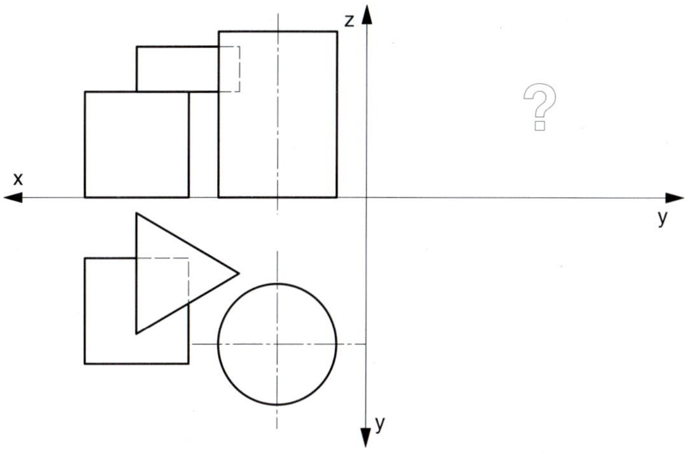

Prima di tutto bisogna capire la forma dei solidi e la loro posizione reciproca.

1. Un prisma a base triangolare equilatera è sovrapposto a un cubo. Il terzo solido è un cilindro, spostato un po' a destra e che nasconde in parte il prisma nella vista frontale.

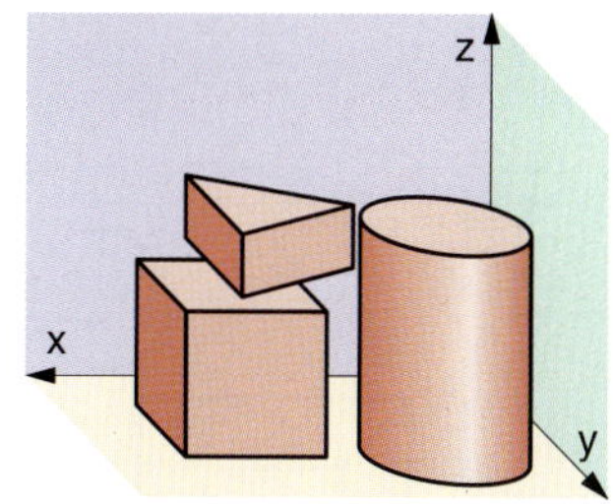

2. Nella vista da sinistra il cubo e il prisma nascondono parzialmente il cilindro. Di esso pertanto si vede un profilo disegnato in parte con linea fine a tratti.

ESERCITAZIONE 91
CON SUGGERIMENTO

IL PRIMO PASSO Un cilindro e un parallelepipedo poggiano sui gradini di una scala di tre alzate e tre pedate.

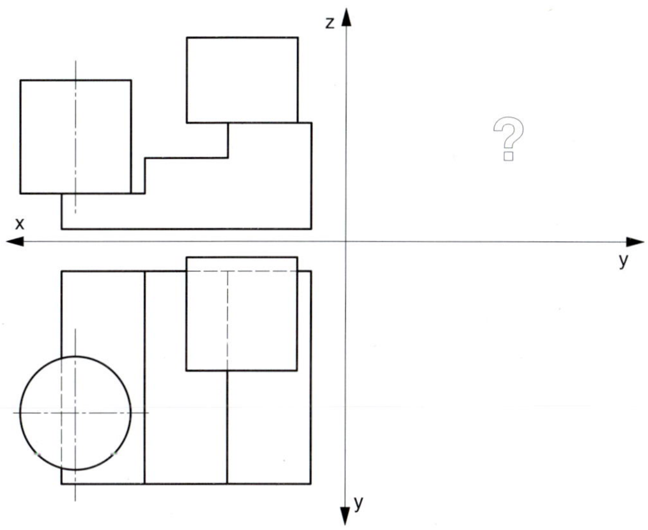

ESERCITAZIONE 92

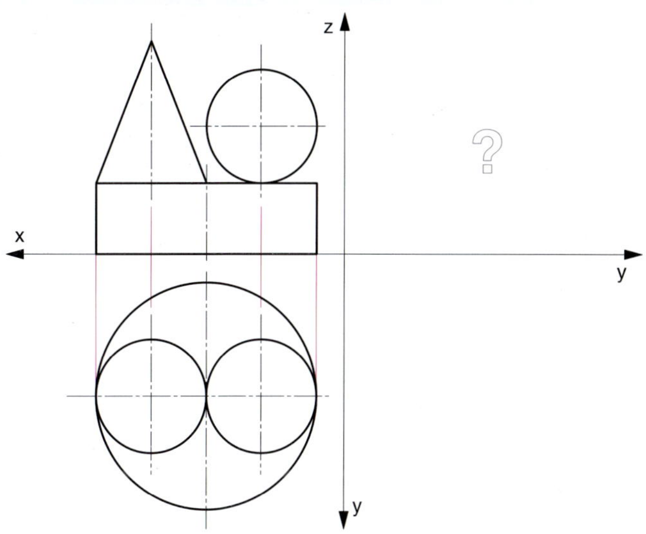

ESERCITAZIONE 93
CON SUGGERIMENTO

IL PRIMO PASSO Una piramide a base quadrata è disposta su un cilindro; sulla loro destra c'è un parallelepipedo a base quadrata.

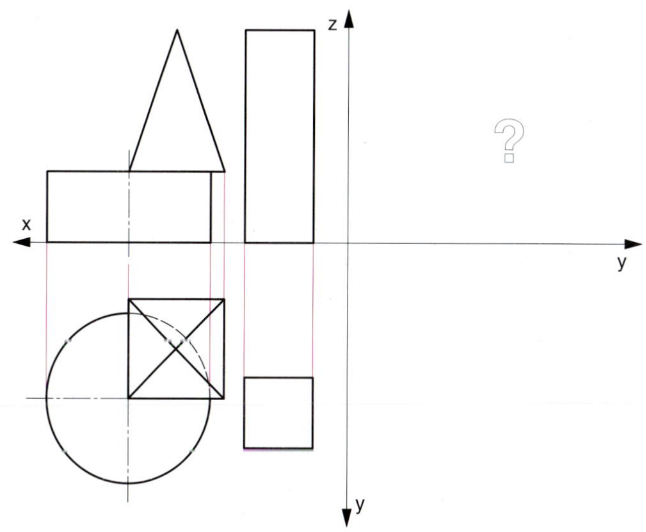

ESERCITAZIONE 94

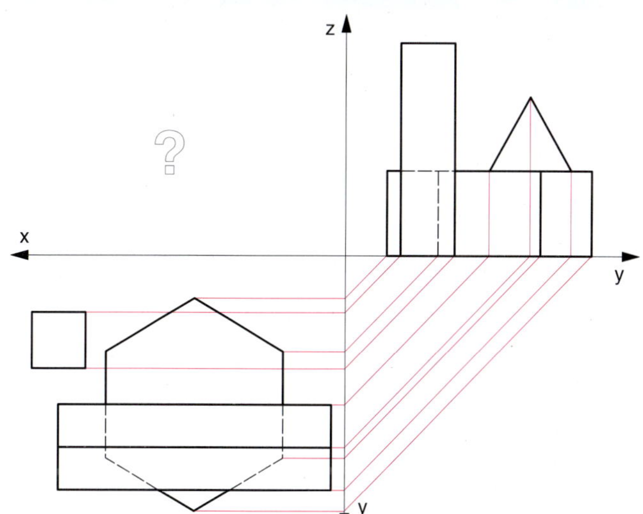

Dalle viste date ricava la vista mancante raddoppiando le misure rilevate dal disegno.

ESERCITAZIONE 95

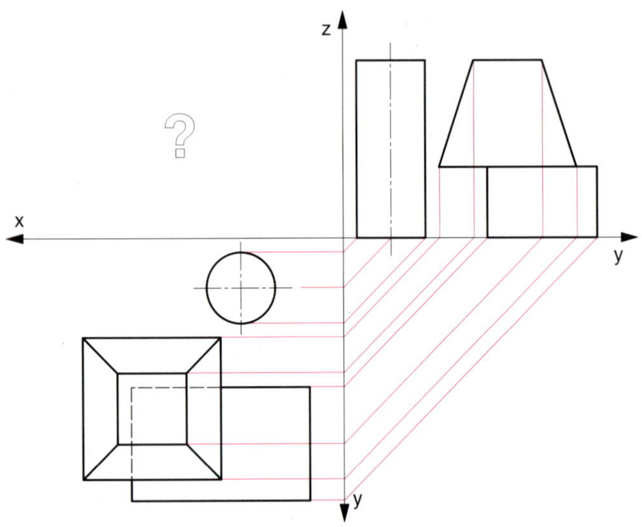

ESERCITAZIONE 96

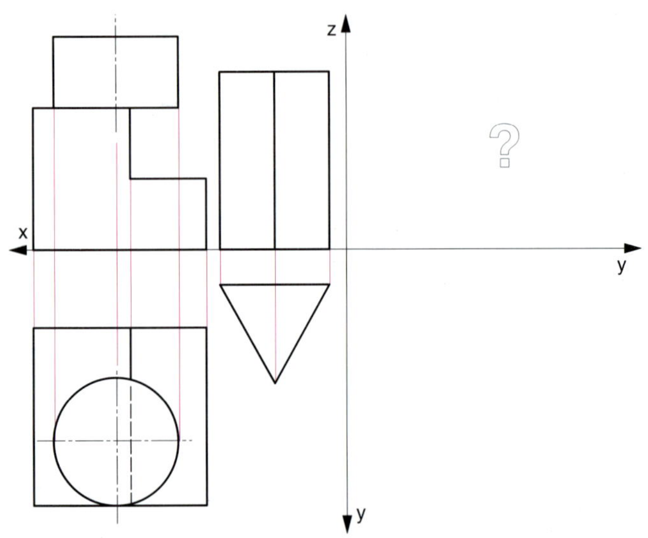

ESERCITAZIONE 97

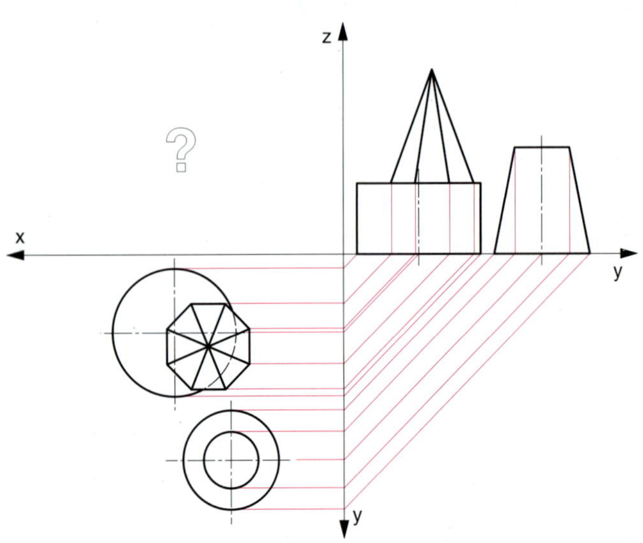

ESERCITAZIONE 98

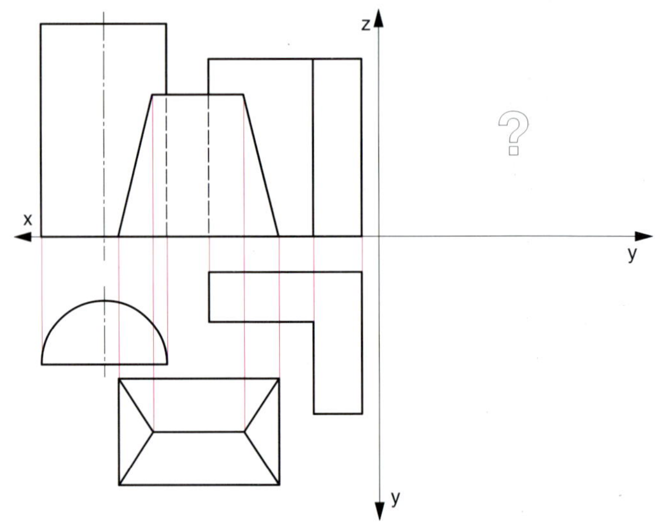

ESERCITAZIONE 99

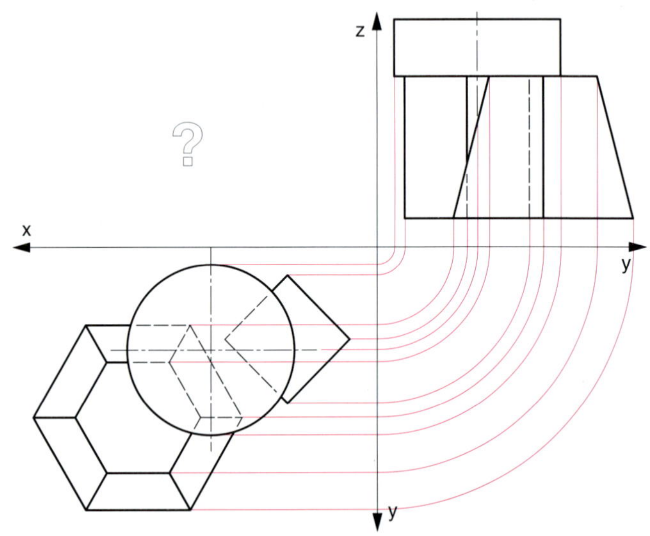

ESERCITAZIONE 100

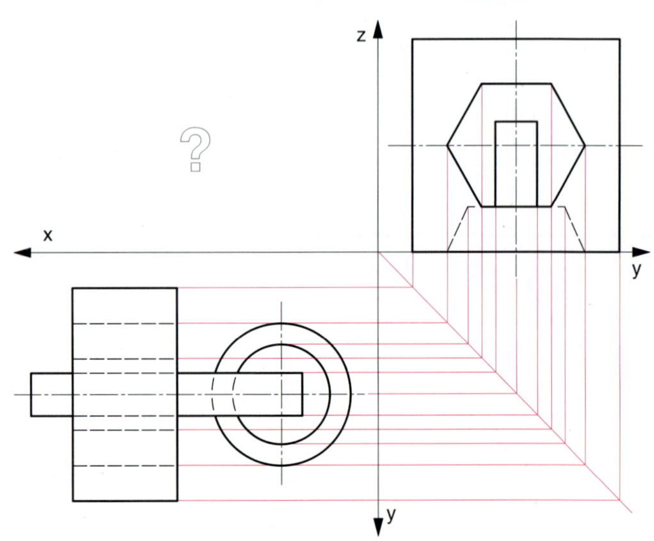

Errori tipici e suggerimenti

Non così...

Fase preparatoria

- Scarsa chiarezza sulla forma dell'oggetto proposto.
- Confusa posizione dell'oggetto nello spazio.
- Mancata analisi dimensionale dell'oggetto.
- Mancata analisi strutturale dell'oggetto (assi e piani di simmetria) e dei suoi elementi geometrici (poligoni regolari, tangenti, raccordi ecc.).
- Mancata individuazione degli spigoli e dei contorni visibili o nascosti.
- Evitare la stesura dello schizzo preparatorio.

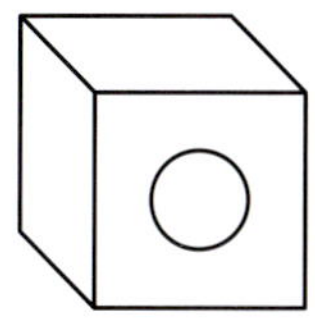

Foro cieco o passante?

... ma così!

- Analizzare tutti i dettagli formali dell'oggetto.
- Individuare le facce parallele ai diversi quadri (xy, xz, yz).
- Studiare le dimensioni d'ingombro in base alla scala del disegno.
- Individuare gli elementi strutturali su cui impostare il disegno e le principali caratteristiche geometriche (consultando il libro per le costruzioni dimenticate).
- Studiare la posizione reciproca di facce, spigoli e contorni nelle singole viste da realizzare.
- Disegnare lo schizzo preparatorio, studiando la sequenza delle fasi di elaborazione grafica.

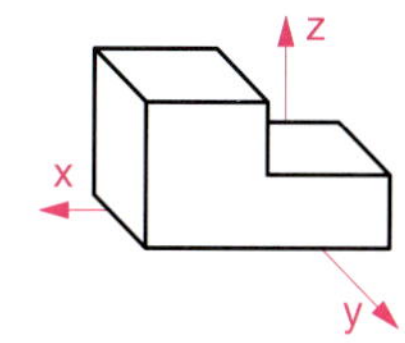

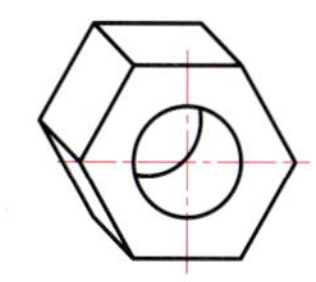

Non così...

Fase di costruzione

- Scelta errata o casuale della mina, sia del compasso sia della matita.
- Avvio del disegno da una vista scelta casualmente.
- Posizione casuale nel foglio dei primi elementi della costruzione.
- Trascurare l'importanza di elementi strutturali, quali assi o centri di simmetria.
- Tracciatura di rette con squadre poggiate su una retta di riferimento qualsiasi.
- Riportare le misure dal piano xy al piano yz con segmenti inclinati di un angolo errato.
- Assegnare a una vista la dimensione reale di un elemento inclinato rispetto al quadro.

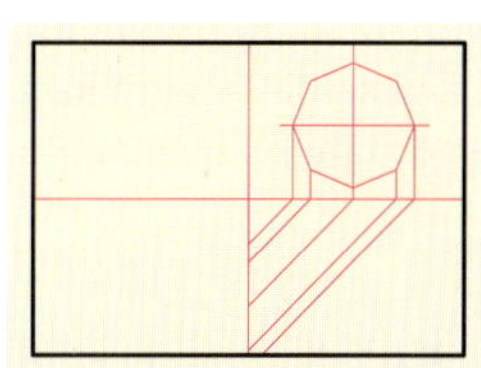

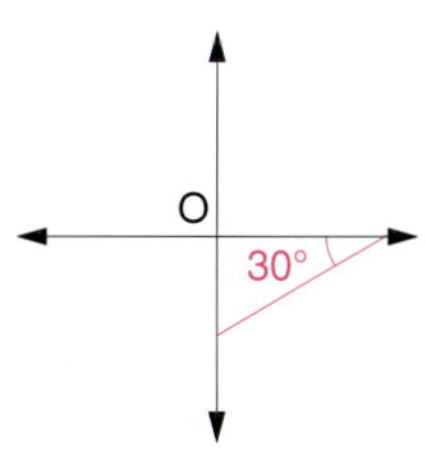

... ma così!

- Per la costruzione adottare solo mine dure (H oppure 2H).
- Iniziare dalla vista più significativa (con assi di simmetria, centri, poligoni regolari ecc.)
- Disporre centri e contorni della figura in posizione ragionata (attenzione ai riporti dal piano yz verso xy!).
- Disegnare figure simmetriche a partire dai loro assi o centri di simmetria.
- Per disegnare orizzontali o verticali tenendo la squadra su un asse di squadratura del foglio.
- I riporti dal piano xy al piano yz si eseguono solo con linee inclinate a 45°.
- Solo dimensioni parallele a un quadro si possono impiegare nella relativa vista (tenendo conto della scala).

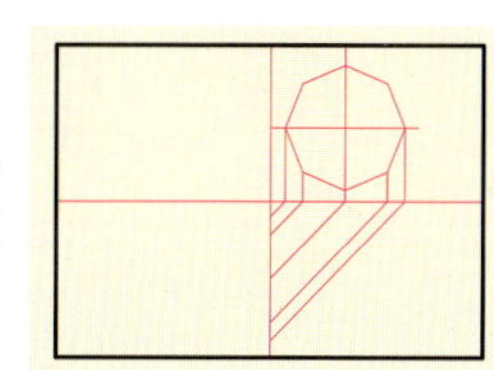

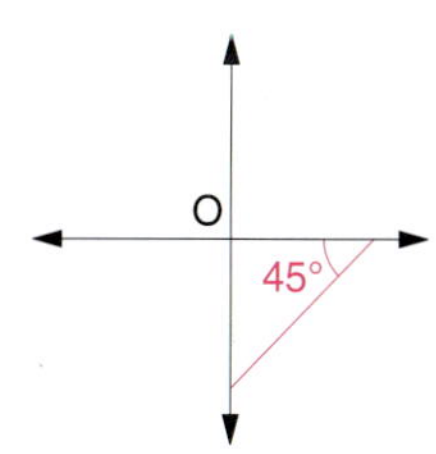

Non così...

Fase di finitura

- Scelta casuale o errata della mina della matita e del compasso.
- Scelta casuale del tipo di linea da impiegare in caso di elementi sovrapposti.
- Confusione su elementi nascosti.

... ma così!

- Per il ripasso adottare solo mine mediomorbide (HB oppure B).
- In caso di sovrapposizione di linee applicare l'ordine di priorità riportato a pag. A25.
- Per gli elementi nascosti applicare le seguenti **regole pratiche**:
  a) una linea a tratti non può delimitare una figura;
  b) una linea a tratti deve sempre terminare su un altro elemento.

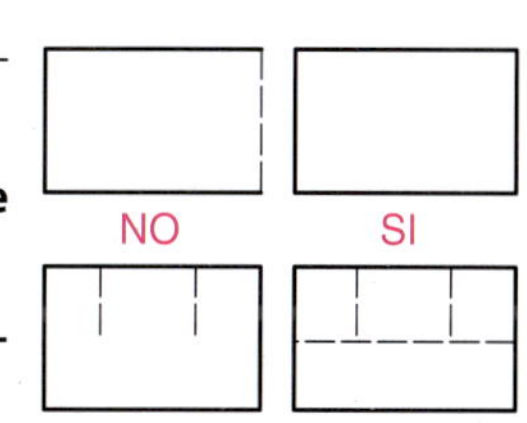

Video *Linee di riporto in proiezioni ortogonali*

Video *Cilindro retto in proiezioni ortogonali*

Video *Costruzione di elementi simmetrici*

Video *Disposizione di una figura nella vista da sinistra*

Capire lo spazio: dal solido alle proiezioni ortogonali

■ Analisi formale

Si deve analizzare bene il solido proposto, chiarendo eventuali dubbi sulla sua forma.

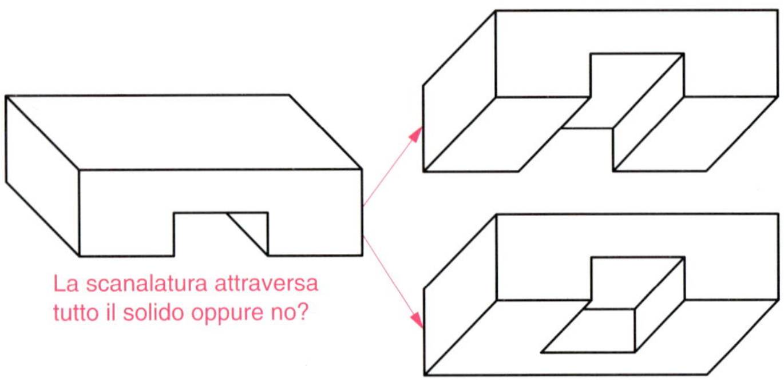

■ Analisi posizionale

Si deve definire la posizione del solido rispetto ai piani fondamentali e chiarire quali facce siano parallele ai piani stessi.

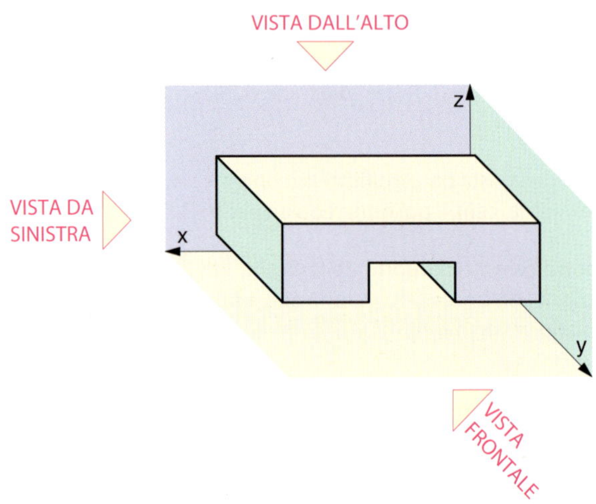

■ Analisi strutturale

Si devono individuare le caratteristiche strutturali più rilevanti, quali assi o piani di simmetria; quindi determinare la faccia più significativa, da cui iniziare la rappresentazione in proiezioni ortogonali.

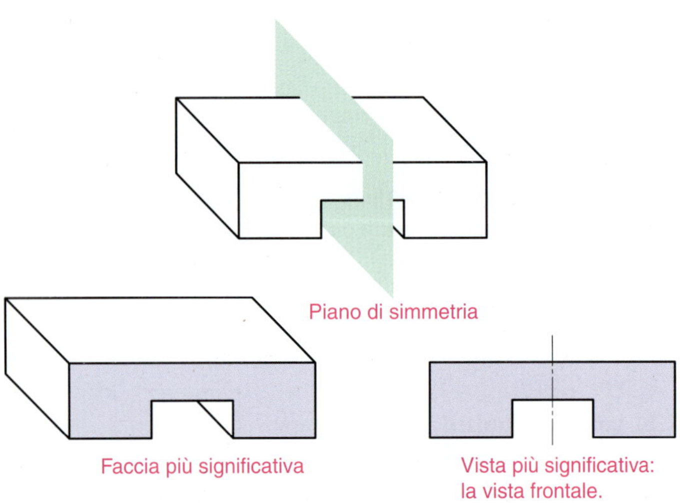

■ Individuazione di elementi visibili e nascosti

Per ogni vista bisogna determinare se i diversi spigoli o contorni siano visibili oppure nascosti.

Consideriamo, per esempio, la vista da sinistra del solido in oggetto.

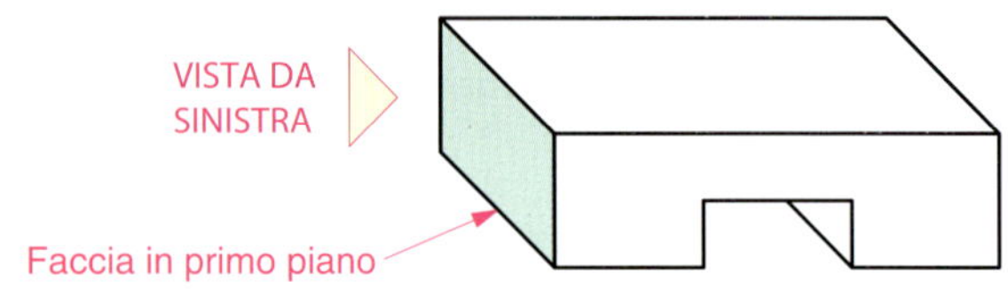

Gli spigoli evidenziati in colore si sovrappongono nella vista da sinistra; nella rappresentazione la priorità spetta allo spigolo visibile (linea continua grossa).

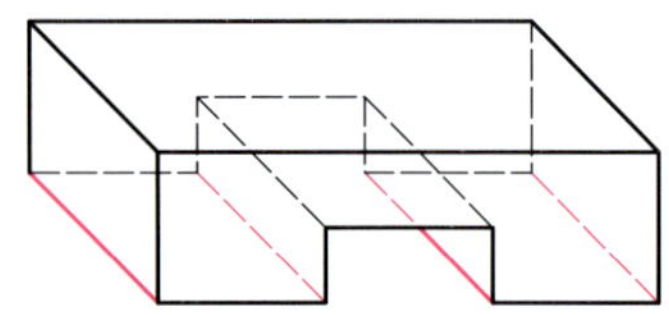

Gli spigoli evidenziati in colore sono nascosti dalla faccia in primo piano e pertanto vengono indicati con linea a tratti fine.

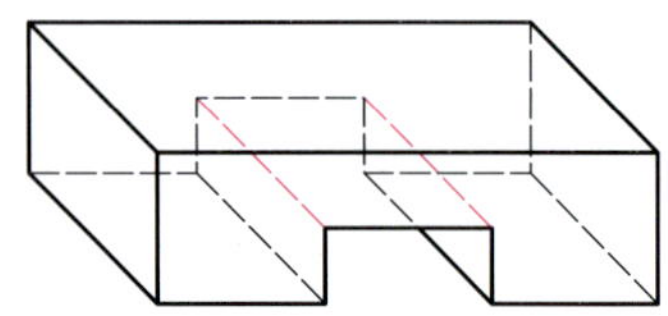

La vista da sinistra sarà pertanto quella indicata a fianco.

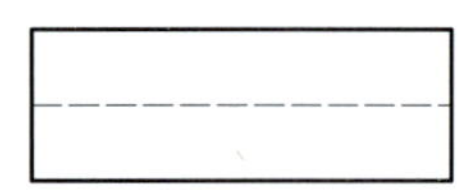

■ Fasi di elaborazione grafica

Si traccia lo schizzo preparatorio. Partendo dalla vista più significativa (in questo caso è quella frontale), si imposta la figura sulla base dell'asse di simmetria. Con linee di riporto si ottiene la costruzione delle altre viste. Infine si esegue il ripasso.

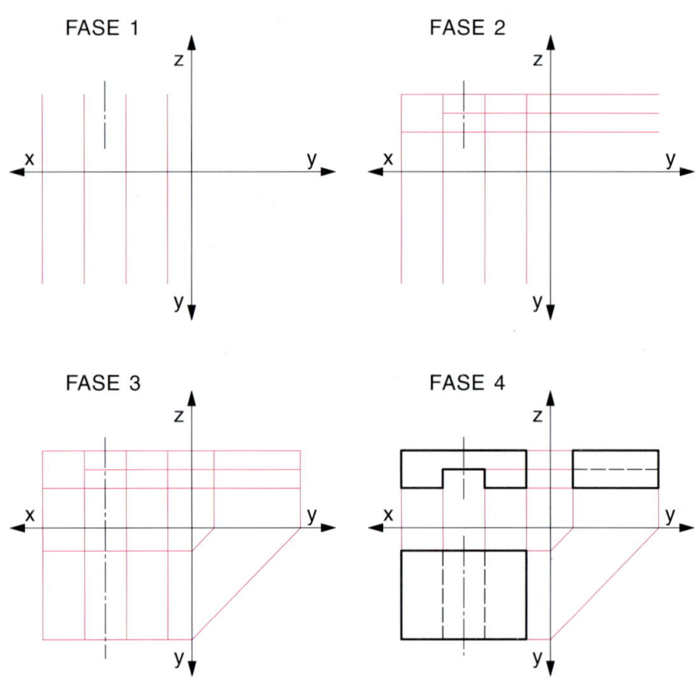

Gli esercizi di questa pagina devono essere disegnati dopo aver realizzato lo schizzo preparatorio, curando con molta attenzione la strutturazione del lavoro secondo una razionale sequenza delle fasi di elaborazione grafica.

NOTA BENE

Le dimensioni degli oggetti proposti si possono rilevare dalla griglia sovrapposta ai disegni; essa è costituita da quadrati di lato 4 mm.

ESERCITAZIONE R1

Disegna tre viste del solido raddoppiando le dimensioni rilevate dal disegno

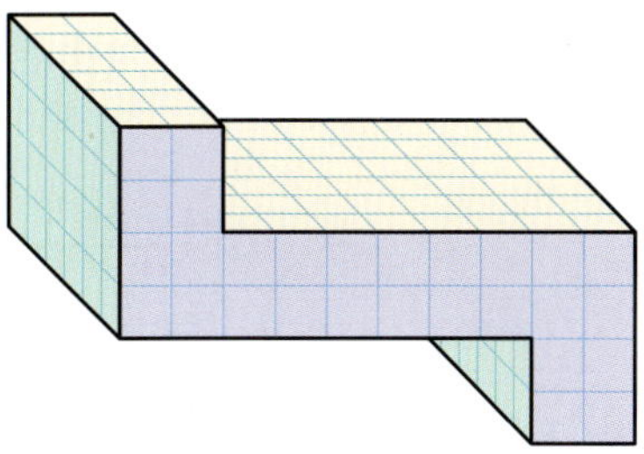

ESERCITAZIONE R2

Disegna tre viste del solido raddoppiando le dimensioni rilevate dal disegno

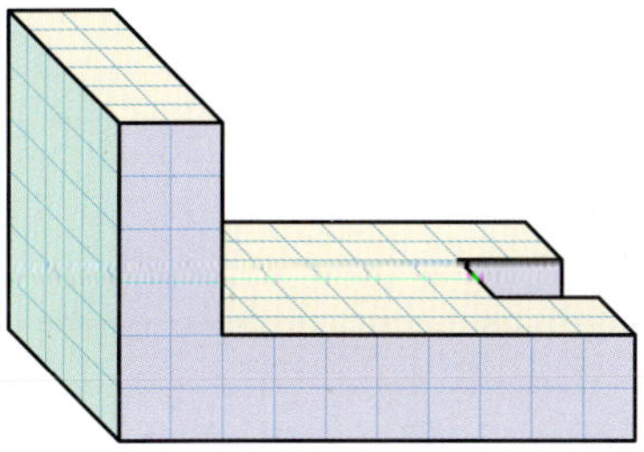

ESERCITAZIONE R3

Disegna tre viste del solido raddoppiando le dimensioni rilevate dal disegno

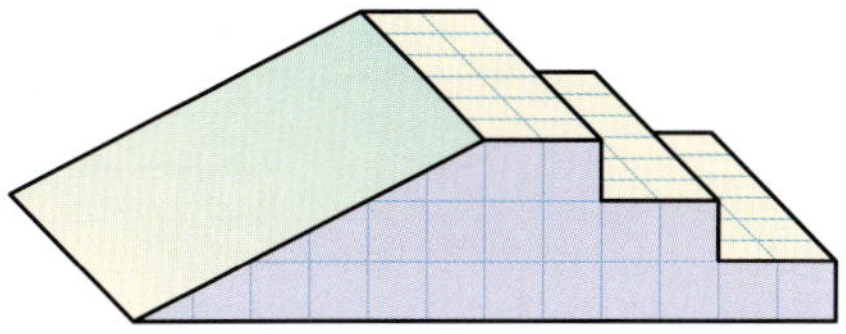

ESERCITAZIONE R4

Disegna tre viste del solido raddoppiando le dimensioni rilevate dal disegno

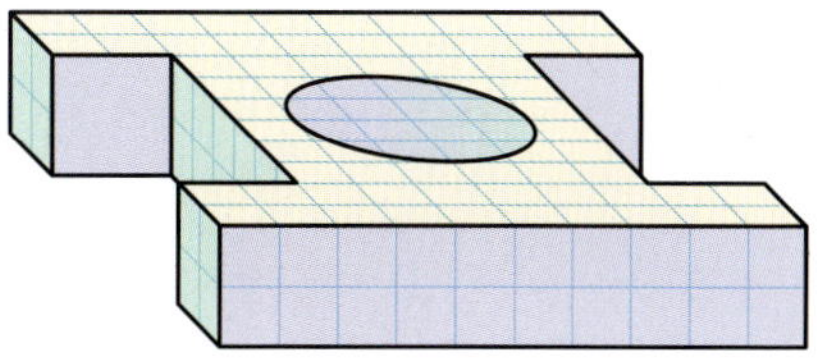

ESERCITAZIONE R5

Disegna tre viste del solido raddoppiando le dimensioni rilevate dal disegno

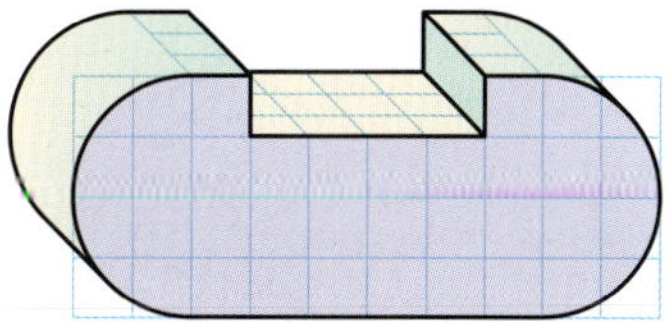

ESERCITAZIONE R6

Disegna tre viste del solido raddoppiando le dimensioni rilevate dal disegno

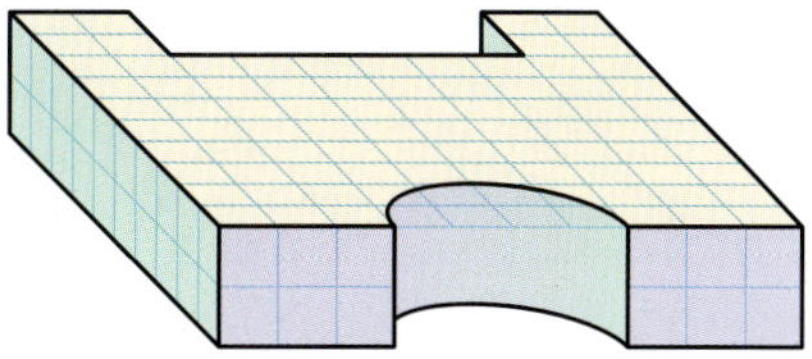

ESERCITAZIONE R7

Disegna tre viste del solido raddoppiando le dimensioni rilevate dal disegno

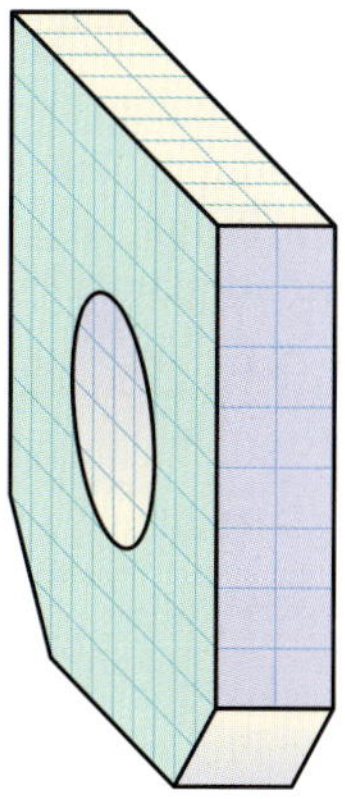

ESERCITAZIONE R8

Disegna tre viste del solido raddoppiando le dimensioni rilevate dal disegno

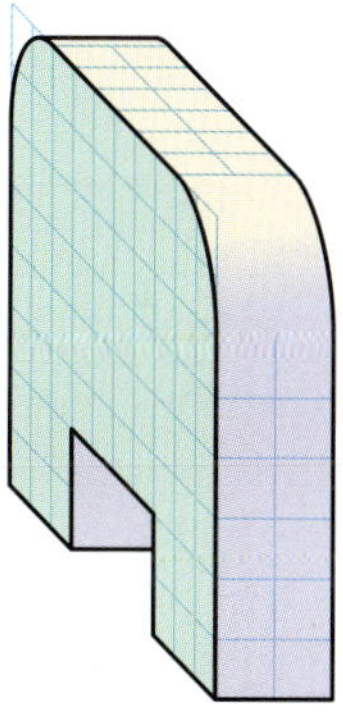

ESERCITAZIONE R9

Disegna tre viste del solido raddoppiando le dimensioni rilevate dal disegno

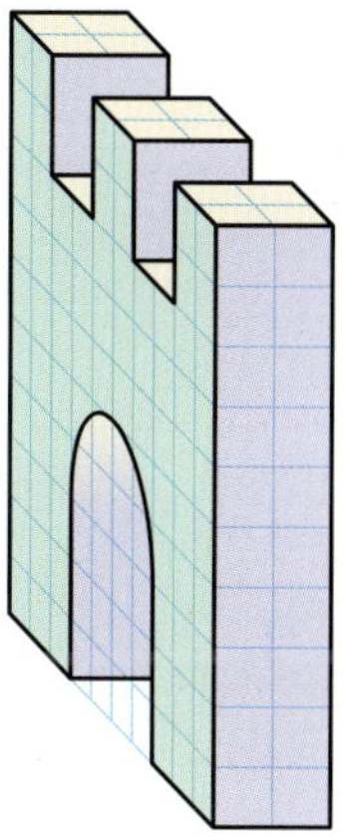

Esercizi di recupero

Capire lo spazio: dalle proiezioni ortogonali al solido

Dalle viste disponibili si deve ricostruire la forma e la posizione del solido nello spazio. Osservando il disegno si può formulare un'ipotesi attendibile, da verificare con cura; solo se questo solido ipotizzato è in grado di generare le viste date, si può pensare ad aggiungere eventuali altre viste. Se l'ipotesi non è completamente corrispondente alle viste, essa va scartata. Si prenderanno quindi in considerazione altre ipotesi fino a trovare quella giusta.

ESEMPIO 1

Solido ipotizzato. Se nella vista frontale appare una circonferenza e nella vista da sinistra un rettangolo, si può pensare che il solido sia un cilindro retto; le sue basi devono essere parallele al piano xz, in modo da apparire in vera forma nella vista frontale. L'asse del cilindro sarà quindi parallelo al piano yz.

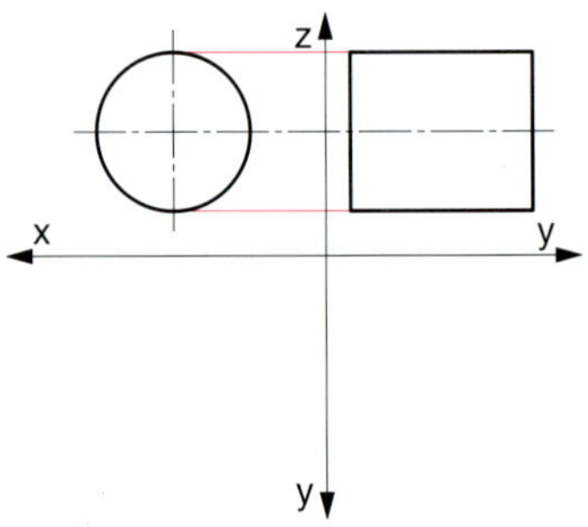

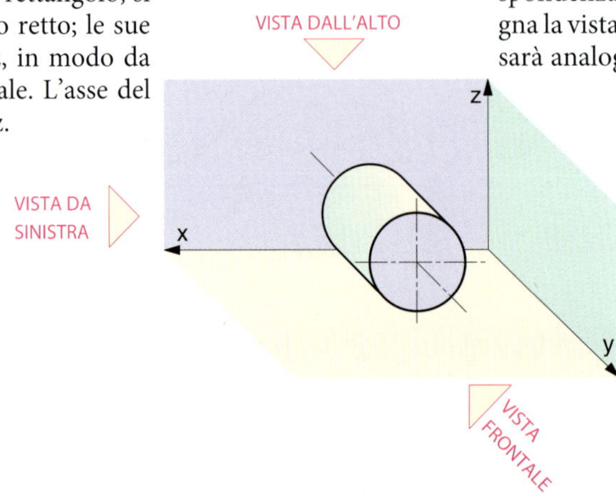

Disegno della vista mancante. Verificata la corrispondenza tra il solido ipotizzato e le viste date, si disegna la vista dall'alto mediante linee di riporto. La figura sarà analoga alla vista da sinistra ma ruotata di 90°.

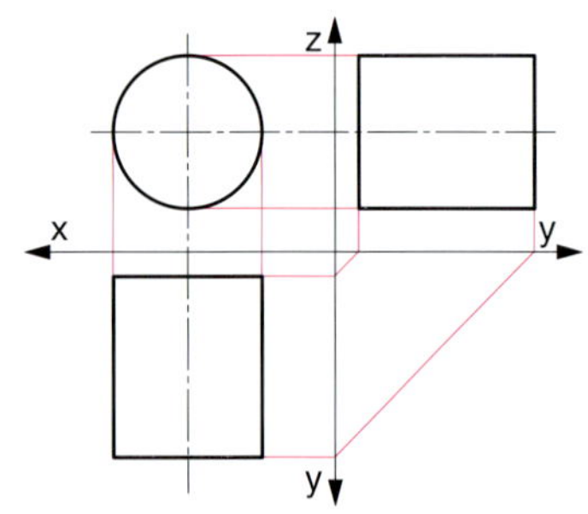

ESEMPIO 2

Solido ipotizzato A. Cilindro retto con foro passante: non corrisponde la vista da sinistra.
Solido ipotizzato B. Cilindro retto con foro cieco.

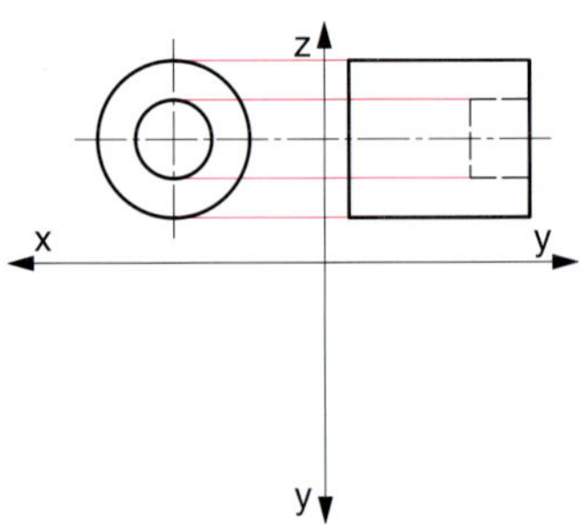

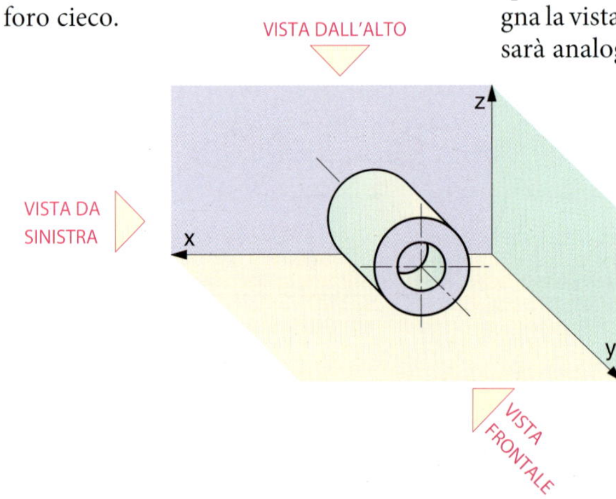

Disegno della vista mancante. Verificata la corrispondenza tra il solido ipotizzato e le viste date, si disegna la vista dall'alto mediante linee di riporto. La figura sarà analoga alla vista da sinistra ma ruotata di 90°.

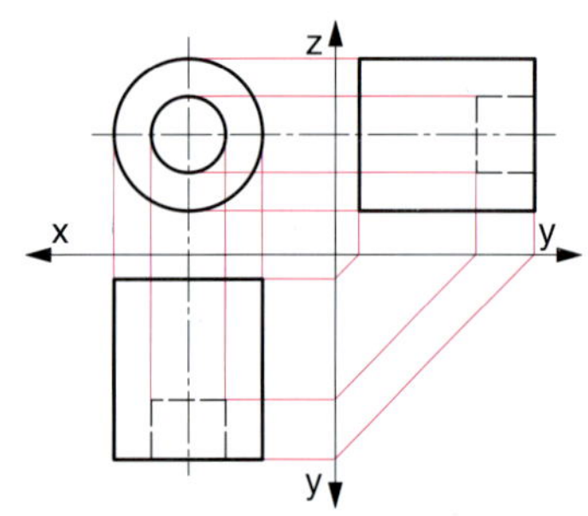

ESEMPIO 3

Solido ipotizzato A. Cilindro retto con foro passante: non corrisponde la vista frontale.

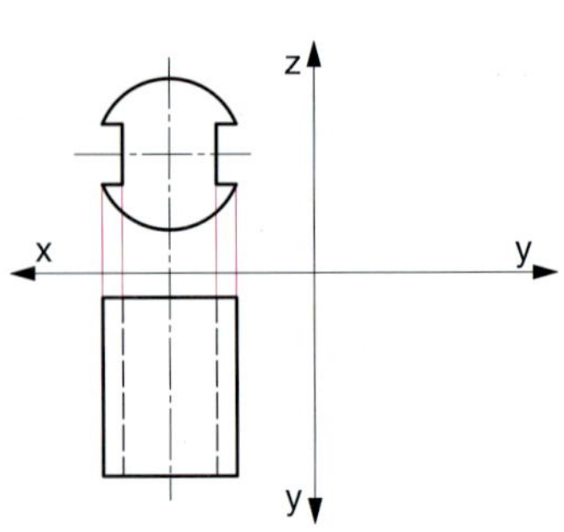

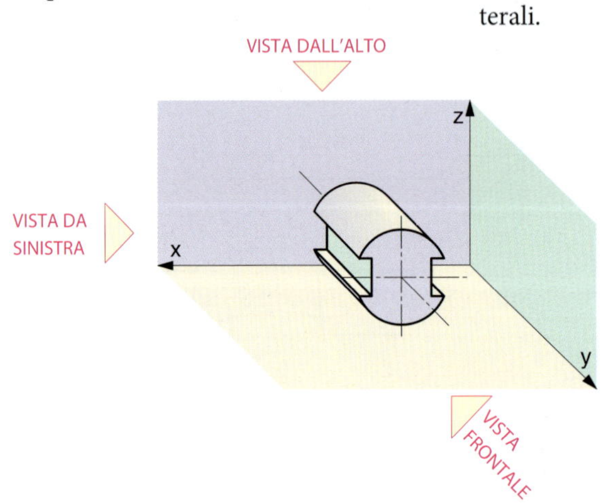

Solido ipotizzato B. Cilindro retto con scanalature laterali.

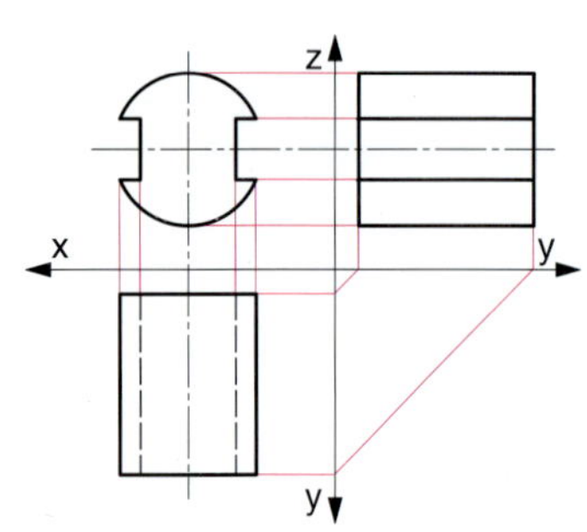

Gli esercizi di questa pagina devono essere disegnati dopo aver interpretato le viste date e ipotizzato quale solido possa averle generate. Realizzato lo schizzo preparatorio, si controllerà la corrispondenza tra le tre viste e si passerà al disegno con gli strumenti.

NOTA BENE

Le dimensioni degli oggetti proposti si possono rilevare dalla griglia sovrapposta ai disegni; essa è costituita da quadrati di lato 4 mm.

ESERCITAZIONE R10

Completa il disegno con la vista mancante, raddoppiando le dimensioni rilevate

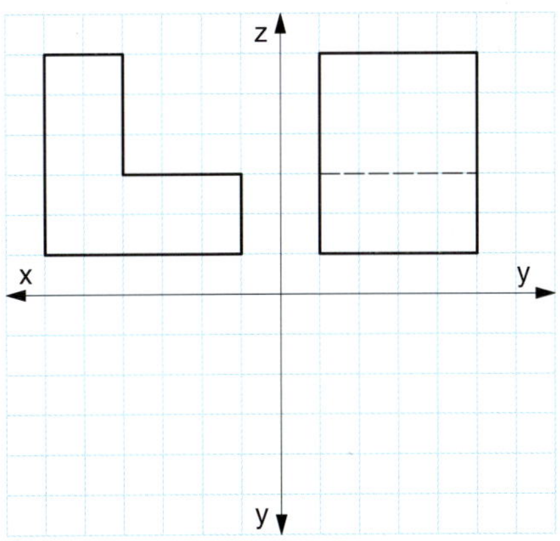

ESERCITAZIONE R11

Completa il disegno con la vista mancante, raddoppiando le dimensioni rilevate

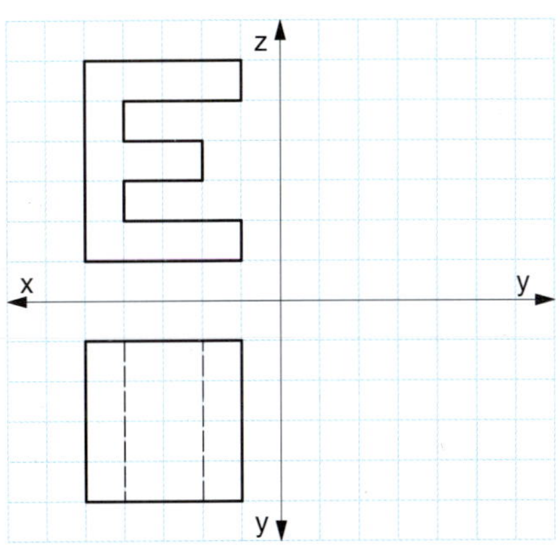

ESERCITAZIONE R12

Completa il disegno con la vista mancante, raddoppiando le dimensioni rilevate

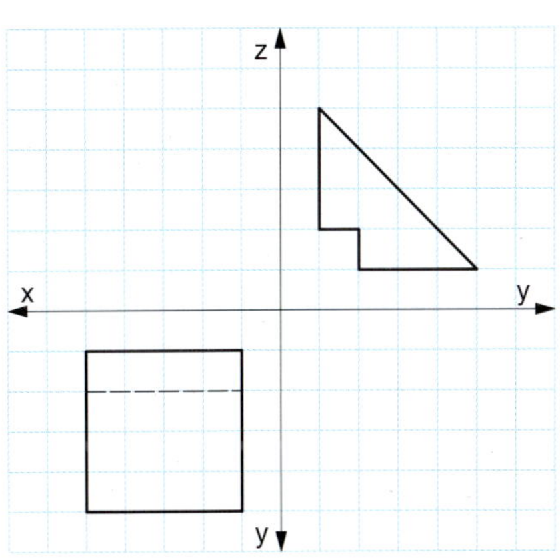

ESERCITAZIONE R13

Completa il disegno con la vista mancante, raddoppiando le dimensioni rilevate

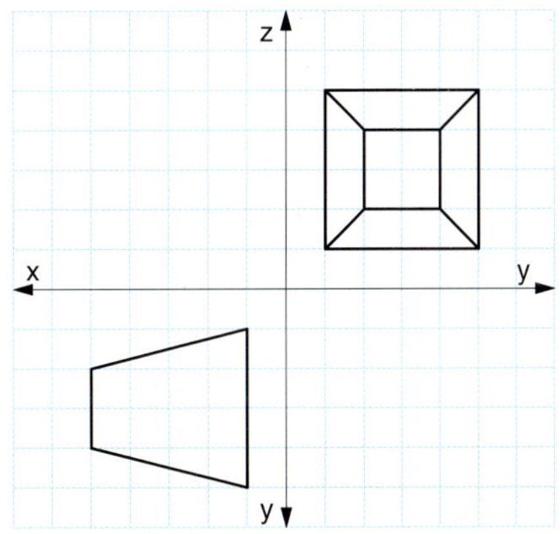

ESERCITAZIONE R14

Completa il disegno con la vista mancante, raddoppiando le dimensioni rilevate

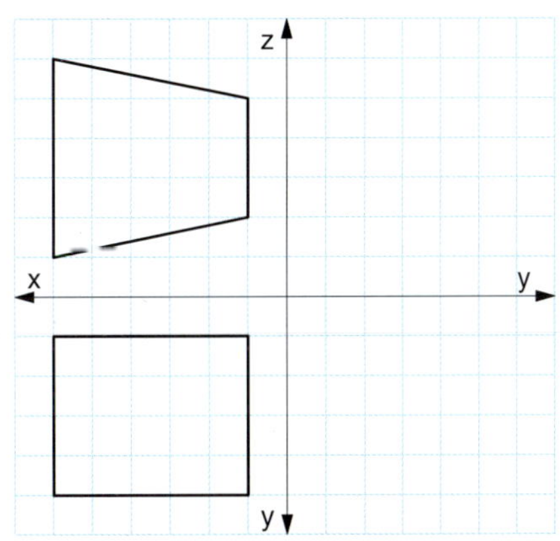

ESERCITAZIONE R15

Completa il disegno con la vista mancante, raddoppiando le dimensioni rilevate

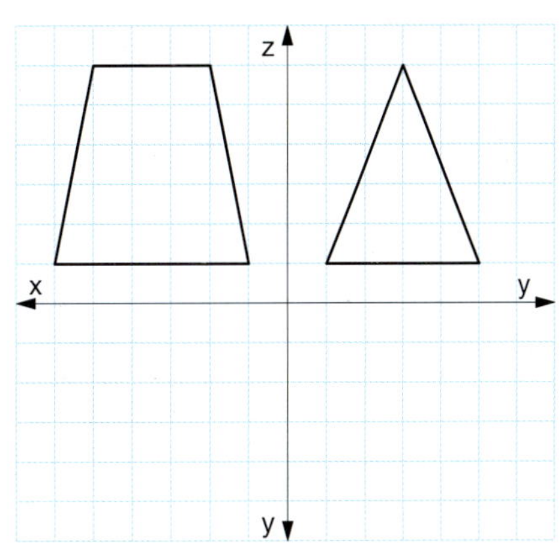

ESERCITAZIONE R16

Completa il disegno con la vista mancante, raddoppiando le dimensioni rilevate

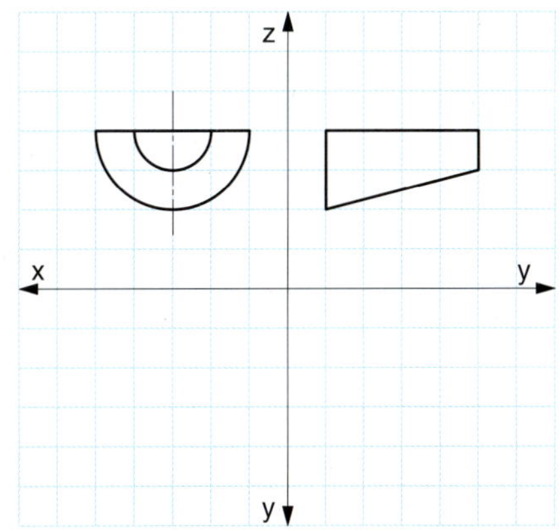

ESERCITAZIONE R17

Completa il disegno con la vista mancante, raddoppiando le dimensioni rilevate

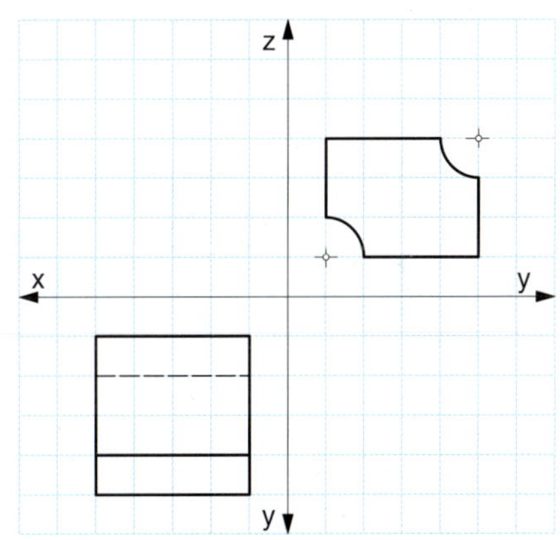

ESERCITAZIONE R18

Completa il disegno con la vista mancante, raddoppiando le dimensioni rilevate

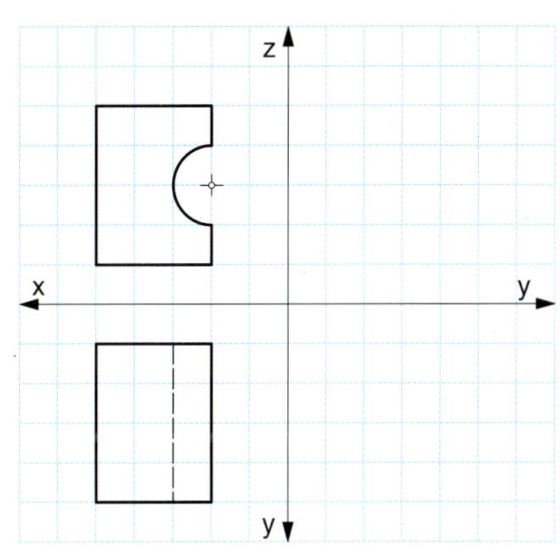

Competenze

Verifica delle competenze

PROVA A Sgabello

Si vuole realizzare uno sgabello in legno con lavorazione molto semplice per assemblare elementi già tagliati da un falegname o in segheria.

Dopo ricerca di documentazione, si individua il seguente disegno di progetto; esso è adeguato alle nostre esigenze, poiché si può realizzare mediante assemblaggio con colla e chiodi o viti.

Durante la fase iniziale di studio si possono apportare modifiche dimensionali e formali.

Una volta che siano state definite queste modifiche bisogna rappresentare l'oggetto in proiezioni ortogonali mediante un disegno di «complessivo», cioè con i diversi elementi assemblati, e con disegni «particolari», cioè dei singoli elementi.

I disegni di particolare saranno indispensabili per ottenere il taglio del legno.

Oltre a reperire gli elementi tagliati, bisogna anche elencare quali altri materiali siano necessari (carta abrasiva, chiodi, viti, colla, vernice ecc.).

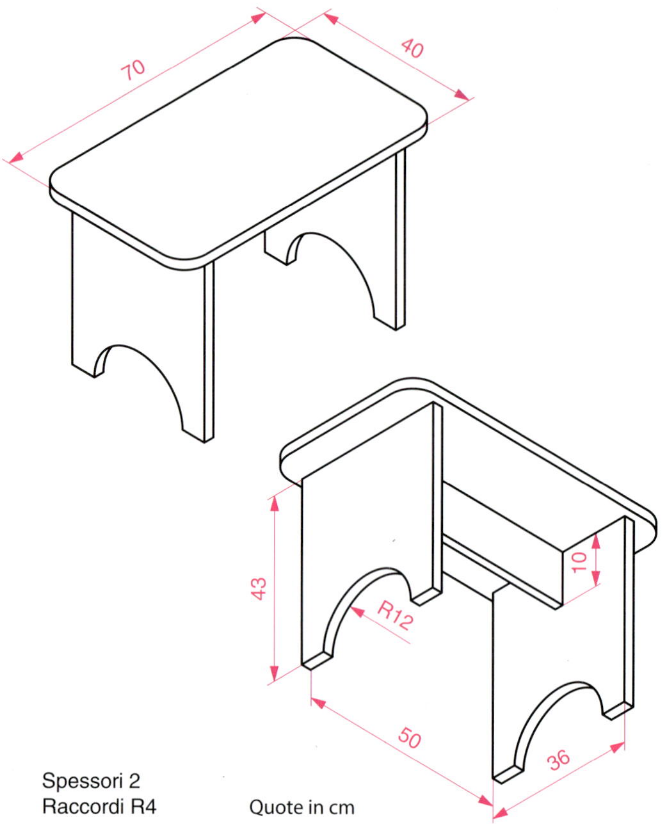

Spessori 2
Raccordi R4

Quote in cm

PROVA B Mensola

Per realizzare una mensola in legno con mezzi semplici si possono assemblare elementi già tagliati da un falegname o in segheria.

Un progetto come quello proposto può essere adeguato alle nostre esigenze, poiché richiede solo un assemblaggio con colla e chiodi o viti.

Elaborando la proposta si possono studiare modifiche alla forma e alle dimensioni.

Dopo aver definito i dettagli, si rappresenti l'oggetto in proiezioni ortogonali con un disegno di «complessivo», cioè con i diversi elementi assemblati, e con disegni «particolari», cioè dei singoli elementi.

Con i disegni di particolare si potranno fornire i dati precisi per ottenere il taglio del legno.

Per completare il progetto si devono elencare i materiali necessari alla realizzazione dell'assemblaggio e della finitura (carta abrasiva, chiodi, viti, colla, vernice ecc.).

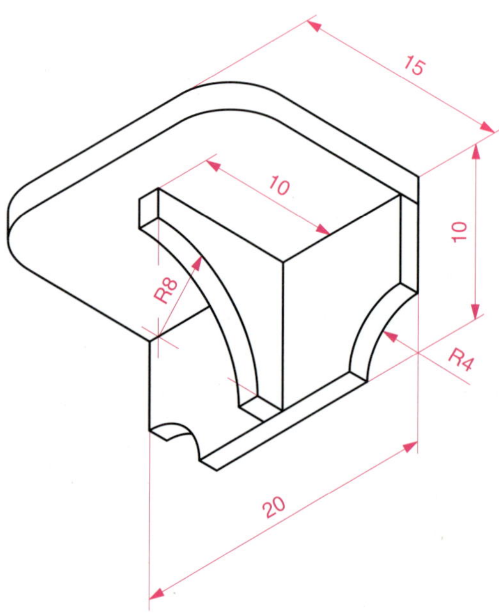

Spessori 1,5
Raccordi R4

Quote in cm

PROVA C Casetta per cani

Volendo realizzare una casetta per cani, si è consultato un catalogo su cui viene riportato il disegno a fianco.

Il disegno in scala 1:20 rappresenta l'oggetto come se fosse un unico elemento; in realtà dalle note del produttore si capisce che esso è stato prodotto con pannelli di legno di spessore 2 cm. Quindi la casetta è realizzata con l'assemblaggio di 7 elementi (pavimento, 4 pareti e 2 falde di copertura).

Studia attentamente il disegno per individuare migliorie o variazioni dimensionali e formali. Per esempio si può pensare di sollevare da terra il pavimento con 4 piedini. Può risultare utile in questa fase la consultazione di altri cataloghi su Internet.

Definiti i cambiamenti rappresenta l'oggetto in modo da consegnare al falegname un disegno completo e preciso.

Oltre alla corretta rappresentazione in proiezioni ortogonali di tutto l'oggetto (disegno chiamato «complessivo»), sarà opportuno disegnare anche i singoli elementi («particolari»).

Per completare il disegno esecutivo si può elaborare una nota con il computo metrico dei materiali (superfici dei singoli elementi e superficie totale), indicazioni per la realizzazione (per es. l'impiego di legno trattato per resistere alle intemperie).

È infine necessario prevedere che la copertura sia rivestita di una guaina impermeabile; per reperirla si dovranno quindi conoscere le sue dimensioni da ricavare dal disegno.

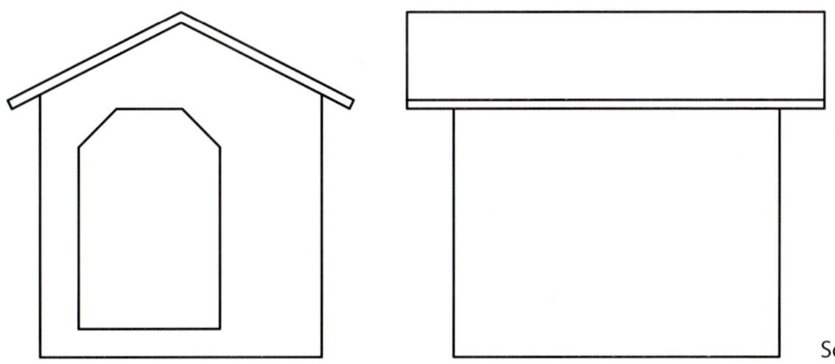

Scala 1:20

PROVA D Scaffaletto portabottiglie da vino

Si vuole costruire uno scaffaletto portabottiglie da vino. Per facilitare il lavoro è preferibile realizzarlo in legno con elementi da assemblare con tecniche semplici, quali colla, viti o chiodi.

Facendo una ricerca su internet si possono trovare idee adeguate agli scopi prefissi. A fianco sono riportati due disegni esemplificativi di quanto è stato trovato.

Dopo attento studio dei problemi di lavorazione, si determina il progetto di massima, comprendente i semilavorati da impiegare (legno massello in listelli oppure pannelli di multistrato).

Per passare ai disegni del progetto definitivo occorre attribuire dimensioni precise agli elementi. A tale scopo si possono rilevare le dimensioni di una bottiglia da vino, in modo da stabilire la profondità dello scaffaletto, la distanza tra una traversa e l'altra, i diametri delle cavità su cui poggiano le bottiglie ecc.

Rappresenta in proiezioni ortogonali l'oggetto completo («complessivo») e i singoli elementi («particolari»), al fine di fornire al falegname i dati precisi per il taglio.

Il progetto va completato con l'elenco dei materiali necessari per l'assemblaggio (chiodi o viti, colla, carta abrasiva, vernice ecc.).

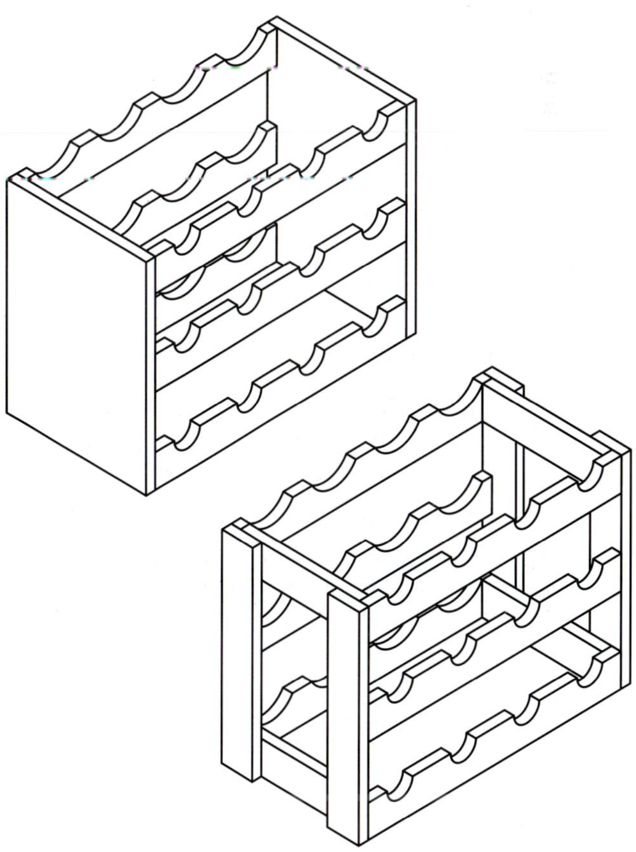

B2 Assonometria

PROIEZIONE PARALLELA
come le proiezioni ortogonali

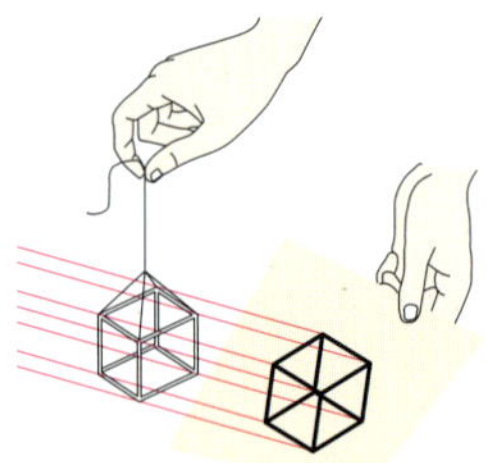

RAPPRESENTAZIONE TRIDIMENSIONALE

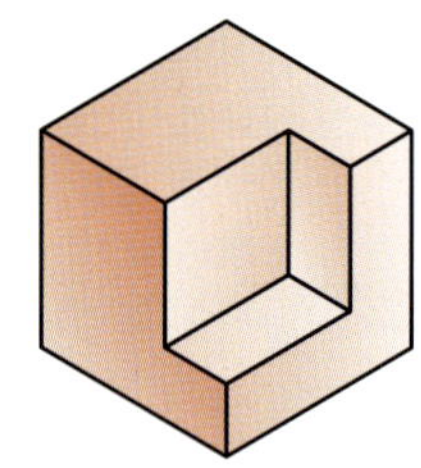

ASSONOMETRIA

tipi più usati

caratteristiche

- **INCLINAZIONE DEGLI ASSI x, y, z**
- **RAPPORTI DI RIDUZIONE**

ASSONOMETRIA ISOMETRICA

• Assi

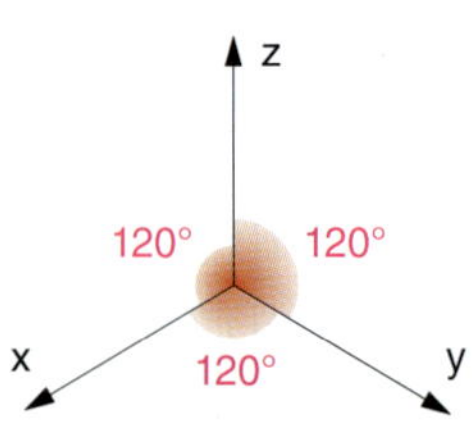

• Rapporto di riduzione
x:y:z = 1:1:1
cioè 1:1 sui tre assi

• Impiego più opportuno:
rappresentazioni armoniose di solidi visti d'angolo

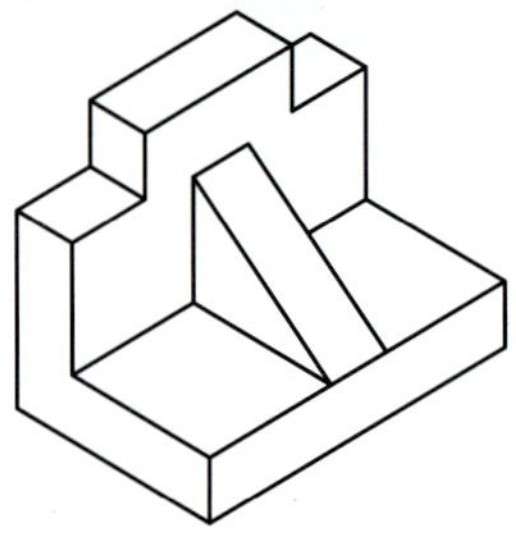

ASSONOMETRIA CAVALIERA

• Assi

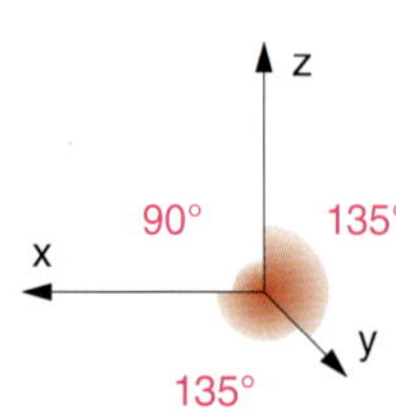

• Rapporto di riduzione
x:y:z = 1:1/2:1
cioè 1:1 sugli assi x e z
1:2 sull'asse y

• Impiego più opportuno:
solidi con facce significative sul piano frontale

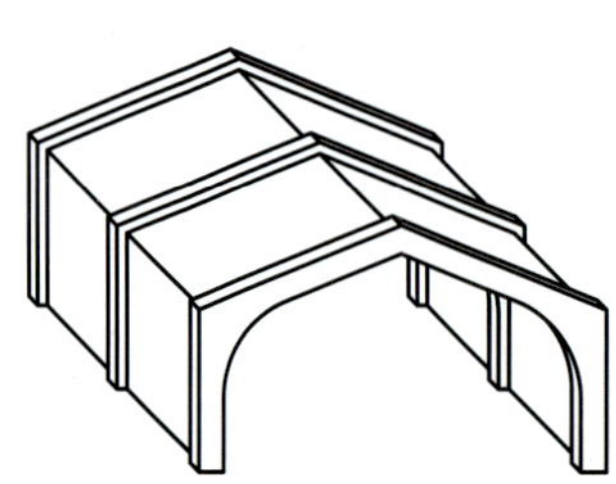

ASSONOMETRIA PLANOMETRICA

• Assi

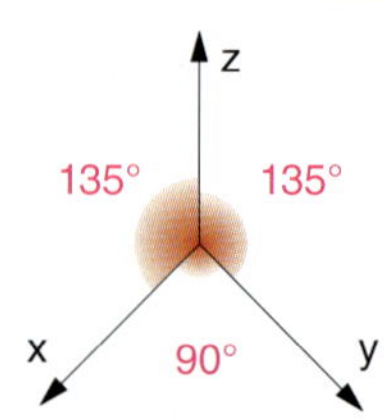

• Rapporto di riduzione
x:y:z = 1:1:1
cioè 1:1 sui tre assi

• Impiego più opportuno:
solidi con facce significative sul piano orizzontale

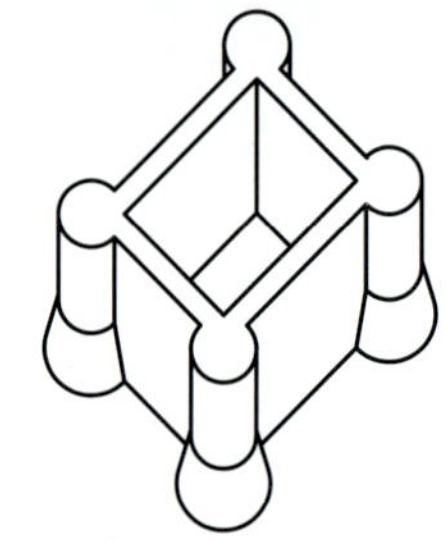

Conosci l'assonometria?

Oltre all'esperienza scolastica, la vita quotidiana ti ha già fatto imbattere in disegni in assonometria.

In depliant commerciali o manuali d'uso di oggetti tecnici, la rappresentazione più comune è quella assonometrica.

La somiglianza dell'assonometria con la percezione visiva rende questo metodo di rappresentazione molto immediato.

Per questo motivo l'assonometria viene impiegata per scopi divulgativi e per affiancare i disegni in proiezioni ortogonali, molto meno efficaci per una percezione spaziale.

Infine, ogni giorno abbiamo sotto gli occhi esempi perfetti di assonometria: le ombre create dalla luce solare.

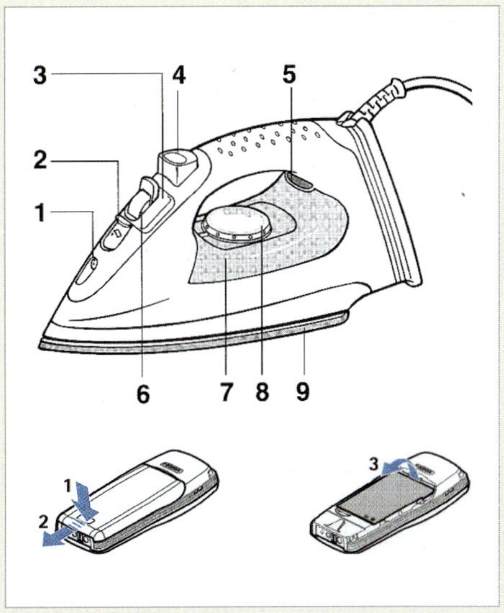

A sinistra, disegni in assonometria riportati su manuali d'uso di articoli tecnici.
In alto, ombra generata dalla luce solare.

A cosa serve conoscerla?

Questo metodo di rappresentazione

- fornisce disegni tridimensionali (v. nota bene) più efficaci delle proiezioni ortogonali;
- consente di ottenere dati sulla forma e sulle dimensioni dell'oggetto rappresentato;
- può essere corredato di quotatura (misure reali) e altre annotazioni.

Però, a discapito dell'assonometria, c'è da notare che alcuni angoli e misure lineari non possono essere ricavati direttamente dal disegno assonometrico.

NOTA BENE

Una **rappresentazione tridimensionale** è pur sempre realizzata su *supporto bidimensionale* (carta o schermo); essa non fornisce informazioni complete sull'oggetto. Invece un **modello tridimensionale** (per esempio un plastico in legno) è realmente tridimensionale; altrettanto si può dire di un *modello virtuale in 3D*, realizzato al computer.

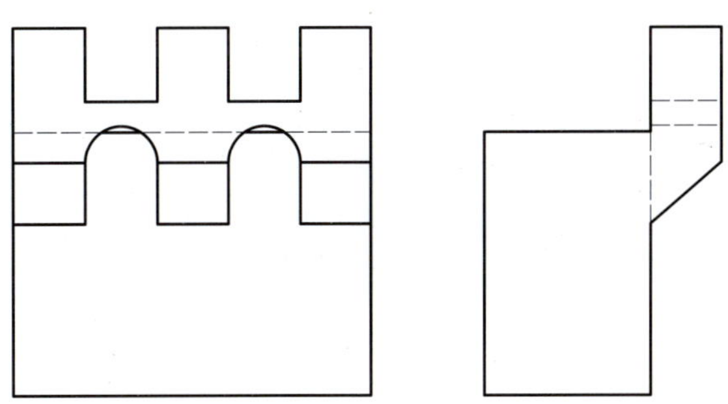

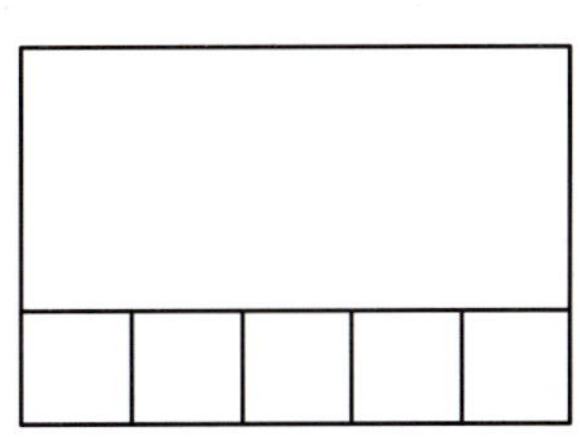

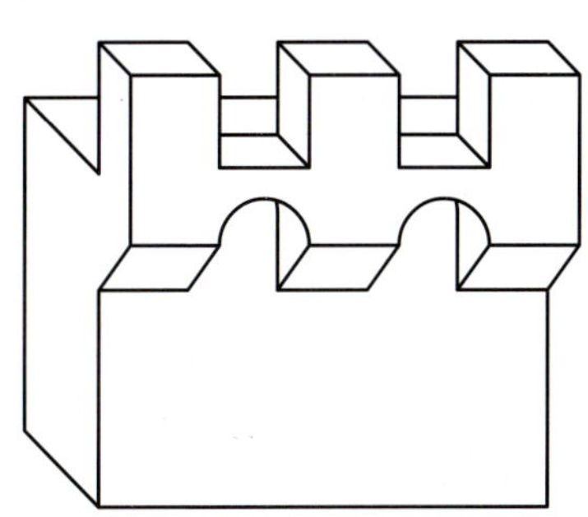

Nel confronto tra le diverse rappresentazioni di uno stesso oggetto, è evidente che l'assonometria ha una efficacia tridimensionale molto maggiore delle proiezioni ortogonali.

Proiezioni assonometriche

Generalità

L'**assonometria** o, più propriamente, la **proiezione assonometrica** è un sistema di rappresentazione che consente una efficace resa della tridimensionalità di un oggetto. Una opportuna scelta della posizione dell'oggetto permette di ottenere viste assonometriche dall'alto, dal basso o da ogni altra direzione.

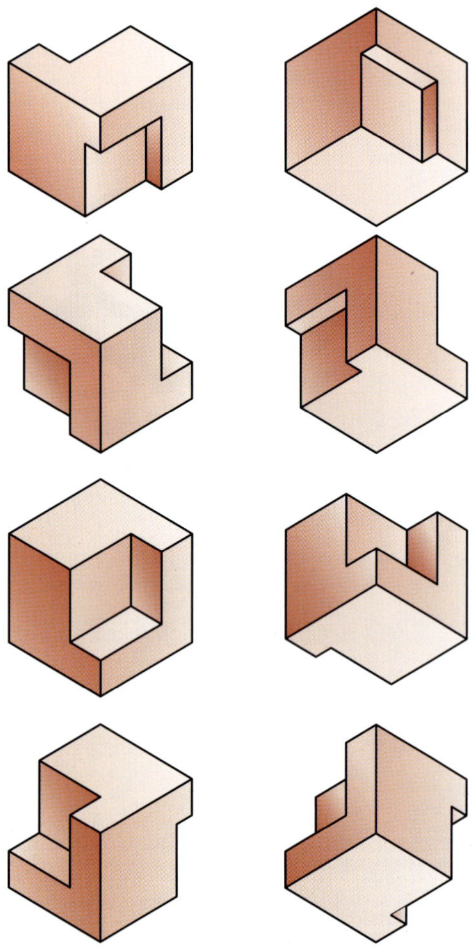

L'assonometria è una **proiezione parallela**, cioè originata dall'intersezione di un quadro con raggi proiettanti paralleli a una direzione scelta. A seconda della direzione e del quadro che si scelgono, l'assonometria presenta differenti deformazioni lineari e angolari.

L'ombra solare di un solido formato da fili di ferro fornisce un esempio concreto di assonometria.

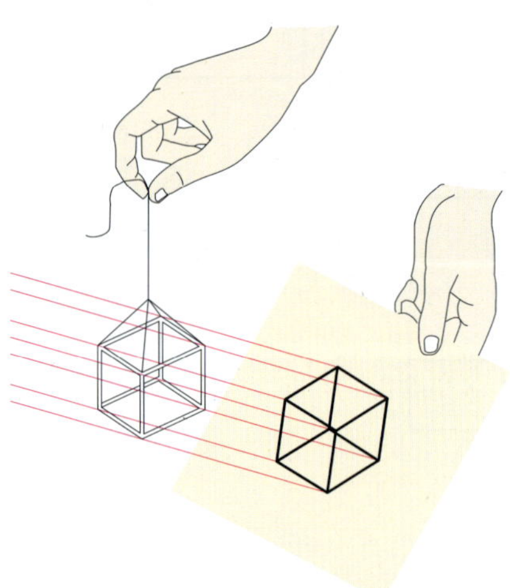

NOTA BENE

Come per le proiezioni ortogonali, anche per l'assonometria esistono sia la **condizione di appartenenza** sia la **condizione di parallelismo**.

L'ombra (in sostanza l'assonometria) crea diverse deformazioni angolari e lineari a seconda dell'inclinazione del quadro rispetto ai raggi.

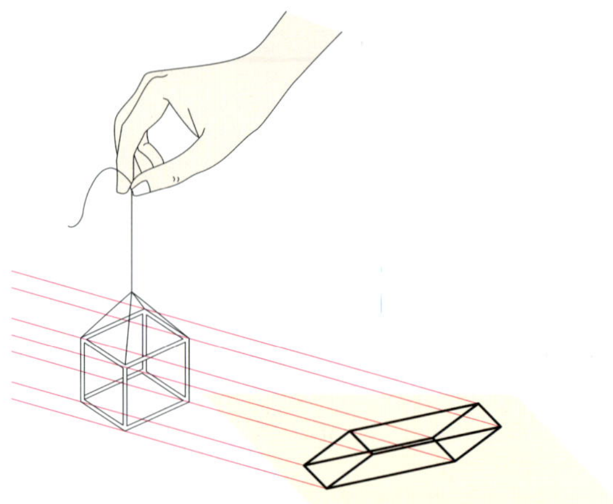

Queste deformazioni possono essere riassunte dalla proiezione di una terna di segmenti cartesiani di lunghezza unitaria.

Prendendo sugli assi cartesiani tre segmenti ux, uy, uz di lunghezza = 1 (per esempio 1 cm), se ne può ricavare l'assonometria conducendo i raggi proiettanti paralleli alla direzione scelta; l'intersezione dei raggi con il quadro (coincidente in pratica con il foglio da disegno) origina i segmenti u'x, u'y, u'z. Le lunghezze di questi segmenti e gli angoli da essi formati sintetizzano le caratteristiche dell'assonometria adottata; infatti le lunghezze di questi segmenti possono essere ricondotte alle originarie lunghezze unitarie, mentre i tre angoli della proiezione possono essere rapportati a quelli retti da cui sono derivati.

Le diverse assonometrie sono caratterizzate da:

- **angoli** formati dalle proiezioni degli assi x, y, z;
- **rapporti di riduzione** delle dimensioni lineari unitarie (u'x, u'y, u'z) prese sui tre assi cartesiani.

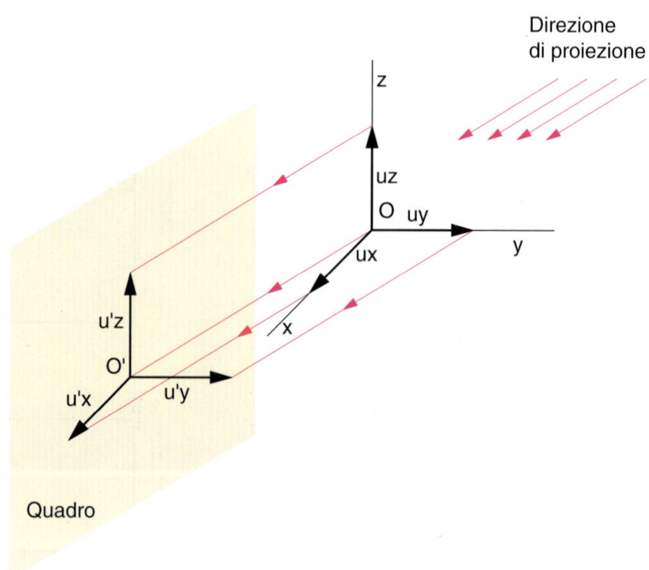

APPROFONDIMENTI

Tridimensionalità e modellazione solida (2 pagine)

Norme generali

Le diverse assonometrie devono rispettare le seguenti norme generali (tabella UNI EN ISO 5456-3).

■ Posizione degli assi cartesiani

Gli assi cartesiani devono essere disposti in modo che l'asse z sia verticale.

■ Posizione dell'oggetto

L'oggetto da rappresentare deve essere disposto nello spazio in modo che le sue facce principali, gli assi e gli spigoli risultino paralleli ai quadri. L'assonometria deve essere orientata in modo da mostrare le stesse viste realizzate nelle proiezioni ortogonali.

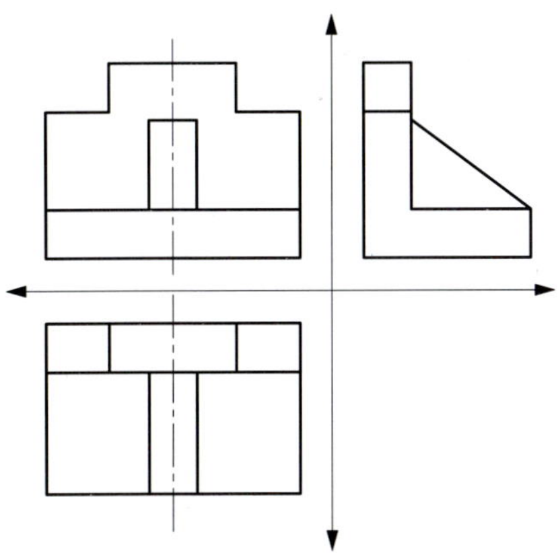

In assonometria si cerca di disporre l'oggetto in modo coerente alle viste in proiezioni ortogonali.

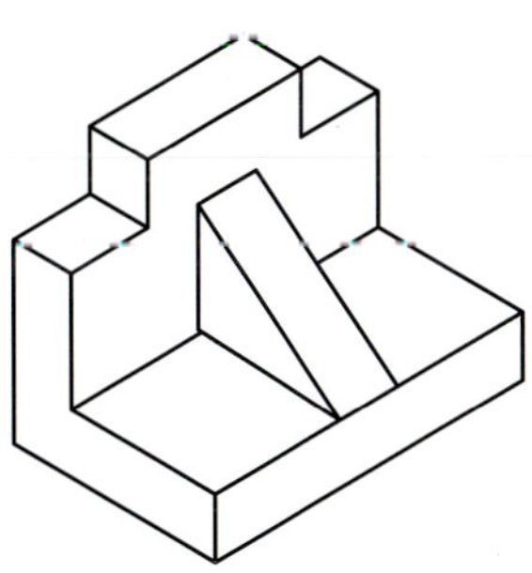

■ Assi di simmetria

Gli assi di simmetria devono essere disegnati solo quando sono necessari alla chiarezza del disegno.

■ Spigoli e contorni nascosti

Spigoli e contorni nascosti in generale non vengono disegnati.

NOTA BENE

In questo libro verranno descritte e impiegate solamente l'**assonometria isometrica**, l'**assonometria cavaliera** e l'**assonometria planometrica normale**, in quanto più semplici ed efficaci per la didattica.

Tipi di assonometrie

ASSONOMETRIA ISOMETRICA

Gli assi cartesiani formano tre angoli uguali di 120°. Le dimensioni lineari prese sugli assi presentano lo stesso rapporto di riduzione (di valore 1).

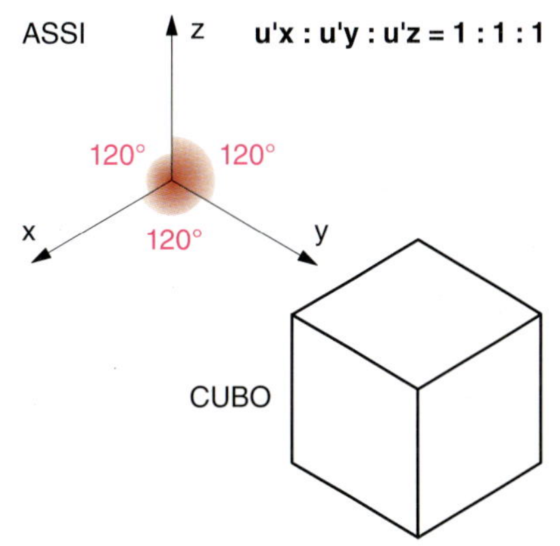

ASSONOMETRIA DIMETRICA

Gli assi x e y formano rispettivamente angoli di 132° e di 97° con l'asse z. Le dimensioni lineari prese sugli assi y e z presentano un rapporto di riduzione di valore 1; sull'asse x il rapporto di riduzione è 1/2.

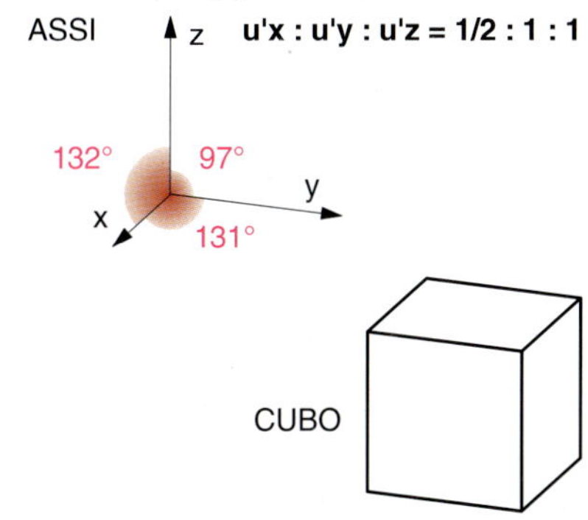

ASSONOMETRIE OBLIQUE

■ Assonometria cavaliera

Due assi sono perpendicolari e il terzo forma 135° rispetto agli altri due. Le dimensioni lineari prese sugli assi perpendicolari hanno un rapporto di riduzione pari a 1; l'asse inclinato ha un rapporto pari a 1/2.

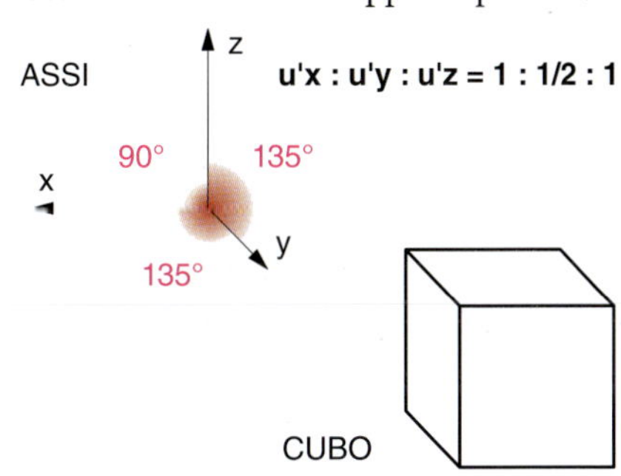

■ Assonometria cavaliera speciale

Due assi sono perpendicolari e il terzo forma 135° rispetto agli altri due. Le dimensioni lineari prese sugli assi presentano lo stesso rapporto di riduzione (di valore 1).

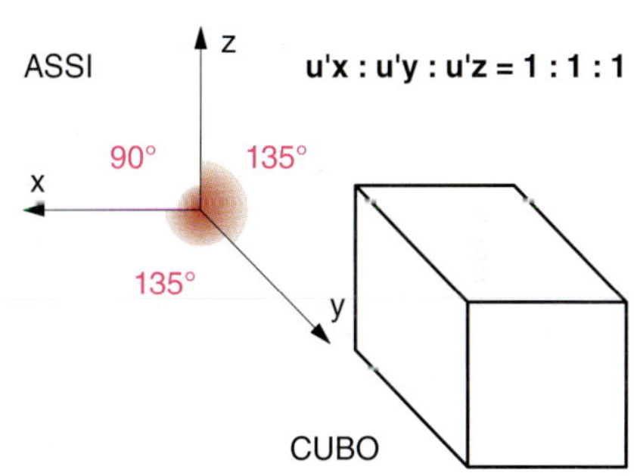

■ Assonometria planometrica normale

L'asse z è verticale; gli altri due sono tra loro perpendicolari e formano con l'asse z angoli diversi (multipli di 15° oppure di 30°). Le dimensioni lineari prese sugli assi presentano lo stesso rapporto di riduzione (di valore 1).

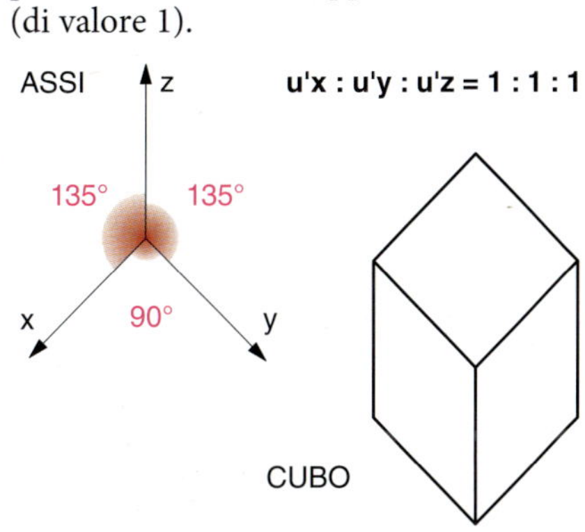

■ Assonometria planometrica ribassata

L'asse z è verticale; gli altri due sono tra loro perpendicolari e formano con l'asse z angoli diversi (multipli di 15° oppure di 30°). Le dimensioni lineari prese sugli assi x e y hanno un rapporto di riduzione di valore 1. Sull'asse z il rapporto è pari a 2/3.

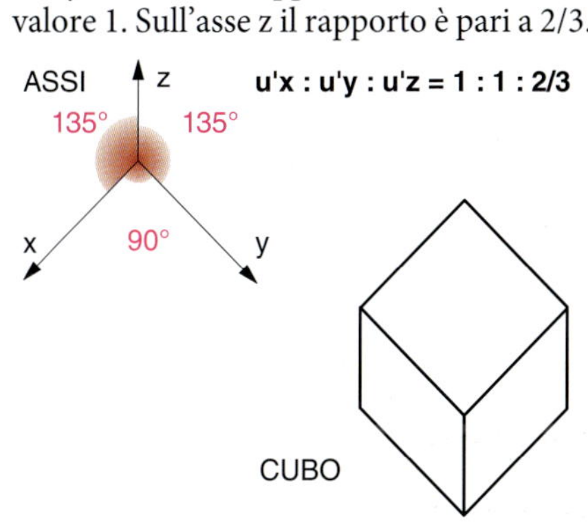

Assonometria isometrica

Caratteristiche generali

- Gli assi cartesiani formano angoli di **120°**.
- Segmenti uguali sugli assi cartesiani mantengono in assonometria la stessa lunghezza, cioè il rapporto di riduzione è **u'x : u'y : u'z = 1 : 1 : 1**.

In pratica per disegnare gli assi si opera con la squadretta a 30°-60°, con appoggio su una squadra o riga orizzontale.

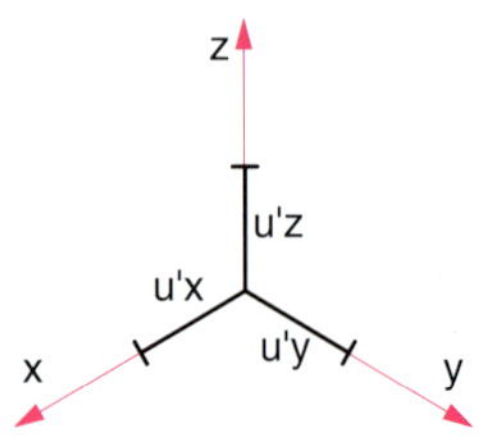

u'x : u'y : u'z = 1 : 1 : 1

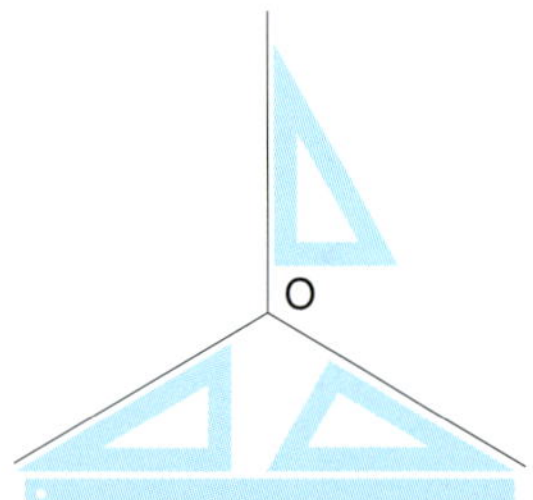

Elementi geometrici di date coordinate

Rappresentazione assonometrica di un punto A

PASSO PASSO

Note le coordinate xA, yA, zA di un punto A si procede nella seguente maniera.

1 Su x e su y si prendono da O due segmenti di lunghezza rispettivamente pari a xA e yA.

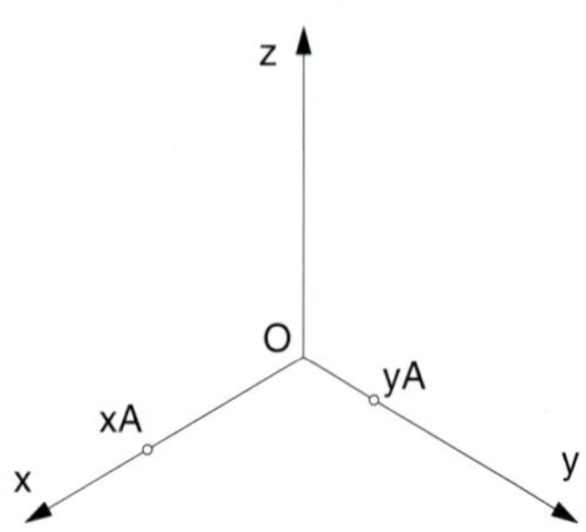

2 Dagli estremi dei segmenti si conducono le parallele agli assi x e y, che determinano il punto A_1.

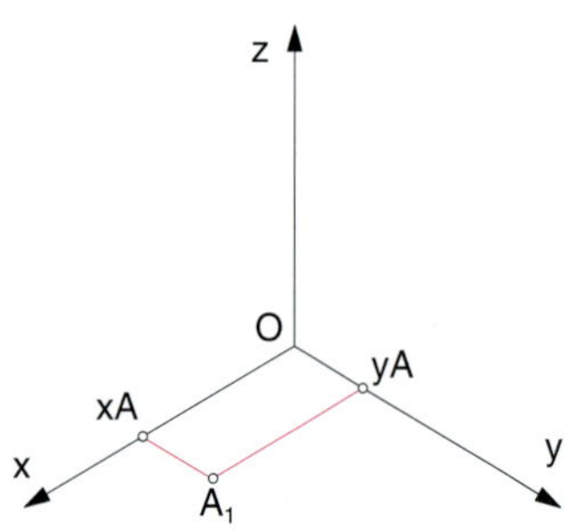

3 Da A_1 si conduce un segmento verticale di lunghezza pari a zA, il cui estremo è A.

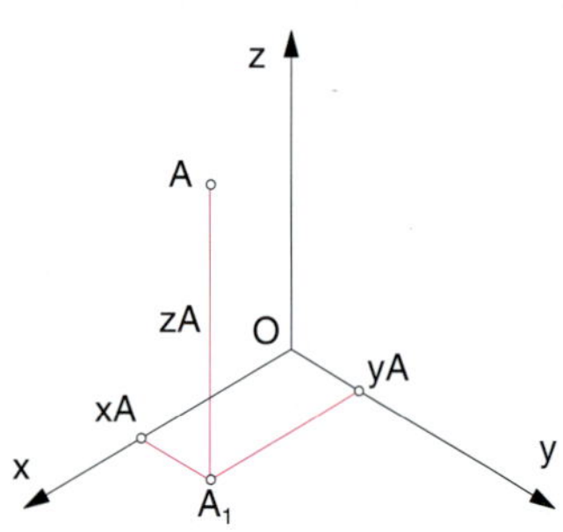

Rappresentazione assonometrica di un segmento

PASSO PASSO

Note le coordinate degli estremi A e B del segmento, si procede come nel problema precedente.

1 Su x e su y si prendono da O quattro segmenti di lunghezza rispettivamente pari a xA e yA e xB e yB.

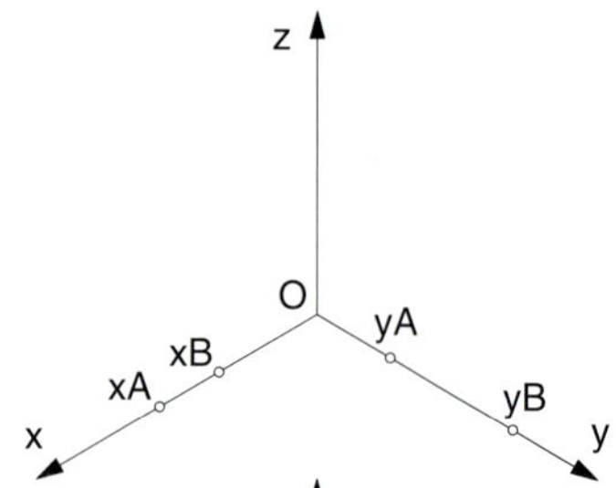

2 Con parallele a x e a y si trovano i punti A_1 e B_1.

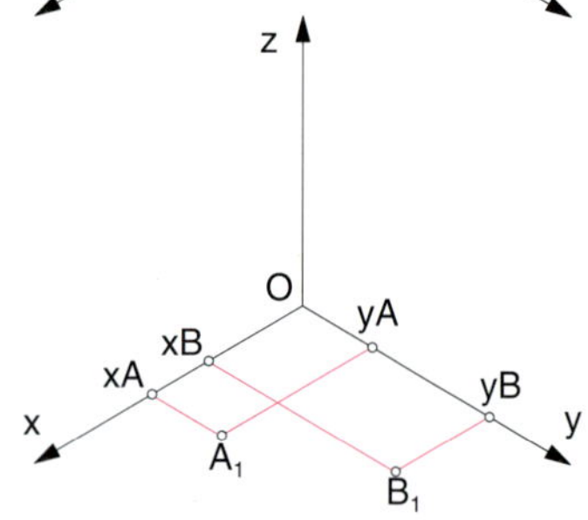

3 Conducendo da A_1 e B_1 i segmenti pari alle elevazioni zA e zB, si trovano i punti A e B, che si uniscono trovando il segmento in assonometria.

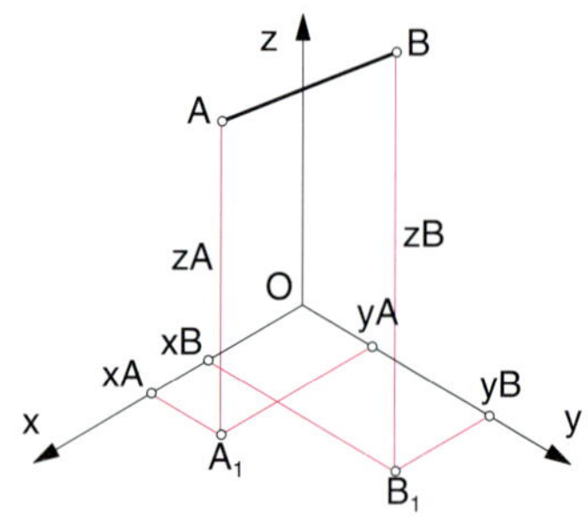

Rappresentazione assonometrica di un triangolo

PASSO PASSO

Note le coordinate dei vertici A, B e C del triangolo, si procede come nei problemi precedenti.

1 Prendendo su x e su y i segmenti xA, xB, xC e yA, yB e yC, si trovano i punti A_1, B_1 e C_1.

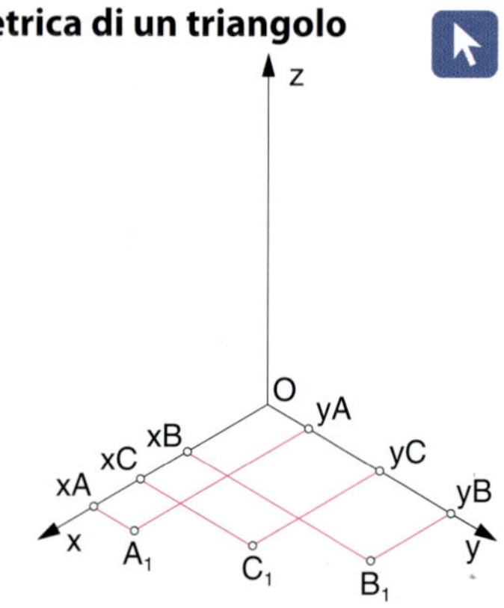

2 Conducendo da A_1, B_1 e C_1 le rispettive elevazioni su segmenti verticali, si ottengono i punti A, B e C. Unendoli si ricava l'assonometria del triangolo assegnato.

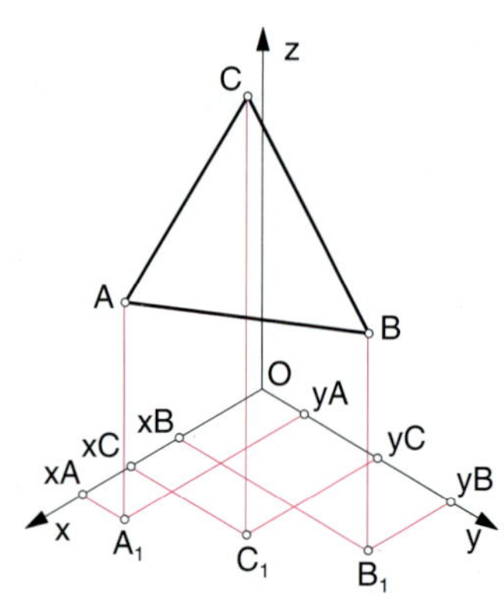

Assonometria isometrica di figure piane

PROBLEMA 1 PASSO PASSO

Assonometria isometrica di un quadrato parallelo al piano xz

Sono date le proiezioni ortogonali del quadrato.

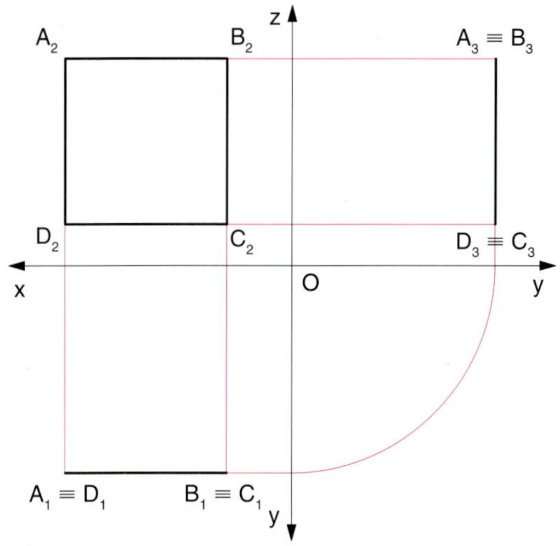

1 Rilevate le coordinate dei vertici A, B, C e D, si disegnano le viste in assonometria: la vista frontale sul piano xz, quella dall'alto sul piano xy e quella da sinistra sul piano yz.

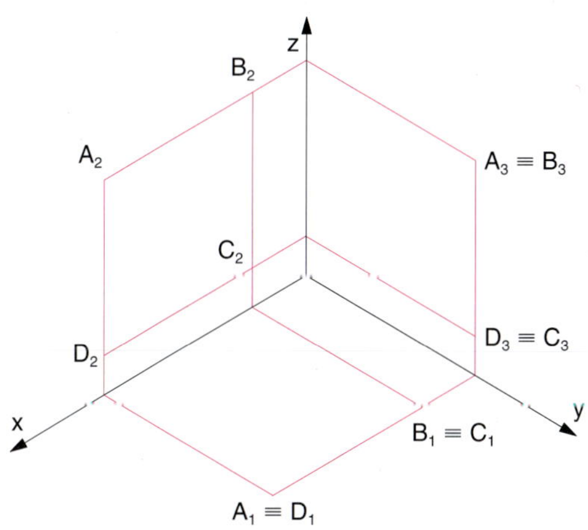

2 Dai vertici delle viste si conducono parallele agli assi x, y e z. Si ottengono così i punti A, B, C e D, che vengono uniti ricavando il quadrato (ora trasformato in rombo) in assonometria isometrica.

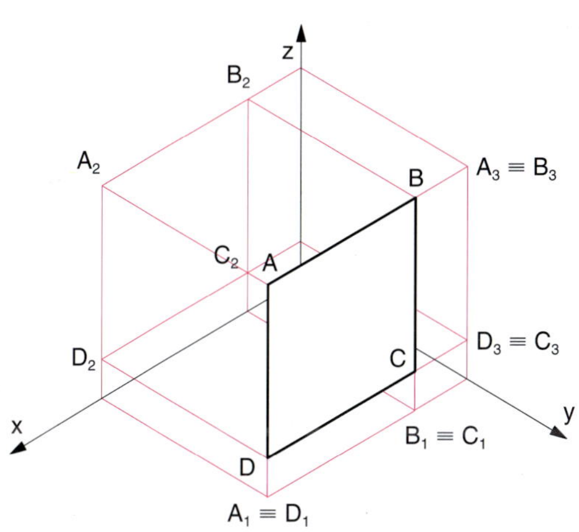

PROBLEMA 2 PASSO PASSO

Assonometria isometrica di un triangolo equilatero parallelo al piano xy

In alternativa al metodo della costruzione precedente, si può disegnare un vertice della figura in assonometria in base alle coordinate rilevate dalle viste.

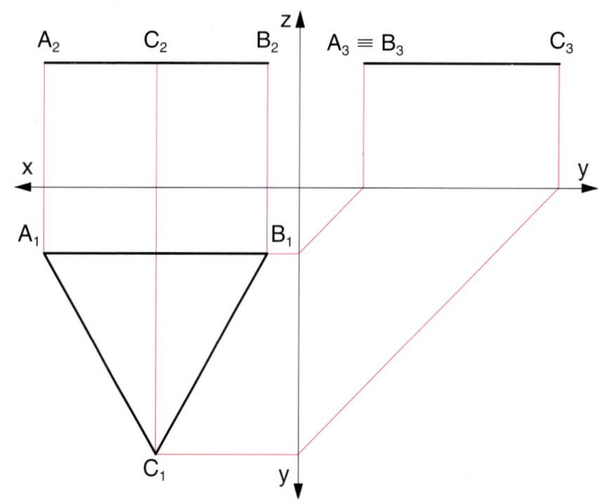

1 In figura si è partiti dal vertice A, attraverso le coordinate xA, yA e zA; da esso si conduce un segmento AB parallelo all'asse x, di lunghezza pari al lato del triangolo.

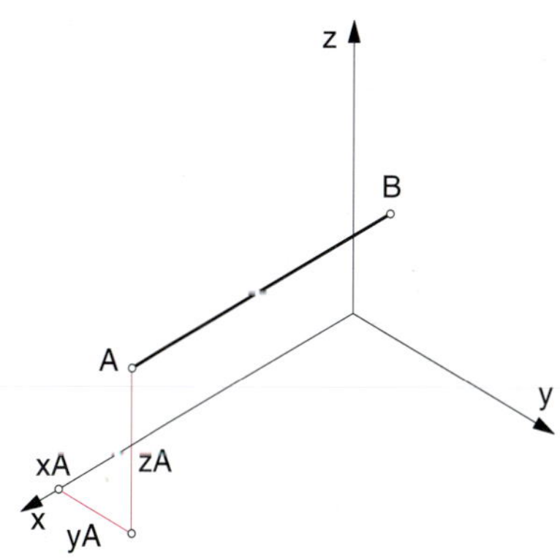

2 Dal suo punto medio M si traccia un segmento MC parallelo all'asse y, di lunghezza pari all'altezza del triangolo dato.
Si ricorda che l'altezza del triangolo equilatero si può anche ricavare dalla formula h = 0,866 × lato.

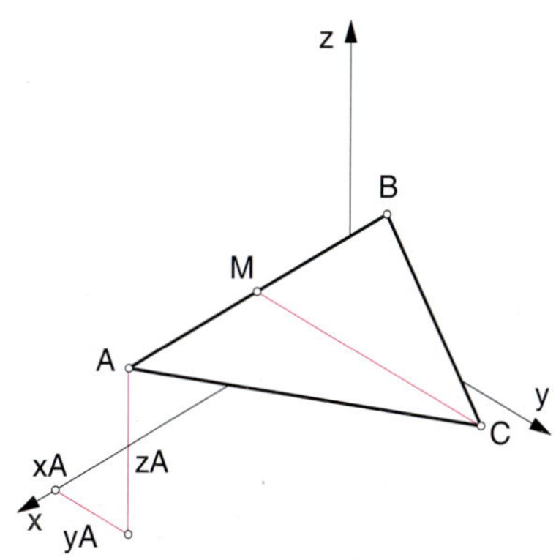

Video *Triangolo equilatero in assonometria isometrica*

PROBLEMA 3 PASSO PASSO

Assonometria isometrica di un esagono regolare parallelo al piano yz

Sono date le proiezioni ortogonali dell'esagono regolare.

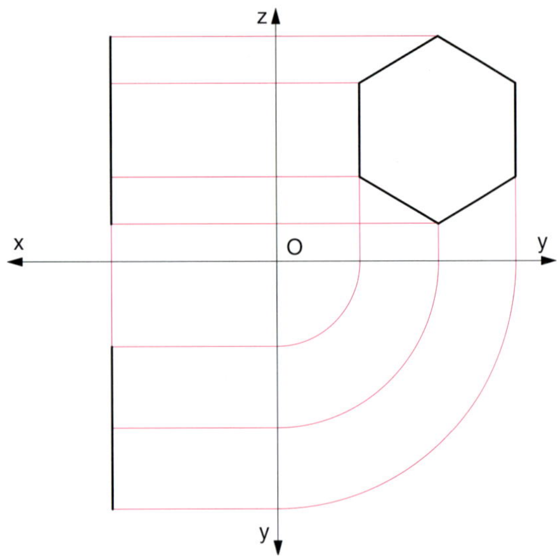

1 Dalle proiezioni ortogonali si rilevano le coordinate y e z dei vertici, disegnandoli sul piano yz dell'assonometria.

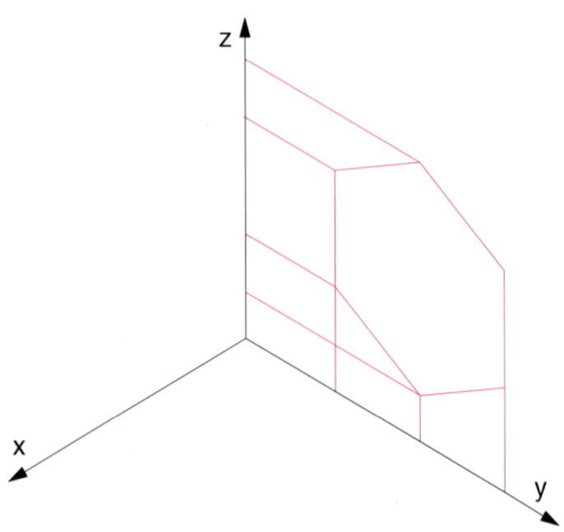

2 Da ognuno di essi si conducono segmenti paralleli all'asse x, di lunghezza pari alla coordinata x dei vertici.

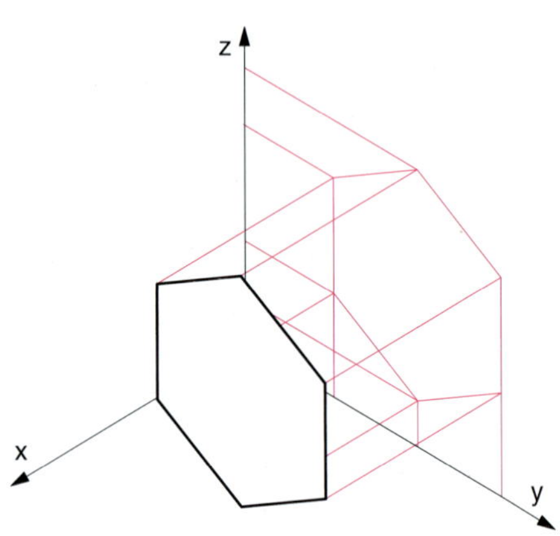

PROBLEMA 4 PASSO PASSO

Assonometria isometrica di un ottagono regolare parallelo al piano xz

Sono date le proiezioni ortogonali dell'ottagono regolare.

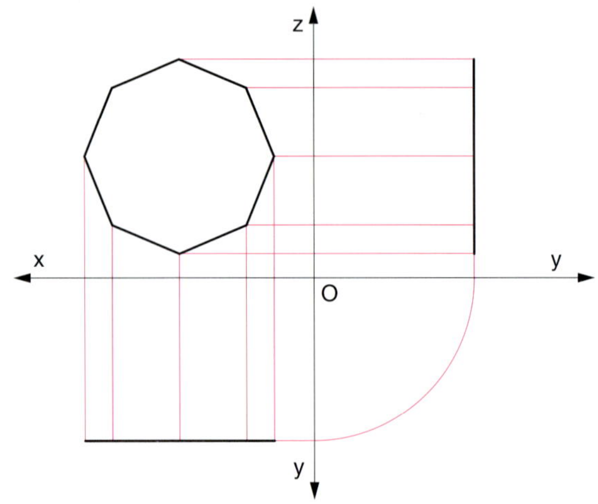

1 Dalle proiezioni ortogonali si rilevano le coordinate x e z dei vertici, disegnandoli sul piano xz dell'assonometria.

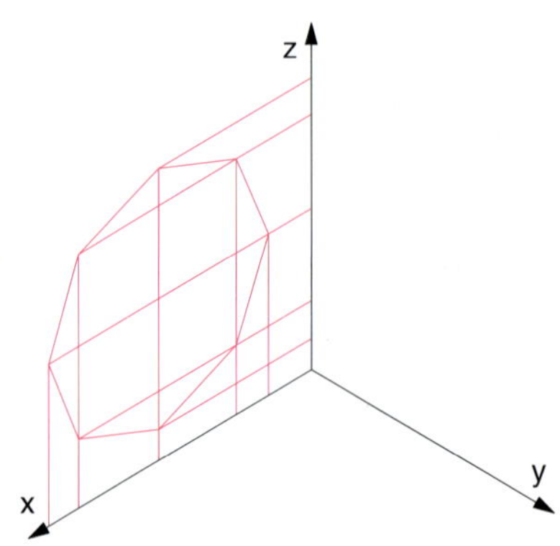

2 Da ognuno dei vertici si conducono segmenti paralleli all'asse y, di lunghezza pari alla coordinata y dei vertici.

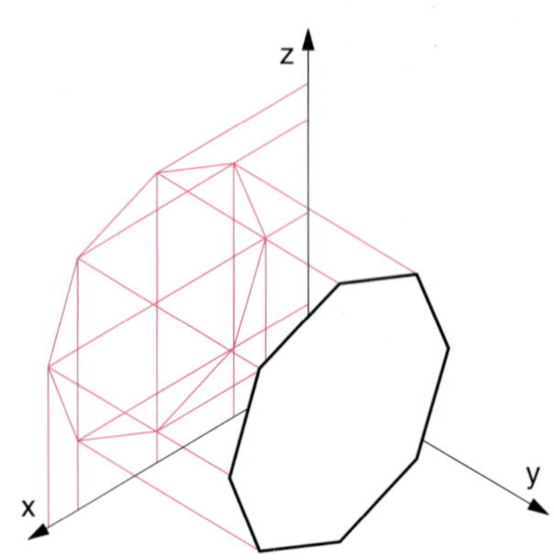

NOTA BENE

I segmenti inclinati rispetto agli assi x, y, z non mantengono lunghezze uguali a quelli reali, possono cioè risultare più lunghi o più corti rispetto alle misure reali.

PROBLEMA 5

Assonometria isometrica di una circonferenza

La rappresentazione assonometrica di una circonferenza è una **ellisse**. Per identificare i punti della curva, si disegna una circonferenza in vera forma e la si divide in parti uguali (nelle figure sono 8 oppure 12). Quindi si riproducono in assonometria il quadrato circoscritto alla circonferenza e le linee passanti per i punti divisori. I punti dell'ellisse vengono uniti mediante il **curvilineo**.

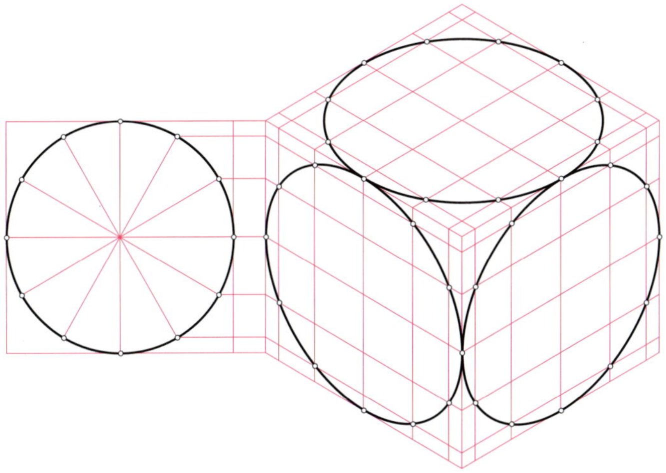

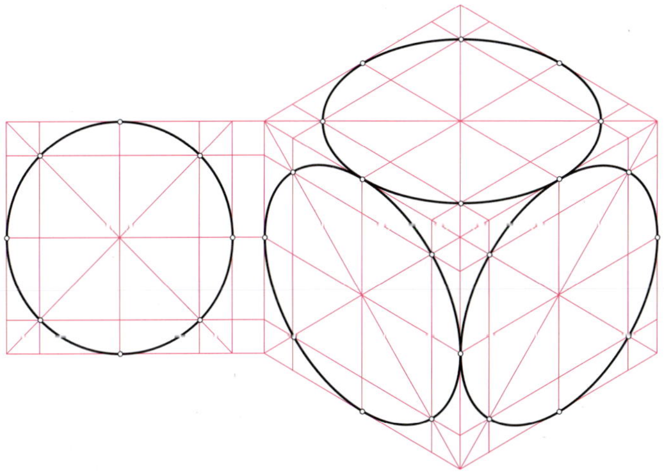

A causa della minima differenza esistente tra l'ellisse ottenuta in assonometria isometrica e un **ovale** inscritto nel rombo (v. pag. A56, Problema 39), è convenzionalmente ammesso che quest'ultimo rappresenti la circonferenza in assonometria isometrica.

L'impostazione del disegno dell'ovale inizia dalla tracciatura degli assi e del rombo, corrispondente al quadrato circoscritto alla circonferenza; il lato del rombo è quindi lungo quanto il diametro della circonferenza.

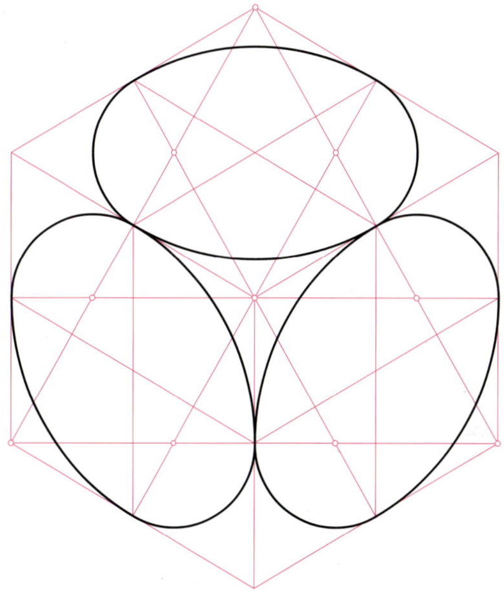

MEMO

Le **ellissi** si tracciano con il **curvilineo**.
Gli **ovali** invece si tracciano con il **compasso**.

PROBLEMA 6 GUIDATO

Assonometria isometrica di una corona circolare parallela al piano xy

Rappresentando le due circonferenze mediante ovali, si può semplificare la precedente costruzione nel modo seguente.

1. Si tracciano i diametri paralleli agli assi x e y.
2. Prese dal centro misure pari ai raggi delle due circonferenze, si disegnano i due rombi concentrici, che rappresentano i quadrati circoscritti alle circonferenze.
3. In ciascun rombo si conducono due mediane da un vertice con angolo ottuso.
4. Si traccia la diagonale maggiore dei rombi, individuando le sue intersezioni con le mediane.
5. I punti individuati dalla diagonale, insieme ai vertici con angoli ottusi dei due rombi, sono i centri degli archi che formano i due ovali concentrici.

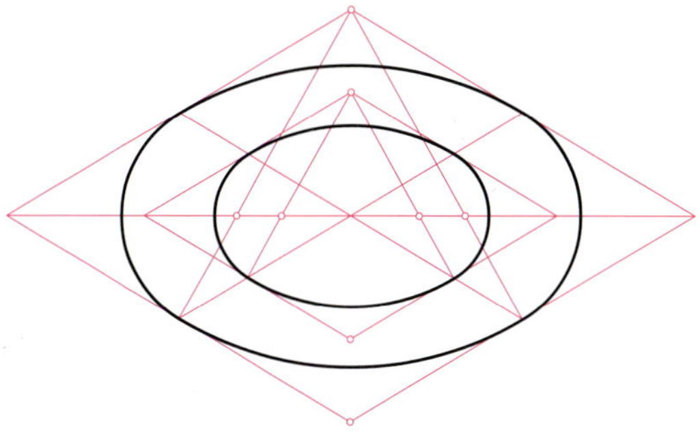

Video *Circonferenza in assonometria isometrica*

Assonometria isometrica di solidi

Per rappresentare i solidi si può far riferimento alle proiezioni ortogonali, disegnandole in assonometria sui piani fondamentali (xy, xz, yz); da esse si può ricavare l'assonometria del solido mediante linee di riporto parallele agli assi cartesiani.

Più comune è invece l'uso di rappresentare direttamente in assonometria una faccia del solido (in genere la più significativa e visibile), dalla quale si ricavano le altre mediante linee di riporto parallele agli assi.

PROBLEMA 7 PASSO PASSO

Assonometria isometrica di un parallelepipedo

Procedimento A

1 Come già visto nel Problema 1, possiamo disegnare le viste sui piani di riferimento in assonometria isometrica.

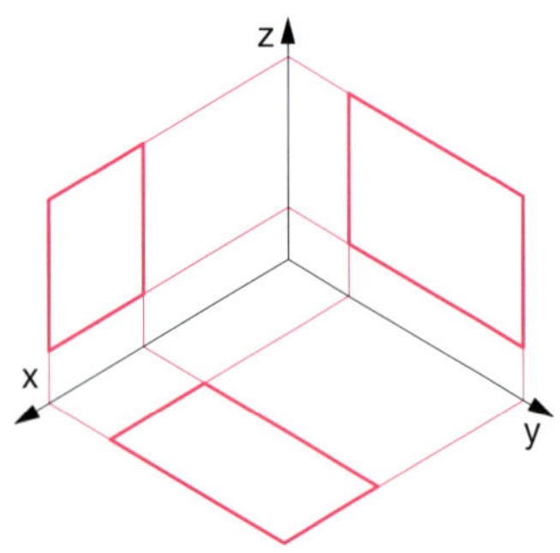

2 Dai vertici delle figure disegnate tracciamo le parallele agli assi x, y e z, ottenendo il parallelepipedo in isometrica.

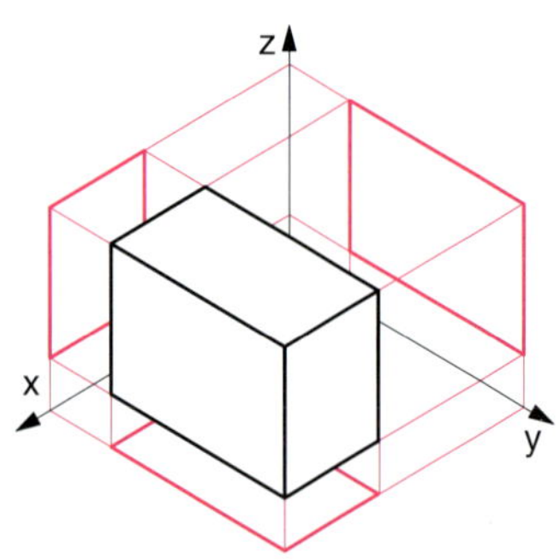

Procedimento B

1 Si disegna una faccia orizzontale, quindi i suoi lati sono paralleli agli assi x e y in isometrica.

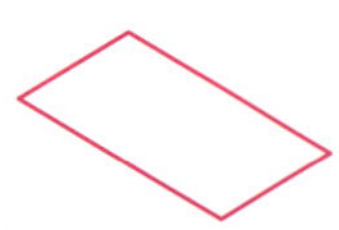

2 Dai vertici si conducono delle rette verticali, prendendo su una di esse un segmento AB pari all'altezza del parallelepipedo.

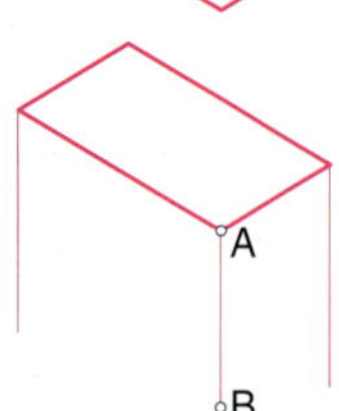

3 Da B si tracciano le parallele agli assi x e y fino a intersecare le altre verticali.

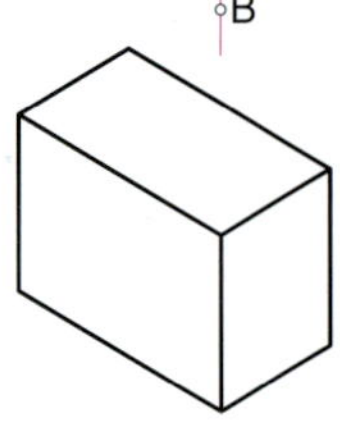

NOTA BENE

La **condizione di parallelismo** si applica sempre in assonometria; quindi i **parallelismi si conservano**, cioè rette parallele nell'oggetto reale restano tali anche in assonometria.

PROBLEMA 8 GUIDATO

Assonometria isometrica di una piramide retta a base rettangolare

1 Disegnata la base, se ne trova il centro mediante le diagonali.

2 Dal centro si conduce un segmento verticale di lunghezza pari all'altezza della piramide, trovando così il suo vertice e gli spigoli mancanti.

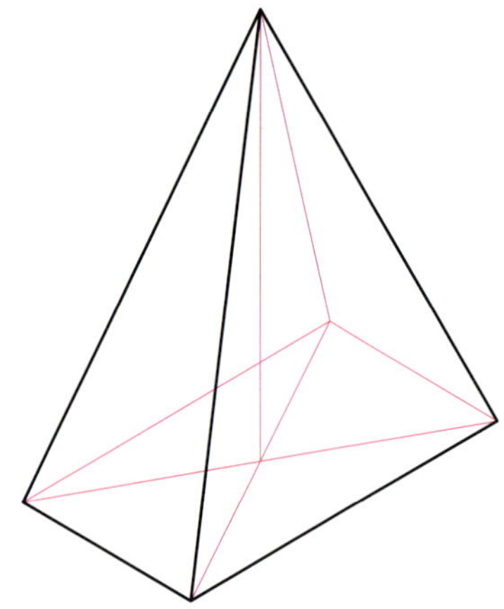

PROBLEMA 9

Assonometria isometrica di una piramide esagonale con base parallela al piano xy

Tramite le coordinate dei vertici si disegnano in assonometria due viste sui piani di riferimento (per esempio su xy e xz). Conducendo dai punti di queste viste delle rette parallele agli assi y e z, si ricava il solido nello spazio.

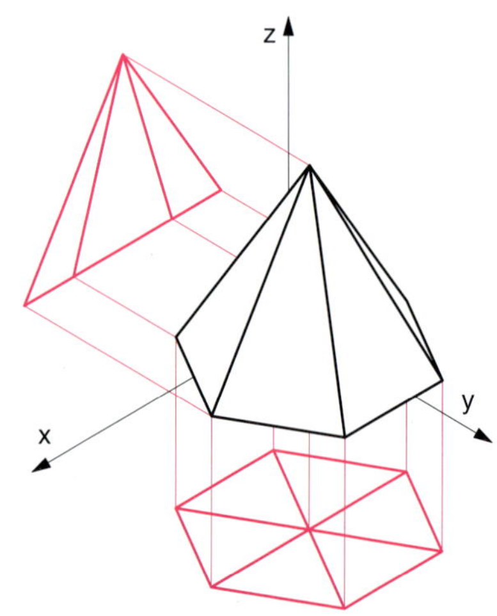

Senza ricorrere alle viste sui piani di riferimento, si può disegnare direttamente il solido in assonometria. Dal centro di base si conducono due segmenti paralleli a x e di lunghezza pari all'apotema (lo si può ottenere da un disegno dell'esagono o mediante calcolo); sulle loro estremità si trovano i punti medi di due segmenti pari al lato e paralleli all'asse y. Segmenti identici agli ultimi si conducono dal centro. Infine si disegna un segmento verticale, lungo quanto l'altezza della piramide. Trovati così i vertici della piramide, si ripassano solo gli spigoli in vista.

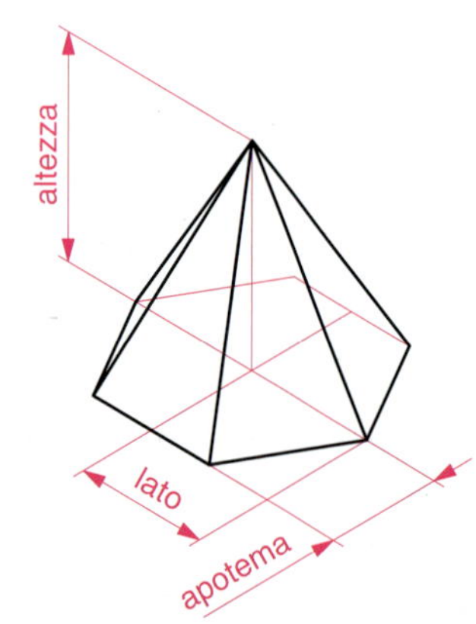

MEMO

Dal lato di un poligono si può calcolare l'**apotema** con le seguenti formule.

Triangolo	apotema = lato × 0,2887	**Esagono**	apotema = lato × 0,866
Quadrato	apotema = lato × 0,5	**Ottagono**	apotema = lato × 1,2071
Pentagono	apotema = lato × 0,6882	**Decagono**	apotema = lato × 1,5388

PROBLEMA 10 GUIDATO

Assonometria isometrica di un prisma ottagonale con base sul piano yz

Si disegna la base ottagonale in vera forma; dai suoi vertici si conducono rette e archi di riporto sugli assi y e z. Dall'intersezione delle linee originate da uno stesso vertice dell'ottagono si possono determinare i vertici della base in assonometria. Da questi vertici si conducono segmenti paralleli all'asse x e di lunghezza pari all'altezza del prisma. Trovati così i vertici di tutto il prisma, si ripassano gli spigoli in vista.

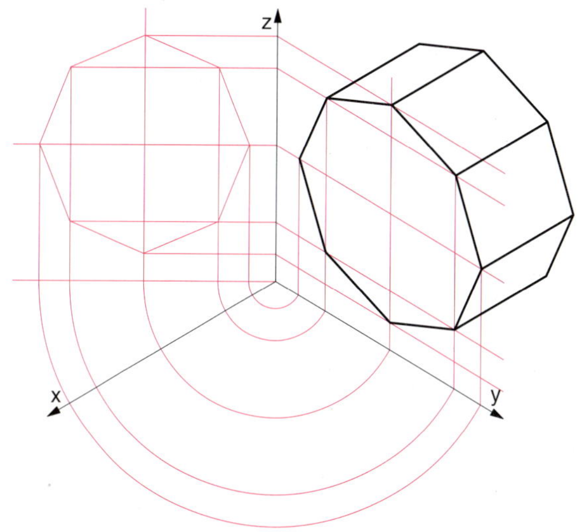

PROBLEMA 11 GUIDATO

Assonometria isometrica di un cono retto

1. Si disegna l'ovale di base con il procedimento descritto (v. Problema 5).
2. Dal centro si conduce un segmento lungo quanto l'altezza, trovando il vertice V.
3. Da V si tracciano le tangenti all'ovale.

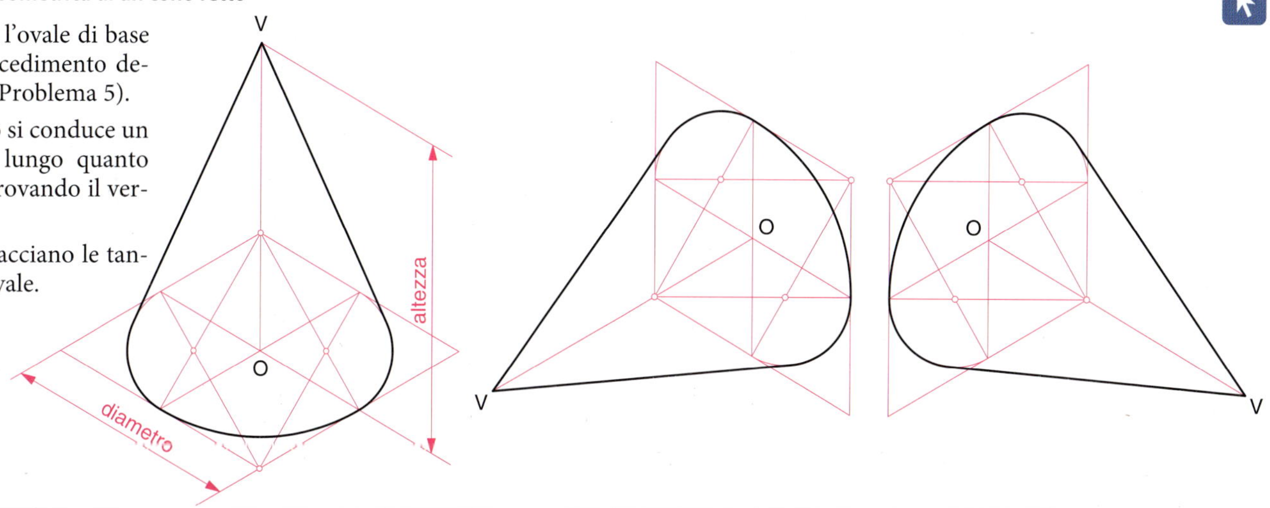

PROBLEMA 12 GUIDATO

Assonometria isometrica di un cilindro retto

1. Si disegna l'ovale di centro O con il procedimento descritto (v. Problema 5).
2. Dal centro si conduce un segmento lungo quanto l'altezza, trovando il centro O'.
3. Con centro in O' si disegna un secondo ovale, identico al precedente.
4. Aiutandosi con le diagonali maggiori dei rombi, si individuano i punti di tangenza dei profili della superficie cilindrica.

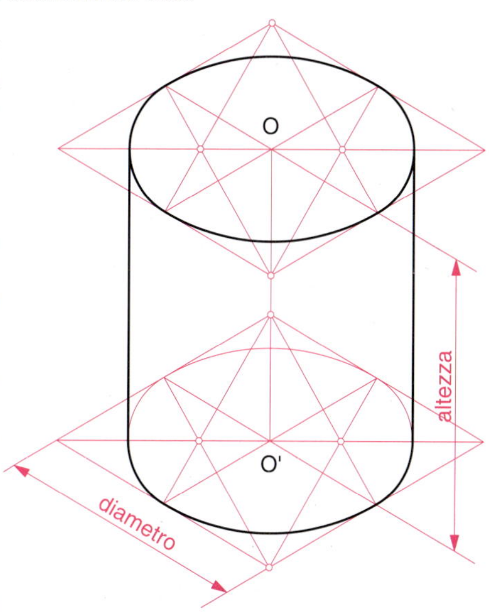

Video *Cilindro retto in assonometria isometrica*

Procedimento per riporto dei punti

1. Si disegna l'ovale di centro O con il procedimento descritto (v. Problema 5).
2. Con parallele all'asse del cilindro si riportano i punti A, B, C, D, E a distanza pari all'altezza.
3. Con centri in A', B', C' si tracciano tre archi identici a quelli corrispondenti nell'ovale.
4. Con l'aiuto delle rette BC e B'C' si trovano i punti di tangenza dei profili.

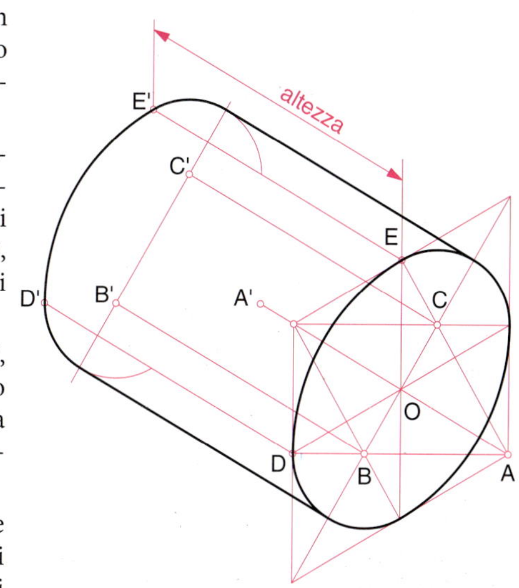

Assonometrie oblique

Caratteristiche generali

- Due assi cartesiani formano un angolo di **90°**.
- Segmenti uguali su questi due assi cartesiani mantengono in assonometria la stessa lunghezza.

Le assonometrie oblique previste dalla tabella UNI EN ISO 5436-3 sono:

- l'**assonometria cavaliera**;
- l'**assonometria planometrica**.

Assonometria cavaliera

u'x : u'y : u'z = 1 : 1/2 : 1

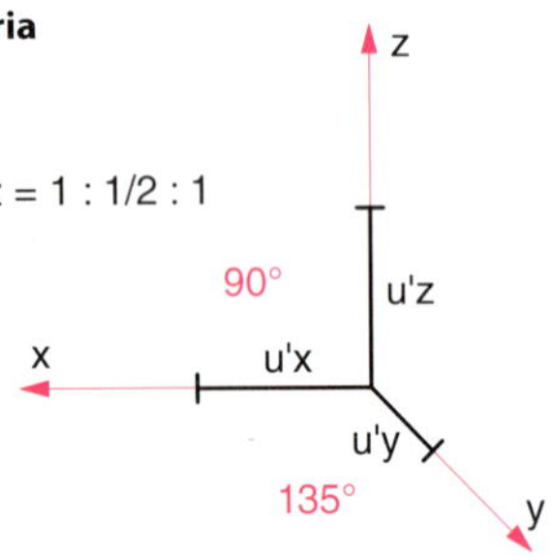

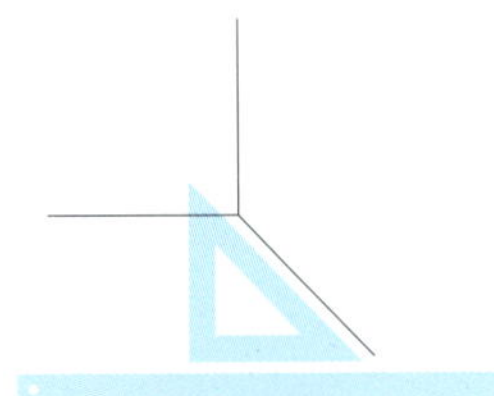

Posizione della squadra a 45°

Assonometria planometrica normale

u'x : u'y : u'z = 1 : 1 : 1

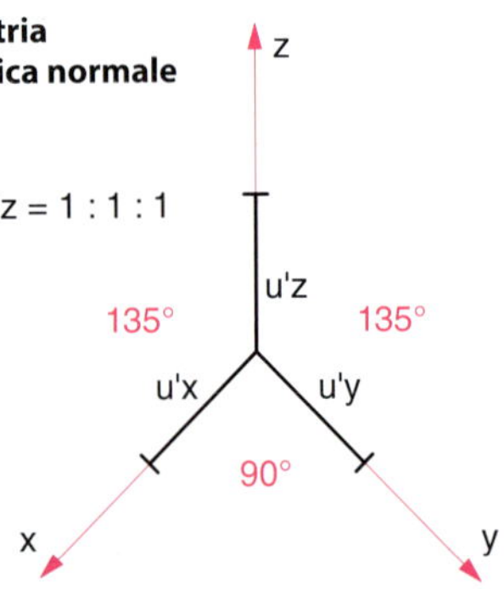

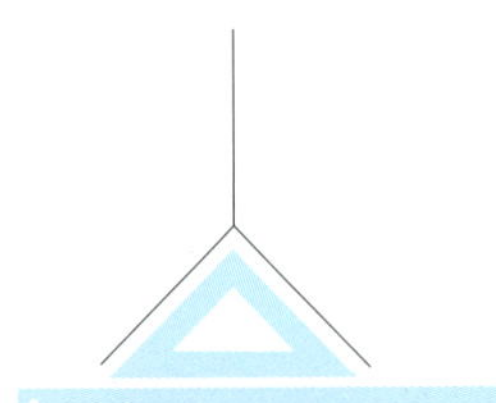

Posizione della squadra a 45°

PROBLEMA 13 PASSO PASSO

Assonometria obliqua di un quadrato parallelo al piano xz

1 Dalle coordinate dei vertici del quadrato, si disegnano in assonometria le viste sui piani di riferimento, ricordando che nell'assonometria cavaliera vanno dimezzate le coordinate y.

2 Dalle viste sui piani di riferimento si ricava l'assonometria del quadrato nello spazio mediante linee di riporto parallele agli assi.

CAVALIERA

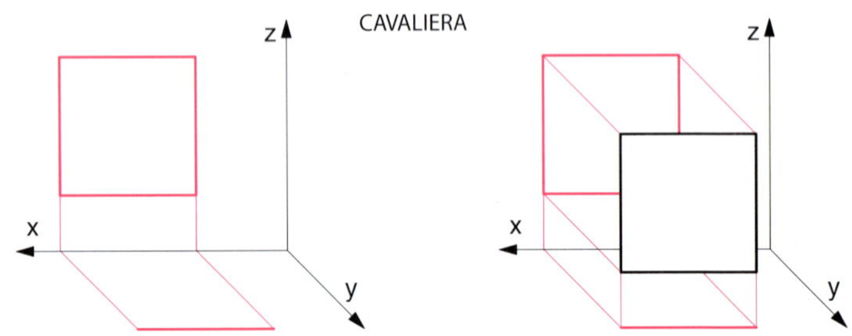

PLANOMETRICA

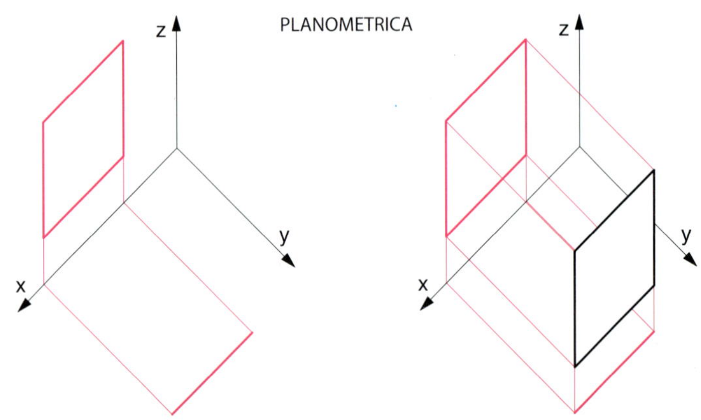

PROBLEMA 14 PASSO PASSO

Assonometria obliqua di un quadrato parallelo al piano xy

1 Dalle coordinate dei vertici del quadrato, si disegnano in assonometria le viste sui piani di riferimento, ricordando che nell'assonometria cavaliera vanno dimezzate le coordinate y.

2 Dalle viste sui piani di riferimento si ricava l'assonometria del quadrato nello spazio mediante linee di riporto parallele agli assi.

CAVALIERA

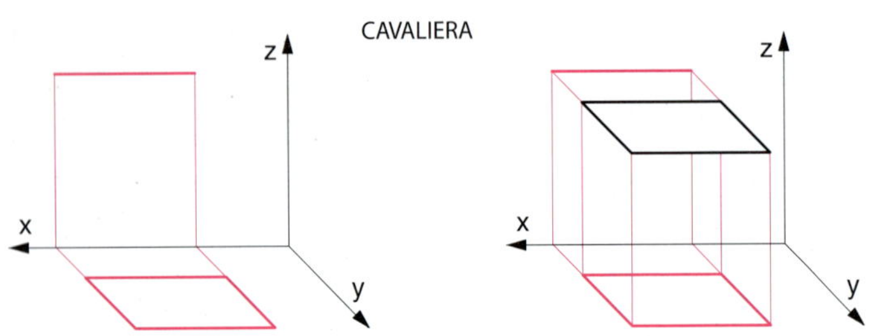

PLANOMETRICA

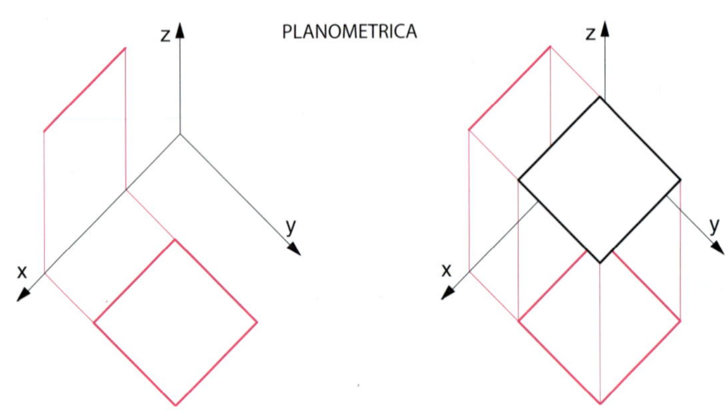

NOTA BENE

Dai problemi di questa pagina si può rilevare che nelle assonometrie oblique **una figura piana mantiene la sua vera forma** quando è parallela:

- al piano xz della cavaliera;
- al piano xy della planometrica.

Video *Posizione delle squadrette in assonometria cavaliera e planometrica*

PROBLEMA 15

Assonometria obliqua di un triangolo isoscele parallelo al piano yz

Sono note la base (b) e l'altezza (h) del triangolo. Si disegna la base parallela all'asse y e dal punto medio si traccia l'altezza parallela all'asse z; naturalmente in cavaliera la base viene dimezzata. Trovato così il terzo vertice, il triangolo può essere completato.

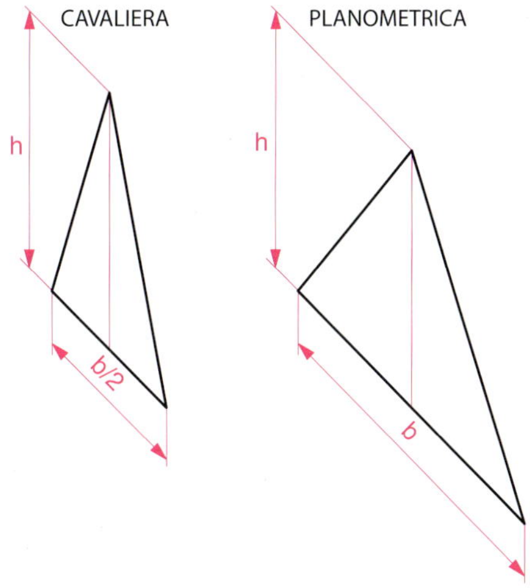

PROBLEMA 16

Assonometria obliqua di un esagono regolare disposto su un qualsiasi piano fondamentale

Dal centro dell'esagono si disegnano due segmenti lunghi quanto il lato e altri due segmenti lunghi quanto l'apotema. Le estremità di questi ultimi segmenti sono i punti medi di due lati; dopo aver tracciato questi lati si hanno i vertici dell'esagono. Si deve fare attenzione che in cavaliera vanno dimezzate le lunghezze parallele all'asse y.

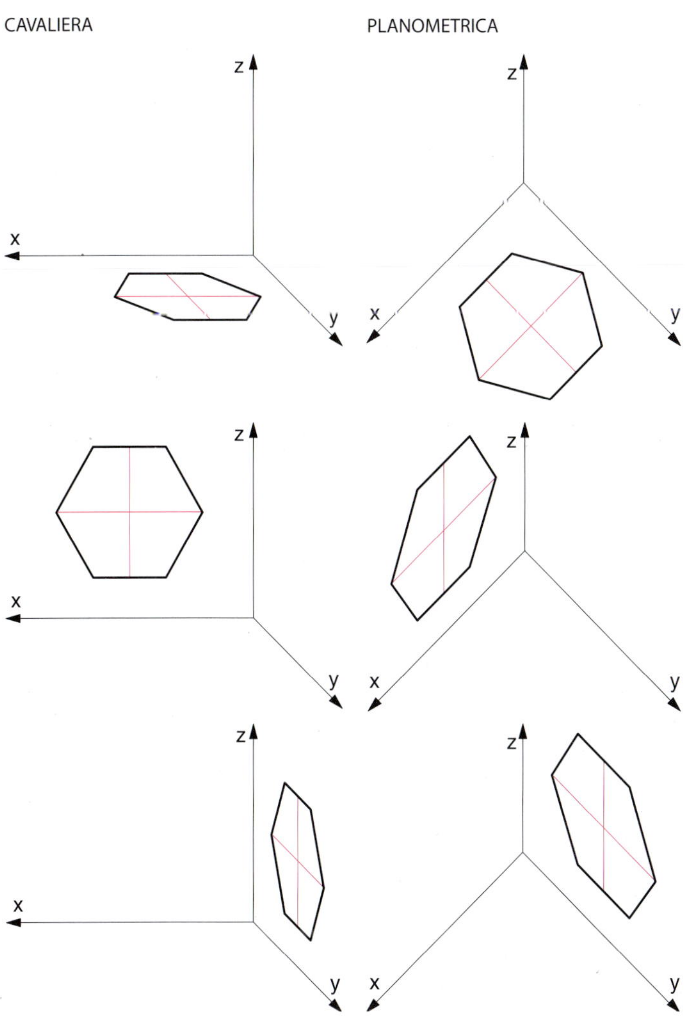

PROBLEMA 17

Assonometria obliqua di una circonferenza

Se la circonferenza è parallela al piano xz della cavaliera oppure al piano xy della planometrica, mantiene la sua vera forma. Si deforma invece in un'ellisse negli altri casi. Per ottenere l'ellisse si traccia una circonferenza in vera forma, dividendola in parti uguali (8 parti, come in figura, oppure 12 parti); da questi punti si conducono linee di riporto trovando i loro corrispondenti in assonometria. I punti vengono quindi uniti mediante il curvilineo.

CAVALIERA

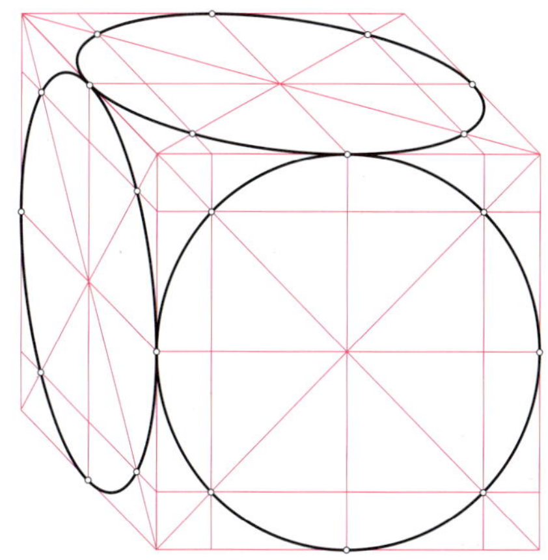

PLANOMETRICA

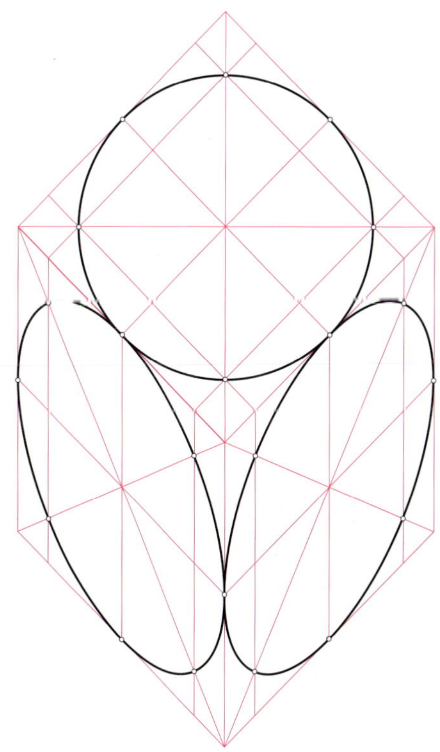

NOTA BENE

L'assonometria obliqua è particolarmente vantaggiosa quando una figura piana di una certa complessità (per esempio un cerchio, un poligono regolare) è disposta parallelamente al quadro. Di conseguenza, se tale figura è parallela a xz, è conveniente l'assonometria cavaliera, mentre se è parallela a xy è vantaggiosa la planometrica.

NOTA BENE

Tracciando curve ellittiche con il **curvilineo** bisogna porre molta cura per evitare **cuspidi** e **discontinuità**.

PROBLEMA 18 PASSO PASSO

Assonometria obliqua di un cubo di lato a

Assonometria cavaliera

1 Si disegna nella sua vera forma la faccia parallela al piano xz.

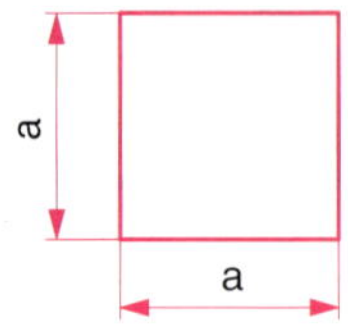

2 Dai suoi vertici si conducono dei segmenti paralleli all'asse y. Su uno di essi si prende un segmento AB di lunghezza pari ad a/2.

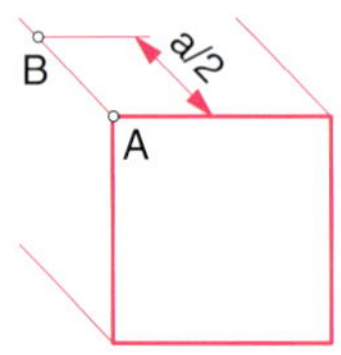

3 Da B si tracciano le parallele agli assi x e z fino a intersecare gli spigoli paralleli a y.

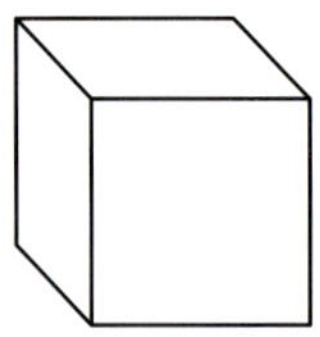

Assonometria planometrica normale

1 Si disegna nella sua vera forma la faccia parallela al piano yz.

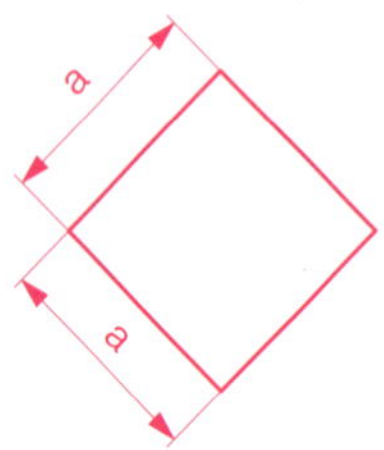

2 Dai suoi vertici si conducono dei segmenti paralleli all'asse z. Su uno di essi si prende un segmento AB di lunghezza pari ad a.

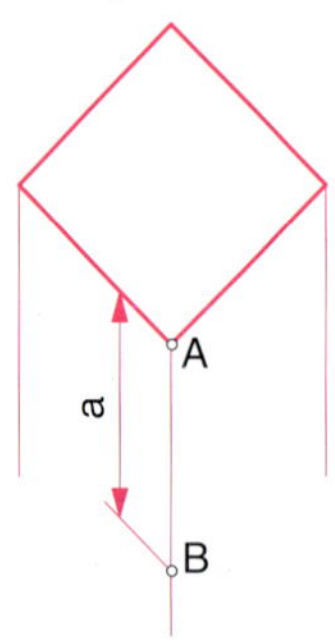

3 Da B si tracciano le parallele agli assi x e z fino a intersecare gli spigoli paralleli a z.

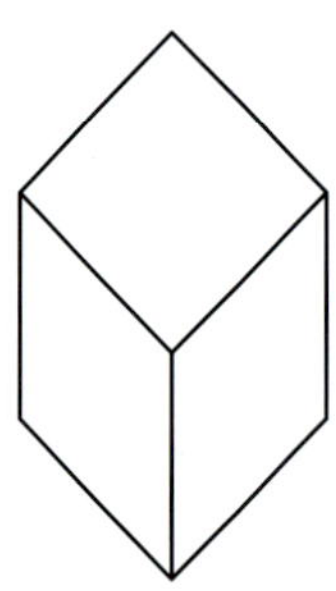

Sia in assonometria cavaliera sia in quella planometrica si possono ottenere delle rappresentazioni che mostrano il cubo dall'alto oppure dal basso.

CAVALIERA

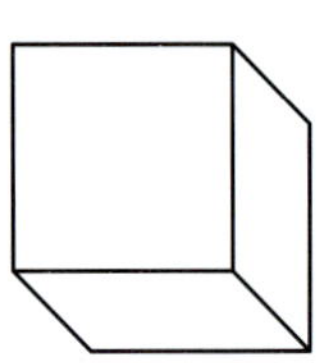

PLANOMETRICA

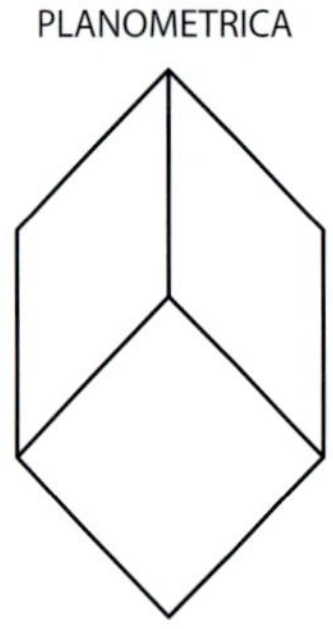

PROBLEMA 19 GUIDATO

Assonometria obliqua di un prisma ottagonale con basi parallele a un qualsiasi piano fondamentale

Potendo scegliere la posizione delle basi, in cavaliera esse saranno parallele al piano xz, mentre in planometrica saranno parallele al piano xy.

1 In questo piano si disegna un ottagono in vera forma.

2 Dai suoi vertici si tracciano degli spigoli lunghi quanto l'altezza; in cavaliera sono paralleli all'asse y e di lunghezza dimezzata, mentre in planometrica sono paralleli all'asse z e di lunghezza h.

3 Si completa il prisma con gli spigoli in vista della seconda base.

CAVALIERA

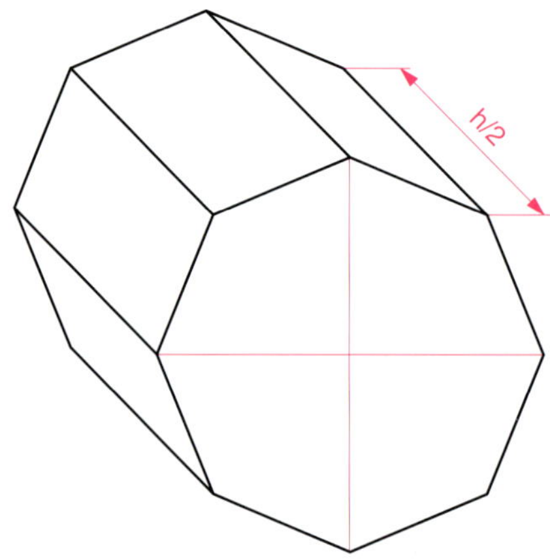

PLANOMETRICA

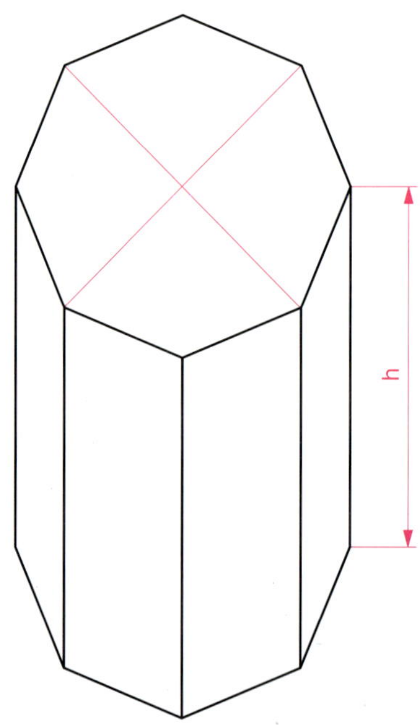

NOTA BENE

Disegnando un solido in assonometria si può scegliere la posizione più efficace (dal basso o dall'alto), ma bisogna fare attenzione nel ripasso affinché non si creino confusioni tra parti visibili e nascoste; ciò provocherebbe errori che potrebbero ingannare nell'interpretazione.

APPROFONDIMENTI

Inganni assonometrici (2 pagine)

Assonometria e avanguardie del '900 (2 pagine)

PROBLEMA 20 GUIDATO

Assonometria obliqua di un cilindro retto

Basi parallele al quadro

1. Si tracciano l'asse del cilindro (nella cavaliera la sua lunghezza si dimezza) e le circonferenze di base.
2. Si disegnano i profili tangenti, notando che i punti di tangenza si trovano su diametri a 45° (nella cavaliera) e su diametri orizzontali (nella planometrica).
3. Si ripassano le parti visibili.

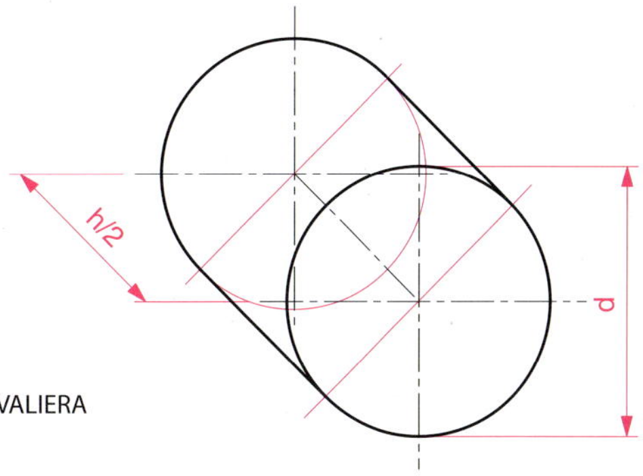

CAVALIERA

PLANOMETRICA

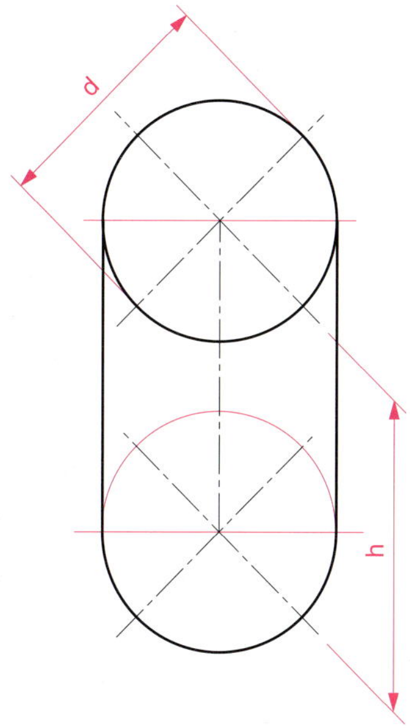

Basi non parallele al quadro

1. Si traccia una ellisse di base (v. Problema 17).
2. Si riportano i punti dell'ellisse con segmenti paralleli all'asse a distanza h.
3. Si disegnano i profili tangenti alle basi.
4. Si ripassano le parti visibili con squadre e curvilineo.

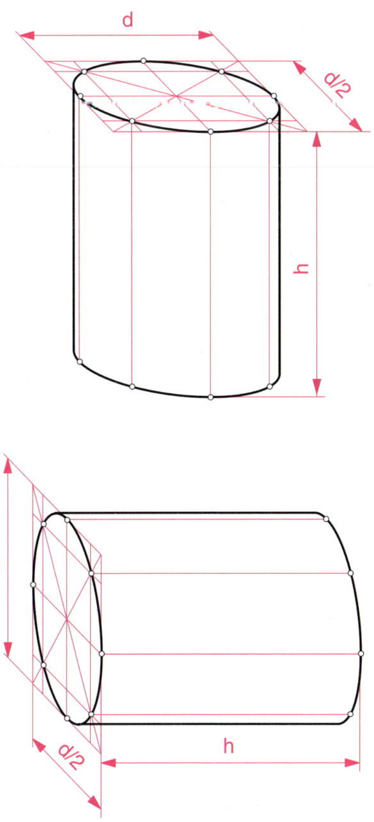

CAVALIERA

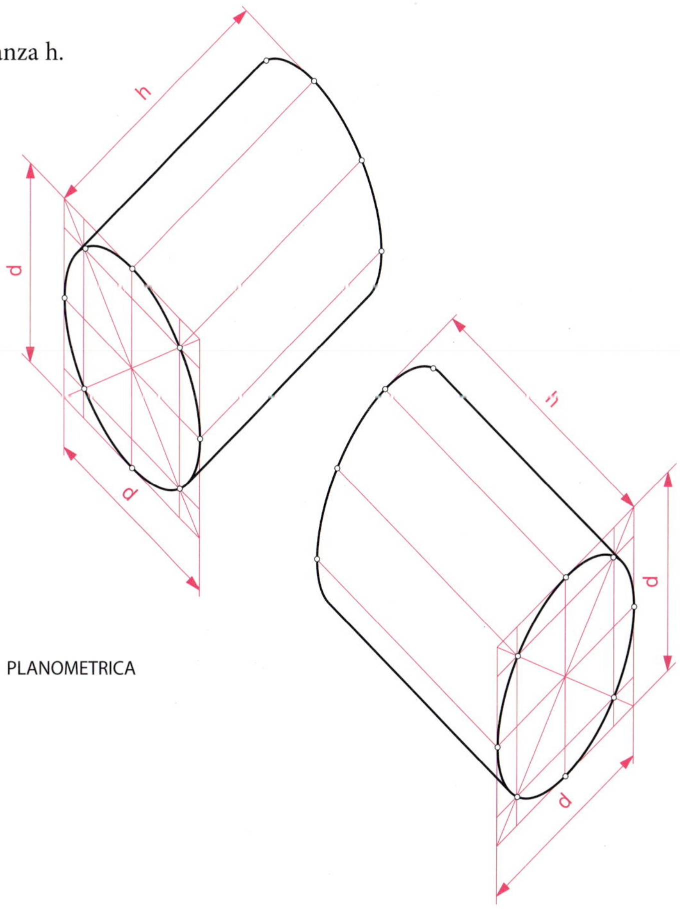

PLANOMETRICA

NOTA BENE

Dai problemi di questa pagina risulta molto evidente il vantaggio di disporre il **cilindro con basi parallele al quadro**: **le circonferenze restano tali** e non bisogna rappresentarle come ellissi.

Video *Cilindro retto in assonometria cavaliera*

PROBLEMA 21 GUIDATO

Assonometria obliqua di un tronco di cono

1 Si disegna l'asse del tronco di cono.

2 Con centro nei suoi estremi si costruiscono le due basi.

3 Si tracciano i profili tangenti della superficie conica.

4 Si ripassano solo le parti visibili.

Tronco di cono con basi parallele a xz

CAVALIERA

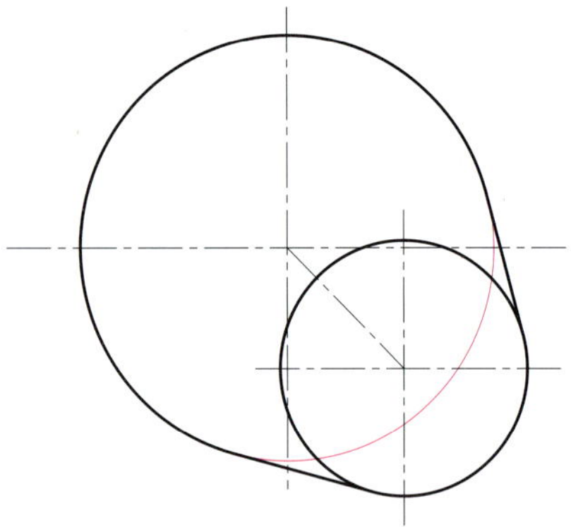

PLANOMETRICA

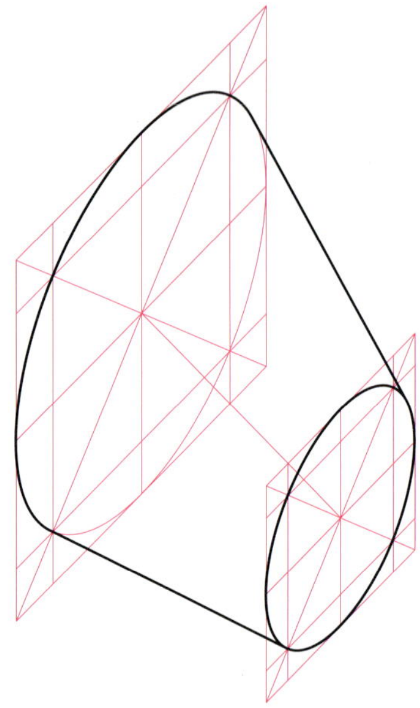

Tronco di cono con basi parallele a xy

CAVALIERA

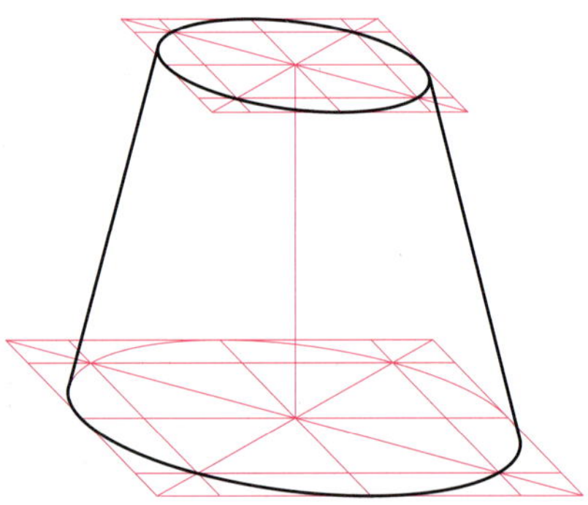

PLANOMETRICA

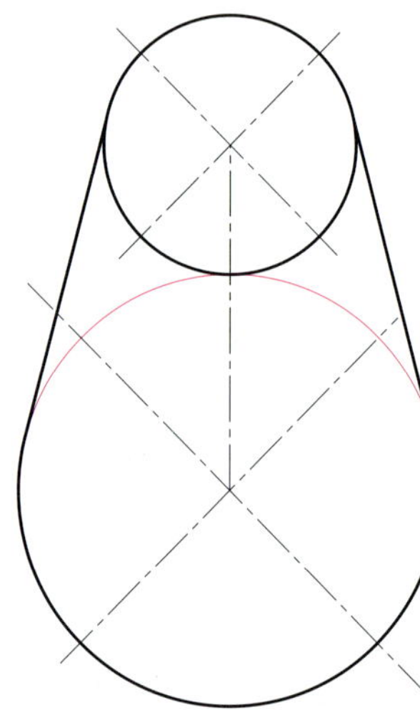

Tronco di cono con basi parallele a yz

CAVALIERA

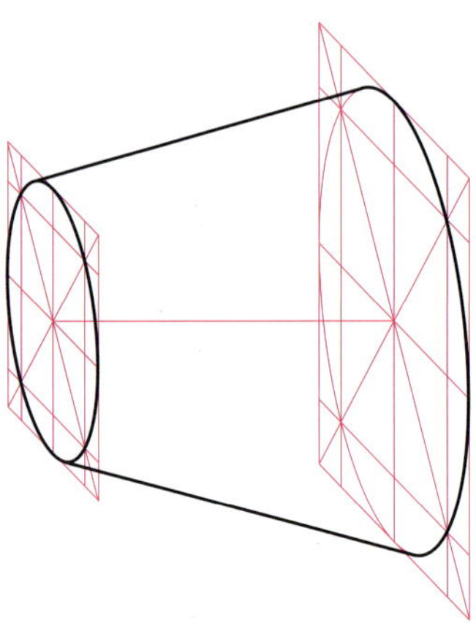

PLANOMETRICA

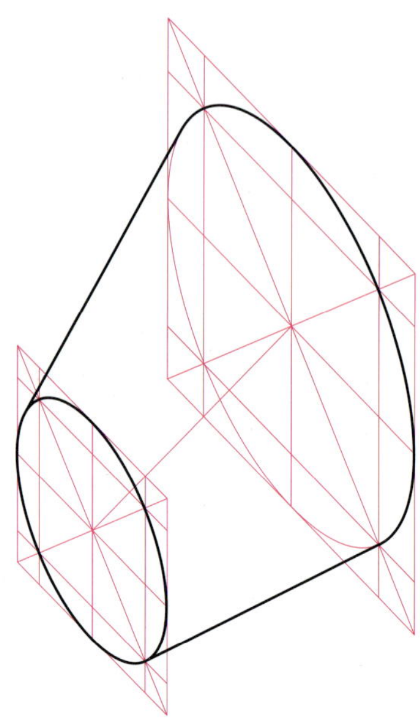

Esempi di assonometria

PROBLEMA 22 GUIDATO

Composizione di prismi in assonometria

1. In assonometria si disegnano su uno stesso piano orizzontale i quattro esagoni concentrici.
2. Dai loro vertici si conducono segmenti di lunghezza pari alle elevazioni e altezze dei rispettivi prismi.
3. Ottenuti così i vertici dei diversi prismi, si ripassano gli spigoli visibili.

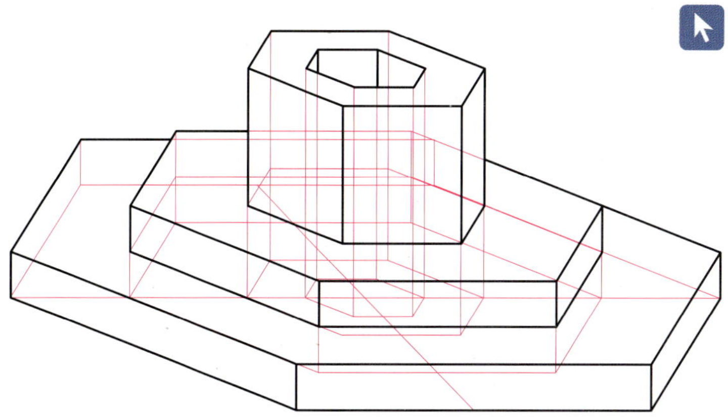

CAVALIERA

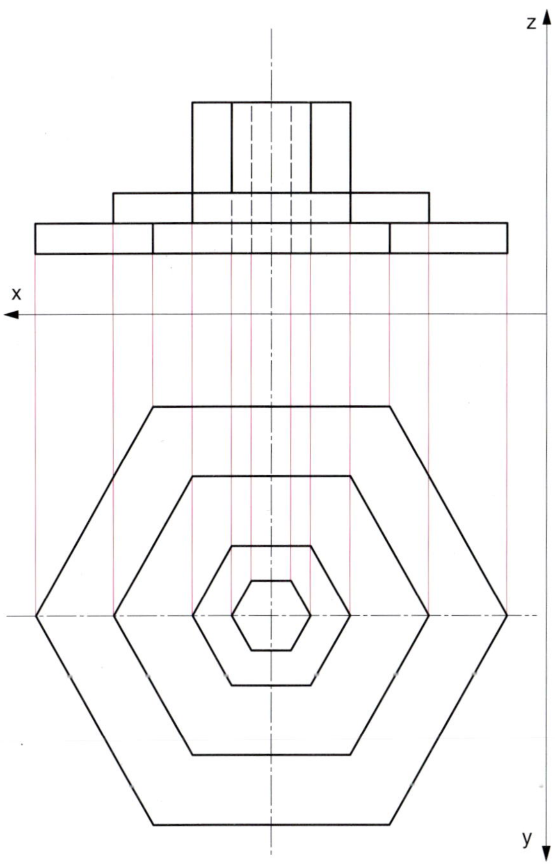

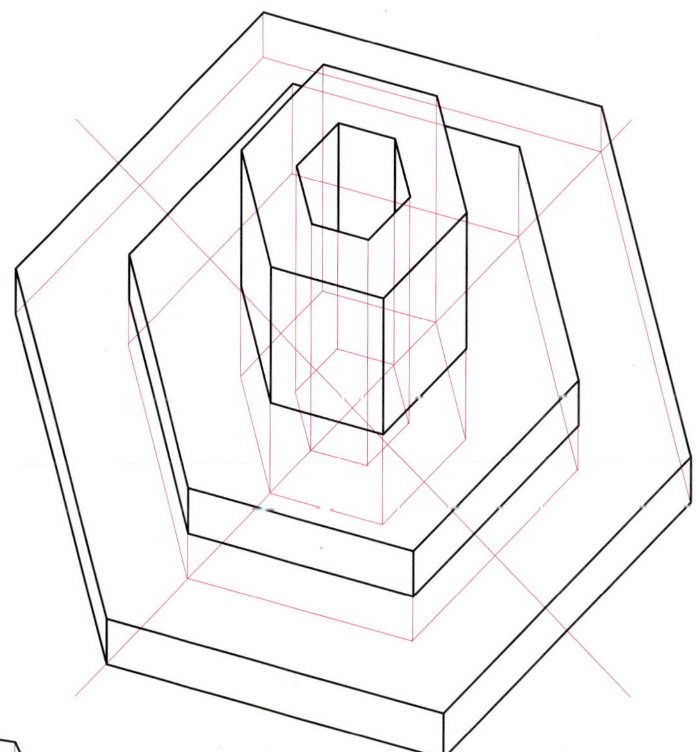

PLANOMETRICA

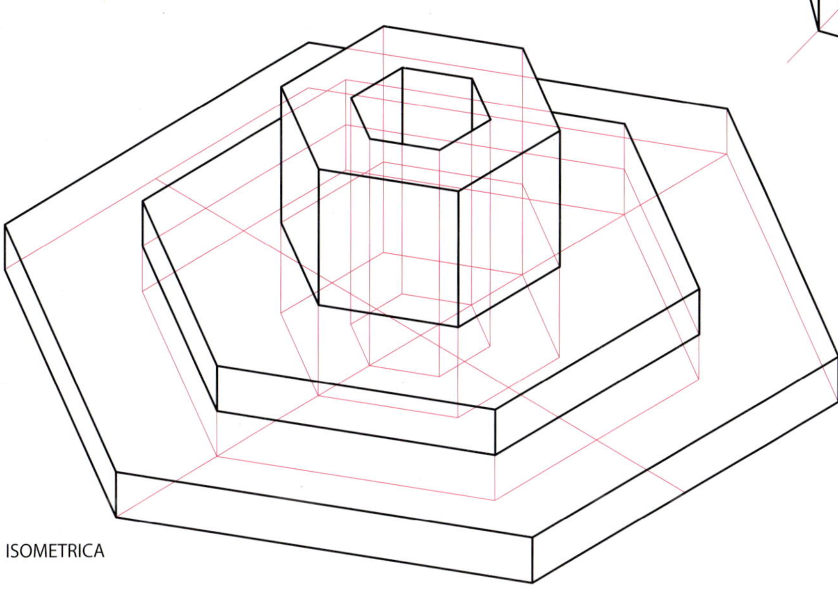

ISOMETRICA

NOTA BENE

Confrontando le diverse assonometrie si può notare che differiscono per difficoltà esecutive, ma anche per **efficacia figurativa**.
Se l'assonometria planometrica in questo caso è sicuramente più comoda (gli esagoni sono rimasti regolari), l'assonometria isometrica ha invece un aspetto più equilibrato.

PROBLEMA 23 GUIDATO

Assonometria isometrica di un solido

1 Disegnato l'asse verticale del solido, si prendono su di esso i centri delle basi.

2 Da questi centri si conducono assi paralleli agli assi x e y, sui quali si trovano i punti medi dei lati dei rettangoli di base.

3 Si disegnano le basi e si congiungono i corrispondenti vertici.

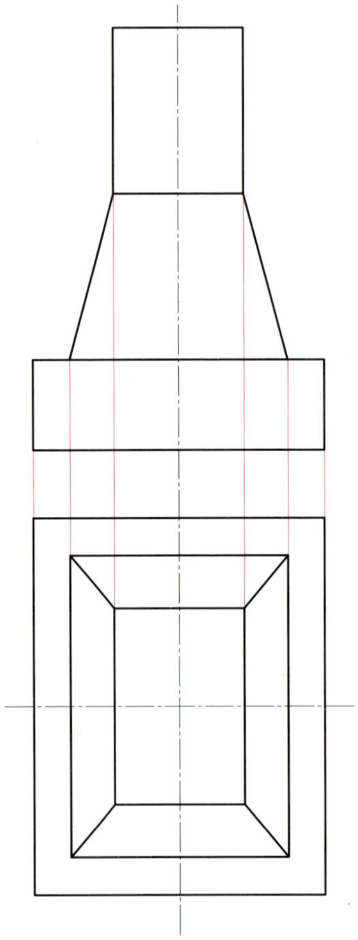

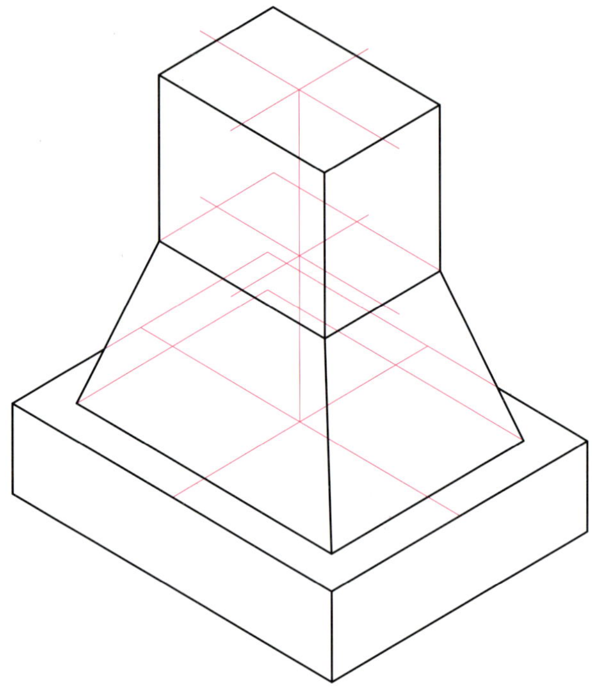

PROBLEMA 24 GUIDATO

Assonometria isometrica di un solido

1 Si delinea la struttura del solido, disegnando l'asse verticale e gli assi mediani delle singole basi del parallelepipedo, del tronco di cono e del cilindro.

2 Si tracciano le facce del parallelepipedo e gli ovali.

3 Si conducono le tangenti agli ovali, ottenendo i profili del cilindro e del tronco di cono.

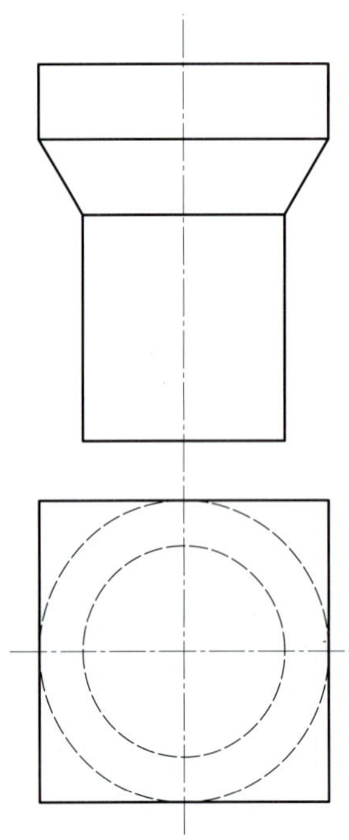

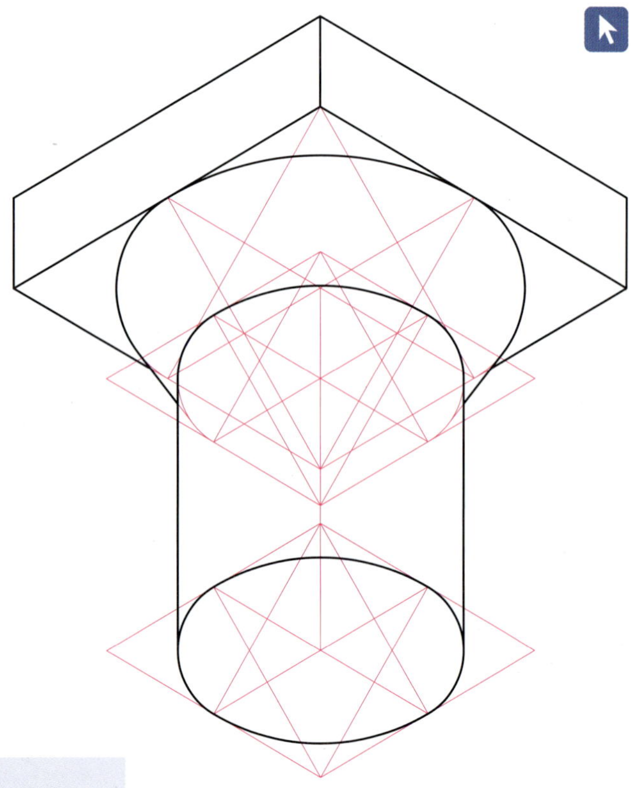

NOTA BENE

Secondo le caratteristiche del solido, si imposta l'assonometria in modo tale da renderlo visibile nel modo migliore. Per esempio nei disegni di questa pagina, si è scelta in un caso la vista assonometrica dall'alto, mentre nell'altro caso l'oggetto è visto dal basso.

NOTA BENE

Quando in assonometria si rappresentano diversi solidi assemblati, può essere utile disegnarli in modo che l'uno non nasconda l'altro, cioè con un *esploso assonometrico*.

APPROFONDIMENTI

Esploso assonometrico (1 pagina)

PROBLEMA 25 GUIDATO

Assonometria isometrica di ambiente con pavimentazione geometrica

1. Si disegnano le pareti dell'ambiente e le aperture in esse.
2. Si traccia la vera forma del motivo pavimentale.
3. Si conducono archi e linee di riporto che nelle loro intersezioni definiscono i vertici delle figure geometriche del pavimento.

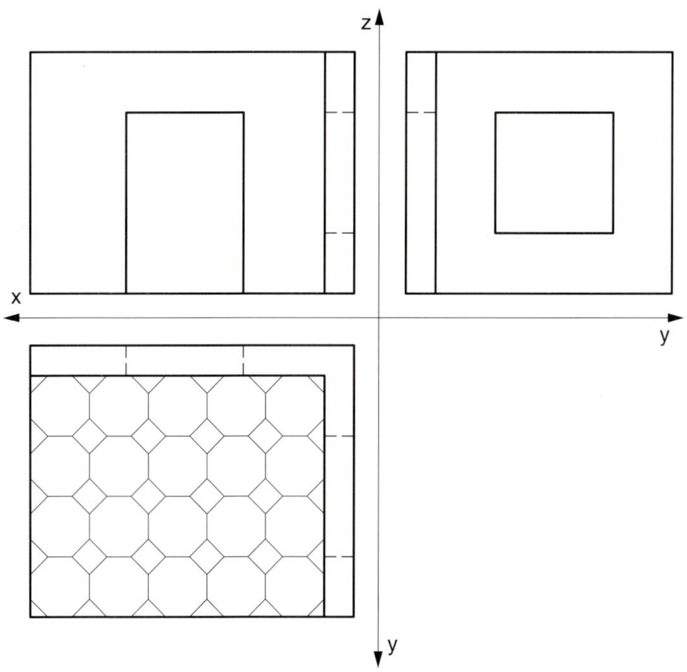

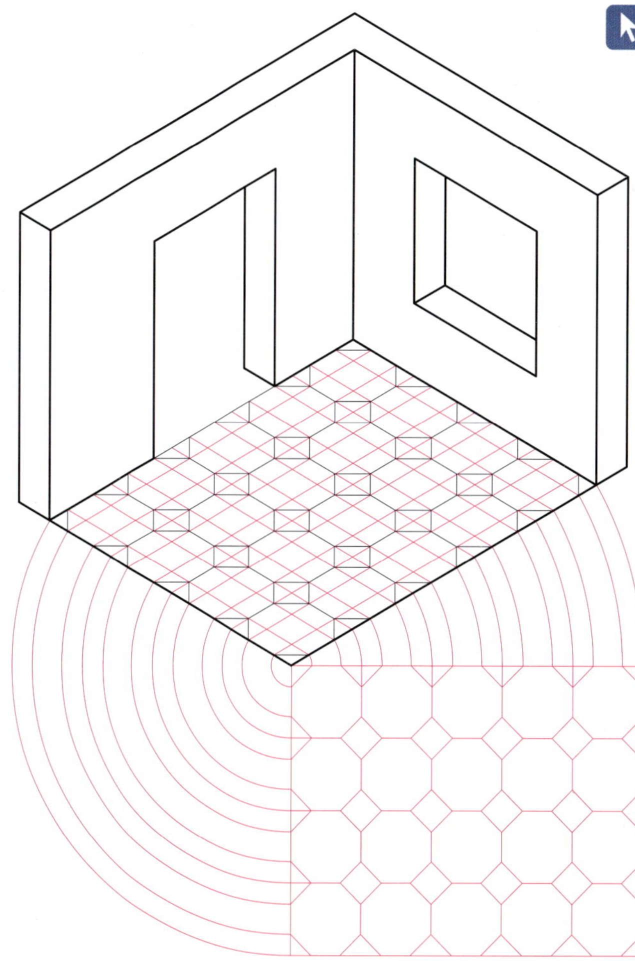

PROBLEMA 26 GUIDATO

Assonometria cavaliera di scalinata

1. Si disegnano i profili delle prime due rampe.
2. Con segmenti paralleli all'asse y si ottiene l'assonometria delle rampe.
3. In modo analogo si disegnano le altre due rampe a partire dai loro profili.

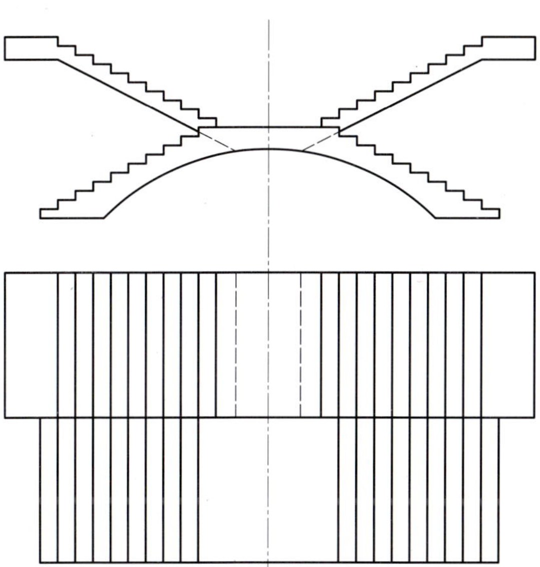

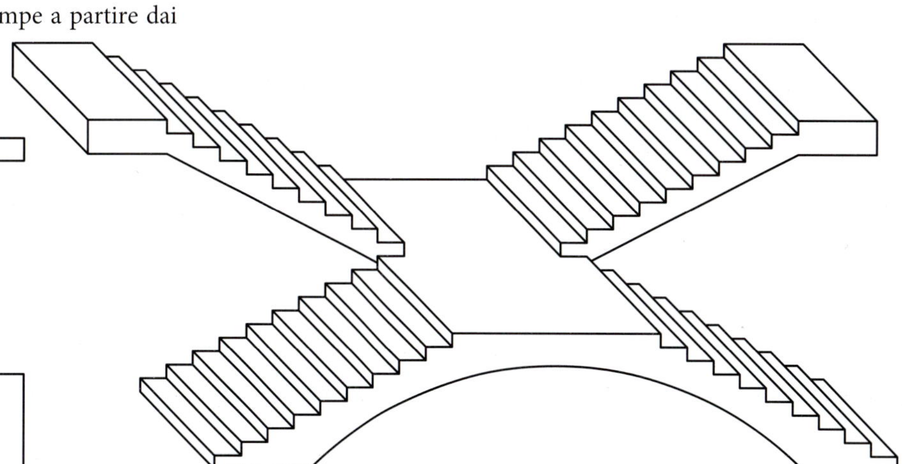

NOTA BENE

Nel Problema 25 l'assonometria planometrica sarebbe stata più vantaggiosa, ma non altrettanto equilibrata nella forma.
Nel Problema 26 l'assonometria cavaliera è indubbiamente più conveniente, per la presenza di significativi profili paralleli al piano xz.

PROBLEMA 27 GUIDATO

Assonometria cavaliera di strutture industriali

1. Si disegna il profilo di un'arcata.
2. Gli si dà uno spessore (dimezzato rispetto alla misura reale) con segmenti paralleli all'asse y.
3. Si riproducono le successive arcate a partire dai vertici della prima.
4. Si completa il disegno con i segmenti delle pareti e delle coperture, ripassando poi le sole parti visibili.

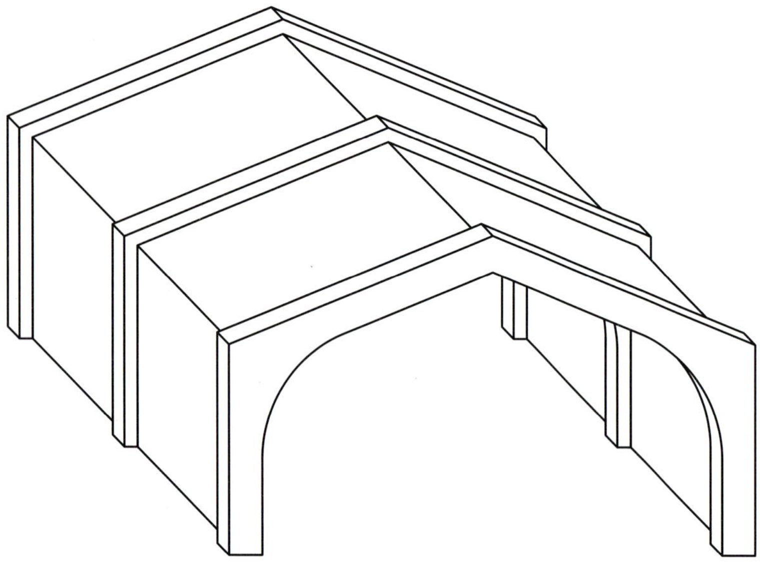

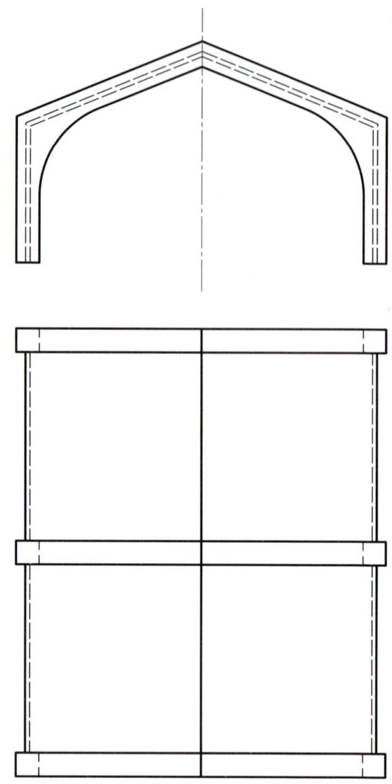

PROBLEMA 28 GUIDATO

Assonometria cavaliera di bilanciere

1. Si disegna la vista frontale.
2. Dai centri delle circonferenze si tracciano gli assi dei cilindri e dei fori con segmenti paralleli all'asse y.
3. Sugli assi si individuano i centri dei diversi cerchi e archi (dimezzandone le distanze rispetto alla misure reali).
4. Si disegnano archi e circonferenze delle basi dei cilindri e dei fori.
5. Si completa il disegno con i segmenti che costituiscono gli spigoli o i profili della figura.

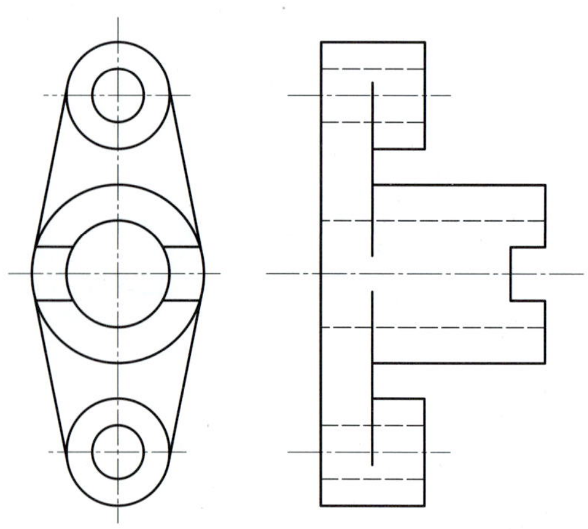

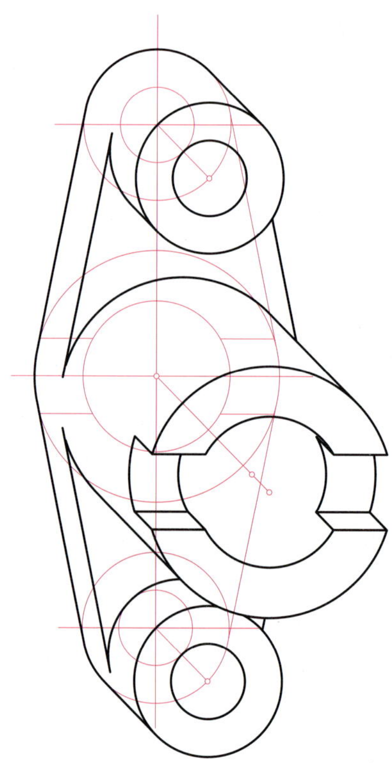

PROBLEMA 29 GUIDATO

Assonometria planometrica dello schema di un teatro romano

1. Si traccia l'asse verticale del solido, prendendo su di esso i centri delle diverse semicirconferenze.
2. Da questi centri si conducono segmenti paralleli all'asse x e semicirconferenze dei corrispondenti raggi.
3. Si completa la costruzione con i profili rettilinei delle gradinate.
4. Si ripassano le parti visibili.

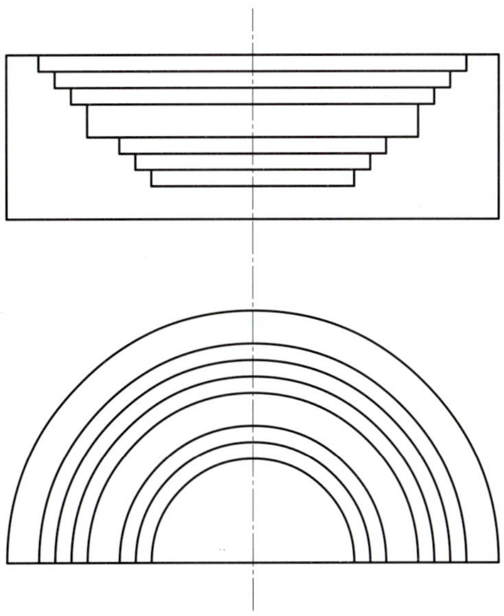

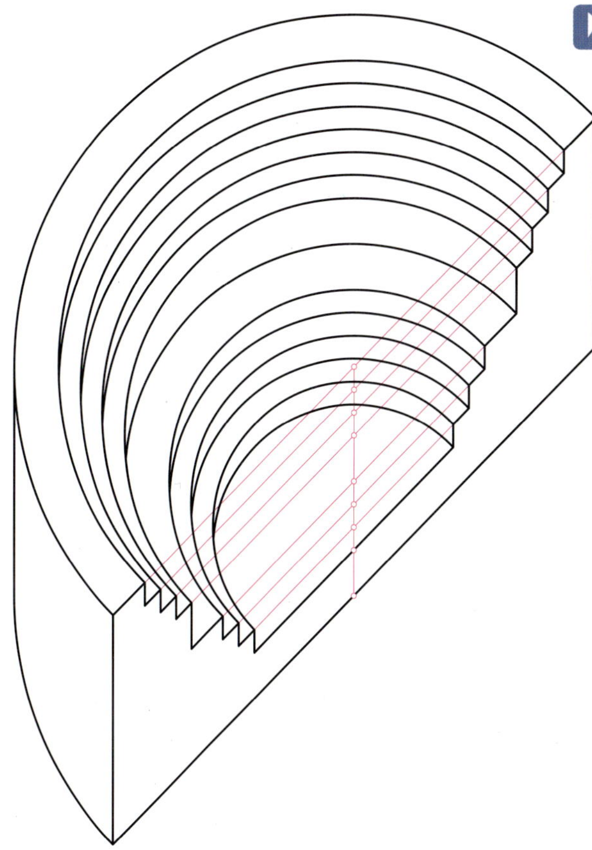

PROBLEMA 30 GUIDATO

Assonometria planometrica dello schema di un castello

1. In assonometria si disegna la planimetria su un piano orizzontale (secondo gli assi x e y).
2. Si tracciano segmenti verticali di lunghezze pari alle altezze dei diversi elementi.
3. Con l'aiuto di questi segmenti si riportano verso l'alto gli archi e i segmenti della planimetria.
4. Si completa l'assonometria con i profili e gli spigoli mancanti.

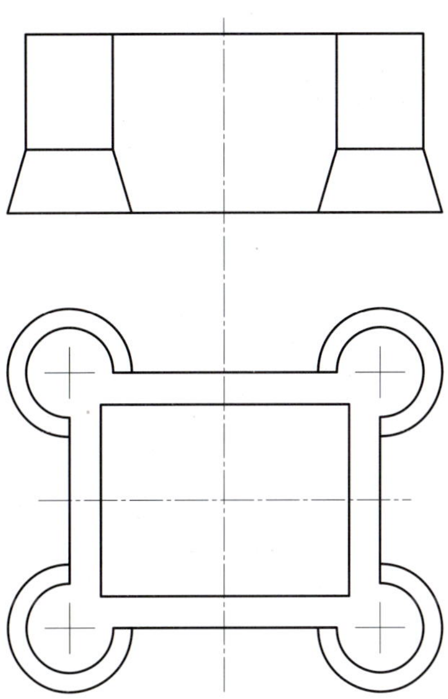

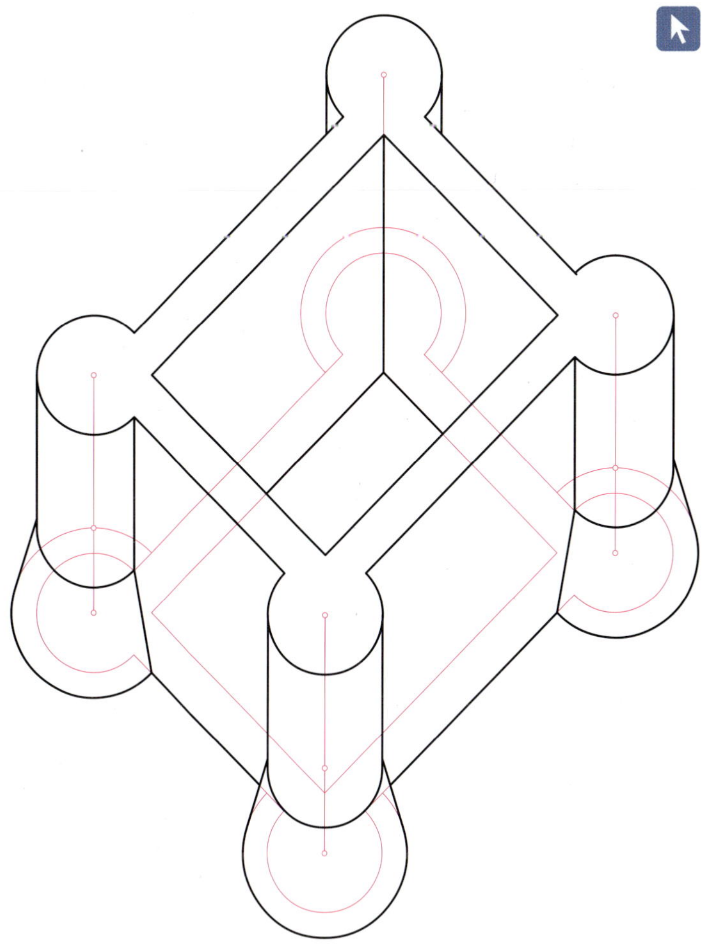

Sull'assonometria abbiamo imparato...

ASSONOMETRIA

- → **PROIEZIONE PARALLELA**: I PARALLELISMI SI CONSERVANO
- → **caratteristiche**:
  - INCLINAZIONE DEGLI ASSI x, y, z
  - RAPPORTI DI RIDUZIONE
- → **tipi più usati**:

ASSONOMETRIA ISOMETRICA

• Assi

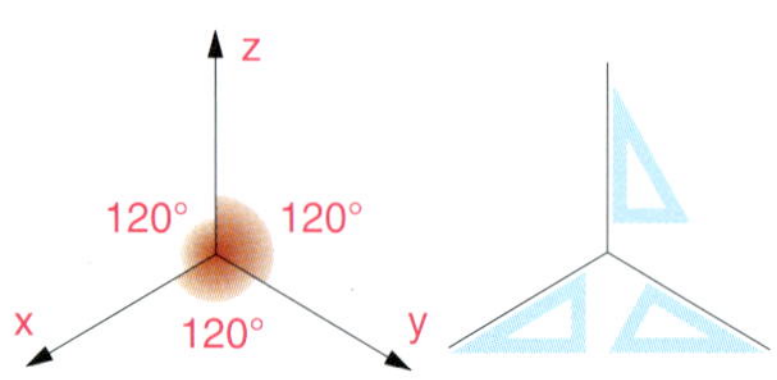

• Rapporto di riduzione

x:y:z = 1:1:1

• Tutte le facce del solido vengono deformate

• Le lunghezze su rette parallele agli assi x, y, z mantengono dimensioni reali

• Le circonferenze parallele ai piani cartesiani sono disegnate con ovali

ASSONOMETRIA CAVALIERA

• Assi

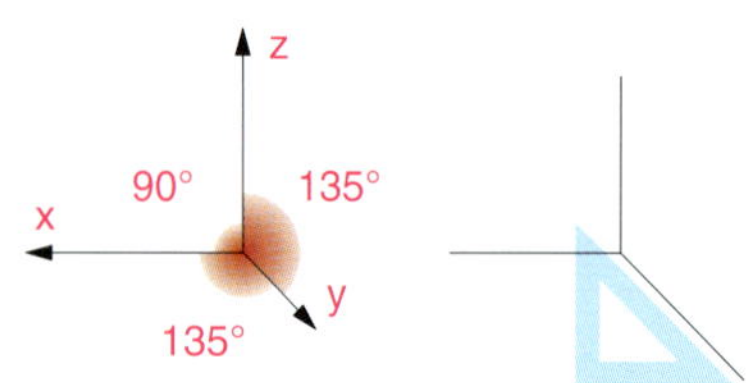

• Rapporto di riduzione

x:y:z = 1:1/2:1

• Le facce parallele a xz mantengono la vera forma, tutte le altre no

• Le lunghezze su rette parallele all'asse y vengono dimezzate

• Le circonferenze parallele al piano xz restano tali, le altre sono disegnate con ellissi

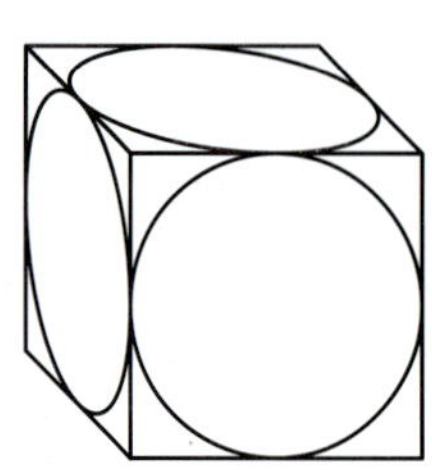

ASSONOMETRIA PLANOMETRICA

• Assi

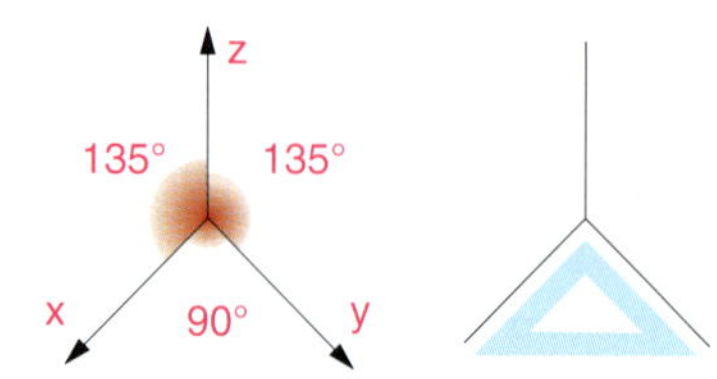

• Rapporto di riduzione

x:y:z = 1:1:1

• Le facce parallele a xy mantengono la vera forma, tutte le altre no

• Le lunghezze parallele agli assi x, y, z mantengono dimensioni reali.

• Le circonferenze parallele a xy restano tali, le altre sono disegnate con ellissi

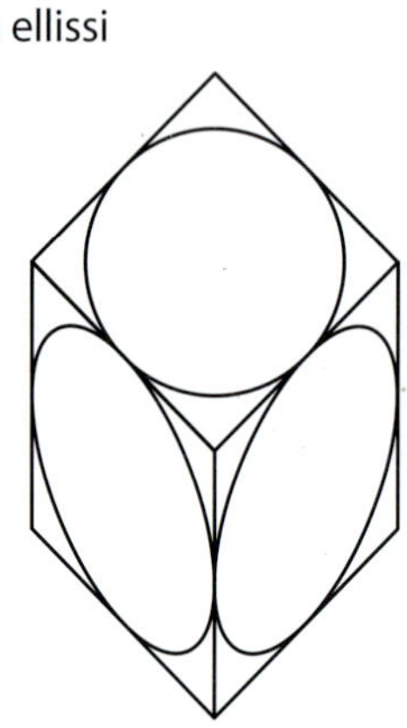

Preparazione del disegno

Quando si deve eseguire un'assonometria a piacere di un oggetto, proposto in proiezioni ortogonali, innanzi tutto si analizza bene l'oggetto, cercando di definirne tutte le caratteristiche.

Analisi dell'oggetto

Dal disegno in proiezioni ortogonali si deve interpretare la forma dell'oggetto e le sue principali caratteristiche strutturali e geometriche. Di conseguenza si sceglierà il tipo di assonometria più adeguata, al fine di una rappresentazione efficace e semplice da realizzare.

Avendo chiari i vantaggi e gli svantaggi di ciascuna assonometria, è facile propendere per l'assonometria cavaliera quando le parti più complesse (circonferenze, raccordi, poligoni regolari) sono parallele al piano frontale; più comoda sarà invece l'assonometria planometrica quando le stesse parti dell'oggetto sono orizzontali. In altri casi si può preferire l'assonometria isometrica, tra l'altro più gradevole per il suo aspetto equilibrato.

Stesura dello schizzo preparatorio

Utilizzando fotocopie delle griglie assonometriche riportate in appendice al libro, si traccia un attento schizzo dell'assonometria; l'attenzione deve essere concentrata sulla posizione che ogni elemento occupa nello spazio e sulle costruzioni da utilizzare per il disegno, in particolare per le circonferenze che sono rappresentate da ovali o da ellissi.

Se si traccia uno schizzo ben proporzionato, esso fornisce anche utili indicazioni sull'ingombro del disegno, e quindi sulla scelta della scala e sull'impaginazione dell'assonometria.

PROBLEMA 31 PASSO PASSO

Analisi dell'oggetto

L'oggetto da rappresentare è una piastra con un profilo ben descritto nella vista dall'alto; su di essa è stato praticato un foro passante di forma esagonale regolare. La faccia più significativa e più complessa da disegnare in assonometria è senz'altro la faccia orizzontale. L'assonometria più adatta è sicuramente la planometrica

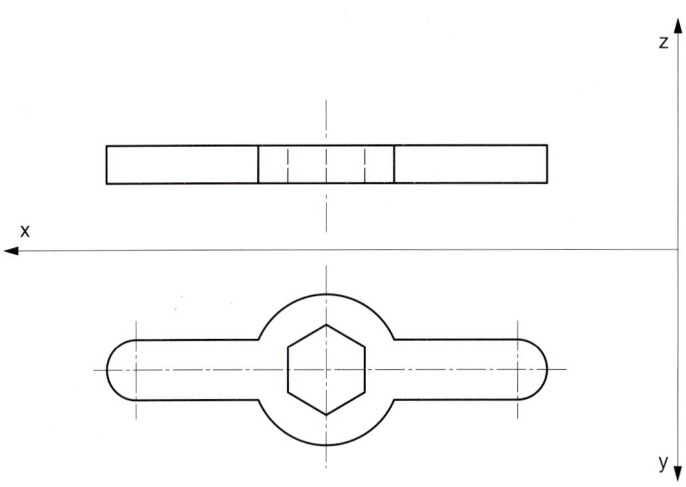

NOTA BENE

In appendice al libro sono riprodotte delle **griglie assonometriche** che possono essere fotocopiate ed utilizzate per schizzi preparatori alle assonometrie.

Fasi di elaborazione grafica

1 Si deve ricostruire la vista dall'alto ruotata di 45°. Dopo aver scelto con cura la posizione nel foglio, si tracciano l'asse longitudinale e quelli trasversali con segmenti inclinati a 45°. Si passa quindi al disegno degli archi e dell'esagono, completando il profilo con i segmenti tangenti alle semicirconferenze.

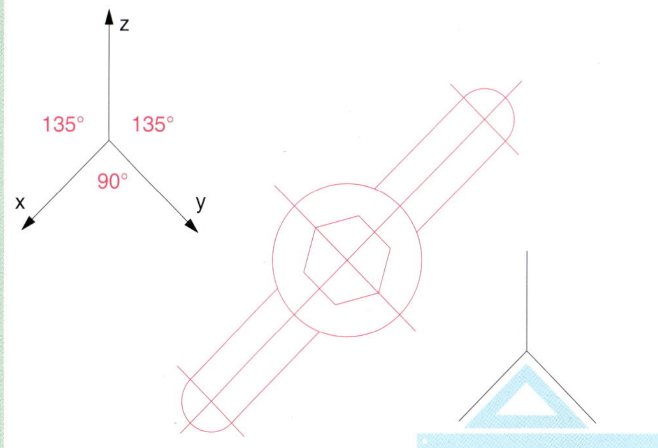

2 Mediante segmenti verticali lunghi quanto lo spessore del pezzo si possono trovare i centri e i punti necessari per disegnare il profilo inferiore del solido.

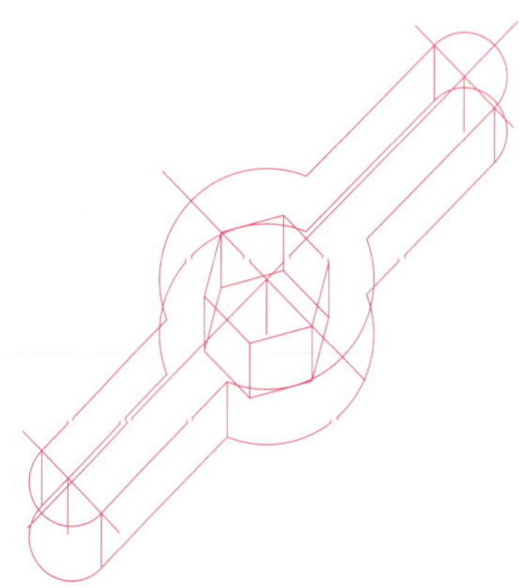

3 Completata la costruzione con i contorni delle superfici cilindriche, si esegue il ripasso dell'assonometria con mina morbida.

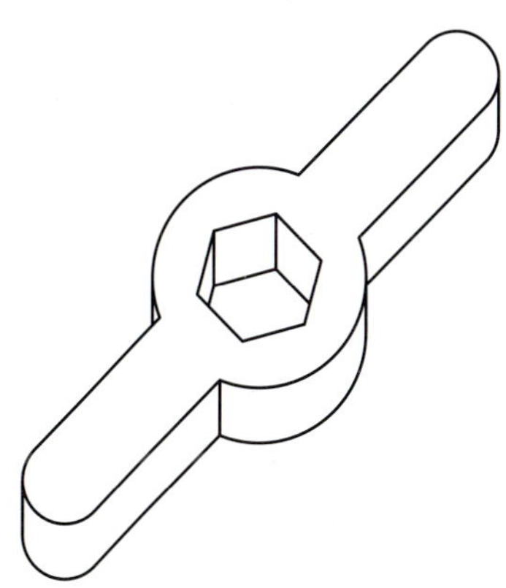

PROBLEMA 32 PASSO PASSO

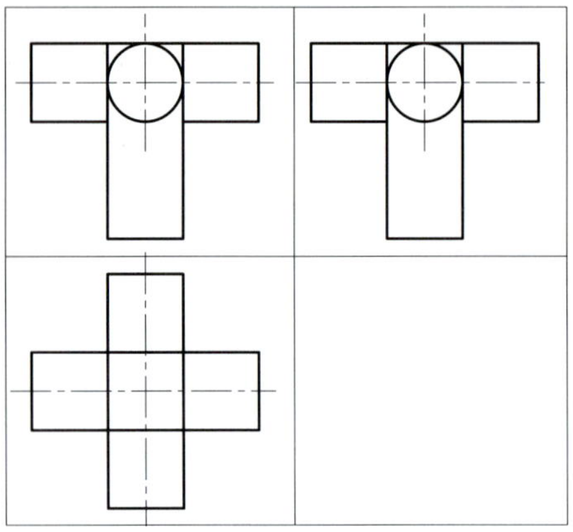

Analisi dell'oggetto

Dal disegno in proiezioni ortogonali si desume che l'oggetto è composto da un parallelepipedo da cui si diramano quattro cilindri con assi orizzontali e tra loro perpendicolari. Per la rappresentazione in assonometria le figure più complesse da disegnare, in questo caso, sono le circonferenze. Mentre in assonometria isometrica e in quella planometrica tutte le circonferenze dell'oggetto sarebbero deformate in ovali o in ellissi, nella cavaliera ciò avverrebbe solo per una metà di esse; l'altra metà mantiene la vera forma circolare. La cavaliera risulta in questo caso più vantaggiosa.

Fasi di elaborazione grafica

1 Dopo aver scelto con cura la posizione nel foglio, si traccia il parallelepipedo; su una sua faccia si individua la posizione del centro di una base dei cilindri con asse parallelo ad y. Si disegna la circonferenza e la si divide in parti uguali (in figura, 12 parti).

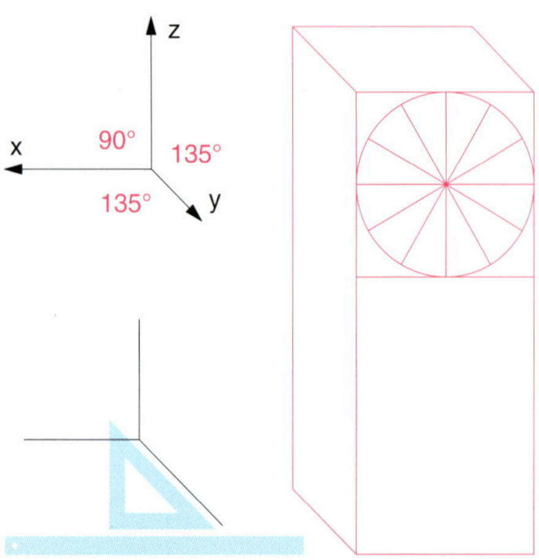

2 Dai punti divisori della circonferenza si conducono linee di riporto parallele a x e a y; su una seconda faccia del parallelepipedo si individuano i punti dell'ellisse che rappresenta una circonferenza di base del cilindro con asse parallelo a x. Per individuare i punti dell'ellisse si devono dimezzare le misure parallele a y.

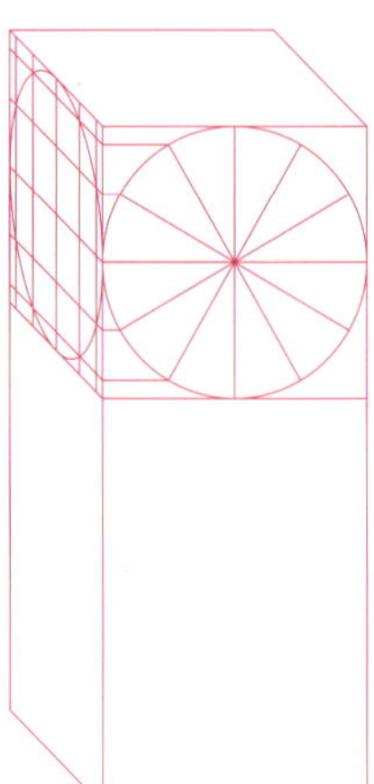

3 Mediante segmenti paralleli agli assi dei cilindri si disegnano le circonferenze e le ellissi che rappresentano le altre basi dei cilindri.

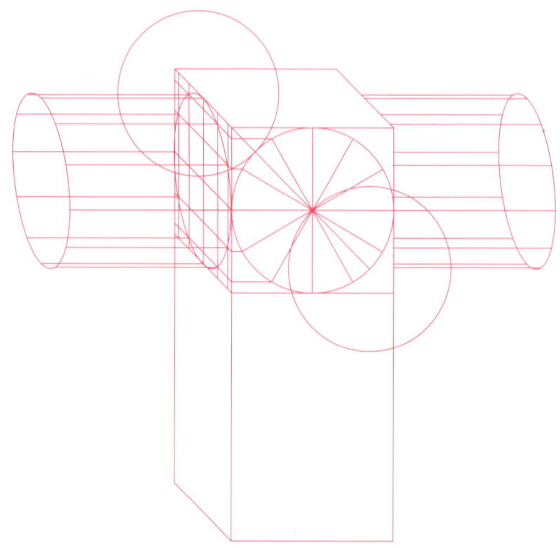

4 Dopo aver disegnato i profili dei cilindri con segmenti tangenti alle circonferenze o alle ellissi, si ripassano le parti visibili dell'oggetto.

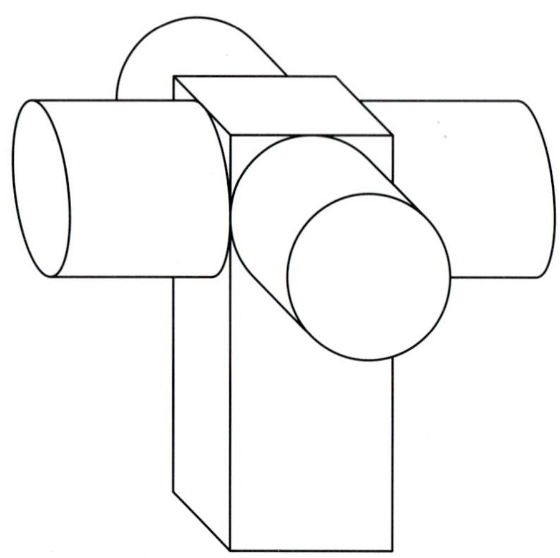

ESERCITAZIONE 1
GUIDATA

Dalle viste proposte disegna l'assonometria isometrica, raddoppiando le misure rilevate dal libro

1 Le due viste date rappresentano un parallelepipedo a base quadrata, attraversato da un foro passante, anch'esso a base quadrata. I due quadrati di base sono coassiali, cioè hanno in comune due assi di simmetria. I due quadrati inoltre sono paralleli al piano xz e hanno lati 36 mm e 24 mm (da raddoppiare in 72 mm e 48 mm).

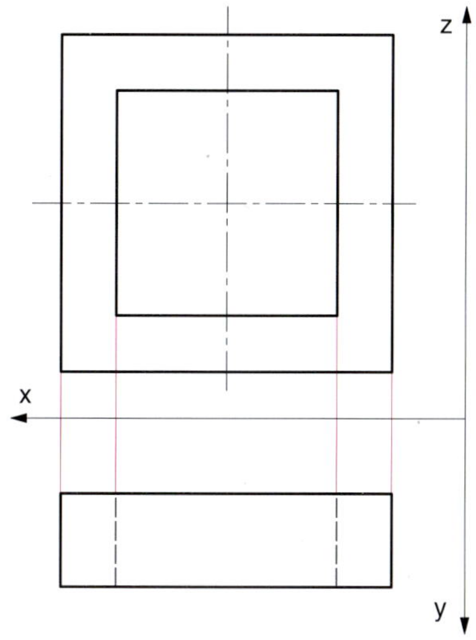

2 Disegniamo in isometrica le due figure più significative, cioè i quadrati. Iniziamo dagli assi, uno parallelo all'asse x e l'altro parallelo a z. Su di essi prendiamo dal centro distanze pari alla metà dei lati (cioè 24 mm e 36 mm). Dai punti trovati sugli assi di simmetria tracciamo segmenti paralleli agli assi x e z.

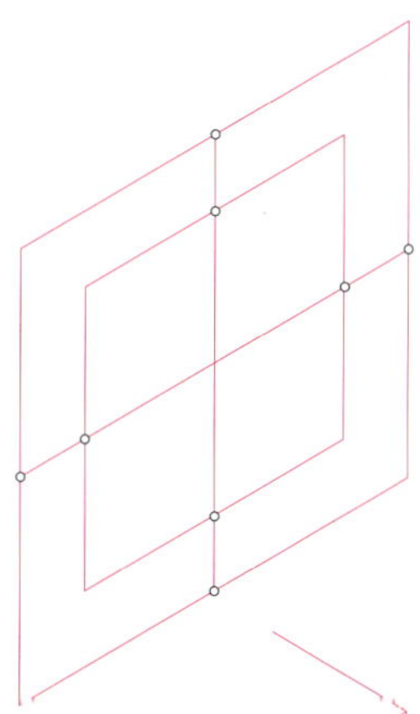

3 Dai vertici dei quadrati conduciamo dei segmenti paralleli all'asse y. Su due di questi segmenti prendiamo lunghezze pari alla profondità del solido (20 mm, cioè il doppio dei 10 mm rilevati dal disegno).

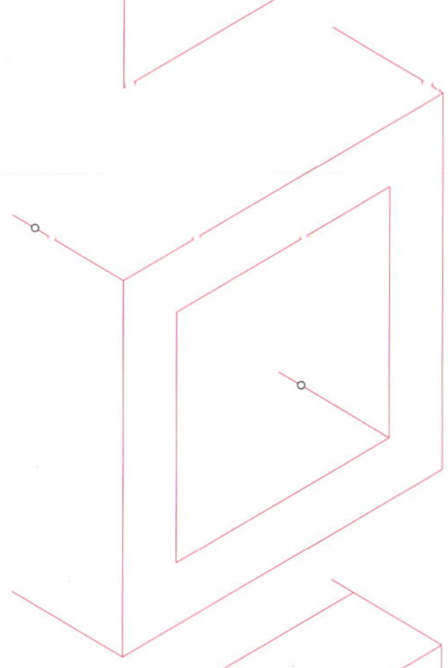

4 Dai punti appena trovati conduciamo parallele agli assi x e z, fino a intersecare gli altri spigoli del solido.

5 Con mina morbida ripassiamo gli spigoli visibili.

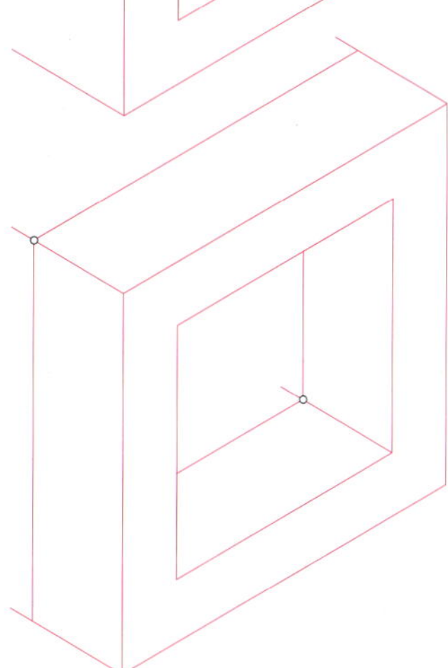

ESERCITAZIONE 2
GUIDATA

Dalle viste proposte disegna l'assonometria cavaliera, raddoppiando le misure rilevate dal libro

1 Il solido rappresentato nelle due viste è una piastrina a L, che nella parte orizzontale presenta una scanalatura (sulla sinistra). Per disegnarne l'assonometria cavaliera è opportuno iniziare dalla faccia che resterà identica a quella reale, cioè la L visibile nella vista frontale.

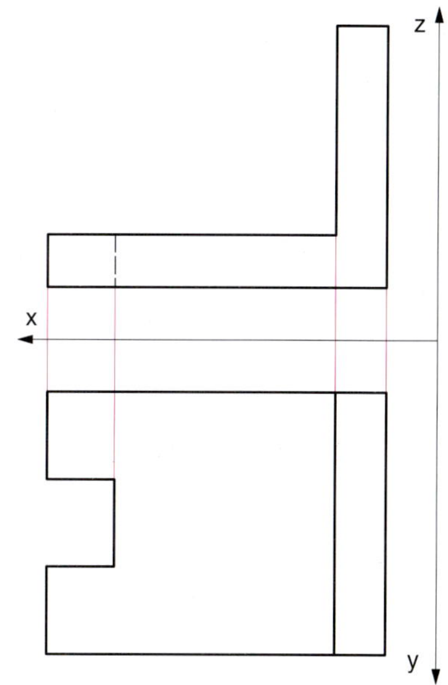

2 Disegniamo la vista frontale raddoppiando le misure rilevate dal libro. È utile disegnare anche il segmento che fornisce la posizione della scanalatura.

3 Dai vertici della figura conduciamo parallele all'asse y. Su una di esse prendiamo tre distanze corrispondenti alla posizione della scanalatura. Bisogna ricordare che queste misure vanno dimezzate.

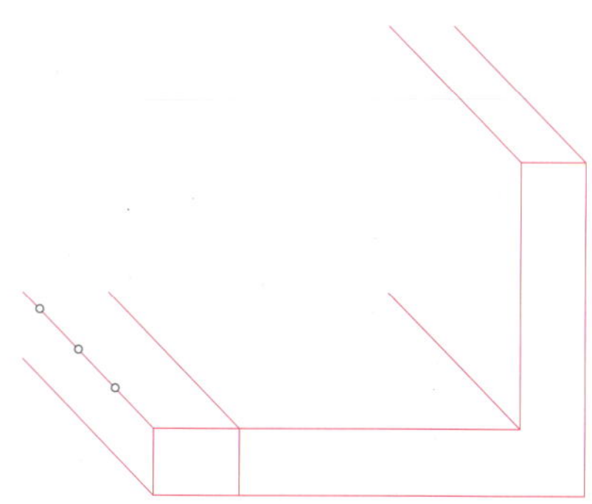

4 Dai punti appena trovati tracciamo parallele agli assi x e z fino a intersecare gli altri spigoli del solido.

5 Con mina morbida evidenziamo gli spigoli visibili.

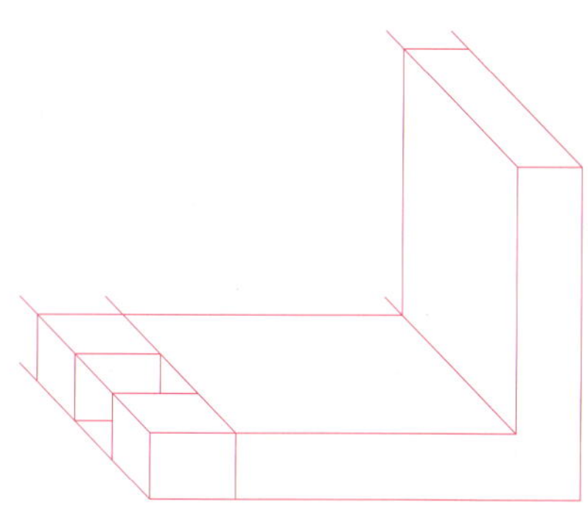

ESERCITAZIONE 3

GUIDATA

Dalle viste proposte disegna l'assonometria planometrica, raddoppiando le misure rilevate dal libro

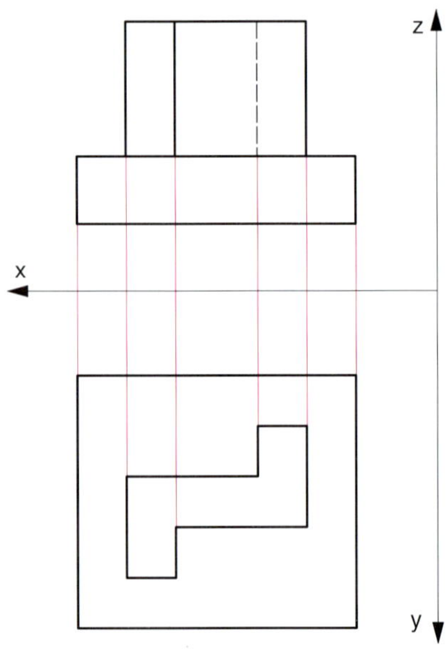

1 Il solido è formato da un parallelepipedo sormontato da un prisma con base a forma di S.

2 Disegniamo la vista dall'alto ruotata di 45°.

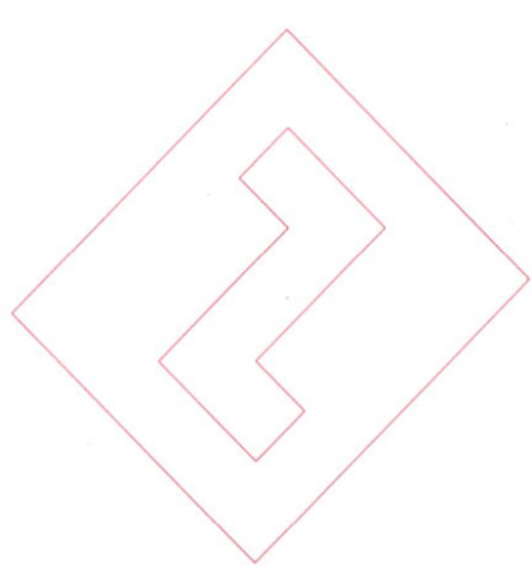

3 Dai vertici del rettangolo conduciamo verso il basso segmenti pari alla sua altezza, mentre dal prisma a S innalziamo segmenti pari alla sua altezza.

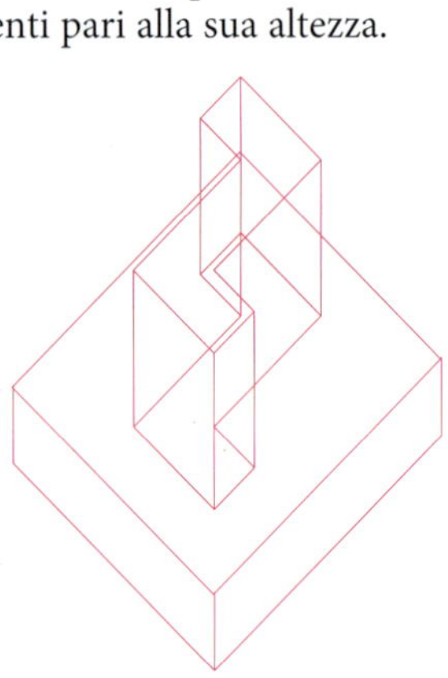

4 Ripassiamo gli spigoli visibili.

ESERCITAZIONE 4

CON SUGGERIMENTO

Dalle viste proposte disegna l'assonometria planometrica, raddoppiando le misure rilevate dal libro

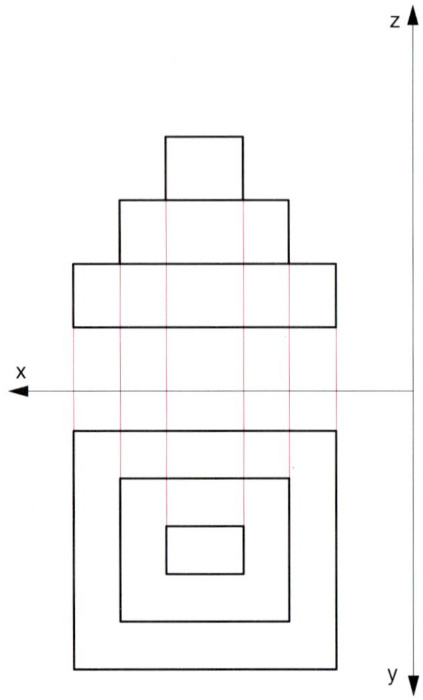

IL PRIMO PASSO Il solido è formato da tre parallelepipedi sovrapposti. L'assonometria planometrica si può iniziare dalla vista dall'alto ruotata di 45°. Di qui si innalzano segmenti verticali di lunghezze pari alle elevazioni e altezze dei diversi parallelepipedi.

ESERCITAZIONE 5

Dalle viste proposte disegna l'assonometria isometrica, raddoppiando le misure rilevate dal libro

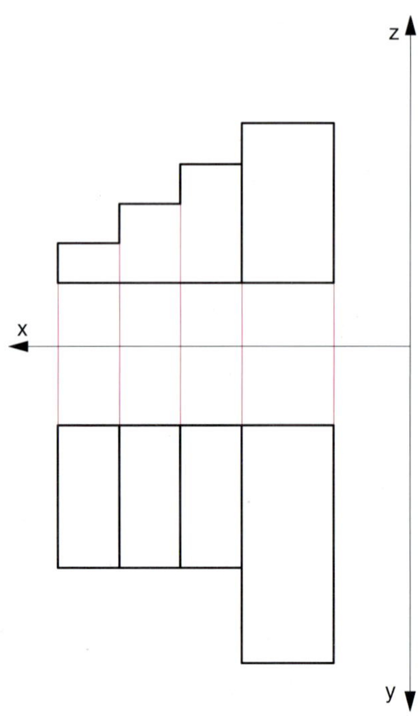

ESERCITAZIONE 6

CON SUGGERIMENTO

Dalle viste proposte disegna l'assonometria cavaliera, raddoppiando le misure rilevate dal libro

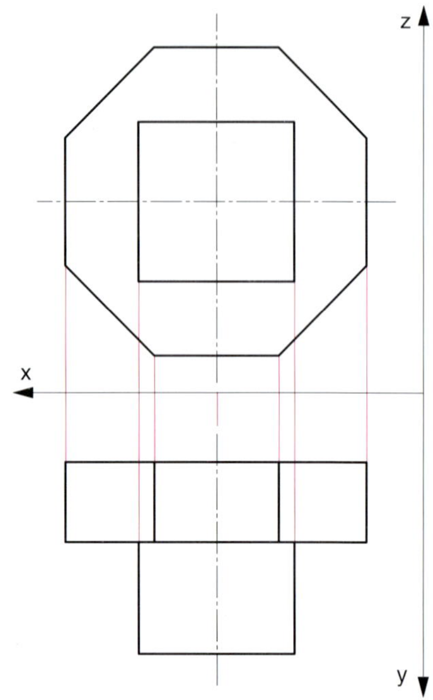

IL PRIMO PASSO Disegnata la vista frontale, dai vertici del quadrato si conducono in avanti dei segmenti paralleli a y, di lunghezza pari all'altezza del parallelepipedo. Analogamente, ma verso il retro, si opera per il prisma ottagonale.

ESERCITAZIONE 7

Dalle viste proposte disegna l'assonometria planometrica, raddoppiando le misure rilevate dal libro

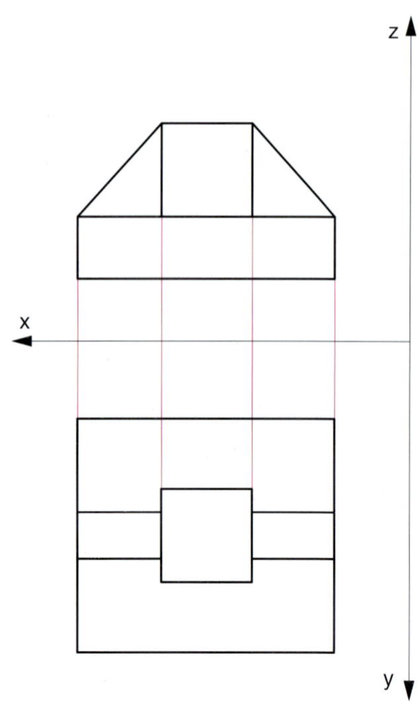

ESERCITAZIONE 8

CON SUGGERIMENTO

Dalle viste proposte disegna l'assonometria planometrica, raddoppiando le misure rilevate dal libro

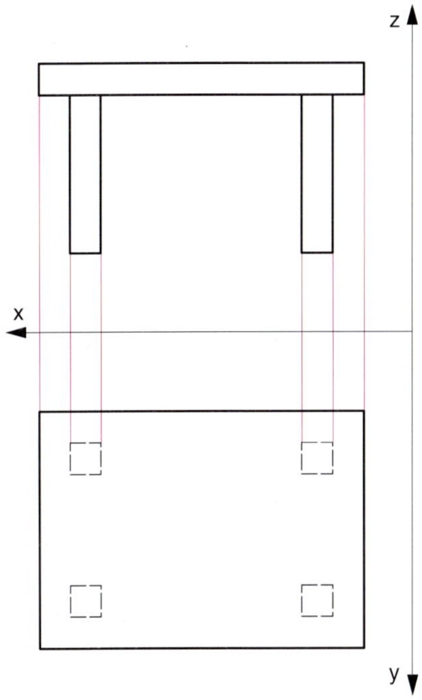

IL PRIMO PASSO Il solido è un tavolo a quattro gambe. Si inizia dalla vista dall'alto, ruotata di 45°; poi si riportano i suoi punti con verticali verso il basso.

ESERCITAZIONE 9

Dalle viste proposte disegna l'assonometria cavaliera, raddoppiando le misure rilevate dal libro

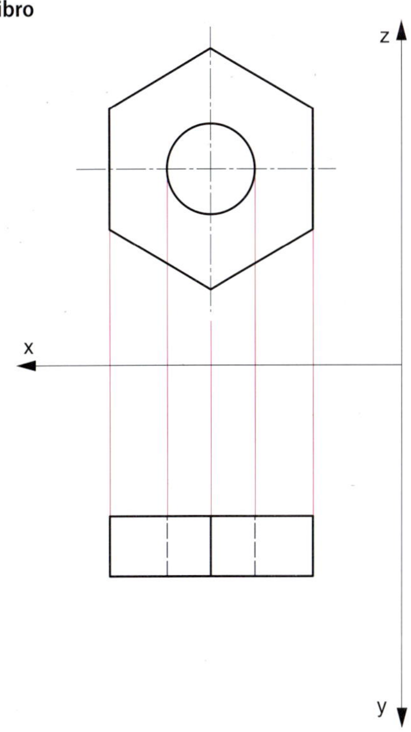

ESERCITAZIONE 10

CON SUGGERIMENTO

Dalle viste proposte disegna l'assonometria cavaliera, raddoppiando le misure rilevate dal libro

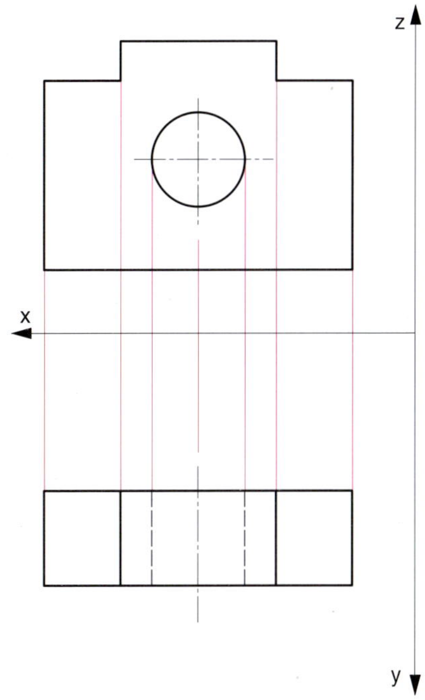

IL PRIMO PASSO Il solido è una piastra forata. Si comincia dalla vista frontale e si riportano i suoi punti con parallele all'asse y (dimezzando le distanze di profondità).

ESERCITAZIONE 11

Dalle viste proposte disegna l'assonometria planometrica, raddoppiando le misure rilevate dal libro

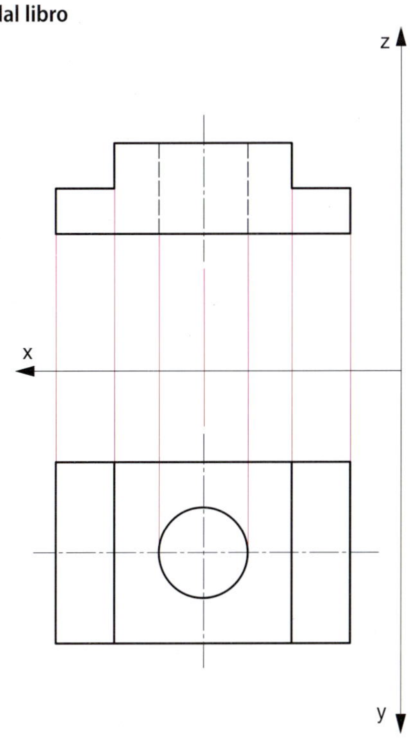

ESERCITAZIONE 12

CON SUGGERIMENTO

Dalle viste proposte disegna l'assonometria isometrica, raddoppiando le misure rilevate dal libro

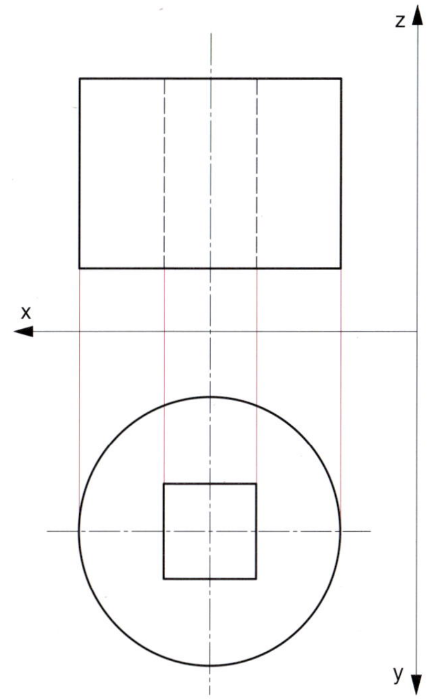

IL PRIMO PASSO Il solido è un cilindro con foro quadrato. Si inizia dalla vista dall'alto, con la circonferenza deformata in ovale, e si riportano in verticale i punti secondo l'altezza del solido.

ESERCITAZIONE 13

Dalle viste proposte disegna l'assonometria isometrica, raddoppiando le misure rilevate dal libro

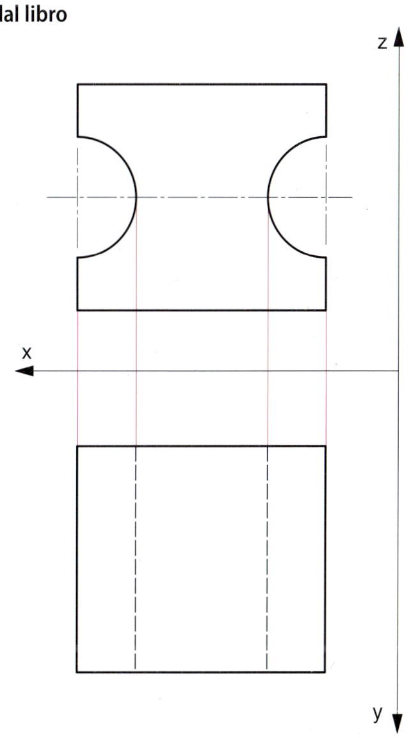

Dalle viste proposte disegna un'assonometria a piacere, raddoppiando le misure rilevate dal libro. Nella scelta dell'assonometria valutare soprattutto la semplicità di esecuzione di un tipo o dell'altro.

ESERCITAZIONE 14

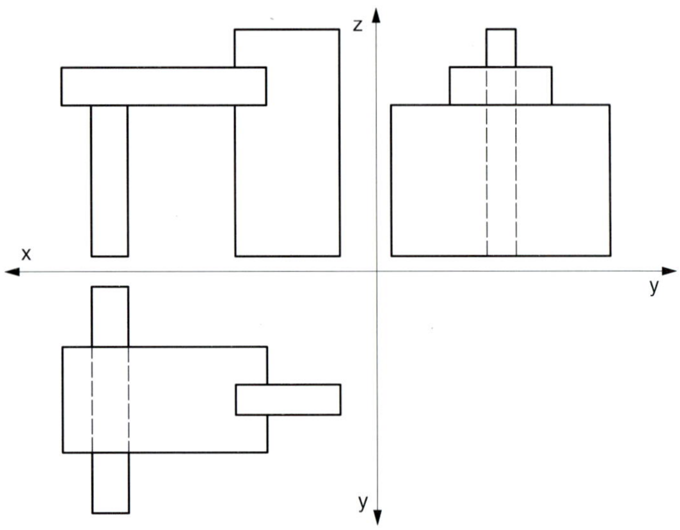

ESERCITAZIONE 17

ESERCITAZIONE 15

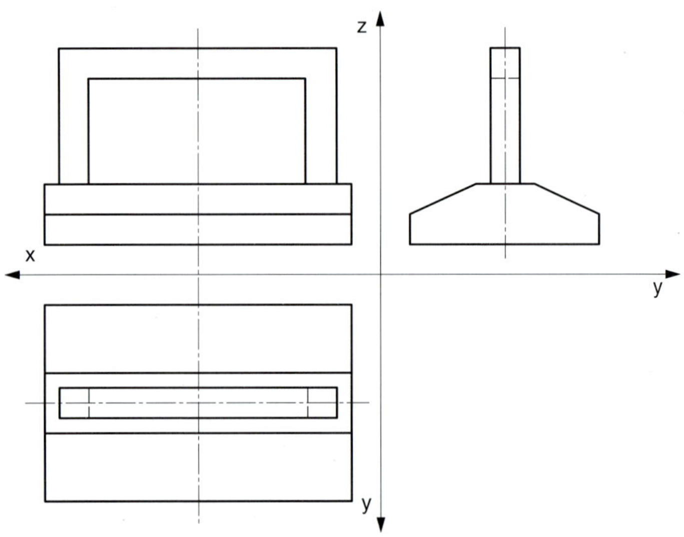

ESERCITAZIONE 18

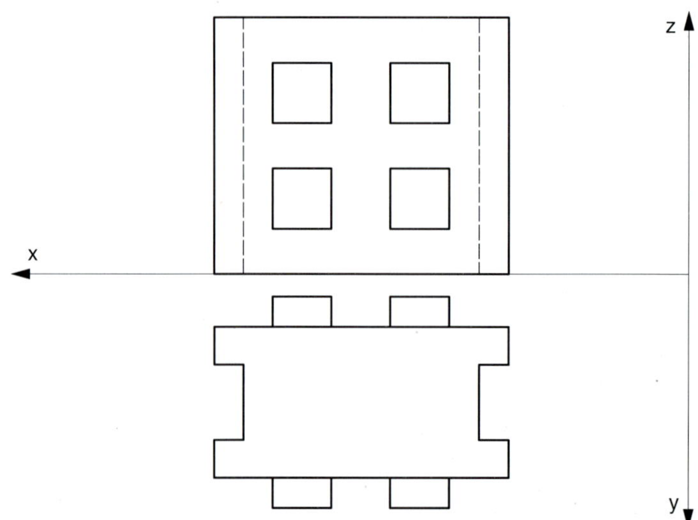

ESERCITAZIONE 16

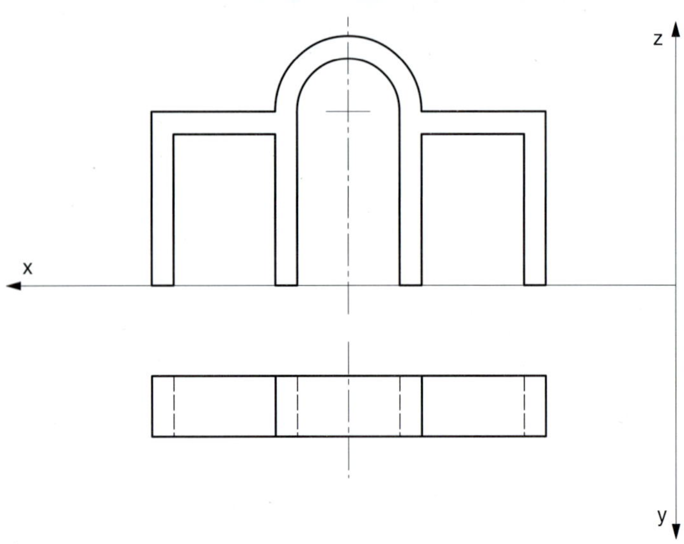

ESERCITAZIONE 19

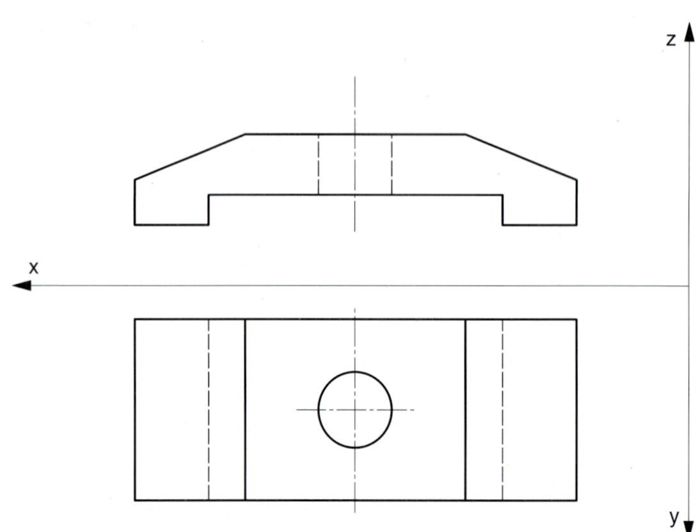

ESERCITAZIONE 20
GUIDATA

Disegna l'assonometria isometrica del solido, raddoppiando le misure rilevate dal disegno

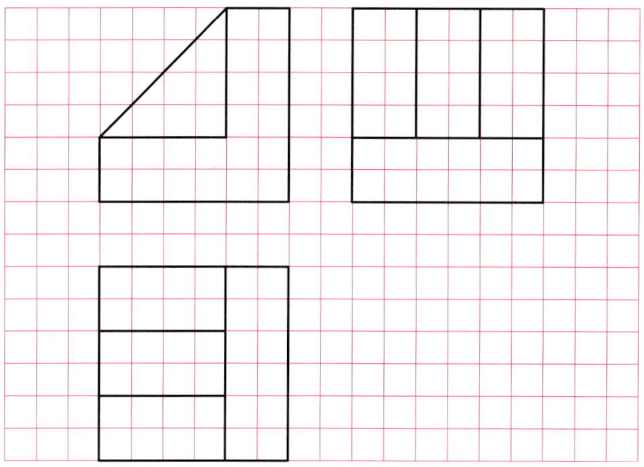

1 Nelle viste date è rappresentata una piastrina a L, con una nervatura triangolare al suo interno.

2 Si disegna in isometrica il profilo della L che appare nella vista frontale; si usano pertanto segmenti paralleli agli assi x e z.

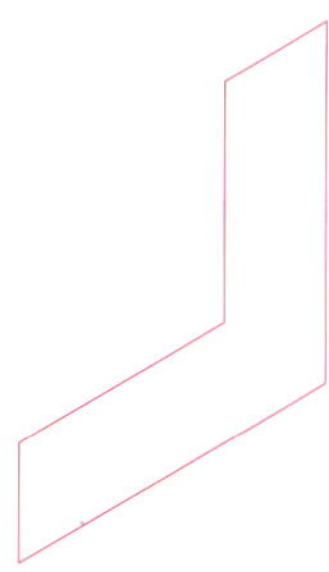

3 Dai vertici del profilo si conducono rette inclinate secondo l'asse y. Su una di queste rette si prendono punti corrispondenti alla profondità della piastra e alla posizione della nervatura.

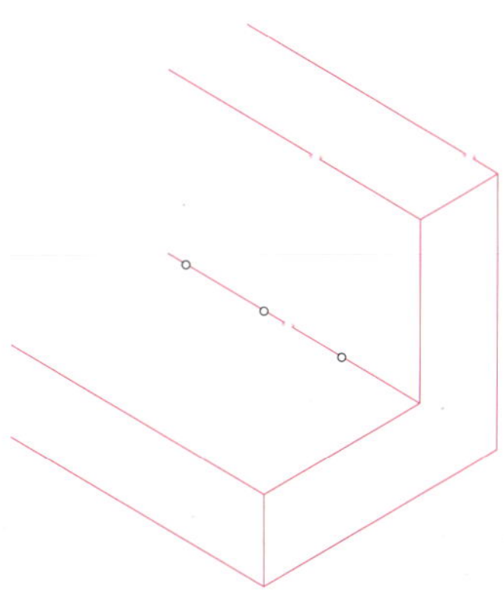

4 Da questi ultimi punti si conducono rette parallele agli assi x e z fino a completare l'assonometria.

5 Con mina morbida si ripassano gli spigoli visibili.

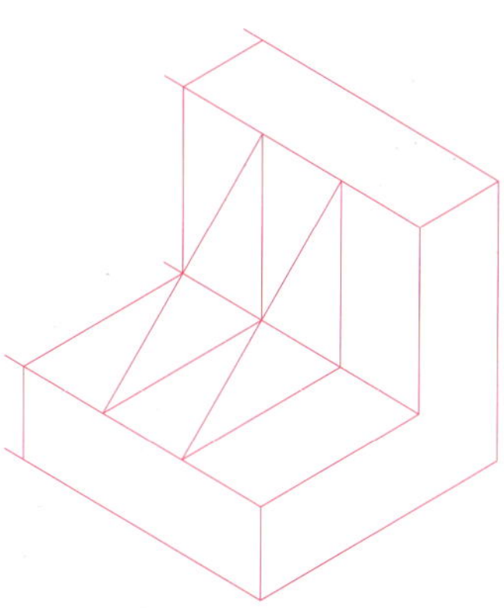

MEMO
Nell'assonometria isometrica si fa uso della **squadretta a 30°-60°**.

ESERCITAZIONE 21
GUIDATA

Disegna l'assonometria cavaliera del solido, raddoppiando le misure rilevate dal disegno

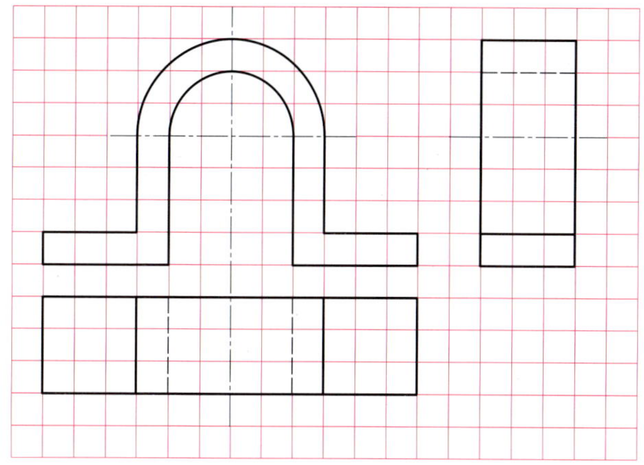

1 Nelle viste date è rappresentato un oggetto a forma di arco con due alette laterali.

2 Si disegna la vista frontale iniziando dagli assi di simmetria e dalle semicirconferenze.

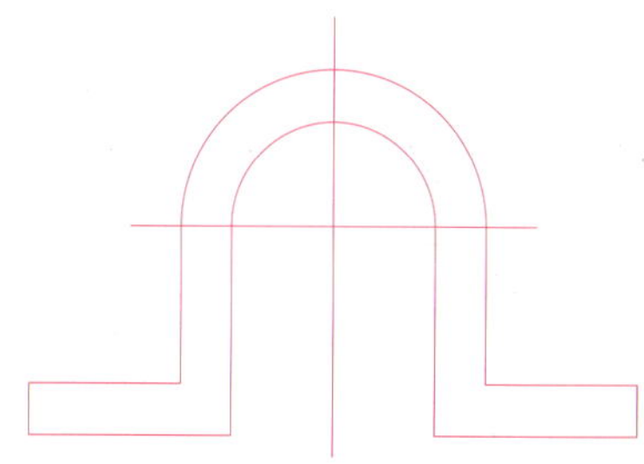

3 Si tracciano segmenti paralleli all'asse y, su cui si prendono le misure della profondità (dimezzata). Si disegnano quindi i segmenti del profilo posteriore.

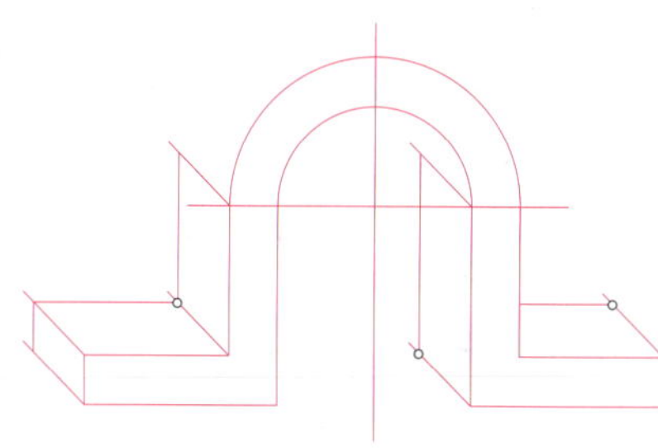

4 Si disegnano le due semicirconferenze posteriori spostando il loro centro secondo l'asse y.

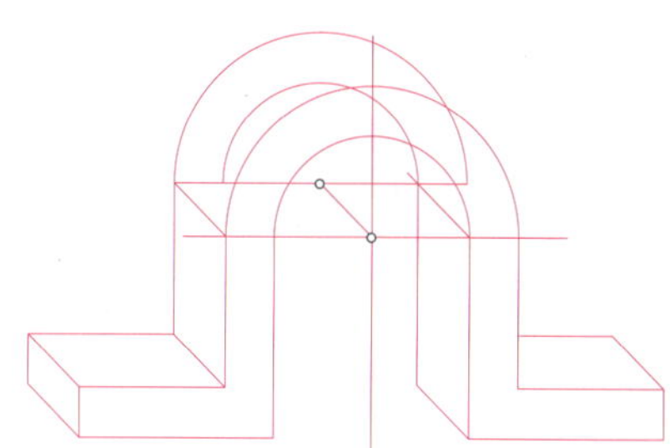

5 Il profilo della superficie cilindrica esterna si trova con due raggi a 45° della semicirconferenza maggiore.

6 Con mina morbida si ripassano gli spigoli e i contorni visibili.

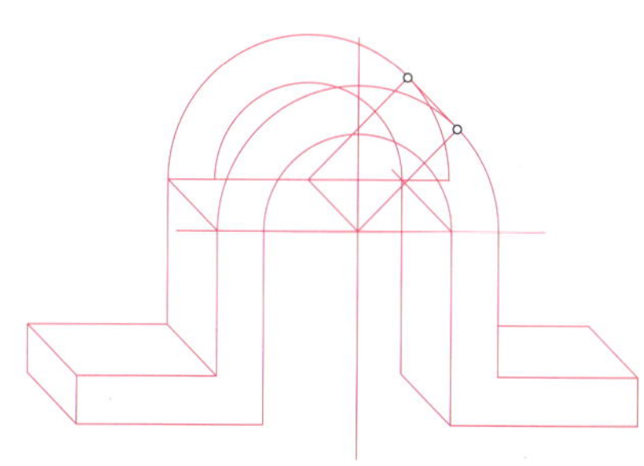

MEMO
Nell'assonometria cavaliera si fa uso della **squadretta a 45°**.

ESERCITAZIONE 22

GUIDATA

Disegna l'assonometria planometrica del solido, raddoppiando le misure rilevate dal disegno

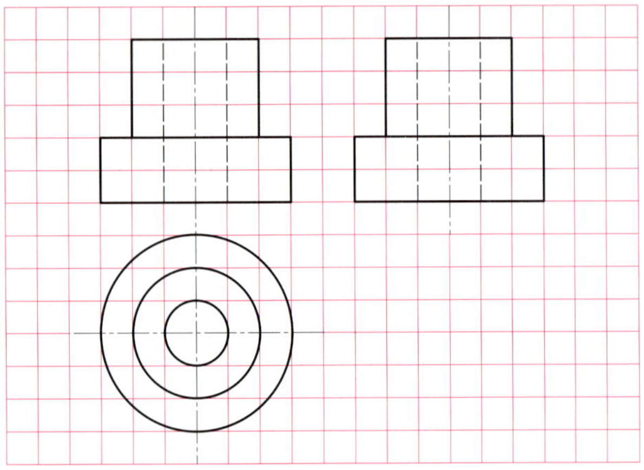

1 Il solido è costituito da due cilindri sovrapposti, ambedue attraversati da un foro.

2 Si disegnano le tre circonferenze concentriche.

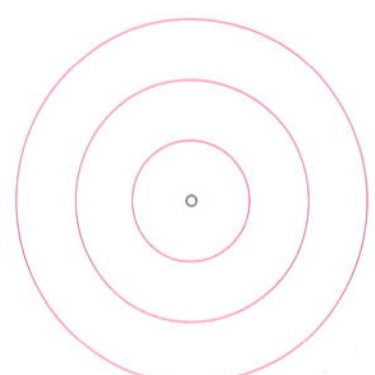

3 Dal centro si traccia un segmento verticale pari all'altezza del cilindro maggiore e si disegna la circonferenza inferiore.

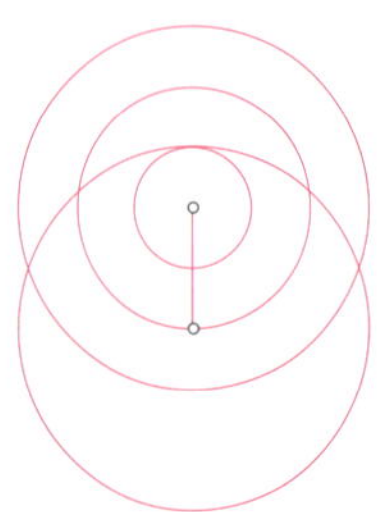

4 Si completa il cilindro trovando i suoi contorni con l'aiuto di due diametri orizzontali.

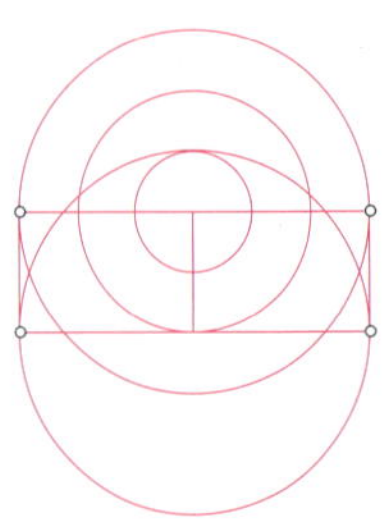

5 Analogamente si ottengono le due circonferenze superiori riportando verso l'alto il centro. I contorni anche in questo caso si ottengono con diametri orizzontali.

6 Con mina morbida si ripassano gli spigoli e i contorni visibili.

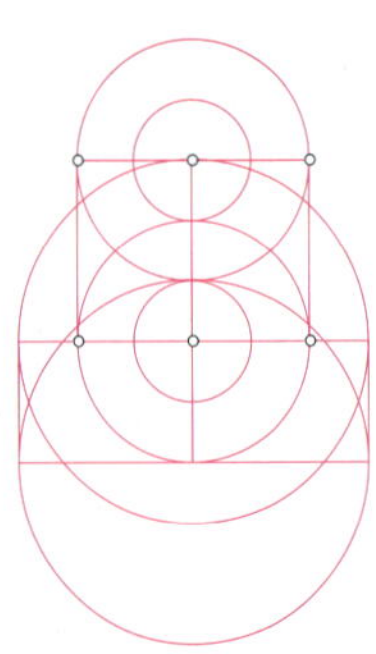

ESERCITAZIONE 23

Disegna l'assonometria isometrica del solido, raddoppiando le misure rilevate dal disegno

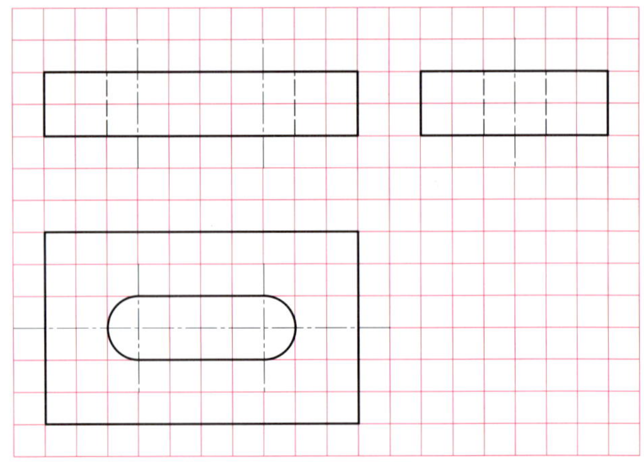

ESERCITAZIONE 24

Disegna l'assonometria isometrica del solido, raddoppiando le misure rilevate dal disegno

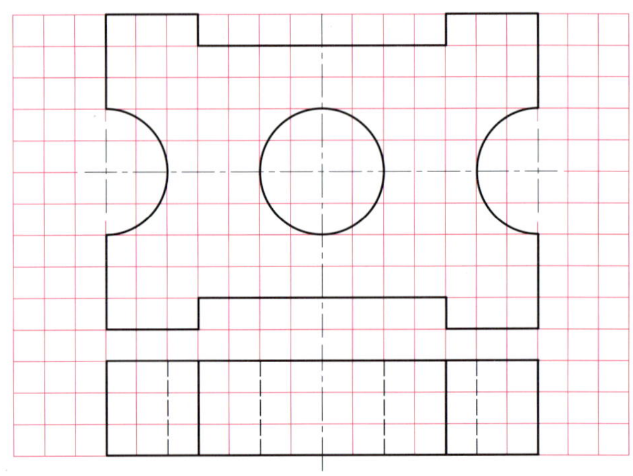

ESERCITAZIONE 25

Disegna l'assonometria planometrica del solido, raddoppiando le misure rilevate dal disegno

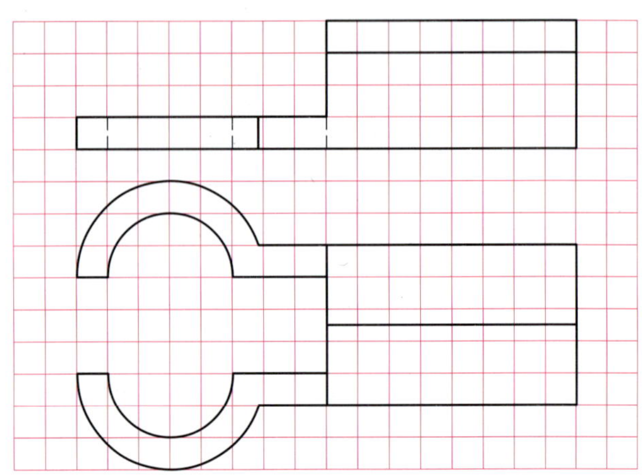

ESERCITAZIONE 26

Disegna l'assonometria planometrica del solido, raddoppiando le misure rilevate dal disegno

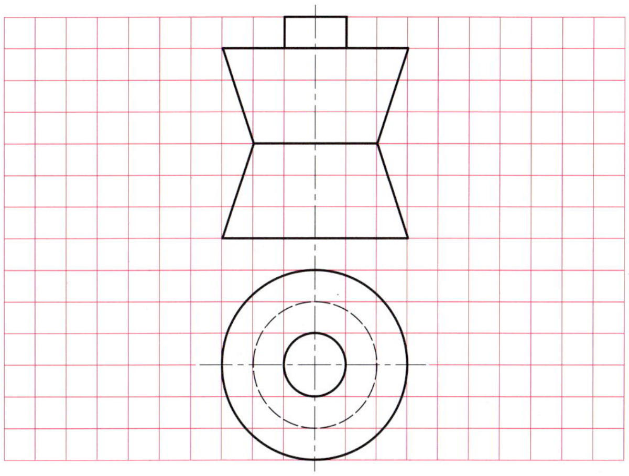

ESERCITAZIONE 27

Disegna l'assonometria cavaliera del solido, raddoppiando le misure rilevate dal disegno

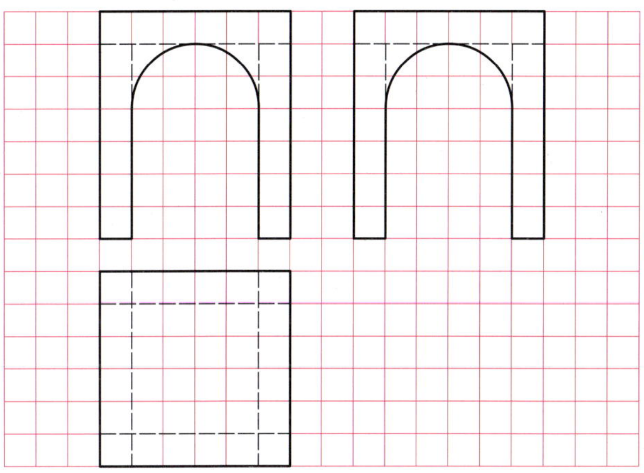

ESERCITAZIONE 28

Disegna l'assonometria planometrica del solido, raddoppiando le misure rilevate dal disegno

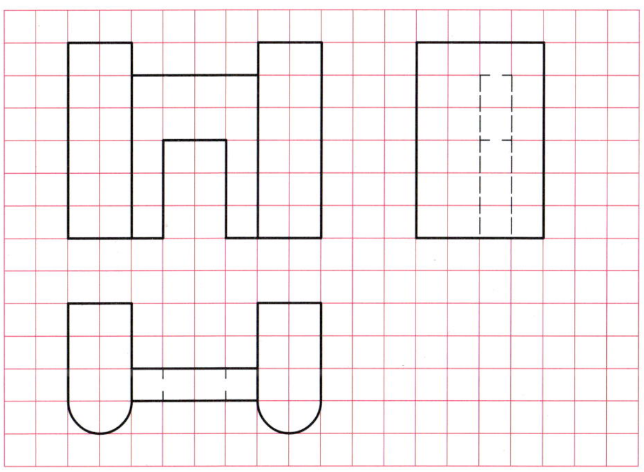

ESERCITAZIONE 29

Disegna l'assonometria cavaliera del solido, raddoppiando le misure rilevate dal disegno

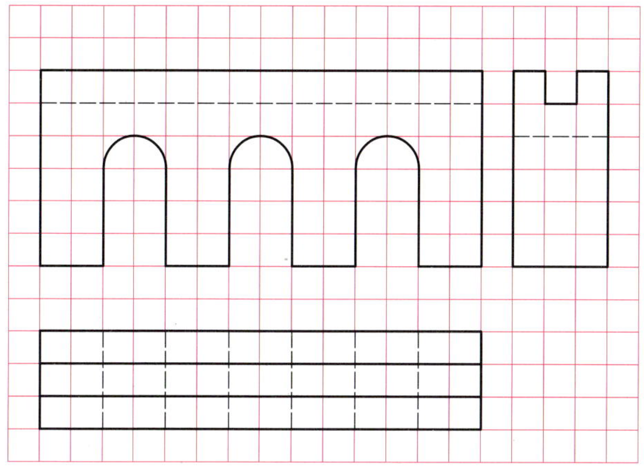

ESERCITAZIONE 30

Disegna l'assonometria cavaliera del solido, raddoppiando le misure rilevate dal disegno

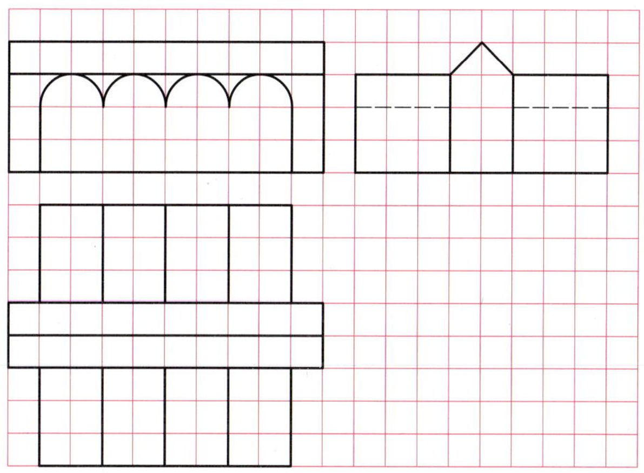

ESERCITAZIONE 31

Disegna l'assonometria planometrica del solido, raddoppiando le misure rilevate dal disegno

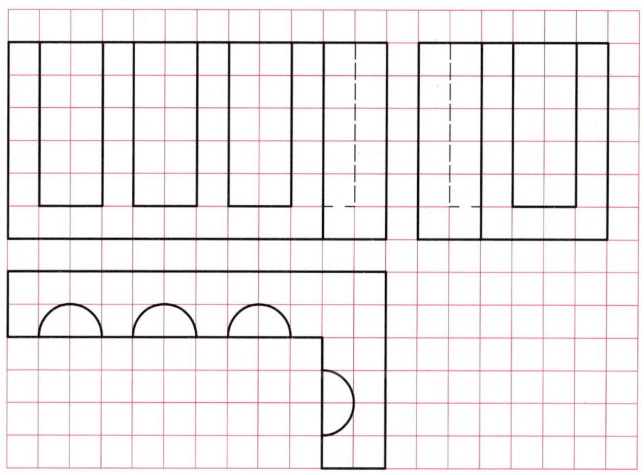

ESERCITAZIONE 32

Rappresenta in scala 1 : 500 il solido in un'assonometria a piacere

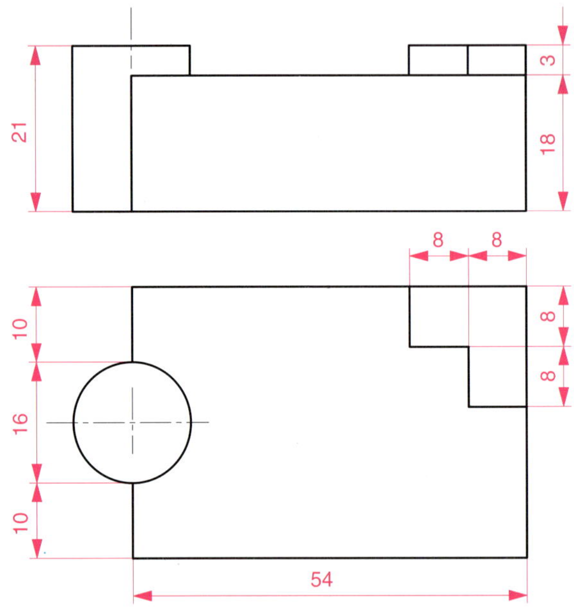

Quote in m

ESERCITAZIONE 33

Rappresenta in scala 1 : 500 il solido in un'assonometria a piacere

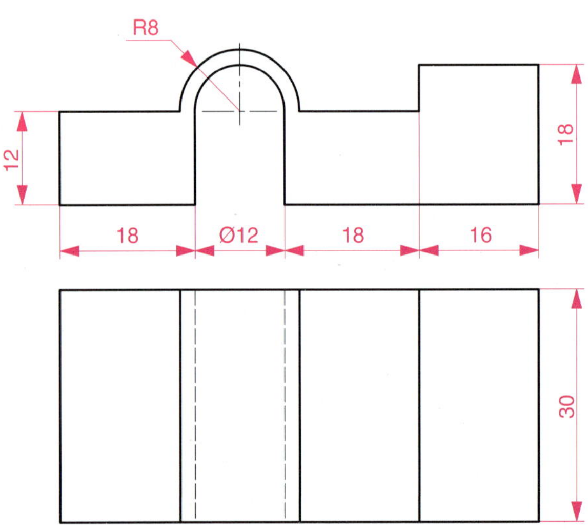

Quote in m

ESERCITAZIONE 34

Rappresenta in scala 1 : 10 il solido in un'assonometria a piacere

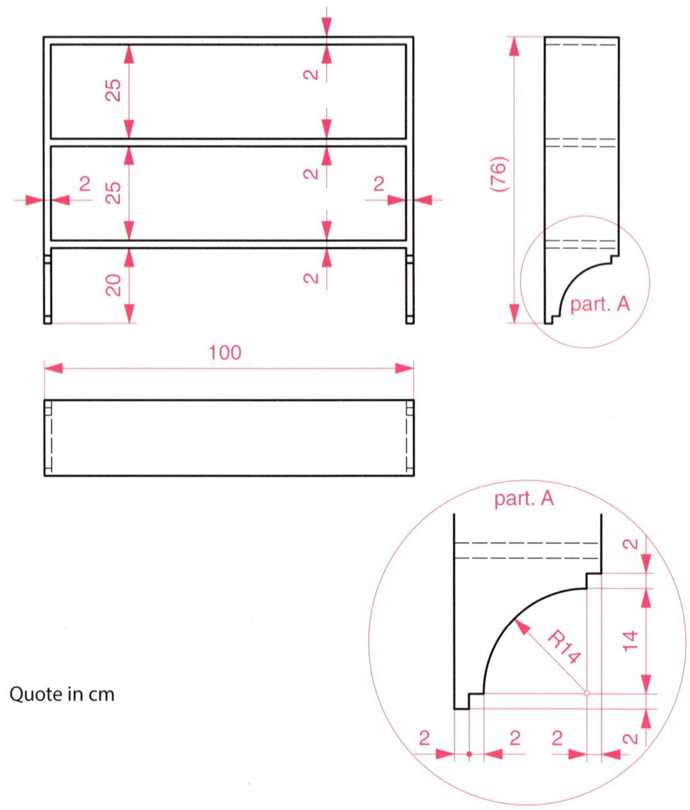

Quote in cm

ESERCITAZIONE 35

Rappresenta in scala 1 : 100 il solido in un'assonometria a piacere

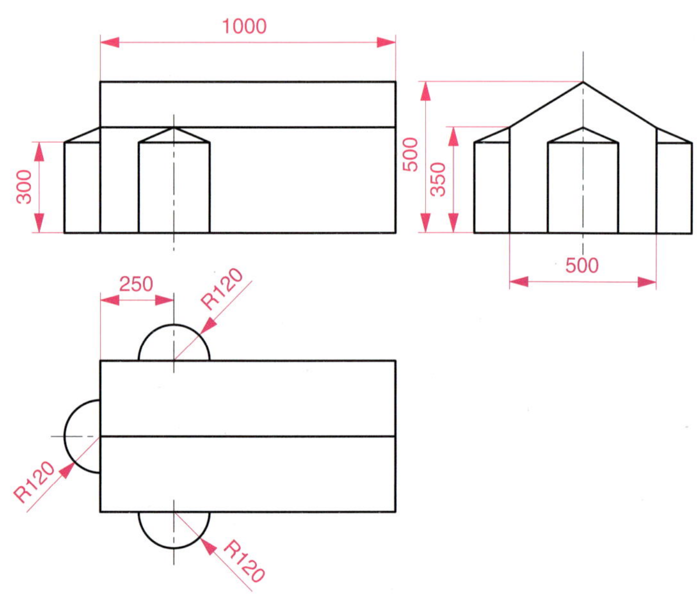

Quote in cm

NOTA BENE

Le **quote**, cioè le indicazioni grafiche delle misure di un oggetto, riportano sempre il **valore reale di una misura** e quindi sono indipendenti dalla scala scelta per il disegno.

NOTA BENE

Le quote indicate tra parentesi sono chiamate **ausiliarie**; esse non sono indispensabili, perché desumibili per somma o differenza dalle altre quote, ma sono utili per evitare calcoli a chi legge il disegno.

ESERCITAZIONE 36

Rappresenta in scala 1:5 il solido in un'assonometria a piacere

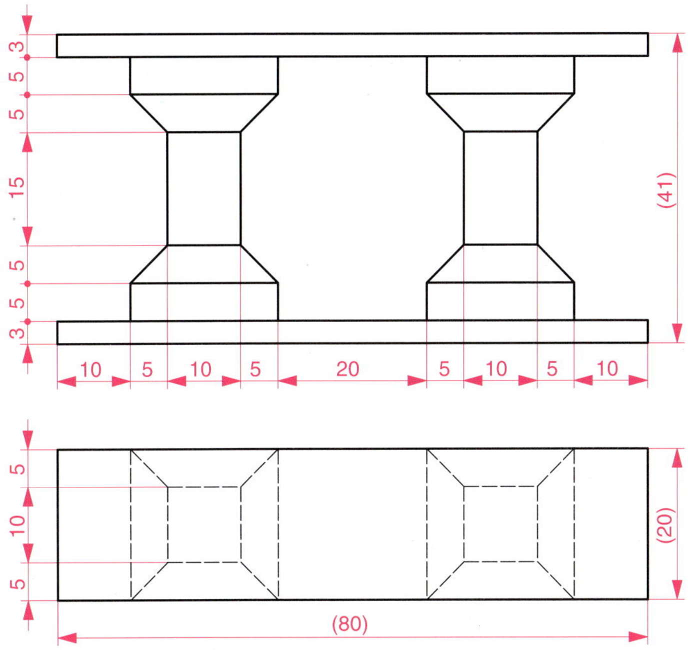

Quote in cm

ESERCITAZIONE 38

Rappresenta in scala 2:1 il solido in un'assonometria a piacere

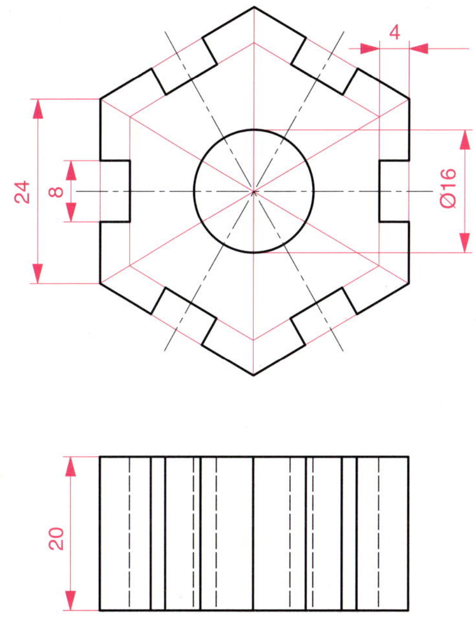

Quote in mm

ESERCITAZIONE 37

Rappresenta in scala 1:500 il solido in un'assonometria a piacere

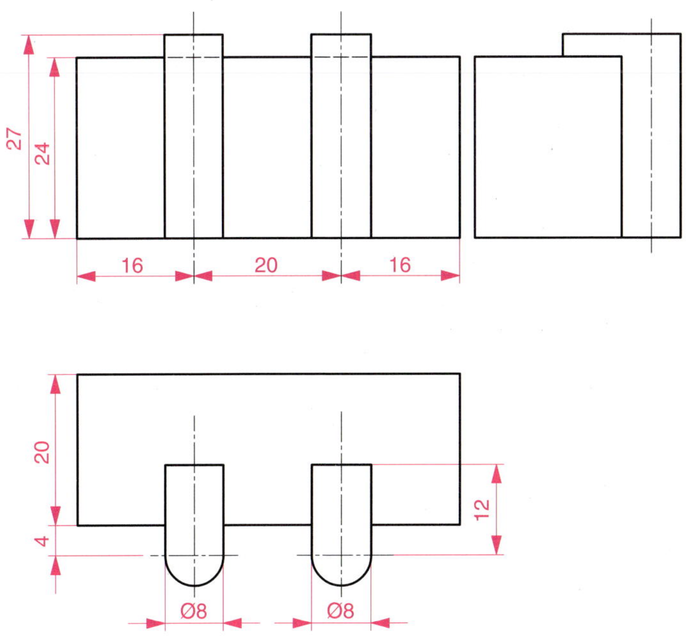

Quote in m

ESERCITAZIONE 39

Rappresenta in scala 1:1 il solido in un'assonometria a piacere

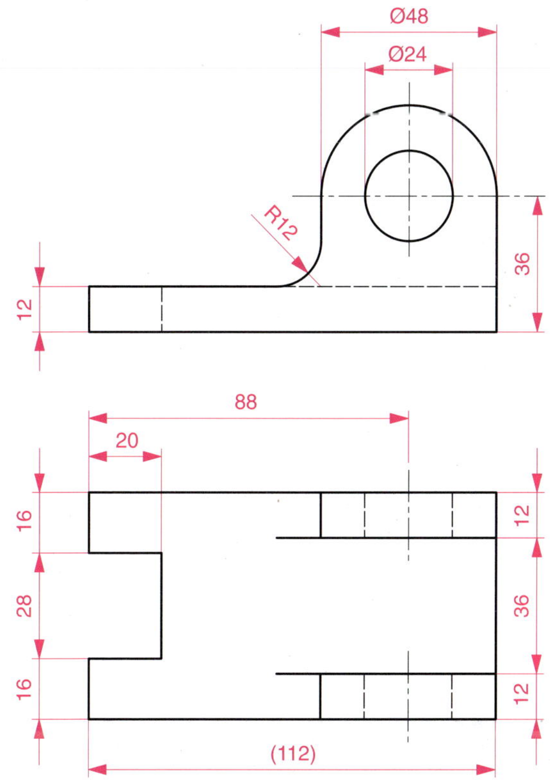

Quote in mm

Esercitazioni - Solidi complessi

Errori tipici e suggerimenti

Non così... / ... ma così!

Fase preparatoria

Non così...

- Scarsa chiarezza sulla forma e sulla struttura dell'oggetto proposto e della sua posizione nello spazio.
- Scelta casuale del tipo di assonometria da impiegare.
- Evitare la stesura dello schizzo preparatorio.

... ma così!

- Analizzare tutti i dettagli formali e strutturali dell'oggetto, individuando le facce parallele ai piani di riferimento (xy, xz, yz).
- Scelta ragionata dell'assonometria da adottare in base all'efficacia e alla semplicità di esecuzione.
- Disegnare lo schizzo preparatorio, studiando la sequenza delle fasi di elaborazione grafica.

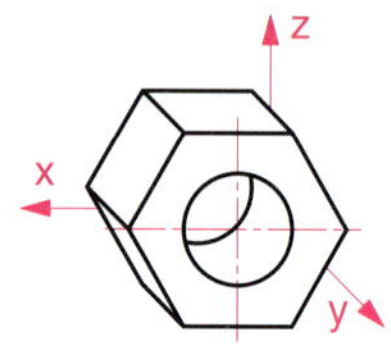

Elementi più significativi paralleli a xz: l'assonometria cavaliera è la più adeguata.

Fase di costruzione

Non così...

- Angoli errati degli assi dell'assonometria da impiegare.

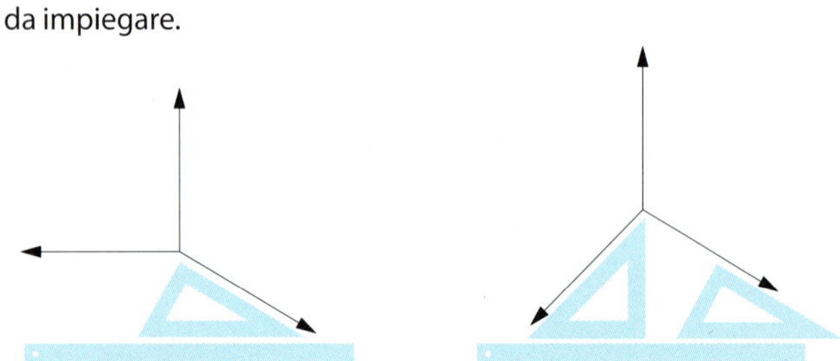

- Avvio del disegno da un elemento qualsiasi.
- Posizione casuale nel foglio dei primi elementi della costruzione.
- Confusa impostazione dell'ovale (circonferenza in assonometria isometrica).

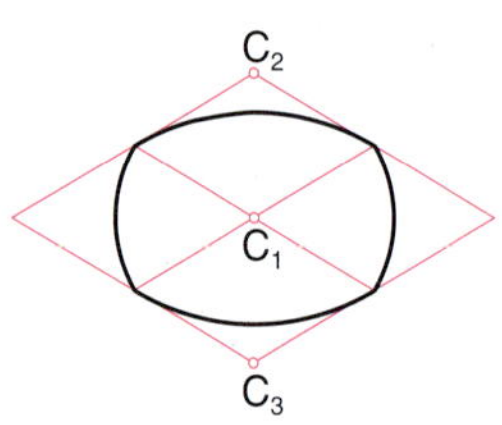

- Non dimezzare le misure sull'asse inclinato a 45° nell'assonometria cavaliera.
- Mescolare diversi tipi di assonometria.
- Usare le misure reali anche per lunghezze inclinate rispetto a x, y, z.

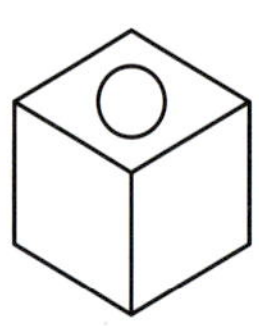

Isometrica + planometrica

- Dimenticanza di elementi da rappresentare (quali, per esempio, il fondo di un foro).

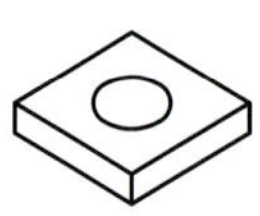

... ma così!

- Corretta impostazione degli assi dell'assonometria da impiegare.

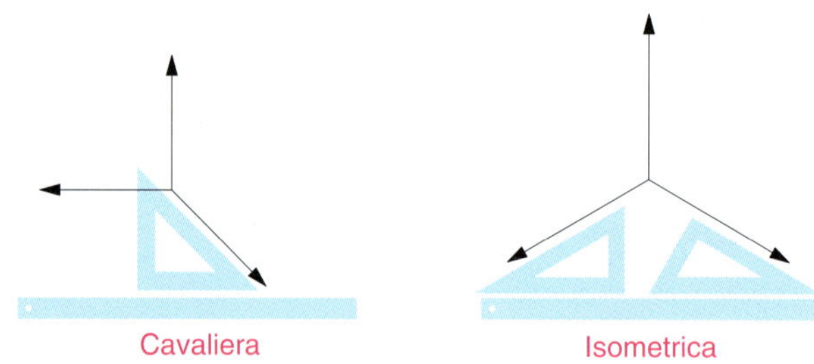

- Iniziare dagli elementi più significativi (assi di simmetria, centri, poligoni regolari ecc.).
- Disporre centri e contorni della figura in posizione ragionata sulla base dello schizzo preparatorio.
- Disegnare gli ovali con i centri correttamente individuati sulle mediane e sui vertici con angoli ottusi.

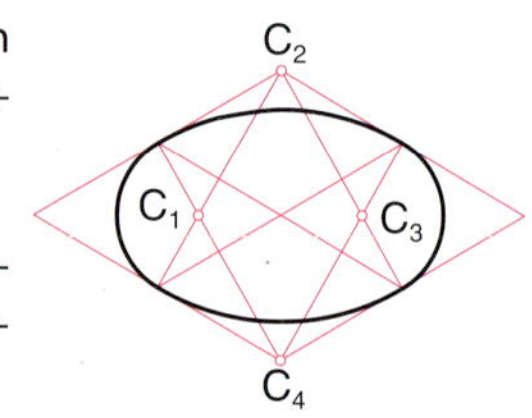

- In assonometria cavaliera si dimezzano le misure parallele all'asse inclinato a 45°.
- Disegnare elementi in modo coerente al tipo di assonometria adottata.
- Si possono impiegare solo misure parallele a un asse di riferimento.

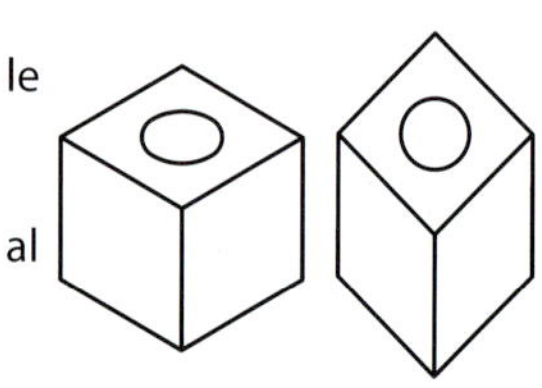

Isometrica Planometrica

- Controllare sempre se il fondo di un foro sia visibile oppure no.

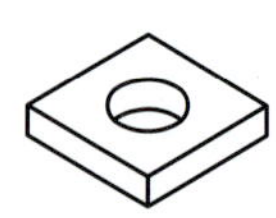

Fase di finitura

Non così...

- Scelta casuale o errata della mina della matita e del compasso.
- Confusione di elementi visibili e nascosti oppure di punti di vista (dal basso o dall'alto).

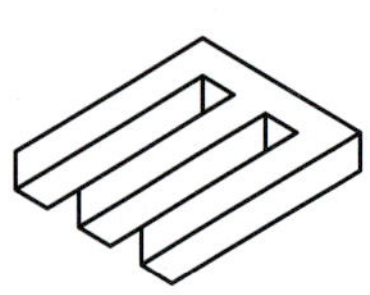

Dall'alto o dal basso?

... ma così!

- Per il ripasso adottare solo mine medio-morbide (HB oppure B).
- Controllare che le parti disegnate siano coerenti con la loro posizione nello spazio.

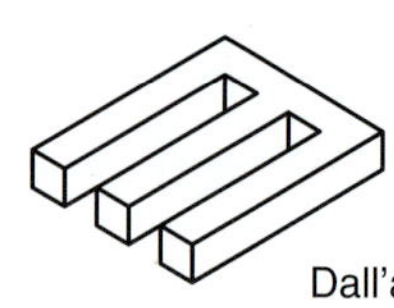

Dall'alto

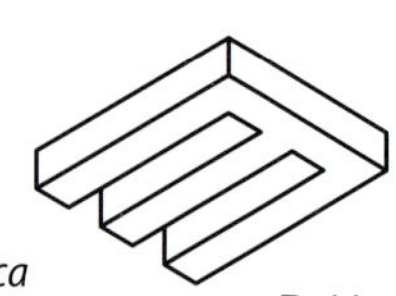

Dal basso

Video *Posizione delle squadrette in assonometria isometrica*

Video *Posizione delle squadrette in assonometria cavaliera e planometrica*

Video *Circonferenza in assonometria isometrica*

Video *Triangolo equilatero in assonometria isometrica*

Capire lo spazio: dalle proiezioni ortogonali all'assonometria

Dalle proiezioni ortogonali si deve ricostruire la forma e la posizione del solido nello spazio. In caso di libera scelta dell'assonometria da impiegare, si analizzeranno le parti più complesse da disegnare (circonferenze, poligoni regolari ecc.) al fine di scegliere il tipo di assonometria che ne renda più semplice la rappresentazione. Infatti nell'assonometria cavaliera le figure parallele al piano xz, così come quelle parallele al piano xy nell'assonometria planometrica, non subiscono deformazioni. Nell'assonometria isometrica, invece, tutte le figure subiscono deformazioni angolari.

ESEMPIO 1

Analisi del solido. Dalle viste in proiezioni ortogonali si desume che il solido è un parallelepipedo con asola aperta (in sostanza un'arcata). Gli archi dell'asola sono paralleli al piano xz. L'assonometria più vantaggiosa sarà quindi la cavaliera.

Disegno dell'assonometria cavaliera. Si disegna la vista frontale a partire dall'asse di simmetria, quindi la semicirconferenza, le tangenti verticali e i restanti segmenti del contorno. Dai vertici della figura si conducono dei segmenti paralleli all'asse y (45°) e si prende su uno di essi la misura (dimezzata) della profondità del solido. Riportando a 45° anche il centro della semicirconferenza e il punto di tangenza si può disegnare il fondo dell'apertura.

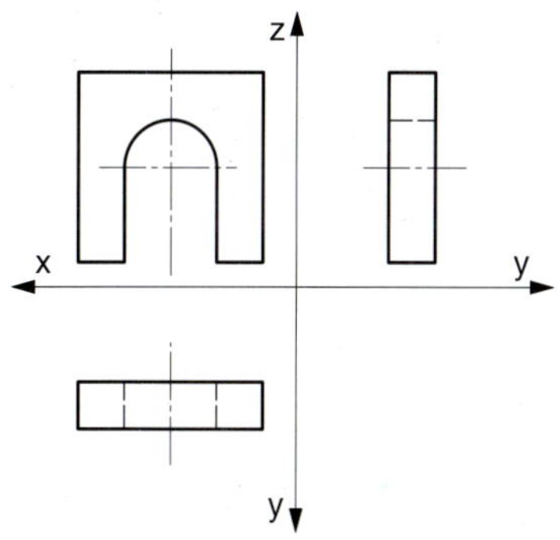

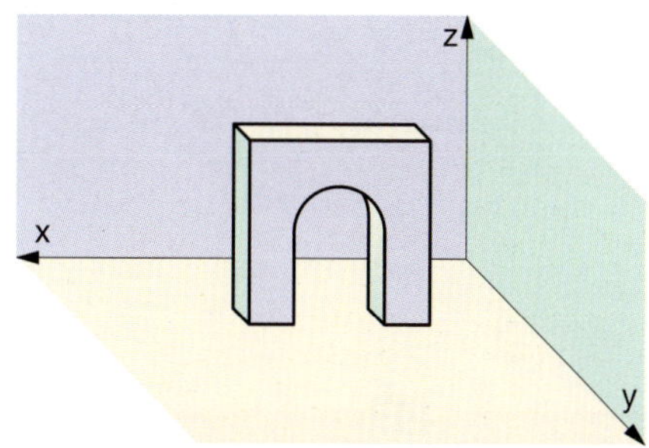

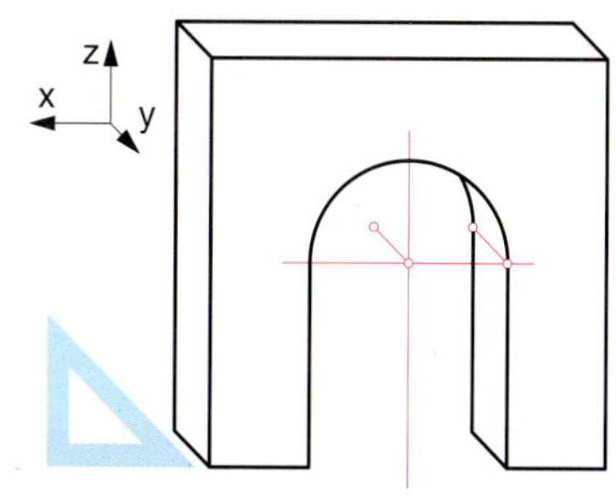

ESEMPIO 2

Analisi del solido. Lo stesso solido dell'esempio precedente presenta gli archi di circonferenza paralleli al piano xy. L'assonometria più vantaggiosa (perché non deforma gli archi) sarà quindi la planometrica.

Disegno dell'assonometria planometrica. Si disegna la vista dall'alto ruotata di 45° (assi x e y) partendo dall'asse di simmetria, quindi la semicirconferenza, le tangenti e i restanti segmenti del contorno. Con segmenti verticali di lunghezza pari allo spessore del solido si ottengono gli elementi del profilo inferiore.

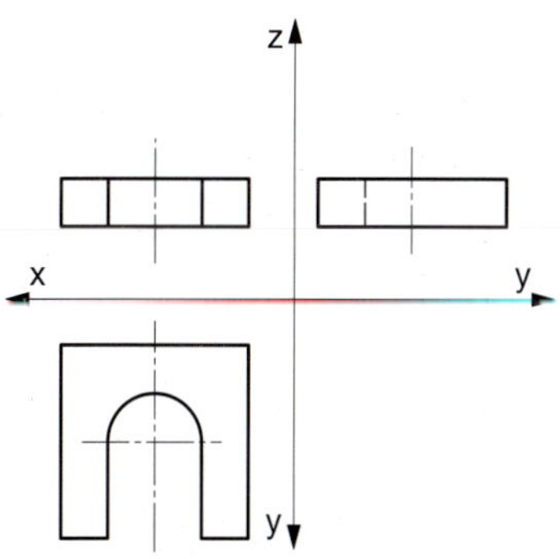

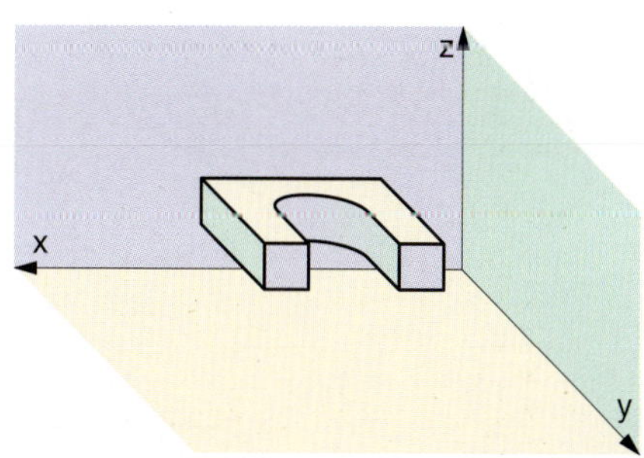

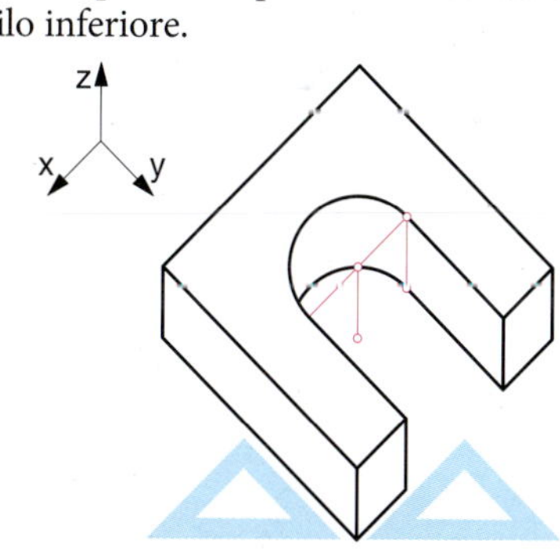

ESEMPIO 3

Analisi del solido. Lo stesso solido stavolta presenta gli archi di circonferenza paralleli al piano yz. In qualsiasi assonometria essi saranno deformati. Si potrà adottare l'assonometria isometrica, in cui gli archi si possono disegnare con ovali.

Disegno dell'assonometria isometrica. Si disegna il semiovale (rappresentazione della semicirconferenza) partendo dal rombo con lati paralleli agli assi y e z. Si completa la faccia principale, dai cui vertici si ottengono quelli posteriori per riporto dei punti con segmenti paralleli all'asse x, di lunghezza pari allo spessore del solido.

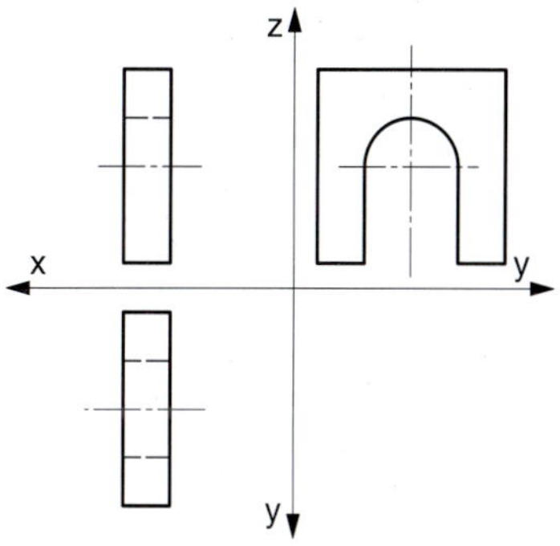

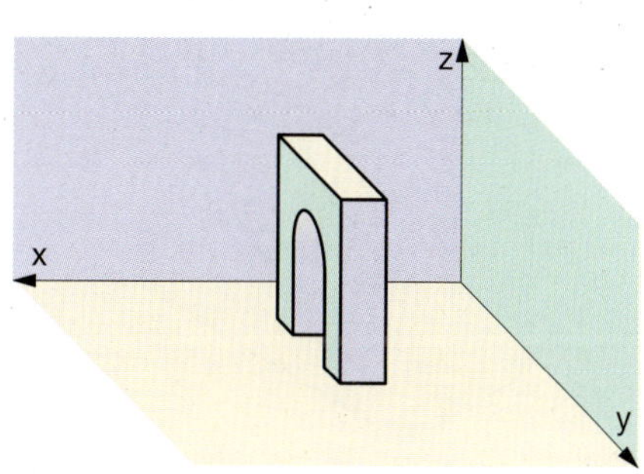

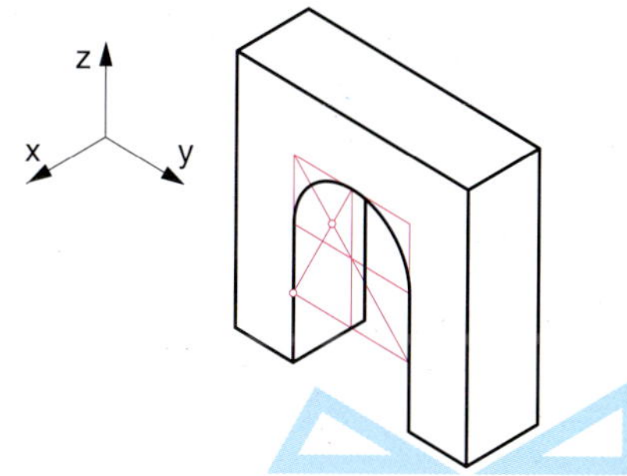

Esercizi di recupero

Gli esercizi di questa pagina devono essere disegnati dopo aver realizzato lo schizzo preparatorio, curando con molta attenzione la strutturazione del lavoro secondo una razionale sequenza delle fasi di elaborazione grafica.

NOTA BENE

Le dimensioni degli oggetti proposti si possono rilevare dalla griglia sovrapposta ai disegni; essa è costituita da quadrati di lato 4 mm.

ESERCITAZIONE R1

Disegna l'assonometria isometrica del solido raddoppiando le dimensioni rilevate dal disegno

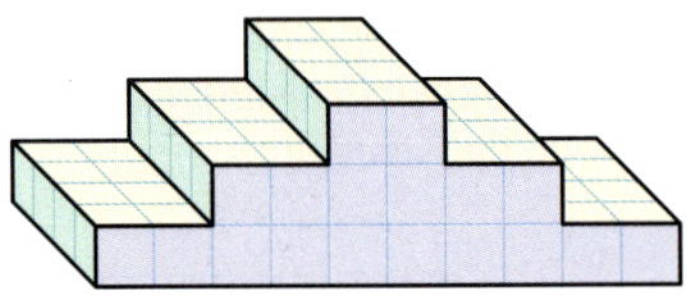

ESERCITAZIONE R2

Disegna l'assonometria isometrica del solido raddoppiando le dimensioni rilevate dal disegno

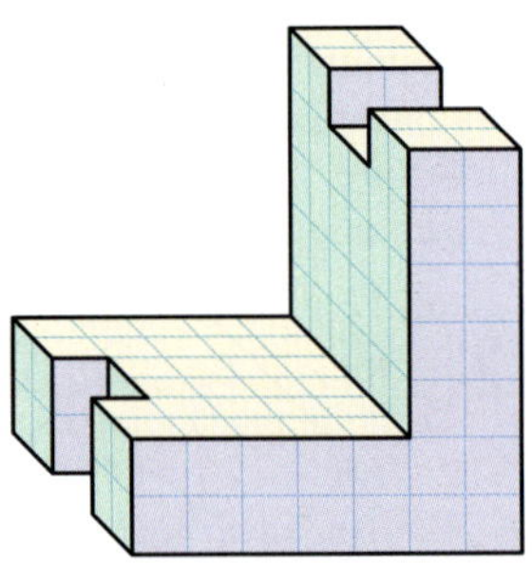

ESERCITAZIONE R3

Disegna l'assonometria isometrica del solido raddoppiando le dimensioni rilevate dal disegno

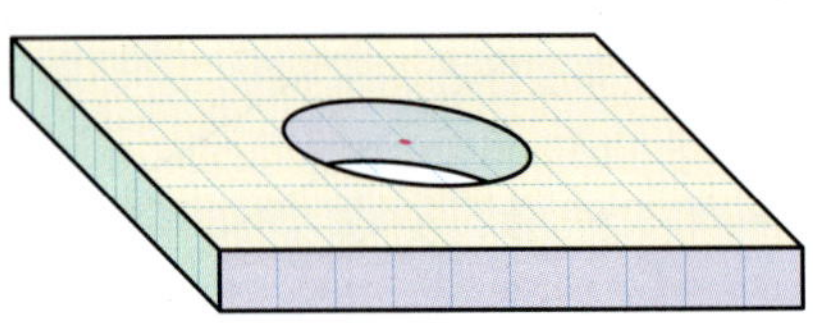

ESERCITAZIONE R4

Disegna l'assonometria cavaliera del solido raddoppiando le dimensioni rilevate dal disegno

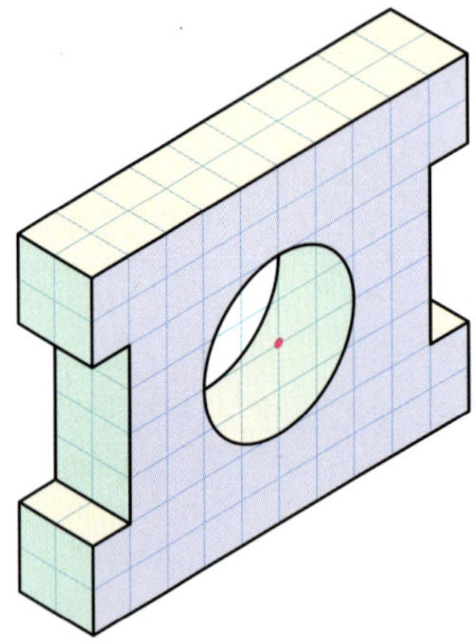

ESERCITAZIONE R5

Disegna l'assonometria cavaliera del solido raddoppiando le dimensioni rilevate dal disegno

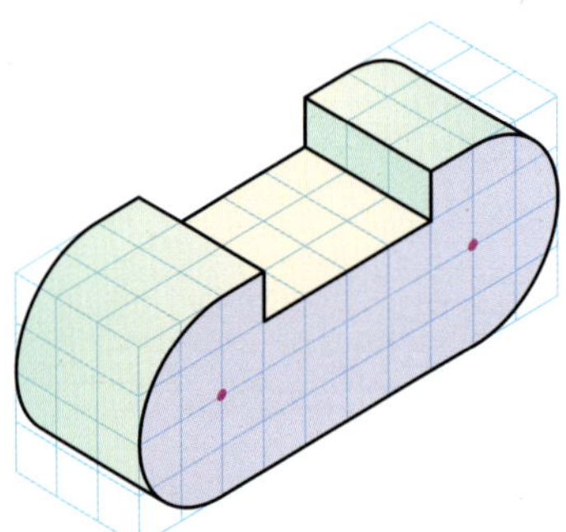

ESERCITAZIONE R6

Disegna l'assonometria cavaliera del solido raddoppiando le dimensioni rilevate dal disegno

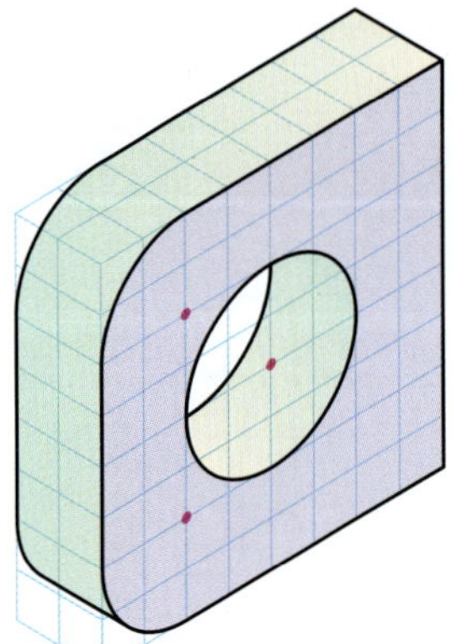

ESERCITAZIONE R7

Disegna l'assonometria planometrica del solido raddoppiando le dimensioni rilevate dal disegno

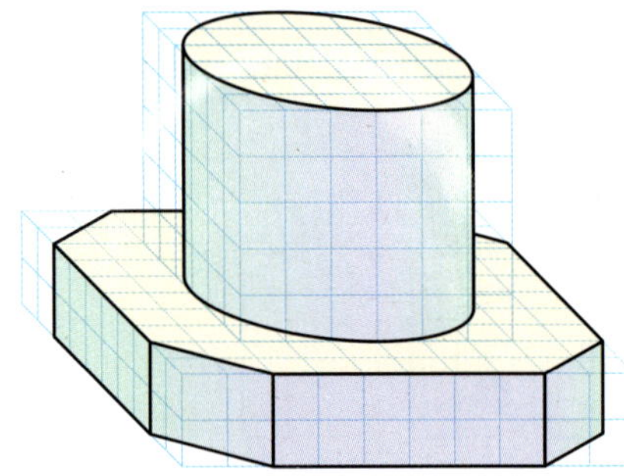

ESERCITAZIONE R8

Disegna l'assonometria planometrica del solido raddoppiando le dimensioni rilevate dal disegno

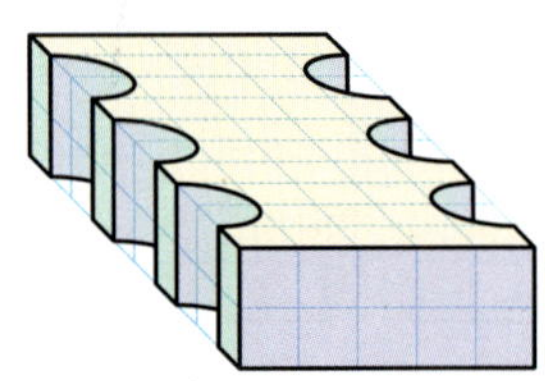

ESERCITAZIONE R9

Disegna l'assonometria planometrica del solido raddoppiando le dimensioni rilevate dal disegno

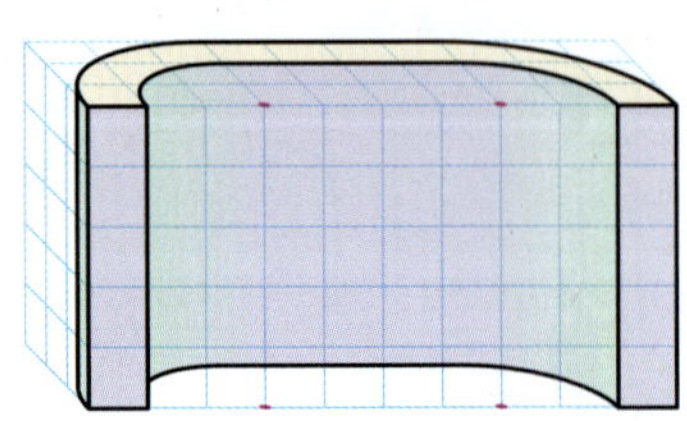

Gli esercizi di questa pagina devono essere disegnati dopo aver interpretato le viste date e dedotto la forma e la posizione del solido. Dopo aver realizzato lo schizzo preparatorio, si disegnerà l'assonometria con gli strumenti.

NOTA BENE

Le dimensioni degli oggetti proposti si possono rilevare dalla griglia sovrapposta ai disegni; essa è costituita da quadrati di lato 4 mm.

ESERCITAZIONE R10

Disegna l'assonometria isometrica del solido, raddoppiando le dimensioni rilevate

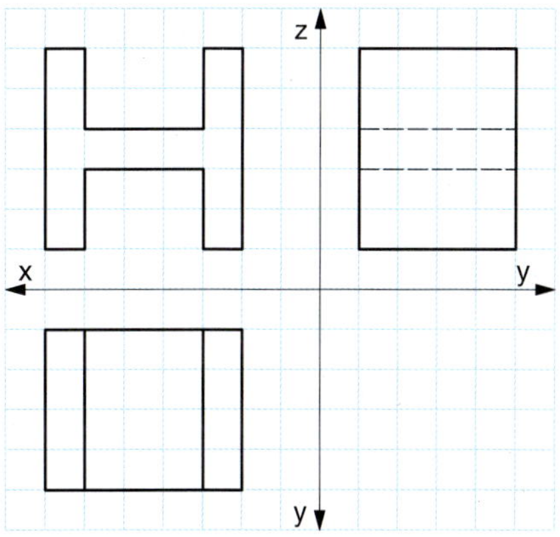

ESERCITAZIONE R11

Disegna l'assonometria isometrica del solido, raddoppiando le dimensioni rilevate

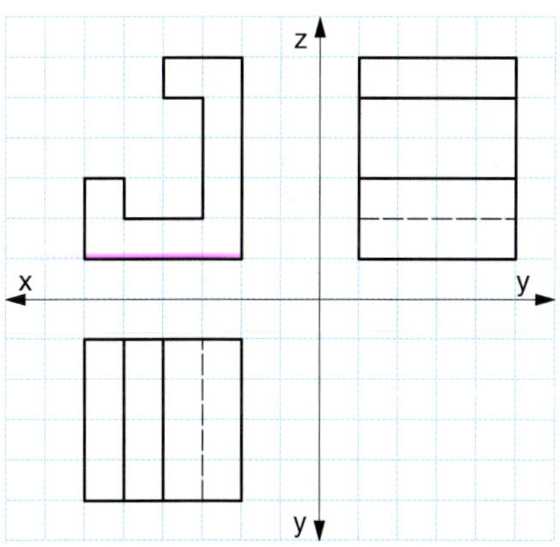

ESERCITAZIONE R12

Disegna l'assonometria isometrica del solido, raddoppiando le dimensioni rilevate

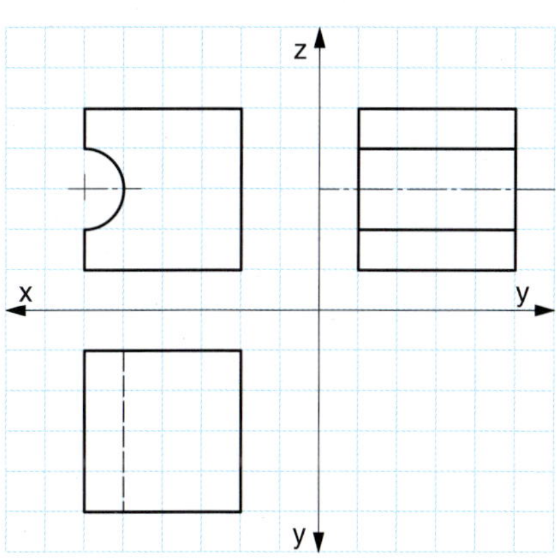

ESERCITAZIONE R13

Disegna l'assonometria cavaliera del solido, raddoppiando le dimensioni rilevate

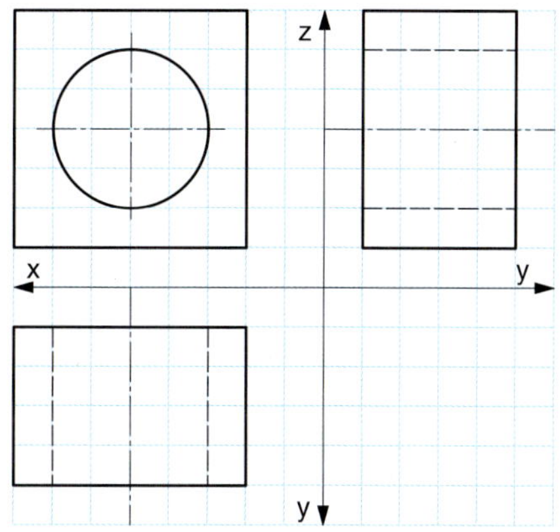

ESERCITAZIONE R14

Disegna l'assonometria cavaliera del solido, raddoppiando le dimensioni rilevate

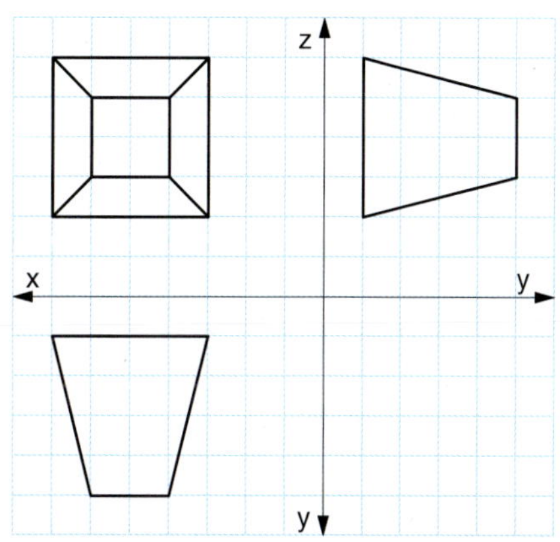

ESERCITAZIONE R15

Disegna l'assonometria cavaliera del solido, raddoppiando le dimensioni rilevate

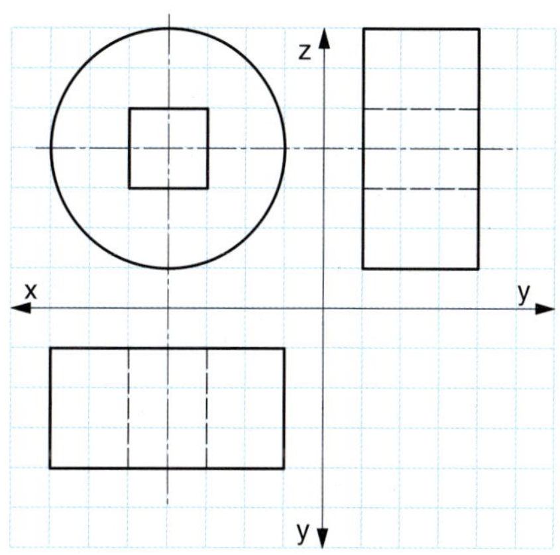

ESERCITAZIONE R16

Disegna l'assonometria planometrica del solido, raddoppiando le dimensioni rilevate

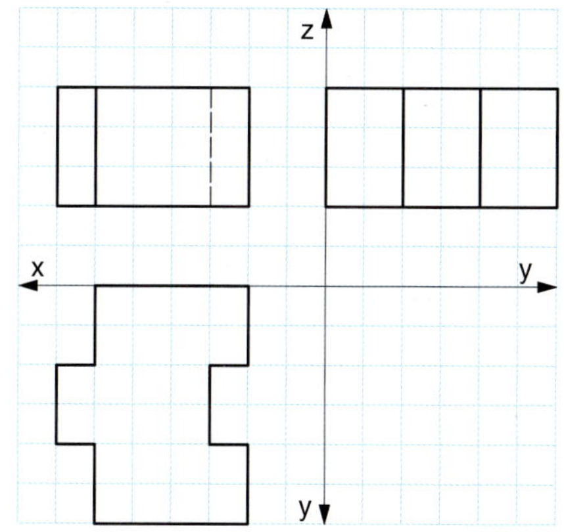

ESERCITAZIONE R17

Disegna l'assonometria planometrica del solido, raddoppiando le dimensioni rilevate

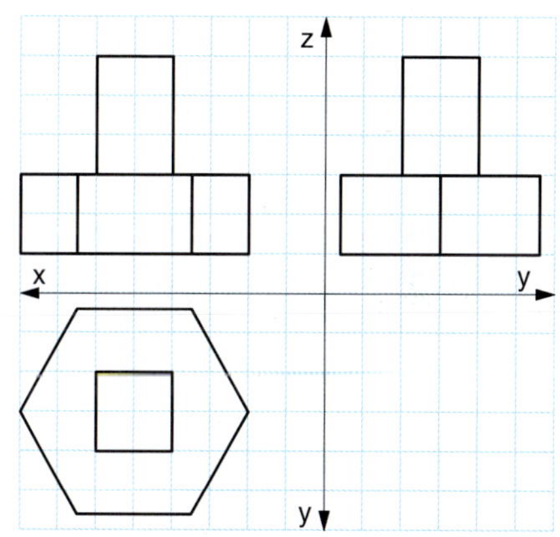

ESERCITAZIONE R18

Disegna l'assonometria planometrica del solido, raddoppiando le dimensioni rilevate

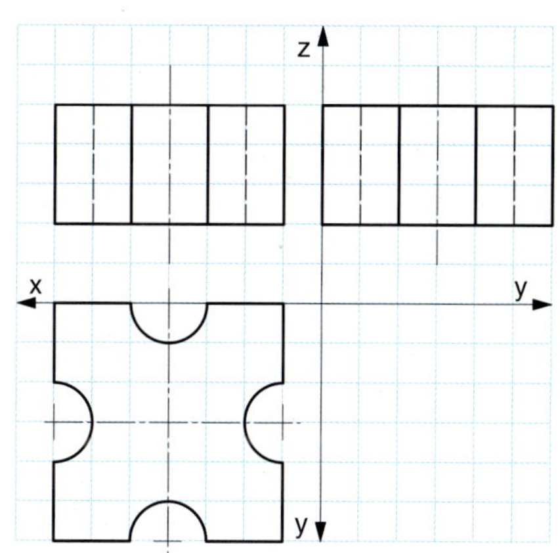

Competenze

Verifica delle competenze

PROVA A Lavello in graniglia

Un'azienda di manufatti in cemento ha già in produzione un tipo di lavello da appoggio, cioè da posare su un piano di appoggio, in graniglia (v. disegno a fianco).

A questo tipo vuole affiancarne uno da incasso, cioè da inserire in un'apertura del piano di appoggio.

Il nuovo tipo avrà le stesse caratteristiche formali e dimensionali del precedente, ma dovrà avere una bordura esterna superiore che sporga dal corpo del lavello di 2 cm e di spessore 4 cm.

Oltre al disegno in proiezioni ortogonali, è necessario realizzare anche un'assonometria da pubblicare sul catalogo aziendale.

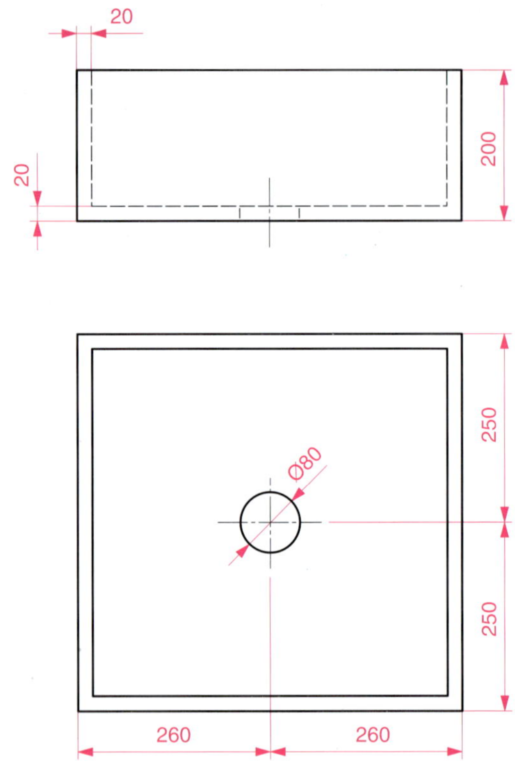

PROVA B Libreria componibile

Un'azienda di mobili produce librerie componibili dei due tipi rappresentati nei disegni a fianco.

Per pubblicizzare i prodotti su catalogo e su internet ha necessità di assonometrie che mostrino possibili aggregazioni di diversi elementi dell'uno e dell'altro tipo.

Disegna in scala opportuna almeno un'assonometria a piacere con quattro elementi di un tipo e dell'altro.

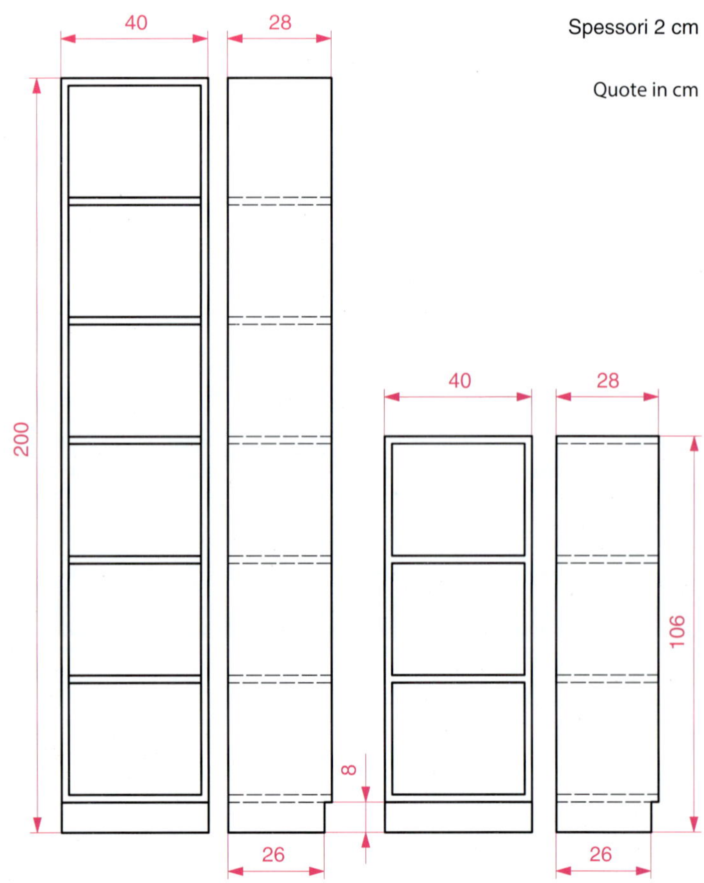

PROVA C Case a schiera

Un'impresa di costruzioni sta realizzando una serie di case a schiera, cioè affiancate e allineate o lievemente sfalsate.

Ogni casa si sviluppa su due piani ed è costituita da un corpo principale e da uno più basso.

A completamento delle informazioni ricavabili dal disegno in proiezioni ortogonali, si sappia che:

- sulla facciata posteriore sono presenti quattro finestre e una porta in corrispondenza esatta con quelle della facciata anteriore;
- la facciata laterale del corpo alto, non visibile nel disegno, non ha aperture.

Per mostrare ai possibili acquirenti le aggregazioni di volumi bisogna disegnare un'assonometria a piacere con almeno tre case lievemente sfalsate nel loro allineamento. La vista assonometrica deve essere scelta in modo opportuno per rendere visibile il maggior numero di dettagli degli edifici.

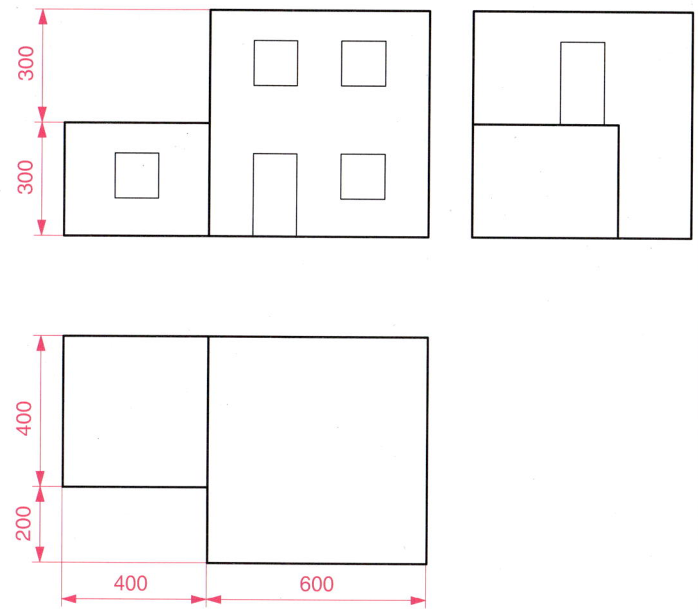

Finestre 120 × 120
Porte 120 × 220

Quote in cm

PROVA D Assemblaggio di piastre mediante viti e dadi

In un kit di montaggio si trovano due piastre con coppia di fori; esse devono essere assemblate mediante viti e dadi.

Nel foglio di istruzioni per il montaggio bisogna illustrare l'assemblaggio con un esploso assonometrico (v. l'esempio riportato).

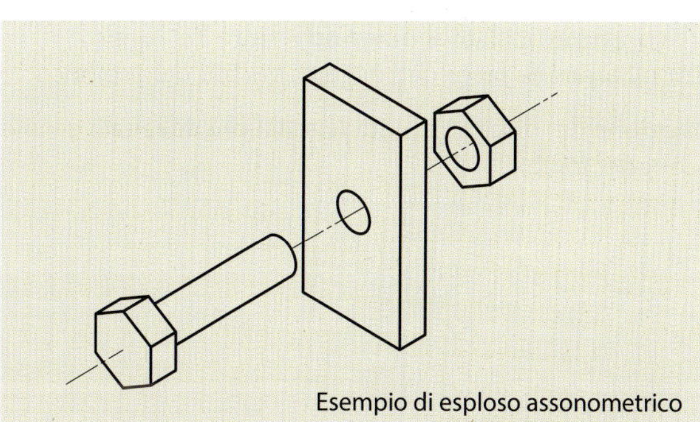

Esempio di esploso assonometrico

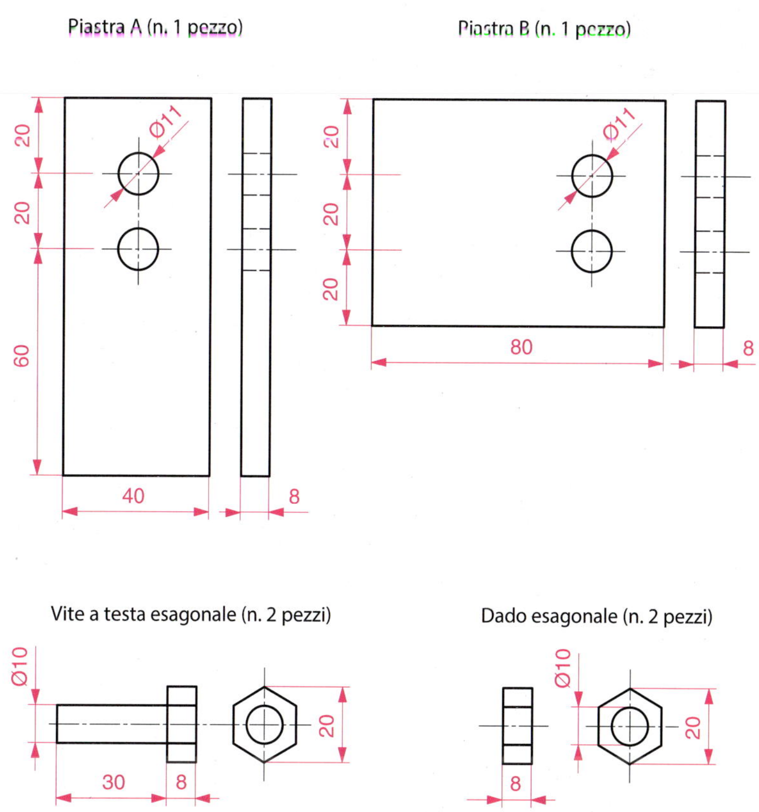

Verifica delle competenze

PROVA E Leggìo

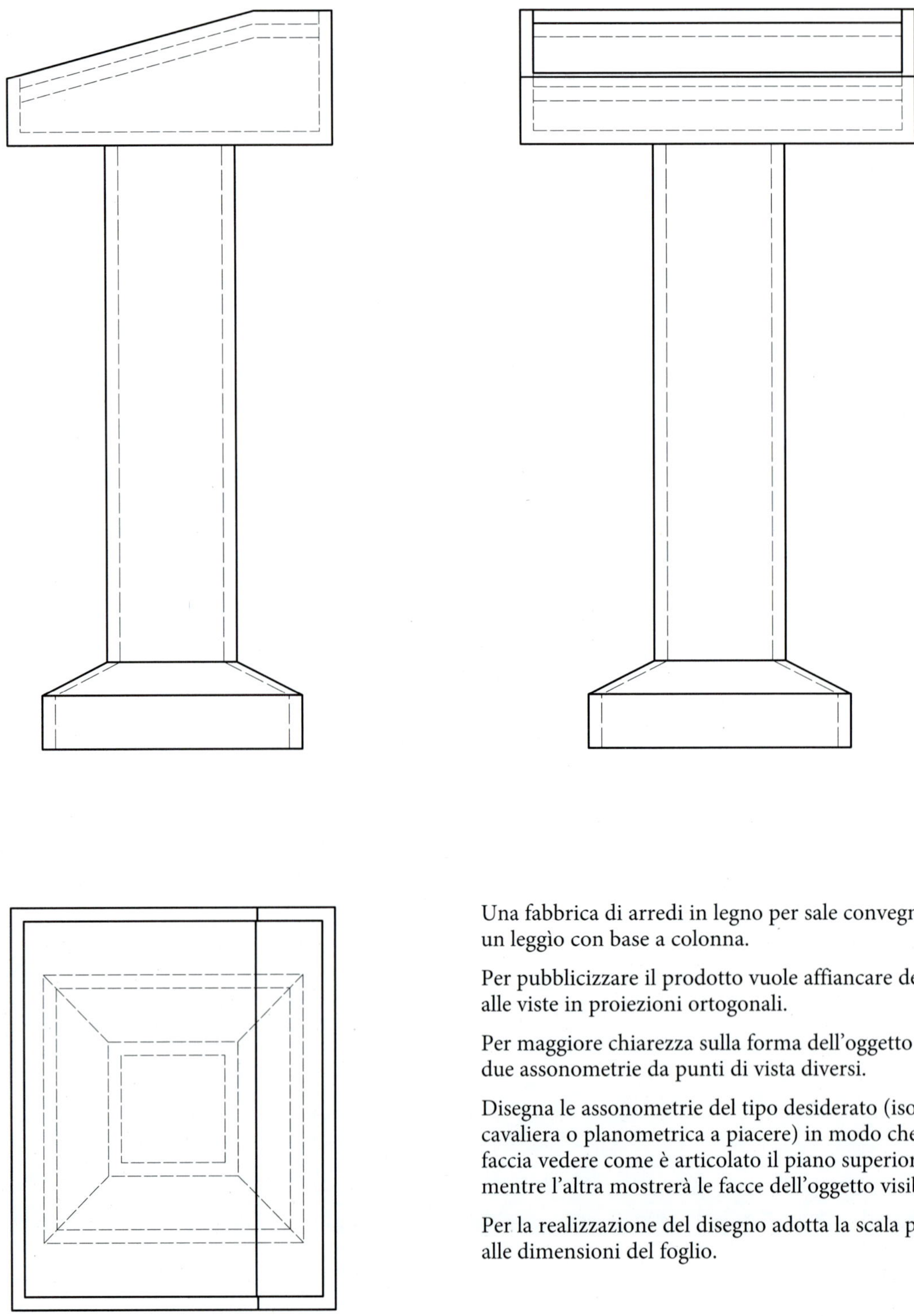

Scala 1:10

Una fabbrica di arredi in legno per sale convegni produce un leggìo con base a colonna.

Per pubblicizzare il prodotto vuole affiancare delle assonometrie alle viste in proiezioni ortogonali.

Per maggiore chiarezza sulla forma dell'oggetto vengono richieste due assonometrie da punti di vista diversi.

Disegna le assonometrie del tipo desiderato (isometrica, cavaliera o planometrica a piacere) in modo che una di esse faccia vedere come è articolato il piano superiore del leggìo, mentre l'altra mostrerà le facce dell'oggetto visibili dal pubblico.

Per la realizzazione del disegno adotta la scala più adeguata alle dimensioni del foglio.

B3 Ribaltamento e sviluppo

RIBALTAMENTO → si applica a → **FIGURE PIANE INCLINATE** rispetto a un quadro

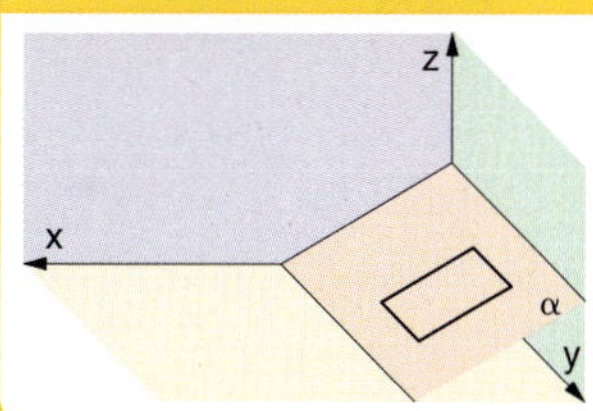

RIBALTAMENTO → consiste in → **ROTAZIONE DEL PIANO** della figura finché coincide con il quadro

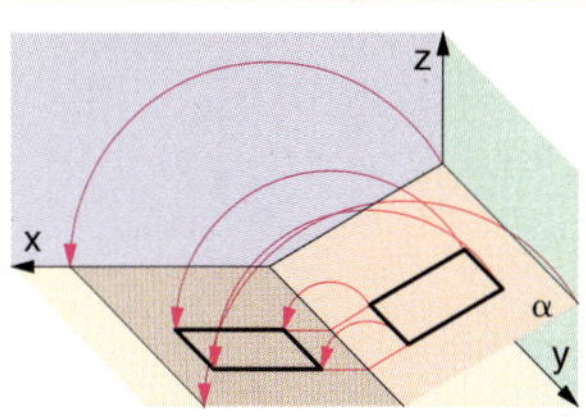

ottenendo → **VERA FORMA DELLA FIGURA** in proiezioni ortogonali

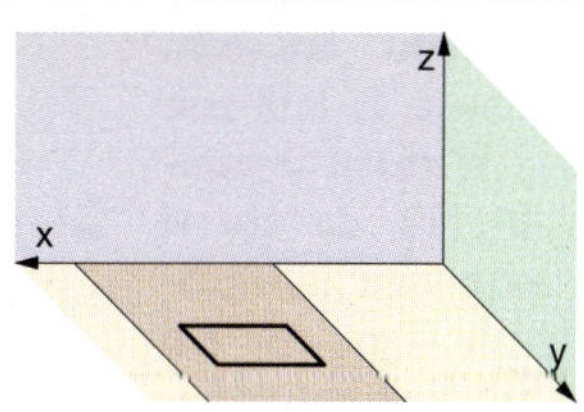

SVILUPPO → si applica a → **SUPERFICI ESTERNE** (facce) di un solido

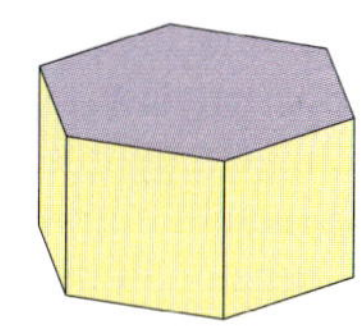

SVILUPPO → consiste in → **ROTAZIONI SUCCESSIVE DELLE FACCE**

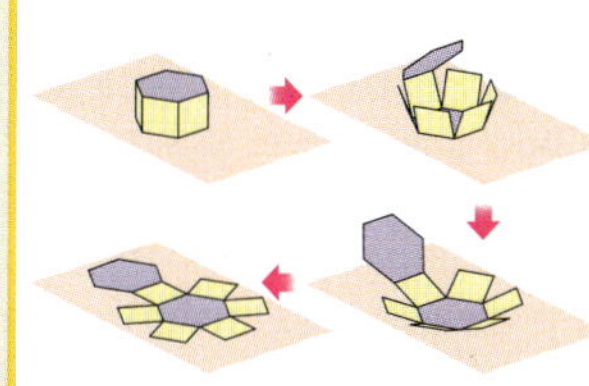

ottenendo → **VERA FORMA DELLE FACCE** disposte su un piano

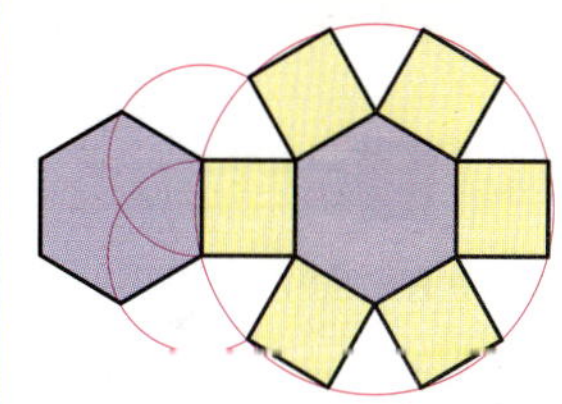

Conosci il ribaltamento?

Se una figura piana è inclinata rispetto alla direzione del nostro sguardo, la vediamo deformata. Per percepire la sua vera forma bisogna disporla su un piano perpendicolare allo sguardo.

Per esempio la pagina di un libro disposta in posizione inclinata si mostra deformata al nostro sguardo verticale; ma se la ruotiamo fino alla posizione orizzontale, si mostrerà nella sua vera forma.

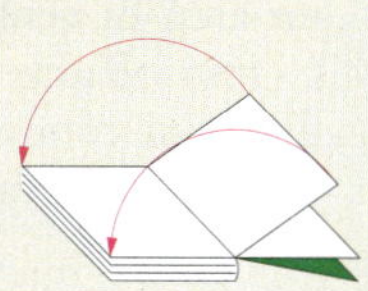

Conosci lo sviluppo?

Sicuramente sai che per realizzare una scatola di cartoncino non è necessario ritagliare tutte le facce della scatola e poi unirle; è molto più agevole disegnare sul cartoncino le diverse facce affiancate, quindi piegare lungo i margini delle figure e unire solo i lembi rimasti aperti.

A cosa serve conoscerlo?

Se in proiezioni ortogonali c'è una figura piana inclinata rispetto al quadro e ne vogliamo conoscere la vera forma, dobbiamo eseguirne il ribaltamento.

Per esempio se volessimo misurare la superficie di una falda del tetto di un edificio, con il ribaltamento ne avremo vera forma e misure.

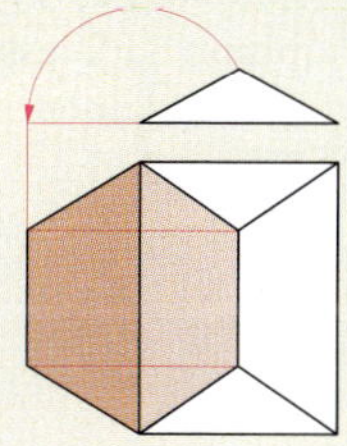

A cosa serve conoscerlo?

Questo metodo è utile se si vuole realizzare un contenitore oppure un modello geometrico in cartoncino; ma è anche indispensabile per chi lavora lamiere per produrre tubazioni o scatolati.

Il settore industriale del «packaging» realizza in questo modo ingegnosi involucri.

Ribaltamento e rotazione

Ribaltamento di figure piane

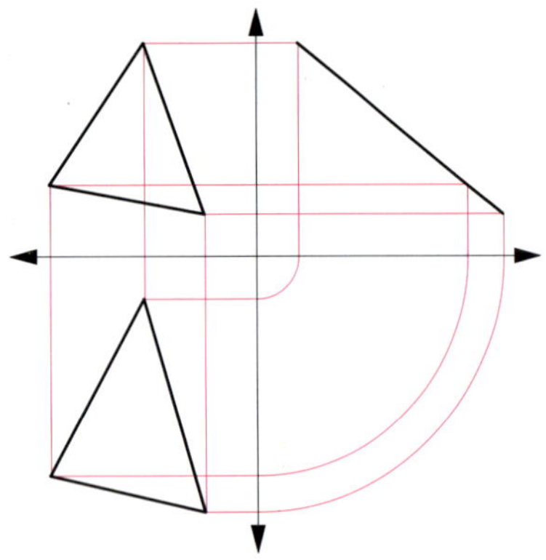

Spesso i solidi rappresentati in un disegno presentano alcune facce inclinate rispetto ai piani di riferimento; come è noto, infatti, le figure piane si presentano nella loro vera forma solo quando sono parallele al quadro. Nel caso di figure inclinate, le proiezioni ortogonali forniscono delle immagini deformate, o «di scorcio», e quindi non se ne può conoscere immediatamente la vera forma. Per esempio, dalle viste sopra riportate non si può dedurre la vera forma del triangolo rappresentato.

L'importanza del problema è evidente quando si debba realizzare l'oggetto rappresentato, avendo quindi ben chiare le caratteristiche formali e dimensionali di tutte le sue facce. Per trovare la **vera forma di una figura** piana disposta in modo qualsiasi ci si serve del **ribaltamento**: l'operazione di ribaltamento consiste nel ruotare la figura intorno alla traccia del piano cui essa appartiene, finché non si adagi sul piano di riferimento. In tale posizione essa mostra la sua vera forma.

Avendo a disposizione più quadri, il ribaltamento può essere realizzato a piacere su un quadro qualsiasi.

PROBLEMA 1 PASSO PASSO

Ribaltare sul piano xy un punto P appartenente a un piano α

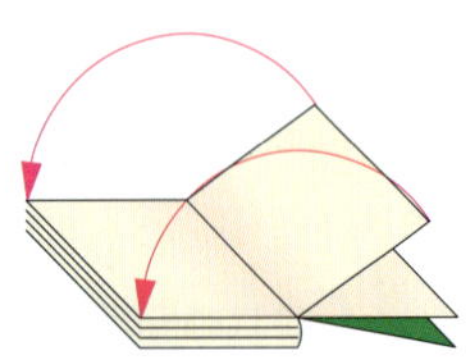

Il ribaltamento di P viene effettuato intorno alla t'α, intersezione di α con il piano xy, ed è quindi simile a quanto avviene sfogliando un libro. Durante il ribaltamento P, come ogni punto della pagina, percorre una traiettoria circolare.

Il piano α in questo caso è perpendicolare rispetto a xz e inclinato rispetto agli altri due quadri.

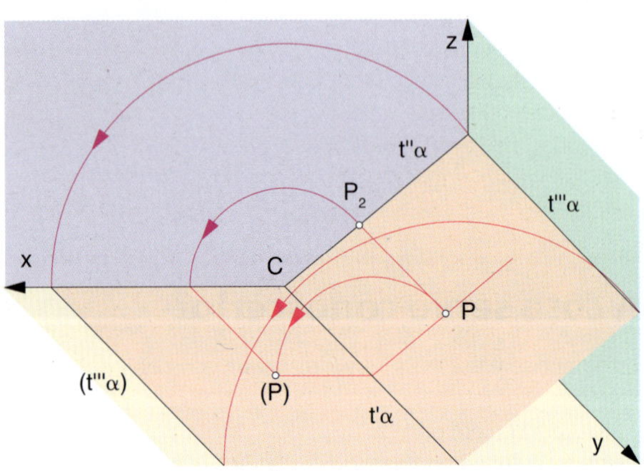

NOTA BENE

Gli elementi ribaltati si indicano con lettere tra parentesi.

1 In proiezioni ortogonali si disegna il piano α mediante le sue tracce.

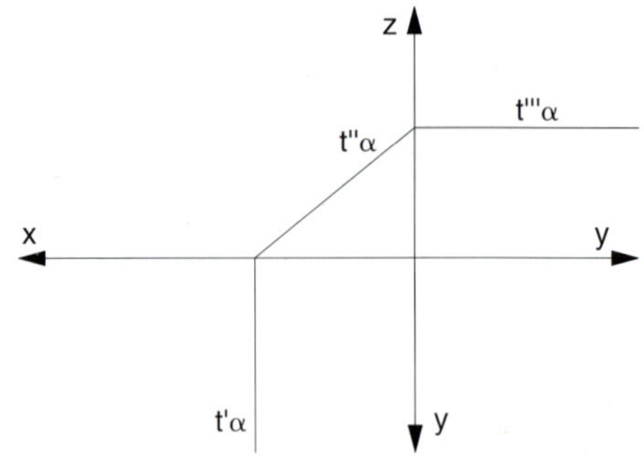

2 Si disegna poi il punto P. Poiché esso appartiene al piano α si trova sulla t''α.

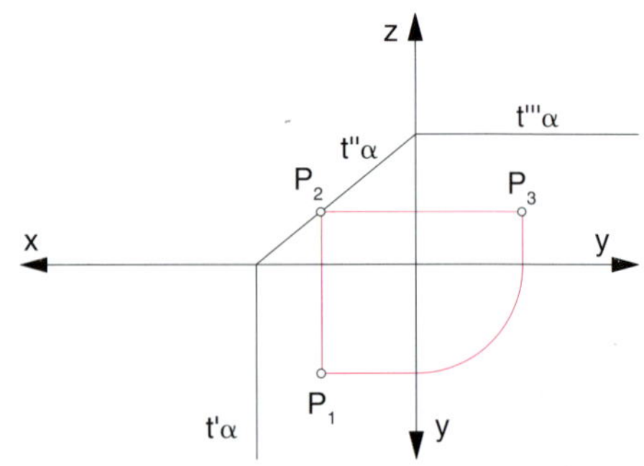

3 Per ottenere il ribaltamento del piano α si traccia un arco di centro C con apertura fino a T. Sull'asse x si trova il punto (T), da cui si conduce la verticale (t'''α) che è il ribaltamento della t'''α. La fascia compresa tra t'α e (t'''α) è il piano α ribaltato su xy.

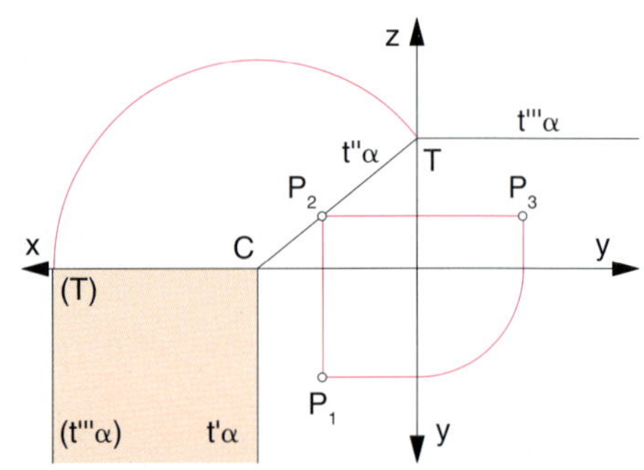

4 In modo analogo per ottenere il ribaltamento di P si traccia da P_2 un arco di centro C fino all'asse x; di qui si conduce una retta verticale.

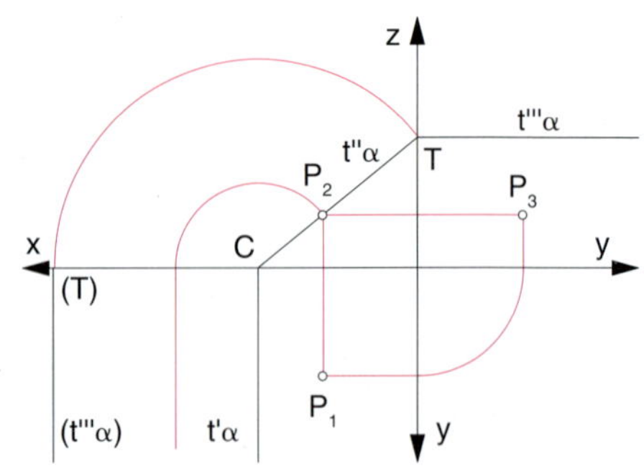

5 La verticale interseca la retta orizzontale per P_1 nel punto (P): esso è il ribaltamento di P su xy.

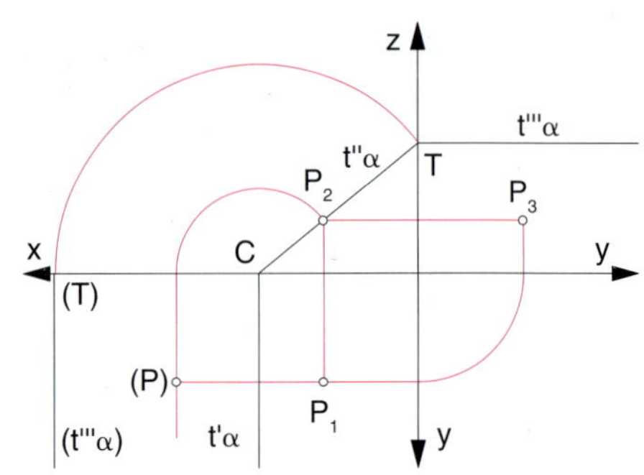

PROBLEMA 2

Ribaltare sul piano yz un triangolo PQR appartenente a un piano α

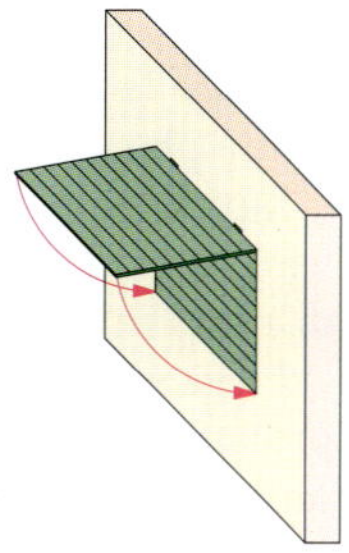

In questo caso la figura piana viene ribaltata sul piano yz insieme al piano α; pertanto la rotazione di α avviene intorno alla sua terza traccia t'''α. Tutti i punti della figura descrivono traiettorie circolari parallele al piano xz; i centri di questi cerchi si trovano sulla t'''α. In pratica il caso è simile a quello di una finestra a visiera o anche di una tapparella inclinata rispetto alla parete. Ruotando il serramento intorno alle sue cerniere essa si dispone sulla parete verticale e quindi appare nella sua vera forma.

Per ottenere il ribaltamento del triangolo in proiezioni ortogonali, si conducono dai vertici nella vista frontale degli archi di centro C (intersezione di t''α con t'''α). Dall'intersezione di questi archi con l'asse z, si tracciano delle rette parallele alla t'''α; dove queste rette incontrano le corrispondenti verticali per i vertici della vista da sinistra, si determinano i vertici ribaltati. Congiungendo questi ultimi punti si ottiene la vera forma del triangolo dato.

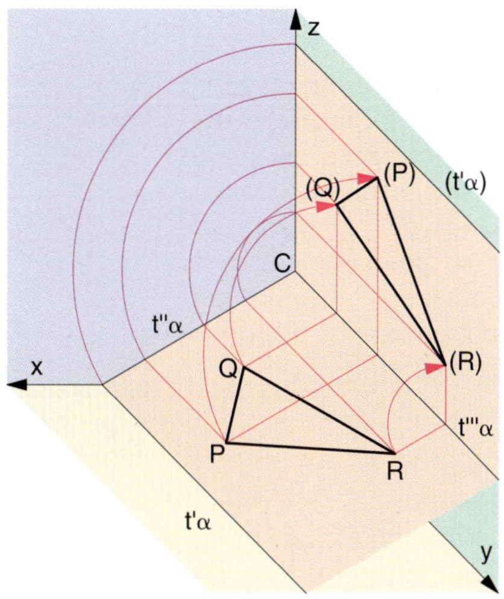

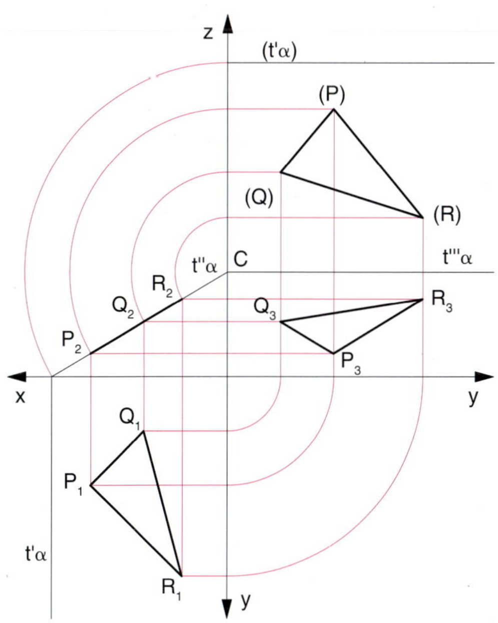

PROBLEMA 3

Ribaltare sul piano xz un rettangolo appartenente a un piano α

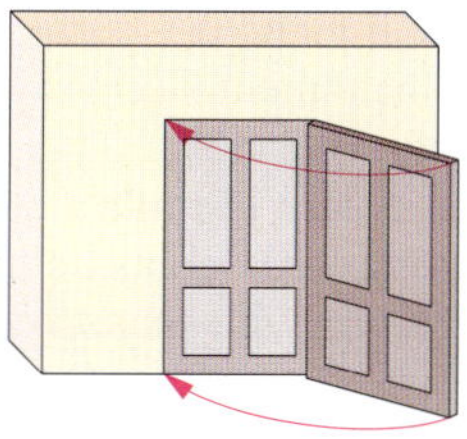

Il piano α è in questo caso perpendicolare al piano xy; durante il ribaltamento su xz, tutti i suoi punti percorrono traiettorie circolari parallele al piano xy. I centri di queste traiettorie si trovano sulla t''α.

Il caso è analogo a quello di una porta dischiusa che viene fatta ruotare fino alla chiusura. Quando essa si trova sul piano della parete, mostra la sua vera forma nella vista anteriore.

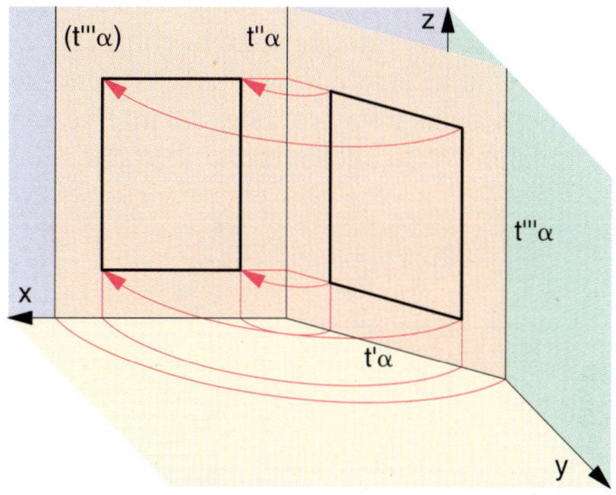

Centrando nel punto d'intersezione tra t'α e t''α, si tracciano degli archi passanti per i punti della vista dall'alto. Dall'intersezione di questi archi con l'asse x si conducono delle rette verticali. Queste rette incontrano le corrispondenti rette orizzontali passanti per i punti della vista frontale: i punti d'intersezione sono i vertici del rettangolo ribaltato.

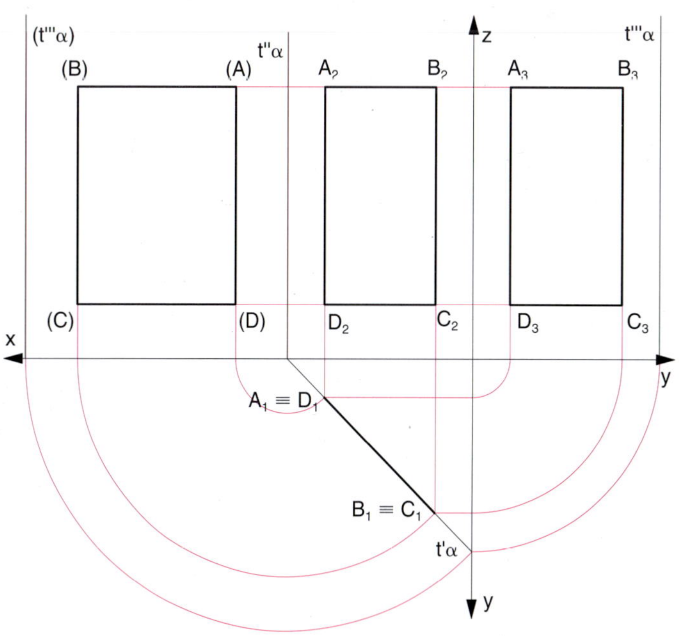

GLOSSARIO

La **finestra a visiera** è quella che presenta una cerniera nel lato superiore.

PROBLEMA 4

Ribaltare sul piano xz un rettangolo appartenente a un piano α

Se il piano α è perpendicolare al quadro yz, il ribaltamento genera delle traiettorie circolari parallele al piano yz.

Il caso è simile a quello di una ribaltina che durante la chiusura segue traiettorie circolari intorno allo spigolo delle cerniere.

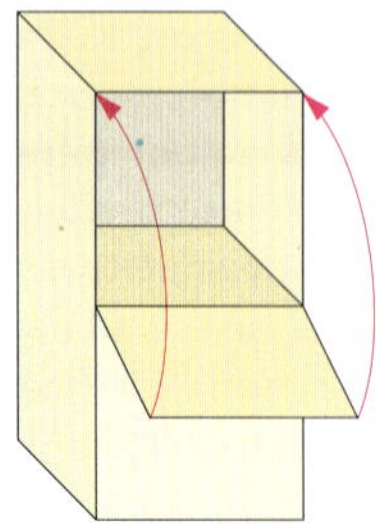

Per ottenere il rettangolo ribaltato, dai suoi punti della vista da sinistra si conducono degli archi aventi come centro l'intersezione tra t'''α e t''α. Dall'intersezione di questi archi con l'asse z si tracciano rette orizzontali: esse intersecano le corrispondenti rette verticali condotte dai punti della vista frontale. All'intersezione di queste rette si determinano i vertici della figura ribaltata.

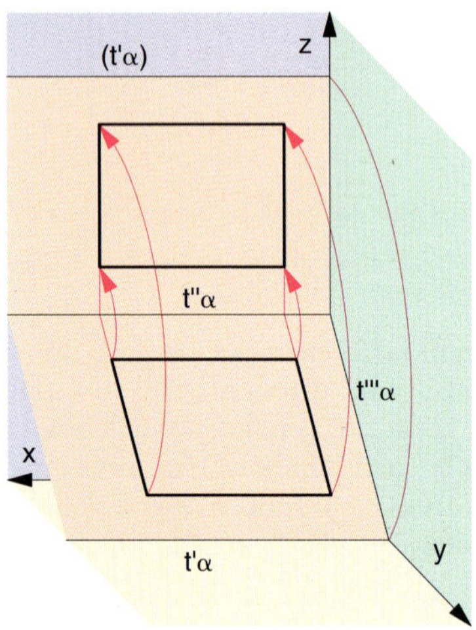

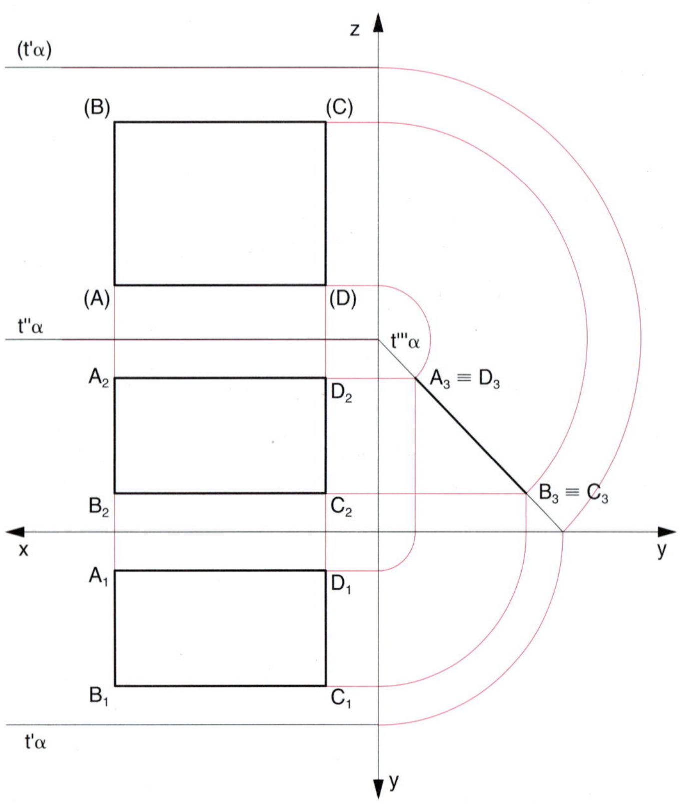

Proiezioni ortogonali ricavate da ribaltamento della vera forma

Il metodo del ribaltamento come si è visto consente di ottenere la vera forma di figure piane disposte su piani inclinati rispetto ai quadri. Usando però il ribaltamento in modo inverso si possono ricavare le proiezioni ortogonali a partire dalla vera forma di una figura piana.

Il problema è particolarmente ricorrente nei disegni di rilievo dal vero, quando si conosce la vera forma di una facciata che però è disposta in posizione inclinata rispetto al quadro.

I legami tra vera forma e proiezioni sono gli stessi evidenziati nei problemi precedenti; linee di riporto parallele alle tracce e archi uniscono le viste alla vera forma.

PROBLEMA 5 PASSO PASSO

Disegnare la vista frontale e da sinistra di un esagono regolare giacente su un piano perpendicolare a xz e inclinato rispetto agli altri due

Della figura conosciamo la vera forma (esagono regolare), che disegniamo su un quadro, in questo caso il piano yz. Ribaltando la figura intorno alla t'''α possiamo disporla sul piano α e quindi rappresentarla in proiezioni ortogonali.

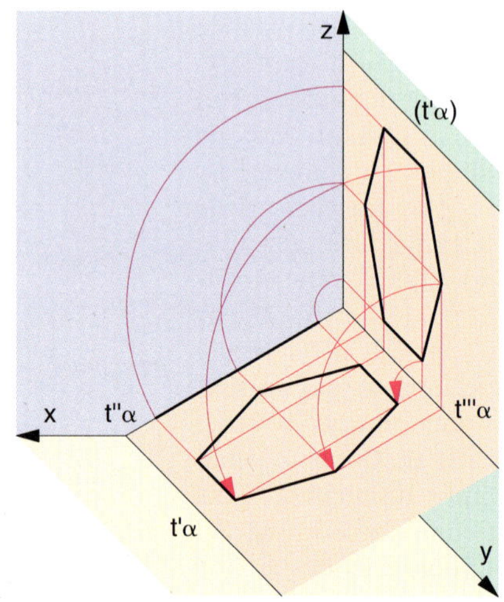

1 In proiezioni ortogonali si disegna il piano α mediante le sue tracce e sul piano yz si traccia l'esagono in vera forma.

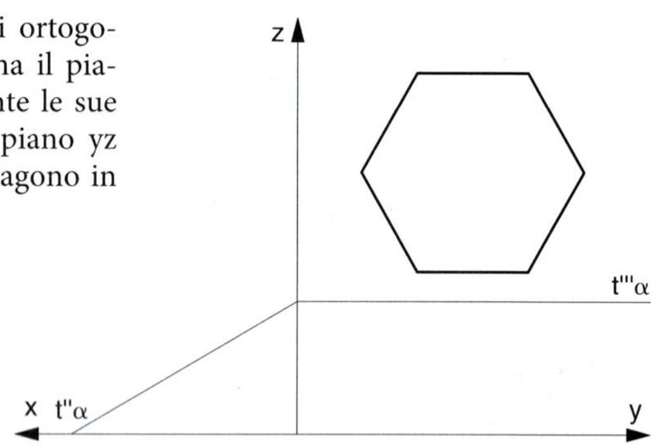

2 Si riportano i vertici dell'esagono con orizzontali fino a z e di qui archi fino alla t''α. Dai punti sulla t''α si tracciano orizzontali fino a intersecare le corrispondenti verticali condotte dai vertici dell'esagono, ottenendone la vista da sinistra.

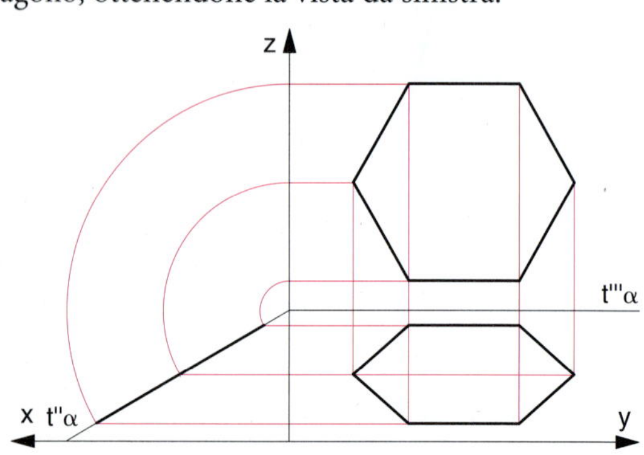

PROBLEMA 6

Disegnare la vista frontale di una figura piana verticale, ma inclinata rispetto al piano xz

Si disegnano le tracce del piano cui appartiene la figura; quindi si ribalta il piano stesso su un quadro (in questo caso sul piano xz). Sul piano ribaltato, cioè tra le rette t''α e (t'''α), si delinea la vera forma della figura. Dai punti della vera forma si conducono linee di riporto orizzontali e verticali; queste ultime proseguono con archi concentrici fino alla t'α, da cui partono linee di riporto verticali. All'intersezione tra le corrispondenti linee di riporto si determinano i punti della vista frontale.

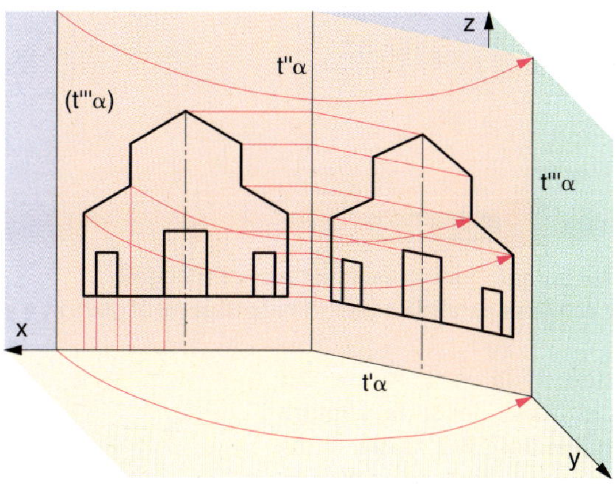

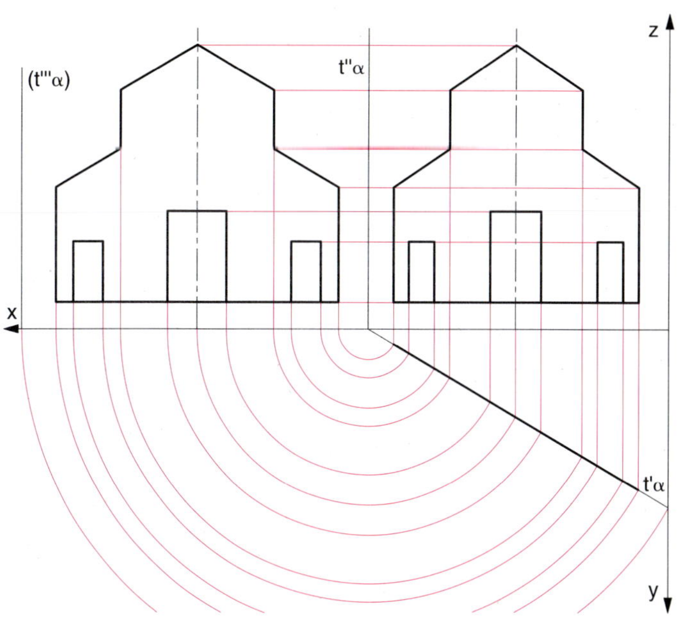

PROBLEMA 7

Disegnare la vista frontale di un arco disposto su un piano verticale, ma inclinato rispetto al piano xz

Il problema è analogo al precedente, ma può essere risolto anche ribaltando il piano su xy. In questo caso le semicirconferenze vengono disegnate nella porzione di piano racchiusa da t'α e (t''α). Trattandosi di linee curve, si prendono sulle circonferenze dei punti (in questo caso essi sono 7, mediante divisione in parti uguali). Dai singoli punti si conducono linee e archi di riporto che determinano i punti delle curve che appaiono nella vista frontale. Mediante il curvilineo si uniscono questi punti, evitando discontinuità e cuspidi.

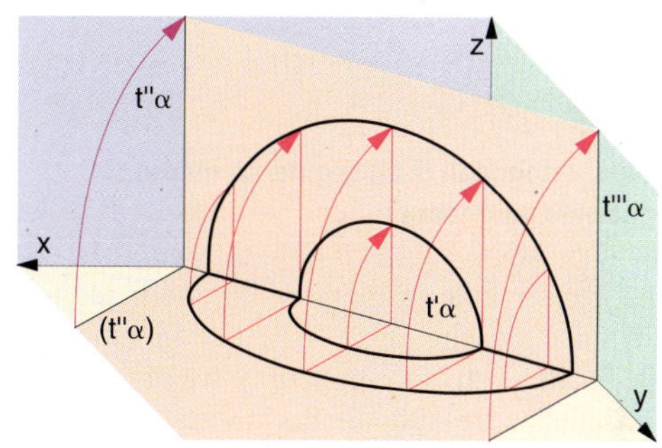

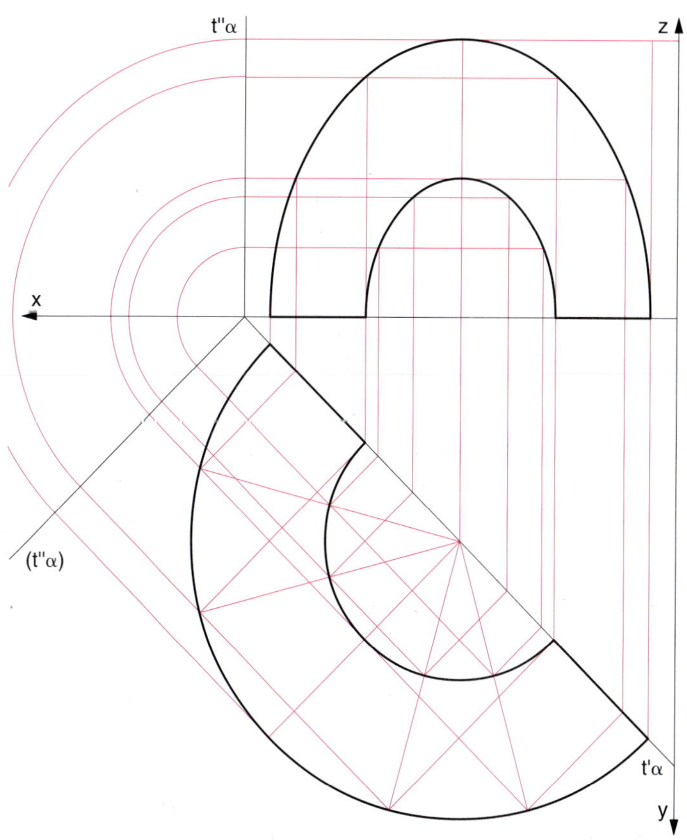

Video *Uso del curvilineo per curve simmetriche*

SUGGERIMENTO PRATICO

Poiché l'ellisse presenta due assi di simmetria, si può sfruttare questa caratteristica per disegnarla con precisione. Per esempio se si dovesse tracciare una semiellisse, come nel Problema 7, si trova il tratto di curvilineo adatto a congiungere i punti di un quarto di ellisse; quindi si rovescia la mascherina e si disegna l'altro arco di ellisse con lo stesso tratto di curvilineo.

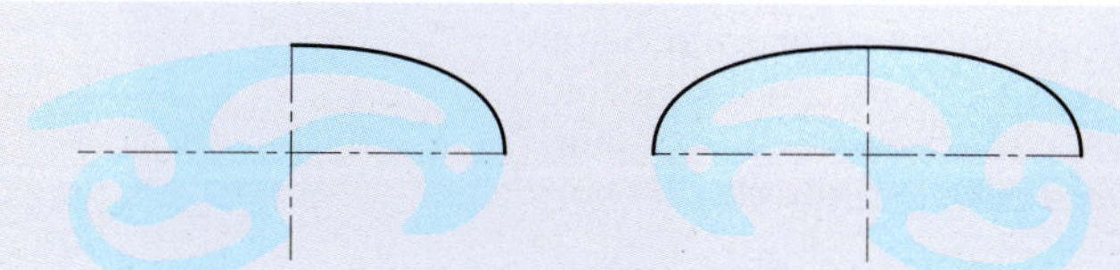

Rotazione di figure piane

Il metodo della **rotazione** è molto simile a quello del ribaltamento; esso consiste nel far ruotare una figura piana intorno a un lato oppure a una sua retta (asse di simmetria, diametro ecc.) finché non si dispone parallelamente a un quadro. In questa posizione la figura mostra la sua vera forma nella vista in proiezione ortogonale sul quadro a cui è parallela. Il fine della rotazione è lo stesso del ribaltamento: dalle proiezioni ortogonali ottenere la vera forma, oppure viceversa.

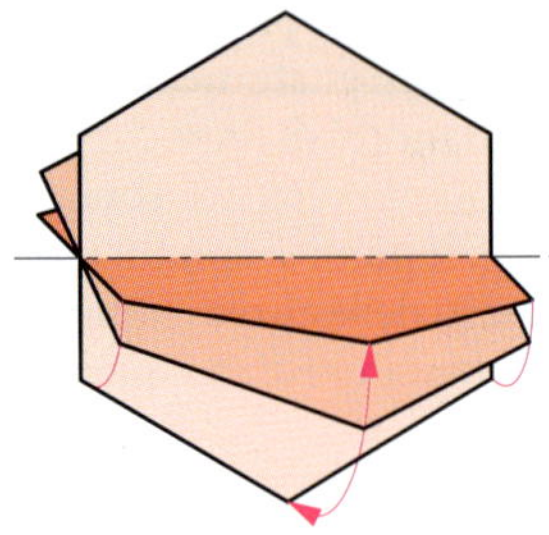

PROBLEMA 8

Dalle proiezioni ortogonali di un segmento qualsiasi ricavare la sua vera lunghezza

Il problema è risolvibile immaginando che il segmento sia la generatrice di un cono che abbia il vertice in un estremo e la base passante per l'altro estremo; inoltre si sceglie come asse del cono una retta parallela a un asse di riferimento. Quindi si fa ruotare il segmento sulla superficie conica finché non si disponga in posizione parallela a un quadro. La vista su questo quadro fornisce il segmento in vera lunghezza.

- **Modalità A**: si immagina di far ruotare il segmento lungo la superficie di un cono avente come asse la retta verticale passante per B e la base passante per A.

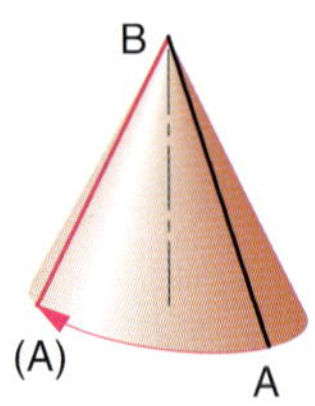

Con centro in B_1 si traccia un arco per A_1 fino a intersecare l'orizzontale per B_1 (verso sinistra), ottenendo il punto (A_1). Di qui si conduce la verticale che interseca la retta orizzontale per A_2 nel punto (A_2). Il segmento $B_2(A_2)$ dà la vera lunghezza del segmento AB.

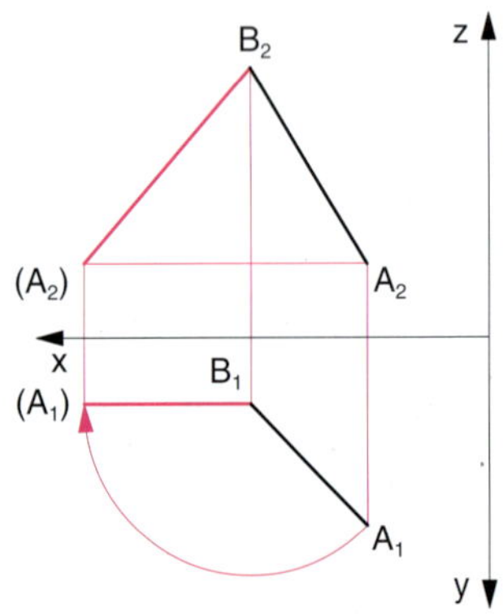

Stesso risultato si può ottenere tracciando l'arco di centro in B_1 verso destra fino a intersecare l'orizzontale per B_1. Si ottiene (A_1) e di qui con un riporto verticale si ricava (A_2). Si ha così il segmento $B_2(A_2)$ che fornisce la vera lunghezza del segmento AB.

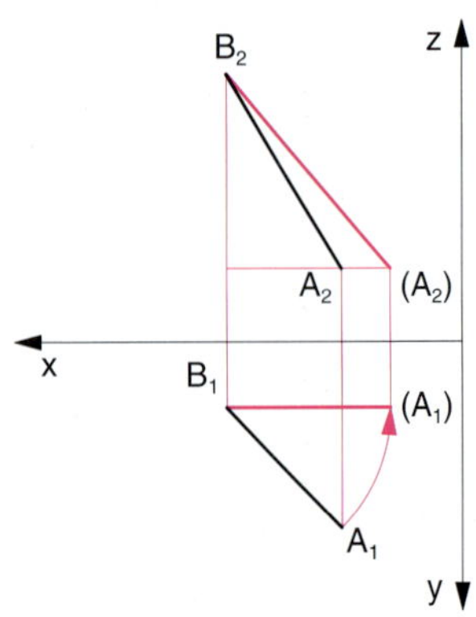

- **Modalità B**: si può anche ruotare il segmento lungo la superficie di un cono che abbia per asse la retta per A e parallela a y.

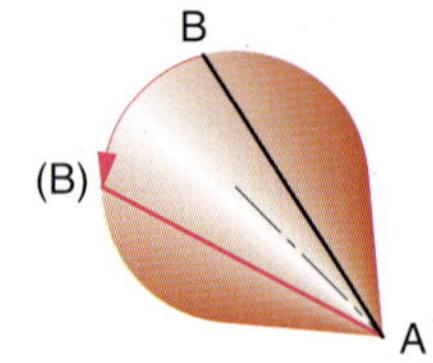

L'arco di centro A_2 e passante per B_2 interseca la retta orizzontale per A_2 in (B_2). Di qui si conduce la verticale che interseca l'orizzontale per B_1 nel punto (B_1). Congiungendo (B_1) con A_1 si ha la vera lunghezza del segmento.

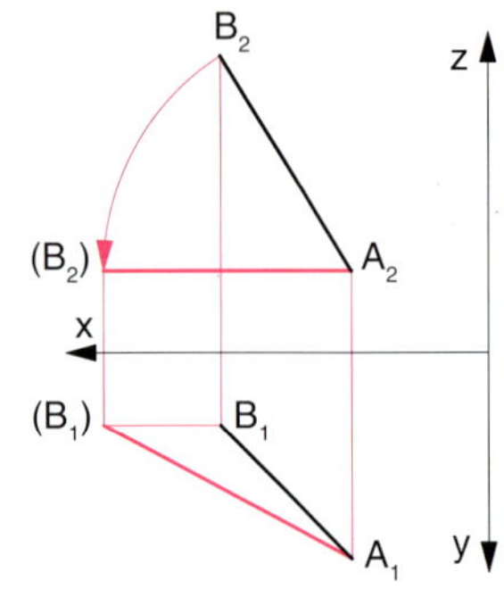

PROBLEMA 9 PASSO PASSO

Disegnare per rotazione la vera forma di un triangolo isoscele con base parallela a y e inclinato rispetto ai piani xy e yz

Per ottenere la vera forma del triangolo ABC, lo si fa ruotare intorno alla base BC, finché si dispone orizzontalmente (parallelo al piano xy); in questo modo la sua vista dall'alto fornisce la vera forma.

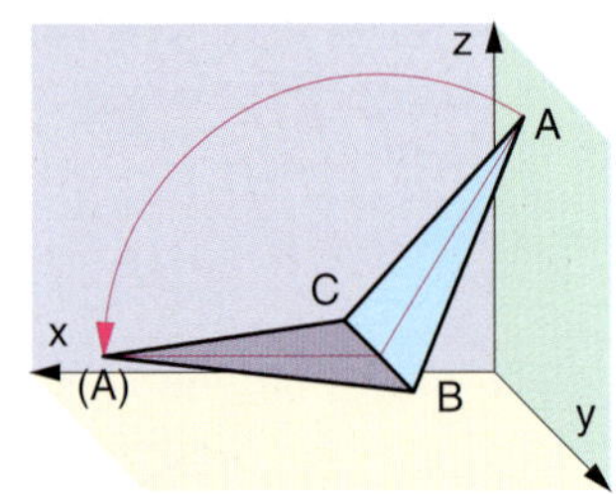

1 Disegnate le due viste del triangolo, si traccia un arco di centro $B_2 \equiv C_2$ fino a intersecare l'orizzontale per lo stesso punto $B_2 \equiv C_2$. Si ottiene il punto (A_2).

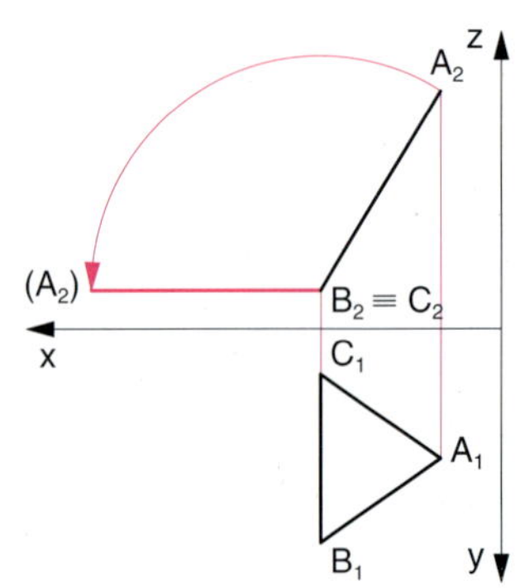

2 Da (A_2) si conduce la verticale che interseca l'orizzontale per A_1 nel punto (A_1).
Il triangolo $(A_1)B_1C_1$ fornisce la vera forma del triangolo dato.

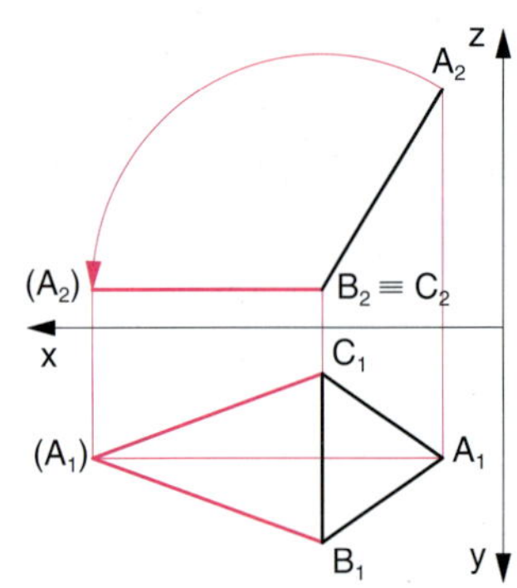

PROBLEMA 10

Disegnare per rotazione la vera forma di un trapezio perpendicolare al piano yz e inclinato rispetto agli altri piani di riferimento

Tra le diverse possibili rotazioni del trapezio, se ne illustrano due.

La prima si realizza ruotando il trapezio intorno al lato AB finché non si trovi in posizione verticale. Nella vista da sinistra si traccia un arco di centro in $B_3 \equiv A_3$. Dall'intersezione con la verticale passante per il centro stesso si traccia una linea di riporto orizzontale. Essa interseca le verticali per C_2 e D_2 nei punti (C_2) e (D_2). Questi ultimi punti, insieme ad A_2 e B_2, sono i vertici del trapezio in vera forma.

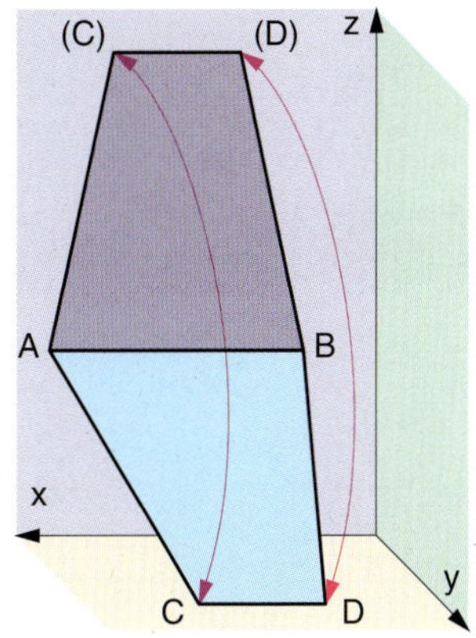

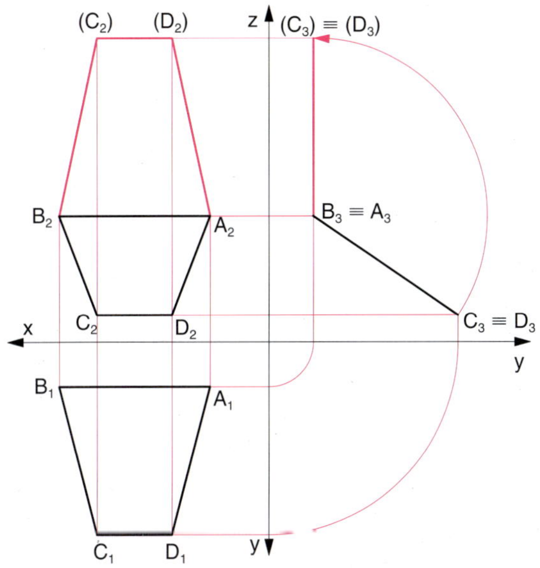

Una seconda soluzione si realizza mediante rotazione intorno al lato AB finché il trapezio non si trovi in posizione orizzontale. Dalla vista da sinistra si opera una rotazione del segmento in posizione orizzontale e quindi si conduce la linea di riporto verso la vista dall'alto, nella quale si determinano i punti (C_1) e (D_1): insieme ad A_1 e B_1, essi determinano la vera forma del trapezio.

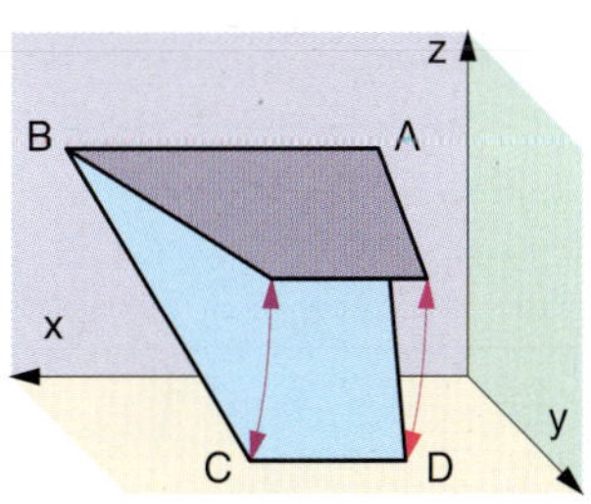

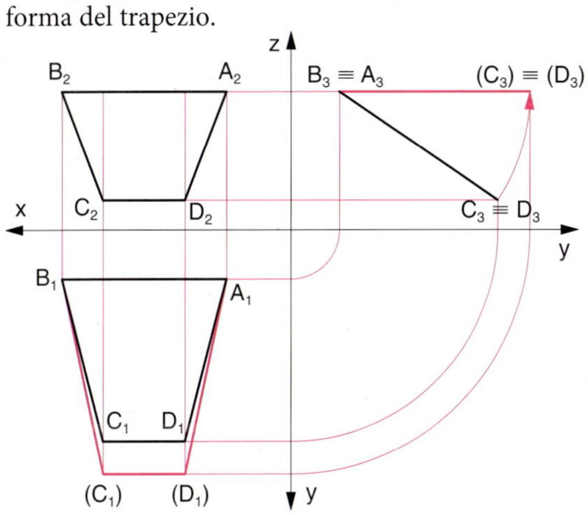

PROBLEMA 11

Disegnare le proiezioni ortogonali di un cerchio perpendicolare al piano xy e inclinato rispetto agli altri

In questo problema si conosce la vera forma (un cerchio) da cui pertanto si inizia il disegno. Il cerchio può essere disegnato solo a metà, perché simmetrico rispetto a un suo diametro. Inoltre esso viene rappresentato in posizione ruotata, sia nella vista dall'alto sia nella vista frontale. Dividendo il semicerchio in parti uguali si determinano dei punti dai quali si conducono linee di riporto; all'intersezione delle linee corrispondenti si trovano i punti dell'ellisse che rappresenta il cerchio nella vista frontale. La terza vista si ricava dai punti dell'ellisse nelle altre due viste.

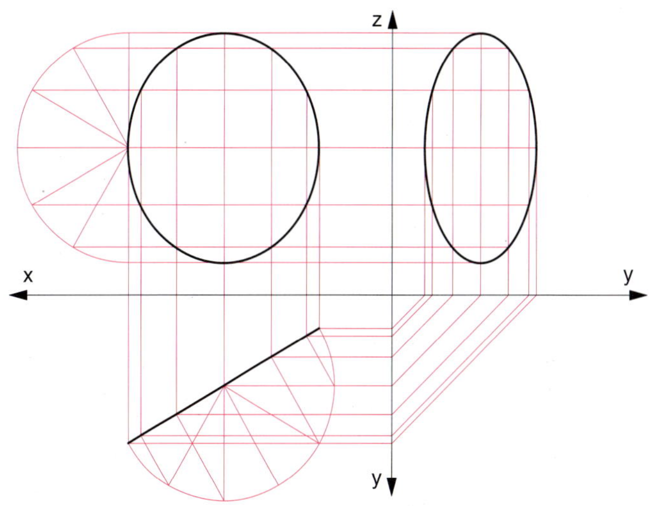

PROBLEMA 12

Disegnare le proiezioni ortogonali di un cilindro con asse parallelo al piano xz e inclinato rispetto agli altri

Come nel problema precedente si disegnano due semicerchi in vera forma (nella vista frontale e in quella da sinistra); da essi si ricavano le viste di una base del cilindro. I punti della prima base sono poi traslati parallelamente all'asse del cilindro, ricavando i punti della seconda base.

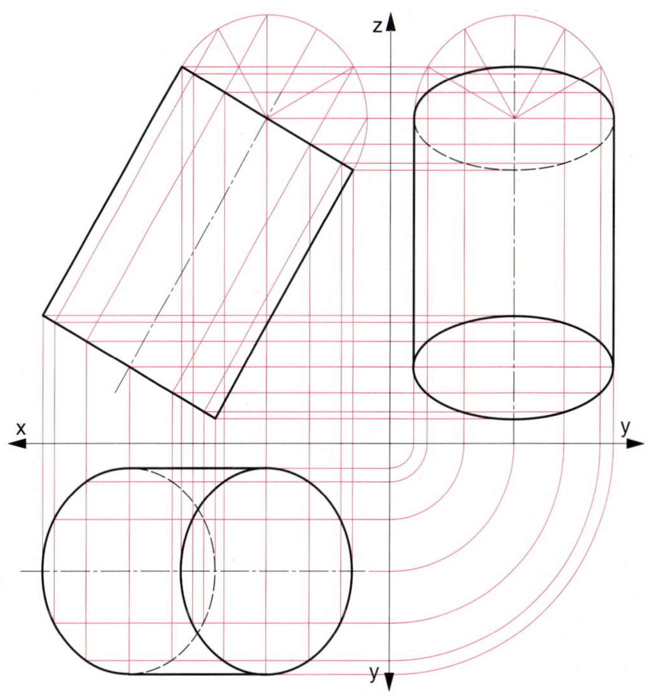

PROBLEMA 13

Disegnare le proiezioni ortogonali di una piramide esagonale con base perpendicolare a yz e inclinata di 45° rispetto a xy

Realizzando la rotazione di una figura piana si può operare in modo lievemente diverso dai problemi precedenti. In questo caso si disegna la base esagonale in posizione orizzontale sia nella vista dall'alto sia nella vista da sinistra. In quest'ultima si esegue la rotazione intorno al lato AB dell'esagono, servendosi di archi di centro $A_3 \equiv B_3$. Dai vertici così ruotati si ricavano le viste dall'alto e frontale dell'esagono ruotato. Tornando alla vista da sinistra si disegna l'altezza della piramide, individuando così il vertice in terza proiezione, da cui si ricavano le sue altre viste. Per completare il disegno si tracciano gli spigoli mancanti, ponendo attenzione a quelli che risultano nascosti (da eseguire con linea a tratti).

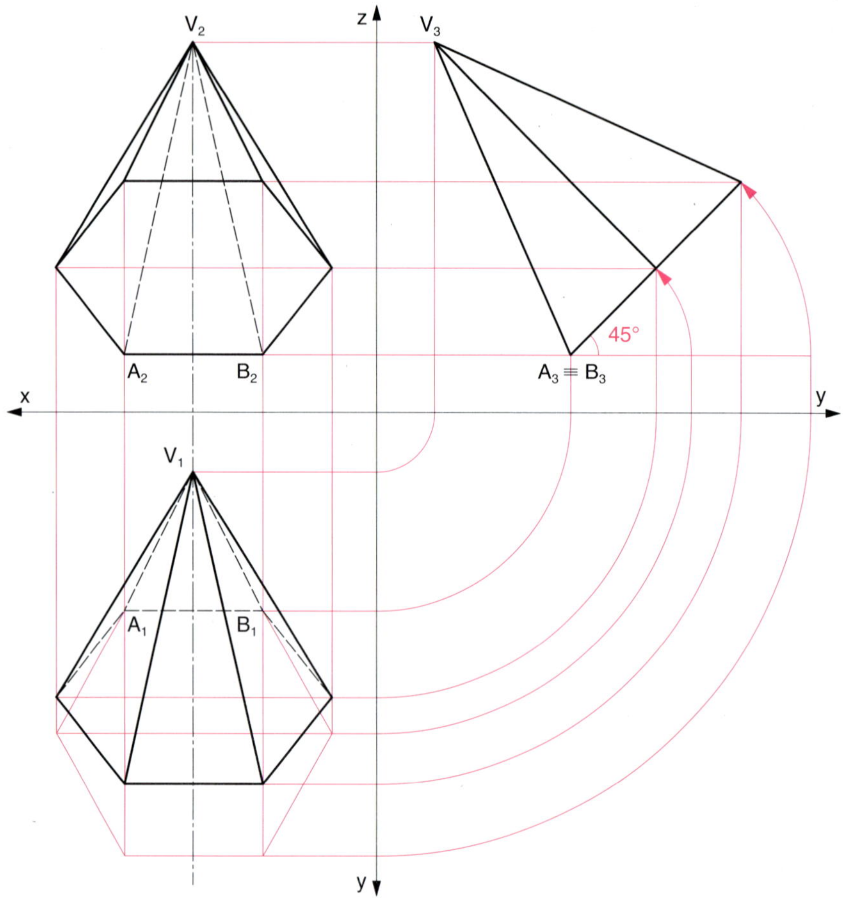

PROBLEMA 14

Disegnare le proiezioni ortogonali di un prisma ottagonale con base perpendicolare a xy e inclinata di 60° rispetto a xz

Analogamente al problema precedente si disegnano due viste (frontale e dall'alto) della base ottagonale, disponendola su un piano parallelo a xz, quindi in vera forma nella vista frontale. Nella vista dall'alto si esegue la rotazione di 60° intorno a una verticale passante per il vertice A. Mediante linee di riporto verticali dai punti così ruotati, si ottengono le viste frontali degli stessi all'intersezione delle orizzontali condotte dall'ottagono in vista frontale; per esempio da B_1 si ottiene B_2 sulla orizzontale per (B). Mediante segmenti lunghi quanto l'altezza del prisma e perpendicolari ad A_1B_1, si ricava la seconda base nella vista dall'alto; da questa si conducono linee di riporto verticali che determinano la vista frontale. Definite due viste del prisma, se ne ricava la terza con il procedimento solito.

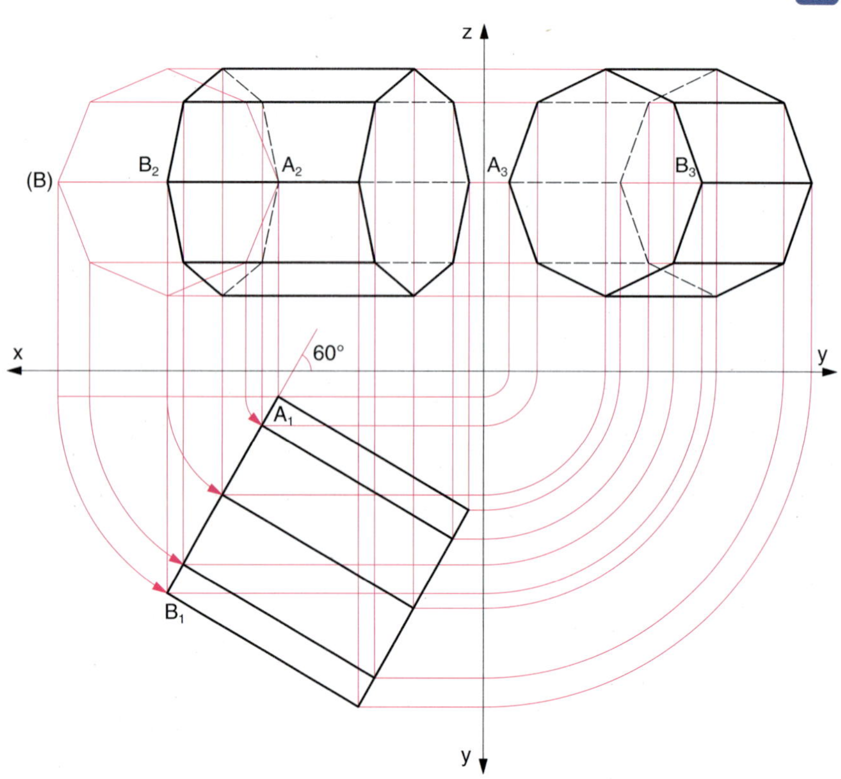

PROBLEMA 15 GUIDATO

Disegnare le proiezioni ortogonali di un tetraedro regolare

Le facce del tetraedro regolare sono triangoli equilateri.

Essendo noto solo il lato del tetraedro, si può procedere nel modo seguente.

1. Nella vista dall'alto si disegna un triangolo equilatero di lato uguale a quello del tetraedro.
2. Nella vista dall'alto si individua il vertice C_1 mediante le mediane e quindi la faccia $A_1B_1C_1$.
3. Questa faccia ha la forma di un triangolo equilatero, che si disegna a partire da A_1 e B_1, trovando così (C_1), che è la rotazione di C_1.
4. Con le verticali da B_1 e da (C_1) si trovano $A_2 \equiv B_2$ e (C_2).
5. Con un arco di centro $A_2 \equiv B_2$ e passante per (C_2), si trova il punto C_2 sulla verticale per C_1, ottenendo così la vista frontale del tetraedro.
6. Dalle due viste trovate si ricava la vista da sinistra.

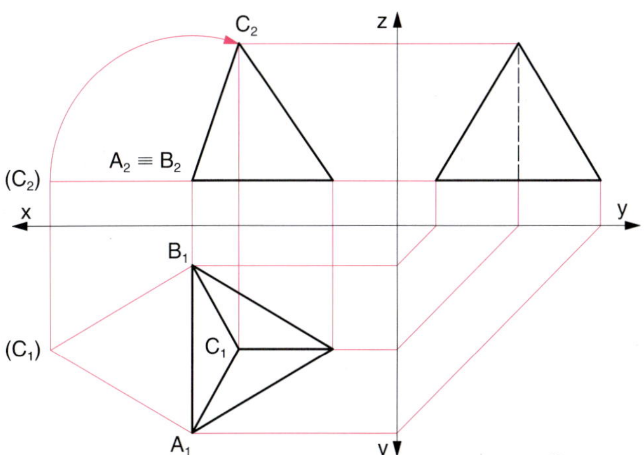

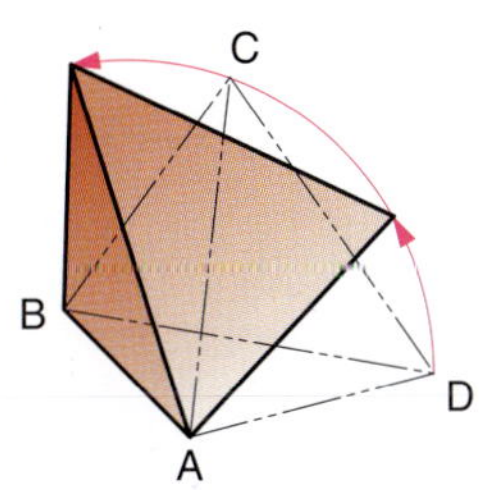

Per rappresentare il tetraedro in posizione inclinata, ruotandolo intorno allo spigolo AB, si può notare che i vertici C e D descrivono una traiettoria circolare parallela al quadro xz. Quindi si opera nel modo seguente.

1. Si disegnano le viste del tetraedro come già visto sopra.
2. Si ruota di un angolo a piacere (in figura, 30°) la vista frontale con un arco di centro $A_2 \equiv B_2$ passante per C_2; con due raggi di questo arco che formino l'angolo scelto con i lati da ruotare, si trovano i vertici ruotati.
3. Dalla vista frontale si ricava la nuova vista dall'alto mediante linee di riporto e la retta orizzontale condotta da C_1 e D_1; essa è la traiettoria di questi vertici durante la rotazione.
4. La vista da sinistra si ricava dalle due viste già disegnate.

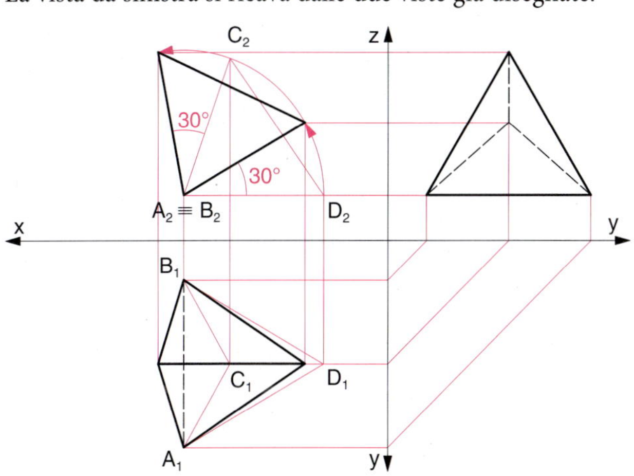

PROBLEMA 16 GUIDATO

Disegnare le proiezioni ortogonali di un ottaedro regolare

È da ricordare che le facce dell'ottaedro regolare sono triangoli equilateri.

Per disegnarlo più comodamente lo si può disporre in modo che l'asse sia verticale e quattro spigoli risultino paralleli agli assi x e y.

1. Nella vista dall'alto si disegna un quadrato di lato uguale a quello dell'ottaedro; con le sue diagonali si individua la faccia $A_1B_1C_1$.
2. Questa faccia ha la forma di un triangolo equilatero, che si disegna a partire da A_1 e B_1, trovando così (C_1), che è la rotazione di C_1.
3. Con le verticali da B_1 e da (C_1) si trovano $A_2 \equiv B_2$ e (C_2).
4. Con un arco di centro $A_2 \equiv B_2$ e passante per (C_2), si trova il punto C_2 sulla verticale per C_1.
5. Con il punto simmetrico di C_2 si può completare la vista frontale.
6. Dalle due viste così ottenute si ricava la terza.

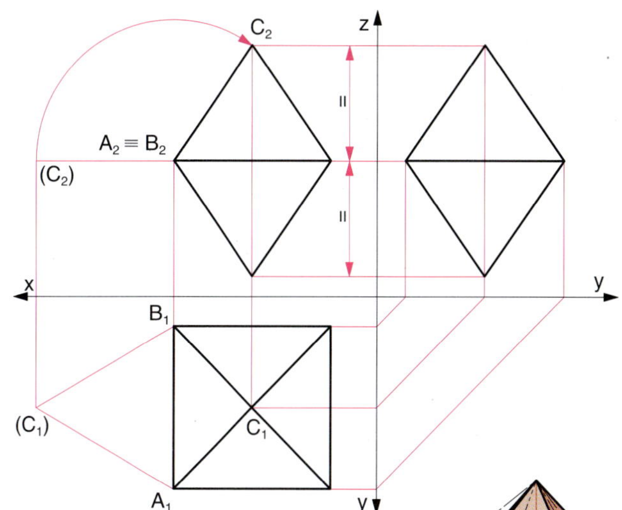

Volendo rappresentare l'ottaedro ruotato intorno al suo asse verticale di un angolo qualsiasi, si può notare che i vertici del quadrato ruotano su una circonferenza orizzontale.

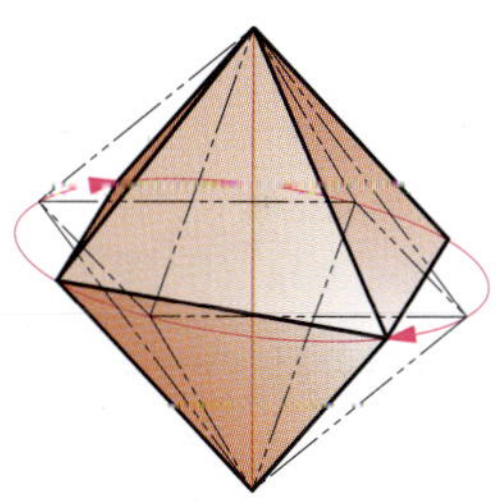

1. Si disegnano le viste come indicato sopra.
2. Si ruota di un angolo a piacere la vista dall'alto.
3. Dalla vista dall'alto si ricava la nuova vista frontale con linee di riporto.
4. La vista da sinistra si ottiene dalle due viste già disegnate.

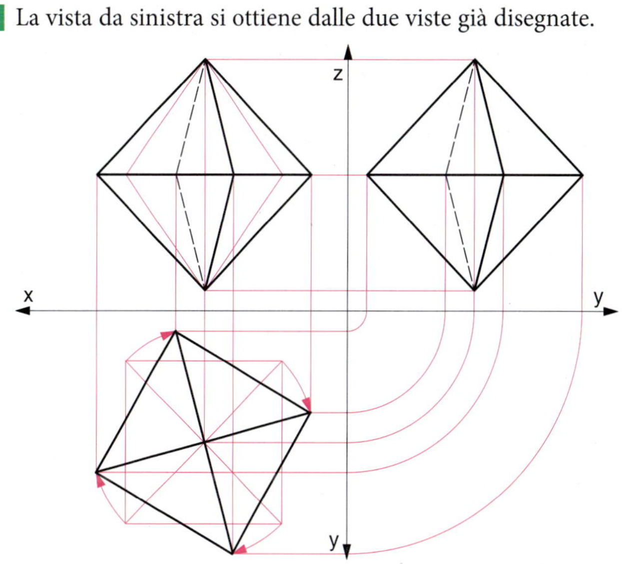

Rotazioni successive di solidi

I precedenti Problemi 15 e 16 ci hanno mostrato come si possono ottenere le viste di un solido inclinato rispetto a due quadri; partendo dalle viste in posizione parallela ai quadri, si realizza una rotazione che crea un movimento di alcuni vertici lungo traiettorie circolari disposte parallelamente a un quadro.

Se il solido fosse inclinato rispetto a diversi quadri, si parte dalle viste del solido disposto con facce parallele o perpendicolari rispetto ai quadri; quindi si opera una prima rotazione con spostamento di alcuni vertici lungo traiettorie circolari su piani paralleli a un quadro. In modo analogo si realizza una ulteriore rotazione fino alla posizione desiderata.

PROBLEMA 17 GUIDATO

Disegnare le viste di un cubo con due facce inclinate di 30° rispetto a xy e con due facce inclinate di 45° rispetto a xz

1. Si disegnano le viste del cubo disposto con le facce parallele ai quadri.
2. Si ruota la vista frontale di 30° servendosi di un arco di circonferenza con centro in A_2; dai vertici del quadrato ruotato si ricava la nuova vista dall'alto con linee di riporto che incontrano le orizzontali condotte dalla vista dall'alto iniziale.
3. Si ruota la vista dall'alto di 45° mediante archi di circonferenza con centro in B_1; durante questa rotazione i vertici del solido descrivono traiettorie circolari appartenenti a piani paralleli al quadro xy, quindi nella vista frontale esse appaiono come rette orizzontali. Pertanto nella definitiva vista frontale i vertici del solido si ottengono con linee di riporto condotte dalla vista dall'alto, che intersecano le rette orizzontali condotte dai corrispondenti vertici della precedente vista frontale.

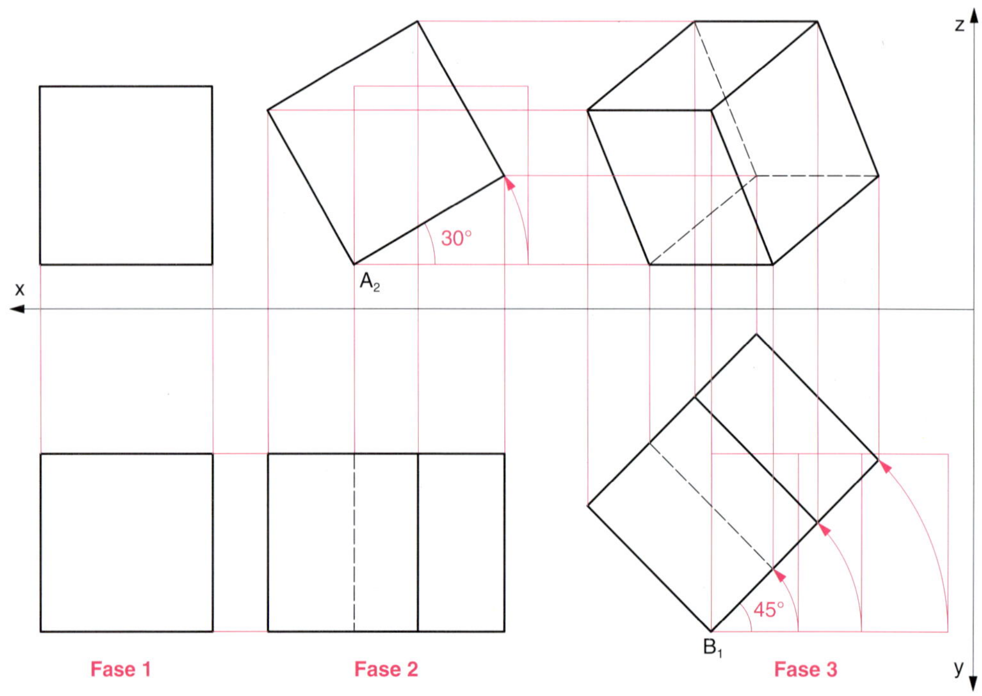

PROBLEMA 18 GUIDATO

Disegnare le viste di un prisma triangolare con una faccia laterale inclinata di 45° rispetto a xz e le basi inclinate di 30° rispetto a xy

1. Si disegnano le viste del prisma disposto con le basi parallele al piano xy.
2. Si ruota la vista dall'alto di 45° servendosi di archi di circonferenza con centro in A_1; dai vertici del triangolo ruotato si ricava la nuova vista frontale con linee di riporto che incontrano le orizzontali condotte dall'iniziale vista frontale.
3. Si ruota la vista frontale di 30° mediante archi di circonferenza con centro in B_2; durante questa rotazione i vertici del solido descrivono traiettorie circolari appartenenenti a piani paralleli al quadro xz, quindi nella vista dall'alto esse appaiono come rette orizzontali. Pertanto nella definitiva vista dall'alto i vertici del solido si ottengono con linee di riporto condotte dalla vista frontale, che intersecano le rette orizzontali condotte dai corrispondenti vertici della precedente vista dall'alto.

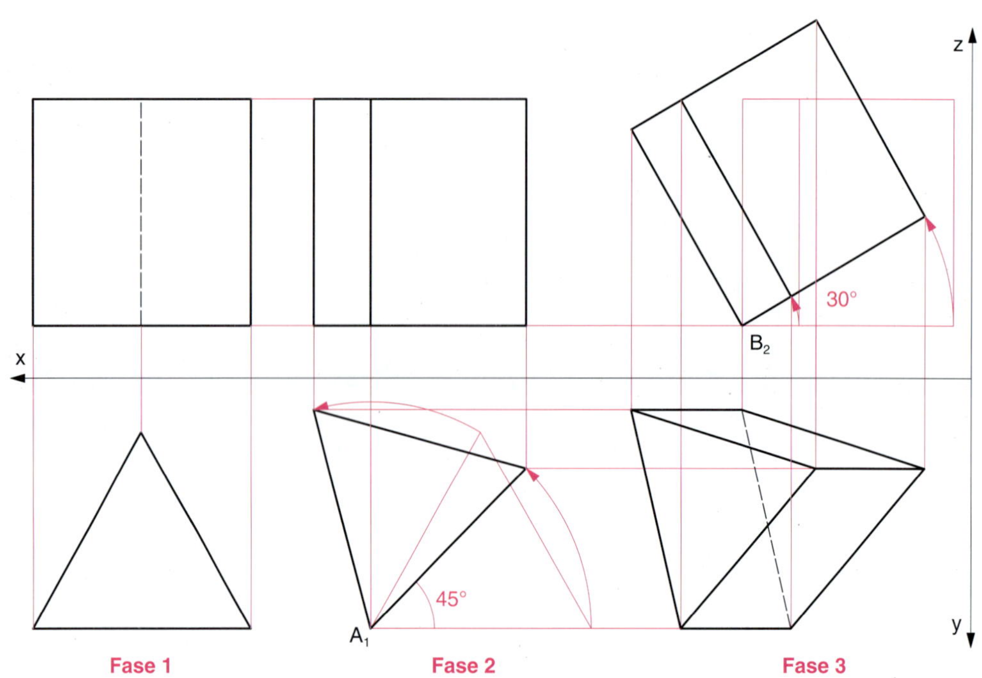

Sviluppo di solidi

Generalità

Lo **sviluppo dei solidi** consiste nel disegnare su un piano la *vera forma* di tutte le facce di un solido in modo che siano unite in almeno uno spigolo comune.

Nel caso di superfici curve (cilindri, coni ecc.) le superfici contigue avranno solo un punto in comune.

In pratica si tratta di eseguire una successione di rotazioni delle diverse facce, fino a quando non si trovino tutte distese su un unico piano.

Riportando lo sviluppo del solido su materiali laminari (carta, cartone o lamiera) si può creare l'oggetto scatolare mediante piegature sui bordi delle facce.

Con questo procedimento si producono gli oggetti scatolari (in lamiera, in plastica o in cartone), le tubazioni di lamiera, oppure le *tensostrutture* (in plastica o in tessuto); la realizzazione del prodotto parte da un disegno che riproduce la *vera forma* di tutte le facce del solido, cioè il suo *sviluppo*.

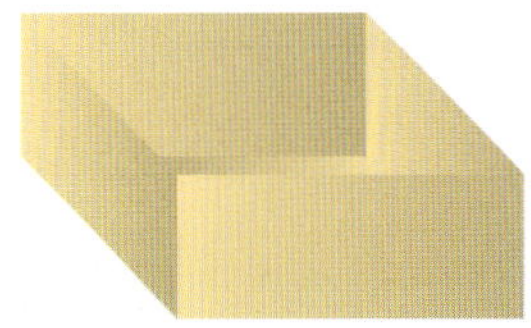

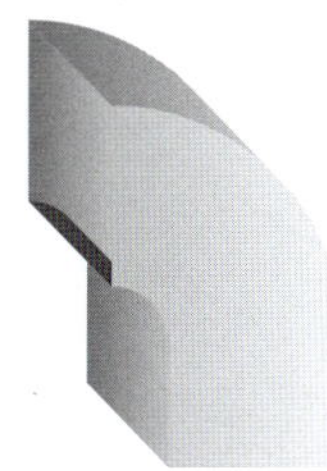
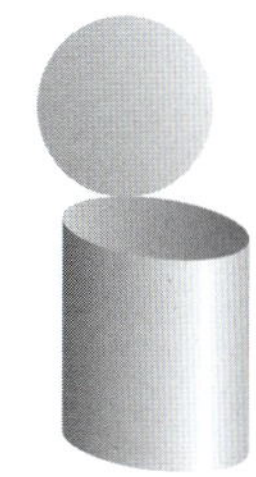

PROBLEMA 19 PASSO PASSO

Disegnare lo sviluppo di un parallelepipedo

Il parallelepipedo è costituito da sei facce rettangolari.
Quelle laterali hanno altezza c e basi a oppure b.
Le facce di base sono uguali e hanno come lati a e b.

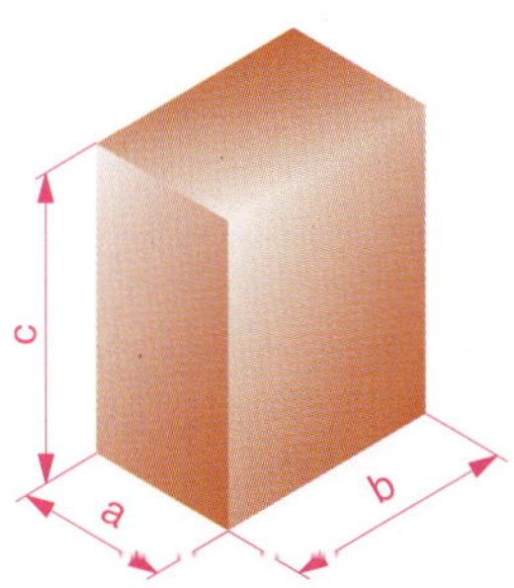

1 Si disegnano le quattro facce laterali con una successione di quattro rettangoli di altezza uguale allo spigolo c; le loro basi sono alternativamente a e b.

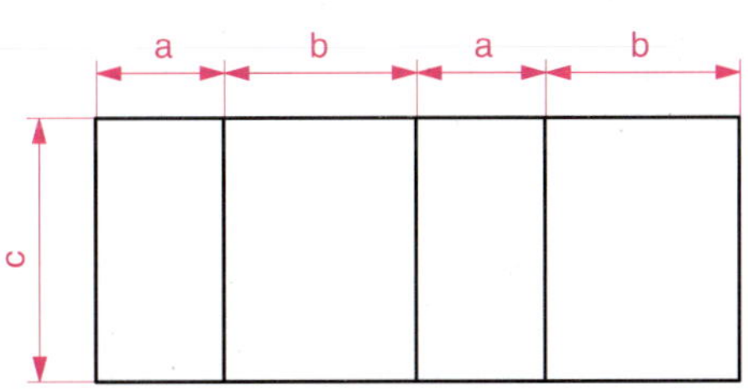

2 Si aggiungono poi le due basi di lati a e b. Per ottenere una maggiore precisione si possono riportare col compasso le lunghezze dei lati uguali.

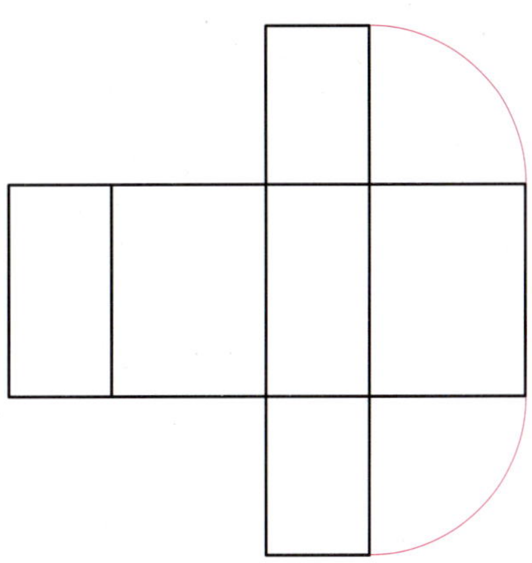

GLOSSARIO

Tensostrutture: sono le strutture che resistono solo se tese da cavi o da aste. Sono tali, per esempio, le tende da campeggio.

PROBLEMA 20 PASSO PASSO

Disegnare lo sviluppo di un solido modulare

Il solido è la composizione modulare di cinque cubi.

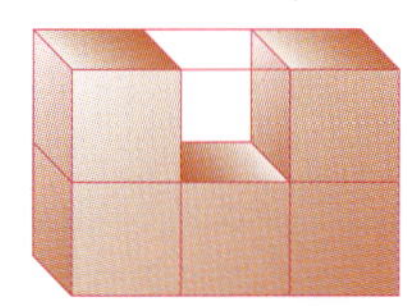

1 Si disegna la faccia anteriore costituita da cinque quadrati.

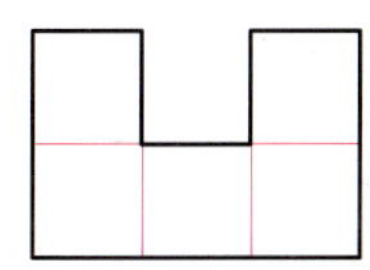

2 Si aggiungono il rettangolo di base (tre quadrati) e la faccia posteriore, simmetrica di quella anteriore.

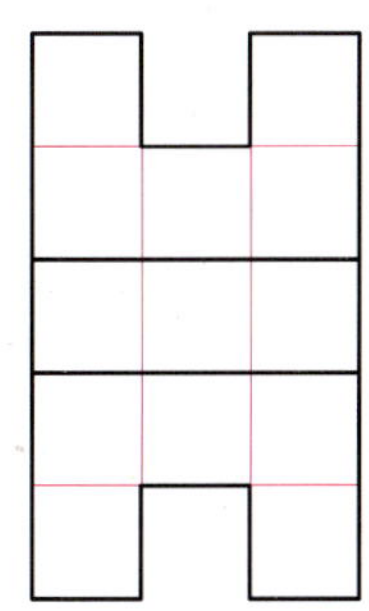

3 Si completa lo sviluppo con le altre facce; esse sono dei quadrati, tranne le due laterali costituite da due quadrati.

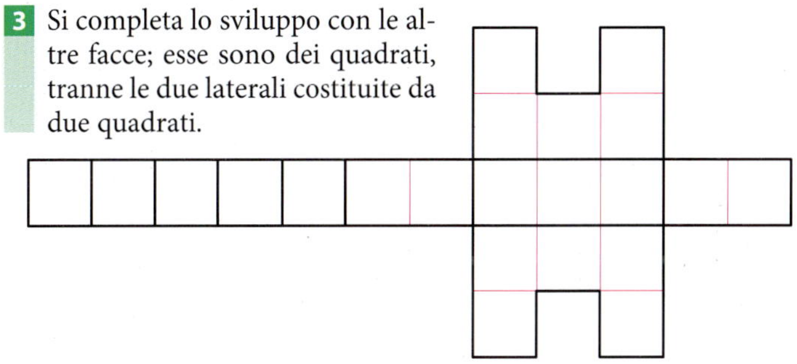

PROBLEMA 21

Disegnare lo sviluppo di un cuneo

Alla faccia inferiore del cuneo si aggiungono i due triangoli rettangoli e il rettangolo di lati b e c. Infine sull'ipotenusa di un triangolo si disegna il rettangolo della faccia inclinata del cuneo. Per riportare con precisione le misure dei lati ci si può servire di archi di circonferenza.

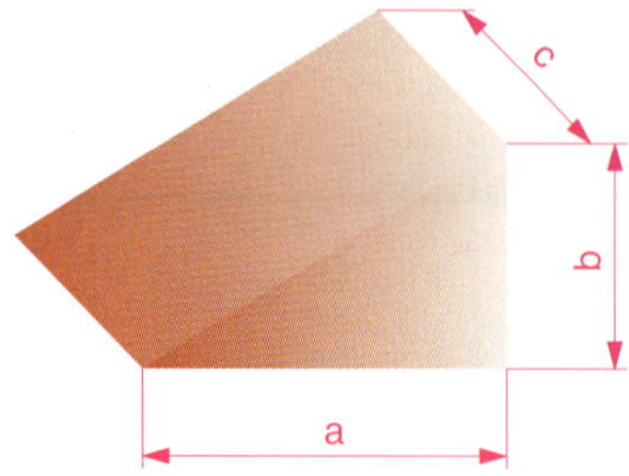

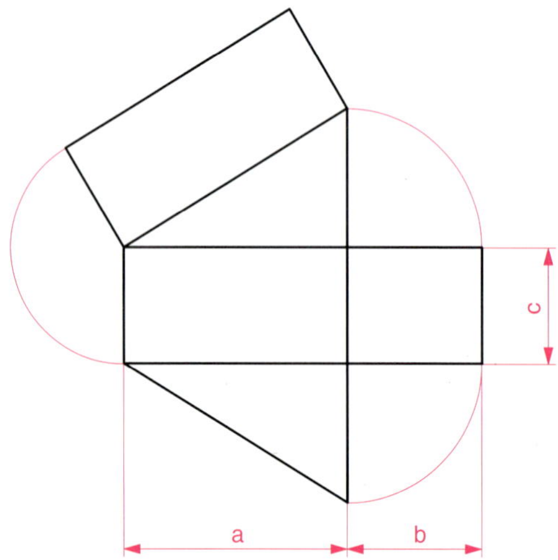

PROBLEMA 22

Disegnare lo sviluppo di un ottaedro regolare

L'ottaedro regolare appartiene al gruppo dei *poliedri regolari* (v. pag. A40), e ha pertanto come facce otto triangoli equilateri.

Si disegnano quindi i triangoli di lato uguale a quello dell'ottaedro, secondo la sequenza mostrata in figura.

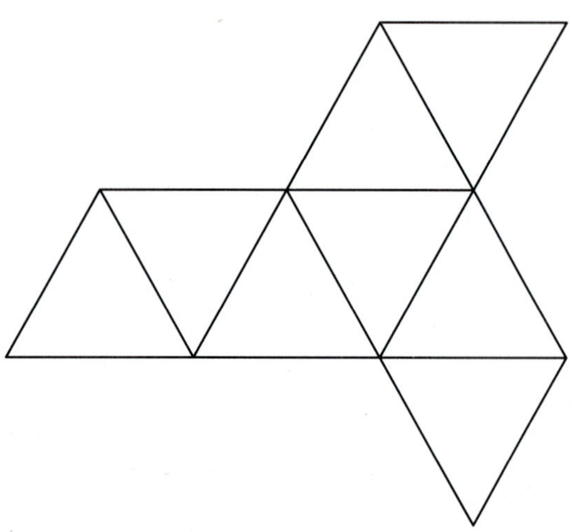

PROBLEMA 23

Disegnare lo sviluppo di un prisma esagonale retto

Il prisma preso in esame appartiene al gruppo dei *poliedri semiregolari* (v. pag. A40), e ha pertanto come basi due esagoni regolari, mentre le facce laterali sono dei quadrati.

Dopo aver disegnato una sequenza di 6 quadrati, si aggiungono due esagoni regolari con lato uguale a quello dei quadrati.

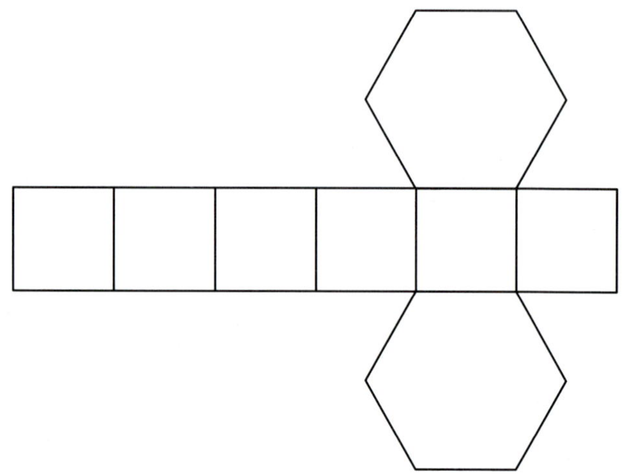

PROBLEMA 24

Disegnare lo sviluppo di un cubottaedro

Anche il cubottaedro è un *poliedro semiregolare* (v. pag. A40), e ha come facce 6 quadrati e 8 triangoli equilateri. Il suo sviluppo non presenta difficoltà grafiche, ma necessita di una discreta attenzione nel disporre le diverse facce; oltre ad alternare un quadrato e un triangolo, bisogna far sì che nella ricomposizione del solido alcune facce non si sovrappongano. Inoltre, il discreto numero di facce impone una notevole precisione; a tale scopo è utile riportare i lati mediante archi di circonferenza.

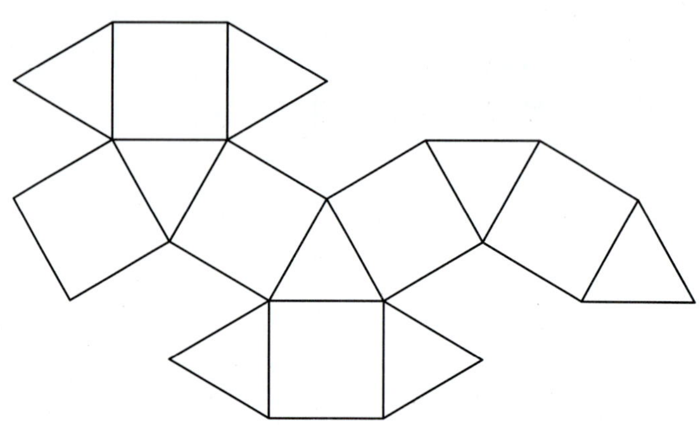

PROBLEMA 25

Disegnare lo sviluppo di un cilindro retto

La superficie cilindrica sviluppata sul piano è un rettangolo che ha un lato pari all'altezza del cilindro e l'altro pari alla lunghezza della circonferenza di base ($2\pi R$).

Per completare lo sviluppo bisogna disegnare due circonferenze di raggio R in posizione tangente ai lati di lunghezza $2\pi R$ del rettangolo precedente.

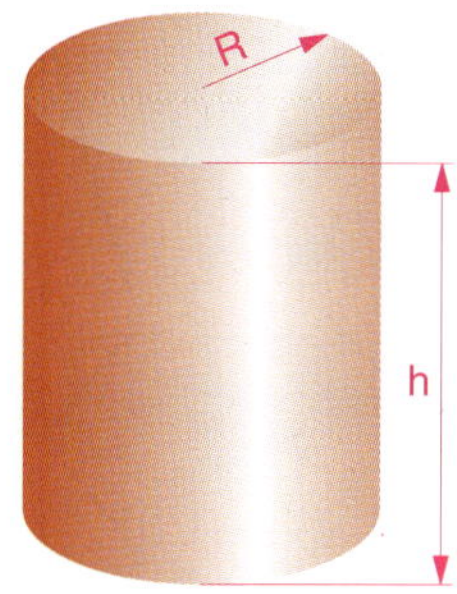

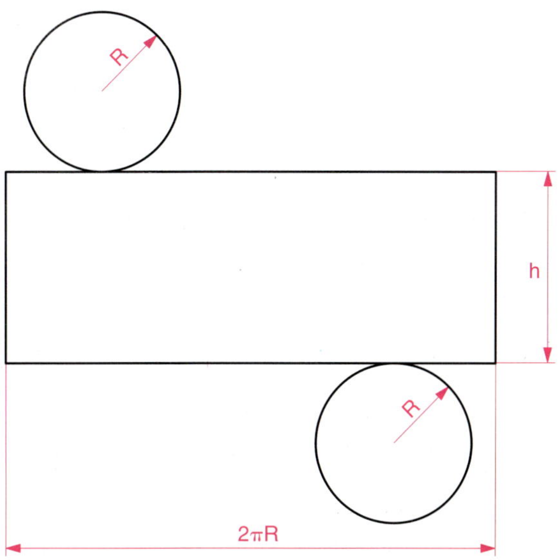

PROBLEMA 26

Disegnare lo sviluppo di un cono retto

Lo sviluppo è composto dal cerchio di base e da un settore circolare. Esso ha un raggio pari ad a, *apotema* del cono; inoltre l'arco deve avere una lunghezza pari alla lunghezza della circonferenza di base del cono.

Poiché quest'ultima è lunga $2\pi R$, si può calcolare l'angolo al centro del settore circolare con la seguente formula:

$$\alpha = \frac{R}{a} \cdot 360°$$

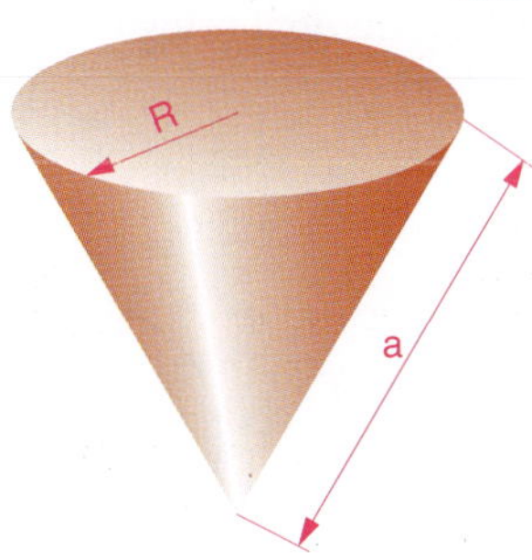

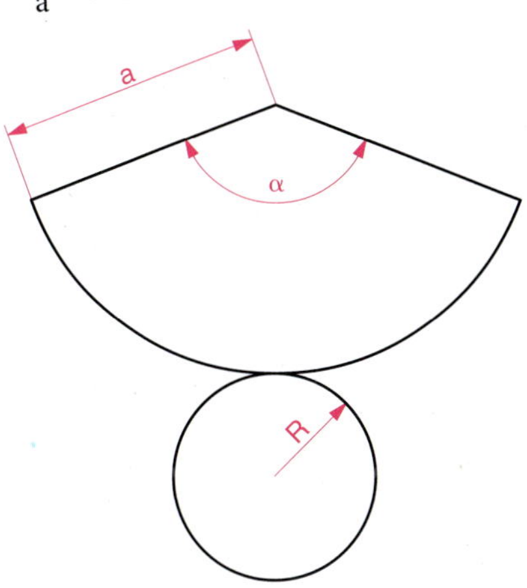

PROBLEMA 27

Disegnare lo sviluppo di un solido composto da un parallelepipedo e da una piramide quadrata

Nello sviluppo del parallelepipedo di base b e di altezza h, si sostituisce una sua faccia di base con quattro triangoli isosceli. Dal punto medio di un lato AB dei rettangoli si traccia un segmento perpendicolare, di lunghezza a, apotema della piramide. Nell'estremo C di questo segmento si centra tracciando una circonferenza passante per A e B; con archi successivi di ampiezza b si ottengono i vertici dei triangoli.

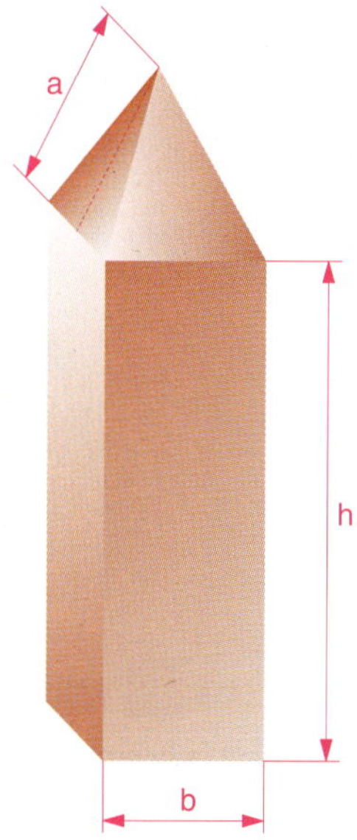

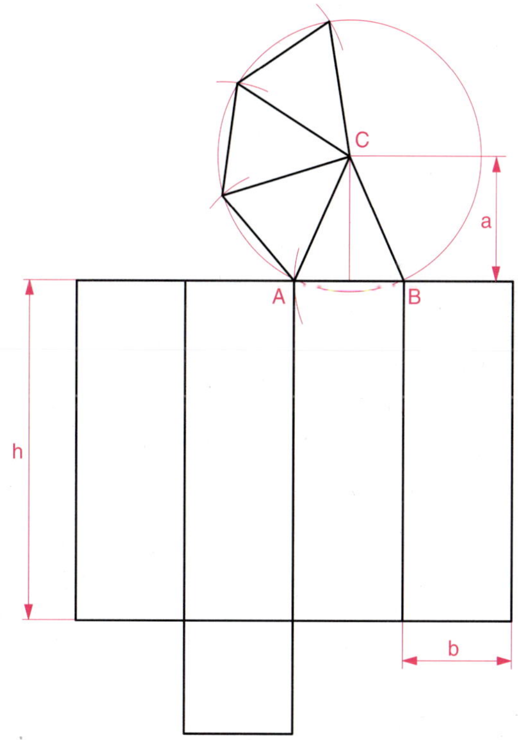

GLOSSARIO

Apotema di un cono retto: distanza del vertice da un punto della base.

Apotema di una piramide: distanza del vertice dal punto medio dello spigolo di base.

PROBLEMA 28

Disegnare lo sviluppo del telo di copertura di una tenda canadese

Lo sviluppo è costituito da due rettangoli, i cui lati sono a e b. I triangoli sono ottenibili mediante archi di raggio uguale agli spigoli c, d, e.

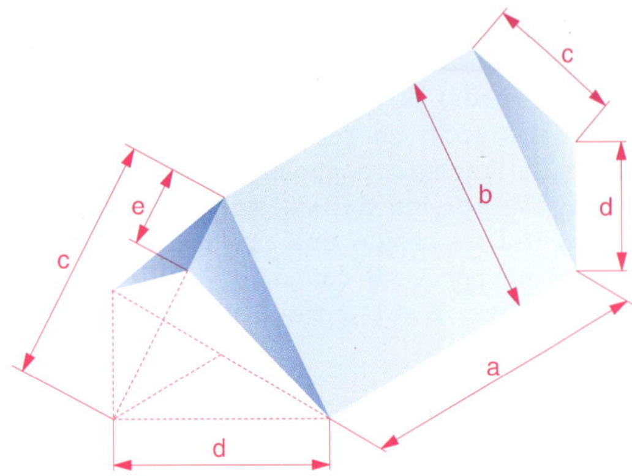

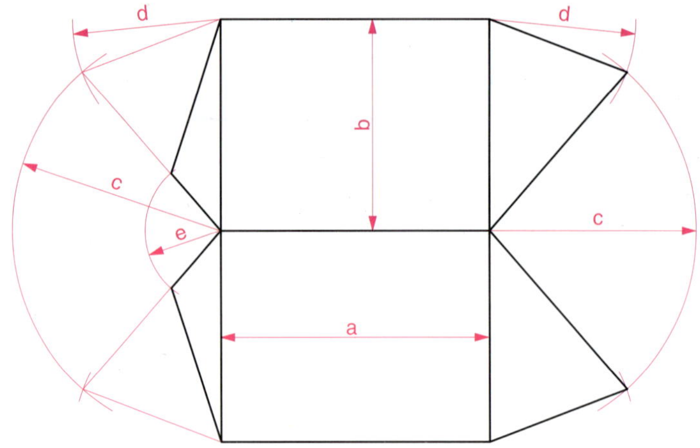

PROBLEMA 29

Disegnare lo sviluppo di un tronco di piramide a base quadrata

Si disegna lo sviluppo della piramide intera, tracciando la base quadrata e i triangoli mediante una operazione analoga a quella del Problema 27. A tal fine sulle proiezioni ortogonali si è definita la vera lunghezza $\overline{V1}$ dello spigolo passante per il vertice (v. Problema 8 a pag. B96).

Si rilevano quindi le vere distanze di V dai vertici della base obliqua ($\overline{V2}$ e $\overline{V3}$). Sullo sviluppo precedente si possono pertanto disegnare le facce laterali del tronco di piramide. Per completare lo sviluppo si aggiunge la base obliqua, rilevata in vera forma per ribaltamento nelle proiezioni ortogonali.

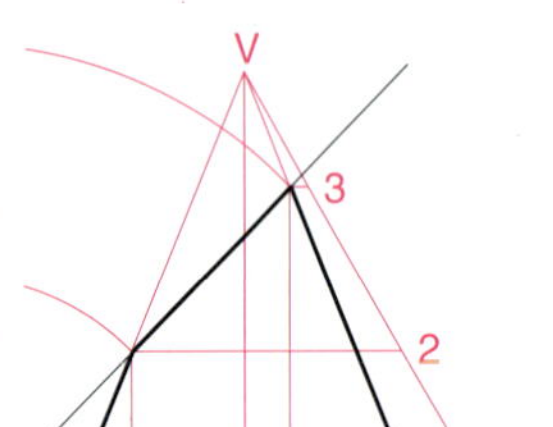

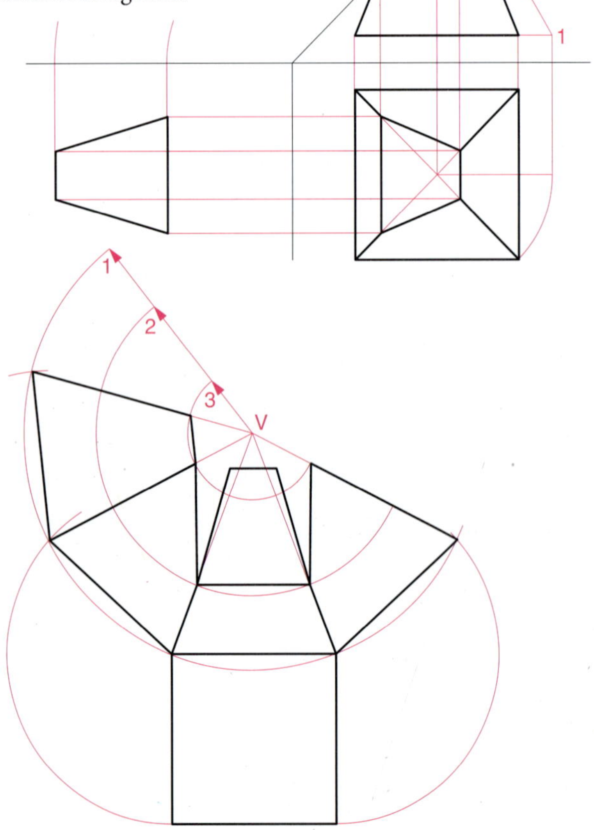

PROBLEMA 30

Disegnare lo sviluppo di un cilindro a base obliqua

Lo sviluppo è costituito dal cerchio della base inferiore, dall'ellisse della base superiore e dalla superficie cilindrica sviluppata. Quest'ultima figura si può ottenere tracciando sulle proiezioni ortogonali un certo numero di generatrici equidistanti (8 nella figura). Sullo sviluppo quindi si traccia la base inferiore della superficie cilindrica; essa è un segmento di lunghezza pari a $2\pi R$. Si divide questo segmento in parti uguali (8) e da ogni punto divisore si traccia un segmento di lunghezza pari a quella della corrispondente generatrice. Congiungendo questi punti con una curva si definisce lo sviluppo della superficie cilindrica. Si completa lo sviluppo aggiungendo il cerchio e l'ellisse, ottenuta nella sua vera forma tramite ribaltamento nelle proiezioni ortogonali.

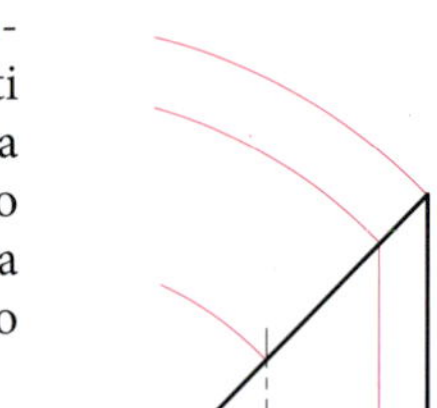

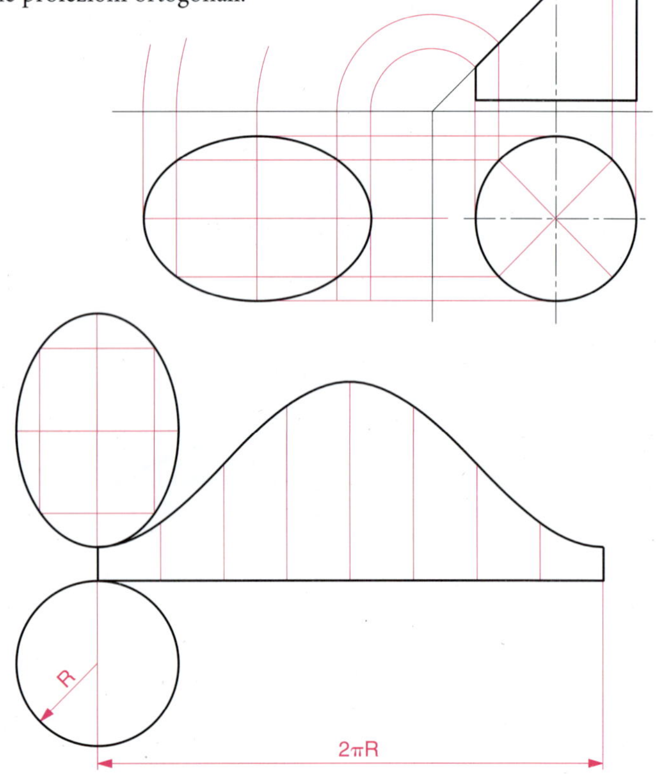

Eliche ed elicoidi

Elica

L'**elica** è una curva generata dal moto di un punto soggetto contemporaneamente a un moto circolare e a un moto rettilineo.

Se il diametro del moto circolare è costante, il punto si sposta lungo una curva chiamata **elica cilindrica**; se invece il diametro diminuisce in modo costante si ha una **elica conica**.

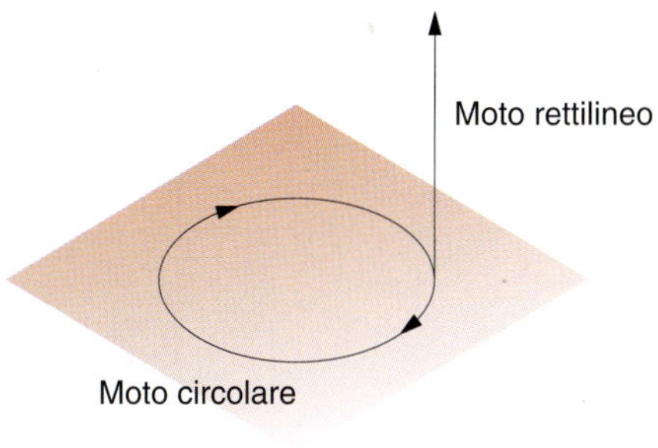

Il **passo** di un'elica è la distanza tra due suoi punti appartenenti alla stessa generatrice.
La **spira** è invece il tratto di elica compresa tra gli stessi due punti.

L'**asse dell'elica** è l'asse della superficie lungo la quale si sviluppa.

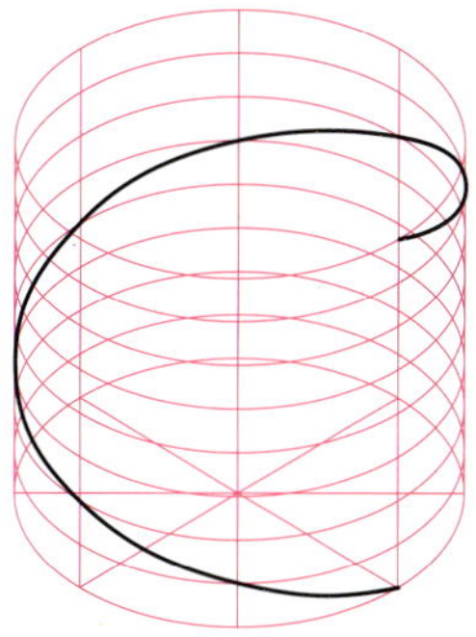

Se il moto circolare possiede un diametro costante si genera un'elica cilindrica, poiché si sviluppa lungo una superficie cilindrica.

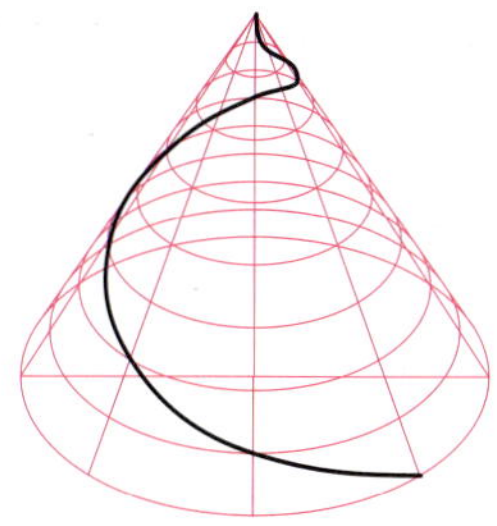

Se il moto circolare possiede un diametro uniformemente decrescente si genera un'elica conica, poiché si sviluppa lungo una superficie conica.

PROBLEMA 31

Rappresentazione in proiezioni ortogonali di un'elica cilindrica

- Nella vista dall'alto si disegna la circonferenza di diametro dato, dividendola in parti uguali (per esempio 12, come in figura).
- Nella vista frontale si traccia un segmento verticale pari al passo dell'elica, dividendolo in un corrispondente numero di parti (12 in figura) e conducendo rette orizzontali dai punti divisori.
- Si conducono linee di riporto verticali dai punti sulla circonferenza; esse intersecano le corrispondenti rette orizzontali nei punti dell'elica.
- Unendo questi punti con il curvilineo si ottiene la vista frontale dell'elica.

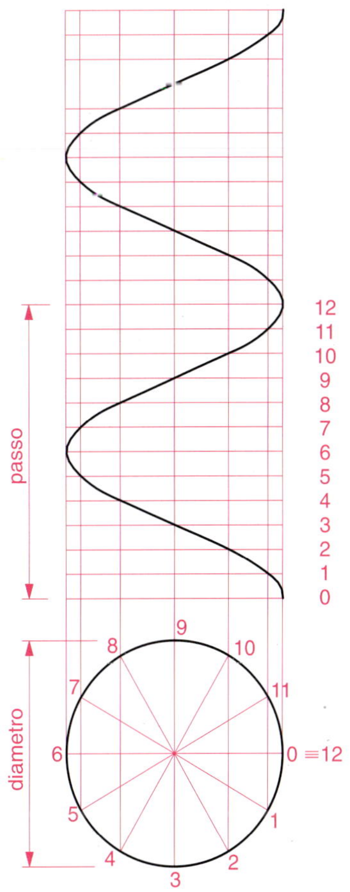

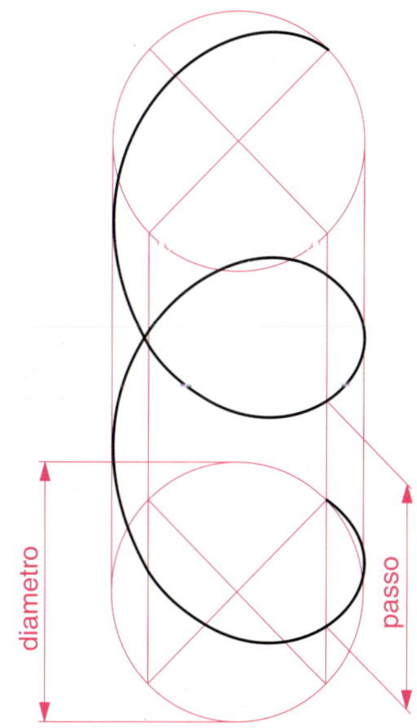

- Per disegnare lo sviluppo in piano dell'elica si disegna un rettangolo con altezza pari al passo e con base pari alla lunghezza della circonferenza (πd). Dividendo i lati in parti uguali (12 in figura) si trovano i punti d'intersezione dei segmenti corrispondenti; la linea passante per tutti i punti trovati è un **segmento**.

Elicoide

L'**elicoide** è la superficie generata da una figura piana che si muove lungo un'elica.

Gli elicoidi possono essere generati da profili vari, quali cerchi, triangoli, trapezi. Sono per esempio elicoidali le superfici delle filettature o delle molle cilindriche.

PROBLEMA 32

Disegnare un elicoide generato da un rettangolo perpendicolare all'asse

Si disegna il rettangolo di base e per il suo centro si conduce l'asse dell'elicoide. I vertici del rettangolo generano quattro eliche che possono essere disegnate con il procedimento indicato nel problema precedente. In questo caso le singole eliche formano solo un quarto di spira.

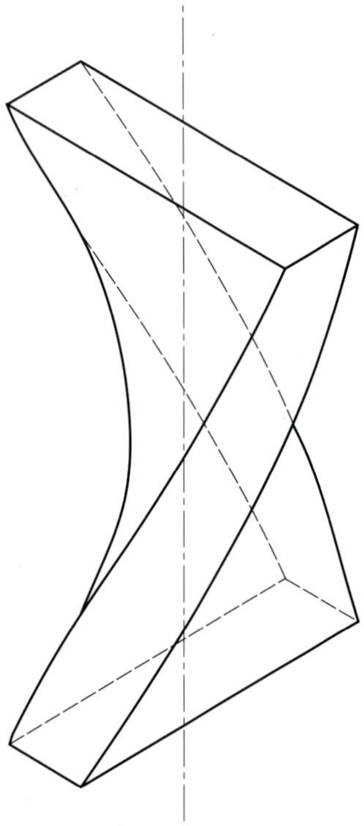

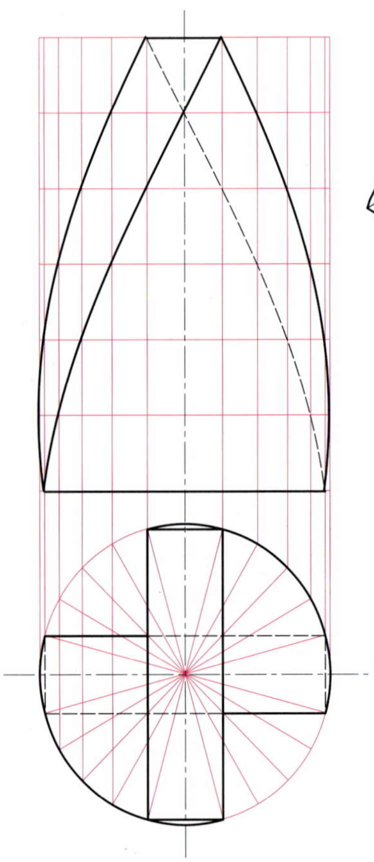

PROBLEMA 33

Disegnare una rampa elicoidale

Il profilo generatore dell'elicoide è un quadrato. Pertanto i vertici del quadrato formano quattro eliche dello stesso passo, ma di due diametri diversi. In questo caso l'elicoide è costituito da tre spire.

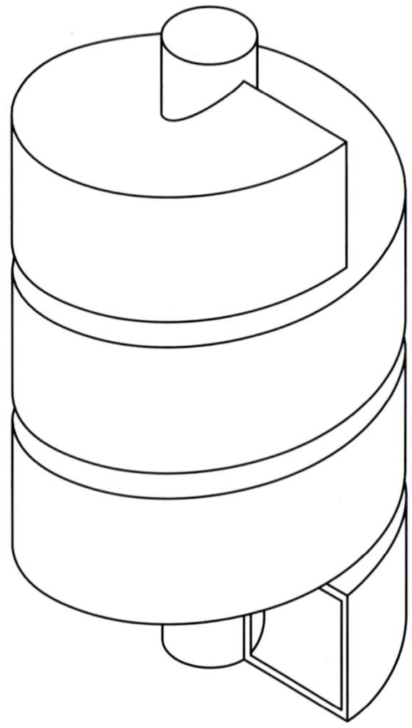

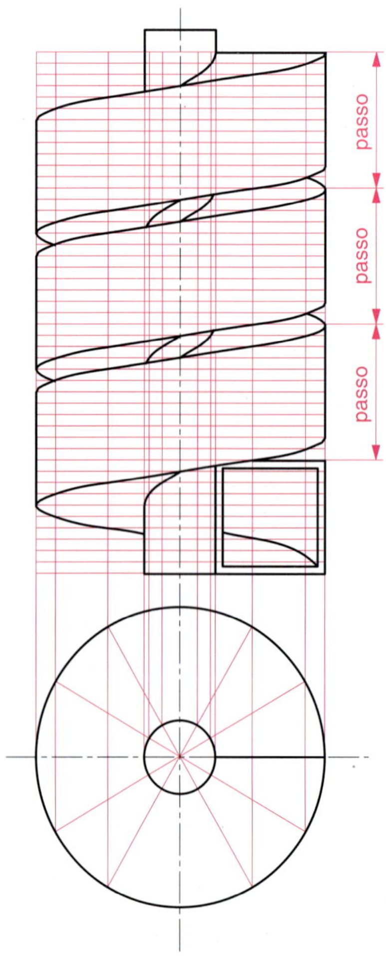

Su ribaltamento e sviluppo abbiamo imparato...

RIBALTAMENTO

la vera forma si ricava dalle proiezioni ortogonali

ROTAZIONE DEL PIANO DELLA FIGURA FINCHÉ SI DISPONGA SU UN QUADRO

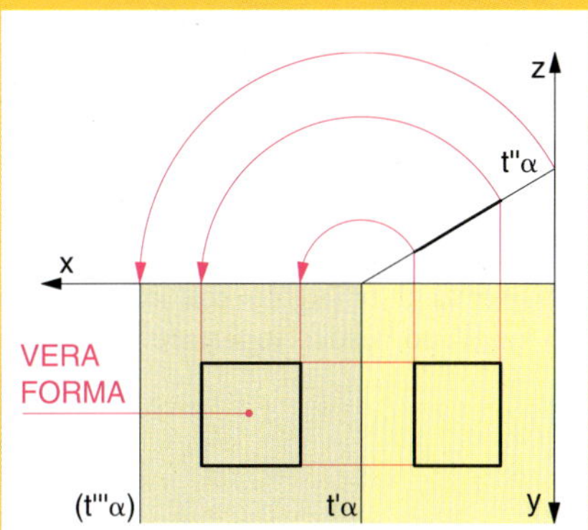

le proiezioni ortogonali si ricavano dalla vera forma

ROTAZIONE DEL PIANO DELLA VERA FORMA FINO ALL'INCLINAZIONE VOLUTA

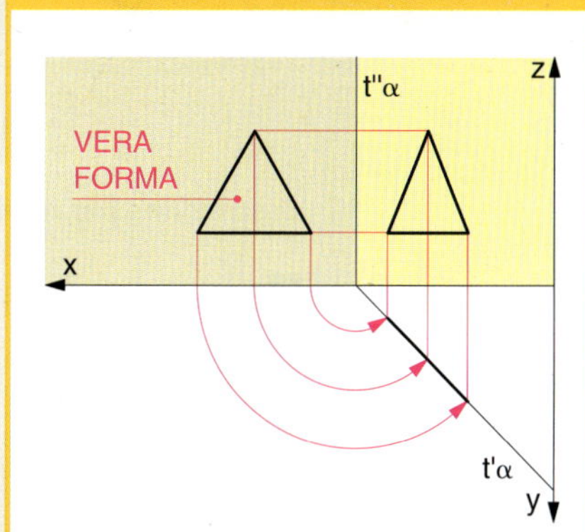

ROTAZIONE

la vera forma si ricava dalle proiezioni ortogonali

ROTAZIONE DELLA FIGURA FINCHÉ SIA PARALLELA A UN QUADRO

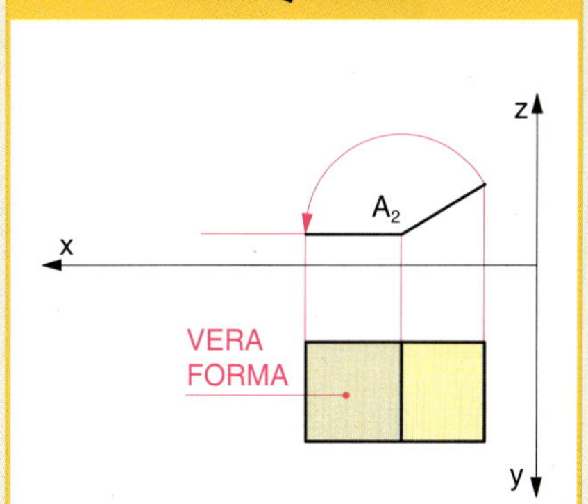

le proiezioni ortogonali si ricavano dalla vera forma

ROTAZIONE DELLA VERA FORMA FINO ALL'INCLINAZIONE VOLUTA

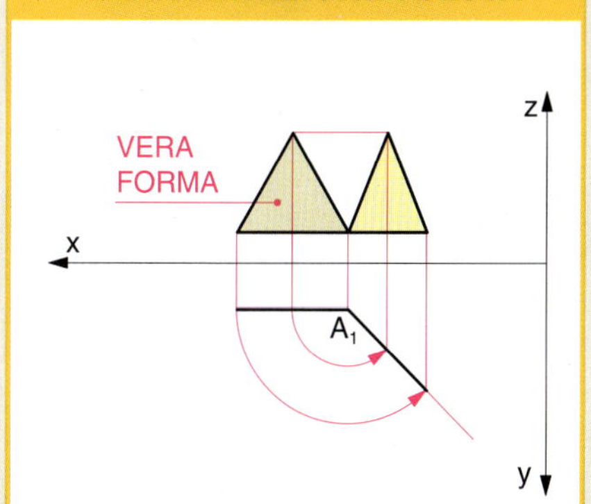

SVILUPPO

LE FACCE DEL SOLIDO SONO RUOTATE FINO A DISPORSI SU UN UNICO PIANO

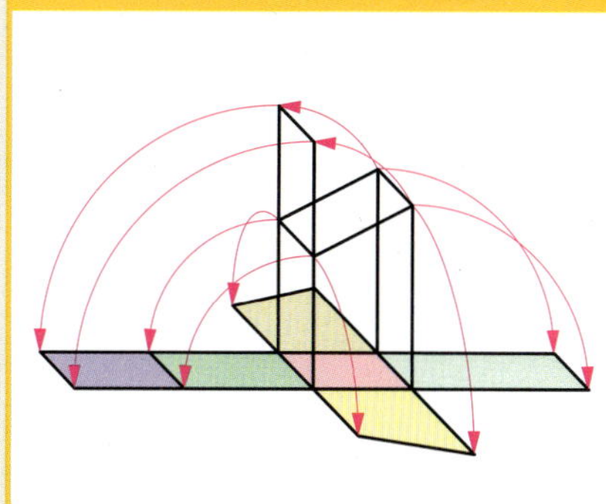

DALLE VISTE DEL SOLIDO SI RICAVANO LE DIMENSIONI DELLE SUE FACCE

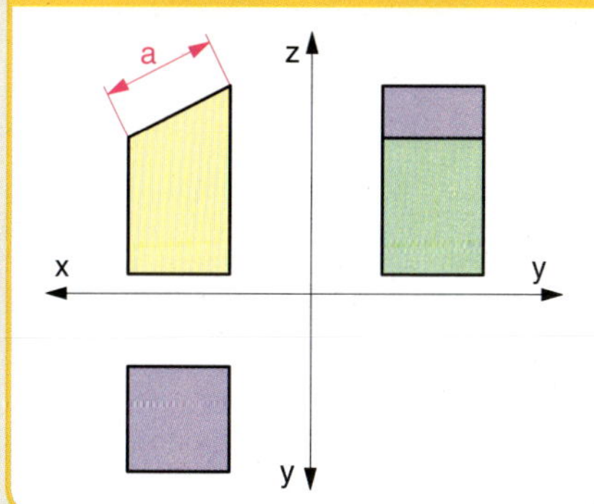

DISEGNO DELLO SVILUPPO DEL SOLIDO

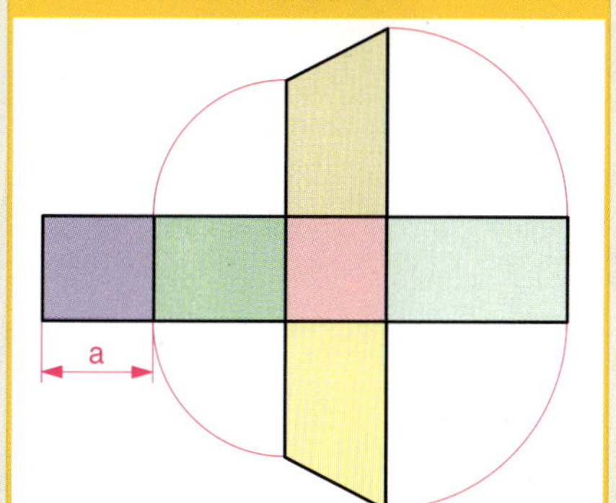

ESERCITAZIONE 1
GUIDATA

Completa le viste della piramide a base quadrata per rotazione o ribaltamento

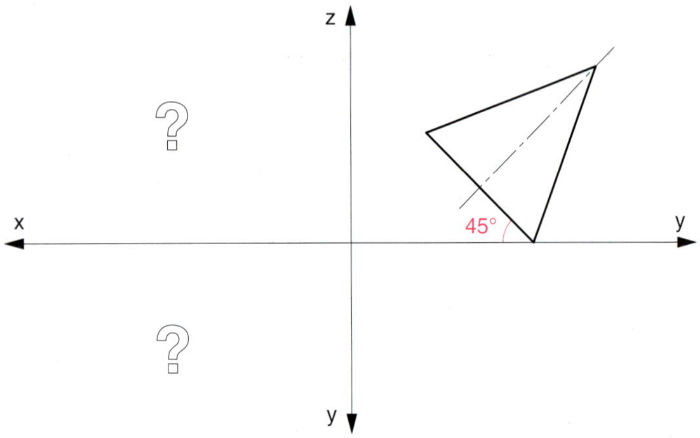

Costruzione per ribaltamento

1 Si ribalta il quadrato di base, attraverso le tracce del suo piano e con archi di centro T.

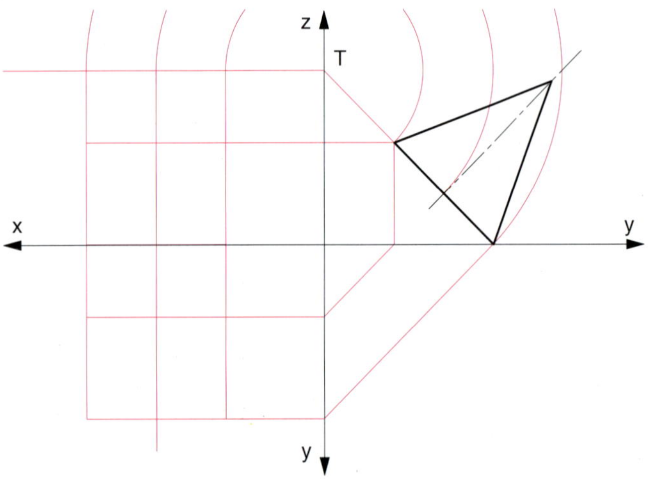

2 Si individua il vertice della piramide con gli altri spigoli. Si completa ripassando spigoli visibili e nascosti.

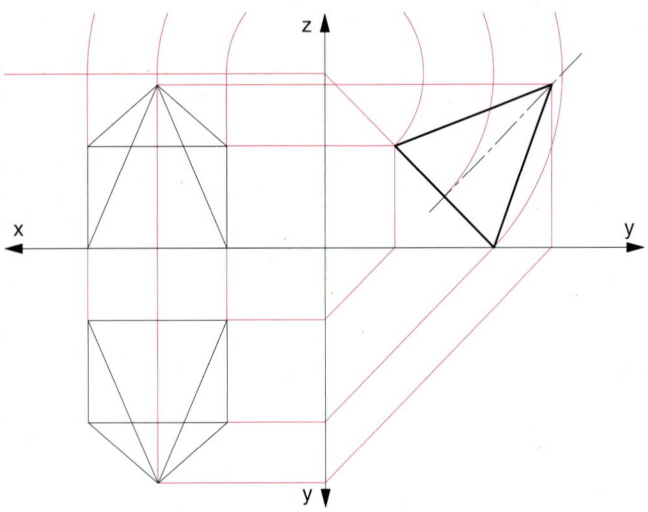

ESERCITAZIONE 2
GUIDATA

Completa le viste del prisma a base triangolare equilatera per rotazione o ribaltamento

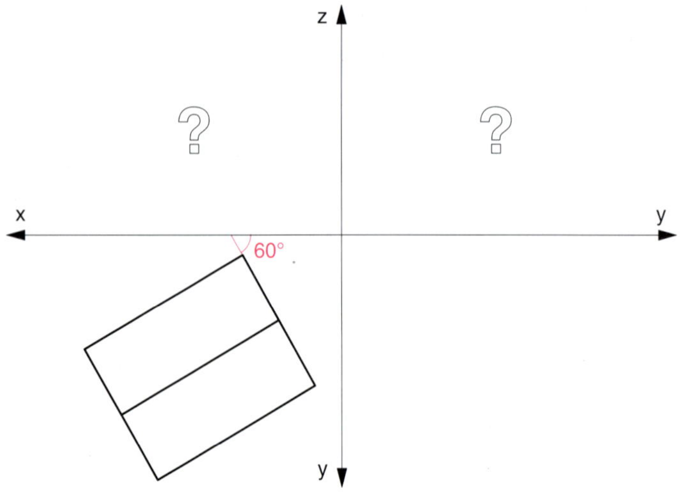

Costruzione per rotazione

1 Nella vista frontale si disegna il triangolo equilatero ruotato parallelamente al piano xz. Il suo vertice superiore fornisce l'altezza del prisma.

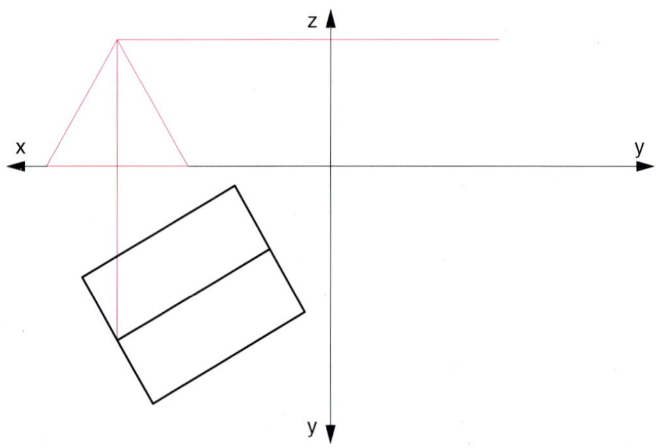

2 Con riporto verso la vista frontale e da sinistra si ottengono i vertici del solido e tutti i suoi spigoli. Si ripassano spigoli visibili e nascosti.

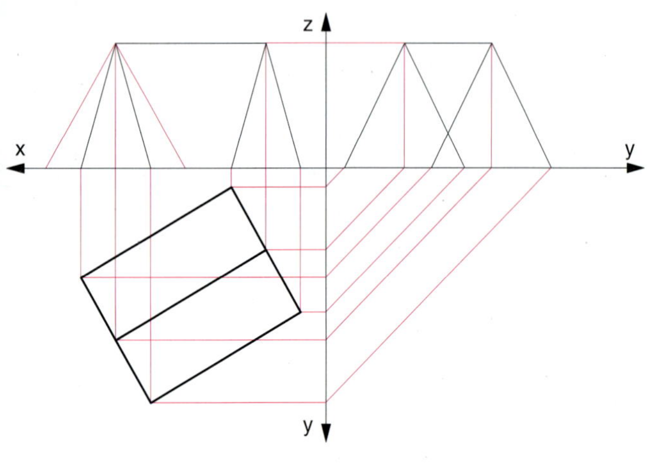

ESERCITAZIONE 3

CON SUGGERIMENTO

Completa le viste della piramide a base ottagonale regolare per rotazione o ribaltamento

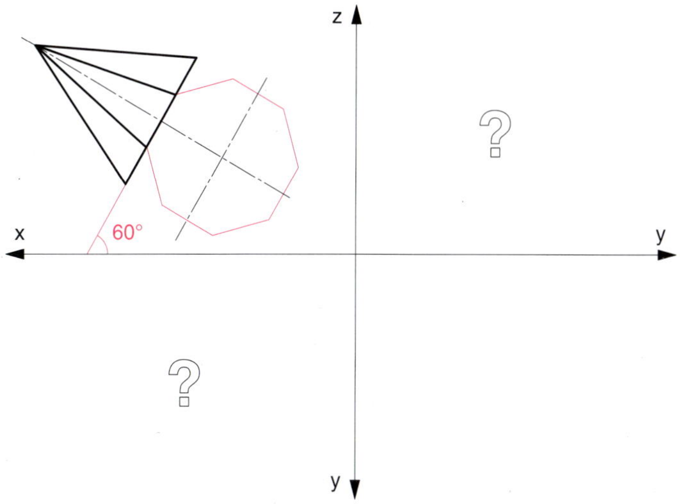

IL PRIMO PASSO Dalla vista frontale si tracciano i riporti verticali. Nella vista dall'alto si disegna l'ottagono ruotato in posizione orizzontale; con riporti dai suoi vertici si ottiene la vista dall'alto della base della piramide.

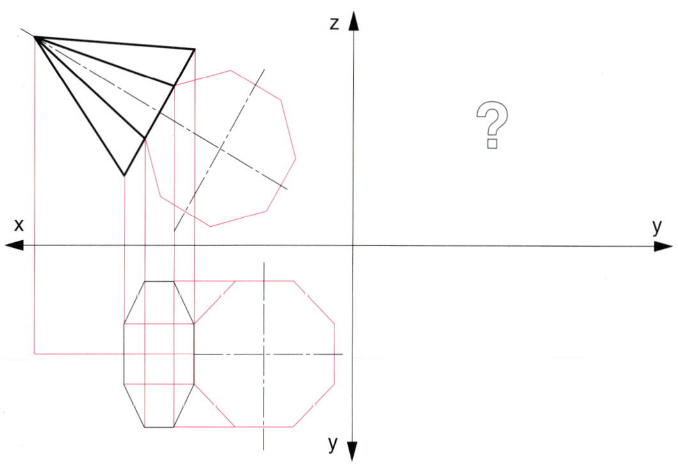

ESERCITAZIONE 4

Completa le viste del cubo con foro quadro per rotazione o ribaltamento

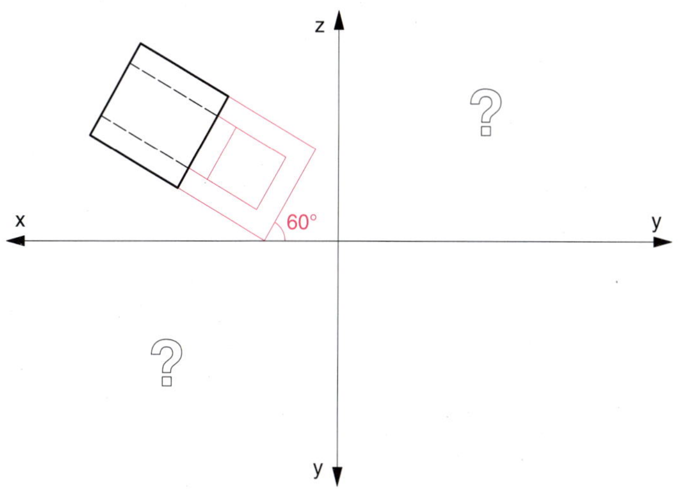

ESERCITAZIONE 5

Completa le viste del parallelepipedo con foro esagonale per rotazione o ribaltamento

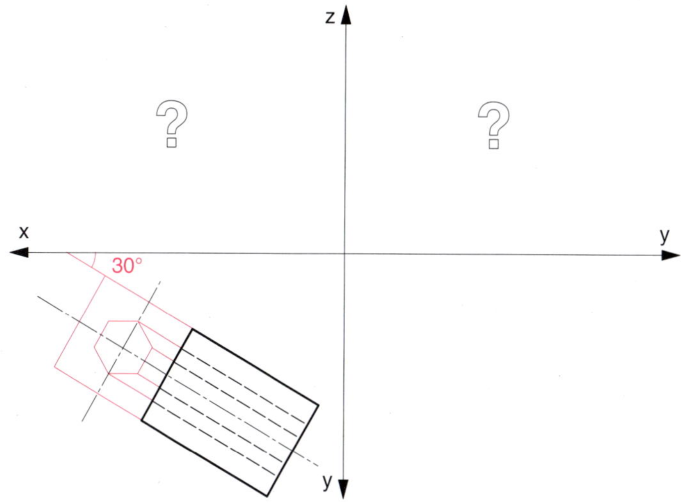

ESERCITAZIONE 6

Completa le viste del tronco di piramide a basi esagonali regolari per rotazione o ribaltamento

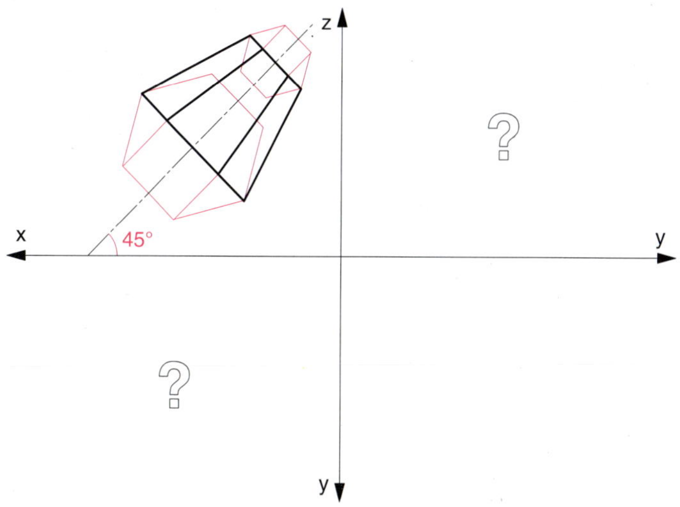

ESERCITAZIONE 7

Completa le viste del cilindro retto per rotazione o ribaltamento

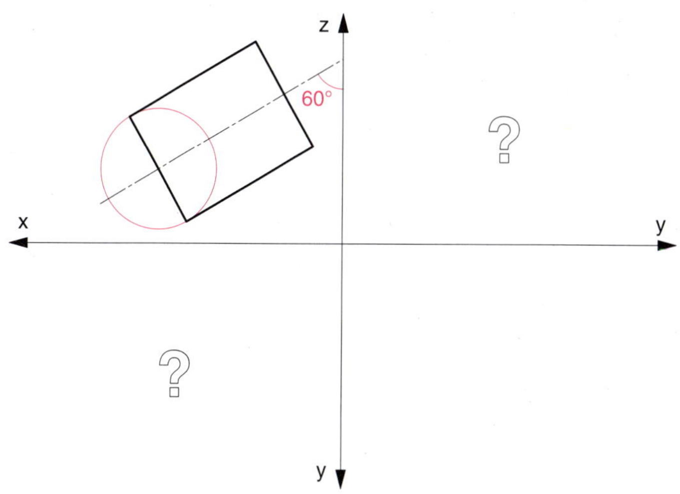

ESERCITAZIONE 8

Completa le viste date per rotazione o ribaltamento raddoppiando le misure del disegno

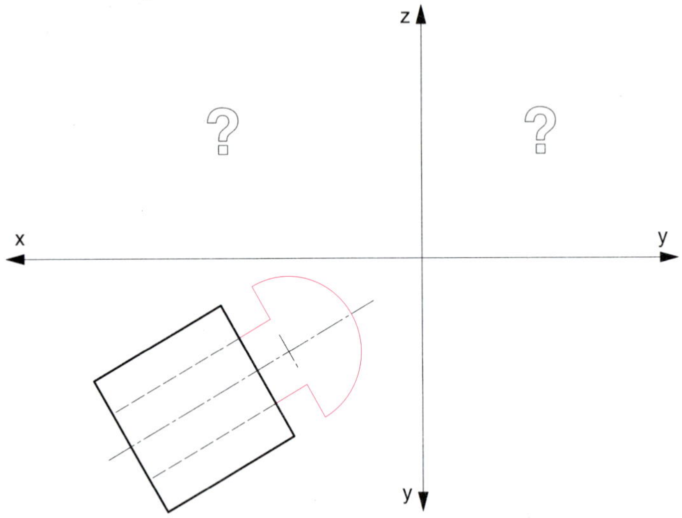

ESERCITAZIONE 11

Completa le viste date per rotazione o ribaltamento raddoppiando le misure del disegno

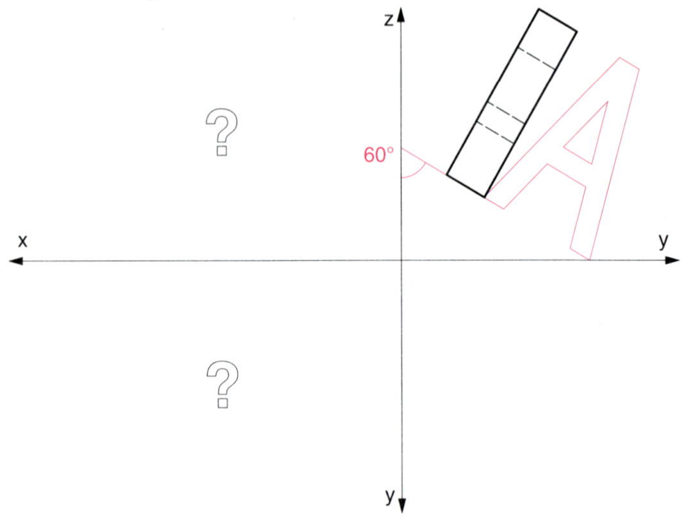

ESERCITAZIONE 9

Completa le viste date per rotazione o ribaltamento raddoppiando le misure del disegno

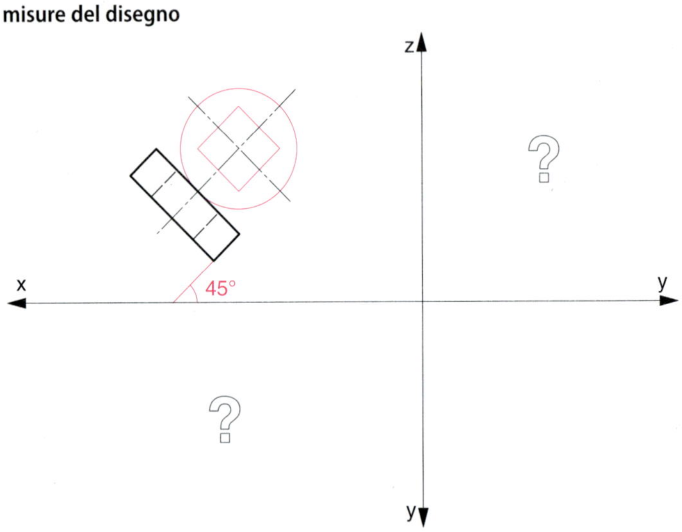

ESERCITAZIONE 12

Completa le viste date per rotazione o ribaltamento raddoppiando le misure del disegno

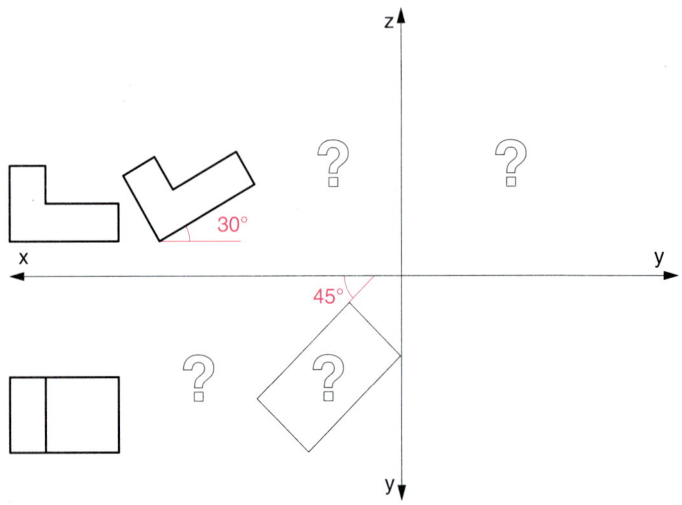

ESERCITAZIONE 10

Completa le viste date per rotazione o ribaltamento raddoppiando le misure del disegno

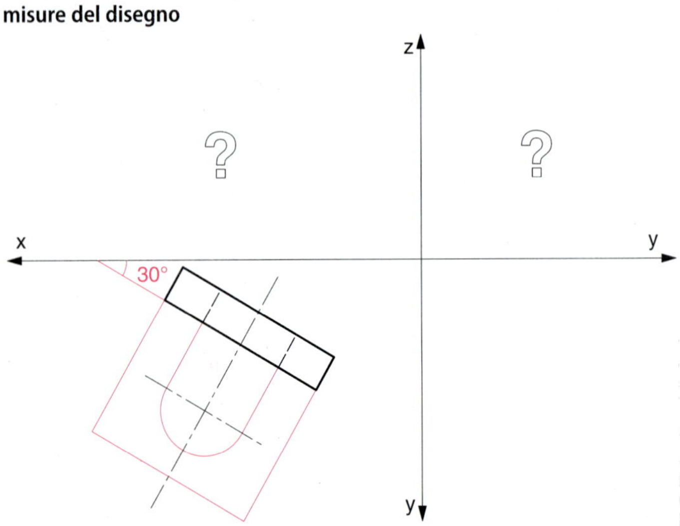

ESERCITAZIONE 13

Completa le viste date per rotazione o ribaltamento raddoppiando le misure del disegno

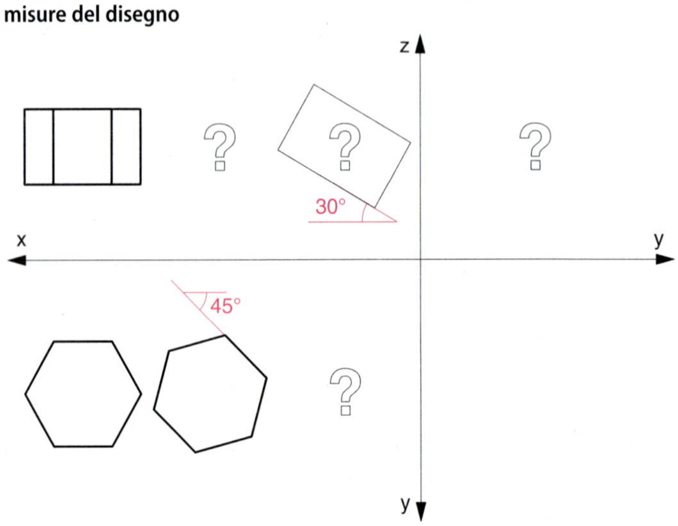

Dalle viste date ricava lo sviluppo del solido, raddoppiando le misure del disegno.

ESERCITAZIONE 14
GUIDATA

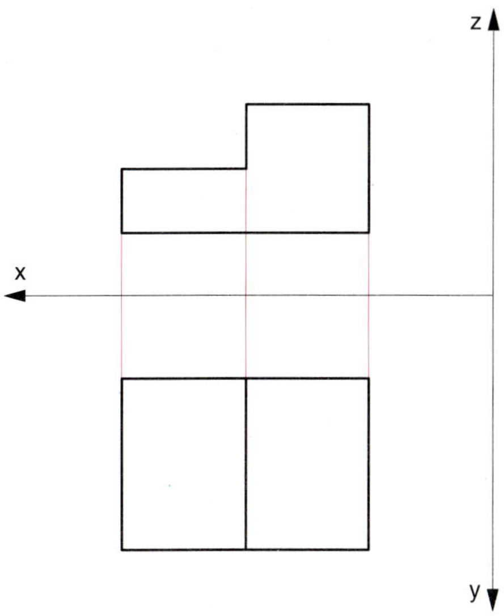

Il solido è in pratica una scaletta di due alzate.

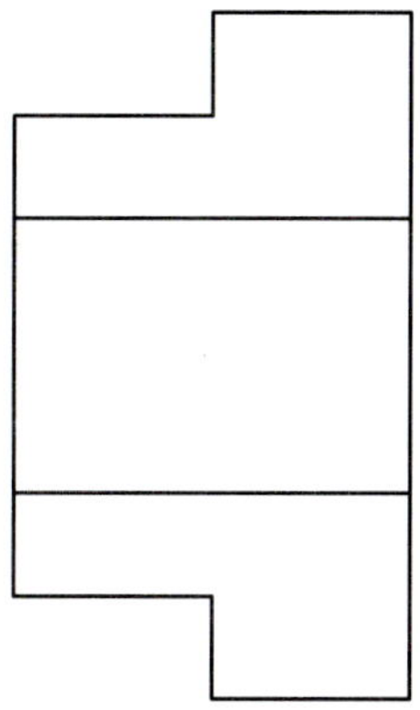

1 Si disegnano in sequenza verticale la faccia anteriore, la base rettangolare e la faccia posteriore (simmetrica di quella anteriore).

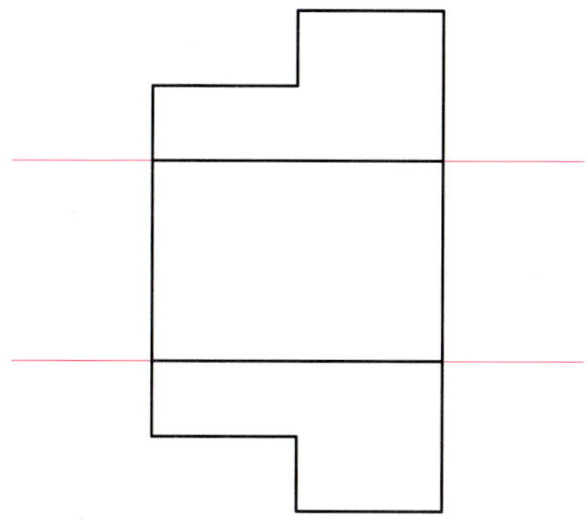

2 Con la stessa altezza del rettangolo centrale si disegnano in successione le altre facce del solido, rilevandone le dimensioni dalla vista frontale.

ESERCITAZIONE 15
GUIDATA

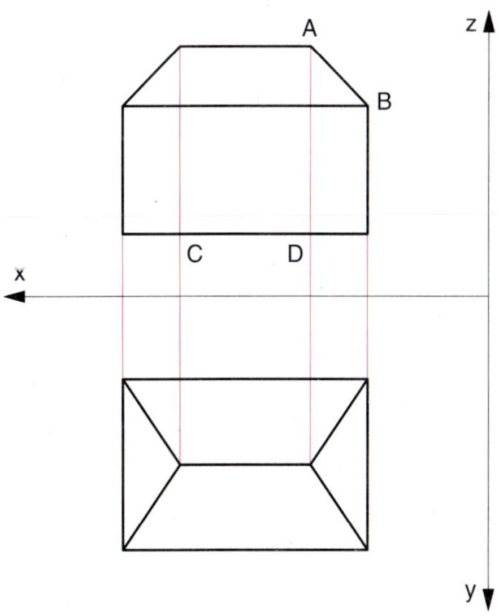

Il solido è in pratica una casetta con tetto a quattro falde (due triangolari e due a forma di trapezio isoscele).

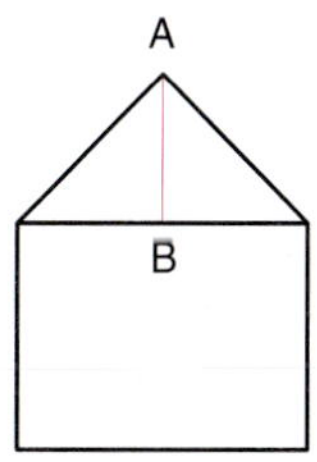

1 Si disegna la faccia rettangolare laterale. Dal punto medio della sua base superiore si prende un segmento pari ad AB (rilevabile nella vista frontale), trovando così la falda triangolare.

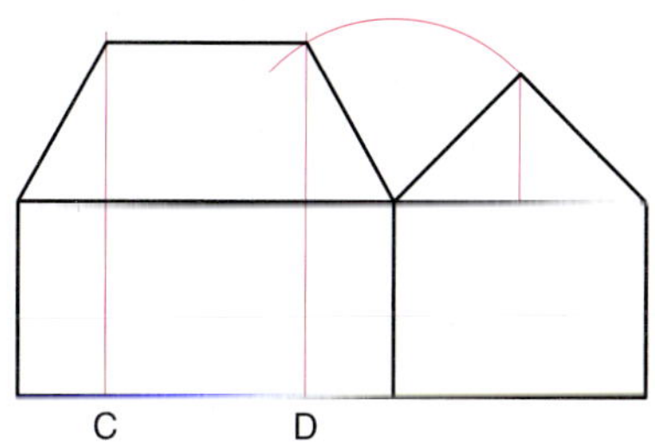

2 Si aggiunge la faccia rettangolare anteriore; si tracciano due verticali dai punti C e D, rilevati dalla vista frontale. Con un arco si riporta il lato obliquo del triangolo verso le precedenti verticali. Si ottiene la falda trapezia.

3 Si completa lo sviluppo aggiungendo in sequenza orizzontale le altre due facce con le relative falde. Al disotto viene infine aggiunta la base inferiore rettangolare.

NOTA BENE

Come utile completamento dell'esercitazione grafica si può ricavare dal disegno una fotocopia; aggiungendo su di essa le linguette e ritagliandola si può ricomporre il solido, verificando anche la precisione del disegno.
Le linguette vanno aggiunte a uno solo dei due lembi da unire.

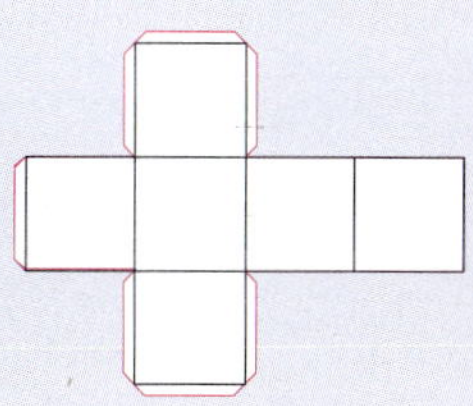

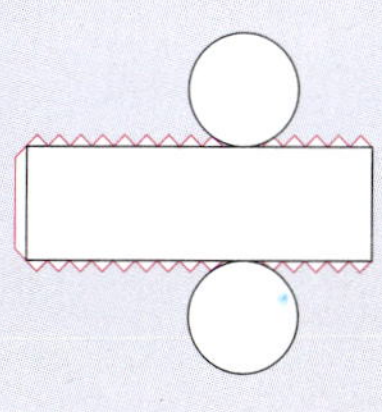

Dalle viste date ricava lo sviluppo del solido, raddoppiando le misure del disegno.

ESERCITAZIONE 16

CON SUGGERIMENTO

IL PRIMO PASSO Si disegnano in sequenza verticale la faccia anteriore, la base inferiore rettangolare e la faccia posteriore (simmetrica di quella anteriore). Al rettangolo centrale si aggiungono orizzontalmente le altre facce laterali del solido.

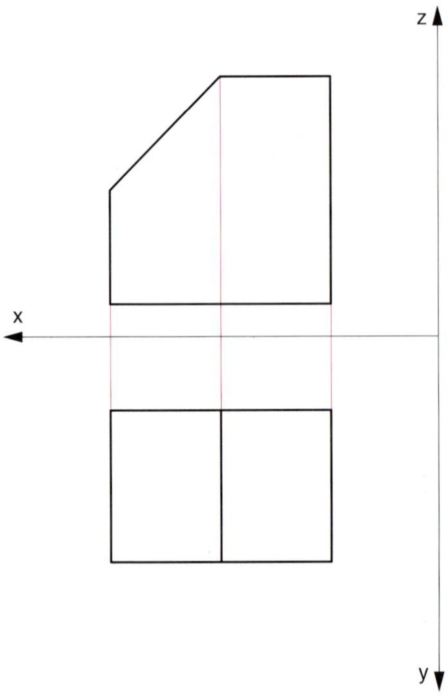

ESERCITAZIONE 18

CON SUGGERIMENTO

IL PRIMO PASSO Si disegnano in sequenza verticale la faccia anteriore, la base inferiore rettangolare e la faccia posteriore (simmetrica di quella anteriore). Al rettangolo centrale si aggiungono orizzontalmente le altre facce laterali del solido.

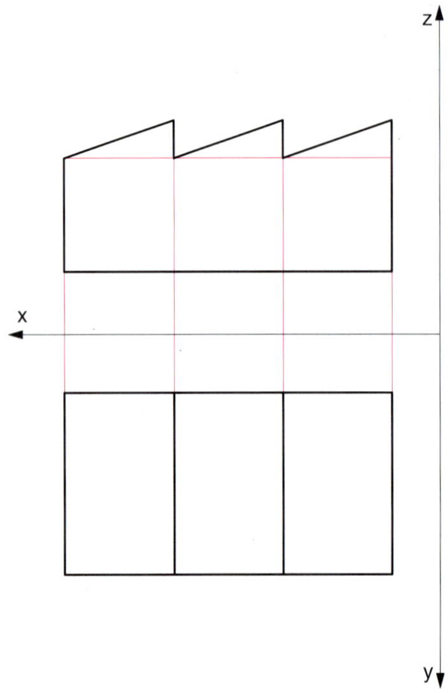

ESERCITAZIONE 20

CON SUGGERIMENTO

IL PRIMO PASSO Si disegnano in sequenza verticale la faccia anteriore, la base inferiore rettangolare e la faccia posteriore. Al rettangolo centrale si aggiunge orizzontalmente la faccia laterale comprendente anche lo sviluppo del semicilindro.

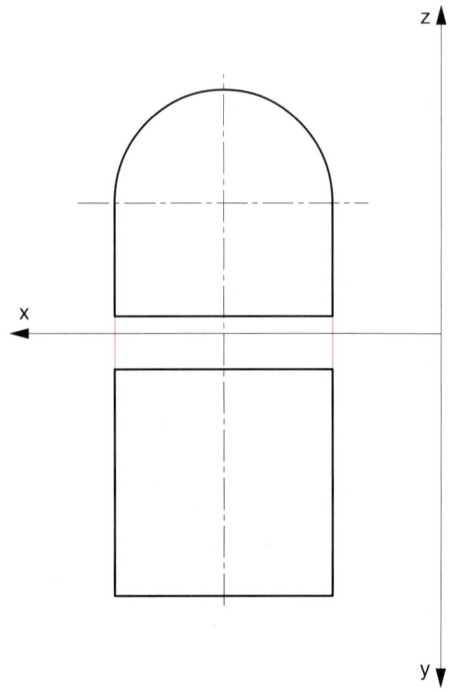

ESERCITAZIONE 17

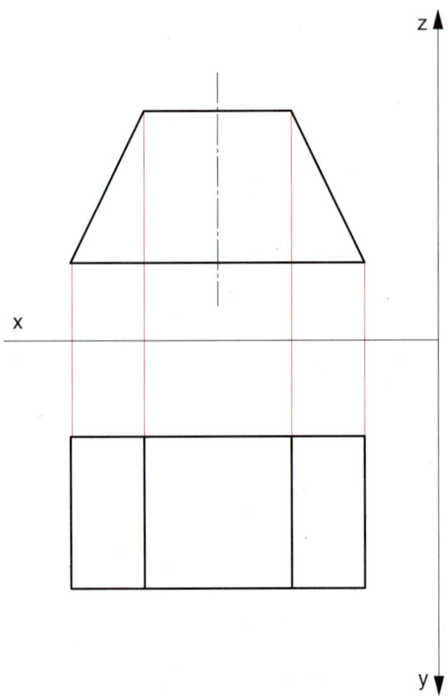

ESERCITAZIONE 19

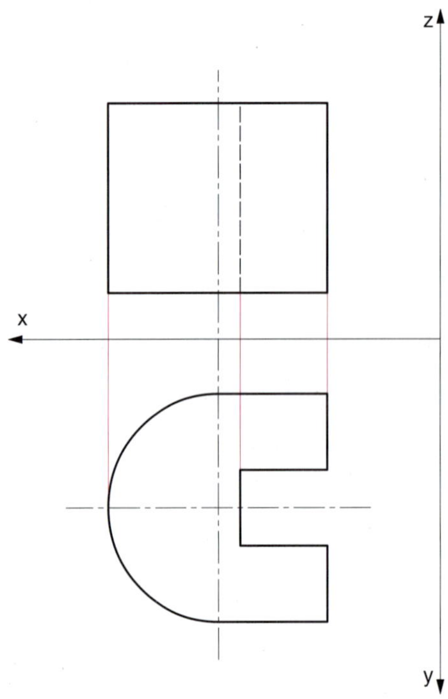

ESERCITAZIONE 21

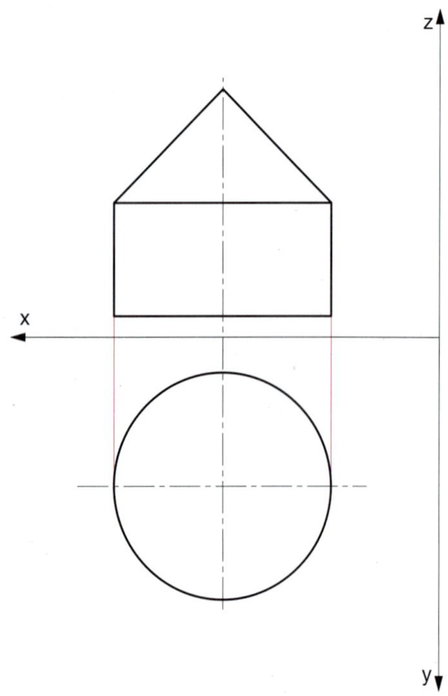

Disegna le viste date, la vera forma della faccia inclinata e lo sviluppo del solido, raddoppiando le misure del disegno.

ESERCITAZIONE 22

CON SUGGERIMENTO

IL PRIMO PASSO Dopo aver trovato la vera forma della faccia inclinata si passa allo sviluppo del solido. Le facce laterali disposte in sequenza orizzontale sono trapezi e rettangoli rilevabili dalle viste. Al disotto del rettangolo più piccolo si dispone la base quadrata, mentre al disopra si dispone il rettangolo ottenuto come vera forma della faccia inclinata.

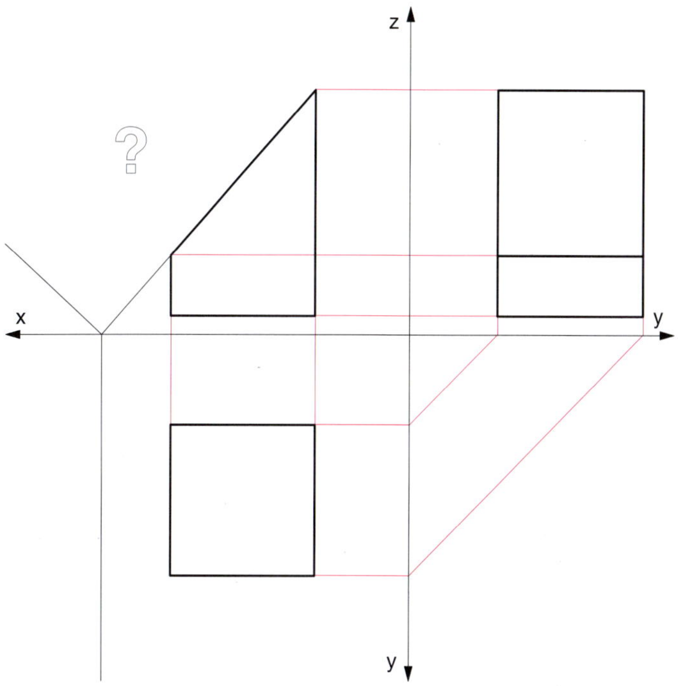

ESERCITAZIONE 24

CON SUGGERIMENTO

IL PRIMO PASSO Dopo aver trovato la vera forma della faccia inclinata (un ottagono irregolare) si passa allo sviluppo del solido. Le facce laterali disposte in sequenza orizzontale sono trapezi e rettangoli di base pari al lato dell'ottagono, mentre le loro altezze sono rilevabili dalla vista frontale. Si aggiungono la base inferiore e quella superiore (in vera forma).

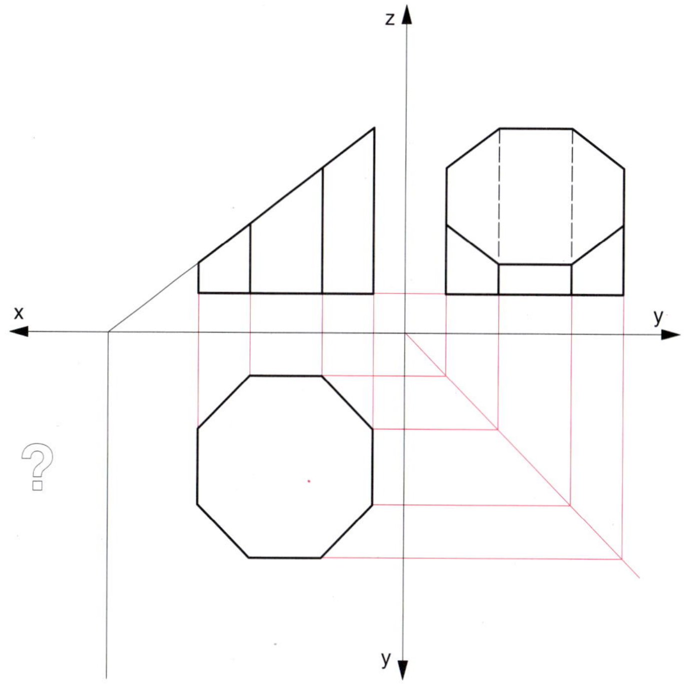

ESERCITAZIONE 23

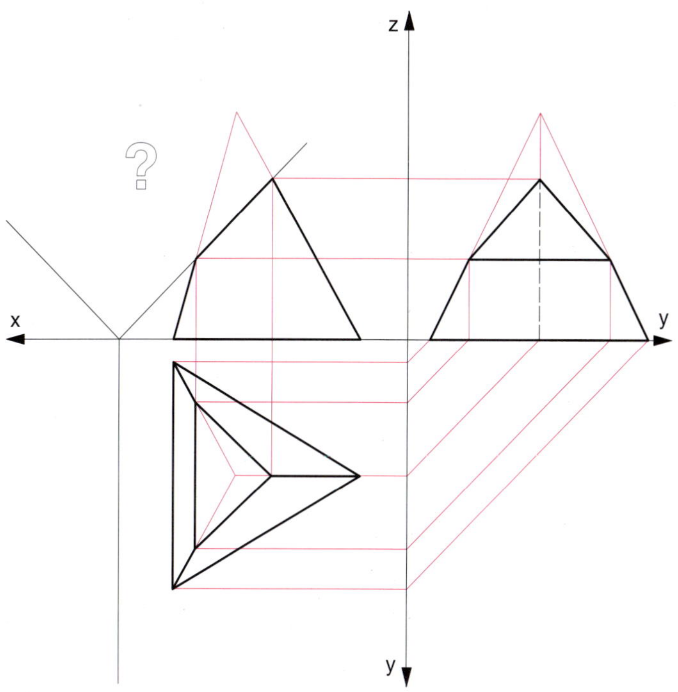

ESERCITAZIONE 25

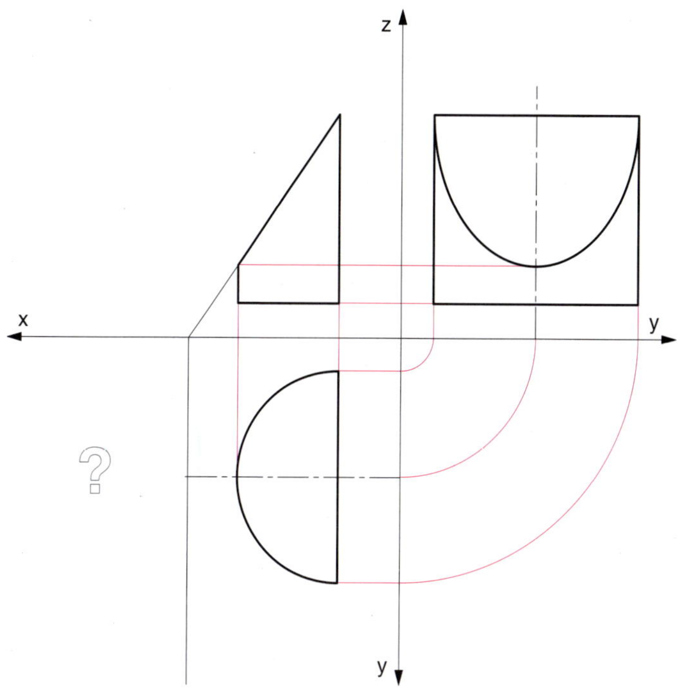

Esercitazioni

ESERCITAZIONE 26

Dall'assonometria planometrica e dalla vista dall'alto ricava le proiezioni ortogonali della rampa elicoidale in scala 1 : 100

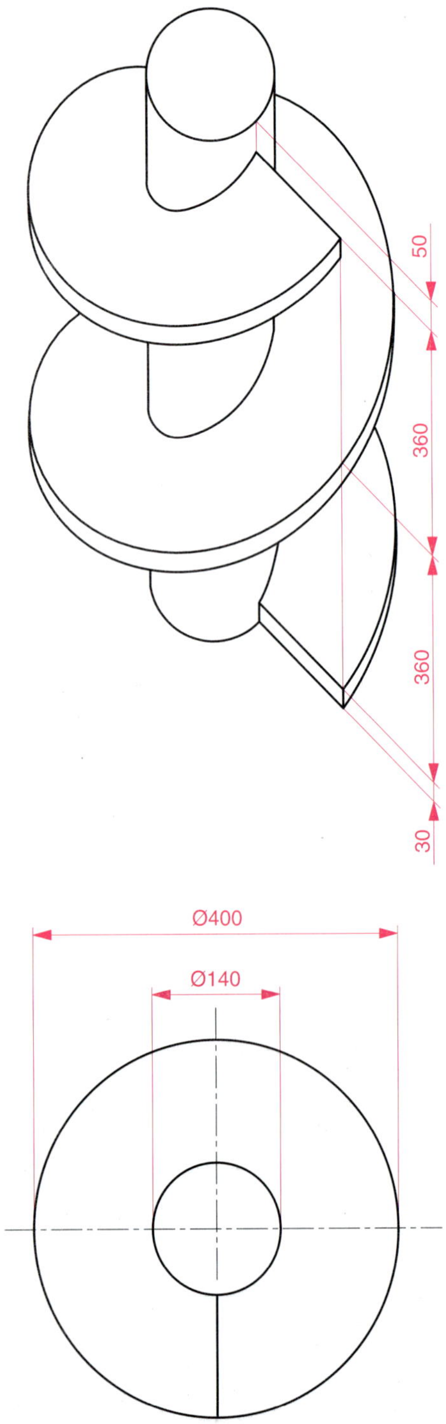

Quote in cm

ESERCITAZIONE 27

Dall'assonometria planometrica e dalla vista dall'alto ricava le proiezioni ortogonali della scala a chiocciola in scala 1 : 100

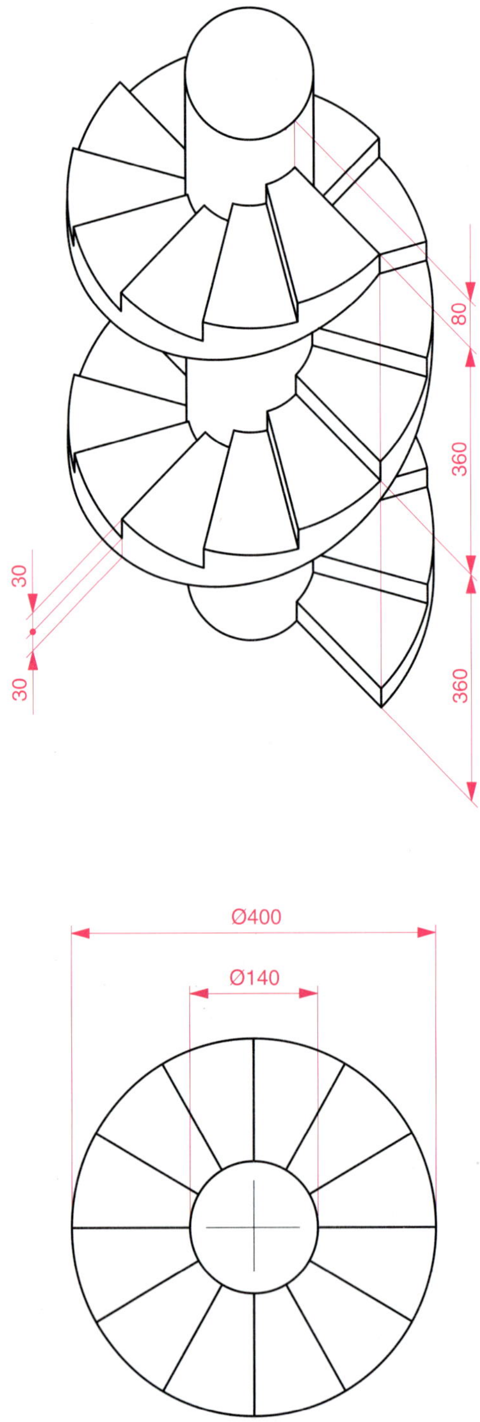

Quote in cm

Capire lo spazio: ribaltamento e rotazione di una figura piana

Dalle proiezioni ortogonali alla vera forma

Se una figura piana è inclinata rispetto ai quadri (xy, xz, yz) nessuna proiezione ortogonale fornisce la sua vera forma. Quest'ultima si può ottenere con il ribaltamento o con la rotazione della figura piana.

Ribaltamento

Si ruota il piano cui appartiene la figura intorno a una sua traccia, finché non si dispone su un quadro. Nella vista su quel quadro la figura appare nella sua vera forma.

Il piano α su cui giace la figura viene ruotato intorno alla sua traccia t'α, finché non si dispone sul quadro xy. I vertici della figura seguono traiettorie circolari, ben visibili nella vista frontale.

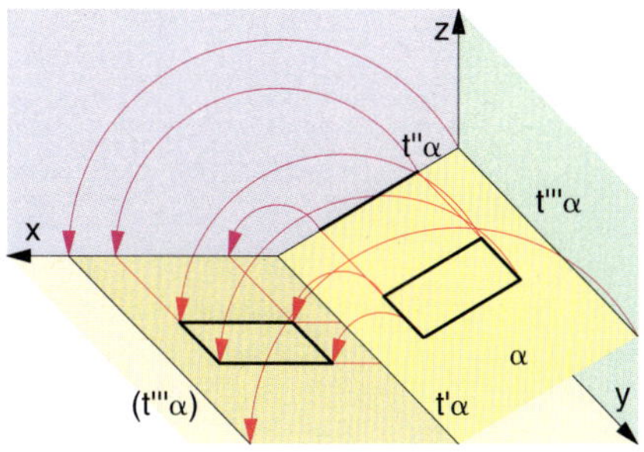

Date le due viste, dai vertici della figura in vista frontale si conducono archi con centro nel punto d'intersezione tra t'α e t''α. Dove essi intersecano l'asse x si tracciano linee di riporto verticali; all'intersezione di esse con le corrispondenti rette orizzontali condotte dalla vista dall'alto si trovano i vertici della vera forma della figura.

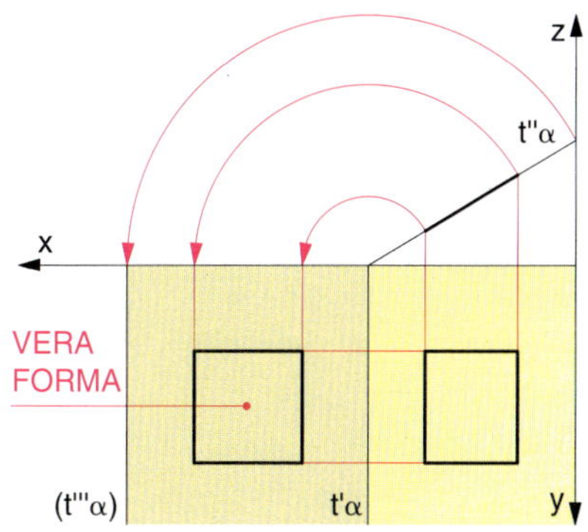

Rotazione

Si ruota la figura intorno a una sua retta, finché non si dispone parallelamente a un quadro. Nella vista su quel quadro la figura appare nella sua vera forma.

Se l'asse di rotazione è perpendicolare a xz, i vertici della figura seguono traiettorie circolari parallele al quadro xz, quindi ben visibili nella vista frontale. La figura ruotata in posizione parallela al quadro xy appare in vera forma nella vista dall'alto.

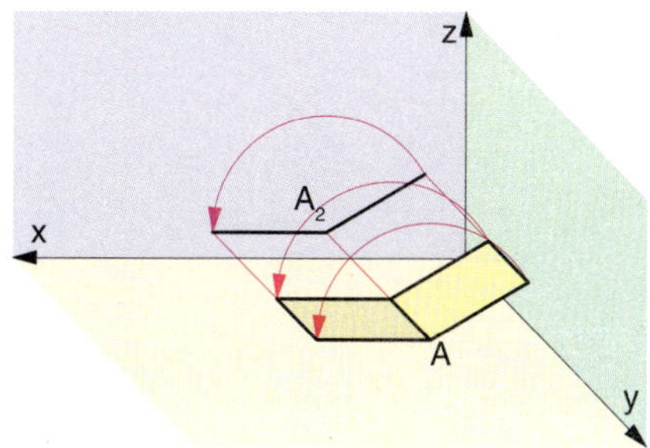

Date le due viste, nella vista frontale si conduce un arco con centro nel punto A_2 fino a intersecare l'orizzontale per lo stesso punto. La linea di riporto verticale interseca le orizzontali condotte dalla vista dall'alto determinando su questa vista i vertici della vera forma della figura.

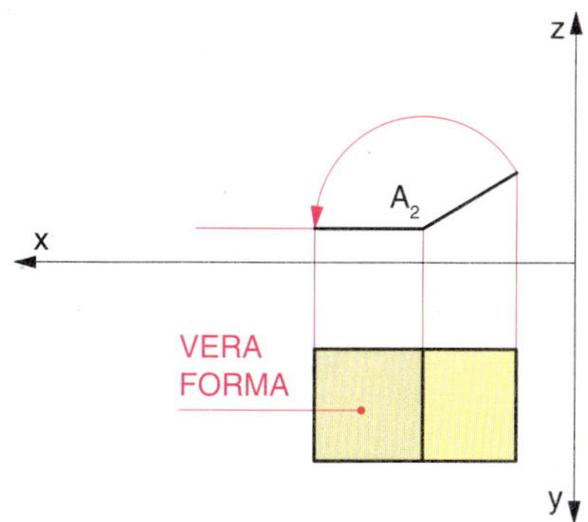

Dalla vera forma alle proiezioni ortogonali

Con processo inverso al precedente si può partire dalla vera forma di una figura inclinata per ricavare le viste in proiezioni ortogonali.

Ribaltamento

La vera forma disegnata sul quadro xz si ribalta intorno alla t''α, finché non si dispone sul piano α, su cui deve giacere la figura; i vertici della figura seguono traiettorie circolari, ben visibili nella vista dall'alto.

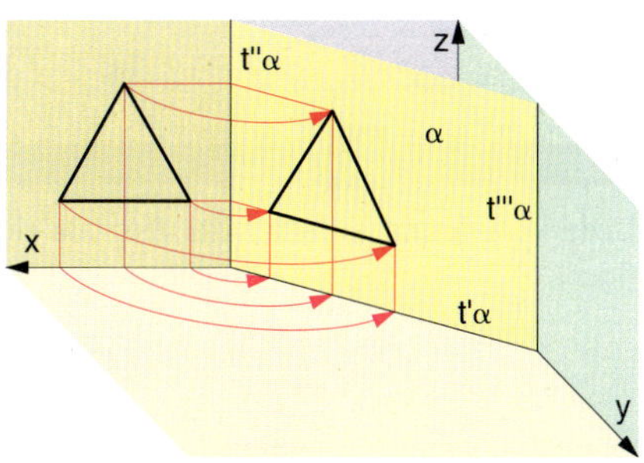

Dalla vera forma disegnata sul quadro xz si conducono linee verticali fino all'asse x, da cui partono archi di centro nell'intersezione di t''α con t'α; i punti così ottenuti sulla t'α sono la vista dall'alto della figura. La vista frontale si ottiene con linee di riporto dalla vera forma e dalla vista dall'alto.

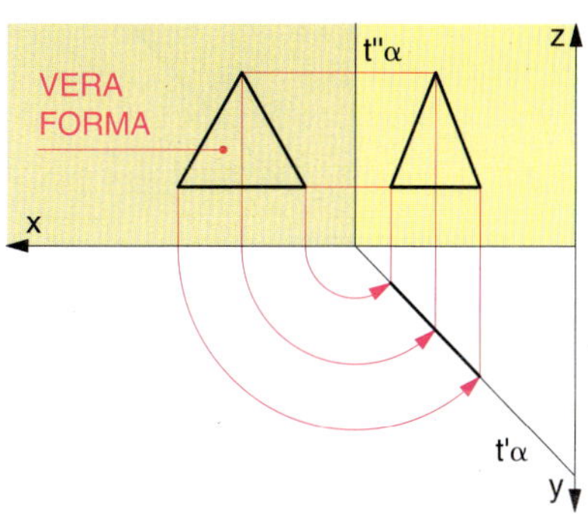

Rotazione

La figura in vera forma si disegna parallela al quadro xz. Con un asse di rotazione verticale passante per A, i vertici della figura seguono traiettorie circolari parallele al quadro xy, quindi ben visibili nella vista dall'alto.

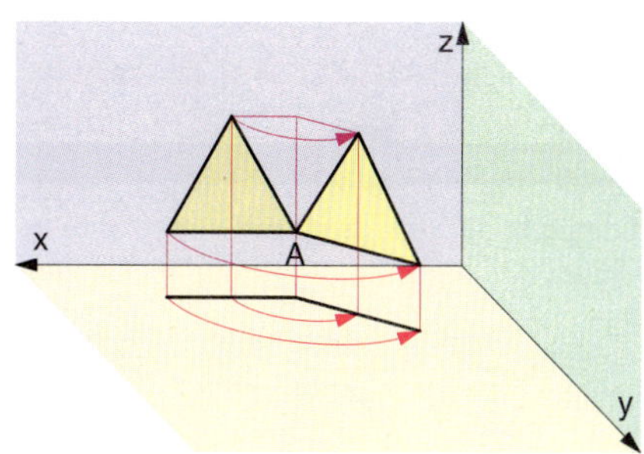

Dalla vera forma disegnata sul quadro xz si conducono linee verticali fino a una orizzontale condotta da A_1; centrando in questo punto si tracciano archi fino alla retta inclinata su cui si troverà la figura. La vista frontale si determina con linee di riporto dalla vera forma e dalla vista dall'alto.

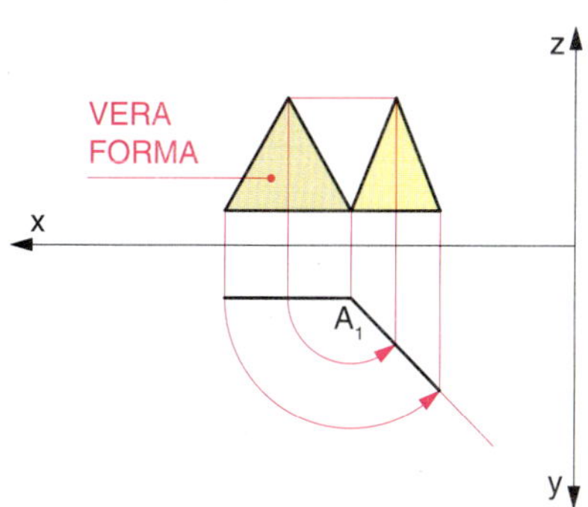

Gli esercizi di questa pagina devono essere disegnati dopo aver realizzato lo schizzo preparatorio, curando con molta attenzione la strutturazione del lavoro secondo una razionale sequenza delle fasi di elaborazione grafica.

NOTA BENE

Le dimensioni degli oggetti proposti si possono rilevare dalla griglia sovrapposta ai disegni; essa è costituita da quadrati di lato 4 mm.

ESERCITAZIONE R1

Completa le viste e disegna con ribaltamento la vera forma della figura disposta sul piano indicato dalle tracce

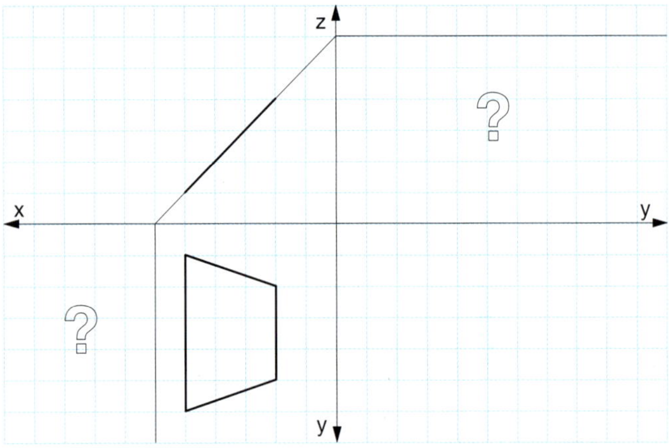

ESERCITAZIONE R2

Completa le viste e disegna con ribaltamento la vera forma della faccia disposta sul piano indicato dalle tracce

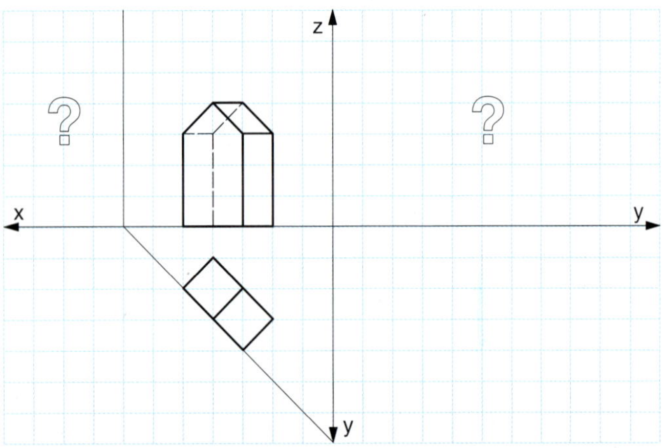

ESERCITAZIONE R3

Completa le viste e disegna mediante rotazione la vera forma della figura

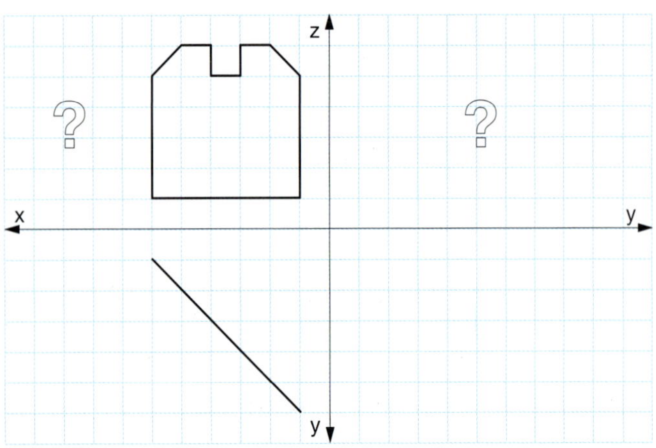

ESERCITAZIONE R4

Completa le viste e disegna mediante rotazione la vera forma della figura visibile nella vista frontale

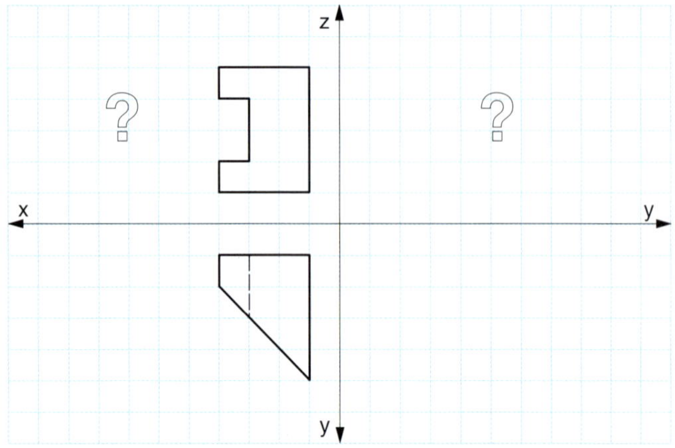

ESERCITAZIONE R5

Dalla vera forma e dalla vista dall'alto ricava le viste mancanti della figura

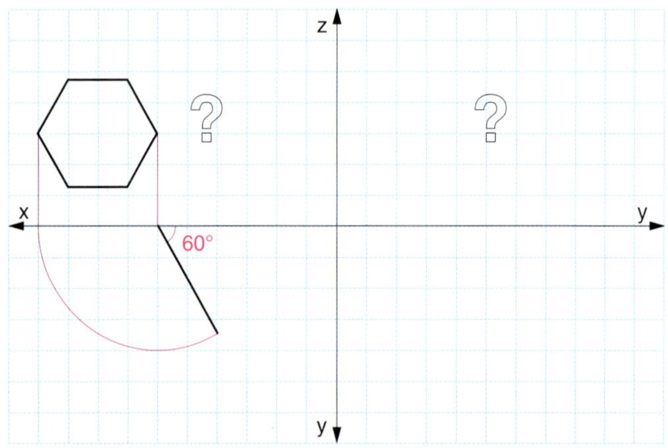

ESERCITAZIONE R6

Dalla vera forma e dalla vista frontale ricava le viste mancanti della figura

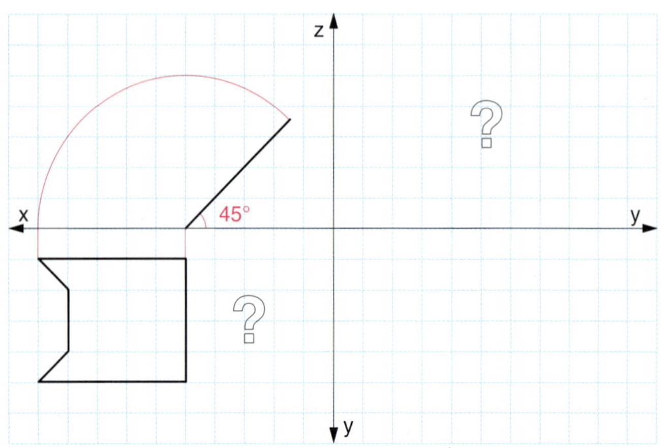

Capire lo spazio: sviluppo delle facce di un solido

Lo sviluppo consiste nel disegnare su un piano la vera forma delle facce del solido unite da almeno uno spigolo comune. In pratica si considera il solido come una scatola che viene aperta in modo che le sue facce, dopo molteplici rotazioni, si distendano su uno stesso piano.

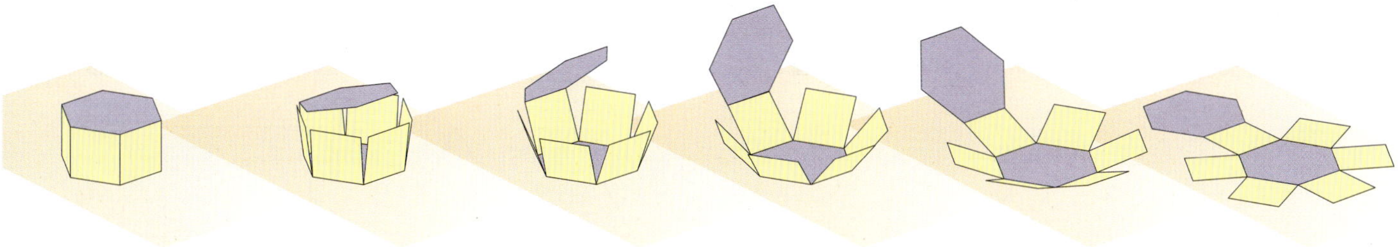

ESEMPIO 1

Sviluppo di un prisma esagonale retto

Analisi del solido. Se l'altezza è pari al lato di base, il solido è delimitato da due esagoni regolari e da sei quadrati.

Accorgimenti operativi

- Si deve porre attenzione a disporre le facce affiancate per un lato comune.
- Per migliorare la precisione, si possono tracciare circonferenze oppure archi per riportare misure uguali.

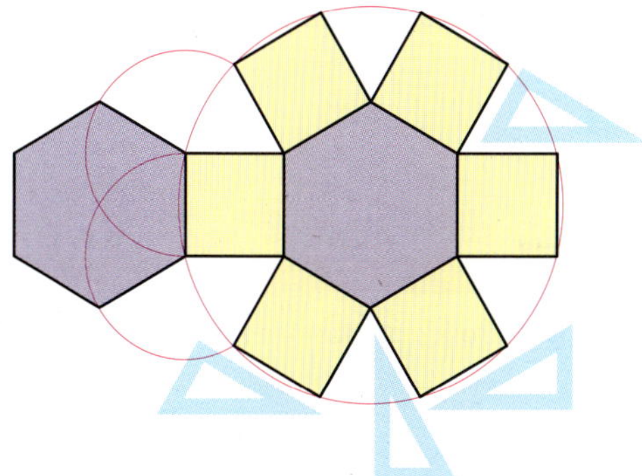

Disegno e sviluppo. Dopo aver disegnato un esagono, si tracciano i quadrati circostanti con l'aiuto di una circonferenza e della squadretta a 30°-60°. Si aggiunge infine il secondo esagono, trovandone il centro con archi di riporto dai vertici dei quadrati.

ESEMPIO 2

Sviluppo di un prisma quadrato con una base obliqua

Analisi del solido. Le facce del solido sono:

- un quadrato (base inferiore), la cui vera forma è ricavabile dalla vista dall'alto;
- un trapezio rettangolo (faccia anteriore), la cui vera forma è visibile nella vista frontale;
- un trapezio rettangolo (faccia posteriore) simmetrico del precedente;
- due rettangoli (faccia laterale sinistra e destra) visibili in vera forma nella vista da sinistra;
- un rettangolo (base superiore), che però non è mostrato in vera forma nelle proiezioni ortogonali. Per ottenere la sua vera forma si può operare il ribaltamento o la rotazione della figura. Le dimensioni di questo rettangolo si possono anche ricavare dalle viste: un primo lato è pari a quello del quadrato, mentre il secondo è pari allo spigolo obliquo (in figura: a) della vista frontale.

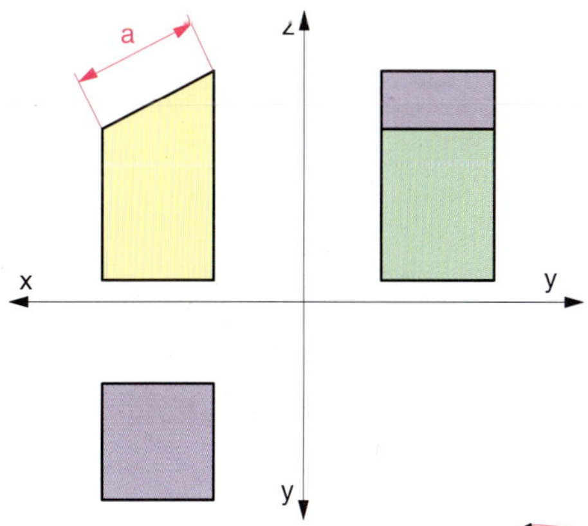

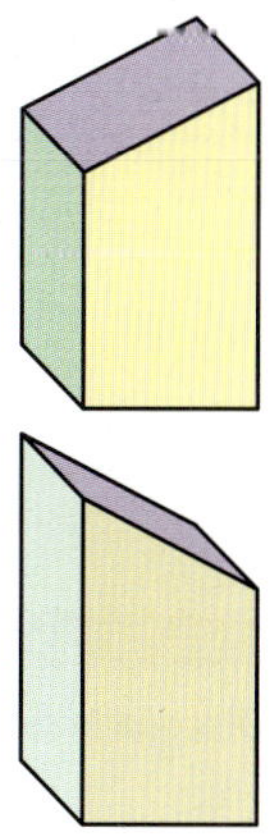

Disegno dello sviluppo. Intorno al quadrato della base inferiore si dispongono i trapezi e i rettangoli delle facce laterali; infine si aggiunge il rettangolo della base superiore.

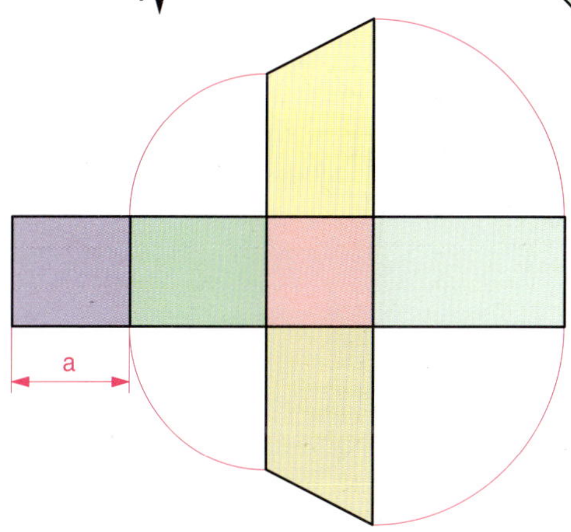

Come utile complemento alle esercitazioni di questa pagina, si può realizzare il modello in cartoncino del solido, seguendo le indicazioni contenute nel *Nota bene* di pag. B111.

ESERCITAZIONE R7

Disegna lo sviluppo del solido proposto in assonometria cavaliera

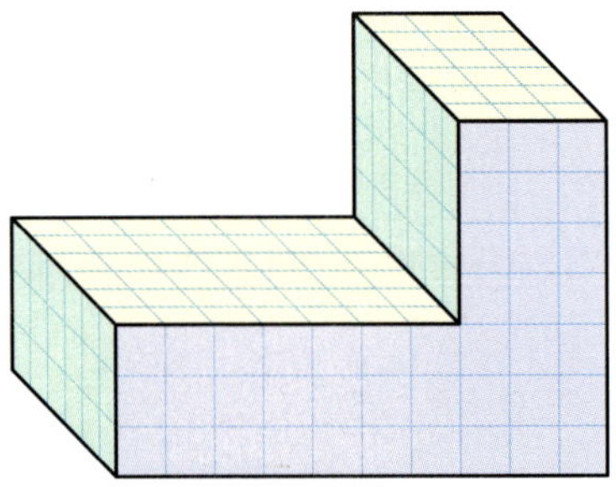

ESERCITAZIONE R8

Disegna lo sviluppo del solido proposto in assonometria cavaliera

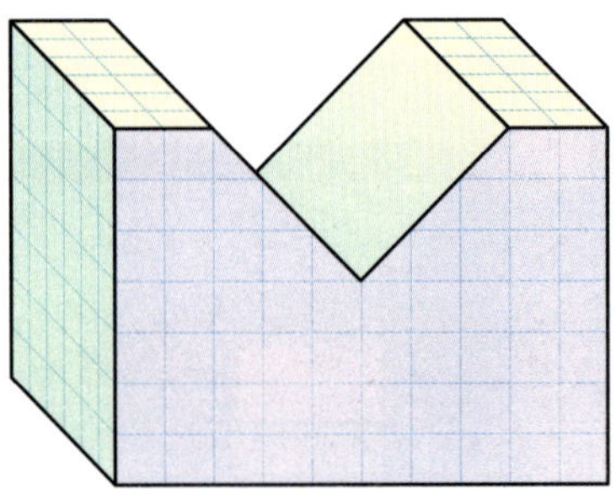

ESERCITAZIONE R9

Disegna lo sviluppo del solido proposto in assonometria cavaliera

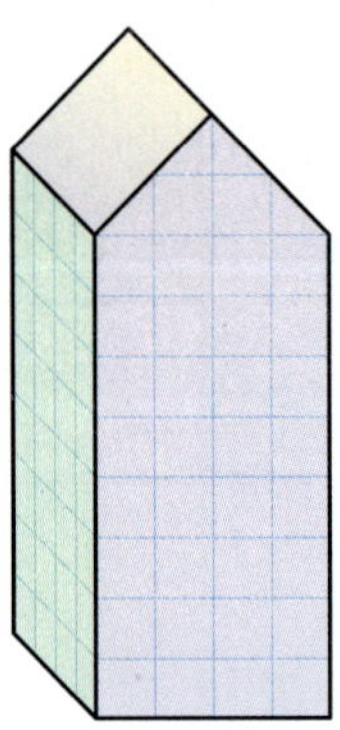

NOTA BENE

Le dimensioni degli oggetti proposti si possono rilevare dalla griglia sovrapposta ai disegni; essa è costituita da quadrati di lato 4 mm.

ESERCITAZIONE R10

Disegna lo sviluppo del solido proposto in proiezioni ortogonali

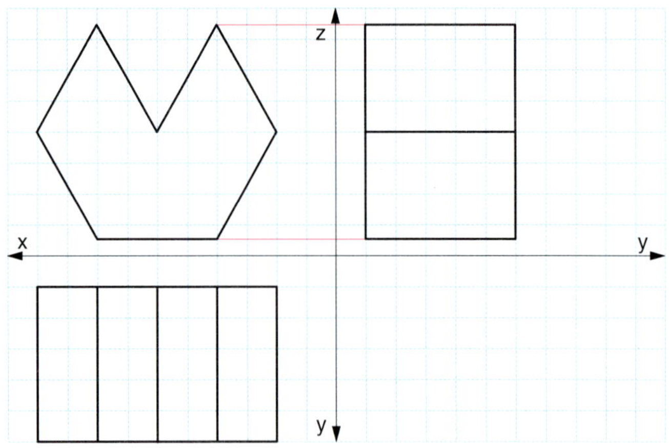

ESERCITAZIONE R11

Disegna lo sviluppo del solido proposto in proiezioni ortogonali

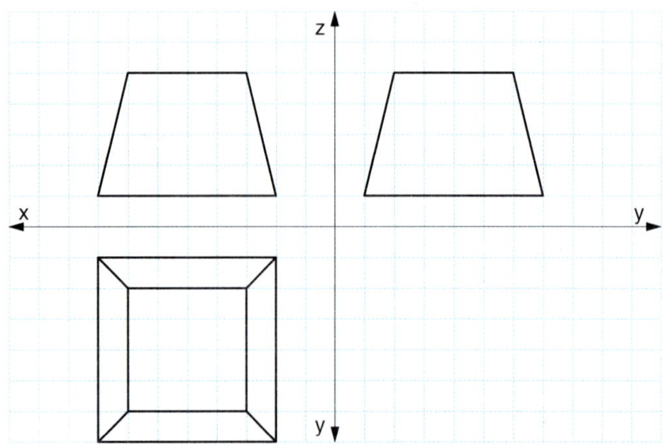

ESERCITAZIONE R12

Disegna lo sviluppo del solido proposto in proiezioni ortogonali

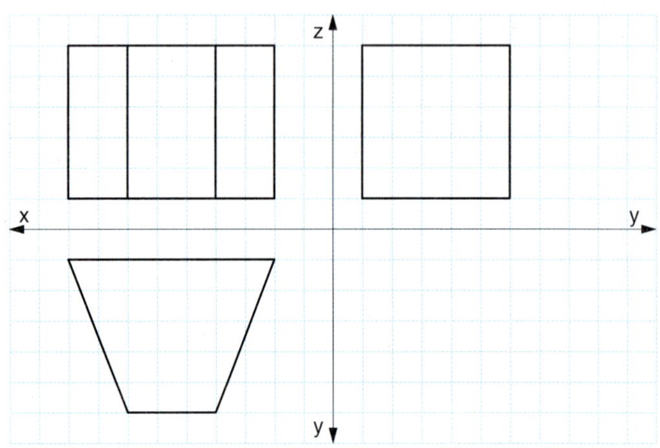

Verifica delle competenze

PROVA A Schema di edificio

Per lavori di restauro su un edificio è necessario disporre del computo metrico delle superfici esterne del fabbricato.
Dallo schema riportato a fianco disegna le vere forme delle singole facce del solido, da cui computare in m^2:

- aree da intonacare (tutte le superfici verticali);
- aree da pavimentare (tutte le superfici orizzontali di copertura);
- aree da rivestire di tegole (tutte le facce inclinate).

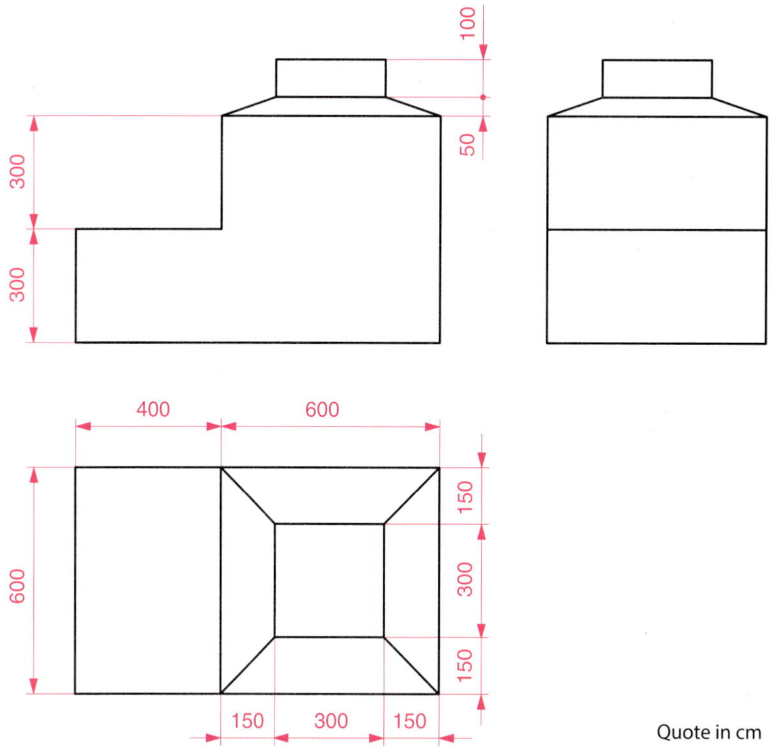

Quote in cm

PROVA B Cassetta nido per uccelli

Per facilitare la nidificazione di uccellini si vuole costruire una cassetta da appendere a un albero in giardino.
Dopo indagine su internet si trovano alcuni dati sul dimensionamento dalla cassetta (vedi tabella) e sulle caratteristiche che dovrà avere; per esempio il tetto sarà sporgente di 3 cm sul fronte e sui fianchi, avrà una cerniera per ispezionare e pulire l'interno. Ci sarà anche un ulteriore tettuccio per impedire infiltrazioni di pioggia; sul fondo invece ci saranno 4 fori (Ø 5 mm) per smaltire acqua interna.
Sul fronte devono esserci un foro d'ingresso e un bastoncino che serve da posatoio.
Il materiale sarà un compensato di legno di spessore 10 mm.
Dimensiona la cassetta in base all'uccello da ospitare, usando il disegno qui riportato solo come un esempio.
Realizza il disegno delle singole parti per dare indicazioni per il taglio. Fai attenzione agli spessori del legno.

Uccello	a × b	c	d	Ø
Passero	15 × 15	20	3	5
Storno	15 × 15	30	3	5
Cincia	15 × 15	18	3	4
Picchio	20 × 20	18	3	5
Civetta	20 × 20	30	3	7

Misure in cm

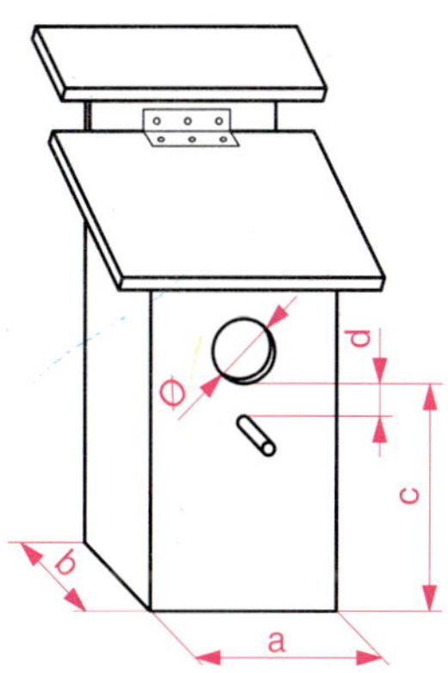

PROVA C Cestino portarifiuti

Un'azienda pensa di produrre cestini portarifiuti in lamiera zincata. L'ipotesi delineata è quella rappresentata nei disegni riportati a fianco e in basso.
Dimensiona e rappresenta l'oggetto in proiezioni ortogonali, ricavandone lo sviluppo delle superfici in scala opportuna.

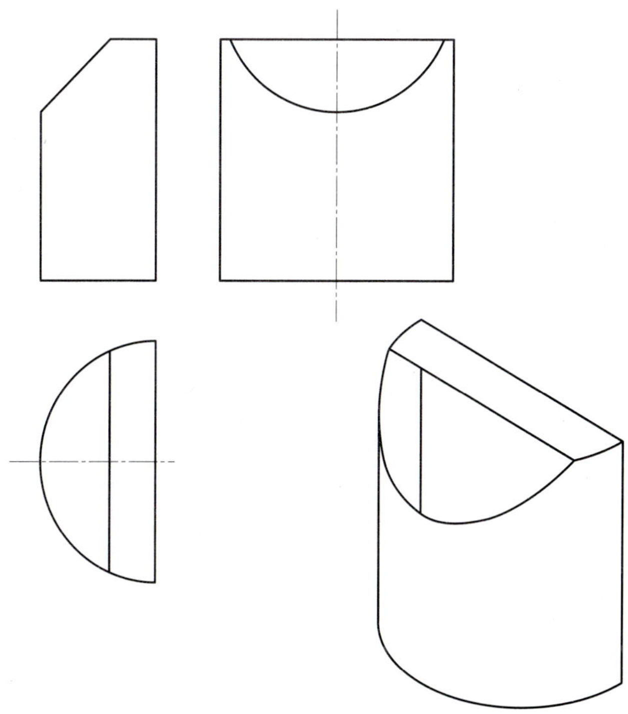

Competenze

Verifica delle competenze

PROVA D Paralume

Si vuole sostituire un vecchio paralume con uno nuovo in carta pergamena; ma si vuole ancora utilizzare la base della lampada e il telaio del vecchio paralume.
Le dimensioni esterne del telaio in ottone (filo Ø 4 mm) sono:

- base inferiore Ø 35 cm;
- base superiore Ø 20 cm;
- altezza 22 cm.

La forma del paralume sarà un tronco di piramide con basi regolari e numero di lati a scelta (6, 8 oppure 12).
Disegna lo sviluppo del paralume.
Oltre alla linguetta di giunzione tra i lembi del paralume, saranno previste anche delle piccole linguette per fissare la carta sul telaio; queste linguette saranno situate in corrispondenza dei punti di tangenza sul telaio.

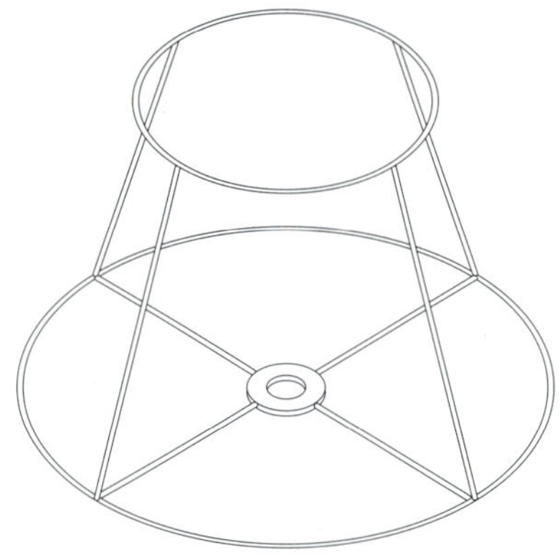

PROVA E Contenitore di foglietti

Si vuole realizzare in cartoncino un contenitore di foglietti per appunti.
Il contenitore disegnato in basso trae spunto da espositori commerciali; bisogna però adattarlo, dimensionandolo per contenere foglietti in formato A6 (formato A4 diviso in quattro parti uguali). Inoltre è opportuno aggiungere raccordi negli angoli che possano essere piegati nell'uso quotidiano.
Disegna il contenitore in proiezioni ortogonali, traendone lo sviluppo delle superfici. Nello sviluppo vanno anche previste le linguette di giunzione.

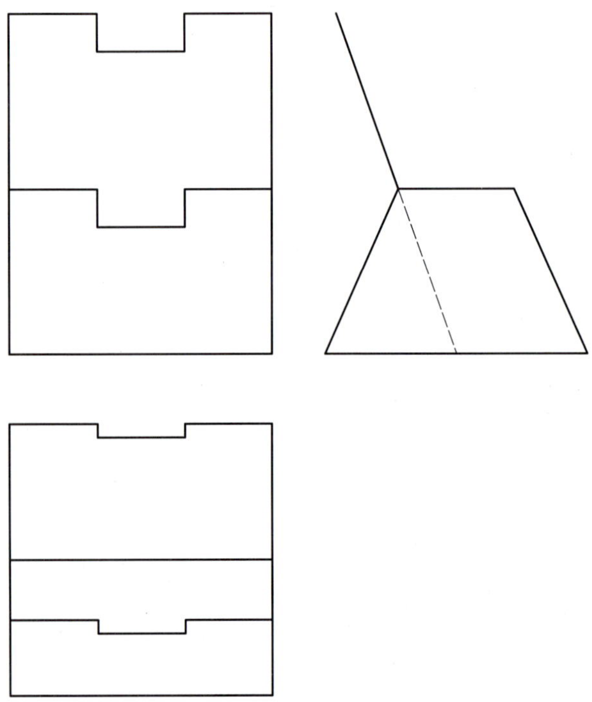

PROVA F Espositore di barattolini

Per un negoziante di vernici è necessario realizzare un espositore in cartone simile a quello riprodotto nel disegno sottostante.
L'espositore deve contenere il campionario di una serie di 21 barattolini di vernice da modellismo; ogni barattolino ha diametro 30 mm e altezza 30 mm.
Inoltre sul crowner (la parte posteriore che sporge in verticale) andrà applicata una stampa pubblicitaria in formato A5 orizzontale (metà del formato A4).
Dopo aver dimensionato l'espositore, disegna lo sviluppo, comprensivo di linguette di giunzione, in scala 1 : 2, al fine di riportarne facilmente le misure su cartone in scala 1 : 1.

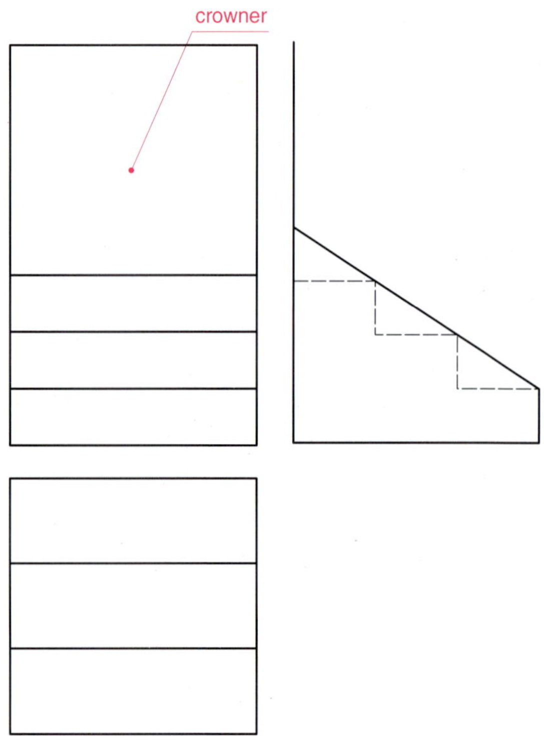

B4 Sezioni e intersezioni

SEZIONE

consiste in

TAGLIO DEL SOLIDO CON UN PIANO (piano di sezione)

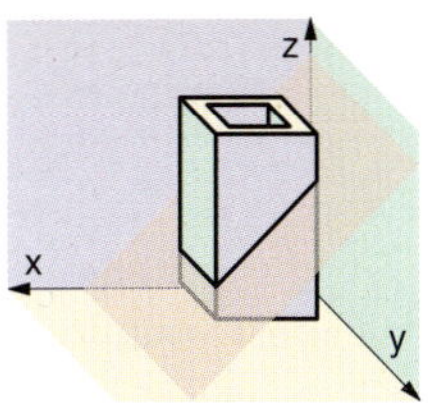

a cui segue

ELIMINAZIONE DI UNA PARTE originata dal taglio

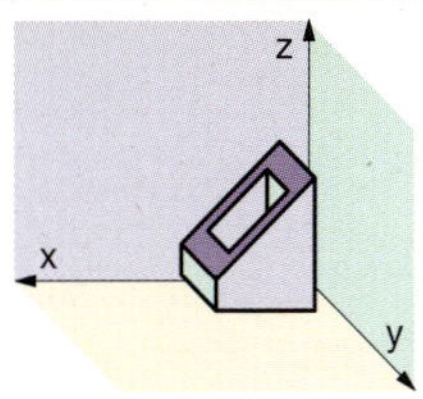

per ottenere

RAPPRESENTAZIONE DEL SOLIDO SEZIONATO

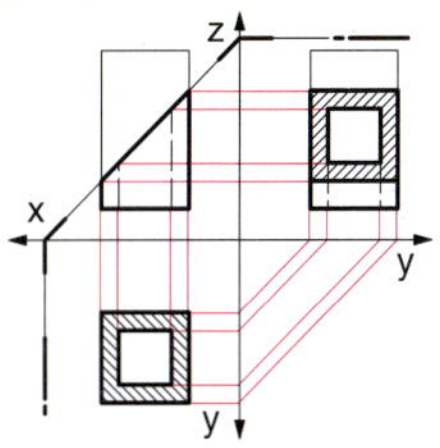

INTERSEZIONE

consiste in

LINEE COMUNI (intersezioni) tra diverse facce di un solido complesso

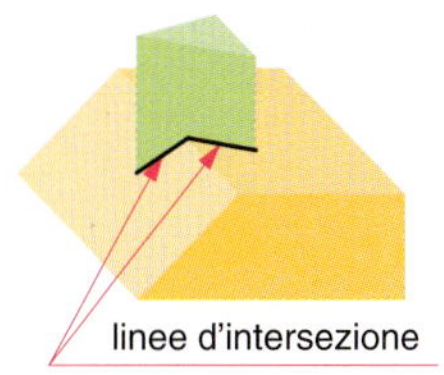

consentendo

si applica a

SOLIDI COMPLESSI

RAPPRESENTAZIONE DEL SOLIDO COMPLESSO

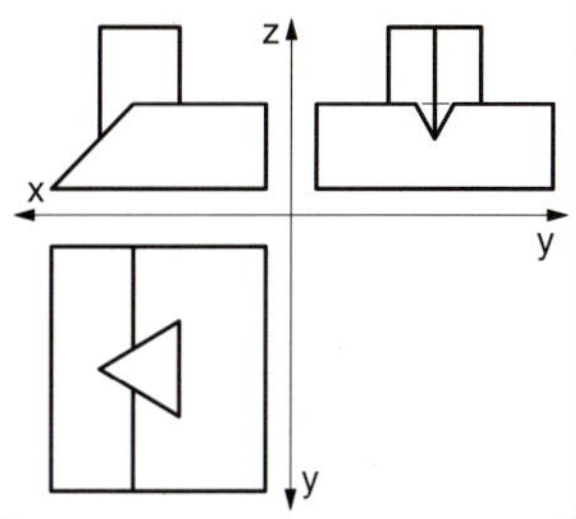

Conosci le sezioni?

Imbattersi in una sezione è molto comune; illustrazioni di depliant commerciali, testi scientifici o manuali d'uso di articoli tecnici, forniscono esempi di sezioni, quali la pianta di un alloggio o l'illustrazione di un tronco di albero.

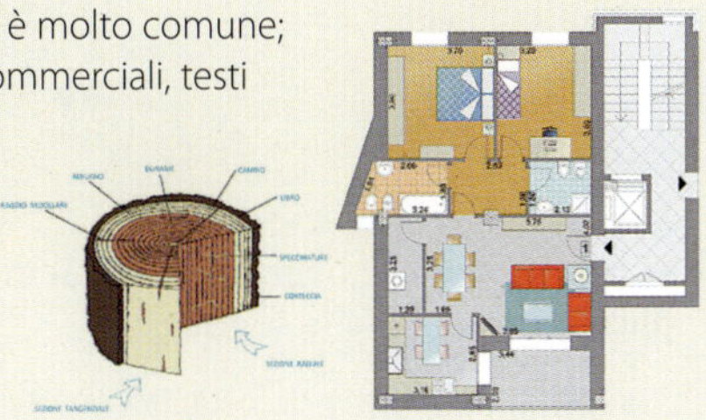

Conosci le intersezioni?

Un comignolo sulla falda di un tetto o una volta a crociera mostrano spigoli di contatto (intersezioni) tra superfici di elementi diversi. Questi sono esempi concreti di intersezioni.

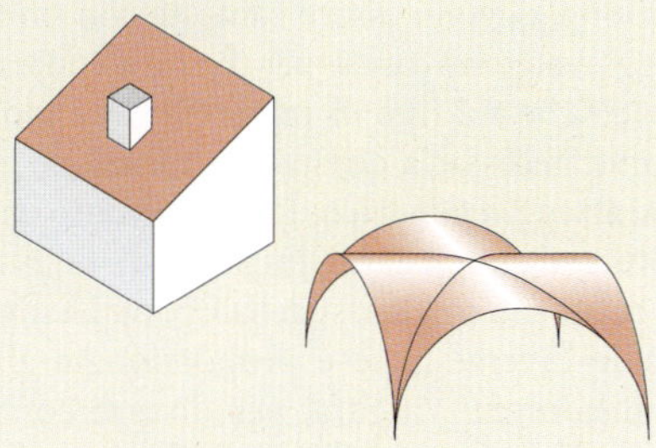

A cosa serve conoscerle?

Le proiezioni ortogonali o l'assonometria rappresentano l'aspetto esterno di un oggetto. Mediante le sezioni ne possiamo descrivere dettagliatamente l'interno.

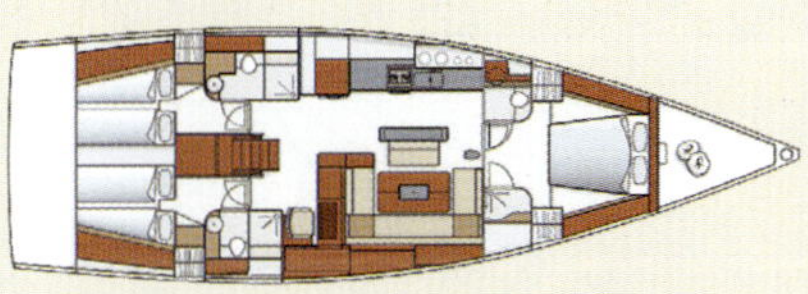

A cosa serve conoscerle?

Per rappresentare oggetti complessi è utile scomporli in solidi geometrici più semplici. Dalla loro compenetrazione si originano nuovi spigoli, intersezioni tra facce in contatto tra loro. Per disegnare l'oggetto complessivo è necessario aggiungere questi nuovi spigoli a quelli dei solidi semplici.

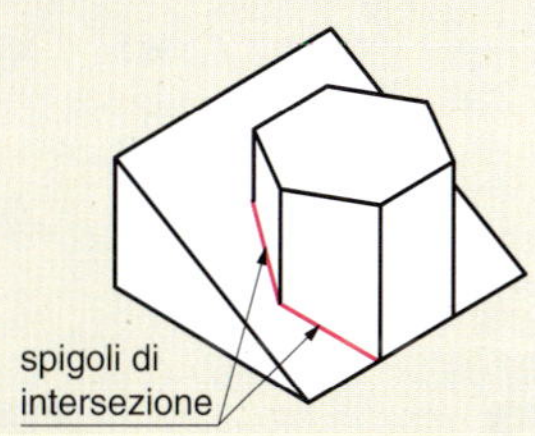

Sezioni di solidi

Generalità

La sezione è la rappresentazione di un solido tagliato da un piano.

La sezione consiste nell'operazione immaginaria di taglio di un solido mediante un piano, detto **piano di sezione** o **piano secante**.

Una delle due parti così ottenute viene eliminata, mentre la parte residua viene rappresentata.

Si possono quindi avere **viste in sezione** (sezioni in proiezioni ortogonali) oppure **sezioni assonometriche**.

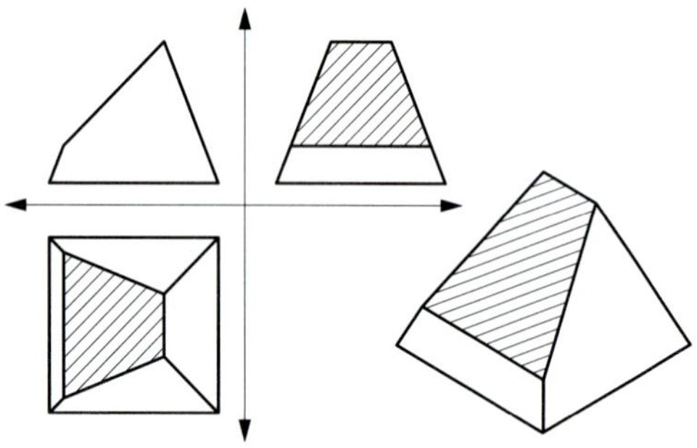

Indicazioni dei piani di sezione

Come tutti gli altri piani, anche i piani di sezione si rappresentano mediante le loro tracce (v. pag. B11).

Le estremità delle tracce dei piani di sezione sono evidenziate con linea mista grossa a punto e tratto —·— (tipo 4.2, pag. A25).

Indicazioni delle superfici sezionate

Le superfici sezionate, cioè quelle in comune tra oggetto e piano di sezione, devono essere campite con un **tratteggio**. Particolari tratteggi vengono usati per fornire indicazioni specifiche sul tipo di materiale; quando però non è necessaria questa specificazione, si usa il **tratteggio generico**. Esso è formato da linee sottili ed equidistanti, inclinate di 45° rispetto al contorno o agli assi della figura. La distanza tra le diverse linee è proporzionata alle dimensioni della figura; per disegni contenuti in fogli di formato A3 o A4 la distanza può essere compresa tra 1 e 2 mm.

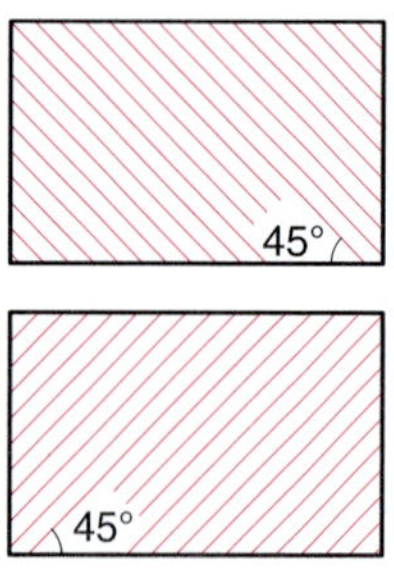

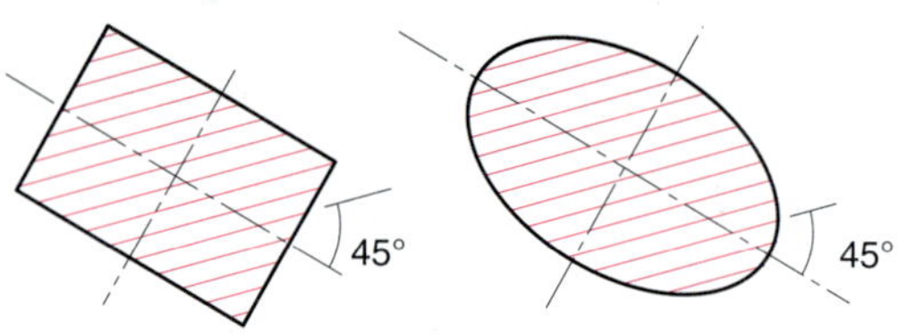

L'angolo di 45° è da riferire ai contorni o agli assi della figura.

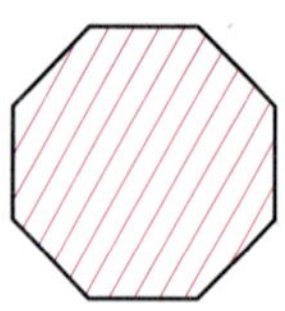

L'inclinazione del tratteggio può essere modificata per evitare che il tratteggio risulti parallelo ad alcuni lati della figura.

Video *Esecuzione del tratteggio*

Video *Inclinazione del tratteggio*

PROBLEMA 1 PASSO PASSO

Piramide a base triangolare equilatera sezionata con un piano orizzontale

1 In proiezioni ortogonali si disegnano la piramide e il piano α mediante le sue tracce.

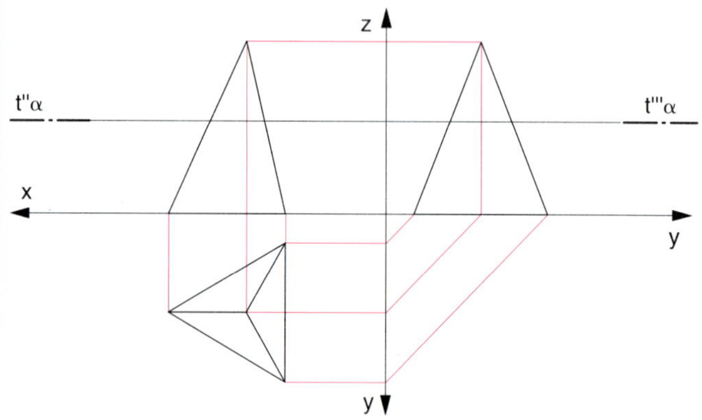

2 Dai punti d'intersezione della t''α con gli spigoli della piramide si conducono riporti verso la vista dall'alto, trovando i tre vertici della sezione.

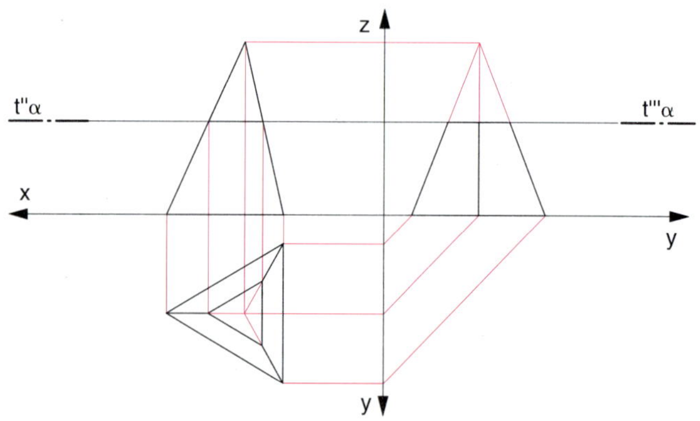

3 Si ripassa la parte della piramide al disotto del piano α e si applica il tratteggio alla sezione.

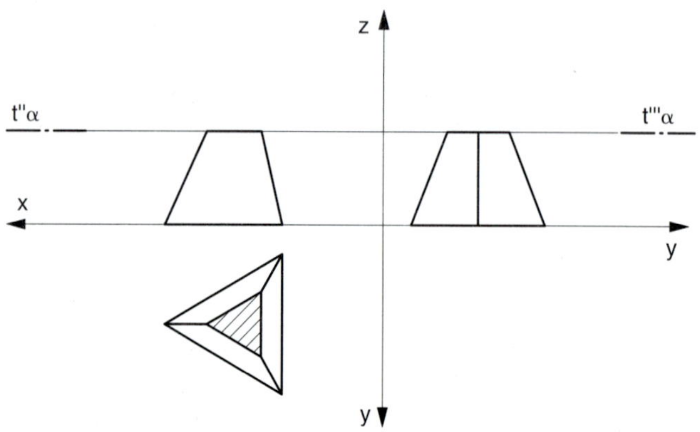

PROBLEMA 2 PASSO PASSO

Parallelepipedo ruotato e sezionato con un piano parallelo a yz

1 In proiezioni ortogonali si disegnano il parallelepipedo e le tracce del piano α, individuando nella vista dall'alto i quattro vertici della sezione (punti in comune tra t'α e gli spigoli del solido).

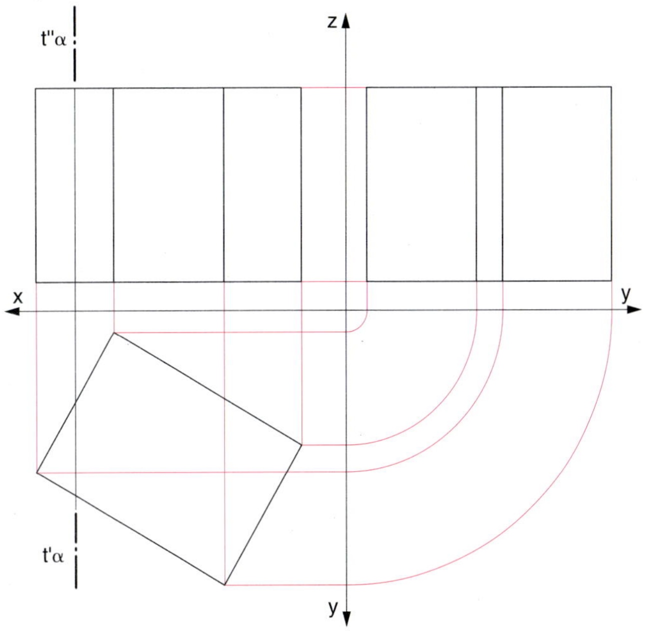

2 Si riportano i punti trovati verso la vista da sinistra, ottenendo il profilo rettangolare della sezione.

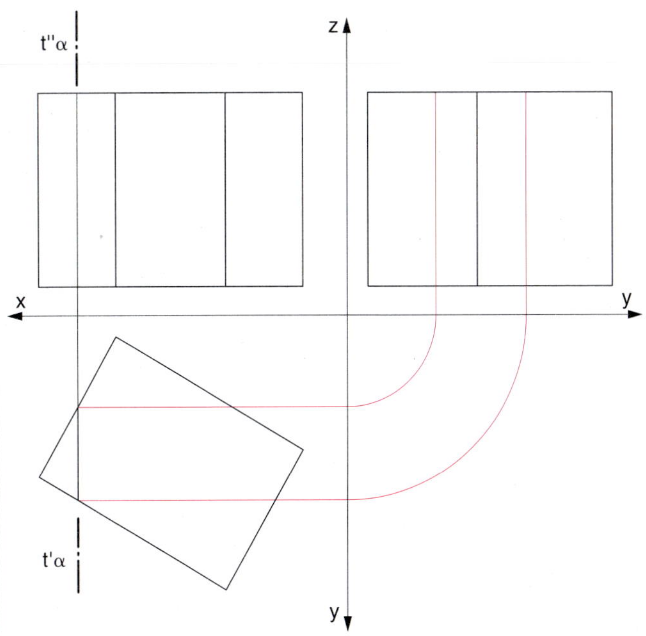

3 Si ripassano spigoli visibili e nascosti della parte residua del solido e con il tratteggio si campisce la sezione.

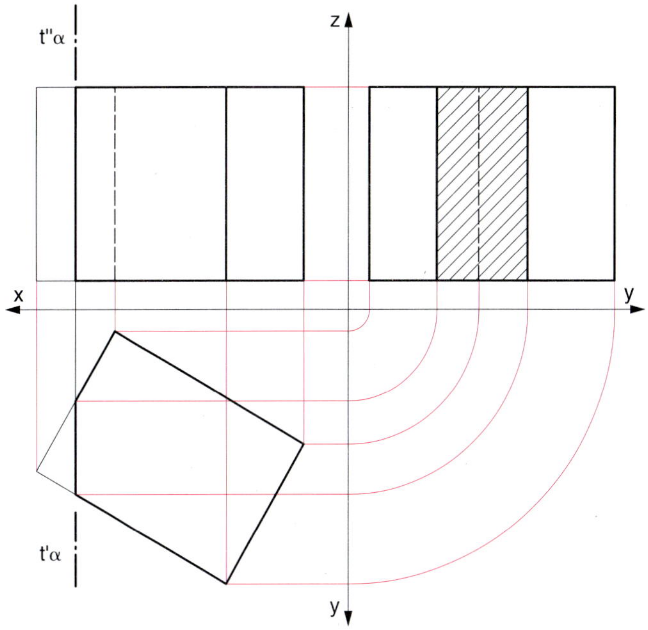

In assonometria si procede in modo simile.

1 Si disegnano gli assi, il solido, la vista dall'alto e le tracce del piano di sezione; all'intersezione tra la t'α e la vista dall'alto si determinano due punti che, mediante linee di riporto verticali, consentono di trovare i vertici della sezione in assonometria.

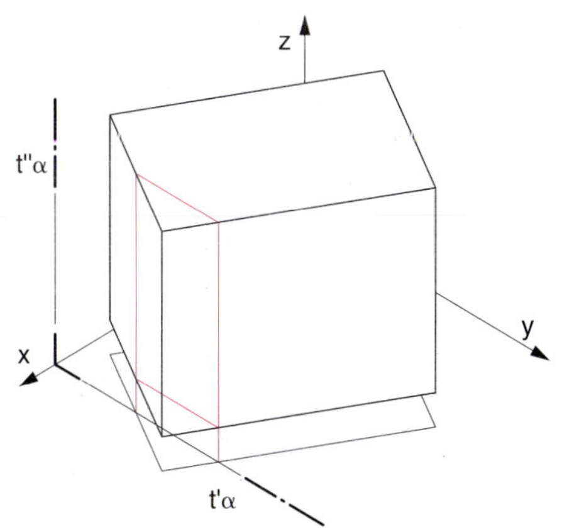

2 Si ripassa la parte residua del solido e con il tratteggio si campisce la sezione.

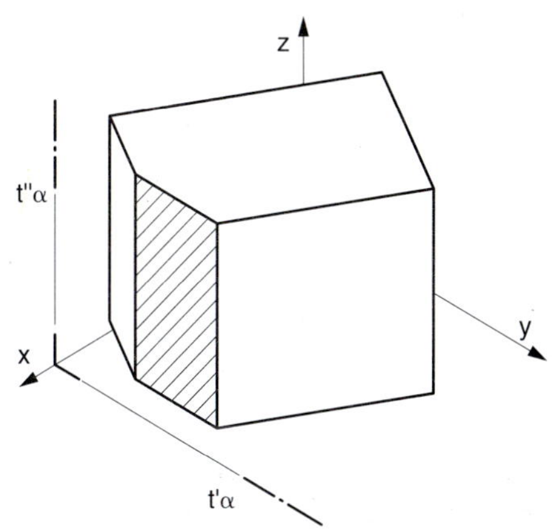

APPROFONDIMENTI

Sezione assonometrica (1 pagina)

PROBLEMA 3

Parallelepipedo forato, sezionato con un piano parallelo a yz

Il piano verticale di sezione taglia il solido a metà; nelle viste viene eliminata la metà sinistra. Nella vista da sinistra si vedono le due parti sezionate (campite con il tratteggio) sotto forma di rettangoli, uno al disotto e uno al disopra del foro.

Analogamente nell'assonometria si vedranno solo la metà destra del solido e le due parti sezionate sopra e sotto il foro.

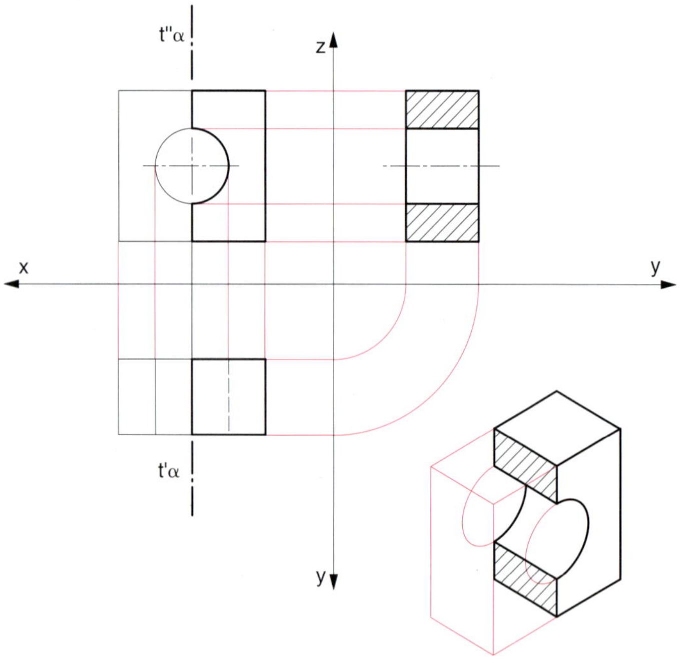

PROBLEMA 4

Cilindro con foro quadro cieco, sezionato con un piano parallelo a xy

Il piano orizzontale di sezione taglia il solido a metà; nelle viste viene eliminata la metà superiore. Nella vista dall'alto appare sezionata la superficie compresa tra il profilo del foro e quello del cilindro.

Nell'assonometria si vedranno solo la metà inferiore del solido e la parte sezionata a forma di U.

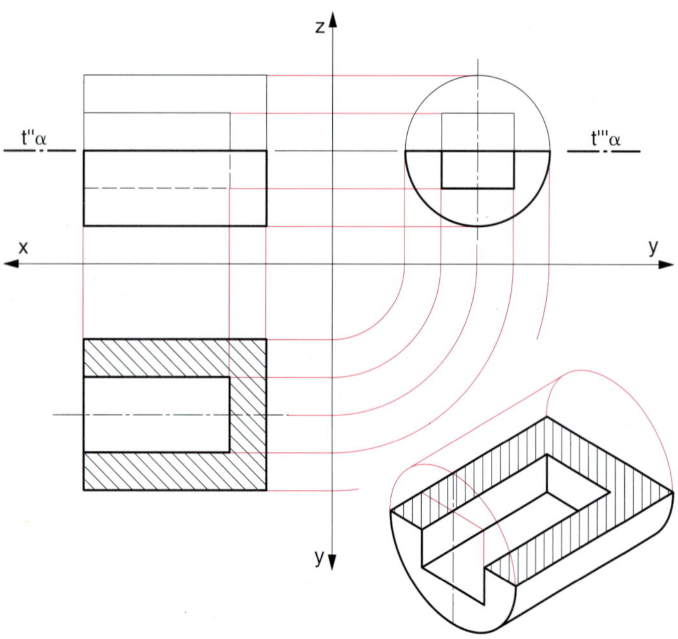

PROBLEMA 5

Parallelepipedo con due scanalature, sezionato con un piano parallelo a xz

Il piano verticale di sezione taglia il solido a metà; nelle viste viene eliminata la metà anteriore. Nella vista frontale appare sezionata solo la parte centrale compresa tra le due scanalature.

Analogamente nell'assonometria si vedranno solo la metà posteriore del solido e la parte sezionata tra le due scanalature.

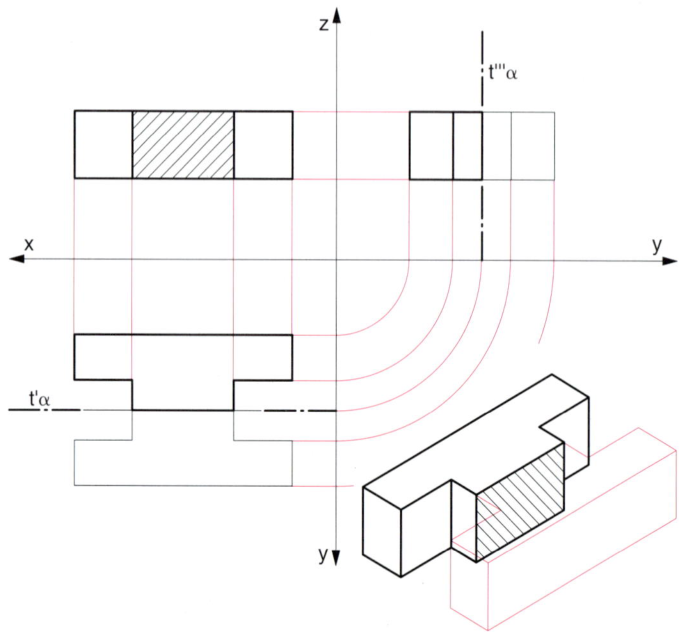

PROBLEMA 6

Parallelepipedo con foro quadro e intaglio parziale, sezionato con un piano parallelo a yz

Il piano verticale seziona a metà il solido; nelle viste viene eliminata la metà di sinistra. Nella vista da sinistra si vedono due zone sezionate, una alta quanto il parallelepipedo, l'altra più bassa per la presenza dell'intaglio.

L'assonometria mostra la metà destra del solido sezionato.

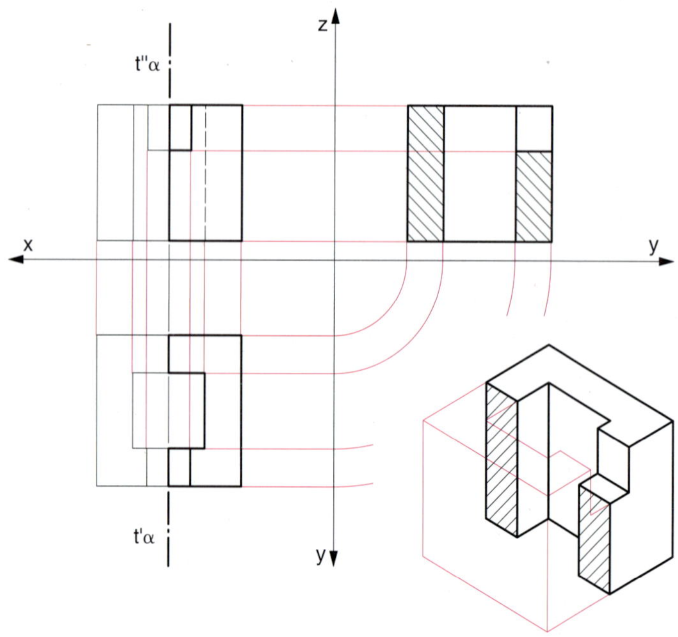

PROBLEMA 7

Solido con gradino sezionato con un piano perpendicolare a xy

La sezione si definisce inizialmente sulla vista dall'alto; all'intersezione tra la t'α e le linee della vista si individuano i vertici della sezione che, riportati sulle altre viste, consentono di completare le viste del solido sezionato.

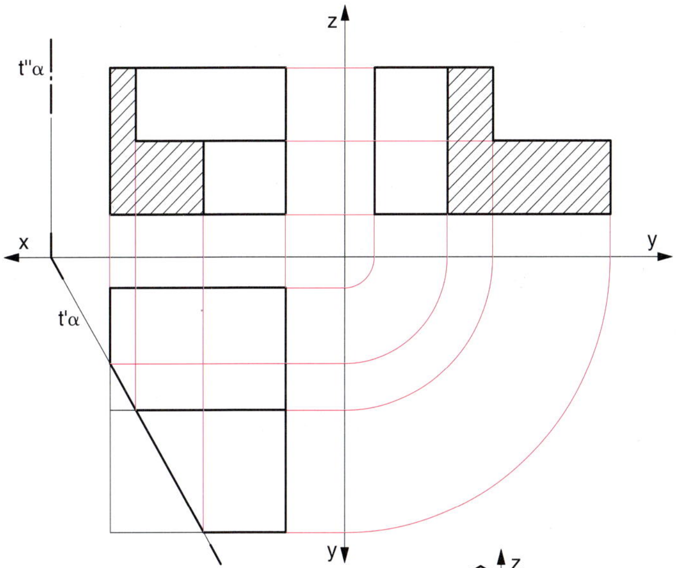

Nell'assonometria i vertici della sezione si individuano con l'aiuto della vista dall'alto e della t'α; i loro punti di intersezione, riportati verticalmente, determinano sull'assonometria i vertici della superficie sezionata.

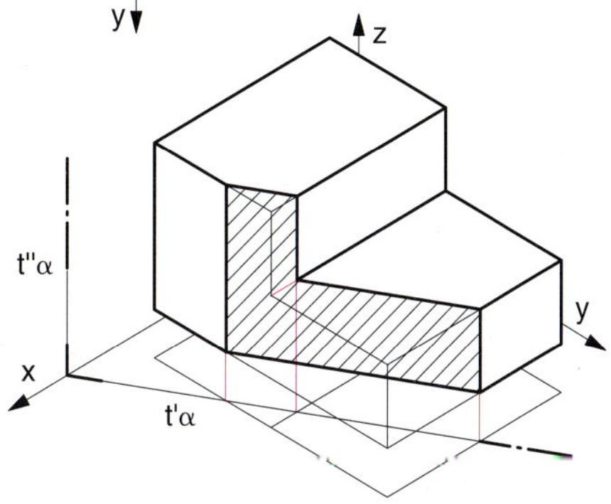

PROBLEMA 8

Parallelepipedo scanalato sezionato con un piano perpendicolare a xz

Dopo aver disegnato il solido e le tracce del piano di sezione, si individuano i punti di intersezione tra la t''α e la vista frontale. Da questi punti si conducono le linee di riporto verso le altre viste.

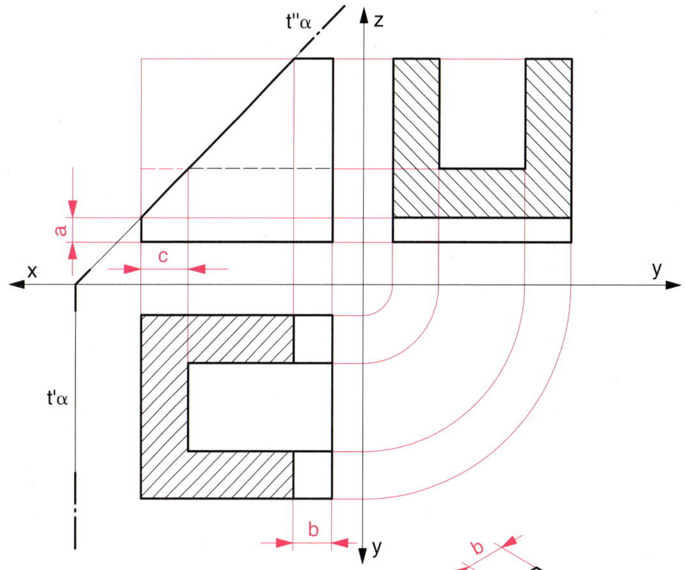

Dalle viste in proiezioni ortogonali si riportano le distanze a, b e c, con le quali si possono determinare sugli spigoli del solido i vertici della sezione in assonometria.

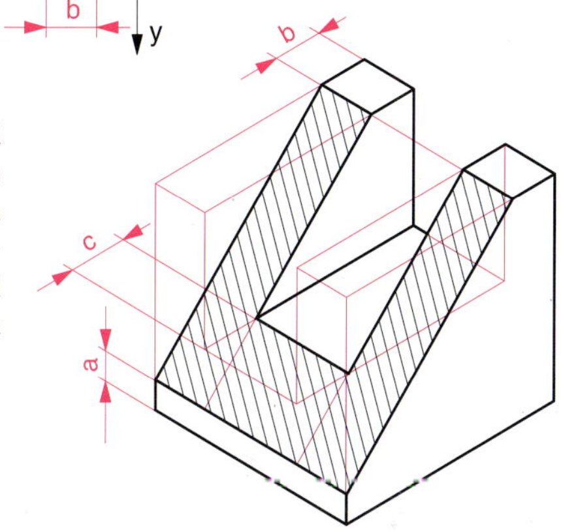

PROBLEMA 9

Prisma triangolare sezionato con un piano perpendicolare a xz

Nella vista frontale si individuano i punti di intersezione tra gli spigoli del prisma e la t''α. Con linee di riporto si trovano i vertici della sezione nelle altre viste.

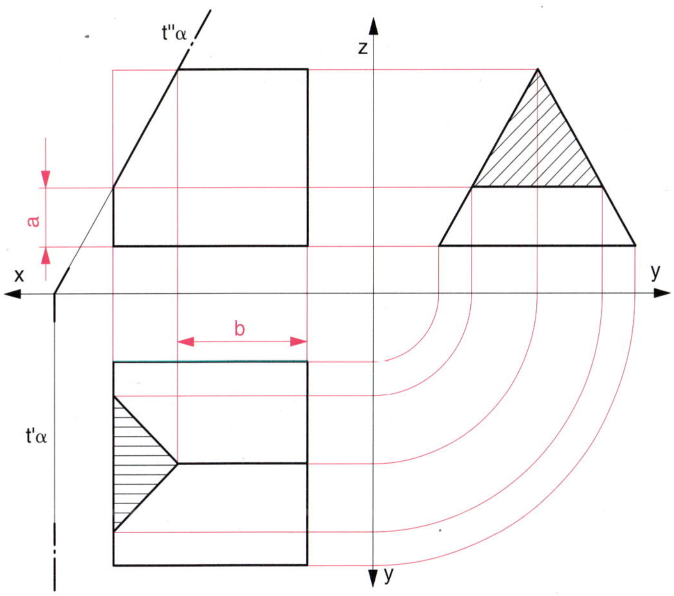

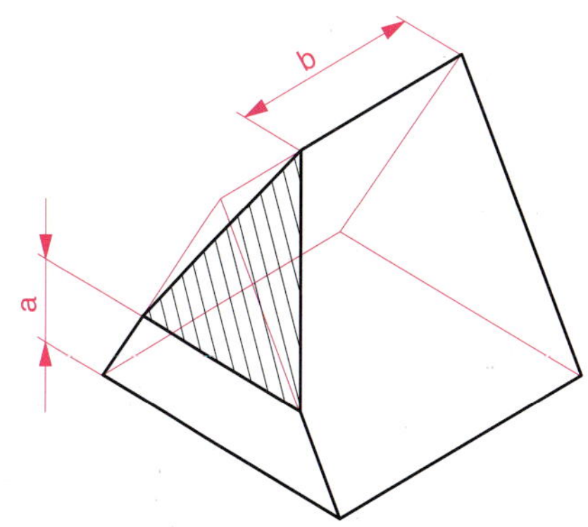

Disponendo delle viste in proiezioni ortogonali, si possono riportare le distanze a e b, individuando così sugli spigoli del prisma i vertici della sezione in assonometria.

PROBLEMA 10

Piramide a base esagonale sezionata con un piano perpendicolare a xz

Anche in questo caso si opera sulla vista frontale, individuando i punti di intersezione tra gli spigoli della piramide e la t''α. Mediante linee di riporto si trovano nelle altre viste i vertici della sezione.

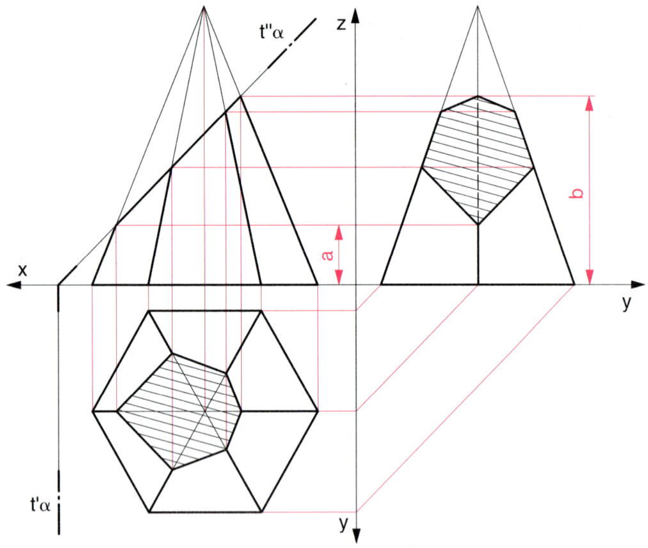

Per individuare i vertici della sezione in assonometria si può disegnare la vista anteriore del solido sezionato con l'aiuto delle lunghezze a e b (rilevate in proiezioni ortogonali). Dai vertici di questa vista si conducono delle linee di riporto fino a intersecare i corrispondenti spigoli in assonometria.

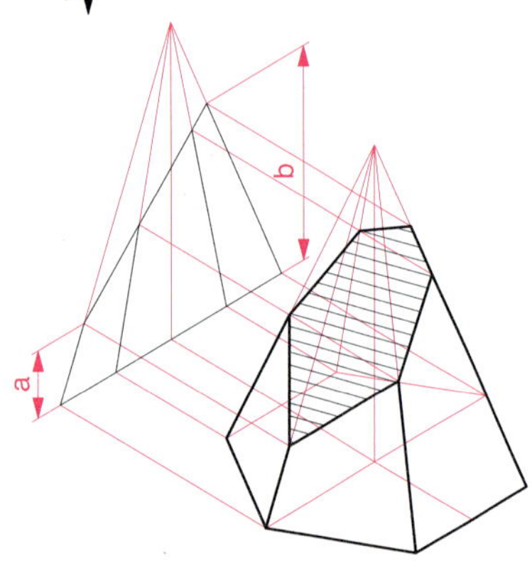

PROBLEMA 11

Prisma ottagonale sezionato da un piano perpendicolare a xz

Anche in questo caso si rilevano i vertici della sezione a partire dalla vista anteriore.

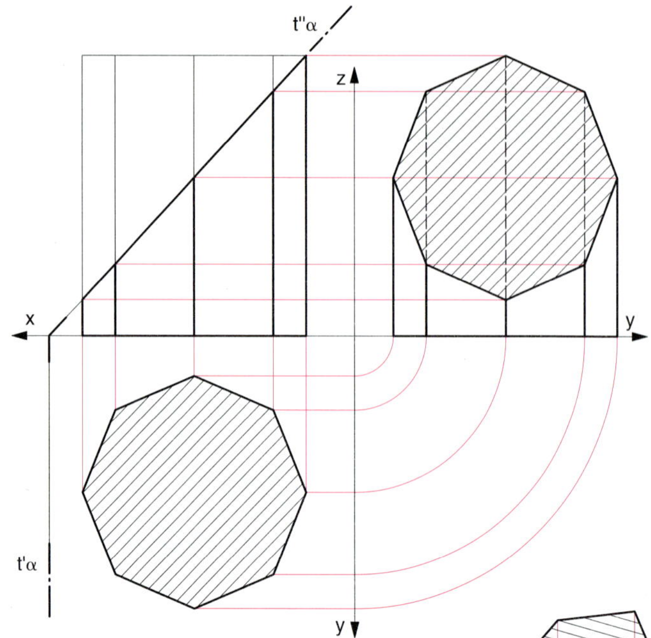

Disponendo delle viste in proiezioni ortogonali, si può disegnare la base del prisma. Dai vertici della base si conducono poi gli spigoli verticali, le cui lunghezze sono rilevabili dalla vista frontale in proiezione ortogonale; si ottengono così i vertici della sezione.

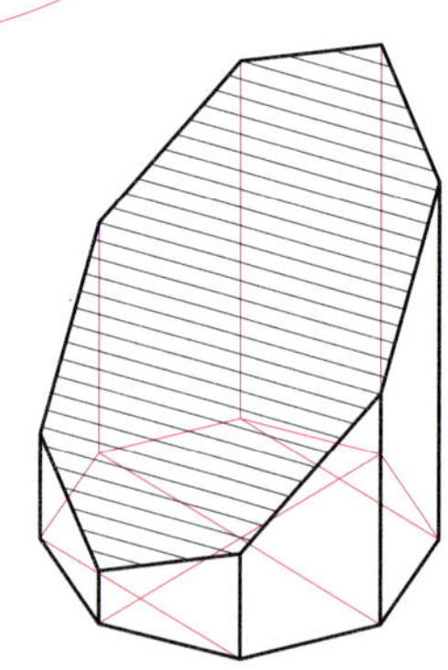

PROBLEMA 12

Parallelepipedo con foro esagonale sezionato con un piano perpendicolare a yz

Disegnato il solido e le tracce del piano di sezione, si individuano i punti di intersezione tra la t'''α e la vista da sinistra.
Da questi punti si conducono le linee di riporto verso le altre viste.

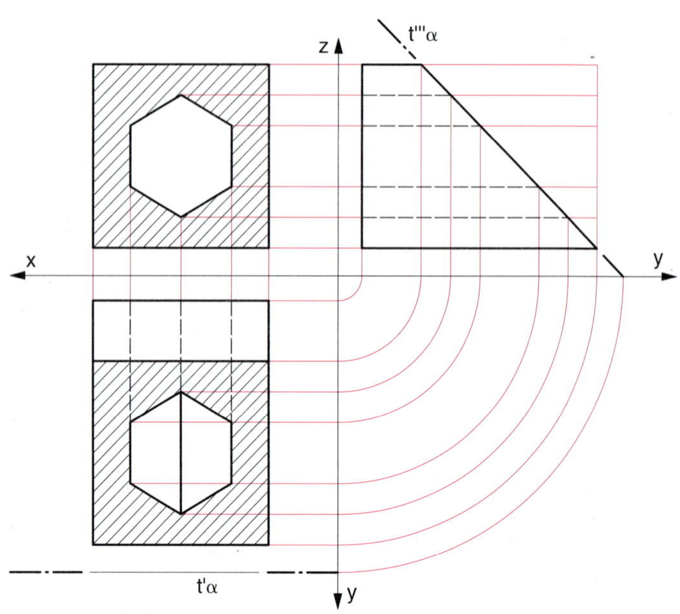

Sull'assonometria i vertici della sezione possono essere individuati rilevando dalle proiezioni ortogonali le lunghezze dei diversi spigoli sezionati.

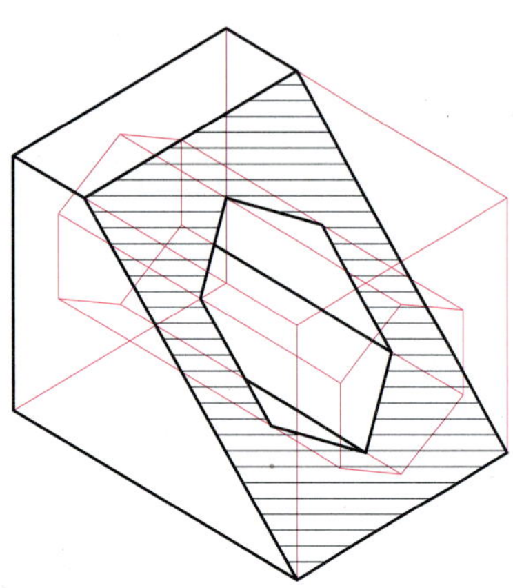

PROBLEMA 13

Cilindro sezionato da un piano perpendicolare a yz

Sulla superficie cilindrica si disegnano delle generatrici (12 in figura), le cui intersezioni con t'''α determinano i punti della sezione (un'ellisse). Mediante riporto si ottengono i punti dell'ellisse nelle altre viste. Nella vista frontale l'ellisse appare come circonferenza.

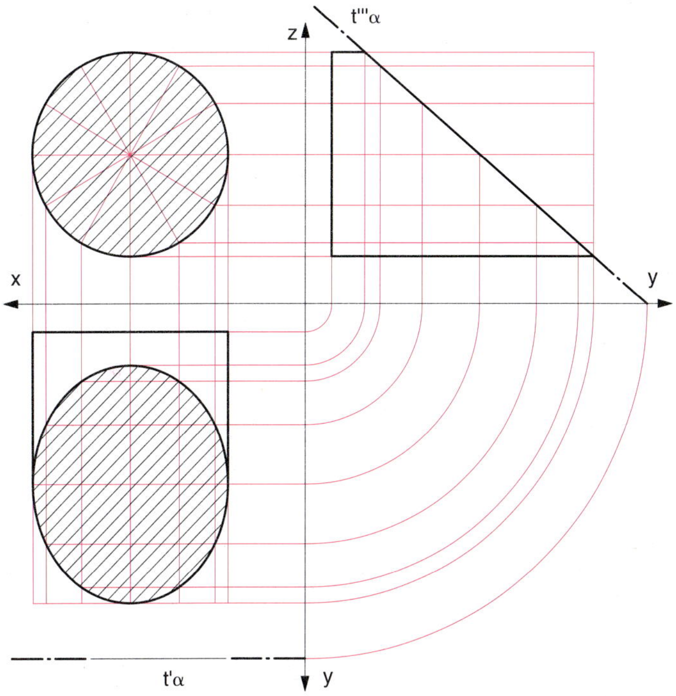

PROBLEMA 14

Cilindro con asse verticale sezionato da un piano perpendicolare a xz

Dopo aver disegnato il cilindro intero e le tracce del piano, si individuano le intersezioni delle sue generatrici con il piano. I punti di intersezione possono essere individuati a partire dalla vista frontale, da cui si ottengono le altre viste dei punti della curva (semiellisse).

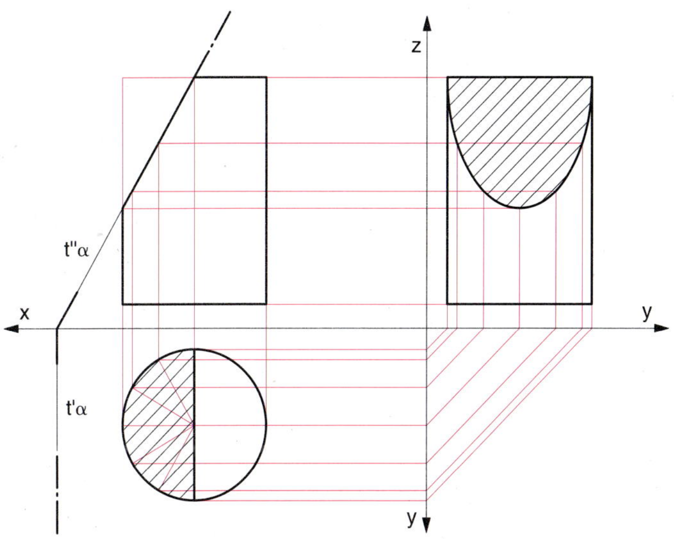

PROBLEMA 15

Cilindro con asse inclinato sezionato da un piano parallelo a yz

Dopo aver disegnato il cilindro intero e con l'asse inclinato, si individuano le intersezioni delle sue generatrici con il piano di sezione. I punti di intersezione possono essere individuati a partire dalla vista frontale, da cui si ottengono le altre viste dei punti dell'ellisse in sezione.

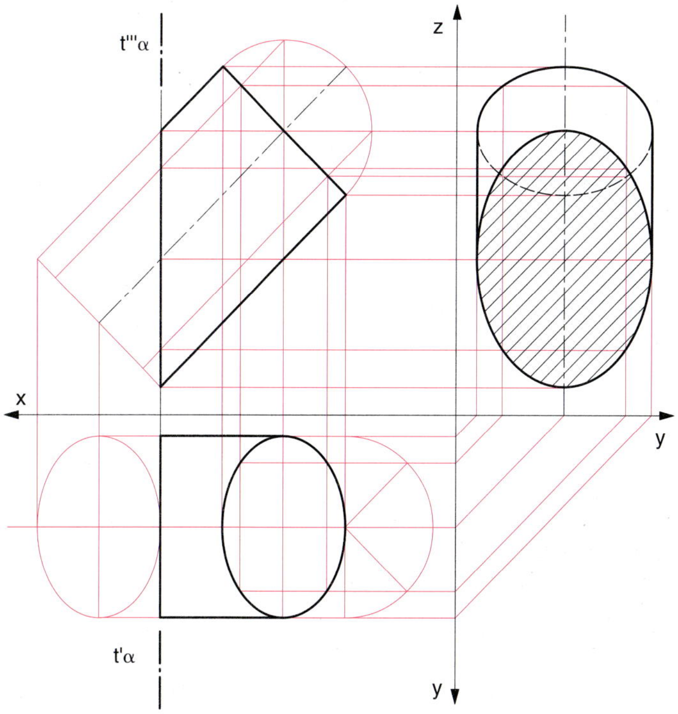

PROBLEMA 16

Cilindro cavo con asse orizzontale sezionato da un piano perpendicolare a xz

Con procedimento simile a quello del Problema 13, si disegna il cilindro cavo, si trovano le intersezioni delle generatrici delle due superfici cilindriche con la t''α e infine i punti delle due ellissi che costituiscono la superficie sezionata.

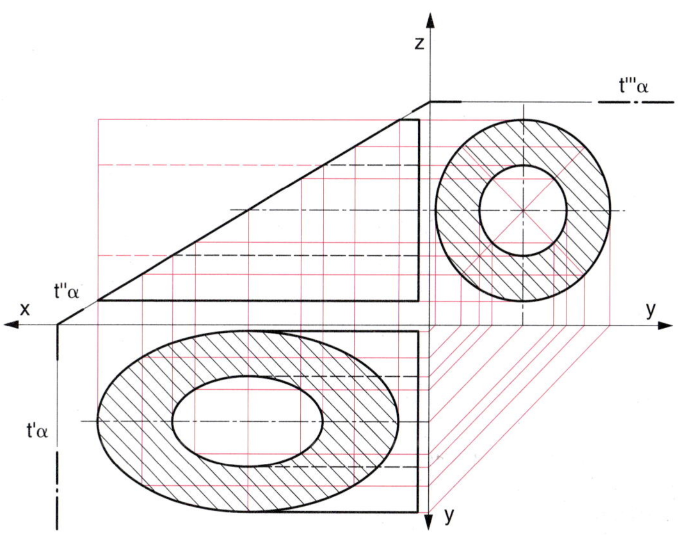

Vera forma della sezione

Le sezioni sono talvolta ottenute con piani inclinati rispetto ai piani di proiezione; pertanto in questi casi le figure originate dall'operazione di sezione si presentano deformate nelle proiezioni ortogonali.

Per poter ottenere la vera forma delle sezioni si ricorre, come già visto nell'Unità B3, al ribaltamento della figura piana. A seconda della disponibilità di spazio sul foglio o delle preferenze del disegnatore, si possono operare ribaltamenti su un qualsiasi piano di riferimento. Per ribaltamento si possono anche disegnare le proiezioni di solidi sezionati, qualora si conosca la vera forma della sezione.

PROBLEMA 17

Vera forma della sezione di un prisma trapezio con ribaltamento su xy

Delineato il prisma ancora integro, tramite i punti di intersezione dei suoi spigoli con la t''α si possono trovare i vertici della sezione nelle altre viste. La vera forma della sezione si può ottenere mediante ribaltamento su un piano qualsiasi; in questo caso si è ribaltata la figura sul piano xy.

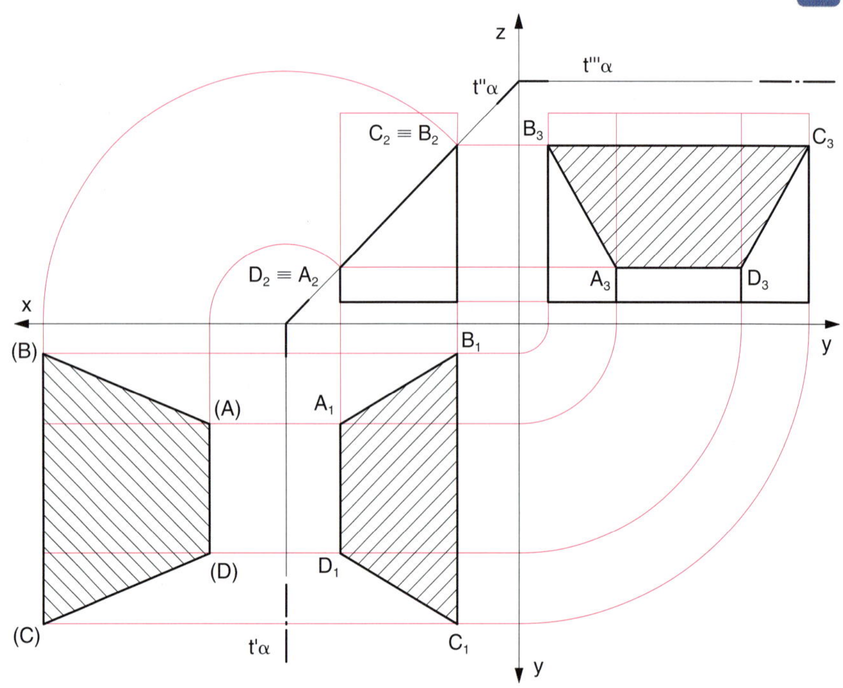

PROBLEMA 18

Vera forma della sezione di un parallelepipedo con ribaltamento su xz

Dopo aver disegnato le viste del parallelepipedo intero, se ne ricavano le viste in sezione a partire dalla vista frontale, nella quale si individuano i punti di intersezione tra la t''α e gli spigoli del solido. La vera forma della sezione è stata ricostruita mediante ribaltamento sul piano xz, servendosi di linee di riporto e di archi aventi come centro l'intersezione tra t'α e t''α.

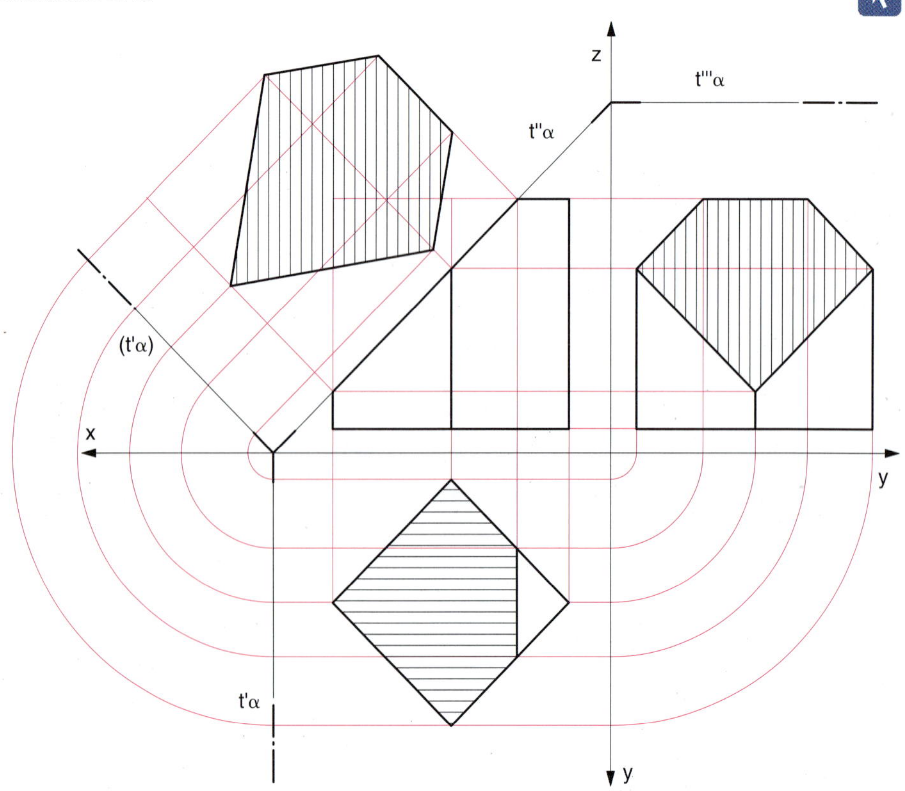

PROBLEMA 19

Vera forma della sezione di un solido con ribaltamento su yz

Le viste del solido sezionato possono essere disegnate a partire dalla vista da sinistra, nella quale si possono individuare i punti di intersezione tra gli spigoli del solido e la t'''α. La vera forma della sezione si può disegnare sul piano yz mediante linee di riporto e archi aventi come centro l'intersezione tra t''α e t'''α.

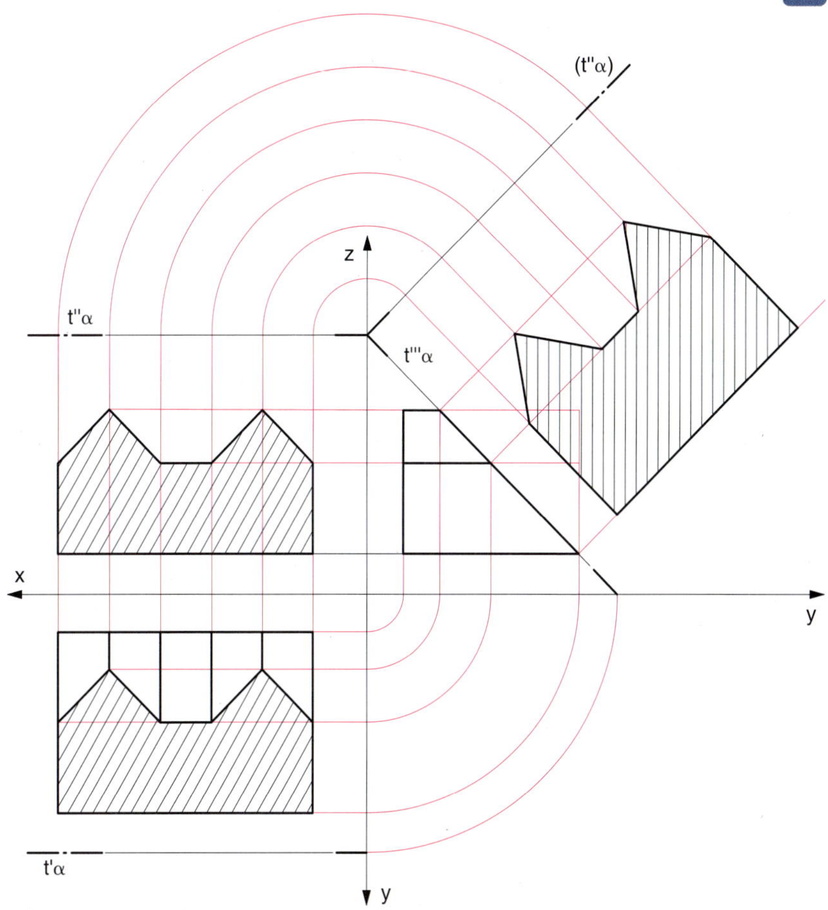

PROBLEMA 20

Sfera sezionata con un piano inclinato

Per disegnare la sezione della sfera si può sfruttare la conoscenza della sua vera forma; infatti è noto che qualsiasi piano sezioni una sfera origina sempre un cerchio. Delineata pertanto la sfera nelle sue viste e posizionato il piano di sezione, si può rilevare nella vista anteriore il diametro A_2B_2 del cerchio. Si disegna quindi il cerchio in vera forma e da alcuni suoi punti (8 in figura) si tracciano linee e archi di riporto fino alle altre viste; nella vista dall'alto e in quella da sinistra la sezione appare sotto forma di ellisse (quindi da disegnare con il curvilineo).

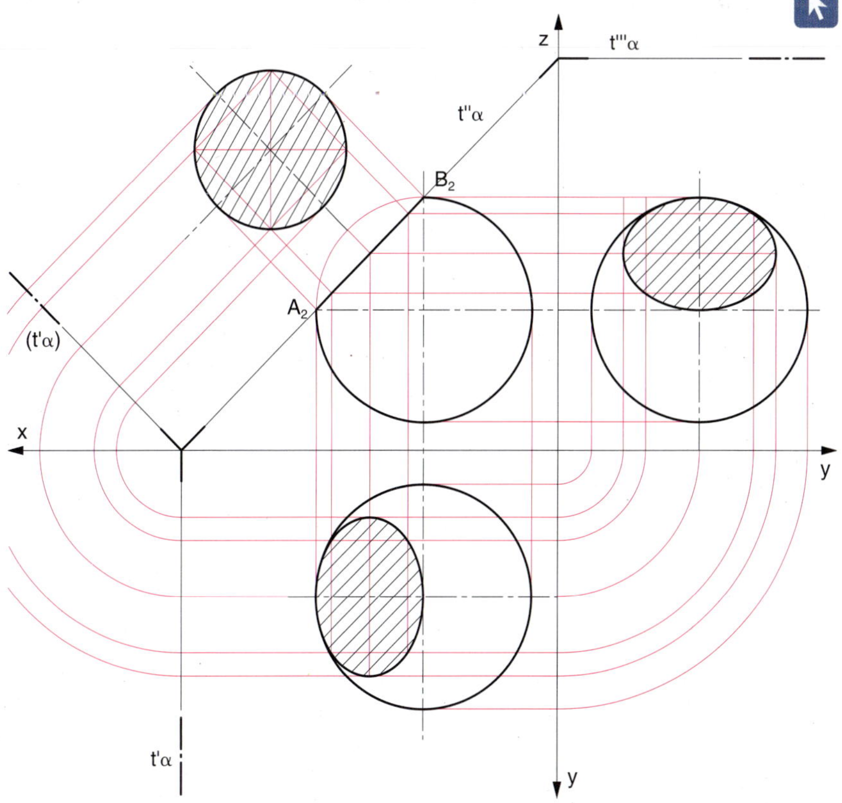

Sezioni coniche

PROBLEMA 21

Cono sezionato con un piano inclinato

Metodo dei piani paralleli

Disegnati il cono e il piano di sezione α, si conducono le tracce di tre piani orizzontali β, γ, δ; essi intersecano la superficie conica formando tre circonferenze. Esse possono essere disegnate nella vista dall'alto mediante linee di riporto dai punti R_2, S_2, T_2. Conducendo poi le verticali dai punti di intersezione di t''α con t''β, t''γ, t''δ, si trovano i punti dell'ellisse sulle corrispondenti circonferenze. Dalle due viste così definite si può ricavare la terza.

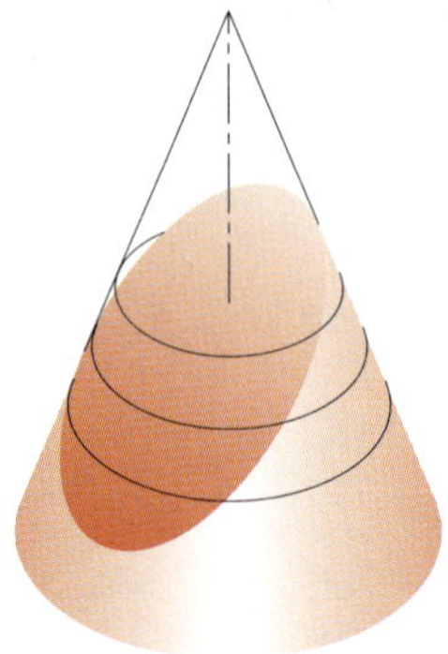

Metodo delle generatrici

Disegnati il cono e il piano di sezione α, nella vista dall'alto si tracciano dei raggi (in figura 8 raggi), che rappresentano altrettante generatrici del cono; di esse si ricavano le rappresentazioni in vista frontale. Dalle loro intersezioni con t''α si conducono linee di riporto verticali che determinano i punti dell'ellisse sulle corrispondenti generatrici nella vista dall'alto. Per definire i punti A_1 e B_1 si deve condurre una orizzontale da $A_2 \equiv B_2$, ottenendo C_2; di qui si conduce la verticale fino a C_1, che viene riportato sull'asse verticale con un archetto che definisce A_1 e B_1.

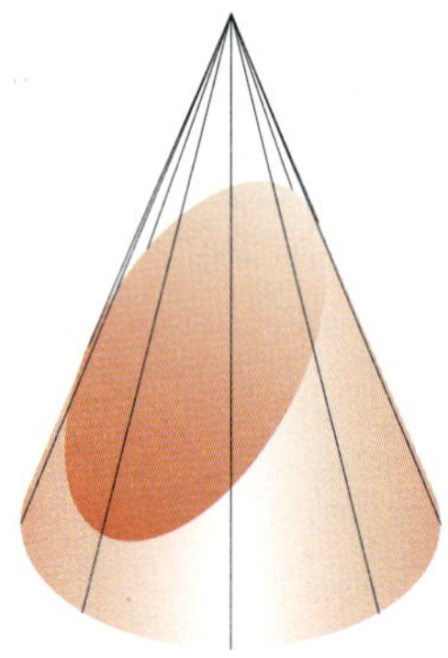

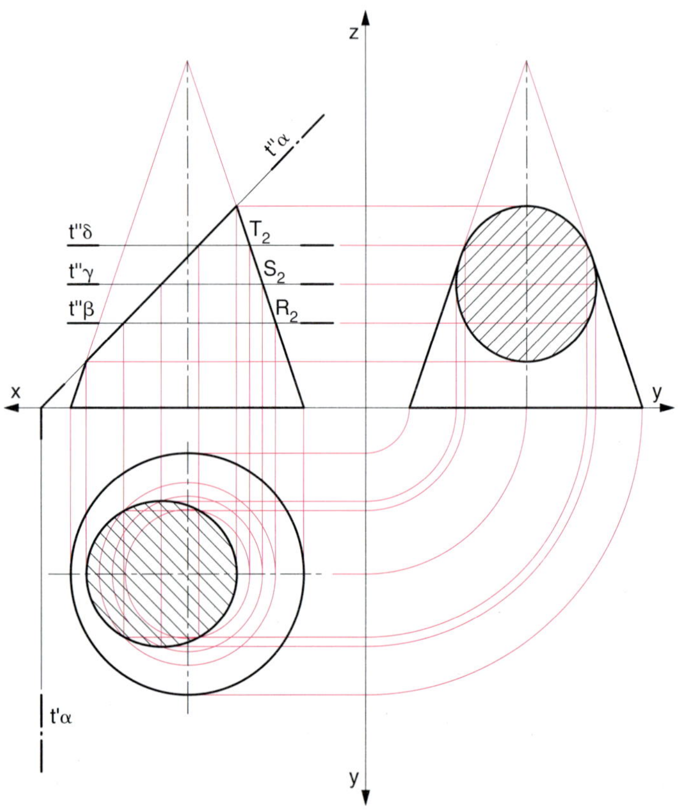

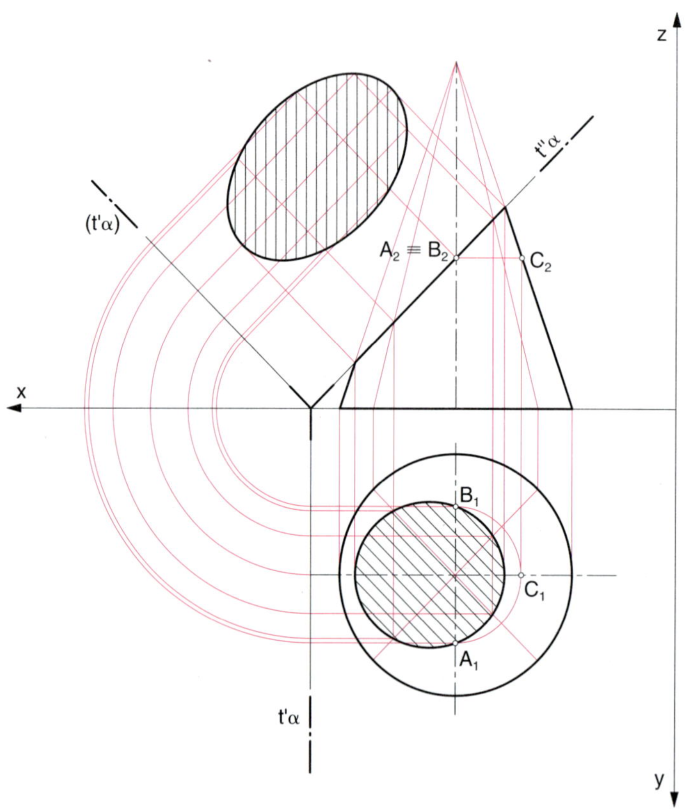

Vera forma della sezione del cono con ribaltamento su xz

Dai punti dell'ellisse nella vista dall'alto si tracciano linee di riporto orizzontali fino a t'α; esse si proseguono quindi con archi fino a (t'α) e poi con parallele a t''α; esse definiscono i punti della vera forma dell'ellisse sulle corrispondenti rette condotte dalla vista frontale.

NOTA BENE

Sulle diverse **curve coniche** si rinvia a quanto detto a pag. A58.
In questa pagina sono illustrati due diversi metodi per ottenere sezioni del cono:

- il **metodo dei piani paralleli** riduce il cono a un insieme di circonferenze decrescenti, delle quali si cercano i punti in comune con il piano di sezione;
- il **metodo delle generatrici** riduce il cono a un insieme di rette generatrici, dalle quali si individuano i punti in comune con il piano di sezione.

PROBLEMA 22

Cono sezionato con un piano parallelo a una generatrice

Metodo delle generatrici

Disegnato il cono e il piano di sezione α, si tracciano nelle diverse viste alcune generatrici (in figura sono 8). I loro punti di intersezione con t"α vengono individuati anche nelle altre viste; per trovare i punti A_1 e B_1 si riporta da $A_2 \equiv B_2$ l'orizzontale verso C_2 e quindi la verticale verso C_1 che, con un arco, si riporta verso A_1 e B_1.

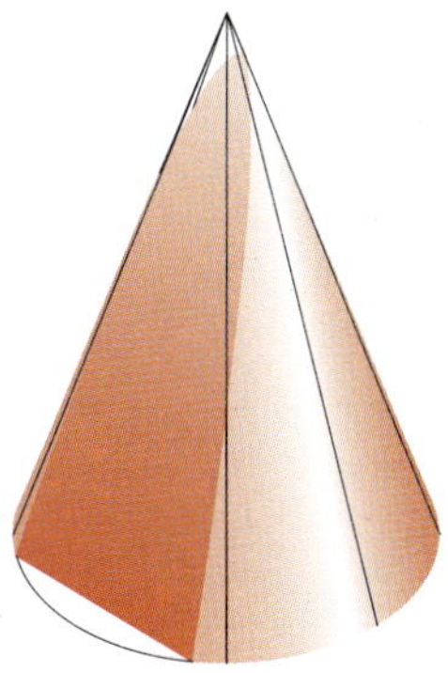

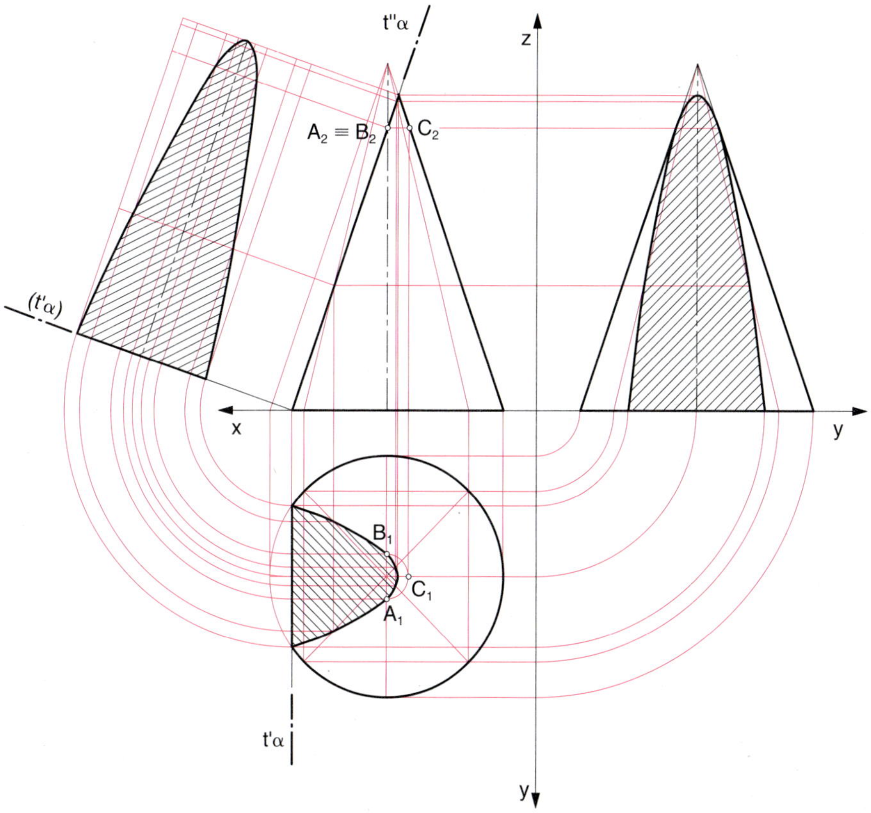

Vera forma della sezione del cono con ribaltamento su xz

Si opera in modo del tutto simile al procedimento del Problema 21.

PROBLEMA 23

Cono sezionato con un piano parallelo all'asse

Metodo delle generatrici

Disegnati il cono e il piano di sezione α, si tracciano nelle diverse viste alcune generatrici (in figura sono 5), prima in vista dall'alto e poi nelle altre. I loro punti di intersezione con t"α vengono riportati nella terza vista sulle corrispondenti generatrici. Unendo i punti nella vista da sinistra si ottiene l'iperbole, che peraltro si presenta nella sua **vera forma**.

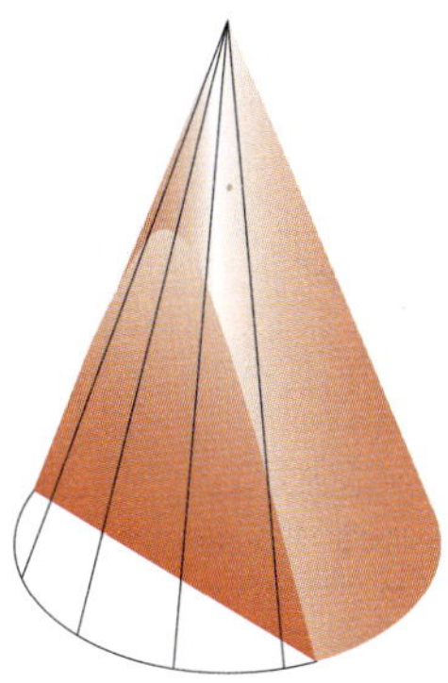

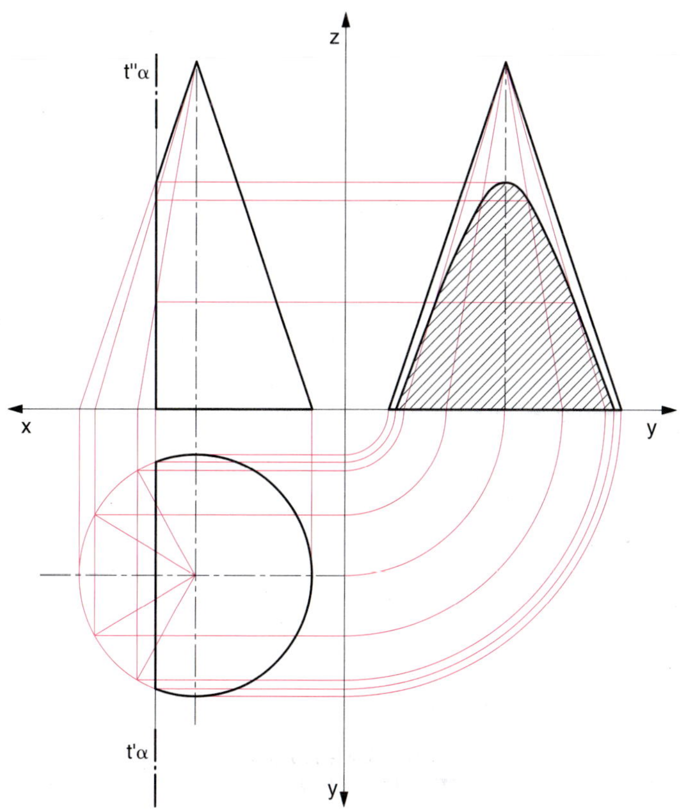

Intersezioni di solidi

Raramente gli oggetti reali si presentano sotto forma di figure geometriche semplici; quasi sempre sono entità complesse, scomponibili in solidi o figure piane geometriche. La compenetrazione di diversi solidi crea delle **linee di intersezione**. Esse hanno forma di segmenti o linee spezzate quando le facce che s'intersecano sono piane; quando invece una delle superfici è curva, vengono originate delle linee di intersezione curve oppure miste (segmenti e curve).

In generale il problema della determinazione di una linea di intersezione si risolve riconducendolo a casi più semplici, quali l'intersezione tra due piani oppure tra una superficie e una retta. In gran parte dei problemi seguenti si applicheranno soluzioni già adottate per trovare le sezioni di solidi.

PROBLEMA 24 PASSO PASSO

Intersezione tra un prisma trapezio e un parallelepipedo

Tutte le facce dei solidi sono figure piane e pertanto la loro intersezione sarà costituita da una sequenza di segmenti. I segmenti più interessanti sono quelli che il parallelepipedo origina intersecando la faccia inclinata del prisma.

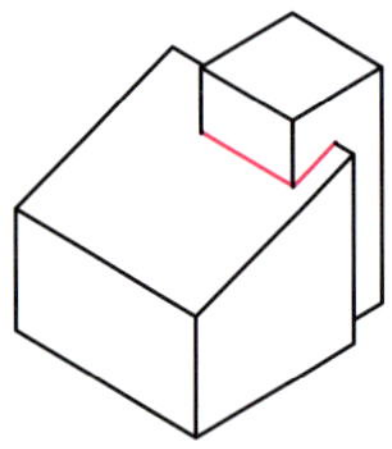

1 Si disegna la costruzione delle viste dei due solidi che si intersecano.

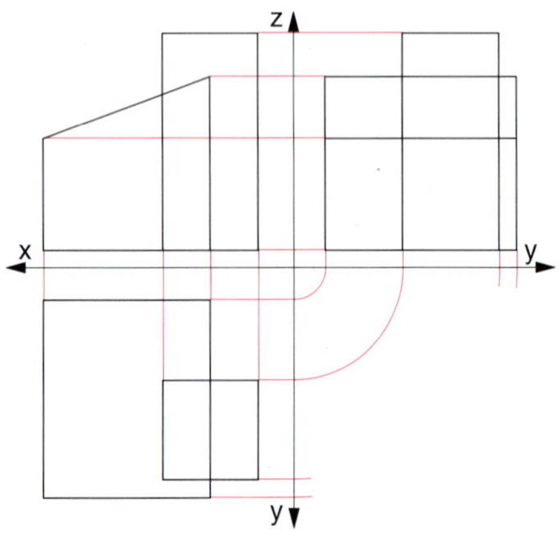

2 Nella vista frontale si individua il punto A, che si riporta verso la vista da sinistra, trovando la linea d'intersezione.

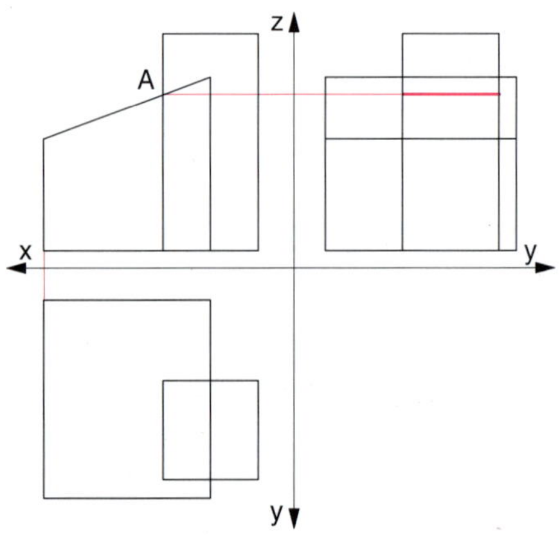

3 Si ripassano spigoli visibili e nascosti.

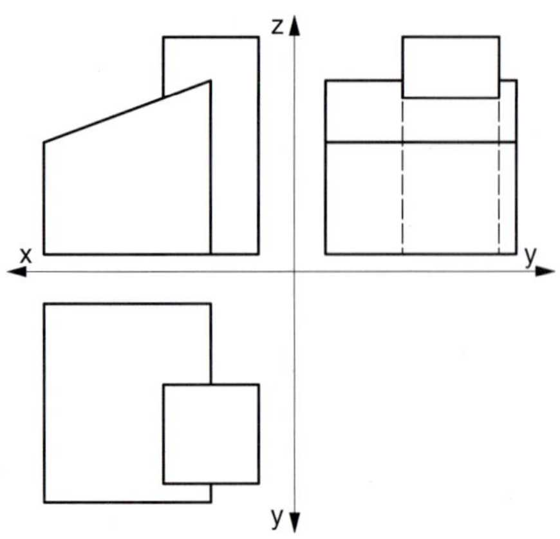

PROBLEMA 25 PASSO PASSO

Intersezione tra due solidi prismatici

In pratica i due solidi sono la semplificazione di un edificio e di un abbaino. L'intersezione dell'abbaino con la falda del tetto su cui è poggiato si mostra solo nella vista dall'alto.

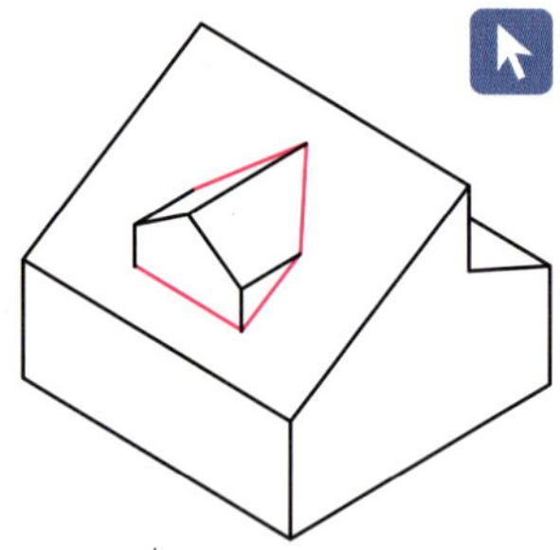

1 Si disegna la costruzione delle viste dei due solidi che si intersecano.

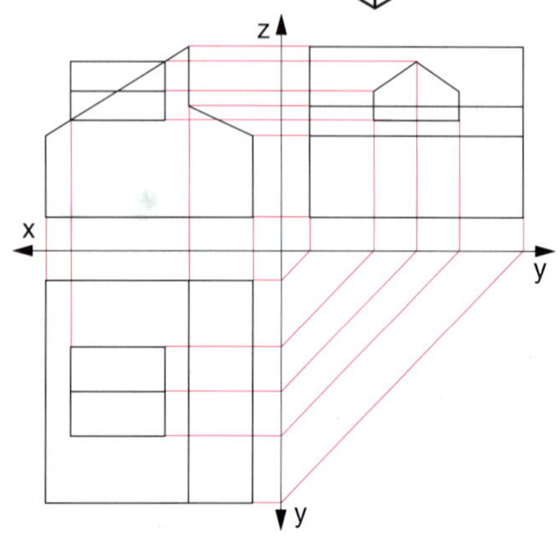

2 Nella vista frontale si individuano i punti A e B, che si riportano verso la vista dall'alto, trovando le linee d'intersezione.

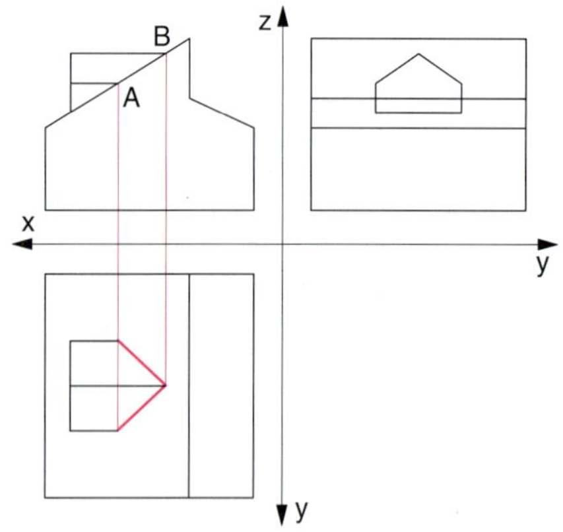

3 Si ripassano spigoli visibili e nascosti.

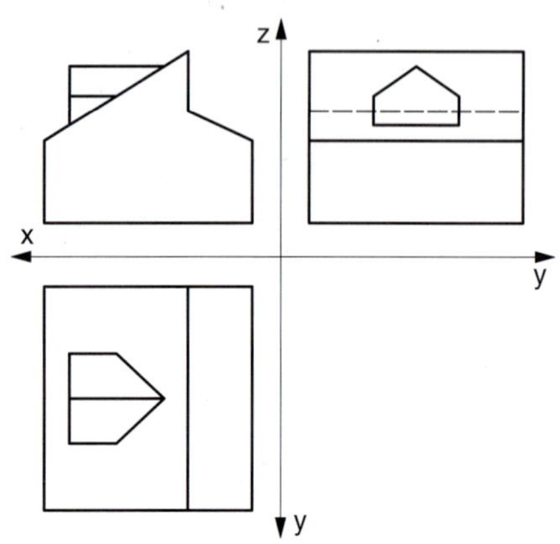

PROBLEMA 26

Intersezione tra una piramide e un parallelepipedo

In questo caso ogni faccia del parallelepipedo, intersecando due facce della piramide, genera due segmenti. Due dei loro vertici appartengono agli spigoli della piramide e sono facilmente individuabili nella vista frontale e da sinistra; il terzo vertice si trova sull'apotema della faccia della piramide. Questo vertice si trova dove l'apotema, disegnato nelle diverse viste, interseca gli spigoli del parallelepipedo.

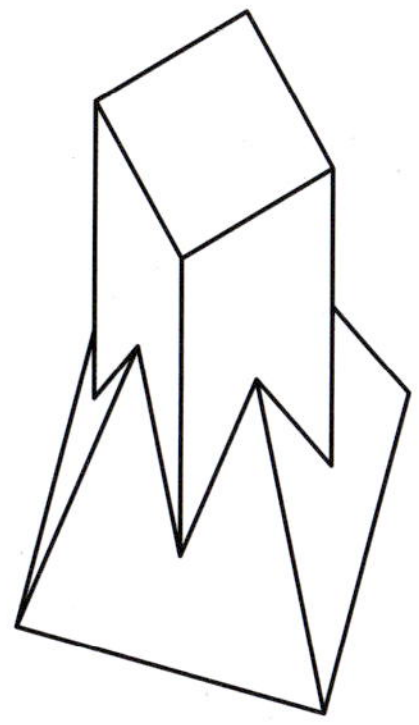

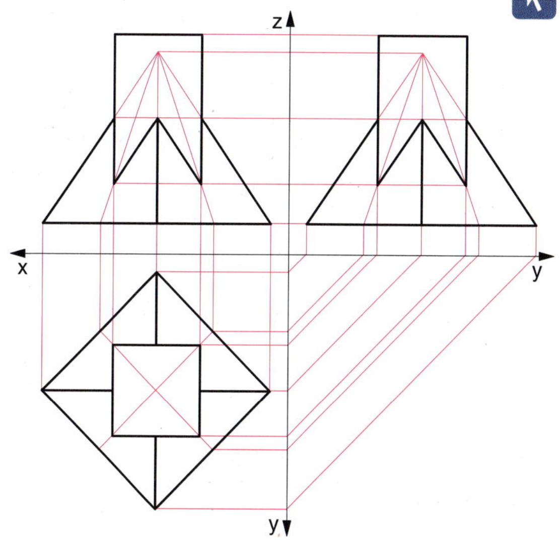

PROBLEMA 27

Intersezione tra due prismi triangolari

I cinque vertici della linea di intersezione tra i due solidi sono facilmente identificabili nella vista dall'alto e in quella da sinistra; da queste due viste si può ricavare la vista frontale dei vertici della spezzata.

Per disegnare lo sviluppo del solido ottenuto dalla compenetrazione dei due prismi, si può partire da uno di essi; sugli spigoli dello sviluppo si individuano i vertici dell'intersezione rilevandone la posizione dalle proiezioni ortogonali. Si completa lo sviluppo con l'aggiunta delle facce del secondo prisma.

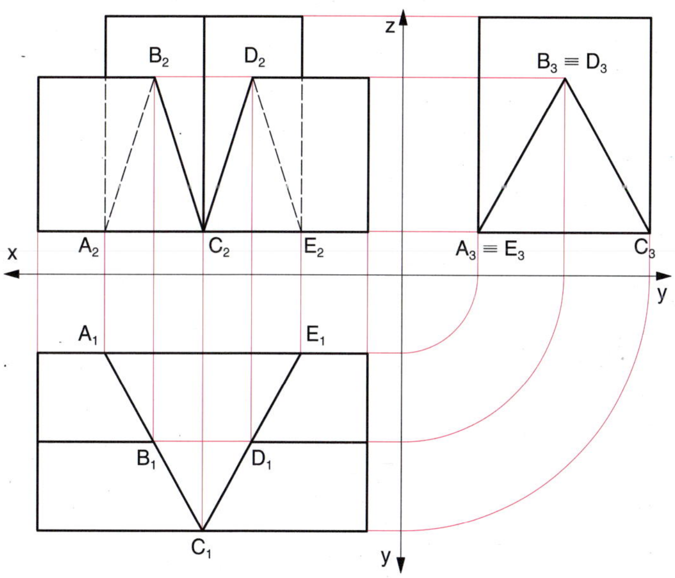

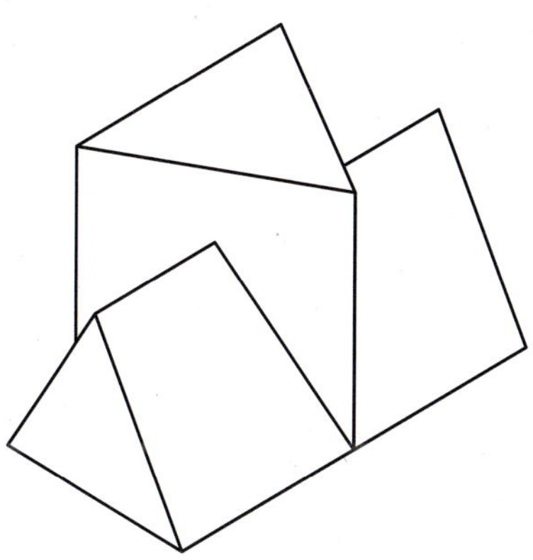

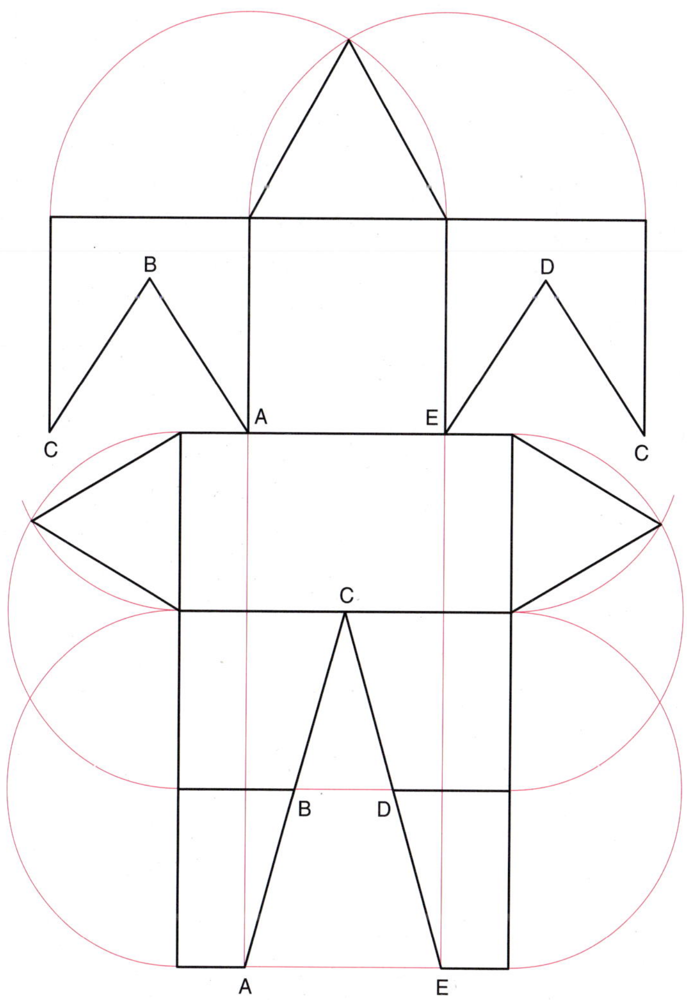

PROBLEMA 28

Intersezione tra un prisma triangolare e un prisma esagonale

La linea di intersezione tra i due solidi mostra i suoi vertici nella vista dall'alto e in quella frontale. Per riporto si possono identificare i vertici anche nella vista da sinistra.

Lo sviluppo si può iniziare dal prisma esagonale; esso è costituito dalla base e dalle facce laterali, che si possono ricostruire con una sequenza di 6 lati di base dai cui vertici si tracciano i diversi spigoli verticali del prisma. Lo sviluppo del prisma triangolare si può facilmente ottenere riprendendo dalle viste la vera lunghezza dei diversi lati delle facce. Nella faccia rettangolare più grande si ritaglia un esagono (intersezione tra i due solidi) ottenuto con le lunghezze reali rilevabili dalla vista dall'alto e dalla vista frontale.

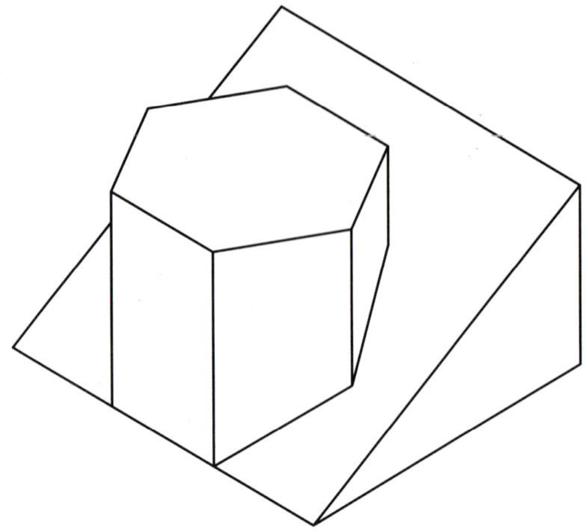

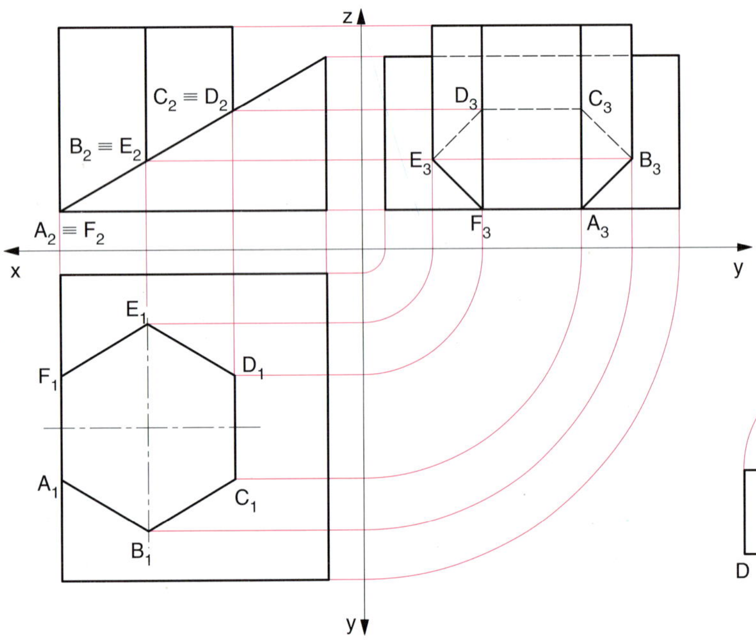

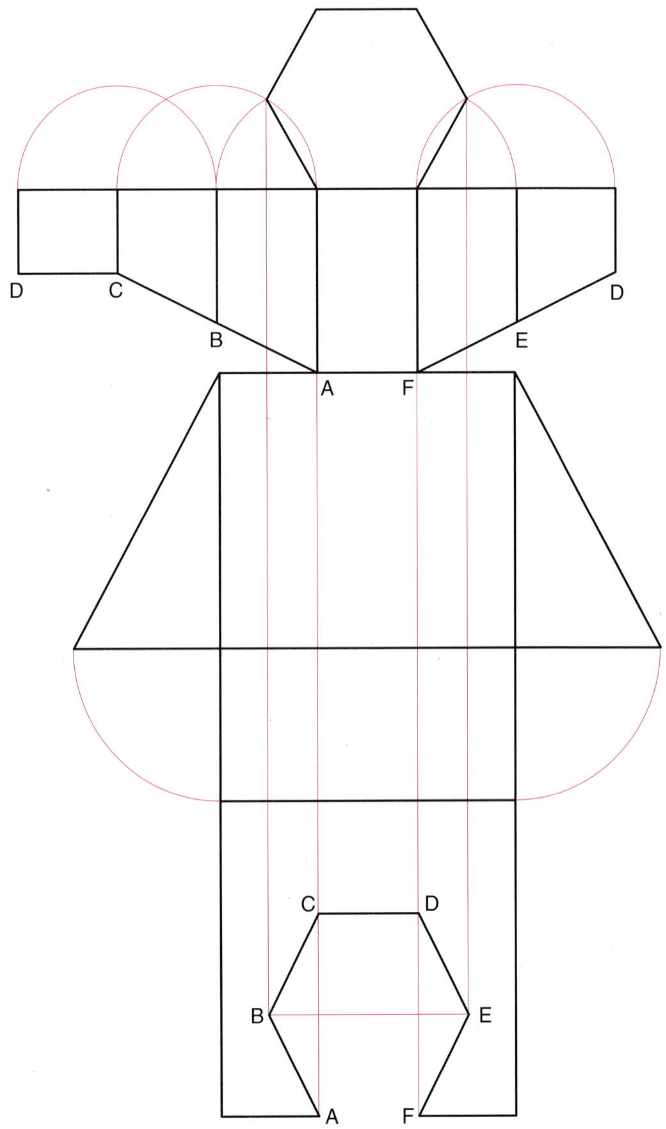

PROBLEMA 29

Scala fiancheggiata da un muro incurvato

Le proiezioni ortogonali presentano come linea di intersezione tra i due solidi una linea mista (segmenti verticali e archi orizzontali). La posizione dei segmenti verticali è facilmente identificabile nella vista dall'alto; dalle intersezioni tra gradini e curva del muro si conducono linee di riporto che consentono di posizionare il margine destro di ogni gradino nella vista frontale.

In assonometria la linea di intersezione si ottiene per traslazione verticale di parti della curva superiore del muro. Gli estremi degli archi vengono poi congiunti con segmenti verticali.

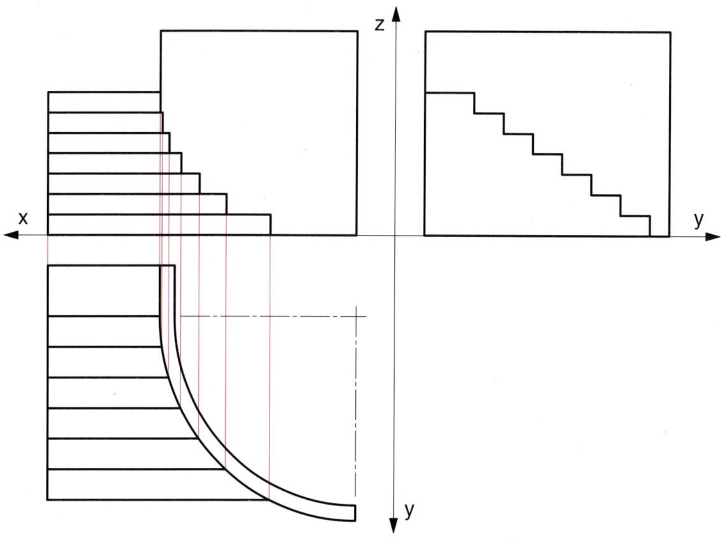

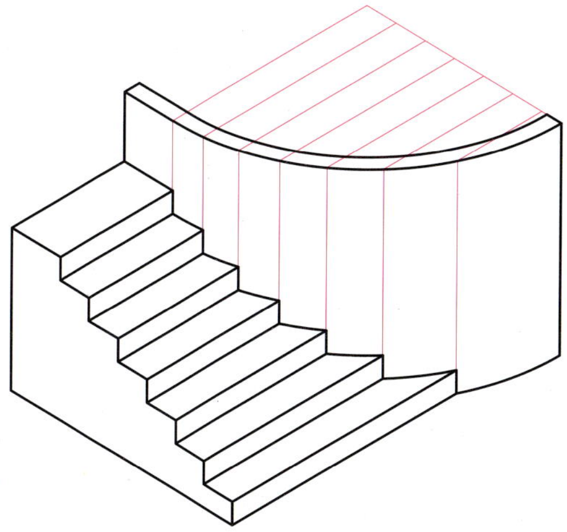

PROBLEMA 30

Intersezione di un cilindro con un prisma triangolare

Le superfici dei solidi formano due linee di intersezione simmetriche; ognuna è costituita da un arco di circonferenza e due archi di ellisse, i cui estremi sono individuabili nelle viste frontale e da sinistra. Nella vista dall'alto, per poter tracciare la curva, è però necessario qualche punto intermedio. Disegnando sulla superficie prismatica una o più rette parallele agli spigoli (in figura le rette a e b), si possono individuare i loro punti di intersezione con il cilindro; riportandoli nella vista dall'alto si può tracciare la curva.

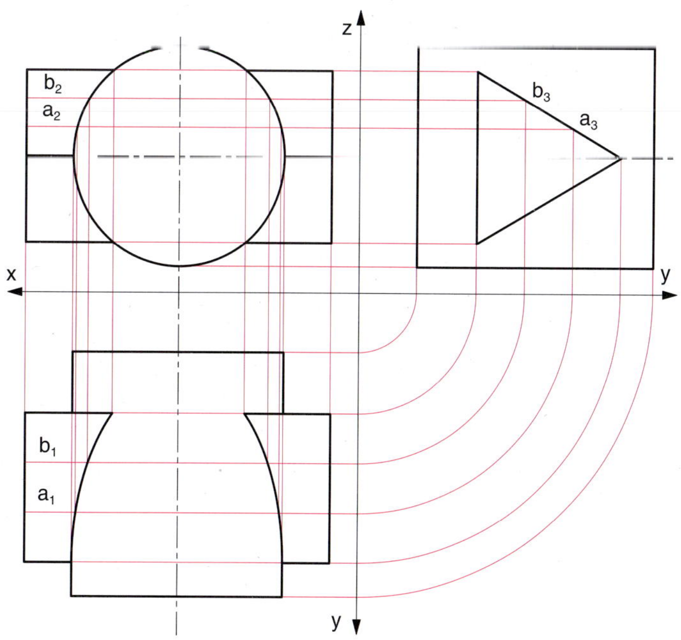

In assonometria la linea di intersezione si può determinare rilevando dalle proiezioni ortogonali le lunghezze degli spigoli del prisma e dei segmenti staccati dal cilindro sulle rette a e b.

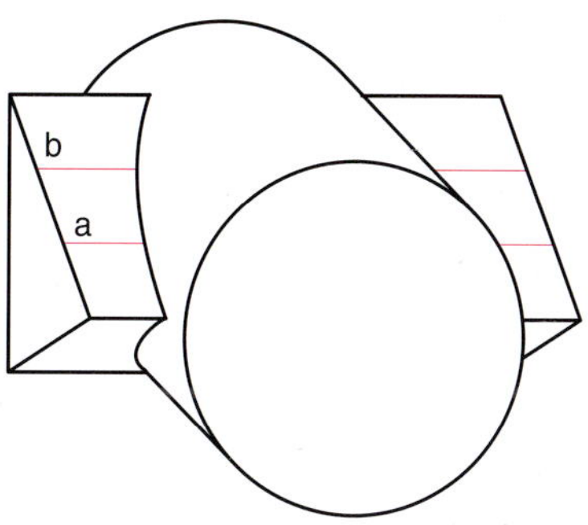

PROBLEMA 31

Intersezione tra cilindro e solido prismatico

L'intersezione è una linea composta da una semicirconferenza orizzontale, da due segmenti verticali e da una semiellisse inclinata. I punti di quest'ultima si possono ottenere tracciando nelle tre viste un certo numero di generatrici (7 in figura); rilevando nella vista frontale l'intersezione delle generatrici con il piano inclinato si possono ottenere i punti della curva nella vista da sinistra.

In assonometria la linea di intersezione si può ottenere sezionando il cilindro con un certo numero di piani verticali. Ognuno di questi piani, sezionando il cilindro e la superficie inclinata del prisma, determina una coppia di segmenti che hanno in comune un punto della curva di intersezione.

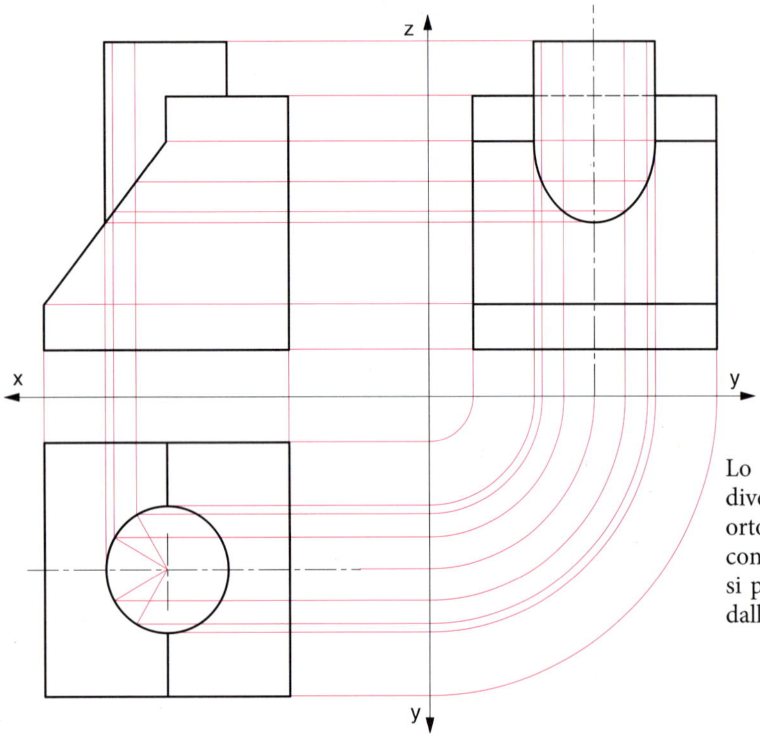

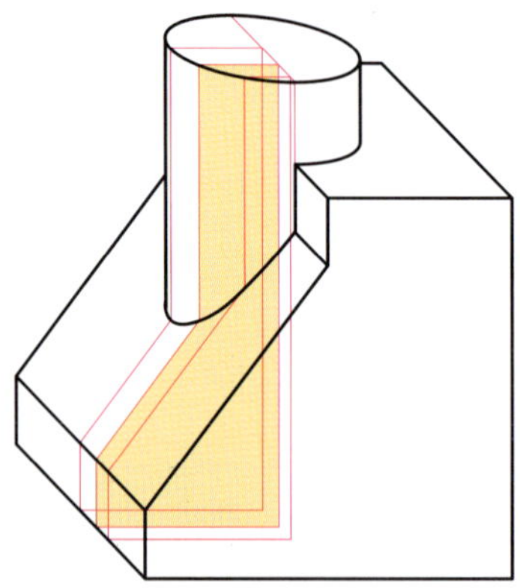

Lo sviluppo della superficie prismatica si ottiene delineando le diverse facce del solido, rilevabili in vera forma dalle proiezioni ortogonali. Su alcune di esse sono però da ritagliare una semicirconferenza, un rettangolo e una semiellisse. I punti di quest'ultima si possono ottenere rilevandone le distanze orizzontali dalla vista dall'alto, e le distanze sul piano inclinato nella vista frontale.

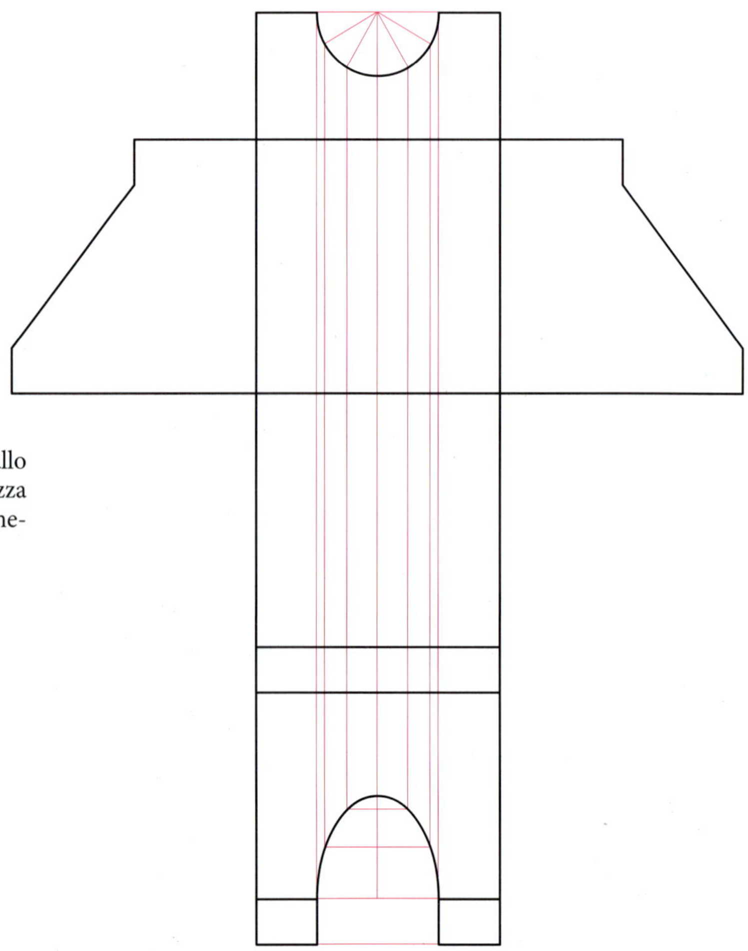

Lo sviluppo del cilindro è costituito dalla base circolare e dallo sviluppo della superficie cilindrica. Quest'ultima ha una lunghezza pari a $2\pi R$ e altezze variabili, che sono rilevabili dalle diverse generatrici disegnate in proiezioni ortogonali.

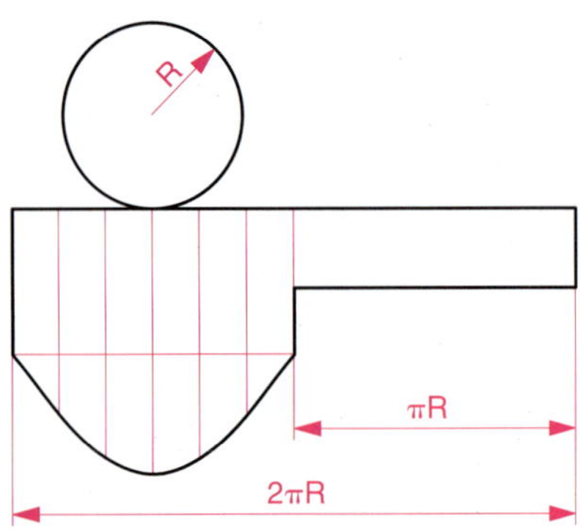

PROBLEMA 32

Solido prismatico con foro cilindrico

Tra le facce del solido e la superficie cilindrica si crea una linea di intersezione formata da una semicirconferenza e da una semiellisse. I punti di quest'ultima si possono ottenere delineando delle generatrici; la loro intersezione con il piano inclinato è rilevabile nella vista frontale, dalla quale si possono ricavare nelle altre viste i punti che formano la curva ellittica.

La linea di intersezione è per metà una semicirconferenza, che in assonometria diventa una semiellisse; l'altra metà della curva di intersezione si può ricavare immaginando che il foro sia un cilindro pieno. Tagliando questo cilindro e il piano inclinato con una serie di piani paralleli si ottengono dei triangoli rettangoli, nei quali un vertice è un punto della curva di intersezione.

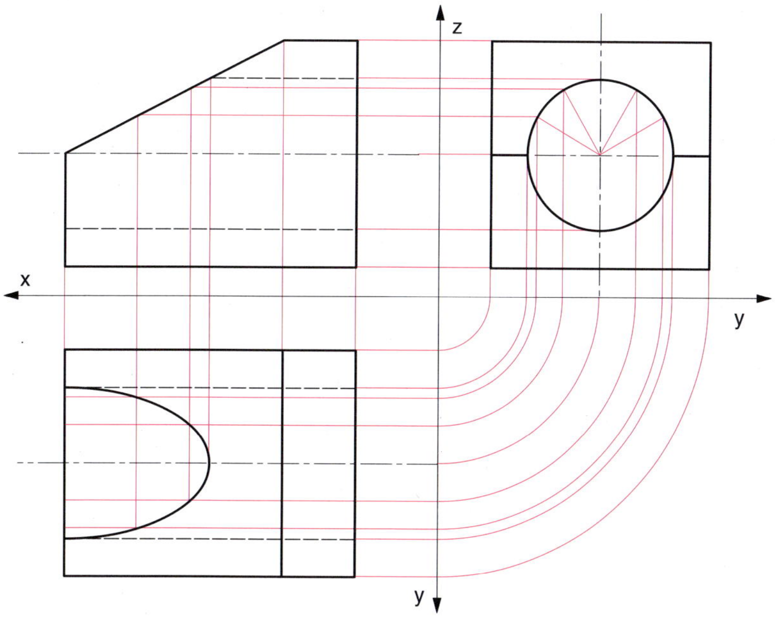

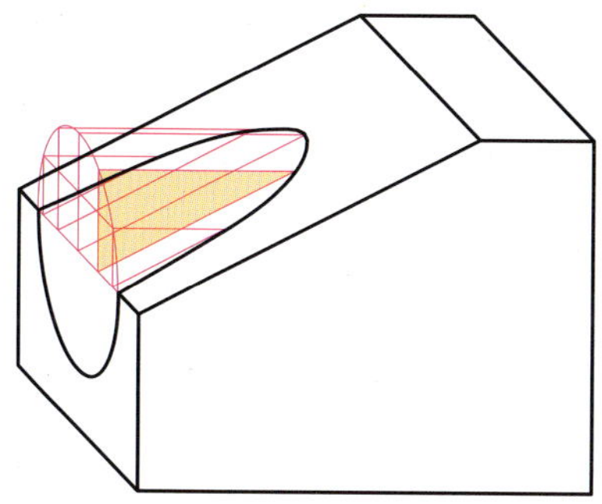

PROBLEMA 33

Intersezione di una sfera con un parallelepipedo

Le intersezioni tra i due solidi sono due linee, ognuna delle quali è costituita da quattro archi di circonferenza. Il diametro di questi archi è rilevabile nella vista frontale, mediante la misura del segmento d.

In assonometria gli archi, che costituiscono l'intersezione tra i due solidi, sono realizzabili mediante ellissi o circonferenze; queste ultime hanno diametro d (rilevato dalle proiezioni ortogonali) e centro coincidente con quello delle singole facce. Le ellissi invece vanno realizzate per mezzo di punti la cui posizione si può ricavare dalle proiezioni ortogonali.

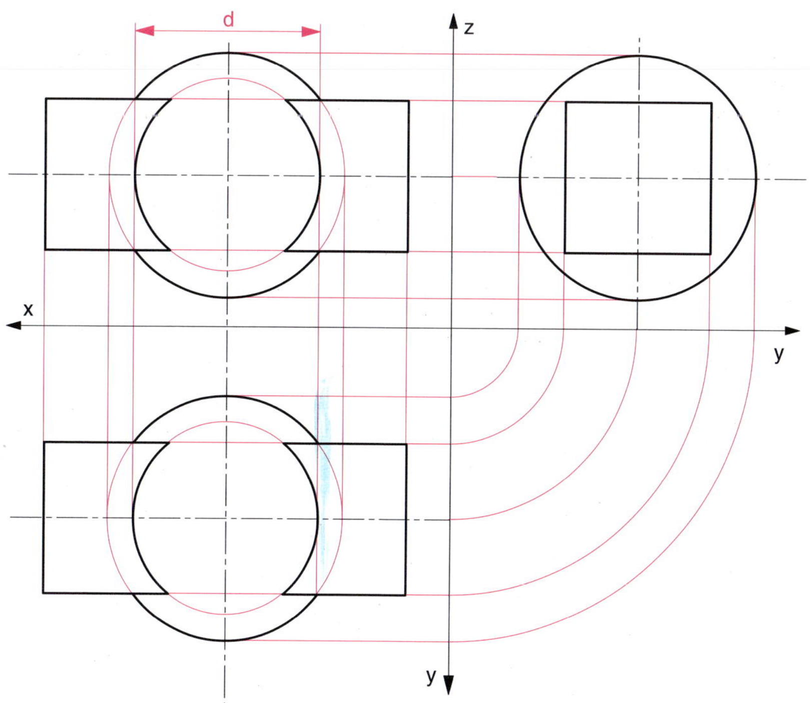

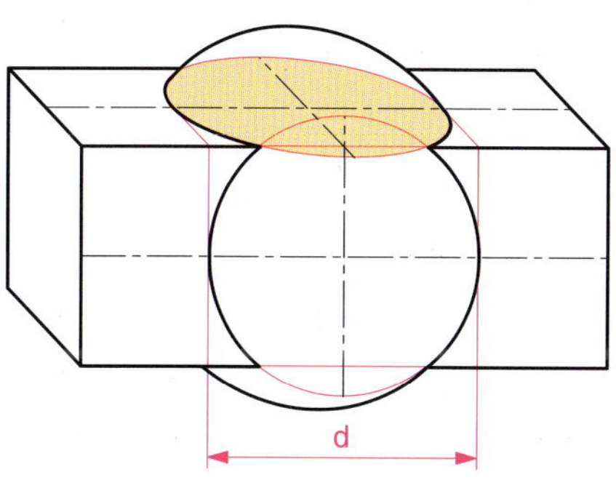

PROBLEMA 34

Intersezione tra una semisfera e un prisma ottagonale (volta a vela)

Le intersezioni tra i due solidi sono delle semicirconferenze che hanno come diametro il lato dell'ottagono. Nella vista frontale la semicirconferenza centrale appare nella sua vera forma; le altre due, essendo inclinate, sono invece deformate e possono essere determinate con l'ausilio di rotazioni della figura.

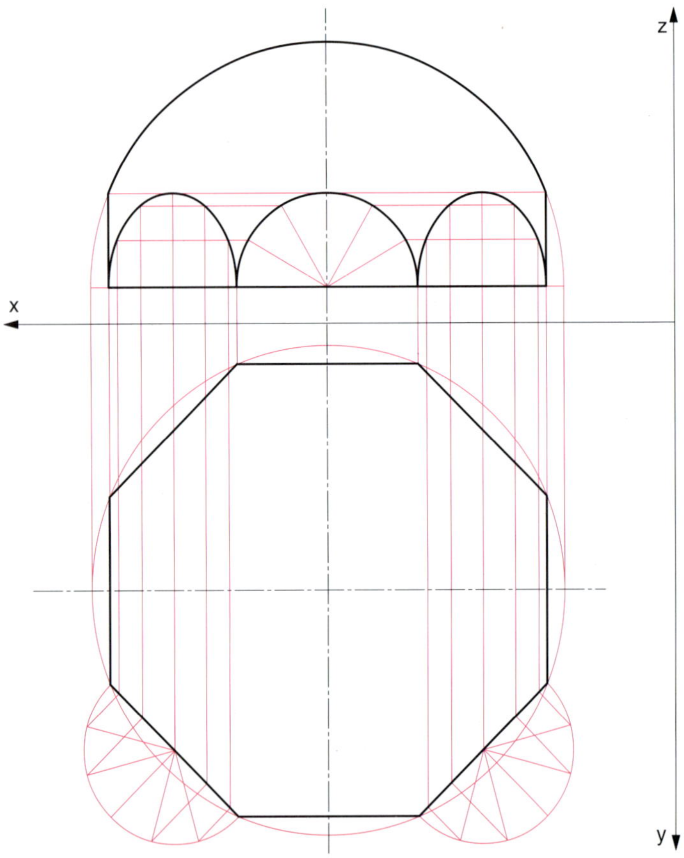

PROBLEMA 35

Intersezione di un cono con un prisma esagonale (punta di matita)

Le curve sono iperboli (v. Problema 23) che si ottengono con il metodo delle generatrici. Tracciando sul cono le generatrici, disegnate nelle due viste, se ne individuano i punti di intersezione con le facce del prisma sulla vista dall'alto; di qui, mediante linee di riporto, si ricavano i punti sulle corrispondenti generatrici nella vista frontale.

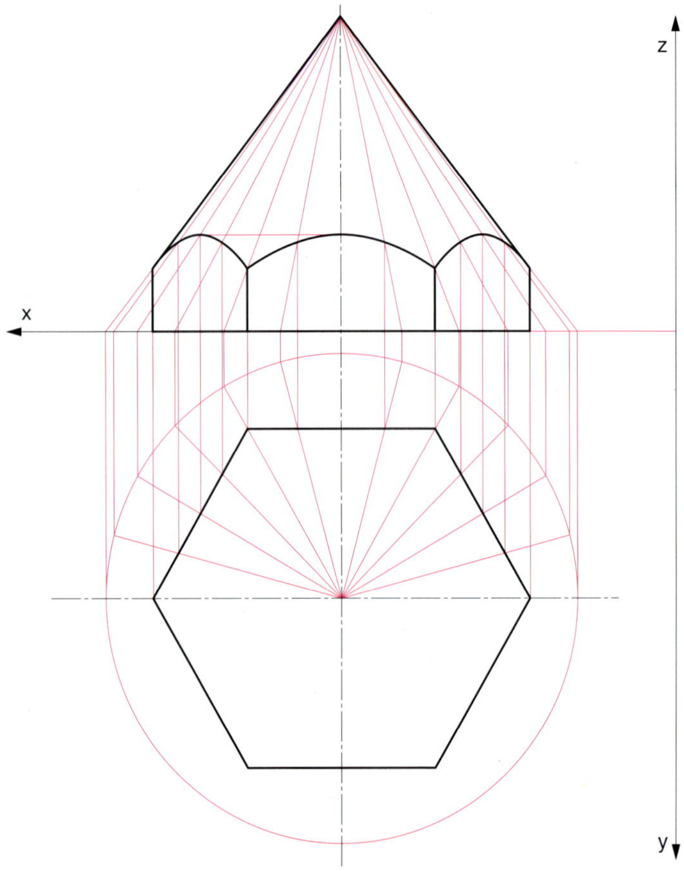

PROBLEMA 36

Intersezione tra due cilindri con assi perpendicolari

Disegnate le viste dei cilindri, si individuano alcune generatrici del cilindro minore, prendendo nella vista frontale un certo numero di punti (12 in figura) sulla circonferenza. Dopo aver riportato questi punti sulle altre viste, si individuano nella vista dall'alto i punti di intersezione delle generatrici con il cilindro maggiore. Mediante linee di riporto si determina la vista da sinistra di questi punti; unendoli con il curvilineo si ottengono le curve di intersezione tra i cilindri.

In assonometria, dopo aver disegnato i cilindri, si divide la base anteriore del cilindro minore in 12 parti uguali, individuando i punti da cui iniziano le generatrici. Rilevando dalla vista dall'alto la lunghezza di queste generatrici fino al punto di intersezione con il cilindro maggiore, si ottengono i punti per cui passa la curva di intersezione. Si rammenta che in assonometria cavaliera le misure prese sull'asse inclinato devono essere dimezzate.

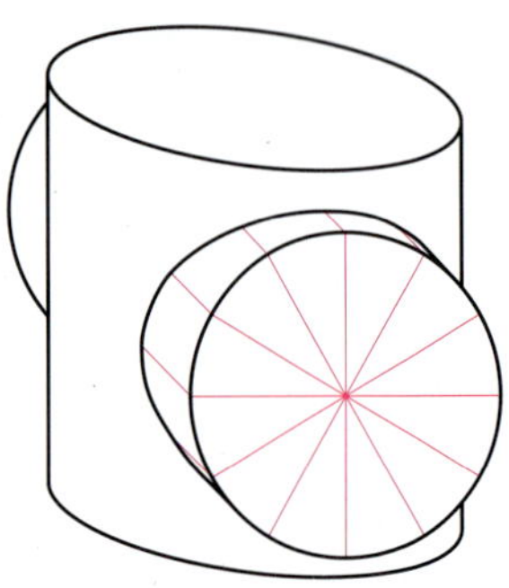

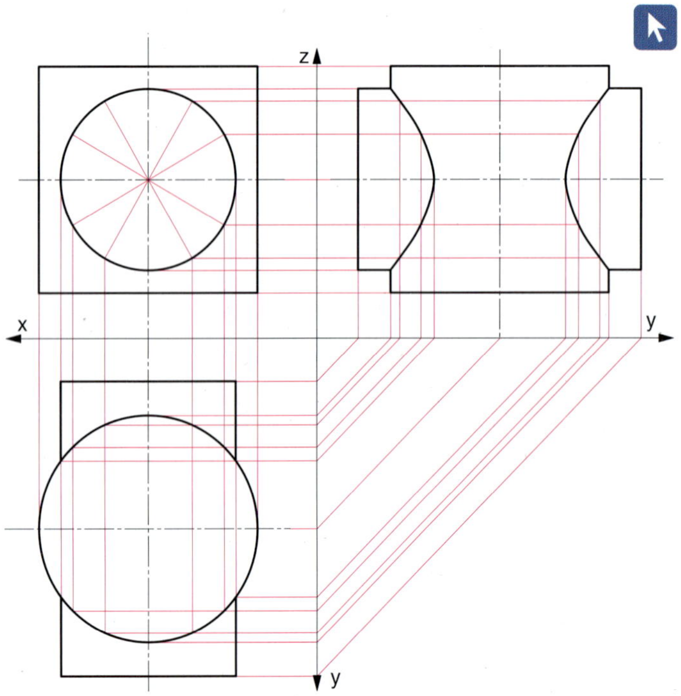

PROBLEMA 37

Intersezione tra due volte a botte

Nelle proiezioni ortogonali l'intersezione tra le superfici cilindriche si realizza eseguendo la rotazione del profilo dell'arco sia nella vista frontale sia in quella dall'alto e tracciando alcuni raggi (in figura essi formano angoli di 30°). Si disegnano quindi nella vista frontale le generatrici da A_2, B_2, ..., che intersecano il profilo dell'altra volta a botte nei punti A'_2, B'_2, ... Conducendo le linee di riporto da questi punti si trovano i punti A'_1, B'_1, ... sulle generatrici corrispondenti nella vista dall'alto.

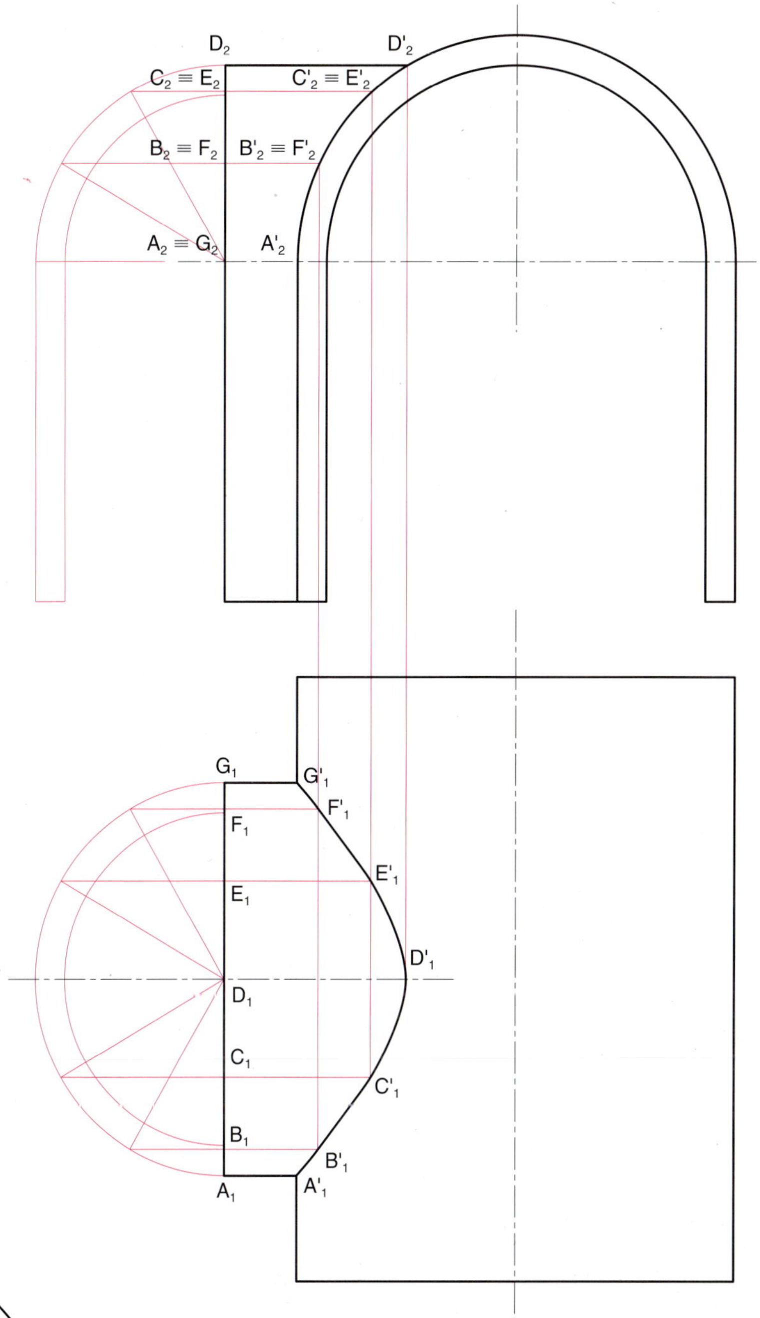

In assonometria, dopo aver disegnato la volta più grande, si esegue anche l'altra, trovando i punti delle ellissi (A, B, ...) mediante le misure rilevate in proiezioni ortogonali. Quindi si tracciano le generatrici AA', BB', ... rilevandone le misure nella vista dall'alto; i punti A', B', ... definiscono l'intersezione delle volte.

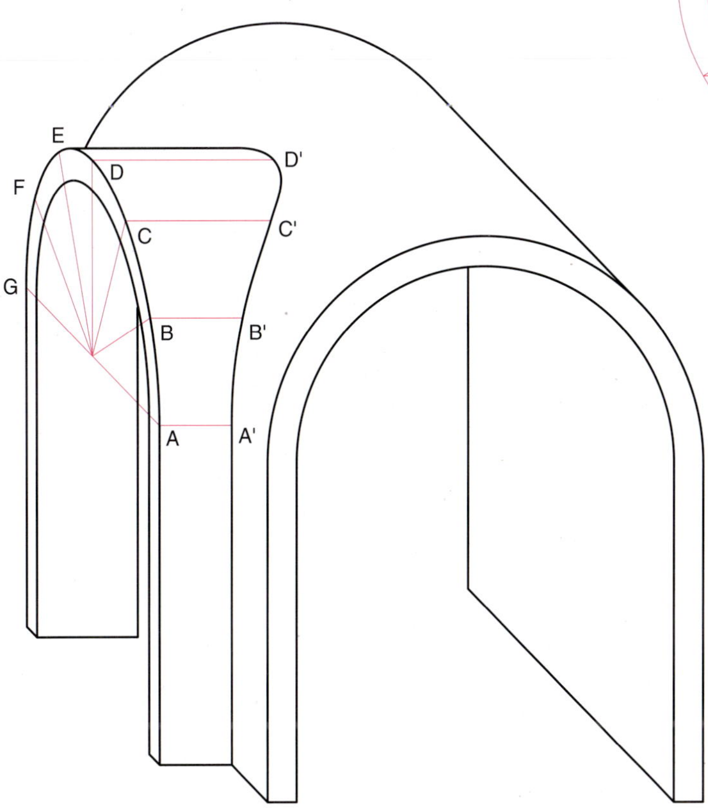

APPROFONDIMENTI

Volte e cupole (3 pagine)

Piante e sezioni in architettura (2 pagine)

Su sezioni e intersezioni abbiamo imparato...

SEZIONE

prima si sceglie

PIANO DI SEZIONE
rappresentato attraverso le tracce

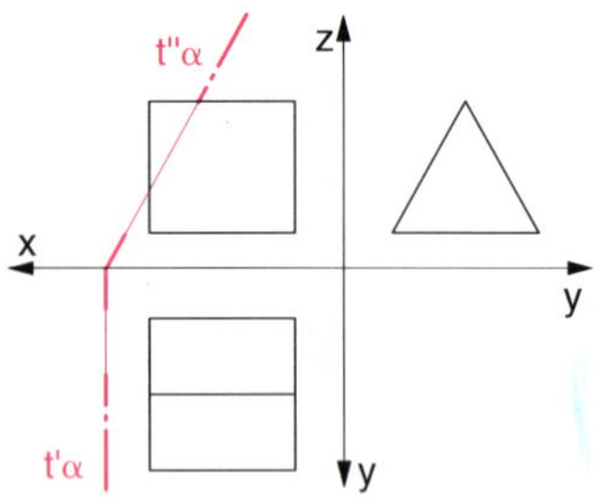

poi si individua

PARTE SEZIONATA
da campire poi con tratteggio

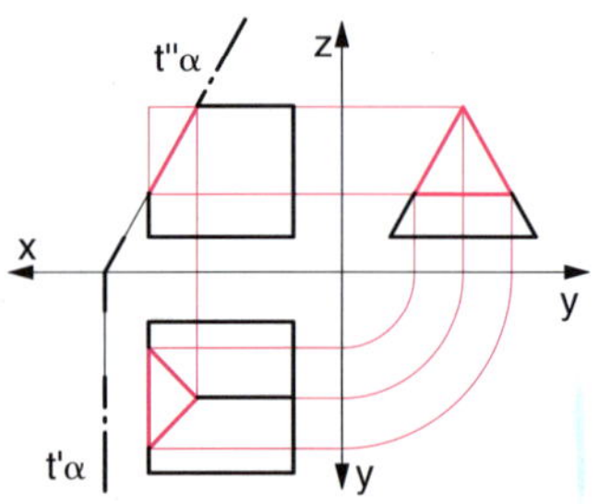

ottenendo

RAPPRESENTAZIONE DEL SOLIDO SEZIONATO

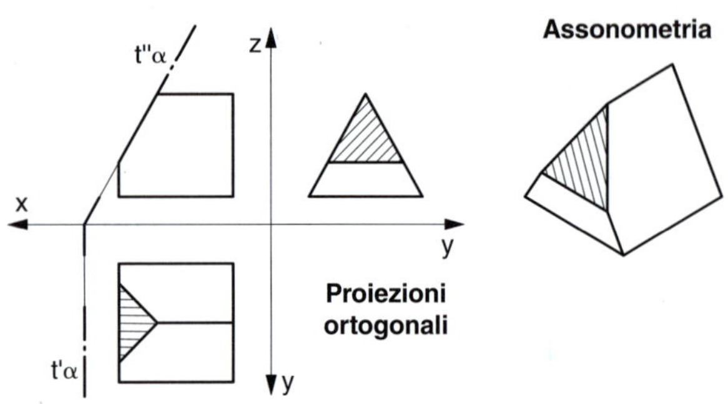

INTERSEZIONE

si inizia da

IMPOSTAZIONE DEL DISEGNO DEL SOLIDO COMPLESSO

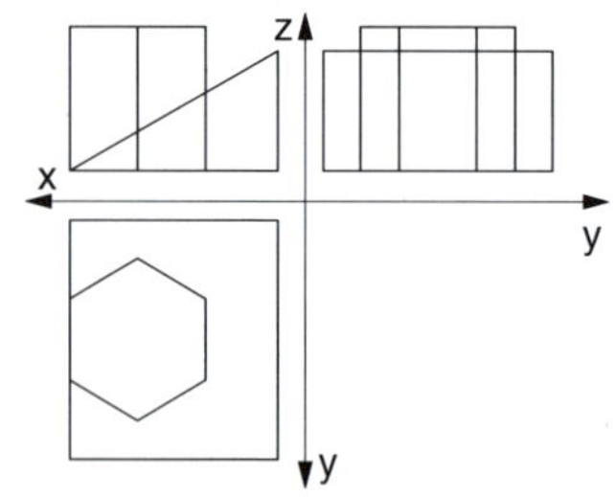

poi si trovano

LINEE D'INTERSEZIONE
tra le diverse facce

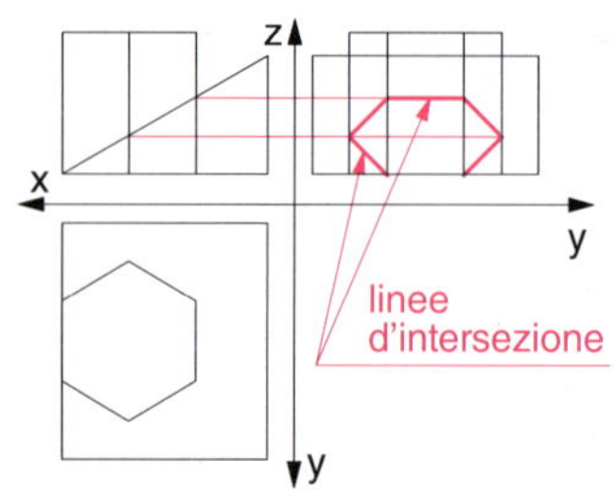

ottenendo

RAPPRESENTAZIONE DEL SOLIDO CON INTERSEZIONI

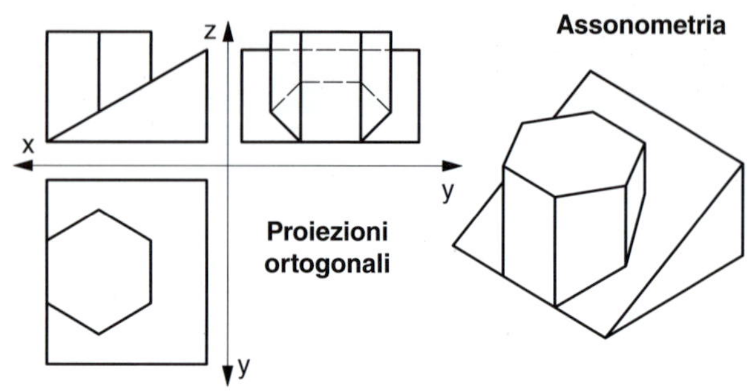

Disegna tre viste in proiezioni ortogonali del solido sezionato con il piano indicato, raddoppiando le misure rilevate dal disegno.

ESERCITAZIONE 1
GUIDATA

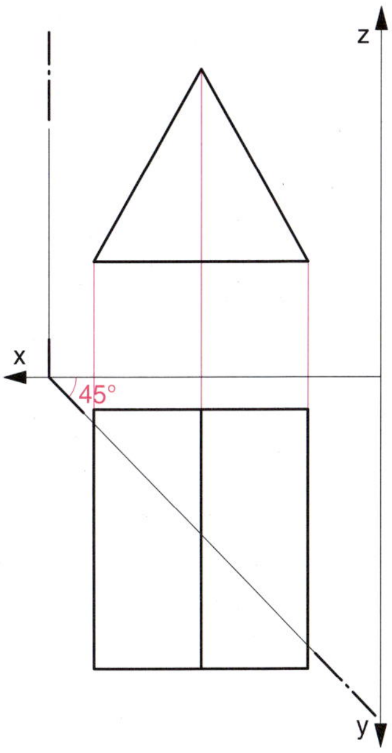

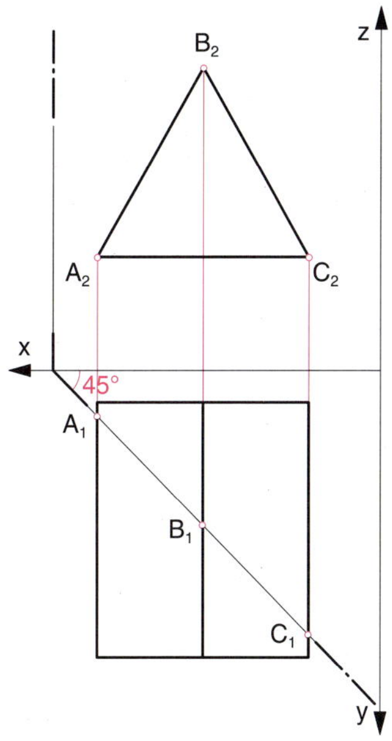

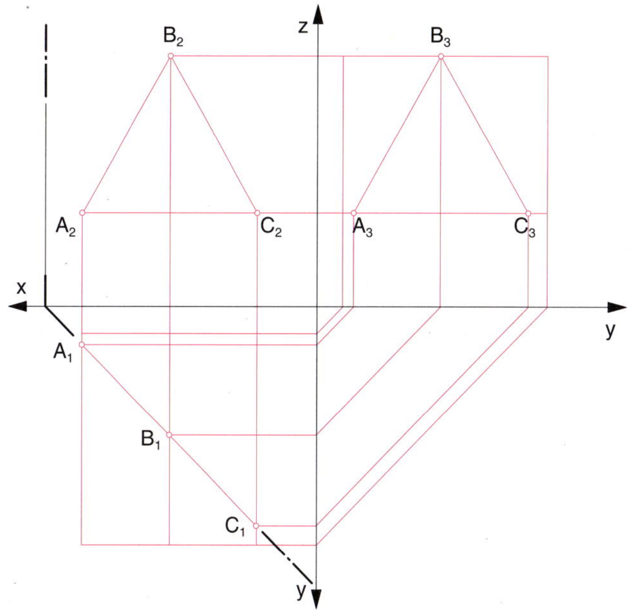

1 Le viste rappresentano un prisma a base triangolare equilatera. Dopo il taglio viene eliminata la parte che precede il piano.

2 Il piano di sezione interseca gli spigoli del prisma nei punti A, B e C.

3 Nella vista da sinistra, oltre agli spigoli del prisma, si trovano i punti A, B e C, che individuano la sezione (campita con tratteggio), visibile anche nella vista frontale.

ESERCITAZIONE 2
GUIDATA

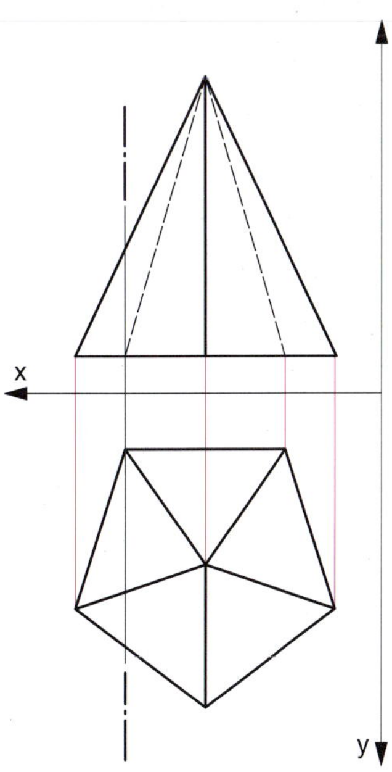

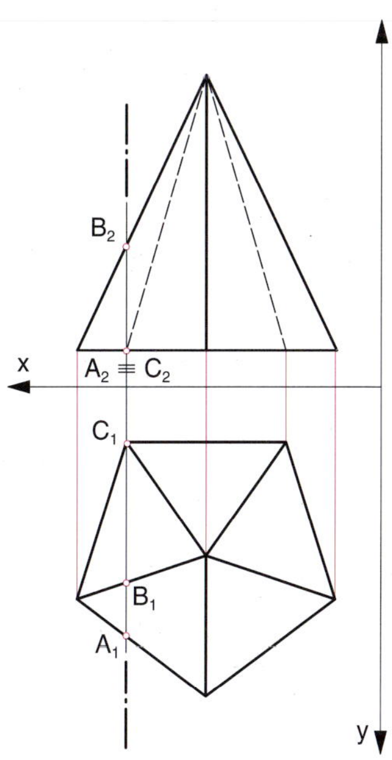

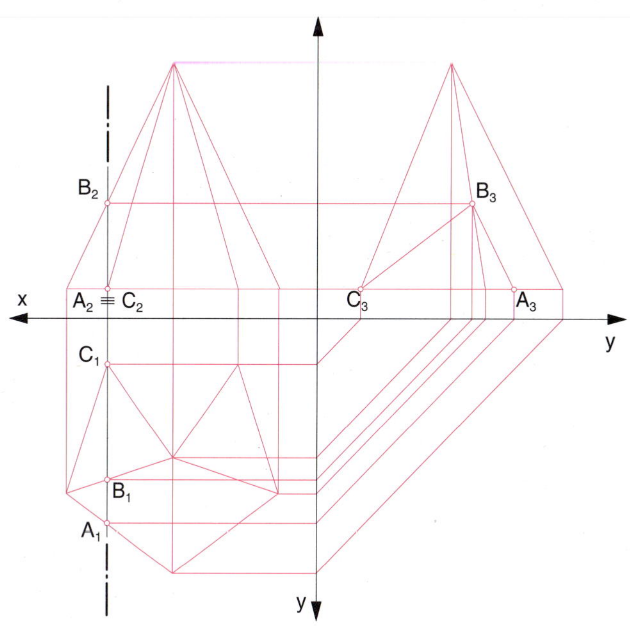

1 Il solido è una piramide pentagonale regolare. Dopo il taglio viene eliminata la parte a sinistra del piano.

2 Il piano di sezione interseca gli spigoli della piramide nei punti A, B e C.

3 Nella vista da sinistra, oltre agli spigoli della piramide, si trovano i punti A, B e C, che individuano la sezione (da campire con tratteggio).

Disegna tre viste in proiezioni ortogonali del solido sezionato con il piano indicato, raddoppiando le misure rilevate dal disegno.

ESERCITAZIONE 3

CON SUGGERIMENTO

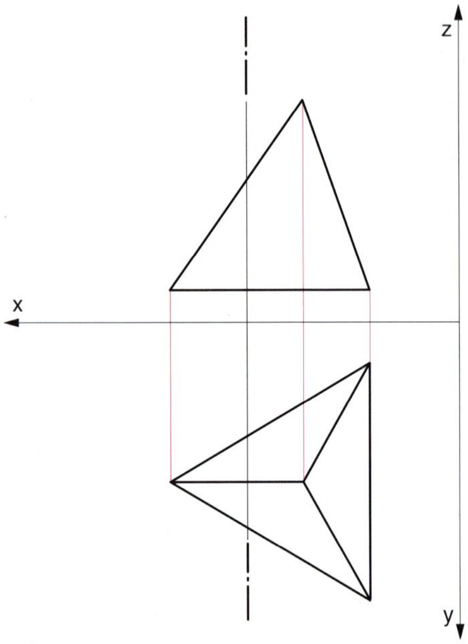

IL PRIMO PASSO Il solido è una piramide a base triangolare equilatera, sezionata con un piano parallelo a yz. Nella vista da sinistra la parte sezionata è un triangolo i cui vertici si individuano nelle due viste date.

ESERCITAZIONE 4

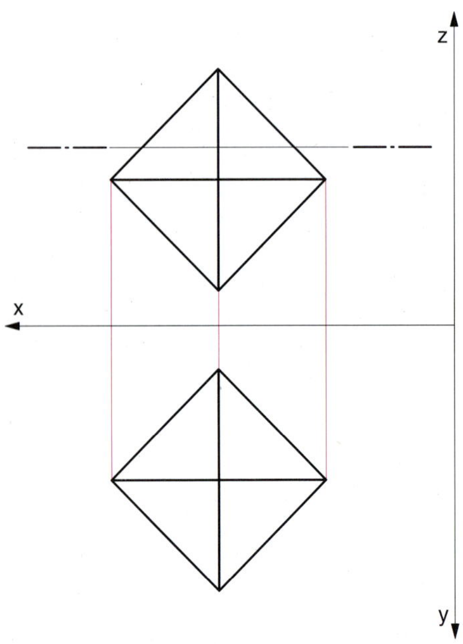

ESERCITAZIONE 5

CON SUGGERIMENTO

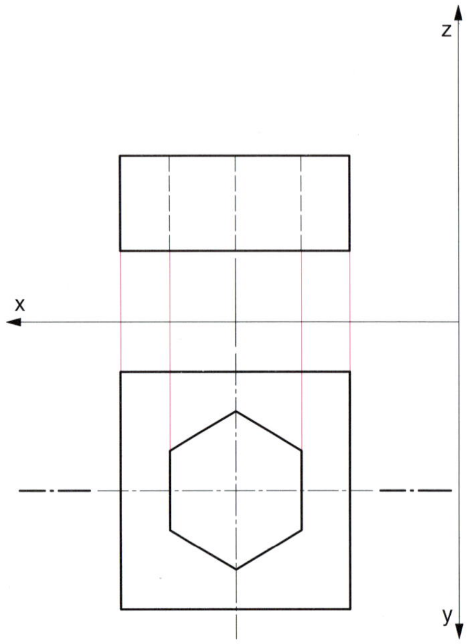

IL PRIMO PASSO Il solido è un parallelepipedo con foro esagonale, sezionato con un piano assiale parallelo a xz. Nella vista frontale le parti sezionate sono due rettangoli separati dalla cavità del foro.

ESERCITAZIONE 6

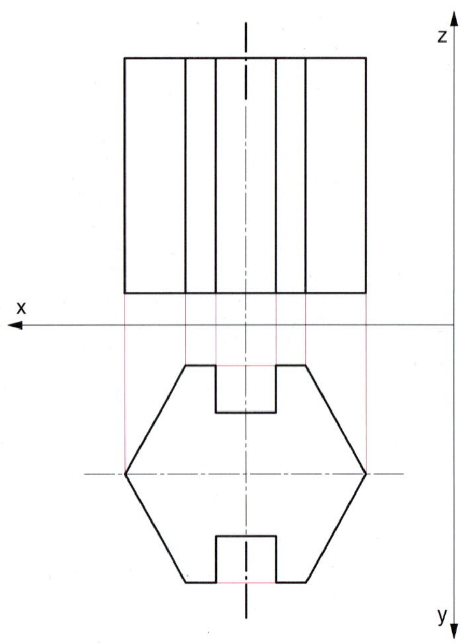

ESERCITAZIONE 7

CON SUGGERIMENTO

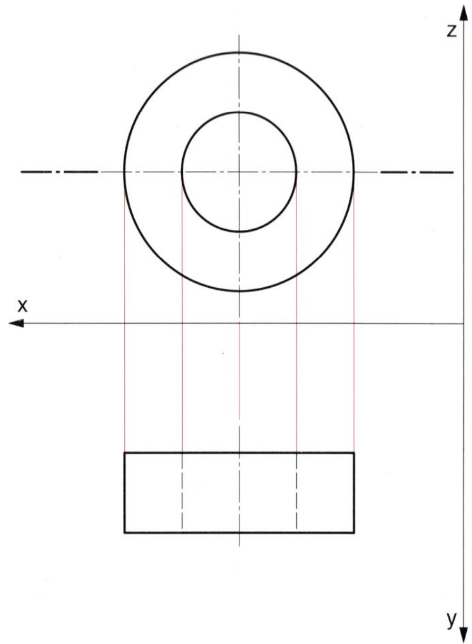

IL PRIMO PASSO Il solido è un cilindro con foro cilindrico, sezionato con un piano assiale parallelo a xy. Nella vista dall'alto le parti sezionate sono due rettangoli separati dalla cavità del foro.

ESERCITAZIONE 8

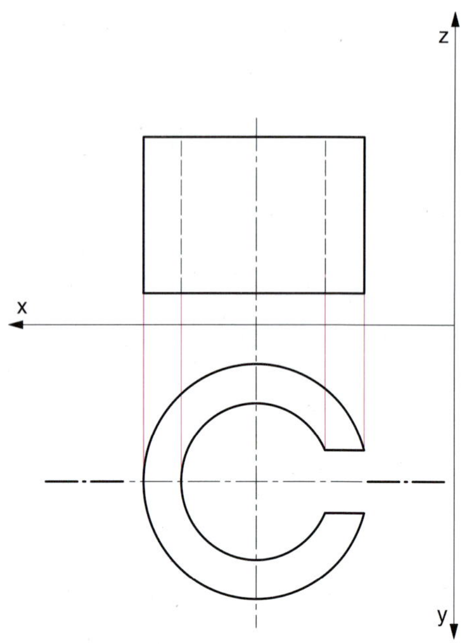

Disegna tre viste in proiezioni ortogonali del solido sezionato con il piano indicato, raddoppiando le misure rilevate dal disegno.

ESERCITAZIONE 9

CON SUGGERIMENTO

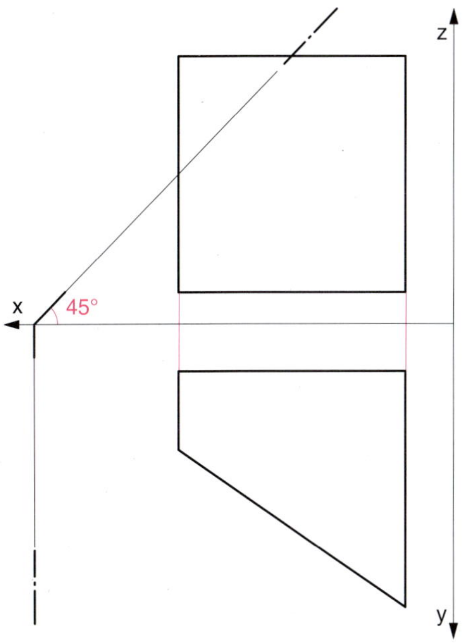

IL PRIMO PASSO Il solido è un prisma a base trapezia. Il piano di sezione interseca la faccia laterale sinistra in 2 punti e la base superiore in altri 2 punti. La parte sezionata sarà quindi un quadrilatero.

ESERCITAZIONE 11

CON SUGGERIMENTO

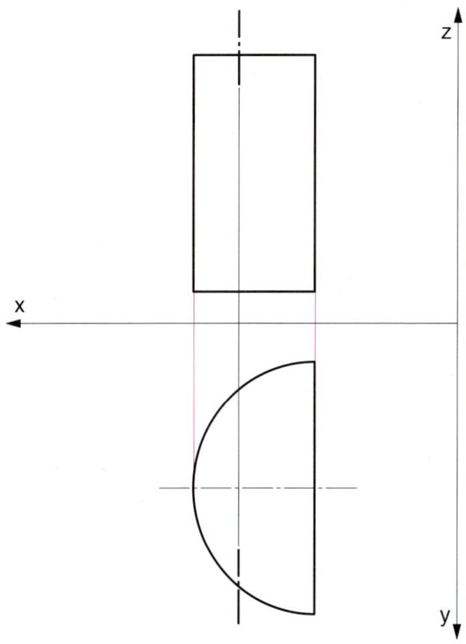

IL PRIMO PASSO Il solido è un semicilindro. Il piano interseca ognuna delle basi in due punti; i quattro punti sono allineati a coppie sia in verticale sia in orizzontale. Quindi la sezione sarà un rettangolo.

ESERCITAZIONE 13

CON SUGGERIMENTO

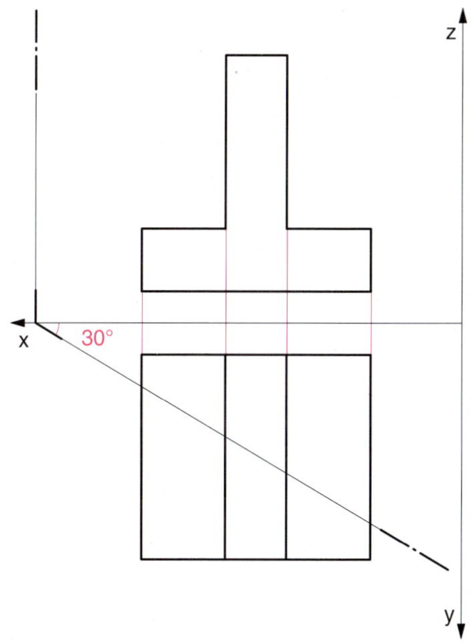

IL PRIMO PASSO Il solido è un prisma con base a forma di T. Il piano di sezione interseca 8 spigoli orizzontali in altrettanti punti, che sono i vertici della sezione (anch'essa a forma di T).

ESERCITAZIONE 10

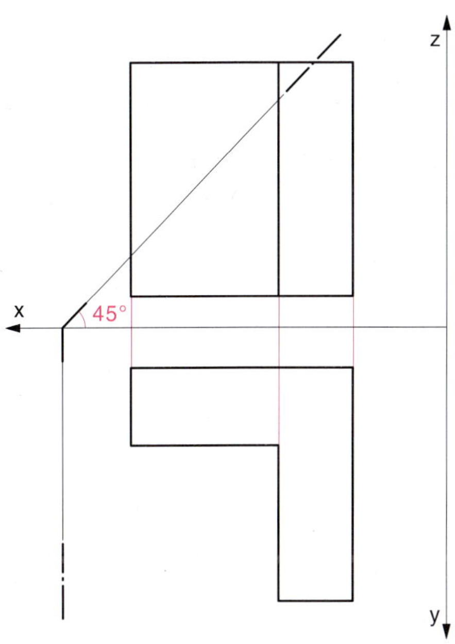

ESERCITAZIONE 12

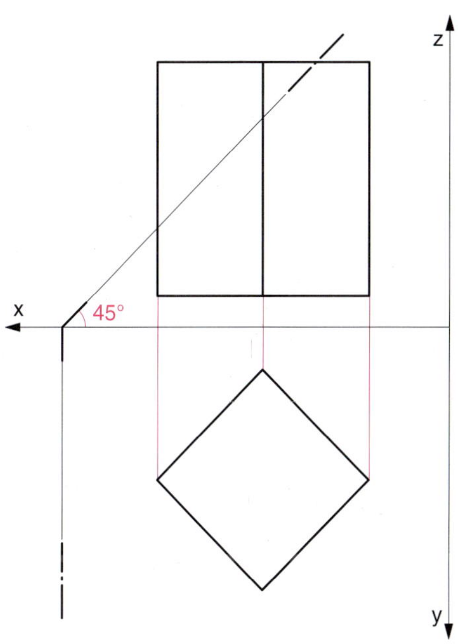

ESERCITAZIONE 14

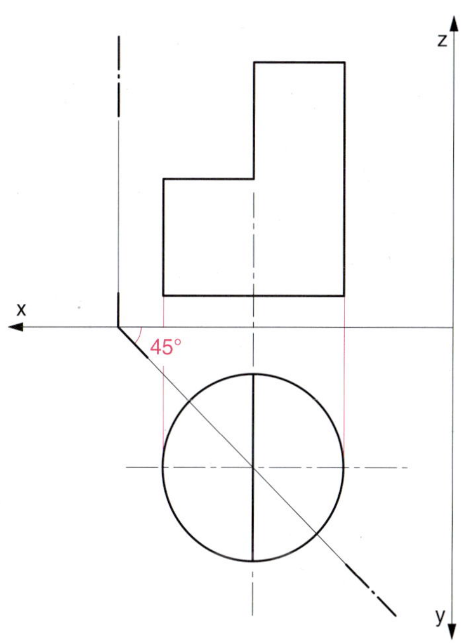

Disegna tre viste in proiezioni ortogonali del solido sezionato con il piano indicato, raddoppiando le misure rilevate dal disegno.

ESERCITAZIONE 15

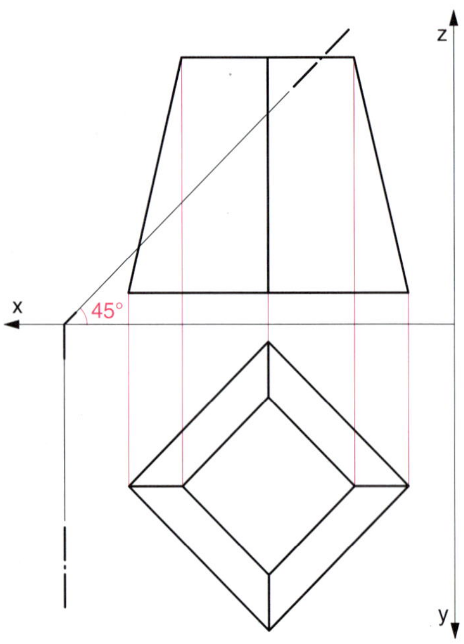

ESERCITAZIONE 17

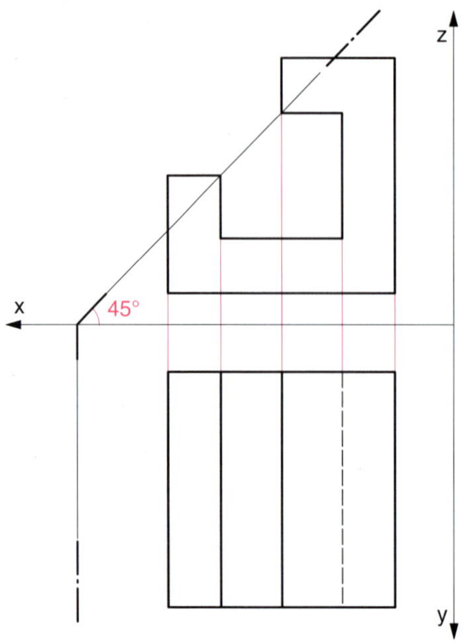

ESERCITAZIONE 19

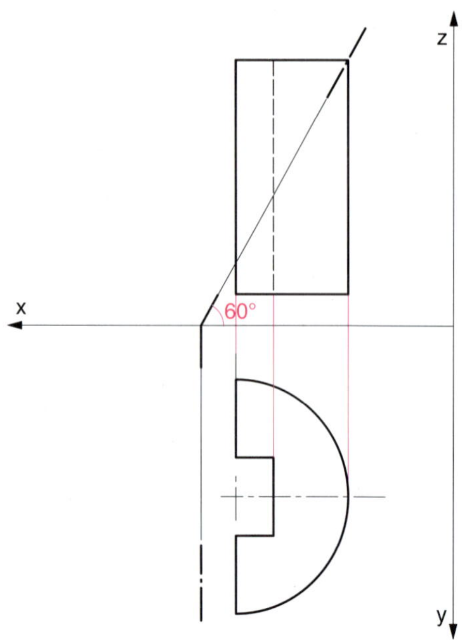

ESERCITAZIONE 16

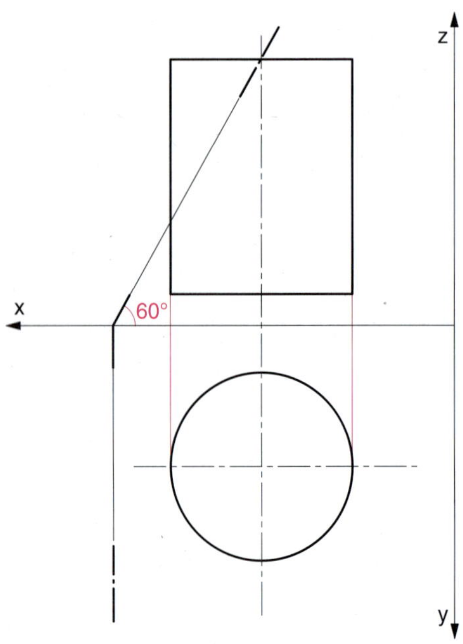

ESERCITAZIONE 18

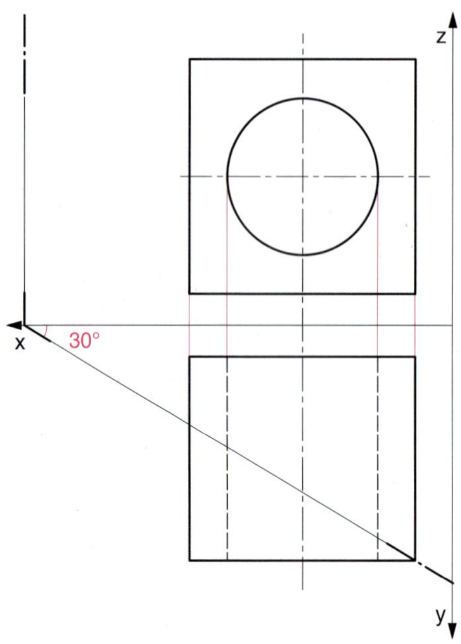

ESERCITAZIONE 20

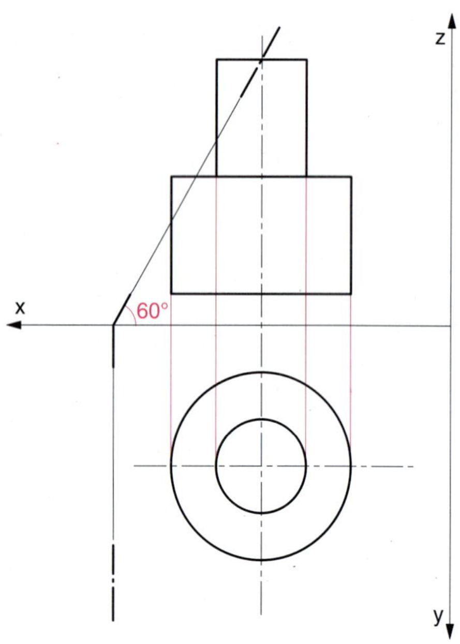

Disegna tre viste in proiezioni ortogonali del solido sezionato con il piano indicato, raddoppiando le misure rilevate dal disegno.

ESERCITAZIONE 21

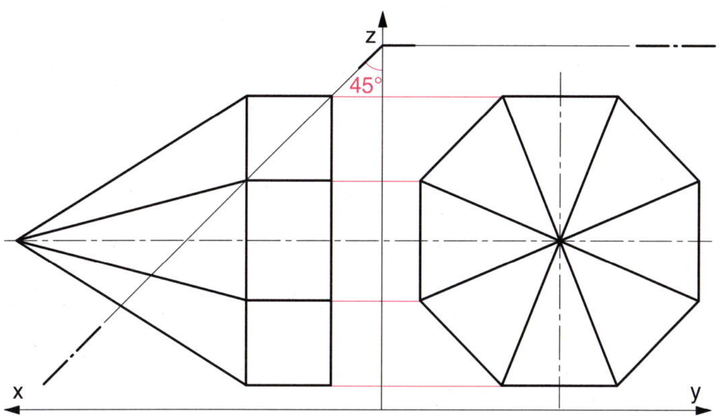

ESERCITAZIONE 22

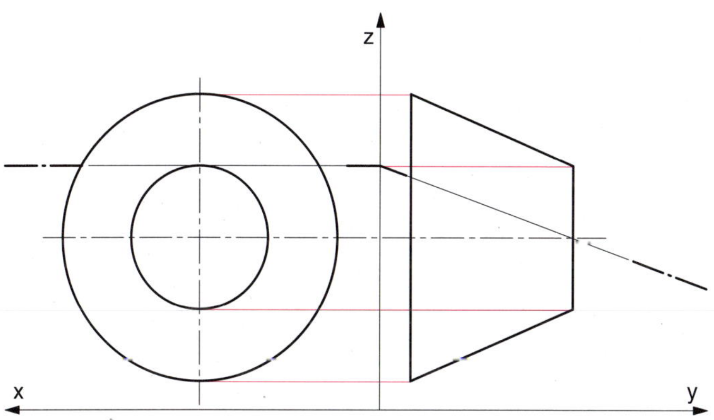

ESERCITAZIONE 23

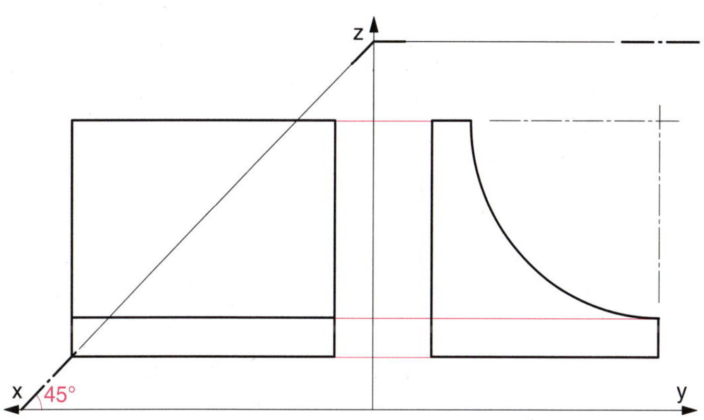

ESERCITAZIONE 24

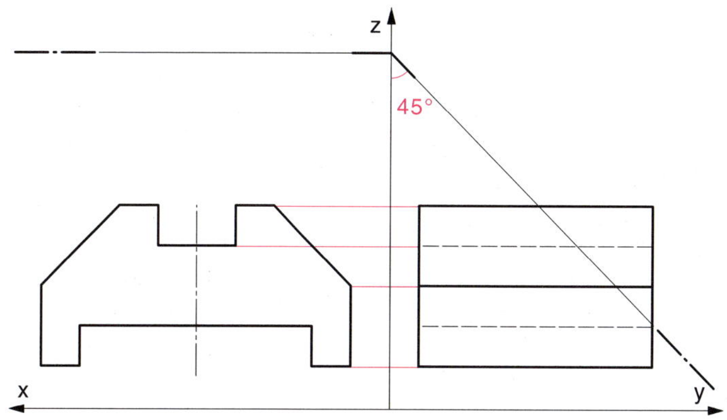

ESERCITAZIONE 25

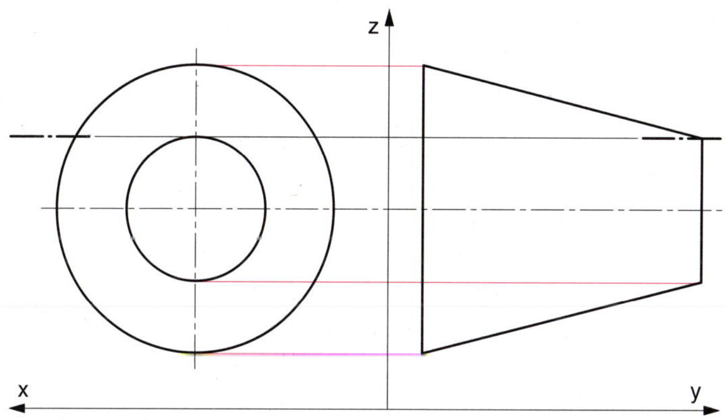

ESERCITAZIONE 26

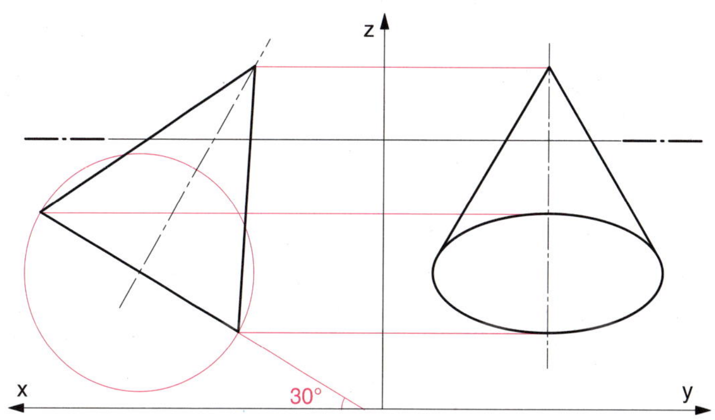

Disegna tre viste in proiezioni ortogonali del solido sezionato con il piano indicato, raddoppiando le misure rilevate dal disegno.

ESERCITAZIONE 27

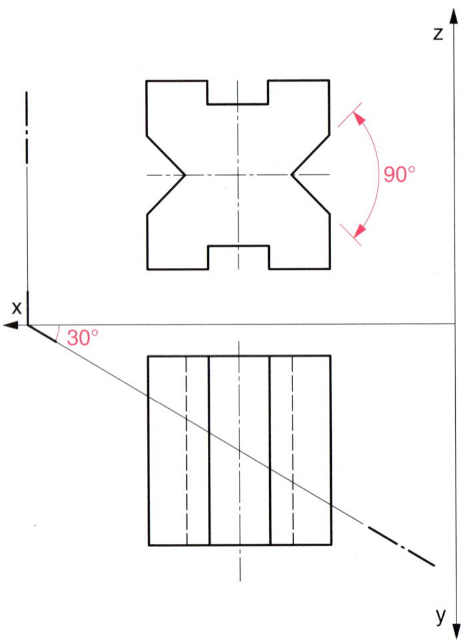

ESERCITAZIONE 29

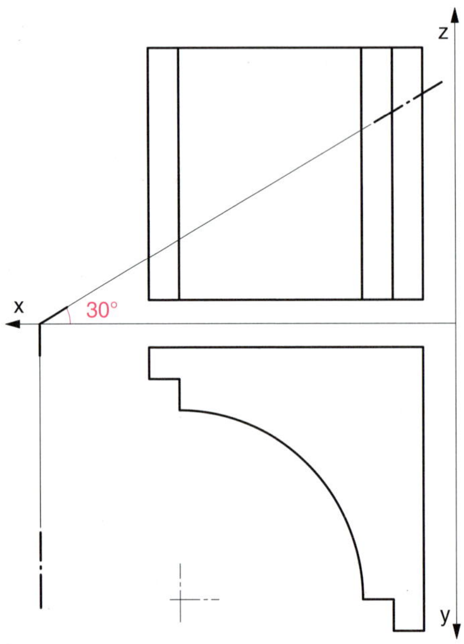

ESERCITAZIONE 31

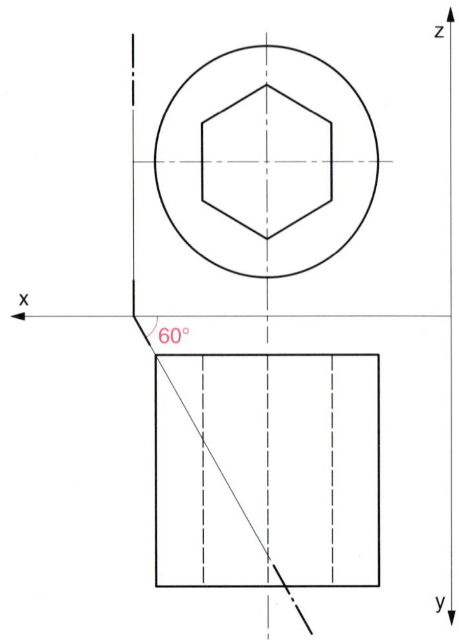

ESERCITAZIONE 28

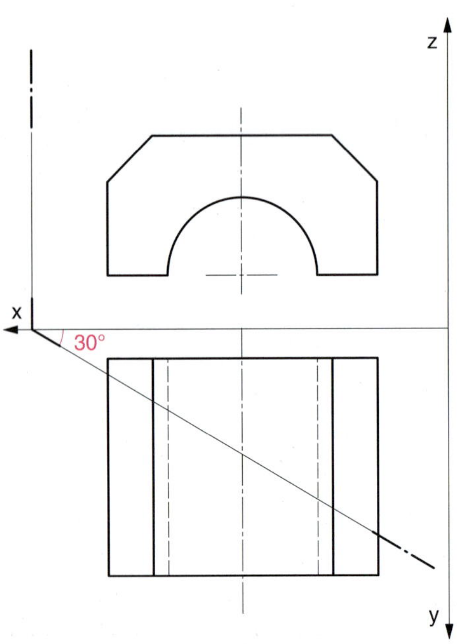

ESERCITAZIONE 30

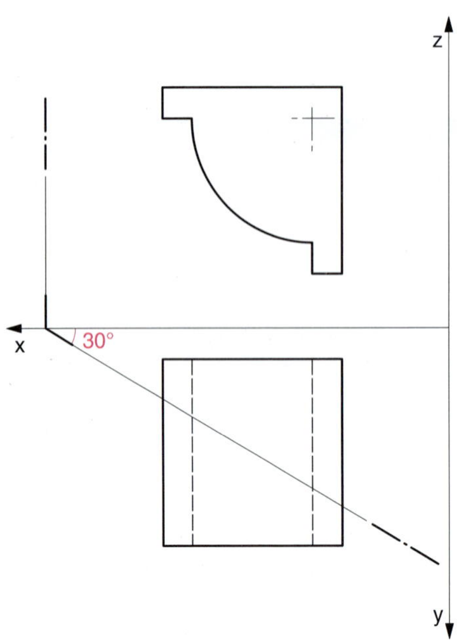

ESERCITAZIONE 32

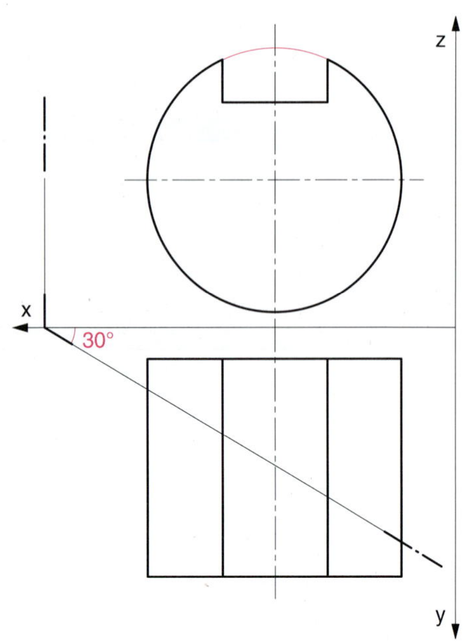

Disegna tre viste in proiezioni ortogonali del solido sezionato con il piano indicato, raddoppiando le misure rilevate dal disegno.

ESERCITAZIONE 33

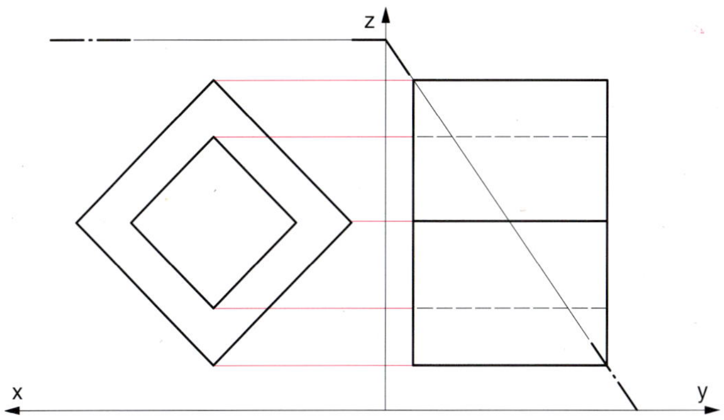

ESERCITAZIONE 36

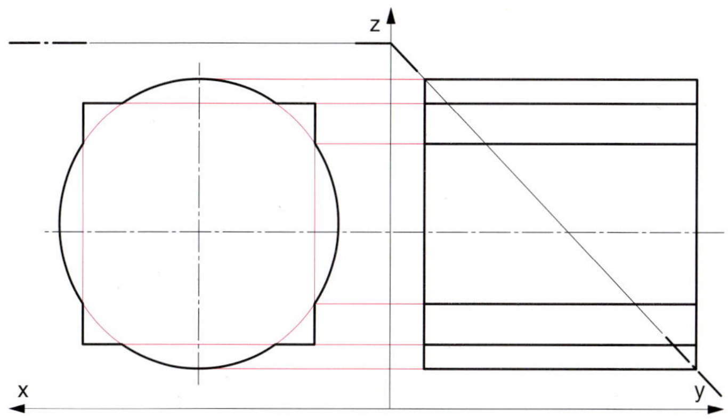

ESERCITAZIONE 34

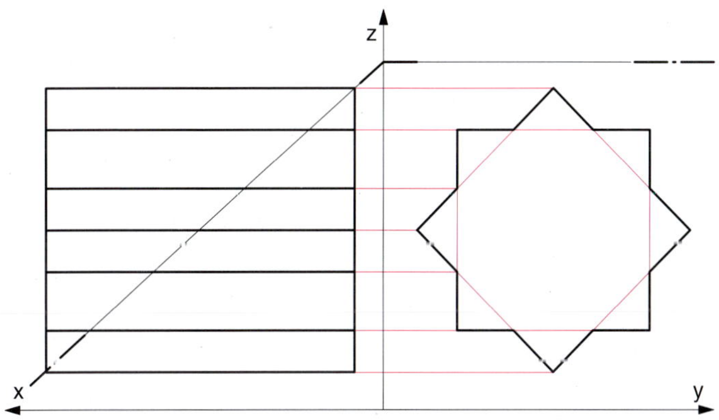

ESERCITAZIONE 37

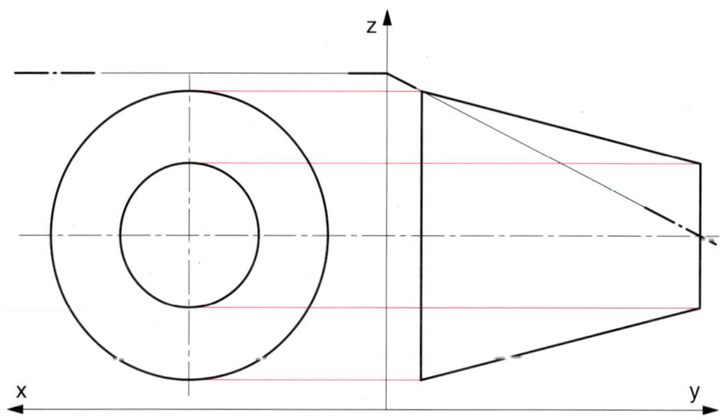

ESERCITAZIONE 35

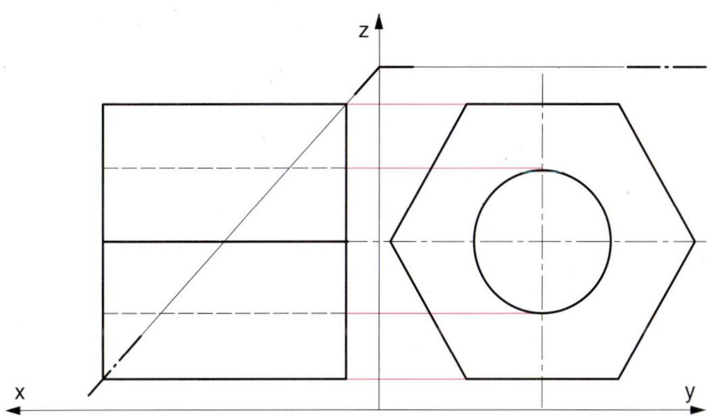

ESERCITAZIONE 38

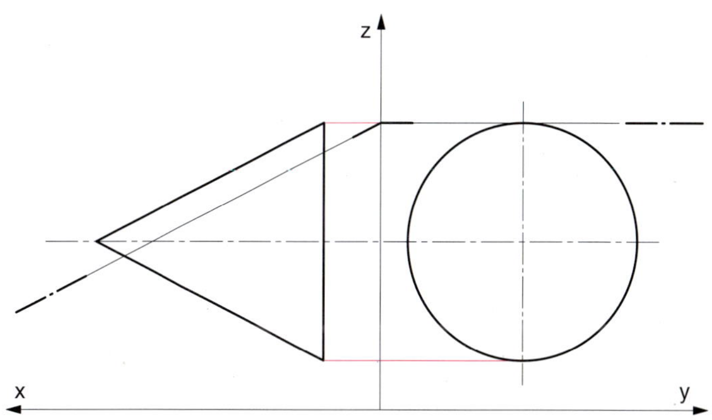

Dalle due viste date ricava la terza vista, raddoppiando le misure rilevate dal disegno.

ESERCITAZIONE 39
GUIDATA

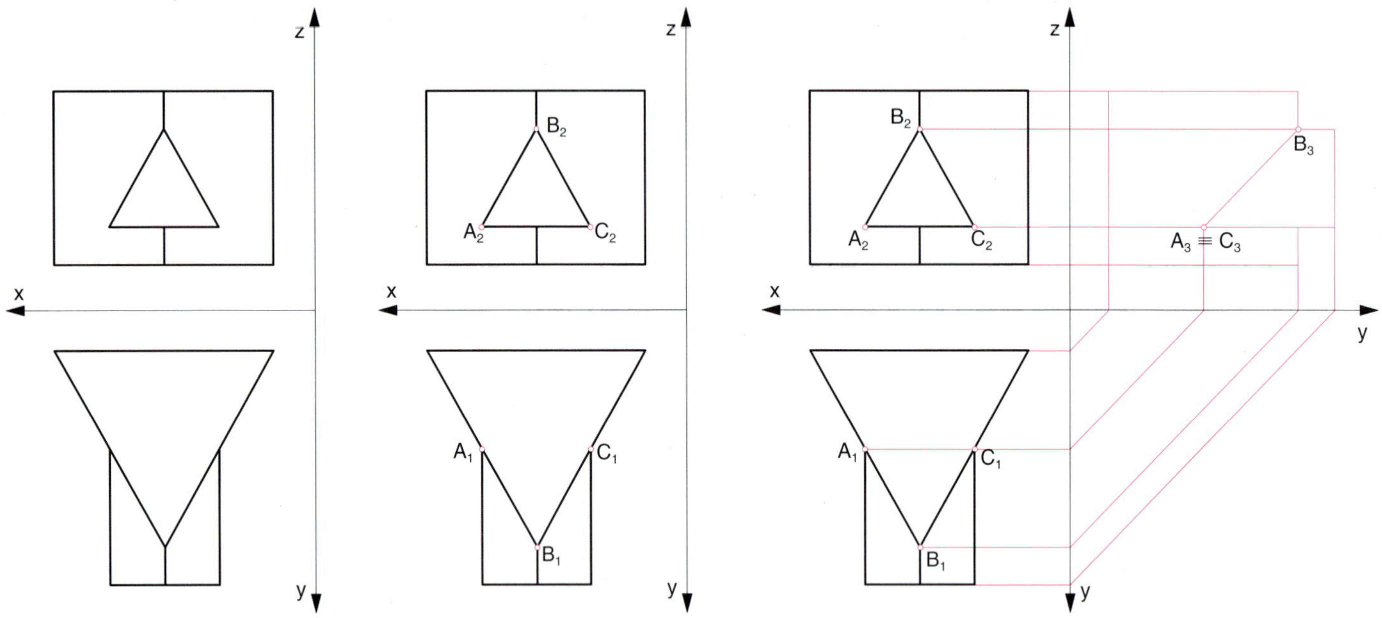

1 I solidi che si intersecano sono due prismi triangolari equilateri.

2 Gli spigoli del prisma minore intersecano l'altro nei punti A, B e C.

3 Nella vista da sinistra, oltre agli spigoli dei due prismi, si trovano i punti A, B e C, che individuano le linee d'intersezione (coincidenti).

ESERCITAZIONE 40
GUIDATA

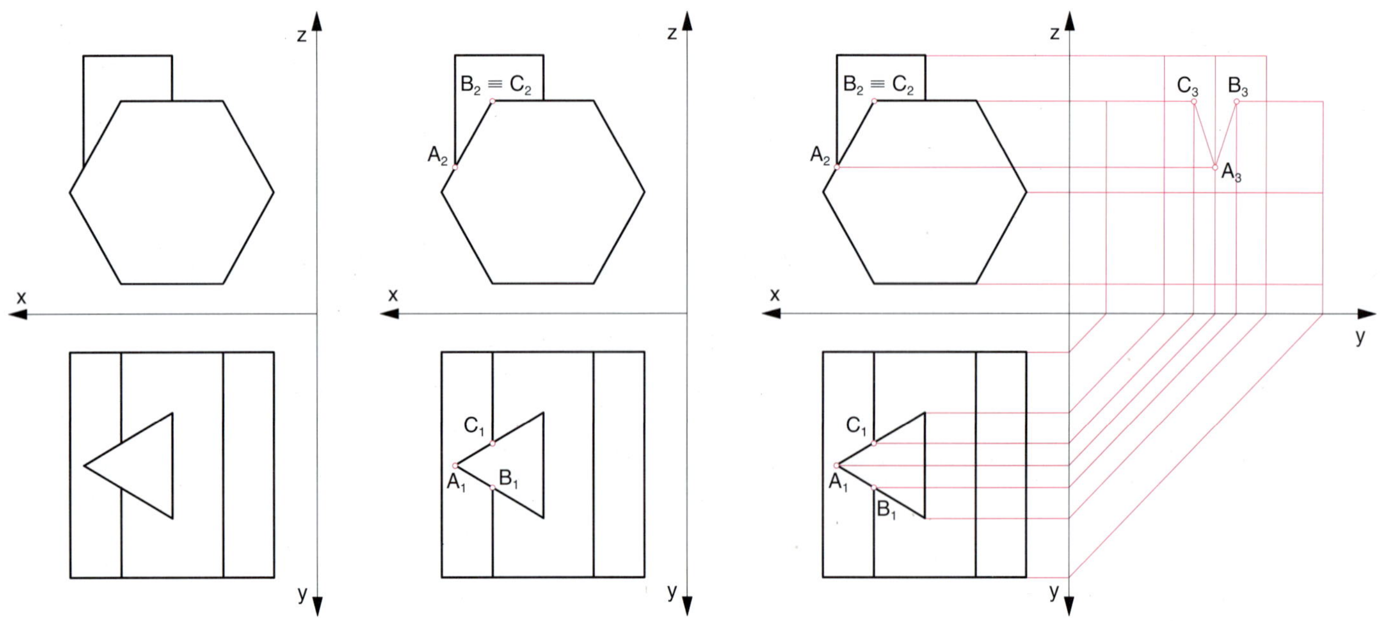

1 I solidi che si intersecano sono un prisma triangolare equilatero e un prisma esagonale regolare.

2 Gli spigoli di un solido intersecano le facce dell'altro nei punti A, B e C.

3 Nella vista da sinistra, oltre agli spigoli dei due prismi, si trovano i punti A, B e C, che individuano le linee d'intersezione.

Dalle due viste date ricava la terza vista, raddoppiando le misure rilevate dal disegno.

ESERCITAZIONE 41
CON SUGGERIMENTO

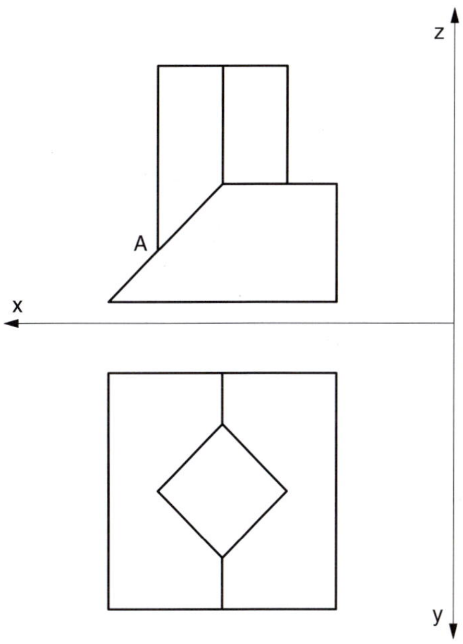

IL PRIMO PASSO Per ottenere la vista da sinistra è sufficiente riportare il punto A, intersezione tra uno spigolo del parallelepipedo e la faccia inclinata del prisma.

ESERCITAZIONE 42

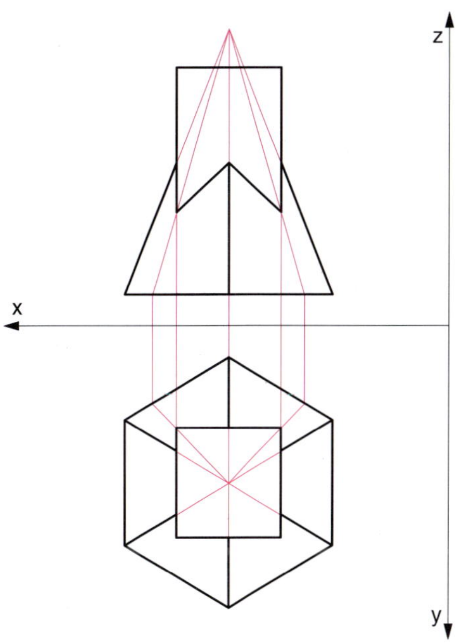

ESERCITAZIONE 43
CON SUGGERIMENTO

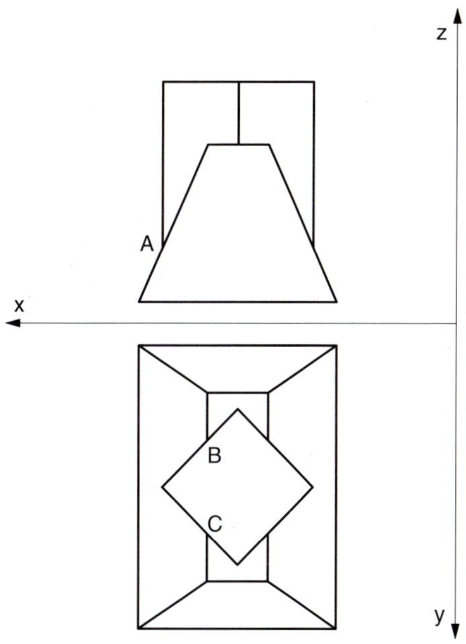

IL PRIMO PASSO Per ottenere l'intersezione nella vista da sinistra si riporta il punto A dalla vista frontale e i punti B e C dalla vista dall'alto.

ESERCITAZIONE 44

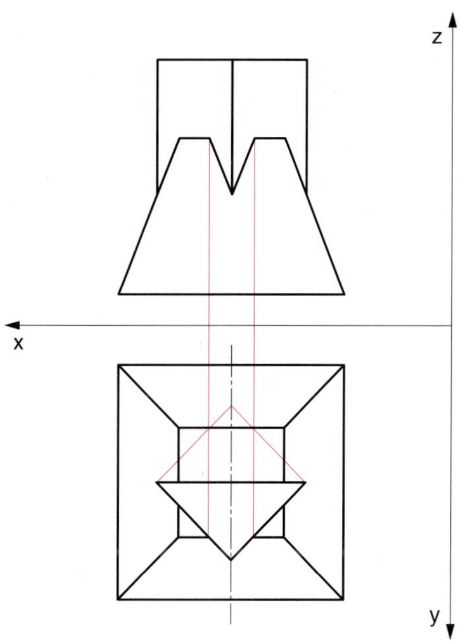

ESERCITAZIONE 45
CON SUGGERIMENTO

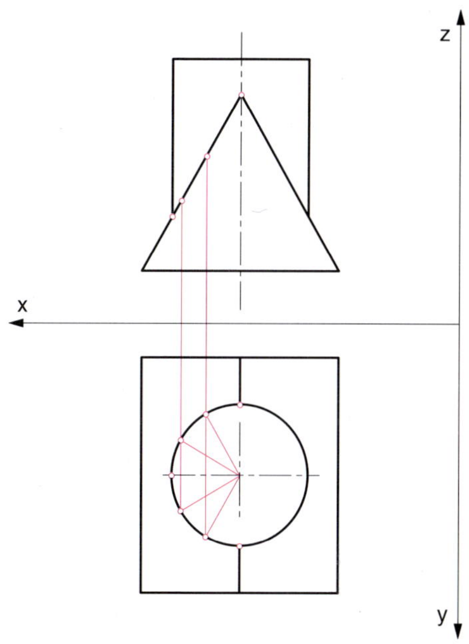

IL PRIMO PASSO L'intersezione tra il cilindro e la faccia sinistra del prisma è una mezza ellisse, di cui si possono individuare dei punti (7 in figura) da riportare nella vista da sinistra.

ESERCITAZIONE 46

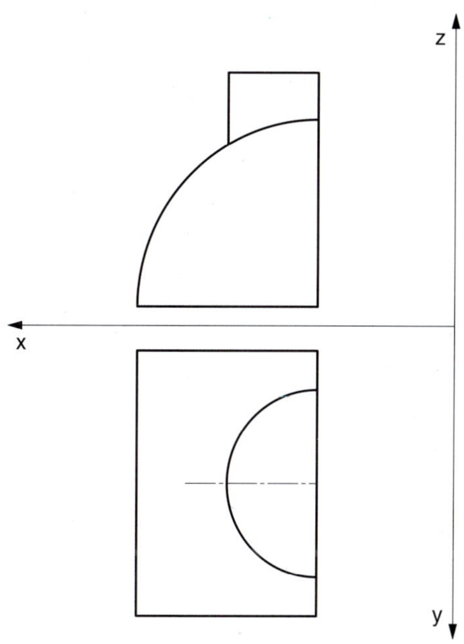

Dalle due viste date ricava la terza vista e lo sviluppo del solido, raddoppiando le misure rilevate dal disegno.

ESERCITAZIONE 47

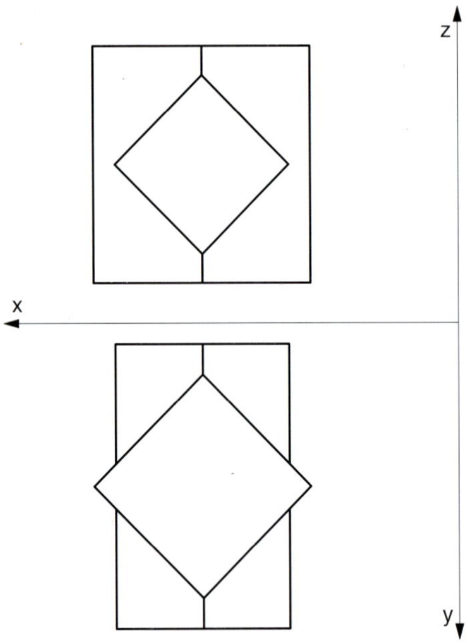

ESERCITAZIONE 49

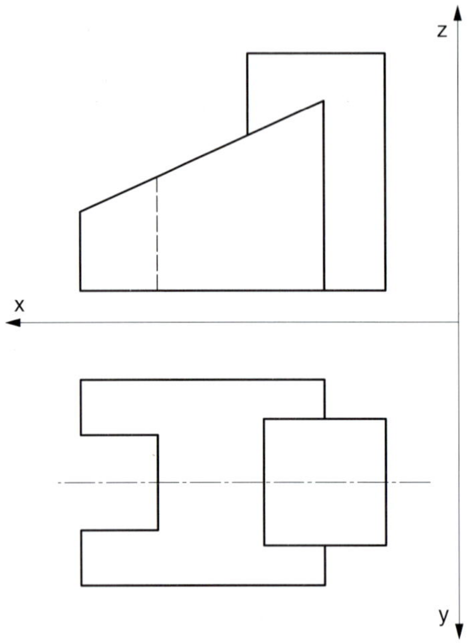

ESERCITAZIONE 51

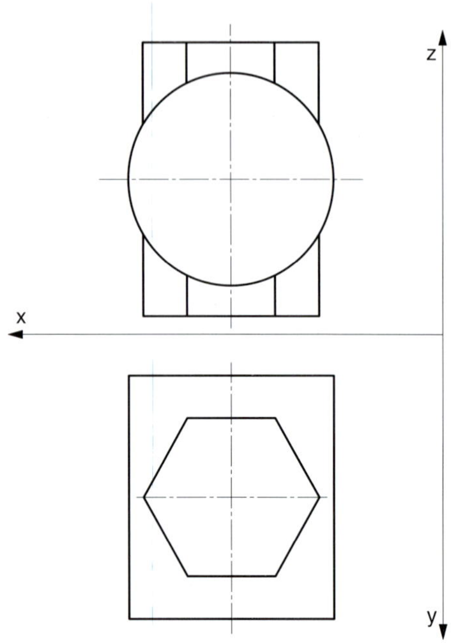

ESERCITAZIONE 48

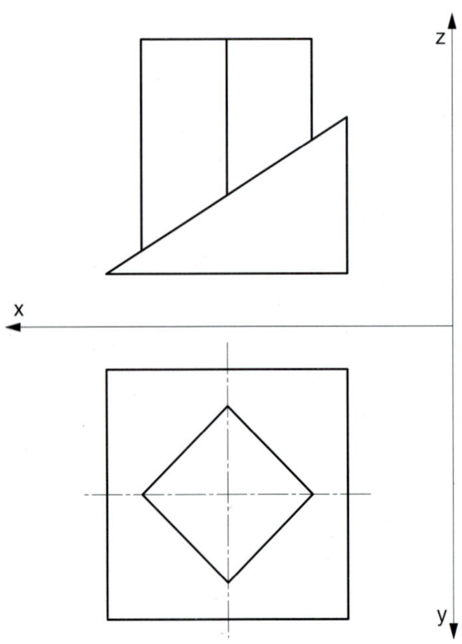

ESERCITAZIONE 50

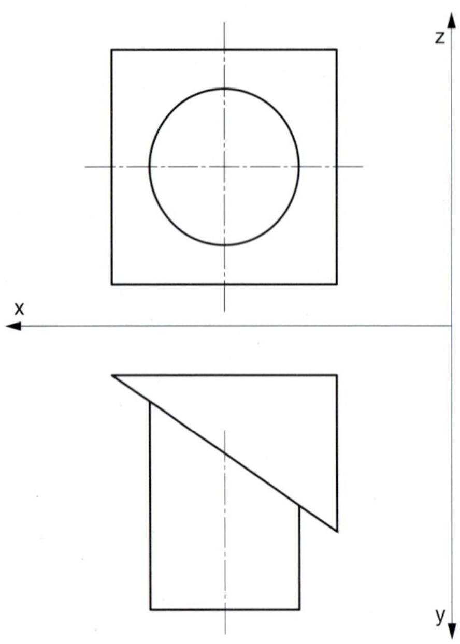

ESERCITAZIONE 52

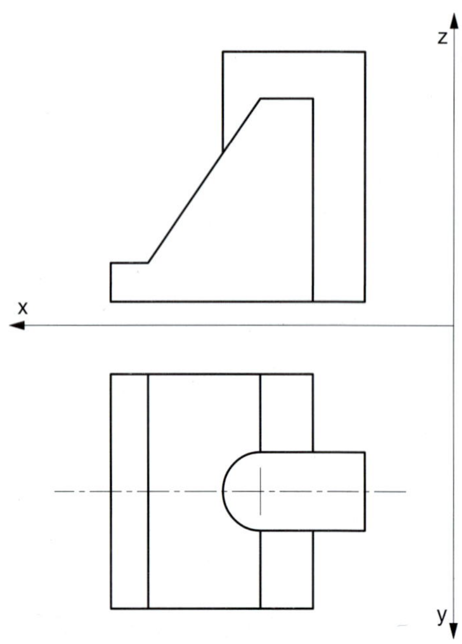

Errori tipici e suggerimenti

Non così… / … ma così!

Sezioni di solidi

Non così…

- Tratteggio inclinato di 30° rispetto al contorno della figura.

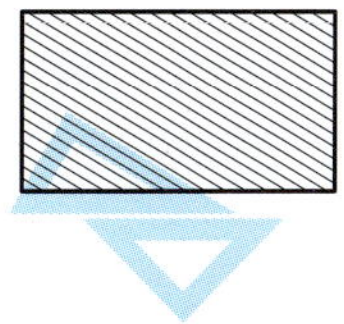

… ma così!

- Il tratteggio deve essere inclinato di 45° rispetto al contorno della figura; quindi si usa la squadra a 45°.

Non così…

- Tratteggio parallelo al contorno della figura.

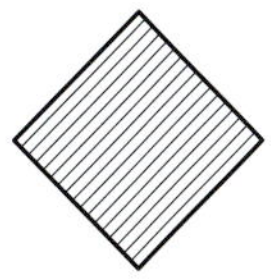

… ma così!

- Anche nelle figure inclinate l'angolo del tratteggio deve essere di 45° rispetto al contorno della figura.

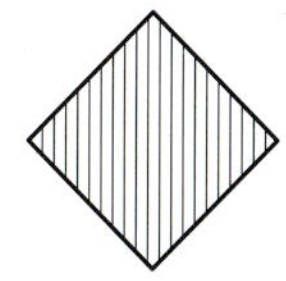

Non così…

- Tratteggio parallelo all'asse di simmetria della figura.

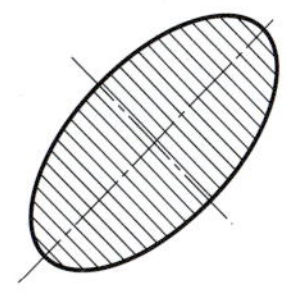

… ma così!

- Nelle figure curvilinee (ellisse, ovale ecc.) il riferimento per l'inclinazione del tratteggio è dato dagli assi di simmetria.

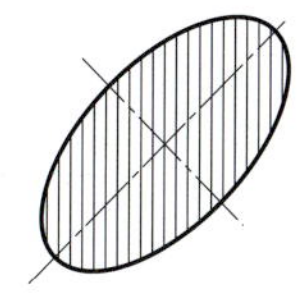

Non così…

- Tratteggio delimitato da una linea a tratti.

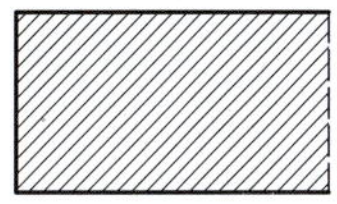

… ma così!

- Le superfici sezionate sono delimitate da spigoli visibili, quindi indicati con linea continua grossa.

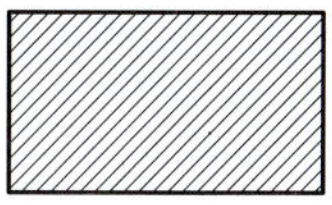

Non così…

- Tratteggio attraversato da una linea continua grossa.

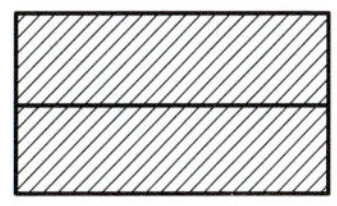

… ma così!

- Dietro una superficie sezionata può trovarsi uno spigolo, che quindi non è visibile e deve essere indicato con linea a tratti fine.

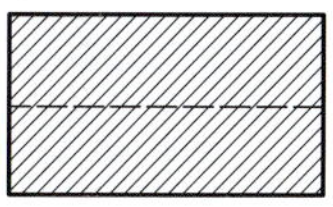

Intersezioni di solidi

Non così…

- Vertici di solidi al termine di un solo spigolo.

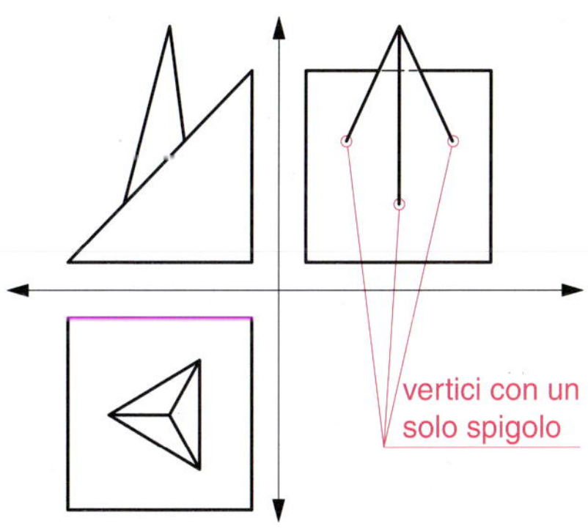

… ma così!

- Per ogni vertice passano almeno 3 spigoli.

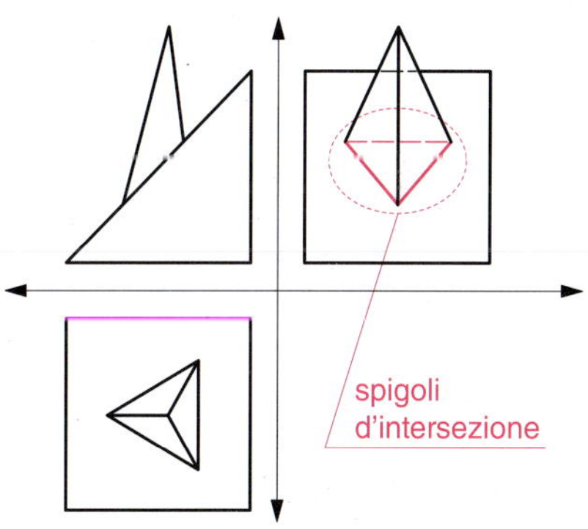

Non così…

- Confusione tra spigoli di intersezione del solido e quelli del solido originario.

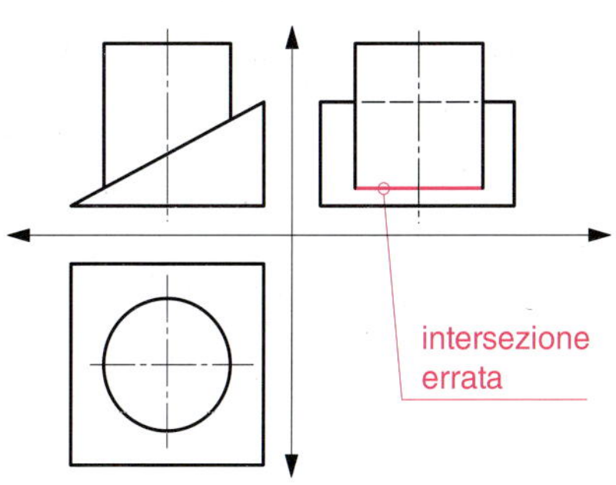

… ma così!

- Tra facce piane e superfici curve (cilindriche, coniche ecc.), l'intersezione è sempre una linea curva. Se questa giace su un piano inclinato rispetto al quadro si rappresenta con una curva.

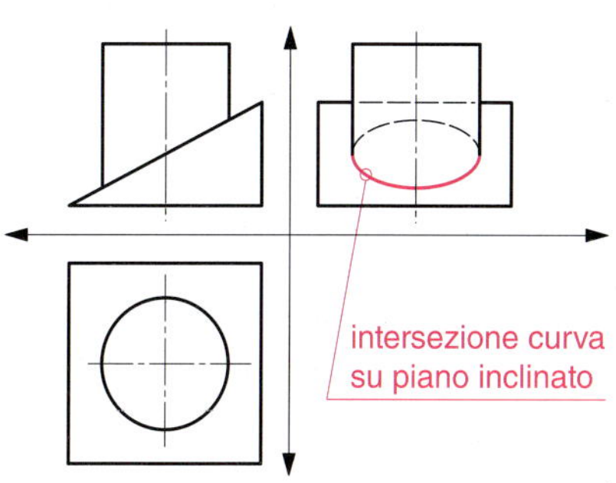

Video *Esecuzione del tratteggio*

Video *Inclinazione del tratteggio*

Capire lo spazio: rappresentare sezioni e intersezioni di solidi

Sezione di un solido

Consiste nel taglio del solido con un piano (**piano di sezione**), nell'eliminazione successiva di una delle due parti originate dal taglio e infine nella rappresentazione della parte restante.

La superficie sezionata, cioè la parte del solido venuta a contatto con il piano di sezione, si evidenzia con il **tratteggio**.

Per rappresentare correttamente un solido sezionato bisogna capire bene:

- forma e posizione del solido;
- posizione del piano di sezione;
- quale parte del solido resta dopo l'operazione di sezione;
- forma e posizione della superficie sezionata.

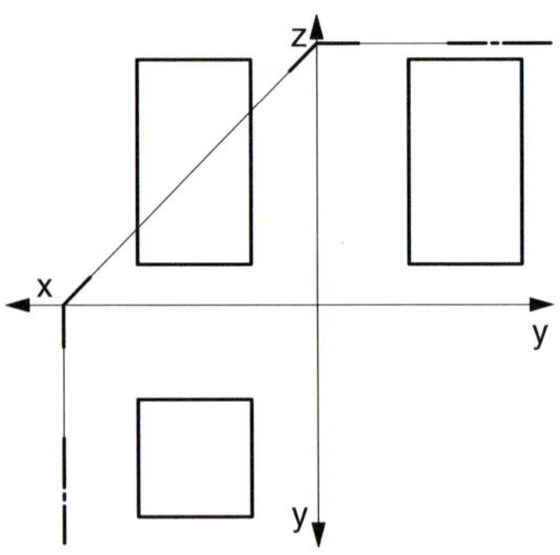

Il solido è un parallelepipedo a base quadrata, con le facce quadrate parallele al piano orizzontale.

Il piano di sezione è perpendicolare al quadro xz e inclinato rispetto agli altri.

La parte da rappresentare sarà quella sottostante il piano di sezione. Il piano di sezione taglia i quattro spigoli verticali del solido, quindi la superficie sezionata è un quadrilatero.

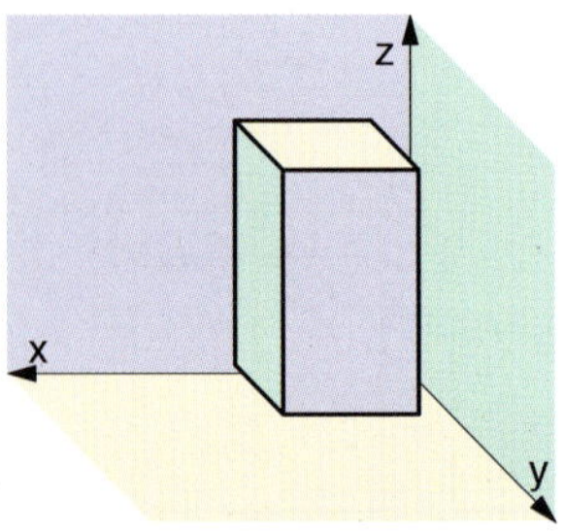

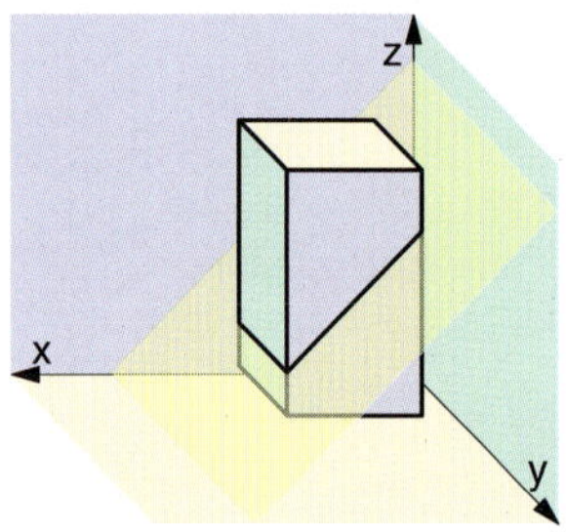

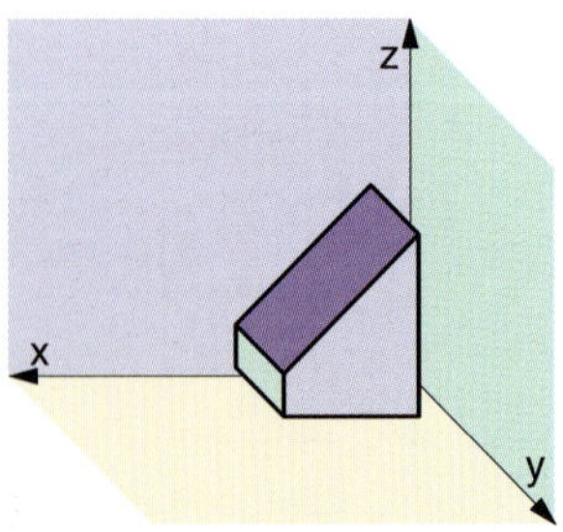

Per rappresentare correttamente la superficie sezionata bisogna:

- individuare i punti di intersezione tra elementi del solido, come spigoli o rette generatrici, con il piano di sezione;
- unire questi punti con segmenti o curve;
- campire con il tratteggio la parte sezionata.

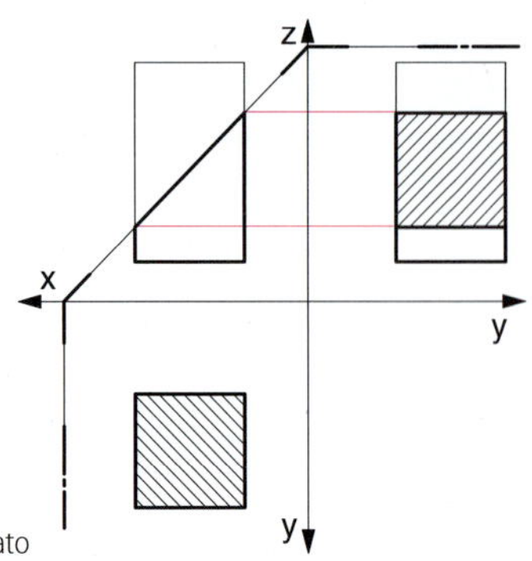

Viste del solido sezionato

Intersezioni di solidi

Quando diversi solidi s'intersecano, dall'intersezione tra le loro facce vengono originati degli spigoli; essi hanno forma di:

- segmenti o linee spezzate quando le facce sono piane;
- linee curve quando una faccia è curva (cilindrica, conica ecc.).

Per individuare la linea di intersezione tra i solidi bisogna trovarne i vertici o, nel caso di curve, altri punti intermedi.

I vertici si trovano nei punti di intersezione tra gli spigoli di un solido e le facce dell'altro.

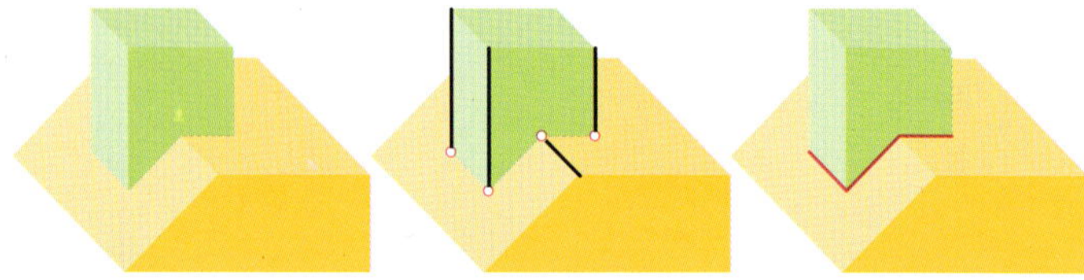

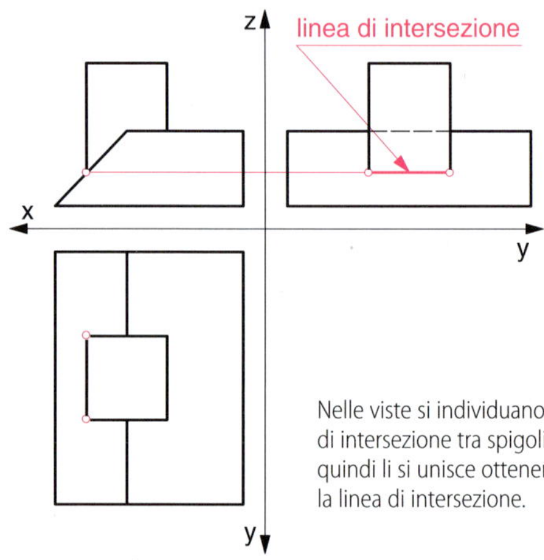

Nelle viste si individuano i punti di intersezione tra spigoli e facce, quindi li si unisce ottenendo la linea di intersezione.

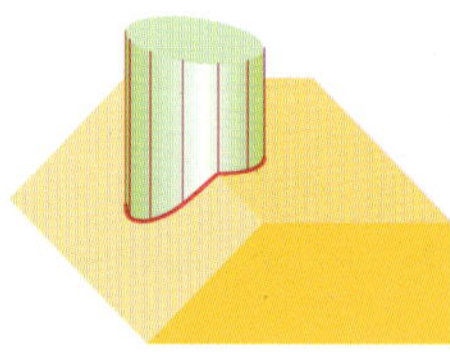

In questo caso una superficie è curva, quindi l'intersezione è una linea curva. Essa si può ricostruire mediante linee della superficie (in questo caso le generatrici); dove queste intersecano le facce dell'altro solido si ottengono punti di intersezione, che si uniscono ricavando la linea di intersezione.

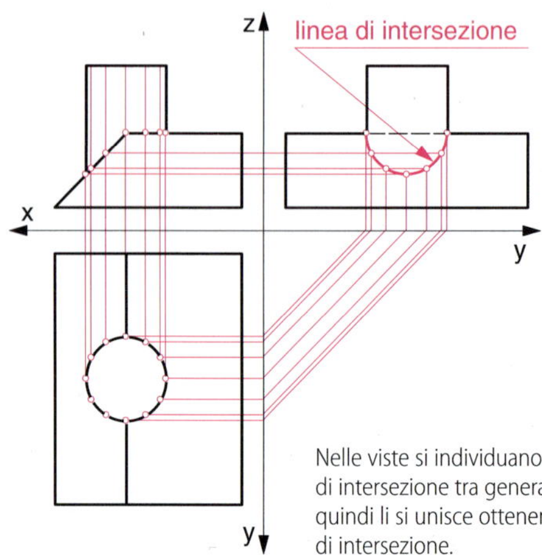

Nelle viste si individuano i punti di intersezione tra generatrici e facce, quindi li si unisce ottenendo la linea di intersezione.

Gli esercizi di questa pagina devono essere disegnati dopo aver interpretato le viste date e ipotizzato come il solido sia tagliato dal piano di sezione. Dopo aver realizzato lo schizzo preparatorio, si passerà al disegno con gli strumenti.

NOTA BENE

Le dimensioni degli oggetti proposti si possono rilevare dalla griglia sovrapposta ai disegni; essa è costituita da quadrati di lato 4 mm.

ESERCITAZIONE R1

Disegna tre viste del solido sezionato con il piano indicato, raddoppiando le dimensioni rilevate

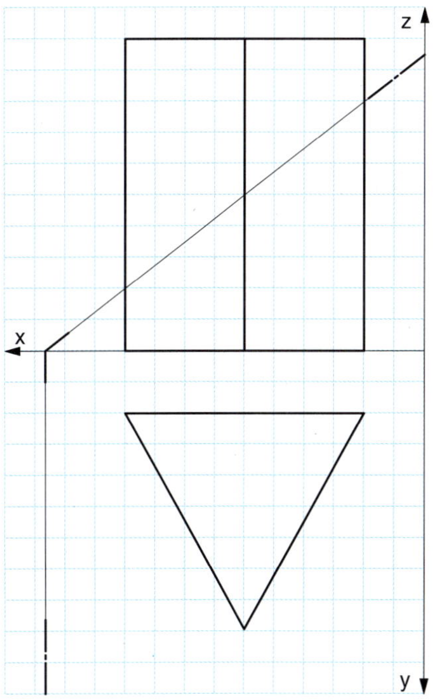

ESERCITAZIONE R2

Disegna tre viste del solido sezionato con il piano indicato, raddoppiando le dimensioni rilevate

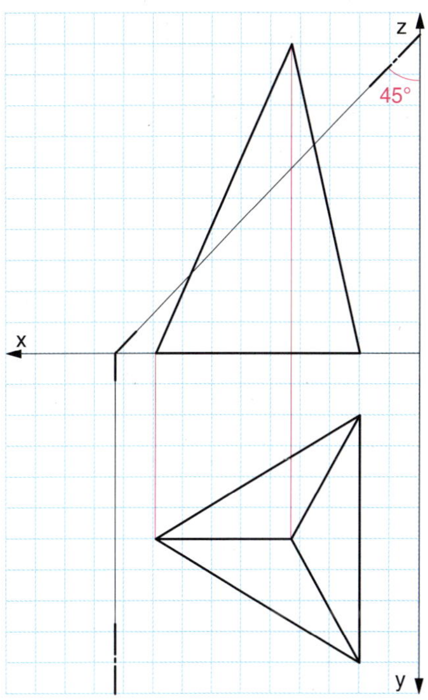

ESERCITAZIONE R3

Disegna tre viste del solido sezionato con il piano indicato, raddoppiando le dimensioni rilevate

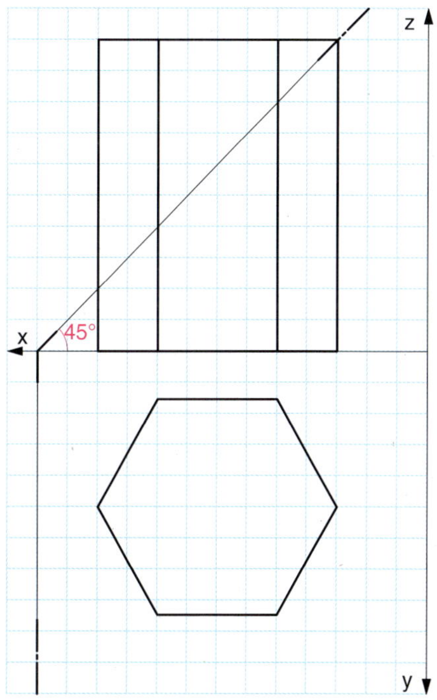

ESERCITAZIONE R4

Disegna tre viste del solido sezionato con il piano indicato, raddoppiando le dimensioni rilevate

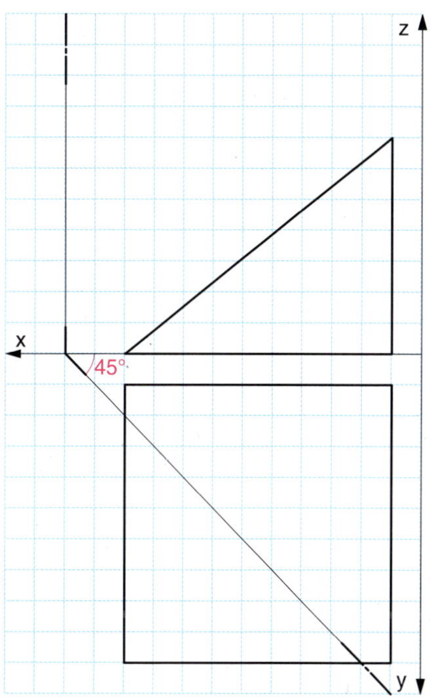

ESERCITAZIONE R5

Disegna tre viste del solido sezionato con il piano indicato, raddoppiando le dimensioni rilevate

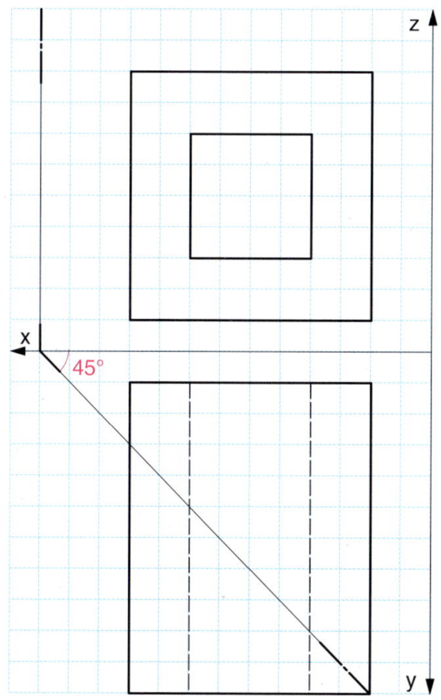

ESERCITAZIONE R6

Disegna tre viste del solido sezionato con il piano indicato, raddoppiando le dimensioni rilevate

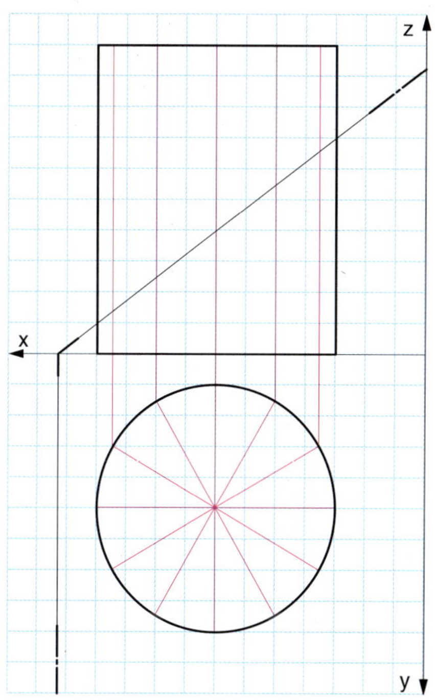

Gli esercizi di questa pagina devono essere disegnati dopo aver interpretato come i solidi s'intersechino, quali siano i punti e le linee d'intersezione. Dopo aver realizzato lo schizzo preparatorio, si passerà al disegno con gli strumenti.

NOTA BENE

Le dimensioni degli oggetti proposti si possono rilevare dalla griglia sovrapposta ai disegni; essa è costituita da quadrati di lato 4 mm.

ESERCITAZIONE R7

Completa il disegno con la vista mancante, raddoppiando le dimensioni rilevate

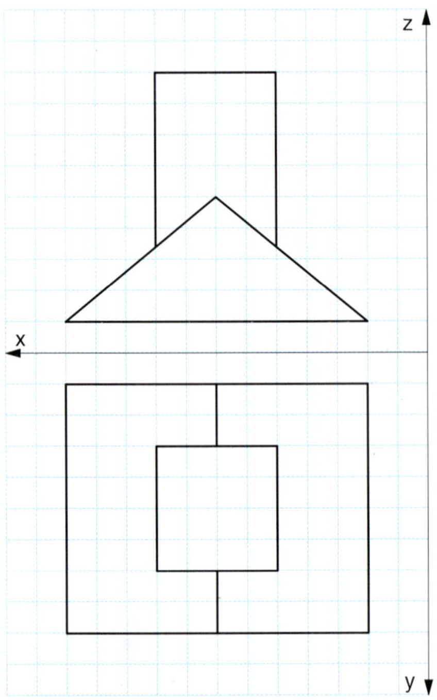

ESERCITAZIONE R8

Completa il disegno con la vista mancante, raddoppiando le dimensioni rilevate

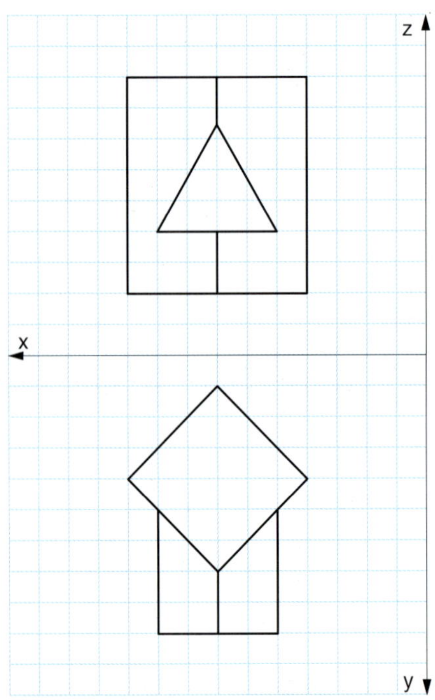

ESERCITAZIONE R9

Completa il disegno con la vista mancante, raddoppiando le dimensioni rilevate

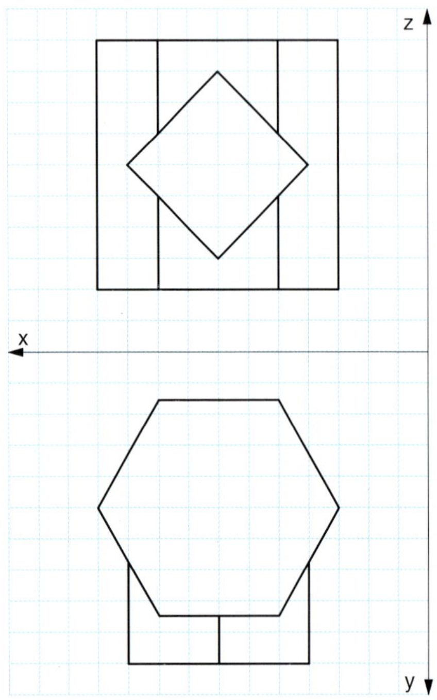

ESERCITAZIONE R10

Completa il disegno con la vista mancante, raddoppiando le dimensioni rilevate

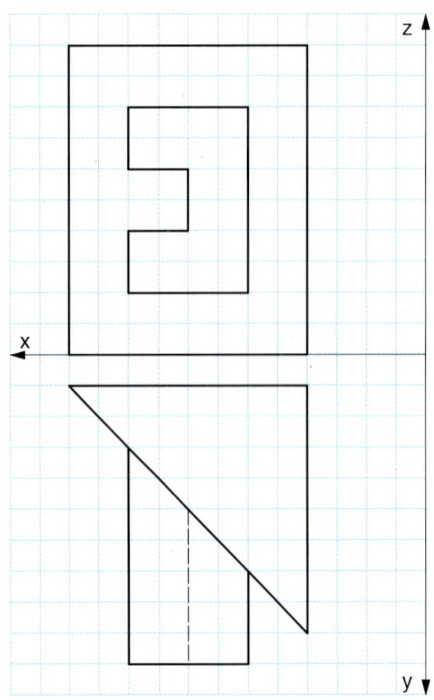

ESERCITAZIONE R11

Completa il disegno con la vista mancante, raddoppiando le dimensioni rilevate

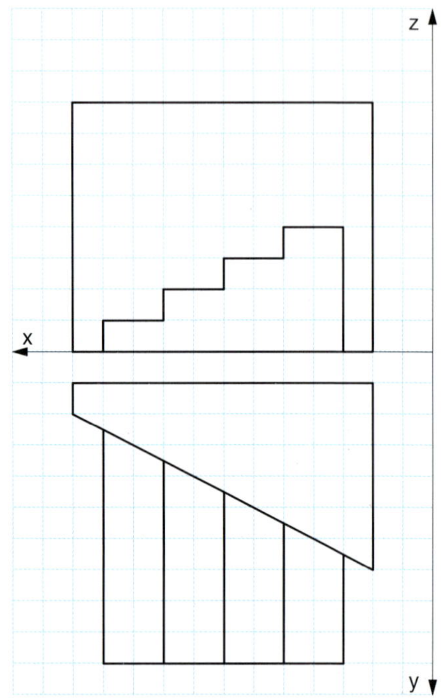

ESERCITAZIONE R12

Completa il disegno con la vista mancante, raddoppiando le dimensioni rilevate

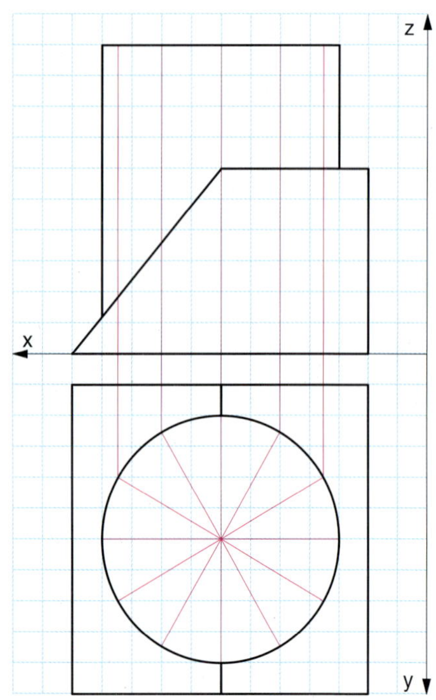

Verifica delle competenze

PROVA A Portapenne

Per realizzare un portapenne da tavolo si può pensare a un prisma oppure a un cilindro, solidi facilmente ricavabili dallo sviluppo riportato su cartoncino. L'ipotesi di un solido retto (cioè con ambedue le basi perpendicolari all'asse) si scontra con la necessità di prelevare facilmente anche penne o matite corte; quindi si può pensare a un solido con base superiore (in realtà mancante) inclinata.

Definisci il solido, dimensionandolo e disegnandone sia le proiezioni ortogonali sia lo sviluppo.

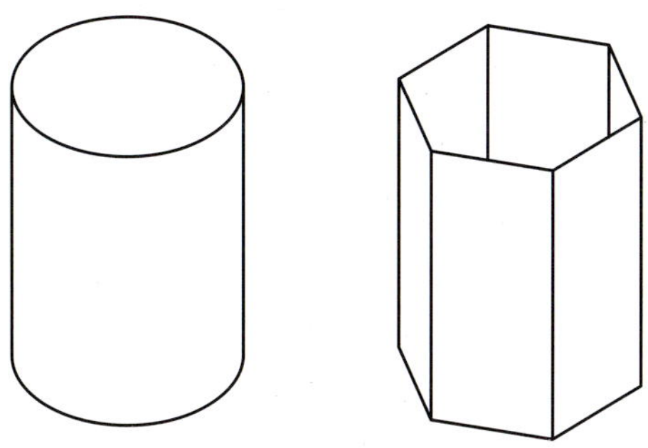

PROVA B Tubazione in lamiera

Si presenta la necessità di avere due tubi di rame di dimensione fuori commercio (diametro 7 cm). Quindi dobbiamo ricorrere a un fabbro che li crei da lamiere saldate.

I due tubi di rame tra loro perpendicolari creano nell'angolo un flusso vorticoso e una pressione eccessiva sulla saldatura. Per attenuare il fenomeno si può ricorrere a un terzo elemento tubolare inclinato di 45° rispetto agli altri due.

Disegna i tre elementi tubolari e il loro sviluppo in scala 1 : 1 da fornire al fabbro.

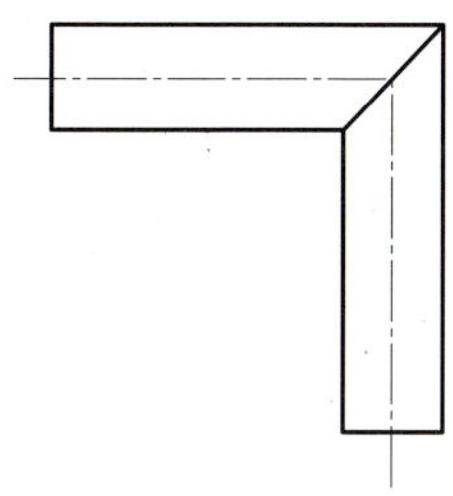

Ipotesi iniziale

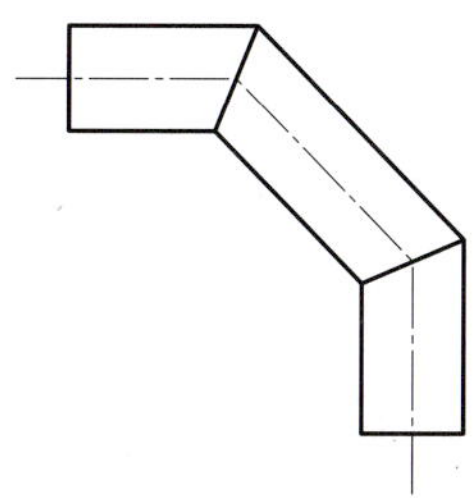

Ipotesi definitiva

PROVA C Schema di edificio religioso

Dallo schema di progetto di un edificio religioso ricava il computo metrico di:

- tutte le superfici verticali (muri);
- tutte le superfici inclinate (coperture) dell'edificio principale;
- tutte le superfici inclinate del campanile.

Per semplicità di calcolo è opportuno misurare separatamente le superfici dei muri dell'edificio principale e quelle del campanile.

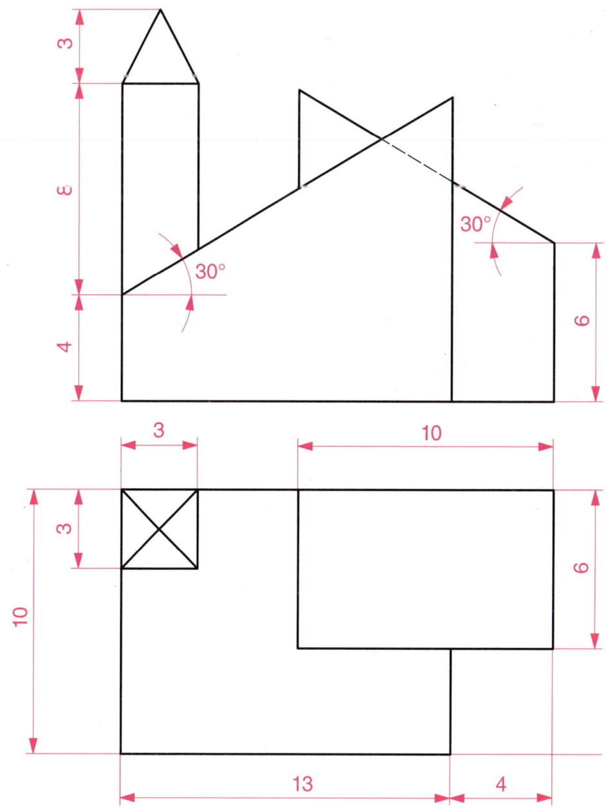

Quote in m

Competenze

Verifica delle competenze

PROVA D Scala

Sulla scala disegnata in basso bisogna applicare un rivestimento di marmo sui gradini e sul pianerottolo.

Dal disegno in proiezioni ortogonali ricava i dati per calcolare le superfici di marmo necessario.

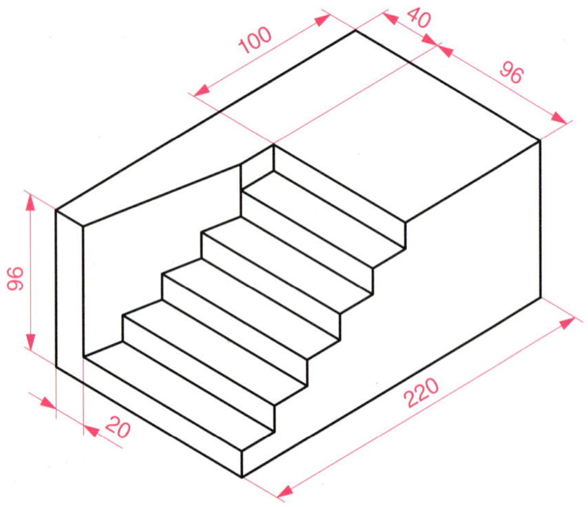

Alzate 16 cm
Pedate 24 cm

Quote in cm

PROVA E Schema di edificio con corpo scala

Dallo schema di edificio disegnato in basso ricava le rappresentazioni necessarie per ottenere il computo metrico relativo al solo corpo scala-ascensore di:

- superfici verticali;
- piano di copertura.

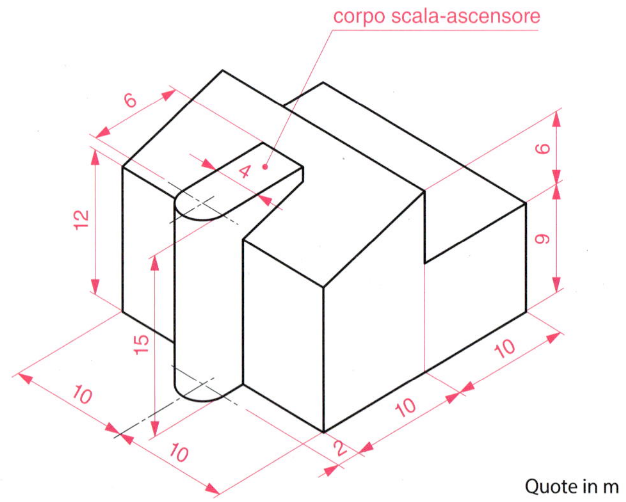

Quote in m

PROVA F Pattumiera con coperchio basculante

Un'azienda che produce pattumiere in acciaio inox ha già in catalogo il prodotto riportato nei disegni. Il coperchio basculante è realizzato con una sola lamiera piegata in due falde.

Volendo realizzarne uno simile, ma di dimensioni diverse, occorrerebbero i disegni per realizzare un modello in lamiera; il modello servirà per definire i dettagli esecutivi (modalità di assemblaggio della base con il cappuccio, fissaggio del perno su cui oscilla il coperchio ecc.).

Le dimensioni del nuovo prodotto saranno:

- diametro esterno Ø 17 cm;
- altezza della base 28 cm;
- altezza del cappuccio 15 cm;
- angolo interno del coperchio 120°.

Disegna le viste dei tre elementi e il loro sviluppo in scala opportuna.

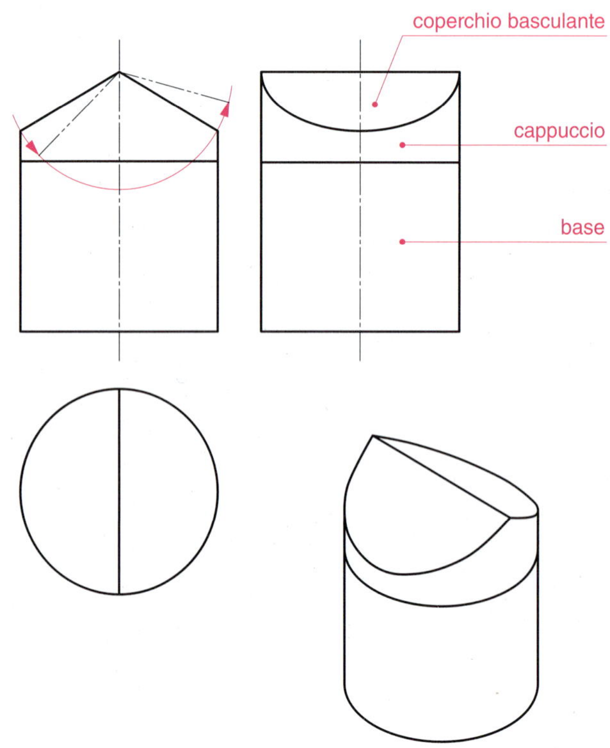

SEZIONE

E Metrologia

METROLOGIA → È la scienza che studia princìpi, metodi e mezzi necessari per misurare le grandezze fisiche

permette di avere

LA MISURA DI UNA GRANDEZZA

indicata da

STRUMENTI DI MISURA

Calibro

Micrometro

Comparatore

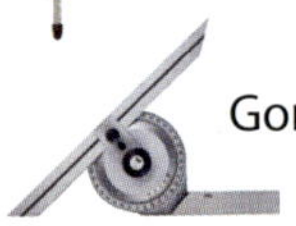
Goniometro

confrontandola con

UNITÀ DI MISURA

fissata da

SISTEMA INTERNAZIONALE (SI)

che definisce

UNITÀ FONDAMENTALI

- metro (m)
- secondo (s)
- kilogrammo (kg)
- kelvin (K)
- ampere (A)
- candela (cd)
- mole (mol)

UNITÀ SUPPLEMENTARI

- radiante (rad)
- steradiante (sr)

UNITÀ DERIVATE

Numerose, tra cui: area, volume, velocità lineare, forza, carica elettrica ecc.

Conosci la metrologia?

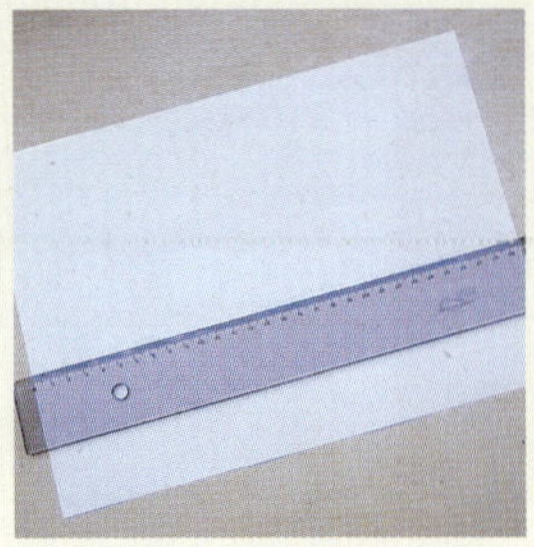

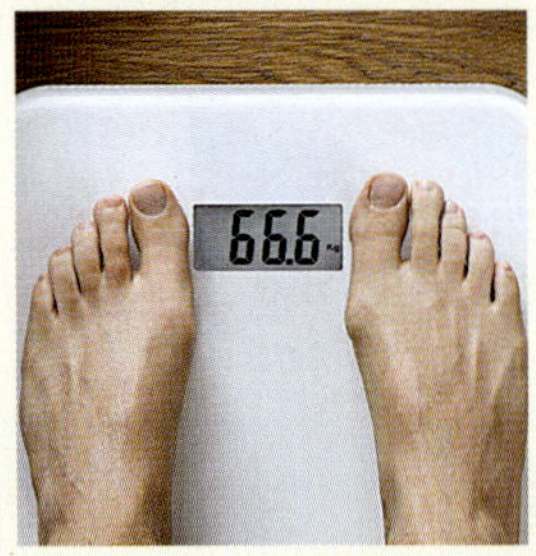

Per misurare le dimensioni di un foglio ci serviamo di una riga, poggiandola su di esso; dal confronto tra oggetto e strumento di misura otteniamo la misura.

Sullo strumento sono riportati in successione i valori di una unità di misura.

Per conoscere il peso di una persona, la bilancia (strumento di misura) usa il kilogrammo (kg) e i suoi sottomultipli.

Tutte le unità di misura sono fissate dal Sistema Internazionale (SI).

Princìpi, metodi e mezzi per misurare sono oggetto della metrologia, la scienza della misurazione.

A cosa serve conoscerla?

Nel mondo della tecnologia è indispensabile misurare correttamente una grandezza fisica per averne una misura accettabile, cioè adeguata alle esigenze operative.

Attraverso la metrologia sappiamo:

- quali unità e strumenti usare;
- come si impiegano gli strumenti;
- come si indica una misura;
- quale incertezza contiene la misura.

Per misurare un mobile basta un righello o un metro.

Per misurare il diametro di una vite è necessario il calibro.

Elementi di metrologia

Cos'è la metrologia

La **metrologia** è la scienza che ha per oggetto lo studio dei princìpi, dei metodi e dei mezzi necessari per effettuare la misurazione delle grandezze fisiche.

Essa pertanto si occupa solo di **grandezze fisiche**; tanto è vero che, per aver diritto a essere definite tali, le proprietà di un oggetto o fenomeno devono essere misurabili, cioè deve essere possibile definirne unità di misura e metodi di misurazione.

Quindi, per esempio, la bellezza di una persona o di un quadro non rientra tra le grandezze fisiche; tra esse, invece, si possono annoverare la lunghezza, il peso, la forza ecc.

Come si può misurare la bellezza di un'opera d'arte come *La Venere di Urbino* di Tiziano?

Cos'è una unità di misura

Per misurare una grandezza fisica, la si **confronta** con una della stessa specie, cioè con una **unità di misura**.

Nei secoli si sono gradualmente imposti precisi criteri per l'adozione delle unità di misura; essi sono:

- **semplicità**;
- **reperibilità**;
- **riproducibilità**;
- **precisione**.

Anticamente i primi tre criteri hanno portato all'uso di **unità antropometriche**, cioè basate sulle dimensioni del corpo umano; attualmente la tecnologia consente di soddisfare anche le più alte esigenze di precisione usando **unità di misura naturali**, cioè basate su grandezze o fenomeni esistenti in natura. Attualmente il metro è definito in funzione della velocità della luce, grazie alla disponibilità di strumenti molto precisi.

Cos'è una misura

Per **misura** di una grandezza fisica si intende il prodotto di due fattori, di cui uno è una grandezza della stessa specie, scelta come unità di misura, e l'altra è un numero puro, che esprime quante volte questa unità è contenuta nella grandezza da misurare.

Come si misura

Per ottenere una misura si può ricorrere a due metodi:

- **misurazione diretta**;
- **misurazione indiretta**.

Si ha una **misura diretta** quando si confronta direttamente l'unità di misura con la grandezza da misurare e si stabilisce il numero di unità contenute nella grandezza misurata. Per esempio sono misurabili direttamente l'altezza di un uomo, il battito cardiaco, la massa di un tavolo.

Si ha invece una **misura indiretta** quando si elaborano con prodotti e/o rapporti matematici altre misure eseguite direttamente. Per esempio vengono misurate indirettamente la velocità di un'auto, la potenza di una lampadina oppure la distanza Terra-Luna.

Misurazioni indirette di altezza (Saverien, Dictionnaire Universel).

Quali unità di misura

L'unita di misura (quindi il suo campione) deve essere **compatibile**, cioè adeguata alle dimensioni dell'oggetto o fenomeno che vogliamo esplorare e misurare.

Dopo aver definito una unità di misura, nella pratica se ne adotta un opportuno **multiplo** o **sottomultiplo**: un muratore esprime le misure in metri (al massimo in centimetri), un meccanico d'officina invece le esprime in millimetri.

I criteri di scelta dei multipli e sottomultipli sono molti e legati a esigenze pratiche, di calcolo, di tradizione. Per esempio:

- **decimali** (moderni e razionali, prevalenti);
- **sessagesimali** (antichi, sopravvivono nella misura degli angoli);
- **pratici** (frutto di esigenze varie).

Quante unità di misura

Se per ogni grandezza da misurare adottassimo una particolare unità, dovremmo definirne un gran numero, con notevoli problemi di praticità. Se invece scegliessimo poche unità, dalle quali ricavare la misurazione indiretta di molte grandezze, avremmo dei rischi di imprecisione; infatti nell'elaborazione di diverse misure dirette si accumulano errori su errori.

Le esigenze di praticità e semplicità logica per favorire gli scambi internazionali sono cresciute, e le conquiste tecniche aumentano la disponibilità di strumenti ad altissima precisione, perciò si è sempre più orientati verso l'**adozione di poche unità**.

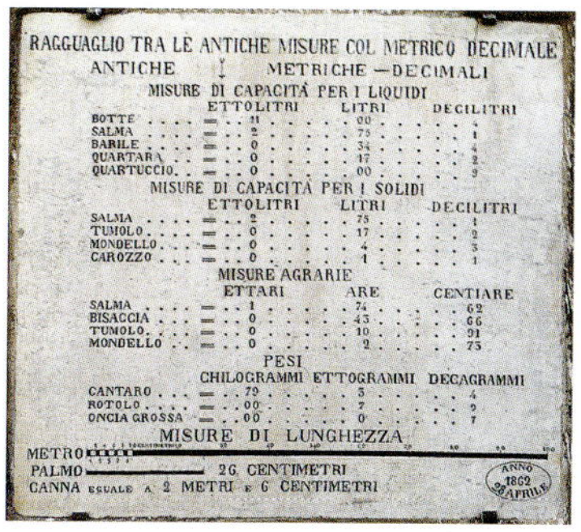

RAGGUAGLIO TRA LE ANTICHE MISURE COL METRICO DECIMALE

ANTICHE | METRICHE — DECIMALI

MISURE DI CAPACITÀ PER I LIQUIDI

	ETTOLITRI	LITRI	DECILITRI
BOTTE	[illegible]	00	4
SALMA	2	75	1
BARILE	0	34	4
QUARTARA	0	17	2
QUARTUCCIO	0	00	9

MISURE DI CAPACITÀ PER I SOLIDI

	ETTOLITRI	LITRI	DECILITRI
SALMA	2	75	1
TUMOLO	0	17	2
MONDELLO	0	4	3
CAROZZO	0	1	1

MISURE AGRARIE

	ETTARI	ARE	CENTIARE
SALMA	1	74	62
BISACCIA	0	43	66
TUMOLO	0	10	91
MONDELLO	0	2	73

PESI

	CHILOGRAMMI	ETTOGRAMMI	DECAGRAMMI
CANTARO	79	3	4
ROTOLO	00	7	9
ONCIA GROSSA	00	0	7

MISURE DI LUNGHEZZA

METRO

PALMO 26 CENTIMETRI

CANNA EGUALE A 2 METRI E 6 CENTIMETRI

ANNO 1862 28 APRILE

Lapide del 1862 esposta a Palermo con le numerose unità di misura da convertire al Sistema Metrico Decimale.

Cos'è un sistema di unità di misura

Un sistema di unità di misura è l'insieme di poche **unità fondamentali**, di cui si dà una definizione operativa, e di tutte le altre, dette **unità derivate**, ricavabili dalle fondamentali mediante prodotti e/o rapporti.

Il sistema deve essere tale da garantire l'**indipendenza tra le unità fondamentali**. Un sistema si dice:

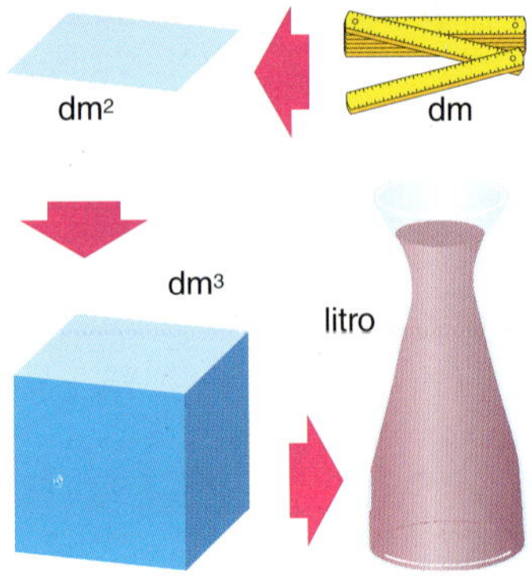

Dall'unità delle lunghezze è possibile ricavare quelle di superfici, volumi, capacità.

- **assoluto**, se le sue unità derivano da fenomeni naturali non legati al luogo e al tempo della misurazione;
- **coerente**, se il prodotto e il quoziente di più unità fondamentali forniscono una nuova unità derivata con coefficiente numerico 1;
- **razionalizzato**, se è ottenuto eliminando il numero irrazionale π da tutte le formule, tranne quelle relative a cerchi, sfere e cilindri;
- **decimale**, se ha multipli e sottomultipli in base 10.

L'attuale **Sistema Internazionale** (SI) è caratterizzato dall'essere **assoluto**, **coerente**, **razionalizzato** e **decimale**.

Il Sistema Internazionale (SI)

Il **Sistema Internazionale di Unità**, la cui abbreviazione è SI, è stato adottato nel 1960 e completato nel 1983. È fondato su sette grandezze fondamentali: le quattro del precedente Sistema MKSA, o Sistema Giorgi, e cioè la **lunghezza**, la **massa**, gli **intervalli di tempo**, l'**intensità di corrente elettrica**, alle quali sono state aggiunte la **temperatura**, l'**intensità luminosa** e la **quantità di sostanza**.

Il sistema SI è un **sistema decimale**, quindi con multipli e sottomultipli in base 10.

Norme di scrittura del Sistema Internazionale (SI)

- Le cifre che costituiscono i numeri devono essere riunite a **gruppi di 3** dalla destra alla sinistra se si tratta di numeri interi, a sinistra della virgola verso destra se sono decimali.

Esempi:	1 070	12 480	56 290 370
	2,639	2,890 583	0,000 682

- È **sconsigliato** (ma non errato) l'uso del punto per la suddivisione a gruppi, per la possibile confusione con l'uso anglosassone del punto al posto della virgola. Sono perciò sconsigliate le seguenti forme:

6.782 561.943 12.561,37

- I simboli per le unità di misura fondamentali sono scritti in **lettere minuscole**, tranne quelle derivate da nomi propri come l'ampere (A), il kelvin (K) ecc.
- I simboli non richiedono mai il punto. Perciò

è errato scrivere	m.	s.	kg.
ma si scriverà	m	s	kg

- È errato scrivere mt per metro e sec per secondo.
- È errato scrivere mq e mc per indicare il metro quadrato e il metro cubo; l'indicazione esatta è m^2 e m^3.
- Il valore numerico deve precedere il simbolo dell'unità. Quindi:

1000 g	e non	g 1000
7,2 m	e non	m 7,2

MULTIPLI SISTEMA SI

PREFISSO	SIMBOLO	VALORE
esa-	E	10^{18}
peta-	P	10^{15}
tera-	T	10^{12}
giga-	G	10^{9}
mega-	M	10^{6}
kilo-	k	10^{3}
etto-	h	10^{2}
deca-	da	10^{1}

SOTTOMULTIPLI SISTEMA SI

PREFISSO	SIMBOLO	VALORE
deci-	d	10^{-1}
centi-	c	10^{-2}
milli-	m	10^{-3}
micro-	µ	10^{-6}
nano-	n	10^{-9}
pico-	p	10^{-12}
femto-	f	10^{-15}
atto-	a	10^{-18}

Nei precedenti sistemi di unità di misura gran parte delle unità facevano riferimento a **campioni**, depositati a Sèvres, presso l'Ufficio Internazionale Pesi e Misure, pertanto erano dette **unità campionate**.

Tranne il kilogrammo, nel SI sono scomparse totalmente le unità campionate, soppiantate da **unità naturali**, cioè definite mediante fenomeni naturali.

UNITÀ FONDAMENTALI DEL SISTEMA SI

GRANDEZZA	UNITÀ E SIMBOLO	DEFINIZIONE
Lunghezza	metro (m)	Distanza percorsa nel vuoto dalla luce nell'intervallo di tempo di 1/299 792 458 s.
Intervallo di tempo	secondo (s)	Durata di 9 192 631 770 oscillazioni della radiazione emessa nella transizione tra i due livelli iperfini dello stato fondamentale dall'atomo di cesio-133.
Massa	kilogrammo (kg)	Massa del prototipo di platino-iridio depositato a Sèvres.
Temperatura	kelvin (K)	Frazione 1/273,16 della temperatura termodinamica del punto triplo dell'acqua.
Intensità di corrente	ampere (A)	Corrente elettrica costante che, fluendo in due conduttori rettilinei, paralleli, indefinitamente lunghi, di sezione circolare trascurabile, posti a distanza di 1 m nel vuoto, determina tra essi una forza pari a $2 \cdot 10^{-7}$ N per metro di conduttore.
Intensità luminosa	candela (cd)	Intensità luminosa, in una data direzione, di una sorgente che emette una radiazione monocromatica di frequenza pari a $540 \cdot 10^{12}$ Hz e la cui intensità energetica in tale direzione è di (1/683) W/sr.
Quantità di materia	mole (mol)	Quantità di sostanza di un sistema che contiene tante entità elementari quanti sono gli atomi in 0,012 kg di carbonio-12.

NOTA BENE

Nel mondo anglosassone sono ancora in uso unità anomale, quali:

inch (pollice) = 2,54 cm feet (piede) = 30,48 cm yarda = 91,44 cm

UNITÀ SUPPLEMENTARI DEL SISTEMA SI

GRANDEZZA	UNITÀ E SIMBOLO	DEFINIZIONE
Angolo piano	radiante (rad)	Angolo piano, con il vertice nel centro della circonferenza, che sottende un arco di lunghezza uguale al raggio.
Angolo solido	steradiante (sr)	Angolo solido, con il vertice nel centro di una sfera, che sottende una calotta sferica la cui area è uguale a quella di un quadrato con i lati uguali al raggio della sfera.

UNITÀ DERIVATE DEL SISTEMA SI

GRANDEZZA	UNITÀ	SIMBOLO
Area	metro quadrato	m^2
Volume	metro cubo	m^3
Velocità lineare	metro al secondo	m/s
Accelerazione	metro al secondo quadrato	m/s^2
Velocità angolare	radiante al secondo	rad/s
Densità	kilogrammo al metro cubo	kg/m^3
Forza	newton	N
Peso	newton	N
Pressione	pascal	Pa
Frequenza	hertz	Hz
Lavoro	joule	J
Potenza	watt	W
Temperatura	grado Celsius	°C
Carica elettrica	coulomb	C
Potenziale, differenza di potenziale, tensione	volt	V
Forza elettromotrice	volt	V
Resistenza elettrica	ohm	Ω
Capacità elettrica	farad	F
Flusso magnetico	weber	Wb
Flusso luminoso	lumen	lm
Illuminamento	lux	lx

UNITÀ (NON SI) AMMESSE

GRANDEZZA	UNITÀ	SIMBOLO
Lunghezza	miglio marino	n mi
	ångstrom	Å
Massa	tonnellata	t
Tempo	ora	h
	minuto	min
	giorno	d
Angolo piano	grado sessagesimale	°
	minuto di grado	'
	secondo di grado	"
Area	ettaro	ha
	ara	a
	centiara	ca
Volume	litro	l
Velocità	kilometro/ora	km/h
	nodo	
Forza	kilogrammo forza	kgf
Pressione	atmosfera normale	atm
	atmosfera tecnica	at
	millimetro di mercurio	mmHg
Lavoro	kilowattora	kWh
Quantità di calore	grande caloria	cal
Potenza	cavallo vapore	CV
Carica elettrica	amperora	Ah
Flusso di induzione magnetica	maxwell	Mx
Induzione magnetica	gauss	G

UNITÀ DECIMALI DI USO CORRENTE

MISURE LINEARI

kilometro	km	= 1000 m
ettometro	hm	= 100 m
decametro	dam	= 10 m
metro	m	
decimetro	dm	= 0,1 m
centimetro	cm	= 0,01 m
millimetro	mm	= 0,001 m
micromètro	µm	= 0,000001 m

MISURE DI SUPERFICI

kilometro quadrato	km^2	= 1 000 000 m^2
ettometro quadrato	hm^2	= 10 000 m^2
decametro quadrato	dam^2	= 100 m^2
metro quadrato	m^2	
decimetro quadrato	dm^2	= 0,01 m^2
centimetro quadrato	cm^2	= 0,0001 m^2
millimetro quadrato	mm^2	= 0,000001 m^2

MISURE DI VOLUMI

metro cubo	m^3	
decimetro cubo	dm^3	= 0,001 m^3
centimetro cubo	cm^3	= 0,000 001 m^3
millimetro cubo	mm^3	= 0,000 000 001 m^3

MISURE DI CAPACITÀ

ettolitro	hl	= 100 l
decalitro	dal	= 10 l
litro	l	
decilitro	dl	= 0,1 l
centilitro	cl	= 0,01 l

MISURE DI PESO

tonnellata	t	= 1000 kg
quintale	q	= 100 kg
kilogrammo	kg	
ettogrammo	hg	= 0,1 kg
decagrammo	dag	= 0,01 kg
grammo	g	= 0,001 kg
decigrammo	dg	= 0,0001 kg
centigrammo	cg	= 0,00001 kg
milligrammo	mg	= 0,000001 kg

Strumenti di misura

Mediante gli strumenti di misura siamo in grado di esprimere il valore delle grandezze. Questi dispositivi sono caratterizzati da alcune proprietà metrologiche rilevanti, quali:

- la **portata**, cioè il valore massimo che lo strumento può rilevare;
- la **risoluzione**, cioè la minima misura rilevabile dallo strumento;
- la **sensibilità**, cioè la capacità di segnalare piccole variazioni nella misurazione;
- la **precisione**, cioè lo scostamento rispetto a uno strumento campione.

Di seguito esaminiamo solo i principali strumenti usati nel disegno tecnico.

Strumenti per misure lineari

Righe e righelli graduati. Hanno comunemente portata 20-60 cm e consentono misure con la risoluzione di 1 mm.

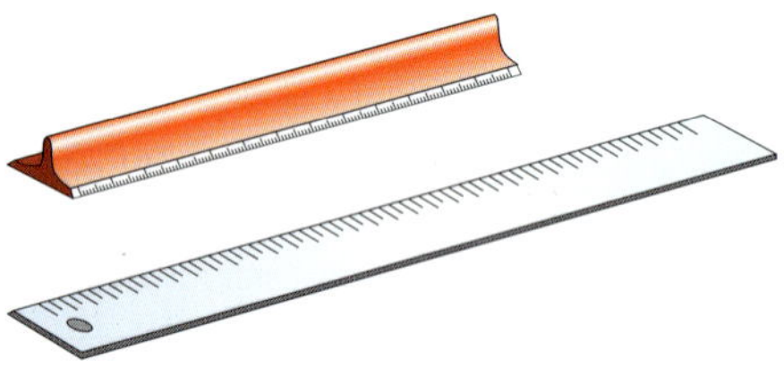

Squadre graduate. Hanno comunemente portata 15-35 cm e consentono misure con la risoluzione di 1 mm. Esse consentono anche misurazioni di angoli particolari (90°, 30°, 45° e 60°).

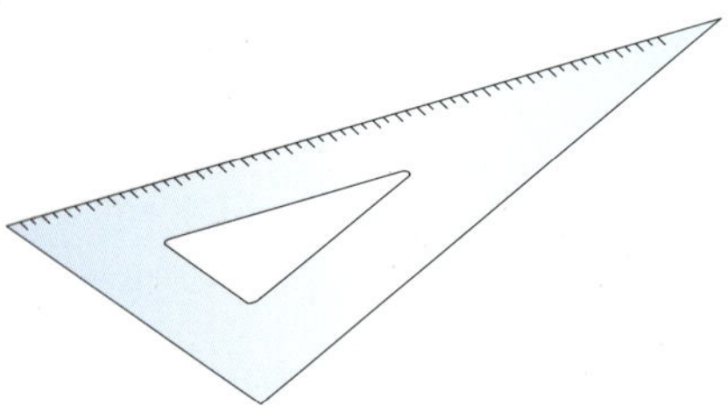

Metro avvolgibile o pieghevole. Ha portata 1-2 m e risoluzione di 1 mm.

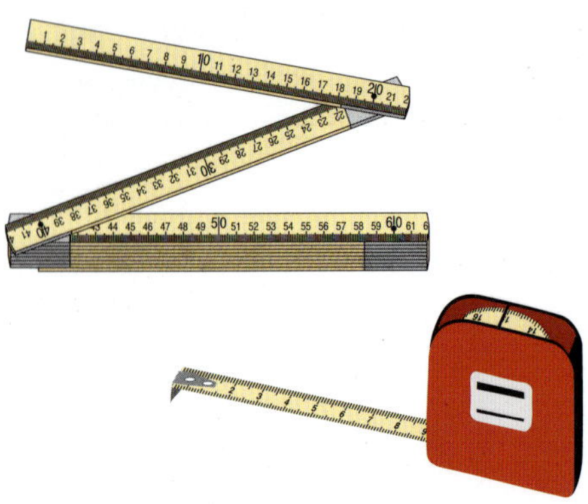

Fettuccia metrica. Ha portata 10-20 m e consente misure con risoluzione di 1 cm.

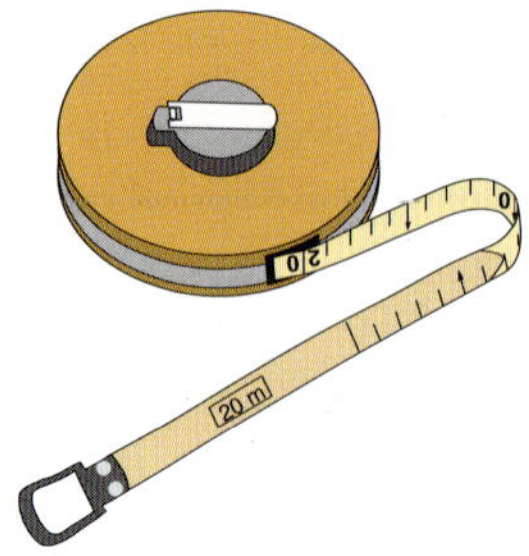

Aste graduate. Hanno portata 1-3 m e consentono misure con risoluzione di 1 cm.

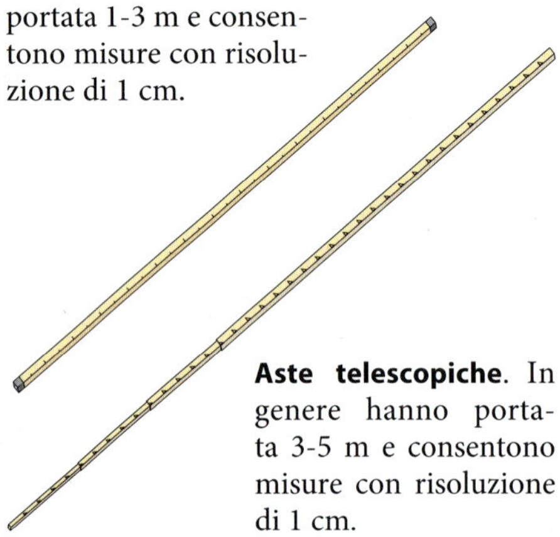

Aste telescopiche. In genere hanno portata 3-5 m e consentono misure con risoluzione di 1 cm.

Calibro a corsoio. Ha una portata di 130-500 mm e consente misure con risoluzione di 1/10, 1/20, 1/50 di mm, secondo il nonio in esso presente.

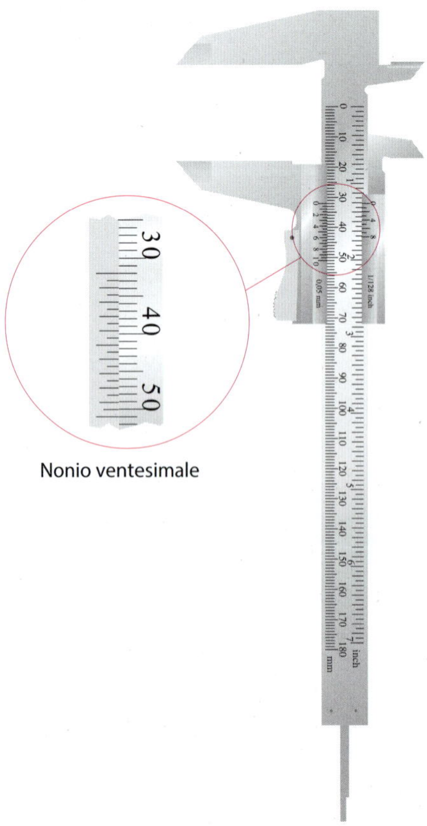

Nonio ventesimale

Calibro digitale. Ha caratteristiche analoghe a quelle dello strumento precedente; in più è provvisto di un display su cui si legge il valore della misura.

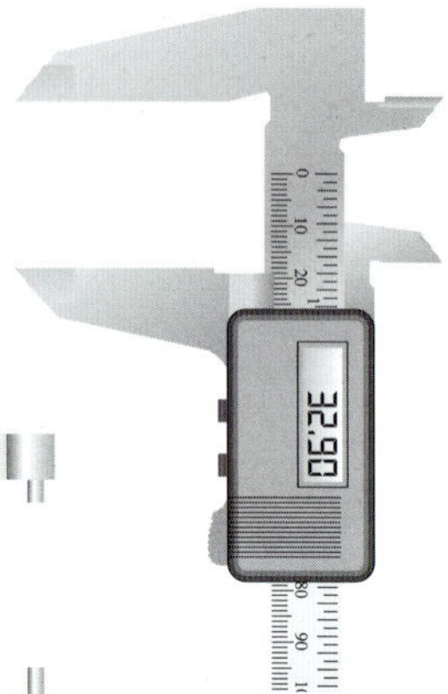

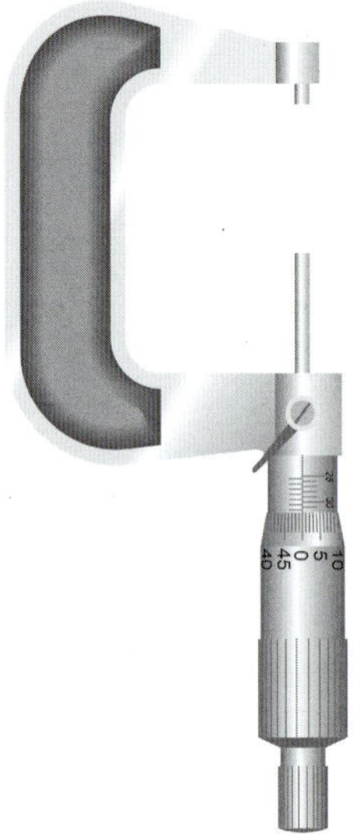

Micrometro. Con portata 25-100 mm, consente misure con risoluzione compresa tra 1/100 e 1/1000 di mm.

Strumenti per misure angolari

Goniometro. Normalmente ha una portata di 180°-360° e consente misure con risoluzione di 1°.

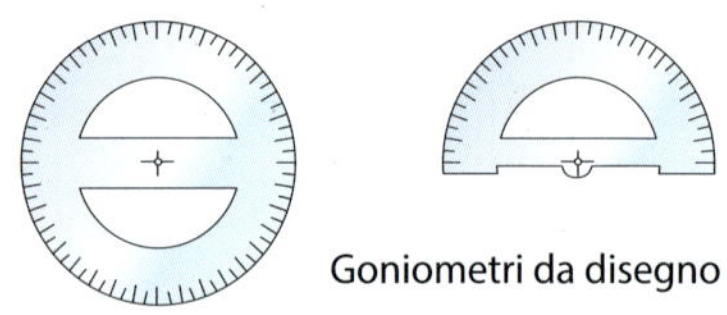

Goniometri da disegno

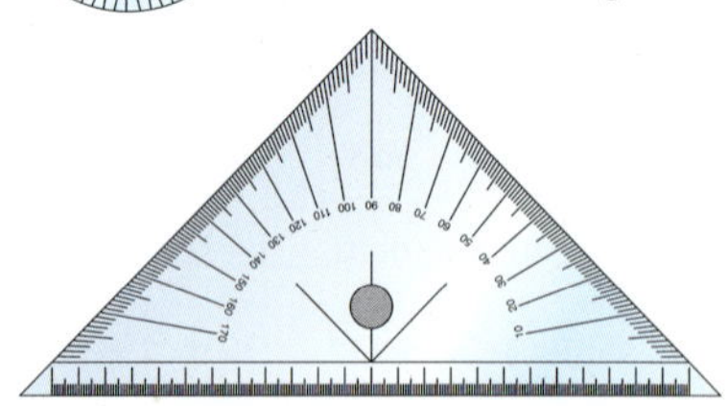

Squadretta con goniometro

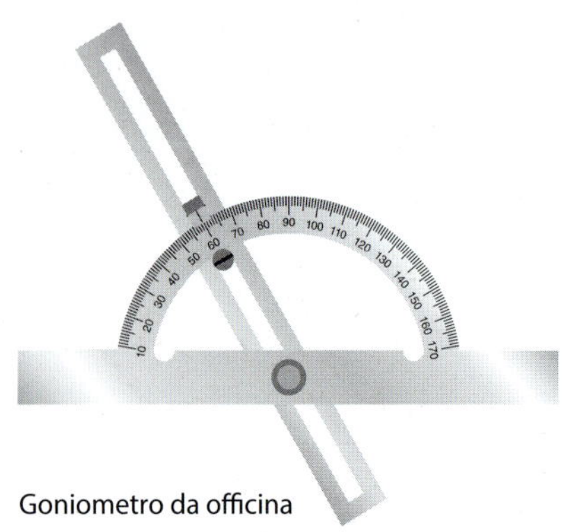

Goniometro da officina

Incertezza della misura

Misurando più volte lo stesso oggetto con uno stesso o diversi strumenti si registrano valori diversi; la misurazione è quindi soggetta a una **incertezza**.

In pratica la misura è l'insieme di tre dati:

VALORE DELLA MISURA	INCERTEZZA	UNITÀ DI MISURA

Per esempio: (14,6 ± 0,1) km

Anche usando gli strumenti più sofisticati è possibile ridurre l'incertezza, ma non annullarla. Le incertezze si possono classificare in due gruppi: incertezze sistematiche e incertezze accidentali.

Incertezze sistematiche: sono principalmente quelle dovute allo strumento; strumenti di scarsa precisione, soggetti a usura, realizzati con materiali deformabili, forniscono misure costantemente diverse da quelle di altri strumenti. Esempio comune è quello di un orologio tarato male e che va avanti o indietro, rispetto a quelli più precisi. È da notare che gli strumenti di misura, soprattutto quelli di laboratorio, sono provvisti di **certificato di taratura** che assegna allo strumento una particolare **classe di precisione**.

Incertezze accidentali: sono quelle dovute soprattutto all'ambiente o all'operatore; non sono facilmente quantificabili, e pertanto obbligano a misurazioni ripetute, sulle quali si calcolano i valori medi. Su queste incertezze influiscono fattori quali l'umidità, la temperatura e l'illuminazione dell'ambiente; ma elemento determinante è anche la perizia dell'operatore: errori nella scelta del modello di misurazione o dello strumento adatto, errori di manovra e posizionamento, errori di lettura. Tra questi ultimi è da ricordare l'**errore di parallasse**, cioè quello in cui si incorre eseguendo una lettura da una visuale non perpendicolare al piano della scala graduata.

Una lettura corretta deve essere eseguita su una direzione perpendicolare alla scala graduata.

Se la lettura avviene secondo una direzione inclinata rispetto alla scala graduata, si ha un errore di parallasse.

Accettabilità della misura

Spingendo al massimo livello la precisione di una misura si scopre che persistono margini, anche se ridottissimi, di incertezza. Si può quindi dire che non possiamo conoscere la «misura vera», che quindi non esiste; la metrologia, scienza della precisione per eccellenza, si rivela paradossalmente come la «scienza dell'imprecisione». Ciò non vuol dire che essa ci impedisca di realizzare misurazioni utili allo scopo, ma che essa consente di conoscere i margini di incertezza e quindi di valutare l'**accettabilità della misura**.

Non sempre le misure richiedono una precisione elevata; d'altronde misurazioni di questo tipo comportano costi e tempi che spesso entrano in conflitto con le esigenze economiche e pratiche. A seconda dei casi ci si può accontentare di misure approssimative, ma sufficienti; ciò dipende dalle caratteristiche dell'oggetto o del fenomeno da misurare. Per esempio se nella meccanica di precisione ci si deve spingere a misure con la risoluzione di 1/1000 di mm, nel definire la posizione di un oggetto all'interno di una stanza può essere sufficiente una misura con l'incertezza di 1 cm.

Si può pertanto dire che **la misura deve fornire una qualità di informazione funzionale agli scopi, alle esigenze e alle disponibilità dell'operatore**.

Tolleranza di lavorazione

Nei disegni di progetto vengono indicate le dimensioni dell'oggetto da realizzare; però un prodotto finito non corrisponde mai perfettamente alle indicazioni del disegno. Eliminare queste imperfezioni, oltre che costoso, è talvolta inutile. Pertanto nei disegni di progetto, in particolare in quelli di tipo meccanico, si forniscono indicazioni sul grado di accettabilità degli errori di lavorazione; queste indicazioni sono riferite alla singola **dimensione nominale** (cioè quella teorica, prevista dal disegno). A questo valore vengono associati altri due valori:

- **scostamento superiore** (in figura, *es*), cioè la differenza algebrica tra la dimensione massima accettabile e la dimensione nominale;
- **scostamento inferiore** (in figura, *ei*), cioè la differenza algebrica tra la dimensione minima accettabile e la dimensione nominale.

Gli scostamenti vengono indicati dopo il valore nominale con cifre ridotte, per esempio: $30^{\pm0,1}$ oppure $40^{+0,3}_{-0,2}$. La differenza tra la dimensione massima accettabile e quella minima prende il nome di **tolleranza**.

Le tolleranze sono particolarmente importanti quando si deve realizzare un **accoppiamento** tra due elementi, quale ad esempio un *albero* da inserire in un *foro*. In casi come questo si può desiderare che l'albero si muova liberamente nel foro (accoppiamento con **gioco**) oppure che esso si blocchi nel foro (accoppiamento con **interferenza**). A seconda della scelta si indicheranno le tolleranze conseguenti.

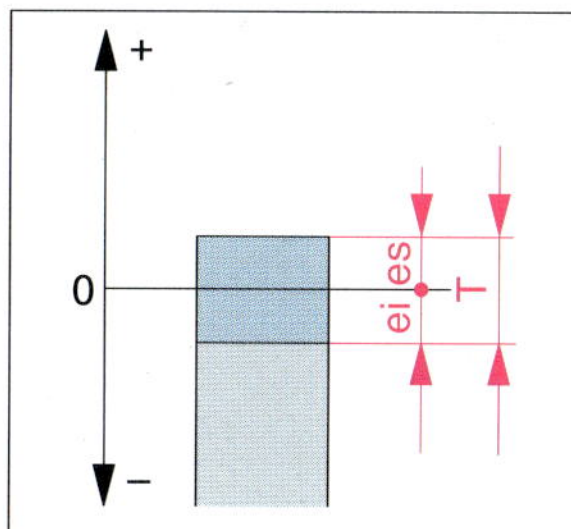

Scostamento superiore positivo e scostamento inferiore negativo

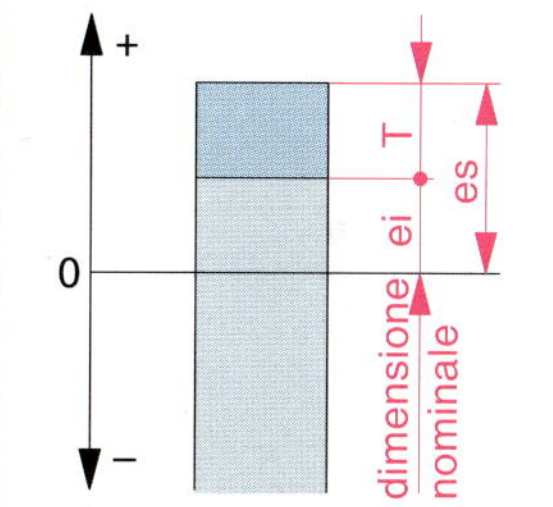

Scostamenti entrambi positivi

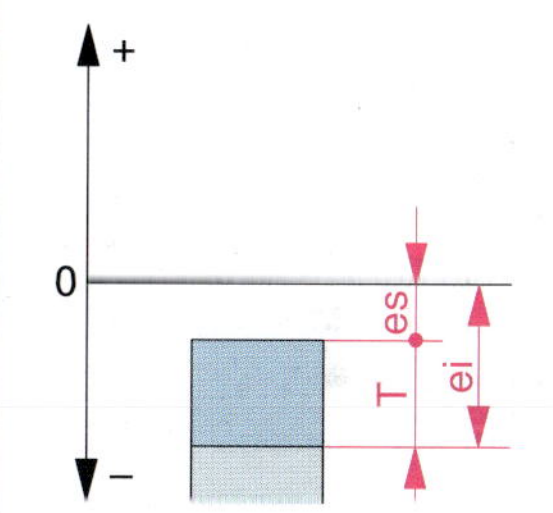

Scostamenti entrambi negativi

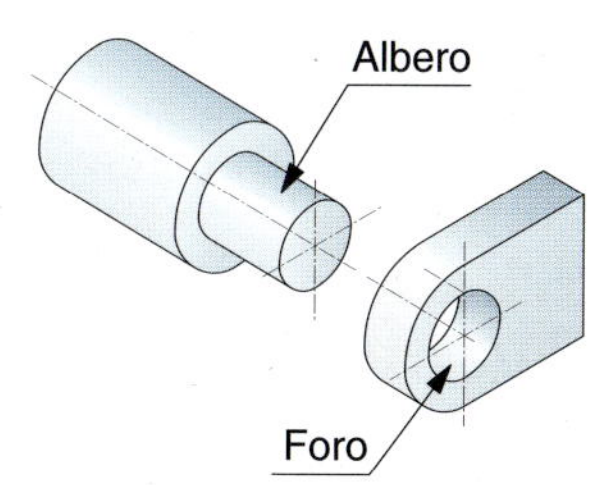

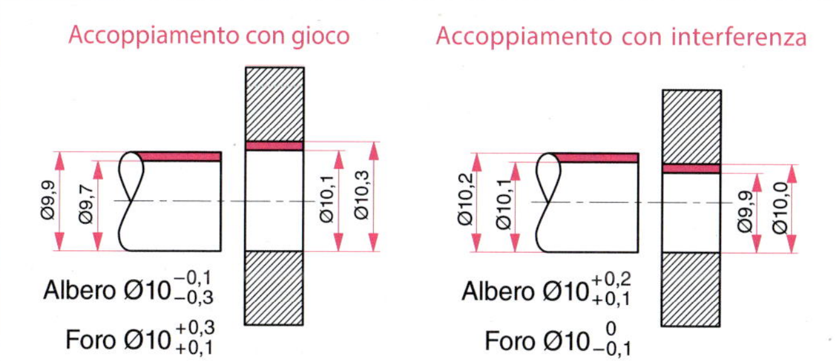

Misurazione e strumenti

Nelle pagine precedenti sono stati presentati i concetti fondamentali della metrologia, quali quelli di misura, unità di misura, sistemi di unità di misura e incertezza della misura.

Qui ci occuperemo della metrologia applicata, cioè dei problemi della misurazione e degli strumenti per misurare particolari caratteristiche:

- *dimensioni* (lunghezze e angoli);
- *forma* (rettilineità, planarità, rotondità);
- *posizione* (parallelismo, perpendicolarità).

Misurazione

La **misurazione** è il procedimento che si mette in atto per quantificare una proprietà di un oggetto o di un fenomeno, cioè per ottenerne la misura.

La misura deve fornire una *qualità di informazione funzionale agli scopi*, alle esigenze o disponibilità dell'operatore. Non si può mettere in atto una misurazione senza avere definito scopi, mezzi e procedure per la misurazione.

In tal senso bisogna compiere i seguenti processi logici e operativi.

1. *Definire che cosa si misura* (il cosiddetto *misurando*) e le condizioni in cui si trova. Di un pistone si può per esempio misurare la durezza oppure il diametro; ma queste due caratteristiche sono influenzate da diversi fattori, quale per esempio la temperatura che condiziona le sue dimensioni.
2. *Stabilire lo scopo della misurazione*, e quindi i metodi e l'incertezza della misura che si vuole ottenere. In ciò la funzione dell'oggetto è determinante: se il diametro di un pistone può essere misurato con una incertezza di ±0,01 mm, per il bilanciere di un orologio bisogna scendere a livelli molto più ridotti di incertezza.
3. *Scegliere l'unità di misura e il campione o strumento* che la concretizza. Se ci si può accontentare di una incertezza di ±1 mm, si potrà ricorrere a un righello millimetrato, senza bisogno di altri più costosi e complessi strumenti.
4. *Programmare la sequenza corretta* per attuare la misurazione e leggere la misura. Oltre alle indicazioni d'uso fornite dal costruttore dello strumento, è importante controllare lo stato dello stesso e attuarne una eventuale messa a punto.
5. *Elaborare i dati*, effettuando correzioni e calcoli che conducono alla misura vera e propria. Spesso si effettuano ripetute misurazioni nelle stesse condizioni, elaborando poi statisticamente le misure ottenute.

Il risultato di una misurazione fornisce informazioni sia quantitative (il valore vero e proprio) sia qualitative (l'incertezza della misura).

Qualità della misura

Per qualificare una misura sono determinanti:

- l'**unità di misura**; fornire le misure 8 m oppure 800 cm può sembrare equivalente, ma la prima misura mette in evidenza che si è utilizzato uno strumento in grado di apprezzare solo il metro, mentre nel secondo caso l'incertezza della misura è ±1 cm;
- le **cifre significative**; se il valore presenta solo una parte intera oppure una parte intera e una decimale (cioè seguente la virgola), le cifre sono significative anche se fossero zero e qualificano la misura. Per esempio 32 mm, 32,0 mm e 32,00 mm, dal punto di vista matematico sono equivalenti, ma non dal punto di vista metrologico. Mentre la prima dichiara un'incertezza di 1 mm, la seconda ha un'incertezza di 0,1 mm e la terza di 0,01 mm.

Molti altri dati concorrono a qualificare l'incertezza di una misura, ma in generale si può dire che essa è ricavabile dalle *informazioni fornite dal costruttore dello strumento*; queste si possono ricondurre a:

- **condizioni operative** durante l'uso dello strumento;
- **classe di precisione** dello strumento, esplicitata attraverso il **certificato di taratura**.

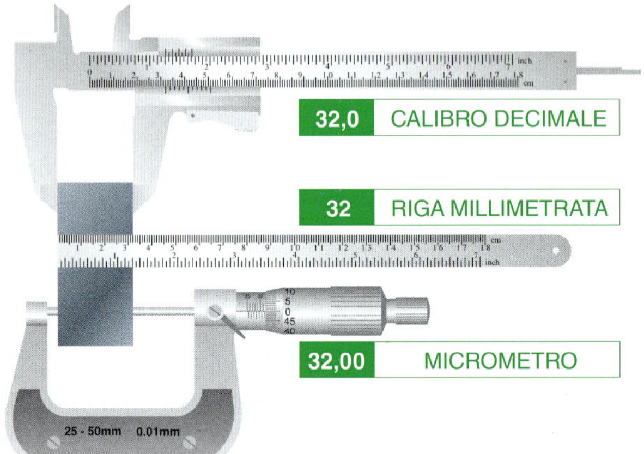

Misure uguali di diversa qualità metrologica.

Taratura degli strumenti

La **taratura** consiste nel *confronto tra la misura ottenuta da uno strumento e quella fornita da uno strumento campione.*

La taratura di uno strumento è realizzabile sia da parte del produttore sia da parte dell'operatore. Quest'ultimo, infatti, procede spesso a tarare lo strumento per verificarne lo stato, in funzione della qualità desiderata per le misure.

La taratura compiuta dal costruttore viene generalmente realizzata nei laboratori aziendali o in appositi laboratori metrologici, che rilasciano il **certificato di taratura** dello strumento.

Per garantire la qualità delle tarature fornite dai laboratori, è stato creato il **Servizio Italiano di Taratura** (SIT), che consiste in una rete di *Centri di Taratura* che fanno capo a Istituti metrologici primari: INRiM (Istituto Nazionale di Ricerca Metrologica), ENEA (Ente Nazionale Energie Alternative) e ISS (Istituto Superiore di Sanità).

Il Servizio Italiano di Taratura mette a punto le procedure di taratura e verifica la compatibilità delle misure dei diversi laboratori, rilasciando a questi il riconoscimento quale Centro di Taratura.

La piramide costituita da Istituti metrologici primari e dai Centri di Taratura forma la struttura della graduale disseminazione dei campioni fino a pervenire allo strumento usato sul posto di lavoro.

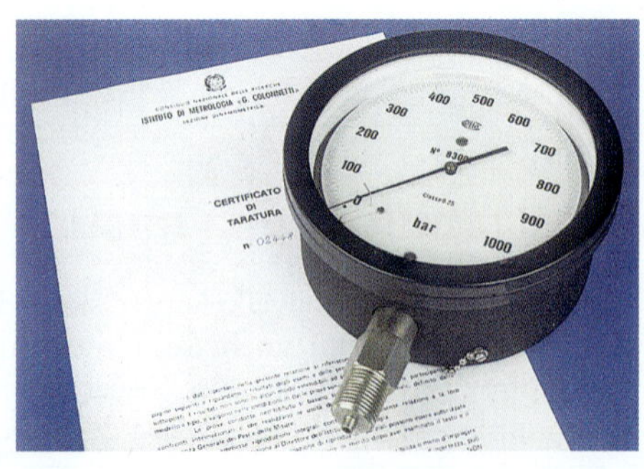

I risultati della taratura di uno strumento, compiuta da un Centro SIT, vengono trasmessi mediante un certificato.

MEMO

La metrologia ha ormai abbandonato l'uso del termine **errore**, a favore di **incertezza**.
Il primo, infatti, è sinonimo di sbaglio, discrepanza rispetto a un «valore vero» che non si conosce e teoricamente resta indeterminato.
Incertezza, invece, esprime meglio l'indeterminatezza insita in ogni risultato sperimentale.

Metodi di misurazione

Metodo di misurazione diretta

Consente di conoscere direttamente la misura senza ricorrere a misure di altre grandezze (tranne eventuali grandezze che influenzano la misurazione, come la temperatura).

Questo metodo comprende:

a) **Metodo di misura per deviazione o a lettura diretta.**
La misura è fornita dallo spostamento dell'indice su una scala graduata o da altro tipo di segnale d'uscita. Gli strumenti di misura più usuali sono di questo tipo.

b) **Metodo di misura per azzeramento o per confronto.**
La misura è fornita dal confronto della grandezza da misurare con un campione a essa omogeneo. Questo metodo è utilizzato nelle bilance a due piatti oppure nei calibri fissi.

Metodo di misurazione indiretta

La misura è ricavata per calcolo da misure di altre grandezze collegate a quella da misurare.

Una misurazione di questo tipo è quella della velocità di un corpo, calcolata dalle misure dello spazio e del tempo, messe in relazione da una legge della fisica.

Metodo di misurazione a letture ripetute

La misura viene assegnata come risultato di un'analisi statistica di valori ottenuti con ripetute misurazioni nelle stesse condizioni.

Il metodo statistico più semplice nella elaborazione di misure ripetute consiste nell'estrapolare i valori che si discostano molto dagli altri e di questi ultimi calcolare la media aritmetica.

Per esempio, ottenute le seguenti misure

15,6 mm - 15,7 mm - 14,7 mm - 15,5 mm

si elimina il valore 14,7, che è evidentemente il risultato di una errata lettura, e degli altri si calcola la media aritmetica:

$$\frac{15,6 + 15,7 + 15,5}{3}\ \text{mm} = 15,6\ \text{mm}$$

Questa elaborazione del valore medio consente di attenuare l'influenza di fattori accidentali sulla singola misura.

Caratteristiche degli strumenti di misura

Strumento di misura è un apparecchio in grado di fornire la misura di una grandezza fisica che interagisce con esso.

Vediamo le sue principali caratteristiche.

Orologio **analogico**

Formato d'uscita è il modo in cui lo strumento presenta il segnale d'uscita. In base a esso gli strumenti si possono distinguere in:

- **strumenti analogici** (o *a indice*), se la misura è fornita da un indice che si muove in modo continuo su una scala graduata; per esempio è analogico un orologio con lancette su un quadrante;
- **strumenti digitali** (o *numerali*), se la misura è fornita in modo discontinuo tramite cifre su un display; per esempio è digitale un contakilometri.

Orologio **digitale**

Portata è la misura massima che lo strumento può fornire.

Campo di misura è l'intervallo tra la misura massima e la misura minima che lo strumento può esprimere.

Risoluzione è la più piccola misura che lo strumento è in grado di rilevare. Corrisponde normalmente alla più piccola suddivisione della scala graduata.

Sensibilità è l'attitudine dello strumento ad amplificare lo spostamento dell'indice al variare della grandezza misurata.

Ripetibilità è l'attitudine dello strumento a fornire misure costanti in ripetute misurazioni di una stessa grandezza.

Stabilità è l'attitudine dello strumento a dare misure costanti in diverse misurazioni di una stessa grandezza, alle stesse condizioni ma in un determinato intervallo di tempo.

Prontezza è l'attitudine dello strumento a fornire la misura in tempi rapidi.

Classe di precisione è il gruppo di strumenti che rispettano precisi limiti di alcune caratteristiche metrologiche nelle condizioni prescritte.

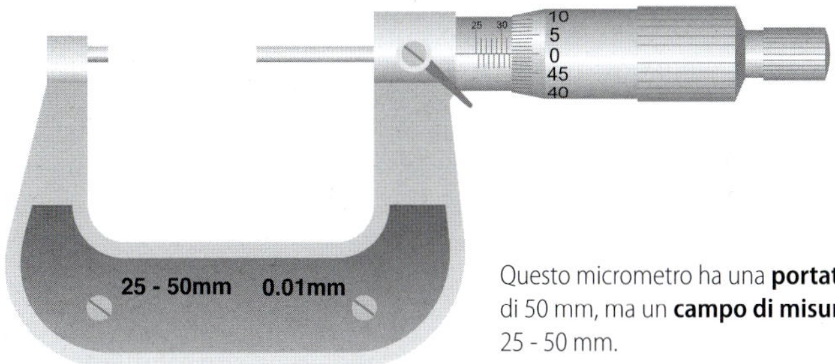

Questo micrometro ha una **portata** di 50 mm, ma un **campo di misura** 25 - 50 mm.

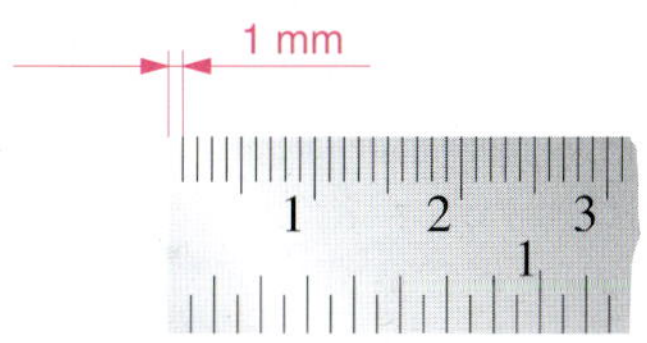

La riga millimetrata presenta una **risoluzione** di 1 mm.

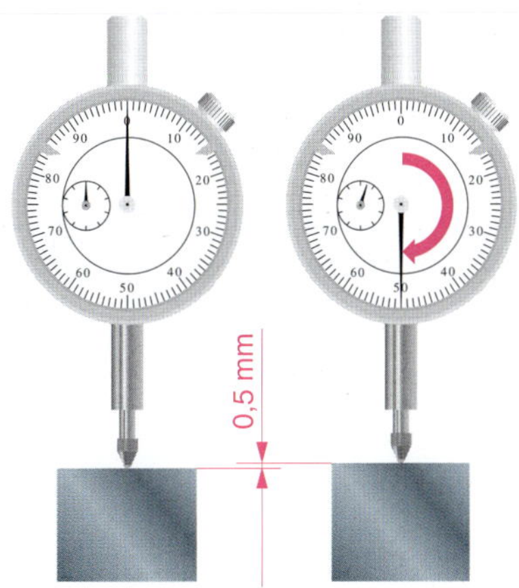

Uno strumento **sensibile** amplifica le variazioni pur minime della grandezza.

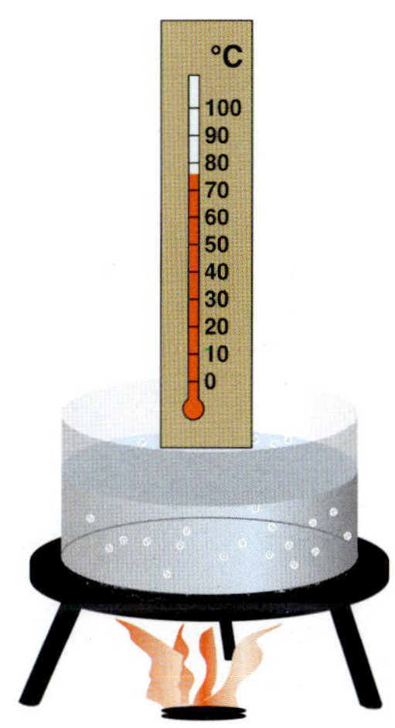

Il termometro è uno strumento con una **prontezza** ridotta, perché necessita di un tempo relativamente lungo per fornire la misura.

Strumenti per misure lineari

Campioni materiali

Blocchetti piano-paralleli

Hanno forma di parallepipedi con alto grado di precisione nella dimensione nominale (distanza tra le facce di misura), nella planarità e nel parallelismo tra le facce stesse. Sono costruiti con materiali particolarmente resistenti all'usura e alla corrosione, con garanzia di stabilità nel tempo. In generale sono realizzati in acciai legati, talvolta in carburo o in quarzo.

Le facce di misura, per le esigenze di precisione, sono levigate con lavorazione di lappatura (Ra = 0,025 μm).

L'uso dei blocchetti piano-paralleli è prevalentemente quello del controllo e della taratura degli strumenti di lavoro.

Esistono blocchetti di diverse classi di precisione a seconda della destinazione d'uso. La tabella UNI EN ISO 3650 ammette quattro classi di precisione decrescente:

- **classe 00**, per laboratorio metrologico e come misura campione;
- **classe 0**, per il controllo di blocchetti da lavoro e per la messa a punto di apparecchi di alta precisione;
- **classe 1**, per la taratura e il controllo di calibri, micrometri ecc.;
- **classe 2**, per il controllo di calibri d'officina, per tracciature.

Sono venduti in serie con assortimento di pezzi di diverse dimensioni; ciò consente di combinarli fino a formare la dimensione desiderata.

L'estrema levigatezza delle superfici consente un'elevata *adesione* spontanea tra le facce a contatto. Talvolta sono realizzati con foro centrale passante per combinarli più rapidamente mediante vite.

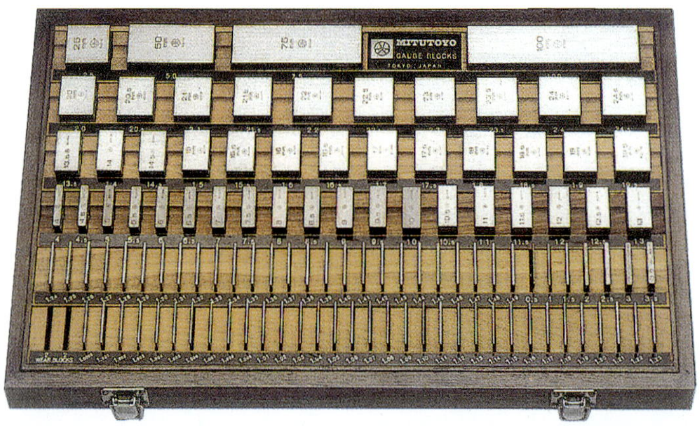

Blocchetti di riscontro piano-paralleli.

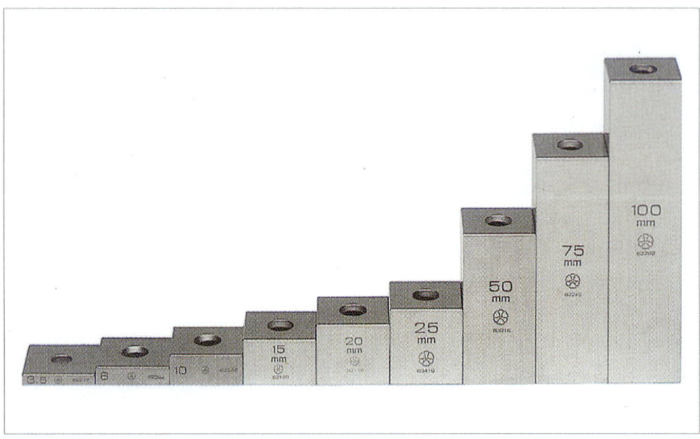

Blocchetti muniti di foro per combinarli mediante vite.

Per conservare i requisiti certificati dal costruttore, bisogna usare i blocchetti con particolare cura:

- pulirli e sgrassarli prima dell'uso;
- separarli, pulirli e ingrassarli dopo l'uso;
- riporli nella cassetta, da conservare lontana da calore, polvere e umidità.

SERIE DI BLOCCHETTI (47 PEZZI)

N. DI BLOCCHETTI	MISURA (mm)	INCREMENTI (mm)
1	1,005	–
9	1,01 ÷ 1,09	0,01
9	1,1 ÷ 1,9	0,1
24	1 ÷ 24	1,0
4	25 ÷ 100	25

Al fine di facilitare e allargare il loro uso, esistono accessori, quali morsetti per combinare diversi blocchetti, punte per tracciare, becchi di misura ecc.

Calibri fissi

Sono dei campioni materiali di varia forma utilizzati per il controllo rapido di dimensioni che debbano rientrare entro precisi limiti dimensionali; essi pertanto portano impressa sia la dimensione nominale sia la tolleranza.

Tra i più comuni vi sono i **calibri fissi differenziali**, che permettono di controllare la misura attraverso il controllo con due parti del campione, il *lato passa* e il *lato non passa*; essi perciò sono anche chiamati calibri tipo **passa-non passa**.

Per riconoscere il lato *passa* da quello *non passa*, si usano diversi segnali:

- indicazione dello scostamento su ciascun lato;
- incisione delle scritte «passa» e «non passa», oppure «P» e «NP»;
- marcatura del lato non passa con *bordo in rosso* o con *smusso* sulle sue facce di controllo.

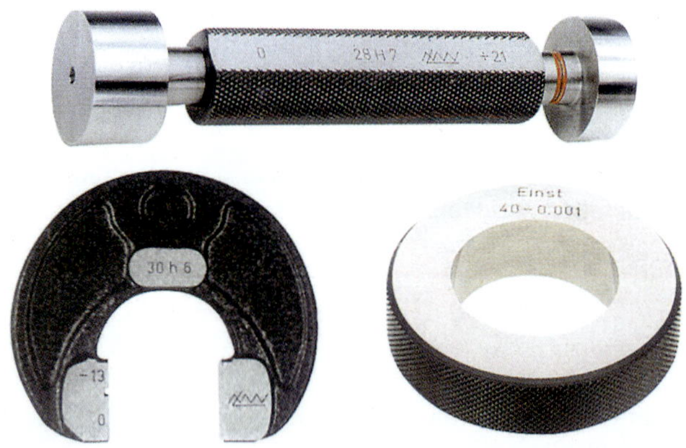

Calibri a tampone, a forcella e ad anello.

Tra i calibri differenziali sono molto diffusi:

- **calibri a tampone** e **calibri a barretta** (per fori);
- **calibri a forcella** e **calibri ad anello** (per esterni).

Per l'esecuzione del controllo si procede prima al controllo sul *lato passa*; se questo è positivo si fa il controllo sul *lato non passa*; se invece il pezzo ha dimensioni maggiori, non è accettabile per le condizioni di tolleranza prescritte, ma eventualmente può essere lavorato di nuovo. Se il pezzo non può essere introdotto nel *lato non passa*, ha superato il controllo; in caso contrario va scartato.

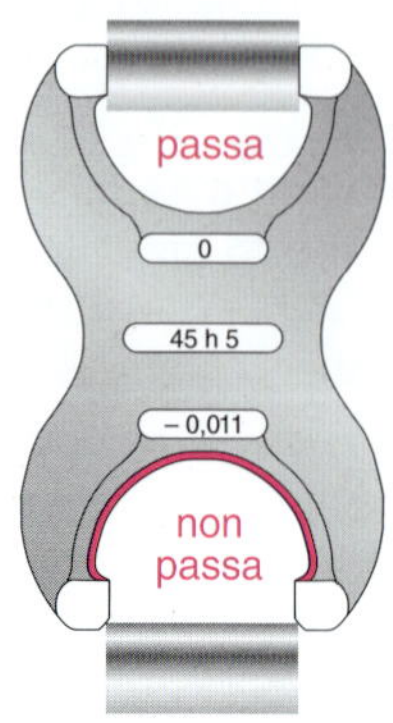

Il pezzo supera il controllo dimensionale solo se può essere introdotto nel lato *passa* ma non nel lato *non passa*.

Calibro a corsoio

Senz'altro è il più diffuso strumento di misure lineari, sia nelle officine che in tutto il mondo della tecnica. Presenta caratteristiche e impieghi diversi.

Caratteristiche funzionali

In generale esso è costituito da una parte fissa (**corpo**) e da una parte mobile (**corsoio**).

Il corpo si compone di un'**asta fissa** (con graduazioni in millimetri e in pollici) e di uno o due **becchi fissi**. Il corsoio possiede uno o due **becchi scorrevoli**, una scala aggiuntiva (**scala del nonio**) ed è solidale a una **astina** per misurazioni di profondità.

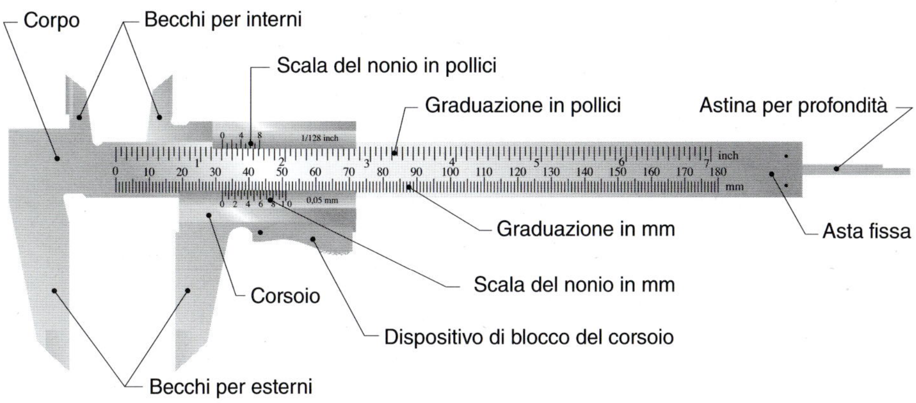

Caratteristiche costruttive

In genere è realizzato in acciaio inox temprato, molto resistente alle deformazioni e all'usura.

Le superfici di contatto tra asta graduata e corsoio devono essere piane e levigate per garantire uno scorrimento fluido e in una sola direzione.

Il corsoio possiede un dispositivo di bloccaggio che funziona in qualunque posizione di misura.

I tratti delle diverse graduazioni devono essere linee nitide con spessore tra 0,08 e 0,2 mm.

I becchi devono garantire parallelismo e planarità. Le loro estremità sono affilate, talvolta raccordate o smussate.

Sulla faccia posteriore dello strumento si trovano spesso stampate delle tabelle di uso pratico in officina (peso di barre quadrate o tonde, diametro di fori per filettature).

Campo di misura: da un minimo di 0 ÷ 135 mm, a un massimo di 0 ÷ 1000 mm.

Risoluzione: 0,1 – 0,05 – 0,02 mm (nei calibri a lettura digitale 0,01 mm).

Impieghi

Il calibro è abbastanza versatile e può essere utilizzato:

- per misure esterne;
- per misure interne;
- per misure di profondità.

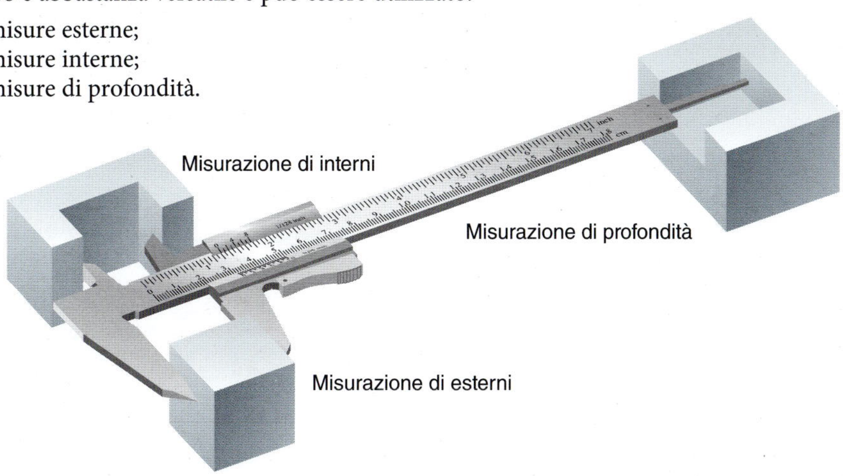

Calibri speciali sono destinati a una sola di queste misurazioni, oppure ad altre (misurazioni di altezze e operazioni di tracciatura).

Il valore della misura può essere visualizzato anche da un indice su quadrante (nei *calibri con comparatore*) e da cifre su display (nei *calibri digitali*).

Controlli preliminari all'uso

- Lo scorrimento del corsoio deve essere regolare e continuo per tutta la corsa.
- Il dispositivo di bloccaggio deve funzionare in modo efficace.
- I becchi sia per interni sia per esterni devono possedere parallelismi e planarità accettabili (verificabili anche con un controllo visivo in controluce).
- Lo strumento totalmente chiuso deve fornire un perfetto azzeramento della scala fissa rispetto a quella del nonio.

Uso del calibro per misurazione di esterni

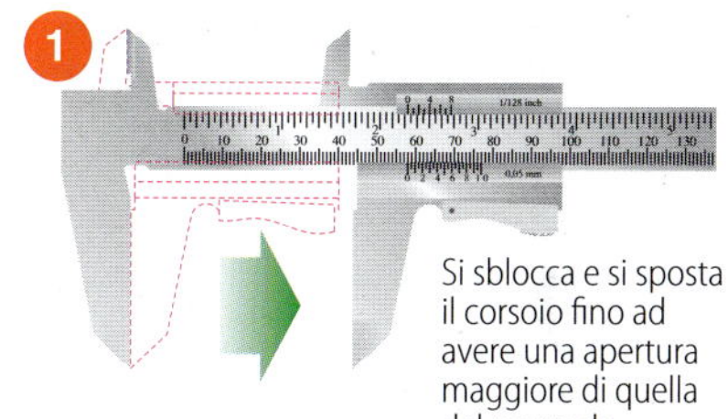

1 Si sblocca e si sposta il corsoio fino ad avere una apertura maggiore di quella del pezzo da misurare.

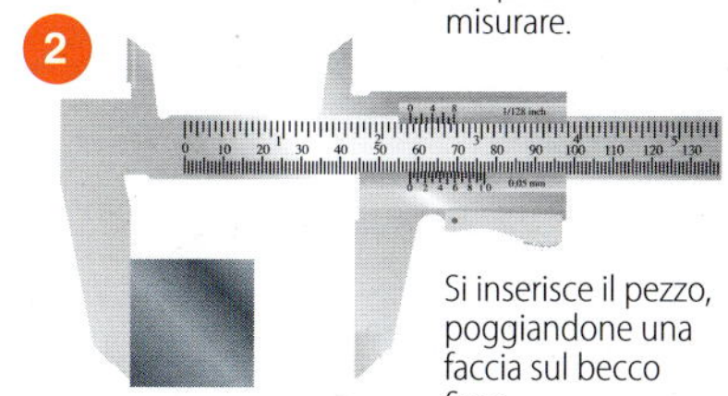

2 Si inserisce il pezzo, poggiandone una faccia sul becco fisso.

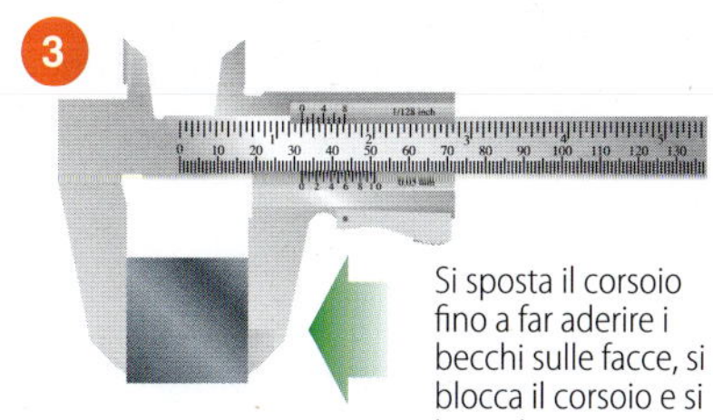

3 Si sposta il corsoio fino a far aderire i becchi sulle facce, si blocca il corsoio e si legge la misura.

MEMO

Misure inglesi

Non più ammesse dal Sistema Internazionale, ma ancora usate nei paesi anglosassoni e in alcuni ambiti della meccanica, sono le seguenti unità di misura lineari:

1 yarda = 3 piedi = 36 pollici

La corrispondenza con le unità del SI fornisce:

1 pollice = 25,4 mm

Il pollice si indica con il simbolo " (per esempio 10").

Il pollice ha i seguenti sottomultipli espressi in frazioni:

1/2 1/4 1/8 1/16 1/32 1/64 1/128

NONIO

È una scala graduata accessoria che caratterizza il calibro a corsoio. Esso consente di misurare anche frazioni di millimetro, quindi fornisce allo strumento una **risoluzione inferiore a 1 mm**. In generale il nonio è una scala graduata con passo diverso dal millimetro, che invece caratterizza la scala dell'asta fissa. *La differenza tra il passo della scala fissa e quello del nonio fornisce la risoluzione dello strumento.* A seconda del numero delle parti che formano la scala del nonio si hanno:

- nonio decimale (risoluzione 1/10 mm);
- nonio ventesimale (risoluzione 1/20 mm);
- nonio cinquantesimale (risoluzione 1/50 mm).

NONIO DECIMALE

Esso consiste in una scala lunga 9 mm divisa in 10 parti uguali. Pertanto ogni parte della scala del nonio è lunga 9/10 mm = 0,9 mm. Essendo la risoluzione dello strumento pari alla differenza tra il passo della scala fissa e quello del nonio, si ha:

1 mm – 0,9 mm = **0,1 mm**

passo della scala fissa | passo della scala del nonio | **risoluzione**

Vediamo in concreto cosa significa. Quando il corsoio è in posizione di chiusura del calibro, lo zero del nonio coincide con lo zero della scala fissa, mentre il trattino 10 della scala del nonio è perfettamente allineato con il tratto 9 della scala fissa; nessun altro trattino della scala del nonio è allineato con quelli della scala fissa.

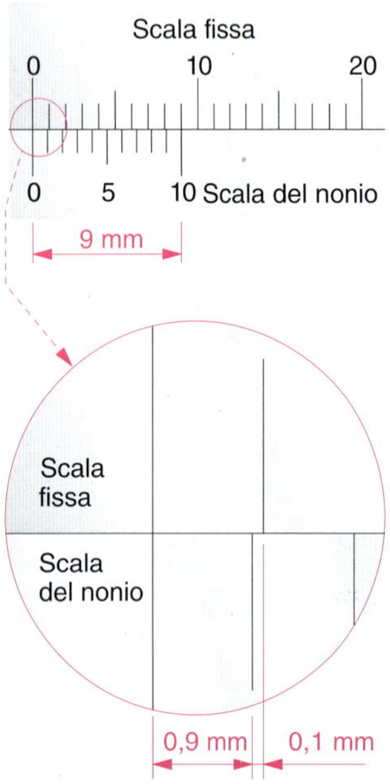

Se spostiamo il corsoio fino a far allineare il trattino 1 della scala del nonio con il trattino 1 della scala fissa, si noterà che non vi è altro allineamento tra i trattini delle due scale. Lo spostamento sarà pari alla differenza tra passo della scala fissa e passo della scala del nonio e quindi:

1 mm – 0,9 mm = 0,1 mm

Questo spostamento è la più piccola misura che il calibro con nonio decimale riesce ad apprezzare. Ulteriori spostamenti fornirebbero allineamenti su altri trattini della scala del nonio e pertanto fornirebbero le seguenti misure:

- 0,2 mm con allineamento sul trattino 2
- 0,3 mm con allineamento sul trattino 3
- 0,4 mm con allineamento sul trattino 4

… e così via.

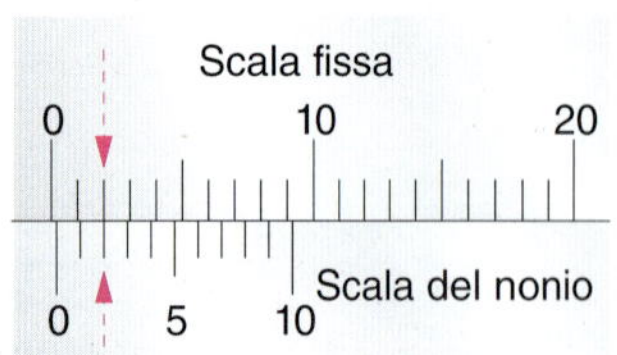

L'allineamento del trattino 2 indica una misura di 0,2 mm

NOTA BENE

Alcuni costruttori realizzano calibri con scala fissa graduata in mm, ma la numerazione riporta i valori in cm; nella figura, per esempio, l'ultimo trattino corrisponde a una misura di 180 mm e non di 18 mm.

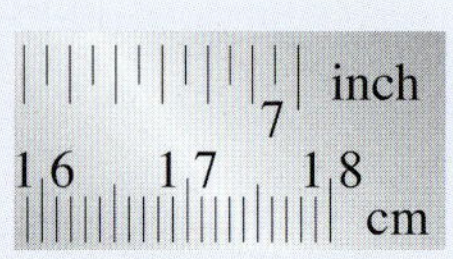

■ Lettura del calibro con nonio decimale

I valori delle misure fornite da un calibro di questo tipo (comunemente detto *calibro decimale*) sono composte da una *parte intera* e una *parte decimale*. La parte intera viene fornita dalla posizione del tratto 0 del nonio.

Se esso si trova *perfettamente allineato* con un trattino della scala fissa, da quest'ultimo si ricava il valore della misura (per esempio nella figura a fianco si legge la misura 12,0 mm). La certezza dell'allineamento dello 0 del nonio con il trattino della scala fissa è verificabile dall'allineamento anche del tratto 10 del nonio con uno della scala fissa.

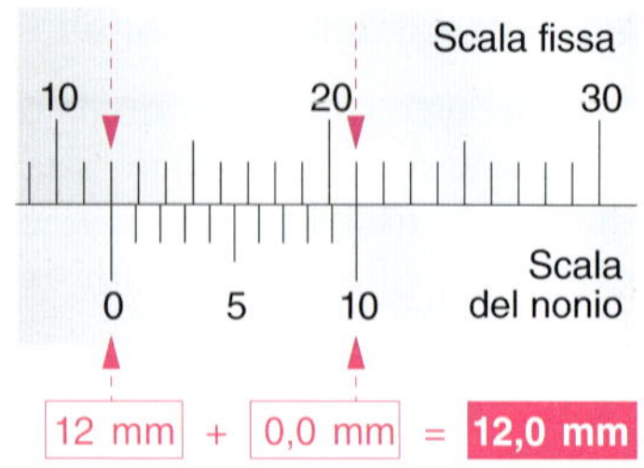

Se invece il tratto 0 del nonio *non coincide* con uno della scala fissa

- la parte intera del valore si ricava dal tratto della scala fissa che si trova a sinistra del tratto 0 del nonio (in figura questo valore è 38 mm);
- la parte decimale viene indicata dal tratto del nonio allineato con un tratto della scala fissa (in figura è il tratto 7, quindi il valore decimale è 0,7 mm).

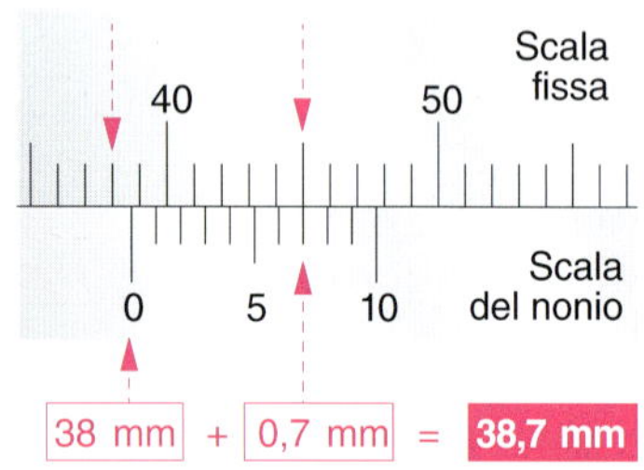

La misura fornita è pertanto 38,7 mm.

NONIO DECIMALE DOPPIO

Questa variante del nonio decimale è più pratica nella lettura, ma ha la stessa risoluzione (0,1 mm); la sua *lunghezza complessiva è pari a 19 mm*. Anche in questo caso la scala del nonio è divisa in 10 parti uguali, che pertanto risultano di 1,9 mm ciascuna (v. figura a fianco).

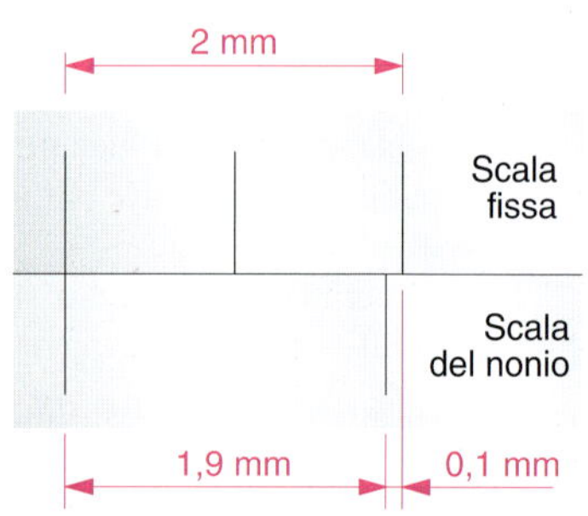

■ Lettura del calibro con nonio decimale doppio

La lettura dei valori interi e decimali delle misure è identica a quella del nonio decimale, ma si ha il vantaggio della maggiore ampiezza del passo del nonio che aumenta la leggibilità.

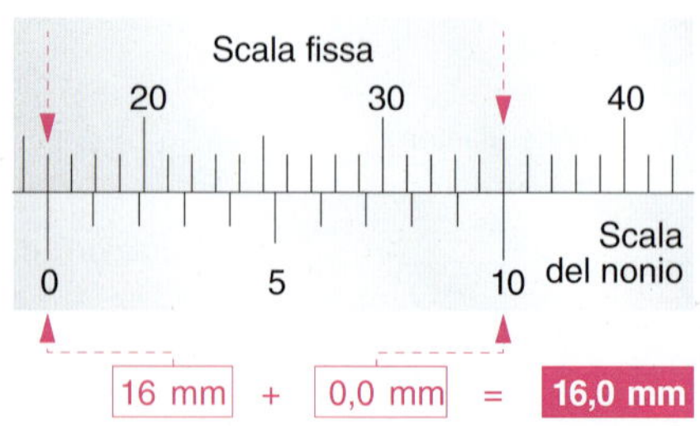

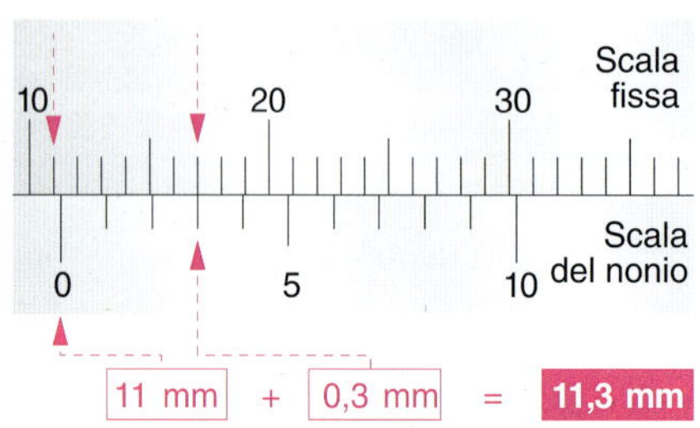

GLOSSARIO

Nonio deriva dal nome del portoghese Pedro Nuñes (1492-1577), che inventò un dispositivo analogo a quello attuale. Nella sua forma definitiva esso è stato messo a punto dal francese Pierre Vernier (1580-1637), in memoria del quale il nonio è talvolta chiamato *verniero*.

NONIO VENTESIMALE

La scala di questo tipo di nonio è lunga complessivamente 19 mm ed è divisa in 20 parti uguali. Quindi ogni parte della scala del nonio è lunga 19/20 mm = 0,95 mm. La differenza tra il passo della scala fissa e quello del nonio fornisce la risoluzione:

1 mm – 0,95 mm = **0,05 mm**

(1 mm: passo della scala fissa; 0,95 mm: passo della scala del nonio; 0,05 mm: **risoluzione**)

In questo caso la scala del nonio, pur essendo divisa in 20 parti, è numerata da 0 a 10, ma solo per facilitare il calcolo decimale.

Con questo nonio, se è allineato il primo trattino, alla parte intera della misura dovremo aggiungere un valore decimale di 0,05 mm; così al secondo trattino la parte decimale è di 0,10, al terzo è di 0,15 e così via.

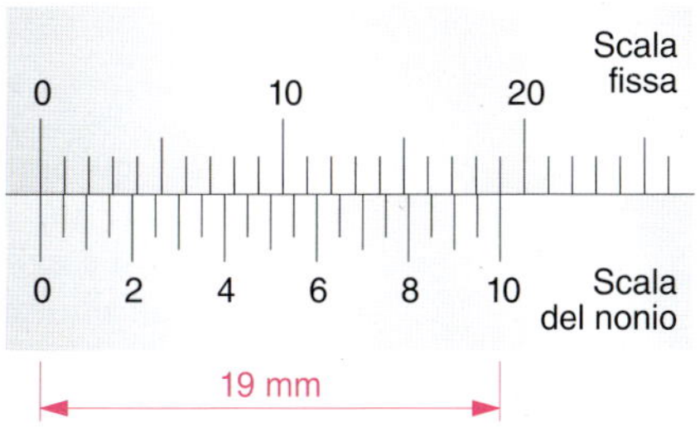

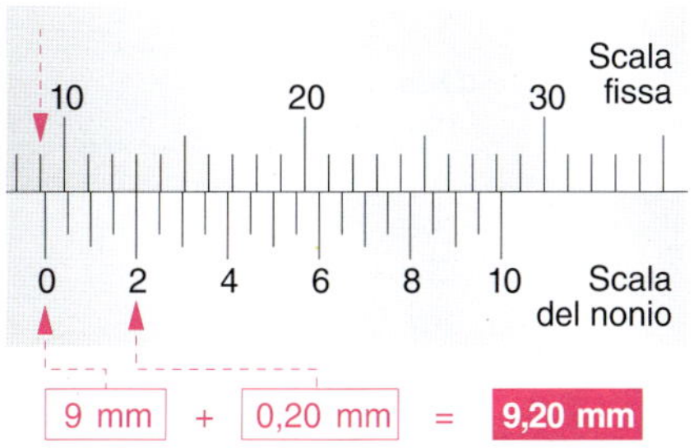

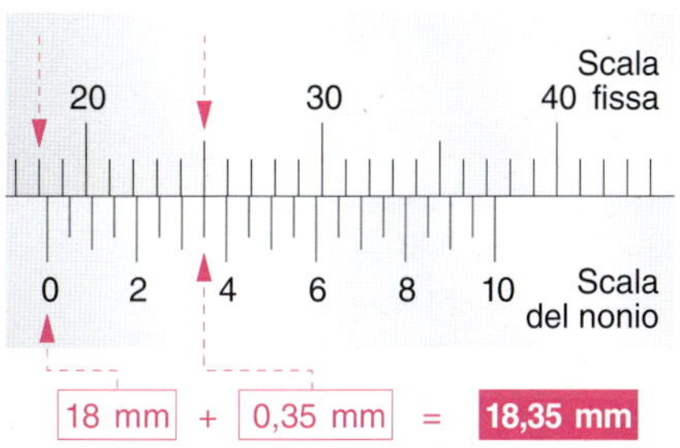

Esempi di lettura di misurazioni con calibro ventesimale.

Nonio ventesimale doppio

Ha una scala divisa in 20 parti ma di lunghezza totale pari a 39 mm. La *risoluzione dello strumento è 0,05* (cioè identica a quella del nonio ventesimale), però la maggiore ampiezza delle singole parti del nonio facilita la leggibilità della parte decimale della misura.

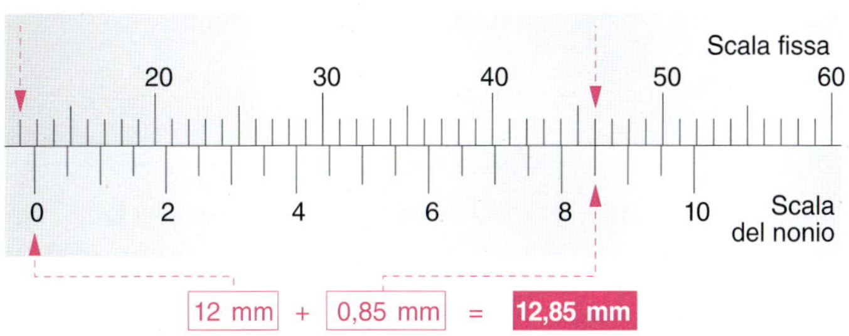

NOTA BENE

Per individuare la **risoluzione** di un calibro basta *controllare la divisione della scala del nonio*.
Se questa è divisa in

- 10 parti ⟶ risoluzione = 0,1 mm (1/10 mm);
- 20 parti ⟶ risoluzione = 0,05 mm (1/20 mm);
- 50 parti ⟶ risoluzione = 0,02 mm (1/50 mm).

La lunghezza totale della scala del nonio non influenza la risoluzione.
Spesso la risoluzione è anche stampata o incisa sullo strumento.

NONIO CINQUANTESIMALE

Questo nonio ha una scala di lunghezza complessiva 49 mm ed è diviso in 50 parti uguali. Quindi ogni parte della scala del nonio è lunga 49/50 mm = 0,98 mm. La differenza tra il passo della scala fissa e quello del nonio fornisce la risoluzione:

1 mm – 0,98 mm = **0,02 mm**

(1 mm: passo della scala fissa; 0,98 mm: passo della scala del nonio; 0,02 mm: **risoluzione**)

La scala del nonio è divisa in 50 parti ma è numerata da 0 a 10 per facilitare il calcolo decimale.

La lettura delle misure è analoga a quella degli altri tipi di nonio. Se è allineato il primo trattino, alla parte intera della misura dovremo aggiungere un valore decimale di 0,02 mm; se è allineato il secondo trattino la parte decimale è di 0,04, per il terzo è 0,06 e così via.

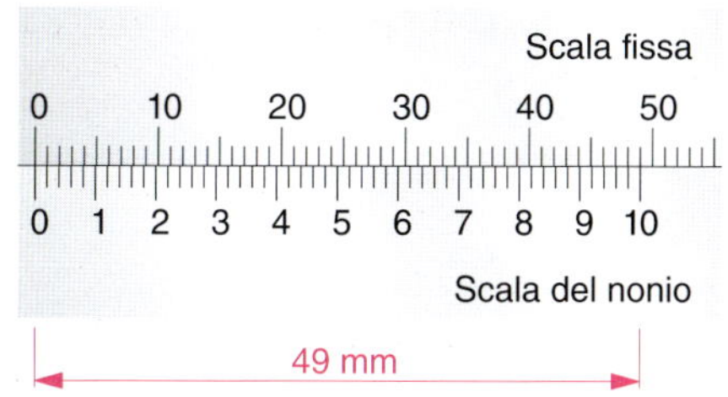

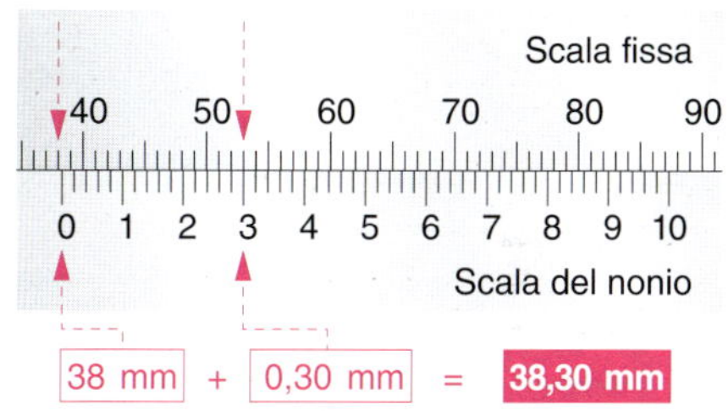

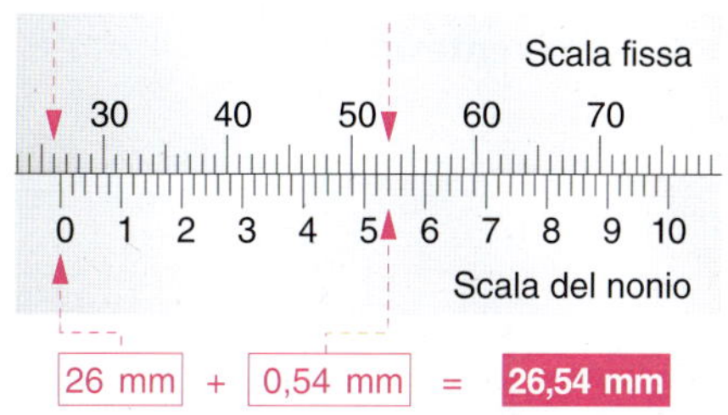

Esempi di lettura di misurazioni con calibro cinquantesimale.

Caratteristiche costruttive del calibro cinquantesimale

Per esigenze funzionali il calibro cinquantesimale è spesso realizzato in modi particolari. È frequente che possieda una sola coppia di becchi sia per interni sia per esterni. Talvolta c'è una doppia scala (inferiore e superiore) in mm, la prima riferita alle misure esterne, l'altra alle misure interne. È spesso presente un doppio corsoio con vite micrometrica per piccoli spostamenti.

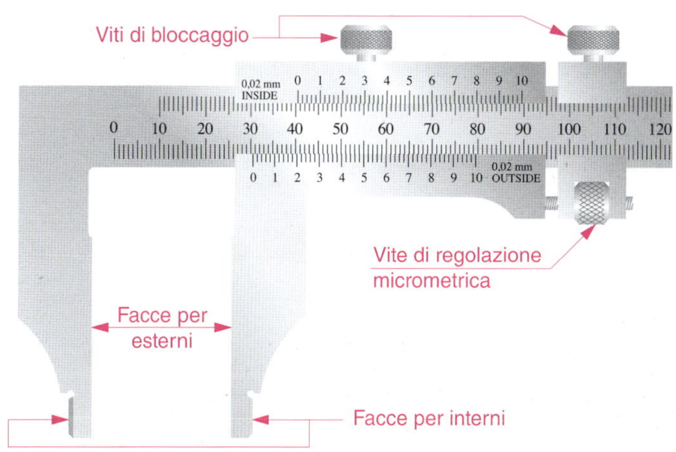

LETTURA DI MISURE CON DIVERSI TIPI DI CALIBRO

Calibro decimale

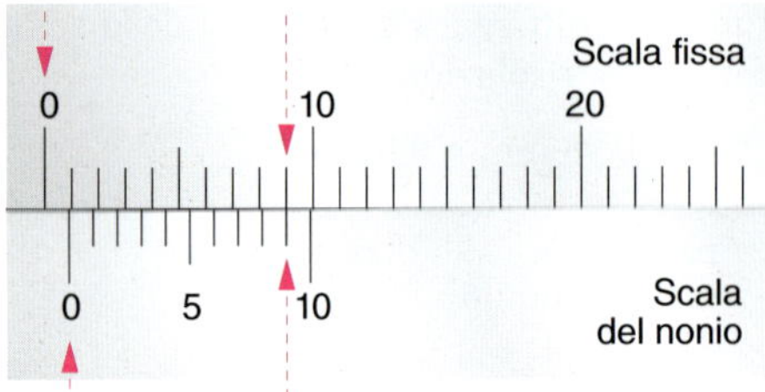

0 mm + 0,9 mm = **0,9 mm**

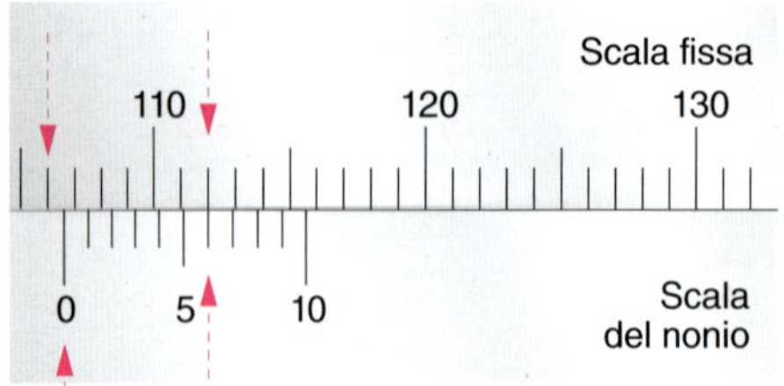

106 mm + 0,6 mm = **106,6 mm**

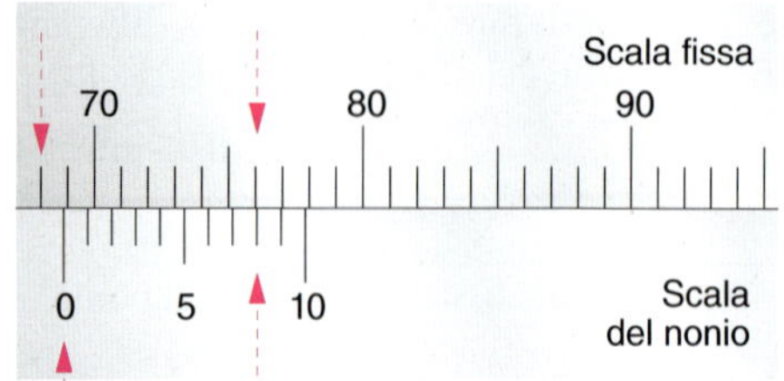

68 mm + 0,8 mm = **68,8 mm**

Nel caso qui sopra e in quello qui sotto si può notare un allineamento imperfetto e pertanto si sceglie il trattino del nonio più vicino all'allineamento, approssimando il valore per difetto o per eccesso.

Calibro decimale doppio

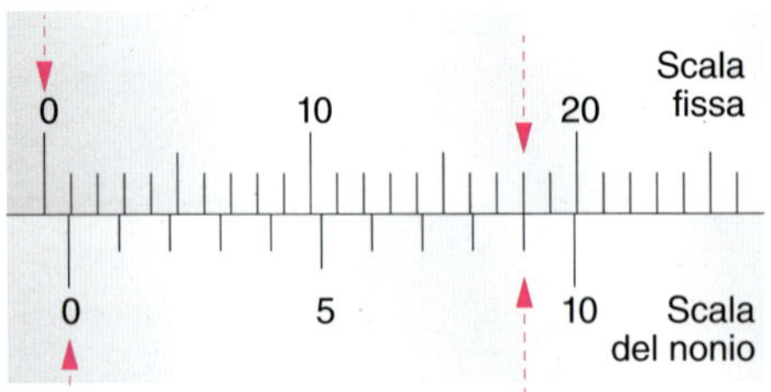

0 mm + 0,9 mm = **0,9 mm**

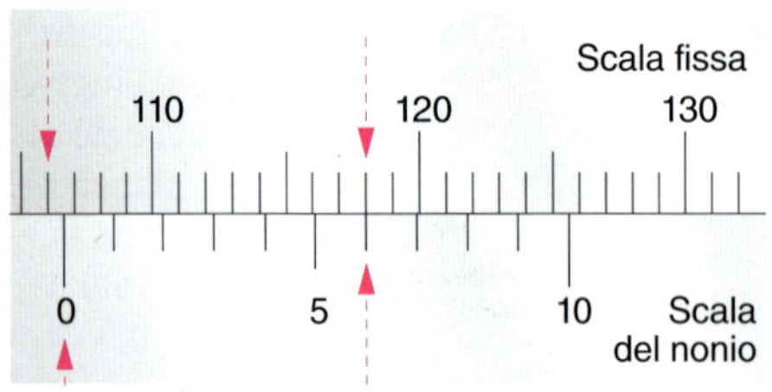

106 mm + 0,6 mm = **106,6 mm**

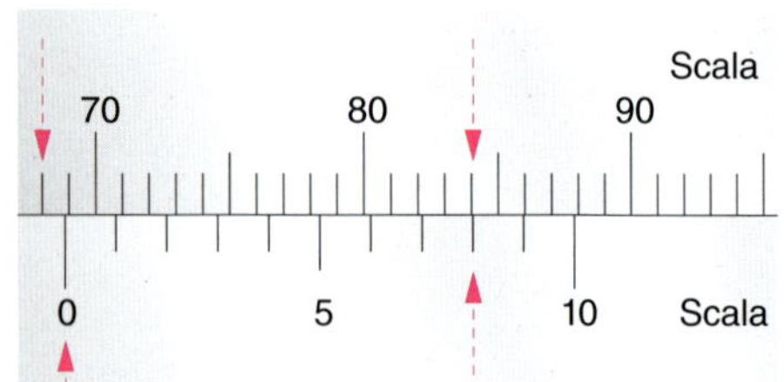

68 mm + 0,8 mm = **68,8 mm**

Calibro ventesimale

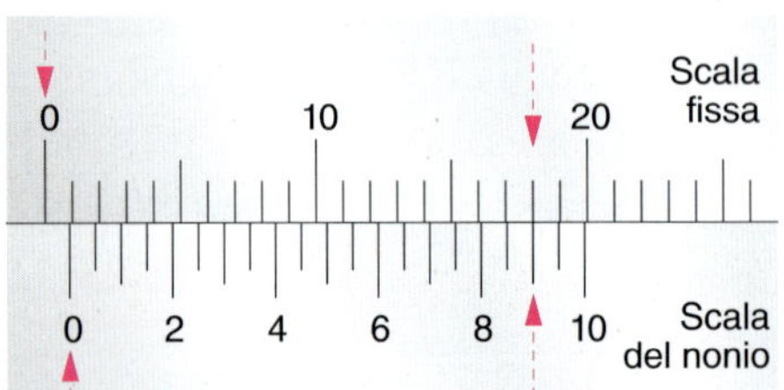

0 mm + 0,90 mm = **0,90 mm**

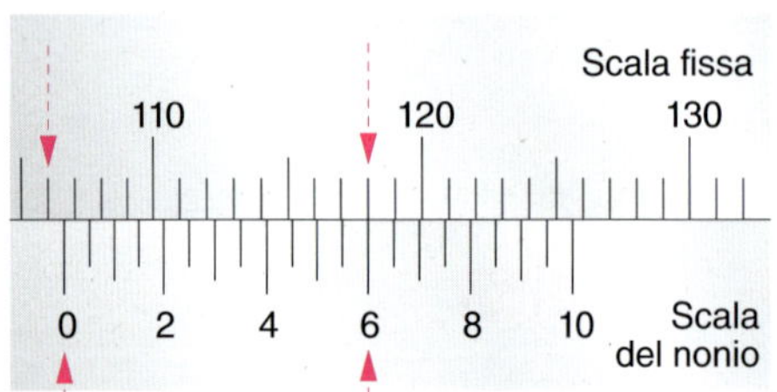

106 mm + 0,60 mm = **106,60 mm**

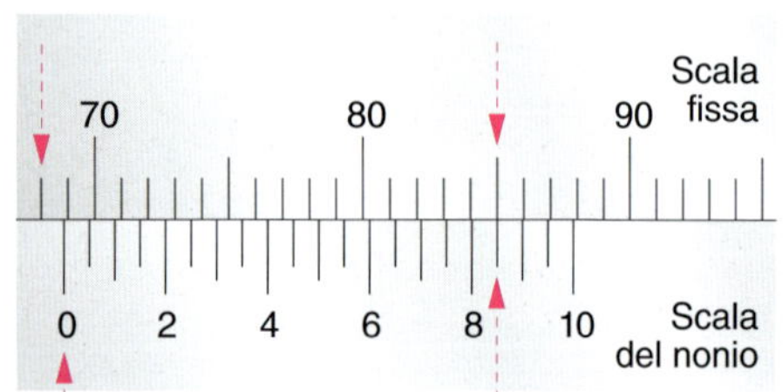

68 mm + 0,85 mm = **68,85 mm**

Con un calibro ventesimale (quindi con una migliore risoluzione) la stessa misura di prima può essere letta senza approssimazione per eccesso o per difetto.

Calibro ventesimale doppio

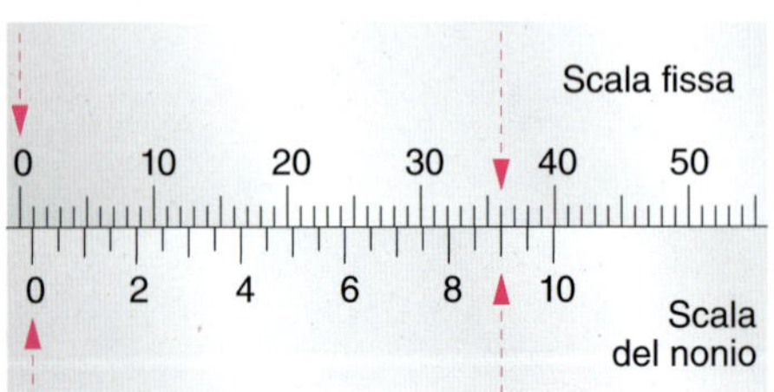

0 mm + 0,90 mm = **0,90 mm**

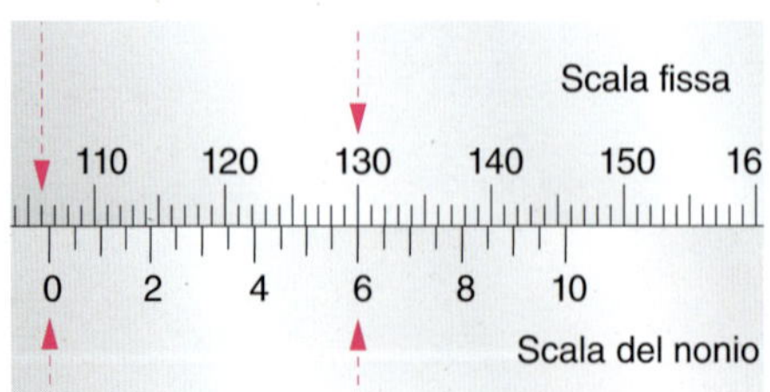

106 mm + 0,60 mm = **106,60 mm**

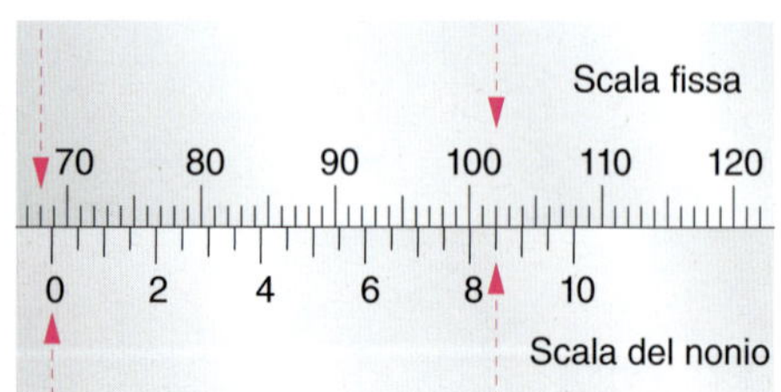

68 mm + 0,85 mm = **68,85 mm**

NOTA BENE

Quando uno strumento analogico, quindi con spostamento continuo del suo indice, fornisce un valore intermedio tra quelli riportati sulla scala graduata, si opera una **approssimazione per eccesso** o **per difetto**; ciò significa che si sceglie il valore successivo o precedente alla posizione dell'indice, a seconda se questo è più vicino a uno o all'altro tratto della scala.

Calibri a corsoio speciali

■ Calibro per profondità

Non ha becchi ma larghe alette d'appoggio. L'asta può avere diverse estremità (a punta, a gancio) per particolari conformazioni della parte da misurare sul pezzo.

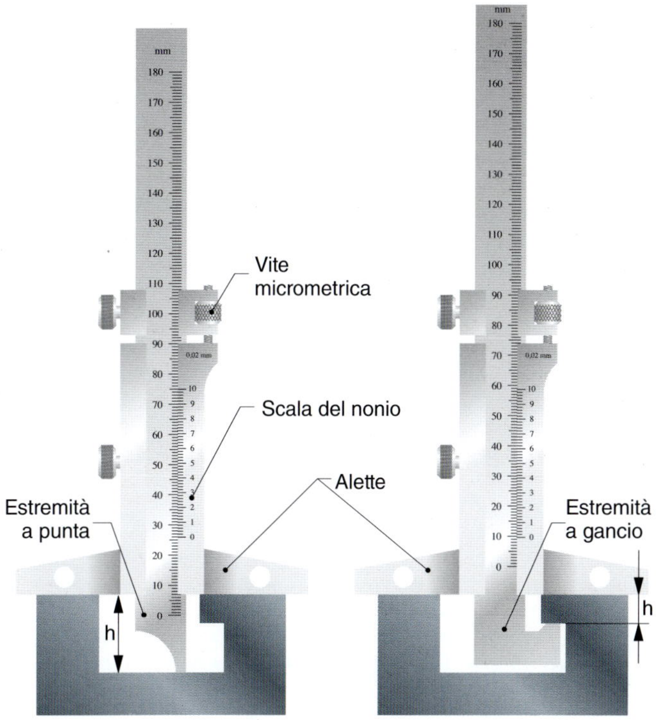

■ Calibro per altezze

L'asta fissa è montata su uno zoccolo. Il corsoio è provvisto di punta intercambiabile (truschino nel caso di tracciature). Lo strumento consente la misurazione di altezze dal piano su cui poggiano sia il pezzo sia lo zoccolo.

Prima della misurazione o tracciatura si porta la punta in posizione d'appoggio sul piano e si esegue l'azzeramento (collimazione dello 0 della scala fissa con lo 0 del nonio) servendosi della vite per regolazione micrometrica presente sul corsoio.

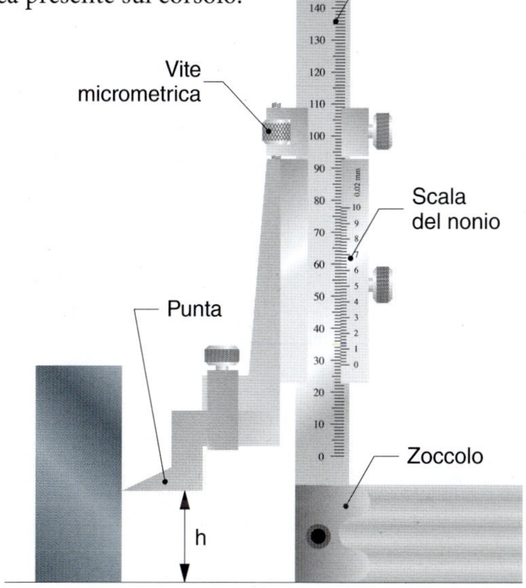

Altri calibri speciali hanno particolari destinazioni d'uso o diverse modalità di visualizzazione della misura.

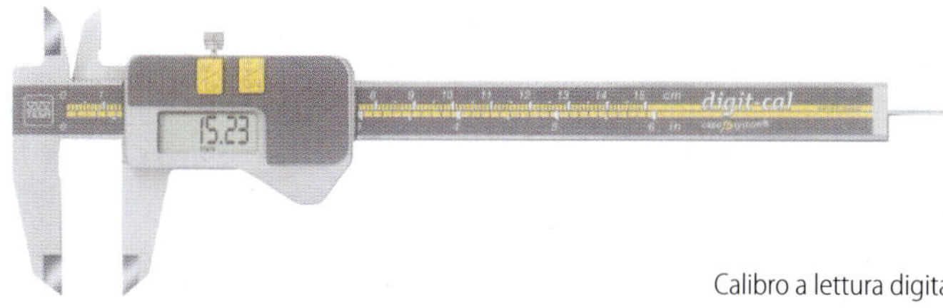

Calibro a lettura digitale.

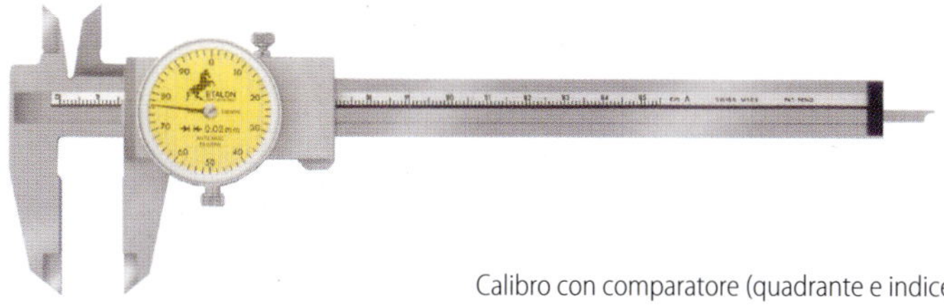

Calibro con comparatore (quadrante e indice).

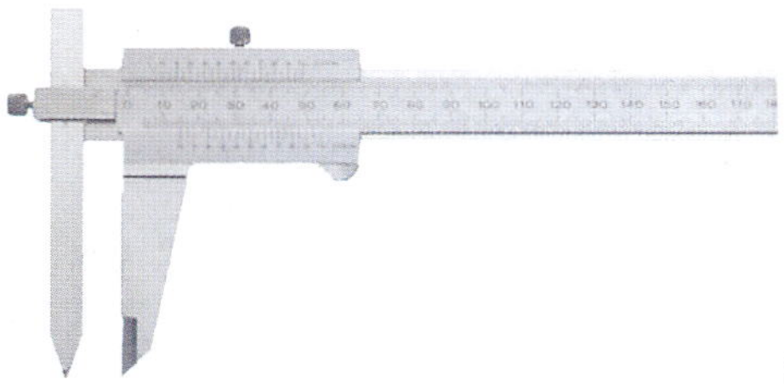

Calibro con becco regolabile.

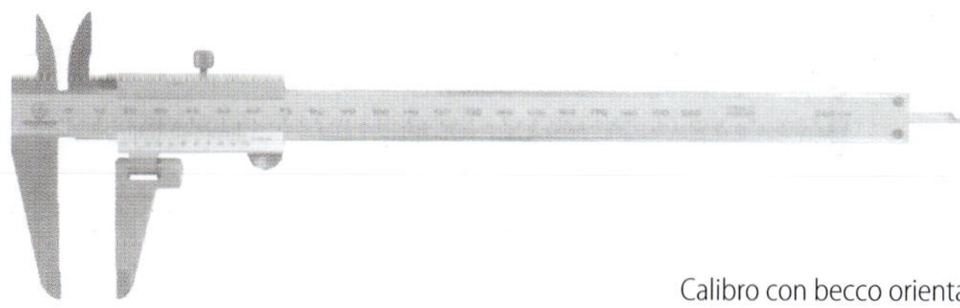

Calibro con becco orientabile.

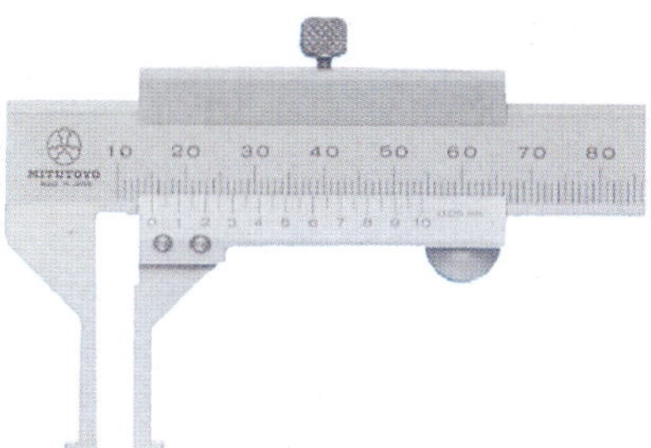

Calibro con becchi rivolti all'esterno.

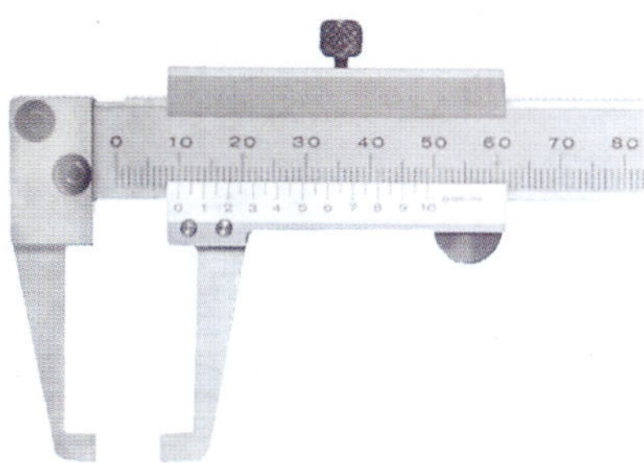

Calibro con becchi rivolti all'interno.

Micrometro

È uno strumento d'officina molto usato per misurazioni di notevole precisione; la sua risoluzione, infatti, va da 0,01 mm a 0,001 mm. In generale lo strumento è composto da una parte fissa con bussola graduata e una parte mobile (un tamburo che, grazie a una vite micrometrica, crea un movimento lineare continuo dello stelo). I diversi tipi di micrometro (per esterni, per interni, per profondità) differiscono nella forma delle superfici di contatto, ma il meccanismo è essenzialmente lo stesso.

MICROMETRO PER ESTERNI

La parte fissa è costituita da uno **stativo** (o *arco*) alle cui estremità sono solidali una **incudine** (appoggio fisso per una faccia del pezzo da misurare) e una **bussola graduata** con *linea di fede*. La parte mobile comprende un **tamburo graduato** che è solidale con una **vite micrometrica** all'interno e che aziona uno **stelo** (o *asta mobile*) da poggiare sull'altra faccia del pezzo da misurare.

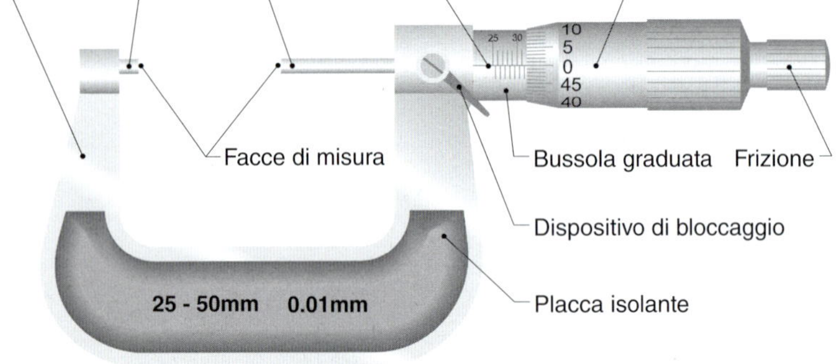

Caratteristiche costruttive

Lo stativo è realizzato in acciaio o ghisa malleabile, mentre la parte mobile (tamburo, stelo e vite) sono in acciaio inox temprato, molto resistente alle deformazioni e all'usura. Particolarmente dure e resistenti all'usura sono le facce di misura dell'incudine e dello stelo. Queste devono essere piane e parallele, con spigoli smussati.

Il tamburo graduato presenta 50 divisioni, se il passo della vite è 0,5 mm; in particolari tipi di micrometro le divisioni sono invece 100 quando il passo è 1 mm. I tratti delle diverse graduazioni devono essere nitidi, con spessore tra 0,08 e 0,2 mm. I micrometri devono possedere un dispositivo di azzeramento e per la compensazione dell'usura della vite.

Campo di misura: è sempre di 25 mm, anche se la portata cresce con incrementi di 25 mm. Pertanto si hanno micrometri per misure da

0 ÷ 25 mm   25 ÷ 50 mm   50 ÷ 75 mm   e così via.

Risoluzione: 0,01 mm (in alcuni tipi arriva a 0,001 mm).

Caratteristiche funzionali

Mediante rotazione del tamburo lo stelo si sposta con movimento lineare; a ogni giro completo del tamburo l'avanzamento è pari al passo della vite micrometrica (normalmente, **passo = 0,5 mm**).

Per evitare che lo stelo crei una pressione eccessiva sul pezzo e che di conseguenza deformi lo stativo e la vite micrometrica, il tamburo è provvisto di **frizione** (o *limitatore di coppia*) che blocca lo spostamento quando la forza di compressione supera il valore di 10 N. Pertanto la frizione viene utilizzata per gli spostamenti in prossimità dell'appoggio alla faccia del pezzo, mentre per spostamenti più ampi e rapidi si usa il tamburo.

NOTA BENE

Il **passo** di una filettatura è la distanza tra due creste successive del filetto.

GLOSSARIO

Calibro Palmer è il nome che in officina si usa ancora spesso per il micrometro, dal nome del suo inventore Jean Louis Palmer.

Controlli preliminari all'uso

- Il movimento della vite micrometrica deve essere regolare, senza sforzo né gioco per tutta la corsa.
- Il dispositivo di bloccaggio deve funzionare in modo efficace.
- Le facce di misura devono essere ben pulite.
- Lo strumento totalmente chiuso deve fornire un perfetto azzeramento.
- La temperatura ambientale deve essere di circa 20 °C.

Uso del micrometro per esterni

1

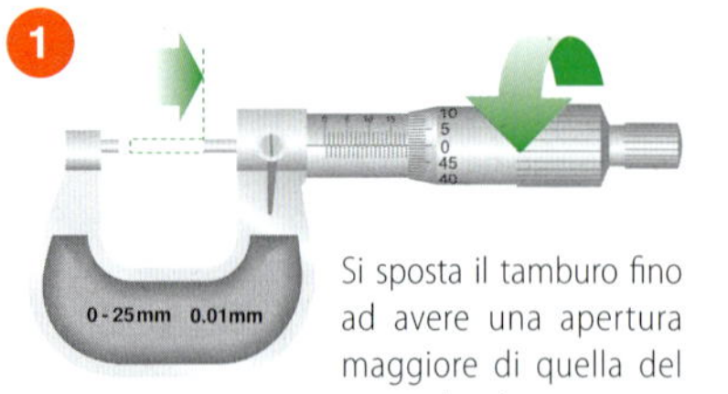

Si sposta il tamburo fino ad avere una apertura maggiore di quella del pezzo da misurare.

2

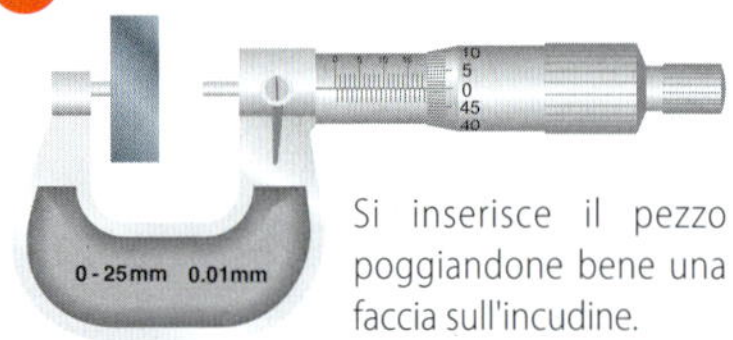

Si inserisce il pezzo poggiandone bene una faccia sull'incudine.

3

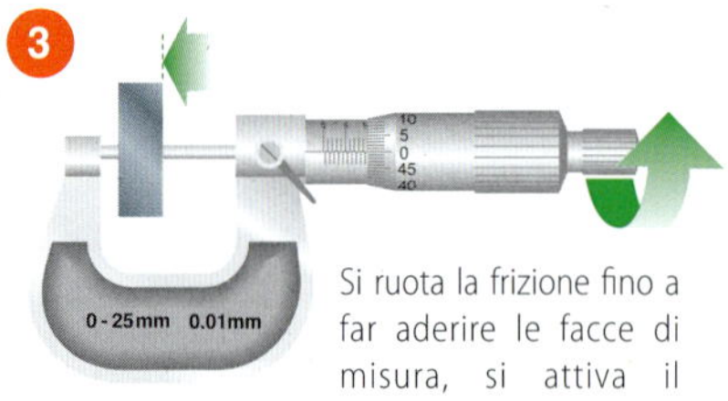

Si ruota la frizione fino a far aderire le facce di misura, si attiva il dispositivo di bloccaggio e si legge la misura.

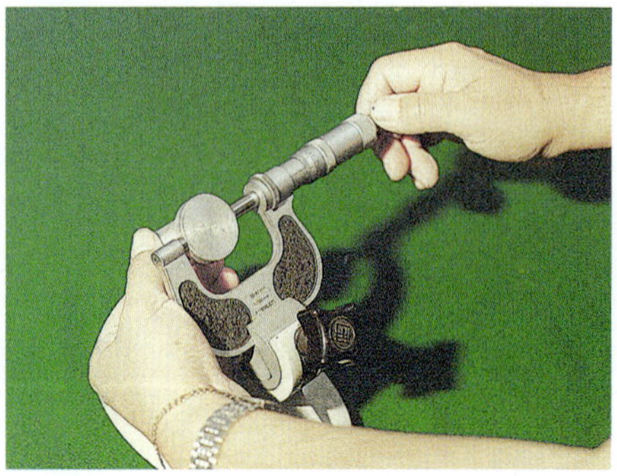

Nelle foto si vede come si tiene il micrometro quando si hanno ambedue le mani libere (a sinistra) oppure come si blocca su supporto quando una mano è impegnata (sopra).

Lettura di misure con il micrometro

Come già accennato il tamburo è solidale alla vite micrometrica e allo stelo; esso inoltre presenta sul lembo conico una graduazione con 50 divisioni.

Dopo un giro completo del tamburo lo stelo avrà compiuto uno spostamento pari al passo della vite; se il passo è 0,5 mm lo spostamento per un giro completo è appunto di 0,5 mm e conseguentemente a ogni trattino della scala del tamburo corrisponderà uno spostamento di 0,01 mm (0,5 mm : 50 = 0,01 mm). Questa è la più piccola frazione di millimetro che lo strumento può misurare, quindi la sua *risoluzione è 0,01 mm.*

Se il micrometro è chiuso, il lembo del tamburo coincide perfettamente con lo 0 della scala della bussola e lo 0 della graduazione del tamburo coincide con la linea di fede.

Ruotando il tamburo si scopre gradualmente la scala della bussola; questa però è doppia. Sopra la linea di fede c'è la graduazione in mm, mentre al di sotto si trova una seconda graduazione, anch'essa in mm, ma sfalsata rispetto alla precedente di 0,5 mm. La prima segnala i millimetri interi, la seconda i mezzi millimetri.

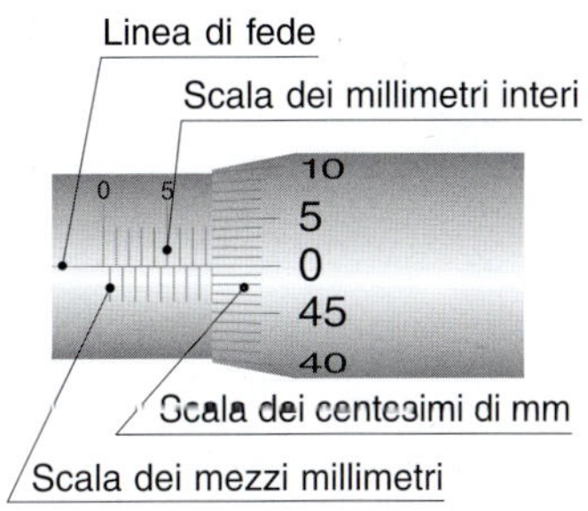

Dopo un giro il lembo del tamburo coincide con il primo trattino della scala dei mezzi millimetri; l'avanzamento è stato quindi di 0,5 mm. Dopo due giri il lembo si trova sul primo trattino della scala dei millimetri interi, quindi la misura è 1 mm. E così via per giri completi del tamburo.

Posizione iniziale

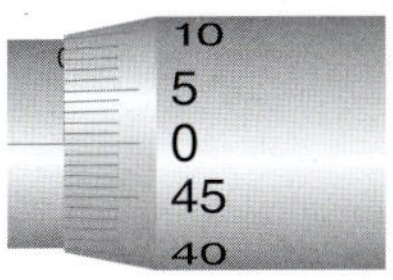

Misura: 0,00 mm

Dopo 1 giro intero

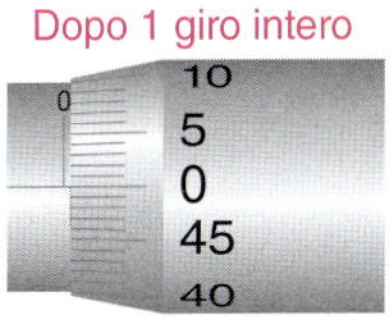

Misura: 0,50 mm

Dopo 2 giri interi

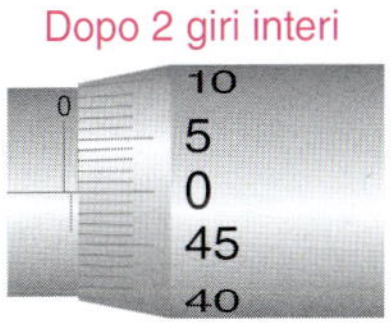

Misura: 1,00 mm

Sulla scala fissa si leggono i millimetri o i mezzi millimetri.

Per misurare invece giri incompleti del tamburo potremo leggere sulla scala graduata quale trattino coincide con la linea di fede; ognuno di essi indica la misura da aggiungere per il giro incompleto: il primo trattino corrisponde a 0,01 mm, il secondo a 0,02 mm e così via fino a 0,49 mm.

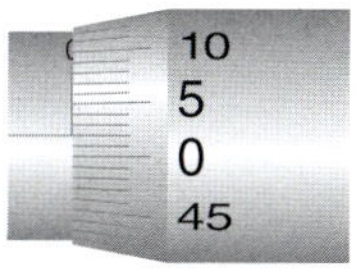

Misura: 0,02 mm

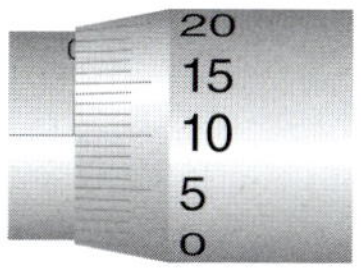

Misura: 0,10 mm

Sulla graduazione del tamburo si leggono i centesimi di mm.

Pertanto per leggere una misura sul micrometro procederemo così:

- si legge sulla scala fissa il valore in mm, con l'aggiunta di un eventuale mezzo millimetro se il trattino più vicino al lembo del tamburo è quello della scala dei mezzi millimetri;
- si aggiungono i centesimi di mm rilevabili dalla scala graduata del tamburo.

Esempi di lettura

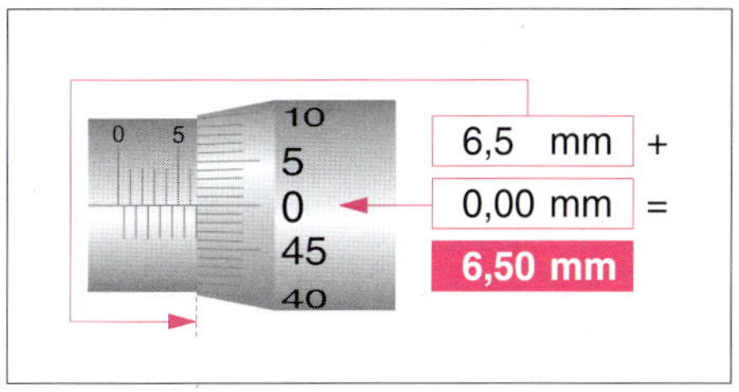

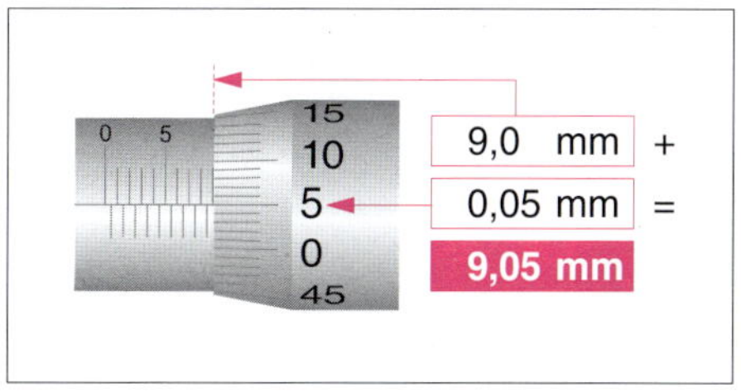

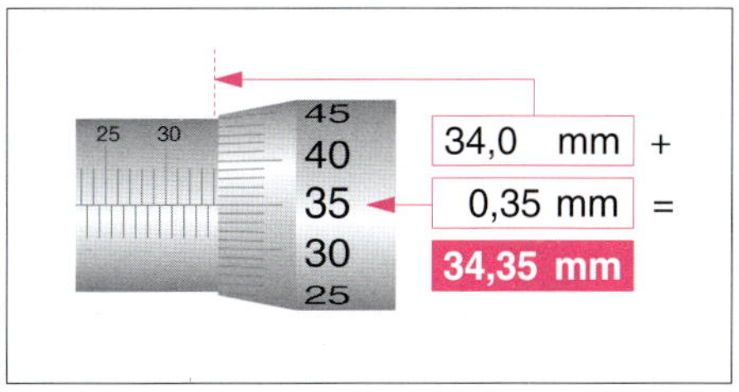

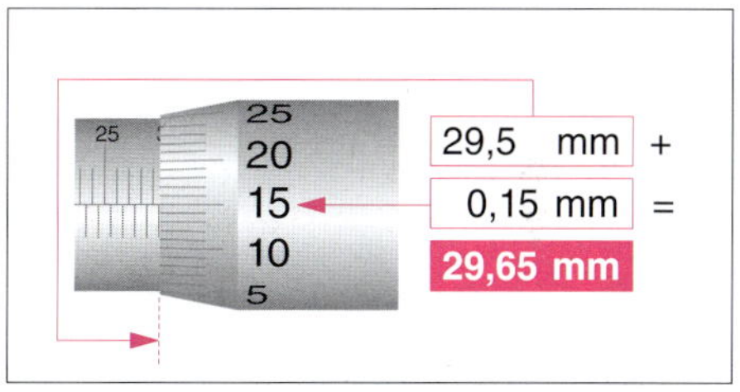

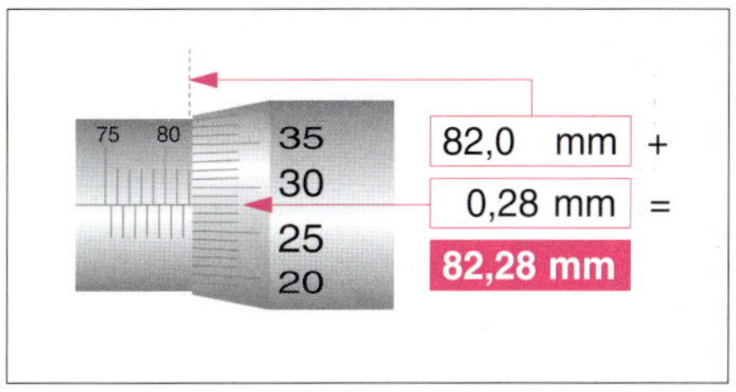

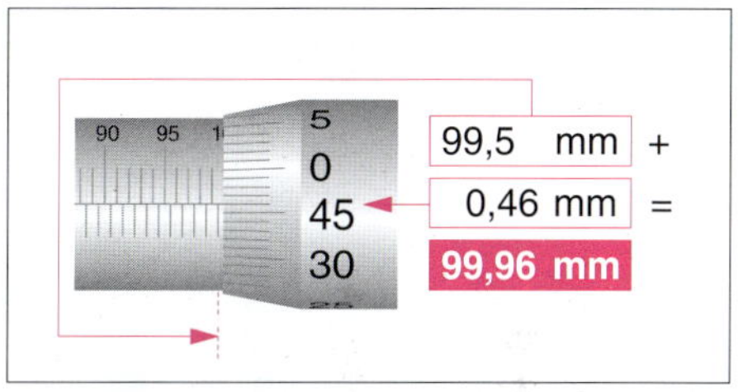

Accorgimenti dopo l'uso

- Dopo la lettura estrarre il pezzo dal micrometro solo dopo aver allontanato le facce di misura dalle facce del pezzo.
- Ripetere la misurazione più volte per attenuare l'incidenza negativa di errori operativi o di lettura della misura.
- Pulire lo strumento e metterlo nella sua custodia, che va tenuta al riparo da calore, polveri e umidità.

Controlli periodici sul micrometro

- Azzeramento e taratura con blocchetti piano-paralleli.
- Planarità (con dischi interferometrici) e parallelismo delle facce di misura.
- Pulizia e lubrificazione della vite.

Taratura di un micrometro con blocchetti piano-paralleli.

NOTA BENE

Alcuni costruttori realizzano micrometri con una scala fissa simmetrica rispetto a quella illustrata in queste pagine: sotto alla linea di fede c'è la scala dei millimetri interi, sopra c'è quella dei mezzi millimetri.

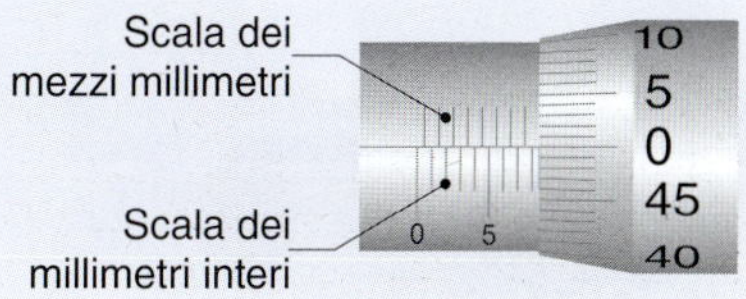

MICROMETRI SPECIALI

Micrometri speciali hanno particolari destinazioni d'uso o diverse modalità di visualizzazione della misura. In generale hanno lo stesso corpo (tamburo e bussola), ma forme diverse delle superfici di contatto.

Micrometri a lettura digitale

La visualizzazione dei dati è fornita da contatori oppure da display. La lettura è rapida e sicura. I micrometri elettronici possiedono *risoluzione = 0,001 mm*; inoltre consentono di trasmettere i dati ad appositi processori per eseguirne elaborazioni statistiche.

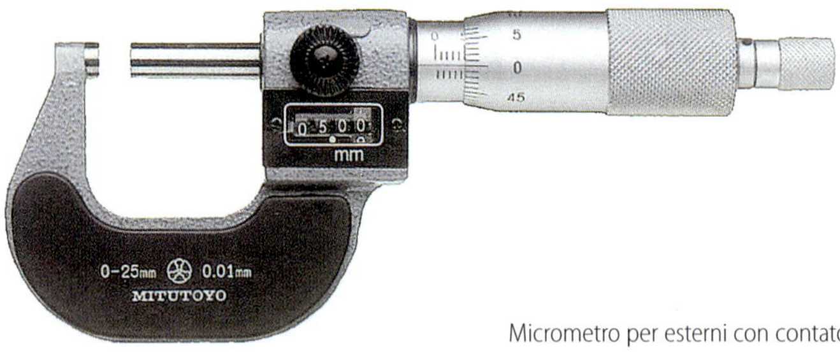

Micrometro per esterni con contatore.

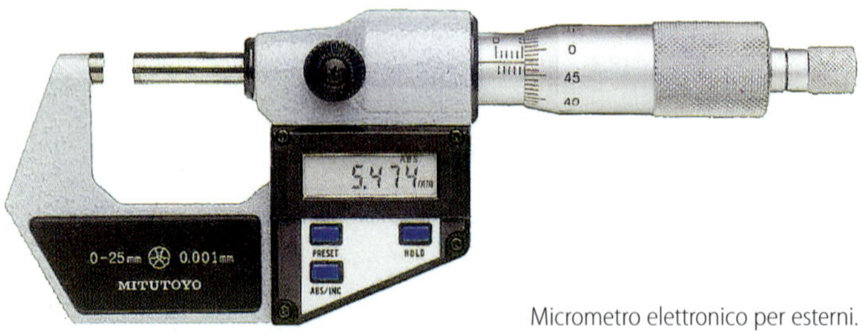

Micrometro elettronico per esterni.

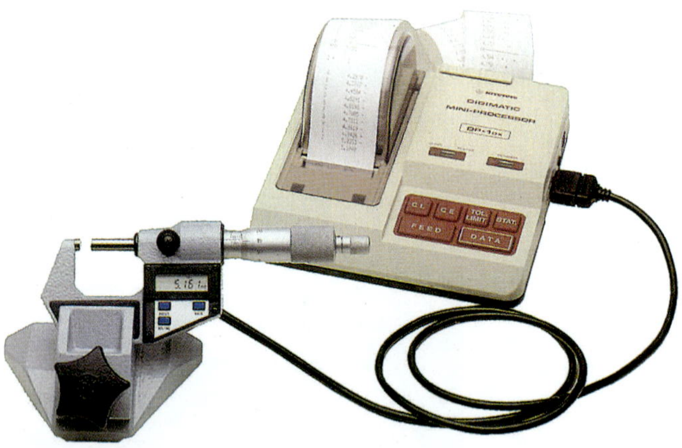

Micrometro elettronico collegato a un miniprocessore.

Micrometri per esterni a piattelli

Le superfici di contatto sono conformate a disco per misurare ruote dentate, lamine ecc.

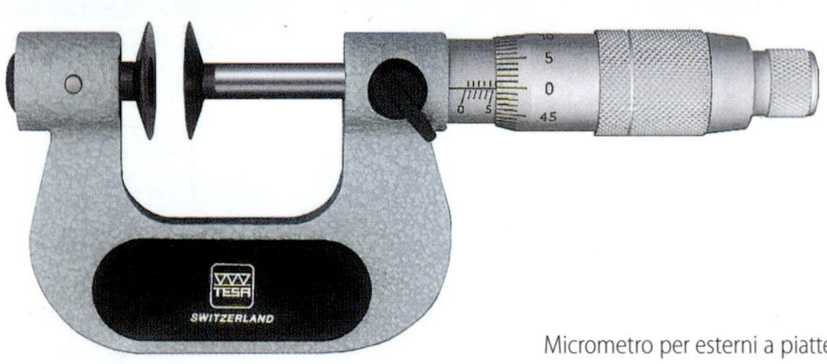

Micrometro per esterni a piattelli.

Micrometri per esterni filettati

L'asta mobile e l'incudine hanno particolari conformazioni (*punta conica* e *capruggine*) per facilitare il contatto con il filetto.

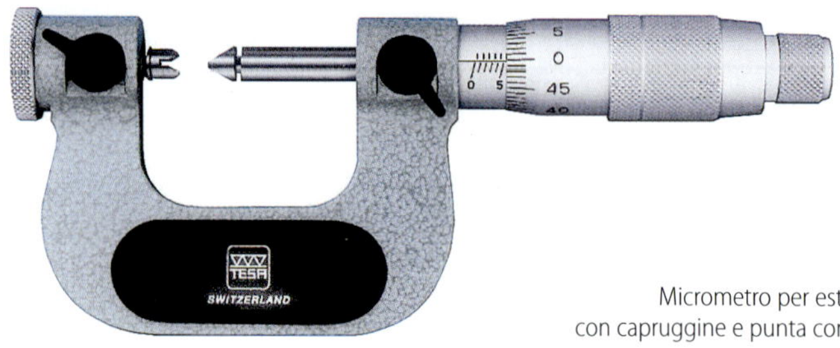

Micrometro per esterni con capruggine e punta conica.

Micrometri per profondità

Possiedono larghe facce d'appoggio solidali alla parte fissa dello strumento.

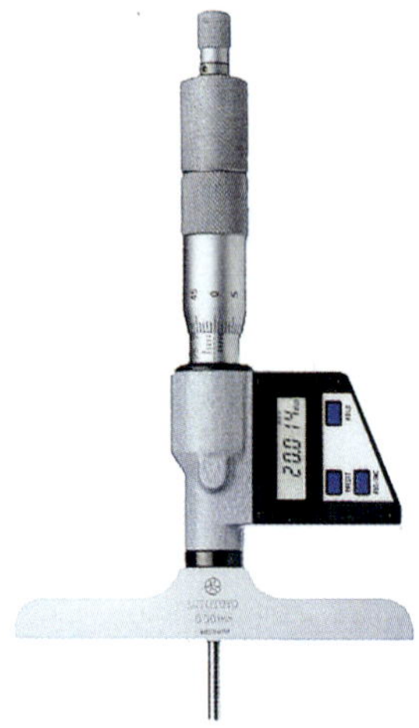
Micrometro per profondità a lettura digitale.

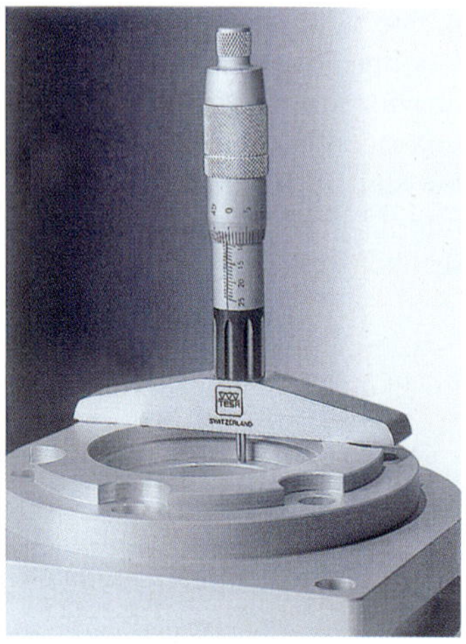
Misurazione eseguita con micrometro per profondità.

Micrometri per interni

Presentano diverse soluzioni per le superfici di contatto con le facce da misurare: con becchi misuratori, ad aste componibili ecc.

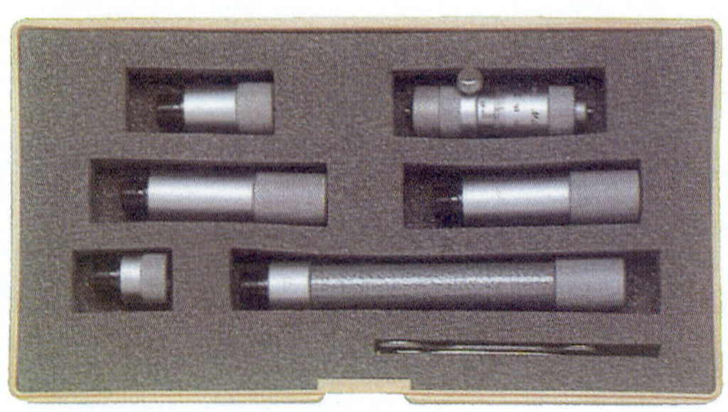
Micrometro per interni ad aste componibili.

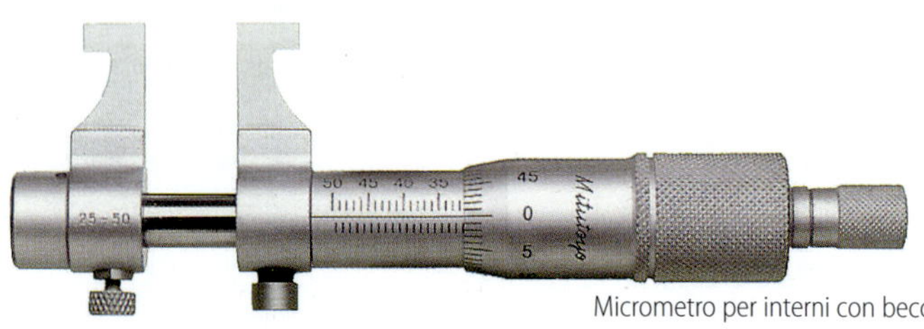

Micrometro per interni con becchi.

Comparatore

Al contrario dei precedenti, questo strumento non fornisce misure assolute (il loro valore effettivo) ma solo **misure per confronto** (comparazione: di qui il suo nome), cioè la differenza tra due grandezze misurate.

Caratteristiche funzionali

Il comparatore è fornito di un **tastatore**, mobile lungo il suo asse, che trasmette il suo movimento a un meccanismo amplificatore che aziona un indice su **quadrante**, diviso in 100 parti.

Se il tastatore si sposta di 1 mm, l'indice compie un giro intero. Pertanto, essendo il quadrante diviso in 100 parti, a ogni trattino del quadrante corrisponde uno spostamento di 0,01 mm.

Poiché questa è la più piccola misura che lo strumento può apprezzare, si deduce che *la risoluzione del comparatore è 0,01 mm.*

Sul quadrante è spesso presente un **contagiri**, che rileva i millimetri interi dello spostamento.

Lo strumento consente una escursione limitata al tastatore; normalmente *il suo campo di misura è di 10 mm.*

Esistono comparatori con risoluzioni più elevate (fino a 0,001 mm) ma con campi di misura più ristretti (1 mm).

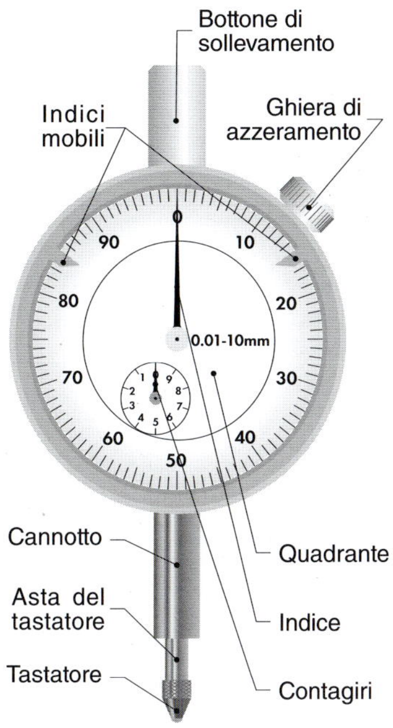

Caratteristiche costruttive

Il comparatore è racchiuso in una cassa metallica in acciaio o alluminio, chiusa anteriormente da uno schermo trasparente per la protezione del quadrante. Sul bordo dello schermo sono presenti due **indici mobili** per individuare i limiti di tolleranza prescritti per la misura.

Sotto la cassa si trova il **cannotto** per il fissaggio del comparatore sul supporto. Dal cannotto esce l'**asta del tastatore**, che termina con il **tastatore**, intercambiabile e dalla punta molto dura e resistente all'usura.

Sopra la cassa sporgono il **bottone di sollevamento** del tastatore e la **ghiera di azzeramento** dell'indice.

All'interno della cassa è alloggiato il meccanismo dello strumento, che amplifica lo spostamento del tastatore mediante diversi sistemi meccanici (cremagliera e ruota dentata, vite senza fine e ruota dentata, leve ecc.) o elettronici, ottici e pneumatici.

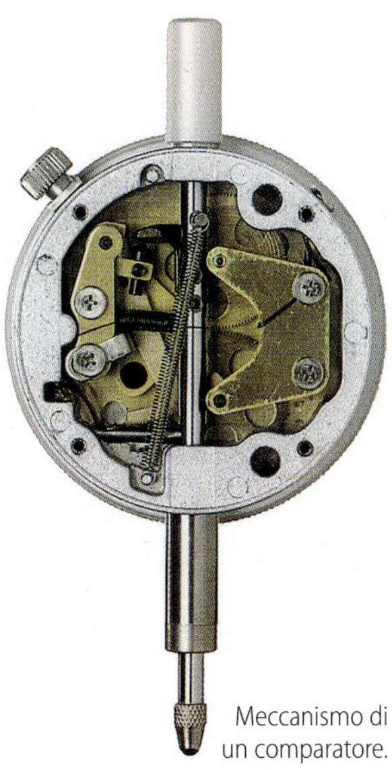

Meccanismo di un comparatore.

NOTA BENE

I comparatori sono sempre costruiti in modo che a un **sollevamento** del tastatore corrisponda una **rotazione dell'indice in senso orario**.

MODALITÀ D'USO

Fissaggio su supporto

Il comparatore deve innanzi tutto essere fissato su supporto. Esistono vari tipi di supporto:

- mobili, con bracci articolati, per misurazioni con pezzo poggiato su piano di riscontro;
- fissi, con piano d'appoggio perfettamente piano;
- magnetici, pneumatici ecc. per il posizionamento stabile su diversi tipi di superfici.

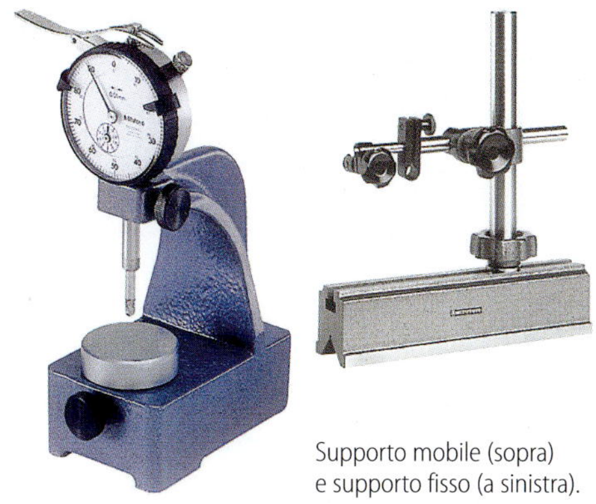

Supporto mobile (sopra) e supporto fisso (a sinistra).

Precarica

Come già accennato il tastatore ha una escursione limitata (usualmente 10 mm), segnalata nelle sue posizioni estreme dall'indice del contagiri. Affinché il tastatore possa salire o scendere senza creare pressioni nulle o eccessive sul pezzo, si ricorre alla *precarica.*

Si sistema il pezzo sotto la punta del tastatore, regolando l'altezza del comparatore in modo che l'indice del contagiri si trovi in posizione intermedia (in prossimità del valore 5).

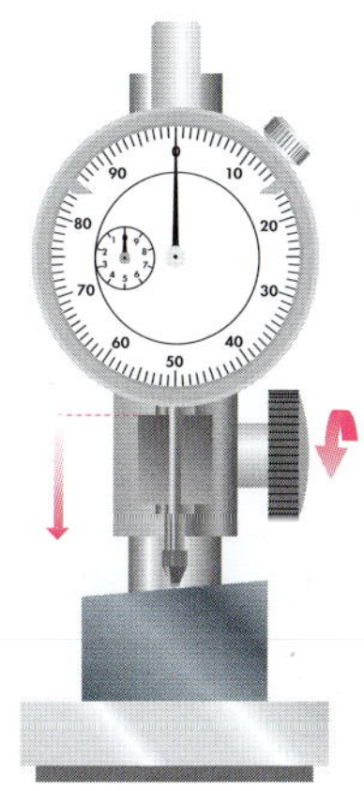

Dopo l'inserimento del pezzo si regola l'altezza dello strumento in modo che l'indice del contagiri si trovi in posizione mediana (intorno al tratto 5).

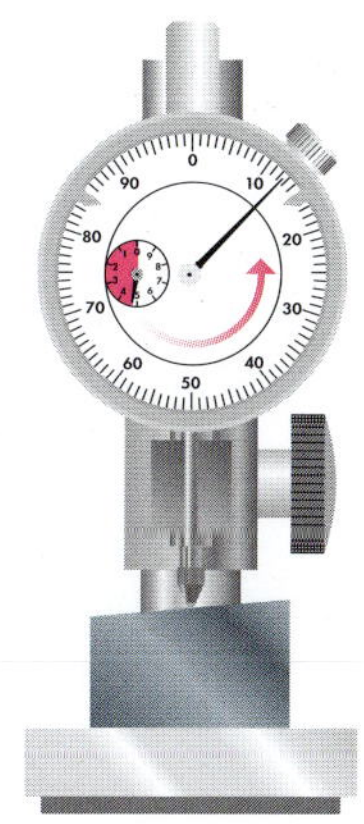

Azzeramento

Per leggere comodamente la differenza tra la prima misura (quella di riferimento) e la seconda, è opportuno eseguire l'azzeramento dell'indice subito dopo la prima misurazione.

Agendo sulla ghiera si può ruotare l'indice finché non coincide con lo zero della graduazione. Alcuni comparatori, privi di questa ghiera, consentono di ruotare il quadrante per farne coincidere lo zero con l'indice.

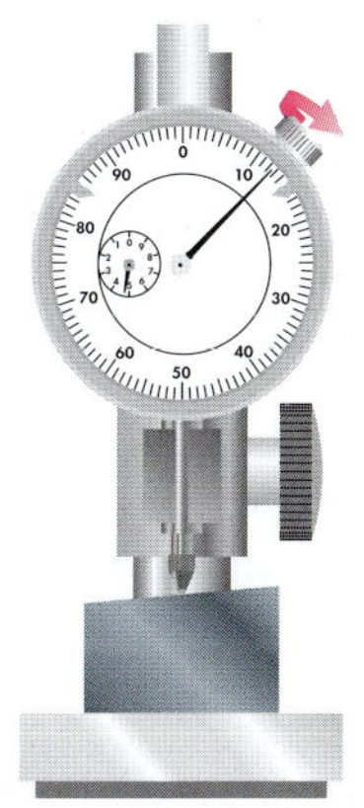

Ruotando la ghiera si può spostare la posizione dell'indice sul quadrante fino all'azzeramento.

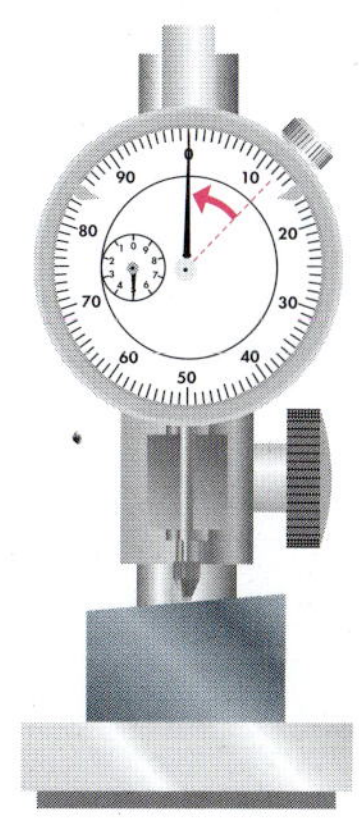

Misurazione e lettura

Azzerato lo strumento, questa posizione dell'indice mostra il *valore di riferimento* per il confronto con le successive grandezze.

Spostando il pezzo (o sostituendolo con altri) l'indice fornisce un nuovo valore (*valore finale*); la lettura si completa con il calcolo dello **scarto** (la differenza) tra i due valori. Si tenga presente che il valore finale può essere maggiore o minore di quello iniziale e che quindi lo *scarto può essere sia positivo sia negativo*. A questo scopo è essenziale controllare lo spostamento del contagiri.

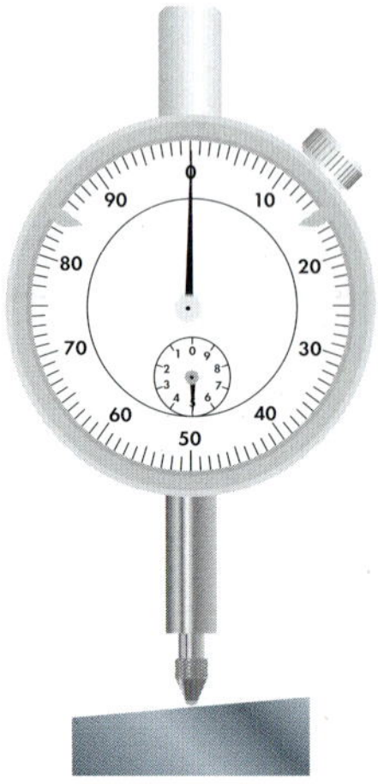

Valore di riferimento
5,00

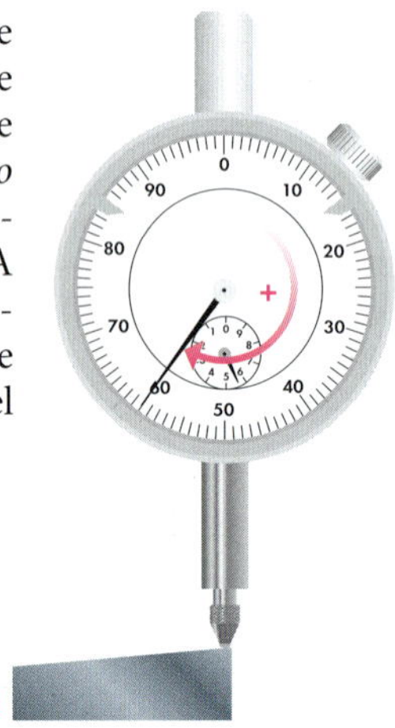

Scarto
5,60 – 5,00 = **+0,60**

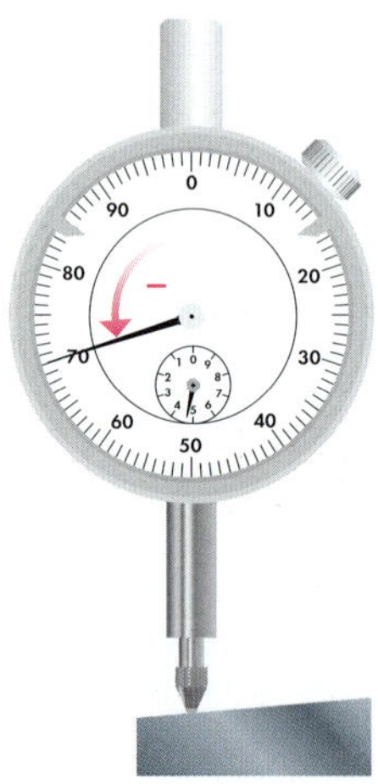

Scarto
4,70 – 5,00 = **–0,30**

NOTA BENE

Per facilitare il calcolo dello scarto la graduazione del quadrante porta talvolta una **doppia numerazione**: una per gli scarti positivi (l'indice si è mosso in senso orario e il contagiri presenta un incremento) ed una per gli scarti negativi (in caso opposto).

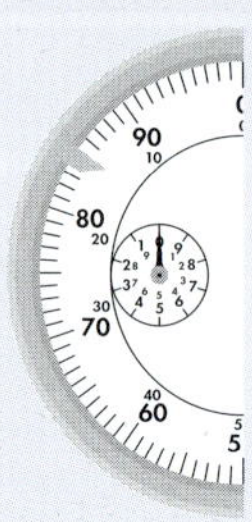

IMPIEGHI DEL COMPARATORE

Misura di una grandezza per confronto con un campione

La misura assoluta di una grandezza può essere rilevata assumendo come riferimento un campione di valore noto (per esempio un blocchetto piano-parallelo) e aggiungendo o sottraendo lo scarto segnalato dal comparatore.

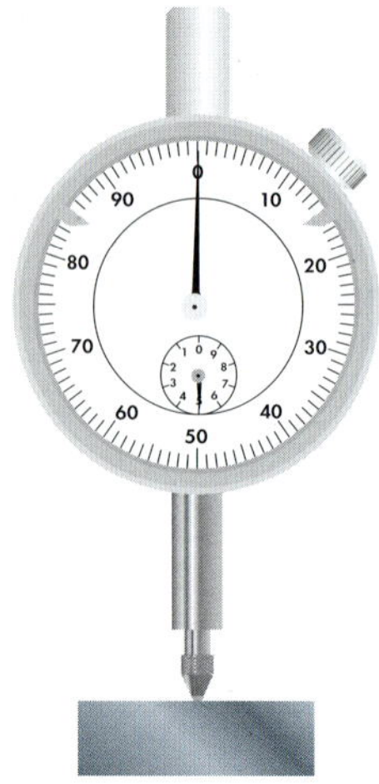

Misura di riferimento
15,00

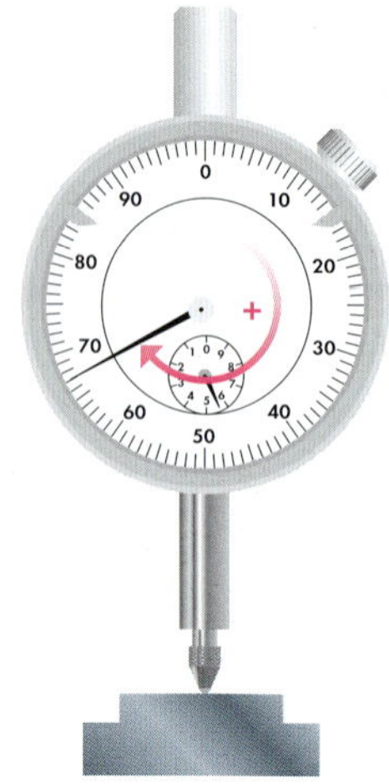

Scarto = +0,67
Misura = 15,67

Misura di una profondità

Azzerato lo strumento sulla prima altezza, si rileva lo scarto sulla seconda altezza, ottenendo direttamente la profondità.

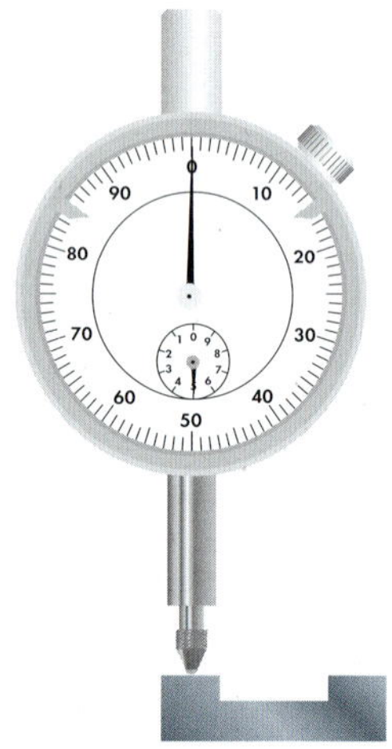

Valore di riferimento
5,00

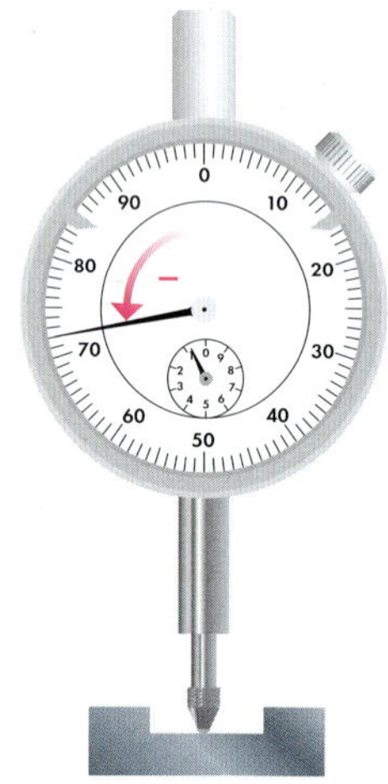

Scarto = 0,72 – 5,00 = –4,28
Profondità = 4,28

Controlli di planarità

Si eseguono misurazioni su diversi punti della superficie. Rilevati gli scarti superiore e inferiore, si esegue la somma dei loro valori assoluti, ottenendo il valore dell'*errore di planarità*.

Valore di riferimento = **5,00** Scarto superiore = **+ 0,06** Scarto inferiore = **– 0,08**
Errore di planarità = 0,14

Controlli di parallelismo, perpendicolarità, cilindricità e conicità

Anche in questi casi si eseguono misurazioni su diversi punti della superficie con specifici spostamenti del pezzo; per questi controlli il pezzo viene poggiato su piani di riscontro o bloccato su supporti speciali per misurare l'errore radiale.

COMPARATORI SPECIALI

Anche nel caso dei comparatori esistono molteplici varianti a seconda della destinazione d'uso o del formato d'uscita della misura.

Comparatori a lettura digitale

La misura è visualizzata su display. La lettura è rapida e sicura. I *comparatori elettronici possiedono risoluzione = 0,001 mm* e possono trasmettere i dati ad appositi processori per eventuali elaborazioni statistiche.

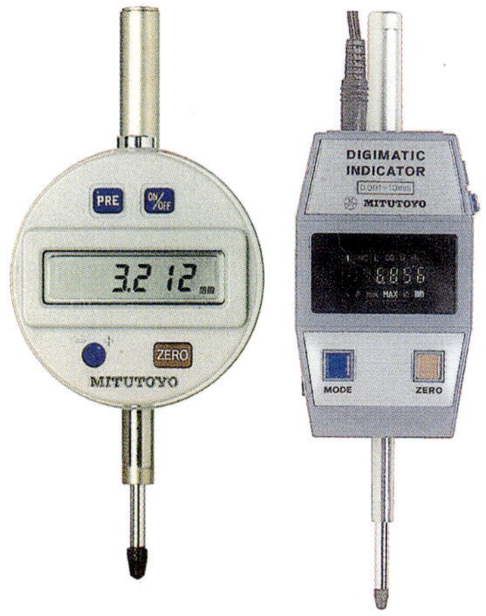

Comparatore a lettura digitale (a destra) e comparatore elettronico (a sinistra).

Comparatori per profondità

Larghe alette consentono un appoggio sicuro per questo tipo di misurazioni. L'asta del tastatore è intercambiabile per l'inserimento di eventuali prolunghe.

Comparatore per profondità.

Comparatori universali

Il tastatore è montato su asta orientabile per misurazioni in qualsiasi posizione.

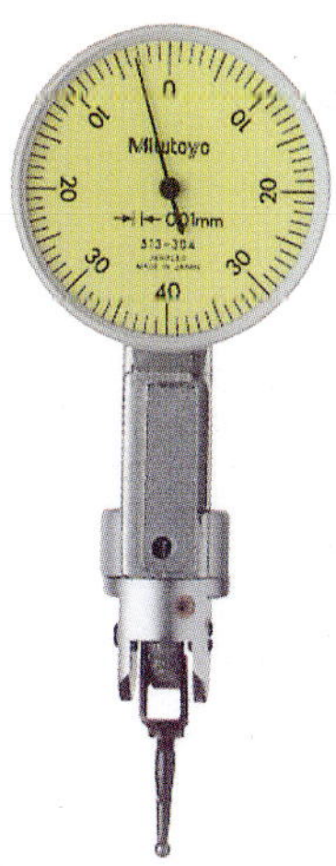

Comparatore universale.

Comparatori per spessori (spessimetri)

Destinati al controllo rapido di spessori, sono montati su uno stativo simile a quello del micrometro. Il tastatore può avere forme diverse (a piattello, a coltello, sferico).

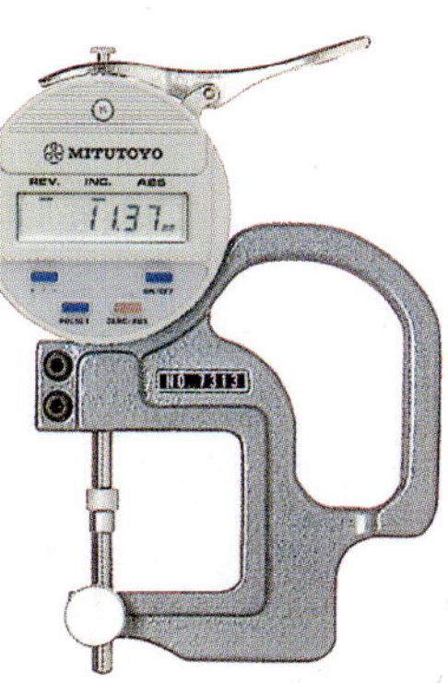

Comparatore per spessori.

Comparatori con bracci

Sono muniti di bracci di varia forma, lunghezza e superfici di contatto. Sono adatti alla misurazione di parti poco accessibili (fori, gole o cave su alberi e su fori, spessori di tubi). I bracci sono comandati da una leva o da un bottone.

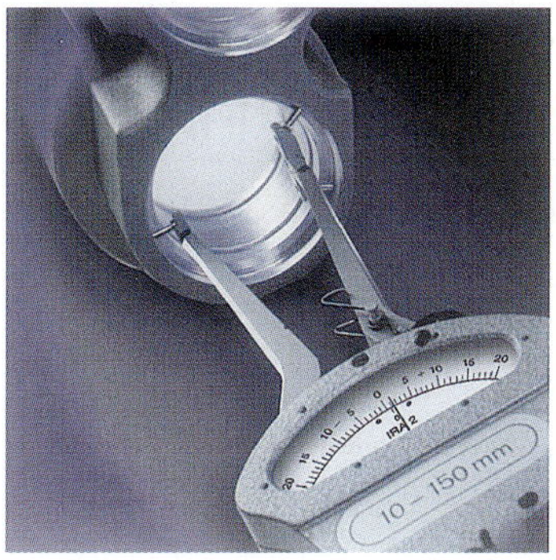

Misurazione di diamentro interno con comparatore a bracci tastatori.

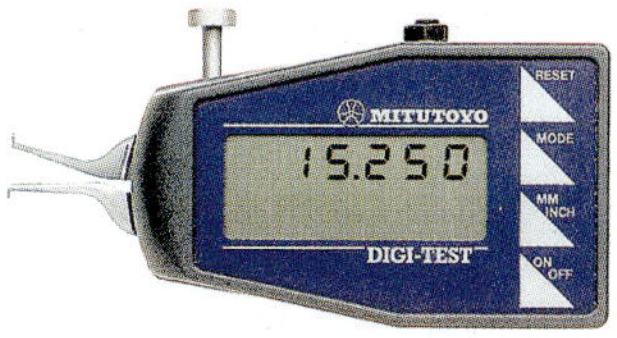

Comparatore elettronico a bracci tastatori.

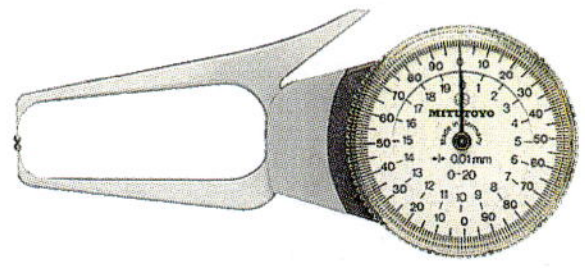

Comparatore a bracci tastatori.

Comparatori per alesaggi (alesametri)

Sono muniti di astine e tastatori intercambiabili per controllare l'alesaggio di fori. Lo strumento viene prima azzerato mediante calibri fissi ad anello.

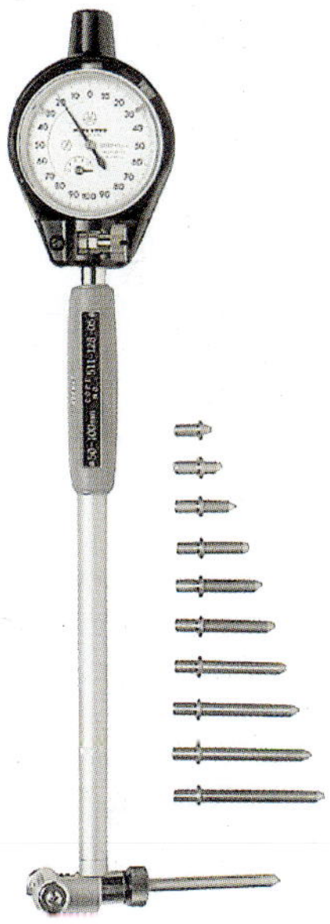

Alesametro con astine di ricambio.

Manutenzione e controllo

Lo strumento, per le sue caratteristiche di precisione, deve essere utilizzato e conservato con le ovvie precauzioni (pulizia, protezione da polveri, umidità e calore); ma deve anche essere sottoposto a verifiche periodiche del suo stato funzionale.

- *Tastatore*: se usurato o danneggiato deve essere sostituito.
- *Parti mobili*: lo scorrimento deve essere fluido e continuo, pulendo e lubrificando le parti interne ed esterne.
- *Carico di misura*: non deve superare il valore certificato dal costruttore (in genere mai superiore a 2 N).
- *Precisione*: la verifica si esegue con blocchetti piano-paralleli di cui si verifica lo scostamento tra le misure rilevate e quelle dichiarate sul campione; le diverse misurazioni si eseguono con intervalli di 0,1 mm lungo tutta la corsa del tastatore. Dall'elaborazione dei dati nelle zone di maggiore scostamento si verifica il valore della precisione certificato dal costruttore.

GLOSSARIO

Alesaggio: è il diametro di fori di particolare precisione e finitura superficiale.

Strumenti per misure angolari

Campioni materiali

Blocchetti angolari

Realizzati in acciaio temprato e lappato, particolarmente resistente all'usura e alla corrosione, possiedono garanzia di precisione e di stabilità nel tempo.

Hanno forma prismatica con due facce piane opposte che formano angoli tarati su un valore nominale impresso sul singolo blocchetto.

Se l'angolo è minore di 5° sul blocchetto è anche inciso il simbolo V, rivolto verso il vertice dell'angolo; ciò al fine di evitare incertezze nell'uso.

L'uso dei blocchetti angolari è prevalentemente quello del controllo e della taratura degli strumenti di lavoro.

Sono venduti in serie con assortimento di pezzi di angoli diversi; ciò consente di combinarli fino a formare l'angolo desiderato.

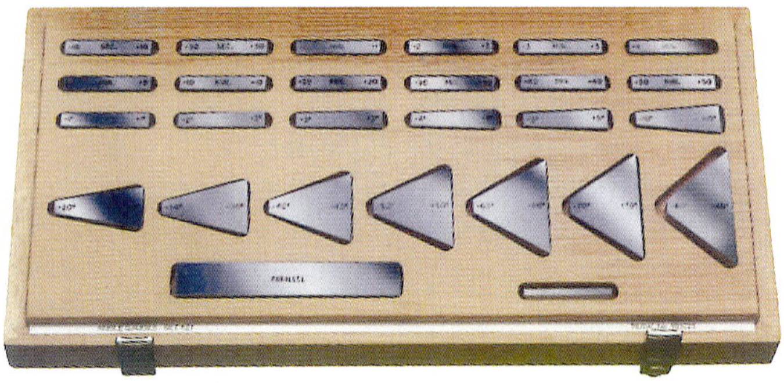

Serie di blocchetti angolari.

Nella combinazione si può realizzare una addizione oppure una sottrazione tra gli angoli a seconda se si attua una disposizione concorde (vertici dalla stessa parte) o una disposizione discorde (vertici da parti opposte), come nella figura a fianco. L'estrema levigatezza delle superfici consente una elevata adesione spontanea tra le facce a contatto.

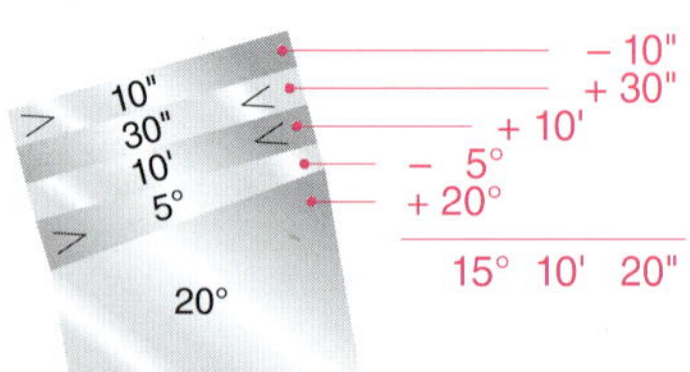

Assemblando diversi blocchetti in modo concorde o discorde si può ottenere un qualsiasi angolo.

Barra seno

Consiste in una barra d'acciaio di forma adatta a disporsi su due cilindri di diametro uguale, anch'essi in acciaio; la barra è conformata in modo che resti costante la distanza d'appoggio dei cilindri. Sollevando uno dei due appoggi di una certa altezza, il piano acquista una determinata inclinazione; utilizzando come appoggi delle composizioni di blocchetti piano-paralleli, si ottengono campioni di angoli molto precisi.

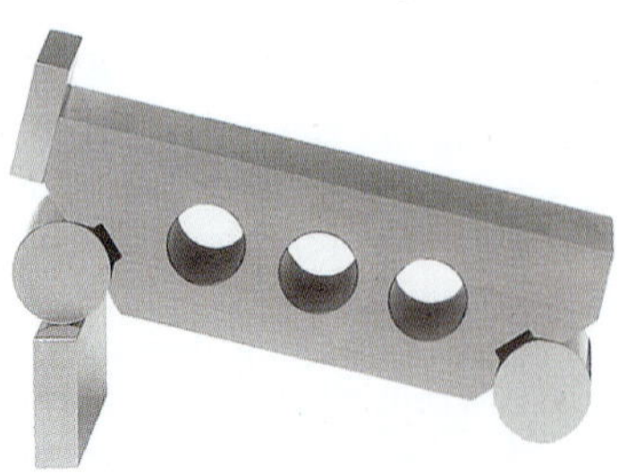

Barra seno poggiata su blocchetto piano-parallelo.

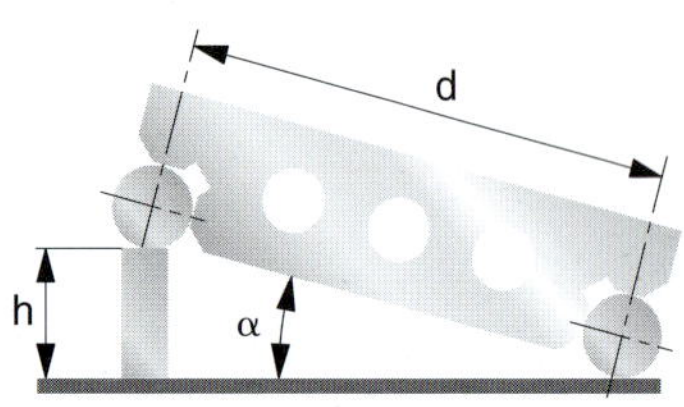

Al variare di h si può calcolare α mediante la relazione h/d = sen α.

Goniometro

Goniometro semplice

È costituto da un semicerchio graduato, al cui centro è imperniata un'asta mobile con indice.

Questo tipo di goniometro ha una *risoluzione massima di 1°*, pertanto esso è adatto a misurazioni abbastanza ordinarie.

Angoli ottusi o concavi possono essere misurati con le note relazioni geometriche.

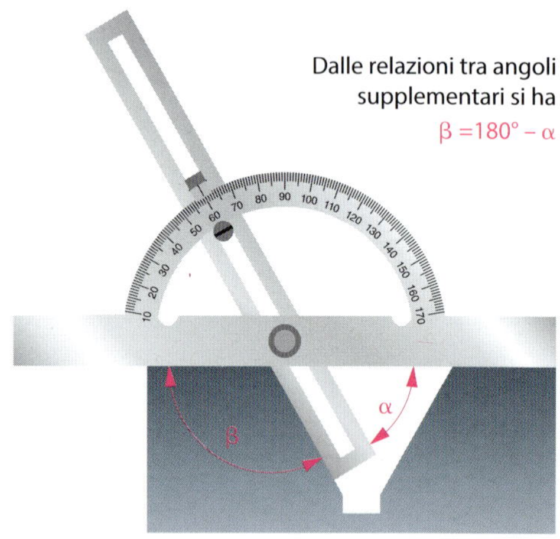

Goniometro semplice.

Goniometro universale

Presenta una risoluzione di 5', pertanto è adatto a misurazioni accurate. Consiste in un'**asta fissa** alla quale è solidale un **disco graduato**. Su di esso è imperniato un **disco mobile** a cui è fissata un'**asta mobile**. Viti con pomello servono al bloccaggio della parte mobile e alla regolazione dell'asta.

Sul disco mobile è incisa la **scala del nonio**, divisa in 12 parti, che consente di ottenere misure con risoluzione pari a 1°/12 = 5'. Talvolta, per favorire la lettura, viene applicata una lente d'ingrandimento sulla scala del nonio.

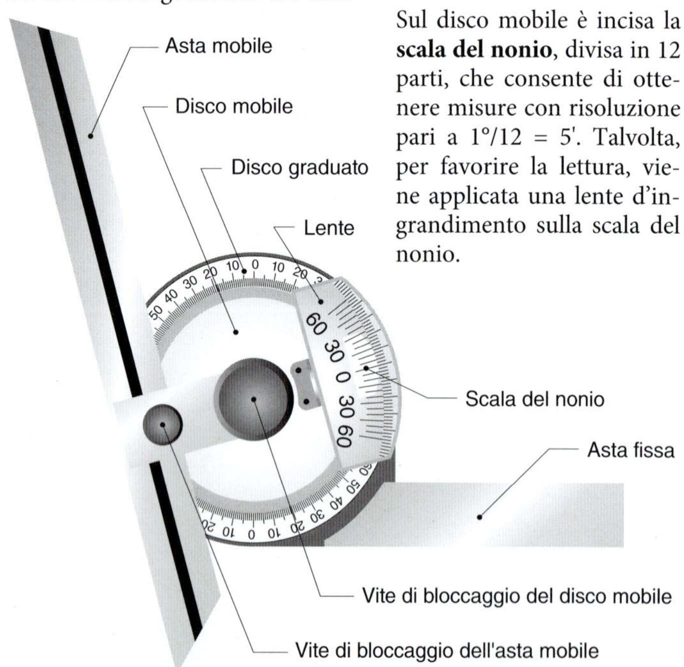

MEMO

Nel SI l'unità di misura degli angoli è il **radiante** (simbolo: rad).
Unità ammessa dal SI è il grado sessagesimale (simbolo: °) molto diffusa in tutto il mondo della tecnica.
Sottomultipli del grado sono:

- il **minuto di angolo** (simbolo ') equivalente a 1°/60;
- il **secondo di angolo** (simbolo ") equivalente a 1'/60.

Nonio angolare

Anche questo tipo di nonio è una scala aggiuntiva destinata a misurare frazioni dell'unità, in questo caso il *grado angolare*.

Lo zero del nonio funge da indice di lettura della parte intera della misura. Sia a destra sia a sinistra dello zero del nonio si sviluppa una scala graduata divisa in 12 parti uguali. Quindi ogni trattino della scala del nonio indica una frazione dell'unità pari a 1°/12 = 60'/12 = 5'. Il goniometro universale, grazie al nonio, possiede perciò una **risoluzione** = 5'.

Del nonio angolare esistono due varianti:

- nonio angolare semplice;
- nonio angolare doppio.

Il **nonio semplice** ha un'ampiezza totale di 11° con 12 divisioni; ognuna di esse è dunque ampia

$$11° : 12 = 660' : 12 = 55'$$

Quando lo zero del nonio coincide con lo zero della scala fissa, il primo trattino del nonio rispetto al primo trattino della scala fissa presenta uno scarto di

$$1° - 55' = 60' - 55' = 5'$$

che è appunto la risoluzione del goniometro universale.

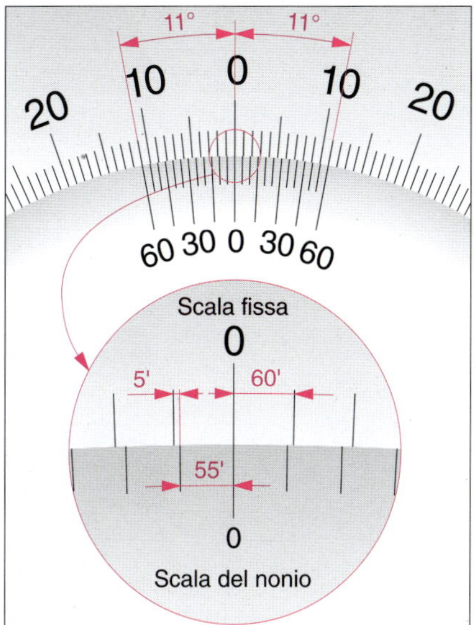

Nonio angolare semplice

Il **nonio doppio**, molto più diffuso, è anch'esso diviso in 12 parti uguali, ma la sua scala è ampia 23°. Pertanto ogni suo trattino corrisponde a un'ampiezza di

$$23° : 12 = 1380' : 12 = 115'$$

Anche in questo caso lo scarto tra un tratto del nonio e uno della scala fissa è

$$2° - 115' = $$
$$= 120' - 115' = 5'$$

Azzerato lo strumento si nota che solo il tratto 0 e l'ultimo tratto (di valore 60) sono allineati con tratti della scala fissa; dopo una rotazione di 5' sarà allineato solo il primo trattino, dopo 10' è allineato solo il secondo e così via con incrementi di 5'.

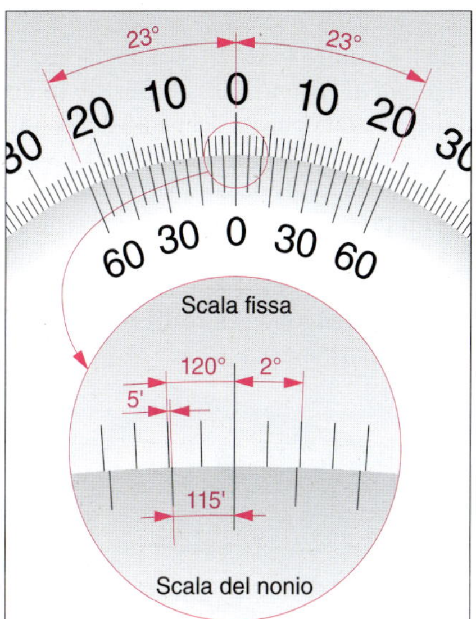

Nonio angolare doppio

Lettura del goniometro universale

La *parte intera* della misura (in *gradi*) si legge sulla scala fissa, vedendo dove si dispone l'indice mobile (lo zero della scala del nonio).

La *parte frazionaria* della misura (in *minuti* di grado) si legge sulla scala del nonio.

Il trattino di questa scala che collima con un tratto della scala fissa indica il valore da aggiungere alla parte fissa, ricordando che **ogni tratto ha valore di 5'**. Pertanto, se coincidesse (come in figura) il quarto trattino, il valore sarebbe 20'.

La collimazione del quarto trattino indica un valore di 20' (4 × 5') da aggiungere alla parte intera in gradi (7° in questo caso).

Attenzione:
- se lo zero della scala fissa si trova a sinistra dello zero del nonio, si deve leggere la scala del nonio verso destra;
- se lo zero della scala fissa è a destra dello zero del nonio, la parte del nonio da leggere è quella sinistra.

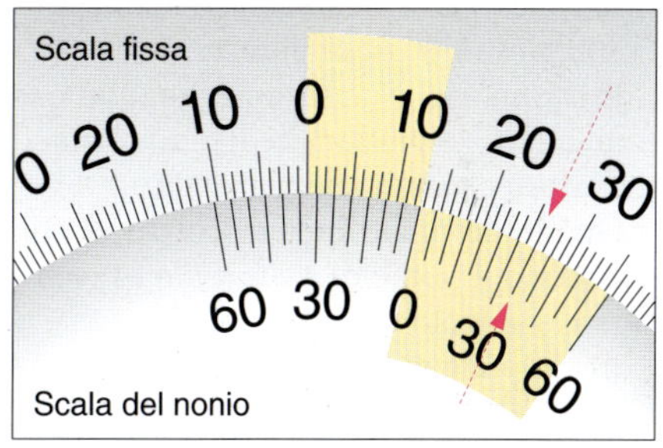

Lo zero della scala fissa è a sinistra di quello del nonio, quindi si usa la parte destra del nonio.

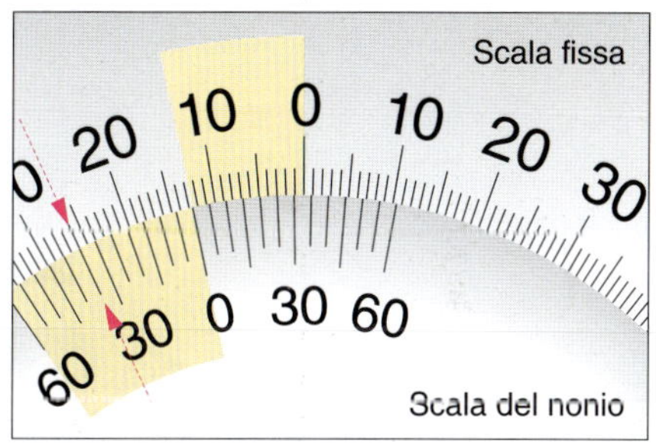

Lo zero della scala fissa è a destra di quello del nonio, quindi si usa la parte sinistra del nonio.

Esempi di lettura del goniometro universale con nonio doppio

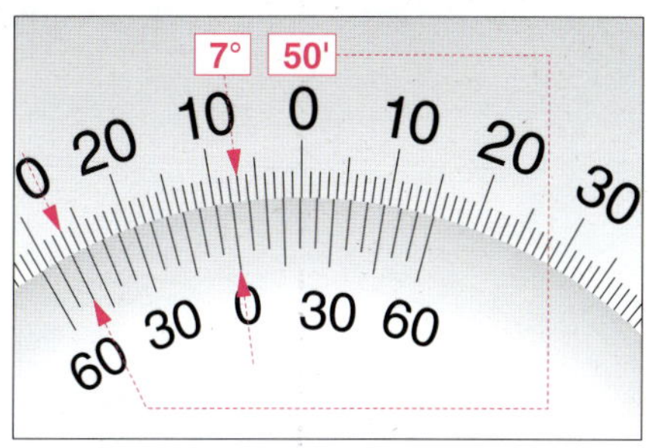

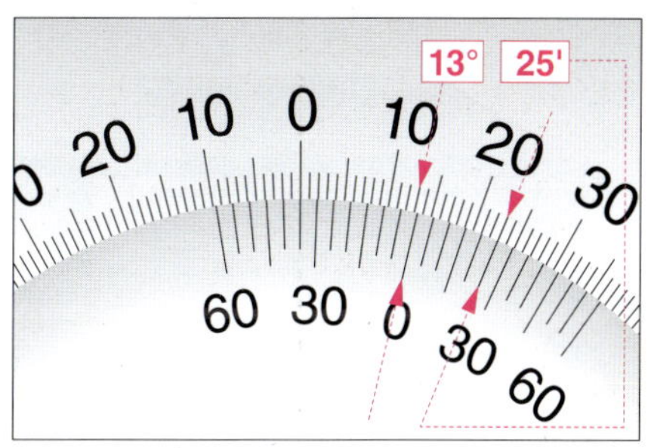

Strumenti di controllo

Questi strumenti non presentano indici o altro segnale di lettura delle misure; essi permettono solo una *verifica qualitativa* di alcune grandezze, un **controllo geometrico** di pezzi lavorati. Per l'immediatezza e la facilità d'uso, questi strumenti sono molto diffusi nelle lavorazioni d'officina per controllare la rispondenza geometrica del manufatto ai requisiti di progetto.

Essi hanno inoltre un ruolo importante sia come supporto agli strumenti di misura, sia come strumenti di controllo degli stessi.

In sintesi possono essere distinti in:

- strumenti di controllo della **planarità**;
- strumenti di controllo della **perpendicolarità**.

Strumenti di controllo della planarità

Righe di riscontro

Servono per controllare superfici piane e profili rettilinei. Il controllo si esegue visivamente, disponendosi controluce e verificando eventuali infiltrazioni di luce.

Esistono righe a sezione quadrata, rettangolare, a doppio T, triangolare; le più lunghe hanno forma di trave con arco inferiore, nervature e fori di alleggerimento.

Quelle destinate in particolare al controllo di profili rettilinei prendono il nome di *righe a filo* (o *guardapiani*) e sono rastremate verso lo spigolo di riscontro.

In generale sono realizzate in acciaio temprato con superfici di riscontro rettificate e lappate.

Righe a filo.

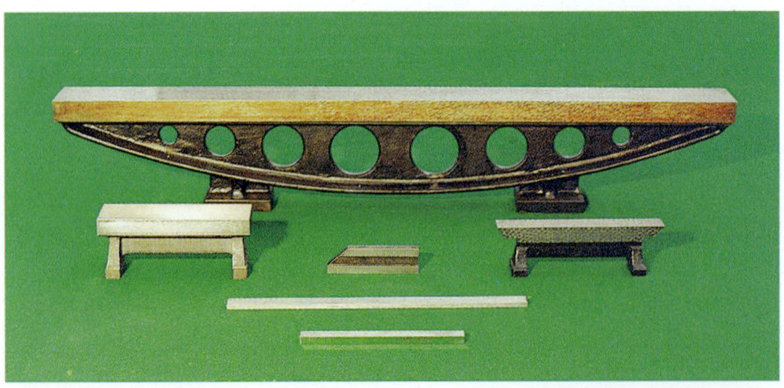

Righe di riscontro.

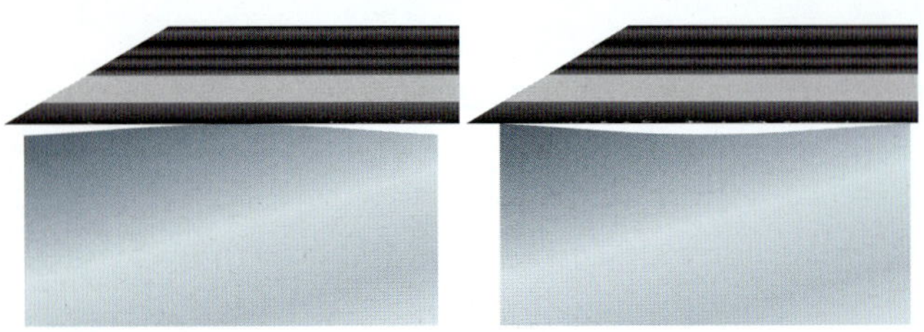

Uso delle righe a filo per il controllo di superfici piane.

Piani di riscontro

Sono strumenti essenziali per i controlli di planarità, ma anche per supportare strumenti di misura come il comparatore.

In generale hanno forma di parallelepipedo di dimensioni diverse, sostenuti da nervature e piedini oppure da una struttura d'appoggio. I piani di riscontro sono realizzati prevalentemente in ghisa o in granito.

I *piani di riscontro in ghisa* hanno la superficie di riscontro rettificata e lappata (oppure raschiettata), talora quadrettata con piccoli solchi.

I *piani di riscontro in granito* sono blocchi di roccia (*granito nero blu*) molto resistenti all'usura e alla deformazione, inattaccabili da acidi e agenti atmosferici. In genere sono poggiati su strutture di sostegno molto robuste e stabili.

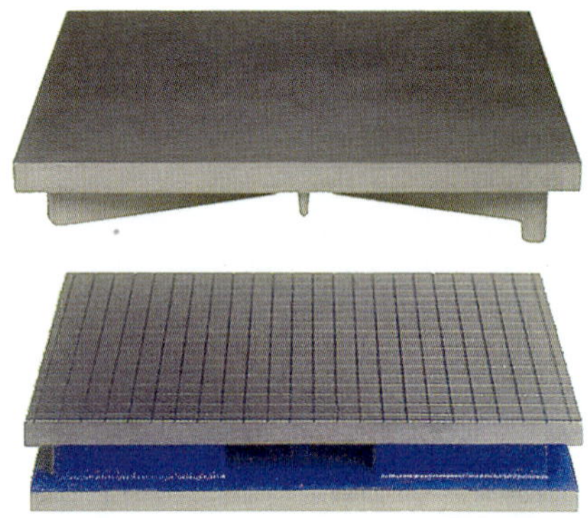

Piani di riscontro in ghisa.

Piano di riscontro in granito.

Per il controllo di facce piane si usa spesso il *metodo del colore su piano di riscontro*. Esso consiste in una fase preparatoria in cui, dopo accurata pulizia del piano di riscontro, si stende un velo sottile e uniforme di colorante (blu di Prussia o minio). Quindi si poggia sul piano la faccia da controllare, facendola ruotare in varie direzioni con pressione costante.

L'osservazione successiva della faccia del pezzo rivela zone prive di colore e quindi che non sono entrate in contatto con il piano; su di esse vengono poi realizzate ulteriori operazioni di correzione della planarità.

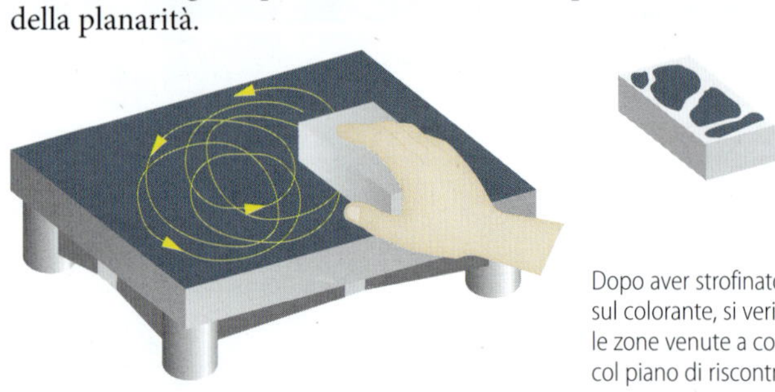

Dopo aver strofinato il pezzo sul colorante, si verificano le zone venute a contatto col piano di riscontro.

Dischi interferometrici

Sono dischi di vetro speciale per controlli di planarità di notevole accuratezza (scostamento di planarità = 0,1 μm). Con essi, infatti, si possono controllare le facce di misura di micrometri o di blocchetti piano-paralleli, ma sempre di dimensioni limitate.

Con facce perfettamente piane e parallele, i dischi sono realizzati in quarzo; questo materiale, attraversato da raggi luminosi, crea il fenomeno ottico dell'*interferenza*.

Quando le facce del disco sono poggiate sulla faccia da esaminare, all'osservatore risultano visibili delle *frange d'interferenza*, zone chiare o scure di forma e distanza diversa.

Se l'illuminazione è monocromatica, la visibilità delle frange interferometriche è più accentuata.

La forma delle frange rileva irregolarità nella superficie piana (concavità, convessità, deformazioni a sella) come illustrato di seguito.

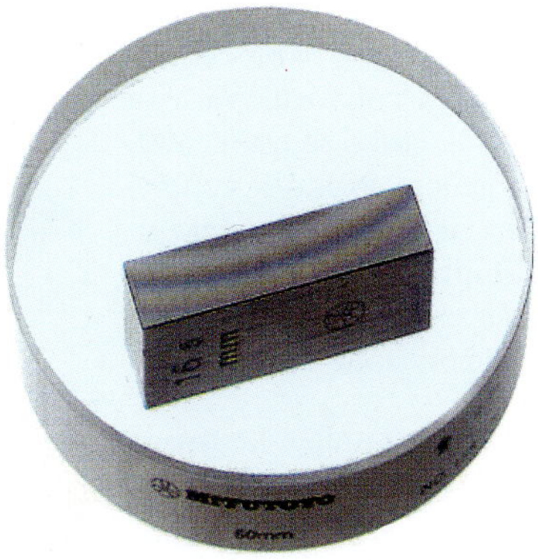

Controllo di planarità su un blocchetto piano-parallelo.

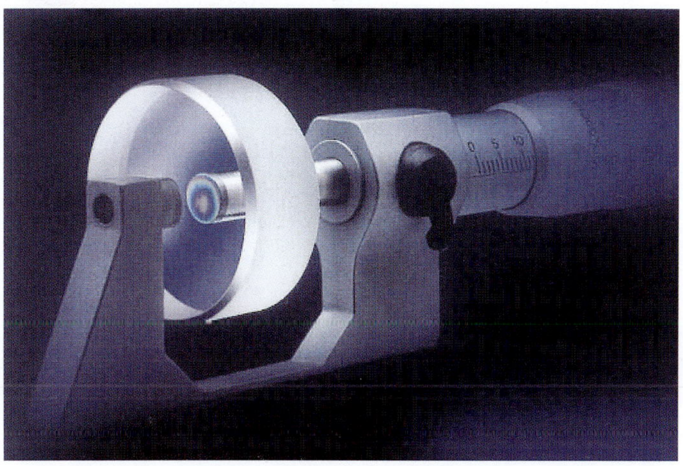

Controllo di planarità sulla faccia di misura di un micrometro.

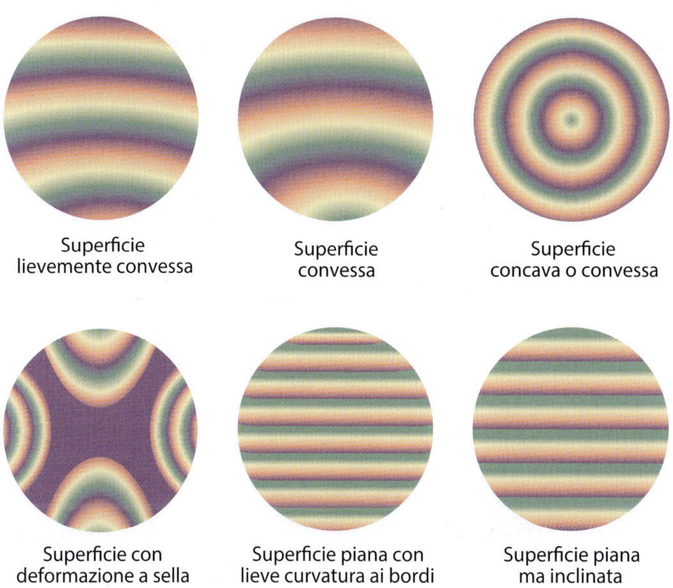

Strumenti di controllo della perpendicolarità

Squadre

Strumenti tra i più usuali in officina, le squadre sono prodotte in notevole varietà di forme, dimensioni e grado di precisione. Prevalentemente sono realizzate in acciaio temprato, ma per quelle di maggiori dimensioni è utilizzato anche il granito, più stabile e resistente dell'acciaio.

Il controllo di perpendicolarità con le squadre si esegue mediante appoggio della squadra alle due superfici e osservazione controluce di eventuali spiragli luminosi che segnalano angoli acuti o ottusi.

Squadre di controllo.

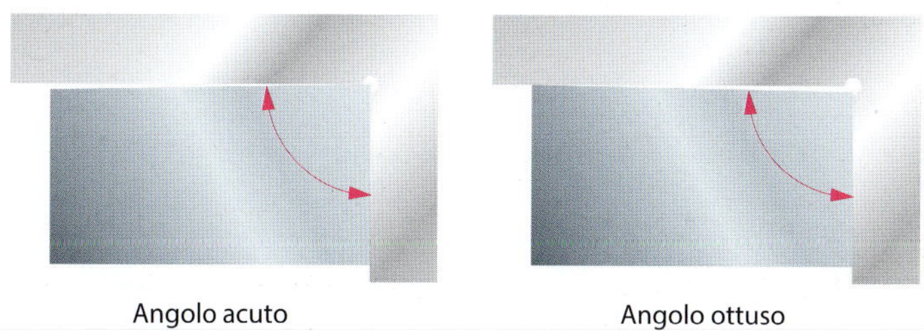

Cilindri di riscontro

Sono realizzati in acciaio o ghisa, in dimensioni diverse. La lavorazione dei cilindri prevede una notevole accuratezza sia della superficie cilindrica, che viene rettificata, sia della perpendicolarità delle basi rispetto all'asse.

Poggiato il cilindro su un piano di riscontro, si accosta il pezzo da controllare al suo profilo e si rilevano eventuali infiltrazioni luminose che rivelano errori di perpendicolarità.

Il controllo mediante cilindri è in genere più affidabile di quello con squadre, tanto che le squadre stesse vengono controllate mediante cilindri.

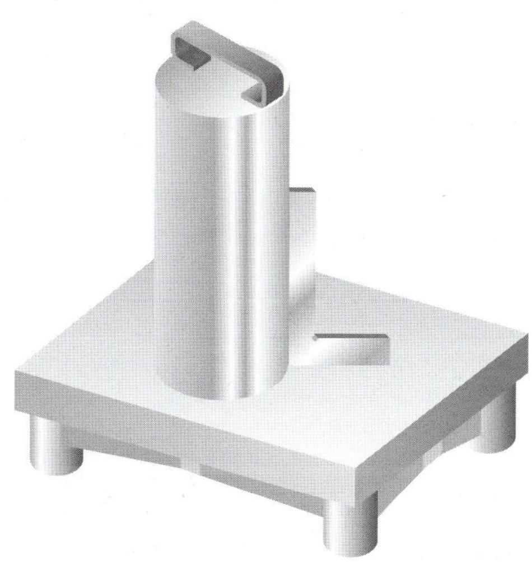

Controllo di una squadra con piano e cilindro di riscontro.

Attrezzature complementari

Strumenti di riporto

Servono a rilevare dimensioni lineari o angolari, per poi riportarle su uno strumento di misura; facilitano le misurazioni, specialmente quando i pezzi sono ingombranti o pesanti, ma aumentano l'incertezza della misura.

Compassi. Hanno forme e dimensioni diverse, a seconda della conformazione del pezzo e della dimensione da misurare. In genere sono realizzati in acciaio temprato.

Truschini. Sono supporti articolati e regolabili, che sostengono una asticella, spesso costituita da un'affilata punta a tracciare. Servono per riportare altezze rispetto a un piano di riferimento, utilizzando a questo scopo un piano di riscontro.

False squadre. Servono per il riporto di dimensioni angolari. Sono squadre con bracci incernierati su una vite con pomello. In alcuni casi la cerniera è scorrevole.

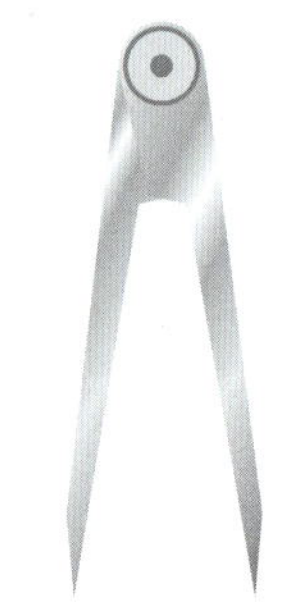

Compasso semplice

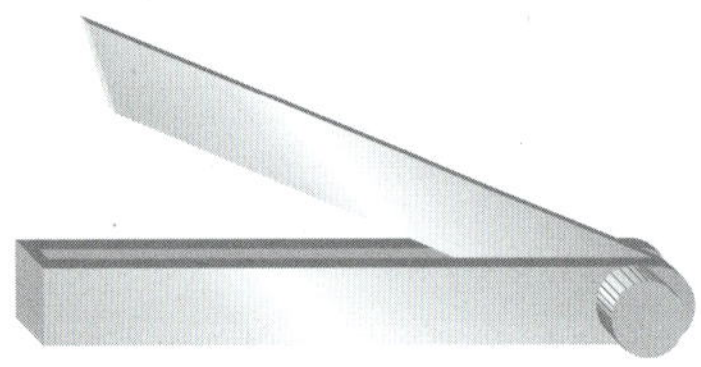

Falsa squadra a cerniera fissa

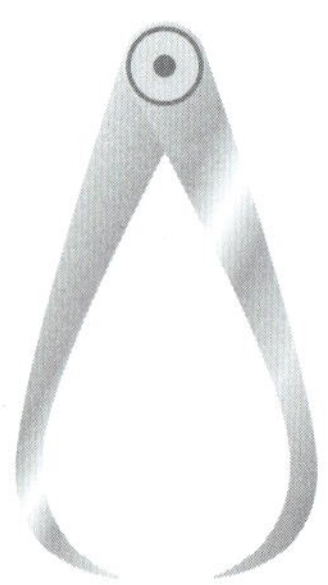

Compasso per alberi

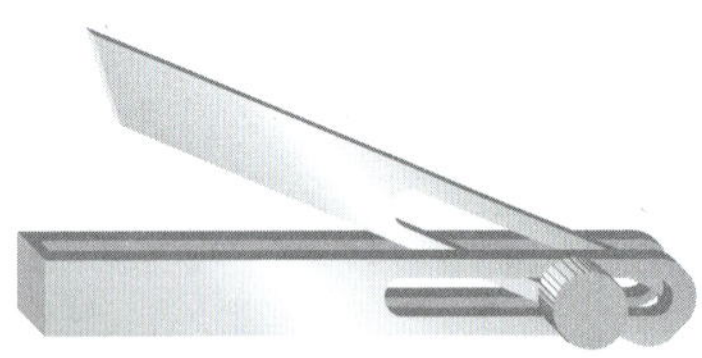

Falsa squadra a cerniera scorrevole

Compasso per fori

Truschini universali

Supporti

Sono attrezzature per poggiare stabilmente o fissare pezzi da sottoporre a misurazioni. I supporti sono indispensabili quando i pezzi hanno forma cilindrica o irregolare.

Prismi. Sono blocchetti d'acciaio con forme varie (a V, a X, con o senza incavi), in genere forniti a coppie, per facilitare l'appoggio di cilindri di notevole lunghezza; sono talvolta corredati con staffe di serraggio.

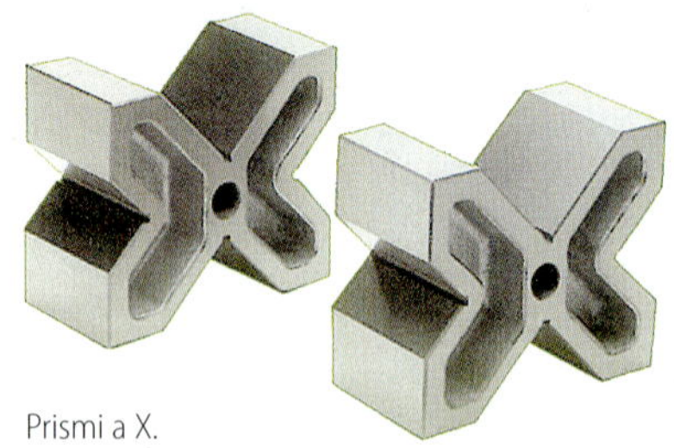

Prismi a X.

Morse. Semplici o articolate, sono impiegate per serrare pezzi in posizione comoda; alcune morse di precisione hanno facce di serraggio rettificate.

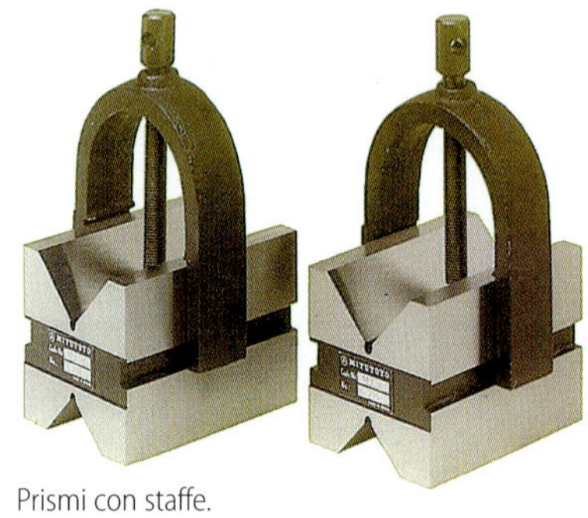

Prismi con staffe.

Squadre di fissaggio. Con asole o scanalature a T, bloccano il pezzo poggiato su un piano perpendicolare a quello di riferimento.

Banchi prova. Permettono di fissare elementi cilindrici con eventuale rotazione o traslazione lungo l'asse; presentano punte e contropunte sostenute da strutture regolabili.

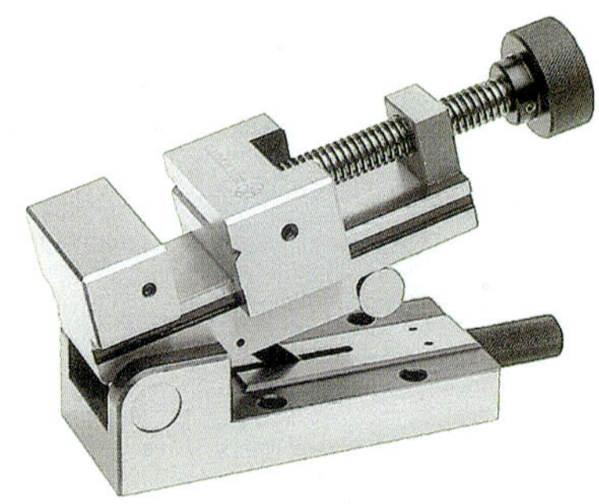

Morsa articolata di precisione.

NOTA BENE

Alcuni supporti sono già stati citati nelle pagine precedenti:

- piani di riscontro;
- supporti per micrometri;
- supporti per comparatori.

Squadra di fissaggio con asole.

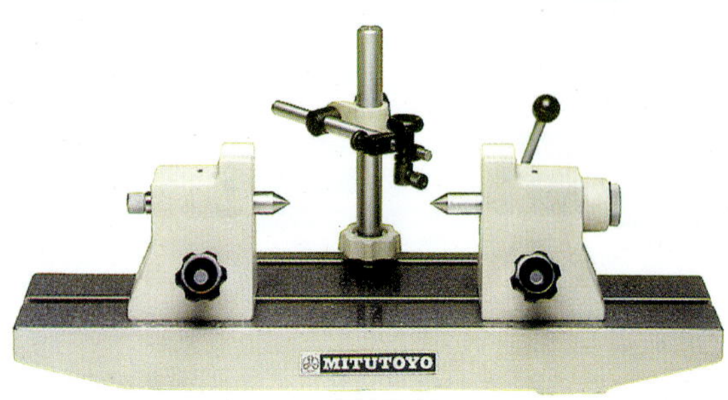

Banco di prova per controlli radiali.

Sulla metrologia abbiamo imparato...

SISTEMA INTERNAZIONALE (SI)

- **Unità fondamentali**
  - metro (m)
  - secondo (s)
  - kilogrammo (kg)
  - kelvin (K)
  - ampere (A)
  - candela (cd)
  - mole (mol)
- **Unità supplementari**
  - radiante (rad)
  - steradiante (sr)
- **Unità derivate**
  Area, volume, velocità lineare, forza, carica elettrica ecc.
- **Scrittura di una misura**
  Il valore numerico precede l'unità di misura (esempio: 23 mm e non mm 23)

CARATTERISTICHE DEGLI STRUMENTI DI MISURA

- **Strumenti analogici**: la misura è fornita da un indice mobile su una scala fissa.
- **Strumenti digitali**: la misura è leggibile su un display.

- **Portata**: misura massima fornita dallo strumento.
- **Campo di misura**: intervallo tra misura massima e minima rilevabile dallo strumento.
- **Risoluzione**: minima misura rilevabile dallo strumento.

CALIBRO A CORSOIO

- **Scala fissa**: fornisce la lunghezza in mm secondo la posizione dello 0 della scala del nonio.
- **Scala del nonio**: fornisce la frazione di mm secondo la posizione del suo trattino allineato con uno della scala fissa.

Calibro decimale
Ogni trattino del nonio vale 1/10 (0,1) mm

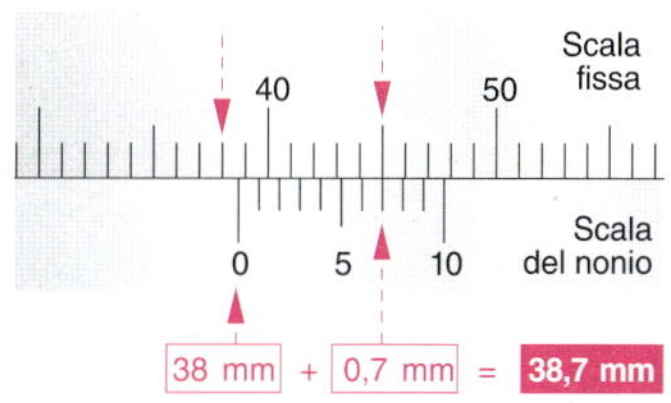

Calibro ventesimale
Ogni trattino del nonio vale 1/20 (0,05) mm

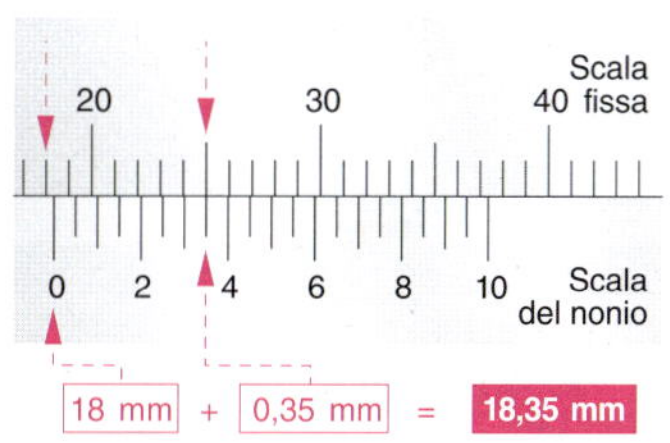

Calibro cinquantesimale
Ogni trattino del nonio vale 1/50 (0,02) mm

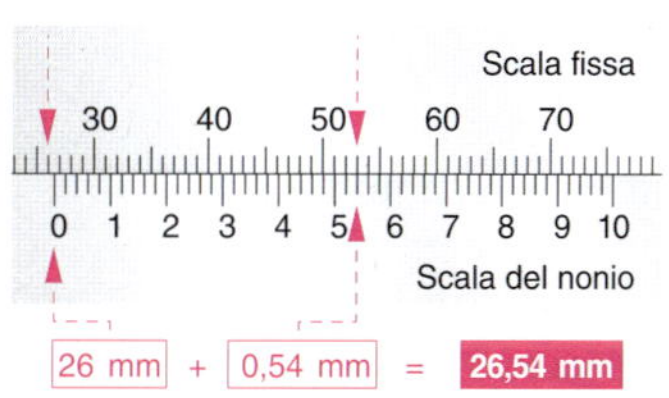

MICROMETRO

- **Risoluzione**: 1/100 (0,01) mm.
- **Scala dei millimetri interi**: fornisce la lunghezza in mm secondo la posizione del lembo del tamburo.
- **Scala dei mezzi millimetri**: se è visibile un suo trattino successivo a quello di lettura dei millimetri, bisogna aggiungere 0,5 mm.
- **Scala dei centesimi di mm**: la sua graduazione permette di aggiungere alle precedenti rilevazioni un altro valore.

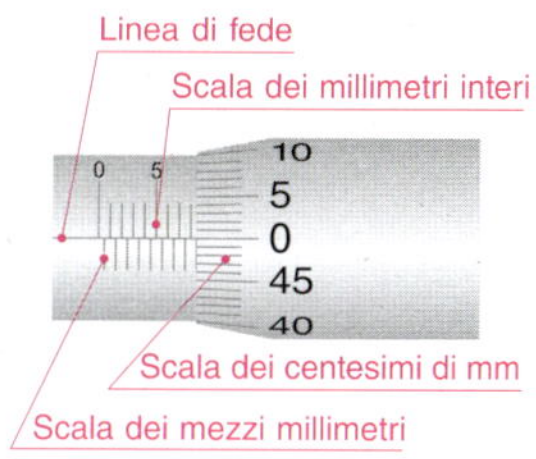

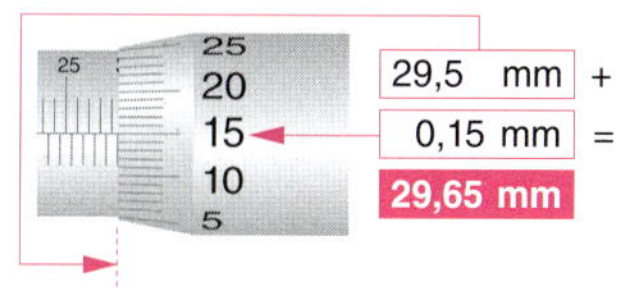

Esempio di lettura

COMPARATORE

- **Risoluzione**: 1/100 (0,01) mm

Modalità d'uso

- **Fissaggio al supporto**
- **Precarica**: regolazione dell'altezza finché l'indice del contagiri si trova in posizione mediana.
- **Azzeramento**: rotazione della ghiera finché l'indice si disponga sullo zero; si ha il *valore di riferimento*.
- **Lettura**: dopo spostamento del pezzo, l'indice permette di avere lo *scarto* dal valore di riferimento.

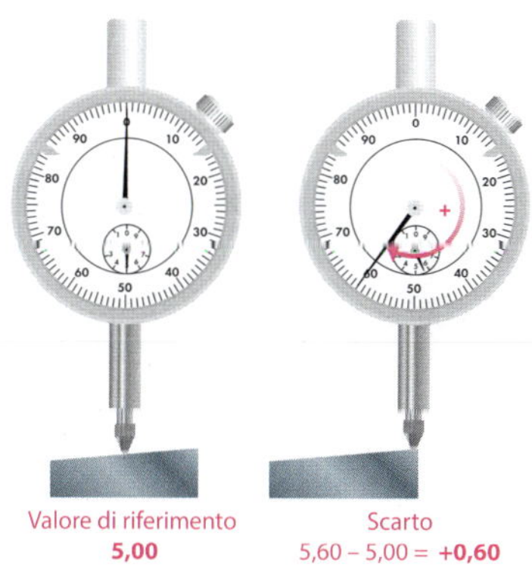

GONIOMETRO UNIVERSALE

- **Risoluzione**: 1/12° = 5'
- **Scala fissa**: fornisce il valore dei gradi secondo la posizione dello zero del nonio.
- **Scala del nonio**: 12 parti sia a sinistra sia a destra dello zero; ognuna equivale a 5'. La frazione di grado si legge sul trattino del nonio che collima con uno della scala fissa.

Lo zero della scala fissa è a sinistra di quello del nonio, quindi si usa la parte destra del nonio.

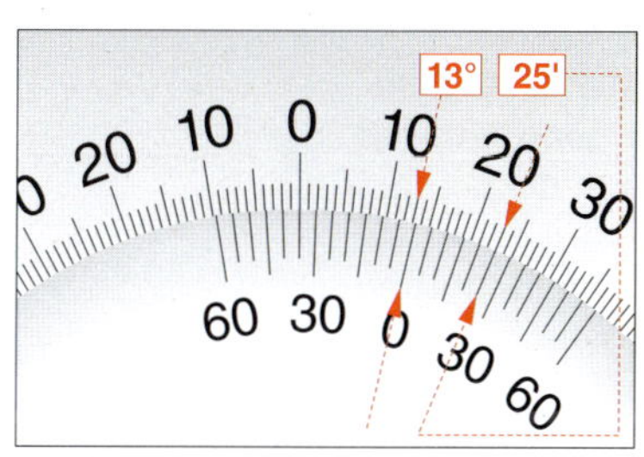

Esercitazioni

Leggi le misure indicate dalla scala fissa e dal nonio dei diversi tipi di calibro.

CALIBRO DECIMALE

ESERCITAZIONE 1
GUIDATA

1 Sulla scala fissa il trattino a sinistra dello zero del nonio fornisce i millimetri (in questo caso 3 mm).

2 Il trattino del nonio allineato con uno della scala fissa ci dà i decimi di millimetro (in questo caso 5 decimi = 0,5 mm).

3 La somma delle due misure parziali fornisce la misura completa.

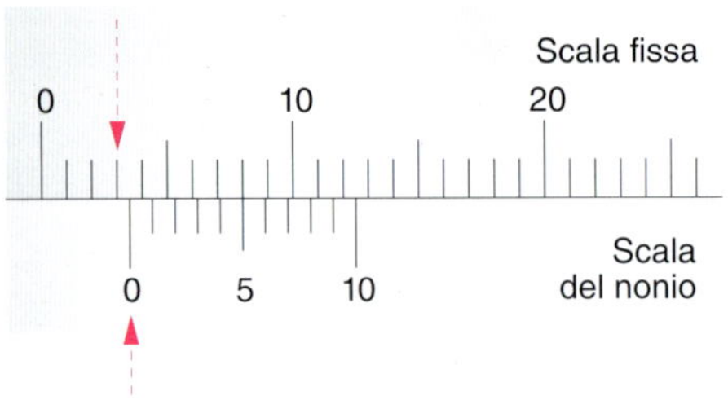

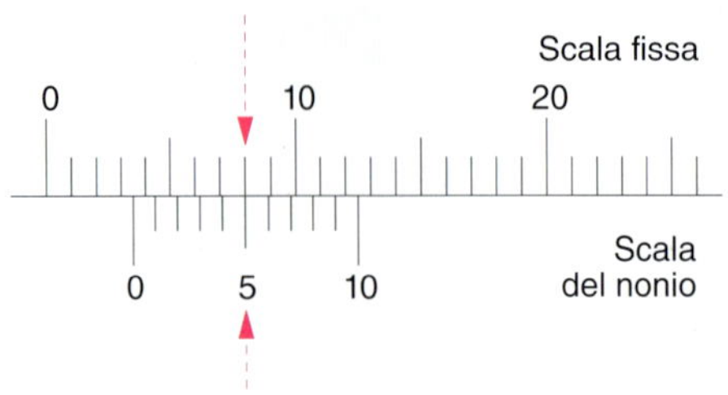

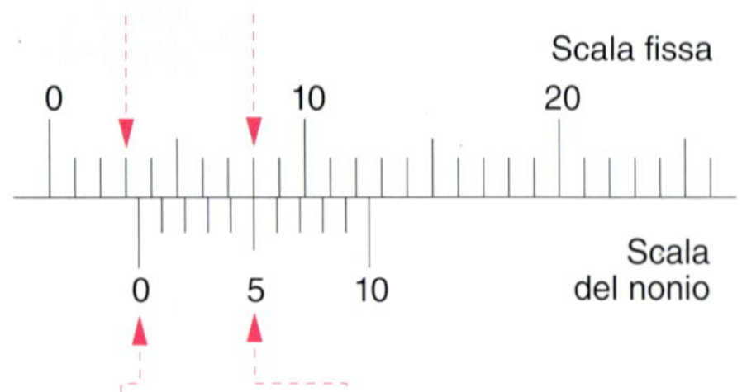

...... mm + ... mm = ... mm

ESERCITAZIONE 2
CON SUGGERIMENTO

IL PRIMO PASSO I millimetri sono indicati dallo zero del nonio; in questo caso non ci sono ulteriori frazioni di millimetro perché l'ultimo trattino del nonio è allineato con uno della scala fissa.

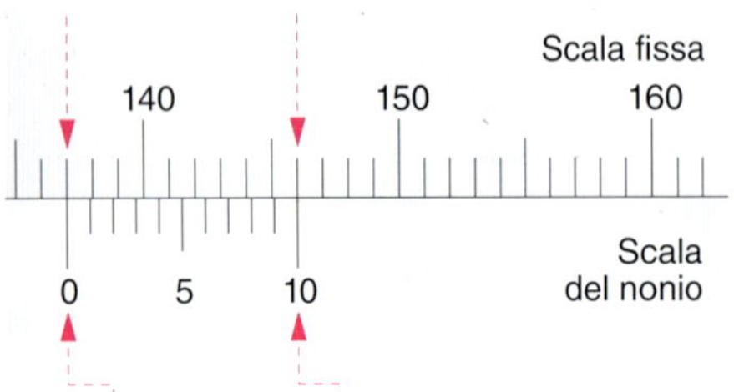

...... mm + ... mm = ... mm

ESERCITAZIONE 3
CON SUGGERIMENTO

IL PRIMO PASSO I millimetri indicati dallo zero del nonio si sommano ai decimi rilevabili dal trattino del nonio allineato con uno della scala fissa (in questo caso 9 decimi).

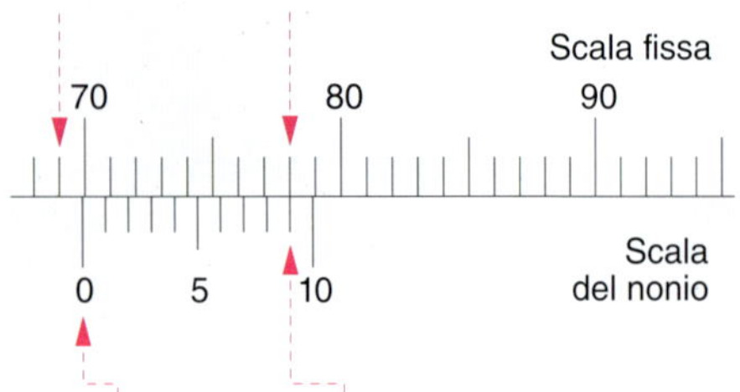

...... mm + ... mm = ... mm

CALIBRO DECIMALE DOPPIO

ESERCITAZIONE 4
GUIDATA

1 Sulla scala fissa lo zero del nonio ci dà i millimetri (in questo caso 1 mm).

2 L'ultimo trattino del nonio è allineato con uno della scala fissa (quindi zero decimi di mm).

3 La somma delle due misure parziali fornisce la misura completa.

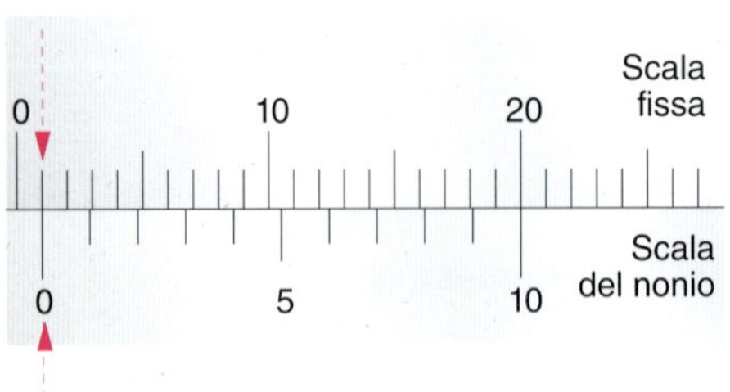

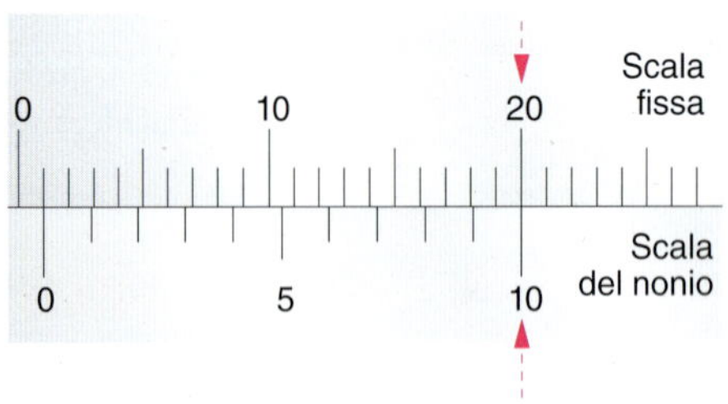

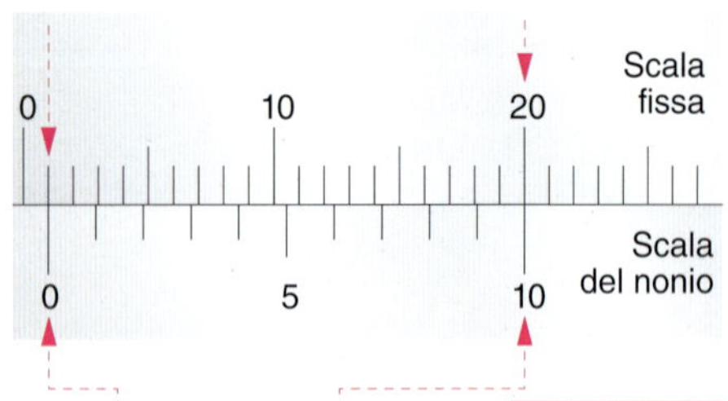

...... mm + ... mm = ... mm

ESERCITAZIONE 5
CON SUGGERIMENTO

IL PRIMO PASSO I millimetri sono indicati dallo zero del nonio; i decimi si leggono sul nonio con il trattino più prossimo all'allineamento con uno della scala fissa.

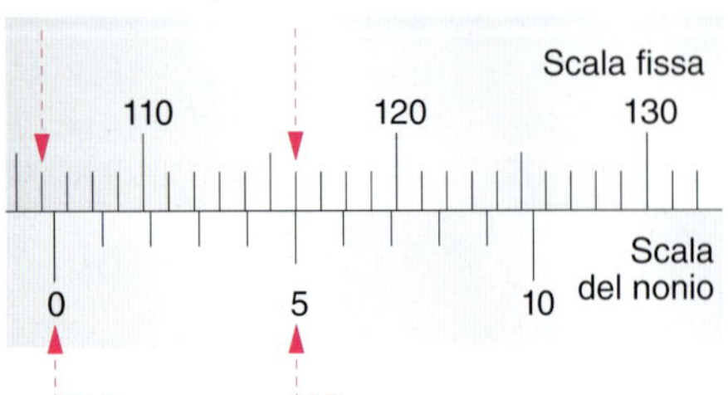

...... mm + ... mm = ... mm

ESERCITAZIONE 6
CON SUGGERIMENTO

IL PRIMO PASSO I millimetri indicati dallo zero del nonio si sommano ai decimi rilevabili dal trattino del nonio allineato con uno della scala fissa (in questo caso 3 decimi).

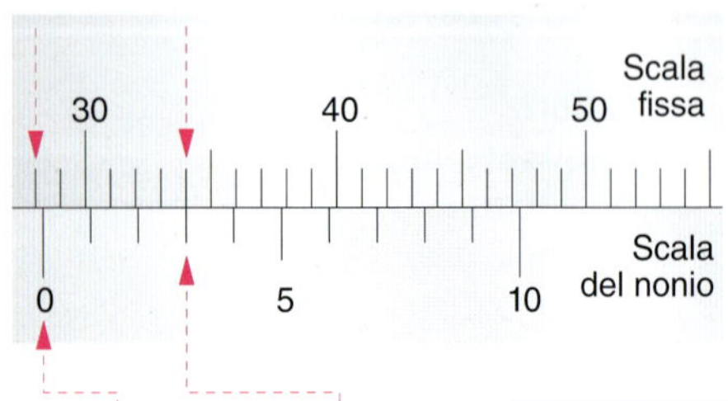

...... mm + ... mm = ... mm

Leggi le misure indicate dalla scala fissa e dal nonio dei diversi tipi di calibro.

CALIBRO VENTESIMALE

ESERCITAZIONE 7
GUIDATA

1 Sulla scala fissa il trattino a sinistra dello zero del nonio fornisce i millimetri (in questo caso 49 mm).

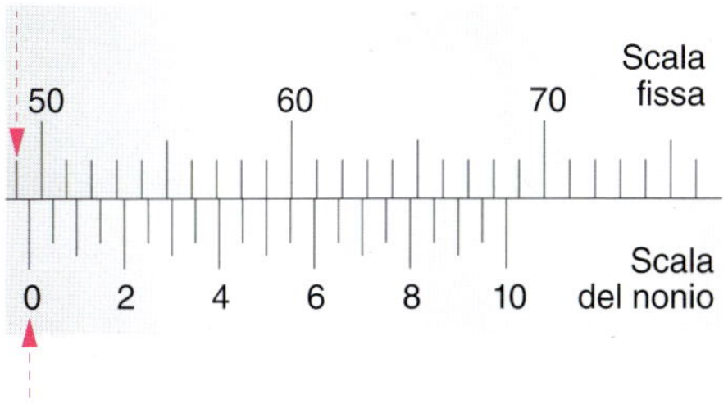

2 Il trattino del nonio allineato con uno della scala fissa ci dà i ventesimi di millimetro (in questo caso 10 ventesimi = 0,50 mm).

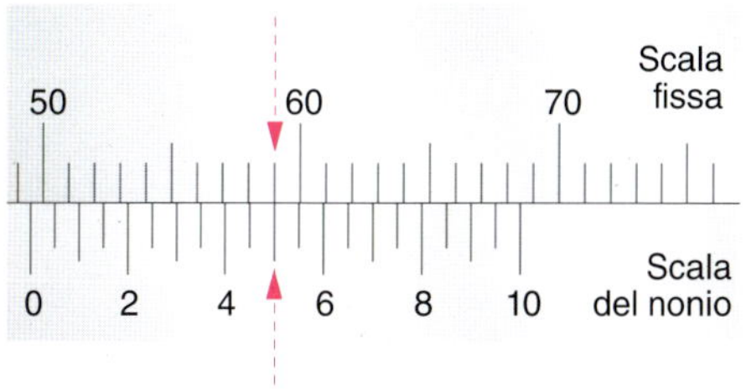

3 La somma delle due misure parziali fornisce la misura completa.

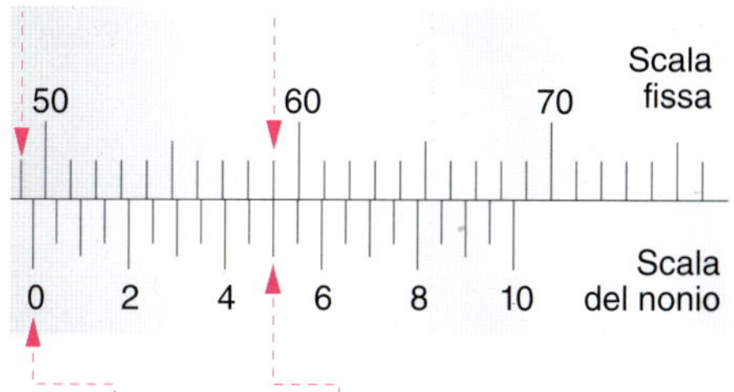

...... mm + ... mm = ... mm

ESERCITAZIONE 8
CON SUGGERIMENTO

IL PRIMO PASSO I millimetri indicati dallo zero del nonio si sommano ai ventesimi rilevabili dal trattino del nonio allineato con uno della scala fissa (in questo caso 16 ventesimi = 0,80 mm).

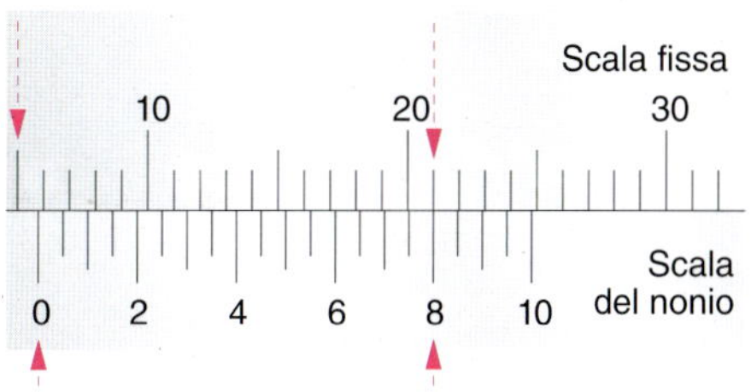

...... mm + ... mm = ... mm

ESERCITAZIONE 9
CON SUGGERIMENTO

IL PRIMO PASSO I millimetri indicati dallo zero del nonio si sommano ai ventesimi rilevabili dal trattino del nonio allineato con uno della scala fissa (in questo caso 13 ventesimi = 0,65 mm).

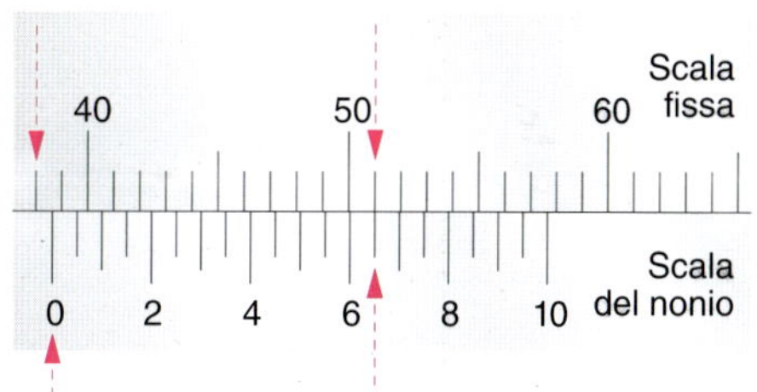

...... mm + ... mm = ... mm

CALIBRO VENTESIMALE DOPPIO

ESERCITAZIONE 10
GUIDATA

1 Sulla scala fissa lo zero del nonio ci dà i millimetri (in questo caso 2 mm).

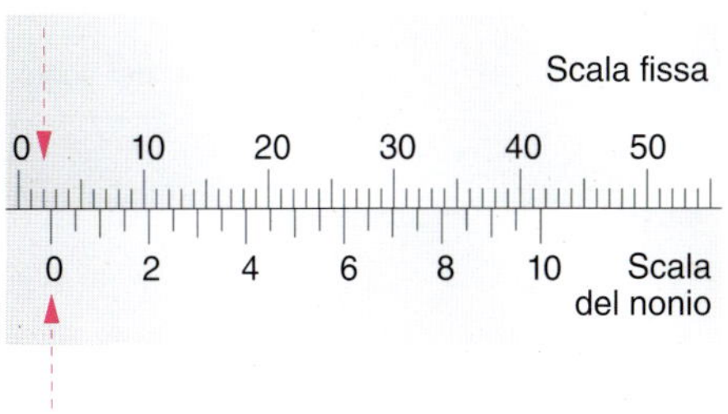

2 Il trattino del nonio allineato con uno della scala fissa ci dà i ventesimi (12 ventesimi = 0,60 mm).

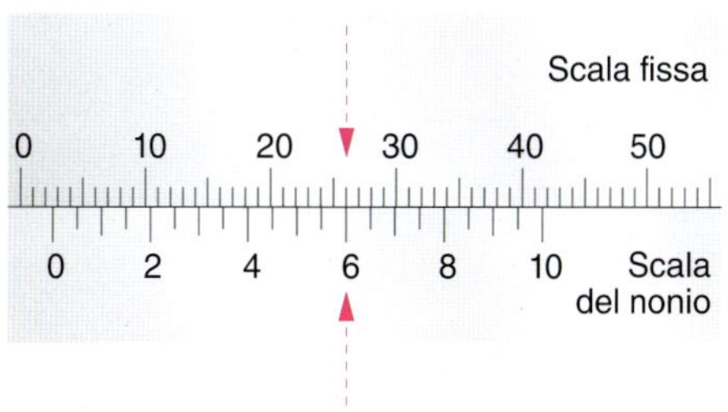

3 La somma delle due misure parziali fornisce la misura completa.

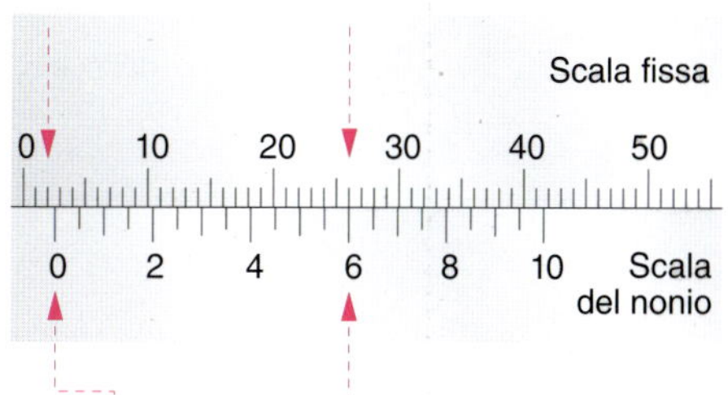

...... mm + ... mm = ... mm

ESERCITAZIONE 11
CON SUGGERIMENTO

IL PRIMO PASSO I millimetri sono indicati dallo zero del nonio; i ventesimi si leggono sul nonio mediante il trattino allineato con uno della scala fissa (in questo caso 14 ventesimi = 0,70 mm).

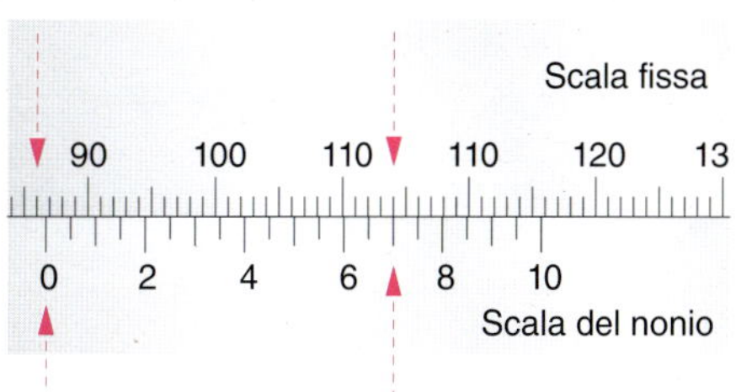

...... mm + ... mm = ... mm

ESERCITAZIONE 12
CON SUGGERIMENTO

IL PRIMO PASSO I millimetri indicati dallo zero del nonio si sommano ai ventesimi rilevabili dal trattino del nonio allineato con uno della scala fissa (in questo caso 7 ventesimi = 0,35 mm).

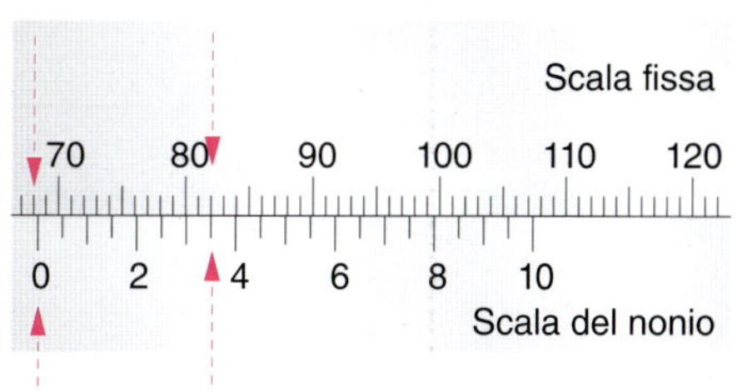

...... mm + ... mm = ... mm

Esercitazioni

Per ogni esercitazione individua il tipo di calibro, la risoluzione e la misura rilevata.

ESERCITAZIONE 13

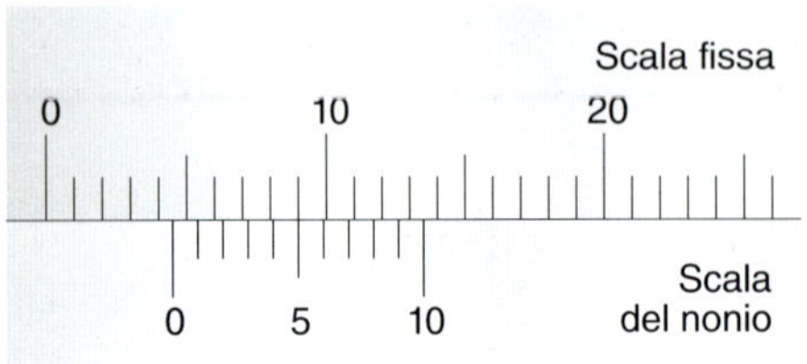

CALIBRO ....

RISOLUZIONE .... mm

MISURA .... mm

ESERCITAZIONE 14

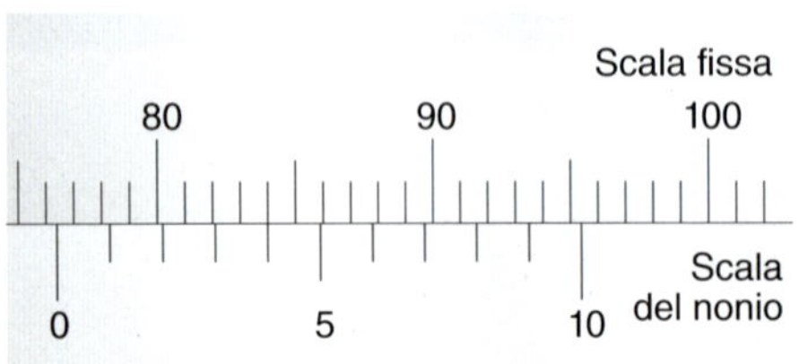

CALIBRO ....

RISOLUZIONE .... mm

MISURA .... mm

ESERCITAZIONE 15

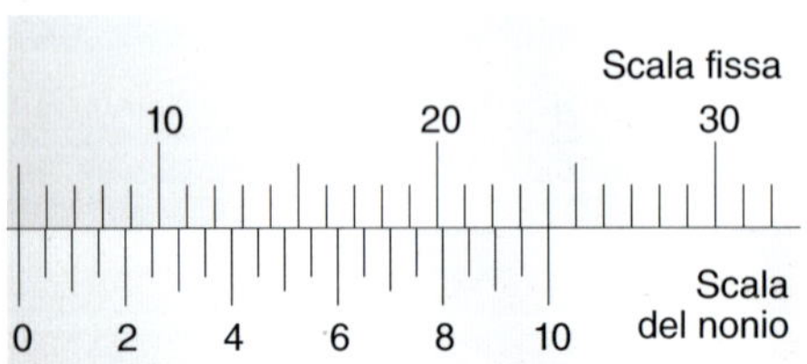

CALIBRO ....

RISOLUZIONE .... mm

MISURA .... mm

ESERCITAZIONE 16

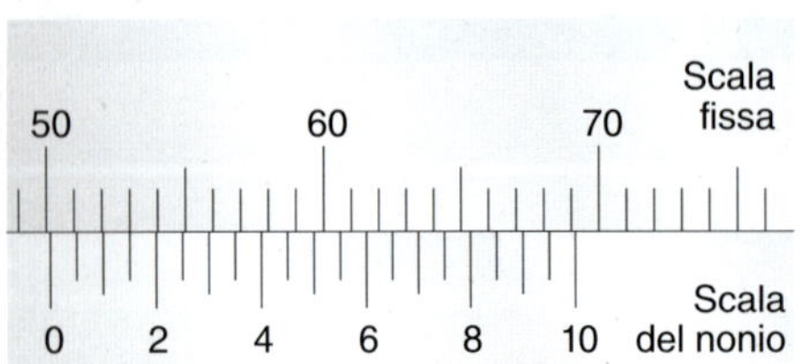

CALIBRO ....

RISOLUZIONE .... mm

MISURA .... mm

ESERCITAZIONE 17

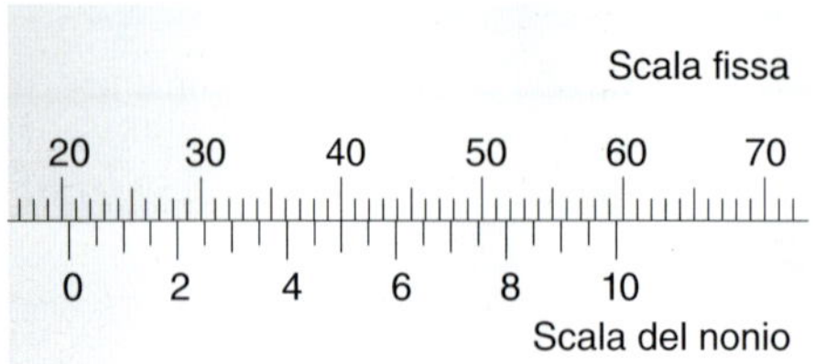

CALIBRO ....

RISOLUZIONE .... mm

MISURA .... mm

ESERCITAZIONE 18

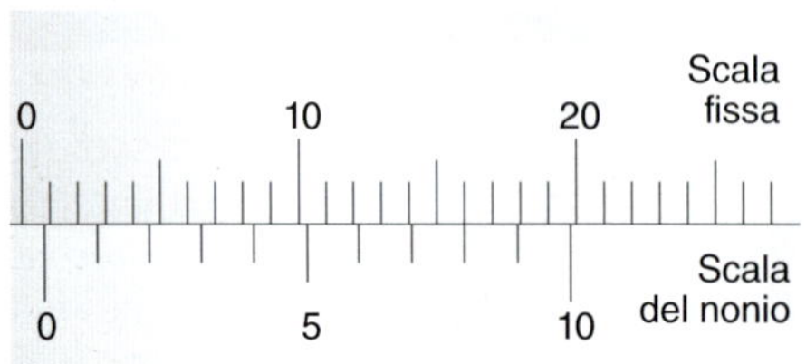

CALIBRO ....

RISOLUZIONE .... mm

MISURA .... mm

ESERCITAZIONE 19

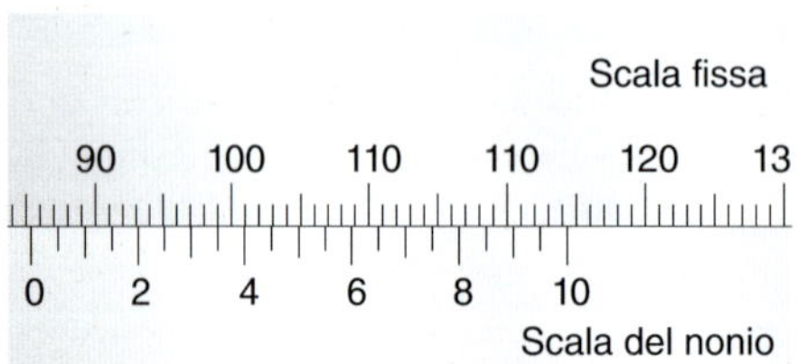

CALIBRO ....

RISOLUZIONE .... mm

MISURA .... mm

ESERCITAZIONE 20

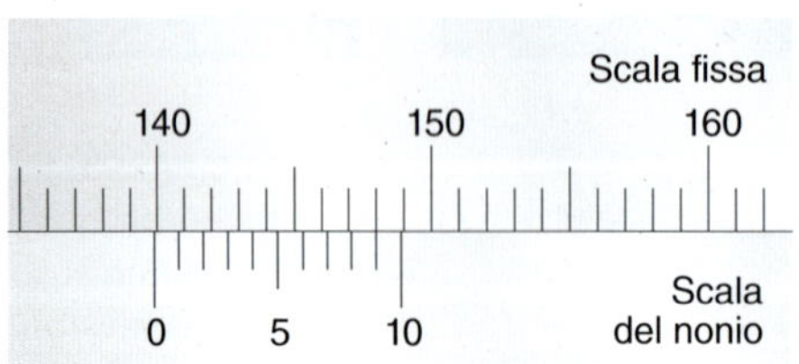

CALIBRO ....

RISOLUZIONE .... mm

MISURA .... mm

ESERCITAZIONE 21

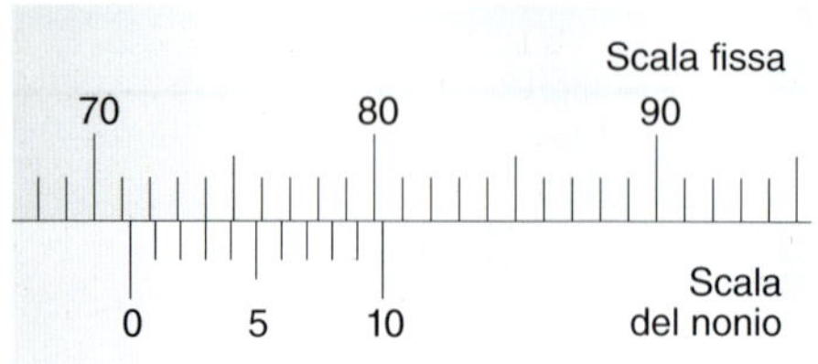

CALIBRO ....

RISOLUZIONE .... mm

MISURA .... mm

ESERCITAZIONE 22

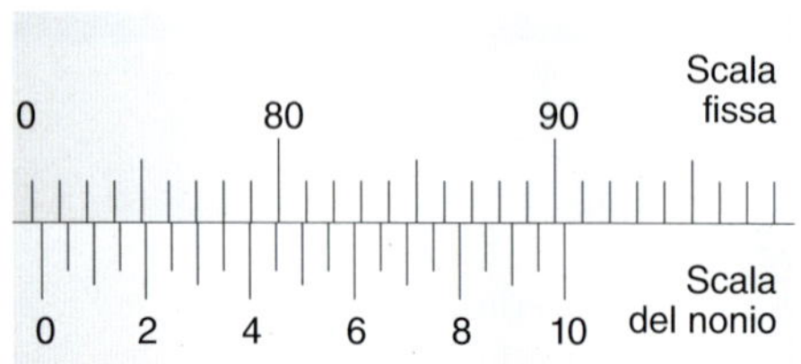

CALIBRO ....

RISOLUZIONE .... mm

MISURA .... mm

ESERCITAZIONE 23

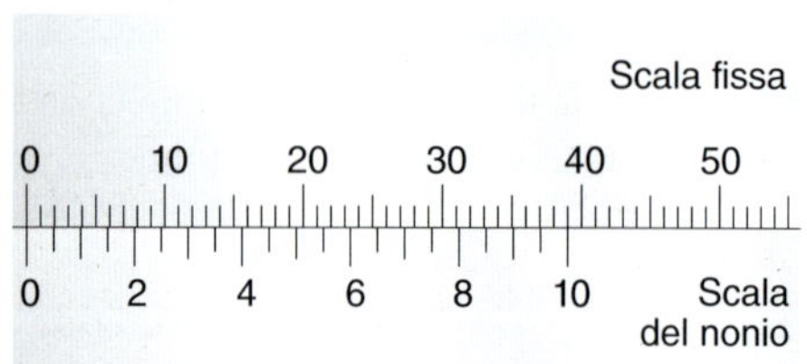

CALIBRO ....

RISOLUZIONE .... mm

MISURA .... mm

ESERCITAZIONE 24

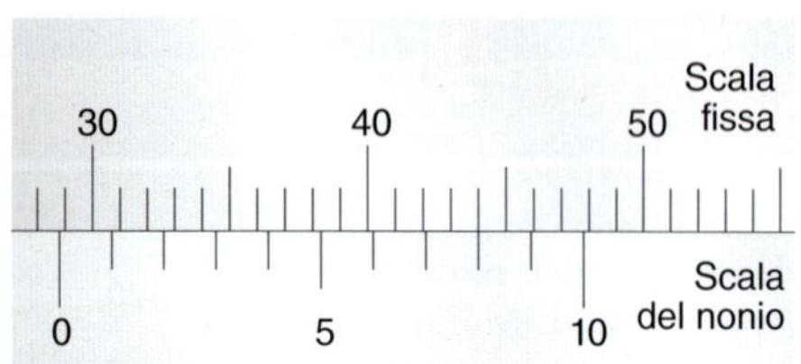

CALIBRO ....

RISOLUZIONE .... mm

MISURA .... mm

Leggi la misura rilevata dal micrometro.

ESERCITAZIONE 25
GUIDATA

1 Sulla scala dei millimetri interi si legge il valore (10 mm); sulla scala dei mezzi millimetri non è visibile un trattino a destra di quello dei 10 mm, quindi il valore iniziale è 10,00 mm.

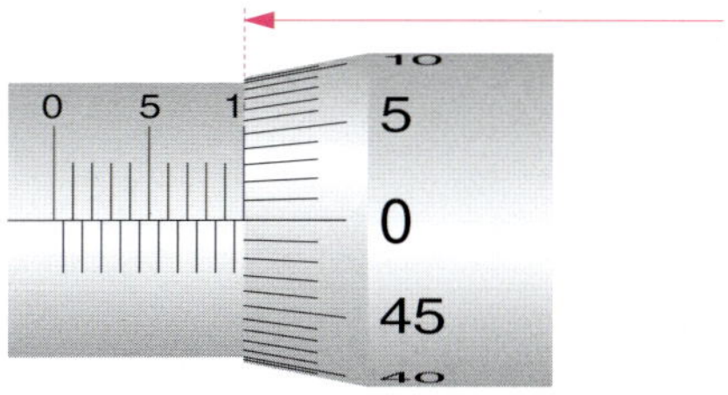

2 Sulla scala graduata del tamburo il trattino allineato con la linea di fede è zero; quindi non vi sono ulteriori centesimi da aggiungere alla rilevazione precedente.

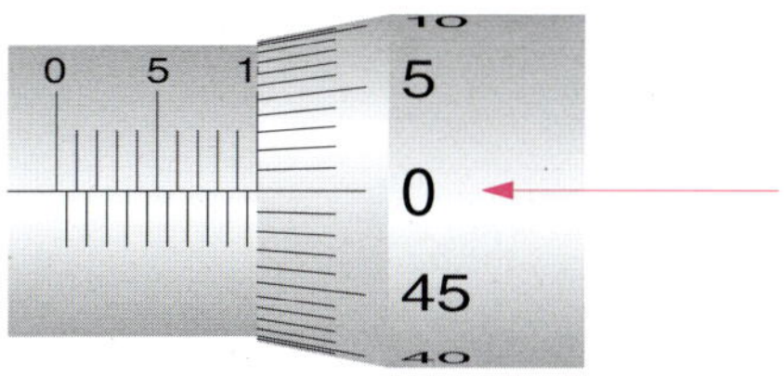

3 Si sommano i valori rilevati ottenendo la misura completa. È da notare che questo micrometro ha un campo di misura 0 ÷ 25 mm.

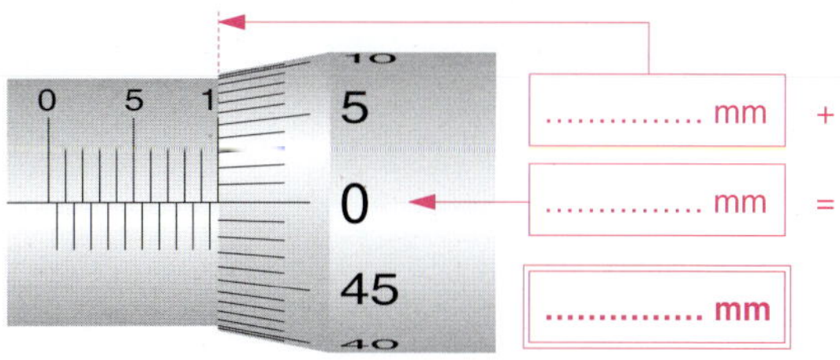

ESERCITAZIONE 26
CON SUGGERIMENTO

IL PRIMO PASSO Si leggono i millimetri; a destra del trattino dei millimetri non si vede un trattino dei mezzi millimetri. Al valore precedente si aggiungono i centesimi leggibili sul tamburo con l'allineamento alla linea di fede. Campo di misura di questo micrometro è 0 ÷ 25 mm.

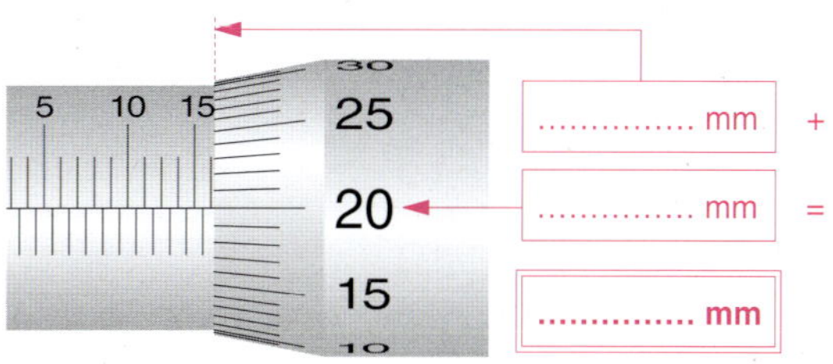

ESERCITAZIONE 27
GUIDATA

1 Sulla scala dei millimetri interi si legge il valore (13 mm); sulla scala dei mezzi millimetri è visibile un trattino a destra di quello dei 13 mm, quindi il valore iniziale è 13,50 mm.

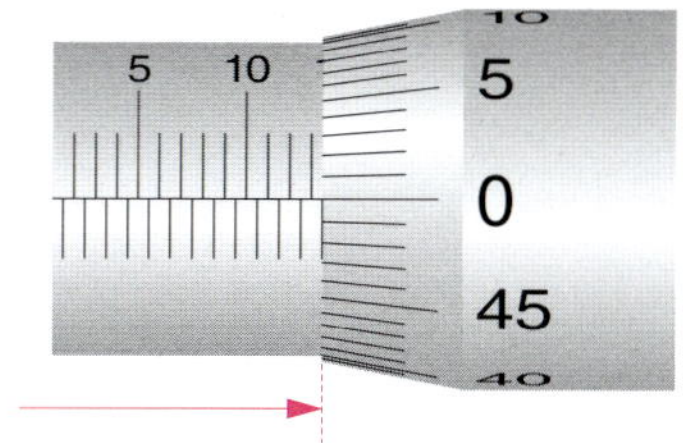

2 Sulla scala graduata del tamburo il trattino allineato con la linea di fede è zero; quindi non vi sono ulteriori centesimi da aggiungere alla rilevazione precedente.

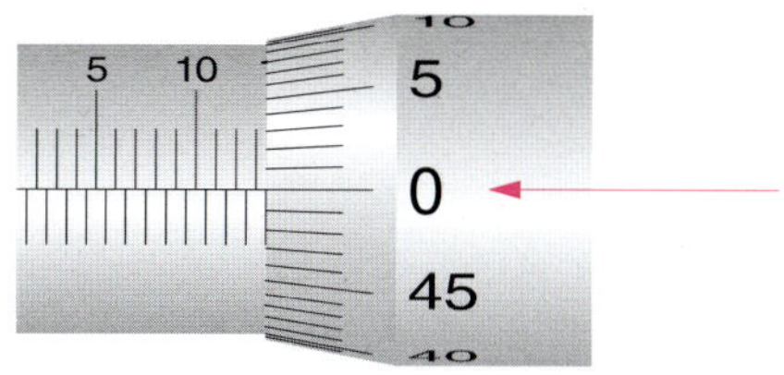

3 La somma fornisce la misura completa (da scrivere sempre con due valori dopo la virgola). Questo micrometro ha un campo di misura 0 ÷ 25 mm.

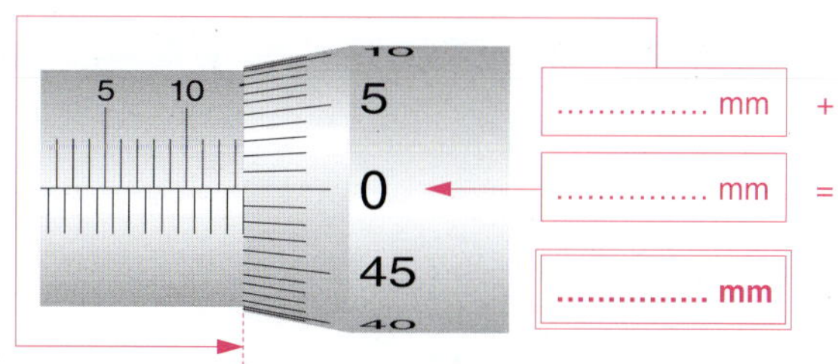

ESERCITAZIONE 28
CON SUGGERIMENTO

IL PRIMO PASSO Si leggono i millimetri; a destra del trattino dei millimetri si vede un trattino dei mezzi millimetri. Al valore precedente si aggiungono i centesimi leggibili sul tamburo con l'allineamento alla linea di fede. Campo di misura di questo micrometro è 0 ÷ 25 mm.

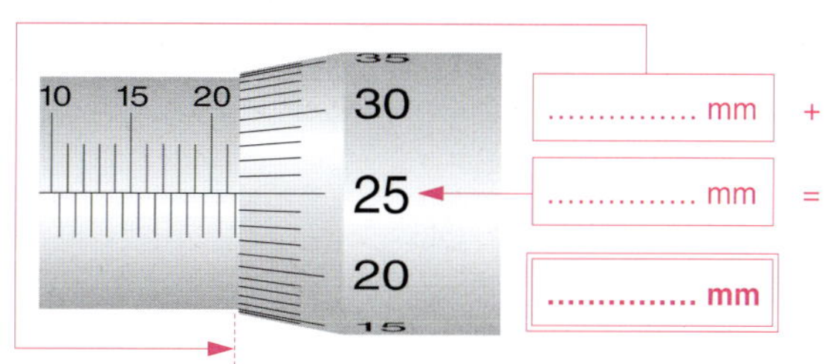

Esercitazioni

Leggi la misura rilevata dal micrometro.

ESERCITAZIONE 29
CON SUGGERIMENTO

IL PRIMO PASSO Si leggono i millimetri; a destra del trattino dei millimetri non si vede un trattino dei mezzi millimetri. Al valore precedente si aggiungono i centesimi leggibili sul tamburo con l'allineamento alla linea di fede. Campo di misura di questo micrometro è 50 ÷ 75 mm.

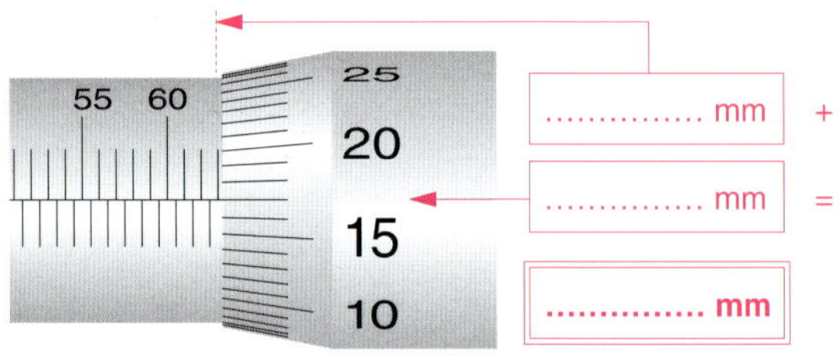

ESERCITAZIONE 30

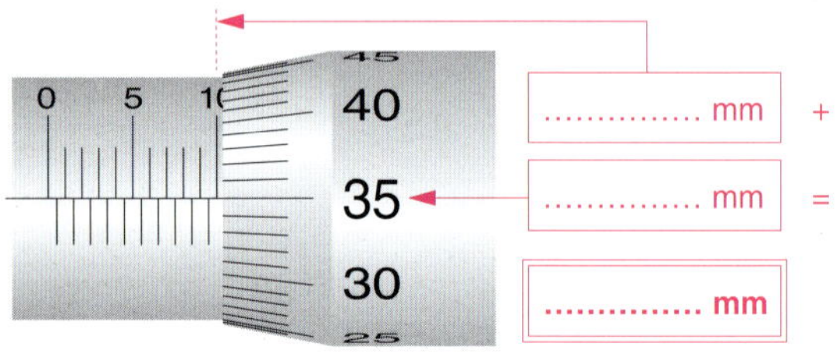

ESERCITAZIONE 31

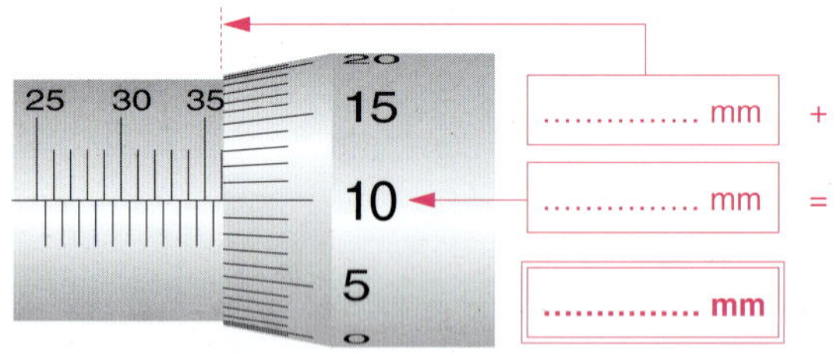

ESERCITAZIONE 32

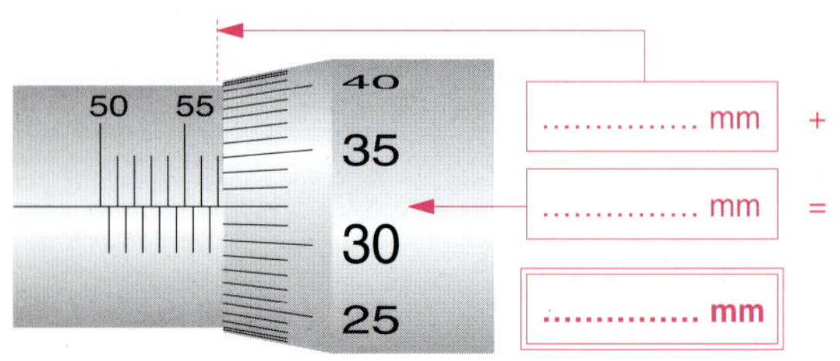

ESERCITAZIONE 33
CON SUGGERIMENTO

IL PRIMO PASSO Si leggono i millimetri; a destra del trattino dei millimetri si vede un trattino dei mezzi millimetri. Al valore precedente si aggiungono i centesimi leggibili sul tamburo con l'allineamento alla linea di fede. Campo di misura di questo micrometro è 75 ÷ 100 mm.

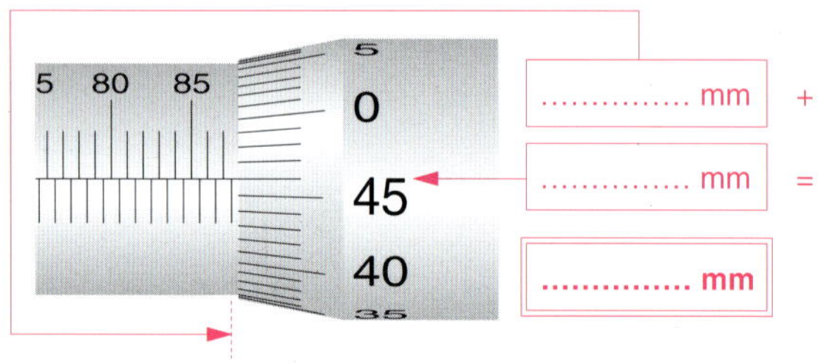

ESERCITAZIONE 34

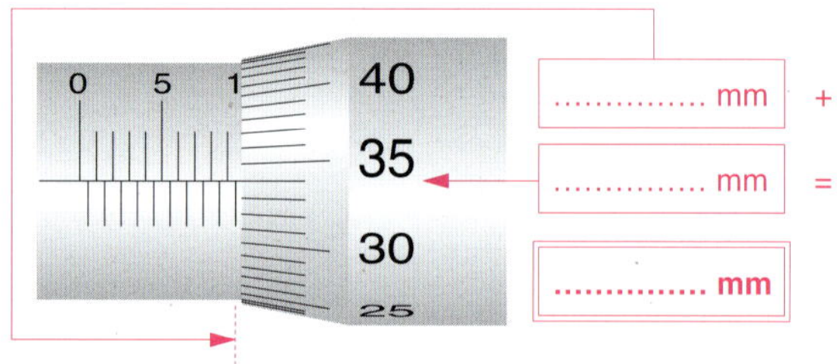

ESERCITAZIONE 35

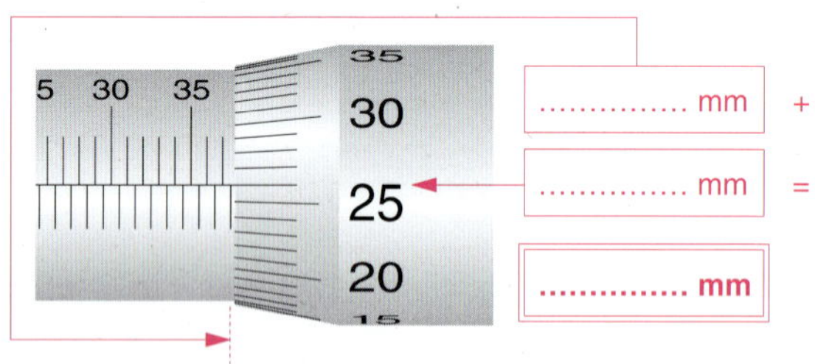

ESERCITAZIONE 36

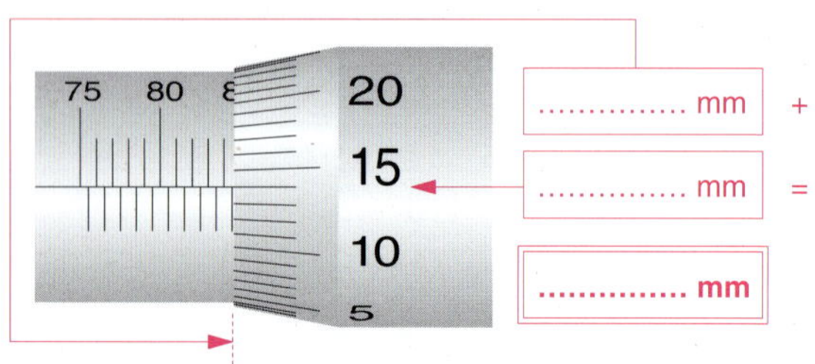

Per ogni esercitazione individua il campo di misura, la risoluzione e la misura rilevata.

ESERCITAZIONE 37

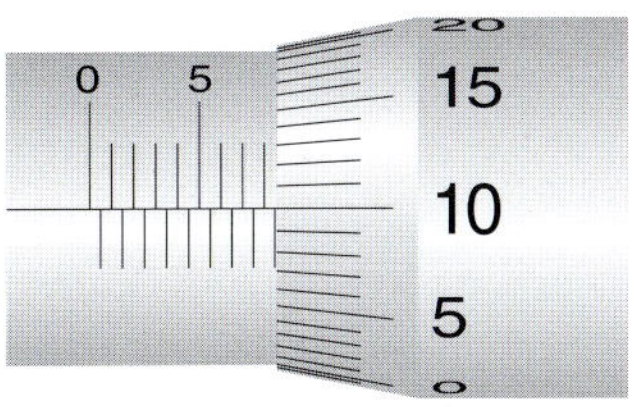

CAMPO DI MISURA
.... ÷ ...... mm

RISOLUZIONE
.... mm

MISURA
.... mm

ESERCITAZIONE 38

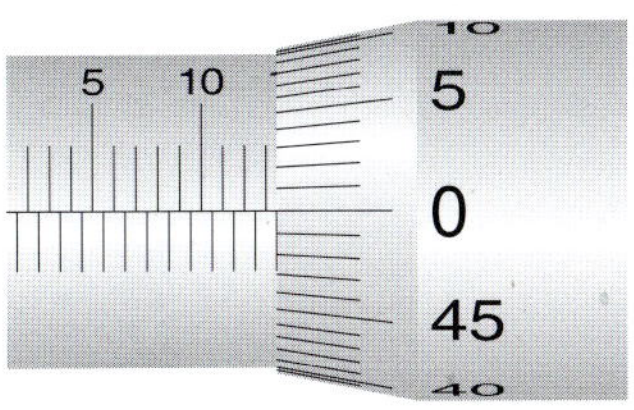

CAMPO DI MISURA
.... ÷ ...... mm

RISOLUZIONE
.... mm

MISURA
.... mm

ESERCITAZIONE 39

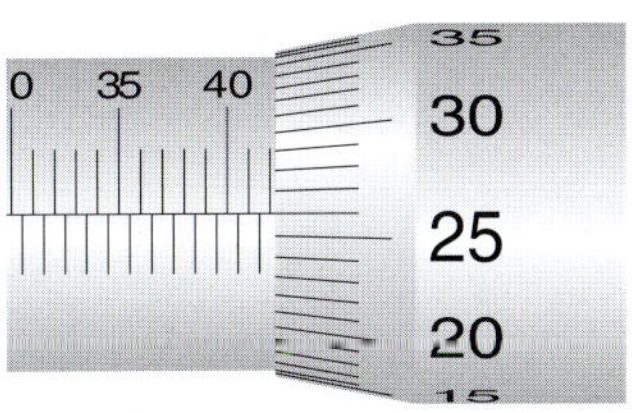

CAMPO DI MISURA
.... ÷ ...... mm

RISOLUZIONE
.... mm

MISURA
.... mm

ESERCITAZIONE 40

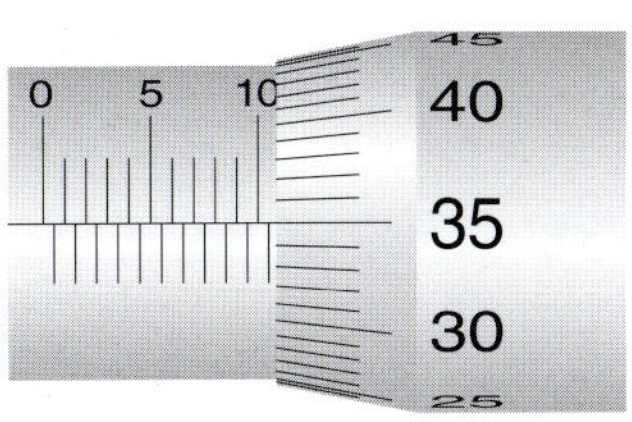

CAMPO DI MISURA
.... ÷ ...... mm

RISOLUZIONE
.... mm

MISURA
.... mm

ESERCITAZIONE 41

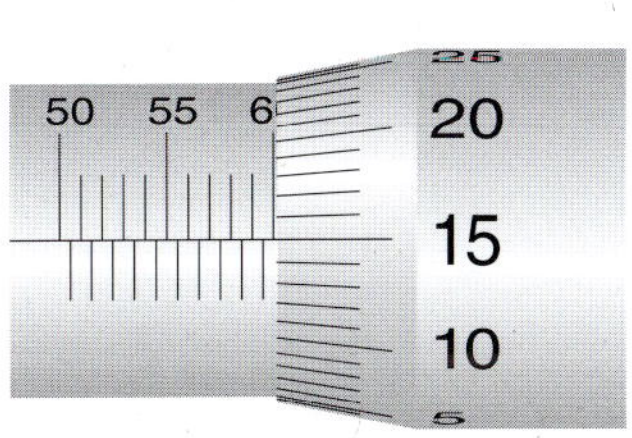

CAMPO DI MISURA
.... ÷ ...... mm

RISOLUZIONE
.... mm

MISURA
.... mm

ESERCITAZIONE 42

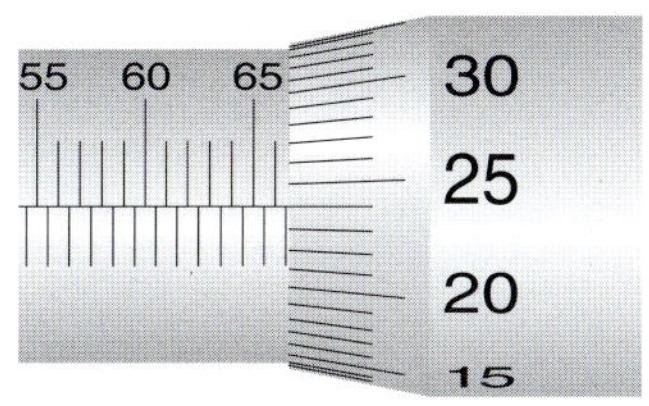

CAMPO DI MISURA
.... ÷ ...... mm

RISOLUZIONE
.... mm

MISURA
.... mm

ESERCITAZIONE 43

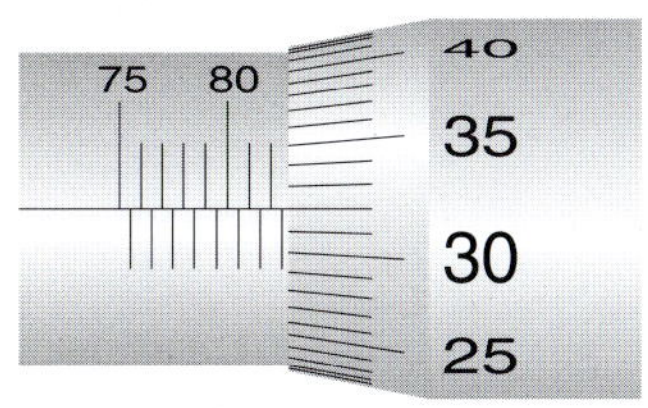

CAMPO DI MISURA
.... ÷ ...... mm

RISOLUZIONE
.... mm

MISURA
.... mm

ESERCITAZIONE 44

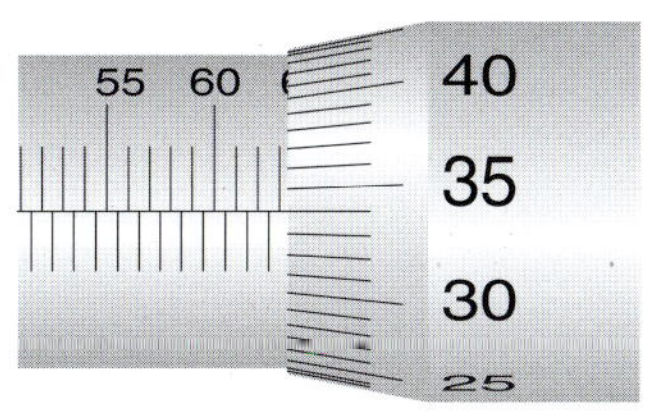

CAMPO DI MISURA
.... ÷ ...... mm

RISOLUZIONE
.... mm

MISURA
.... mm

ESERCITAZIONE 45

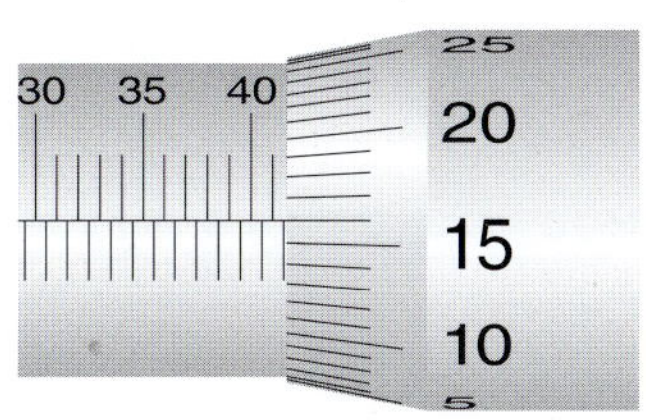

CAMPO DI MISURA
.... ÷ ...... mm

RISOLUZIONE
.... mm

MISURA
.... mm

ESERCITAZIONE 46

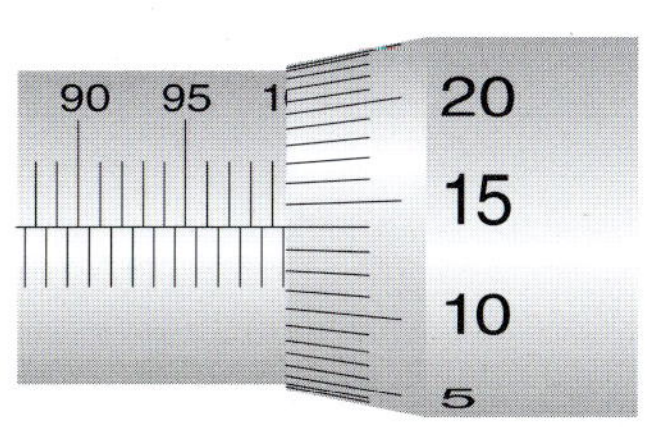

CAMPO DI MISURA
.... ÷ ...... mm

RISOLUZIONE
.... mm

MISURA
.... mm

Esercitazioni

Nelle singole esercitazioni relative a misurazioni con il comparatore rileva il valore di riferimento, il valore finale e lo scarto.

ESERCITAZIONE 47

GUIDATA

1 Il valore di riferimento è dato dal contagiri (5 mm) con indice azzerato.

2 La posizione finale indica un valore di 5 mm (sul contagiri) a cui vanno aggiunti 0,40 mm (sull'indice).

3 Lo scarto è dato dalla differenza dei due valori precedenti.

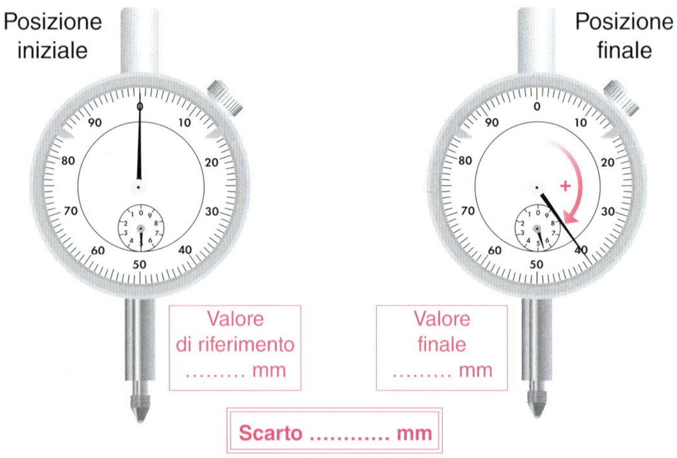

ESERCITAZIONE 48

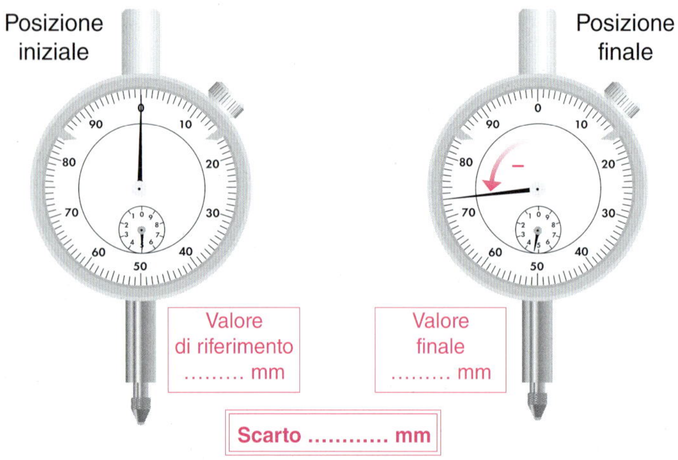

ESERCITAZIONE 49

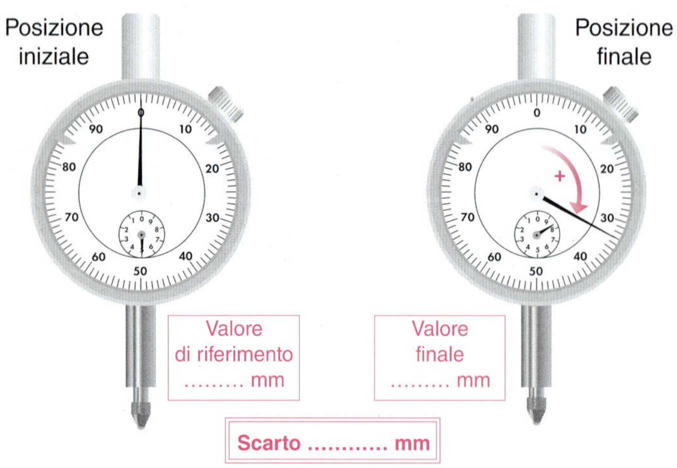

ESERCITAZIONE 50

CON SUGGERIMENTO

IL PRIMO PASSO Si legge dal contagiri la posizione iniziale (6,00 mm), quindi il valore finale dal contagiri e dall'indice (4,90 mm). Lo scarto in questo caso è negativo.

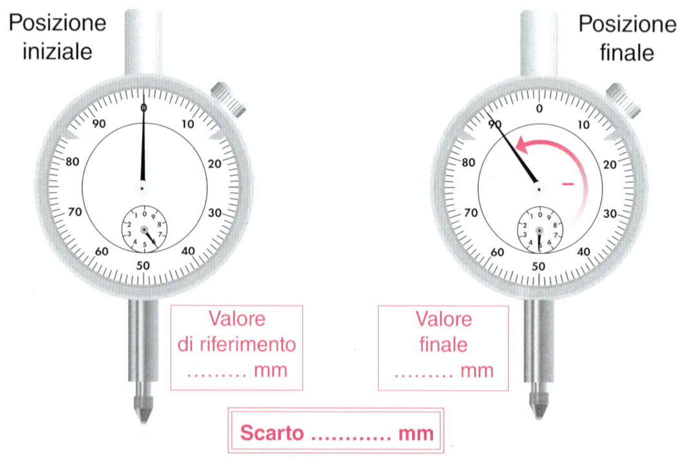

ESERCITAZIONE 51

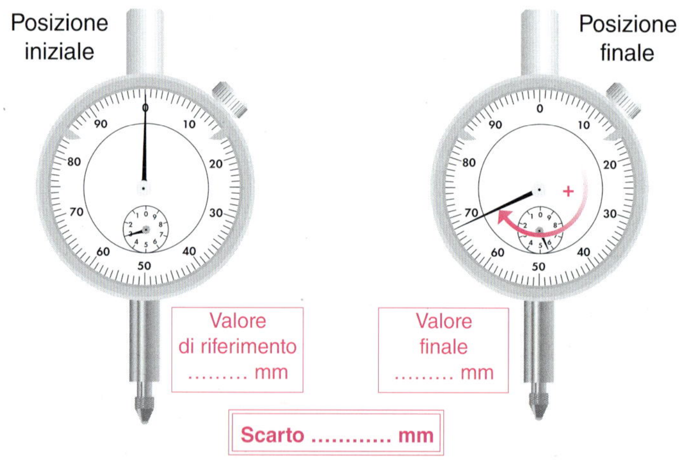

ESERCITAZIONE 52

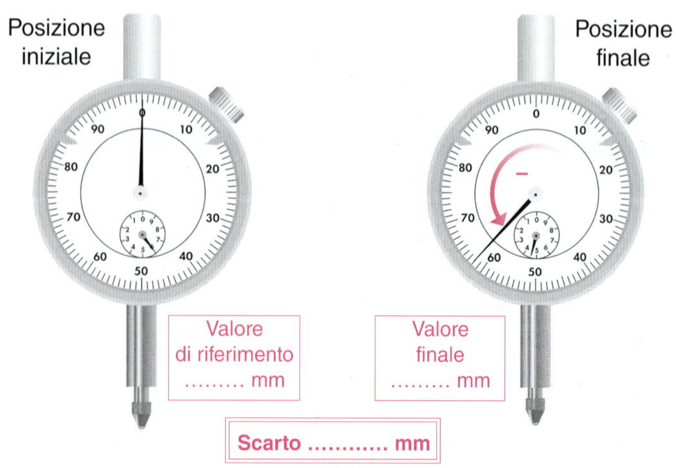

ESERCITAZIONE 53

Leggi la misura del pezzo per comparazione con quella di un blocchetto piano-parallelo

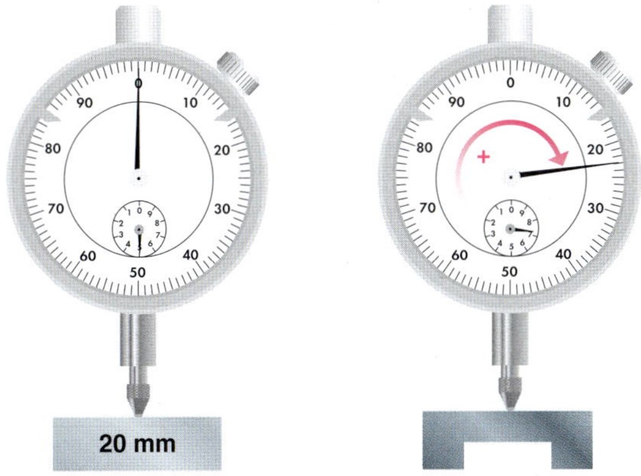

Misura di riferimento .... mm

Scarto .... mm

Misura .... mm

ESERCITAZIONE 54

Leggi la misura del pezzo per comparazione con quella di un blocchetto piano-parallelo

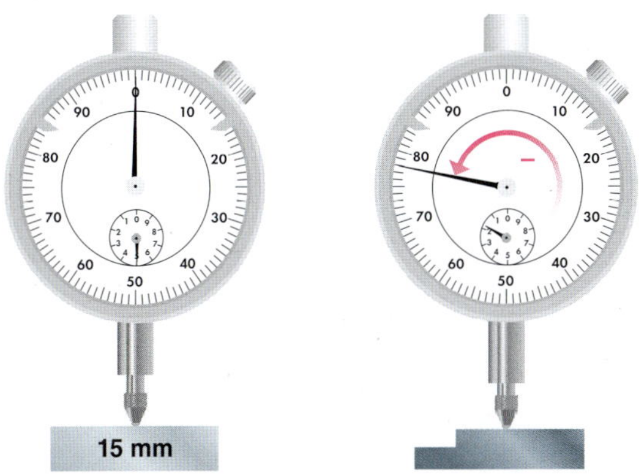

Misura di riferimento .... mm

Scarto .... mm

Misura .... mm

ESERCITAZIONE 55

Leggi la misura del pezzo per comparazione con quella di due blocchetti piano-paralleli sovrapposti

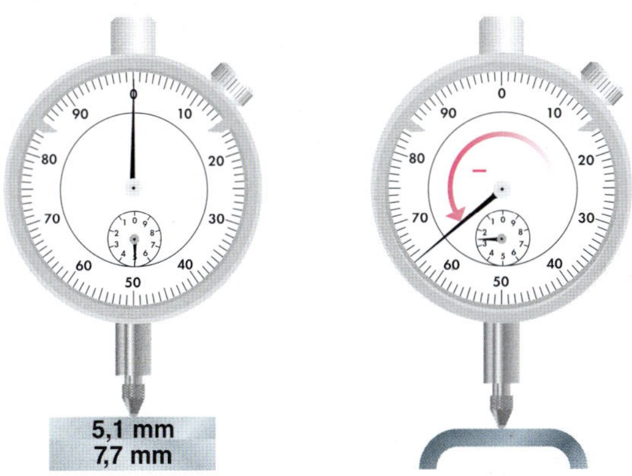

Misura di riferimento .... mm

Scarto .... mm

Misura .... mm

ESERCITAZIONE 56

Leggi la profondità della scanalatura nel pezzo

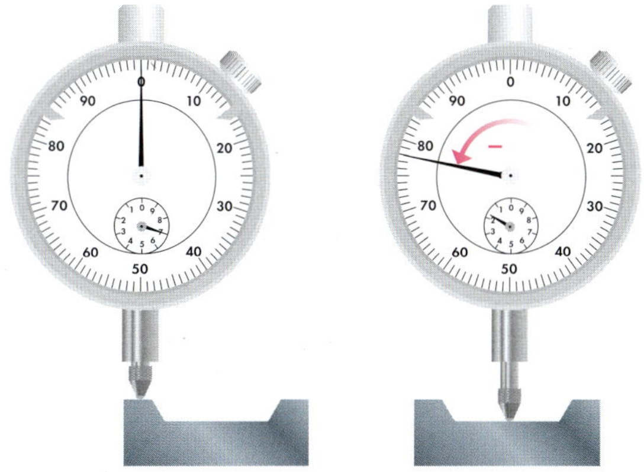

Valore di riferimento .... mm

Valore finale .... mm

Profondità .... mm

ESERCITAZIONE 57

Leggi la profondità della scanalatura nel pezzo

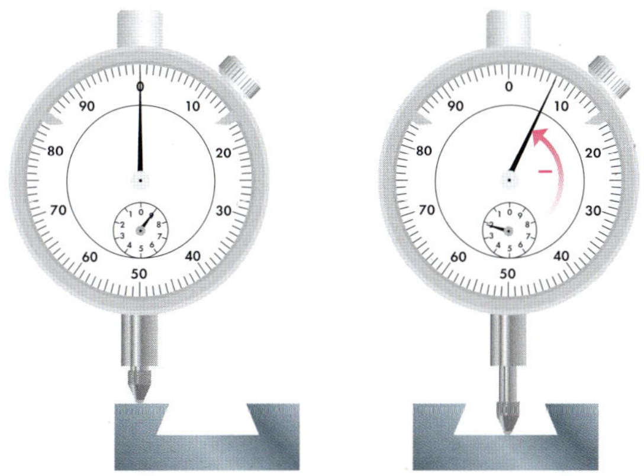

Valore di riferimento .... mm

Valore finale .... mm

Profondità .... mm

ESERCITAZIONE 58

Leggi la profondità del foro cieco nel pezzo

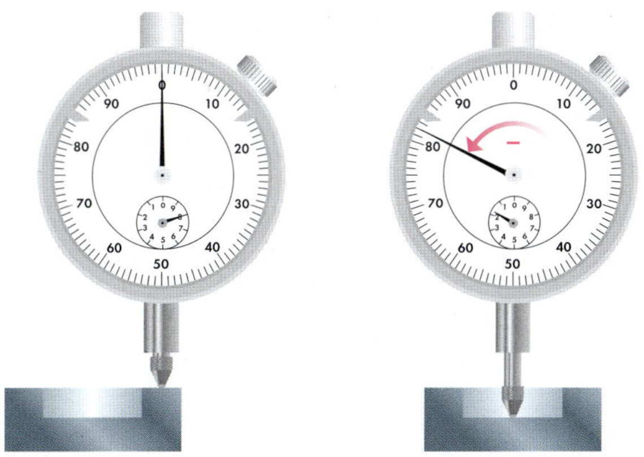

Valore di riferimento .... mm

Valore finale .... mm

Profondità .... mm

ESERCITAZIONE 59

Leggi l'errore di planarità della superficie

Valore di riferimento .... mm

Scarto inferiore .... mm

Scarto superiore .... mm

Errore di planarità .... mm

ESERCITAZIONE 60

Leggi l'errore di planarità della superficie

Valore di riferimento .... mm

Scarto inferiore .... mm

Scarto superiore .... mm

Errore di planarità .... mm

ESERCITAZIONE 61

Indica la risoluzione dello strumento e la misura dell'angolo α

Risoluzione ....

Misura ....

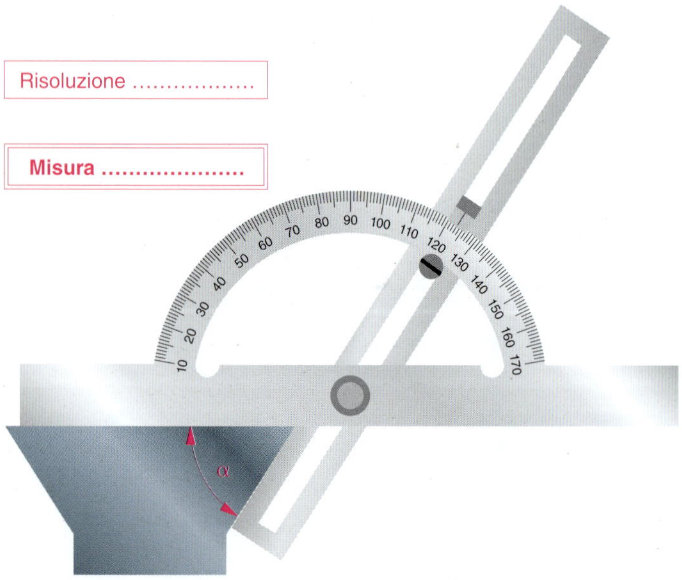

ESERCITAZIONE 62

Indica la risoluzione dello strumento e la misura dell'angolo α

Risoluzione ....

Misura ....

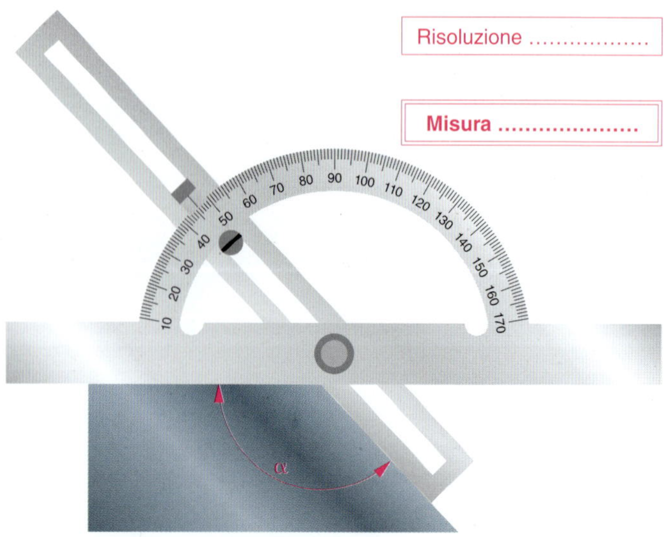

Leggi la misura dell'angolo.

ESERCITAZIONE 63
GUIDATA

1 Per leggere la misura dei gradi interi si vede la posizione dello zero del nonio rispetto alla scala fissa.

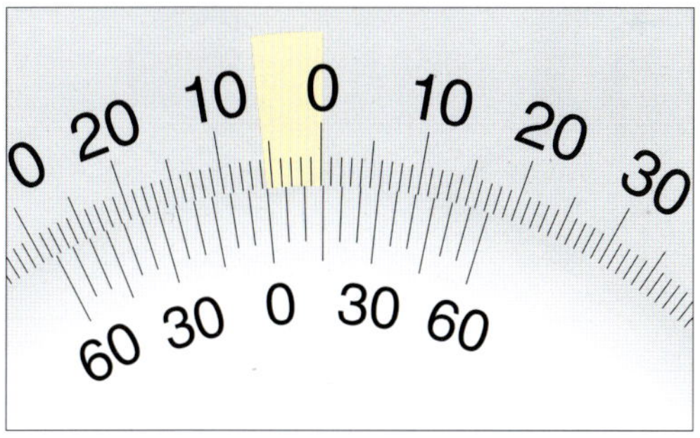

......°

2 La parte frazionaria si legge sul nonio; poiché lo zero della scala fissa si trova a destra dello zero del nonio, la parte del nonio da leggere è quella sinistra.

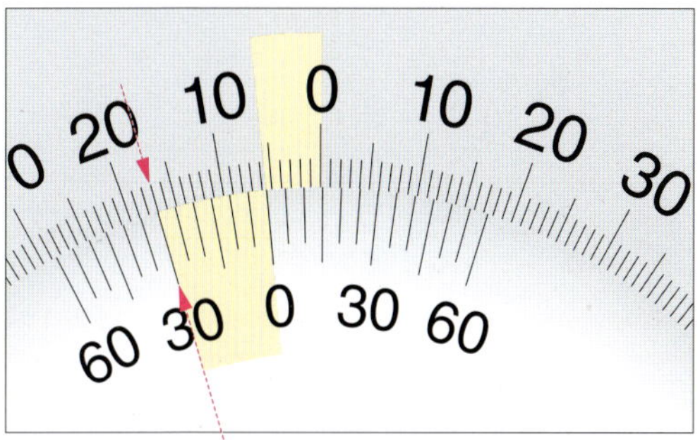

......° ......'

Nota bene: ogni trattino del nonio equivale a 5'.

ESERCITAZIONE 64
CON SUGGERIMENTO

IL PRIMO PASSO Si leggono i gradi interi sulla scala fissa in base alla posizione dello zero del nonio; in questo caso per leggere i valori frazionari sul nonio si usa la sua parte destra, poiché lo zero della scala fissa è a sinistra dello zero del nonio. Ogni trattino del nonio equivale a 5'.

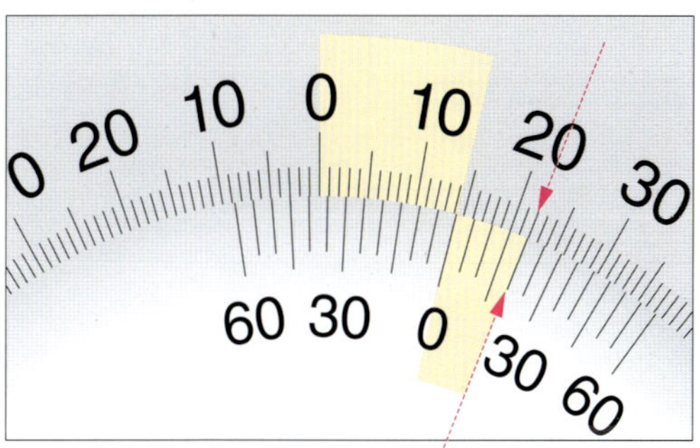

......° ......'

ESERCITAZIONE 65

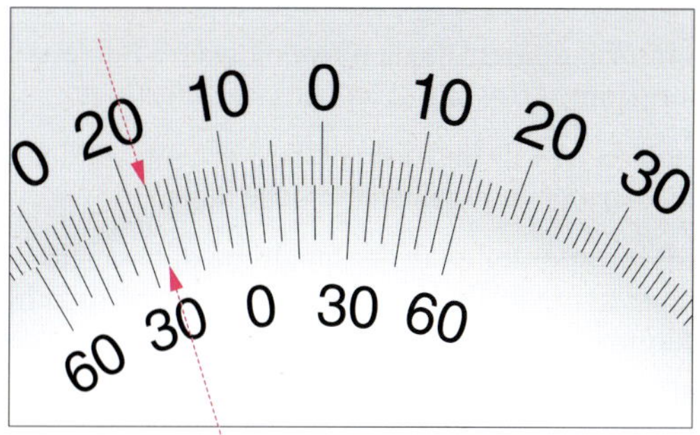

......° ......'

ESERCITAZIONE 66

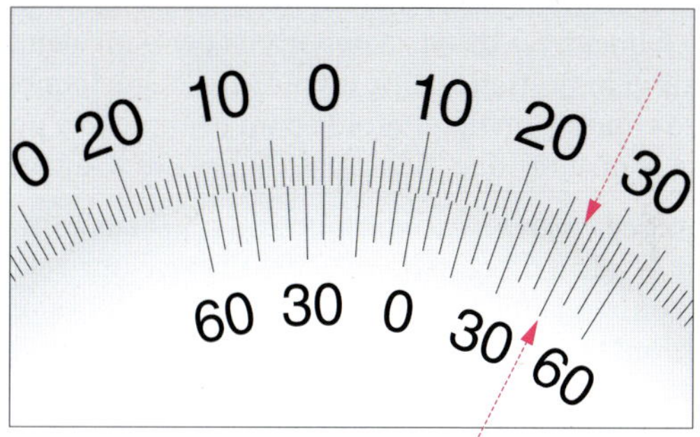

......° ......'

ESERCITAZIONE 67

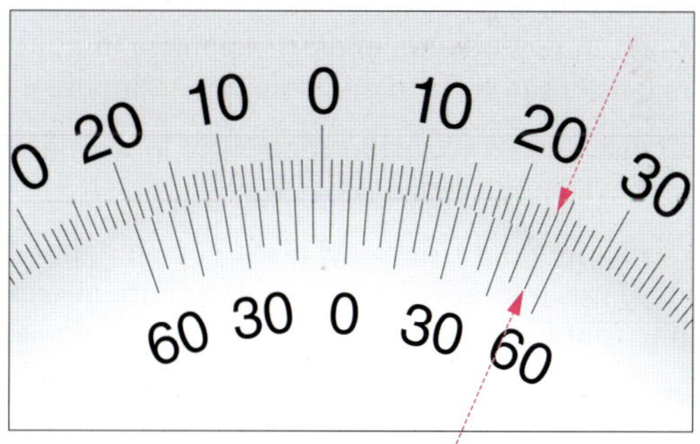

......° ......'

ESERCITAZIONE 68

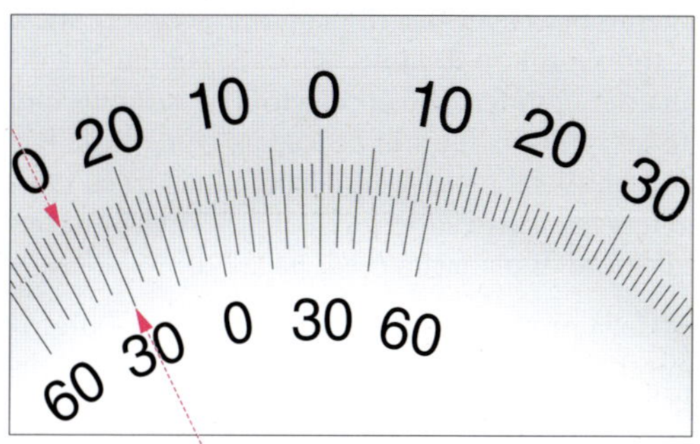

......° ......'

Verifica delle competenze

PROVA A Squadra di fissaggio

Nel laboratorio di metrologia o tecnologia tra i diversi supporti per misurazioni si trovano le squadrette di fissaggio.

Vogliamo eseguire il rilievo finalizzato ai controlli della perpendicolarità e di parallelismo delle facce.

In caso di indisponibilità delle squadrette di fissaggio d'officina possiamo eseguire il rilievo e il controllo su una squadretta di uso comune, come quelle illustrate in foto.

Prima di operare i controlli si eseguirà il **rilievo** del pezzo con il calibro ventesimale.

Passando quindi al **controllo di perpendicolarità** ci serviremo del goniometro universale.

Per operare i **controlli dei parallelismi** ci possiamo avvalere del micrometro; sul disegno di rilievo si sceglieranno dei punti allineati (almeno 5 a distanza opportuna per ogni aletta) che saranno indicati mediante un numero. Segnati questi punti sul pezzo con una matita morbida o un pennarello a punta fine, si esegue la misurazione, riportando i valori su una tabella.

I risultati della prova saranno riportati su un elaborato che comprende il disegno quotato del rilievo e una **relazione tecnica** con modalità di misurazione, tabelle con i valori rilevati e valutazioni complessive.

Squadra di fissaggio d'officina

Squadrette di fissaggio

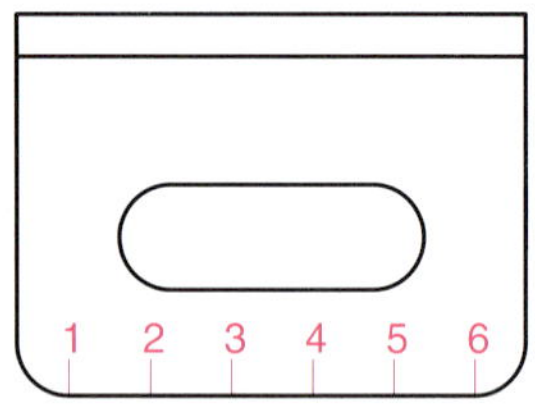

Punto	Valore rilevato
1	.....
2	.....
3	.....
4	.....
5	.....
6	.....

Definizione dei punti misurazione sul disegno e relativa tabella dei valori rilevati.

PROVA B Prisma d'officina

Tra le attrezzature d'officina uno dei supporti più usati è il prisma, nella sue varianti a V, a doppia V oppure a X.

Di uno di questi pezzi vogliamo controllare lo stato delle sue dimensioni e delle sue forme geometriche.

Pertanto eseguiremo il **rilievo** del pezzo con gli opportuni strumenti di misura: calibro ventesimale oppure micrometro per le dimensioni lineari, goniometro per quelle angolari.

Dopo aver realizzato il disegno, vogliamo eseguire i seguenti controlli:
- **ampiezza degli angoli** (con un goniometro universale si può verificare lo scostamento dall'angolo teorico di 90°);
- **planarità** delle superfici d'appoggio (con un comparatore si verifica l'errore di planarità).

Suggerimento per la verifica di planarità: scegliere sul disegno un opportuno numero di punti allineati (almeno 5 a distanza opportuna per ogni faccia d'appoggio) che saranno indicati mediante un numero. Quindi procedere come nella Prova A, segnando i punti sul pezzo e riportando i valori su una tabella. La differenza tra scarto superiore e inferiore di ogni faccia fornisce l'errore di planarità (vedi pag. E20).

I risultati della prova saranno riportati su un elaborato che comprende il disegno quotato del rilievo e una **relazione tecnica** con modalità di misurazione, tabelle con i valori rilevati e valutazioni complessive.

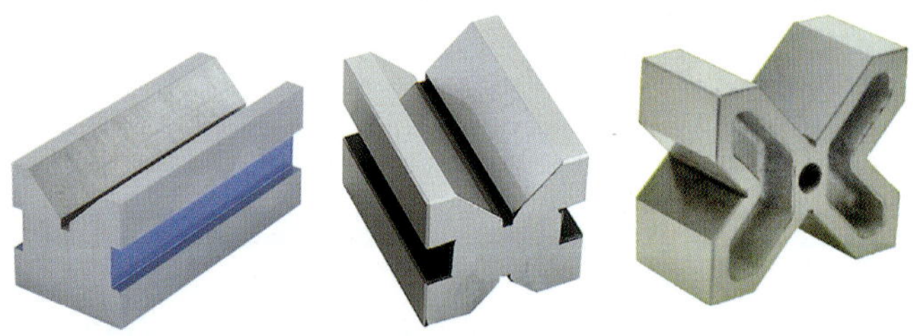

Prismi d'officina

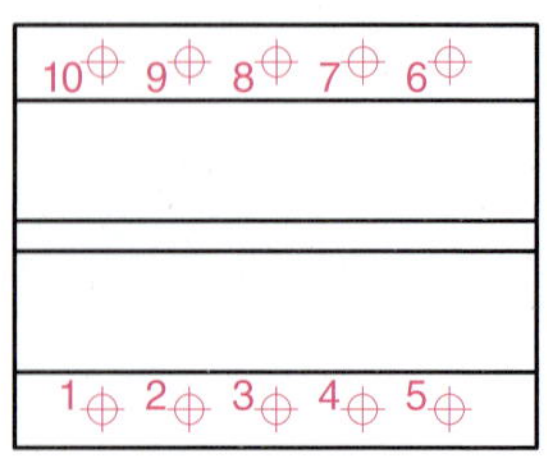

Definizione dei punti misurazione sul disegno e relativa tabella degli scarti rilevati.

Punto	Scarto
1	valore di riferimento
2	.....
3	.....
4	.....
5	.....
6	valore di riferimento
7	.....
8	.....
9	.....
10	.....

SEZIONE

F

Materiali e antinfortunistica

1
Materiali

2
Antinfortunistica

F1 Materiali

MATERIALI

PROPRIETÀ

Fisiche: massa volumica, conduttività, temperatura di fusione ecc.

Chimiche e **strutturali**: resistenza alla corrosione, struttura degli atomi.

Meccaniche: resistenza alle sollecitazioni.

Tecnologiche: lavorabilità con diverse tecniche.

PROVE DI LABORATORIO

Resistenza a compressione, trazione, torsione, flessione, taglio.

Resilienza: resistenza all'urto.

Durezza: resistenza alla penetrazione.

FERRO E SUE LEGHE

Processo siderurgico: dai minerali all'altoforno, alla ghisa e all'acciaio.

METALLI NON FERROSI

Alluminio e sue leghe

Rame e sue leghe

Altri metalli: magnesio, zinco, piombo ecc.

MATERIALI NATURALI

- **Legno**
- **Rocce**
- **Laterizi**
- **Ceramiche**
- **Vetro**

ALTRI MATERIALI

- **Sintetici**: resine termoplastiche e termoindurenti.
- **Compositi**: cemento armato, vetroresine, compositi al carbonio.

Conosci i materiali?

Ogni giorno usiamo oggetti realizzati con materiali adatti alla loro funzione.

Una pinza ha la struttura in acciaio (resistente alle sollecitazioni, duro) con manici in materiale plastico (isolante).

Una lattina è in alluminio: leggero, laminabile (cioè riducibile in sottili lamiere).

Una sedia è in legno: lavorabile, flessibile, resistente.

A cosa serve conoscerli?

Per progettare un oggetto bisogna scegliere il materiale più adeguato alle sollecitazioni che deve subire, alla lavorabilità con i mezzi disponibili, ai costi, alla durevolezza.

Con mezzi semplici (disponibili in casa) si può realizzare uno scaffaletto in legno ma non in acciaio; si può forare una lastra di acciaio o alluminio (con il trapano) ma non di vetro.

Materiali lavorati con tecniche professionali o industriali.

Proprietà dei materiali

Realizzare un oggetto tecnico comporta un complesso percorso progettuale e operativo che trasforma la **materia prima** in **prodotto finito**. Quando il manufatto è un *prodotto industriale* il progetto deve definire tutte le caratteristiche del prodotto (forma, dimensioni, materiali) e delle modalità di lavorazione (ciclo di lavorazione, tecniche). Sul progetto, quindi, intervengono diversi elementi, quali:

- **elementi funzionali** (funzioni che l'oggetto deve svolgere);
- **elementi tecnologici** (caratteristiche dei materiali e delle lavorazioni);
- **elementi economici** (costi e valutazioni del mercato);
- **elementi normativi** (leggi e norme sulla sicurezza e sulla qualità).

Tutti questi elementi del progetto sono profondamente condizionati, soprattutto dalla scelta del materiale utilizzato per il prodotto; in ambito economico ha forse un peso apparentemente minore (la manodopera ha un'incidenza sempre maggiore), ma il materiale ha un ruolo determinante su aspetti funzionali e tecnologici.

I materiali hanno caratteristiche proprie basate sulla loro **composizione**, che determina la loro distinzione secondo diversi tipi.

Tipi di materiali

Ogni materiale si può descrivere come formato da una sola sostanza (**sostanze pure**) o da un **miscuglio** di due o più sostanze. Ogni sostanza possiede un complesso di proprietà specifiche. I miscugli, invece, conservano in generale le proprietà delle sostanze componenti; ma, mentre alcuni (**miscugli omogenei**) presentano una integrazione intima dei componenti, altri (**miscugli eterogenei**) mostrano, anche a colpo d'occhio, le diverse sostanze. Dai miscugli omogenei si possono ricavare le sostanze componenti con procedimenti di separazione molecolare, quali i passaggi di stato (dallo stato solido a quello liquido o aeriforme); sono miscugli omogenei le soluzioni acquose o idroalcoliche (vino), l'aria e le leghe metalliche. I miscugli eterogenei, invece, possono essere separati con mezzi fisici anche semplici (filtri, utensili ecc.); sono tali, per esempio, le emulsioni (acqua e olio), le rocce composite (graniti), i materiali compositi (cemento armato, vetroresine).

Le sostanze pure sono divisibili in **elementi** e **composti**. Gli elementi sono sostanze non decomponibili; si trovano libere in natura (azoto, ossigeno ecc.) o possono essere ricavate dalla decomposizione di altre sostanze naturali. Dalla loro combinazione nascono i composti. In base alla capacità di combinarsi tra loro, gli elementi sono distinti in **metalli** e **non metalli**; a questa distinzione sfuggono alcuni gas, detti *gas nobili*, che non si combinano con altri elementi. I composti sono distinti in **composti inorganici** (perché prevalenti nel mondo minerale) e **composti organici** (perché originariamente rilevati negli organismi viventi). Sono composti inorganici gli ossidi, gli idrossidi, le anidridi, gli acidi, i sali. Composti organici sono particolari composti naturali e artificiali del carbonio, come per esempio il petrolio e i suoi derivati, la cellulosa, le resine artificiali.

SOSTANZE PURE	ELEMENTI	METALLI	Ferro, alluminio, rame, magnesio ecc.
		NON METALLI	Silicio, azoto, carbonio, zolfo, fosforo ecc.
	COMPOSTI	INORGANICI	Ossidi, idrossidi, anidridi, acidi, sali
		ORGANICI	Petrolio e derivati, cellulosa, alcoli, resine sintetiche ecc.
MISCUGLI	MISCUGLI OMOGENEI		Aria, soluzioni, leghe
	MISCUGLI ETEROGENEI		Rocce composite (graniti), emulsioni (acqua e olio), materiali compositi (cemento armato, vetroresine)

Come detto sopra, le sostanze hanno proprietà specifiche, che ne hanno fatto la fortuna in determinate epoche. Nella storia dell'umanità alcuni materiali hanno avuto un ruolo determinante, tra questi i metalli. Non a caso le ere primitive sono designate con i nomi di *età del rame*, *del bronzo* e *del ferro*; ma ancora maggiore è stato il loro ruolo nella società industriale e tecnologica.

Pertanto la nostra attenzione si appunterà prevalentemente sui materiali metallici che, grazie alle loro proprietà, hanno applicazioni industriali assolutamente primarie.

Altri materiali verranno descritti sommariamente anche se hanno un ruolo significativo nella tradizione (legno, vetro) o nell'innovazione (materiali sintetici).

I materiali metallici sono distinti in **metalli** e **leghe**.

I metalli (ferro, alluminio, rame, magnesio ecc.) sono riconducibili alle proprietà riportate nella tabella a fianco.

Le leghe sono miscugli di sostanze in cui prevale la presenza di un metallo. Presentano caratteristiche migliori rispetto a quelle dei componenti. Le principali sono riportate nella tabella a fianco.

PROPRIETÀ DEI METALLI
Solidi a temperatura ambiente (tranne il mercurio)
Buoni conduttori di calore ed elettricità
Lucentezza caratteristica («metallica»)
Resistenza meccanica in genere buona
Buona lavorabilità
Struttura cristallina
Comportamento chimico di tipo basico
Molecola monoatomica (costituita da un solo atomo)

LEGHE METALLICHE	
LEGHE DEL FERRO	**Ghise** e **acciai** con carbonio ed eventuali altri elementi
LEGHE DEL RAME	**Bronzo** (con stagno), **ottone** (con zinco)
LEGHE DELL'ALLUMINIO	**Leghe leggere** con magnesio, manganese ecc.
LEGHE DEL MAGNESIO	**Leghe ultraleggere** con alluminio, zinco ecc.

Tipi di proprietà

Le singole proprietà dei materiali possono essere ricondotte ai seguenti tipi:

- **proprietà fisiche**: sono caratteristiche legate all'interazione del materiale con grandezze fisiche quali la gravità, il calore o l'elettricità;
- **proprietà chimico-strutturali**: definiscono l'attitudine del materiale a trasformare la propria composizione in presenza di altri agenti e ad acquisire una struttura per le sue molecole;
- **proprietà meccaniche**: caratterizzano la resistenza del materiale alle sollecitazioni create da forze esterne;
- **proprietà tecnologiche**: descrivono l'attitudine del materiale a essere lavorato secondo le diverse tecniche.

Le principali proprietà sono riassunte nella seguente tabella.

FISICHE	MECCANICHE	TECNOLOGICHE
Massa volumica	Resistenza a compressione	Fusibilità
Conduttività termica	Resistenza a trazione	Saldabilità
Conduttività elettrica	Resistenza a taglio	Malleabilità
Dilatazione termica	Resistenza a flessione	Piegabilità
Capacità termica massica	Resistenza a torsione	Duttilità
Temperatura di fusione	Resistenza ad attrito	Estrudibilità
CHIMICHE STRUTTURALI	Durezza	Imbutibilità
Resistenza a corrosione	Resilienza	Truciolabilità
Struttura molecolare		Temprabilità

Proprietà fisiche

Massa volumica. È il rapporto tra massa e volume di un materiale; è espressa in kg/dm³. Con la temperatura varia il volume dei corpi e con esso, quindi, la massa volumica; pertanto la massa volumica è sempre rilevata a una temperatura di riferimento (20 °C). Il valore della massa volumica è determinante per una valutazione progettuale della massa (e quindi anche del peso) del manufatto.

In generale i metalli hanno una massa volumica notevole, mentre altri materiali (per esempio il legno e il polistirolo) molto ridotta. Anche tra i metalli esistono notevoli differenze: il piombo ha massa volumica 11,36 kg/dm³, mentre il magnesio 1,74 kg/dm³.

Capacità termica massica. Si misura mediante la quantità di calore, espressa in joule (J), che è necessaria per innalzare di 1 °C la massa di 1 kg. Anche questa grandezza fisica è influenzata dalla temperatura e perciò ne viene rilevato il valore medio nell'intervallo tra 0 °C e 100 °C.

Conduttività termica ed elettrica. È l'attitudine del materiale a trasmettere il calore o l'elettricità. In genere questi tipi di conduttività sono associati; un buon conduttore di calore è anche un buon conduttore di elettricità. I metalli sono in genere buoni conduttori; sostanze come il vetro o la ceramica non lo sono affatto (vengono pertanto detti **isolanti**). L'inverso della conduttività è la **resistività**.

Dilatazione termica. La dimensione di un corpo è una variabile dipendente dalla sua temperatura. Ogni materiale presenta una specifica dilatazione proporzionale alla lunghezza iniziale e alla variazione di temperatura; questo valore specifico, chiamato **coefficiente di dilatazione lineare**, si misura attraverso l'allungamento di una barretta lunga 1 m per una variazione di 1 °C.

Per esempio, un filo di rame lungo 1 m subisce un allungamento di 17 μm per un incremento di temperatura di 1 °C. I valori di questo coefficiente sono dipendenti dai livelli di temperatura e perciò se ne rileva il valore medio in un intervallo tra 20 °C e 100 °C.

Questo parametro è molto importante per le valutazioni progettuali di organi in movimento, che possono subire notevoli variazioni termiche e quindi anche dimensionali.

Temperatura di fusione. È la temperatura alla quale un materiale passa dallo stato solido a quello liquido. Alcuni materiali presentano un basso punto di fusione, come lo stagno (232 °C), altri ne hanno uno alto, come il platino (1769 °C). I materiali che hanno un punto di fusione molto elevato (superiore a 2000 °C) vengono chiamati **refrattari**; tra questi rientrano le sabbie e le argille, utilizzate nei rivestimenti di forni o nelle forme di fonderia.

PROPRIETÀ FISICHE DEI PRINCIPALI METALLI

METALLO	MASSA VOLUMICA (kg/dm³)	CAPACITÀ TERMICA MASSICA a 20 °C (J/kg · °C)	COEFFICIENTE MEDIO DI DILATAZIONE LINEARE 20-100 °C (μm/m · °C)	TEMPERATURA DI FUSIONE (°C)
Alluminio	2,70	896	23,8	659
Argento	10,49	234	19,7	960
Cromo	7,19	461	80,0	1875
Ferro	7,86	452	12,1	1535
Magnesio	1,74	1042	26,0	651
Manganese	7,43	481	23,1	1224
Molibdeno	10,22	260	4,9	2625
Nichel	8,90	450	10,8	1453
Oro	19,30	130	14,3	1063
Piombo	11,36	129	29,0	327
Platino	21,40	134	9,4	1769
Rame	8,94	385	16,8	1083
Stagno	7,30	226	22,9	232
Tungsteno	19,30	142	4,5	3380
Zinco	7,14	385	29,5	419

Proprietà chimiche e strutturali

Resistenza alla corrosione. È l'attitudine del materiale a resistere all'aggressione degli agenti chimici.

Sotto questa aggressione molte sostanze si trasformano, combinandosi con gli agenti e originando nuove sostanze; queste creano un graduale processo di degrado del materiale chiamato **corrosione**.

Nei metalli il fenomeno della corrosione si manifesta in modo talvolta intenso, soprattutto quando gli agenti operano in ambiente umido. Noto a tutti è il fenomeno dell'ossidazione del ferro (la *ruggine*), che porta a una desquamazione profonda e quindi al deperimento del materiale. Sono chiamati **metalli reattivi** quelli più esposti al fenomeno, **metalli nobili** quelli praticamente inattaccabili dagli agenti.

Naturalmente la resistenza alla corrosione ha un peso notevole nella scelta del materiale e induce nel progetto misure di protezione del materiale stesso con rivestimenti quali vernici, pellicole passive di metalli nobili (cromo, nichel ecc.).

Struttura del materiale. Gli atomi della sostanza possono presentare una posizione reciproca di diverso tipo:

- struttura amorfa;
- struttura cristallina.

Le sostanze che presentano atomi disposti in modo irregolare e casuale hanno **struttura amorfa**. Il vetro o le plastiche sono materiali amorfi.

Si ha invece una **struttura cristallina** quando gli atomi si dispongono secondo un reticolo geometrico. La parte più piccola di questa struttura prende il nome di **cella elementare**.

La forma della cella e del reticolo cristallino condiziona le proprietà meccaniche e tecnologiche del materiale. Presentano struttura cristallina tutti i metalli.

Le forme della cella cristallina sono numerose nel mondo minerale, ma tra i metalli queste sono soltanto:

- cubica a facce centrate;
- cubica a corpo centrato;
- esagonale compatta.

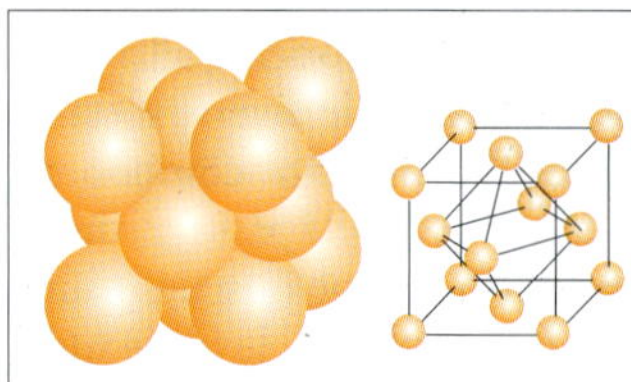
Struttura cubica a facce centrate

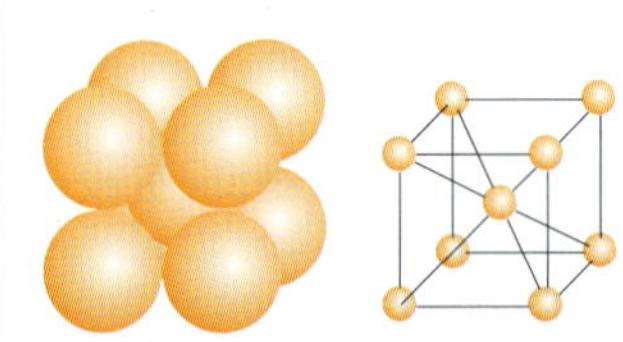
Struttura cubica a corpo centrato

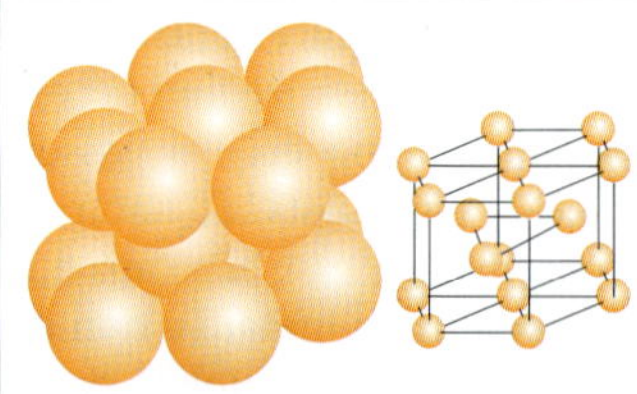
Struttura esagonale compatta

La **cella cubica a facce centrate** (c.f.c.) presenta 14 atomi con i centri disposti sui vertici di un cubo e sui centri delle facce. Il reticolo cristallino è molto compatto e conseguentemente il materiale presenta buona lavorabilità e conduttività termica ed elettrica. Hanno questa struttura cristallina materiali come l'alluminio, il rame, il platino e l'oro.

Nella **cella cubica a corpo centrato** (c.c.c.) 8 atomi sono disposti ai vertici del cubo e 1 atomo al centro del cubo. I materiali con questa struttura presentano elevata durezza e media lavorabilità. Tra i metalli con questa struttura si possono citare il tungsteno e il molibdeno.

GLOSSARIO

Amorfo: privo di forma.

Massa: quantità di materia contenuta in un corpo. È una grandezza costante, indifferente alla gravità.

Peso: forza di attrazione che un campo gravitazionale esercita su un corpo. Esso è quindi variabile: sulla Luna o sulla Terra, a livello del mare o in alta montagna lo stesso corpo presenta pesi diversi.

La **cella esagonale compatta** (e.c.) vede 17 atomi così disposti: 12 ai vertici del prisma esagonale, 2 ai centri delle basi, 3 in posizione intermedia tra le basi. La fragilità caratterizza i materiali con questo tipo di cristallizzazione; tra essi si possono citare lo zinco e il magnesio.

Non tutti i metalli possiedono una sola forma di cristallizzazione. Il **polimorfismo** è il fenomeno che porta alcuni metalli a cristallizzare sotto forme diverse a seconda della temperatura. Questi cambiamenti di struttura cristallina prendono il nome di **trasformazioni allotropiche**. Il ferro, per esempio, presenta sia la struttura cubica a corpo centrato sia quella a facce centrate; a diverse fasce di temperatura corrispondono diverse strutture cristalline e quindi diverse proprietà del materiale.

POLIMORFISMO DI ALCUNI METALLI

METALLO	CELLA	CAMPO TERMICO DI STABILITÀ
Ferro	c.c.c. c.f.c. c.c.c.	0 ÷ 911 °C 911 ÷ 1392 °C 1392 ÷ 1535 °C
Manganese	c.c.c. c.f.c. c.c.c.	0 ÷ 1095 °C 1095 ÷ 1133 °C 1133 ÷ 1224 °C
Titanio	e.c. c.c.c.	0 ÷ 882 °C 882 ÷ 1668 °C

Nella realtà il reticolo cristallino è imperfetto. A causa delle condizioni in cui il materiale si è solidificato oppure per la presenza di impurità, le celle si aggregano in modo irregolare intorno a nuclei, creando dei **grani**. Separati da facce più o meno regolari, i grani sono visibili talvolta a occhio nudo e meglio al microscopio. L'allineamento delle facce dei grani crea delle superfici di scarsa resistenza alle sollecitazioni e quindi di potenziale frattura.

Nelle *leghe* il reticolo cristallino acquista forme diverse a seconda delle sostanze che vi compaiono. Le leghe sono sostanzialmente delle soluzioni solide e pertanto le sostanze possono distribuirsi nei seguenti modi:

- **soluzione ordinata**, in cui gli atomi di una sostanza occupano il posto degli altri in modo regolare;
- **soluzione di sostituzione**, quando gli atomi di una sostanza sostituiscono gli altri in modo casuale;
- **soluzione interstiziale**, se gli atomi di una sostanza si inseriscono negli spazi lasciati vuoti dal reticolo dell'altra sostanza.

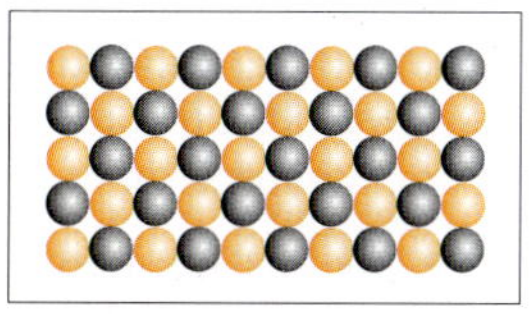
Soluzione ordinata

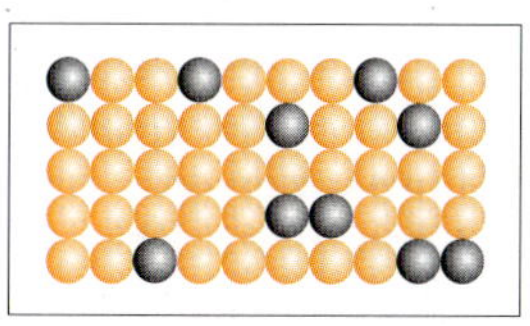
Soluzione di sostituzione

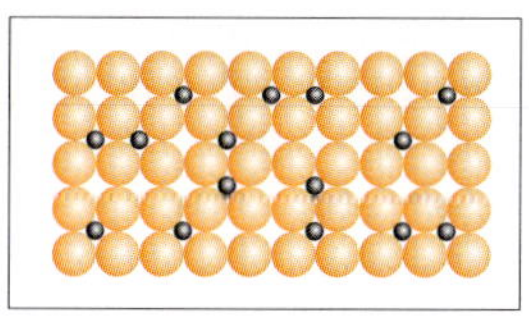
Soluzione interstiziale

Proprietà meccaniche

Queste proprietà sono tra le più importanti per la progettazione, perché rendono il materiale adatto a resistere senza danni strutturali al lavoro cui è destinato. Quando una forza (**sollecitazione**) agisce su un corpo, tende a deformarlo e crea una tensione interna alla sua struttura (**sforzo**). Se al cessare della sollecitazione il corpo acquista nuovamente la forma iniziale, si è avuta una **deformazione elastica**; se invece il corpo cambia forma, si è avuta una **deformazione plastica**.

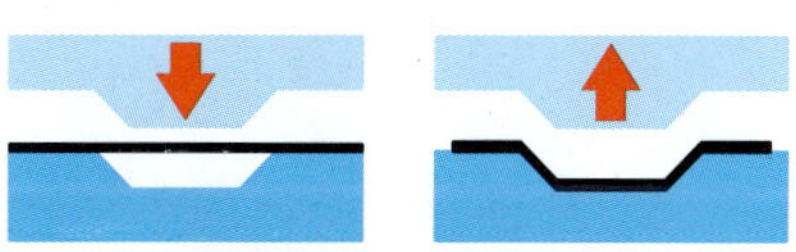
Al cessare della sollecitazione il corpo resta deformato: **deformazione plastica**.

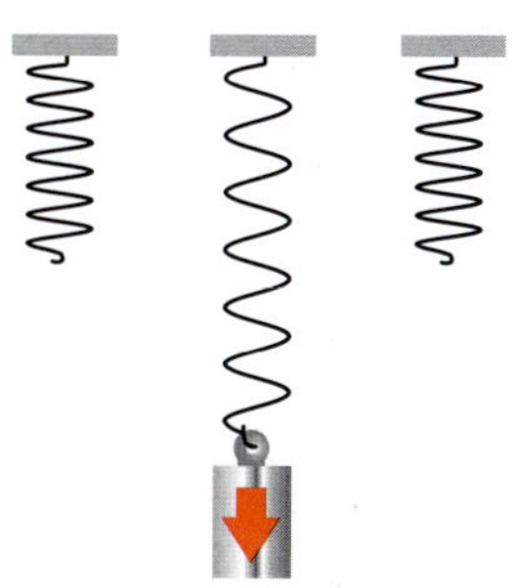
Al cessare della sollecitazione il corpo torna alla forma iniziale: **deformazione elastica**.

Crescendo la sollecitazione il corpo si deforma fino alla rottura. I valori delle sollecitazioni che creano deformazioni plastiche o la rottura del pezzo (**carico di rottura**) sono caratteristici del materiale. Lo stesso materiale può avere però comportamenti diversi al variare delle sollecitazioni nel tempo o nello spazio.

A seconda del tempo in cui agiscono distingueremo:

- **sollecitazioni statiche**, se agiscono costantemente o con piccole variazioni nel tempo;
- **sollecitazioni dinamiche** (*urti*), se crescono bruscamente in un tempo inferiore a 1/10 s. La resistenza agli urti prende il nome di **resilienza**;
- **sollecitazioni periodiche**, quando la variazione oscilla regolarmente entro un periodo. La resistenza a questo tipo di sollecitazione viene chiamata **resistenza a fatica**.

Corpo poggiato su un altro: **sollecitazione statica**.

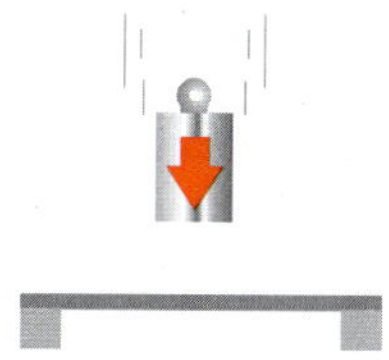
Corpo in caduta libera su un altro: **sollecitazione dinamica**.

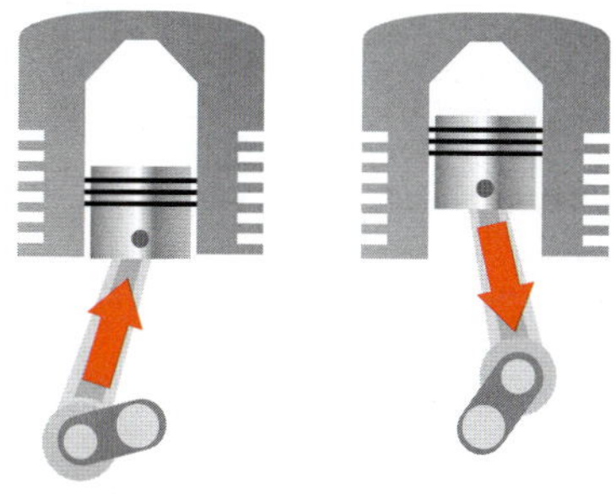
Corpo sollecitato in modo alternato: **sollecitazione periodica**.

Inoltre le sollecitazioni statiche si dicono **sollecitazioni semplici**, quando le forze sono ugualmente orientate nello spazio; in caso diverso si hanno **sollecitazioni composte**.

Un tipo di sollecitazione composta presenta una caratteristica particolare: è il caso dell'*attrito radente o volvente* di corpi che strisciano o rotolano su altre superfici.

Per **resistenza all'usura** si intende la capacità del materiale di opporsi al deterioramento per attrito. In questo caso la sollecitazione è composta da compressione, trazione e taglio.

Attrito radente o volvente: **resistenza a usura**.

Per la complessità della materia verranno brevemente illustrate solo le sollecitazioni semplici.

Sollecitazione di compressione. Il corpo è sollecitato da forze opposte e convergenti, che tendono ad accorciarlo e a dilatarne la zona centrale.

Murature, pilastri, zampe di tavoli sono esempi di strutture sollecitate a compressione.

Quando il corpo ha una forma troppo snella, sotto una sollecitazione di compressione può subire uno **svergolamento**; in questi casi si dice che esso è soggetto a un *carico di punta*.

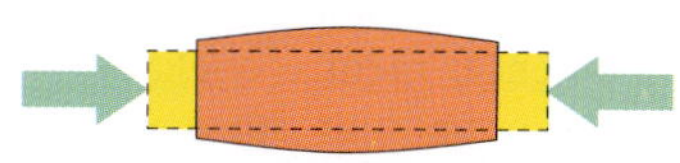

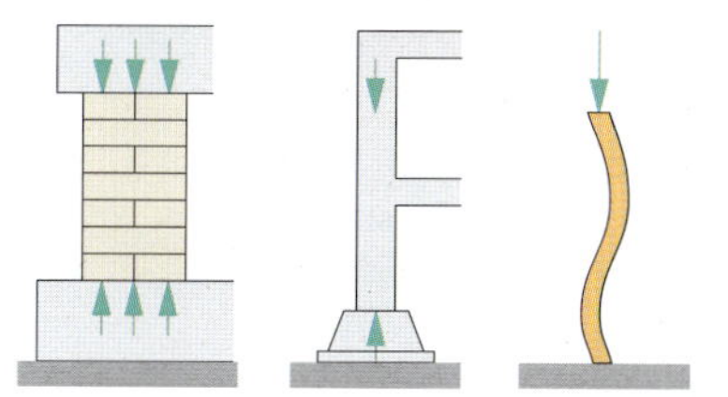
Muratura   Pilastro   Svergolamento per carico di punta

Sollecitazione di trazione. Il corpo è sollecitato da forze opposte e divergenti, che tendono ad allungarlo e ad assottigliarne la parte centrale.

Tiranti di ponti in ferro, cavi di sollevamento sono esempi di corpi soggetti a trazione.

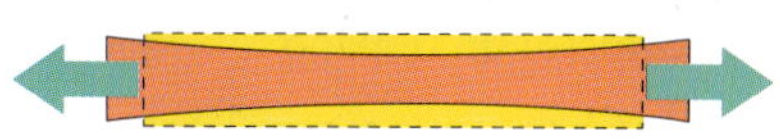

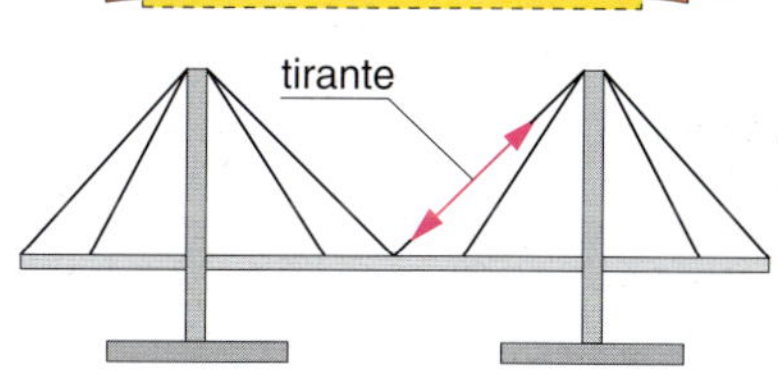

Sollecitazione di taglio. Il corpo è sottoposto all'azione di forze opposte, convergenti e disposte trasversalmente all'asse del solido.

La loro azione tende a far scorrere le sezioni del solido nel piano della sollecitazione.

A sollecitazione di taglio sono sottoposti, per esempio, pezzi lavorati per punzonatura oppure travi nei punti d'appoggio.

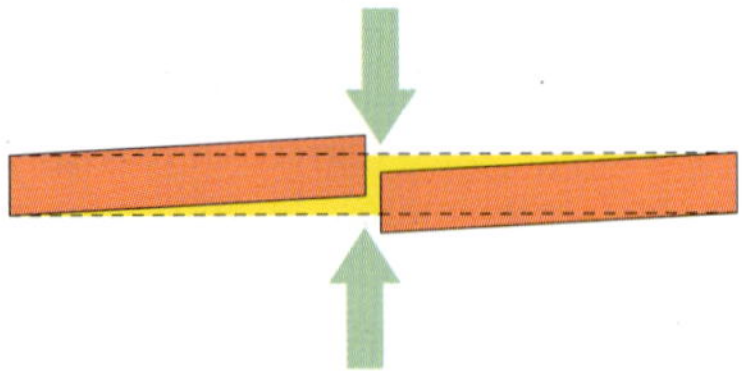

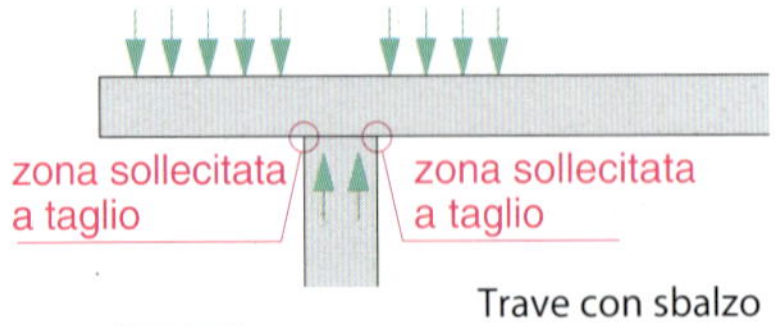

Trave con sbalzo

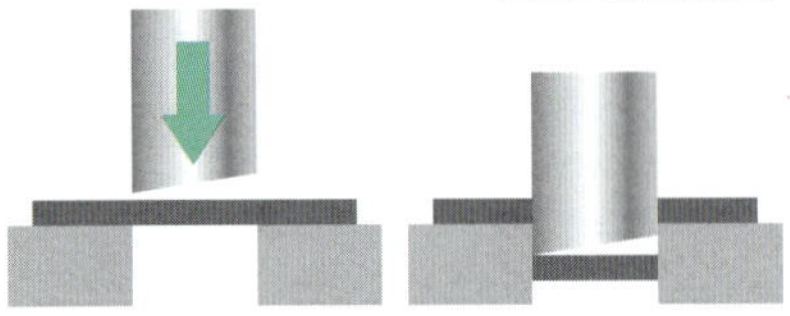
Punzonatura

Sollecitazione di flessione. Le forze agiscono trasversalmente all'asse del corpo e tendono a incurvarlo. Osservando un corpo inflesso, per esempio una trave, si nota che la lunghezza dell'asse, prima e dopo la sollecitazione, non subisce modifiche. In pratica è come se non avesse subìto alcuna sollecitazione: per questo viene chiamato **asse neutro**.

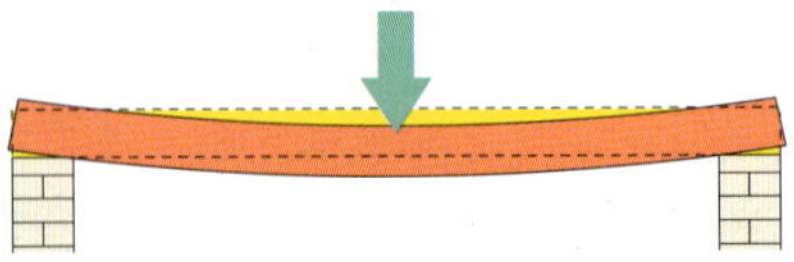

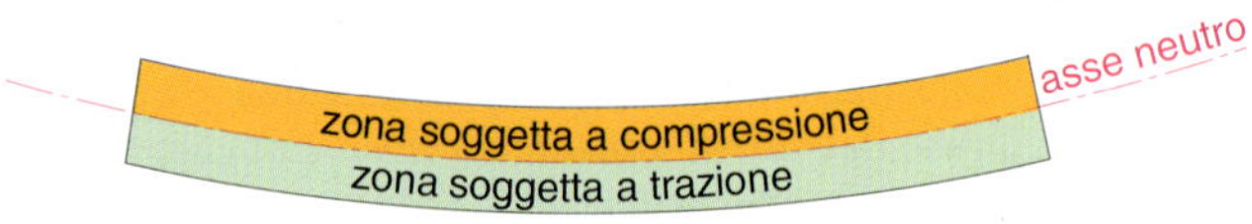

Al contrario la zona sopra l'asse neutro si è accorciata, mentre quella sottostante si è allungata. Infatti esse sono state sottoposte rispettivamente a compressione e a trazione. In buona sostanza la sollecitazione di flessione è la somma di una compressione e di una trazione.

Quanto detto è ben esemplificato da una trave a «doppio T», nella quale sono larghe le zone sottoposte a sollecitazioni intense, mentre quella centrale ha uno spessore molto ridotto, perché poco sollecitata.

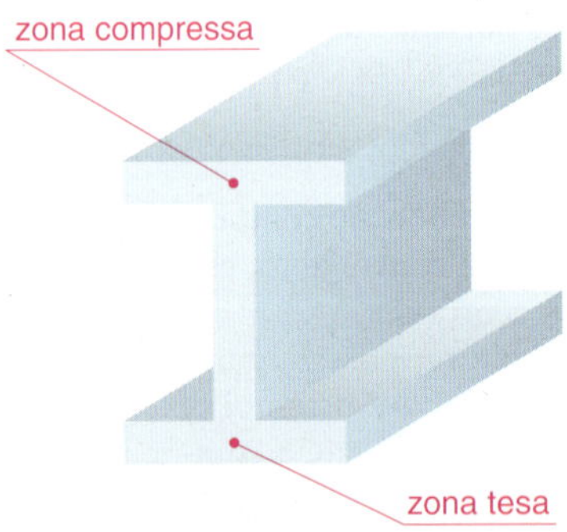

Sollecitazione di torsione. Il corpo è soggetto all'azione di una coppia di forze che ruotano in verso opposto e su piani diversi.

Esempi di corpi soggetti a torsione sono la punta di un giravite, la punta o il mandrino di un trapano.

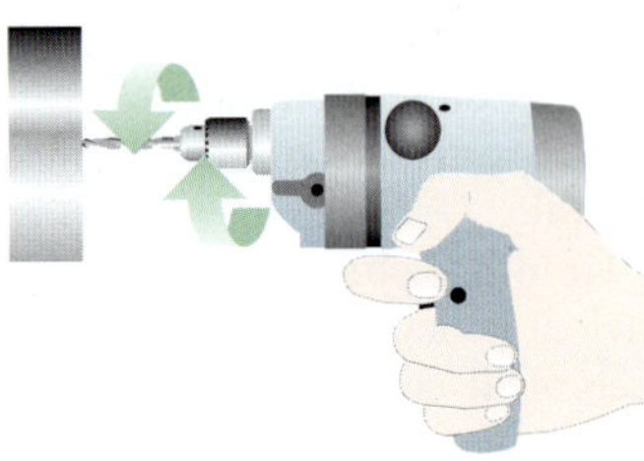

Sollecitazioni concentrate. Sono sollecitazioni di forze che agiscono su zone ristrette; queste forze sono dette *carichi concentrati*.

La resistenza che un corpo oppone ai carichi concentrati si chiama **durezza**. È una proprietà molto importante sia per la funzione che il materiale deve assolvere, sia per le lavorazioni cui deve essere sottoposto.

Talvolta uno stesso metallo a struttura cristallina polimorfa (come per esempio il ferro) presenta durezze diverse a seconda della struttura cristallina. Per questo appositi **trattamenti termici** (come per esempio la tempra) possono modificare la durezza del materiale.

Resistenza a carico concentrato: **durezza**.

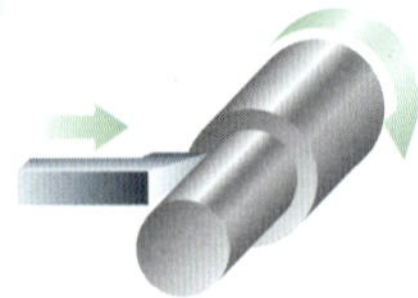
La durezza del materiale si oppone all'utensile del tornio.

Proprietà tecnologiche

Queste proprietà sono relative all'attitudine del materiale a subire lavorazioni di vario tipo:

- *lavorazioni a caldo* (fusione, fucinatura, saldatura termica);
- *lavorazioni a freddo senza asportazione di truciolo* (laminazione, stampaggio, imbutitura, trafilatura ecc.);
- *lavorazioni a freddo con asportazione di truciolo* (tornitura, fresatura, limatura, foratura ecc.).

Fusibilità. È l'attitudine del materiale a essere lavorato con la tecnica della fusione.

Il materiale, portato allo stato liquido, viene colato entro stampi (*forme*), aderendo alle superfici delle cavità; dopo raffreddamento il prodotto (*getto*) viene liberato delle parti eccedenti (bavature ecc.), pulito e sottoposto a finitura superficiale.

Alcuni materiali hanno buona fluidità e aderiscono bene alle superfici dello stampo, non creano difetti durante il raffreddamento (porosità, fratture) e quindi hanno ottima fusibilità; tra questi figurano il bronzo, la ghisa, l'ottone e le leghe leggere. Mediocre è invece la fusibilità dell'acciaio.

Per fusione si realizzano pezzi di notevoli complessità e dimensioni, come monoblocchi e testate di motori, cerchioni di ruote ecc.

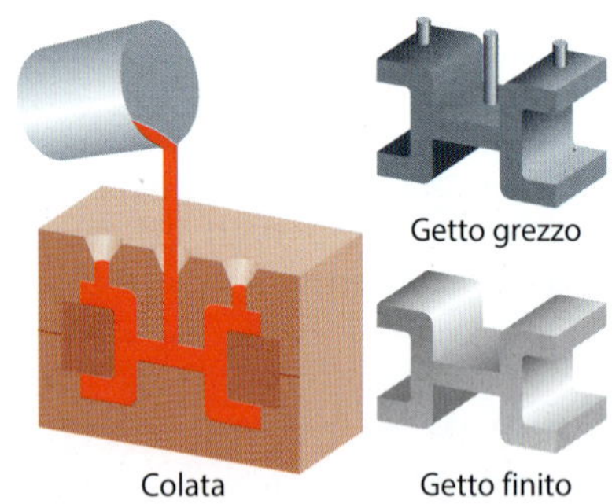

Saldabilità. È l'attitudine del materiale a essere stabilmente congiunto a un altro mediante saldatura. Questa tecnica consiste nel riscaldamento di zone del pezzo, creando uno strato di materiale fuso che si unisce a un altro (dello stesso tipo o di tipo diverso). Talvolta la saldatura si realizza con l'aggiunta di sostanze (*materiale di apporto*) che crea dei *cordoni di saldatura*.

Le diverse tecniche di saldatura usano energia chimica (acetilene, idrogeno) o elettrica (arco voltaico).

La saldabilità è buona per l'acciaio, ma scarsa per le ghise e le leghe leggere.

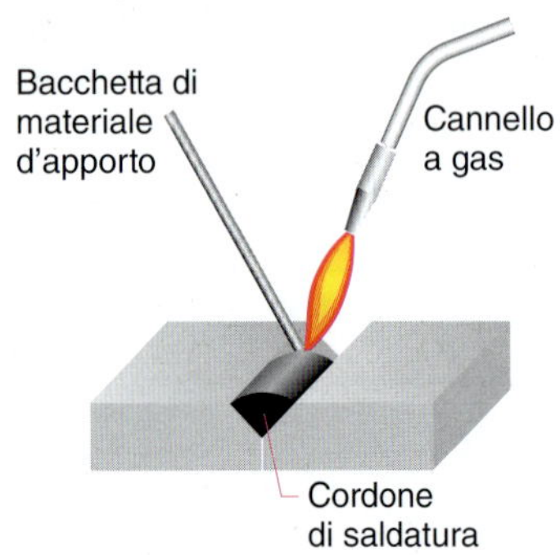

Malleabilità. È l'attitudine del materiale a deformarsi sotto l'azione di pressioni o urti senza creare fessure o rotture. La malleabilità, essendo sostanzialmente la **plasticità** del materiale, è legata alla sua temperatura.

I materiali possono essere lavorati a caldo o a freddo, con utensili a mano (martelli, mazze) o con macchine (magli, presse, laminatoi).

Gran parte delle lavorazioni meccaniche sfruttano la malleabilità: la fucinatura, la laminazione, lo stampaggio. Altre proprietà tecnologiche (come la piegabilità, la duttilità o l'estrudibilità, descritte di seguito) non sono altro che particolari casi di malleabilità.

Ottima malleabilità presentano l'oro e il rame, buona è quella degli acciai; non sono invece malleabili le ghise.

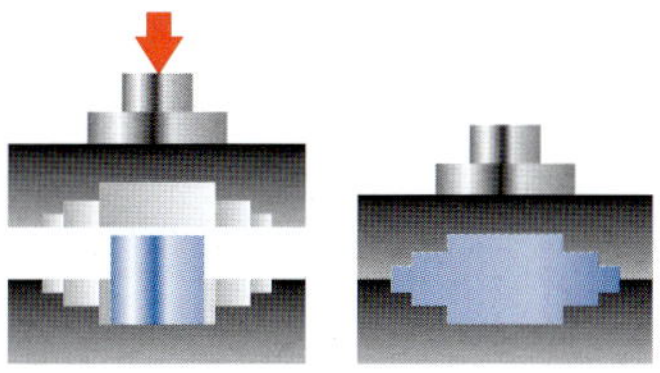

Stampaggio: il pezzo viene inserito tra i due semistampi e deformato per pressione.

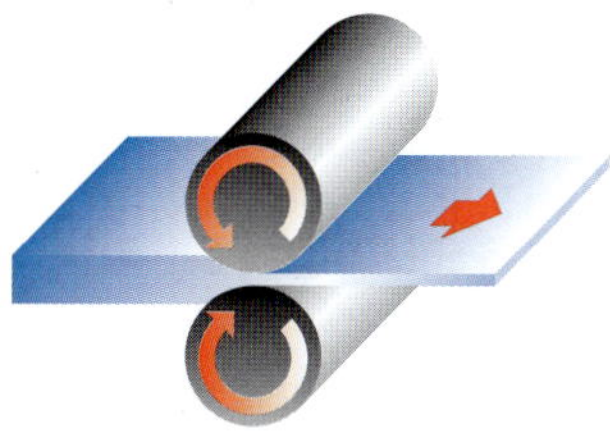

Laminazione: il pezzo passa attraverso due cilindri rotanti che ne assottigliano lo spessore.

Piegabilità. Riguarda semilavorati che possono essere deformati a freddo. I semilavorati più spesso piegati a freddo sono i tondini d'acciaio per le costruzioni, i tubi, le lamiere, i profilati.

Per la piegatura vengono utilizzate presse o *piegatrici*, con o senza motorizzazione.

Buona piegabilità presentano gli acciai dolci, il rame e l'alluminio.

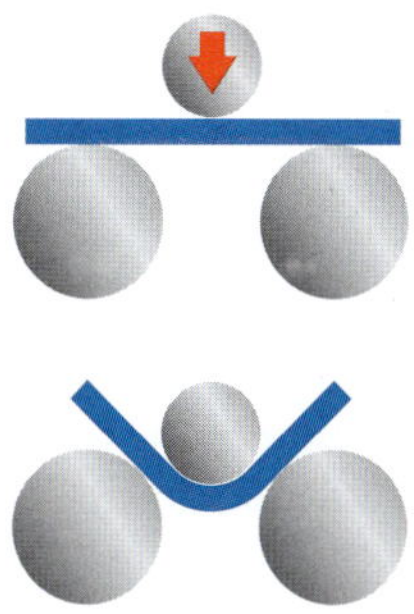

Piegatura con rulli.

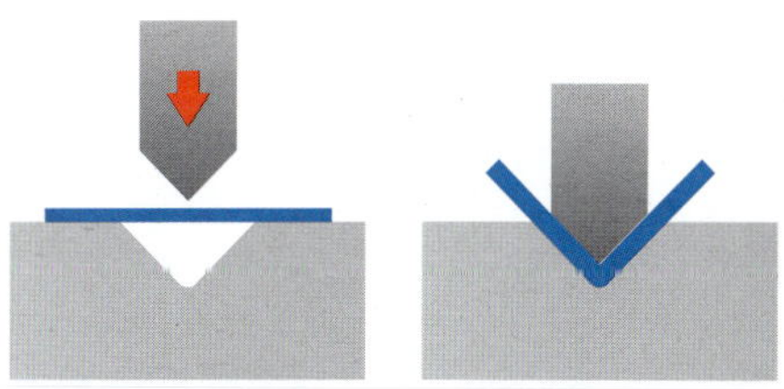

Piegatura con stampo (in alto) e matrice (in basso).

Duttilità. È l'attitudine del materiale a ridursi in fili. La lavorazione di **trafilatura**, che sfrutta la duttilità, consiste nel tirare una barretta di materiale attraverso un foro tronco-conico (chiamato **filiera**) di diametro un po' inferiore. Il materiale si deforma allungandosi e assottigliandosi.

Trattandosi di un riduzione limitata della sezione della barretta iniziale, la trafilatura prevede spesso una sequenza di passaggi, fino ad arrivare alla dimensione desiderata per il prodotto.

Per trafilatura si ottengono prodotti semilavorati come fili, barre, tubi. Buona duttilità hanno il rame, l'alluminio, gli acciai dolci, ottima è invece nell'argento e nell'oro.

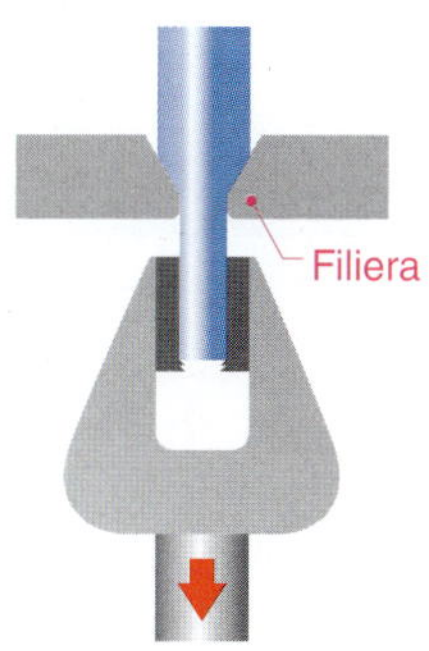

Nella trafilatura il materiale è tirato esternamente e costretto a passare attraverso la filiera, di cui assume forma e dimensioni.

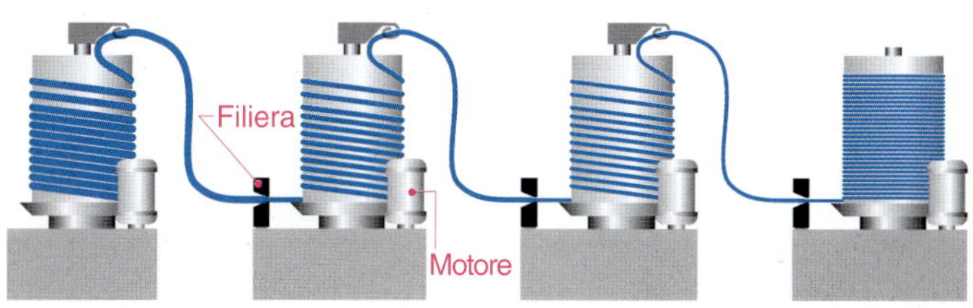

Trafilatura con tre passaggi consecutivi.

Estrudibilità. È l'attitudine del materiale ad assumere la forma di un foro sagomato (*matrice*) in cui viene spinto. L'estrusione consiste in una operazione analoga alla trafilatura, con la differenza che il materiale non è tirato dall'esterno, ma compresso dall'interno.

Per estrusione a caldo o a freddo si ottengono **profilati** anche di notevole complessità, come quelli per infissi.

Buona estrudibilità hanno le leghe dell'alluminio e gli acciai dolci.

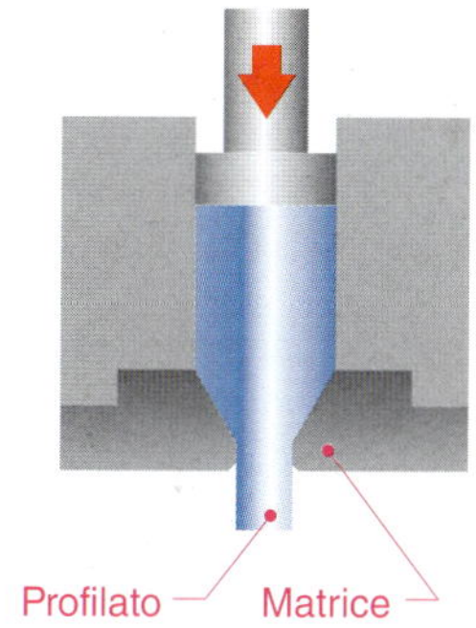

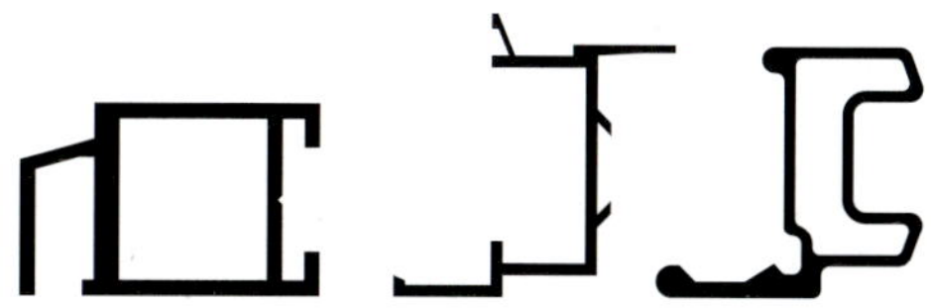

Profilati in alluminio per infissi.

Imbutibilità. È l'attitudine delle lamiere a deformarsi sotto l'azione di un punzone che le spinge entro una matrice. L'**imbutitura** è una lavorazione a freddo che consente di trasformare una lamiera in prodotti con superfici a molteplice curvatura.

I materiali imbutibili, a causa delle notevoli deformazioni cui sono sottoposti, devono avere composizione molto pura, per evitare screpolature e rotture.

Per imbutitura si ottengono parti di carrozzeria d'auto, serbatoi, pentole, scatolati ecc. Sono imbutibili il rame, l'alluminio, gli acciai dolcissimi, l'ottone.

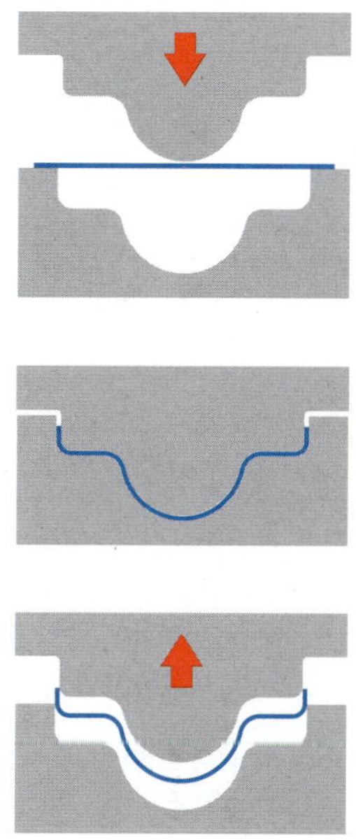

Fasi di imbutitura con punzone e matrice.

Truciolabilità. È l'attitudine del materiale a rilasciare *trucioli* sotto l'azione di un utensile più duro.

Molte lavorazioni alle macchine utensili avvengono per asportazione di truciolo: la foratura, la tornitura, la fresatura, la brocciatura ecc.

Buona truciolabilità possiedono in genere i materiali non eccessivamente duri come gli acciai, le leghe dell'alluminio e del rame, le ghise grige; poco truciolabili sono invece i materiali molto duri come le ghise bianche.

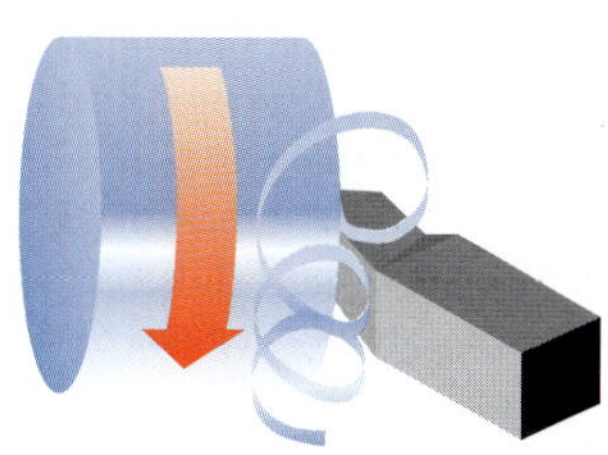

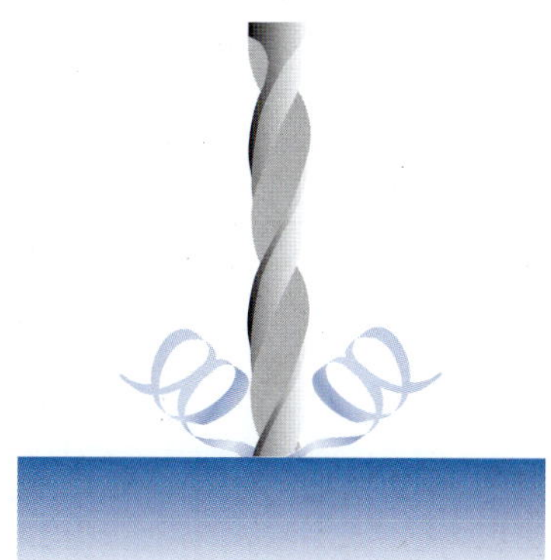

Lavorazioni con asportazione di truciolo: tornitura (sopra) e foratura (a destra).

Prove di laboratorio

Relazione sollecitazione-deformazione

Per dimensionare correttamente un oggetto in fase progettuale è necessario valutare se sarà in grado di resistere alle sollecitazioni esterne senza danni o rotture. Per questo scopo il progettista si avvale di dati ricavati da esperienze di laboratorio su campioni di materiale. Le prove di laboratorio riguardano i diversi tipi di resistenza meccanica e sono normalizzate dalla UNI (o altri enti di normazione) per le procedure, i macchinari e le caratteristiche del campione (**provetta**).

Le prove di laboratorio sui materiali si distinguono in:

- **prove distruttive**, quando provocano il deterioramento o la rottura del pezzo;
- **prove non distruttive**, se il pezzo resta integro; in questo caso le prove possono essere eseguite non solo sul campione di materiale, ma anche sul manufatto vero e proprio.

I corpi sottoposti a sollecitazioni statiche (**carichi**) si deformano. Se al cessare della sollecitazione riacquista la forma iniziale, si dice che esso ha subìto una **deformazione elastica**; se invece resta deformato si ha una **deformazione plastica** o permanente. Dalle prove di laboratorio si può osservare che solo nella fase elastica esiste un *rapporto di proporzionalità* tra carichi e deformazioni. Crescendo ulteriormente il carico le deformazioni non sono più proporzionali e comincia la fase plastica. Al termine di questa fase subentra la rottura.

I valori che segnano le fasi del diverso comportamento del materiale sotto l'azione dei carichi sono:

- **carico al limite di elasticità**, dopo il quale il materiale ha un comportamento parzialmente plastico (*fase elasto-plastica*);
- **carico di snervamento**, oltre il quale si hanno deformazioni molto irregolari a fronte di un carico sostanzialmente costante;

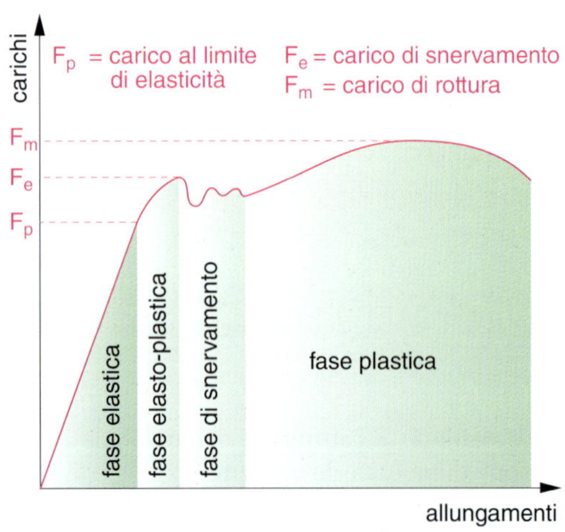

- **carico di rottura**, che segna la frattura della provetta.

I risultati sperimentali vengono elaborati rapportandoli alla sezione della provetta e ottenendo così i *carichi unitari* (in N/mm²). Per esempio se F_m è il carico di rottura di una provetta di sezione S_0, il **carico unitario di rottura** sarà $R_m = F_m/S_0$.

Le macchine per le prove di resistenza sono molteplici, ma quelle fondamentali prendono il nome di **macchine universali**, perché consentono di effettuare prove di trazione, compressione, flessione e taglio.

Esse sostanzialmente sono dotate di due ganasce, una mobile e l'altra fissa, alle quali viene fissata la provetta. Le ganasce sono solidali a una incastellatura collegata agli organi che forniscono la potenza per creare gli sforzi e alle apparecchiature per registrare ed elaborare i risultati delle prove.

NOTA BENE

La legge di proporzionalità tra carichi e deformazioni prende il nome di **legge di Hooke**, dallo scienziato inglese R. Hooke (1635-1703) che la definì.

Prova di resistenza a trazione

Le prove di resistenza a trazione sono essenziali per valutare le caratteristiche fondamentali e il comportamento del materiale sia sotto il profilo meccanico che della lavorabilità. Con questa prova infatti si possono determinare la resistenza, l'elasticità e la deformabilità tipiche di un materiale.

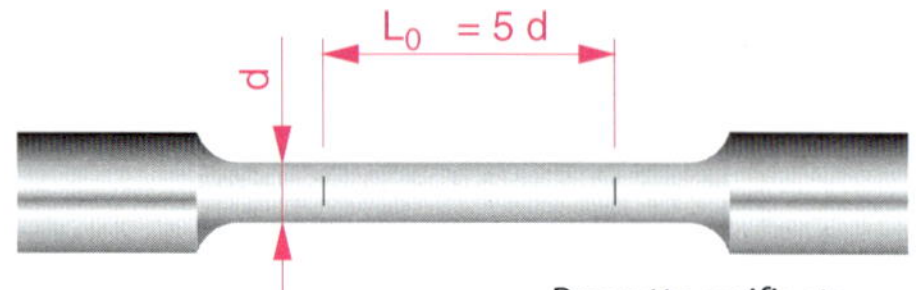

Provetta unificata per prove di trazione

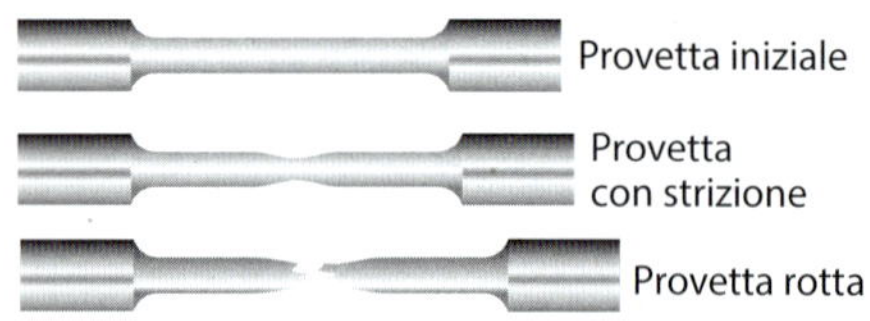

La prova consiste nel sottoporre una provetta di forma e dimensioni unificate a un sforzo continuo e crescente fino alla sua rottura.

La provetta ha forma cilindrica con estremità di diametro maggiore per il fissaggio alle ganasce; nella zona centrale la provetta deve avere un rapporto tra la lunghezza delimitata dai segni di riferimento (L_0) e il diametro (d) tale che L_0 = 5 d.

Durante l'allungamento nella zona centrale appare un restringimento della sezione (**strizione**), che insieme alla forma della frattura fornisce indicazioni sulle proprietà tecnologiche del materiale.

La *macchina universale* registra gli allungamenti della provetta in relazione ai carichi e ne elabora un grafico dal quale si desumono dati fondamentali quali gli *allungamenti percentuali*, il *carico al limite della proporzionalità* e il *carico unitario di rottura.*

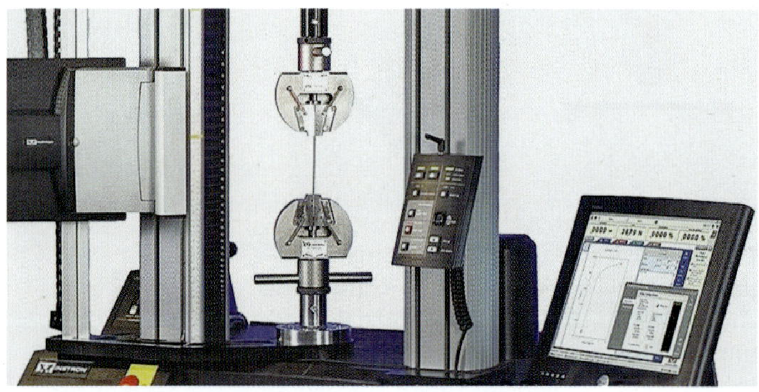

Macchina universale.

Prova di resistenza a compressione

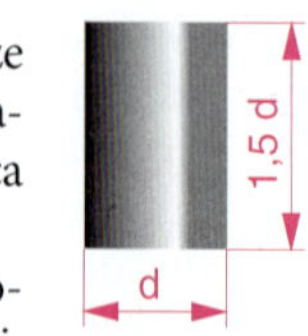

Provetta unificata per prove di compressione

È analoga a quella di trazione, ma in questo caso le forze hanno senso opposto alla trazione e tendono a schiacciare la provetta. La provetta unificata ha forma cilindrica con rapporto tra lunghezza e diametro pari a L_0 = 1,5 d.

Molti materiali metallici hanno resistenza a trazione e a compressione con valori circa uguali; ma altri, come le ghise, resistono molto meno a trazione che a compressione. All'opposto si comportano i legnami, che resistono meglio a trazione che a compressione.

MEMO

Secondo il SI la resistenza dei materiali si misura in **N/mm²**. È da ricordare il rapporto tra il newton e il kilogrammo forza (kgf, unità ancora usata ma scomparsa dal SI):

1 N = 0,102 kgf e il rapporto reciproco **1 kgf = 9,81 N**

Prova di resistenza a flessione

È una prova che ha lo scopo di misurare il carico di rottura oppure le deformazioni di una provetta sollecitata a flessione.

La prova si esegue su appositi macchinari o anche sulla macchina universale. La provetta viene poggiata su due rulli paralleli a distanza L. Il carico viene esercitato con progressione graduale nel punto di mezzeria. Le deformazioni della provetta vengono registrate e messe in relazione ai carichi esercitati, fino a pervenire alla rottura.

Il **carico unitario di rottura a flessione** viene espresso dal rapporto

$$R_{fm} = \frac{M_{fm}}{W_f} \; (N/mm^2)$$

In questa relazione M_{fm} esprime il momento flettente che ha prodotto la rottura, mentre W_f, chiamato **modulo di resistenza a flessione** della sezione, è una quantità dipendente dalla forma e dalle dimensioni della sezione della provetta.

Nel riquadro vengono riportati i valori del modulo di resistenza a flessione per le sezioni di forma circolare, rettangolare e quadrata.

MODULO DI RESISTENZA A FLESSIONE

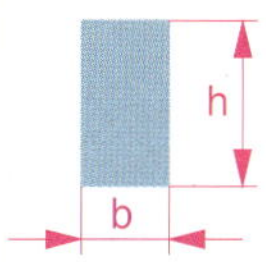	Sezione rettangolare $W_f = \frac{b \cdot h^2}{6}$
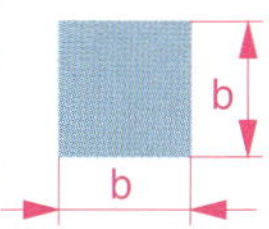	Sezione quadrata $W_f = \frac{b^3}{6}$
	Sezione circolare $W_f = 0{,}1\, d^3$

Per calcolare invece il momento flettente (M_{fm}) della provetta, si osservi che a un carico F corrispondono sugli appoggi delle reazioni di valore F/2. Pertanto in corrispondenza della mezzeria, in cui lo sforzo è massimo e si verifica la rottura, il momento flettente è

$$M_{fm} = \frac{F}{2} \cdot \frac{L}{2} = \frac{FL}{4} \; (N \cdot mm)$$

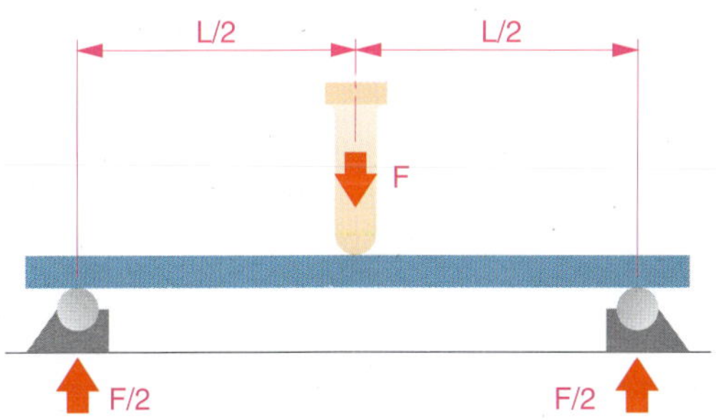

Nella prova di flessione la provetta è caricata al centro.

In *materiali poco deformabili* la prova prevede che la provetta sia poggiata su due rulli e sia sollecitata da due carichi uguali e simmetrici rispetto agli appoggi.

Prova di flessione con due carichi simmetrici.

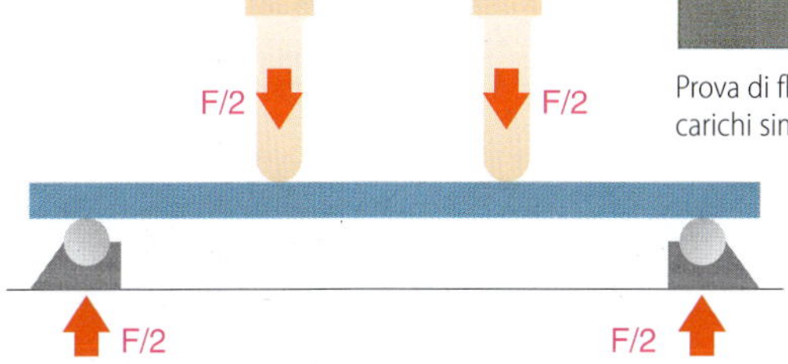

Per materiali poco deformabili vi sono due carichi simmetrici.

Prova di resistenza a torsione

Con questa prova si misura la resistenza che un materiale oppone a una sollecitazione di torsione; questa consiste in due coppie di forze opposte che agiscono su piani diversi, perpendicolari all'asse del pezzo. Analogamente alla flessione, anche in questo caso le forze creano un momento torcente al quale si oppone la resistenza del materiale. Il **carico unitario di rottura a torsione** è dato dalla relazione

$$R_{tm} = \frac{M_{tm}}{W_p} \; (N/mm^2)$$

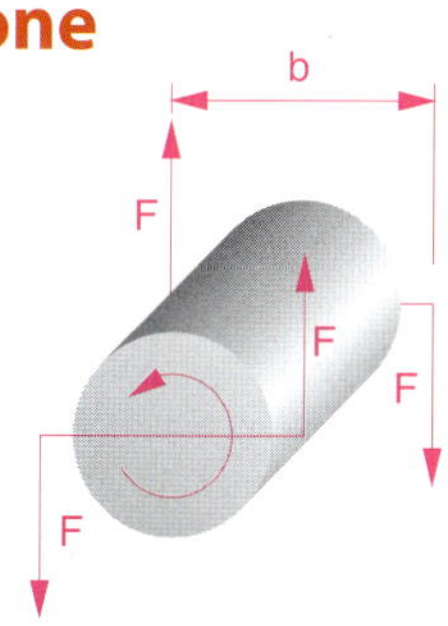

Il momento torcente è il prodotto della forza per il braccio: $M_{tm} = F \cdot b$.

nella quale M_{tm} è il momento torcente di rottura e W_p il modulo di resistenza polare, dipendente da forma e dimensioni della sezione. Per sezioni circolari, frequenti in caso di torsione, si ha $W_p = 0{,}2\, d^3$.

Normalmente la prova si effettua su fili o barre cilindriche mediante macchine specifiche per questa sollecitazione.

Prova di resistenza a taglio

È una prova che ha lo scopo di misurare la resistenza che un materiale oppone a una sollecitazione di taglio; questa consiste in due forze opposte che agiscono su un piano perpendicolare all'asse del pezzo.

La **resistenza al taglio** è espressa dalla relazione

$$\tau = \frac{F}{S} \; (N/mm^2)$$

nella quale F è il valore del carico e S l'area della sezione della provetta. Poiché nella sollecitazione di taglio spesso è presente anche una sollecitazione di flessione, che diminuisce la resistenza al taglio, si aumenta il valore di resistenza al taglio con un coefficiente 4/3. Pertanto si ha:

$$\tau = \frac{4}{3} \cdot \frac{F}{S} \; (N/mm^2)$$

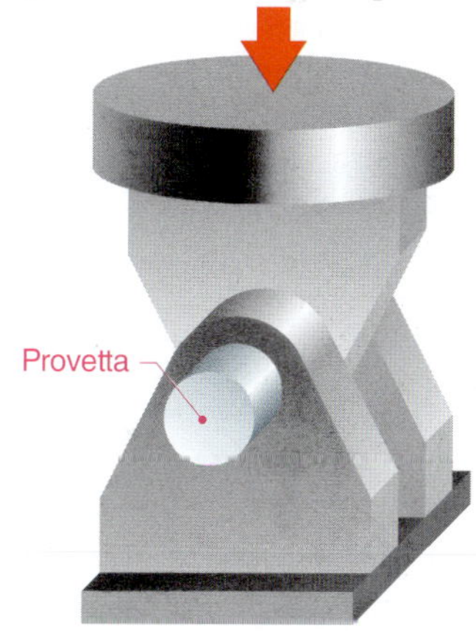

Prova di taglio su barra cilindrica.

La prova su barra cilindrica si esegue con la macchina universale, che utilizza apposite staffe in cui viene alloggiata la provetta (figura). In questo caso il carico opera su due sezioni e pertanto l'area della sezione resistente al taglio sarà doppia.

Nella pratica di progetto la resistenza al taglio (τ) si può ricavare dalla resistenza a trazione (R_m) mediante appositi coefficienti.

RESISTENZA AL TAGLIO IN RAPPORTO ALLA RESISTENZA A TRAZIONE

MATERIALE	RAPPORTO TRA τ E R_m
Acciaio	$\tau = 0{,}8\, R_m$
Ghisa	$\tau = 1{,}1\, R_m$
Leghe leggere da fonderia	$\tau = 0{,}9\, R_m$
Leghe leggere da lavorazioni plastiche	$\tau = 0{,}6\, R_m$

MEMO

Il **momento** di una forza rispetto a un punto è il prodotto della forza per il *braccio*, cioè la distanza del punto dalla sua retta d'azione. L'importanza di questo valore è evidente nei casi di leve o corpi rotanti.

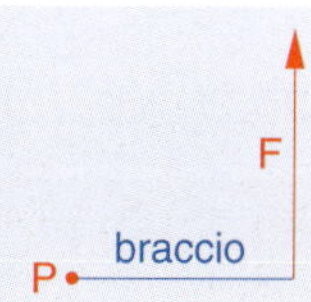

Prova di resilienza Charpy

La resilienza è la resistenza del materiale alle sollecitazioni dinamiche (urti).

I materiali che presentano un'alta resilienza vengono detti **tenaci**, mentre quelli che presentano una bassa resilienza sono detti **fragili**.

In generale esiste un rapporto inverso tra la resilienza e le altre proprietà meccaniche; per esempio, materiali come gli acciai duri sono fragili, mentre sono tenaci quelli con scarsa resistenza alle sollecitazioni statiche, quali gli acciai dolci o le leghe leggere.

Per i materiali metallici si usa in generale la prova che utilizza il pendolo di Charpy.

Prova con il pendolo di Charpy

È una prova di rottura per urto a flessione su una provetta di forma e dimensioni unificate.

La provetta è un barretta a sezione quadrata con un intaglio centrale a forma di U oppure a forma di V.

L'intaglio a forma di U può avere profondità 5 mm nel caso di metalli ferrosi, mentre è profondo 2 mm nel caso di metalli non ferrosi (leghe dell'alluminio e del rame). In questo caso la resilienza è caratterizzata dal simbolo **KCU**.

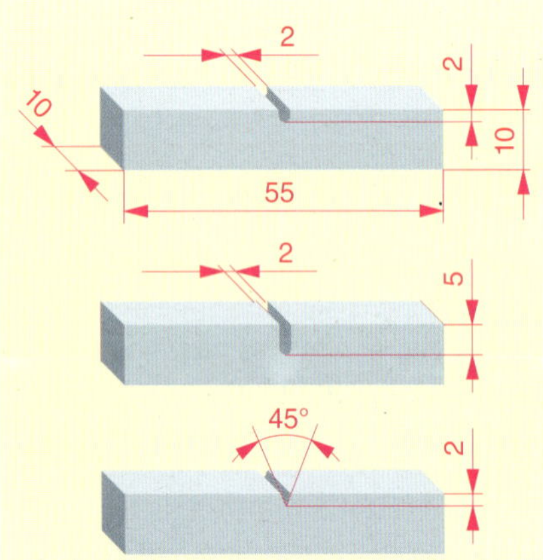

Forma e dimensioni delle diverse provette.

Su provette in metalli ferrosi si usa anche l'intaglio a V, profondo 2 mm; in questo caso la resilienza è designata dal simbolo **KV**.

La macchina per le prove di resilienza consiste in una incastellatura che sostiene una mazza oscillante; per questo la macchina è anche chiamata **pendolo di Charpy**.

La mazza può essere bloccata a una data altezza; dopo avere posizionato la provetta in un apposito alloggiamento e con intaglio rivolto dal lato opposto alla mazza, si può liberare la mazza che in caduta libera urta contro la provetta.

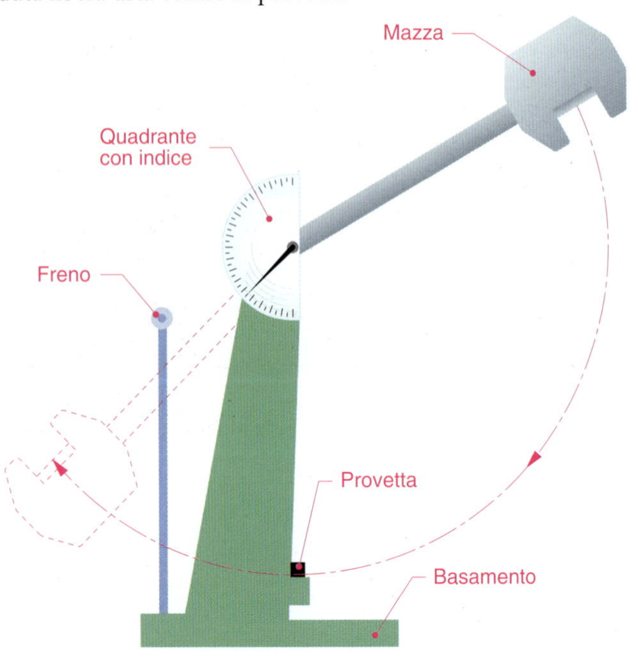

Dopo la rottura la mazza continua il moto pendolare fino a una certa altezza, che la macchina è in grado di registrare mediante un indice angolare; esso viene azzerato prima della prova e indica sul quadrante l'angolo di risalita del pendolo.

La macchina è provvista di freno per le oscillazioni del pendolo e di dispositivi di protezione.

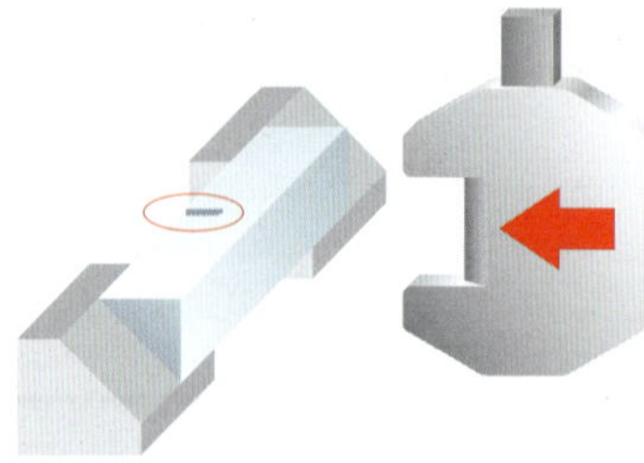
Disposizione della provetta nel suo alloggiamento: l'intaglio è dal lato opposto a quello della mazza.

Calcolo della resilienza

La resilienza viene misurata mediante la relazione

$$K = \frac{L}{S} \ (\text{J/cm}^2)$$

in cui L è il lavoro speso per spezzare la provetta e S l'area della sua sezione. Il valore di S è noto: 0,8 cm² oppure 0,5 cm² a seconda dell'intaglio nella provetta. Dalla prova bisogna invece rilevare i dati che consentono di calcolare il lavoro L in base al seguente procedimento.

Schema per il calcolo della resilienza.

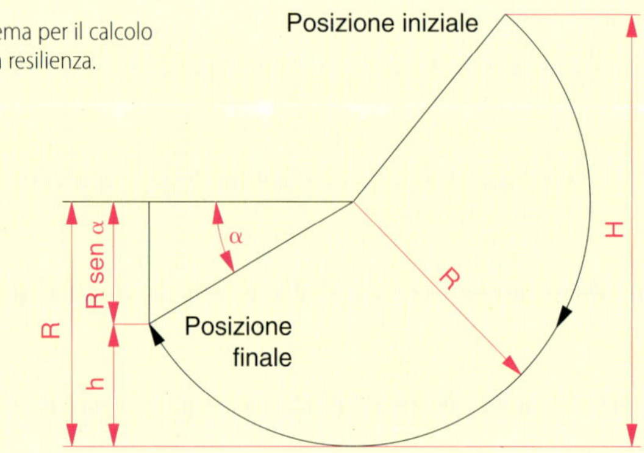

Il lavoro speso per rompere la provetta si calcola per differenza tra il lavoro (L_1) che la mazza compie in caduta prima dell'urto e il lavoro residuo (L_2) che le consente di risalire dopo l'urto.

L_1 è dato dalla forza, e cioè il peso della mazza (P), per lo spostamento (H) dalla posizione iniziale fino all'urto, quindi

$$L_1 = P \cdot H$$

Analogamente L_2 è dato dal prodotto tra peso della mazza per l'altezza di risalita (h), e cioè

$$L_2 = P \cdot h$$

Il valore di h è fornito dalla macchina mediante l'angolo di risalita (α) segnalato dall'indice sul quadrante e attraverso il valore di R (raggio di oscillazione del pendolo). Dalle relazioni trigonometriche possiamo ricavare

$$h = R - R \operatorname{sen} \alpha$$

Essendo noto il valore di h, è noto anche L_2 e quindi la differenza tra L_1 e L_2, cioè il valore di L. Con questo possiamo ricavare il valore della resilienza K = L/S.

VALORI DELLA RESILIENZA di alcuni materiali (in J/cm²)

Acciai dolci	220
Acciai inox	198
Acciai duri	80 ÷ 100
Bronzo 30% Sn	30
Ottone 50% Cu	20 ÷ 40
Anticorodal	10 ÷ 30

MEMO

Nel SI il lavoro è misurato in **joule** (J = N · m).
Per eventuali conversioni dalla precedente unità di misura del lavoro (il kgf · m), ora abbandonata, si ricordano le relazioni

N = 0,102 kgf **J = 0,102 kgf · m**
1 kgf · m/cm² = 9,81 J/cm² **1 J/cm² = 0,102 kgf · m/cm²**

Prove di durezza

La durezza è, come già detto, la resistenza che il materiale oppone ai carichi concentrati. La misurazione della durezza fornisce dati estremamente importanti sulla lavorabilità del materiale, sugli effetti di trattamenti termici, sulla resistenza a trazione. Inoltre per misurare la durezza si usano **prove non distruttive**, che quindi possono essere applicate non solo su provette ma anche su pezzi finiti. Le macchine utilizzate a questo scopo prendono il nome di **durometri**.

In generale le prove di durezza si eseguono mediante un penetratore di notevole durezza che, sotto l'azione di un certo carico, lascia un'impronta sulla superficie del materiale. *Il rapporto tra carico e dimensione dell'impronta definisce il valore della durezza.*

A seconda della forma e delle dimensioni del penetratore si hanno diversi metodi di misurazione della durezza. I più frequenti vengono descritti di seguito.

Metodo Brinell

È un metodo utilizzato per metalli non particolarmente duri; per quelli più duri si preferisce fare riferimento ad altri metodi.

Usa un penetratore in acciaio temprato di forma sferica di diametro 10 mm. In taluni casi il penetratore ha diametro 5 mm oppure 2,5 mm.

La durezza Brinell, indicata con il simbolo **HB**, è data dal rapporto tra carico e superficie dell'impronta lasciata dal penetratore sul pezzo:

$$HB = \frac{F}{S}$$

Il carico (F) viene espresso in N (newton), che da alcuni anni ha soppiantato l'uso del kgf; per evitare che il cambiamento di unità comportasse una variazione generale dei valori delle durezze note in precedenza, l'UNI ha deliberato di introdurre nella formula il coefficiente 0,102 per far sì che i nuovi valori (espressi in N) coincidessero con quelli precedentemente espressi in kgf. Pertanto la relazione utilizzata per la durezza Brinell è:

$$\mathbf{HB = 0{,}102\ \frac{F}{S}}$$

In questa relazione il valore di S esprime la superficie dell'impronta, una calotta sferica di diametro uguale a quello del penetratore; in base a relazioni geometriche il valore di S si può ricavare dal diametro dell'impronta:

$$S = \pi D \cdot \frac{1}{2} (D - \sqrt{D^2 - d^2})$$

Calcolato il valore di S e noto il carico F, si può ricavare la durezza HB. I carichi applicati sono rapportati al diametro del penetratore a seconda del materiale: per esempio $F = 30\ D^2$ per metalli duri, mentre $F = 0{,}5\ D^2$ nel caso del piombo. Il carico è variabile per far sì che l'impronta sia contenuta entro certi limiti (0,24 ÷ 0,6 D).

In condizioni normali si usa un penetratore di 10 mm con carico di 29400 N (3000 kgf) applicato per 15 secondi. In condizioni diverse la durezza Brinell si designa con il simbolo HB seguito nell'ordine dal diametro della sfera, dal carico (in kgf) e tempo di applicazione del carico. Per esempio:

- **300 HB** indica un valore 300 della durezza Brinell, con sfera di ∅ 10 mm e con carico di 3000 kgf applicato per 15 secondi;
- **180** $\mathbf{HB_{5/250/20}}$ indica una durezza Brinell di valore 180, misurato con sfera di ∅ 5 mm, carico di 250 kgf applicato per 20 secondi.

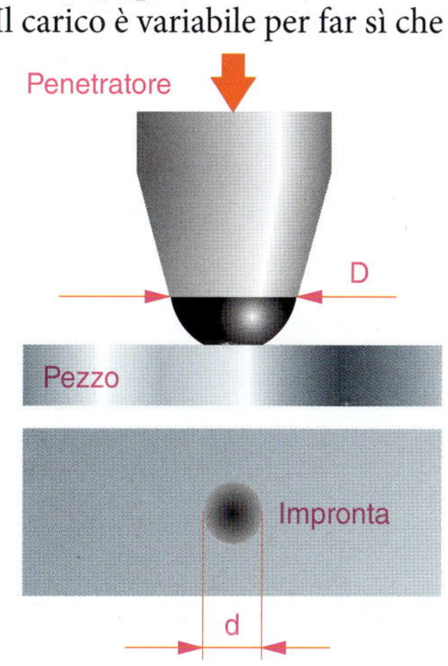

Penetratore e impronta nella prova di durezza Brinell.

Dai valori di HB si può ricavare con buona approssimazione anche la resistenza a trazione del materiale, mediante tabelle unificate di conversione.

Metodo Vickers

In questo metodo si usa un penetratore di diamante a forma di piramide a base quadrata con angolo di 136° tra facce opposte.

La durezza Vickers, indicata con il simbolo **HV**, è data dal rapporto tra carico e superficie dell'impronta lasciata dal penetratore sul pezzo:

$$\mathbf{HV = 0{,}189\ \frac{F}{d^2}}$$

In questa relazione F esprime il carico (in N), mentre d rappresenta la diagonale dell'impronta piramidale lasciata dal penetratore. La presenza del coefficiente 0,189 è dovuta sia al calcolo della superficie dell'impronta mediante la diagonale sia al cambiamento di unità del carico; infatti, come nel caso della durezza Brinell, il passaggio dal kgf al N avrebbe creato un mutamento generale dei valori della durezza Vickers, evitabile con l'introduzione di un coefficiente di conversione.

Le condizioni normali della prova prevedono un carico di 294 N (30 kgf) applicato per un tempo di 10÷15 secondi. In condizioni diverse la designazione della durezza Vickers prevede che, dopo la sigla HV, vengono indicati nell'ordine il carico (in kgf) e il tempo di applicazione. Per esempio:

- **300 HV** indica una durezza Vickers di valore 300, con carico di 294 N applicato per 10 ÷ 15 secondi;
- **640** $\mathbf{HV_{30/20}}$ indica una durezza Vickers di valore 640, ottenuto con un carico di 30 kgf applicato per 20 secondi.

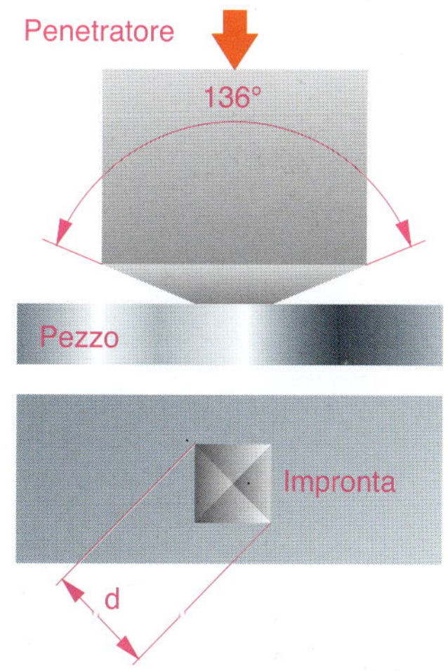

Penetratore e impronta nella prova di durezza Vickers.

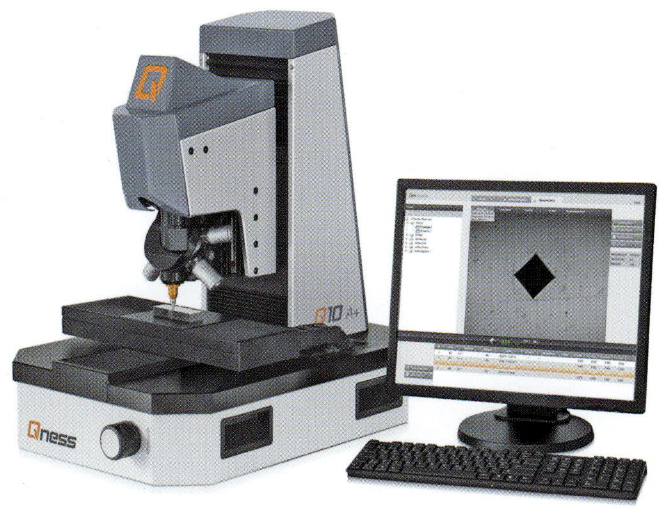
Durometro Vickers. Il microscopio integrato nello strumento permette di visualizzare e misurare l'impronta sul monitor.

MEMO

Le relazioni che legano il newton (N) al kilogrammo forza (kgf) sono

1 N = 0,102 kgf **1 kgf = 9,81 N**

■ Metodo Rockwell

Questo metodo è più usato dei precedenti perché consente una lettura immediata della durezza dall'apparecchio. Si usano due tipi di penetratori diversi:

- sfera d'acciaio (∅ 1,587 mm = 1/16") per materiali non molto duri; in questo caso il valore della durezza Rockwell è designato dalla sigla **HRB**;
- cono di diamante (angolo 120° e raccordo al vertice di R 0,2 mm) per materiali duri; in questo secondo caso il valore della durezza viene designato dalla sigla **HRC**.

La prova consiste nell'applicare un carico iniziale F_0 di 98 N (10 kgf) che provoca una prima impronta (di profondità *a*); dopo aver azzerato l'indice dello strumento si applica un secondo carico F_1 fino a giungere a un carico totale F di 981 N (100 kgf) per la prova HRB oppure di 1470 N (150 kgf) per la prova HRC.

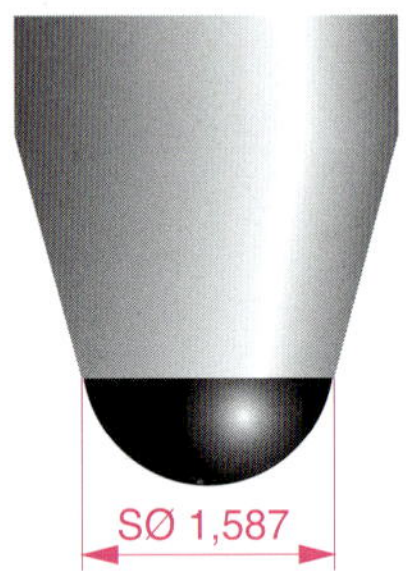

Penetratore della prova HRB: sfera in acciaio.

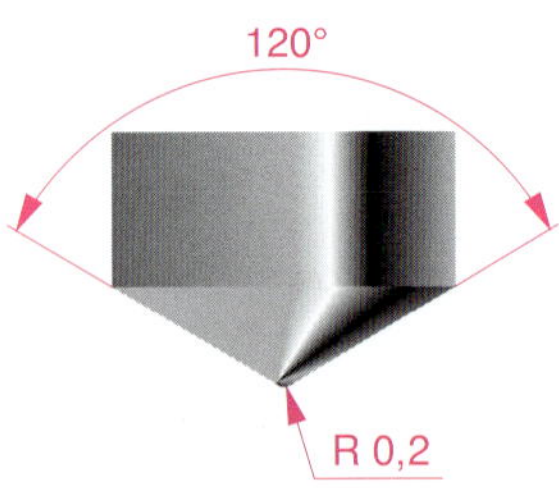

Penetratore della prova HRC: cono di diamante.

Quindi si toglie il secondo carico, mantenendo il primo; il rientro elastico del materiale fa risalire il penetratore e, dopo un assestamento, l'indice segnala il valore della durezza oppure la profondità residua (*e*). Le due diverse prove forniscono dei valori numerici pari a:

- **130 – e** (per la prova HRB); quindi sono valori compresi tra 0 (minimo) e 130 (massimo);
- **100 – e** (per la prova HRC); quindi sono valori compresi tra 0 (minimo) e 100 (massimo).

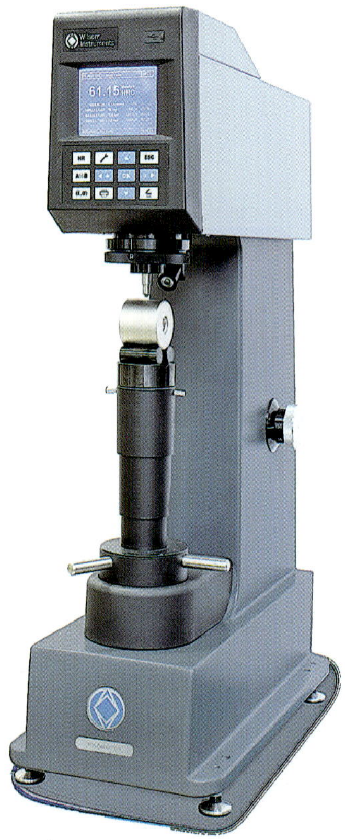

Durometro Rockwell. Il valore della durezza è leggibile direttamente sul display.

Controllo dimensionale di un penetratore Rockwell. Le irregolarità del profilo sferico sono causa di incertezza nella misurazione della durezza.

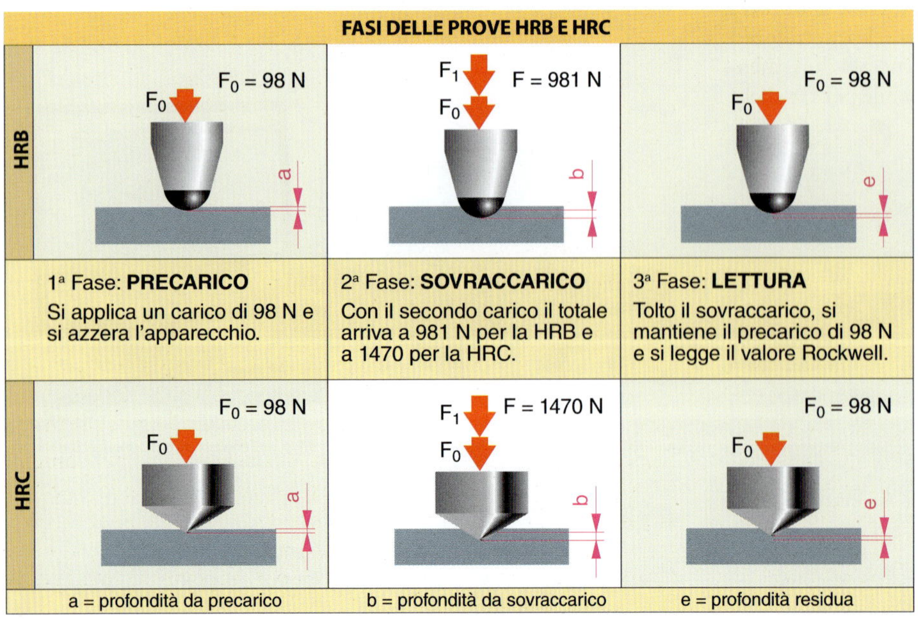

CONVERSIONE TRA TIPI DI DUREZZE

HB 10/3000/30"	HV	HRC F = 1470 N	HRB F = 980 N
780	1150	70	–
712	960	66	–
627	765	60	–
555	633	55	120
495	540	50	117
444	472	46	115
401	420	42	113
363	375	38	110
331	339	35	109
302	305	32	107
277	279	29	104
255	256	25	102
235	235	22	99
217	217	18	96
202	202	15	94
187	187	10	91
174	174	7	88
163	163	3	85
153	153	–	82
143	143	–	79
134	134	–	76
126	126	–	72
118	118	–	69
112	112	–	66
105	105	–	62
99	99	–	59
95	95	–	56

MEMO

Secondo le norme UNI per le prove Brinell, Vickers e Rockwell **i valori delle durezze sono privi di unità di misura**, sono cioè dei numeri puri; ciò nonostante siano stati ricavati da misure in N, in mm o in mm².

Ferro e sue leghe

Ferro

Metallo molto diffuso in natura, ha un ruolo centrale nei prodotti industriali. Allo stato puro è quasi introvabile e di nessuna applicazione industriale; è invece abbondante sotto forma di composti quali ossidi (*ruggine*), idrossidi, carbonati e solfuri. Questi composti sono presenti in molti minerali, che sono utilizzabili per la produzione industriale solo quando sono ricchi di ferro; tra questi rientrano la magnetite, la siderite, la limonite e l'ematite.

Il ferro (simbolo **Fe**) a seconda della temperatura presenta tre *forme allotropiche*:

- **ferro** α (stabile sotto 910 °C), che cristallizza con cella cubica a corpo centrato e non presenta alcuna legabilità con il carbonio;
- **ferro** γ (stabile tra 910 e 1390 °C), con cella cubica a facce centrate, che lega bene con il carbonio;
- **ferro** δ (stabile tra 1390 e 1535 °C), con cella cubica a corpo centrato, che lega con il carbonio meno del ferro γ.

La **siderurgia**, cioè la produzione industriale di materiali a base di ferro, realizza *leghe ferro-carbonio*, che per la percentuale di carbonio (simbolo **C**) sono riconducibili a:

- **ghise** (con 2,06 ÷ 6,67% di C);
- **acciai** (con 0,07 ÷ 2,06% di C);
- **ferro** (con C < 0,07%).

È da notare che comunemente viene chiamato «ferro» un acciaio dolce, cioè a basso tenore di C, utilizzato per prodotti (cancellate ecc.) con scarse prestazioni meccaniche, ma facilmente lavorabile.

Al crescere della percentuale di carbonio gli acciai diventano sempre più resistenti e duri, perdendo gradualmente la lavorabilità.

Le ghise sono molto dure e fragili, con mediocre resistenza a trazione, ma sono molto adatte alla realizzazione di getti di fusione.

Minerali di ferro

Il processo siderurgico utilizza come materia prima i **minerali di ferro**. Per essere tali i minerali devono avere le seguenti caratteristiche:

- notevole contenuto di ferro;
- conveniente separabilità del ferro con procedimenti industriali;
- percentuale ridotta di impurità e sostanze nocive.

Sono pertanto utilizzati i **minerali ricchi** (con Fe oltre il 40%) e con notevole **grado di purezza**, cioè privi di elementi difficili da separare e nocivi, come lo zolfo, l'arsenico, il rame.

Ematite. È un sesquiossido ferrico (Fe_2O_3) con percentuale di ferro tra il 45% e il 60%. Ha aspetto lucente, colore grigio-nero o rossastro (ematite rossa) e struttura fibrosa o romboedrica.

Ematite, minerale ferroso.

Magnetite. Ossido ferroso ferrico (Fe_3O_4) contiene tra il 50% e il 70% in ferro; ha aspetto lucente, di color nero, con struttura granulosa. È spesso un magnete naturale (donde il nome).

Limonite. Ossido di ferro idrato ($2Fe_2O_3 \cdot 3H_2O$), ha un contenuto del 50% in ferro; è poco lucente, con struttura compatta o fibrosa, di colore bruno (giallo se ridotta in polvere).

Siderite. Carbonato di ferro ($FeCO_3$) con ferro al 40%, lucentezza madreperlacea, colore dal giallo al bruno, struttura granulare.

Prima di essere avviati all'altoforno per iniziare il processo siderurgico, i minerali vengono debitamente *preparati* (frantumazione, vagliatura, omogeneizzazione) e *miscelati* con **carbon coke** e **fondente**.

Processo siderurgico

Preparazione delle materie prime

La materia prima del processo è costituita, come già accennato, da minerale di ferro miscelata a coke e fondente.

Il **carbon coke** (detto anche *coke metallurgico*) ha un ruolo fondamentale sia come combustibile sia perché il carbonio da esso liberato entra attivamente nei processi chimici di riduzione e nella carburazione del ferro (lega ferro-carbonio).

Il **fondente** serve a reagire con le impurità (*ganga*) presenti nel minerale e ottenere composti che fondano facilmente, ottenendo scorie (chiamate *loppe*) separabili dal ferro. A seconda delle impurità del minerale si usano fondenti calcarei o dolomitici se la ganga è silicea, fondenti argillosi in caso di ganga calcarea.

La miscelazione delle materie prime avviene secondo rapporti precisi determinati dalla qualità del minerale di ferro. Talvolta la miscelazione si realizza per *agglomerazione* di polvere di minerale con fondente e coke portati a temperatura elevata (circa 1000 °C) o per pellettizzazione. Questo è un particolare processo di agglomerazione che porta alla formazione di pallottole (in inglese *pellet*) di notevole porosità e quindi meglio utilizzabili nei processi dell'altoforno.

Trasformazione in ghisa

La miscela di minerale, coke e fondente viene avviata all'altoforno dal quale escono **ghisa greggia**, **scorie** e fumi.

La ghisa greggia (o *ghisa di prima fusione*) viene:

- avviata allo stato fuso all'acciaieria mediante enormi carri-siluro per essere trasformata in acciaio;
- oppure colata in pani e raffreddata, per essere quindi nuovamente fusa con rottami di ferro, ottenendo ghisa (*ghisa di seconda fusione*) utilizzata in processi di fonderia.

Affinazione della ghisa in acciaio

Nell'acciaieria la ghisa greggia viene trasformata in acciaio con processi di riduzione della percentuale di carbonio (convertitori, forni ecc.).

Prodotti semilavorati

L'acciaio allo stato liquido può essere:

- colato mediante *siviera* (grande contenitore a forma di secchio) in **lingotti** e raffreddato per essere avviato ad altri stabilimenti in cui subisce ulteriori processi e trattamenti;
- versato mediante siviere in *lingottiera senza fondo* che alimenta un processo di **colata continua**, che crea un nastro d'acciaio trasportato su rulli, progressivamente raffreddato e modellato da laminatoi sotto forma di *semilavorati* (lamiere, barre e profilati).

Rispetto alla trasformazione dei lingotti (da riscaldare nuovamente per lavorazioni a caldo) si è di fatto imposto il processo di colata continua per l'evidente economicità.

Quando il processo siderurgico da materie prime a prodotti semilavorati avviene in uno stesso complesso di impianti si parla di **ciclo siderurgico integrale**.

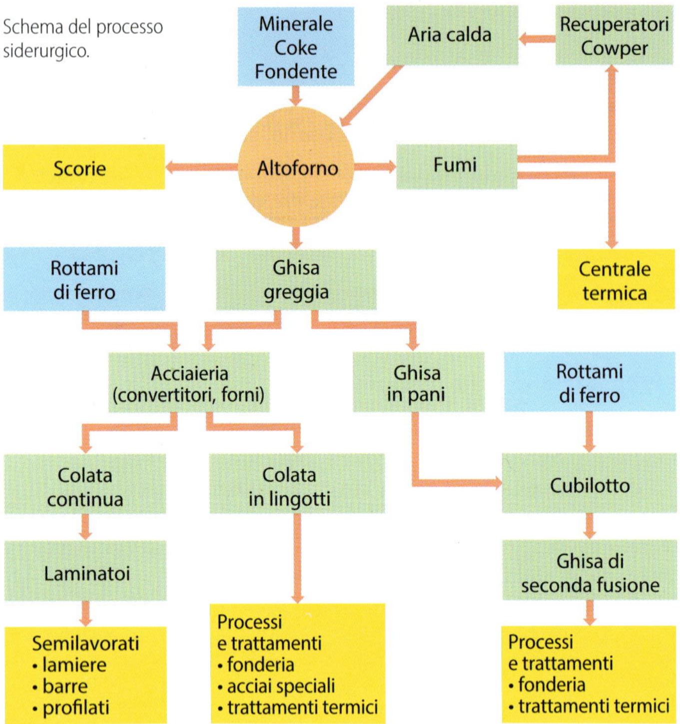

Schema del processo siderurgico.

Altoforno

Struttura

È un forno di notevole altezza (30 ÷ 40 m senza le sovrastrutture) a forma di anfora allungata, realizzata in una corazza d'acciaio rivestita internamente con 60 ÷ 100 cm di materiale refrattario, affinché resista alle altissime temperature.

L'altoforno funziona a ciclo continuo (24 ore su 24) per anni; le sue notevoli dimensioni consentono produzioni di ghisa per più di 1 000 000 di tonnellate l'anno.

Il forno viene caricato dall'alto mediante nastro elevatore che scarica le materie prime nella **bocca di carico**. Di qui le materie prime scendono, mediante dispositivi di apertura e chiusura (*campana piccola* e *campana grande*), nel **tino**, di forma tronco-conica con base maggiore in basso.

Vista esterna di un altoforno.

Nel tino la carica si deposita scendendo gradualmente verso la parte inferiore, sempre più riscaldata, di forma cilindrica e chiamata **ventre**.

Qui inizia la fusione che si completa nella **sacca**, di forma tronco-conica con base maggiore in alto e rivestita di un ulteriore strato di refrattario particolarmente resistente; qui si raggiunge una temperatura di 1800 °C grazie a potenti getti d'aria calda, portata da un *collettore* e immessa mediante numerose *maniche* e *tubiere*.

La ghisa fusa e le scorie si depositano nella zona inferiore, chiamata **crogiolo**, raffreddata da circolazione esterna d'acqua.

Di qui si possono scaricare le scorie e la ghisa mediante separati fori di colata: più in alto quello delle scorie, più leggere della ghisa, più in basso quello della ghisa.

Trasformazioni chimiche

All'interno dell'altoforno le materie prime nella discesa verso il crogiolo incontrano una massa di gas a temperatura crescente e subiscono una serie di trasformazioni fisico-chimiche.

Nel tino il minerale è investito da una corrente di ossido di carbonio (CO) prodotto dalla combustione del coke; si innesca una reazione di **riduzione indiretta** (sottrazione di ossigeno a opera di un composto del C):

$$Fe_2O_3 + 3CO \rightarrow 2Fe + 3CO_2$$

Il ferro acquista una struttura spugnosa, in grado di subire un contatto intimo con il carbonio. Questo contatto si verifica nella parte inferiore del tino (circa 1350 °C), dove il minerale subisce una **riduzione diretta** (sottrazione di ossigeno operata direttamente dal C):

$$Fe_2O_3 + 3C \rightarrow 2Fe + 3CO$$

Nel ventre (1500 °C) la ganga (impurità del minerale) subisce riduzioni e reagisce con il fondente; inizia la fusione del ferro che comincia ad assorbire carbonio (**carburazione**) e forma *cementite* (carburo di ferro):

$$3Fe + 2CO \rightarrow Fe_3C + CO_2$$

Nella sacca i getti d'aria elevano ulteriormente la temperatura (1800 °C); si completano le reazioni che portano alla formazione

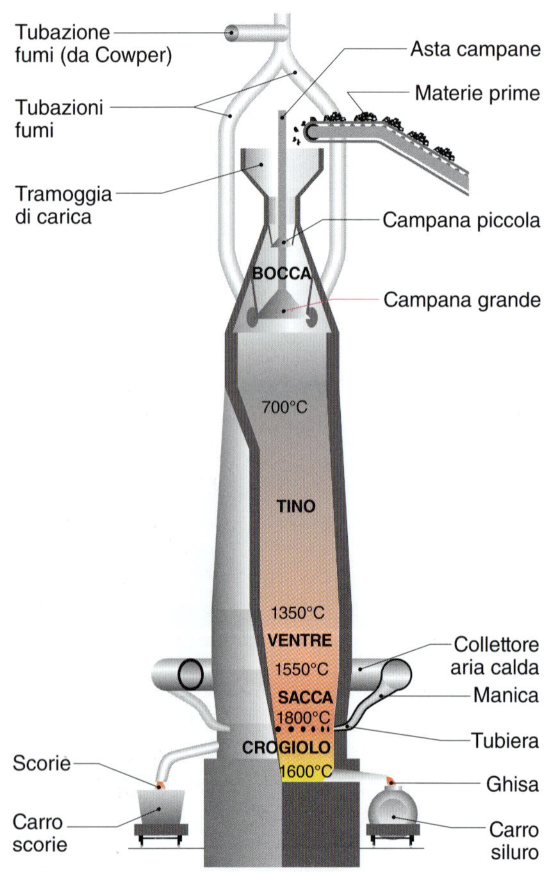

Struttura schematica di un altoforno.

delle scorie, tutto il materiale fonde colando verso il crogiolo.

Nel crogiolo si depositano la ghisa (in basso perché più pesante) e le scorie; questi prodotti dell'altoforno vengono separati spillandoli attraverso fori disposti ad altezze diverse.

Prodotti d'altoforno

L'altoforno produce:

- ghisa greggia;
- scorie;
- fumi.

Ogni 4-5 ore dal crogiolo si scarica una colata di 200 ÷ 400 tonnellate di **ghisa greggia**; questa, a seconda della destinazione, viene distinta in *ghisa da affinazione* e *ghisa da fonderia*. La prima viene trasportata verso gli impianti di affinazione (acciaieria), che la trasformano in acciaio. La seconda, invece, viene colata in pani e raffreddata per essere avviata in fonderia, dove viene rifusa insieme a rottami di ferro in forni (detti *cubilotti*) e trasformata in ghisa per getti di fusione (*ghisa di seconda fusione*).

L'altoforno produce **scorie** (o *loppe*) per 100 ÷ 200 tonnellate ogni colata. Le scorie sono utilizzate per realizzare mattonelle, blocchi per pavimentazioni stradali, pietrisco, lana isolante (lana di loppa), cemento.

I **fumi d'altoforno** sono prodotti dalla combustione interna e sono costituiti da azoto, ossido di carbonio (CO), anidride carbonica (CO_2), idrogeno e polveri di varie impurità. Dalle aperture presenti nella bocca dell'altoforno, i fumi vengono avviati mediante tubazioni a impianti di recupero del calore; i fumi, infatti, possiedono un potere calorico (3600 kJ/m^3) che viene sfruttato

- per riscaldare l'aria da soffiare nell'altoforno;
- per alimentare la centrale termoelettrica.

I fumi vengono depurati delle polveri, mediante procedimenti a secco, umidi o elettrici, e avviati in parte (circa 2/3) alla centrale elettrica, per il resto verso recuperatori chiamati **torri di Cowper**.

Queste sono grandi cilindri coperti da una cupola (altezza 20 ÷ 40 m, diametro 3÷6 m) che funzionano da *scambiatori di calore* tra il gas uscito dall'altoforno e l'aria da immettere in esso. In questo processo l'aria viene scaldata a circa 1200 °C e avviata sotto pressione verso il collettore che circonda l'altoforno.

Mediante numerose tubiere (24 ÷ 30) l'aria calda viene soffiata nella sacca dell'altoforno con una velocità di circa 200 m/s e una pressione di 100 kPa; essa partecipa attivamente alla combustione (come comburente del carbonio) e alle reazioni chimiche di ossidazione, pertanto contribuisce in modo primario alla funzionalità dell'altoforno.

Ghisa

Oltre che come materia prima per la produzione dell'acciaio, la ghisa greggia viene utilizzata per ottenere ghisa di seconda fusione (ghisa vera e propria). Questa trasformazione avviene, come già accennato, con una rifusione in cubilotti.

Caratteristiche

La ghisa è una lega del ferro con percentuale di carbonio tra il 2% e il 6%, ma che in generale si aggira sul 3,5%.

La presenza del carbonio, sia combinato con il ferro sotto forma di carburo (F_3C), sia libero sotto forma di grafite, è determinante per le sue proprietà.

Le proprietà meccaniche della ghisa sono:

- scarsa resistenza a trazione (120 ÷ 180 N/mm^2);
- buona resistenza a compressione (600 ÷ 700 N/mm^2);
- mediocre resistenza a flessione (200 ÷ 300 N/mm^2);
- notevole durezza a seconda dei tipi (160 ÷ 400 HB).

Le proprietà tecnologiche sono:

- mediocre truciolabilità;
- nessuna malleabilità sia a caldo sia a freddo;
- ottima fusibilità.

Quest'ultima proprietà tecnologica rende la ghisa particolarmente adatta a getti di fusione di notevole complessità e ottima compattezza; basamenti di macchine utensili, monoblocchi di motori, oggetti di arredo urbano sono spesso getti in ghisa.

Oggetto d'arredo urbano in ghisa.

Rapporto grafite-cementite

La distribuzione del carbonio sotto forma elementare (grafite) oppure combinato con il ferro (cementite, F_3C) determina le diverse caratteristiche delle ghise.

Il lento raffreddamento della ghisa durante la solidificazione determina una presenza notevole di grafite che, oltre a darle un aspetto grigio, può cristallizzare in forma lamellare; la **grafite lamellare** crea una discontinuità strutturale che diminuisce la resistenza a trazione. Migliore resistenza meccanica possiede la ghisa se la grafite ha struttura sferoidale (**grafite sferoidale**).

Al contrario il brusco raffreddamento della ghisa causa una presenza del carbonio prevalentemente sotto forma di **cementite**, durissima e fragile.

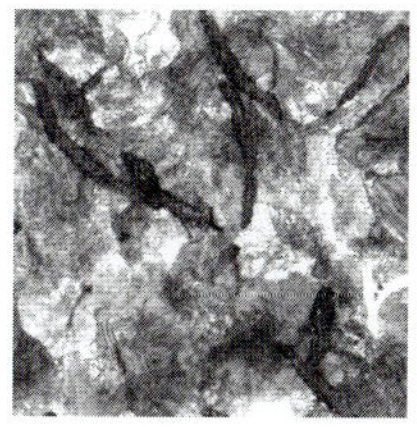
Ghisa a grafite lamellare.

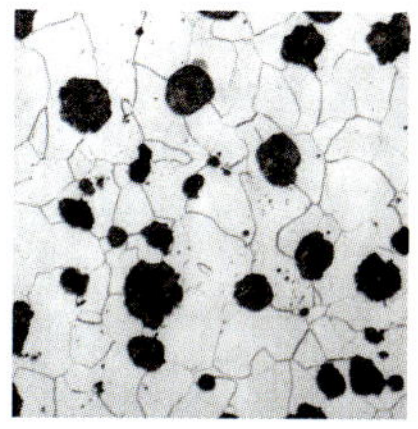
Ghisa a grafite sferoidale.

La distribuzione complessiva e locale della grafite e della cementite può essere modificata con trattamenti termici che alterano proprietà meccaniche e tecnologiche della ghisa.

In base alla distribuzione del carbonio si distinguono diversi tipi di ghise.

Ghise bianche

L'alta presenza di cementite fornisce una aspetto bianco argenteo, altissima durezza (400 HB) e fragilità. Vengono utilizzate per manufatti particolarmente resistenti a usura come ruote di carrelli e cilindri di laminazione. Sono lavorabili solo per fusione e molatura.

I getti di ghisa bianca non legata con altri elementi sono designati con la sigla EN-GJN a cui segue l'indicazione di una caratteristica meccanica, quale il valore della durezza, per esempio *EN-GJN-HV*350; se la ghisa bianca è legata con altri elementi, alla designazione precedente seguono tra parentesi i simboli degli elementi significativi di lega, preceduti dal simbolo X, per esempio *EN-GJN-HV*600(*XCr*14), ghisa bianca ad alto tenore di cromo.

Ghise grige

A seconda della cristallizzazione della grafite sono distinte a loro volta in:

- **ghise grige per getti**, molto utilizzate in fonderia, presentano grafite che ne riduce la resistenza a trazione (100 ÷ 350 N/mm^2) e la durezza (155 ÷ 255 HB); sono invece abbastanza resistenti a compressione e lavorabili alla macchina utensile. Vengono designate dalla sigla EN-GJL seguita da una indicazione di proprietà meccaniche, quali durezza o resistenza a trazione, per esempio *EN-GJL*-150;
- **ghise sferoidali**, caratterizzate dalla presenza di grafite a struttura sferoidale che ne migliora le prestazioni meccaniche (R_m = 350 ÷ 900 N/mm^2) e la lavorabilità, mantenendo ottima fusibilità. Sono impiegate ampiamente per organi meccanici, strutture di macchine utensili, grosse tubazioni. Vengono designate dalla sigla EN-GJS seguita dai valori della resistenza

GLOSSARIO

La **grafite** è carbonio impuro, in forma cristallizzata, molto tenero e untuoso, ottimo conduttore di elettricità. Per queste caratteristiche è usato per elettrodi, mine di matite, lubrificazioni a secco.

a trazione e dell'allungamento percentuale: per esempio *EN-GJS*-350-17 indica che la ghisa possiede $R_m = 350$ N/mm^2 e un allungamento del 17%.

Ghise malleabili

Sono ottenute da ghise bianche con trattamento termico di ricottura, allo scopo di rendere la ghisa più resiliente e lavorabile per deformazione. Sono utilizzate per ottenere parti di autovetture, mezzi ferroviari, macchinari elettrici. A seconda delle modalità con cui si realizza il trattamento termico le ghise malleabili si distinguono in:

- **ghisa malleabile a cuore bianco** (sigla MW);
- **ghisa malleabile a cuore nero** (sigla MB).

Esse vengono designate con le sigle EN-GJMW e EN-GJMB seguite dai valori della resistenza a trazione e dell'allungamento percentuale, per esempio *EN-GJMW*-350-4.

Ghise speciali

Sono ottenute con particolari metodi e con aggiunta di elementi quali il nichel, il cromo e il molibdeno. Si ottengono ghise con elevata resistenza meccanica oppure con alta resistenza al calore o anche all'abrasione. Sono utilizzate per scopi specifici quali macchine di frantumazione e macinazione, forni, motori.

Acciaio

L'acciaio è una lega del ferro con percentuale massima di carbonio del 2%; nella pratica industriale, però, non si supera l'1% di carbonio. È il materiale più importante nelle applicazioni industriali per le sue proprietà:

- tecnologiche (malleabile e duttile, truciolabile e saldabile, lavorabile a caldo e a freddo, temprabile, ma di modesta fusibilità);
- meccaniche (ottima resistenza a tutte le sollecitazioni statiche e dinamiche, elevabile con trattamenti termici).

Punto debole degli acciai comuni è l'ossidabilità (formazione di ruggine), che viene ridotta o eliminata negli acciai inossidabili.

Gli acciai con sola presenza di ferro e carbonio sono chiamati **acciai non legati**, mentre quelli con percentuali anche significative di altri elementi sono detti **acciai legati**.

L'acciaio si ottiene dalla ghisa greggia mediante **affinazione**, che ha i seguenti scopi:

- *decarburazione* (riduzione del tenore di carbonio) dal 3-5% fino allo 0,07-2%;
- *riduzione delle sostanze indesiderate* (manganese, silicio, fosforo);
- *eliminazione di gas* (CO, H, N);
- *disossidazione* degli ossidi di ferro.

Il processo di affinazione può essere integrato da aggiunta di altre sostanze per ottenere acciai legati.

Produzione dell'acciaio

Gli storici metodi di conversione della ghisa in acciaio (**convertitore Bessemer**, **convertitore Thomas** e **forno Martin Siemens**) hanno ceduto il passo agli attuali procedimenti riconducibili a:

- convertitori a ossigeno (metodo LD e metodi derivati);
- forni elettrici.

Convertitore a ossigeno LD

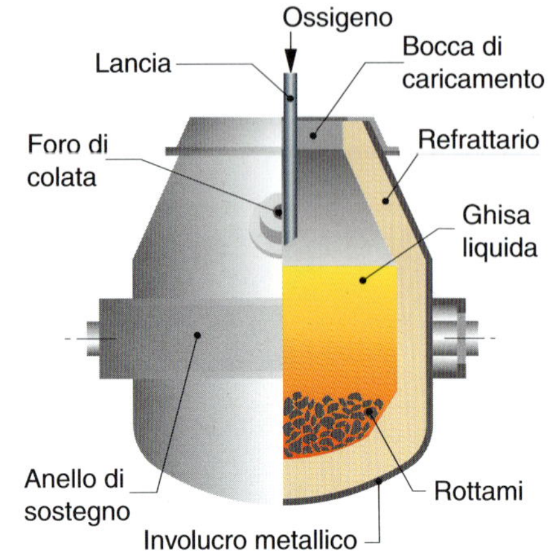

Struttura schematica di un convertitore LD.

Il procedimento LD (Linz Donawitz), messo a punto alla metà del Novecento nelle acciaierie austriache di Linz e di Donawitz, utilizza un convertitore di forma cilindrica, rastremato verso la bocca di carica superiore; rivestito internamente di refrattario e provvisto di foro di colata, il convertitore può ruotare intorno all'asse orizzontale mediante un sistema motorizzato.

Il procedimento LD prevede la carica di rottami e di fondenti sui quali si versa mediante siviera la ghisa liquida. La presenza dei fondenti ha lo scopo di favorire la depurazione della ghisa mediante formazione di scorie, mentre i rottami hanno lo scopo essenziale di contenere il potente innalzamento di temperatura durante la combustione.

In posizione verticale nella bocca del convertitore viene inserita una lancia (lungo tubo) che immette ossigeno puro per 15-20 minuti. L'ossigeno crea *reazioni esotermiche* che portano la temperatura a 2000 °C. Il controllo della composizione, mediante prelievo e analisi di un campione, precede la colata mediante rotazione del convertitore.

Il procedimento LD è molto diffuso perché consente di ottenere grandi quantità di acciaio (circa 300 t per ogni colata, con intervalli di 1 ora), ma soprattutto acciaio di qualità costante nella composizione desiderata.

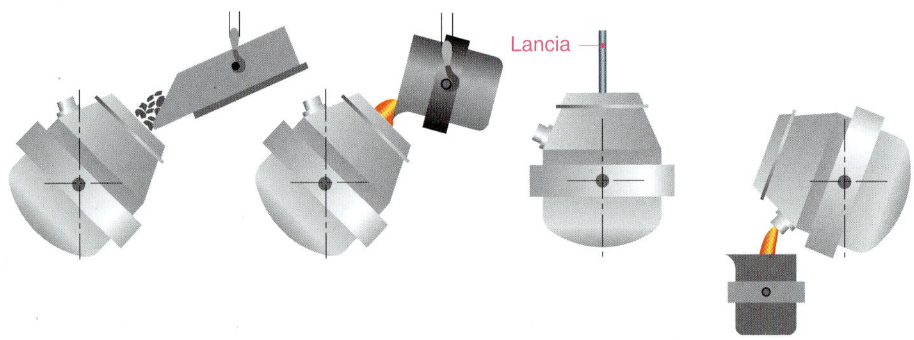

1. Caricamento di rottami
2. Caricamento della ghisa fusa
3. Soffiaggio di ossigeno attraverso la lancia
4. Colata dell'acciaio in siviera

Caricamento di un convertitore LD.

Procedimenti derivati dal convertitore LD sono:

- il **procedimento Kaldo**, che usa un convertitore simile al convertitore a ossigeno LD, ma in grado di ruotare anche sul proprio asse a una buona velocità (30 giri/minuto). La rotazione, realizzata con un angolo di circa 20° sull'orizzontale, durante il soffiaggio dell'ossigeno favorisce l'ossidazione del carbonio e la sua liberazione;
- il **procedimento Rotor**, che utilizza un convertitore cilindrico con asse orizzontale e rotante intorno al proprio asse. Da un'apertura sulla base si può caricare il materiale e immettere due lance per l'ossigeno, una immersa nel bagno di ghisa, l'altra sopra la superficie del bagno stesso; dall'altra apertura escono i gas. Con questo metodo si ottiene l'ossidazione del carbonio in CO e quindi in CO_2, con innalzamento termico che consente l'utilizzo di un maggior quantitativo di rottami (fino al 60%).

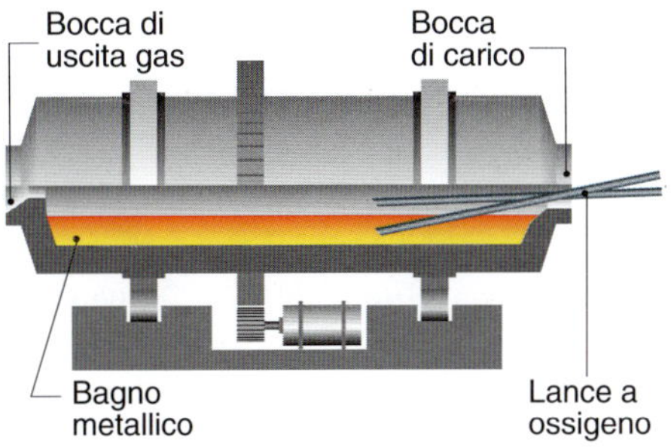

Struttura schematica del convertitore Rotor.

Forno elettrico ad arco

È un **metodo a carica solida**, cioè sfrutta rottami di acciaio, di origine industriale o di recupero (carcasse di auto, elettrodomestici ecc.).

La fusione della carica è causata dal calore creato dall'**arco voltaico** che scocca tra la carica e gli elettrodi inseriti nel forno. La fusione avviene in assenza di combustione e quindi in ambiente scarsamente ossidante, con grande vantaggio per la qualità dell'acciaio prodotto.

I forni ad arco, ormai molto diffusi, hanno un alto rendimento e una grande flessibilità, che consente di produrre acciai di qualità molto definita e dei tipi più diversi. Possono avere dimensioni contenute (5-20 t) oppure notevoli (fino a 100 t per ogni colata), con 8-10 colate al giorno.

Il forno è costituito da un cilindro metallico rivestito internamente di refrattario, con una *suola* (parte inferiore del rivestimento) non conduttrice; la *volta* di copertura, in refrattario siliceo, è rimovibile per consentire l'immissione dei rottami. Nella volta sono inseriti tre *elettrodi* di grafite (∅ 100 ÷ 600 mm) di altezza regolabile in modo da trovarsi a distanza costante dalla carica.

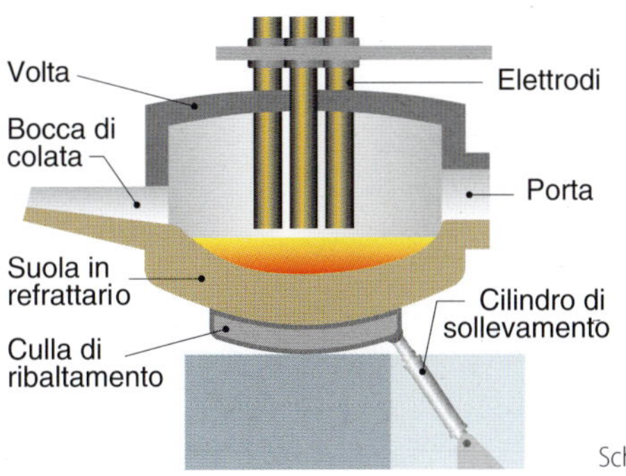

Schema di forno elettrico ad arco.

GLOSSARIO

L'**arco voltaico** è una potente scarica elettrica tra elettrodi con notevole differenza di potenziale. Nella tecnologia meccanica questo fenomeno viene sfruttato anche nella saldatura ad arco.

Forno elettrico ad arco durante la colata.

Il forno è provvisto anteriormente di una *bocca di colata* e posteriormente di una *porta* per la carica di fondenti o additivi e per la rimozione delle scorie. Tutto il complesso è poggiato su una *culla di ribaltamento*, azionata da *cilindri di sollevamento*, per realizzare la colata.

Colata dell'acciaio

Al termine della fabbricazione con i diversi metodi precedentemente descritti, l'acciaio deve essere avviato verso gli impianti che lo trasformano in semilavorati.

Ciò si attua mediante colata dal forno o convertitore in **siviera**, grande contenitore metallico rivestito internamente di refrattario. Le siviere utilizzate per la colata hanno sul fondo un dispositivo di apertura per spillare il metallo liquido.

L'acciaio liquido, mediante carro-ponte, viene quindi trasportato verso **lingottiere**, forme metalliche in cui il metallo viene raffreddato e assume la forma di lingotti. I sistemi per realizzare la colata sono:

- colata in lingottiera;
- colata continua.

Colata in lingottiera

Le lingottiere in questo caso sono molteplici e disposte in batteria in una zona chiamata **fossa di colata**. Su ognuna di esse si ferma la siviera, versa la giusta quantità di acciaio fuso e passa alla successiva lingottiera. Questo **metodo per colata diretta** consiste in operazioni delicate da eseguire con destrezza e attenzione.

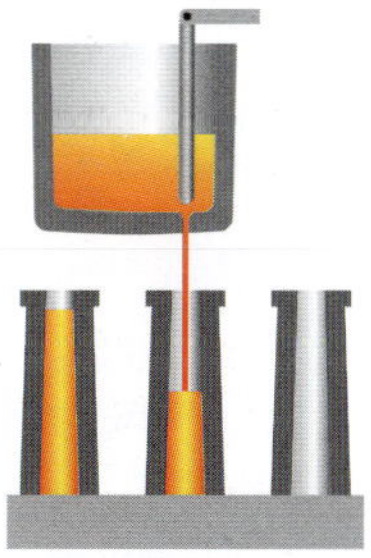

Colata diretta

Per ovviare alle difficoltà di questo metodo, si preferisce spesso colare l'acciaio liquido in una sola lingottiera particolare (detta *colonna*) che, tramite il fondo aperto e canali di refrattario, comunica con diverse lingottiere (in numero di 4-8). Questo **metodo per colata in sorgente** consente di ridurre le colate alle sole colonne.

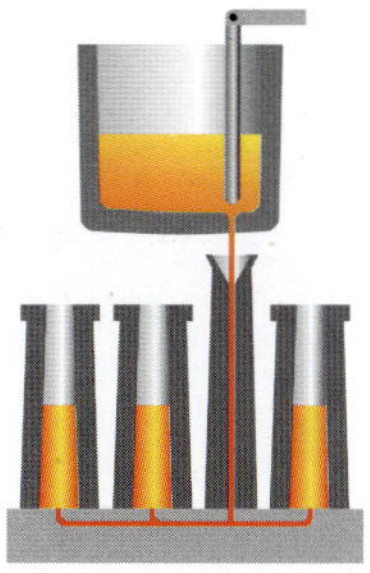

Colata in sorgente

I lingotti d'acciaio solidificato devono quindi essere estratti dalle lingottiere; per facilitare questa estrazione le lingottiere hanno forma conica, ma è comunque necessario l'intervento di appositi estrattori che eseguano l'operazione di **strippaggio** (dall'inglese *strip* = togliere via).

Successivamente i lingotti vengono liberati della crosta superficiale, in genere carica di sostanze ossidate e di cricche (fratture), con l'operazione di **scriccatura**, realizzata con macchinari appositi che si servono di mole o di raggi laser.

In seguito i lingotti vengono avviati alla **laminazione** per ricavarne i semilavorati; se questa operazione avviene a caldo, i lingotti devono prima passare attraverso i **forni di riscaldo**.

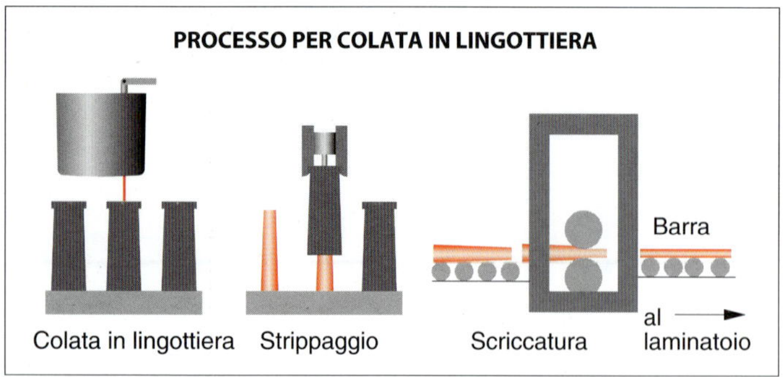

Colata continua

Questo sistema si è molto diffuso perché decisamente vantaggioso rispetto alla colata in lingottiera.

La siviera (anche di grandi dimensioni) scarica il metallo fuso in una paniera, grosso contenitore che regola il flusso di distribuzione dell'acciaio verso una o più lingottiere senza fondo.

Queste sono sostanzialmente dei tubi di rame, intensamente raffreddati ad acqua, che avviano la barra continua (a sezione quadrata) verso rulli trasportatori. Per favorire il distacco la lingottiera è poggiata su un piano oscillante.

Durante il trasporto la barra (detta *billetta*) viene intensamente raffreddata da getti d'acqua e modellata progressivamente fino a raggiungere la forma e le dimensioni desiderate.

Al termine del percorso la billetta viene tagliata (con segatrici o cannelli) e avviata al raffreddamento.

I vantaggi della colata continua sono evidenti: sono eliminate operazioni complesse di colata in lingottiera, di strippaggio con conseguenti perdite di materiale, di riscaldo dei lingotti; al termine del processo di colata continua si hanno prodotti semilavorati a sezione costante (billette, blumi ecc.).

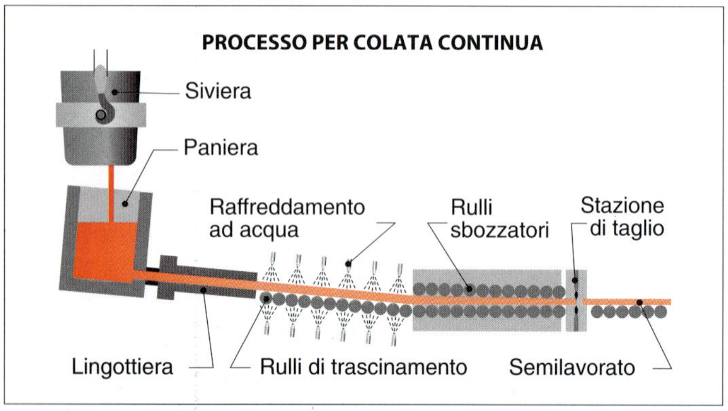

Visione panoramica di linee produttive per colata continua.

Semilavorati in acciaio

Il processo siderurgico produce semilavorati in acciaio classificati secondo le forme e le dimensioni.

Sono distinti in:

- semilavorati a sezione quadrata o rettangolare;
- laminati lunghi;
- laminati piatti;
- trafilati.

Semilavorati a sezione quadrata o rettangolare

- **Blumi**, a sezione quadrata di lato > 120 mm, oppure rettangolare di area > 14 400 mm² e con rapporto tra i lati = 1 ÷ 2.
- **Billette**, a sezione quadrata di lato 50 ÷ 120 mm, oppure rettangolare di area 2500 ÷ 14 400 mm² e con rapporto tra i lati = 1 ÷ 2.
- **Bramme**, a sezione rettangolare con spessore ≥ 50 mm e con rapporto tra i lati ≥ 2.
- **Bidoni**, a sezione rettangolare di larghezza ≥ 150 mm e spessore 6 ÷ 50 mm.

Laminati lunghi

- **Profilati**, di altezza ≥ 80 mm, con sezione di varie forme (a T, doppio T, L, U ecc.).
- **Barre**, a sezione tonda, quadrata, esagona, ottagona oppure piatte.
- **Vergelle**, con sezione circolare, quadra, di dimensione ≥ 5 mm; sono avvolte in matasse. Sono utilizzate per staffe del cemento armato, nelle reti elettrosaldate ecc.

Laminati piatti

- **Lamiere**, distinte in lamiere sottili (spessore < 3 mm) o lamiere grosse (spessore ≥ 3 mm).
- **Nastri**, distinti in nastri larghi (larghezza ≥ 600 mm) o nastri stretti (larghezza < 600 mm).

Trafilati

- **Tubi**, di diametro 6 ÷ 620 mm e spessore 0,5 ÷ 40 mm.
- **Scatolati**, con sezione di varie forme e dimensioni.
- **Fili**, con sezioni diverse e di dimensione < 5 mm; sono avvolti in bobine.

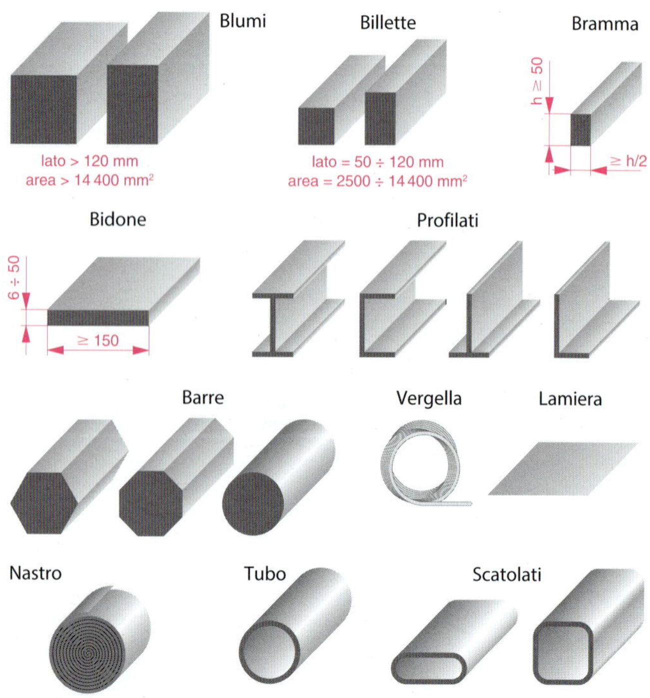

Classificazione degli acciai

In base alla composizione gli acciai vengono distinti in classi definite dalla tabella UNI EN 10020. Se nell'acciaio sono presenti elementi in quantità superiore o minore a limiti specificati, si distinguono tre grandi classi:

- acciai non legati;
- acciai inossidabili;
- acciai legati.

Acciai non legati

In base alla qualità sono distinti nelle seguenti classi:

- **acciai di base non legati**, per i quali non è richiesta alcuna prescrizione (trattamenti termici, attitudini alla lavorabilità). Sono qualificati da caratteristiche meccaniche (resistenza a trazione, allungamento minimo) e chimiche (tenore massimo di carbonio, fosforo e zolfo);
- **acciai di qualità non legati**, per i quali sono richieste una definita composizione e precise attitudini alle lavorazioni;
- **acciai speciali non legati**, che hanno definizioni e purezza superiori rispetto agli acciai di qualità. Sono in genere destinati a trattamenti termici (tempra ecc.).

Acciai inossidabili

Questa classe di acciai è caratterizzata da una composizione chimica con almeno il 10,5% di cromo e con un massimo di 1,2% di carbonio.

Acciai legati

Le classi qualitative degli acciai legati sono:

- **acciai di qualità legati**, per i quali viene specificata la composizione. In generale sono destinati a trattamenti termici;
- **acciai speciali legati**, con precisa definizione della composizione e delle caratteristiche di impiego. Tra questi acciai rientrano gli *acciai rapidi* (per utensili).

Stampo in acciaio inossidabile.

MEMO

La normazione ai vari livelli è distinta dalle sigle:

- **UNI** (Ente Nazionale Italiano di Unificazione)
- **EN** (norma emanata dal *CEN*, Comitato Europeo Normazione)
- **ISO** (International Standardization Organization).

Pertanto le norme **UNI EN** o quelle **UNI ISO** sono quelle emanate dalla UNI in adozione di quelle EN oppure ISO.

Designazione degli acciai

Per la designazione simbolica degli acciai le norme UNI EN 10027-1 prevedono la distinzione in due gruppi.

- **Gruppo 1** - *Acciai designati in base al loro impiego e alle loro caratteristische meccaniche o fisiche*;
- **Gruppo 2** - *Acciai designati in base alla loro composizione chimica.*

Gruppo 1

La designazione prevede una lettera seguita da un numero:

- la lettera indica l'**impiego**;
- il numero indica il valore del **carico unitario di snervamento** minimo garantito in N/mm².

La designazione *deve essere preceduta dalla lettera G quando l'acciaio è fornito sotto forma di* ***getto***. Alcune lettere indicanti gli impieghi sono riportate in tabella.

SIMBOLO	IMPIEGO
S	Impiego strutturale
P	Impiego sotto pressione
L	Tubi di condutture
E	Costruzioni meccaniche
B	Cemento armato
Y	Cemento armato precompresso

Esempi di designazione: S 320 = acciaio per impieghi strutturali, con carico di snervamento minimo di 320 N/mm²; G E 360 = acciaio sotto forma di getto, impiegato per costruzioni meccaniche, con carico di snervamento minimo di 360 N/mm².

Gruppo 2

La designazione in base alla composizione chimica prevede quattro sottogruppi.

Gruppo 2.1 - **Acciai non legati con tenore medio di manganese** < 1%. Sono indicati (nell'ordine riportato) con:

- la lettera **C**;
- un numero pari al *tenore medio di carbonio* ***moltiplicato per 100***.

Esempi: *C*14 = acciaio con 0,14% di carbonio; *C*40 = acciaio con 0,40% di carbonio.

Cuscinetto a rulli cilindrici in acciaio speciale legato.

Gruppo 2.2 - **Acciai non legati con tenore medio di manganese ≥ 1% e acciai legati con elementi di lega singolarmente presenti con tenori** < 5%. Sono indicati (nell'ordine riportato) con:

- il *tenore di carbonio* ***moltiplicato per 100***;
- i ***simboli chimici*** *dei singoli elementi di lega*;
- il ***tenore*** *dei singoli elementi di lega* (moltiplicato per i fattori riportati in tabella).

FATTORI DEI TENORI DEGLI ELEMENTI DI LEGA

ELEMENTO	FATTORE
Cromo (Cr), cobalto (Co), manganese (Mn), nichel (Ni), silicio (Si), tungsteno (W)	4
Alluminio (Al), berillio (Be), rame (Cu), molibdeno (Mo), niobio (Nb), piombo (Pb), tantalio (Ta), titanio (Ti), vanadio (V), zirconio (Zr)	10
Azoto (N), cerio (Ce), fosforo (P), zolfo (S)	100
Boro (B)	1000

Esempi: 18 *Ni Cr* 16 = acciaio con 0,18% di carbonio, nichel 4% (16 : 4 = 4), cromo in quantità non specificata; *G* 90 *Cr* 4 = acciaio sotto forma di getto con 0,90% di carbonio e cromo 1% (4 : 4 = 1).

Gruppo 2.3 - **Acciai legati con almeno un elemento in quantità** > 5%. La designazione comprende (nell'ordine riportato):

- la lettera **X**;
- il *tenore di carbonio* ***moltiplicato per 100***;
- i ***simboli chimici*** *dei singoli elementi di lega* (in ordine decrescente dei rispettivi tenori);
- il ***tenore*** *dei singoli elementi di lega* (separati da trattini).

Esempi: *X* 200 *Cr* 13 = acciaio con 2% di carbonio e 13% di cromo; *X* 10 *Cr Ni* 10-8 = acciaio con 0,10% di carbonio, 10% di cromo e 8% di nichel.

Gruppo 2.4 - **Acciai rapidi**. La designazione comprende (nell'ordine riportato):

- le lettere **HS**;
- il ***tenore*** *degli elementi di lega*, nell'ordine: tungsteno (W), molibdeno (Mo), vanadio (V) e cobalto (Co).

Utensili in acciaio rapido.

Materiali non ferrosi

Alluminio e sue leghe

L'alluminio (simbolo **Al**) è molto diffuso in natura sotto forma di idrossido (*bauxite*) e nelle applicazioni industriali, che lo rendono il più importante dei metalli non ferrosi.

Caratteristiche

È un metallo leggero, con ottima conduttività termica ed elettrica, temperatura di fusione relativamente bassa (659 °C). Si ossida facilmente sotto forma di *allumina* (Al_2O_3, sesquiossido di alluminio), che però crea uno strato di protezione dagli agenti atmosferici.

Le sue caratteristiche meccaniche sono modeste, ma si elevano a ottimi livelli nelle sue leghe.

L'alluminio presenta anche buone proprietà tecnologiche (piegabilità, malleabilità, duttilità), ma è discretamente saldabile solo con saldatrice ad arco in gas protettivo; ottima, invece, è la sua fusibilità.

Poco utilizzato allo stato puro (fogli per la conservazione di alimenti), l'alluminio viene usato allo stato di **allumina**, materiale durissimo e di altissima temperatura di fusione (2000 °C) con cui si realizzano abrasivi; la metallurgia invece impiega largamente le sue leghe, dette *leghe leggere*.

Leghe leggere

Sono così chiamate perché conservano la caratteristica leggerezza dell'alluminio, ma possiedono caratteristiche meccaniche eccellenti.

Le leghe leggere sono impiegate in vasti settori delle costruzioni e dell'arredo come profilati e laminati per serramenti, strutture secondarie, lamiere conformate, pannelli, elementi radianti; ma sono ampiamente usate anche nella costruzione di auto e moto, aerei ed elicotteri, elettrodomestici e articoli casalinghi ecc.

Nelle leghe leggere, oltre all'alluminio, figurano il rame, il magnesio, il manganese, il silicio, lo zinco, il nichel e altri metalli. In genere esse subiscono trattamenti termici (tempra, bonifica, ricottura) che ne innalzano la resistenza meccanica.

Sono lavorabili sia per fusione sia per deformazione plastica, per cui vengono distinte in:

Profilati in lega leggera per infissi.

- **leghe leggere da fonderia**;
- **leghe leggere da lavorazione plastica**.

Le **leghe leggere da fonderia** sono distinte in:

- **leghe alluminio-rame**, con rame (fino al 12%) che innalza la durezza, la resistenza a trazione e al calore, la lavorabilità all'utensile. Sono utilizzate in getti per pistoni e parti di motori, carter e altri usi generali;
- **leghe alluminio-silicio**, con silicio (fino al 12%) che migliora la resistenza a trazione e la fusibilità, permettendo di ottenere getti compatti ma abbastanza fragili e poco lavorabili all'utensile. Sono impiegate per ottenere getti di cilindri di motori, carter e articoli casalinghi;
- **leghe alluminio-magnesio**, con discreta resistenza a trazione e buona lavorabilità all'utensile. Per la loro ottima resistenza alla corrosione marina, queste leghe trovano impego soprattutto in parti di scafi;
- **leghe alluminio-zinco**, con buone caratteristiche meccaniche anche senza trattamenti termici.

Le **leghe leggere da lavorazione plastica** sono:

- **leghe alluminio-rame**, con notevole resistenza meccanica. Sono prodotte commercialmente nel tipo *avional* (con la presenza anche di Si, Mg e Mn) per strutture di aerei, e nel tipo *duralite* (con presenza di Fe, Mg e Ni) per manufatti resistenti al calore e all'usura;
- **leghe alluminio-magnesio**, con discreta resistenza meccanica e buona resistenza alla corrosione; sono impiegate in laminati per pannellature;

Cerchione di auto in lega leggera.

- **leghe leggere ad alta resistenza**, che presentano alte caratteristiche meccaniche, come nel tipo *ergal* (con aggiunta di Zn, Mg e Cu), che raggiunge una resistenza a trazione di 590 ÷ 690 N/mm².

Le leghe leggere vengono designate:

- nel caso di *leghe da fonderia* con la sigla **G-Al** seguita dai simboli degli elementi di lega e loro tenore; per esempio: *G-Al Mg* 7;
- nel caso di *leghe da lavorazione plastica* con la sigla **P-Al** seguita dai simboli degli elementi di lega e loro tenore; per esempio *P-Al Cu* 4,4 *Si Mg Mn*.

Rame e sue leghe

Caratteristiche

Il rame (simbolo **Cu**) è un metallo noto e usato fin dalla preistoria, ma ancora molto importante nell'attuale produzione industriale, sia allo stato puro sia sotto forma di composti e di leghe.

In natura il rame si trova sia puro (*rame nativo*) sia combinato in minerali sotto forma di ossidi, solfuri (*calcopirite*) e carbonati (*malachite*). Presenta un bel colore rosso fulvo (*rosso rame*), ottima conduttività elettrica e termica, temperatura di fusione a 1083 °C. Si ossida facilmente in una patina (*verderame*) che gli conferisce un'ottima resistenza agli agenti atmosferici.

È duttile, malleabile e facilmente saldabile; presenta una discreta resistenza a trazione (200 ÷ 250 N/mm²). Ha una grande attitudine a formare leghe, quali il bronzo o l'ottone, che migliorano decisamente le sue proprietà meccaniche. Il rame è impiegato nel settore elettrico (cavi, fili, avvolgimenti ecc.), nell'edilizia (tubi per impianti termici e sanitari, gronde), nella chimica (elettrodi, scambiatori di calore ecc.), nell'agricoltura (antiparassitari come il solfato di rame) e nella meccanica.

Bronzi

Sono leghe rame-stagno con buone caratteristiche meccaniche e notevole lavorabilità plastica; l'ottima fusibilità del bronzo lo ha reso ideale per i getti di fusione artistica e industriale.

Nei bronzi alla crescita del tenore di stagno aumenta la resistenza a trazione e la durezza, ma diminuisce la duttilità e la saldabilità.

I bronzi sono distinti in:

- **bronzi comuni**, utilizzati sia per lavorazioni plastiche (con stagno 0,2 ÷ 10%) sia per fonderia (con stagno 10 ÷ 20%); se ne ottengono cuscinetti, molle, valvole, ingranaggi ecc.;
- **bronzi speciali**, se nella lega entrano anche elementi come lo *zinco*, il *piombo* e il *fosforo*.

Statua in bronzo dell'imperatore Marco Aurelio (II sec. d.C.).

Ottoni

Sono leghe rame-zinco con buone caratteristiche meccaniche, ottima resistenza a corrosione, malleabili, lavorabili all'utensile e per getti di fusione. Il loro aspetto dorato e lucente li rende particolarmente adatti alla realizzazione di oggetti decorativi. Sono diffusamente impiegati per rubinetteria, valvole, maniglie, parti navali. Gli ottoni sono distinti in:

- **ottoni comuni**, con stagno e zinco (15 ÷ 40%) utilizzati sia per lavorazioni plastiche, sia per fonderia;
- **ottoni speciali**, se nella lega oltre al rame e allo zinco sono presenti il *piombo*, il *silicio*, il *manganese* e il *nichel*. Tra gli ottoni al nichel sono da citare le leghe del tipo alpacca e argentana, utilizzate per strumentazione ottica e fotografica, oggetti d'arte.

Articoli tecnici in ottone.

Altre leghe del rame sono:

- **cuprallumini**, leghe di rame e alluminio (5 ÷ 11%), con altri additivi (nichel, ferro ecc.). Presentano notevoli caratteristiche meccaniche e alta resistenza alla corrosione. Sono utilizzati per rubinetteria, pompe, turbine, ruote dentate, eliche navali ecc.;
- **cupronichel**, leghe di rame e nichel (24 ÷ 40%); dotate di buone caratteristiche meccaniche e resistenza alla corrosione in ambiente marino, sono utilizzate per tubazioni e parti navali.

Magnesio e sue leghe

Caratteristiche

Il magnesio (simbolo **Mg**) è un metallo diffuso in natura sotto forma di minerale (*dolomite*) o di cloruro di magnesio nell'acqua marina.

Allo stato puro è scarsamente utilizzato per scopi industriali; nella chimica è invece sfruttato per la sua grande affinità con l'ossigeno, che lo rende altamente infiammabile quando è polverizzato.

Invece nelle applicazioni industriali sono diffuse le sue leghe, che per la loro estrema leggerezza sono chiamate *leghe ultraleggere*.

Leghe ultraleggere

Oltre al magnesio vi sono presenti alluminio, zinco e manganese. Hanno massa volumica molto bassa (1,8 kg/dm³), buona resistenza alla corrosione e al calore, discrete caratteristiche meccaniche, ottima fusibilità, discreta lavorabilità.

Per la loro estrema leggerezza, in particolare nel tipo commerciale *elektron*, trovano impiego soprattutto nel settore aeronautico, ma anche in quello automobilistico o degli elettrodomestici.

Titanio

Il titanio (simbolo **Ti**) è un metallo abbastanza diffuso, ma difficile da separare dai suoi minerali. È di colore argenteo, simile all'acciaio inossidabile, leggero, resistente alla corrosione e di notevoli prestazioni meccaniche quando è legato.

Museo Guggenheim di Bilbao con rivestimenti in titanio.

Il titanio è abbastanza facilmente lavorabile all'utensile, per laminazione e stampaggio. Forma leghe con l'alluminio, il vanadio, il cromo, lo zirconio e il molibdeno. Nonostante gli alti costi le sue leghe per leggerezza, resistenza, durezza e inossidabilità si sono affermate in molti campi applicativi: dal settore aeronautico e aerospaziale si sono diffuse in quelli chimico, sanitario (protesi ortopediche), navale, metallurgico fino a quello delle costruzioni (rivestimenti e strutture).

Zinco

Lo zinco (simbolo **Zn**) è un metallo di color grigio con riflessi azzurrini, di scarsa resistenza meccanica e durezza, ma malleabile, duttile e resistente alla corrosione, grazie alla formazione di una patina di ossido.

Allo stato puro è utilizzato come protettivo di altri metalli, soprattutto il ferro, nelle lamiere e nei fili zincati; la protezione dello zinco è di interposizione rispetto agli agenti (*effetto barriera*), ma anche di natura elettrochimica (*protezione catodica*).

Lo zinco è costituente di leghe importanti con l'alluminio e il rame, ma forma anche proprie leghe con l'alluminio e il magnesio. Queste leghe, note con il nome commerciale di *zama*, sono impiegate in parti di motori (carburatori, pompe dell'acqua e della benzina), di elettrodomestici e di apparecchi fotografici.

Piombo

Il piombo (simbolo **Pb**) è per antonomasia il metallo pesante, avendo massa volumica 11,35 kg/dm³. Ha una bassa temperatura di fusione (327 °C), è molto malleabile, pieghevole e resistente alla corrosione. Per le sue proprietà è impiegato nei settori:

- elettrico (piastre per accumulatori, guaine di cavi);
- edilizio (manti di copertura);
- sanitario (lastre di protezione da raggi X e γ);
- chimico (vernici protettive come il *minio* o la *biacca*);
- bellico (proiettili).

È invece ormai superato il secolare impiego per caratteri da stampa e per tubazioni idrauliche o del gas.

Auditorium di Roma con rivestimento in piombo.

Stagno

Lo stagno (simbolo **Sn**) è dalla preistoria utilizzato nella metallurgia per la produzione del bronzo, lega di rame e stagno. Ha colore argenteo e fonde a soli 232 °C; resistente agli agenti atmosferici, ha

NOTA BENE

I bronzi e gli ottoni sono rispettivamente designati con le sigle **G-Cu Sn** e **G-Cu Zn** (per getti) oppure **P-Cu Sn** e **P-Cu Zn** (per lavorazioni plastiche) seguite dal tenore dello stagno o dello zinco ed eventuali altri simboli e tenori di altri elementi. Per esempio:

• bronzi	G-Cu Sn 10 Zn 2	P-Cu Sn 8	
• ottoni	G-Cu Zn 33	G-Cu Zn 38 Pb 2	P-Cu Zn 25 Ni 20.

caratteristiche meccaniche molto modeste, ma è molto malleabile essendo riducibile anche a sottilissimi fogli.

Come elemento puro viene largamente utilizzato nella produzione industriale di **banda stagnata** (*latta*), sottile lamiera di acciaio dolce protetta da uno strato di stagno. Ridotto in lamine è inoltre utilizzato per confezioni alimentari sotto forma di **stagnola**.

Ampio è il suo impiego in lega con il rame per ottenere il bronzo, con il piombo per saldature dolci.

Sono invece leghe a base di stagno, con la presenza di antimonio e rame, le cosiddette **leghe antifrizione**, utilizzate per cuscinetti e bronzine nei motori, per la loro resistenza all'usura, alla corrosione e alla fatica e per la loro attitudine a fondere in caso di carente lubrificazione, evitando il *grippaggio*.

Nichel

Il nichel (simbolo **Ni**) è un metallo molto importante nella metallurgia, perché determinante per la produzione di acciai inossidabili. Ha un bel colore argenteo, speculare e lucente. È duro, resiste alle alte temperature e in modo eccellente agli agenti atmosferici e all'acqua anche marina. È malleabile, duttile e saldabile.

Il nichel è elemento di lega degli acciai inossidabili.

Allo stato puro è utilizzato per rivestimenti protettivi di altri metalli (*nichelatura*), per accumulatori elettrici, usi chimici, monetazione.

Diffuso è l'uso del nichel nelle leghe ferrose (ghise, acciai speciali e inossidabili), nelle leghe leggere e in quelle del rame.

Sono leghe a base di nichel il **monel**, di alta resistenza alla corrosione, e le cosiddette *superleghe*, **nimonic** e **inconel**, di elevatissima resistenza all'usura e alle alte temperature.

Cromo

Il cromo (simbolo **Cr**) è un metallo duro, inalterabile, di bel colore argenteo splendente. Per la sua durezza e resistenza alla corrosione è ampiamente impiegato per rivestimenti protettivi di altri metalli (cromatura); è inoltre largamente utilizzato nella metallurgia come elemento di lega per ghise, acciai speciali e inossidabili.

Articoli in acciaio cromato.

Molibdeno

Il molibdeno (simbolo **Mo**), di buona conducibilità elettrica e alta temperatura di fusione (2600 °C), è utilizzato come elemento di lega per acciai inossidabili, ai quali conferisce temprabilità e resistenza all'usura, impiegati per utensili e valvole di impianti ad alte temperature. Come elemento puro è utilizzato nel settore elettrico per resistenze e lampade a incandescenza.

Manganese

Il manganese (simbolo **Mn**) è utilizzato in siderurgia come deossidante e come componente di acciai speciali, ghise, bronzi, ottoni e leghe leggere.

Tungsteno

Il tungsteno (simbolo **W**), noto anche come wolframio, è un metallo pesante (massa volumica 19 kg/dm^3) e molto resistente al calore (temperatura di fusione 3370 °C). Come metallo puro è impiegato nel settore elettrico per filamenti di lampade a incandescenza, elettrodi di candele, contatti, resistenze di forni ad alte temperature. Come elemento di lega è presente in acciai rapidi per utensili; combinandosi con il carbonio forma **carburi di tungsteno** durissimi, lavorati come materiali sinterizzati per utensili ad altissima resistenza.

Cobalto

Il cobalto (simbolo **Co**) è impiegato come elemento di lega per acciai speciali, particolarmente duri e resistenti, per la formazione di placchette sinterizzate in carburi metallici per utensili; ma è anche utilizzato in leghe (tipo *alnico*) per magneti permanenti di alta intensità.

Materiali sinterizzati

Sono materiali ottenuti con un particolare procedimento, chiamato *sinterizzazione*, che permette di agglomerare materiali difficilmente miscelabili e lavorabili. Il procedimento in estrema sintesi consiste in:

- riduzione in polveri finissime ($1 \div 1000$ μm) dei materiali da agglomerare;
- miscelazione delle polveri;
- immissione nello stampo;
- compattazione (con pressione di $300 \div 1200$ MPa);
- riscaldamento a temperatura notevolmente inferiore ($2/3 \div 4/5$) rispetto a quella di fusione.

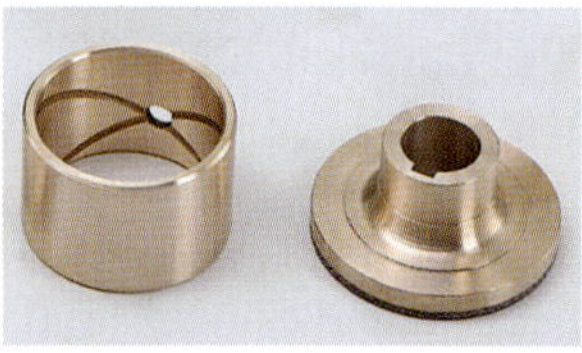

Cuscinetti autolubrificanti in bronzo sinterizzato.

La produzione di metalli sinterizzati si è notevolmente estesa dall'inizio del Novecento ed è divenuta oggetto di una branca chiamata **metallurgia delle polveri**.

La sinterizzazione ha i seguenti vantaggi:

- produzione di pezzi finiti di alta precisione, in media e grande serie;
- economicità (eliminazione di scarti di lavorazione, manodopera limitata);
- lavorabilità di metalli duri con alta temperatura di fusione, quali il tungsteno, il molibdeno, il titanio;
- agglomerazione di metalli non legabili allo stato fuso;
- garanzia sulle proprietà e la purezza del prodotto.

Con questo procedimento si ottengono principalmente:

- **miscele di carburi metallici** di tungsteno, molibdeno, titanio, con altri metalli in funzione di legante; sono utilizzate per placchette di utensili da taglio, utensili di particolare resistenza;
- **corpi metallici porosi** (per esempio con rame, stagno e grafite) per cuscinetti autolubrificanti;
- **pezzi meccanici** in bronzo, ottone, leghe leggere, metalli compositi (tungsteno-rame, molibdeno-argento);
- **unione di metalli e diamante** per mole diamantate;
- **sostanze refrattarie** in molibdeno, tungsteno, vanadio ecc. per filamenti di lampade a incandescenza, resistenze di forni.

Utensili con inserti in carburi metallici sinterizzati.

Legno

Materiale naturale diffuso e lavorabile, è stato da sempre un materiale primario nella civiltà umana; la sua reperibilità lo ha reso il primo materiale per le costruzioni civili e l'utensileria, la sua combustibilità ne ha fatto per lungo tempo l'unica sorgente di calore, la sua leggerezza lo ha eletto a materiale per eccellenza della nautica, la sua lavorabilità lo ha visto impiegato in utensili e oggetti d'arte (sculture, ebanisteria). Questi suoi pregi vanno però associati al difetto fondamentale della sua *deperibilità*.

Proprietà fisiche

Struttura

Il legno presenta una struttura disomogenea composta da *fibre longitudinali* disposte in *anelli* concentrici lungo l'asse del tronco. Questa struttura conferisce al legno una tipica **porosità**, diffusa in modo disomogeneo; infatti alle parti più compatte fanno riscontro altre particolarmente dure (*nodi*) o discontinuità (*fenditure*). I diversi legni presentano strutture molte diverse che ne condizionano le proprietà e li rendono adatti a svariati impieghi. In generale i tipi di legno, detti *essenze*, sono riconducibili a gruppi di caratteristiche simili:

- **essenze forti** (o *dure*), di rilevante massa volumica e notevoli caratteristiche meccaniche e durezza;
- **essenze dolci** (o *tenere*), più leggere, tenere e poco resistenti;
- **essenze resinose** (ricche di sostanze resinose).

Aspetto

Molto varie sono le caratteristiche esteriori:

- **colore**, dal bianco, al giallo, al rosso, al bruno o nero;
- **venature** marcate o impercettibili, striate fini o grosse, sinuose (*pomellate*), occhiolinate, fiammate; conferiscono al legno essenziali proprietà meccaniche e decorative;
- **odore** più o meno marcato (maggiore nei legni resinosi), quasi sempre gradevole.

Massa volumica

I diversi tipi di legno hanno caratteristica massa volumica; essa però varia nel tempo per il tenore di umidità presente nel legno, massima quando è fresco di taglio, minima quando è essiccato e stagionato. I valori di massa volumica forniti commercialmente si riferiscono al legno stagionato.

MASSA VOLUMICA

ESSENZA	kg/dm³
Abete	0,45
Acero	0,75
Balsa	0,10
Betulla	0,65
Castagno	0,60
Ciliegio	0,62
Faggio	0,75
Frassino	0,72
Noce	0,72
Olivo	0,95
Pino	0,65
Pioppo	0,50
Quercia (farnia)	0,77
Quercia (rovere)	0,80
Teak	0,70

Ritiro e dilatazione

Per la loro porosità e umidità i legni subiscono variazioni di dimensioni legate al *tasso di umidità* interno. Le variazioni si verificano anche dopo la stagionatura rendendo il legno un materiale in perenne movimento, una sostanza «viva». Queste modifiche possono creare deformazioni permanenti (svergolamento, imbarcatura sia trasversale sia longitudinale) o momentanee variazioni dimensionali.

Conduttività

In genere il legno è un buon isolante sia acustico sia termico che elettrico. Anche queste proprietà isolanti variano secondo il tasso di umidità e secondo la direzione delle fibre (longitudinalmente si ha la massima conduttività). Le proprietà isolanti possono essere aumentate con vernici, impregnanti e resine, ma anche realizzando tamburati (cornici rivestite esternamente da fogli di compensato) con eventuali inserti di sostanze isolanti.

Proprietà meccaniche

Resistenza

Il legno, pur con differenze discrete tra i diversi tipi, presenta:

- **resistenza a trazione** discreta lungo le fibre, minore trasversalmente a esse;
- **resistenza a compressione** discreta, che anche in questo caso è superiore lungo le fibre;
- **resistenza a taglio** modesta trasversalmente alle fibre, pessima lungo le fibre;
- **resistenza a flessione** buona trasversalmente alle fibre;
- **durezza** molto variabile tra i diversi tipi.

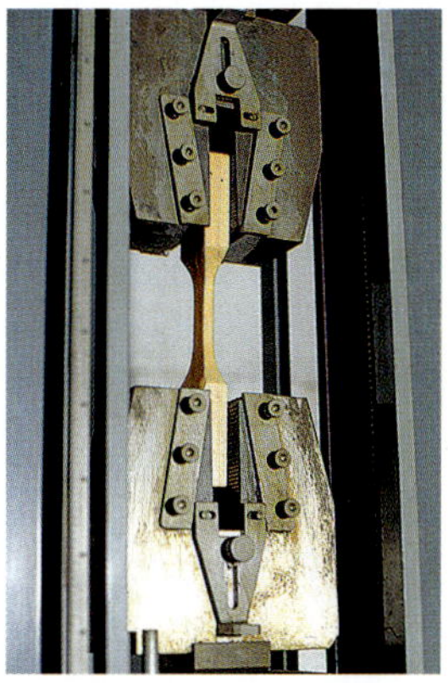
Prova di resistenza a trazione su provetta di legno.

In genere il legno ha una buona **elasticità**, cioè torna alla forma iniziale al cessare del carico, soprattutto se sollecitato a flessione.

Le prove di resistenza vengono eseguite con procedimenti analoghi a quelle sui materiali metallici, ma con provette di forma diversa e con chiara distinzione della direzione delle sollecitazioni rispetto alle fibre.

Proprietà tecnologiche

In generale il legno presenta un'**ottima lavorabilità** e **facilità di giunzione** mediante colle, viti, chiodi, incastri.

Fendibilità e tranciabilità

La struttura fibrosa e discontinua del legno rende molto facile la sua fendibilità lungo piani paralleli alle fibre, mediante asce, scalpelli e cunei. Agevole è anche la sua tranciabilità lungo piani perpendicolari alle fibre mediante seghe, tranciatrici o segatrici.

Poltrona in betulla (Alvar Aalto).

Piegabilità

La struttura fibrosa del legno consente un'elevata piegabilità alle essenze con fibre lunghe, sottili e molto omogenee, quali il *faggio* e la *betulla*.

Truciolabilità

Spiccata è l'attitudine di quasi tutte le essenze a formare truciolo se vengono lavorate parallelamente alle fibre. È pertanto eccellente la lavorabilità del legno con utensili a mano (lima, scalpello, pialla ecc.) e con macchine utensili (trapano, tornio, fresatrice, piallatrice).

Levigabilità e lucidabilità

La levigabilità delle superfici del legno è ottima, molto facile nelle essenze tenere, di maggiore qualità in quelle dure. Per la levigatura del legno si usano rasiera, carte abrasive e levigatrici.

La lucidabilità è molto spiccata nelle essenze dure ed è ottenuta con lana d'acciaio, polvere di pomice, tamponi e sostanze lucidanti naturali (cera, coppale, gommalacca) o sintetiche.

Impieghi

L'impiego del legno sia allo stato grezzo che sotto forma di semilavorati si estende in molto settori; vediamo i principali.

Chimica

Viene sfruttato intensamente come materia prima per la produzione della carta, di vernici ed esplosivi (*nitrocellulosa*), nell'industria conciaria.

Costruzioni

È ancora molto impiegato per strutture (pali, travi), carpenteria (casseforme del cemento), pavimentazioni (parquet), rivestimenti e infissi (porte e finestre).

Costruzione di una casa in legno.

Nautica e aeronautica

È usato per fasciame, coperte e arredo in legno di imbarcazioni. Anche se decrescente, l'impiego del legno per alianti è ancora diffuso.

Falegnameria ed ebanisteria

Molto utilizzato per mobili, suppellettili varie. Le sue varietà più pregiate sono utilizzate in ebanisteria e per strumenti musicali (a corda, percussioni e fiati).

Semilavorati

Il legno viene commercializzato sotto forma di *massello*, cioè blocchi di legno massiccio, oppure come prodotti di trasformazione (*trasformati*). Questi semilavorati si ottengono dal tronco dell'albero mediante lavorazioni preliminari:

- **scortecciamento** e **lavaggio** con acqua o vapore, per eliminare rischi di muffe e deterioramenti del legno;
- **segagione** che, dopo una squadratura sommaria del tronco, lo trasforma in *travi* e *tavole* oppure in *tranciati* (fogli di $1 \div 3$ mm). Dalle essenze pregiate si possono ricavare anche *piallacci* (sottilissimi fogli) impiegati per rivestimenti di essenze meno pregiate;
- **stagionatura** naturale o artificiale, che abbassa il tasso di umidità e stabilizza la struttura del legno.

Dalla trasformazione del massello, dei tranciati e degli scarti di lavorazione (rami, trucioli, segatura) si ottengono prodotti commerciali ormai di larghissimo impiego.

Compensati

Molto diffusi perché si presentano sotto forma di pannelli regolari con grande lavorabilità, resistenza uniforme, scarsa resistenza a flessione.

Compensato

Sono realizzati con l'incollaggio di diversi fogli disposti con fibre alterne; in questo modo si aumenta la resistenza del pannello per effetto della diversa deformabilità a flessione di ogni strato. In genere si definiscono *compensati* quelli di spessore $3 \div 6$ mm, *multistrati* quelli di spessore $8 \div 30$ mm. Le essenze più usate sono il pioppo e la betulla, teneri e omogenei. Rivestendoli con piallacci di legno pregiato (noce, mogano, acero ecc.) si realizzano i *compensati nobilitati*, molto utilizzati nei mobili per le loro qualità estetiche.

GLOSSARIO

L'**ebanisteria** è la lavorazione artistica dei legni pregiati, tra cui eccelle l'ebano.

Paniforti

Molto resistenti e lavorabili, con superficie regolare e di notevole qualità estetica, i paniforti sono realizzati con l'incollaggio di due strati esterni di compensato su un'anima di listelli affiancati di massello. Anche in questo caso il rivestimento con piallacci di essenze pregiate consente di ottenere *paniforti nobilitati* di notevole qualità estetica.

Paniforte

Truciolari

Sono pannelli di spessore diverso ottenuti da fini trucioli impastati con colla e pressati a caldo. I truciolari sono di scadente qualità estetica e pesanti, ma molto economici, duri e resistenti a flessione. Vengono utilizzati per pannellature e per mobili industriali, migliorandone le qualità estetiche mediante *impiallacciatura*, cioè rivestimento con piallacci pregiati o con laminati plastici. Analoga al truciolare è la *faesite*, ottenuta da finissima polvere di legno impastata con resine e pressata a caldo in fogli molto duri e compatti.

Truciolare

Tamburati

Sono pannelli formati da due strati di compensato con una intercapedine di cartone a nido d'ape o altro materiale isolante e leggero. Possono raggiungere spessore superiore a quelli dei paniforti.

Sono impiegati nella costruzione di mobili e porte.

Tamburato

Lamellari

Sono ottenuti dall'incollaggio con resine sintetiche di sottili strati di legno ben pressati. Hanno caratteristiche meccaniche migliori del massello (per questo sono anche chiamati *legni migliorati*) e buona resistenza all'umidità. Sono prodotti industrialmente in pannelli, ma vengono anche realizzati fuori serie per strutture modellate e curvate secondo le esigenze, di notevole qualità estetica e meccanica.

Struttura in legno lamellare (Fondation Seydoux-Pathé, Parigi, arch. Renzo Piano).

Altri materiali

Materiali naturali

Rocce

Rocce eruttive. Sono quelle originate da magma vulcanico solidificato. Tra esse si possono ricordare:

- **basalti**: duri, scuri e compatti, usati per pavimentazioni stradali;
- **porfidi**: duri, compatti, di colori dal grigio al rosso, usati per pavimentazioni e per scopi decorativi;
- **graniti**: durissimi, lucidi, di colori vari e di struttura composita, utilizzati per rivestimenti.

Pavimentazione in basalto.

Rocce sedimentarie. Sono quelle prodotte dal lento deposito di sostanze silicee, calcaree e organiche. Rilevanti sono:

- **argille**: diffusissime, tenere e molto lavorabili, sono usate come materia prima per la produzione di laterizi;
- **calcari**: resistenti e lavorabili, di colori dal bianco al grigio fino al rosso, sono di struttura abbastanza compatta. Sono utilizzati ampiamente per le costruzioni, usi decorativi e nella metallurgia come fondenti.

Rocce metamorfiche. Sono quelle originate da trasformazioni di rocce eruttive o sedimentarie. Da citare sono:

- **marmi**: di consistenza e colori molto vari, sono adottati per rivestimenti e decorazioni;
- **tufi**: teneri, lavorabili, di colore giallo-rossastro, usati per murature;
- **ardesie**: scure, non molto resistenti, ma facilmente riducibili in lastre, utilizzate per rivestimenti e manti di copertura dei tetti.

Copertura in ardesia.

Laterizi

Ottenuti per cottura di argille impastate, sono lavorabili ed economici, con caratteristiche meccaniche molto variabili; presentano pasta porosa di colore giallo-rossastro. Sono prevalentemente usati per murature, solai e coperture.

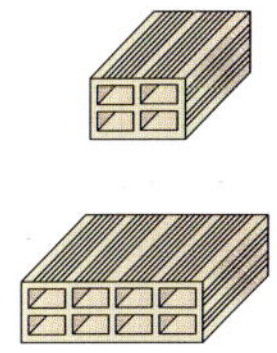

Forati per murature

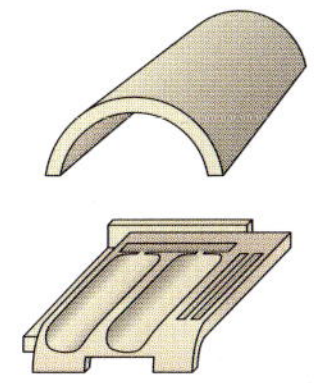

Tegole per coperture

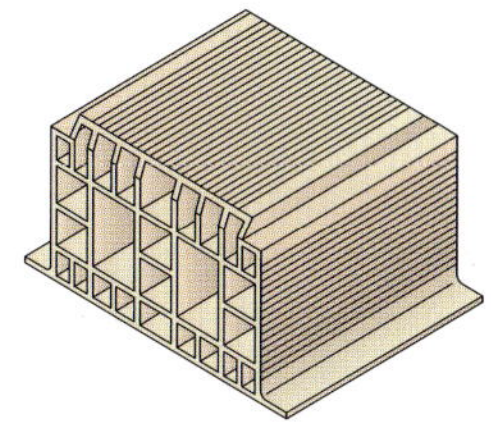

Pignatta per solai

Leganti per costruzioni

Calce. È prodotta dalla cottura di rocce calcaree da cui si ricava la *calce viva*; mediante spegnimento in acqua se ne ottengono le *calci aeree*, cioè delle calci che, mescolate con acqua e sabbia, induriscono all'aria. Da particolari trattamenti si ottengono invece le *calci idrauliche*, che induriscono anche in presenza di acqua.

Gesso. È ottenuto dalla cottura di pietra di gesso (*gesso naturale*); macinato e miscelato con acqua dà un impasto molto lavorabile che indurisce in pochi minuti. Miscelando il gesso con sostanze ritardanti la presa, si ottengono lo *stucco* e la *scagliola*. Per la sua plasmabilità è usato per intonaci, stuccature, pannelli, decorazioni e modelli (anche di fonderia).

Cemento. È il legante più usato nelle costruzioni per le sue elevate caratteristiche meccaniche, ma anche per la sua *idraulicità* (capacità di far presa in acqua, al di fuori di ogni rapporto con l'aria). Si ricava da pietre calcaree e argilla; dopo frantumazione, miscelazione e cottura se ne ricava il *clinker*, che viene macinato in polvere finissima. A seconda delle materie prime, della loro miscelazione e dei trattamenti di lavorazione, si ottengono diversi tipi di cemento. I principali sono: il *cemento Portland*, i *cementi pozzolanici*, i *cementi a presa rapida*, i *cementi ad alta resistenza*, il *cemento bianco*.

Calcestruzzo. Materiale primario delle costruzioni, è ottenuto dalla miscela di acqua e cemento, con l'aggiunta di due *inerti*, sabbia e ghiaia. L'impasto è plasmabile mediante colata in *casseforme*; dopo la solidificazione si presenta duro e particolarmente resistente a compressione.

Ceramiche

Sono ottenute per cottura, talvolta ripetuta dopo rivestimento con smalti o vernici, da un impasto di argille, caolino, additivi e coloranti. Sono dure, isolanti, impermeabili e resistenti alla corrosione; per questo sono utilizzate nelle costruzioni per rivestimenti e sanitari, nei settori industriali per isolanti o parti resistenti alla corrosione.

Apparecchi sanitari in ceramica.

Vetro

Ottenuto da silice con calce e soda o potassa, è durissimo, trasparente, levigato, isolante e impermeabile. La sua resistenza e durezza può essere migliorata da trattamento di tempra o da inserti di resine nei vetri di sicurezza (*sicurvis*, *visarm*). È ampiamente utilizzato nelle costruzioni e nella chimica. Essendo duttile (riducibile in fili), il vetro viene trafilato sotto forma di **fibra di vetro**, utilizzata nelle vetroresine, o di **fibra ottica** (con vetro di altissima qualità) per telecomunicazioni.

Resine sintetiche

Sono sostanze ottenute artificialmente con processi di sintesi chimica che creano strutture molecolari complesse (*polimeri*). Quasi sempre sono derivate da prodotti petroliferi. Avendo in genere una buona deformabilità (plasticità), queste sostanze vengono anche chiamate *materie plastiche*.

Sono distinte in *resine termoplastiche*, che sono deformabili a caldo anche dopo la produzione, e *resine termoindurenti*, quando non acquistano plasticità con riscaldamento successivo alla produzione.

Le resine sono in generale lavorabili per stampaggio, laminazione, trafilatura, fusione e alle macchine utensili.

Resine termoplastiche

Cloruro di polivinile (PVC): ampiamente usato per tubazioni idriche, canali di gronda, piastrelle, rivestimenti (corrimani, battiscopa ecc.), infissi (finestre, blocchi finestra, tapparelle), pannelli ecc.
Polietilene: usato per tubazioni e rivestimenti isolanti.
Polipropilene (noto come *moplen*): anch'esso utilizzato per tubazioni, raccordi, oltre che per molti oggetti d'uso comune.
Polistireni: impiegati per isolanti termici e acustici, in particolare il polistirolo e il polistirolo espanso.
Poliuretani (tipo TPU ed E-TPU): utilizzati per vernici, adesivi, materiali espansi per coibentazioni.
Resine acriliche: per carte da parati, idropitture.
Metacrilati: impiegati per produrre lastre trasparenti e colorate; commercialmente note sono le denominazioni di *plexiglas* e *perspex*.

Resine termoindurenti

Resine ureiche: per colle e vernici.
Resine melamminiche: per adesivi e vernici, oltre che per laminati plastici di rivestimento.
Resine fenoliche: per vernici e laminati plastici.
Resine poliestere: impiegate per materiali compositi con fibre di vetro (la cosiddetta *vetroresina*) o di carbonio, per pannelli e oggetti particolarmente resistenti e leggeri.
Resine epossidiche: per adesivi, vernici, rivestimenti e materiali compositi.
Resine poliuretaniche (tipo PIR): usate come coibente termico rigido con caratteristiche antincendio.

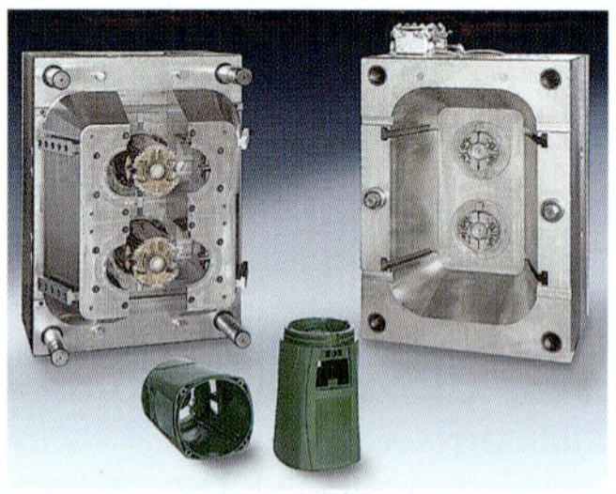
Articoli in resina ottenuti per stampaggio.

Articoli commerciali in plastica.

GLOSSARIO
La **coibentazione** è sinonimo di isolamento (termico, acustico o elettrico).

Materiali compositi

Sono costituiti da due o più sostanze di proprietà sostanzialmente diverse, fisicamente separate, individuabili a occhio nudo o all'esame microscopico. In genere una sostanza funge da legante (*matrice*) mentre l'altra (*rinforzo*), sotto forma di fili o fibre, è destinata a resistere agli sforzi principali.

Antesignano di questi materiali è stato il cemento armato, usato nelle costruzioni, ma ormai da anni si moltiplicano materiali compositi in fibre naturali o sintetiche, utilizzati nei più disparati settori produttivi.

Cemento armato

Il cemento armato o, più propriamente, calcestruzzo armato, è un materiale composito ottenuto con una struttura di *tondini* di acciaio affogata nel calcestruzzo.

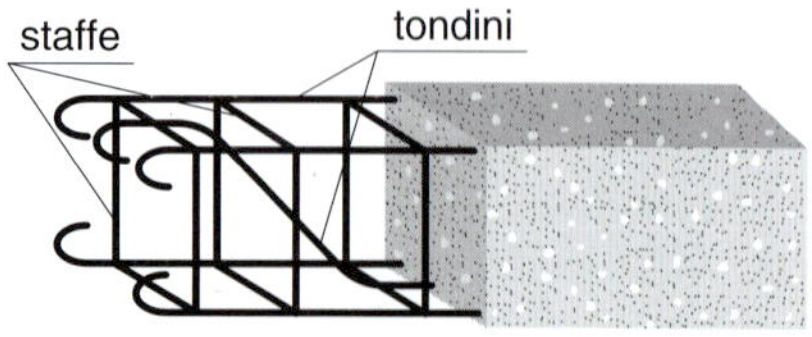

Trave in cemento armato.

Questi due materiali hanno caratteristiche complementari. Il calcestruzzo, di costo modesto, funge da legante e ha una buona resistenza a compressione, al fuoco e alle intemperie. L'acciaio, anche se più costoso, presenta caratteristiche meccaniche eccellenti (elasticità, resistenza a trazione, a compressione, a taglio), ma deve essere protetto dal fuoco e dagli agenti atmosferici.

Per la realizzazione di opere in cemento armato si preparano delle casseforme sulle quali viene adagiata la struttura metallica. Sulla base dei disegni gli specialisti in carpenteria metallica danno ai tondini una sagomatura e li legano tra loro. I tondini vengono sagomati per far seguire loro l'andamento delle sollecitazioni di trazione e taglio a cui devono resistere. La struttura metallica è composta anche da *staffe* (preposte alla resistenza al taglio), che insieme ai tondini formano delle vere e proprie gabbie.

Dopo il getto e la costipazione del calcestruzzo, si fa indurire il conglomerato prima di passare al disarmo di puntelli e casseforme.

Compositi sintetici

In genere presentano come matrice (sostanza legante) una resina sintetica, quali le resine poliestere e poliammidiche. Sono da citare:

- **vetroresine**, con fibra di vetro, resistenti ed economiche, di larga diffusione in tutti i settori, da quello automobilistico a quello nautico;
- **compositi al carbonio**, con fibra di carbonio, resistentissimi e leggeri ma costosi, impiegati in costruzioni aerospaziali, aeronautiche e nautiche, in articoli sportivi (racchette da tennis e canne da pesca) con ulteriori campi d'espansione.

Molti altri compositi utilizzano fibre di boro, molibdeno, nichel, kevlar ecc. per componenti di prodotti d'avanguardia dei settori aerospaziale e aeronautico, militare, automobilistico, sanitario.

Scafo in vetroresina di imbarcazione a vela.

Sui materiali abbiamo imparato...

PROPRIETÀ

- **Fisiche** (caratteristiche del materiale in relazione a gravità, calore, elettricità): massa volumica, conduttività, temperatura di fusione ecc.
- **Chimiche e strutturali** (attitudine a cambiare la propria composizione e la disposizione degli atomi): resistenza a corrosione, struttura molecolare.
- **Meccaniche** (resistenza alle sollecitazioni esterne): resistenza a compressione, trazione, taglio, flessione, resistenza all'attrito, durezza, resilienza.
- **Tecnologiche** (lavorabilità secondo tecniche diverse): fusibilità, saldabilità, malleabilità ecc.

FERRO E SUE LEGHE

Processo siderurgico: dai minerali all'altoforno, alla ghisa e all'acciaio.

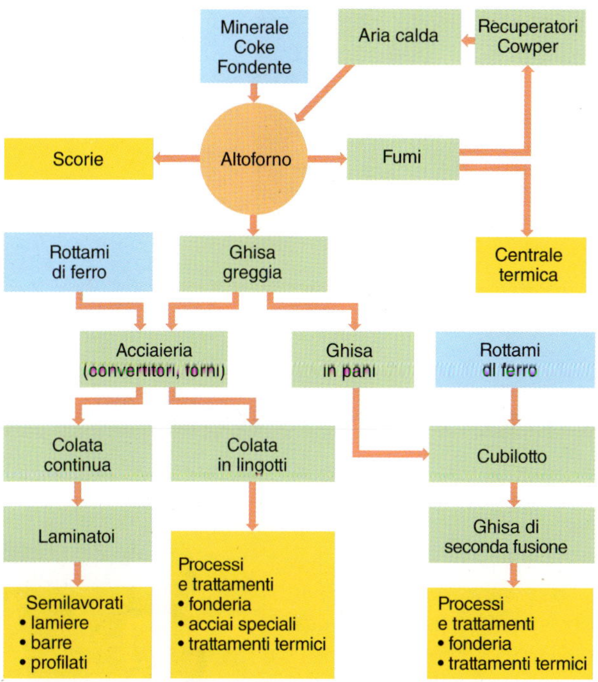

MATERIALI NATURALI

- **Legno**: reperibile, leggero, lavorabile, ma al contrario deperibile.
- **Rocce**: molto varie per durezza, lavorabilità e pregio estetico, usate nell'edilizia.
- **Laterizi**: economici, impiegati nell'edilizia.
- **Ceramiche**: dure, isolanti, resistenti alla corrosione, usate per rivestimenti e sanitari.
- **Vetro**: duro, levigato, trasparente, isolante, ma anche fragile, usato nelle costruzioni e nell'industria (fibra di vetro ecc.).

PROVE DI LABORATORIO

- **Resistenza** a compressione, trazione, torsione, flessione, taglio: mediante *macchina universale*.
- **Resilienza** (resistenza all'urto): mediante *pendolo di Charpy*.
- **Durezza** (resistenza alla penetrazione): mediante durometro con metodi Brinell, Vickers e Rockwell.

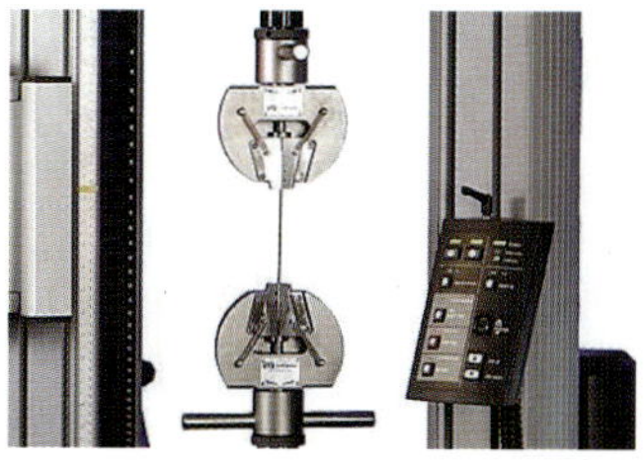
Macchina universale

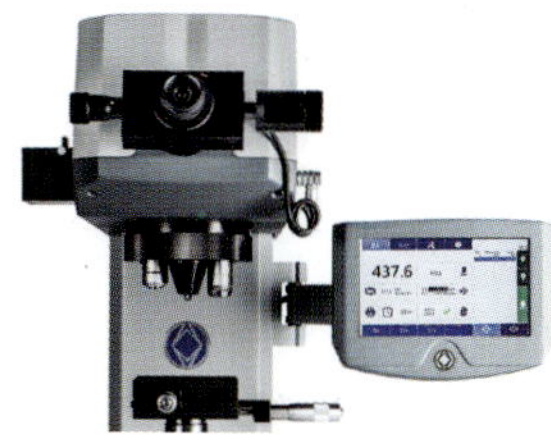
Durometro

MATERIALI NON FERROSI

- **Alluminio e sue leghe**: leggero, buon conduttore, lavorabile; nelle sue leghe migliorano le proprietà meccaniche.
- **Rame e sue leghe**: molto lavorabile, ottimo conduttore; nelle sue leghe (bronzo e ottone) migliorano le caratteristiche meccaniche.
- **Magnesio e sue leghe**: usato nell'industria solo nelle sue «leghe ultraleggere».
- **Altri metalli**: titanio, zinco, piombo, stagno, nichel, cromo ecc.

Bitta in bronzo

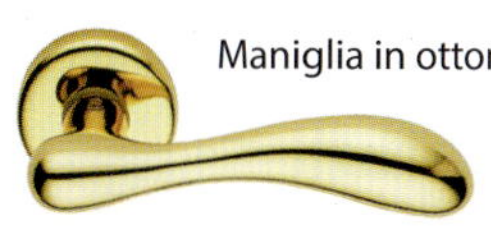
Maniglia in ottone

Infisso in alluminio

ALTRI MATERIALI

- **Sintetici**: resine termoplastiche e termoindurenti.
- **Compositi**: cemento armato, vetroresine, compositi al carbonio.

Scafo in vetroresina

Cerchione in fibra di carbonio

F2 Antinfortunistica

ANTINFORTUNISTICA

LEGISLAZIONE

Decreto legislativo 81/2008

SERVIZIO PREVENZIONE E PROTEZIONE DAI RISCHI

Soggetti:
- datore di lavoro
- lavoratore
- responsabile del servizio prevenzione e protezione
- medico competente
- rappresentante dei lavoratori

OBBLIGHI

- Obblighi del datore di lavoro
- Obblighi dei lavoratori
- Formazione dei lavoratori

FATTORI DI RISCHIO

- Fattori di rischio generici
- Fattori di rischio organizzativi
- Fattori di rischio specifici

MISURE DI TUTELA

- Sicurezza dei luoghi di lavoro
- Dispositivi di sicurezza delle macchine
- Dispositivi di protezione individuale
- Prevenzione e protezione dagli incendi
- Sicurezza nell'uso dei videoterminali
- Segnaletica di sicurezza

Conosci l'antinfortunistica?

Il rischio di infortuni è sempre presente, specialmente nei luoghi di lavoro o nei luoghi pubblici; la tutela dai rischi è affidata a dispositivi o segnali di sicurezza.

Nei cantieri e officine avrai visto che gli addetti lavorano con caschi, occhiali o cinture.

Nella scuola avrai notato segnali di pericolo oppure di attrezzature antincendio.

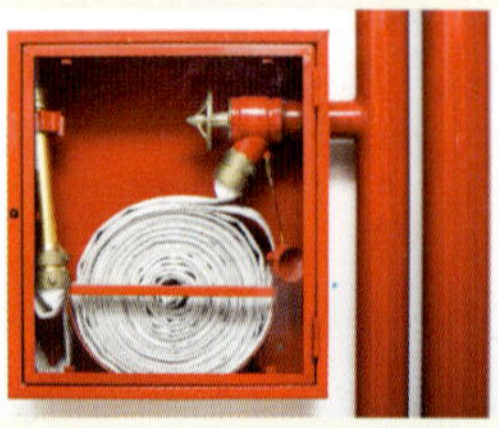

Attrezzatura anticendio (sopra) e operaio con dispositivi di protezione individuale durante la saldatura (a sinistra).

A cosa serve conoscerla?

Rispettare le norme antinfortunistiche permette di tutelare se stessi e gli altri dai rischi degli ambienti di lavoro o dei luoghi pubblici.

È quindi fondamentale conoscere la segnaletica di sicurezza, conoscere il pulsante di emergenza (su una macchina o semplicemente su una scala mobile), indossare i dispositivi di protezione individuale quando si lavora.

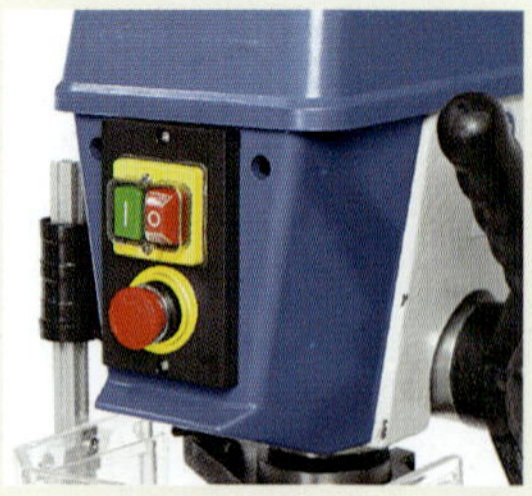

Comandi con pulsante di emergenza su macchina utensile (sopra) e lavoratore con dispositivi di protezione individuale (a sinistra).

Antinfortunistica

Prevenzione e protezione dai rischi

La cultura antinfortunistica ha negli ultimi decenni subìto una accelerazione causata da modi di lavorazione a ritmi sempre più spinti, con macchine sempre più veloci e potenti; ma alle spalle di questa attenzione all'antinfortunistica c'è anche una nuova e diffusa sensibilità per i problemi della salute. La legislazione ha dovuto recepire queste nuove esigenze di sicurezza sul lavoro, divenendo sempre più dettagliata e in perenne aggiornamento; a causa di ciò la mole delle leggi e delle normative antinfortunistiche è talmente ponderosa da richiedere una trattazione specifica in altro ambito. Qui vogliamo solo richiamare norme e disposizioni, introdotte da leggi italiane e direttive europee, che hanno un ruolo centrale in materia di prevenzione e protezione dai rischi.

Misure generali di protezione

Il **Decreto Legislativo n. 81 del 2008** ha unificato e armonizzato tutte le leggi in materia di prevenzione e sicurezza nei luoghi di lavoro, acquisendo così la denominazione di «Testo unico sulla sicurezza».

Esso indica le misure generali che bisogna adottare per la protezione della salute e per la sicurezza dei lavoratori. In sintesi esse sono:

- previsione ed eliminazione dei rischi;
- programmazione della prevenzione, integrando in essa le condizioni tecniche produttive e organizzative dell'azienda;
- rispetto dei princìpi ergonomici per rendere il lavoro più funzionale e comodo (anche nei metodi di lavoro, eliminando monotonia e ripetitività);
- misure di protezione collettiva e individuale, con priorità di quelle collettive;
- misure igieniche e sanitarie sull'ambiente di lavoro per garantire il benessere dei lavoratori;
- misure di emergenza in caso di pronto soccorso, lotta antincendio, evacuazione;
- informazione, addestramento e partecipazione dei lavoratori alle questioni della sicurezza e della salute;
- totale gratuità per il lavoratore delle misure di sicurezza e salute sul lavoro.

Servizio di prevenzione e protezione dai rischi in azienda

Lo stesso D.Lgs. 81/08 definisce il **Servizio di prevenzione e protezione dai rischi** come l'insieme di persone, sistemi e mezzi finalizzati alla prevenzione e protezione dai rischi nell'azienda; i soggetti individuati al suo interno sono:

- **datore di lavoro** (la persona fisica o giuridica titolare del rapporto di lavoro e responsabile dell'impresa);
- **lavoratore** (chiunque svolga un'attività lavorativa nell'ambito organizzativo del datore di lavoro, indipendentemente dal tipo di rapporto contrattuale);
- **responsabile del servizio di prevenzione e protezione** (persona, designata dal datore di lavoro, in possesso di attitudini e capacità adeguate);
- **medico competente** (specialista in medicina del lavoro, nominato dal datore di lavoro);

NOTA BENE

In materia di sicurezza gli **allievi di istituti** di istruzione o di corsi di formazione professionale sono **equiparati ai lavoratori**.

- **rappresentante dei lavoratori per la sicurezza** (eletto dai lavoratori).

I soggetti operanti nel *Servizio di prevenzione e protezione dai rischi* hanno come obblighi quelli sinteticamente riportati di seguito.

Obblighi del datore di lavoro

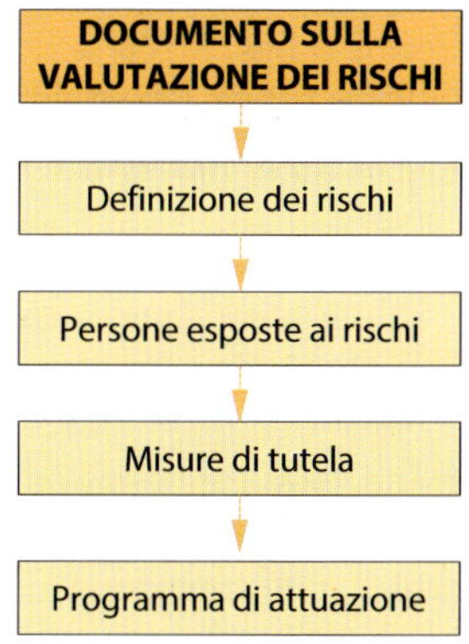

- Organizza e dirige il *Servizio di prevenzione e protezione dai rischi.*
- Designa il responsabile del servizio e il medico competente.
- Elabora un documento sui rischi presenti in azienda, sulle misure di prevenzione e i dispositivi di sicurezza, nonché il programma di attuazione delle misure stesse.
- Nel caso di aziende che occupano fino a 10 addetti, può sostituire il suddetto documento con autocertificazione di valutazione dei rischi e di adempimento dei relativi obblighi.
- Designa i lavoratori incaricati dell'attuazione delle misure di prevenzione e di emergenza (incendi, pronto soccorso, evacuazione).
- Permette ai lavoratori, mediante il loro rappresentante per la sicurezza, di verificare l'applicazione delle misure di sicurezza e protezione.
- Affida ai lavoratori compiti adeguati alle loro capacità e condizioni di salute.
- Fornisce ai lavoratori i mezzi idonei di protezione dai rischi sul lavoro.
- Richiede ai lavoratori l'osservanza degli obblighi in materia di sicurezza e di uso dei mezzi di protezione, sia individuali sia collettivi.
- Informa i lavoratori sui rischi connessi alle lavorazioni.
- Consulta nei casi previsti il rappresentante dei lavoratori per la sicurezza.
- Adotta le misure necessarie per la prevenzione di incendi e per l'evacuazione dei locali in caso di pericolo grave e immediato.

Obblighi dei lavoratori

Ogni lavoratore deve prendersi cura della propria sicurezza e salute, e di quelle delle altre persone presenti sul luogo di lavoro, su cui possano ricadere gli effetti delle sue azioni o omissioni. In particolare i lavoratori:

- osservano disposizioni e istruzioni impartite dal datore di lavoro e dai preposti ai fini della protezione;
- usano correttamente macchinari, utensili, sostanze pericolose, mezzi e attrezzature di lavoro, nonché i dispositivi di sicurezza;
- segnalano immediatamente al datore di lavoro o al preposto le deficienze dei mezzi suddetti o le condizioni di pericolo di cui vengano a conoscenza;
- non rimuovono o modificano senza autorizzazione i dispositivi di sicurezza, di segnalazione o di controllo;
- non compiono di propria iniziativa operazioni o manovre che non siano di loro competenza ovvero che possano compromettere la sicurezza propria o di altri lavoratori;
- si sottopongono ai controlli sanitari previsti nei loro confronti;
- contribuiscono, insieme con il datore di lavoro, dirigenti e preposti, all'adempimento di tutti gli obblighi per tutelare la sicurezza e la salute dei lavoratori.

GLOSSARIO

Prevenzione: ogni attività intesa a eliminare le cause di rischio.

Ergonomia: disciplina scientifica che studia le condizioni e l'ambiente di lavoro per adattarli alle capacità e ai limiti psicofisiologici del lavoratore.

Sicurezza del lavoro: condizione lavorativa nella quale è preservata l'integrità psicofisica del lavoratore.

Formazione dei lavoratori

Il lavoratore ha diritto a ricevere dal datore di lavoro una formazione adeguata in materia di sicurezza e salute, con particolare riferimento al proprio posto di lavoro e alle proprie mansioni.

Fattori di rischio

Con il D.Lgs. 81/08 si riordina tutta la legislazione in materia antinfortunistica. I capisaldi su cui si basa l'impianto normativo sono:

- *lo* ***Stato affida al datore di lavoro*** *l'azione di prevenzione e sicurezza;*
- *l'****impegno del datore di lavoro nella prevenzione*** *deve essere costantemente* ***documentato*** *e* ***comunicato*** *agli organi di controllo;*
- *l'impresa deve dotarsi di un* ***Servizio di prevenzione e protezione*** *dai rischi.*

L'impegno dell'impresa si concretizza nel **documento di valutazione dei rischi** e nell'attuazione delle **misure di tutela** della salute.

In questo documento devono essere dettagliatamente analizzati i **fattori di rischio** e valutati i loro effetti (malattie e infortuni) in base alla gravità e alla frequenza.

I fattori di rischio possono essere raggruppati in tre categorie principali:

- **fattori di rischio generici** inerenti
  - l'*ambiente* (stato edilizio, illuminazione ecc.),
  - gli *impianti* (elettrico ecc.),
  - le *macchine* (funzionamento, dispositivi di comando ecc.),
  - l'*ergonomia* (tempi e modi di lavorazione, lavorazioni scomode);
- **fattori di rischio organizzativi** inerenti
  - *mansioni e responsabilità* (definizione e distribuzione agli addetti),
  - *informazione* degli addetti in materia di sicurezza,
  - *formazione* del personale (presenza di personale inesperto o in addestramento);
- **fattori di rischio specifici** dipendenti dalle particolari lavorazioni e sostanze usate in azienda. Tra i più frequenti fattori di rischio industriale figurano quelli elencati di seguito, insieme alle relative misure specifiche di tutela della sicurezza.

FATTORI DI RISCHIO

GENERICI
- Ambiente
- Impianti
- Macchine
- Ergonomia

ORGANIZZATIVI
- Mansioni e responsabilità
- Informazione
- Formazione

SPECIFICI
- Caduta dall'alto di persone
- Caduta dall'alto di cose
- Urti
- Tagli e abrasioni
- Vibrazioni
- Elettricità
- Radiazioni
- Rumori
- Polveri e fibre
- Sostanze tossiche e nocive
- Sostanze infiammabili ed esplosive

Fattori di rischio specifici

- **Caduta dall'alto di persone**. Lavorazioni a più di 2 m di altezza impongono spesso l'uso di tralicci, ponteggi e scale; in questi casi è prevista l'adozione di dispositivi di protezione collettiva (come parapetti, gabbie) e individuale (cintura di sicurezza).
- **Caduta dall'alto di cose**. Usando, ad altezze talora notevoli, materiali e strumenti è necessario prevenire gli infortuni per caduta di oggetti mediante passerelle, piattaforme, schermi e reti protettive, imbracature e funi di sicurezza per macchinari di notevoli dimensioni.
- **Urti e schiacciamenti**. Movimenti di macchinari e persone possono provocare infortuni da prevenire con *dispositivi di protezione individuale* (DPI) adeguati alla lavorazione in atto e con una attenta organizzazione dell'ambiente di lavoro.
- **Tagli e abrasioni**. L'uso di materiali e macchinari taglienti deve essere accompagnato dall'impiego di DPI (guanti, casco, occhiali ecc.).
- **Vibrazioni**. Macchine utensili, attrezzature ad aria compressa e numerose altre macchine trasmettono all'organismo del lavoratore vibrazioni che possono indurre disturbi o malattie; l'adozione di macchinari qualificati e l'accorta turnazione del lavoro possono attutire gli effetti di questo rischio.
- **Elettricità**. Macchinari elettrici, usati all'aperto e in condizioni talvolta precarie, possono comportare pericoli di folgorazione; l'uso di DPI (guanti e scarpe isolanti) e grande cautela nelle lavorazioni sono d'obbligo.
- **Radiazioni**. Diverse lavorazioni (saldatura, uso di apparecchiature di controllo su impianti e strutture) espongono a radiazioni ionizzanti o di altro tipo (laser, ultravioletti o infrarossi); l'uso di attrezzature qualificate e di DPI adeguati (schermi, occhiali e tute) sono assolutamente d'obbligo.
- **Rumori**. Le lavorazioni industriali sono spesso rumorose e possono comportare danni fisici e psichici, soprattutto su chi opera sulla fonte di rumore. Anche in questo caso sono previsti DPI adeguati (cuffie, caschi, tappi per le orecchie).
- **Polveri e fibre**. Lavorazioni che liberano polveri o fibre sono molto frequenti; i rischi conseguenti al contatto e alla inalazione vanno prevenuti con l'adozione di DPI (maschere, tute, occhiali) e di altri dispositivi (schermi, filtri, aspiratori).
- **Sostanze tossiche e nocive**. La loro azione dannosa può verificarsi sia per contatto sia per inalazione. L'impiego di DPI adeguati (maschere, guanti, occhiali) e il rigoroso rispetto delle istruzioni d'uso sono indispensabili in questi casi.
- **Sostanze infiammabili ed esplosive**. La loro manipolazione e lavorazione deve innanzi tutto essere riservata a personale esperto; gli ambienti devono essere dislocati e attrezzati nel rigoroso rispetto delle norme di sicurezza. Gli addetti devono disporre degli adeguati DPI (schermi, tute antifiamma, caschi ecc.).

Misure di tutela

In base alla valutazione dei rischi l'impresa è tenuta a **programmare e attuare tutte le necessarie misure di tutela** della sicurezza e della salute.

Misure generali di tutela:

- programmazione della prevenzione;
- eliminazione dei rischi o, in caso di impossibilità, loro riduzione al minimo;
- rispetto dei princìpi ergonomici nell'organizzazione del lavoro, nella concezione dei posti di lavoro, nella scelta delle attrezzature e nella definizione dei metodi di lavoro e produzione, riducendo in particolare gli effetti del lavoro monotono e ripetitivo sulla salute;
- limitazione al minimo dei lavoratori esposti al rischio;
- utilizzo limitato di agenti chimici, fisici e biologici;
- priorità delle misure di protezione collettiva rispetto alle misure di protezione individuale;
- controllo sanitario dei lavoratori;
- spostamento ad altra mansione dei lavoratori che, per motivi sanitari inerenti la propria persona, siano esposti a rischi;
- informazione e formazione adeguata per i lavoratori;
- istruzioni adeguate ai lavoratori;
- partecipazione e consultazione dei lavoratori e dei loro rappresentanti per la sicurezza.

Particolare rilievo hanno le misure di tutela, descritte nelle pagine seguenti, che riguardano:

- **sicurezza dei luoghi di lavoro**;
- **dispositivi di protezione individuale**;
- **misure antincendio**;
- **primo soccorso**.

Sicurezza dei luoghi di lavoro

Il D.Lgs. 81/08 definisce le caratteristiche dei luoghi di lavoro.

In generale gli ambienti di lavoro devono essere:

- costruiti e mantenuti in buono stato di stabilità, conservazione e funzionalità;
- dotati di spazio, arredi e attrezzature idonei per svolgere attività lavorative in condizioni confortevoli e sicure;
- ben difesi dagli eventi atmosferici e provvisti di un sufficiente isolamento termico;
- ben aerati, garantendo ai lavoratori aria salubre in quantità sufficiente;
- provvisti di superfici dei pavimenti, pareti e soffitti tali da agevolare pulizia e igiene;
- ben illuminati da luce naturale e artificiale, in quantità adeguata al tipo di lavorazione;
- tenuti a temperatura adeguata all'organismo umano, tenendo conto di mansioni e sforzi lavorativi.

Attività	Ambienti	Illuminamento
Transito	Corridoi, scale	70 ÷ 100 lux
Lavori ordinari	Magazzini, officine	100 ÷ 200 lux
Lettura, scrittura	Uffici	200 ÷ 400 lux
Studio	Scuole	300 ÷ 500 lux
Lavori di precisione, disegno	Laboratori, uffici tecnici	≥ 500 lux

Valori di illuminamento consigliati per ambienti interni.

In particolare:

- i passaggi, destinati al transito di persone o veicoli, devono:
  - avere pavimenti privi di buche o dislivelli pericolosi;
  - essere privi di ostacoli che, se non possono essere rimossi, devono comunque essere ben segnalati;
- le aperture nel suolo, nei pavimenti o nelle pareti devono essere provviste di protezioni da rischi di caduta, con parapetti, barriere ecc.;
- i servizi igienici (gabinetti e lavabi) devono essere dislocati in prossimità del luogo di lavoro, in quantità sufficiente e in condizioni confortevoli;
- gli ambienti in cui si faccia uso di sostanze nocive (vernici, colle, prodotti chimici ecc.) o si eseguano lavorazioni con rilascio di gas o polveri (saldatura, taglio e levigatura del legno ecc.) devono essere dotati di appositi impianti di aspirazione e filtraggio;
- i sistemi di sollevamento, le funi e le catene devono essere omologati e sottoposti a controlli periodici;
- gli impianti elettrici devono essere progettati e realizzati secondo le norme di legge, con relativa *certificazione di conformità*;
- le apparecchiature elettriche devono essere provviste di certificazione di rispondenza alle norme, garantita da un'etichetta con marchio; in Italia la garanzia è fornita dal **marchio IMQ**.

GLOSSARIO

Il **marchio IMQ** è rilasciato dall'Istituto del Marchio di Qualità, l'ente preposto alla certificazione dei prodotti elettrici.

Dispositivi di sicurezza delle macchine

Una Direttiva emanata dal Consiglio della Comunità Europea nel 1989, meglio nota come *Direttiva Macchine*, si occupa della sicurezza delle macchine. Recepita da varie leggi italiane, essa comprende, tra le altre, le seguenti norme.

Sicurezza e affidabilità dei sistemi di comando

Progettati e realizzati per essere sicuri e affidabili, i sistemi di comando delle macchine devono resistere alle normali sollecitazioni di funzionamento e agli agenti esterni; essi inoltre non devono causare pericoli in caso di errori nella manovra.

Avviamento

L'avviamento della macchina deve essere possibile solo con un'azione volontaria sul previsto dispositivo di comando.

Dispositivo di arresto

Il dispositivo di comando deve consentire l'arresto della macchina in condizioni di sicurezza.

Arresto di emergenza

Ogni macchina deve essere munita di uno o più dispositivi di arresto d'emergenza, facilmente accessibili. Usualmente il pulsante d'arresto d'emergenza è rosso e a forma di fungo (v. figura a lato).

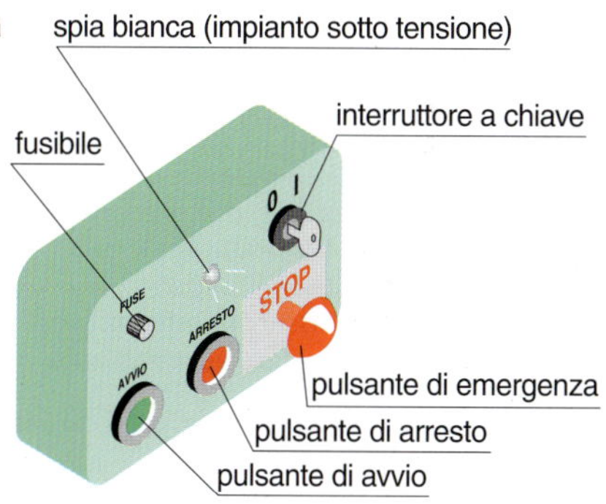

Le macchine, inoltre, devono essere progettate e realizzate per evitare rischi dovuti a:

- caduta o lancio di oggetti (con schermi per trucioli, schegge, pezzi lavorati);
- elementi mobili (con dispositivi di protezione dei cinematismi);
- energia elettrica (con dispositivi vari, quali salvavita, messa a terra ecc.);
- elettricità statica (con dispositivi di scarica);
- errori di montaggio (con indicazioni scritte o disegnate sulla macchina);
- rumore (con dispositivi di insonorizzazione ecc.);
- radiazioni (con schermi protettivi);
- emissione di polveri e gas (con dispositivi di aspirazione).

Schermo protettivo montato su un tornio.

Le macchine progettate e realizzate in conformità alla Direttiva Macchine portano impresso (e ben visibile) il **marchio CE**, riprodotto qui a fianco.

CE — Marchio di conformità della macchina alle norme della Comunità Europea

Dispositivi di protezione individuale

Negli ambienti di lavoro si manovrano utensili e macchine che possono provocare infortuni e malattie professionali.

Per proteggersi da questi rischi è necessario usare indumenti adeguati; in generale si lavora con la tuta, escludendo dall'abbigliamento sciarpe, maniche larghe, catenelle, capelli lunghi e sciolti, che impigliandosi in ingranaggi o parti in movimento potrebbero causare incidenti. Ma soprattutto bisogna fare uso dei **dispositivi di protezione individuale** (DPI), prescritti per le mansioni lavorative.

Un elenco indicativo, anche se non esauriente, è allegato al D.Lgs. 81/08.

Protezione di	Dispositivi di protezione individuale
Testa	• Caschi di protezione per l'industria (caschi per miniere, cantieri, industrie varie) • Copricapo leggero per la protezione del cuoio capelluto (berretti, cuffie con o senza visiera) • Copricapo leggero di protezione (cuffie, cappelli in tessuto, tela cerata ecc.)
Udito	• Palline e tappi per le orecchie • Caschi con apparato auricolare • Cuffie (con eventuale attacco per ricezione a bassa frequenza) • Cuscinetti adattabili ai caschi di protezione per l'industria
Occhi e viso	• Occhiali (a stanghetta, a maschera) • Occhiali di protezione da raggi (laser, raggi X, ultravioletti ecc.) • Schermi facciali • Maschere e schermi per saldatura ad arco (a mano, a cuffia o adattabili ai caschi protettivi)
Vie respiratorie	• Maschere e apparecchi antipolvere, antigas ecc. • Apparecchi isolanti a presa d'aria
Mani e braccia	• Guanti contro le aggressioni meccaniche • Guanti contro le aggressioni chimiche • Guanti contro le aggressioni elettriche • Guanti contro le aggressioni termiche
Piedi e corpo	• Scarpe, scarponi e stivali di sicurezza • Grembiuli di cuoio • Pannelli protettivi • Cinture di sicurezza

Casco, scarpe di sicurezza, occhiali e guanti sono alcuni DPI molto frequenti.

GLOSSARIO

Infortunio: evento traumatico accidentale che compromette l'integrità fisica del lavoratore.

Malattia professionale: malattia causata dall'ambiente o dalle condizioni di lavoro.

Dispositivo di protezione individuale: qualsiasi attrezzatura, da indossare o tenere, messa a disposizione del lavoratore per proteggerlo da rischi.

Prevenzione e protezione dagli incendi

Dal D.Lgs. 81/08 e dal D.M. del 10 marzo 1998 sono dettate le norme per la prevenzione e la lotta agli incendi.

In generale gli edifici devono essere:

- realizzati con strutture e materiali resistenti al fuoco;
- provvisti di sufficienti vie di fuga, scale esterne di sicurezza, porte tagliafuoco;
- dotati di impianti antincendio (bocche d'acqua con manichette) e di segnalazione o allarme (rivelatori di fumo, suonerie di allarme ecc.);
- forniti di dispositivi antincendio mobili (estintori) e di protezione dal fuoco.

In particolare:

- le vie di fuga devono essere ampie e libere;
- le uscite devono avere porte di facile apertura (con maniglioni antipanico), ben segnalate da cartelli;
- in luoghi opportuni devono essere installati armadietti di pronto impiego antincendio, contenenti coperta antifiamma, maschera antigas, casco e tuta di protezione, ascia ecc.);
- gli estintori devono essere distribuiti in quantità e luoghi adeguati, facilmente raggiungibili e ben segnalati;
- cartelli appositi devono segnalare materiali infiammabili;
- il personale deve essere addestrato all'uso corretto dei dispositivi antincendio (attivazione di un estintore o di un idrante, tipologie di fuoco e mezzo adeguato all'estinzione della fiamma ecc.);
- un piano di evacuazione deve essere predisposto per l'allontanamento ordinato dalle zone di pericolo;
- nelle scuole il piano di evacuazione deve essere portato a conoscenza di tutto il personale e degli studenti, con le modalità di diramazione dell'allarme, l'assegnazione dei compiti specifici, e deve essere simulato in apposite esercitazioni.

Classe	Combustibile	Mezzo di estinzione
A	Solidi (legno, carta, plastica)	Acqua, polvere, schiuma
B	Liquidi (petrolio, benzina)	Schiuma, polvere, CO_2
C	Gas (metano, propano ecc.)	Schiuma, polvere, CO_2
D	Metalli (magnesio ecc.)	Schiuma, polvere, sabbia, CO_2
E	Impianti elettrici	Polvere, CO_2

Mezzi di estinzione adeguati alla classe di fuoco e al tipo di combustibile.

Primo soccorso

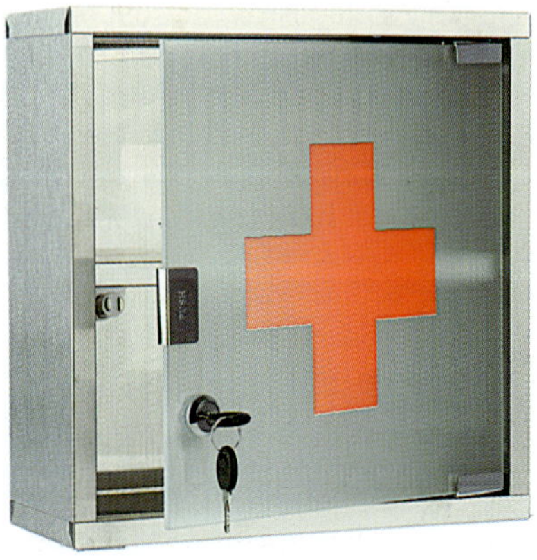

Negli ambienti di lavoro devono essere installati armadietti (ben segnalati) contenenti materiale sanitario di primo soccorso.

I lavoratori devono essere informati sulle procedure di primo soccorso. In caso di infortunio le cure sanitarie devono essere prestate solo da personale autorizzato.

Sicurezza nell'uso dei videoterminali

La grande diffusione del computer nel mondo del lavoro ha imposto all'attenzione i problemi di sicurezza e tutela della salute conseguenti dall'uso di attrezzature munite di videoterminali. Il D.Lgs. 81/08 dedica notevole attenzione a questi problemi.

Le prescrizioni di legge impongono:

- **distribuzione del lavoro** che eviti la ripetitività e l'affaticamento psico-fisico;
- **pause di lavoro** per chi svolga attività ai videoterminali per più di quattro ore consecutive. Ogni due ore di attività il lavoratore ha diritto a una pausa di 15 minuti, che fanno parte integrante dell'orario di lavoro a tutti gli effetti;
- **controlli sanitari** preventivi e periodici per gli addetti ai videoterminali;
- **informazioni** da fornire al lavoratore in merito al posto di lavoro, alle modalità di svolgimento dell'attività, alla tutela della salute;
- **formazione** del lavoratore adeguata all'uso dell'hardware e del software.

Oltre queste prescrizioni generali il datore di lavoro deve procedere a una accurata valutazione dei rischi e attuare tutte le misure di tutela conseguenti.

I rischi nell'uso di attrezzature con videoterminale riguardano:

- disturbi per la vista e per gli occhi;
- disturbi muscolo-scheletrici;
- disturbi da affaticamento fisico o mentale.

FATTORI DI RISCHIO NELL'USO DI VIDEOTERMINALI E LORO EFFETTI

	FATTORI DI RISCHIO	EFFETTI
Vista e occhi	Illuminazione sfavorevole Prolungato impegno visivo Difetti della vista non corretti Condizioni ambientali sfavorevoli Attrezzature inadeguate	Lacrimazione Bruciore Secchezza Ammiccamento frequente Fastidio alla luce Visione annebbiata o sdoppiata
Muscoli e ossa	Prolungata posizione seduta Postura scorretta Disposizione errata di attrezzature Disposizione errata di arredi	Rigidità, dolore, fastidi a • schiena • spalle e collo • braccia, polso e mani • gambe
Affaticamento	Intensità e carico di lavoro Responsabilità elevata Fattori ambientali Rapporti interpersonali Rapporto uomo-macchina	Cefalea Ansia Irritabilità Senso di spossatezza Senso di nausea

Nella specificazione delle misure di tutela della salute nell'uso di attrezzature con videoterminale il D.Lgs. 81/08 fornisce prescrizioni riguardanti le *attrezzature*, l'*ambiente*, l'*interfaccia uomo-computer*.

Attrezzature

- *Schermo.* Deve avere buona definizione, grandezza adeguata per la leggibilità dei caratteri, superfici prive di riflessi, stabilità d'immagine, facilità di regolazione della luminosità e dell'orientamento. Lo schermo deve essere disposto a una distanza di 50 ÷ 70 cm dagli occhi e a un'altezza lievemente inferiore all'orizzonte visivo dell'operatore.
- *Tastiera.* Deve essere inclinabile, spostabile, opaca, fornita di tasti comodi e di simboli nitidi; lo spazio sul piano di lavoro deve permettere di poggiare gli avambracci durante la digitazione su tastiera.
- *Piano di lavoro.* Deve avere stabilità appropriata, superfici poco riflettenti, dimensioni adeguate al lavoro e alla dislocazione delle attrezzature informatiche, dispositivi (leggìo, supporti per documenti) che riducono fastidiosi movimenti della testa e degli occhi; l'altezza del piano (70 ÷ 80 cm) deve permettere comodità di movimento agli arti inferiori nonché l'ingresso del sedile e degli eventuali braccioli. La profondità del piano di lavoro deve assicurare una conveniente distanza visiva dallo schermo.
- *Sedile.* Deve essere comodo, stabile, facilmente regolabile in altezza e inclinazione, fornito di schienale regolabile in altezza e inclinazione. Schienale e seduta devono avere bordi smussati e materiali permeabili che garantiscano il comfort dell'utente.
- *Poggiapiedi.* Deve essere disponibile per chi voglia avere piedi lievemente sollevati.
- *Computer portatili.* Se usati per tempi prolungati, devono essere corredati di tastiera e mouse esterni, nonché di un supporto idoneo al corretto posizionamento dello schermo.

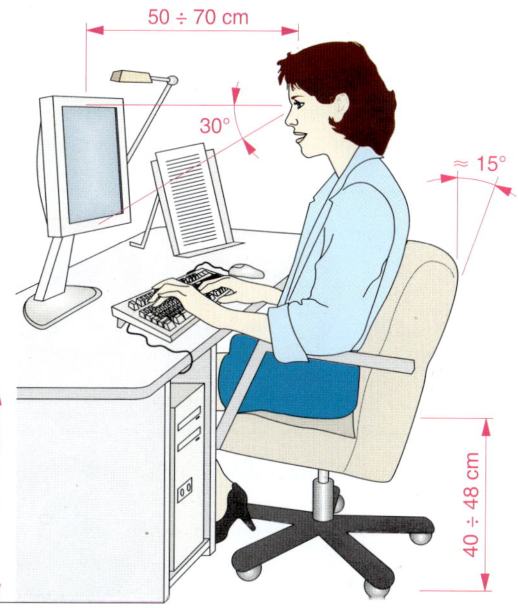

Alcuni parametri ergonomici applicati a una postazione di lavoro con videoterminale.

Ambiente

- *Spazio.* Deve essere ben dimensionato per consentire cambiamenti di posizione e movimenti operativi.
- *Illuminazione.* Deve essere sufficiente e garantire un contrasto opportuno tra lo schermo e l'ambiente circostante attraverso fonti di luce che favoriscano le esigenze visive dell'operatore.
- *Riflessi e abbagliamenti.* Devono essere evitati con una razionale dislocazione del posto di lavoro, eliminando gli effetti fastidiosi di finestre o superfici luminose; le finestre devono essere munite di dispositivi di copertura che regolino la luce diurna che illumina il posto di lavoro.
- *Rumori.* Non devono turbare l'attenzione e la comunicazione verbale.
- *Radiazioni.* Eccetto quelle visibili dello spettro elettromagnetico, devono essere contenute entro limiti trascurabili per la sicurezza e la salute dei lavoratori.
- *Microclima.* Calore e umidità dell'ambiente di lavoro non devono creare disagio ai lavoratori.

Interfaccia uomo-computer

- *Software.* Deve essere adeguato alle mansioni da svolgere, deve essere di facile uso e adattabile alle competenze dell'operatore.
- *Sistemi.* Devono fornire informazioni a un ritmo e in un formato adeguato all'operatore.

Segnaletica di sicurezza

L'importanza della segnaletica nel sistema di prevenzione e protezione nei luoghi di lavoro è evidente; essa deve avere una immediatezza e una chiarezza di comunicazione che può essere garantita solo dalla più precisa unificazione delle sue caratteristiche.

Le norme italiane in materia di segnaletica di sicurezza (il D.Lgs. 81/08 e le nome UNI) hanno recepito Direttive del Consiglio della Comunità Europea.

La segnaletica di sicurezza distingue diversi tipi di segnali, caratterizzati da forma e colori particolari, ai quali corrispondono precisi messaggi o istruzioni.

AVVERTIMENTO Forma: triangolare. Colori: nero su fondo giallo con bordo nero.	 Pericolo generico	 Tensione elettrica pericolosa	 Carrelli di movimentazione	 Attenzione ai carichi sospesi	 Sostanze nocive o irritanti	 Sostanze velenose
	 Materiale infiammabile	 Dispersore di terra	 Materiali corrosivi	 Pericolo cavi ad alta tensione	 Materiali radioattivi	 Materiali esplosivi
DIVIETO Forma: cerchio. Colori: nero su fondo bianco con bordo e banda rossi.	 Vietato l'ingresso ai non addetti	 Vietato il transito ai pedoni	 Non passare sotto i carichi sospesi	 Non rimuovere i dispositivi di sicurezza	 Vietato l'uso di fiamme libere	 Vietato spegnere con acqua
PRESCRIZIONE Forma: cerchio. Colori: bianco su fondo azzurro.	 Casco di protezione	 Protezione dell'udito	 Protezione degli occhi	 Protezione delle vie respiratorie	 Schermo di protezione	 Guanti di protezione
	 Calzature di sicurezza	 Indumenti protettivi	 Cintura di sicurezza	 Assicurarsi che protezioni e sicurezze siano a posto	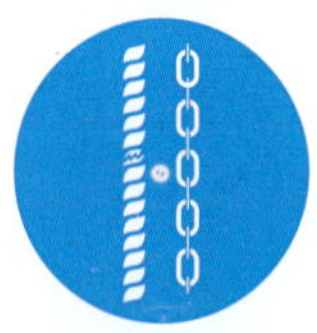 Controllare periodicamente funi e catene	 Carrelli a passo d'uomo
SALVATAGGIO Forma: quadrato o rettangolo. Colori: bianco su fondo verde.	 Uscita di sicurezza	 Uscita di sicurezza per disabili	 Scala di sicurezza	 Cassetta di pronto soccorso	 Direzione di pronto soccorso	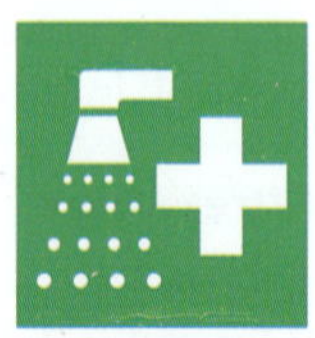 Doccia di emergenza
ATTREZZATURE ANTINCENDIO Forma: quadrato. Colori: bianco su fondo rosso.	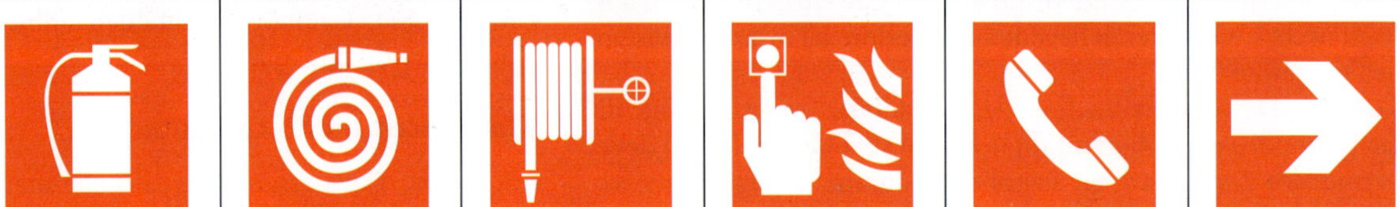 Estintore	Idrante	Lancia antincendio	Allarme antincendio	Telefono anticendio	Direzione da seguire (in aggiunta ai precedenti)

Appendice

Griglia millimetrata

Griglia quadrettata a 45°

Griglia isometrica

Griglia in prospettiva frontale

Griglia in prospettiva accidentale

Indice analitico

Victor Vasarely, *Pictor*, 1981.

Griglia millimetrata

Griglia quadrettata a 45°

Griglia isometrica

Griglia in prospettiva frontale

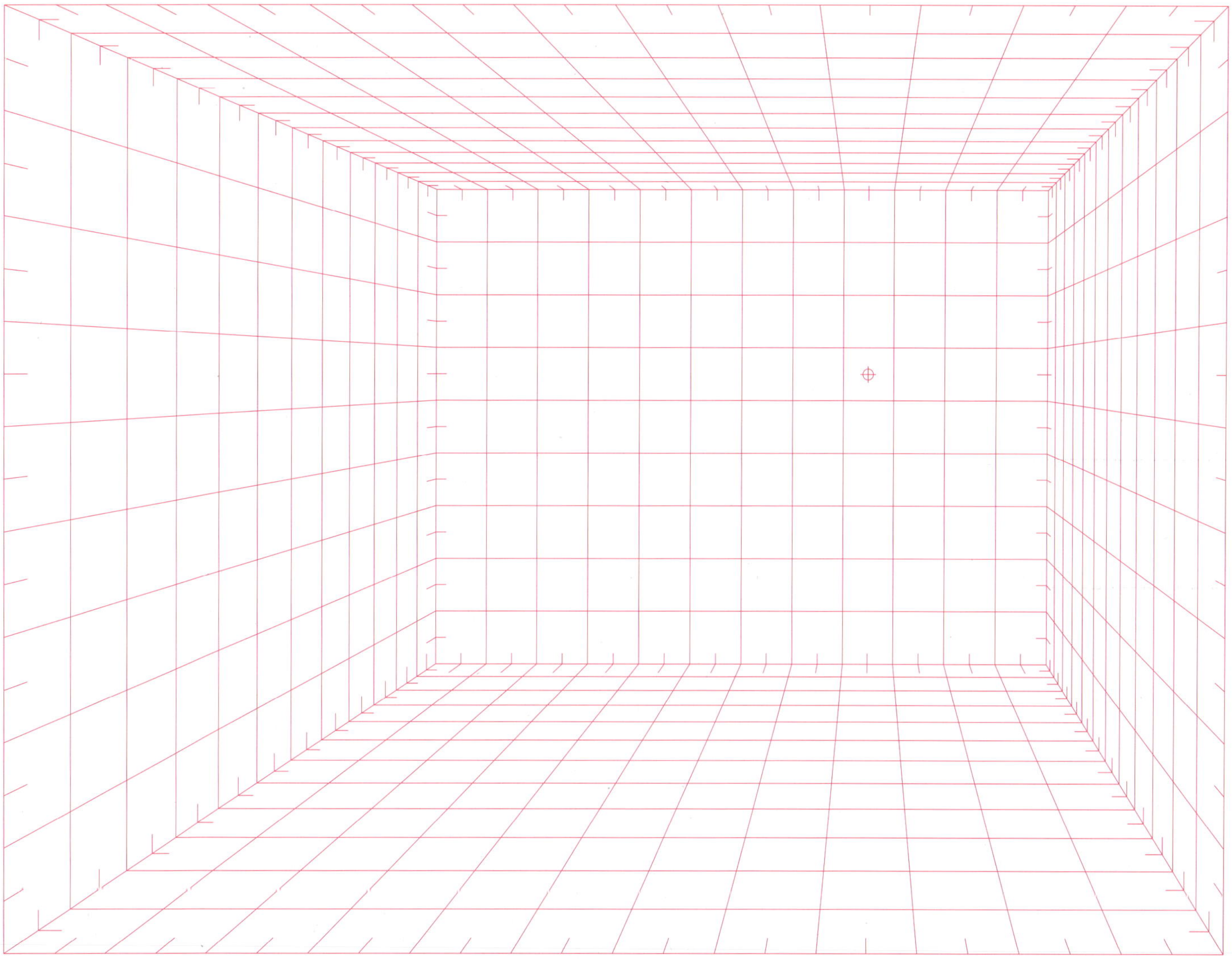

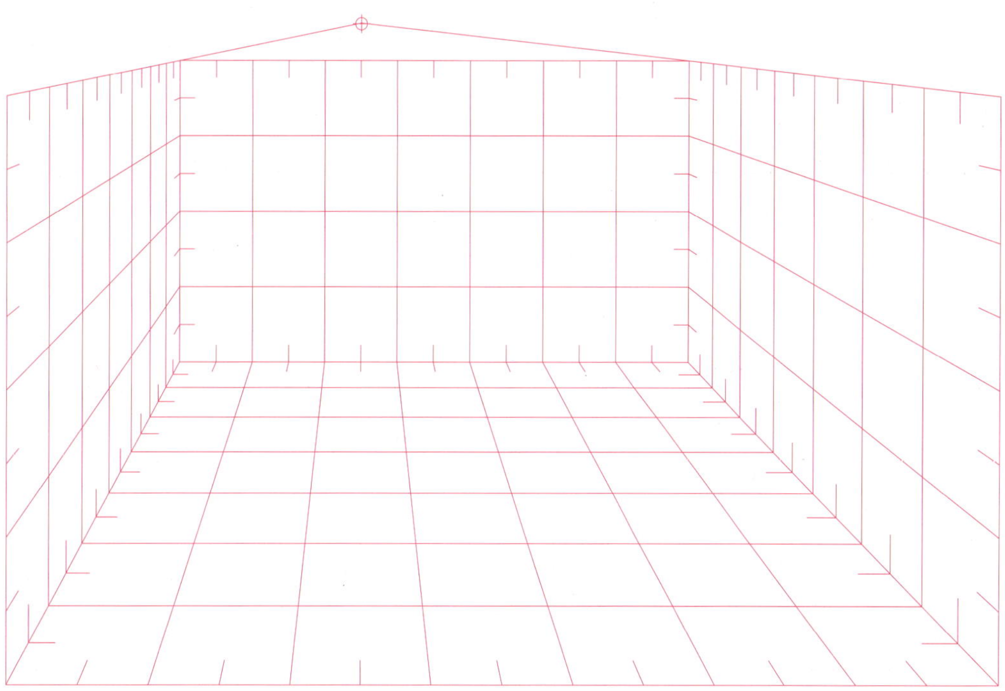

Griglia in prospettiva accidentale

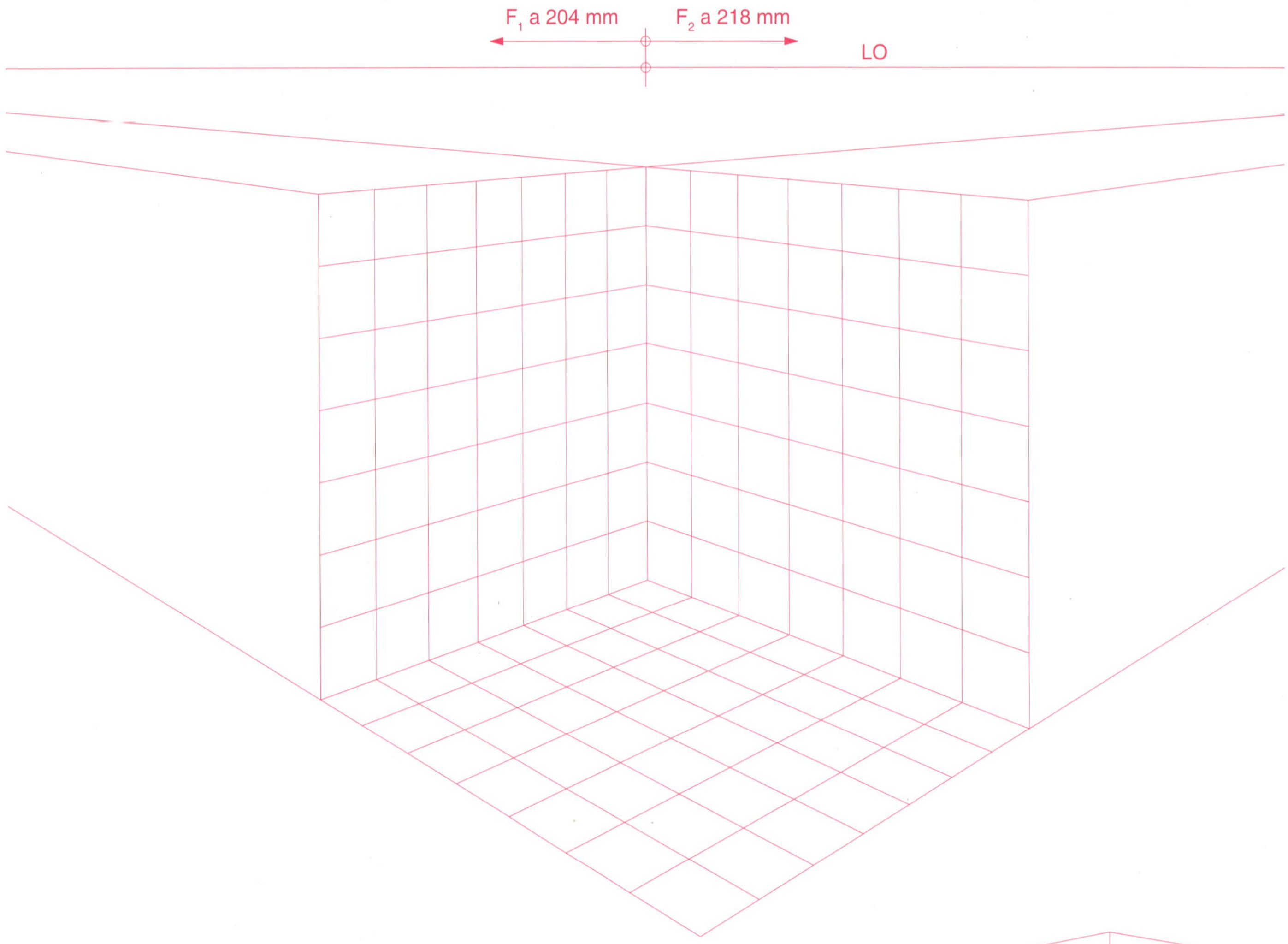

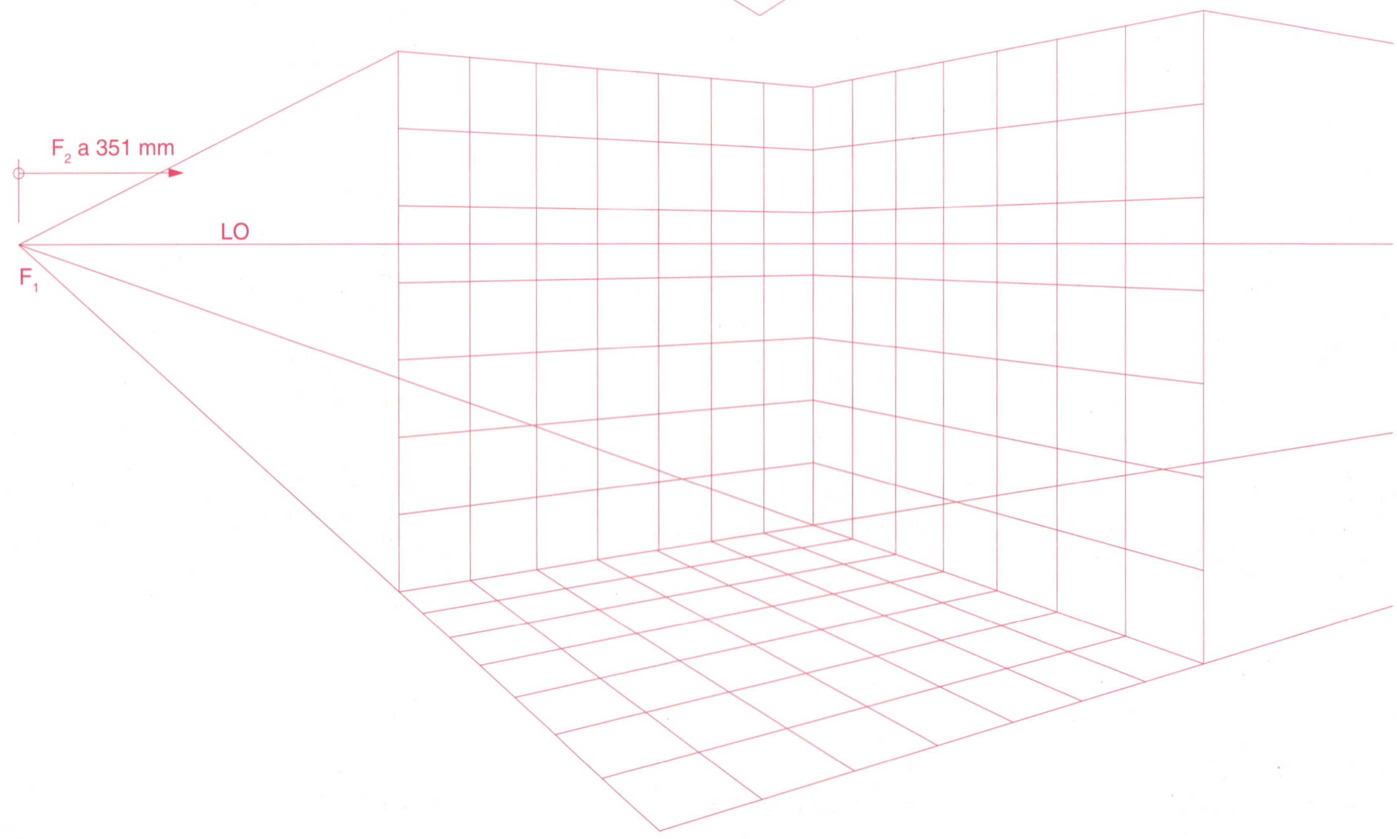

Indice analitico

A
Acciaio, F16
Alluminio, F20
Analisi
- dimensionale, A19
- formale, A14
- posizionale, A20
- strutturale, A15
Angoli, A36, A37
Antinfortunistica, F29
Assonometria/e
- cavaliera, B62
- isometrica, B56
- oblique, B62
- planometrica, B62
- *v. anche* proiezioni assonometriche

B
Blocchetti
- angolari, E22
- piano paralleli, E10
Bronzo, F20

C
Calibro/i
- a corsoio, E11
- fissi, E10
Cemento armato, F26
Ceramiche, F25
Circonferenze, A37
Cobalto, F22
Colore, A11
Comparatore, E19
Compositi sintetici, F26
Coordinate
- nel piano, A20
- nello spazio, A21, B13
Costruzioni geometriche elementari, A41
Cromo, F22
Curve
- coniche, A58
- policentriche, A55

E
Eliche, B105
Elicoidi, B106
Ellisse, A58, A59
Enti geometrici, A36

F
Ferro, F13
- altoforno, F14
- processo siderurgico, F13
Figure
- piane, A37
- solide, A39
Formati unificati, A22

G
Geometria
- descrittiva, B7
- proiettiva, B4
Ghisa, F15
Goniometro
- semplice, E22
- universale, E22

I
Illusioni ottiche, A13
Intersezioni di solidi, B132
Iperbole, A61

L
Laterizi, F25
Leganti per costruzioni, F25
Legno, F23
Luce, A11

M
Magnesio, F21
Manganese, F22
Materiali
- compositi, F26
- proprietà, F3
- prove di laboratorio, F8
- sinterizzati, F22
Metrologia
- attrezzature complementari, E26
- caratteristiche degli strumenti, E9
- elementi, E3
- incertezza della misura, E7
- metodi di misurazione, E9
- misurazione, E8
- qualità della misura, E8
- Sistema Internazionale (SI), E4
- strumenti di controllo, E24
- strumenti di misura, E6
- taratura degli strumenti, E8
- tolleranza di lavorazione, E7
Micrometro, E16
Molibdeno, F22

N
Nichel, F22

O
Osservazione, A14
Ottone, F21
Ovale, A55, A56
Ovolo, A56

P
Parabola, A60
Percezione visiva, A9
Piombo, F21
Poligoni
- regolari di lato assegnato, A47
- regolari inscritti, A44
Proiezione
- centrale, B4
- parallela, B5
Proiezioni assonometriche, B54
Proiezioni ortogonali, B7
- di figure piane, B15
- di solidi, B18

R
Raccordi, A52
Rame, F20
Resine sintetiche, F26
Rette, A36
Ribaltamento, B92
Rocce, F25
Rotazione, B96

S
Scale
- grafiche, A24
- metriche, A24
Scritture, A26
Segnaletica di sicurezza, F34
Sezioni
- coniche, B130
- di solidi, B122
Simmetria
- assiale, A15
- centrale, A15
Spirale, A57
Squadratura, A23
Stagno, F21
Strumenti del disegno, A27
Strutture
- di trasformazione, A18
- modulari, A17
Sviluppo di solidi, B101

T
Tangenti, A50
Tipi di linee, A25
Titanio, F21
Tolleranza di lavorazione, E7
Triangoli, A38
Tungsteno, F22

V
Vetro, F25

Z
Zinco, F21

FONTI DELLE ILLUSTRAZIONI

I numeri si riferiscono alle pagine, le lettere alla posizione dell'illustrazione nella pagina, procedendo dall'alto in basso e da sinistra a destra.

Di Sergio Sammarone sono le seguenti foto: A3a, A3c, A13b, A13c, A14, A16b, A16e, A16g, A17a, A17b, A19c, A35, A45a, A50a, A51, A52b, A57, A60, B53

Da G. Cricco, F.P. Di Teodoro, *Itinerario nell'arte*, 3 voll., Zanichelli, Bologna, 2003: A10a, A10c, A10d, A16h, A45b, A47a, A49b, A52c, A53a, A53b, E3a

A1 www.2giramondo.it.
A4a, b «Archeo», n. 232, De Agostini-Rizzoli Periodici, Milano.
A4c J. Kallir, *Egon Schiele: The complete works*, Abrams, New York, 1990.
A4d E. Battisti, *La Cappella Sistina*, Istituto Geografico De Agostini, Novara, 1983.
A4e *Nel segno di Masaccio*, Giunti, Firenze, 2001.
A4f H.M. Wingler, *Bauhaus*, Feltrinelli, Milano, 1972.
A5a «Quattroruote», n. 509, Editoriale Domus, Milano.
A5b Istituto Geografico Militare, Firenze.
A6a Arch. Maurizio Renzi.
A6b Arch. Maurizio Renzi.
A6c Arch. Maurizio Renzi.
A6d Arch. Maurizio Renzi.
A7a Arch. Maurizio Renzi.
A7b Arch. Maurizio Renzi.
A8a *La rappresentazione della città*, Silvana Editoriale, Milano, 2003.
A10b S. Bersi, P. Bersi, C. Ricci, *L'educazione artistica*, Zanichelli, Bologna, 1983.
A13a *M.C. Escher*, Taschen, Colonia, 1990.
A15 Foto aeree da Google Earth.
A16a *I centri della democrazia*, Rizzoli, Milano, 1978.
A16c M. Muraro, P. Marton, *Civiltà delle ville venete*, Magnus, Udine, 1986.
A16d *La grande storia dell'arte*, Scala Group-Gruppo Editoriale L'Espresso, Roma, 2003.
A16f www.flickr.com.
A17c D. Schattschneider, *Visioni della simmetria*, Zanichelli, Bologna, 1992.
A18a J.L. Locher, *Il mondo di Escher*, Garzanti, Milano, 1990.
A18b M. Kemp, *La scienza dell'arte*, Giunti, Firenze, 1994.
A19a, b W. Boesiger, *Le Corbusier*, Zanichelli, Bologna, 1991.
A44a www.pc.blogspot.com.
A44b S. Serlio, The five books of architecture, Reprint, Dover Publications, New York, 1982.
A46b www.flickr.com.
A47b www.pinterest.com.
A47c *Mario Botta*, a cura di E. Pizzi, Zanichelli, Bologna, 1991.
A48a L. Pacioli, *De divina proportione*, copia anastatica, Silvana Editoriale, Milano, 1982.
A48b Teoria dell'architettura, Taschen, Colonia, 2003.
A49c A. Palladio, *I quattro libri dell'architettura*, copia anastatica, Hoepli, Milano, 1990.
A50b D. Baroni, *Il manuale del design grafico*, Longanesi, Milano, 1999.
A52a www.wikimedia.org.
A54 *Enciclopedia dell'antiquariato*, Istituto Geografico De Agostini, Novara, 1975.
A55 P. Berdini, *Walter Gropius*, Zanichelli, Bologna, 1983.
A56 C.B. Griesbach, *Historic ornament. A pictorial archive*, Dover Publ., New York, 1975.
A61 www.cambridgeincolour.com.
B1 www.oma.eu/projects.
B3a Pagine Gialle.
B3b www.carblueprints.info.
B121a www.http://costruiamoimobili.blogspot.it/.
E1 http://www.renishaw.com.
E2d https://hackadaycom.
E3b P. Curti, S. Marchetti, *Fisica: strategie di conoscenza*, SEI, Torino, 1990.
E11a Catalogo Tesa, Renens, Svizzera.
E11b Catalogo LTF, Schmalkalden, Germania.
E18a, b Catalogo Mitutoyo italiana, Lainate (Milano).
E18c, f Catalogo Mitutoyo italiana, Lainate (Milano).
E18h, i Catalogo Mitutoyo italiana, Lainate (Milano).
E18d, e Catalogo Tesa, Renens, Svizzera.
E18g Catalogo Tesa, Renens, Svizzera.
E19b, c Catalogo Mitutoyo italiana, Lainate (Milano).
E21a-e Catalogo Mitutoyo italiana, Lainate (Milano).
E21g-i Catalogo Mitutoyo italiana, Lainate (Milano).
E21f Catalogo Tesa, Renens, Svizzera.
E22a Catalogo Tesa, Renens, Svizzera.
E22c Catalogo Mitutoyo italiana, Lainate (Milano).
E24d, e Catalogo Mitutoyo italiana, Lainate (Milano).
E25a Catalogo Mitutoyo italiana, Lainate (Milano).
E25b Catalogo Tesa, Renens, Svizzera.
E26f-m Catalogo Mitutoyo italiana, Lainate (Milano).
F1 http://www.vanguardia.com.mx.
F2a http://www.francyshop.it.
F2b http://www.imbottigliamento.it.
F2c https://www.designperte.it.
F2d http://www.technirack.fr.
F2e http://www.lartenelvetro.com.
F8c https://alliance.seas.upenn.edu.
F9c Catalogo Galdabini, Cardano al Campo (Varese).
F11c https://www.qness.at/en.
F12c Catalogo Ernst, Induno Olona (Varese).
F12d Istituto di Metrologia «G. Colonnetti», Torino.
F13 G. Paci, *Il mondo della tecnica*, Zanichelli, Bologna, 1999.
F14b Riva, Milano.
F15b *Enciclopedia della Scienza e della Tecnica*, Mondadori, Milano.
F15c A. Secciani, *Laboratorio tecnologico*, Cappelli, Bologna.
F16 http://www.infonor.com.mx.
F17b http://econews.com.au.
F18c Riva, Milano.
F19a Catalogo Fidia, S. Mauro Torinese (Torino).
F19b Catalogo SKF, Göteborg, Svezia.
F19c Catalogo Nachi, Krefeld, Germania.
F20a Schüco International Italia, Sarmeola di Rubano (Padova).
F20c *Roma*, Istituto Geografico De Agostini, Novara.
F21a Catalogo Gildemeister italiana, Brambate di Sopra (Bergamo).
F22b Alessi, Crusinallo (Verbania).
F22d Catalogo Sandvik, Milano.
F23b K.J. Sembach, *Design di mobili del XX secolo*, Taschen, Colonia, 1990.
F24f https://www.amc-archi.com.
F25d G. Paci, *Il mondo della tecnica*, Zanichelli, Bologna, 1999.
F28b http://www.1pianosrl.it.
F28c http://www.protec-italy.net.
F28d http://www.fratellidellasala.com.
F28e http://www.fabricatingandmetalworking.com.
F28f http://www.bernardo.at.
F28g http://sprites.comohacerpara.com.
APP1 www.courant.com.